中国互联网发展报告

（2002）

中国互联网协会
编
中国互联网络信息中心

人民邮电出版社

图书在版编目(CIP)数据

中国互联网发展报告（2002）/中国互联网协会，中国互联网络信息中心编.
—北京：人民邮电出版社，2003.8
ISBN 7-115-11360-2

I. 中… II. ①中…②中… III. 因特网—调查报告—中国—2002 IV. TP393.4

中国版本图书馆 CIP 数据核字(2003)第 055729 号

中国互联网发展报告（2002）

◆ 编 中国互联网协会
中国互联网络信息中心
责任编辑 魏雪萍

◆ 人民邮电出版社出版发行 北京市崇文区夕照寺街 14 号
邮编 100061 电子函件 315@ptpress.com.cn
网址 http://www. ptpress.com.cn
读者热线 010-67132692
北京汉魂图文设计有限公司制作
北京朝阳展望印刷厂印刷
新华书店总店北京发行所经销

◆ 开本：787×1092 1/16
印张：47.5 彩插：2
字数：1137 千字 2003 年 8 月第 1 版
印数：1-2 500 册 2003 年 8 月北京第 1 次印刷

ISBN7-115-11360-2/TP · 3509

定价：580.00 元

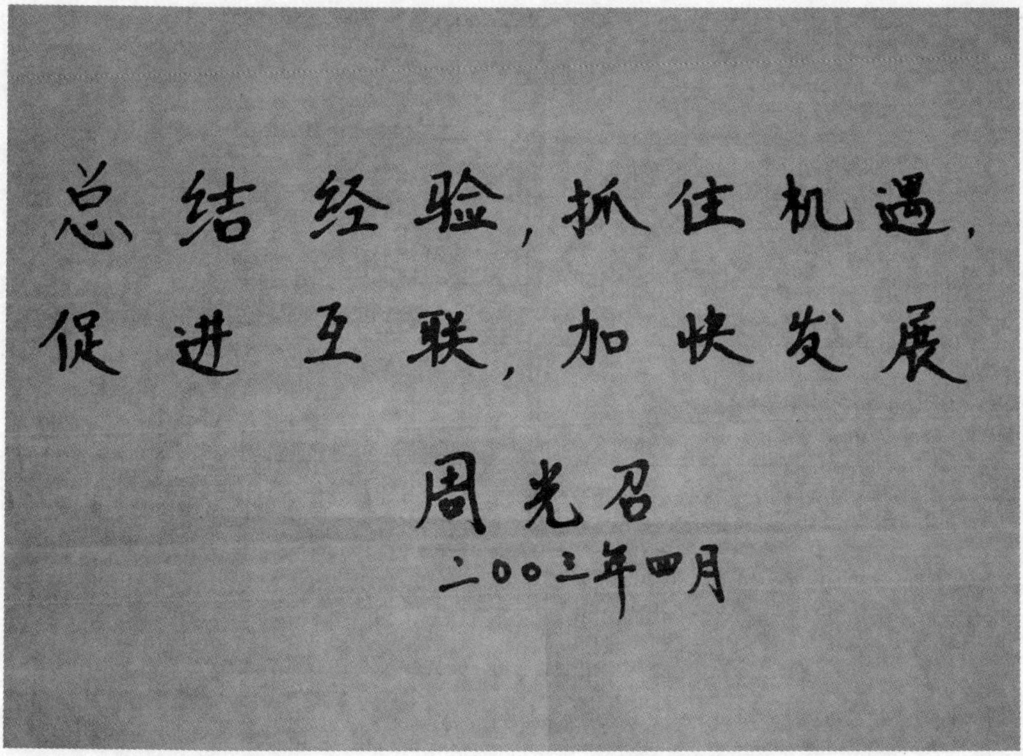

原全国人大常委会副委员长、中国科学院院长、
现任中国科协主席周光召为《中国互联网发展报告》题词

贺 信

中国互联网协会、中国互联网络信息中心：

欣闻你们合作编写的《中国互联网发展报告》(2002)即将正式出版，在此，我谨代表中国科学院，并以我个人的名义向你们表示热烈的祝贺！

党中央、国务院对我国互联网的发展十分重视，党的十五届五中全会明确提出，要大力推进国民经济和社会信息化，以信息化带动工业化，发挥后发优势，实现社会生产力的跨越式发展。江泽民同志在党的十六大报告中指出，互联网站要成为传播先进文化的重要阵地。在大力推动我国信息化建设、发展互联网的过程中，掌握关于我国互联网发展的权威资料十分重要。全面分析我国互联网发展的现状、互联网技术发展的最新趋势和市场发展潜力，对于我国政府主管部门和互联网企业制定相关政策和作出正确的决策，引导广大互联网用户正确使用互联网，都很有意义。《中国互联网发展报告》(2002)出版发行，是这方面的一个尝试，我相信对推动我国互联网的发展必将起到积极的作用。

中国互联网协会和中国互联网络信息中心在各自的领域都有重要影响。希望你们发挥自身的优势，携手合作，及时把握互联网发展的时代脉搏，以科学严谨的工作态度，踏实细致的工作作风，把编撰我国互联网发展报告工作抓紧抓好，为我国的互联网事业做出更大的贡献。

中国科学院院长 路甬祥

2003年6月5日

（全国人大常委会副委员长、中国科学院院长路甬祥为《中国互联网发展报告》写的贺信）

开发互联网技术为国民
经济和社会信息化服务

徐匡迪

二〇〇三年四月廿日

全国政协副主席、中国工程院院长徐匡迪为《中国互联网发展报告》题词

贺 信

中国互联网协会、中国互联网络信息中心：

获悉你们联合组织编写的第一部《中国互联网发展报告》即将出版，特致信表示祝贺。

信息产业是我国国民经济的支柱产业之一。党的十六大指出“信息化是我国加快实现工业化和现代化的必然选择”，并提出“坚持以信息化带动工业化，以工业化促进信息化”的战略方针，这将进一步有力推动我国信息产业的快速发展。近几年是我国信息产业发展较快的时期，尤其是通信信息网络蓬勃发展的时期，网络基础设施、网络产品和网络信息资源的开发生产、互联网服务特别互联网的应用等方面都取得了长足的进步。在此基础上，你们组织编写我国第一部互联网发展报告是一件有积极意义的事情。

希望你们坚持实事求是，严谨务实，依靠社会力量，在广泛调查研究的基础上，认真总结我国通信信息网络发展的经验，办好《中国互联网发展报告》，为我国信息产业发展当好参谋和助手。

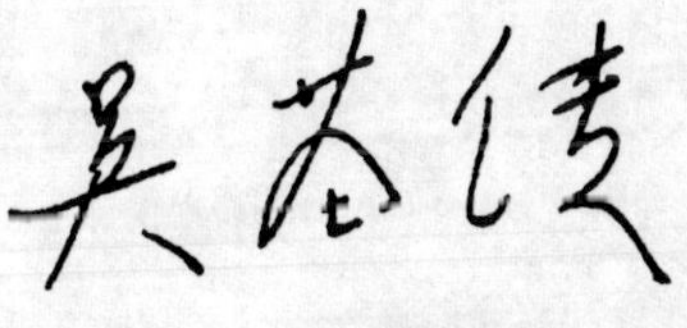

2003 年 6 月

（原信息产业部部长吴基传为《中国互联网发展报告》写的贺信）

贺信

中国互联网协会、中国互联网络信息中心：

欣闻你们合作编写的《中国互联网发展报告》(2002)正式出版，谨向你们表示热烈的祝贺！

近几年来，我国的互联网发展十分迅猛，并对政治、经济、文化和社会生活等方面产生了巨大影响。我国政府对互联网的发展十分重视，党的十五届五中全会提出，要大力推进国民经济和社会信息化，以信息化带动工业化，发挥后发优势，实现社会生产力的跨越式发展；党的十六大报告中也指出，互联网站要成为传播先进文化的重要阵地。在这种新形式下，组织出版《中国互联网发展报告》是非常必要的。这本书全面分析了我国互联网基础设施建设、互联网技术发展、网络产品生产及网络信息资源的开发、互联网的应用与服务、市场发展潜力等各个方面的基本状况，是我国关于互联网的第一部内容全、覆盖面广、权威性强的综合性参考文献，对于推动我国互联网行业的稳步快速发展和推进我国的信息化建设有着非常积极的意义。

互联网的发展日新月异，要真实记录我国互联网的发展状况与特点，需要业界各方面的共同努力。希望你们再接再厉，发挥自身的资源优势，及时把握互联网发展的时代脉搏，与时俱进，谱写出更加辉煌的篇章，为我国的互联网事业做出更大的贡献。

中国科学院 江绵恒

2003年5月28日

（中国科学院副院长江绵恒为《中国互联网发展报告》写的贺信）

《中国互联网发展报告》编辑委员会名单

总编辑：

黄澄清

副总编辑：

毛　伟　　钱华林　　雷震洲　　李欲晓

执行编辑：

王恩海　　杨君佐

撰稿人（按姓名拼音排序）：

白　硕	白雪华	曹燕宁	董小英	杜　林	杜跃进	段　炜	范世涛
封　洪	丰文东	高剑云	果　园	贺　宁	黄　锐	李英姝	梁立华
刘　军	刘道斌	刘建国	刘俊清	柳士发	罗　彦	马　严	宁家俊
裴　玮	乔　喆	任利华	任向晖	任志安	时金桥	史自文	孙　锐
田尧文	王　涛	王　岩	王存肃	王丽宏	王艳峰	吴亚非	徐　玉
许丕盛	徐志伟	杨　然	杨风雷	姚永清	叶建伟	叶武滨	殷丽华
俞　阳	云晓春	臧　迎	翟海生	张本波	张文通	张晓星	张永铮
赵　苹	赵战生	甄　浩	郑朝晖	周　镇	朱建峰	朱秀梅	

写在前面的话

互联网进入我国才不过10年的时间，但互联网在我国的发展速度、网络规模、技术水平、用户数量、应用领域，以及其对社会经济发展，信息文化的传播、交流和对政府管理方式等方方面面产生的影响，都足以令世人刮目相看。互联网已经改变并还在继续改变着人们的工作、学习和生活方式，而且还在以超出人们想象的深度和广度影响着我们的社会生活。

但是，我国互联网在社会生活各个方面的深入应用还有待大力拓展，网络安全的整体状况还有待全面加强，网上科技、文化和各类信息资源还有待积极建设，网络文明和先进文化氛围的创造还有待多方努力。总之，当前互联网在中国的发展还处在非常初级的阶段，互联网在我国可以说是刚刚举步。

为了实事求是地全面反映和记录我国互联网当前发展状况，为了方便国内外社会各界了解我国互联网当前发展的真实面貌以及我国有关互联网的法律法规，也为了提供一部具有重要参考价值的编年系列资料，中国互联网协会（ISC）会同中国互联网络信息中心（CNNIC），决定担负起组织编写《中国互联网发展报告》的重任，以期为忠实记录互联网在我国发展的历史足迹做出我们应有的贡献。

《中国互联网发展报告》(2002) 从2002年8月开始策划到内容编写及统稿工作的完成，历时10个月时间。《报告》的编写工作得到了国务院信息办、国务院新闻办、国家发展和改革委员会、公安部、信息产业部、文化部、中国人民银行、国务院国有资产监督管理委员会、海关总署、国家广电总局、新闻出版总署、国家统计局、中国科学院、中国工程院、中国证监会、中国科协等许多政府部门、学术团体及有关领导、专家、学者和专业人士的大力支持与协助；特别使我们受到鼓舞的是，得到学术界几位德高望重的领导人为本书的题词和致贺。在此，我谨代表《报告》编辑委员会对给予《报告》编写出版工作大力支持、鼓励和帮助的政府部门、专家学者及有关人士致以深深的谢意。数十位专家、政府有关部门的权威人士、互联网行业的企业家、评论家以及关心互联网发展的各界人士参加了本《报告》的编写工作，在此，我们对参加《报告》编写工作，付出辛勤劳动的朋友们一并表示衷心的感谢。本《报告》分为7编，共35章和7个附录，约80万字，是第一部比较全面地反映我国互联网发展状况的大型综合性文献资料。由于这是编年系列的头卷，所以，在其篇章结构及内容的设计上，本《报告》在对2002年的发展状况进行重点分析和研究的同时，对互联网的一些基本概念、起源，最重要的有关国际组织及互联网在我国的早期发展历程也进行了必要的介绍和回顾，并收录了截至2003年2月份以前我国政府发布的有关互联网发展和管理的所有法律法规和部分行业性自律规范。

本《报告》采用的数据，是以中国互联网络信息中心（CNNIC）的抽样调查数据为主，结合政府有关部门、有关咨询机构和一些专家、学者提供的数据、资料以及以其他方式调查分析取得的资料而形成的。在港、澳、台地区互联网相关单位的支持下，本书也收录了我国香港、澳门、台湾地区互联网发展状况。

由于这是一项崭新的工作，我们还缺乏经验。尽管我们力图使本报告成为现实状况最真实、最客观的记录，但是由于种种原因，难免还会存在各种差强人意之处。我们相信，随着互联网在我国的不断发展，应用的不断深入，《报告》调查和研究分析的手段与方法也将不断改进。中国互联网协会与 CNNIC 已经决定长期合作，持续进行互联网在我国发展状况的调查研究，今后将逐年编写出版《中国互联网发展报告》，力争提供更加及时、翔实而丰富的数据和资料。

我们真诚期待这项有意义的工作能够得到我国社会各界、政府各有关部门、互联网行业的专家、广大互联网用户以及《报告》的广大读者更多的关心和帮助。我们衷心欢迎各界朋友和读者向我们反馈意见和批评建议，积极参与，使这项有意义的工作能够长期坚持，与时俱进。

胡启恒

2003 年 6 月 6 日　于北京

目　录

第一编　概　况

第二编　互联网基础设施与资源建设状况

第三编 互联网服务发展状况

第四编 互联网应用状况

第六编 互联网新技术发展状况

第七编 附 录

第一编

概　况

第1章 互联网的发展

现在，人们对互联网已不再陌生，它已越来越多地进入人们的生活，影响、改变着人们的工作和生活方式。互联网的英文是Internet，在中国一般译为“互联网”或“因特网”；在中国台湾和其他中文地区也有译成“网际网”“交互网络”的。

1.1 世界互联网早期发展简介

20世纪60年代初，一批美国人已认识到，在科学和军事领域的研究开发过程中，计算机之间共享信息具有巨大的潜在价值，并开始着手研究组建通信网络。当时，美国军队的通信网络采用的是中央控制模式，存在先天不足：只要摧毁这种网络的中心控制，就可以摧毁整个网络。美国国防部为了保证美国本土防卫力量和海外军事基地在受到核打击以后仍然具有一定的指挥和组织反击的能力，认为有必要设计出一种分散的指挥系统。它由一个个分散的指挥点组成，当部分指挥点被摧毁后，其他点仍能正常工作，并且这些点之间，能够绕过那些已被摧毁的指挥点而继续保持联系。为了对这一构思进行验证，1969年，美国国防部国防高级研究计划署（DoD/DARPA）资助建立了一个名为ARPANET（即“阿帕网”）的网络，这个网络把位于洛杉矶的加利福尼亚大学、位于圣芭芭拉的加利福尼亚大学、斯坦福研究院，以及位于盐湖城的犹它州州立大学的计算机主机联接起来。这个网开始时只连接了4台主机，位于各个节点的大型计算机采用分组交换技术，通过专门的通信交换机（IMP）和专门的通信线路相互连接。这个阿帕网就是互联网最早的雏形。

之后，许多研究机构和大学也相继加入，到1972年时，ARPANET网上的节点数已经达到40个，这40个节点彼此之间可以发送消息和文件。BBN（Bolt Beranek and Newman, Inc.）的Ray Tomlinson在1972年修改了E-mail程序，并用在ARPANET中，以“@”作为邮件中用户名和地址的连接符。此后，Telnet协议和FTP协议也作为RFC（Request for Comments）被相继发布。由此可见，E-mail、FTP和Telnet是互联网上较早出现的重要应用，特别是E-mail仍然是目前互联网上最主要的应用。

互联网的成熟是TCP/IP协议的开发和使用的结果。1972年，全世界电脑业和通信业的专家学者在美国华盛顿举行了第一届国际计算机通信会议，就在不同的计算机网络之间进行通信达成协议。会议由BBN的Bob Kahn组织，大会认为高级联网技术需要进一步共同合作，决定成立国际网络工作组（INWG，International Network Working Group），负责建立一种能保证计算机之间进行通信的标准规范（即“通信协议”），美国人温顿·瑟夫（Vinton Cerf）被指定担任第一届主席。1973 年，Bob Kahn 提出了建立 Internet 的问题，并开始在 ARPA 进行网络互连的研究。同年 9 月，在英国伯明翰的 Sussex 大学召开的 INWG 会议上 Cerf 和 Kahn 提出了 Internet 的基本概念。

1974 年，Vinton Cerf 和 Bob Kahn 发表文章，对 TCP 协议的设计作了详细的描述。后来 TCP 分解为 TCP 和 IP 两个协议，到 20 世纪 80 年代初期，TCP/IP 诞生了，它是一种通信协议，TCP 及 IP 的中文意义分别是传输控制协议和网际协议。这两个协议定义了一种在电脑网络间传送报文（文件或命令）的方法。随后，美国国防部宣布将 TCP/IP 协议作为其标准网络协议。1983 年，ARPANET 上的所有系统也从 NCP（Network Control Protocol）协议切换为 TCP/IP 协议，由此确立了 TCP/IP 协议在网络互联方面不可动摇的地位。

与此同时，局域网和其他广域网的产生和蓬勃发展对互联网的进一步发展起了重要的作用。其中，最为引人注目的就是美国国家科学基金会 NSF（National Science Foundation）建立的美国国家科学基金网 NSFnet。1986 年 NSF 投资在美国普林斯顿大学、匹兹堡大学、加州大学圣地亚哥分校、依利诺伊大学和康纳尔大学建立 5 个超级计算中心。为了使全美国的科学家、工程师能够共享这些超级计算机设施，NSF 建立了自己的基于 TCP/IP 协议的计算机网络 NSFnet。NSFnet 在全国建立了 16 个地区网络，连接本地区的大学和研究单位，并将这些地区网络中心和超级计算中心组成骨干网，用 56kbit/s 的“高速”信道相联。由于 NSF 的鼓励和资助，很多大学、政府甚至私营的研究机构纷纷把自己的局域网并入 NSFnet 中。NSFnet 的正式营运以及实现与其他已有和新建网络的连接开始真正成为互联网的基础。

NSFnet 对互联网的最大贡献是使互联网向全社会开放。1990 年，随着 ARPANET 停止运营，NSFnet 彻底取代了 ARPANET 而成为互联网的主干网。此时的互联网事实上已成为一个“网际网”：各个子网分别负责自己的架设和运作费用，而这些子网又通过 NSFnet 互联起来。NSFnet 连接全美的联网计算机和用户迅速增长，使 NSFnet 成为互联网最主要的成员网。随着计算机网络在全球的拓展和扩散，美洲以外的网络也逐渐接入 NSFnet 主干或其子网。

为了使互联网上的越来越多的资源便于检索，1991 年，美国明尼苏达大学（University of Minnesota）建立了一个本地网以连接校园内的文件和信息，发明了第一个面向互联网的真正友好界面，这个系统被称为 Gopher。其实早在 1989 年，为了使网上的信息更加分布化，Tim Berners-Lee 和他的欧洲粒子物理实验室的同事们提出了一种新的协议。这个协议于 1991 年成为 WWW（World Wide Web），通过建立文本与文本的超连接，可以在任何时候去阅读与之连接的网页。尽管它比 Gopher 出现得早，但它的发展还是较慢。这个协议在 1993 年得到了重大推进，因为这一年 Marc Andreessen 和他在 NCSA（National Center For Supercomputing Applications）的同事发明了图形化的浏览器 Mosaic，使 WWW 应用得到了飞速发展。

其实在 20 世纪 90 年代以前，互联网的使用一直仅限于研究、教育机构和政府。商业性机构进入互联网一直受到这样或那样的法规或传统问题的困扰。1991 年 3 月，美国 General Atomics 公司、Performance Systems International，Inc. 公司、UUNET

Technologies, Inc. 公司分别经营的 CERFnet、PSInet 和 AlterNet 网络在 NSF 解除了互联网商业应用的限制后，可以在一定程度上向客户提供互联网联网服务，并联合组建 Commercial Internet eXchange Association, Inc. 公司，宣布用户可以把它们的 Internet 子网用于任何的商业用途。互联网商业化服务提供商的出现，使工商企业可以堂堂正正地进入互联网。商业机构一踏入互联网这一陌生的世界就发现了它在通信、资料检索、客户服务等方面的巨大潜力。于是，世界各地无数的企业及个人纷纷涌入互联网，带来互联网发展史上一个新的飞跃。

1.2 互联网在中国的早期发展简介

1986 年，北京市计算机应用技术研究所实施的国际联网项目——中国学术网（Chinese Academic Network，简称 CANET）启动，其合作伙伴是德国卡尔斯鲁厄大学（University of Karlsruhe）。1987 年 9 月，CANET 在北京计算机应用技术研究所内正式建成中国第一个国际互联网电子邮件节点，并于 9 月 14 日发出了中国第一封电子邮件："Across the Great Wall we can reach every corner in the world.（越过长城，走向世界）"，揭开了中国人使用互联网的序幕。这封电子邮件是通过意大利公用分组网 ITAPAC 设在北京侧的 PAD 机，经由意大利 ITAPAC 和德国 DATEX－P 分组网，实现了和德国卡尔斯鲁厄大学的连接，通信速率最初为 300bit/s。

1988 年 12 月，清华大学校园网采用胡道元教授从加拿大 UBC 大学（University of British Columbia）引进的采用 X400 协议的电子邮件软件包，通过 X.25 网与加拿大 UBC 大学相连，开通了电子邮件应用。同年，中国科学院高能物理研究所（以下简称中科院高能所）采用 X.25 协议使该单位的 DECnet 成为西欧中心 DECnet 的延伸，实现了计算机国际远程联网以及与欧洲和北美地区的电子邮件通信。1991 年，中科院高能所又连入美国斯坦福线性加速器中心（SLAC）的 LIVEMORE 实验室，并开通电子邮件应用。

1989 年 10 月，国家计委利用世界银行贷款重点学科项目——国内命名为：中关村地区教育与科研示范网络，世界银行命名为：National Computing and Networking Facility of China（简称 NCFC）正式立项，11 月，该项目正式启动。NCFC 是由世界银行贷款"重点学科发展项目"中的一个高技术信息基础设施项目，由国家计委、中国科学院、国家自然科学基金会、国家教委配套投资和支持。项目由中国科学院主持，联合北京大学、清华大学共同实施。当时立项的主要目标就是通过北京大学、清华大学和中科院（中国科学院的简称）三个单位的合作，搞好 NCFC 主干网和三个院校网的建设。

1990 年 11 月 28 日，钱天白教授代表中国正式在 SRI-NIC（Stanford Research Institute's Network Information Center）注册登记了中国的顶级域名 CN，并且从此开通了使用中国顶级域名 CN 的国际电子邮件服务，自此中国的网络有了自己的身份标识。由于当时中国尚未实现与国际互联网的全功能联接，中国 CN 顶级域名服务器暂时建在了德国卡尔斯鲁厄大学。直到 1994 年 5 月 21 日，在钱天白教授和德国卡尔斯鲁厄大学的协助下，中国科学院计算机网络信息中心完成了中国国家顶级域名（CN）服务器的设置，由钱天白、钱华林分别担任中国互联网的行政联络员和技术联络员，改变了中国的 CN 顶级域名服务器一直放在国外的历史。

1993 年 3 月 2 日，中国科学院高能物理研究所租用 AT&T 公司的国际卫星信道接入美国斯坦福线性加速器中心（SLAC）的 64K 专线正式开通。专线开通后，美国政府以 Internet 上有许多科技信息和其他各种资源，不能让社会主义国家接入为由，只允许这条专线进入美国能源网而不能连接到其他地方。尽管如此，这条专线仍是中国部分连入 Internet 的第一根专线。专线开通后，国家基金委大力配合并投资 30 万元人民币，使各个学科的重大课题负责人能够拨号连入中科院高能所的这根专线，几百名科学家得以在国内使用电子邮件。

1994 年 4 月 20 日，NCFC 工程通过美国 Sprint 公司连入互联网的 64K 国际专线开通，实现了与互联网的全功能连接。从此中国被国际上正式承认为有互联网的国家。一个月后，中国科学院高能物理研究所设立了国内第一个 WEB 服务器，推出中国第一套网页，内容除介绍中国高科技发展外，还有一个栏目叫“Tour in China”。此后，该栏目开始提供包括新闻、经济、文化、商贸等更为广泛的图文并茂的信息，并改名为《中国之窗》。

同时，为了建设与互联网发展所需基础设施，中国开始部署、筹建全国性骨干网络。

1993 年 3 月，作为国民经济信息化的一项重要措施，当时的朱镕基副总理提出和部署建设国家公用经济信息通信网（简称金桥工程），同年李鹏总理拨出 300 万美元支持启动其前期工程，并于 1995 年 8 月初步建成，在 24 省市开通联网（卫星网），并与国际网络实现互联。

1994 年 8 月，由国家计委投资，国家教委主持的中国教育和科研计算机网（CERNET）正式立项。该项目的目标是利用先进实用的计算机技术和网络通信技术，实现校园间的计算机联网和信息资源共享，并与国际学术计算机网络互联，建立功能齐全的网络管理系统。

1994 年 9 月，原邮电部与美国商务部签订中美双方关于国际互联网的协议，协议中规定电信总局将通过美国 Sprint 公司开通 2 条 64K 专线（一条在北京，另一条在上海）。中国公用计算机互联网（CHINANET）的建设开始启动。其全国骨干网也于 1996 年 1 月建成并正式开通。

1995 年 4 月，中国科学院启动京外单位联网工程（简称“百所联网”工程）。其目标是在北京地区已经入网的 30 多个研究所的基础上把网络扩展到全国 24 个城市，实现国内各学术机构的计算机互联并和互联网相连。到 1995 年底，完成了 12 个分院到北京的连接，使京外的 80 多个研究所进入了互联网。在此基础上，网络不断扩展，逐步连接了中国科学院以外的一批科研院所和科技单位，成为一个面向科技用户、科技管理部门以及与科技有关的政府部门服务的全国性网络，取名“中国科技网”（CSTNet）。

随着 1995 年 12 月中科院百所联网工程完成和中国教育和科研计算机网（CERNET）示范工程的建设完成，中国全国性的 4 大骨干网络初具规模，并相继展开全国性的服务业务，为互联网在中国的使用、发展奠定了良好的基础。在 1997 年 10 月，中国公用计算机互联网（CHINANET）实现了与中国其他三个互联网络即中国科技网（CSTNET）、中国教育和科研计算机网（CERNET）和中国金桥信息网（CHINAGBN）的互连互通，更促进了各项互联网业务的快速发展。

1996 年年初，国务院成立信息化工作领导小组及其办公室，负责组织、协调有关部门制定国际联网的安全、经营、资费、服务等规定和标准的工作，并对执行情况进行检查监督。1997年6月3日，国务院又委托中国科学院在中国科学院计算机网络信息中心组建了中国互联网络信息中心（CNNIC），行使国家互联网络信息中心的职责，提供互联网络地址、域名、网络资源目录管理和有关的信息服务。同日，国务院信息化工作领导小组办公室宣布成立中国互联网络信息中心（CNNIC）工作委员会。同年11月，受国家主管部门的委托，中国互联网络信息中心（CNNIC）发布了第一《中国互联网发展状况统计报告》。截止到1997年10月31日，中国共有上网计算机29.9万台，上网用户62万人，CN下注册的域名4066个，WWW站点1500个，国际出口带宽25.408Mbit/s。

与此同时，中国电信业依靠国家一系列扶持通信发展的政策，取得了巨大发展。1994年初，国务院发文批准组建中国联合通信有限公司，在基础电信业务领域引入有限竞争；1998年3月，全国人大批准国务院机构改革方案，国家成立信息产业部，实现彻底的政企分开，启动电信业的重组；1999年2月，国务院通过中国电信重组方案，此后分别批复组建中国移动通信集团公司（简称中国移动）、中国电信集团公司（简称中国电信）和中国卫星通信集团公司（简称中国卫星），三大集团公司陆续挂牌。1999年4月，中国网络通信有限公司成立。2000年12月，铁道通信信息有限责任公司成立。2002年5月16日，重组后的中国电信集团公司和中国网络通信集团公司（简称中国网通）挂牌成立。经过改革重组，中国基础电信市场竞争格局初步形成。这些电信运营商分别运营带有独立国际出入口的互联网络，目前中国共有9家网络运营商（即九大互联网络单位），它们分别是：中国公用计算机互联网（CHINANET）、中国科技网（CSTNET）、中国教育和科研计算机网（CERNET）、中国联通互联网（UNINET）、中国网通公用互联网（CNCNET）、中国移动互联网（CMNET）、中国国际经济贸易互联网（CIETNET）、中国长城互联网（CGWNET）和中国卫星集团互联网（CSNET）。这9家互联网络单位通过大力发展电信基础设施建设和不断提高电信服务质量，极大地推动着中国互联网的发展，中国互联网开始进入一个高速发展阶段。到2002年底，中国已有上网计算机2083万台，WWW站点37万多个，而互联网用户达到5910万人，居世界第二位，成为名副其实的互联网大国。

（中国互联网络信息中心　王恩海）

第2章　中国互联网当前的特点

自1994年中国第一次实现了与国际互联网的全连接，使中国成为世界互联网络大家庭中的一员开始，互联网在中国已经历了8年的飞速发展。现今，无论是互联网的用户人数、互联网的基础设施，还是互联网在各行各业的广泛应用等各个方面，无不显现出互联网在中国发展的勃勃生机。由于中国政府从战略上高度重视以信息化带动工业化，积极稳妥地推进中国信息网络化建设，2002年，在世界经济形势都不乐观的情况下，中国互联网络仍保持了较快的发展。互联网用户数达到5910万。上网计算机数达到2083万，网络技术日新月异，网络基础设施建设稳步发展，短信、收费邮箱、彩信等收费网络服务正逐渐被广大网民认可和接受，门户网站宣布赢利或接近赢利，依托互联网的电子政务、远程教育等应用模式也进入了实质性的发展阶段，互联网正在伸向社会生活的每一个角落。

一、上网用户人数发展迅速，网民结构趋于合理，上网行为更加理性

CNNIC调查结果显示，截止到2002年12月31日，中国的上网用户总人数达到5910万人，和上年同期的3370万人相比增长75.4%，同1997年10月第一次调查结果62万上网用户人数相比，现在的上网用户人数已是当初的95.3倍。从1998年7月到2000年7月，上网用户人数每半年都以超过50%的比率增长。由于全球网络“泡沫”的影响，在2000年1月开始有所下降，但从2002年1月开始，上网用户人数的增长比率又逐步回升。在目前公开的各国网民数量中，中国5910万网民在世界排名第二（联合国贸易及开发会议的报告表明，到2002年年底全球网民约为6.55亿），仅次于美国，可见中国上网用户人数发展之迅速。但5910万网民在中国将近13亿的总人口中却仅占4.6%，而全球网民占全球人口的比例大概是11%，这说明尽管中国的互联网用户总数很大，但互联网络的普及程度还很低，仍有非常大的发展空间。

在网民结构方面，CNNIC最新调查结果显示，目前中国的网民仍然以男性为主体，但女性网民所占比例逐年增加，35岁以下的年轻人以及未婚者仍然是主力军，大学本科以下受教育程度的人以及低收入者占据大多数；学生、专业技术人员比从事其他职业的人要多；IT业以及教育、科研单位不再是网民集中的行业，公共管理和社会组织、批发和零售业以及制造业成为网民相对比较集中的行业。中国的网民在结构分布上还不是十分合理，但正在向着合理的方向发展。

在网民的上网行为习惯方面，CNNIC最新调查结果显示，家中仍然是网民上网的主要地点；晚上八九点钟是网民上网的高峰期；台式计算机仍然是网民上网的首选设备，

但新的上网设备正在逐渐被网民所接受；与半年前相比，网民每月花费的上网费用、每周上网时间以及每周收发的电子邮件数均有所增加，人均E-mail账号数则有所减少；越来越多的网民将获取信息作为上网最主要的目的。网民的上网行为正趋于理性，一度作为技术精英或网虫一族的互联网，正在从“玩网”人群向更大多数的“用网”人群扩大。

二、电信重组打破垄断，互联网络基础设施建设稳步发展

2002年，中国电信业在邓小平理论和“三个代表”重要思想以及“十六大”精神的指导下，认真贯彻落实党中央、国务院的“以信息化带动工业化”的决策和部署，在世界电信业发展的低潮阶段，保持了持续、快速、健康的发展势头，通信综合能力又迈上一个新的台阶。2002年5月中国电信进行了重组，在基础电信业务市场形成了中国电信、中国网通、中国移动、中国联通、中国卫星和铁通公司6家竞争的新的市场格局。互联网骨干网运营单位也相应地调整为中国电信、中国联通、中国移动、中国卫星、中国网通集团、中国教育网、中国科技网、中国国际电子商务网和中国长城互联网9家。中国的电信业将面临更加激烈的市场竞争。

在互联网络基础设施建设方面，2002年中国互联网拨号接入服务器端口数约为290万个，较2001年增长了30%。基础数据网络规模达到134万（2Mbit/s）端口，较2001年增长了32.7%；xDSL端口规模超过700万个，FTTx+LAN和HFC+Cable Modem端口数量约为1300万。到2002年底，中国电话用户总数达到4.2亿户，比上年增加9544万户，电话普及率达到33.74%，通电话行政村比例达到85.3%。光缆线路长度达到224.6万公里，比上年增加42.7万公里，其中长途光缆线路长度达到47.3万公里，本地网中继光缆线路长度达到131.6万公里。骨干传输网已步入10G时代，带宽瓶颈得到有效缓解，带宽接入网正在深入到主要城市中的居民社区；中韩、环球、亚欧、中美、亚太多条国际光缆相继建成开通，与中国建立直达电路连接的国家有美国、加拿大、澳大利亚、英国、法国、德国、日本、韩国等77个国家和地区，中国的国际联网能力明显增强。

随着互联网上各种应用的增加，窄带互联网接入已经越来越不能满足广大互联网用户的需求，宽带接入业务已成为中国互联网发展的重点。但宽带用户大多还在以浏览网页、收发电子邮件等窄带服务内容为主。2002年宽带运营商已经认识到宽带产业链中的内容匮乏已经严重制约了宽带的发展，宽带产业的价值链进一步延伸分化，从以网络运营企业为核心的“需求扩散模式”向网络运营企业、接入服务商、业务运营企业、内容供应商等相关利益主体共同合作、培育开发市场的“需求互动模式”过渡。中国电信推出了“Vnet互联星空”以及整合各省市电信“热线”网站，长城宽带架起了“长宽梦网”等，各地也出现了调动宽带产业链各环节的积极性的各种尝试，但目前宽带内容建设如VOD点播、网上游戏、远程医疗、远程教育、电子商务等仍是当务之急。

三、上网计算机数快速增长，多元化上网方式进一步发展

CNNIC调查结果显示，截止到2002年12月31日，中国的上网计算机总数已达到2083万台，和上年同期的1254万台相比增长66.1%，是1997年10月第一次调查结果29.9万台的69.7倍。其中专线上网计算机数为403万台，占19.3%，拨号上网计算机数为1480万台，占71.1%，使用其他方式上网的计算机数为200万台，占9.6%。拨号上网计算机仍为上网计算机的主流，同时专线上网和其他方式上网计算机数则呈现出比较快的增长态势，多元化的上网方式正进一步发展。

四、网站盈利手段多元化，三大门户网站业绩优良

2002年最激动人心的消息之一莫过于三大门户网站新浪、网易、搜狐先后出台的二、三季度财务报表，10月22日搜狐公布的季报显示，它提前实现了按照美国通用会计准则的全面盈利，盈利额度达到11.2万美元。11月5日，新浪发布的财务报告称，上季度新浪的净营业收入达到1030万美元，较上年同期增加71%，达历史最高值；按试算额计算，新浪在历史上首次实现盈利24.1万美元，而上年同期的数字为亏损290万美元。11月6日，网易公布的季报显示，2002年第三季度网易收入总额达到7440万元人民币（900万美元），较上一季度增长93.3%，营业利润达310万美元，毛利率达67.6%，创历史最高。业内人士认为，与以往网站大面积亏损相比，作为中国网络经济晴雨表的三大门户网站如此良好的业绩在一定程度上说明中国网络业的整体发展现状正在改善。

而且与以往单纯依赖广告收入不同，网络公司赢利手段正日趋多元化，包括网络广告、企业服务、收费邮箱、网络游戏、短信服务，甚至是网络教育等。从三大门户网站2002年第三季度财务报表来看，网易的非广告收入已占总收入的86%，搜狐占51%，而新浪则占38%。网络公司通过推出新形态网络广告、实施信息内容及网络服务收费、提供手机短信服务、开拓在线娱乐市场等，大大提高了自己的生存能力。

其中最火爆的应该是手机短信业务，来自各大网站的财务报告显示，以短信为主的非广告收入在这些网站总收入中的份额不断增加，搜狐和网易这部分收入占总收入的比例已经超过了一半。另据CNNIC统计结果显示，至2002年12月中国网民中经常使用互联网短信服务的比例为8.8%，前景非常可观。显然，给网站带来不少利润的短信业务已经成为网站生命中不可或缺的部分。据统计，2002年的中国短信市场已经达到35亿元。

与此同时，彩信也显露出了其惊人的成长性和诱惑力。2002年10月1日，中国移动的MMS业务正式定名“彩信”并投入商用。越来越多的人购买了诺基亚7650、松下GD88等支持MMS的手机，彩信业务在2002年岁末的两个月中获得急速增长。彩信将可能成为2003年极具诱惑力的产品之一。

可见，网络公司正逐步建立起真正属于自己的切实可行的商业模式，信息网络化的基础条件日渐成熟，中国网络信息服务市场浮出盈亏水平线，进入可商业开发阶段。网站服务已经走过亏损阶段而步入赢利时期，预计不久的将来它还将进入高速增长阶段。

五、电子政务建设进一步发展

2002年国家对电子政务给予了更高的重视，这一年也被一些媒体称为中国的电子政务年。2002年7月中共中央政治局常委、国务院总理、国家信息化领导小组组长朱镕基主持召开国家信息化领导小组第二次会议。会议讨论通过了《国民经济和社会信息化专项规划》、《关于中国电子政务建设的指导意见》，朱镕基指出，要适应时代进步和世界发展的新形势，从中国现代化建设全局和战略高度出发，大力推进国民经济和社会信息化，要发挥中国智力资源优势，加快发展软件产业，要抓好电子政务，推动其他领域的信息化。他强调，加快信息化建设，必须以规划为指导，加强统筹协调，突出发展重点，务必注重实效，防止重复建设，切实打好基础，努力走出一条有中国特色的信息化道路。此次会议提出了，“十五”期间中国电子政务建设的目标是，初步建成标准统一、功能完善、安全可靠的政务信息网络平台；重点业务系统建设，基础性、战略性政务信息库建

设取得实质性成效，信息资源共享程度有较大提高；初步形成电子政务安全保障体系，人员培训工作得到加强，与电子政务相关法规和标准的制定取得重要进展。同时会议强调，发展电子政务，要按照统一规划和标准，明确目标，分类指导，分层推进，分步实施。要从实际出发，需求主导，突出重点，不搞“花架子”，绝不能“刮风”。发展电子政务，还要体现改革精神，要有前瞻性，充分考虑建立和完善社会主义市场经济体制的要求。

为了组织实施国民经济和社会信息化专项规划，推进电子政务建设，在 2002 年 7 月 26 日召开的全国信息化工作电视电话会议上，国家信息化领导小组副组长兼国务院信息化办公室主任、国家计委主任曾培炎做了主题为“贯彻落实国家信息化领导小组两次会议的精神，统一认识，总结经验，部署工作，积极稳健的推进中国的信息化工作”的报告。这标志着中国的电子政务建设进入了一个新的阶段。

仿照国家信息化领导小组，各个地方、各个部门也都建立了本地区、本部门的信息化领导小组，很多机构还设立了专门的信息化工作办公室。所有的省、直辖市和自治区都制订了专门的信息化规划或电子政务规划，绝大多数中央一级的部门制订了专门的电子政务规划。

但中国电子政务建设中也存在着一些问题：比如电子政务与政府上网之间缺乏有机结合，“空网站”、“死网站”较多，电子政务管理流程不配套，有“电子”无“政务”的现象比较普遍，部门和地方之间的电子政务网络互连互通非常困难；正确处理信息安全与应用之间的关系，还没有真正落实到各个部门的政务应用中；电子政务建设与行政管理体制改革还缺乏深入的结合等。

因此要解决上述问题还必须进一步深化电信体制改革，降低电信服务资费，从根本上解决电子政务建设中的自建不连不通的网络的倾向，同时在发展业务应用的基础上，充分发挥电子政务在推进政府职能转变方面的作用，使电子政务与政府机构改革相辅相成，切实加强电子政务的领导，进一步健全电子政务的领导体制，在部门和地方设立专门负责信息化或电子政务的日常工作机构，为迈入信息社会打下真正重要的基础。

六、网络服务收费大势所趋，免费网络时代将成历史

2002 年从年初到年底，各种互联网收费业务如雨后春笋般的冒出来，其中最引人瞩目的当属电子邮箱收费问题。3 月 18 日，263 网络集团宣布，对自己的电子邮件系统收费，与其他 ISP 不同的是，263 同时中止了原来的所有免费电子邮件信箱，这一举措立刻成为众矢之的，长达数月，波及全国的“电子邮箱应不应该收费”的大论战由此展开。从 2001 年开始的邮箱收费讨论至此终于形成大爆发之势。不过在几个月的喧嚣过去之后，收费邮箱已然被广大的互联网用户欣然接受，不管是新浪、还是 263，各家的收费邮箱运营都非常正常。263 在全面收费之后到现在，已经达到每天 2000～5000 的用户增长，目前收费邮箱用户已经超过 70 万，为公司带来直接的利益。邮箱收费不仅没有伤害到互联网公司的利益和形象，反而为各自网站的赢利作出了相当大的贡献。

CNNIC 调查结果显示，对“电子邮箱服务由免费转向收费”表示可以理解和完全接受的用户已由 2002 年 7 月统计的 58.5%，上升至 2002 年 12 月统计的 66.6%，说明网民的信息消费意识正日趋成熟。网络服务从免费到付费，正逐渐被网民所接受。网上教育、网上金融、网络游戏、网上短信、铃声下载等一系列收费服务赢得了越来越多的消费者。

网民不再只是飘浮在网络上的一个个充满不确定性的“眼球”，通过各种便捷有效的支付手段，一个个忠实的信息消费客户群体正在形成，免费的互联网时代将越去越远，信息服务和消费的市场将会越来越广阔。

七、互联网络管理相关政策法规逐步建立健全，网上知识产权问题得到重视和解决

2002 年政府主管部门在互联网管理方面制定了一系列的相关政策法规，使互联网络管理的法制化、规范化得到逐步加强。

为了加强国际通信出入口局管理，维护国家利益，促进国际通信健康、有序地发展，信息产业部制定了《国际通信出入口管理办法》（简称《办法》），规定在中国境内从事国际通信业务，必须通过信息产业部批准设立的国际通信出入口进行；未经信息产业部批准，任何单位和个人不得以任何形式设置国际通信出入口。《办法》明确指出，获准设置国际通信信道出入口的电信业务经营者，有义务向获准设立国际通信业务出入口的电信业务经营者提供国际通信传输信道，不得对其采取歧视性措施；不得向未获准设置国际通信业务出入口的电信业务经营者提供国际通信传输信道。设置国际通信信道出入口的电信业务经营者，可以向用户出租国际通信传输信道专线，并集中建立用户档案；该国际通信传输信道专线只能在规定的业务范围内用于点对点的通信，并仅供用户内部使用，不得用于经营电信业务。

为适应电信业务发展，信息产业部对《电信业务分类目录》进行了调整。新的《目录》不仅公布了电信业务的具体名称，而且对每一个业务都给出了详细的业务界定，从技术和管理等方面对各种电信业务进行了定义和要求，这为电信管制部门和运营商提供了一个公开、明确的业务界定，顺乎电信业务不断创新和发展的要求，为电信业务经营拓展了较大的空间，有利于繁荣业务，推动市场发展。

随着中国信息化的推进和全球经济一体化的加剧，国内外用户对 CN 域名的注册需求也迅速增长。为满足用户需求，信息产业部于 2002 年 8 月 1 日颁布了新的《中国互联网络域名管理办法》，并于 9 月 30 日开始正式实施。新办法与国际全面接轨，简化注册手续，减少域名层次，改革服务体系。用户可以足不出户，通过互联网即可完成域名申请。同时，由于开放二级域名，用户可以选择注册更为简短易记的域名。另外，由于 CN 域名还具有域名资源丰富、纠纷适用中国法律、运行安全稳定等优点，更是受到了用户的青睐。新的域名管理政策实施以来效果显著，CN 域名注册数量在 2002 年 12 月单月激增 2.5 万，截止到 2003 年 1 月 2 日，总数已达到 173790 个。较之 9 月 30 日新办法实施之前 13 万个而言，域名数量在短短 3 个月增长了 30%，从根本上扭转了从近两年来中国 CN 域名注册数量的停滞状况。业内专家认为，这一数据同时也说明了广大用户对 CN 域名价值的认可。

2002 年北京蓝极速网吧的一场大火让关于互联网上网服务场所的管理再次成为人们的议题，11 月 15 日，一部规范互联网上网服务场所经营秩序、保护青少年健康成长的新《互联网上网服务营业场所管理条例》正式在全国贯彻实施。规范从各方面对互联网上网服务场所进行了规定和制约。《互联网上网服务营业场所管理条例》实施以来，互联网服务场所的管理得到了极大的规范。

为保护网上的知识产权，12 月 16 日，中国移动与中国音乐著作权协会正式签署了一份合作备忘录，就移动梦网音乐著作权使用授权一事定出规范，并出台了针对涉及音

乐著作权相关移动业务的管理办法。新浪、搜狐、网易等 13 家网站也同时签订了相关的音乐著作权许可使用协议。

为进一步加强互联网出版监督管理，规范互联网出版工作，明确互联网出版机构的权利和义务，促进中国互联网出版事业健康、有序地发展，新闻出版总署和信息产业部联合出台了《互联网出版管理暂行规定》，并于 8 月 1 日起正式开始实施。该规定中明确提出，从事互联网出版活动，必须经过批准。未经批准，任何单位或个人不得开展互联网出版活动。

8 月 16 日至 18 日，在“2002 中国网络媒体论坛”上 112 家参会单位签署了《保护网络作品权利信息公约》，该公约为网络媒体的署名及权利信息的标注问题提供了一个可行准则，迈出了网络媒体版权规范化的新一步。

作为中国互联网领域的权威行业组织，中国互联网协会于 2002 年 3 月与人民网、新华网、千龙新闻网、新浪网、搜狐公司、263 网络集团等 131 家互联网行业从业单位共同发起实施《中国互联网行业自律公约》，到年底，全国已有 1200 多家互联网行业从业单位自发签署并加入了该《公约》。行业自律的实施和推进，标志着中国互联网行业朝着健康有序的方向迈出了步伐。

总之，这一系列互联网相关政策法规的实施，正逐步使中国的互联网管理走向法制化、正规化的轨道，将会极大促进中国互联网的进一步快速发展。

八、中国承办 ICANN 会议，吸引全球互联网业界注意

2002 年 10 月 26 日至 10 月 31 日，中国互联网络信息中心（CNNIC）和中国互联网协会在上海成功承办了 ICANN（国际互联网络名字与编号分配公司）会议。这是 ICANN 会议第一次在中国举行。共有 70 多个国家和地区的约 550 位专家参加了此次全球互联网的盛会，它也是历次 ICANN 会议规模最大的一次，反映了中国互联网的高速发展对全球互联网业界的巨大吸引力。本次会议极大促进了国内互联网业界与国际同行的交流，加强了国际社会对中国的了解，有助于增加中国的国际影响，同时使来自国外的公司看到中国互联网的发展状况和巨大潜力，对中国市场更有信心，有助于促进对中国的投资，从而加快中国的互联网络发展建设。

九、远程教育转轨，振兴远程教育任重道远

现代远程教育是基于网络传播和其他方式传播相结合而产生的一种新的教育方式，自 1999 年以来，教育部已先后 3 次批准 67 所高等院校开展了现代远程教育试点工作，现有在读学生超过百万。中国的现代远程教育目前已覆盖了包括新疆、西藏在内的中国大部分地区。但在远程教育呈“爆炸式”发展的过程中，也出现了定位不明、质量难以保证等问题，且这些问题日益受到社会各界的普遍关注。针对网络学院的“变相扩招”，2002 年教育部决定各网络学院明年起停招全日制学生，回归到继续教育的轨道上。

但转轨不等于停滞，远程教育仍是迅速发展中国高等教育并使之由精英教育转变为大众教育的惟一途径，远程教育在中国仍有巨大的发展空间。目前仅有的 67 家开展远程教育的高校，远远不能满足实际需要。预计 2005 年全国高校将全部建立校园网，网络教育注册学生将达 500 万；在基础教育领域，根据“校校通”工程的通知，将在 5～10 年时间内实现全国 90%的中小学校上网；全国每年有超过 1000 万的下岗职工，再就业培训需求极大；此外，各类专业培训需求也将层出不穷。

2002 年 11 月，教育部决定投资 3.6 亿元振兴远程教育，并在 3 年内拿出 7000 万元用于西部远程教育的建设。这是教育部把网络教育作为“平衡东西部教育水平”的重要举措之一。同时，教育部已投资 1.8 亿元用于中国教育和科研计算机网（CERNET）卫星网和地面网的扩建改造。截至 2002 年底为止，绝大多数“211 工程”高校都建设了技术水平比较先进的校园网，而且接入了 CERNET。校园网的建设不仅为高校科研、管理工作提供了快捷方便的信息服务，而且实现了教育时间和空间、教学内容、手段和形式的进一步开放，使高等教育以现代化手段加快满足国家经济建设和社会发展对高层次人才的增长需求。教育部有关领导强调，将来网络有了足够的带宽，加快了传输速度，互联网用户更加普及，网络大学将成为获得学历文凭的一个重要的途径。整个社会将步入学习化和终身教育的社会，每个人通过网络各取所需，享受到最方便、最系统的“自助教育”。

现在教育部对网络教育学院管理所做出的规范，是一次整顿、一次纠偏，中国网络教育的前景仍是美好的，振兴中国远程教育将任重道远。

综上所述，2002 年，在中国政府的高度重视和积极推动下，中国的互联网络发展获得了长足的进步，各项网络事业蓬勃兴起，并正在逐步走上理性、务实、稳健的发展道路。2002 年发生的一切都印证了中国互联网源于应用，兴于应用，前途仍在应用这个事实。

（中国互联网络信息中心　李英姝）

第3章　中国互联网络发展状况统计报告
（2003年1月）

3.1　调查背景

中国互联网络上网计算机数、用户人数、用户分布、信息流量分布、域名注册等方面情况的统计信息，对国家和企业动态掌握互联网络在中国的发展情况，提供决策依据有着十分重要的意义。1997 年，经国家主管部门研究，决定由中国互联网络信息中心（CNNIC）联合 4 个互联网络单位来实施这项统计工作。CNNIC 于 1997 年、1998 年、1999 年、2000 年、2001 年和 2002 年分别发布了“中国互联网络发展状况统计报告”。统计报告发表后，受到各个方面的重视，被国内外用户广泛引用，并且不断有用户要求 CNNIC 提供最新的统计报告。为了使这项工作制度化、正规化，从 1998 年起 CNNIC 决定于每年 1 月和 7 月发布统计报告。其即时性和权威性已得到业界公认，本次为 CNNIC 第十一次调查。

值得说明的是，该项工作得到了政府及相关单位的大力支持，信息产业部电信管理局等国家主管部门签发文件，要求各相关单位配合 CNNIC 的统计调查工作，各互联网单位、调查支持网站以及媒体等也对 CNNIC 给予了支持与配合，使得中国互联网络发展状况统计调查工作得以顺利进行。

3.2　调查内容

第十一次中国互联网络发展状况统计调查的主要内容如下所述。

① 中国互联网络发展的宏观概况，包括：

- 中国上网计算机数；
- 中国上网用户人数；
- CN 下注册的域名数及其地域分布情况；
- WWW 站点数及其域名、地域分布；
- 中国国际出口带宽总量。

② 中国互联网络用户的相关情况，包括：

- 用户基本特征（如性别、年龄、婚姻状况、文化程度、收入状况等）；
- 用户使用网络情况和上网习惯；

- 用户对一些热点问题的看法。

3.3 概念说明

① 网民。CNNIC 对网民的定义为：平均每周使用互联网至少 1h（小时）的中国公民。

② 网站。指有独立域名的 Web 站点，其中包括 CN 和通用顶级域名（gTLD）下的 Web 站点。此处的独立域名指的是每个域名最多只对应一个网站“WWW.+域名”。如：对域名 cnnic.net.cn 来说，它只有一个网站 www.cnnic.net.cn，并非它有 whois.cnnic.net.cn、dns2.cnnic.net.cn......等多个网站，它们只被视为网站 www.cnnic.net.cn 的不同频道。

③ 上网计算机。指至少有一人通过该台计算机连入互联网络。

④ 除非明确指出，本报告中的数据均不包括中国香港、澳门、台湾地区在内。

说明：本次调查统计数据截止日期为 2002 年 12 月 31 日。

3.4 调查结果

3.4.1 中国互联网络发展的宏观概况

（一）中国上网计算机数（见表 3.1）

表 3.1 中国上网计算机数

上网计算机总数	专线上网计算机数	拨号上网计算机数	其他方式上网计算机数
2083 万	403 万	1480 万	200 万

（二）中国上网用户人数：

1．按上网方式划分（见表 3.2）

表 3.2 中国上网用户人数

上网用户总数	专线上网用户数	拨号上网用户数	ISDN 上网用户数	宽带上网用户数
5910 万	2023 万	4080 万	432 万	660 万

注 1：通过多种方式上网的用户被重复计入各种上网方式中，故各种方式上网用户数之和大于上网用户总数。

注 2：专线上网用户指通过以太网方式接入局域网，然后再通过专线的方式接入互联网的用户。

注 3：宽带上网用户指使用 ADSL、Cable Modem 等方式上网的用户。

2．除计算机外同时使用其他设备（移动终端、信息家电）上网的用户人数为 153 万。

（三）CN 下注册的域名数（见表 3.3）

表 3.3　**CN 下注册的域名数**

	AC	COM	EDU	GOV	NET	ORG	行政区域名	合计
数量	1728	133796	1629	7796	20234	9587	4774	179544
百分比	1.0%	74.5%	0.9%	4.3%	11.3%	5.3%	2.7%	100%

各类域名所占的比例如图 3.1 所示。

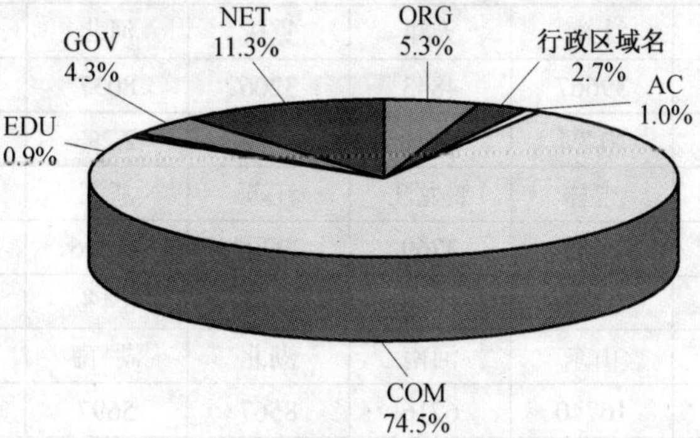

图 3.1　各类域名所占的比例示意

CN 域名的地域分布(不含 EDU)，如表 3.4 所示

表 3.4　**CN 域名的地域分布**

	北京	上海	天津	重庆	河北	山西	内蒙
域名数量	59491	15412	2554	1541	3338	1008	943
百分比	33.44%	8.66%	1.44%	0.87%	1.88%	0.57%	0.53%
	辽宁	吉林	黑龙江	江苏	浙江	安徽	福建
域名数量	4700	1321	1562	8892	6922	1824	3836
百分比	2.64%	0.74%	0.88%	5.00%	3.89%	1.02%	2.16%
	江西	山东	河南	湖北	湖南	广东	广西
域名数量	872	5931	2457	5473	1468	24666	1358
百分比	0.49%	3.33%	1.38%	3.08%	0.82%	13.86%	0.76%
	海南	四川	贵州	云南	西藏	陕西	甘肃
域名数量	757	2882	540	1472	211	3588	611
百分比	0.42%	1.62%	0.30%	0.83%	0.12%	2.02%	0.34%
	青海	宁夏	新疆	香港	台湾	国外*	
域名数量	141	440	1328	1806	70	8500	
百分比	0.08%	0.25%	0.75%	1.01%	0.04%	4.78%	

* 注：“国外”项是指国外注册服务机构负责注册的 CN 域名数。

（四）WWW 站点数（包括.CN、.COM、.NET、.ORG 下的网站）约 371600 个

1．WWW 站点的域名类别分布情况，如表 3.5 所示。

表 3.5　　WWW 站点的域名类别分布情况

	AC.CN	COM (.CN)	EDU .CN	GOV .CN	NET (.CN)	ORG (.CN)	行政区域名 .CN	合计
	425	291323	略	6148	54156	17831	1717	371600
百分比	0.1%	78.3%		1.7%	14.6%	4.8%	0.5%	100.0%

2. WWW 站点的地域分布情况，如表 3.6 所示。

表 3.6　　WWW 站点的地域分布情况

	北京	上海	天津	重庆	河北	山西	内蒙
	75066	39667	4843	3206	8037	1959	2014
百分比	20.2%	10.7%	1.3%	0.9%	2.2%	0.5%	0.5%
	辽宁	吉林	黑龙江	江苏	浙江	安徽	福建
	12567	2682	3769	29202	31216	4568	13690
百分比	3.4%	0.7%	1.0%	7.9%	8.4%	1.2%	3.7%
	江西	山东	河南	湖北	湖 南	广东	广西
	1971	16740	6216	8567	5697	70192	3082
百分比	0.5%	4.5%	1.7%	2.3%	1.5%	18.9%	0.8%
	海南	四川	贵州	云南	西藏	陕西	甘肃
	1399	11557	1093	2959	947	3132	1333
百分比	0.4%	3.1%	0.3%	0.8%	0.3%	0.8%	0.4%
	青海	宁夏	新疆	香港*	台湾*	澳门*	
	316	691	1711	1312	177	22	
百分比	0.1%	0.2%	0.5%	0.3%	0.0%	0.0%	

* 注：这三项分别指中国香港、台湾、澳门在中国内地开通的 WWW 站点数，并非这三地所拥有的全部 WWW 站点数。

（五）中国国际出口带宽的总量

中国国际出口带宽的总量为：9380Mbit/s。连接的国家有美国、加拿大、澳大利亚、英国、德国、法国、日本和韩国等。分布情况如下。

- 中国科技网（CSTNET）：55Mbit/s
- 中国公用计算机互联网（CHINANET）：5147Mbit/s
- 中国教育和科研计算机网（CERNET）：259Mbit/s
- 中国联通互联网（UNINET）：1093Mbit/s
- 中国网通公用互联网(CNCNET)：2469Mbit/s
- 中国国际经济贸易互联网（CIETNET）：2Mbit/s
- 中国移动互联网（CMNET）：355Mbit/s
- 中国长城互联网（CGWNET）：（建设中）
- 中国卫星集团互联网（CSNET）：（建设中）

（六）中国 IP 地址总数

中国内地 IP 地址总数为：2900224 个[1,2]

- 中国台湾地区 IP 地址总数为：7851264 个
- 中国香港特区 IP 地址总数为：3420672 个
- 中国澳门特区 IP 地址总数为：36864 个

负责亚太地区 IP 地址的分配与管理的机构是亚太互联网络信息中心（简称 APNIC），它在亚太地区许多国家拥有成员单位。其中 APNIC 分配给中国内地的成员的 IP 地址情况如表 3.7 所示。

表 3.7　中国内地的 APNIC 成员的 IP 地址情况

单位名称	地址数	折合数
中国电信集团公司	10829824	165B+64C
中国互联网络信息中心（CNNIC）[4]	6225920	95B
中国教育和科研计算机网	5742592	87B+160C
中国网络通信集团公司[5]	4071424	62B+32C
中国移动通信集团公司[6]	889856	13B+148C
中国网络通信(控股)有限公司	720896	11B
吉通网络通信股份有限公司[7]	270336	4B+32C
中信网络管理有限公司	65536	1B
中国经济信息网	49152	192C
广东盈通网络投资有限公司	16384	64C
上海网宿科技发展有限公司	12288	48C
广州光通通信发展有限公司	8192	32C
北京英纳特网络研究所	8192	32C
中国工程技术信息网	8192	32C
上海英特耐特网络信息技术有限公司	7168	28C
广东鹰联通	4096	16C
上海优特交互网	2048	8C
其他[8]	70144	1B+18C
总　计	29002240	442B+138C

注 1：此处 IP 地址为 IPv4 类地址。

注 2：数据来源：APNIC（网址：http://www.apnic.net/）。

注 3：表中所列并非中国内地在 APNIC 的所有成员。

注 4：表中 CNNIC 的地址是 CNNIC 申请到的 IP 地址数，但并非归 CNNIC 所有，而是将之再分配给 CNNIC 的 IP 地址分配联盟成员，主要单位见表 3.8。

注 5：此处中国网络通信集团公司的 IP 地址数不包括中国网络通信(控股)有限公司和吉通网络通信股份有限公司的 IP 地址数。

注 6：此处中国移动通信集团公司的 IP 地址数未包括表 3.8 中由 CNNIC 分配给中国移动通信集团公司的 IP 地址 32768 个，故中国移动通信集团公司拥有的 IP 地址总数为 922624 个。

注 7：此处吉通网络通信股份有限公司的 IP 地址数未包括表 3.8 中由 CNNIC 分配给吉通网络通信股份有限公司的 IP 地址 98304 个，故吉通网络通信股份有限公司拥有的 IP 地址总数为 368640 个。

注 8：表中的“其他”是指注册日期比较早，无法判断其归属单位的 IP 地址数。

CNNIC 的 IP 地址分配联盟成员的 IP 地址情况，如表 3.8 所示。

表 3.8　CNNIC 的 IP 地址分配联盟成员的 IP 地址情况

单位名称	地址数	折合数
中国联合通信有限公司	1875968	28B+160C
铁道通信信息有限责任公司	458752	7B
长城宽带网络服务有限公司	393216	6B
上海市有线网络有限公司	155648	2B+96C
北京歌华有线电视网络股份有限公司	147456	2B+64C
首都在线科技发展有限公司	147456	2B+64C
中广有线信息网络有限公司	139264	2B+32C
首创网络有限公司	139264	2B+32C
北京世纪互联数据中心有限公司	122880	1B+224C
吉通网络通信股份有限公司	98304	1B+128C
中企网络通信技术有限公司	98304	1B+128C
中国科技网	90112	1B+96C
金汉王系统工程有限公司	90112	1B+96C
北京市电信通网络技术有限公司	86016	1B+80C
北京畅捷网络通讯有限公司	81920	1B+64C
北京中电飞华通信有限公司	81920	1B+64C
北京博升拓网络技术有限责任公司	73728	1B+32C
中国国际电子商务中心	73728	1B+32C
北京教育网	65536	1B
中广亚广播信息网络有限公司	65536	1B
山东百灵科技信息有限公司	57344	224C
广东国讯互联网信息产业发展有限公司	49152	192C
北京首信网创网络信息服务有限责任公司	40960	160C
中国移动通信集团公司	32768	128C
中华通信系统有限责任公司	28672	112C
北京飞华通信技术有限公司	24576	96C
北京国研信息科技有限公司	24576	96C
上海环球信息网络有限公司	24576	96C
重庆信息港宽带网络有限公司	24576	96C
北京瑞通通信工程有限公司	16384	64C
广东视讯宽带网服务中心	16384	64C
广东金科信息网络中心	16384	64C
广东恒敦技术开发有限公司	16384	64C

续表

单位名称	地址数	折合数
上海国通网络数据中心有限责任公司	16384	64C
江苏信息网络中心	16384	64C
深圳市天威数据网络股份有限公司	16384	64C
太原有线电视网络有限公司	16384	64C
其他[9]	1302528	19B+224C
总　计	6225920	95B

注9：由于CNNIC的IP地址分配联盟成员比较多，无法在此一一列出，仅列出地址数量较多者，此“其他”值即CNNIC未列出的其他联盟成员的IP地址之和。

3.4.2　网民状况调查结果

（一）用户个人信息

*1. 用户的性别：男性占59.3%，女性占40.7%，如图3.2所示。

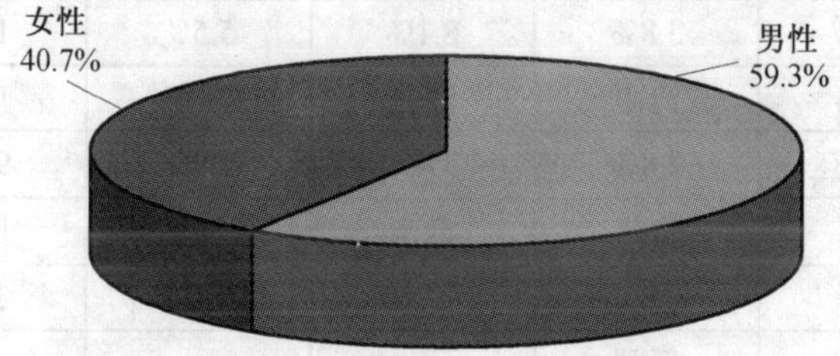

图3.2　网民性别分布示意

*2. 用户的年龄分布如表3.9、图3.3所示。

表3.9　网民的年龄分布

18岁以下	18～24岁	25～30岁	31～35岁	36～40岁	41～50岁	51～60岁	60岁以上
17.6%	37.3%	17.0%	10.2%	7.4%	6.8%	2.8%	0.9%

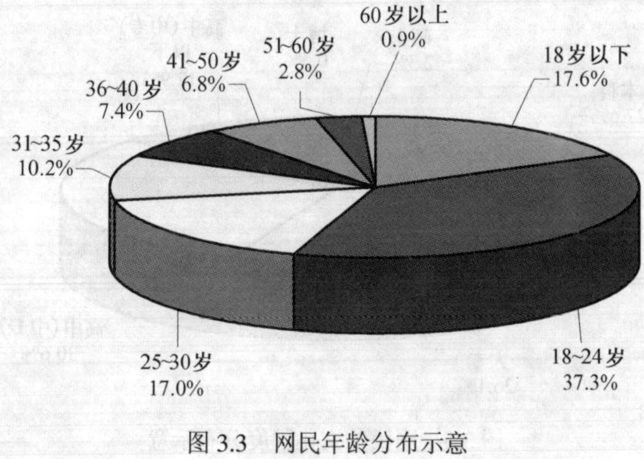

图3.3　网民年龄分布示意

*3．用户的婚姻状况：未婚占 57.8%，已婚占 42.2%。如图 3.4 所示。

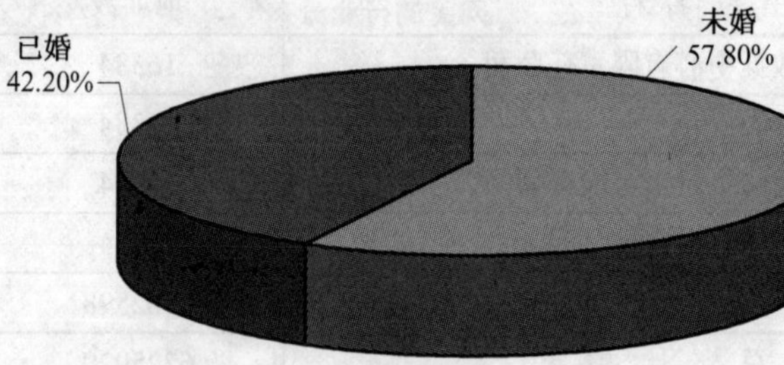

图 3.4　网民的婚姻状况分布示意

*4．用户的地域分布，如表 3.10 所示。

表 3.10　　网民的地域分布

北京	上海	天津	重庆	河北	山西	内蒙
6.6%	7.1%	2.3%	2.5%	3.7%	1.6%	1.2%
辽宁	吉林	黑龙江	江苏	浙江	安徽	福建
4.8%	2.4%	3.8%	8.1%	5.5%	1.9%	3.8%
江西	山东	河南	湖北	湖南	广东	广西
2.0%	6.5%	2.8%	5.4%	2.9%	9.5%	2.0%
海南	四川	贵州	云南	西藏	陕西	甘肃
0.4%	5.2%	0.8%	1.7%	0.1%	2.2%	1.2%
青海	宁夏	新疆				
0.3%	0.3%	1.4%				

*5．用户的文化程度如表 3.11、图 3.5 所示。

表 3.11　　网民的文化程度

高中(中专)以下	高中(中专)	大专	本科	硕士	博士
12.9%	30.6%	26.1%	27.6%	2.3%	0.5%

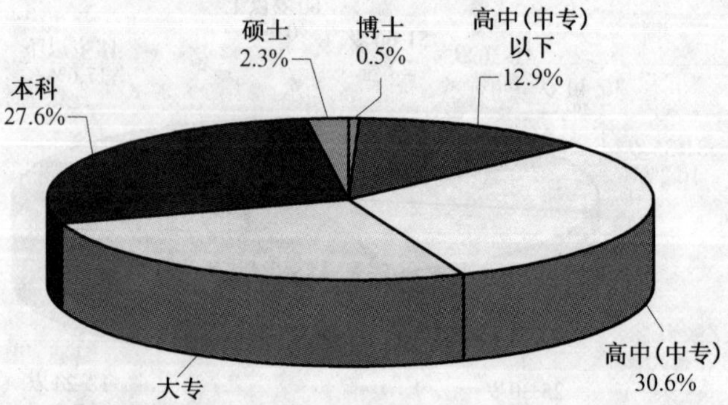

图 3.5　网民的文化程度分布示意

*6. 用户的行业分布（不包括军人、学生和无业人员）如表 3.12 所示。

表 3.12　网民的行业分布

公共管理和社会组织	交通运输、仓储业	邮政业	IT 业
12.5%	4.7%	0.8%	10.3%
批发和零售业	餐饮业	金融业	房地产业
11.8%	1.2%	6.1%	1.6%
居民服务业	旅游、旅馆业	娱乐业	咨询服务业
4.1%	1.0%	1.0%	2.3%
广告业	租赁等其他商务服务业	卫生、社会保障和社会福利业	文化艺术业
1.0%	1.4%	3.0%	1.0%
体育业	新闻、出版、广播、电视、电影和音像业	教育	科学研究
0.2%	1.1%	10.6%	1.0%
专业技术服务业	制造业	建筑业	环境和公共设施管理业
1.9%	11.1%	3.9%	0.4%
农、林、牧、渔业	采矿业	电力、燃气及水的生产和供应业	地质勘查业
1.7%	0.8%	2.9%	0.1%
水利管理业	国际组织	其他	
0.1%	0.2%	0.2%	

*7. 用户的职业分布如表 3.13 所示。

表 3.13　网民的职业分布

国家机关、党群组织工作人员	企事业单位管理人员	专业技术人员	教师
8.0%	8.9%	15.7%	6.2%
办事员等协助人员	商业、服务业人员	农、林、牧、渔工作人员	生产、运输设备操作人员及有关人员
10.3%	10.3%	1.0%	6.2%
军人	学生	无业	其他
0.9%	28.0%	4.0%	0.5%

*8. 用户的个人月收入如表 3.14 所示。

表 3.14　网民的个人收入状况

500 元以下	501～1000 元	1001～1500 元	1501～2000 元	2001～2500 元	2501～3000 元
23.5%	20.9%	15.4%	8.2%	5.1%	3.8%
3001～4000 元	4001～5000 元	5001～6000 元	6001～10000 元	10000 元以上	无收入
3.1%	1.3%	0.7%	0.7%	0.8%	16.5%

（二）用户使用网络情况和上网习惯

*1．用户上网的主要地点（多选题）如表 3.15、图 3.6 所示。

表 3.15　用户上网的主要地点

家中	单位	学校	网吧、网校、网络咖啡厅	公共图书馆	移动上网，地点不固定	其他
62.6%	42.5%	20.2%	19.4%	0.6%	0.5%	0.4%

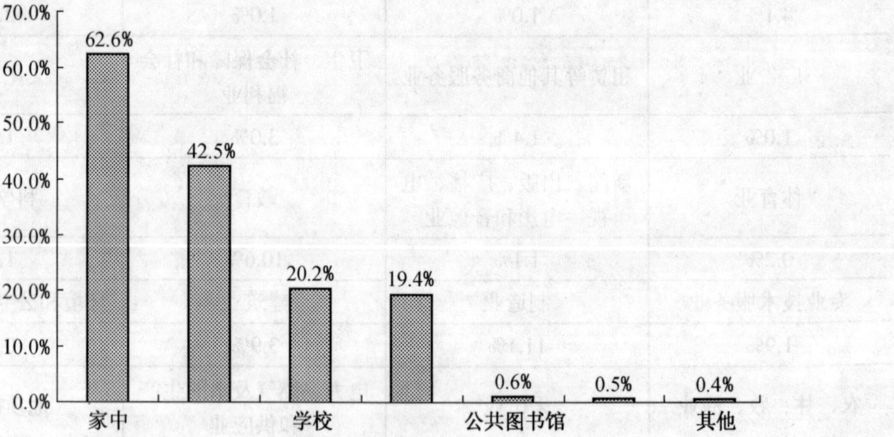

图 3.6　用户上网地点示意

*2．用户每月实际花费的上网费用如表 3.16 所示。

表 3.16　用户上网每月的实际花费状况

低于 50 元	51～100 元	101～200 元	201～300 元	301～400 元	401～500 元	500 元以上
39.5%	30.6%	21.9%	4.4%	1.5%	0.9%	1.2%

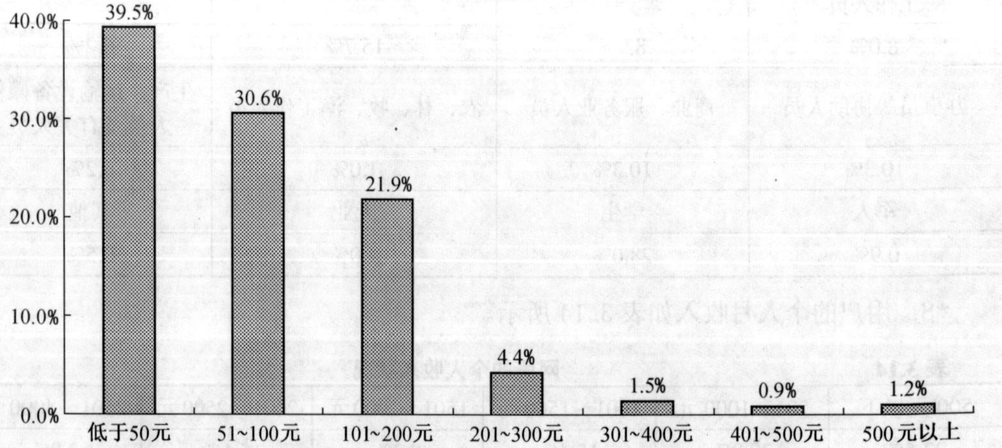

注：此费用指的是上网费和用于上网的电话费，不包括其他的日常电话费用

图 3.7　用户上网每月的实际花费示意

*3. 用户平均每周上网时间：9.8 小时。

*4. 用户平均每周上网天数：3.4 天。

*5. 用户通常在什么时间上网（多选题），如表 3.17 所示。

表 3.17 用户上网的时间分布

0 点	**1 点**	**2 点**	**3 点**
12.8%	5.4%	4.3%	2.8%
4 点	**5 点**	**6 点**	**7 点**
2.3%	1.9%	1.9%	2.8%
8 点	**9 点**	**10 点**	**11 点**
8.8%	15.2%	16.1%	13.3%
12 点	**13 点**	**14 点**	**15 点**
14.1%	16.5%	22.1%	23.0%
16 点	**17 点**	**18 点**	**19 点**
20.2%	16.9%	16.6%	29.3%
20 点	**21 点**	**22 点**	**23 点**
41.5%	40.3%	32.3%	19.9%

*6. 用户拥有 E-mail 帐号平均值：1.5。其中免费 E-mail 帐号平均值：1.2。

*7. 用户平均每周收到电子邮件数(不包括垃圾邮件)：7.7。收到垃圾邮件数：8.3。发出电子邮件数：5.5。

*8. 用户上网最主要的目的。

- 获取信息：53.1%
- 学习：4.8%
- 学术研究：1.0%
- 休闲娱乐：24.6%
- 情感需要：1.1%
- 交友：7.0%
- 获得各种免费资源（如免费邮箱、个人主页空间、各种免费资源下载等）：1.9%
- 对外通信、联络（如收发邮件、短信息、传真等）：3.8%
- 炒股：1.1%
- 网上购物：0.1%
- 商务活动：1.0%
- 追崇时尚、赶时髦、好奇：0.3%
- 其他：0.2%

9. 用户经常使用的网络服务（多选题）。

- 电子邮箱：92.6%
- 新闻组：21.3%

- 搜索引擎： 68.3%
- 软件上传或下载服务： 45.3%
- 信息查询： 42.2%
- 网上聊天（聊天室、QQ、ICQ 等）： 45.4%
- BBS 论坛、社区、讨论组等： 18.9%
- 免费个人主页空间： 6.8%
- 电子政务： 1.9%
- 网上游戏： 18.1%
- 网上购物： 11.5%
- 短信服务： 8.8%
- 网上教育： 8.9%
- 电子杂志： 9.5%
- 网络电话： 1.0%
- 网上医院： 0.7%
- 网上银行： 3.6%
- 网上炒股： 5.5%
- 网上拍卖： 0.9%
- 票务、旅店预定： 0.8%
- 视频会议： 0.3%
- VOD 点播： 5.6%
- 网上直播： 3.6%
- 多媒体娱乐（MP3、FLASH 欣赏等）： 13.4%
- 远程登录： 1.1%
- 信息发布： 3.3%
- 网上推广： 0.9%
- 网上销售： 1.2%
- 信息化系统（ERP、CRM、SCM）： 1.2%
- 其他： 0.1%

10. 用户在网上经常查询哪方面的信息（多选题）。

- 新闻： 78.0%
- 计算机软硬件信息： 53.4%
- 休闲娱乐信息： 44.6%
- 生活服务信息： 27.8%
- 社会文化信息： 17.9%
- 电子书籍： 32.6%
- 科技、教育信息： 30.1%
- 体育信息： 20.4%
- 金融、保险信息： 11.0%
- 房地产信息： 4.6%

- 汽车信息：8.0%
- 求职招聘信息：22.1%
- 商贸信息：7.5%
- 企业信息：6.5%
- 天气预报：7.2%
- 旅游、交通信息：7.6%
- 医疗信息：4.9%
- 交友征婚信息：2.9%
- 法律、法规、政策信息：8.5%
- 电子政务信息：3.1%
- 各类广告信息：5.8%
- 其他：0.7%

11. 用户获取、浏览的中文信息占中、外文所有信息的比例：81.3%
    用户获取、浏览的国内信息占国内、外所有信息的比例：71.1%
12. 下列网上信息中哪些还不能满足用户的需要（多选题）。

- 新闻：29.7%
- 计算机软硬件信息：27.1%
- 休闲娱乐信息：20.2%
- 生活服务信息：24.0%
- 社会文化信息：13.4%
- 电子书籍：38.9%
- 科技、教育信息：23.7%
- 体育信息：6.4%
- 金融、保险信息：11.7%
- 房地产信息：7.7%
- 汽车信息：6.4%
- 求职招聘信息：24.0%
- 商贸信息：11.2%
- 企业信息：10.7%
- 天气预报：7.3%
- 旅游、交通信息：11.6%
- 医疗信息：15.3%
- 交友征婚信息：4.2%
- 法律、法规、政策信息：15.2%
- 电子政务信息：13.6%
- 各类广告信息：5.2%
- 其他：0.8%

13. 用户得知新网站的主要途径（多选题）。

- 搜索引擎：84.6%

- 其他网站上的链接： 70.2%
- 电子邮件： 32.8%
- 朋友、同学、同事的介绍： 56.8%
- 网友介绍： 28.6%
- 网址大全之类的书籍： 17.9%
- 报刊杂志： 37.4%
- 广播电视： 12.5%
- 黄页： 3.4%
- 户外广告： 11.3%
- 其他： 0.6%

14. 用户对下列名词术语的了解程度。

	没有听说过	听说过但是不了解	有一点了解	非常了解
● 电子政务	12.3%	38.1%	39.1%	10.5%
● 电子图书馆	1.8%	15.4%	54.4%	28.4%
● ERP	36.6%	32.9%	21.9%	8.6%
● CRM	46.7%	32.1%	15.6%	5.6%
● SCM	51.1%	32.3%	12.7%	3.9%

（三）用户对一些热点问题的看法

1. 用户对当前互联网在如下几方面表现的满意程度及总体满意度。

	非常满意	比较满意	一般	不太满意	很不满意
● 网络速度	4.5%	29.2%	36.5%	21.5%	8.3%
● 费用	3.4%	15.9%	37.5%	30.6%	12.6%
● 安全	2.1%	15.1%	46.4%	29.0%	7.4%
● 中文信息的丰富性	6.0%	40.6%	39.2%	11.8%	2.4%
● 内容的真实性	2.5%	21.2%	49.5%	21.8%	5.0%
● 内容的健康性	2.9%	24.3%	50.1%	18.1%	4.6%
● 对个人隐私的保护	3.1%	19.4%	45.9%	24.3%	7.3%
● 操作简便	9.6%	44.5%	37.2%	7.1%	1.6%
● 总体满意度	2.0%	32.4%	55.8%	8.7%	1.1%

2. 用户认为互联网对其在如下几方面的帮助。

	帮助非常大	帮助比较大	一般	帮助不太大	几乎没什么帮助
● 学习	37.5%	35.3%	22.6%	3.6%	1.0%
● 工作	33.6%	33.2%	25.3%	5.7%	2.2%
● 生活	26.6%	34.7%	31.0%	6.1%	1.6%

3. 使用收费邮箱的用户申请收费邮箱时最为看重的功能。

- 可靠性高： 33.3%
- 速度快： 6.4%
- 安全稳定： 28.2%
- 容量大： 13.0%

- 特色服务：　16.9%
- 其他：　2.2%

4. 无收费邮箱的用户未来一年内是否打算申请收费邮箱。

- 肯定会申请：　5.9%
- 可能会申请：　31.6%
- 不好说：　25.9%
- 不太可能申请：　20.8%
- 肯定不申请：　15.8%

5. 用户对电子邮箱服务由免费转向收费的看法。

- 完全接受：　6.2%
- 可以理解：　60.4%
- 无所谓：　12.1%
- 反对：　21.3%

6. 用户是否经常浏览网络广告。

- 经常浏览：　17.6%
- 有时浏览：　50.5%
- 很少浏览：　28.4%
- 从来不浏览：　3.5%

7. 用户是否愿意收到网络广告邮件作为选择物品或服务的参考：

- 愿意：　20.2%
- 无所谓：　49.1%
- 不愿意：　30.7%

8. 用户是否经常以网络广告作为自己选购物品或服务的参考。

- 经常：　9.2%
- 偶尔：　64.4%
- 不会：　26.4%

9. 用户对目前网络广告最不满意的是。

- 广告数量太多：　17.0%
- 广告内容缺乏创意和特色：　8.5%
- 广告的真实性无法保证：　40.4%
- 广告出现的方式影响了网民正常的网上活动：　32.0%
- 其他：　0.4%
- 没有不满意的地方：　1.7%

10. 用户是否经常访问购物网站（包括“网上商城”、“网上商店”等）。

- 经常访问：　18.4%
- 有时访问：　44.5%
- 很少访问：　30.6%
- 从来不访问：　6.5%

11. 用户在最近一年内是否通过购物网站（包括“网上商城”、“网上商店”等）购买过商品或服务。

- 是： 33.8%
- 否： 66.2%

12～17 为有网上购物经历的用户的情况。

12．用户由于何种原因进行网络购物（多选题）。

- 节省时间： 45.5%
- 节约费用： 41.3%
- 操作方便： 41.1%
- 寻找稀有商品： 31.8%
- 出于好奇，有趣： 26.1%
- 其他： 2.2%

13．用户在最近一年内在网上实际购买过哪些产品或服务（多选题）。

- 书刊： 67.7%
- 电脑及相关产品： 29.9%
- 照相器材： 6.2%
- 通信产品： 12.5%
- 音像器材及制品： 34.9%
- 家电产品： 7.1%
- 服装： 5.5%
- 体育用品： 4.7%
- 生活、家居用品及服务： 11.0%
- 医疗保健用品及服务： 2.7%
- 礼品服务： 12.7%
- 金融、保险服务： 2.1%
- 教育学习服务： 9.8%
- 票务服务： 7.7%
- 旅店预定服务： 4.3%
- 其他： 2.3%

14．用户认为网上哪些产品或服务还不能满足需求（多选题）。

- 书刊： 39.4%
- 电脑及相关产品： 27.1%
- 照相器材： 11.9%
- 通信产品： 20.1%
- 音像器材及制品： 17.8%
- 家电产品： 17.5%
- 服装： 22.3%
- 体育用品： 8.9%
- 生活、家居用品及服务： 17.3%
- 医疗保健用品及服务： 13.8%

- 礼品服务： 14.9%
- 金融、保险服务： 13.1%
- 教育学习服务： 20.2%
- 票务服务： 16.7%
- 旅店预定服务： 8.9%
- 其他： 0.3%

15. 用户一般采取哪种付款方式。

- 货到付款（现金结算）： 33.3%
- 网上支付（信用卡或储蓄卡）： 31.1%
- 邮局汇款： 28.4%
- 银行汇款： 6.9%
- 其他： 0.3%

16. 用户一般选择什么送货方式。

- EMS： 15.5%
- 其他快递： 7.6%
- 普通邮寄： 38.8%
- 送货上门： 35.9%
- 航空、铁路发运： 1.6%
- 其他： 0.6%

17. 用户认为目前网上交易存在的最大问题是。

- 安全性得不到保障： 23.4%
- 付款不方便： 10.8%
- 产品质量、售后服务及厂商信用得不到保障： 39.3%
- 送货不及时： 8.6%
- 价格不够诱人： 10.8%
- 网上提供的信息不可靠： 6.4%
- 其他： 0.7%

18. 用户未来一年内是否会进行网络购物：

- 肯定会： 24.7%
- 可能会： 42.2%
- 不好说： 21.3%
- 可能不会： 8.4%
- 肯定不会： 3.4%

19. 网络游戏用户平均每周上网玩网络游戏的时间：8.8小时。

20. 网络游戏用户喜欢的网络游戏的类型（多选题）。

- 角色扮演： 43.6%
- 即时战略： 27.6%
- 模拟经营： 14.7%
- 休闲对战（包括棋牌、益智游戏等）： 67.8%

- 其他：1.4%

21. 用户认为玩网络游戏对其正常的学习/工作/生活的影响是。

- 影响非常大：7.1%
- 影响比较大：20.6%
- 一般：28.1%
- 影响不太大：27.1%
- 基本没有影响：17.1%

22. 网上聊天用户平均每周进行网上聊天的时间：8.2 小时。

23. 网上聊天用户进行网上聊天的最主要目的。

- 消遣解闷：16.4%
- 情感宣泄：5.4%
- 交友：14.3%
- 与亲友/同学保持联系：53.4%
- 学习：2.0%
- 探讨问题：7.7%
- 其他：0.8%

24. 网上聊天用户通常用什么进行网上聊天（多选题）。

- 网上聊天室：41.7%
- BBS：20.7%
- 网络寻呼机（如 QQ、ICQ 等）：83.3%
- 网络电话（如 NetMeeting 等）：6.5%
- 其他：3.3%

25. 在过去一年内用户计算机被入侵的情况。

- 被入侵过：59.4%
- 没有被入侵过：30.5%
- 不知道：10.1%

26. 在网上用户主要采取什么安全措施（多选题）。

- 密码加密：23.6%
- 防病毒软件：78.4%
- 防火墙：70.2%
- 电子签名：3.9%
- 不清楚，由系统管理员负责：6.8%
- 什么措施都不采用：2.7%

27. 对于电子邮件帐号，用户多久换一次密码。

- 1 个月以内：4.0%
- 1～3 个月：10.8%
- 3 个月至半年：12.4%
- 半年至 1 年：14.4%
- 1 年以上：10.0%

- 一直不换：48.4%

28. 用户使用宽带上网的原因。

- 速度快：68.7%
- 上网费用低：7.0%
- 24 小时在线：4.4%
- 使用 VOD 点播等宽带服务：1.7%
- 公司/单位使用宽带：16.8%
- 其他：1.4%

29. 用户不使用宽带上网的原因。

- 初装费用太高：16.2%
- 月租费高：26.2%
- 技术不成熟：2.3%
- 不稳定：1.0%
- 宽带服务少：2.0%
- 24 小时在线易增加安全隐患：0.7%
- 没有条件（包括居住地无法连上宽带网）：32.3%
- 暂时还不需要：17.3%
- 其他：2.0%

30. 未使用宽带上网的用户会在多长时间内使用宽带上网。

- 1 月以内：2.4%
- 1～3 个月内：5.0%
- 3～6 个月内：8.1%
- 6～12 个月内：11.8%
- 1 年以后：13.9%
- 不知道/不清楚/不好说：57.0%
- 不打算使用宽带：1.8%

（以上结果中加注★者为网下抽样调查结果）

3.5　中国互联网络发展状况分析报告

中国互联网络信息中心（CNNIC）自 1997 年 10 月开始发布中国互联网络发展状况统计报告，至今已 11 次。基于深入分析、了解中国互联网，能更深入地揭示互联网在中国发展状况的诸如“谁、何时、在哪里、如何使用互联网”等基础性问题的目的，以第十一次和以前历次调查的数据为基础，在发布第十一次统计报告的同时推出了本次中国互联网络发展状况年度分析报告。

和以前的分析报告类似，分析过程中主要采用了趋势对比、横向对比、纵向对比、分组、频数分析、相关分析、交叉分析、组合预测等分析方法。在内容方面，本分析报告主要包括以下几个部分：宏观概况、网民特征、网民上网行为习惯、非网民状况、华东和西北地区网民状况比较、2003年网民状况预测等。

本分析报告中的数据主要来自于中国互联网络信息中心历次的调查数据，和全国人口有关的数据来自于国家统计局的统计年鉴等。除非明确指出，本报告中的数据均不包括中国香港、澳门、台湾地区在内。

3.5.1 内容摘要

2002年是中国互联网络获得较快发展的一年，同时也是中国的互联网产业开始形成转折的一年。

从宏观的角度看，网民数、上网计算机数、CN下注册的域名数、网站数等都继续保持了较高的增长速度，分别达到了5910万、2083万、17.9万、37.1万，这和2002年6月的统计数字相比增长率均超过20%。国际出口带宽总数和2001年12月相比增长了1782.5M，达到9380M，但和2002年6月的统计数字相比减少了1196.5M。多元化的上网方式继续得到发展，宽带（ADSL、Cable Modem等）上网用户数达660万。

在网民的特征结构方面，男性、未婚、25岁以下、大专及以下、月收入在2000元以下（含无收入）网民的比例分别在网民各特征数据中占据相对主要地位，所占比例分别为59.3%、57.8%、54.9%、69.6%、84.5%，其中男性、未婚的比例和以往相比有所下降，但25岁以下、大专及以下、收入为500元以下（含无收入）以及2000元以上的网民所占比例和以往相比呈上升趋势；在用户地域方面，北京、上海之外的尤其是沿海省份的网民数有了较大的增长，其中广东、江苏、上海、北京、山东网民数占全国网民数的比例分别为9.5%、8.1%、7.1%、6.6%、6.5%，居全国前5位；在职业方面，学生、专业技术人员仍然是网民主体，比例分别为28%、15.7%，但后者的比例和以往相比有所下降，另外国家机关、党群组织工作人员、企事业单位管理人员、生产和运输设备操作人员的比例和以往相比都有所增长，分别达到8.0%、8.9%、6.2%；在行业方面，公共管理和社会组织、IT业、批发和零售业、教育、制造业是网民的主要分布行业，比例分别达到12.5%、10.3%、11.8%、10.6%、11.1%，其他行业的网民数也都有不同的增长，网民的结构特征进一步宽泛。

在网民的上网行为习惯方面，家中仍然是网民上网的主要地点，比例达62.6%；网民一天中上网的第一个峰值时间段为早晨9：00、10：00，比例分别为15.2%、16.1%，到晚上20：00、21：00、22：00达到一天中的最高峰，比例分别为41.5%、40.3%、32.3%；而网民每周的上网时间分别为9.8小时和3.4天；绝大部分网民每月实际花费的上网费用在100元以内，比例值达70.1%，该比例和以往相比有所下降；网民平均拥有的电子邮箱帐号数呈递减状态，电子邮箱总数和免费的邮箱数分别为1.5和1.2；用户每周收发的邮件数和2002年6月的统计数据相比呈增加状态，分别达到7.7和5.5；网民的上网目的主要是获取信息和休闲娱乐，比例值分别为53.1%和24.6%。

从非网民的状况看，其不上网的最主要原因是“不懂电脑/网络“，比例值为40.8%，其次是“没有上网设备”，比例值为27.7%，第三个主要原因是“没有时间”，比例值为18.7%；在未来是否可能上网的问题上，6.4%的非网民表现了一定的兴趣，表示一年内有可能上网，这些数据在一定程度上预示着未来中国网民可能的变化。

东部的华东地区和西部的西北地区网民状况有着相对明显的差别。总体而言，华东地区网民的特征结构要比西北地区网民的特征结构相对合理，而华东地区网民对互联网的使用相对西北地区网民而言也显得更频繁、更日常化。

展望未来，在综合考虑宏观政策、经济发展、互联网产业自身等因素的基础上，预计2003年年底网民总数达8630万，网民对互联网的使用程度和依赖性将更强，网民的特征结构也将继续向合理化方向发展。

3.5.2　中国互联网络宏观状况

上网计算机数、上网用户人数、CN下注册的域名数、WWW站点数、网络的国际出口带宽、IP 地址数等信息，可以从整体上反映中国互联网络的发展程度及网络普及程度。对CNNIC调查中这些基础性统计数据的深入分析，有助于我们从宏观的角度把握互联网络在中国的发展状况，为正处于转折期的中国信息化建设提供科学的决策依据。

一、上网计算机数

截止到2002年12月31日，中国的上网计算机总数已达2083万台，其中专线上网计算机数为403万台，占19.3%，比半年前的19%略有增长，拨号上网计算机数为1480万台，占71.1%，比半年前的74.4%有所下降，使用其他方式上网的计算机数为200万台，占9.6%，比半年前的6.6%有所增长（如图3.8所示）。可以看出，同半年前相比，尽管拨号上网计算机数所占比例有所减少，但拨号上网计算机仍为上网计算机的主流。

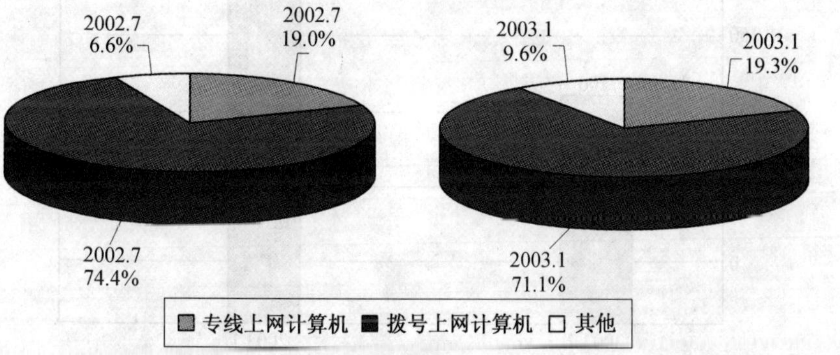

图3.8　上网计算机数按上网方式的分布

同上一次调查结果相比，中国的上网计算机总数半年增加了470万台，增长率为29.1%，和上年同期相比增长66.1%，是1997年10月第一次调查结果29.9万台的69.7倍。其中专线上网计算机数半年增加了96万台，增长率为31.3%，和上年同期相比增长72.2%，是1997年10月第一次调查结果4.9万台的82.2倍；拨号上网计算机数半年增加了280万台，增长率为23.3%，和上年同期相比增长45.1%，是1997年10月第一次调查结果25万台的59.2倍（如图3.9所示）；其他方式上网计算机数半年增加了94万台，增长率为88.7%（如图3.10所示）。可见中国上网计算机总数、拨号上网计算机数和专线上网计算机数都一直呈快速增长的状态，其中拨号上网计算机一直保持着主体地位，同时其他方式上网计算机数也呈现出比较快的增长态势。

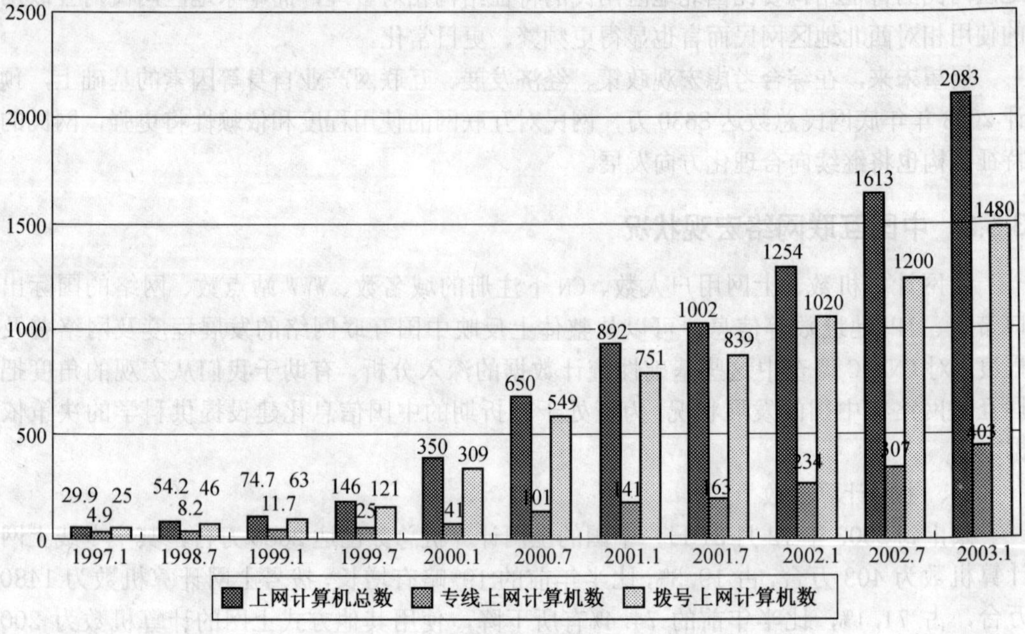

图 3.9 历次调查上网计算机数（万台）

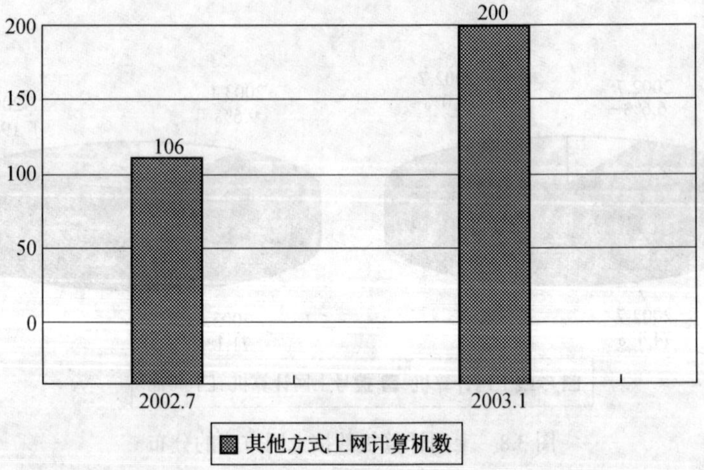

图 3.10 历次调查其他方式上网计算机数（万台）

从上网计算机数增长率的变化趋势（如图 3.11 所示）可以看出，同上一次的调查结果相比，上网计算机总数的增长率、专线上网计算机数的增长率、拨号上网计算机数的增长率均有不同程度的增加。同历次调查结果中上网计算机数增长率的变化趋势一致，除 2000 年 1 月的调查结果外，专线上网计算机数的增长率均高于拨号上网计算机数的增长率和上网计算机总数的增长率。这显示了尽管拨号上网这种传统的上网方式仍然占主导地位，但专线上网和其他上网方式也正以较快的速度发展着，多元化的上网方式进一步发展。

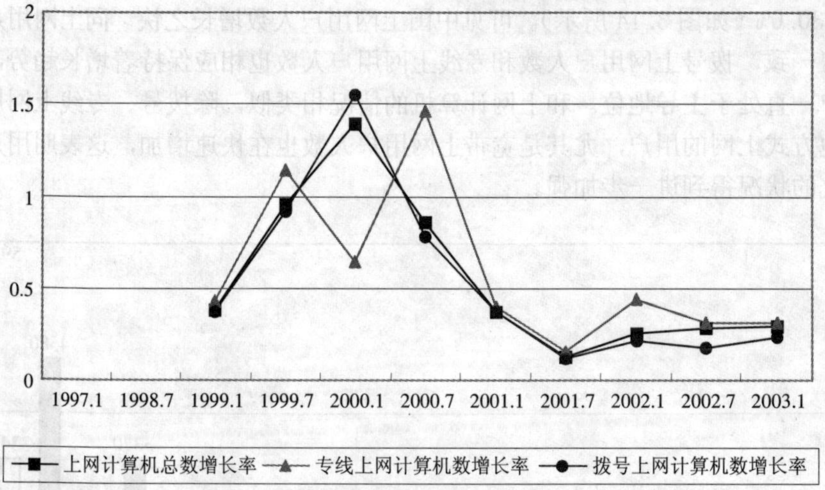

图 3.11　历次调查上网计算机数增长率

二、上网用户人数

截止到 2002 年 12 月 31 日，中国的上网用户总人数为 5910 万人，其中专线上网用户人数为 2023 万人，拨号上网用户人数为 4080 万人，ISDN 上网用户人数为 432 万人，宽带上网用户人数为 660 万人（如图 3.12 所示）。同拨号上网计算机占据全部上网计算机的主体地位一致，拨号上网也是用户使用量最多的上网方式。

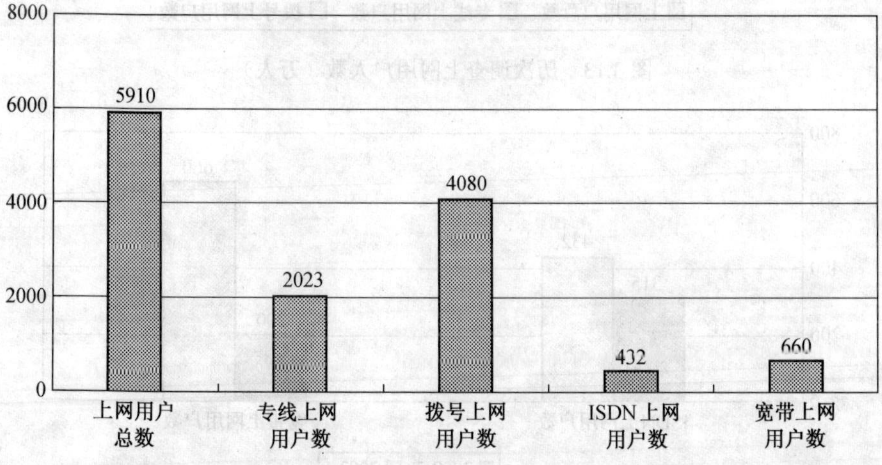

图 3.12　上网用户数分布（万人）

同第十次调查相比，中国上网用户总人数半年增加了 1330 万人，增长率为 29%，和上年同期相比增长 75.4%，同 1997 年 10 月第一次调查结果 62 万上网用户人数相比，现在的上网用户人数已是当初的 95.3 倍。其中专线上网用户人数半年增加 417 万人，增长率为 26.0%，和上年同期相比增长 63.5%，是 1997 年 10 月第一次调查结果 15.5 万的 130.5 倍；拨号上网用户人数半年增加 738 万人，增长率为 22.1%，和上年同期相比增长 51.2%，是 1997 年 10 月第一次调查结果 46.5 万的 87.7 倍（如图 3.13 所示）；ISDN 上网用户人数半年增加了 117 万人，增长率为 37.1%；宽带上网用户人数半年增加了 460 万人，增长率为 230.0%（如图 3.14 所示）。可见中国上网用户人数增长之快。同上网用户总数的变化趋势一致，拨号上网用户人数和专线上网用户人数也相应保持着增长趋势，且拨号上网用户一直处于主导地位。和上网计算机的情况相类似，除拨号、专线上网用户外，使用其他方式上网的用户，尤其是宽带上网用户人数也在快速增加，这表明用户上网方式多元化的状况得到进一步加强。

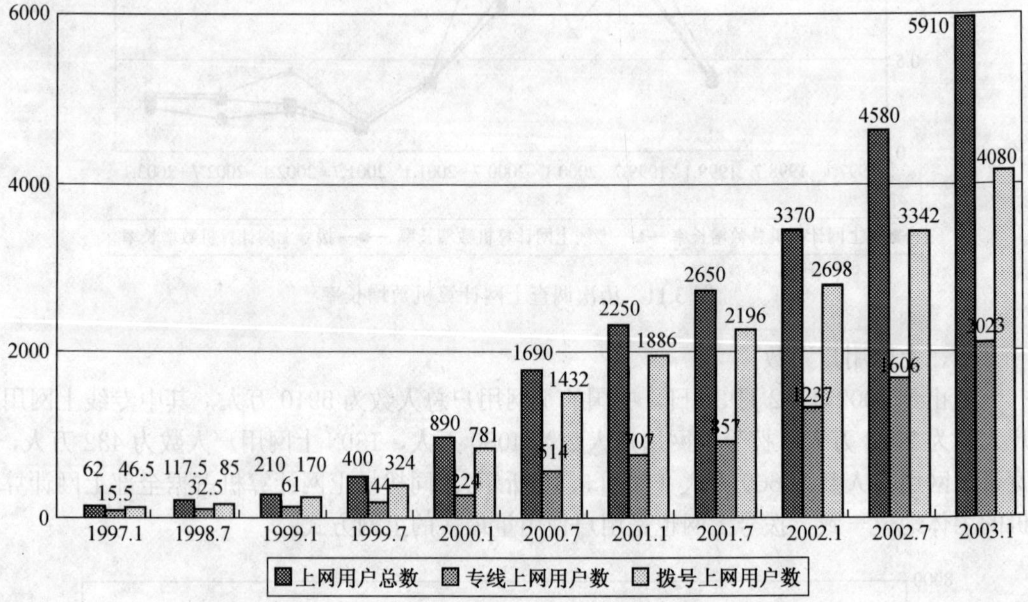

图 3.13　历次调查上网用户人数（万人）

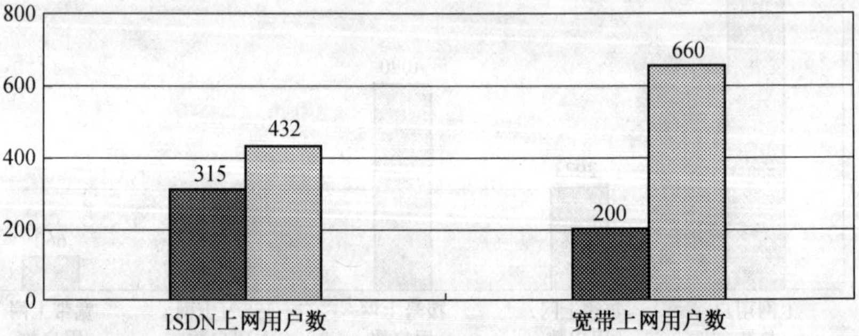

图 3.14　历次调查 ISDN、宽带上网用户人数（万人）

除计算机外同时使用其他设备（移动终端、信息家电）上网的用户人数也从 2000 年 1 月调查的 20 万人增加到现在的 153 万人，三年增加了 6.7 倍，同半年前相比增加了 24 万人，增长率为 18.6%，比上年同期增长 29.7%（如图 3.15 所示）。

从上网用户人数增长率的变化趋势上可以看出，同半年前相比，上网用户人数的增长率略有下降。虽然从 1998 年 7 月到 2000 年 7 月，上网用户人数每半年都以超过 50% 的比率增长，2000 年 1 月达到顶峰后开始下降，而且从 2002 年 1 月开始，又逐步回升

（如图 3.16 所示），但是上网用户人数增长率总的发展趋势减缓，这可能和随着互联网的发展，网民的基数增大有一定的关系。

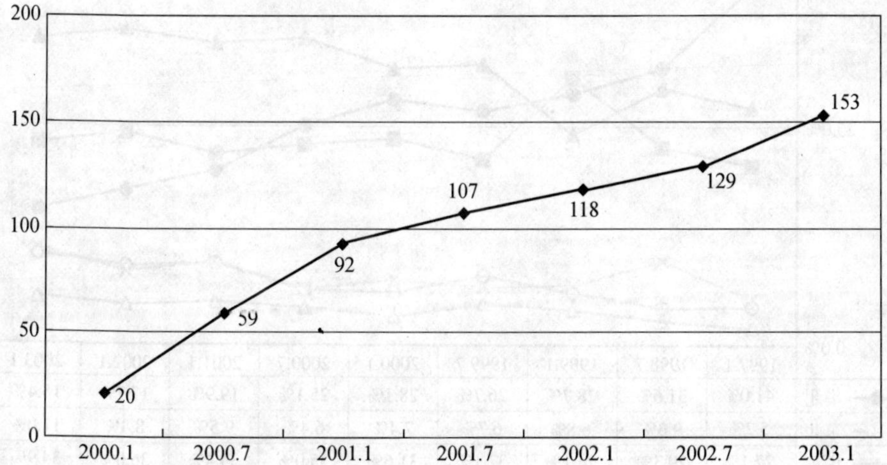

图 3.15　历次调查使用其他设备上网用户人数（万人）

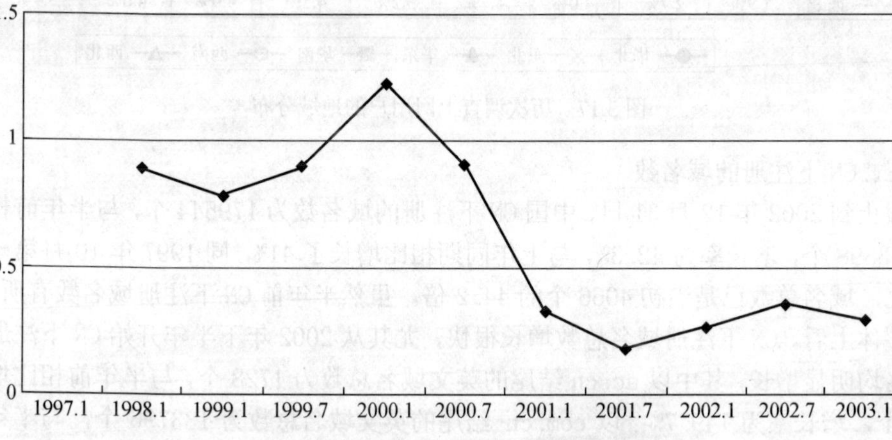

图 3.16　历次调查上网用户人数增长率

从历次调查上网用户的地域分布可以看出，除华北地区用户所占的比例呈现出明显的下降趋势外，其他地区用户所占比例均有不同程度的增长趋势，但东北、西南、西北地区用户所占比例一直在 30%以下（如图 3.17 所示）。这说明随着经济的发展，文化的进步，中国各地区的网民均发展很快，但地区之间的差距仍然很大，要改变这种现状，还需要一个长期的过程。

在目前公开的各国网民数量中，中国 5910 万网民在世界排名第二（联合国贸易及开发会议的报告表明，到 2002 年年底全球网民约为 6.55 亿），仅次于美国，但在中国将近 13 亿的总人口中仅占 4.6%，在本次调查的总体（住宅电话覆盖的 6 岁以上的人口加上在校的大学生）中占 11.1%，这说明尽管中国的互联网用户总数很大，但互联网络的普及程度还很低，仍有非常大的发展空间。

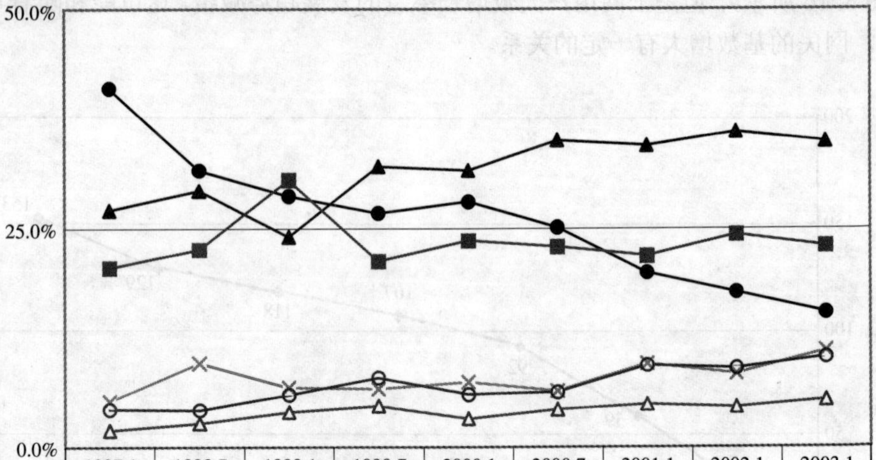

	1997.1	1998.7	1999.1	1999.7	2000.1	2000.7	2001.1	2002.1	2003.1
华北	41.0%	31.6%	28.7%	26.7%	28.1%	25.1%	19.9%	17.7%	15.4%
东北	5.2%	9.6%	6.8%	6.7%	7.4%	6.4%	9.5%	8.4%	11.0%
华东	27.1%	29.3%	24.1%	32.1%	31.6%	35.0%	34.4%	36.0%	34.9%
华南	20.5%	22.6%	30.5%	21.3%	23.6%	22.9%	21.8%	24.3%	23.0%
西南	4.3%	4.2%	6.0%	7.9%	6.0%	6.3%	9.4%	9.0%	10.3%
西北	1.9%	2.7%	4.0%	4.7%	3.2%	4.3%	4.9%	4.6%	5.4%

华北 东北 华东 华南 西南 西北

图 3.17　历次调查上网用户的地域分布

三、CN 下注册的域名数

截止到 2002 年 12 月 31 日，中国 CN 下注册的域名数为 179544 个，与半年前相比增加了 53398 个，增长率为 42.3%，与上年同期相比增长了 41%，同 1997 年 10 月第一次调查相比，域名总数已是当初 4066 个的 44.2 倍。虽然半年前 CN 下注册域名数有所减少，但从整体上看，CN 下注册域名总数增长很快，尤其从 2002 年下半年开始 CN 下注册的各类域名均明显增长，其中以 ac.cn 结尾的英文域名总数为 1728 个，与半年前相比增加了 1036 个，增长率为 149.7%；以 com.cn 结尾的英文域名总数为 133796 个，与半年前相比增加了 34961 个，增长率为 35.4%；以 edu.cn 结尾的英文域名总数为 1629 个，与半年前相比增加了 147 个，增长率为 9.9%；以 gov.cn 结尾的英文域名总数为 7796 个，与半年前相比增加了 1110 个，增长率为 16.6%；以 net.cn 结尾的英文域名总数为 20234 个，与半年前相比增加了 7986 个，增长率为 65.2%；以 org.cn 结尾的英文域名总数为 9587 个，与半年前相比增加了 6556 个，增长率为 216.3%；以行政区域名结尾的英文域名总数为 4774 个，与半年前相比增加了 1602 个，增长率为 50.5%（如图 3.18 所示）。

CN 下注册域名数的变化趋势一方面突出反映了国家主管部门政策对 CN 域名注册服务的巨大推动作用，同时也反映了广大网民对信息产业部新政策的欢迎以及对 CN 域名价值的认可。

从 CN 下注册域名的地域分布可以看出，同历次调查 CN 下注册域名的地域分布一致，华北、华东、华南的 CN 下注册域名比例一直占 85%以上，东北、西南、西北的 CN 下注册域名比例近年虽略有增长，但所占比例仍非常小（如图 3.19 所示）。这在一定程度上反映了中国地区之间的信息化水平的差距。

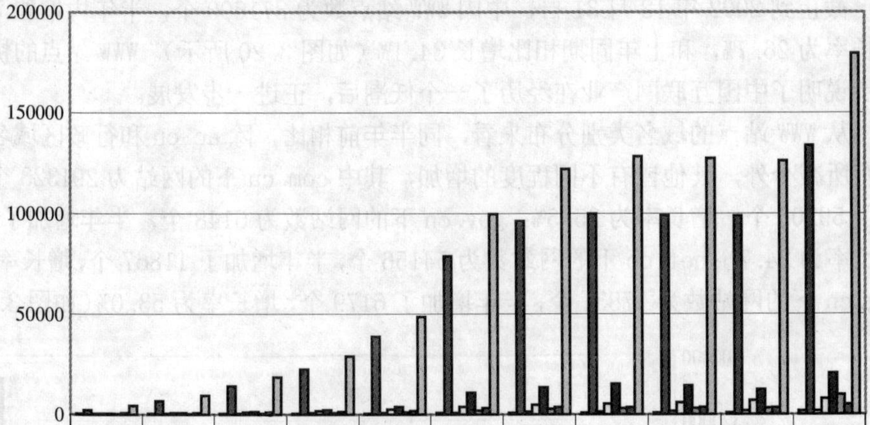

	1997.1	1998.7	1999.1	1999.7	2000.1	2000.7	2001.1	2001.7	2002.1	2002.7	2003.1
AC	259	363	432	502	500	624	682	667	673	692	1728
COM	2131	6559	13913	22220	38776	78878	96221	99922	99123	98835	133796
EDU	325	414	531	615	731	812	1127	1239	1354	1482	1629
GOV	323	561	982	1663	2479	3665	4615	5181	5864	6686	7796
NET	370	657	1223	2221	3753	10719	13291	15055	14045	12248	20234
ORG	99	229	409	649	940	1912	2596	2864	2943	3031	9587
行政区域名	559	632	906	1175	1516	3124	3567	3434	3317	3172	4774
合计	4066	9415	18396	29045	48695	99734	122099	128362	127319	126146	179544

AC　COM　EDU　GOV　NET　ORG　行政区域名　合计

图 3.18　历次调查 CN 下注册的域名数（个）

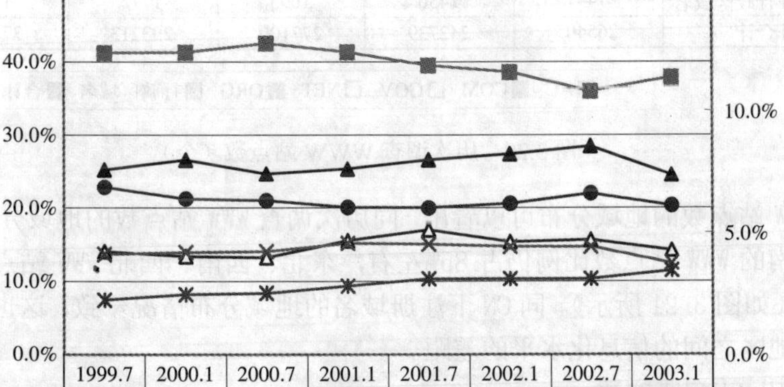

	1999.7	2000.1	2000.7	2001.1	2001.7	2002.1	2002.7	2003.1
华北	41.3%	41.3%	42.6%	41.4%	39.5%	38.6%	36.0%	37.9%
华东	25.3%	26.6%	24.7%	25.4%	26.6%	27.4%	28.5%	24.6%
华南	22.8%	21.2%	21.0%	20.1%	20.0%	20.6%	22.0%	20.3%
东北	4.2%	4.0%	4.0%	4.7%	5.1%	4.6%	4.7%	4.3%
西南	4.1%	4.2%	4.2%	4.6%	4.5%	4.4%	4.4%	3.7%
西北	2.2%	2.5%	2.5%	2.8%	3.1%	3.1%	3.1%	3.4%

华北　华东　华南　东北　西南　西北

图 3.19　CN 下注册域名地域分布

四、WWW 站点数

截止到 2002 年 12 月 31 日，中国 WWW 站点数为 371600 个，半年内增加 78387 个，增长率为 26.7%，和上年同期相比增长 34.1%（如图 3.20 所示）。WWW 站点的快速增长进一步说明了中国互联网产业在经历了一个低潮后，正进一步发展。

从 WWW 站点的域名类别分布来看，同半年前相比，除 ac.cn 和行政区域名下的网站数有所减少外，其他皆有不同程度的增加，其中 com.cn 下的网站为 291323 个，半年增加了 59205 个，增长率为 25.5%；gov.cn 下的网站数为 6148 个，半年增加了 1219 个，增长率为 24.7%；net.cn 下的网站数为 54156 个，半年增加了 11867 个，增长率为 28.1%；org.cn 下的网站数为 17831 个，半年增加了 6179 个，增长率为 53.0%（如图 3.20 所示）。

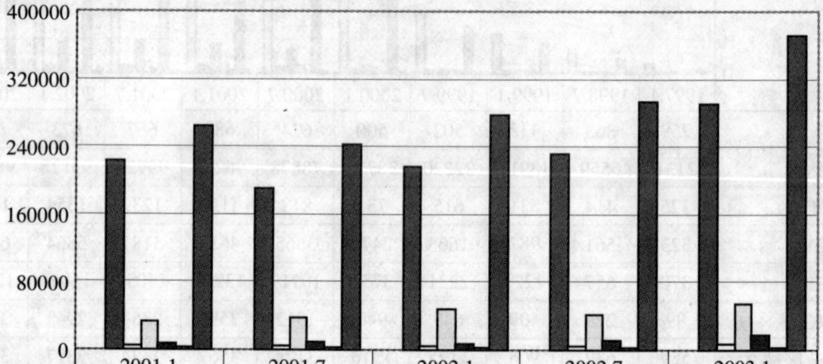

	2001.1	2001.7	2002.1	2002.7	2003.1
AC	403	486	444	453	425
COM	221988	191036	215779	232118	291323
GOV	3294	3398	4677	4929	6148
NET	31833	36168	47307	42289	54156
ORG	6446	8981	7200	11652	17831
行政区域名	1441	1456	1693	1772	1717
合计	265405	242739	277100	293213	371600

图 3.20　历次调查 WWW 站点数（个）

从 WWW 站点数的地域分布可以看出，同历次调查 WWW 站点数的地域分布一致，华北、华东、华南的 WWW 站点数比例仍占 85%左右，东北、西南、西北 WWW 站点数所占的比例还是较小（如图 3.21 所示）。同 CN 下注册域名的地域分布情况一致，这也在一定程度上说明中国地区之间的信息化水平的差距。

五、国际出口带宽数

截止到 2002 年 12 月 31 日，中国国际出口带宽的总容量为 9380M，与半年前相比减少了 1196.5M，减少率为 11.3%，但和上年同期相比仍增长了 23.5%，是 1997 年 10 月第一次调查结果 25.408M 的 369.2 倍（如图 3.22 所示）。可见，虽然 2002 年下半年中国国际出口带宽有所减少，但总的增长趋势仍然是非常迅速的。

从运营商的角度看，同第十次调查相同，中国电信、中国网通在国际出口带宽方面仍然居于前 2 位，其中中国电信的出口带宽为 5147M，占总出口带宽的 54.9%；中国网通的出口带宽为 2469M，占总出口带宽的 26.3%。中国电信和中国网通的出口带宽之差为

2678M，而半年前二者之差为 3582M，一年前二者之差为 5567M，带宽之差的减少趋势依然很明显，这将在一定程度上为中国电信运营商之间的有效竞争提供了可能。

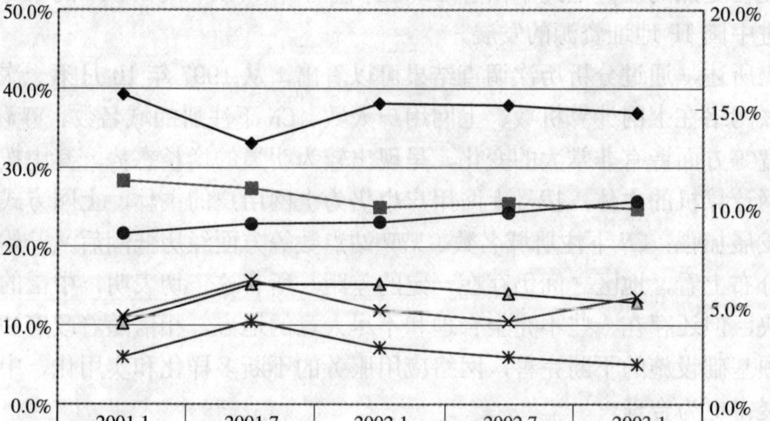

	2001.1	2001.7	2002.1	2002.7	2003.1
华北	28.3%	27.4%	25.1%	25.5%	24.7%
华东	39.2%	33.2%	38.1%	37.9%	36.9%
华南	21.6%	22.8%	23.0%	24.4%	25.6%
东北	4.1%	6.1%	6.1%	5.6%	5.1%
西南	4.5%	6.3%	4.8%	4.2%	5.4%
西北	2.4%	4.2%	2.9%	2.4%	2.0%

华北　华东　华南　东北　西南　西北

图 3.21　历次调查 WWW 站点数地域分布

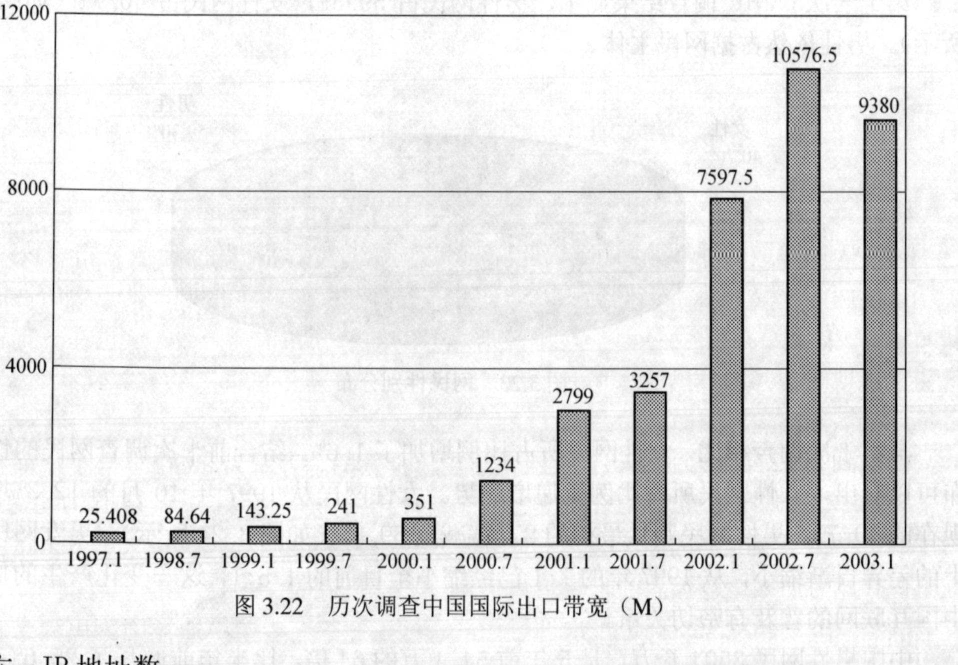

图 3.22　历次调查中国国际出口带宽（M）

六、IP 地址数

中国的 IP 地址资源在近几年有较快的增长，在数量上也达到了一定的规模，目前中国内地已有 29002240 个，但是仍不能完全满足中国互联网络运营单位发展的需要，随着中国网民人数的大幅增加，网络应用的逐步加强，这种 IP 地址发展与中国互联网络发展的不匹配会更加明显。因此中国各 ISP 应积极了解 APNIC 及 CNNIC 的 IP 地址分配政策，大力推进中国 IP 地址资源的发展。

综上所述，通过分析历次调查结果可以看出，从 1997 年 10 月第一次调查到现在，中国互联网络在上网计算机数、上网用户人数、CN 下注册的域名数、WWW 站点数、国际出口带宽等方面皆有非常大的变化，呈现出较为明显的增长态势。其中拨号上网计算机仍为上网计算机的主体，拨号上网用户也仍为上网用户的主体，上网方式多元化的趋势进一步发展加强；CN 下注册域名数、WWW 站点数等方面经历低潮后又开始快速增长，但从地域分布上看，地区之间仍存在一定的差距。所有这一切表明，中国的互联网络发展速度很快，但还存在一些不完全合理和不尽人意的地方，相信随着政府和社会各界的推动，各项基础设施的不断完善，网络应用服务的不断多样化和实用化，中国的互联网络必将发展得更为合理。

3.5.3 网民特征结构

从半年前的 4580 万网民，到目前的 5910 万网民，仅半年间中国的互联网络用户就增长了 1330 万。随着互联网络的普及，越来越多的人加入了网民的行列，有力的推动了互联网产业的发展。与此相对应，网民的构成也随着互联网的发展而发生了相应的变化。深入分析、了解网民的特征结构，探求其变化趋势和规律，可以较好地把握住谁在使用互联网这一问题。

一、用户性别

第十一次 CNNIC 调查结果显示，男性网民占 59.3%，女性网民占 40.7%（如图 3.23 所示）。男性依然占据网民主体。

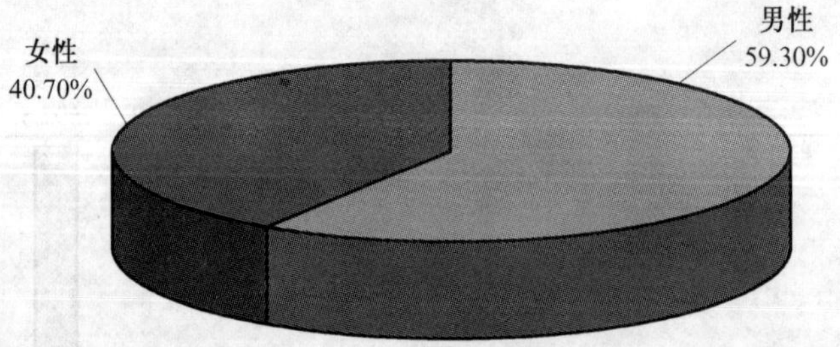

图 3.23　网民性别分布

与第十次调查相比，女性网民所占比例增加了 1.6%。结合前十次调查网民的性别分布可以看出，女性网民所占比例呈递增趋势。女性网民从 1997 年 10 月的 12.3%增加到现在的 40.7%，男性网民则从最初的 87.7%减至 59.3%（如图 3.24 所示）。男女网民比例上的差异日渐缩小，从 1997 年的 7:1 已经缩小至目前的 1.5:1，这一变化产生的原因与中国互联网的普及有密切关系。

中国男性网民 3504.6 万，是 5 年前 54.4 万的 64 倍，比半年前增长了 25.6%；女性网民 2405.4 万，是五年前 7.6 万的 317 倍，比半年前增长了 34.3%(如图 3.25 所示)。

女性网民的增长速度要快于男性网民。但从普及率的角度来看，男性网民占男性总人口的比例为5.3%，女性网民占女性总人口的比例为3.9%，互联网在女性中的普及仍然不及男性。另外，尽管目前中国网民人数仅次于美国位居第二，但就中国近13亿的人口基数而言，网民在其中所占的比重仍然微不足道，互联网在中国的普及仍然是一个长期的过程。

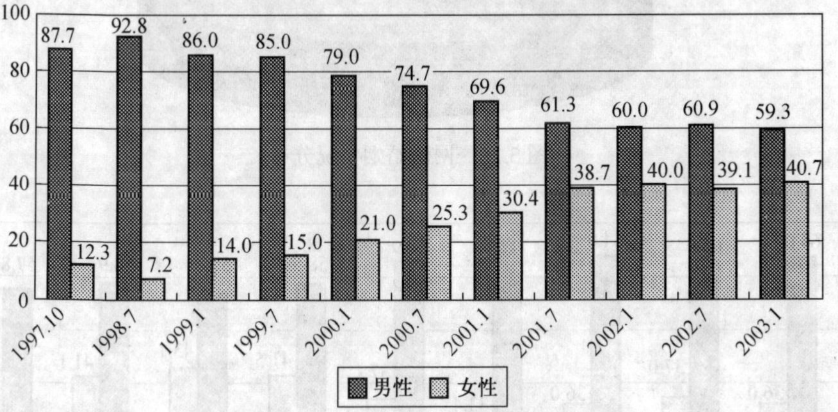

图3.24　历次调查网民性别分布（%）

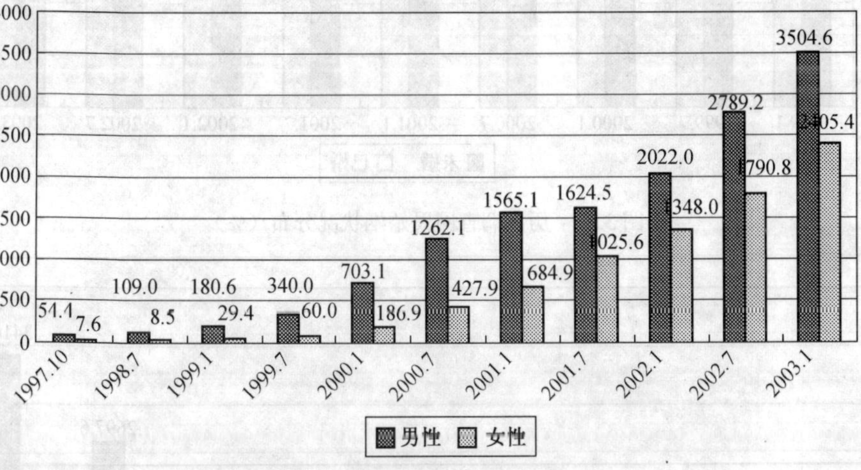

图3.25　历次调查不同性别网民的数量（万人）

二、用户婚姻状况

第十一次CNNIC调查结果显示，未婚网民占57.8%，已婚网民占42.2%（如图3.26所示）。未婚者在目前仍然是中国网民的主体。和以往调查结果类似，未婚者占网民主体的状况与人口普查得出的已婚者占中国总人口的主体的状况不太一致（至2001年底，已婚者与未婚者的比例为1.7∶1），但这种不一致的状况正在改善。

与半年前相比，已婚网民有小幅度增加，所占比例增加了1.1%。从最近几年的整体走势看，已婚网民所占比例尽管有一定波动，但仍然呈递增趋势，与1999年1月相比增加了6个百分点（如图3.27所示），增长缓慢的原因与目前中国上网人群的低龄化有关。从绝对数看，网民中未婚者达到3416万，与半年前相比增加了26.6%；已婚者达到2494

万，与半年前相比增加了 32.5%（如图 3.28 所示）。已婚网民的增长速度在这半年间比未婚网民要快。

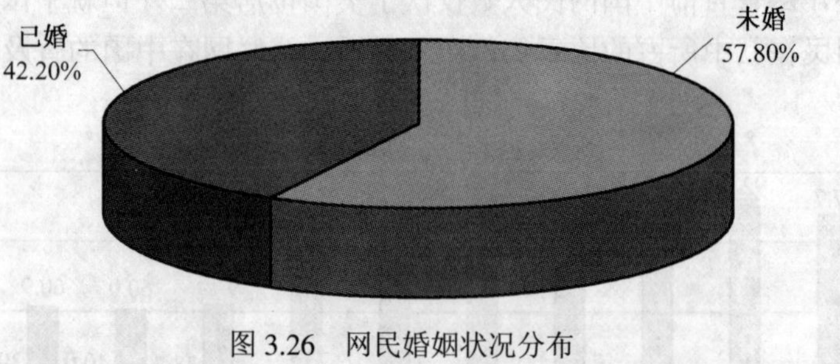

图 3.26 网民婚姻状况分布

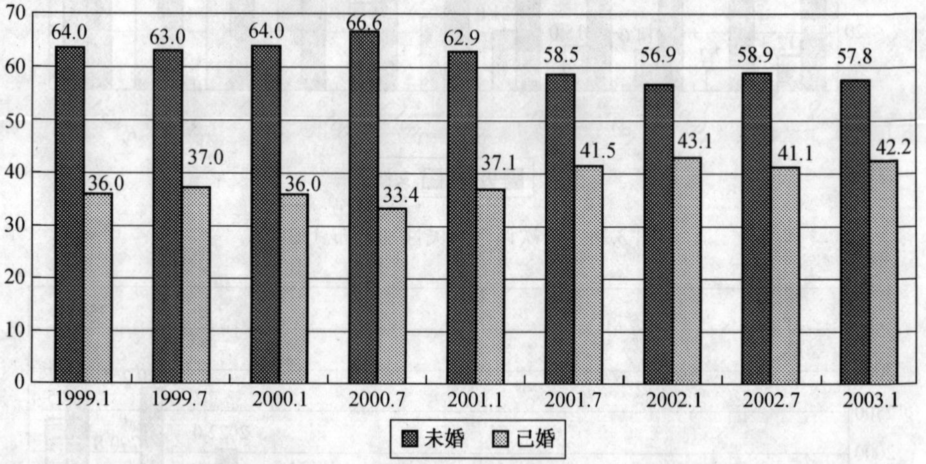

图 3.27 历次调查网民婚姻状况分布（%）

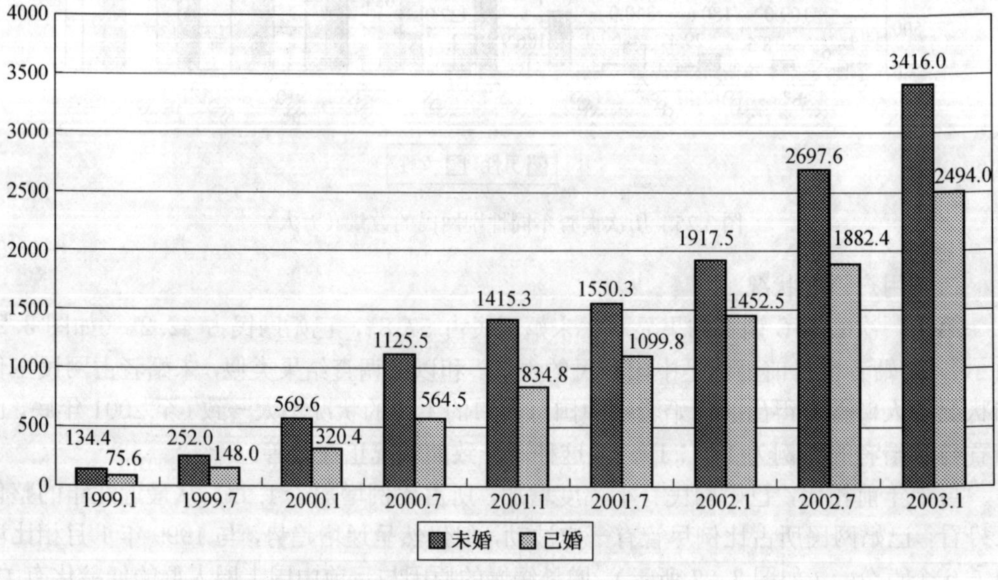

图 3.28 历次调查不同婚姻状况网民的数量（万人）

从普及率的角度看，未婚网民占中国未婚人口总数的7.2%，已婚网民占中国已婚人口总数的3.1%，互联网在未婚者中的普及程度仍然高于已婚者。

三、用户年龄

第十一次 CNNIC 调查结果显示，网民中 18～24 岁的年轻人所占比例最高，达到37.3%，其次是18岁以下(17.6%)和25～30岁(17.0%)，30岁以上的网民随着年龄的增加所占比例相应减少。35岁以下的网民占82.1%，35岁以上的网民占17.9%（如图3.29所示）。网民在年龄结构上仍然呈现低龄化的特点。

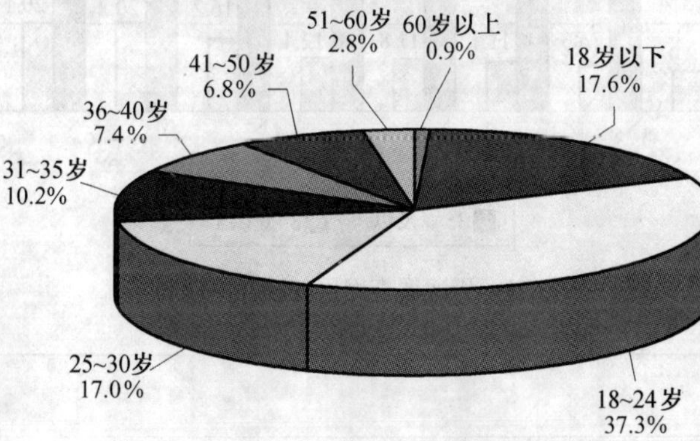

图3.29 网民年龄分布

历次调查结果都显示，网民中18～24岁的年轻人最多，远远高于其他年龄段的网民而占据绝对优势。25～30岁的网民所占比例近三年内下降较多，从2000年1月的30.8%降至现在的17.0%,而18岁以下的网民增长速度却很快,从2.4%增加到17.6%(如图3.30所示)，这应该与网民中学生的比例增加有关。35 岁以上的网民比例有起有落，变化不大，但总体呈上升趋势，与1997年10月第一次调查相比增加了2个百分点。与半年前相比，35岁及以下的网民从3755.6万增加到4852.1万，增长率为29.2%；35岁以上的网民从824.4万增加到1057.9万，增长率为28.3%。两者在这半年间的增长速度相差不多（如图3.31、图3.32所示）。

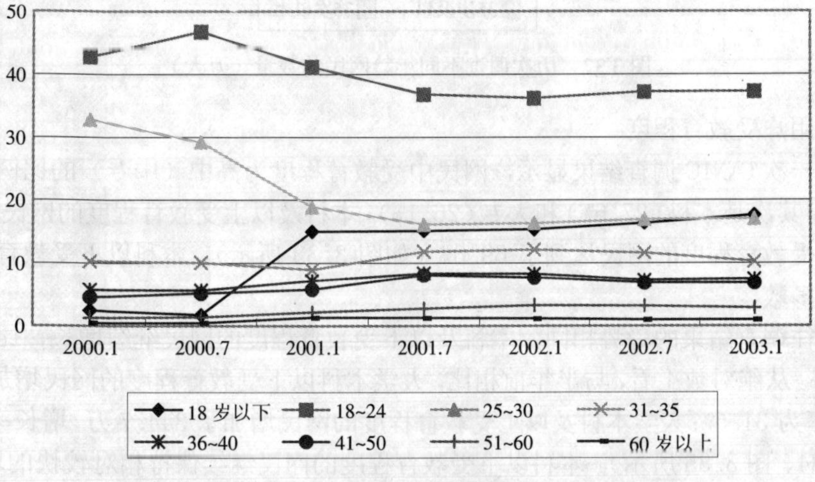

图3.30 历次调查网民年龄分布（%）

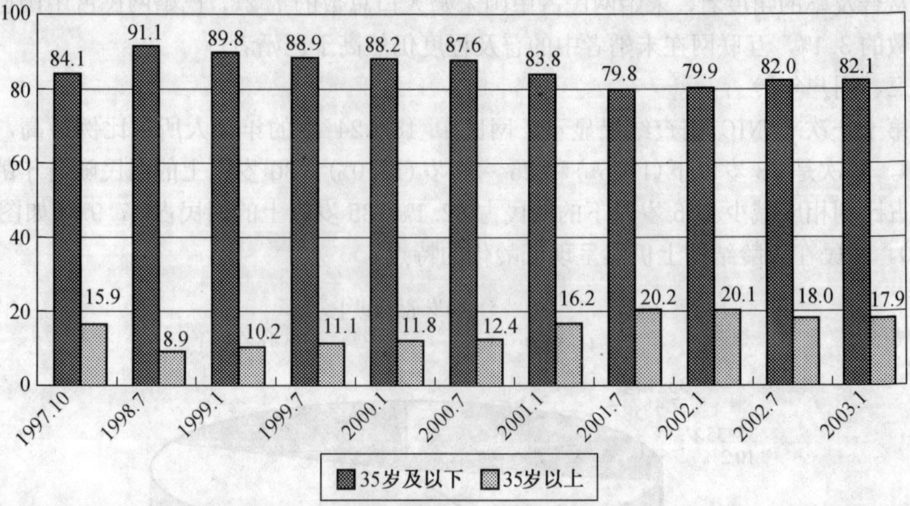

图 3.31　历次调查网民年龄分布（%）

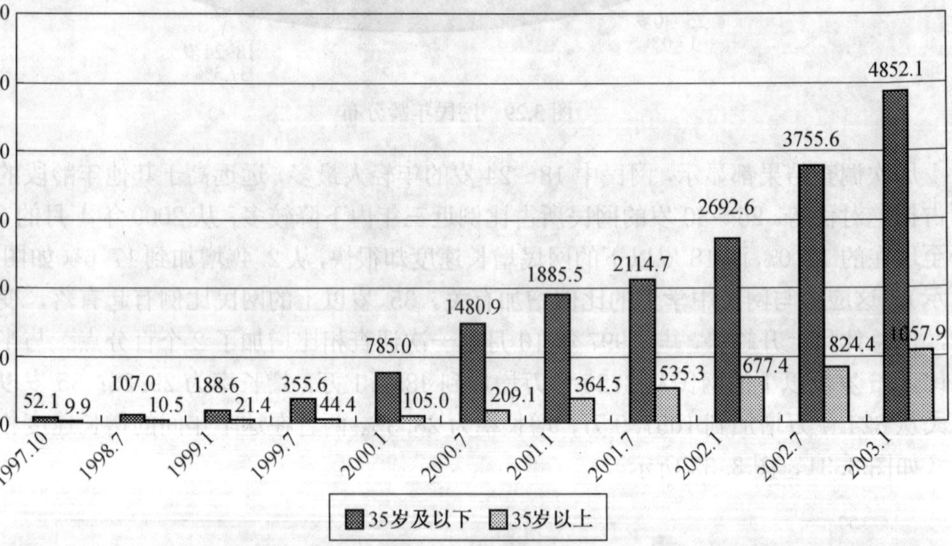

图 3.32　历次调查不同年龄网民的数量（万人）

四、用户受教育程度

第十一次 CNNIC 调查结果显示，网民中受教育程度为高中（中专）的比例最高，占到 30.6%，其次是本科（27.6%）和大专（26.1%）。本科及以上受教育程度的网民为 30.4%，本科以下受教育程度的网民达到了 69.6%（如图 3.33 所示）。本科以下受教育程度的网民占据大多数。

与以往调查结果的趋势相同，本科及以下受教育程度的网民继续增长，比半年前增加了 1.3%。从绝对数上看，与半年前相比，大学本科以下受教育程度的网民增加了 985.3 万，增长率为 31.5%；大学本科及以上受教育程度的网民增加了 344.7 万，增长率为 23.7%（如图 3.34、图 3.35 所示）。本科以下受教育程度的网民继续保持相对较快的增长速度。互联网上内容的日益丰富、服务的日益多样、操作的更加简便以及使用成本的降低，使互联网更具亲和力，越来越趋于大众化。

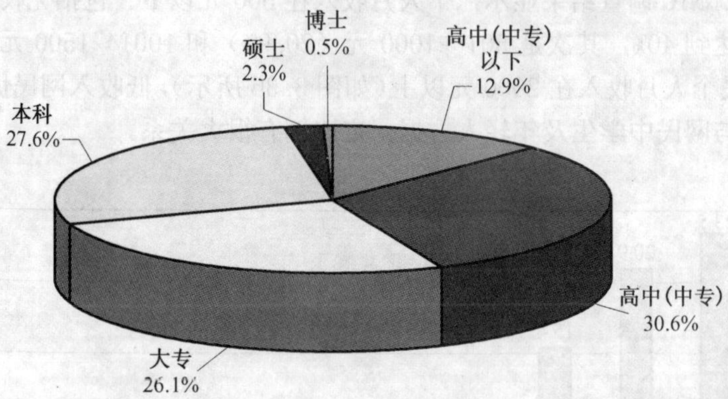

图 3.33　网民受教育程度分布

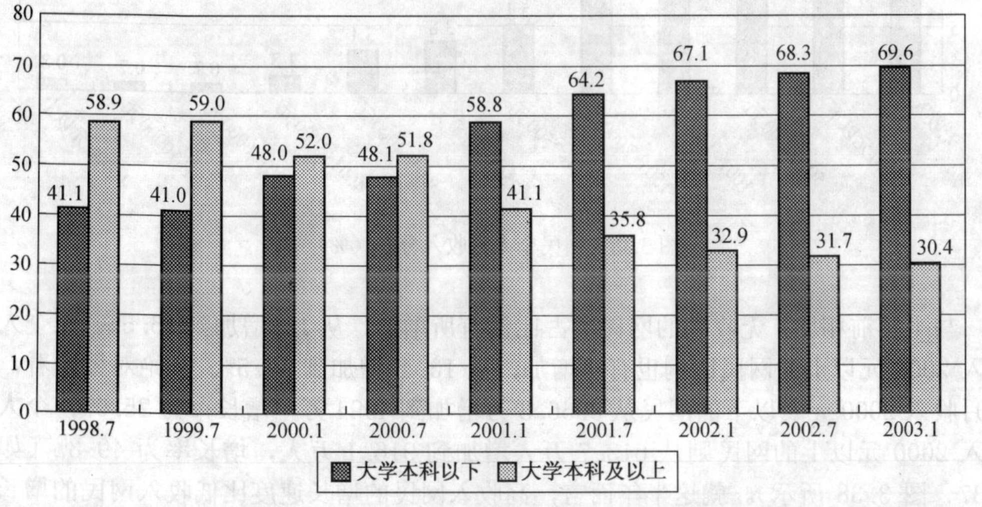

图 3.34　历次调查网民受教育程度分布（%）

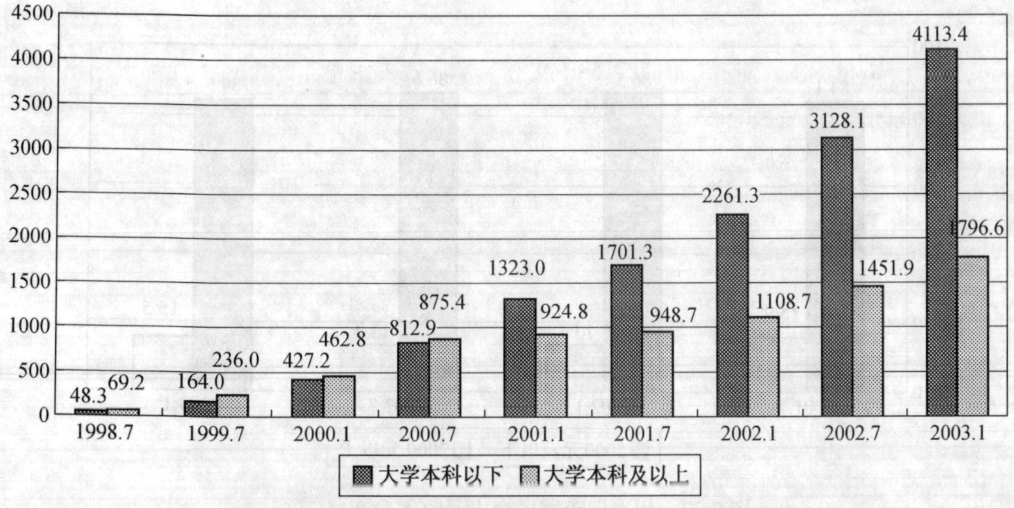

图 3.35　历次调查不同受教育程度网民的数量（万人）

五、用户个人月收入

第十一次 CNNIC 调查结果显示，个人月收入在 500 元以下（包括无收入）的网民所占比例最高，达到 40%，其次是 501～1000 元（20.9%）和 1001～1500 元（15.4%），只有 15.5%的网民个人月收入在 2000 元以上（如图 3.36 所示），低收入网民仍然占据主体。这种结构应该与网民中学生及年轻人占据一定比例有很大关系。

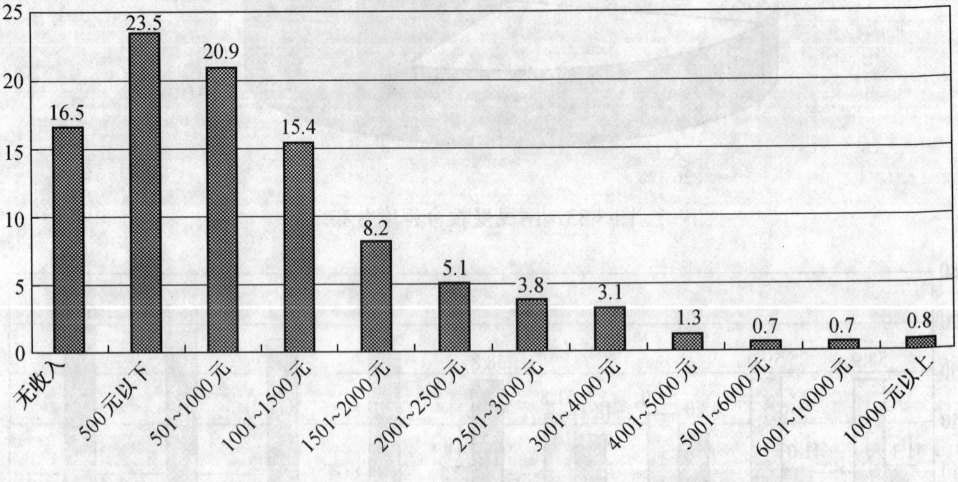

图 3.36　网民个人月收入分布（%）

与半年前相比，无收入的网民所占比例有所增加，从 13%增加到 16.5%，而个人月收入 2000 元以上的网民比例也有所增加，从 13.4%增加到 15.5%。从绝对数量看，个人月收入 2000 元及以下的网民从 3966.3 万增加到 4994 万，增长率为 25.9%；个人月收入 2000 元以上的网民则从 613.7 万人增加到 916.1 万人，增长率为 49.3%（如图 3.37、图 3.38 所示）。就这半年而言，高收入网民的增长速度比低收入网民的增长速度要快。

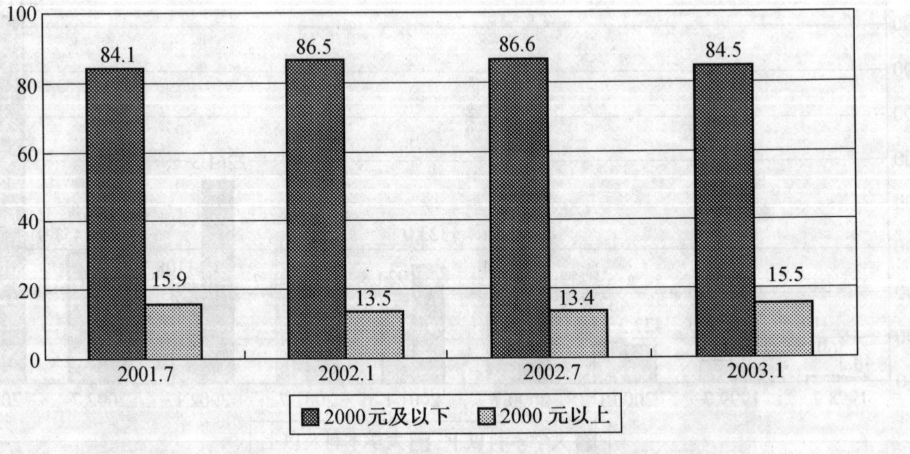

图 3.37　历次调查网民个人月收入分布（%）

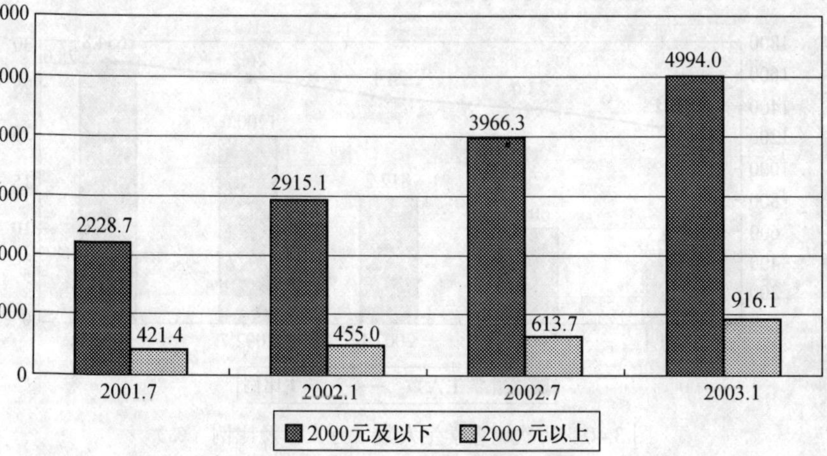

图3.38　历次调查不同个人月收入网民的数量（万人）

六、用户职业

第十一次CNNIC调查结果显示，网民中学生所占比例最多，达到了28%，其次是专业技术人员，占总数的15.7%，排在第三位的是办事员等协助人员和商业、服务业人员，各占10.3%。农林牧渔工作人员和军人所占比例最少，分别只有1%和0.9%（如图3.39所示）。

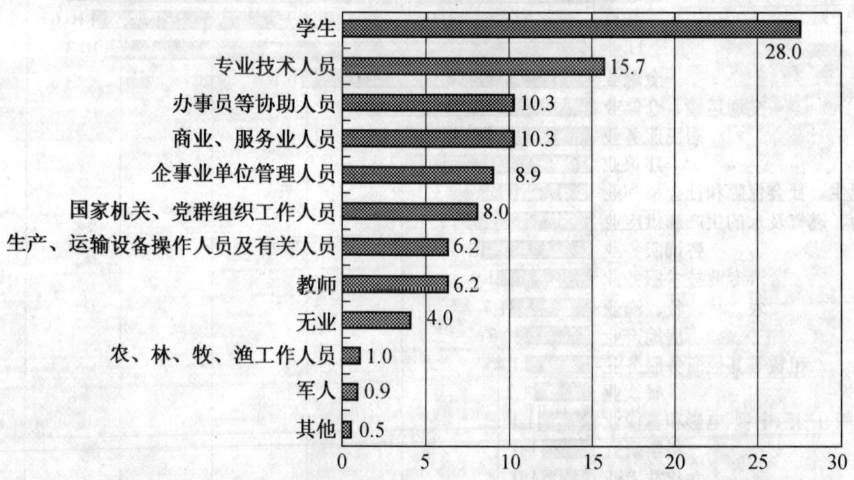

图3.39　网民的职业分布(%)

学生网民所占比例仍然高居榜首并且稳步增长。与半年前相比，学生网民在比例上又增加了1.8%，绝对数量增加了454.8万，增长显著（如图3.40所示）。与其他职业相比，学生更容易接受新鲜事物、更容易受外界环境的影响，同时，校园网的建设为学生上网搭建了良好的条件，各种网校、远程教育等的兴起也对学生上网起到了一定的推进作用。

目前中国的上网学生人数占国家统计局公布的中国在校学生总数(至2001年底，包括普通小学、初中学校、各类中等职业技术教育学校、普通高中、普通高等学校、研究生培养单位的在校学生共22384万)的7.4%，与半年前相比增加了2个百分点，说明互联网在学生中的普及程度进一步提高了。

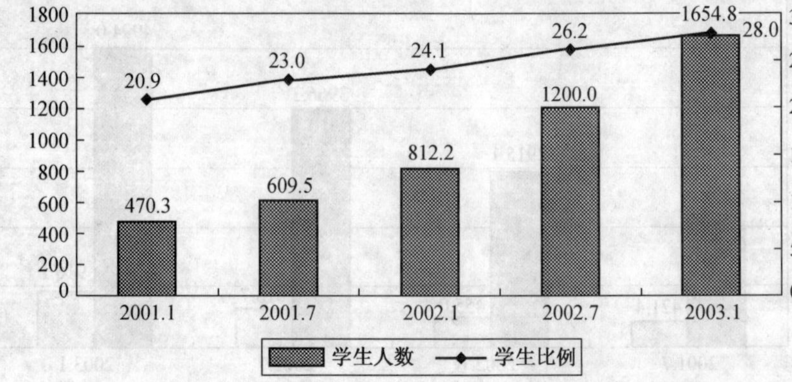

图 3.40　历次调查学生人数（万人）及比例（%）

七、用户行业

第十一次 CNNIC 调查结果显示，网民中从事公共管理和社会组织的人最多，占 12.5%，其次是批发和零售业，占 11.8%，排在第三的是制造业，为 11.1%（如图 3.41 所示）。

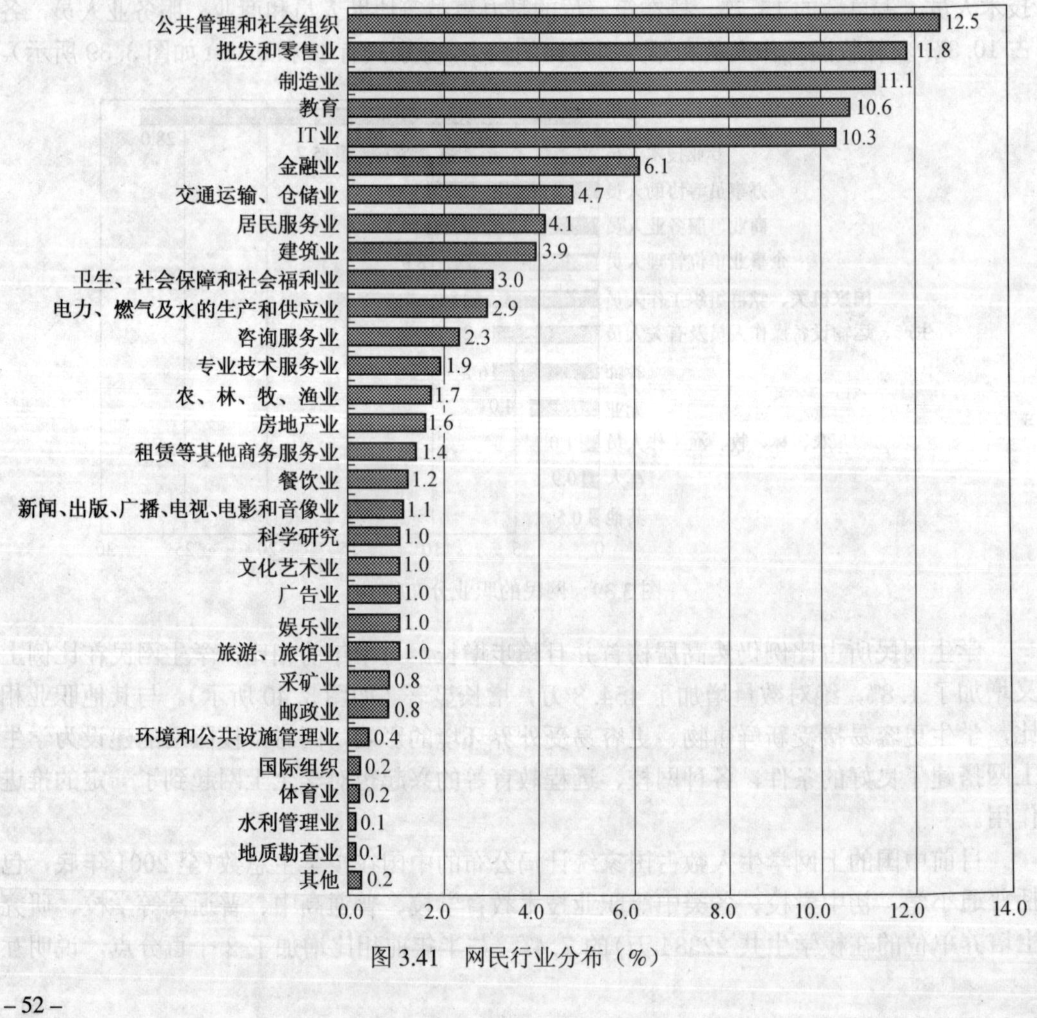

图 3.41　网民行业分布（%）

与半年前相比，公共管理和社会组织、教育和科学研究、制造业以及 IT 业的网民所占比例有所增加，而批发和零售业的网民比例有所减少（如图 3.42 所示）。在绝对数量上，公共管理和社会组织中的网民增加了 110.7 万，增长率为 28.7%；从事教育和科学研究的网民增加了 116.3 万，增长率为 33.8%；制造业增加了 121.9 万网民，增长率为 38.3%；IT 业增加了 96.6 万网民，增长率为 31%；从事批发和零售业的网民只增加了 3.3 万，增长率为 0.7%（如图 3.43 所示）。从网民在职业、行业的分布上可以看出，网民逐渐趋于多元化。

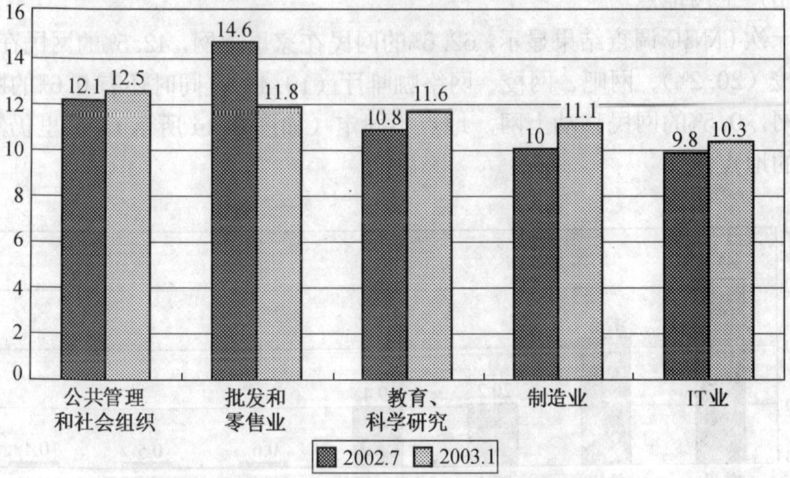

图 3.42　历次调查从事几大行业的网民所占比例（%）

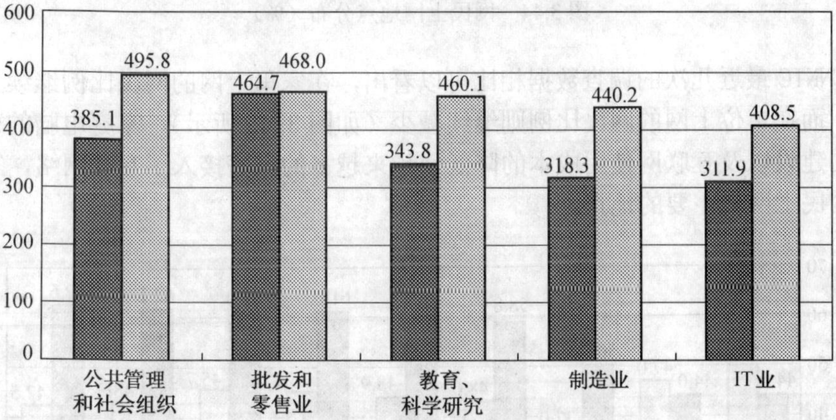

图 3.43　历次调查从事几大行业的网民数量（万人）

综上所述，目前中国的网民仍然以男性、未婚者、35 岁以下的年轻人为主体；大学本科以下受教育程度的人以及低收入者仍然占据大多数；学生、专业技术人员比其他职业的人要多；公共管理和社会组织、批发和零售业以及制造业成为网民相对比较集中的行业。但同时可以看到，网民在特征结构上的差距正在逐渐缩小。可以预计，随着互联网在中国的普及与发展，互联网将越来越向大众化靠拢，成为普通人都能使用的工具，网民的特征结构也将会更加合理与平衡。

3.5.4 网民上网行为习惯

随着中国互联网的发展，互联网正日益变成普通网民用以工作学习、获取信息、通信交流、休闲娱乐的手段和工具。网络应用越来越广泛，互联网的作用越来越重要，人们对互联网的使用也发生了相应的变化。了解网民的上网行为习惯，有助于我们清楚地看出网民在如何使用互联网，以及互联网在中国的发展趋势。

一、用户上网地点

第十一次 CNNIC 调查结果显示，62.6%的网民在家里上网，42.5%的网民在单位上网，其次是学校（20.2%）、网吧、网校、网络咖啡厅（19.4%），同时还有 0.6%的网民在公共图书馆上网，0.5%的网民移动上网，地点不固定（如图 3.44 所示）。家里仍然是网民上网最主要的地点。

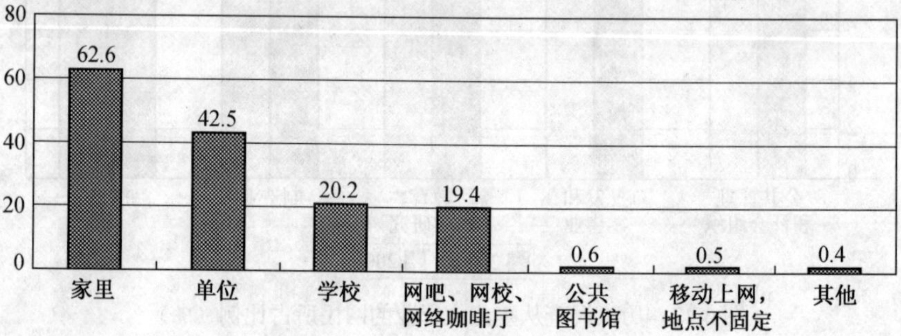

图 3.44 网民上网地点分布（%）

与 CNNIC 最近几次的调查数据相比可以看出，在家里上网的网民比例继续呈稳步递增趋势，而在单位上网的网民比例则继续减少（如图 3.45 所示）。家庭电脑的普及、小区宽带的建设以及互联网使用成本的降低使越来越多的家庭接入了互联网络，家里也相应成为网民上网最主要的地点。

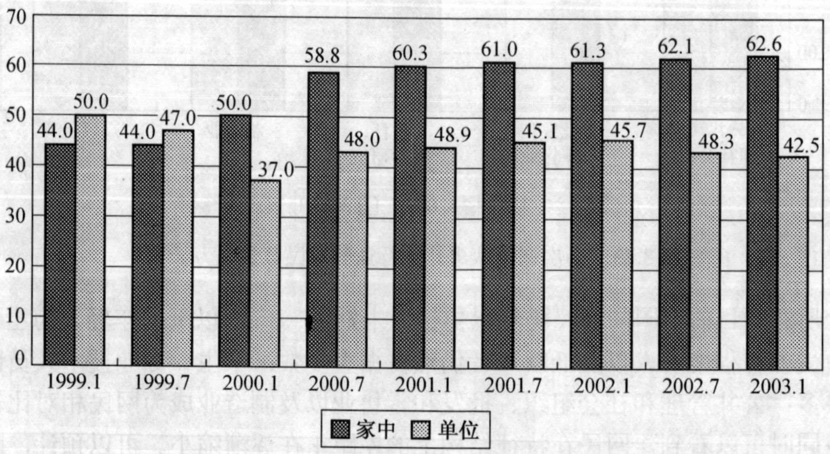

图 3.45 历次调查网民在家中/单位上网的比例（%）

二、用户使用互联网的时间

第十一次 CNNIC 调查结果显示，网民一天中使用互联网的时间波动非常大：凌晨 1 点至早上 7 点钟是网民最少上网的时间，上午 8 点钟开始上网的人逐渐增多，在中午 11、12 点有小幅度回落，从 13 点开始继续爬升，傍晚 17、18 点稍有回落，随后 19 点人数激增，到晚上 20、21 点的时候达到顶峰，各有四成左右的网民在这一时间上网，这之后上网人数又逐渐减少（如图 3.46 所示）。可以看出，人们日常生活的作息时间在一定程度上影响着人们使用互联网的时间。与以往调查结果类似，网民使用互联网的时间仍然集中在下午和晚上。

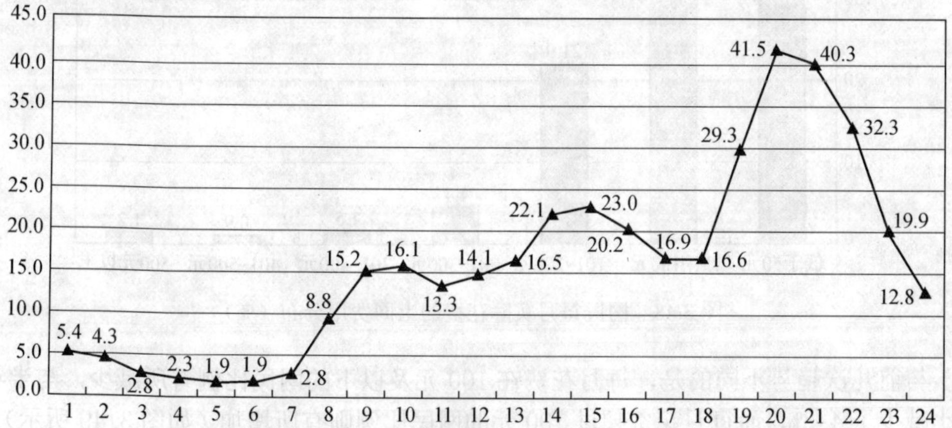

图 3.46 网民通常使用互联网的时间（%）

三、用户上网设备

第十一次 CNNIC 调查结果显示，有 95.2%的人使用台式计算机上网，10.1%的人使用笔记本电脑上网，用户上网设备仍然以台式计算机占据主流。与半年前相比，使用台式计算机的网民比例减少了 2.2%，而使用笔记本电脑的网民比例增加了 5.6%。也有少量网民在使用计算机上网的同时使用其他设备（移动终端、信息家电等）上网。网民的上网设备日趋多样化。

从近 3 年的调查数据看，在使用计算机上网的同时，使用移动终端、信息家电等设备上网的人在逐渐增多，从 2000 年 1 月的 20 万已经增加到了现在的 153 万，与半年前相比增加了 24 万（如图 3.47 所示）。新的上网设备正在逐渐被网民所接受。

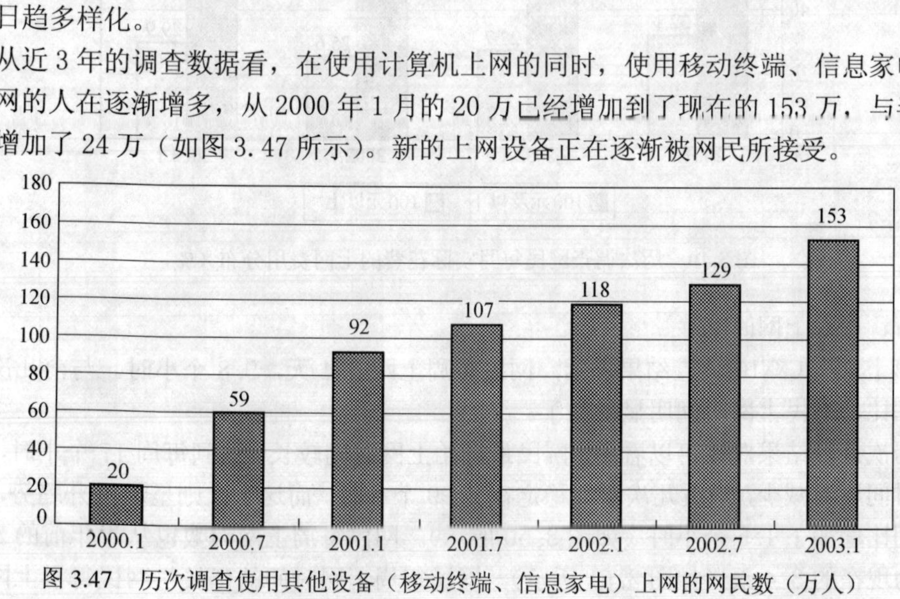

图 3.47 历次调查使用其他设备（移动终端、信息家电）上网的网民数（万人）

四、用户每月实际花费的上网费用

第十一次 CNNIC 调查结果显示，每月实际花费的上网费用低于 50 元的网民最多，达到 39.5%；其次是花费在 51～100 元的网民，占 30.6%；21.9%的网民每月花费的上网费用在 101～200 元；每月花费超过 200 元的网民则很少（如图 3.48 所示）。总体来讲，网民每月实际花费的上网费用偏低，主要集中在 100 元及以下。

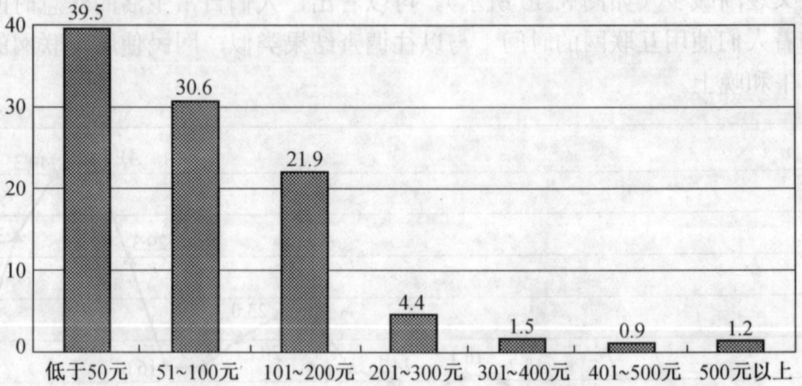

图 3.48　网民每月实际花费的上网费用分布（%）

与前几次趋势不同的是，每月花费在 100 元及以下的网民比例有所减少，与半年前相比减少了 4.3%，而每月花费超过 100 元的网民比例则有所增加（如图 3.49 所示）。这说明尽管上网费用在降低，但由于互联网与人们的生活日益密切，人们对互联网的使用越来越频繁，导致网民的上网费用反而增加了。

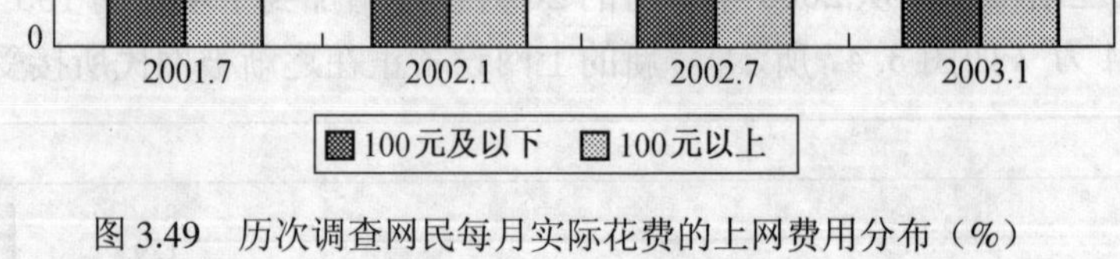

图 3.49　历次调查网民每月实际花费的上网费用分布（%）

五、用户上网时间

第十一次 CNNIC 调查结果显示，网民每周上网 3.4 天，9.8 个小时。与前几次调查结果相比，网民上网时间明显增加了。

历次调查结果对比可以看出，网民最开始上网时间较长，达到每周 17 个小时，此后上网时间逐渐减少，最近几次逐渐稳定在 8～9 个小时，而这一次则呈现上升趋势，与半年前相比增加了 1.5 个小时（如图 3.50 所示）。网民每周上网天数也从半年前的 3.1 天上升为现在的 3.4 天（如图 3.51 所示）。网民每周上网时间的延长与网民每月上网花费的增加皆说明互联网与人们的日常生活越来越密切，人们对互联网更加依赖、使用更加频繁。

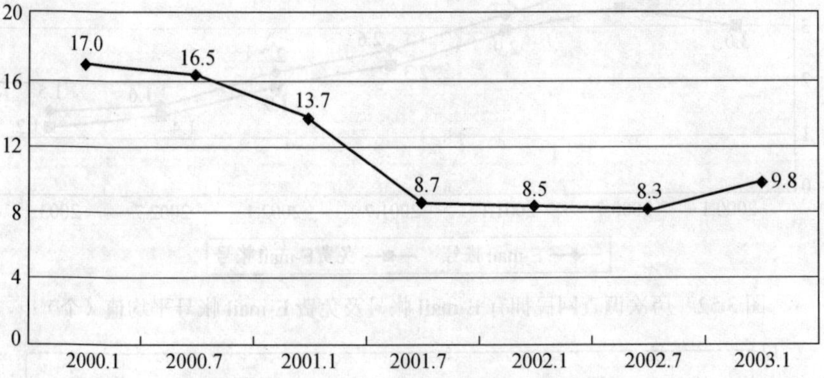

图3.50　历次调查网民每周上网小时数（小时）

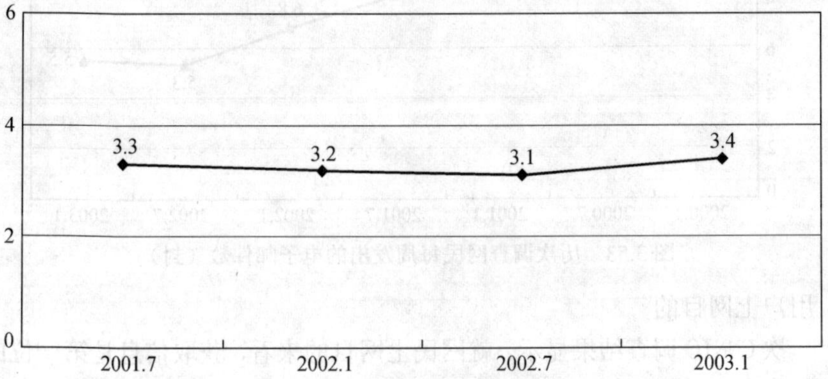

图3.51　历次调查网民每周上网天数（天）

六、用户拥有E-mail帐号数

第十一次CNNIC调查结果显示，网民人均拥有1.5个E-mail帐号，其中免费的E-mail帐号为1.2个。网民人均拥有E-mail帐号的数目继续递减。

对比历次调查结果可以看出，网民最开始拥有的E-mail帐号较多，达到人均4个，此后呈递减趋势，逐渐固定在人均1～2个（如图3.52所示）。从网民人均E-mail帐号的减少可以看出网民在电子邮箱的使用上越来越趋于理性，常用的1、2个邮箱已经完全可以满足用户对外通信联络的需要。

七、用户每周收发电子邮件数

第十一次CNNIC调查结果显示，网民平均每周收到7.7封电子邮件（不包括垃圾邮件），收到垃圾邮件8.3封，每周发出电子邮件5.5封。与半年前相比，网民每周收发电子邮件数均有所增加。

历次调查结果对比可以看出，网民每周发出的电子邮件数从逐渐递减转为略有回升（如图3.53所示），同时每周收到的电子邮件数也比半年前有所增加。这说明网民对电子邮箱的使用更频繁了，互联网在人们对外通信联络中的作用越来越大。

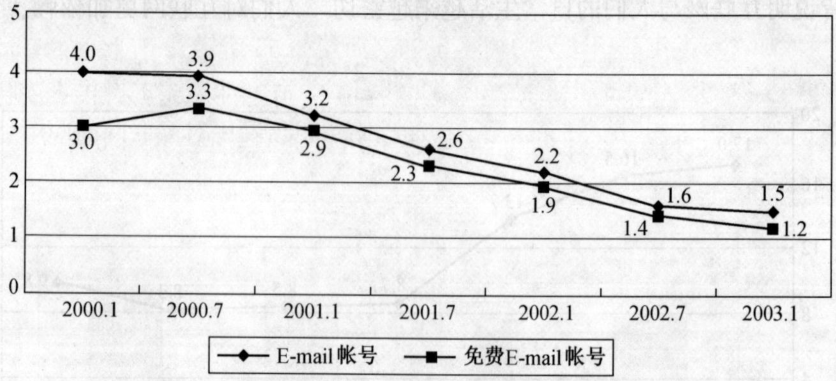

图 3.52　历次调查网民拥有 E-mail 帐号及免费 E-mail 帐号平均值（个）

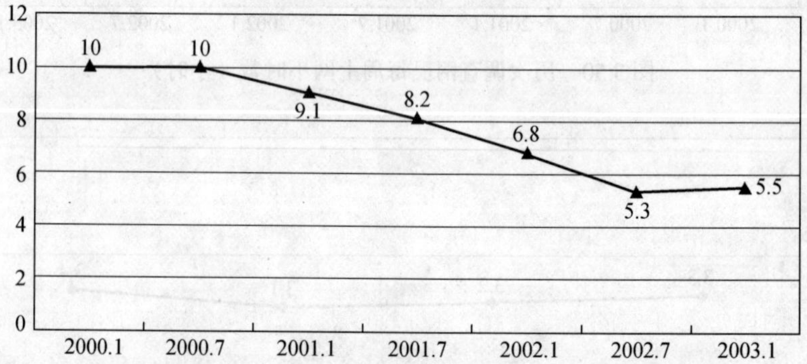

图 3.53　历次调查网民每周发出的电子邮件数（封）

八、用户上网目的

第十一次 CNNIC 调查结果显示，就网民上网目的来看，获取信息是第一位的，53.1%的人将其作为上网最主要的目的。其次是休闲娱乐（24.6%），交友排在第三位（7%）（如图 3.54 所示）。获取信息仍然是网民上网最主要的目的。

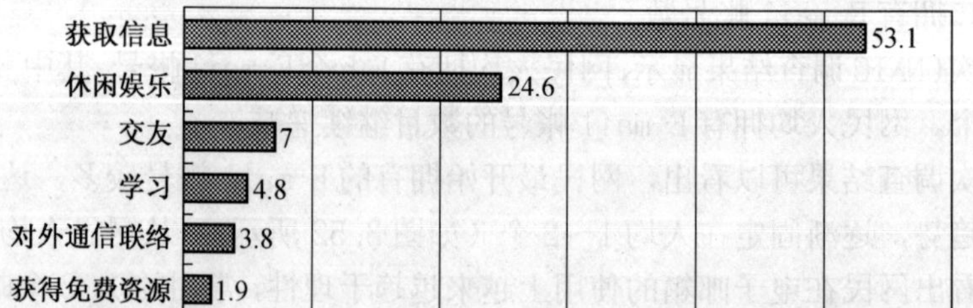

图 3.54　网民上网最主要的目的（%）

近几次调查结果相比可以看出，以获取信息作为上网最主要目的的网民所占比例一直在稳步增加，与半年前相比又增加了5.5%（如图3.55所示）。互联网的开放性、便利性、互动性以及网上信息的丰富性和服务的多样性，使越来越多的网民将互联网作为获取信息的主要渠道，同时，对互联网认识的提高，也使网民对互联网的应用更加理性与务实。

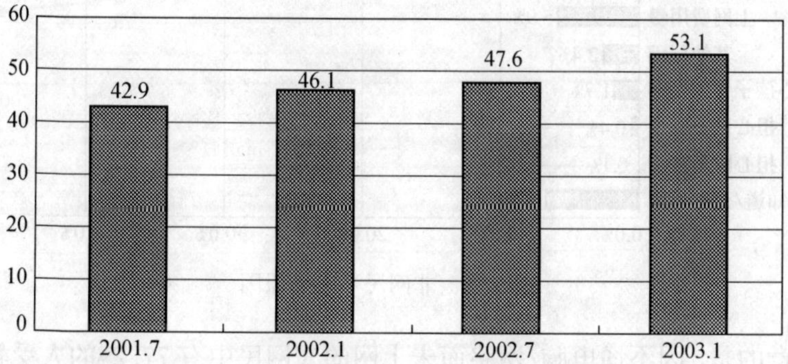

图3.55 历次调查以获取信息为上网最主要目的的网民比例（%）

综上所述，家中仍然是网民上网的主要地点；晚上八、九点钟是网民上网的高峰期；台式计算机仍然是网民上网的首选设备，但新的上网设备正在逐渐被网民所接受；与半年前相比，网民每月花费的上网费用、每周上网时间以及每周收发的电子邮件数均有所增加，人均E-mail帐号数则有所减少；越来越多的网民将获取信息作为上网最主要的目的。可以预计，随着硬件环境的完善、网民数量的增加、网络应用的推广和网络知识的普及，互联网将成为人们日常生活中的重要工具，人们对互联网的应用也将更加深入、广泛。

3.5.5 非网民状况

最新的CNNIC调查结果显示，与半年前相比，中国网民从4580万人增长到5910万人，增长量为1330万。然而网民占中国人口的比例仅从半年前的3.6%增长为4.6%，绝大部分人口依旧没有上网。因此，对2002年年末仍未上网人群（我们称之为非网民）不上网的原因、预期上网的时间和预期可能上网的非网民特征进行分析，将为政府、企业和社会各界更好地了解中国非网民状况、制定相关政策提供一些参考。

一、非网民不上网的原因与预期上网的时间

（一）非网民不上网的原因

最新的CNNIC调查结果表明，非网民不上网的主要原因有：不懂电脑/网络，40.8%的非网民选择；没有上网设备，27.7%的非网民选择；没有时间，18.7%的非网民选择；年龄太大/太小，10.0%的非网民选择。此外，不感兴趣、觉得上网没用/不需要和上网费用贵也是妨碍非网民上网的原因，分别有7.4%、7.3%和5.9%的非网民选择（如图3.56所示）。上述结果表明，不懂电脑/网络、没有上网设备等客观原因是非网民未上网的主要原因，而由于个人对互联网的主观看法/印象方面的原因而没有上网的非网民为少数。

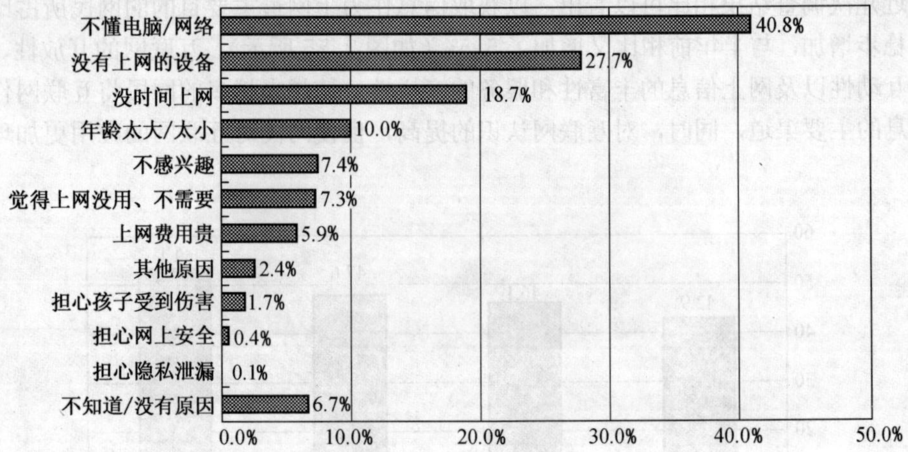

图 3.56　非网民不上网原因

值得注意的是，因不懂电脑/网络而未上网的非网民中有 77.2%的人受教育程度在高中（中专）以下，19.1%的人受教育程度为高中（中专）（如图 3.57 所示）。调查结果亦显示，因不懂电脑/网络而未上网的非网民中有 70.2%的人年龄高于 30 岁（如图 3.58 所示）。

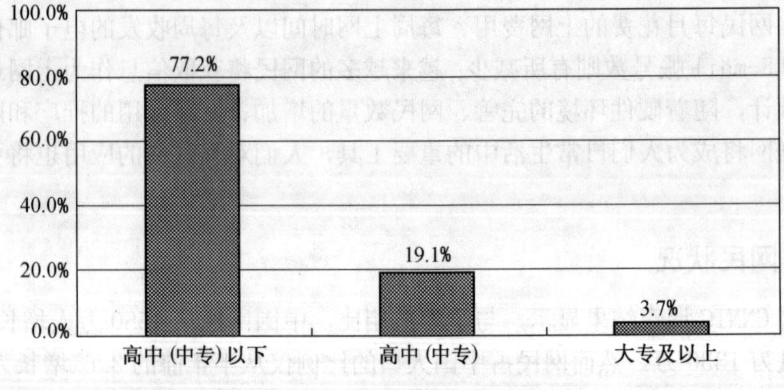

图 3.57　因不懂电脑/网络而没上网的非网民受教育程度

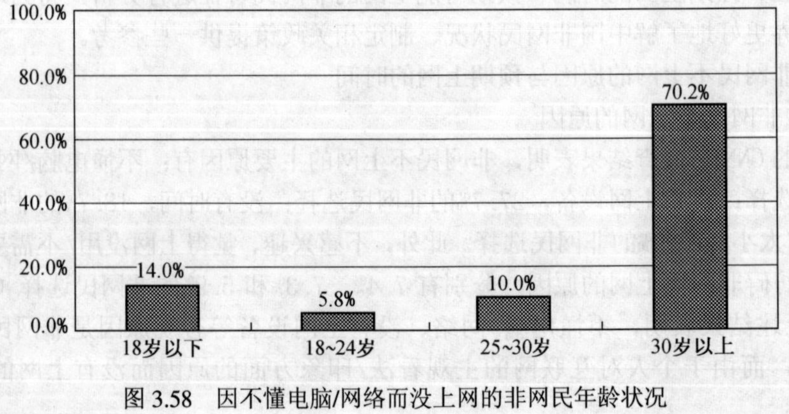

图 3.58　因不懂电脑/网络而没上网的非网民年龄状况

通过分析因没有上网设备而未上网的非网民，发现这部分人中 98.0%的人家中没有电脑，而只有 2.0%的人家中有电脑（如图 3.59 所示）。

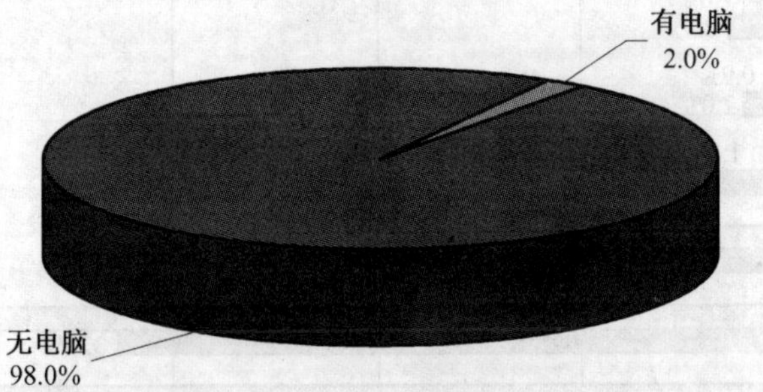

图 3.59 因没有上网设备而没上网的非网民电脑拥有状况

与半年前相比，非网民不上网的原因分布基本没有变化（如图 3.60 所示）。

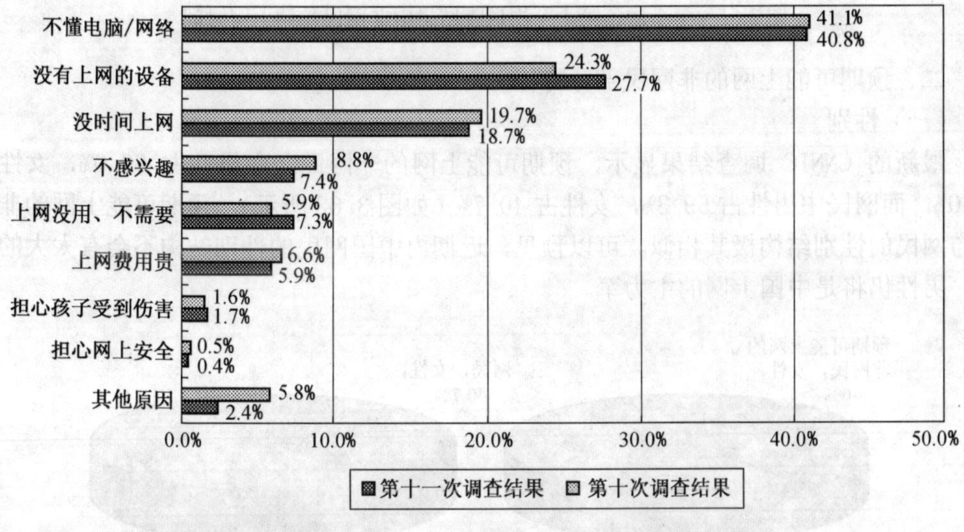

图 3.60 第十次、第十一次调查结果中非网民不上网的原因

（二）非网民预期上网的时间

第十一次调查结果表明，中国 1.7%的非网民预期 1 个月内可能上网，2.0%的非网民预期 1～3 个月内可能上网，0.9%的非网民预期 3～6 个月内可能上网，1.8%的非网民预期 6 个月至 1 年内可能上网，8.1%的非网民预期一年以后才可能上网；另有 41.9%的非网民根本不打算上网，43.6%的非网民不知道自己是否上网也无法预计上网的时间（如图 3.61 所示）。预期一年内可能上网的非网民比例为 6.4%。

与半年前相比，预期 1 个月内可能上网的非网民从 2.4%降至 1.7%，预期 1～3 个月内可能上网的非网民从 2.9%降至 2.0%，预期 3～6 个月内可能上网的非网民从 2.0%降至 0.9%，预期 6 个月至 1 年内可能上网的非网民从 3.7%降至 1.8%，预期一年后可能上网的非网民从 13.9%降至 8.1%，预期未来一年内可能上网的非网民从半年前的 11.0%减为 6.4%（如图 3.61 所示）。尽管非网民预期上网时间只是非网民对自己上网与否的主观预期，但比例的降低在一定程度上预示着中国互联网的发展和普及将是一个长期的过程。

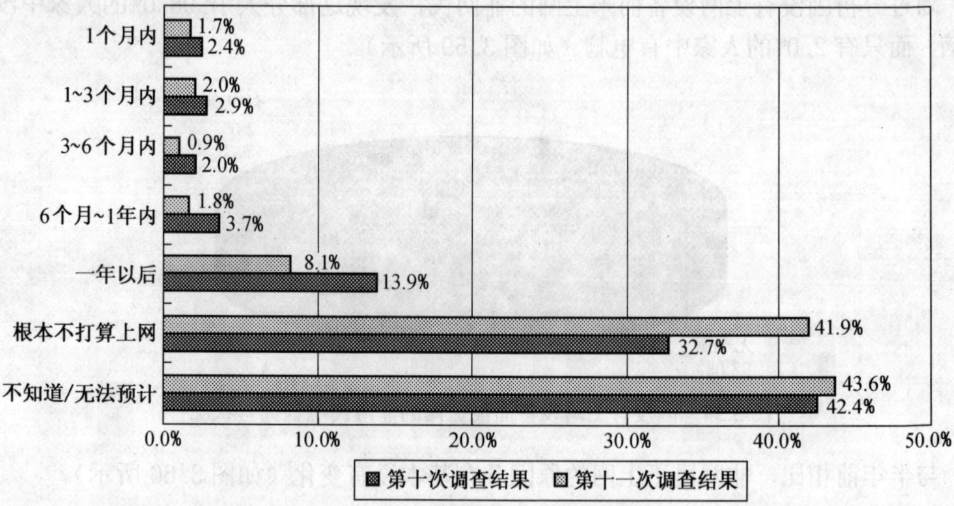

图 3.61　第十次、第十一次调查结果中非网民预期上网时间

二、预期可能上网的非网民部分特征

（一）性别

最新的 CNNIC 调查结果显示，预期可能上网的非网民之中男性占 60.0%，女性占 40.0%。而网民中男性占 59.3%，女性占 40.7%（如图 3.62 所示），预期可能上网的非网民与网民的性别结构极其相似。可以预见，近期内中国网民的性别结构不会有太大的改变，男性仍将是中国上网的主力军。

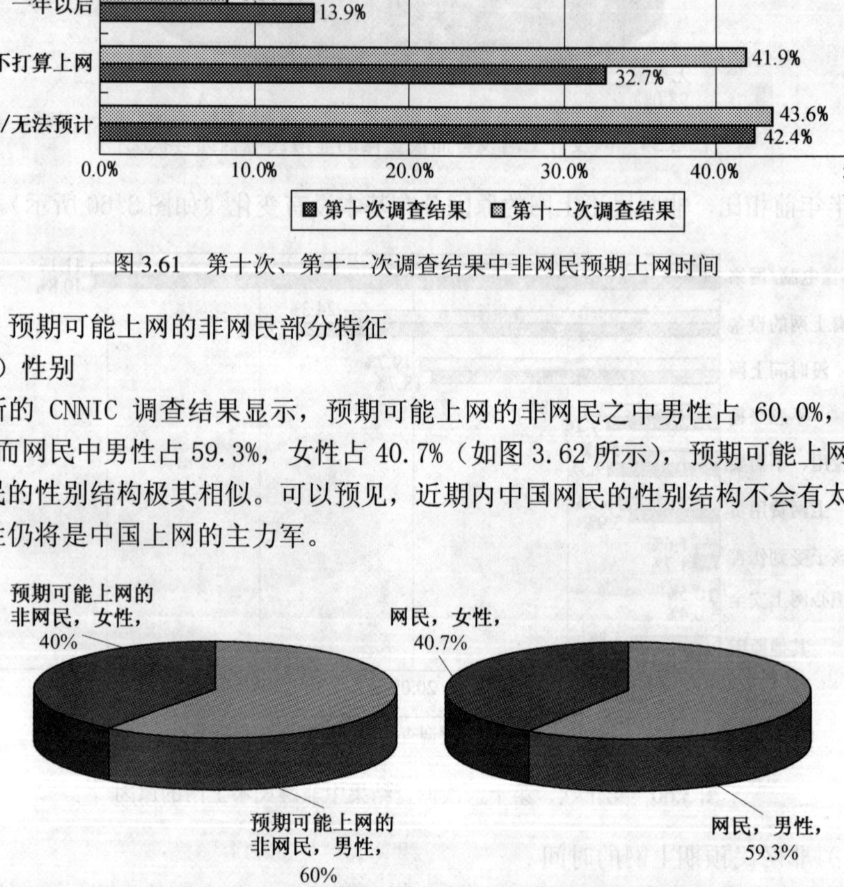

图 3.62　预期可能上网的非网民与网民性别状况

（二）年龄

第十一次调查结果表明，预期可能上网的非网民中，年龄低于 18 岁的人占 17.5%，年龄在 18～24 岁之间的人占 10.2%，年龄在 25～30 岁、31～35 岁、36～40 岁、41～50 岁之间的人分别占 14.9%、16.5%、14.4%、16.7%，年龄超过 50 岁的人亦有 9.8%（如图 3.63 所示）。可见，预期可能上网的非网民在各年龄段上分布较为均衡，这将促进未来中国网民年龄分布更加均衡。

（三）婚姻状况

最新的 CNNIC 调查结果显示，预期上网的非网民中已婚比例为 78.5%，未婚比例为 21.5%，中国网民里已婚比例为 42.2%，未婚比例为 57.8%（如图 3.64 所示）。预期上网的非网民和网民的婚姻状况不太一样，预示着未来中国网民中已婚网民的比例将有所增长。

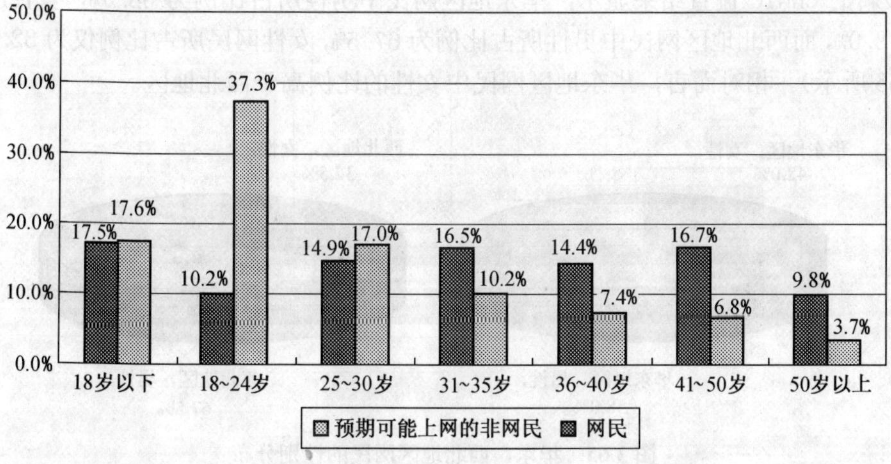

图 3.63　预期可能上网的非网民与网民年龄状况

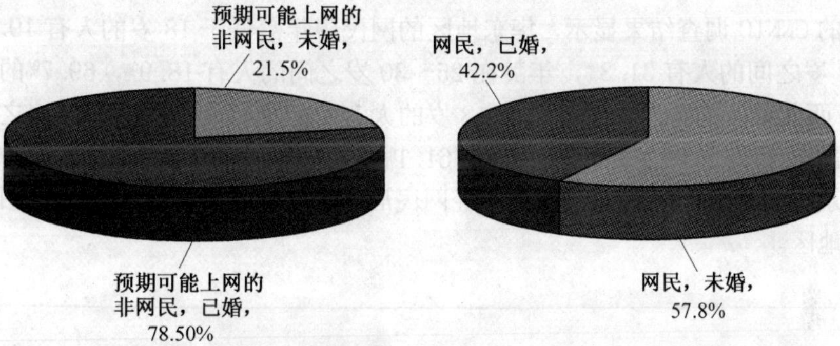

图 3.64　预期可能上网的非网民与网民婚姻状况

综上所述，没有上网设备、不懂电脑/网络等客观原因是中国非网民没有上网的主要原因，由于个人对互联网的主观看法/印象方面的原因而没上网的非网民只是少数。在预期可能上网的非网民中，男性仍多于女性，且年龄分布较为均衡，已婚的人占多数。可以预计，近期内中国网民中男性网民仍将是上网的主力军；年轻网民仍占多数；已婚网民比例可能有所增长，但未婚网民仍多于已婚网民。

3.5.6　华东、西北地区网民状况对比

从前面的分析可知，中国互联网络在地区之间的发展是不均衡的，对东部华东地区和西部西北地区的网民状况进行比较分析，将有助于我们更加全面和深入地了解中国互联网络的发展状况。

注：1. 本部分内容所指网民不包含大学生网民在内。

2. 华东地区包括：上海、浙江、江苏、安徽、福建、江西、山东。

西北地区包括：陕西、甘肃、宁夏、青海、新疆。

一、网民特征结构

（一）网民的性别

最新的 CNNIC 调查结果显示，华东地区网民中男性所占比例为 58.0%，女性所占比例为 42.0%，而西北地区网民中男性所占比例为 67.5%，女性网民所占比例仅为 32.5%（如图 3.65 所示）。相对而言，华东地区网民中女性的比例高于西北地区。

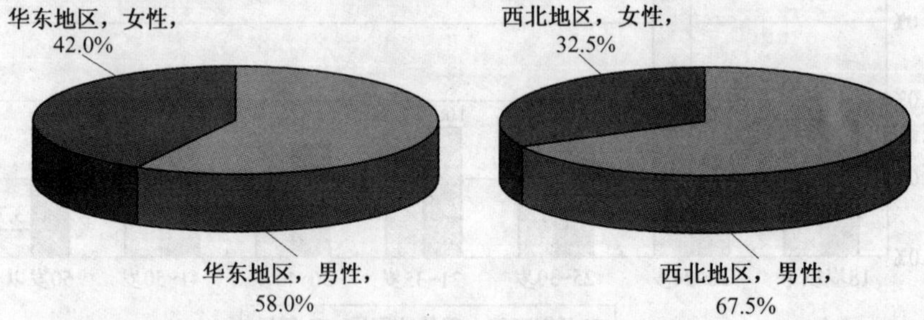

图 3.65 华东、西北地区网民的性别分布

（二）网民的年龄

最新的 CNNIC 调查结果显示，华东地区的网民中年龄低于 18 岁的人有 19.5%，年龄在 18～24 岁之间的人有 31.3%，年龄在 25～30 岁之间的人有 18.9%，69.7%的人年龄低于 31 岁。西北地区的网民中年龄低于 18 岁的人有 19.6%，年龄在 18～24 岁之间的人有 23.4%，年龄介于 25～30 岁的人有 18.1%，61.1%的人的年龄低于 31 岁（如图 3.66 所示）。可见，华东和西北地区的网民中均是年轻网民居多，但华东地区网民中年轻网民的比例高于西北地区。

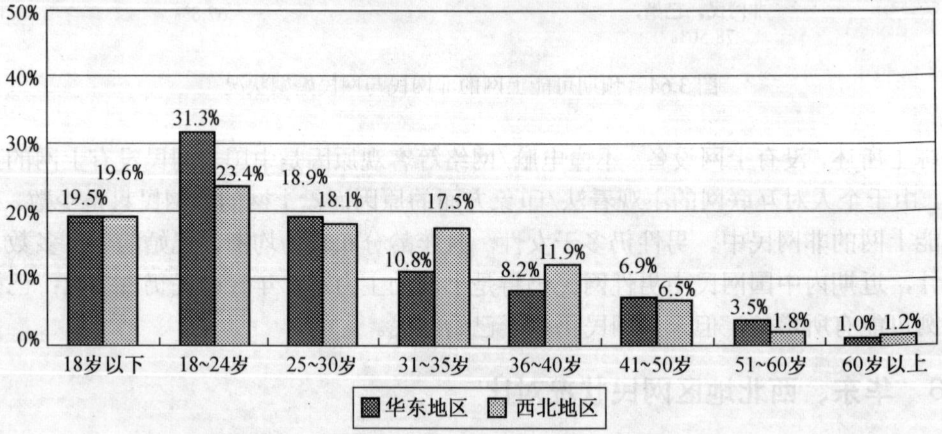

图 3.66 华东、西北地区网民的年龄分布

（三）网民的婚姻状况

最新的 CNNIC 调查结果显示，华东地区网民中 51.9%的人未婚，48.1%的人已婚；西北地区网民中 45.3%的人未婚，54.7%的人已婚（如图 3.67 所示）。可见，华东地区网民的婚姻状况与西北地区网民的婚姻状况不太一样。

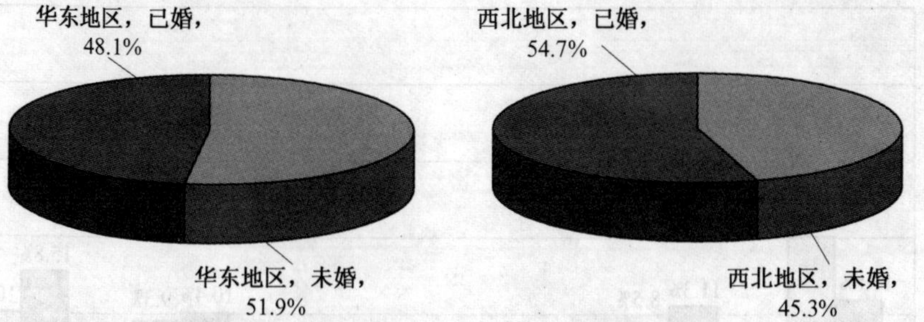

图 3.67 华东、西北地区网民的婚姻状况分布

（四）网民的文化程度

最新的CNNIC调查结果表明，华东地区网民中文化程度在高中（中专）以下和高中（中专）的人分别有13.6%和36.6%，文化程度为大专、本科、硕士和博士的人分别有26.0%、21.6%、1.7%和0.5%，49.8%的人文化程度在大专及以上。西北地区网民中文化程度在高中（中专）以下和高中（中专）的人分别有15.0%和34.3%，文化程度为大专、本科、硕士和博士的人分别有29.5%、19.4%、1.7%和0.1%；50.7%的人文化程度在大专及以上（如图3.68所示）。华东地区网民的文化程度与西北地区网民的文化程度分布状况基本类似。

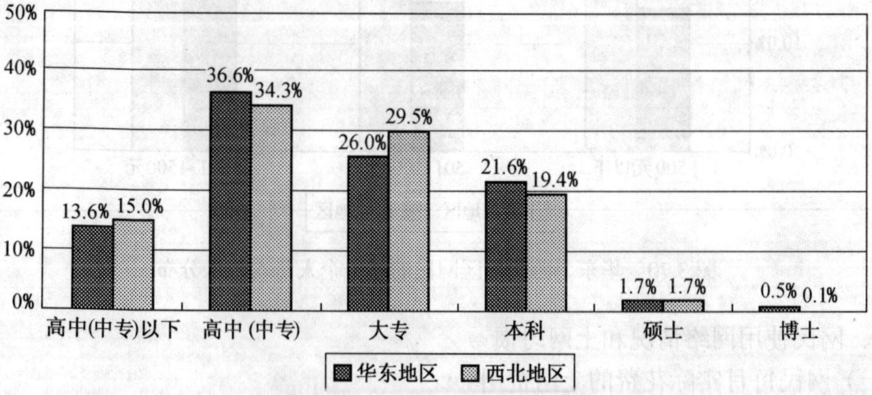

图 3.68 华东、西北地区网民的文化程度分布

（五）网民的行业分布（不包括军人、学生和无业人员）

最新的CNNIC调查结果显示，华东地区网民中属于公共管理和社会组织的人所占比例低于西北地区，而IT业、制造业、金融业、卫生、社会保障和社会福利业、教育行业中网民所占比例高于西北地区。两个地区其他行业网民所占比例状况则相差不多（如图3.69所示）。

（六）网民的个人月均收入

最新的CNNIC调查结果显示，华东地区网民中44.5%的人个人月均收入低于1500元，而西北地区网民中相应的比例有68.3%（如图3.70所示）。可见，华东地区网民的整体收入水平高于西北地区网民。

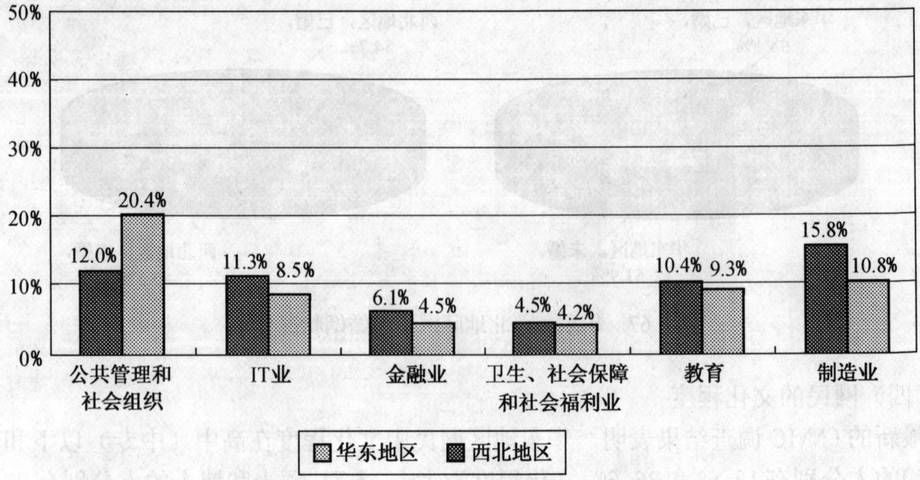

图 3.69　华东、西北地区网民的部分行业分布

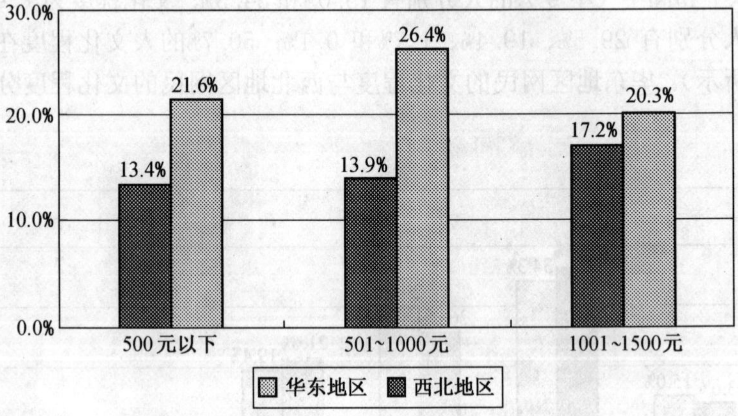

图 3.70　华东、西北地区网民的部分个人月均收入分布

二、网民使用网络情况和上网习惯

（一）网民每月实际花费的上网费用

最新的 CNNIC 调查结果表明，华东地区网民中每月实际花费的上网费用低于 50 元的人有 36.5%，每月实际花费的上网费用在 51～100 元、101～200 元的人分别有 35.8%和 22.0%，另有 5.7%的人每月实际花费的上网费用超过 200 元。西北地区网民中每月实际花费的上网费用低于 50 元的人有 45.4%，每月实际花费的上网费用在 51～100 元、101～200 元的人分别有 33.9%和 15.4%，另有 5.3%的人每月实际花费的上网费用超过 200 元（如图 3.71 所示）。可见，华东地区网民每月实际花费的上网费用整体水平高于西北地区。

（二）网民平均每周上网时间

第十一次调查结果显示，华东地区网民平均每周上网 11.3 小时，平均每周有 3.6 天上网，西北地区网民平均每周上网 8.4 小时，平均每周有 3.0 天上网（如图 3.72 所示）。可见，华东地区网民使用网络的时间及频度均高于西北地区网民。

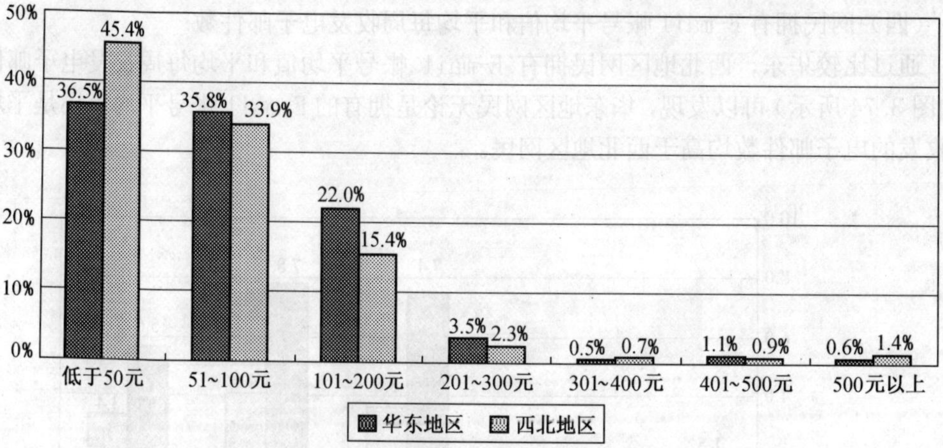

图 3.71 华东、西北地区网民每月实际花费的上网费用

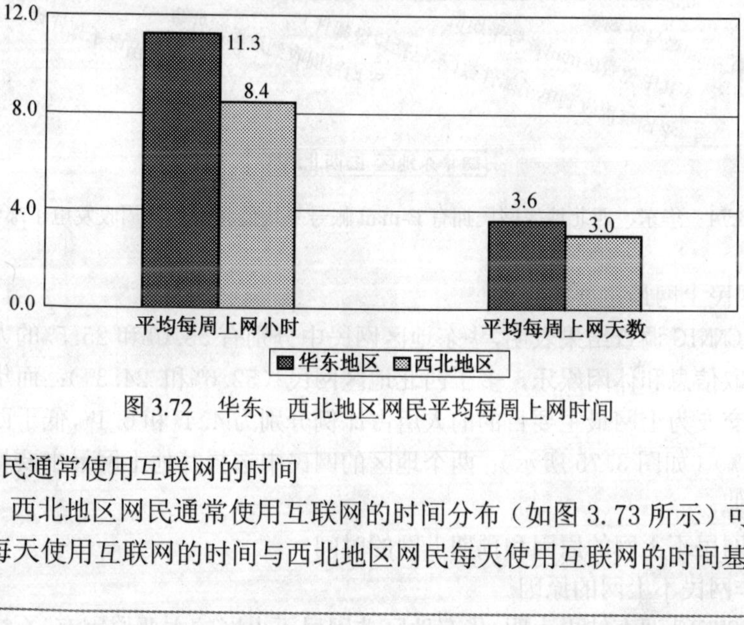

图 3.72 华东、西北地区网民平均每周上网时间

（三）网民通常使用互联网的时间

从华东、西北地区网民通常使用互联网的时间分布（如图 3.73 所示）可以看出，华东地区网民每天使用互联网的时间与西北地区网民每天使用互联网的时间基本类似。

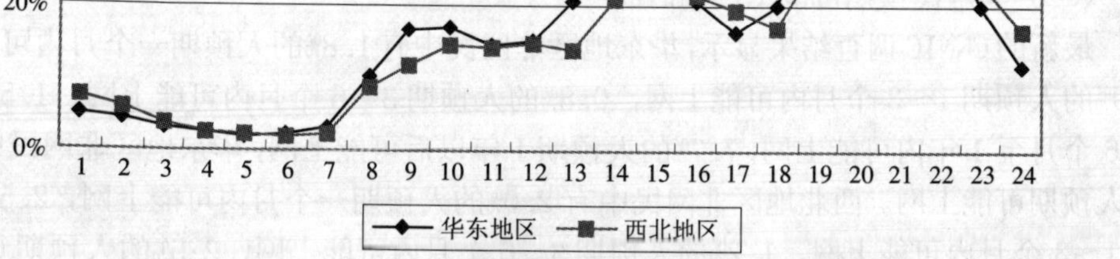

图 3.73 华东、西北地区网民通常每天使用互联网的时间

（四）网民拥有E-mail帐号平均值和平均每周收发电子邮件数

通过比较华东、西北地区网民拥有 E-mail 帐号平均值和平均每周收发电子邮件数（如图 3.74 所示）可以发现，华东地区网民无论是拥有的E-mail帐号平均值还是平均每周收发的电子邮件数均高于西北地区网民。

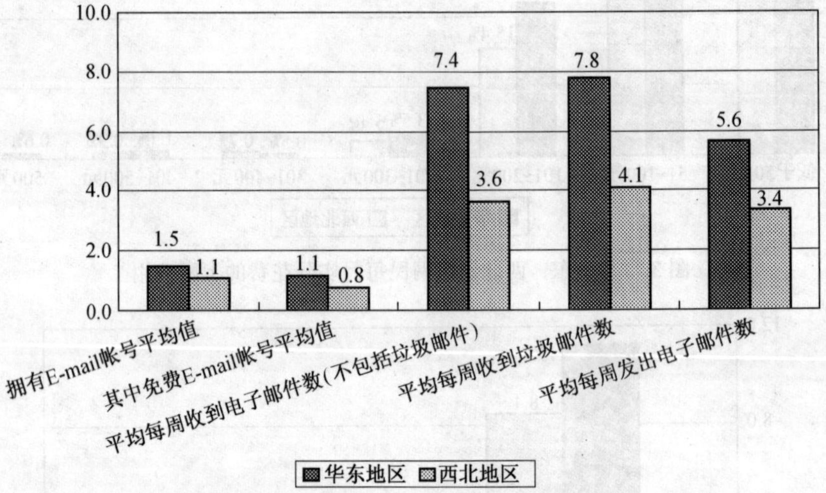

图 3.74　华东、西北地区网民拥有 E-mail 帐号平均值和平均每周收发电子邮件数

（五）网民上网最主要的目的

最新的 CNNIC 调查结果表明，华东地区网民中分别有 55.0%和 25.5%的人上网最主要的目的是获取信息和休闲娱乐，多于西北地区网民（52.6%和 24.3%）；而华东地区网民中以学习和交友为上网最主要目的的人所占比例分别为 4.4%和 6.1%，低于西北地区网民（5.7%和 8.7%）（如图 3.75 所示）；两个地区的网民中选择其他上网最主要目的的人所占比例基本类似。

三、非网民不上网的原因和预期上网的时间

（一）非网民不上网的原因

最新的 CNNIC 调查结果表明，华东地区非网民不上网的主要原因有：不懂电脑/网络，40.8%的人选择；没有上网的设备，26.1%的人选择。西北地区非网民不上网的主要原因亦为：不懂电脑/网络，38.3%的人选择；没有上网的设备，30.9%的人选择（如图 3.76 所示）。可见，华东地区非网民中选择因不懂电脑/网络而未上网的人所占比例高于西北地区，选择因没有上网设备而未上网的人所占比例低于西北地区。

（二）非网民预期可能上网的时间

最新的 CNNIC 调查结果显示，华东地区非网民中有 1.8%的人预期一个月内可能上网，1.9%的人预期 1～3 个月内可能上网，0.8%的人预期 3～6 个月内可能上网，1.5%的人预期 6 个月至 1 年内可能上网，7.7%的人预期 1 年以后可能上网，华东地区非网民中 13.7%的人预期可能上网。西北地区非网民中有 2.0%的人预期一个月内可能上网，2.5%的人预期 1～3 个月内可能上网，1.2%的人预期 3～6 个月内可能上网，2.5%的人预期 6 个月至 1 年内可能上网，11.0%的人预期 1 年以后可能上网，西北地区非网民中 19.2%的人预期可能上网（如图3.77所示）。可见，华东地区非网民预期可能上网的人所占比例低于西北地区预期可能上网的人所占比例。

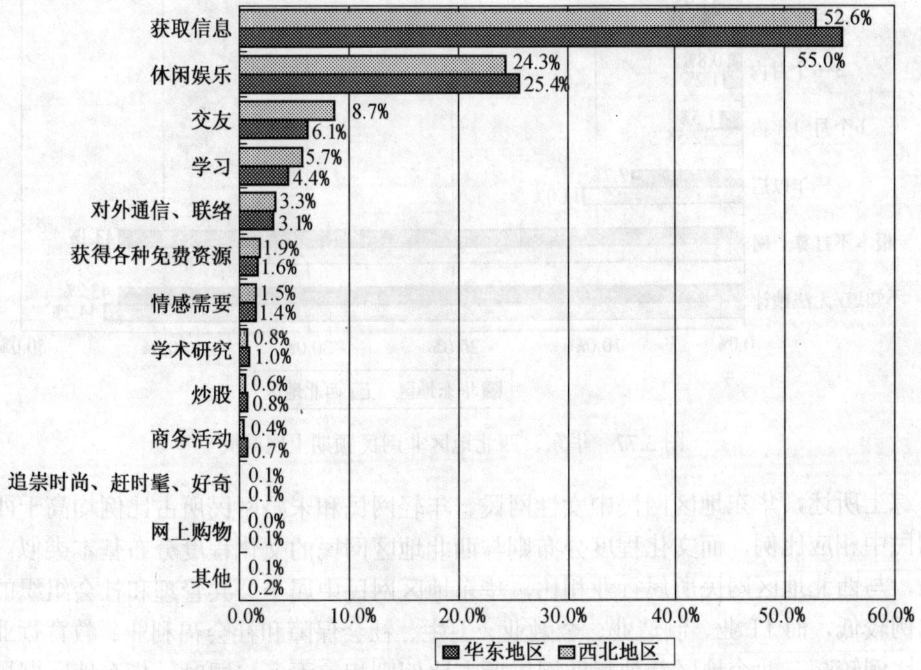

图3.75 华东、西北地区网民上网最主要的目的

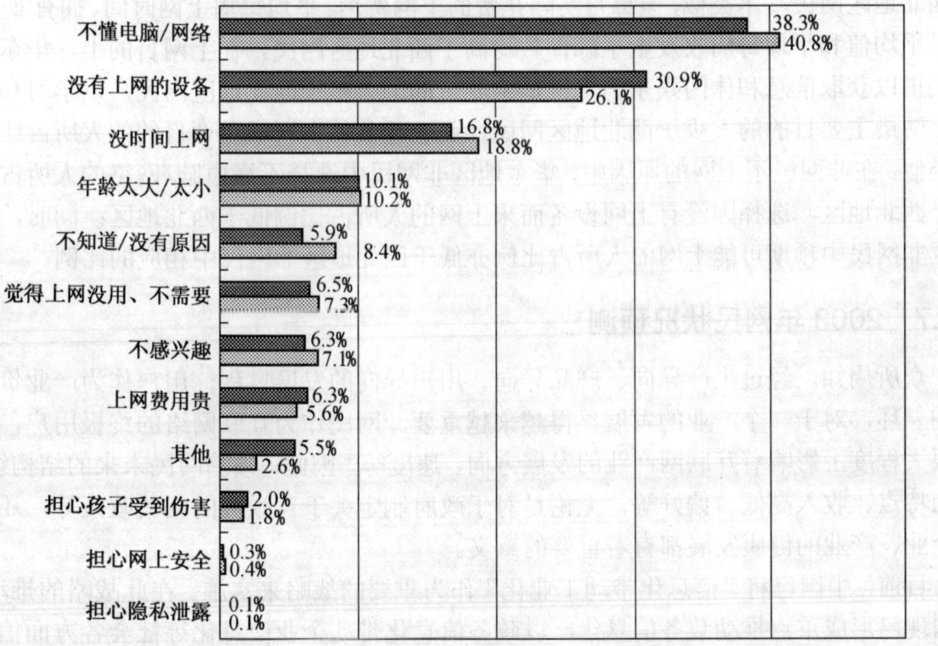

图3.76 华东、西北地区非网民不上网的原因

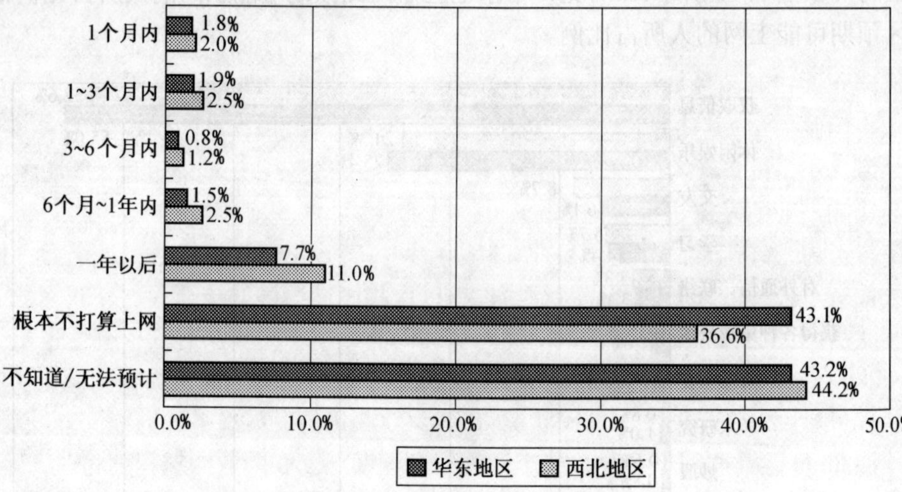

图 3.77　华东、西北地区非网民预期上网时间

综上所述，华东地区网民中女性网民、年轻网民和未婚网民所占比例均高于西北地区网民中相应比例，而文化程度分布则与西北地区网民的文化程度分布基本类似。在行业上，与西北地区网民所属行业相比，华东地区网民中属于公共管理和社会组织的人所占比例较低，而IT业、制造业、金融业、卫生、社会保障和社会福利业、教育行业网民所占比例较高，两个地区其他行业网民所占比例则相差不多。同时，华东地区网民的整体收入水平高于西北地区网民。在使用互联网上，华东地区网民每天使用互联网的时间与西北地区网民基本类似，但每月实际花费的上网费用、平均每周上网时间、拥有E-mail帐号平均值和平均每周收发电子邮件数均高于西北地区网民。在上网目的上，华东地区网民里以获取信息和休闲娱乐为上网最主要目的的人多于西北地区网民，以学习和交友为上网最主要目的的人少于西北地区网民，而选择其他上网最主要目的的人所占比例基本类似。在非网民不上网的原因中，华东地区非网民中选择不懂电脑/网络的人所占比例高于西北地区，选择因没有上网设备而未上网的人所占比例低于西北地区；同时，华东地区非网民中预期可能上网的人所占比例亦低于西北地区非网民中相应的比例。

3.5.7　2003年网民状况预测

众所周知，经过生产导向、产品导向、用户导向的发展过程，用户作为产业价值链上的一环，对于一个产业的发展显得越来越重要。网民作为互联网络的终极用户，同样在很大程度上影响着互联网产业的发展方向、速度等。因此，预测网民未来的结构组成、行为特点、收入高低、偏好等，无论是对于政府制定关于互联网的相关政策等，还是对于企业、产业的健康发展都有着重要的意义。

目前，中国已将“信息化带动工业化”作为重要的战略来实施。在此战略的推动下，中国现已形成重点推动政务信息化，以政务信息化带动企业信息化等社会各方面信息化的工作思路。同时也由于WTO等因素的影响，全国上下已初步形成政府、企业、城市信息化的热潮。在经济发展方面，据国家统计局等多家机构预测，未来几年中GDP的增长速度将继续不低于7%，这将给互联网、信息产业的发展提供有力的经济基础。在互联网产业方面，自2001年开始，“客户需求”、“创新”、“盈利”等成为整个产业的热点词汇，经过调整互联网产业变得务实、理性，关注盈利，关注用户的需求和发展状况。目前部分互联网企业已开始盈利，整个产业也开始更健康、良性的发展。当然，2003年的互联网产业也面临着诸如尽管预计大环境将会进一步好转，但仍存在不确定的因素（比如好转的幅度大小、投资者的信心等），信息化本身是一个复杂、长期的过程，其中的复杂性可能会影响产业的发展进程等问题。

综合考虑上述因素，并结合目前互联网“网民数、上网计算机数、域名数、网站数等参数都有了较大的增长；网民特征结构和以前相比显得进一步合理，互联网的渗透面更加宽泛；网民的行为更加理性，网民对互联网的使用率更高，对其依赖性也更强”的现状，以11次中国互联网络发展状况的调查数据、资料和其他相关数据为基础（建立预测模型），预计2003年的中国网民状况将承接2002年的发展态势，继续深入发展。

预计2003年互联网产业和传统产业的结合程度、互联网的渗透程度将进一步增强，网民数将达到8630万，增长率为46%（预测数据通过以历次调查数据、资料和其他相关数据为基础建立的组合预测模型计算得到）。

2003年网民的特征结构在现在基础上将进一步合理化，这将表现在互联网的渗透层次、渗透面更广泛和深入。2003年的网民将仍以男性、年轻人（25岁以下）、低收入（2000元以下）、未婚、低学历（大专及以下）用户为主体，但男性、未婚特征的网民比例将会有降低的趋势，而25岁以下、大专及以下、收入为500元以下（包括无收入者）以及2000元以上特征的网民所占比例将有继续上升趋势。在职业分布方面，学生仍将是一个继续增加的网民群体，但同时国家机关、党群组织工作人员、企事业单位管理人员、教师、生产运输设备操作人员等职业中将会有更多的人成为网民，该部分网民所占比例将有增长的趋势。在网民的行业分布中，公共管理和社会组织、IT业、制造业、教育等行业的网民比例将继续增长和将成为网民分布的重点行业，但同时其他行业尤其是服务行业网民的绝对数字将有继续增长。在地域分布方面，2003年将有更多尤其是沿海一带的省份的网民数超过北京、上海，同时在网民的增长幅度上沿海省份将明显高于内地省份，沿海和内地省份之间的网民数差距将拉大。

2003年网民对互联网的利用程度及依赖性将进一步加强。这将表现在网民对互联网的使用时间、使用频度、上网费用、收发邮件的数目等将进一步增长，同时上网时间的分布将和工作时间、休闲时间具有更强的一致性，早晨9：00～10：00和晚上20：00～22：00仍将是网民一天中使用互联网的第一个峰值时间段和最高峰时间段，网民对互联网的利用目的将在以获取信息、休闲娱乐为主的前提下更加宽泛，将通过互联网完成更多的事务，对互联网的使用也将渐趋日常化。

（资料来源：中国互联网络信息中心）

第二编

互联网基础设施与资源建设状况

第4章 互联网络基础设施建设状况

4.1 概 况

按照国务院国发[2001]36文进一步改革的要求，2002年中国通信业在发展中改革，在改革中发展。基础电信业务市场形成了中国电信、中国网通、中国移动、中国联通、中国卫星和铁通公司6家竞争的新的市场格局。互联网骨干网运营单位也相应地由中国电信、中国联通、中国移动、中国卫星、原中国网通、原吉通公司、教育网、科技网、国际电子商务网和长城网10家调整为中国电信、中国联通、中国移动、中国卫星、新的中国网通集团、教育网、科技网、国际电子商务网和长城网9家。

由于中国政府从战略的高度重视以信息化带动工业化，积极稳妥地推进中国信息网络化建设，中国的互联网在2002年仍保持高速发展。互联网用户达到5910万，比上年增加2540万。互联网国际出入口带宽达到9380M，比上年增加1782.5M。中国互联网用户1998～2002年年均增长率为207%，远高于同期全球电信市场互联网用户平均增长率54.08%，成为中国通信业务发展的一个亮点。作为新兴生产力的代表，互联网网络技术日新月异，网络基础设施建设稳步增加，网络产业多元化趋势蓬勃兴起，互联网行业正在逐步走上理性、务实、稳健的发展道路。依托互联网的电子政务、电子商务、网络银行证券、远程教育、远程医疗等新的应用模式也进入了实质性的发展阶段，互联网正在伸向社会生活的每一个角落，中国互联网行业发展前途不可限量。

互联网的网络基础设施建设也在不断发展当中。在骨干网方面，IP SDH已成为主导的技术，IP DWDM/OPTICAL技术也在部分骨干网上开始应用。互联网骨干网已覆盖全国所有省会城市，互联网骨干节点间带宽基本在155M以上，部分骨干路由带宽达到622M、2.5G，甚至10G、40G。在接入网方面，宽带接入网的建设成为互联网基础设施建设的重点，近期在中国市场上已经较大规模使用的宽带接入方式以有线接入方式为主，主要有数字用户环路技术（DSL）和光纤+局域网（FTTB+LAN）等方式。无线局域网（WLAN）在2002年成为互联网接入网络建设中新的热点。

2002年全国互联网拨号接入服务器端口数约为290万个，较2001年增长了30%。基础数据网络规模达到134万（2M）端口，较2001年增长了32.7%；xDSL端口规模超过700万个，FTTx+LAN和HFC+C M端口数量在1300万左右。

2002年政府主管部门在互联网管理方面主要的相关政策包括：信息产业部制定

了 22 号令《国际通信出入口管理办法》、24 号令《中国互联网域名管理办法》等相关法规，调整更新了《电信业务分类目录》，批准宽带用户驻地网试点延长一年。信息产业部还对 IP VPN、互联网会议电视和互联网数据中心等新的互联网增值业务的管理政策进行了专门研究，体现在调整后的《电信业务分类目录》中。另外，由于互联网上增值业务层出不穷，且互联网日益成为数据、话音、视频集成的业务承载平台，为处理好传统业务与新业务、业务的继承与创新的关系，促进电信业的持续增长，信息产业部正在加紧研究制定《新型电信业务管理办法》。预计 2003 年将有初步结果。

4.2 互联网骨干网络建设状况

4.2.1 骨干网络建设概况

2002 年，受全球经济形势的影响，全球电信业延续了 2001 年不景气的局面，持续低迷。中国电信业在邓小平理论和“三个代表”重要思想以及“十六大”精神的指导下，认真贯彻落实党中央、国务院的“以信息化带动工业化”的决策和部署，在世界电信业发展的低潮阶段，保持了持续、快速、健康的发展势头，通信综合能力又迈上一个新的台阶。全国已建成了包括光纤、卫星、移动通信、数据通信等各种先进手段，实现了大容量、数字化、自动化、业务多样化的综合通信网。到 2002 年底，中国电话用户总数达到 4.2 亿户，比上年增加 9544 万户，电话普及率达到 33.74%，通电话行政村比重达到 85.3%。光缆线路长度达到 224.6 万公里，比上年增加 42.7 万公里，其中长途光缆线路长度达到 47.3 万公里，本地网中继光缆线路长度达到 131.6 万公里。骨干传输网已步入 10G 时代，带宽瓶颈得到有效缓解，带宽接入网正在深入到主要城市中的居民社区；中韩、环球、亚欧、中美、亚太多条国际光缆相继建成开通，与中国建立直达电路连接的国家有美国、加拿大、澳大利亚、英国、法国、德国、日本、韩国等 77 个国家和地区，中国的国际联网能力明显增强。

从中国电信、中国网通、教育网、中国联通等主要互联网骨干网的情况来看，中国互联网总体结构分为骨干网和接入层两级结构，部分运营商的骨干网又分为骨干层和汇聚层两层管理。骨干层是互联网的高速、骨干通路，汇聚层是联通互联网在各个区域的组成部分，负责汇聚及交换区域内接入层间的数据。接入层面向用户接入和本地用户互连。骨干层主导传输技术为 IP SDH 和 IP ATM，IP DWDM/OPTICAL 技术也有部分应用。汇聚层技术为 IP SDH 和 IP ATM。接入层技术则种类繁多，拨号接入、专线接入、无线接入、宽带接入各种宽窄带技术都有应用。

目前中国电信、中国网通、教育网、中国联通等主要互联网骨干网的带宽都很充裕，骨干网各节点间平均的带宽利用率均低于 70%。但互联网国际出入口和各互联网间互联电路的带宽利用率较高，尤其是通过北京、上海、广州 3 个国家级互联网交换中心互联的线路拥塞问题较严重。截至到 2002 年 12 月 31 日，中国各互联网骨干网及国家互联网交换中心之间的网络带宽连接情况如图 4.1 所示。

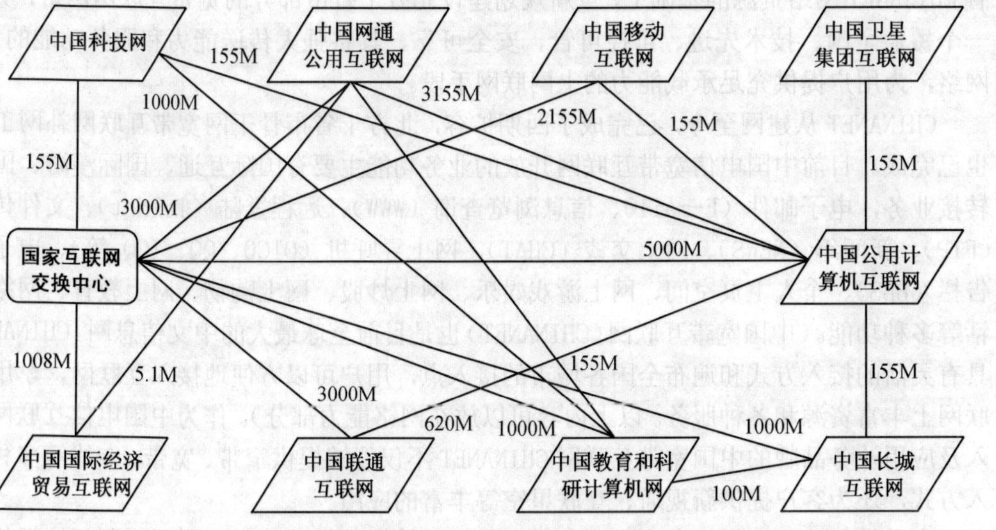

图 4.1　中国各互联网骨干网及国家互联网交换中心之间的网络带宽连接情况

互联网的业务范围已不仅仅限于传统的互联网接入、网络互联业务，而更多地扩展到集数据、话音、视频于一体的综合接入、互联网高速接入以及跨域虚拟专用网业务等。目前国内互联网骨干网运营商正在积极进行 IP QoS 、MPLS VPN、IP Sec、IPv6、IP 组播等新技术的研究和试验，以期今后在互联网上开展全网性的 MPLS VPN、QoS、SLA（服务水平协议）等增值业务。为了适应中国互联网用户持续增加和通信网络向下一代基于 IP 的网络演进的发展趋势，各大主要互联网骨干网运营单位 2003 年将继续增大对互联网骨干网的投入，用以扩大覆盖范围、扩大带宽容量、开发新的增值业务或根据需要调整骨干网络结构。

（信息产业部电信管理局　杨晓雅）

4.2.2　中国电信集团骨干网络建设状况

一、概况

中国电信集团宽带互联网（CHINANET）由中国电信规划、建设和运营，是国内最早的互联网络之一，是互联网的一部分，是目前国内带宽最宽、覆盖范围最广、网络性能最稳定、信息资源最丰富、网络功能最先进、用户数量最多的计算机互联网。自 1995 年始建截止到 2003 年 4 月，CHINANET 国家骨干网（含北方，但不含各省骨干网）总带宽近 400G，CHINANET 国际出口总带宽已达到 16Gbit/s。物理节点覆盖全国 31 个省、市、自治区，业务范围覆盖所有电话通达的地区。

2002 年，中国电信南北重组，中国电信集团公司于 2002 年 5 月重组挂牌成立，新中国电信下辖 21 个省级电信公司，拥有全国长途传输电信网 70%的资产，允许在北方十省区域内建设本地电话网和经营本地固定电话等业务。为确保中国电信全程全网的业务在北方十省市的延伸，建设一个面向未来的中国电信数据网络及业务体系，中国电信启动中国电信北方十省市骨干网宽带互联网补网工程建设项目，主要在继承现有南方 21

省 CHINANET 网络资源的基础上，重新规划建设北方十省市部分的宽带互联网网络，实现一个覆盖全国、技术先进、可控可管、安全可靠、具备强大传送能力和服务功能的 IP 网络，为用户提供充足承载能力的上网联网手段。

CHINANET 从建网至今，已完成了四期扩容，北方十省市骨干网宽带互联网补网工程也已完成。目前中国电信宽带互联网开放的业务功能主要有国际互通、国际漫游、国际转接业务，电子邮件（E-mail）、信息浏览查询（WWW）、远程登陆（Telnet）、文件传送（FTP）、新闻组（NEWS）、网上交谈（CHAT）、网上寻呼机（OICQ、QQ、ICQ 等）、电子公告栏（BBS）、个人主页空间、网上游戏娱乐、网上炒股、网上购物、网上教育、网络电话等多种功能。(中国宽带互联网(CHINANET)也是目前全球最大的中文信息网。CHINANET 具有灵活的接入方式和遍布全国各城市的接入点，用户可以方便地接入互联网，享用互联网上丰富资源和各种服务。以上内容可以放在网络能力部分)。作为中国电信互联网接入及应用业务品牌的中国宽带互联网 CHINANET 不仅能够提供窄带、宽带、专线等多种接入方式，还为客户提供新视通、互联星空等丰富的应用。

窄带接入业务：是指客户通过电话网络拨叫特定的号码接入互联网，包括注册帐号业务、主叫计费业务、上网卡业务、ISDN 拨号上网业务。宽带接入业务：中国电信为客户提供有线无线等多种方式的宽带接入，有线宽带接入主要包括 ADSL 网络快车、LAN 宽带通等，无线宽带接入包括 WLAN 天翼通等，同时还可为客户提供 ADSL+WLAN、LAN+WLAN 等组合宽带接入方式。

互联星空：为推动互联网产业尤其是互联网应用内容的丰富发展，中国电信推出了互联星空计划，充分利用中国电信的网络、用户资源，营造互联网产业良性发展的生态环境，积极推动互联网产业链的可持续发展，创造互联网服务新的商业模式，通过聚合 SP 的内容和应用，为中国电信互联网用户提供丰富多彩的信息服务，实现用户、ISP、SP 多方共赢。

二、网络结构描述

CHINANET 全网分为骨干网和省网，另外在美国建设有 POP 节点。国内部分骨干网覆盖 49 个城市、52 个节点，省网覆盖南方 21 个省（市、自治区）。骨干网目前为两层结构：核心层和汇接层，各省网通过汇接层与骨干网核心层连接，另外与核心层还连接有国际出入口层、互联互通层。

（一）核心层

核心层提供与互联网的互联，以及提供各汇接省份之间信息交换的通路。北京、上海等 8 个节点作为骨干网核心层节点，其中的超级核心节点之间采用三角形全连接；其他普通核心节点分别与超级核心节点相连。

（二）汇接层

汇接层负责汇接各省份到骨干网的连接，目前全网汇接层由 52 个汇接节点组成，绝大部分省都有两个骨干网汇接节点(包括同城的两个节点)，它们用双链路与核心节点或其他汇接节点连接。有些省网直接连接到本省的核心/汇接路由器上，其他省网同时接至本省的两个汇接层节点上。除北方部分骨干网外，同省的两个汇接层节点中，省第一出入口节点连至超级核心节点中的一个，省第二出入口节点连至 5 个普通核心节点中的一个，在第一和第二出入口节点之间通过省内中继连接；省内仅有一个汇接层节点的，分别通过两条不同电路连到一个超级核心节点和一个普通核心节点。

（三）国际出入口和互联互通层

北京、上海、广州为全网国内的国际出入口节点，骨干网在 3 地配置有专门的国际出入口路由器。另外，目前国内在北京、上海、广州建设有 NAP，CHINANET 在 NAP 点配置有路由器与其他运营商互联，除 NAP 互联外，CHINANET 与部分其他运营商还有直连。由于分拆的原因，北方十省市骨干网工程尚未在北京 NAP 设置互联路由器。

中国电信宽带互联网拓扑，如图 4.2 所示：

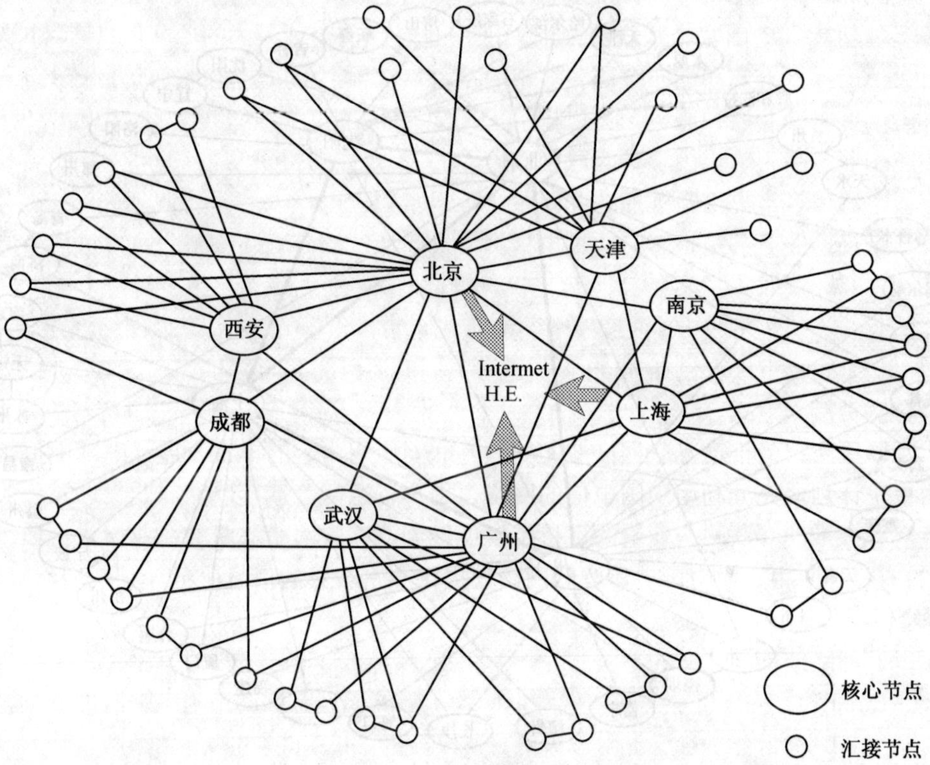

图 4.2 中国电信宽带互联网拓扑结构

中国电信定期对中国宽带互联网的业务开展、网络资源使用等进行数据统计、分析建模，中长期预测，综合考虑网络可靠性、流量负载分担、网络性能、网络的扩展性、网络可管可控、对新业务支持程度等原则与因素，不断对网络进行完善，把 CHINANET 建设成为提供多种业务的统一、先进的网络平台。

(中国电信集团公司供稿)

4.2.3 中国网通集团骨干网络建设状况

中国网络通信集团互联网网络由宽带中国 CHINA169 网络和中国网通高速宽带互联网 CNCnet 网络构成，是中国网通集团提供各类互联网业务和增值应用服务的基础网络平台。

CHINA169 网是在原中国电信北方十省和吉通的互联网基础上组建而成的。骨干网络全长70000km，覆盖全国包括各直辖市、省会城市、发达地区在内的近70个城市。CHINA169网络结构（如图4.3所示）简洁高效、覆盖范围广、网络容量大、设备先进、业务功能强、安全可靠性高、管理手段先进、业务质量好。全网采用两级扁平化的网络结构，全部采用目前世界最先进的G比特路由器组网，多条2.5G或多条155M的高速中继电路实现网状连接，每个节点之间均有多条可迂回路由，网络结构为提高路由收敛速度做了优化及调整，网络自愈能力强。既可实现高度集中的网管，也可进行分权分级管理，还可以实现全程全网的配置管理和故障诊断与排除。

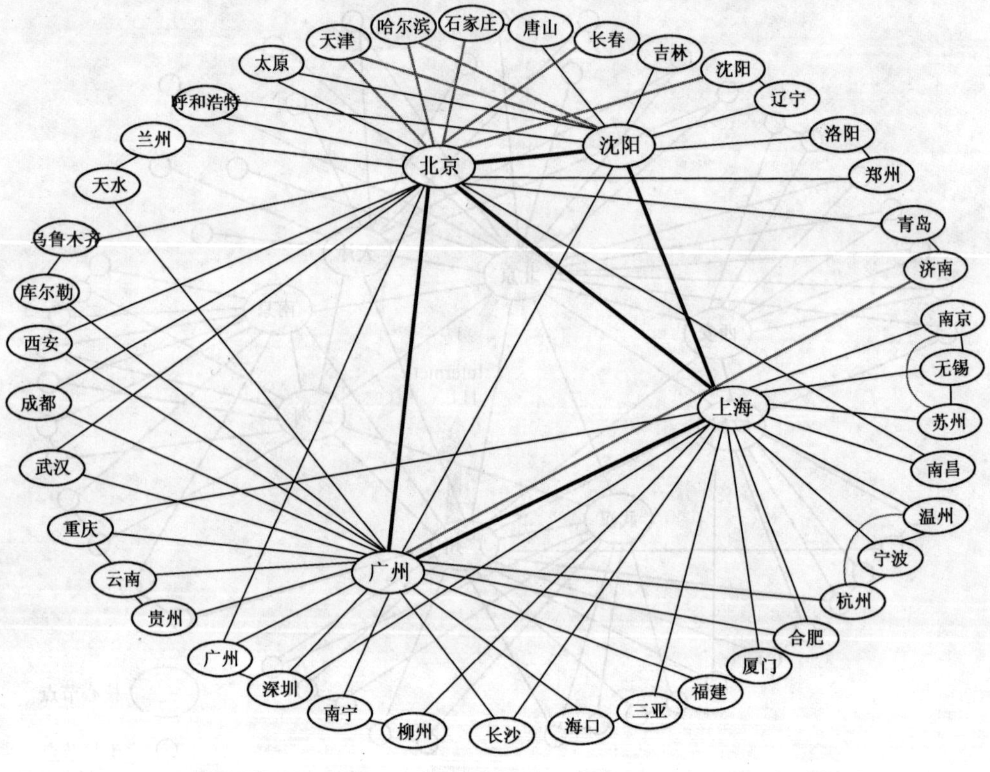

图4.3　CHINA169网络拓扑结构

CNCNet采用IP over DWDM技术，于2000年10月28日在全国17个大中城市的全面正式开通。全国骨干网络经过两年多的建设和运营，具有了相当的覆盖规模，至2002年底CNCnet长途通信光缆建设达540461芯公里传输网络，传输系统覆盖162城市，网络容量40G+320G，已建成近60个骨干IP节点，并建成北京、上海、广州、深圳、大连等城域网，随着长三角、珠三角等二级干线以及成都、武汉、长沙等40多个城域网的建成，CNCnet将覆盖全国大部分经济发达地区，提供优质电信服务。CNCNet网络拓扑结构如图4.4所示。

CHINA169网和CNCNet网与美国大多数主要运营商均有多条直联互通电路，与其他国际（地区）主要运营商对等提供服务，国际（地区）主要互通网络有：AT&T、Sprint、Cable&Wireless、PNAP、Reach、KT、KDDI、SingTel、CHT、UUNET、Level3。截止2003年3月，国际出口带宽达到4Gbit/s。

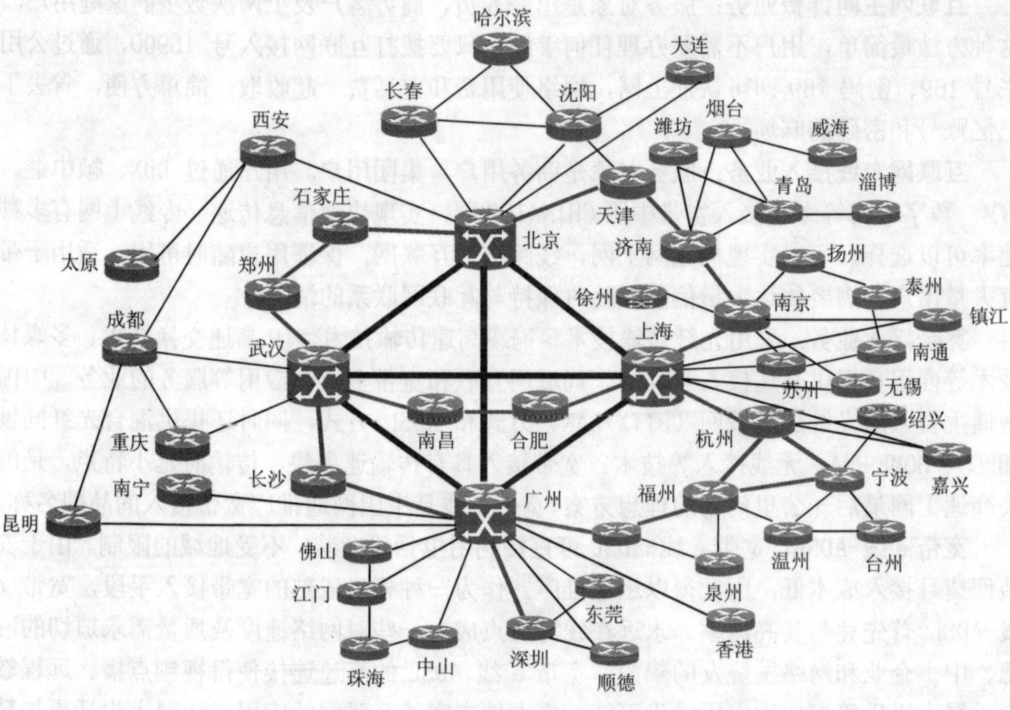

图 4.4　CNCNet 网络拓扑结构

中国网通集团在大规模建设互联网网络的同时，配合信息产业部在北京建设的第一个互联网交换中心，积极为国内各个互联网单位提供互联互通解决方案，中国网通集团互联网不仅保持与北京互联网交换中心的连接，而且还与多个互联网单位实现了骨干网之间的直联，主要互通网络有：中国教育科研网（CERNET）、中国科技网（CSTNET）、中国联通（UNINET）、中国移动（CMNET）、中国铁通（CRNET）等。

中国网络通信集团互联网可为政府机关、商业企业、住宅用户提供电话拨号接入、专线接入、ADSL 宽带接入、LAN 宽带接入、无线接入等基本上网服务，还可以提供 IP-VPN 服务以及视频、IDC、CDN、电子商务等增值应用服务。网络支持 MPLS、TE、QOS、组播等各种新技术和新业务，同时能为呼叫中心、宽带应用等提供传送平台。截至 2002 年底，中国网通集团互联网用户达到 1600 万，其中宽带用户 70 万。

中国网通集团的互联网服务功能已经扩展到 14 个方面。

互联网注册拨号业务：服务对象是经常上网的个人用户、中小型企业用户。只需要到电信营业点(或代理点)办理申请手续，获得自己的注册账号和密码，就可以利用公用电话网(PSTN)或窄带综合业务数字网(N-ISDN)，通过拨叫特服号 16900，以用户帐号和密码认证，接入宽带中国 CHINA169 网。

互联网上网卡业务：服务对象是常出差的个人用户、学生、股民及单位批量消费用户。只要购买一定面值的中国网通上网卡，利用公用电话网(PSTN)或窄带综合业务数字网(N-ISDN)，通过拨叫特服号 16900，以上网卡所带用户账号和密码认证，就可以接入宽带中国 CHINA169 网。上网卡用户享有注册拨号接入业务用户同等的服务。上网卡使用方便，无需开户，并且具有网上小额支付功能，成为流动上网用户的首选。

互联网主叫计费业务：服务对象是出差人员、商务客户及上网次数少的家庭用户。这种方法最简单，用户不需要办理任何手续，只要拨打互联网接入号 16900，通过公用账号 169、密码 169 即可认证上网，网络使用费和电话费一起收取，简单方便，省去了记忆账号和密码的麻烦。

互联网专线接入业务：服务对象是商务用户，集团用户。用户通过 DDN、帧中继、ATM、数字电路等专线接入宽带中国 CHINA169 网，实现快速信息传递。专线上网有多种速率可以选择，可以实现局域网上网，线路直通互联网，保证用户随时可用。适用于带有大量用户，需要传达大量信息及随时保持与互联网联系的情况。

宽带接入业务：采用光纤传输技术、铜缆高速传输技术、IP 高速交换技术、多媒体技术等向用户提供高速接入互联网、局域网互联和宽带多媒体应用等服务的业务。中国网通主要采用光纤加局域网（FTTX+LAN）方式和 ADSL 方式，同时还提供混合光纤同轴(HFC)、HOME PNA、无线接入等技术。宽带接入具有传输速率快、传输时延小特点，是解决高速上网最后一公里问题的理想方案。宽带 e 线是中国网通推广宽带接入的品牌名称。

宽带 e 线-ADSL：宽带 e 线-ADSL 可直接利用电话线改装，不受地域的限制。由于安装便捷且接入成本低，因此得以迅速推广。作为一种相对成熟的宽带接入手段，宽带 e 线-ADSL 首先凭借其高速率、永远在线等特点成为一些对网络速度及质量需求迫切的网吧、中小企业和网络发烧友的挚爱。宽带 e 线-ADSL 的高速连接使得视频点播、远程教育、网上娱乐等深层次应用成为可能，极大地丰富了互联网的应用，让网上生活更加精彩，对于很多离不开网络的家庭和企业用户来说，宽带 e 线-ADSL 无疑是最佳的选择。

虚拟专网（VPN）业务：目标用户为各类跨国、跨地区的大型企业、公司分支机构较多的企业。VPN 业务向用户提供以专线方式接入 CHINA169 网，利用宽带中国 CHINA169 网的公共网络资源建立虚拟链路，组建用户的虚拟专网，并可以自行监控管理。VPN 使用隧道技术并对经过隧道传输的数据进行加密，从而保证了数据的私有性和安全性。用户不需要租用或敷设长途专线、购置各种设备来建设自己的物理网络，降低了企业的成本，为企业提供了高效、经济、安全的组网方式。

虚拟专有拨号网络(VPDN)业务：目标用户为企业员工、企业用户、企业合作伙伴的远程拨号接入；ICP/ISP 专项服务等。向用户提供以电话拨号接入宽带中国 CHINA169 网，利用宽带中国 CHINA169 网公共网络资源建立虚拟链路，访问企业网内部数据资源的服务。一个 VPDN 用户系统包括两部分:企业端与远端拨号用户。通常企业端是企业的内部局域网，以专线方式接入宽带中国 CHINA169 网，远端拨号用户以通过拨打特服号访问企业内部局域网。VPDN 业务为用户提供了安全、可靠的信息流通渠道，并提供专业的系统维护等服务，企业不必建立自己的企业专用维护系统，仍能使局域网外的员工方便地获取企业的信息。

互联网数据中心（IDC）业务：以电信级的机房和网络资源为依托，为企业、应用服务提供商、内容服务提供商、系统集成商、ISP 等利用互联网技术来开展业务的客户，提供安全、可靠、并且可管理的网络平台。

中国网通 IDC 开放了主机托管、虚拟主机、高速接入业务等服务。同时，中国网通在北京投资设立国家级 IDC，还提供机房租用、负载均衡、网站加速、带宽出租、网站镜像、ASP 服务、服务品质保证（SLA）、系统备份等完善的服务功能，并以完善的服务、严格的管理、充足的资源、可靠的保障满足社会各界的需求。

电子商务：中国网通作为电子商务基础设施提供商、电子商务解决方案提供商和电子商务应用运营商，主要提供以下服务：电子商务基础设施；电子商务小额支付系统；全国集中式和分布式相结合的电子商务平台；168语音电子商务接入和应用平台。

收费邮箱：企业邮箱业务的目标用户群是各类团体，包括企事业单位、政府机关、科研机构、银行、证券公司、保险公司、电脑经销商等。通过租用空间的方式建立以团体独立域名为标志的邮箱系统。使用企业邮箱，以企业域名为邮箱后缀，能充分体现企业形象。使用企业邮箱，对自己的邮箱系统进行统一管理和权限配置。

个人邮箱业务服务对象是所有个人用户以及小型公司。

电子报税业务：基于宽带中国CHINA169网络平台，利用Web技术、现代密码技术、数据库等技术开发的集报税、缴税为一体的电子报税系统。该系统依托电子商务平台，对纳税申报和税款征收过程进行自动处理，提供友好的前台界面和完善的后台管理技术，提供支付服务、安全服务以及实现与电子商务平台的无缝集成。

综合信息服务平台：服务对象是公众信息服务提供商；企业客户服务中心；电子政务。提供呼叫中心、客服系统、公众声讯服务系统、交互式多媒体信息服务系统等的承载，以较低的通信成本提供终端用户到这些应用系统的可靠接入，向公众提供综合信息服务，并可向企业客户提供资源（软硬件、座席等）租用、系统运营管理等方面的服务。采用全国性的多种接入、统一的内容发布、全网的统一管理，座席可分散分布。

宽带商务CNC Connected业务：CNC Connected业务是在充分利用基于MPLS的IP-VPN技术基础上的产品及服务整合。主要立足点在于以客户为中心，以满足不同客户的不同业务需求为目标，在为用户提供宽带、高速VPN网路的基础上，将网通各项产品整合推出。主要服务包括网通现有的基础网络服务和其他虚拟专网（MPLSVPN）、互联网专线接入（DIA）、IP800、语音专线、视频会议（VideoConference）、宽带电话（OnNetPhone）、虚拟拨号专网（VPDN）、互联网数据中心IDC和互联网浏览，以及未来网通所有推出的相关业务和对跨国公司、中小企业、国有企业提出针对性的整体解决方案。

（中国网络通信集团公司供稿）

4.2.4 中国联通骨干网络建设状况

中国联通互联网（简称165网）覆盖全国321个节点，截止2003年4月底，165网国际互联总带宽为1.4G；国内网间互联总带宽为7.3G；省际中继电路总带宽为13.2G。

165汇接层网络节点层次分为骨干汇接层和业务汇聚层两个层次。165网各省区域层网络至汇接层网络的接入均通过本省的汇接层节点实现，单汇接节点设置会对业务发展较快的省的业务疏通造成一定的限制，因此对业务量比较大的省设置2个汇接节点。

在北京、上海、广州节点设置直联、NAP点和国际出入口。网络拓扑结构如图4.5所示。

165网实行“全国网管中心+省网管中心”的两级网管体制。

165网骨干汇接层网络作为一个自治域，采用公开自治域号9800；各个省内区域层网络作为独立的自治域，汇接层和区域层网络之间运行标准的BGP路由协议。在汇接层网络的国际出口路由器和 NAP 节点的路由器，为了同国际运营商及其他国内大型运营商交换路由信息，采用 BGP4 路由协议作为域间路由协议。165 网目前可以实现全国性 MPLS、VPN 用户的接入。

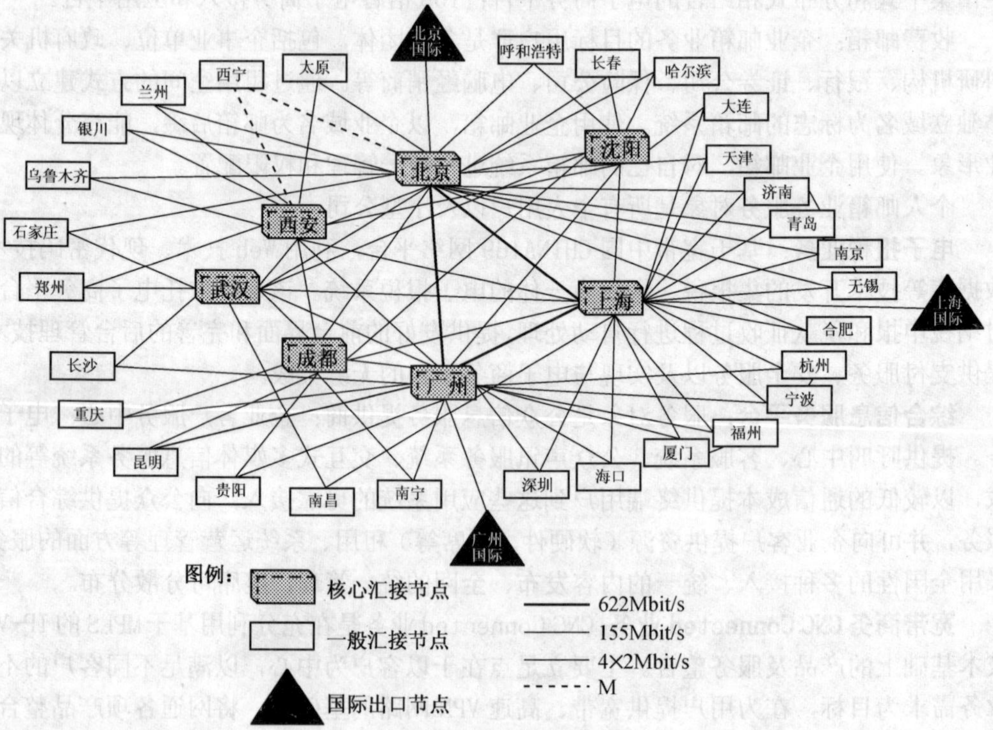

图 4.5　165 网网络拓扑结构

目前，联通 165 网的发展还面临一些实际困难：从联通 165 网的发展看，165 网与本地固定 PSTN 网互联中继不足、通而不畅及 165 网与 CHINANET（163/169 网）的互联带宽的增长不能满足两网间流量增长的情况仍然存在。在少数地区存在 165 网与本地 PSTN 互联中继扩容进展不理想、互联中继话务量高的问题、网间互联通而不畅的问题等，给用户拨号接入 165 网造成一定困难。

165 网与 CHINANET（163/169 网）的互联带宽的增长也还不能满足两网间流量增长的需要。目前 165 网在北京以 1G 电路与网通 169 网直连，在广州、上海分别以 1G、2 个 155M 电路进行直连，此外，165 网在北京、上海、广州 3 地各以 1G 带宽接入国家互联网交换中心（NAP 点），在 NAP 点与包括 163/169 网在内的其他骨干网互联。目前中国网通 169 网至北京 NAP 点及中国电信 163 网至上海、广州 NAP 点可利用的 1G 电路利用率在每天多个时段已近 100%，联通 165 网与 163/169 网通过 NAP 点的互访时延大，在 NAP 点与 163/169 网的互通情况有待于改进和提高。同时由于网间流量增长迅猛，165 网与 163/169 网间直连电路带宽已经严重不足。

中国联通将继续努力采取有效措施，不断扩大 165 网的网络规模，提高网络技术水平，改进网络互通效果，提高网络服务质量，不断满足广大用户日益扩大的上网需求。

（中国联合通信有限公司供稿）

4.2.5　中国教育和科研计算机网骨干网络建设状况

中国教育和科研计算机网（CERNET）始建于 1994 年，是由国家投资建设，教育部负责管理，清华大学等多所高等学校承担建设和管理运行的全国性学术计算机互联网络。它主要面向教育和科研单位，是全国最大的公益性互联网络。在全国高校通力合作下，CERNET 已成为中国教育信息化的重要基础设施和国家信息基础设施的重要组成部分。图 4.6 为其网络拓扑结构。

图 4.6　CERNET 图络拓扑结构

CERNET 是中国开展现代远程教育的网络基础设施。为了适应国家《面向 21 世纪教育振兴行动计划》中远程教育工程的要求，到 2001 年底，CERNET 建成 20000km 的 DWDM/SDH 高速传输网，覆盖中国近 30 个主要城市，主干总容量可达 80Gbit/s。截止到 2002 年年底，CERNET 主干网传输率达到 2.5Gbit/s，CERNET 中高速地区网速率达到 155M，建成了 36 个城市的高速接入节点，连接到全国 200 多个城市，其中以 100～1000Mbit/s 速率接入的高校 300 所以上，总联网高校和科研单位 1200 所以上，用户总数超过 1200 万人。CERNET 与国内其他网络以及国际先进学术网络均实现了高速互联。

CERNET 具有雄厚的技术实力，CERNET 完全是由中国技术人员独立自主设计、建设和管理的计算机互联网络。在 CERNET 联网高校的共同努力下，CERNET 先后完成和正在承担多项国家大型信息网络工程的规划、设计和建设工作，以及大批网络技术的国家重点科技攻关项目，还承担、支持和保障了一批国家重要的人型网络应用项目。

CERNET 支持并直接参与了大规模的教育信息资源建设，建成了大型的中国教育信息搜索系统，建成了总容量达 800GB 的全世界主要大学和著名国际学术组织的重点学科的信息资源镜像系统，以及一批国内知名的学术网站。

CERNET 还注重加强网络安全工作。1999 年建成了国内第一个网络紧急响应中心 CCERT，提供网络安全服务，为 CERNET 网络的安全可靠运行做出了重要贡献，在国家网络安全应急响应事件处理中发挥了重要作用。

CERNET 还是中国开展下一代互联网研究的试验网络，从 1998 年开始，发起和推动中国下一代互联网络研究。1998 年，CERNET 首先建成了中国第一个 IPv6 试验网络，加入了国际 6BONE 的试验研究。2000 年，作为 CERNET 地区主节点的清华大学、北京大学和北京邮电大学与其他单位联合建成了"中国高速互联研究试验网 NSFCNET"和中国下一代互联网络交换中心 DRAGON TAP，首次实现了中国与国际下一代互联网的互联。目前负责多个中国下一代互联网络试验床的研制、运行管理和科学研究工作，已成为中国下一代互联网络科学研究的重要试验基地。

CERNET 也是培养中国信息网络人才的重要基地。在 CERNET 整个建设过程中，为中国培养了大批网络技术骨干和近 2000 名网络技术领域的研究生，成为中国网络技术研究队伍的中坚力量。

"国运兴衰系于教育，网络发展连接未来"，作为中国教育信息化的重要基础设施和国家信息基础设施的重要组成部分，CERNET 在中国教育信息化建设和中国下一代互联网的研究中将发挥越来越大的作用。

（中国教育和科研计算机网络中心供稿）

4.2.6 中国科技网骨干网络建设状况

中国科技网（CSTNET）是在中关村地区教育与科研示范网(NCFC)和中国科学院网(CASNET)的基础上建设和发展起来的、覆盖全国范围的大型计算机网络，是中国最早的互联网络。

1994 年 4 月 20 日 NCFC 通过美国 Sprint 公司连入全球互联网的 64K 国际专线开通，首次实现了中国与互联网的全功能连接。从此中国被国际上正式承认为有互联网的国家。此事被中国新闻界评为 1994 年中国十大科技新闻之一，被国家统计公报列为中国 1994 年重大科技成就之一。"中关村地区教育与科研示范网络(NCFC)主干网"获 1998 年度中国科学院科技进步奖特等奖，1999 年度国家科技进步三等奖。

随着网络的不断扩展，中国科技网成为一个面向全国科技界、科技管理部门、有关政府部门和高技术企业提供综合性网络通信服务和互联网服务的全国性网络。

中国科技网目前的规模是：55 Mbit/s 的国际信道，1000M 与 CERNET 直连，155M 接入国家北京互联网交换中心， 155M 与 CHINANET 直连；骨干网速率为 1000M；光缆 100 多条，DDN、数字专线百余条； 现有接入网 1000 多个，最终用户 100 余万，分布在全国 25 个省市。用户分布为：科研单位 65%，科研管理部门 20%，政府机关 10%，高技术企业 5%。

近期中国科技网（图 4.7）将完成升级改造，国际出口拓宽为 310M，骨干网将升级至 2.5G，广域主干网升级至 155M。

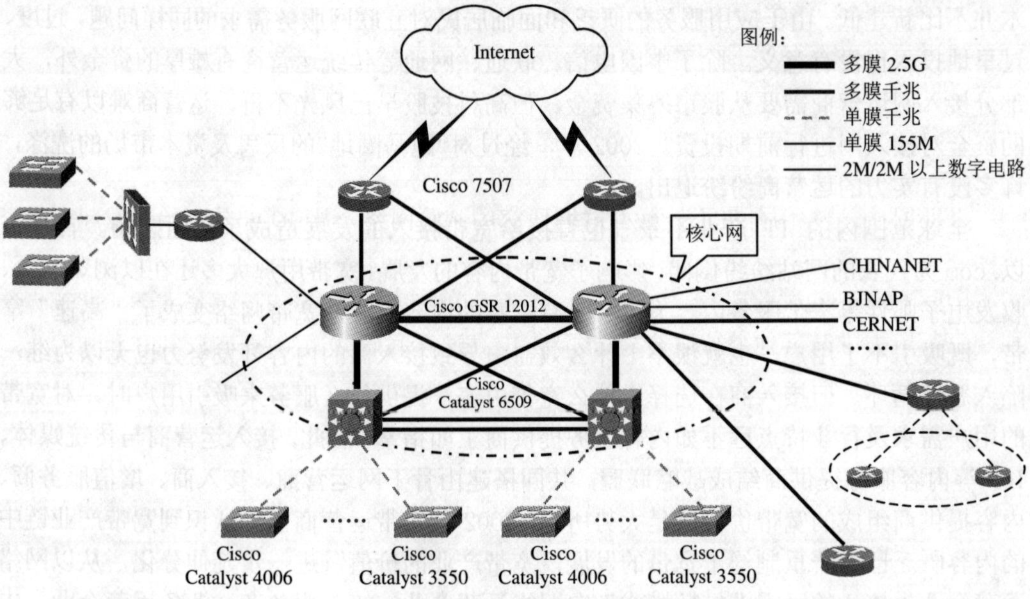

图 4.7 CSTNET 带宽分布

中国科技网上的科技信息资源有科学数据库、中国科普博览、农业资源和文献情报等。其中科学数据库现有专业数据库 180 个，总数据量达 725GB，可以向国内外用户提供各种科技信息服务。中国科技网上的超级计算中心拥有数台超级计算机，总计算能力达每秒 1300 亿次以上，可以通过网络向全国科技和教育单位提供高性能科学计算服务。

中国科技网的建设与发展得到了国家计委、科技部、信息产业部和国家自然科学基金委的支持与指导。中国科技网将通过全国科技界的共同努力，不断为中国科技事业的发展做出更大的贡献。

（中国科学院计算机网络信息中心供稿）

4.3 宽带接入网建设情况

随着互联网上各种应用的增加，窄带互联网接入已经越来越不能满足广大互联网用户的需求，宽带接入业务已成为中国互联网发展的重点。从 2000 年下半年开始，全国上下掀起了一股建设宽带网络的热潮。中国电信、中国网通、广电、长城宽带、蓝波万维等一些电信以及非电信运营商，甚至房地产开发商也纷纷加入宽带的"圈地运动"之中。电信运营商和用户驻地网运营商以光纤+局域网为主要接入手段大力发展宽带市场，甚至出现了“跑马圈地”的现象。

宽带接入是一项前期投资大、成本回收期长的建设项目。目前中国的居民小区建设发展很快，但由于房屋价格、居民消费心理和消费水平等因素，入住率不高，多数地方的居民小区平均入住率不到 30%，真正有互联网服务需求，并能够接受相应费用的居民比例更低，还不到 5%。而在宽带小区的建设中，接入网和用户驻地网建设投入成本是比较高的，而且运营管理费用需要长期投入。在老城区居民住宅的接入网线路改造中，成本并不比新建低。由于应用服务的匮乏和面临居民对互联网服务需求的同样问题，过度、过早地投入也没有意义。除了中国电信、联通、网通等传统运营商有雄厚的资金外，大部分接入网运营商需要从股市筹集资金，但高科技股早已风光不再，运营商难以有足够的资金对接入网进行前期投资。2002 年，经过对“跑马圈地”的反思及资本市场的洗涤，许多没有实力的运营商纷纷退出。

全球范围内的 IT 产业不景气也直接给宽带接入的发展造成了负面影响。首先，以.com 为代表的网站纷纷倒闭，影响了宽带内容的发展。宽带用户大多还在以浏览网页、收发电子邮件等窄带服务内容为主。没有丰富的内容支持，宽带网络变成了“高速”窄带，既吸引不了用户，也就谈不上什么效益，导致接入商的内容开发努力也无以为继，陷入恶性循环。但接入商在选择做什么宽带内容、提供什么服务来吸引用户时，对宽带的用户需求及行业特点远不如内容服务提供商了如指掌。因此，接入运营商与传统媒体、ICP 等内容服务提供商结成战略联盟，共同搭建由骨干网运营商、接入商、增值服务商、内容提供商组成的宽带价值链是大势所趋。2002 年宽带运营商已经认识到宽带产业链中的内容匮乏已经严重制约了宽带的发展，宽带产业的价值链进一步延伸分化，从以网络运营企业为核心的“需求扩散模式”向网络运营企业、接入服务商、业务运营企业、内容供应商等相关利益主体共同合作、培育开发市场的“需求互动模式”过渡。先是中国电信推出了“Vnet 互联星空”以及整合各省市电信“热线”网站，接着由长城宽带架起了“长宽梦网”等，各地也出现了调动宽带产业链各环节积极性的各种尝试，但目前宽带内容建设如 VOD 点播、网上游戏、远程医疗、远程教育、电子商务等仍是当务之急。

从宽带接入的方式来看，有基于现有铜缆线路的宽带接入方式、基于光纤的宽带接入方式和基于无线的宽带接入方式几个主要的发展方向。接入网的宽带化、数字化和业务综合化成为接入网发展的主要技术趋势。从技术发展的角度看，光纤接入是宽带接入网最终的发展方向，但在目前已经铺设了大量铜缆的情形下，仍然需要充分利用现有的铜缆资源，改造现有的铜缆接入网。xDSL、HFC、非对称 Cable Modem、以太网技术将成为向宽带光纤接入网过渡的主要技术手段。

在 2001 年底中国电信拆分重组方案确定后，中国电信和中国网通采用了更为理性的技术选型，与需要重新布线、上网率低的 LAN 相比，拥有 2 亿户电话用户的中国电信和中国网通采用 ADSL 接入方式，无须重新布线就可以实现快速部署宽带接入。同时互联网与话音作为通信的两种形式，天然地具有相同的营销渠道，中国电信和中国网通可以利用原有服务渠道和客户资源，快速满足客户需求，并缩短投资周期。因此，两大主力运营商加大对 DSL 接入的市场推广和设备投入，使得 ADSL 接入以高于以太网接入 3－4 倍的速度，由 2001 年底的不足 50 万用户一路高歌猛进至 2002 年底的 187.5 万用户，成为中国宽带用户的首选技术方式。由于 DSL 技术保障了端到端的带宽，而且在资费上越来越体现出优势，一些用户放弃了 LAN 而转向 ADSL，使 LAN 接入方式在有些地方呈现停滞不前甚至负增长。

在宽带建设和发展中，中国宽带接入业务主要体现出以下特点：

1．用户集中在大中型城市的机关和工商企业，而且增长速度达到年均 50%以上；

2．业务需求主要是视频点播（VOD）、视讯会议、网络游戏、网上购物、远程教育、远程医疗等；

3．传输速率要求在384K以上，而且一次服务的平均在线时间较长。

根据预测，中国固定宽带接入业务发展迅速，用户数增长速度保持在70%以上，占互联网用户的比例将由2002年的21%逐步提高到2006年的38%，同期占互联网业务收入的比例从38%上升到61%，从用户发展速度和收入所占比例上看，宽带接入业务用户属于业务频次较为频繁、消费金额较多的高端用户，并且具有较好的成长性。

据有关调查显示，到2002年底，中国宽带用户已接近400万户，较2001年增长近150%。其中，ADSL用户约占60%。同时，个人用户的飞速增长与宽带需求的不断涌现使2002年的宽带主要用户由企业行业用户转变为以个人用户为主。个人用户从2001年的约100万增长到2002年的约250万，企业用户从2001年的约45万增长到2002年的120万。

针对宽带建设中出现的宽带内容少、网上应用少、用户开通率低、服务没有保障等诸多问题，信息产业部于2001年3月及时启动了宽带用户驻地网试点工作，由当地通信管理局负责在北京、上海、广东等10个省（市）13个城市开展宽带用户驻地网市场准入条件、服务保障、技术标准、市场管理等一系列管理试点，全国其他地方的用户驻地网建设暂停。这一政策及时制止了宽带接入市场出现更大的泡沫。经过一年的试点，各地通信管理局进行了各种试验和尝试，摸索出了不少经验，但技术标准和业务管理问题仍需进一步研究。信息产业部认为在全国开放用户驻地网市场的时机尚不成熟，决定将原试点城市的试验期再延长一年至2003年3月。其他省份如确有需求，经批准允许在一个省最多一个城市进行试点。在1年的延长试点期间，新增了2省2个试点城市。

2003年将是宽带市场重构的一年，基础运营企业之间的网络建设和用户争夺依旧激烈，而近几年新进入市场的宽带运营企业因经营状况不佳将进行资源整合，寻求调整和转型，电信运营企业、内容提供商、服务集成商将在产业链中重新定位和进行利益分配，产业链的核心将从技术、网络转向内容和应用。

2003年随着中国信息化建设的逐步深入，“校校通”、“家庭上网工程”、城市信息化、电子政务等信息化项目如火如荼的开展，企业用户对上网速度提出了更高的要求。而随着网络技术的发展和宽带业务内容的进一步丰富、成本不断下降，个人用户对宽带接入的需求也会出现明显的增长。据CCID预测，2003年中国宽带用户将突破700万，到2008年，中国互联网用户超过2亿，宽带用户将达4000万。另据中国互联网络信息中心预测，到2003年底中国互联网用户将达到8630万人。

在技术方面，xDSL技术将继续快速发展，ADSL仍会占据宽带市场的主流，而VDSL将会在行业应用、企业应用与社区宽带中一展鸿图，LAN与专线将在行业企业应用中继续担当主力，未来LAN与无线技术在解决了安全与网管难题后仍有较好的前景。在宽带业务方面，内容和应用市场出现新的需求，远程教育、互动电视等成为业界追逐的热点，传统的宽带内容和应用将向深层次需求发展；宽带产业价值链核心将由接入业务回归为内容和应用业务，开发有价值并来源于用户需求的内容和应用增值将会不断出现。在通信能力方面，2003年中国互联网仍将保持快速发展的势头，网络容量进一步迅速提高。2003年基础数据网络规模端口数将达到155万个，互联网服务器端口数达到290万个，互联网宽带接入端口数2860万个，宽带接入用户与窄带接入用户在数量上的差距将进一步缩小，虽然用户数量仍以窄带接入为多，但收入的重心将逐渐向宽带业务转移，宽带业务收入将逐步超过窄带业务收入。

（信息产业部电信管理局　杨晓雅）

4.4　互联网络带宽发展状况

4.4.1　国际出口带宽

网络的国际出口带宽、上网计算机数、上网用户数等信息，是反映一个国家网络发展程度与网络普及程度的重要指标。国际出口带宽是衡量网络传输速度的重要指标，即同一时间内可以传送信息量的多少，作为互联网络的重要基础设施，对于互联网络的应用普及以及中国的信息化进程有着重要影响。近年来，中国将国际出、入口宽带纳入了互联网发展计划，各互联网络单位也将建设国际出口带宽作为发展的主要目标。CNNIC自1997年以来，在国家主管部门的委托与指导下，先后11次发布中国互联网络发展状况调查报告。历次报告中有关国际出口带宽的信息，见证了中国互联网的发展历程。

1997年10月，中国的国际出口带宽仅为25.408M，互联网仅仅是少数科技发烧友的专利，距离普通大众非常遥远。短短几年间，中国互联网的发展速度令世界震惊，网民数量和国际出口带宽迅速增长，可以说，中国的互联网从最初的科研网络开始，现在已经发展成高度商业化的大众网络。截至2002年12月31日，中国国际出口带宽的总容量为9380M，比2001年同期增长了23.5%，是1997年10月第一次调查结果25.408M的369倍。（如图4.8所示）。可见，虽然2002年下半年中国国际出口带宽有所减少，但总的增长趋势仍然是非常迅速的。这表明，随着世界经济一体化浪潮的席卷，中国与世界信息沟通的需求越来越多，呈飞速上涨趋势。同时也充分说明了中国政府对发展电信基础环境和信息资源发面的高度重视，反映了中国互联网络的飞速发展。

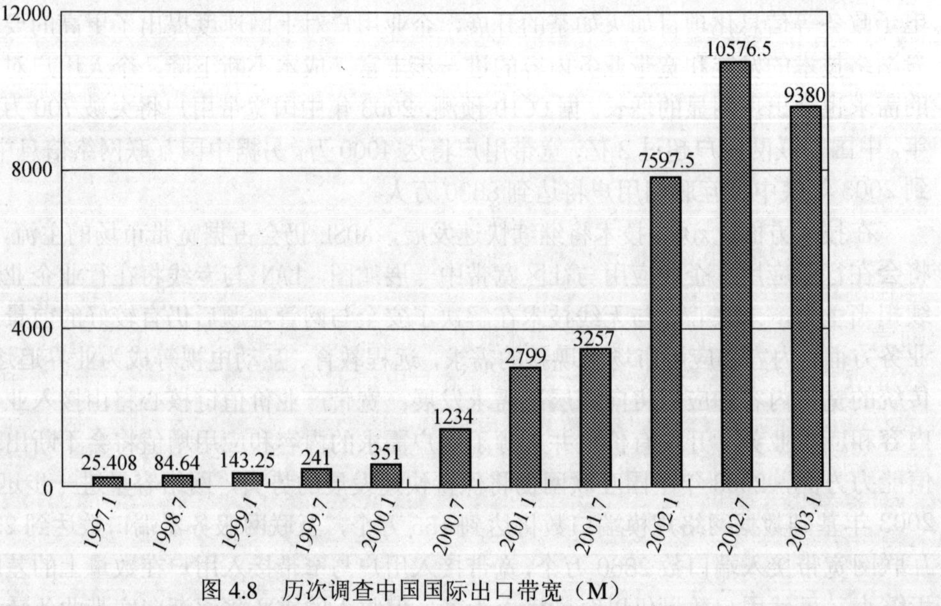

图4.8　历次调查中国国际出口带宽（M）

目前中国有 9 家网络运营商（即 9 大互联网络单位），这 9 大互联网络单位分别是：中国公用计算机互联网（CHINANET）、中国科技网（CSTNET）、中国教育和科研计算机网（CERNET）、中国联通互联网（UNINET）、中国网通公用互联网（CNCNET）、中国移动互联网（CMNET）、中国国际经济贸易互联网（CIETNET）、中国长城互联网（CGWNET）和中国卫星集团互联网（CSNET）。其中非盈利单位有 4 家：中国科技网、中国教育和科研计算机网、中国国际经济贸易互联网和中国长城互联网。这 9 大互联网络单位都拥有独立的国际出口，至 2002 年 12 月底，它们的国际出口带宽总和已达到 9380M。其中，中国公用计算机互联网的出口带宽为 5147M，中国网通公用互联网为 2469M，中国联通互联网为 1093M，中国移动互联网为 355M，中国教育和科研计算机网为 259M，中国科技网为 55M，中国国际经济贸易互联网为 2M（见图 4.9，未包括中国长城互联网的国际出口带宽数据）。由于中国 9 人互联网络单位规模参差不齐，使中国九大互联网单位的国际出口带宽差距悬殊。

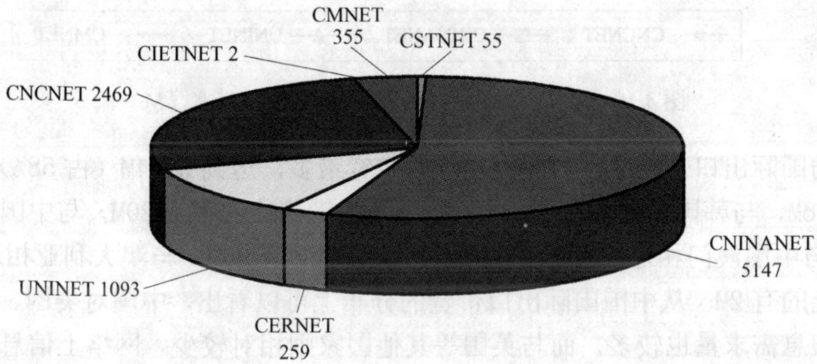

图 4.9　中国国际出口带宽分布图（M）

中国公用计算机互联网（CHINANET）成为目前中国带宽最宽、覆盖范围最广的互联网络，其出口带宽为 5147M，占总出口带宽的 54.9%；其次是中国网通公用互联网（CNCNET），出口带宽为 2469M，占总出口带宽的 26.3%。中国公用计算机互联网与中国网通公用互联网的出口带宽之差为 2678M。而在 2002 年 6 月，二者之差为 3582M，2001 年 12 月，二者之差为 5567M。2002 年 5 月份的电信重组，使两大互联网单位出口带宽之间的差距逐渐缩小，在一定程度上促进了中国电信运营商之间的有效竞争。

对比几大互联网单位历次调查的出口带宽，可以看出：中国互联网用户一直集中在中国公用计算机互联网（CHINANET）上，该网的信息流量比较大，与其他网络单位比较而言，对带宽的需求比较大，因此出口带宽的增幅也很大；中国网通公用互联网（CNCNET）在近几年发展较快，2002 年 5 月电信重组，重组后的中国网通在国际出口带宽方面居于前列；联通作为新兴电信运营商，涉足互联网市场较晚，因其互联网市场竞争的需要，正加快网络建设，以完善网络服务，满足广大用户的需求，其最近几年的增长态势非常显著；相对而言，中国移动互联网的国际带宽增长速度则较为缓慢（见图 4.10）。

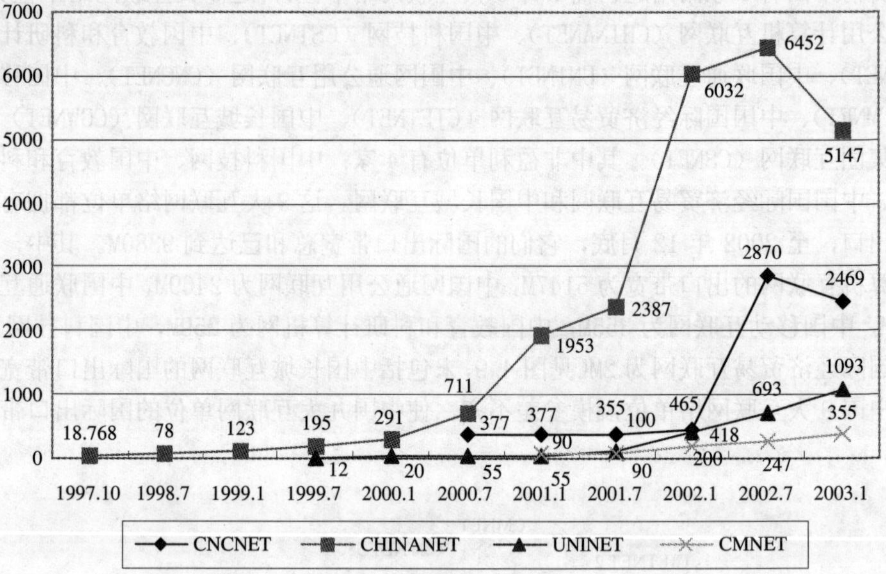

图 4.10 几大互联网单位历次调查的出口带宽（M）

中国的国际出口带宽中，与美国相连的带宽最多，达到 5444M（占 58%），与日本相连的有 1016M，与韩国相连的有 1000M，与中国香港相连的有 1220M，与中国台湾相连的有 384M，与中国澳门相连的有 14M，与新加坡相连的有 90M，与澳大利亚相连的有 8M，与英国相连的有 2M。从中国国际出口带宽的分布上可以看出，中国对美国、亚洲的交往较频繁，信息需求量也较多，而与英国等其他国家则相对较少。网络上信息流量和信息需求的不平衡导致了带宽分布的不平衡，美国仍然是互联网上其他地区之间的一个主要的“中转站”，是最大的带宽市场。在 9 家互联网单位中，中国公用计算机互联网连接的国家和地区最多，有美国、日本、韩国、新加坡、澳大利亚以及中国香港、台湾、澳门地区等；其次是中国网通公用互联网，连接的国家和地区分别有美国、日本、韩国、新加坡以及中国香港、台湾地区，中国联通互联网连接的国家和地区分别有美国、日本、韩国以及中国香港、台湾、澳门地区；中国教育和科研计算机网连接美国、日本、英国和中国香港地区；中国移动互联网、中国科技网和中国国际经济贸易互联网连接的国家和地区较少，只有美国（见表 4.1）。

表 4.1　与其他国家（地区）相连的单位的带宽数（M）

（截至日期:2002 年 12 月 31 日）

	美国	日本	韩国	香港特区	中国台湾	澳门特区	新加坡	澳大利亚	英国
中国国际经济贸易互联网	2								
中国教育和科研计算机网	245	10		2					2
中国网通公用互联网	1442	90	180	622	90		45		

续表

	美国	日本	韩国	香港特区	中国台湾	澳门特区	新加坡	澳大利亚	英国
中国公用计算机互联网	3145	710	620	356	204	12	45	8	
中国联通互联网	355	206	200	240	90	2			
中国移动互联网	200								
中国科技网	55								
合　计	5444	1016	1000	1220	384	14	90	8	2

通过上述对中国目前互联网国际出口带宽状况的分析，可以看出：中国的出口带宽在短短几年内高速增长，带宽与互联网连接需求严重不适应的状况已明显改善，网络带宽对现阶段实际需求的制约瓶颈开始打破。长时间以来，上网速度一直以来都是困扰国内网络用户的一大问题，而由此引发的一系列问题也在困扰着国内的网络界，并且，这些问题给发展中国的网络事业带来了巨大的负面影响，严重制约了中国的网络经济的发展，更是对国内互联网的发展带来了许多障碍。如今，中国的网络提速为国内网络事业的发展带来了巨大的潜在动力。网络用户访问国内国际站点的速度和质量都有了大幅度的提高，网民在网上冲浪得到的享受不再像最初那样仅仅局限在一些精彩的文字上面，同时还可以享受网络游戏、视频点播、多媒体娱乐、网上社会化应用服务等内容，丰富的内容吸引了越来越多的普通大众加入到网民的队伍，为互联网的普及奠定了基础。但同时我们也可以看出，中国目前的带宽发展还不够平衡，信息流量的分布也不平衡，进而使网络的带宽资源不能充分利用，无法满足广大用户的需求。随着信息需求的爆炸性增长和网络多媒体技术的蓬勃发展与应用，人们对于网络的带宽提出愈来愈高的要求。资源高速下载、股市实时行情、网络教育、视频会议等都需要高速的带宽来支持。电信行业属于技术密集型行业，普通用户很难清晰地提出业务需求。新业务市场的撬动往往寄希望于供给方不断开拓新业务，唤醒、引导和培育市场需求，即要求政府以及电信运营商的网络建设和宏观调控。

随着互联网在中国的普及与发展，中国的出口带宽仍然会继续快速增长以跟上互联网发展的步伐，适应广大网民的需求。中国电信、中国联通、中国网通、中国移动等多元竞争的格局，也将促进带宽资源的扩展。同时需要注意的是，仅仅在容量上扩展是远远不够的，还需要在结构上更加平衡。各网络单位之间要实现网间互联，才能使网络的带宽资源充分利用，提高带宽资源的有效利用率，实现资源的合理配置。网际间实现互联互通后，各网间的信息流通将进一步增强，使各网间实现资源共享，从而吸引更多的用户使用互联网，使互联网在中国的发展更加畅通无阻。

4.4.2　中国国内带宽分布状况

注：以下数据的统计截至日期是 2002 年 12 月 31 日。

一、与中国 9 家互联单位相连的单位的带宽数

1．与中国公用计算机互联网相连的单位的带宽数（见表4.2）

表4.2　与中国公用计算机互联网相连的单位的带宽数

与中国公用计算机互联网相连的单位名称	带宽（Mbit/s）
中国科技网	155
中国联通互联网	620
中国网通公用互联网	3155
中国长城互联网	155
中国卫星集团互联网	155
中国移动互联网	155
和讯信息科技有限公司	300
瑞得在线	10
北京畅捷网络通讯有限公司	300
深圳市万用信息网有限公司	255
西安公众信息产业有限公司	5000
世纪互联数据中心有限公司	1500
润迅通信集团有限公司	155
国研信息科技有限公司	722
北京安莱信息通信技术有限公司	100
广东恒敦通信技术开发有限公司	310
广东英联通信有限公司	10
广州光通通信发展有限公司	155
首都信息发展股份有限公司	155
新一代数据中心有限公司	200
中华通信系统有限责任公司	100
深圳南凌科技发展有限公司	420
中国互连通网络科技有限公司	1300

2．与中国科技网相连的单位的带宽数（见表4.3）

表4.3　与中国科技网相连的单位的带宽数

与中国科技网相连的单位名称	带宽（Mbit/s）
中国公用计算机互联网	155
中国教育和科研计算机网	1000
首都信息发展股份有限公司	10

3．与中国教育和科研计算机网相连的单位的带宽数（见表4.4）

表4.4　与中国教育和科研计算机网相连的单位的带宽数

与中国教育和科研计算机网相连的单位名称	带宽（Mbit/s）
中国科技网	1000

续表

与中国教育和科研计算机网相连的单位名称	带宽（Mbit/s）
中国网通公用互联网	155
中国长城互联网	100
世纪互联数据中心有限公司	200
北京安莱信息通信技术有限公司	8
首都信息发展股份有限公司	10
中国互联通网络科技有限公司	10

4．与中国联通互联网相连的单位的带宽数（见表 4.5）

表 4.5　与中国联通互联网相连的单位的带宽数

与中国联通互联网相连的单位名称	带宽（Mbit/s）
中国公用计算机互联网	620
和讯信息科技有限公司	100
深圳市南凌科技发展有限公司	10
广东恒敦通信技术开发有限公司	45

5．与中国网通公用互联网相连的单位的带宽数（见表 4.6）

表 4.6　与中国网通公用互联网相连的单位的带宽数

与中国网通公用互联网相连的单位名称	带宽（Mbit/s）
中国公用计算机互联网	3155
中国教育和科研计算机网	155
中国国际经济贸易互联网	5.1
和讯信息科技有限公司	100
润迅通信集团有限公司	1000
北京安莱信息通信技术有限公司	255
广东恒敦通信技术开发有限公司	20
广东英联通信有限公司	100
广州光通通信发展有限公司	100
首都信息发展股份有限公司	100
广州新一代数据中心有限公司	10
中华通信系统有限责任公司	100
北京互联通网络通信有限公司	10

6．与中国移动互联网相连的单位的带宽数（见表 4.7）

表 4.7　与中国移动互联网相连的单位的带宽数

与中国移动互联网相连的单位名称	带宽（Mbit/s）
中国公用计算机互联网	155
广东恒敦通信技术开发有限公司	10

7．与中国国际经济贸易互联网相连的单位的带宽数（见表 4.8）

表 4.8　与中国国际经济贸易互联网相连的单位的带宽数

与中国国际经济贸易互联网相连的单位名称	带宽（Mbit/s）
中国公用计算机互联网	5.1

8．与中国长城互联网相连的单位的带宽数（见表 4.9）

表 4.9　与中国长城互联网相连的单位的带宽数

与中国长城互联网相连的单位名称	带宽（Mbit/s）
中国公用计算机互联网	155
中国教育和科研计算机网	100
首都信息发展股份有限公司	100

9．与中国卫星集团互联网相连的单位的带宽数（见表 4.10）

表 4.10　与中国卫星集团互联网相连的单位的带宽数

与中国卫星集团互联网相连的单位名称	带宽（Mbit/s）
中国公用计算机互联网	155

二、中国部分 ISP 与中国九大互联单位间的连接带宽数

1．与和讯信息科技有限公司相连的单位的带宽数（见表 4.11）

表 4.11　与和讯信息科技有限公司相连的单位的带宽数

与和讯信息科技有限公司相连的单位名称	带宽（Mbit/s）
中国公用计算机互联网	300
中国网通公用互联网	100
中国联通互联网	100

2．与瑞得在线相连的单位的带宽数（见表 4.12）

表 4.12　与瑞得在线相连的单位的带宽数

与瑞得在线相连的单位名称	带宽（Mbit/s）
中国公用计算机互联网	10

3．与世纪互联数据中心有限公司相连的单位的带宽数（见表 4.13）

表 4.13　与世纪互联数据中心有限公司相连的单位的带宽数

与世纪互联数据中心有限公司相连的单位名称	带宽（Mbit/s）
中国公用计算机互联网	1500
中国教育和科研计算机网	200

4．与北京畅捷网络通讯有限公司相连的单位的带宽数（见表 4.14）

表 4.14　与北京畅捷网络通讯有限公司相连的单位的带宽数

与北京畅捷网络通讯有限公司相连的单位名称	带宽（Mbit/s）
中国公用计算机互联网	300

5. 与深圳市万用信息网有限公司相连的单位的带宽数（见表 4.15）

表 4.15　　与深圳市万用信息网有限公司相连的单位的带宽数

与深圳市万用信息网有限公司相连的单位名称	带宽（Mbit/s）
中国公用计算机互联网	255

6. 与西安公众信息产业有限公司相连的单位的带宽数（见表 4.16）

表 4.16　　与西安公众信息产业有限公司相连的单位的带宽数

与西安公众信息产业有限公司相连的单位名称	带宽（Mbit/s）
中国公用计算机互联网	5000

7. 与润迅通信集团有限公司相连的单位的带宽数（见表 4.17）

表 4.17　　与润迅通信集团有限公司相连的单位的带宽数

与润迅通信集团有限公司相连的单位名称	带宽（Mbit/s）
中国公用计算机互联网	155
中国网通公用互联网	1000

8. 与国研信息科技有限公司相连的单位的带宽数（见表 4.18）

表 4.18　　与国研信息科技有限公司相连的单位的带宽数

与国研信息科技有限公司相连的单位名称	带宽（Mbit/s）
中国公用计算机互联网	722

9. 与北京安莱信息通信技术有限公司相连的单位的带宽数（见表 4.19）

表 4.19　　与北京安莱信息通信技术有限公司相连的单位的带宽数

与北京安莱信息通信技术有限公司相连的单位名称	带宽（Mbit/s）
中国公用计算机互联网	100
中国教育和科研计算机网	8
中国网通公用互联网	255

10. 与广东恒敦通信技术开发有限公司相连的单位的带宽数（见表 4.20）

表 4.20　　与广东恒敦通信技术开发有限公司相连的单位的带宽数

与广东恒敦通信技术开发有限公司相连的单位名称	带宽（Mbit/s）
中国公用计算机互联网	310
中国联通互联网	45
中国网通公用互联网	20
中国移动网	10

11. 与首都信息发展股份有限公司相连的单位的带宽数（见表 4.21）

表 4.21　　与首都信息发展股份有限公司相连的单位的带宽数

与首都信息发展股份有限公司相连的单位名称	带宽（Mbit/s）
中国公用计算机互联网	155

续表

与首都信息发展股份有限公司相连的单位名称	带宽（Mbit/s）
中国科技网	10
中国教育和科研计算机网	10
中国网通公用互联网	100
中国长城互联网	100

12．与广州光通通信发展有限公司相连的单位的带宽数（见表4.22）

表4.22　与广州光通通信发展有限公司相连的单位的带宽数

与广州光通通信发展有限公司相连的单位名称	带宽（Mbit/s）
中国公用计算机互联网	155
中国网通公用互联网	100

13．与广东英联通信有限公司相连的单位的带宽数（见表4.23）

表4.23　与广东英联通信有限公司相连的单位的带宽数

与广东英联通信有限公司相连的单位名称	带宽（Mbit/s）
中国公用计算机互联网	10
中国网通公用互联网	100

14．与新一代数据中心有限公司相连的单位的带宽数（见表4.24）

表4.24　与新一代数据中心有限公司相连的单位的带宽数

与新一代数据中心有限公司相连的单位名称	带宽（Mbit/s）
中国公用计算机互联网	200
中国网通公用互联网	10

15．与中华通信系统有限责任公司相连的单位的带宽数（见表4.25）

表4.25　与中华通信系统有限责任公司相连的单位的带宽数

与中华通信系统有限责任公司相连的单位名称	带宽（Mbit/s）
中国公用计算机互联网	100
中国网通公用互联网	100

16．与深圳南凌科技发展有限公司相连的单位的带宽数（见表4.26）

表4.26　与深圳南凌科技发展有限公司相连的单位的带宽数

与深圳南凌科技发展有限公司相连的单位名称	带宽（Mbit/s）
中国公用计算机互联网	420
中国网通公用互联网	110
中国联通互联网	10

17. 与中国互联通网络科技有限公司相连的单位的带宽数（见表 4.27）

表 4.27　与中国互联通网络科技有限公司相连的单位的带宽数

与中国互联通网络科技有限公司相连的单位名称	带宽（Mbit/s）
中国公用计算机互联网	1300
中国网通公用互联网	10
中国教育和科研计算机网	10

（中国互联网络信息中心　臧迎　周镇）

4.5　互联网交换中心设施建设状况

4.5.1　互联网交换中心概述

一、基本概念

（一）互联

互联通常是指两个或多个不同运营商拥有的网络之间建立物理连接，并通过连接使得不同网络上的用户相互通信。

（二）对等（Peering）

对等的概念源自互联网 IP 边界路由协议（BGP）。不同网络之间进行对等互联，就意味着参与互联的各方可以交换各自网络（及其下属网络）的路由信息，从而实现网络间的相互访问。对等关系不具有传递性，也就是说，网络 A 与网络 B 对等，同时网络 A 与网络 C 对等，并不意味着网络 B 与网络 C 对等。对等互联根据发生地点分为公共对等（在交换中心）和私有对等，根据参与的网络数量分为多边对等和双边对等。

（三）转接（Transit）

转接也称为穿透，是对等之外的互联方式。转接是一种提供方/用户方关系。用户方通过购买提供方的业务，可以获得提供方的完全路由可达信息，不但可以访问提供方的网络，还可以透过提供方的网络访问其他网络。转接业务通常由骨干 ISP 提供。

（四）互联网交换中心

互联网交换中心通常被称为 IX(Internet eXchange)或 NAP(Network Access Point)，是为不同网络提供公共对等互联的实体。交换中心内为对等互联提供交换网络（第二层交换，如 ATM、以太网等）、路由仲裁以及相关的物理设施（如机架、空调、电源等）。交换中心可以提供多边对等互联和双边对等互联。

二、交换中心的必要性

在交换中心出现之前，不同网络之间互联时都要建立直连电路。当多个网络需要两两之间对等互联时，它们必须建立两两直连电路。当有新的网络要加入互联时，它要分别与多个网络建立直连电路。这种网状结构的灵活性和可扩展性很差。随着网络数量的不断增加，网间互联问题日渐突出。交换中心的出现即为解决上述问题，它采用的星状结构使得一个网络只需建立一条与交换中心相连的电路，就可以实现和其他多个网络的对等互联。

交换中心与直接电路连接解决的都是不同网络之间的对等互联问题。表 4.28 对这两种方式进行了简单的比较。

表 4.28　　交换中心与直连电路的比较

比较项目	交换中心	直连电路
互联设施	统一平台	专用链路
连接的网络数目	多个	两个
实现的对等模式	多边，双边	双边
路由协议	BGP（IDRP）	BGP（IDRP）
管理方式	专门机构管理	互联双方协商管理
采用技术	复杂	简单
安全性的实现	较难	较易
中立性	要求有严格的中立性	没有这方面的问题
网间结算	难以实现	可以由双方协商实施
灵活性	好	差
可扩展性	好	差

此外，由于建设背景和商业模式等因素，交换中心往往具有特殊地位和作用，已经成为一种重要的、有效的互联方式。

三、交换中心的层次

根据交换中心在互联网中的地位，可将其划分为国际级、国家级和地区级交换中心。

（一）国际级交换中心

国际级交换中心位于互联网的最上层，连接各大国际性 ISP 的网络。目前这种交换中心主要位于美国。这种交换中心在整个互联网中的作用非常重要，它们保证了全世界不同地区、不同用户之间网络的完全可达性。

（二）国家级交换中心

国家级交换中心实现同一国家内多个国家级 ISP 的互联。这些交换中心的出现使本国内的流量不必绕经国外 ISP 的网络，把宝贵的国际带宽用在最需要的地方，从而保护国内 ISP 和国家的利益。目前，德国、丹麦、比利时等许多国家已经创建了国家级交换中心。中国也在北京、上海、广州建立了国家级交换中心。

（三）地区级交换中心

对于一些幅员辽阔的国家，为了避免两个网络的互通流量通过相距甚远的国家级交换中心疏通，可以在本地设立地区级的交换中心，降低业务时延，提高网络的效率。

四、交换中心的对等模式

互联网交换中心实现的对等模式有两种——多边对等和双边对等。

（一）多边对等（Multilateral Peering）

多边对等是指 ISP 与其他所有接入交换中心的 ISP 实现对等。ISP 一旦加入多边协议（MLPA），其对等即是强制性的，成员必须与加入协议的其他各方都建立对等关系。而 ISP 是否加入多边协议，也有强制性和非强制性两种，前者指 ISP 要加入交换中心必须签署多边对等协议，后者则指ISP加入时可自行决定是否加入多边对等协议，此种情况下，交换中心一般还同时提供双边对等协议。

（二）双边对等（Bilateral Peering）

双边对等是指对等协议由ISP双方协商签署，选择哪些ISP建立对等关系、签署什么样的对等协议、采用怎样的路由对等策略、相互之间是否结算都是ISP自己的事，交换中心不参与其中，它只提供路由信息交换（路由仲裁）和业务流量交换的功能。双边对等模式的交换中心通常要求接入的ISP至少与其他1～2个ISP建立双边对等关系。

五、交换中心的建设运营模式

互联网交换中心运营的关键是维持和吸引成员并保证交换中心的稳固性和中立性。交换中心的建设方式目前主要分为以下3种。

（一）政府主导组建

政府主导建立交换中心主要是为了解决本国或本地区内不同网络之间的业务互通，避免国内流量绕经国外，或地区内流量绕经地区外，保证本国或本地区的ISP的利益。主导创建交换中心的政府部门可能是电信管制部门或教育、科研部门，中立性较强。这种交换中心通常是非盈利的。

（二）ISP自建交换中心

由一个或多个ISP共同出资组建交换中心，目的是进一步加强其自身在互联网中的主导作用，进而获得更大的利益，同时也解决与其他网络的互通问题，降低运营成本。由ISP建立的交换中心可能会存在中立性问题，但从目前运营的情况来看，这种交换中心还是较为成功的。

（三）第三方公司建立交换中心

目前，世界上有一些非ISP机构建立交换中心，专门为ISP提供互联服务。这种交换中心的运营模式非常灵活。非ISP机构可以建立并维护自己的交换中心，也可以为其他交换中心提供物理场所，并代为管理，甚至利用交换中心为大的ISP向其他小的ISP提供带宽出租、Transit等业务提供中介。通常这种交换中心具有盈利的性质。

六、交换中心的结算模式

交换中心的结算模式与一般ISP之间对等互联的结算模式相同。目前，在实际中采用的结算模式主要有以下两种。

（一）Sender Keep All（SKA）模式

SKA模式是指互联的双方或多方相互之间没有结算。这种模式应用在互联双方从对等中获得的利益相当的情况下最合适，而这种情况通常发生在相同等级的ISP之间。

（二）双边协商结算模式

这种模式是由互联双方协商结算方式。双方通过互联点相互间出售业务，并通过结算来平衡收入。执行双边结算的最简单方式是测量通过互联点双向的流量，并对所有流量采用统一的费率，双方基于测得的流量和费率进行结算。通常是由接收方向发送方付费。

但是，由于互联网的技术特点和缺陷，至今也没有出现一个获得商业成功的公认的准确结算模式。

4.5.2 中国互联网交换中心的建设状况

一、建设背景

20 世纪 90 年代末期，随着互联网在全世界范围内的普及，中国的互联网行业也取得了突飞猛进的发展，网络用户以每半年翻一番的速度增加，网络基础设施建设大规模铺开。为进一步打破垄断、引入竞争，完善市场机制，国务院先后增批了 6 家互联单位，即中国联通、中国网通、中国移动、外经贸部中国国际电子商务中心、总参通信部和中国卫星集团公司，加上此前的中国电信、吉通、教育网和科技网，共有 10 家互联单位现为 9 家，各自运营带有独立国际出入口的互联网络。

随着网络用户的增加、网上信息和应用的丰富、用户对网络质量要求的提高，越来越多的用户对上网速度感到不满意。1999 年底，根据国务院的指示，信息产业部组织相关管制部门、科研机构、互联单位和专家展开研究，寻求解决途径。

经分析，导致网络速度慢的重要原因是带宽不足，表现在 3 个方面：第一，国际出入口带宽不足，影响国际网络访问速度；第二，用户接入带宽不足，形成最后一公里的瓶颈；第三，国内网间互联带宽不足，造成国内跨网访问不畅，实际上，这也是用户反映最强烈的问题。针对前两个方面，信息产业部采取了相应的措施，包括督促互联单位扩容国际电路，鼓励开发和应用多种接入技术，开展开放接入网业务试验等，而启动最快、见效也最快的则是改善国内网间互联状况。

在此之前，国内互联网网间互联采用的是两网之间的直连方式，但是互联带宽十分有限（均不超过 155M）。同时，各网络运营模式不同，在规模上差异很大，用户和信息源分布相当不平衡。由于网间互联受技术、经济等多种因素的影响，在当时的情况下，仅仅依靠互联单位之间自行协商，难以在网间互联上取得突破性进展，因此必须由管制部门采取适当的强制手段来改善网间互联。与直连相比，交换中心的互联方式具有更高的效率、更好的灵活性和可扩展性。经反复研究论证，并借鉴国际通行做法，信息产业部决定建立国家级互联网骨干网交换中心，地点选在网络资源相对集中的北京、上海、广州。

二、建设进程

1999 年 12 月，北京交换中心工程启动。在信息产业部的监督协调和各互联单位的积极配合下，工程进展迅速。经过几个月的努力，2000 年 3 月 30 日，中国第一个国家级互联网交换中心——北京交换中心开通运行。当时的互联网骨干网（经营性与非经营性）全部接入，接入带宽为 8M～155M。

北京交换中心的开通大大缓解了当时国内互联网间互联困难的状况，使得国内网间访问速度在短时间内有大幅提高，受到用户和运营商的肯定。但是，由于网络发展十分迅速，仅仅一个北京交换中心已难以满足全国网间互联的需要，因此，信息产业部按照规划，于 2000 年 8 月开始筹建上海和广州互联网交换中心。

2001 年底，上海和广州交换中心开通运行。这两个中心借鉴了北京交换中心的建设和运行经验，所用设备更先进，接入带宽也更高。根据信息产业部的要求，经营性的网络必须接入所有国家级交换中心，非经营性的网络可以选择接入一个或多个国家级交换中心。因此，中国的经营性互联网骨干网都接入了上海和广州交换中心，接入带宽为1G。

4.5.3 中国互联网交换中心的功能和服务业务状况

一、交换中心的功能

作为国家级互联网交换中心，北京、上海、广州互联网交换中心的主要职责为如下所述。

- 负责互联网骨干网数据交换，协调各互联网骨干网的路由策略问题（北京互联网交换中心负责华北、东北、西北地区；上海互联网交换中心负责华东地区；广州互联网交换中心负责华南、西南地区）。
- 对通过交换中心的各互联网骨干网间的数据流量进行监测与统计。
- 对各互联网骨干网网间互联的通信质量进行监督，配合电信主管部门解决各互联网间的通信质量问题。
- 负责交换中心设备的运行和维护，代理维护各互联网骨干网在交换中心内的通信设备，协助互联单位解决通信故障。
- 根据电信主管部门制定的标准，计算网间互联费用，保证互联各方合理的经济利益，促进各互联网间的有效竞争。
- 协助电信主管部门协调各互联网间发生的互联争议。

二、交换中心的服务

目前，北京、上海、广州互联网交换中心所提供的服务主要包括如下方面。

- 交换中心日常运行管理与维护。保证交换中心交换机、各网络接入设备和相关设备的正常运行。发现障碍时，及时通知相关网络，并协助其解决问题。
- 交换中心数据流量监测与统计。定期分析流量数据，为交换机和接入带宽扩容提供参考和建议。
- 交换中心通信服务质量监督。发现异常时，及时查找原因，并通知相关网络。为保障互联互通的质量提供技术方案。
- 交换中心网间互联结算费用计算。统计结算所需原始数据，每月计算网间结算费用，并给各网络发送结算帐单。
- 对各网络在交换中心发生的网间互联争议进行协调。
- 协助各互联网骨干网在交换中心的新建、扩建工作。

4.5.4 中国互联网交换中心的管理和运行现状

一、交换中心的管理

信息产业部对全国互联网交换中心进行统一规划和管理。信息产业部在北京、上海、广州分别建立了隶属于信息产业部的、独立法人、自收自支的事业单位，专门负责交换中心的运营和维护。同时，信息产业部委托北京市通信管理局、上海市通信管理局和广东省通信管理局对当地交换中心进行管理和监督。

互联网网间互联是电信网网间互联的新课题，国际上少有管制经验可以借鉴。为保证中国互联网运营企业之间的公平、有效竞争，信息产业部联合有关专家和各互联单位，结合中国网络现状，进行了反复深入的研讨，并做了大量协调工作，摸索出了一套适合中国实际情况的互联网互联管理模式，并于 2001 年陆续颁布了相关规定，主要包括：

- 《互联网骨干网间互联管理暂行规定》；
- 《互联网骨干网间互联服务暂行规定》；
- 《互联网骨干网互联结算办法》；
- 《国家互联网交换中心结算业务规程》。

这一系列规章制度，为互联网的互联管理、互联互通质量、网间结算等方面提供了依据，为交换中心的规范化运作创造了条件。

2002 年，交换中心的管理进一步走向成熟。为保证交换中心的正常运行和健康发展，3 个交换中心于 2002 年 4 月开始向接入交换中心的网络收取接入费（关于接入费后面将有详细说明）。为适应电信南北拆分重组所带来的网络重新整合，信息产业部及时发布了《关于电信重组后互联网骨干网互联问题的通知》，调整了在北京、上海、广州交换中心交纳接入费和参与结算的企业主体。

各交换中心还分别制定了维护规程，根据各自的实际情况，规定了交换中心应承担的维护项目和操作规程，划分了交换中心和各个网络的维护界面，明确了维护的组织、岗位分工与职责以及维护的例行工作任务，建立起维护所需的工作例会制度和统计制度，制定了故障处理和报告的工作流程。各交换中心开通以来，运行良好，无人身、设备安全事故，无重大系统故障，设备、系统级故障均得到了及时解决。

二、交换中心的运行现状

（一）互联方式和协议

根据《互联网骨干网间互联管理暂行规定》，各网络在交换中心实行多边对等互联，各网络平等地交换路由信息，并据此实现业务流量互通，但不允许一方通过对等方的网络访问第三方网络，也就是网络间不可穿透。在协商一致的基础上，两网也可在交换中心直接相连，实现双边互联。

2001 年 12 月，总参通信部、中国电信集团公司、中国联合通信有限公司、中国移动通信集团、中国网络通信有限公司、吉通通信有限责任公司、中国卫星通信集团公司、中国国际电子商务中心、中国教育与科研计算机网网络中心、中国科技网网络中心和北京、上海、广州互联网交换中心在北京签订了《互联网骨干网网间互联协议》。在技术可行、经济合理、公平公正、相互配合的原则下，协议规定了互联网骨干网间互联的原则、结算、质量保障和故障处理、违约责任、争议解决等具体问题，明确了各互联单位和交换中心在网间互联中各自的权利和义务，使得国内互联网网间互联更加规范化。

（二）技术方案

交换中心采用局域千兆以太网交换技术。交换中心配置两台千兆以太网交换机，以主备方式工作。交换机同时与路由仲裁系统、网管和结算计费系统相连。各互联网络在交换中心放置一台路由器，一端与两台交换机相连，一端与各自骨干网相连。各网络在交换中心通过 BGP4 实现多边对等。目前，北京交换中心有 10 家网络接入，上海、广州交换中心各有 5 家接入（均为商业性网络）。图 4.11 示出了交换中心的拓扑结构，其中虚线框中的为设备位于交换中心。

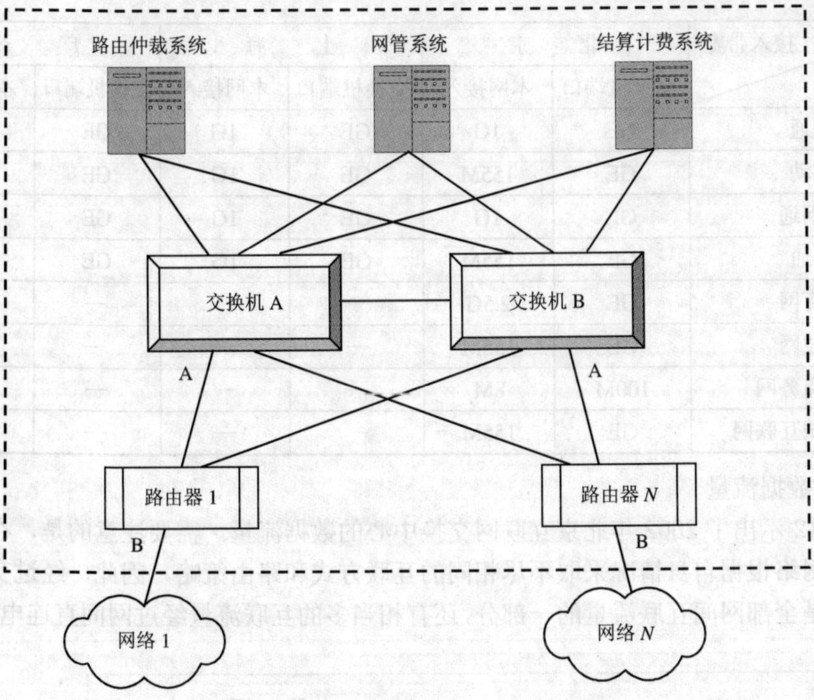

图 4.11　交换中心拓扑结构

（三）接入带宽

根据交换中心的拓扑结构，接入带宽取决于两部分：一部分是各网络与其在交换中心的路由器之间的连接带宽，即图 4.11 中的 B 段；另一部分是路由器接入交换中心交换机的线路带宽，即图 4.11 中的 A 段，也就是交换机端口所能支持的最大数据传输速率。实际的交换可用带宽为 A 段与 B 段的最小值。

北京、上海、广州交换中心的交换机端口为 GE，相当于 A 段的设计带宽为 1G。北京交换中心最初于 2000 年 3 月开通运行时，各网络的 B 段接入带宽均不超过 155M。所以，当时实际用于交换的带宽均不超过 155M。到 2001 年初，随着交换流量不断增加，交换中心的接入电路日渐拥挤，部分网络的接入带宽利用率长期处于 80%以上，经常出现拥塞，传输时延和丢包率大幅增加，严重影响了互联质量。为此，信息产业部一方面督促流量较大的网络增加接入带宽，另一方面加紧建设上海、广州交换中心。到 2001 年底，中国电信、教育网、中国联通等网络均完成了接入电路的扩容，从最初的 155M 升级到 2.5G 或 1G。上海、广州交换中心于 2001 年底开通试运行，并且接入带宽大多为 1G。交换中心具体接入带宽如表 4.29 所示。

表 4.29　交换中心接入带宽

接入带宽 / 互联网络	北京		上海		广州	
	交换机端口	本网接入	交换机端口	本网接入	交换机端口	本网接入
中国电信	—	—	GE	1G	GE	2.5G
网通集团	GE	2.5G	—	—	—	—

续表

互联网络＼接入带宽	北京		上海		广州	
	交换机端口	本网接入	交换机端口	本网接入	交换机端口	本网接入
联通	GE	1G	GE	1G	GE	1G
移动	GE	155M	GE	1G	GE	1G
原网通	GE	1G	GE	1G	GE	1G
吉通	GE	155M	GE	1G	GE	100M
教育网	GE	2.5G	—	—	—	—
科技网	GE	155M	—	—	—	—
电子商务网	100M	8M	—	—	—	—
中国长城互联网	GE	155M	—	—	—	—

（四）数据流量

图 4.12 示出了 2002 年北京互联网交换中心的数据流量。需要注意的是，在实际运营中，各网络根据自身情况采取不尽相同的互联方式和路由策略，因此，经过交换中心的流量只是全部网间互联流量的一部分，还有相当多的互联流量经过网间直连电路疏导。

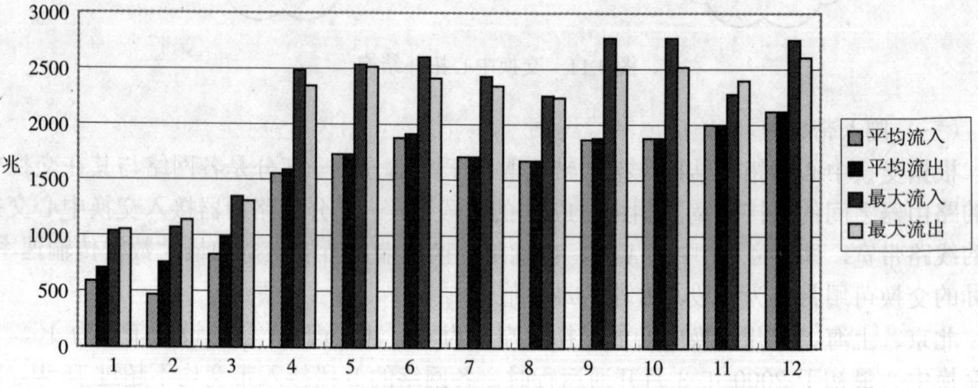

图 4.12　2002 年北京互联网交换中心总流量图

（五）结算

按照国际惯例，互联网之间的对等互联一般情况下是不结算的。但是由于中国各个网络在规模和实力上相差悬殊，在管制部门强制对等的情况下，如果不进行结算，则难以平衡各网络之间的利益关系，导致实力较强的一方缺乏互联积极性，影响互联效果。因此，信息产业部在反复论证的基础上，于 2001 年 9 月出台了《互联网骨干网互联结算办法》。根据该办法，交换中心采集各网络流入、流出交换中心的数据流量（Mbit/s），按特定方法计算出平均值作为统计结果，再将统计结果按照结算费率表转换成结算费用，由各网络按月结算给 Chinenet 的运营企业（在北京结算给中国网通，在上海、广州结算给中国电信）。非经营性网络结算费用减半。Chinanet 之外的网络之间不结算，Chinanet 和教育网之间不结算。

结算办法实行一年多来，对网间互联起了一定的积极作用，但是也暴露出不少问题，比如无法统计两两网间的交换流量，从而不能进行两两结算。信息产业部正在邀请技术支撑单位研究开发新的结算系统，力图应用更精确的办法进行结算。

（六）收费

为保证交换中心的正常运行和健康发展，经国家有关部门批准，北京、上海、广州交换中心从 2002 年 4 月起收取接入费。交换中心以“非盈利，收支平衡”为经营原则，由接入该交换中心的各网络分摊运行成本。非经营性网络接入费减半。交换中心的运行成本包括设备折旧、维护、人员工资、场地租赁及其他日常支出。鉴于年度折旧费和接入网络数量的变化等不定因素，交换中心运行成本将动态变化，接入费标准也将适时调整。

4.5.5　中国互联网交换中心服务发展趋势

作为管制部门规划的国家级交换中心，北京、上海、广州交换中心肩负着疏导骨干网间流量的重任，需要加强其中立性和权威性。同时，交换中心也是为各网络提供服务的单位，所以更要增强服务意识，提高服务水平。今后，交换中心将在以下方面做出努力。

● 加强与互联单位的沟通，了解互联单位的需求，尽可能为互联单位提供全面服务。

● 提高交换中心的网络监控能力、安全防范能力以及应付突发事件的通信保障能力。主要措施包括：

● 完善交换中心的各项运维管理制度，加强人员培训，强化内部管理；

● 加强系统运维人员间的联系，建立故障处理快速响应和协调机制；

● 强化网络运行安全措施，防患于未燃。

● 加强交换中心通信质量监测，为互联单位提供质量指标、数据流量等运行数据。

● 提供更详细的结算计费信息，重点提供原始数据，方便各网络进行结算。

● 组织各网络积极研究可行的扩容方案，尽快解决链路负荷过高的问题，并探讨交换中心下一步发展趋势。

信息产业部将进一步研究和完善互联网网间互联管理体制，制定相关规则，规范运作互联网交换中心，积极探讨互联网网间互联趋势，兼顾国家、企业、用户的利益，本着“积极发展、加强管理、趋利避害、为我所用”的方针，推动中国互联网事业更加快速、健康的发展，使其更好地服务于中国国民经济和社会信息化建设。

4.5.6　国外互联网交换中心状况

最早的互联网交换中心出现在美国，即 FIX-E 和 FIX-W（Federal Internet eXchange），分别位于东西海岸，用于政府网络间的互联。1990 年美国建立了第一个商用互联网交换中心（Commercial Internet eXchanges），用于商用网络间的互联。1993 年，为实现政府网络和商用网络的互联，又建立了 MAE-East 和 MAE-West（Metropolitan Area Exchange）。此后，美国相继出现了许多公共互联网交换中心，其他国家也相继建设了互联网交换中心。目前，全球范围内的交换中心数目估计已接近 200 个。表 4.30 列出了部分重要的国外互联网交换中心。

表 4.30　　国外主要互联网交换中心

名称	地点	管理维护	建立时间	成员数	说明
MAE East	美国华盛顿特区		1993 年		WorldCom 还运营 MAE Chicago，MAE New York，MAE Paris，MAEFrankfurt
MAE West	美国加州	WorldCom	1993 年		
MAE Central	美国达拉斯				
AADS（Chicago NAP）	美国芝加哥	Ameritech		>140	
PAIX	美国加州	Metromedia Fiber Networks，Inc.	1996 年	>100	美国第一家由非电信运营商或 ISP 控制的 NAP
NYIIX	美国纽约	Telehouse	1996 年	46	该公司为中立第三方，还运营 LAIIX，SVIIX，6IIX
AMS－IX	荷兰阿姆斯特丹	非盈利的中立机构	1997 年	151	
BNIX	比利时布鲁塞尔	BELNET，InterXion，Level 3	1995 年	41	
LINX	英国伦敦	独立的非盈利有限公司	1994 年	128	全球最大的 NAP 之一
DE-CIX	德国法兰克福	盈利性，第三方 InterXion 维护	1996 年	111	InterXion 公司专门提供设计、建立并维护中立的 NAP，业务遍及欧洲
PARIX	法国巴黎	法国电信	2000 年	26	
HKIX	香港	香港中文大学	1995 年	71	
TWNAP	台湾	网达国际		〉100	台湾第一个交换中心
JPIX	日本东京	JPIX Co，Ltd	1997 年	102	由多个 IT 企业合资建立
SingTel IX	新加坡			33	连接亚太 33 个国家，与美国以 3.5G 相连
KINX	韩国汉城	KINX Inc.	2000 年	30	由多个 IT 企业合资建立

国外的互联网交换中心绝大多数是没有电信管理部门管制的。成员之间大都达成无结算（SKA）双边对等协议，部分交换中心支持多边对等，但仅有极少的交换中心强制要求多边对等。

值得注意的是，在国外，由于管制的宽松，互联网互联实际上是受市场控制的。各种网络之间的互联、结算等关系全部取决于商业利益。由于历史原因，互联网最初通常是垄断状态的，随着运营商的增加、网络数量的增加，竞争加剧，就自然地出现了"以大欺小，以强凌弱"的状况，类似的案例屡见不鲜，尤其在美国，无论是其本国的网络之间，还是与其他国家之间，都发生过诸多争议。

欧盟对互联网交换中心也非常重视，成立了Euro-IX组织。目前，互联网交换中心的重心正在逐渐从美国向欧洲迁移，伦敦已经超过纽约成为全球最大的互联网交换中心。

4.5.7　亚太互联网交换中心建设进展

互联网已经成为全球化的信息基础设施。目前一些国家凭借其全球互联网中心地位，控制互联网的政策制定、资源管理，通过基础设施、信息、技术等取得了巨大的经济利益，并借此扩大了其在政治、军事、科技等多方面的优势。大力推进互联网发展，争取互联网区域性的中心地位对世界各国都具有高度战略意义。目前许多国家或地区都在努力树立自身的网络中心地位，以期在国际竞争中占据主动。

为加强中国互联网的综合竞争能力，进一步提高中国在全球互联网中的地位，使中国成为亚太地区的互联网交换中心，中国电信于2002年12月10日正式在上海宣布建设其亚太互联网交换中心（APIX），主要利用中国电信的国际网络资源和ChinaNet向境外大的互联网运营商提供宽带互联网接入和流量交换，目前该业务已发展了中国台湾、香港、朝鲜、乌兹别克、吉尔吉斯等国家和地区的用户8家。同时对一些相对发展较晚的国外运营商提供逻辑上全透明的互联网国际转接。

目前中国电信的亚太互联网交换中心还处于建设阶段，在上海电信横滨通信机房新建一个传输节点的基础上建设APIX。中国电信APIX建设预计将于2003年中完成。项目投资约为1300万元人民币。

数据基础网中的7500路由器通过一条155M POS中继和Chinanet国际层路由器3互联，在路由选择上可以依照骨干网现有的情况采用IS-IS。该设备在实际运行中，主要用来向其他运营商提供45M以下的宽带接入。

数据基础网中的12000路由器通过两条2.5G POS中继分别和Chinanet国际层路由器3和国际层路由器4互联，在路由选择上同样采用IS-IS协议。该设备在实际运行中，主要用来向其他运营商提供155M以上的带宽接入。

基础数据网的两台设备之间可以连通一条或多条155M中继，采用IS-IS路由协议。网络的基本拓扑图如图4.13所示。

考虑到接入者会提出测试或其他廉价接入的要求，初步拟增加一台千兆以太网交换机用于提供10/100M的接入手段，并且可以根据业务发展的需求进行平滑扩容。相关设备向用户提供100M以下各种宽带型的接入，并通过1条GE中继联入12000路由器，和路由器之间采用两层的trunk连接方式。

（信息产业部电信管理局　裴玮　杨晓雅）

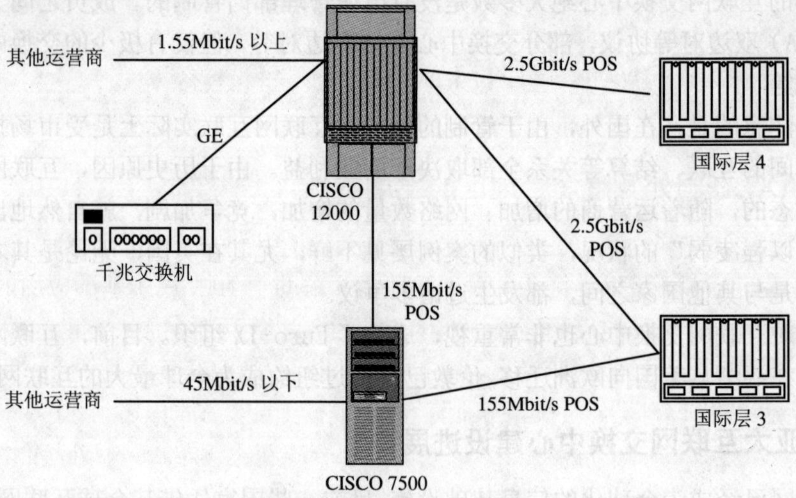

图 4.13 网络的基本拓扑图

4.6 IDC 建设与服务状况

4.6.1 IDC 概念与发展背景

IDC(Internet Data Center)即互联网数据中心是伴随着互联网发展的需求而发展起来的，其产生是互联网业内分工细化的必然结果。从应用角度分析，IDC 的本质应该是提供网络间的高速互联，让来自任何一个网络的用户都能高速访问。除此之外，IDC 还应是构成网络基础资源的一部分，就像骨干网、接入网一样；并在此基础上提供一种高端的数据传输服务，即高速接入的服务，并辅以明确的服务保证。一定程度上网络和服务概念的组合应是 IDC 的内涵所在。

同网站、ISP 一样，IDC 也源于美国。IDC 在国内的发展已经有三四年的历史，但业界并没有统一明确的定义，不同的经营者对 IDC 都有各自的理解。本报告对 IDC 所作定义如下，即：IDC 是对入驻企业、商户或网站服务器群托管的场所；是各种模式电子商务赖以安全运作的基础设施；是支持企业及其商业联盟(其分销商、供应商、客户等)实施价值链管理的平台；能够为 ICP、企业、媒体和各类网站提供大规模、高质量、安全可靠的专业化服务器托管、空间租用、网络批发带宽、应用业务服务、电子商务以及一体化解决方案等增值业务。一个优秀的 IDC 应具备如下特点。

● 具备满足网站系统托管外包服务需求的基础设施，这个设施包括稳定可靠的宽带互联网接入和安全可靠的电信级机房环境。

● 具备提供高品质的增值服务功能，包括系统维护（如系统配置、软件安装、数据备份、故障排除等）；管理化服务（如带宽管理、流量分析、入侵检测、系统漏洞诊断、数据备份、负载均衡、Cache 服务等）；支持服务（如技术支持热线等）；集成化服务（如提供数据中心、集成通信与 I T 专业服务的全面集成化服务等）等。

● 具备提供网络高速互联的能力，能让来自任何一个网络的用户高速访问其他运营网络。同时，通过提供的高品质服务，基本淡化 IDC 入住用户的地域性限制（如位于上海的网站也完全可跨地域地在北京的 IDC 进行主机托管业务）。

- 使用户通过 IDC 的服务，极大地降低其自身的运营成本。
- 与用户签订完善的服务水平协议（SLA）。

4.6.2　IDC 在国外及港澳台地区的发展概况

IDC 起源于美国，但 IDC 之所以能在美国发展起来，最主要的原因是企业电子商务已到了自己的技术不足以维持业务发展的地步才求助于 IDC，属于基于应用的需求。1995 年前后是美国 IDC 市场的启蒙阶段，2001 年前后各运营商都在加大自己的数据中心的模式，一个方法就是自己建，如 AT&T 宣布几年内投资 20 亿美元欲建设 44 个数据中心。新兴电信运营商 LEVEL3 公司在全球则有 66 个数据中心，总面积达到 60 万平方米（m2）。其中在欧洲有一个，在亚洲有两个，其余的主要分布在美国本土。另外，伦敦电缆&无线股票上市公司（C&W）在 2001 年收购了跨国 IDC 运营商 Exodus 在全球的 30 家数据中心。在这 30 家数据中心中，包括位于伦敦（2 家）、法兰克福、东京各 1 家数据中心，以及位于美国境内的 26 家数据中心，总面积达到 37 万平方米。

1999 年至 2000 年的全球网络热潮带来了 IDC 市场美好的盈利前景，在市场利益的驱动下包括传统电信运营商、新兴电信运营商以及地产商在内的亚洲众多企业都投巨资于 IDC 机房的建设。但由于亚洲整体 IT 行业发展还不是很成熟，再加上 2001 年后网络经济泡沫的逐步破灭，致使亚洲 IDC 市场需求没有投资者预计的那样迅猛发展，而是需求明显不足，在中国香港、台湾地区和新加坡等国家都出现了供过于求的情况。在新加坡，Gartner 集团分析师指出，IDC 供应比需求高达 10 倍，业内人士则表示新加坡高达 7.5 万平方米的 IDC 空间使用率尚不到 25%。而在中国香港，分析师预计 21.4 万平方米的服务器空间使用率只有 25%到 30%。

4.6.3　IDC 的主要业务范围与服务特色

回顾国内 IDC 市场的发展，主要经历了 3 个发展阶段。

第一阶段，即 IDC 的市场导入阶段。这一阶段主要是向用户提供主机托管和虚拟主机服务业务。包括为用户提供电源、带宽、磁盘空间等基本资源服务，或简单地机器重启等维护服务。在这一级的应用层次上，一般不对机房环境、技术支持、高效能优质增值服务提出高标准的要求。利用已有的环境条件，附带提供服务，是这一级应用的典型表现，因此也难以保障提供高品质的电信级服务。严格来讲，这一级应用层次还不完全属于 IDC 的服务范畴。

第二阶段，即 IDC 的市场发展阶段。这一阶段出现了高品质的主机托管服务。其特点主要是带宽上有保证，电源上有备份，并且可以部分代为管理；对一些需求更多增值服务的大型客户，则可提供安全性分析、数据流分析、资源占用分析等关键性业务分析。

第三阶段，即 IDC 的市场细化阶段。这一阶段的显著特征是 IDC 的服务逐渐向专业化和个性化的方向发展，为用户提供高端的增值服务。通过对特定行业用户的特点分析，灵活地从用户的实际情况出发，制定整体解决方案。

就目前的 IDC 服务商而言可以分成电信运营商和民营服务商两大类。电信运营商又可分为传统的电信运营商如中国电信集团公司和新兴的电信运营商如中国网络通信有限公司（简称中国网通控股）。对于民营服务商而言，具体还可以分为独立型的 IDC 服务商如世纪互联；综合型的 IDC 服务商如 263 集团；系统集成商型 IDC 如清华万博。民营与电信间、电信与电信间、民营与民营间都存在着竞争关系。民营与电信的竞争中，民营靠技术、服务，电信靠资源。如果电信将资源、技术、服务都做好的话，民营的日子恐怕就难以维继了。

竞争有资源的竞争、资本的竞争、技术的竞争、服务的竞争、理念的竞争。民营服务商应注重技术的竞争、服务的竞争、理念的竞争。IDC 在国内的发展模式对电信运营商和民营服务商是不同的。对电信运营商而言，IDC 是其基础设施的一部分，就像光缆、交换机、传输设备、电信机房一样，是其在互联网时代必须的投资。民营服务商在资源不足、资金不充裕的情况下，想在 IDC 市场上盈利只有靠技术、服务和理念。

4.6.4 IDC 在中国的发展现状、规模及业务分布

据不完全统计，2002 年仅北京就集结了大大小小 50 多家 IDC 运营企业，全国则有 80～100 家左右。IDC 机房面积约在 9～14 万平米。2001 年下半年至 2002 年，中国电信集团在上海、西安、广州三地一体的 IDC 机房相继落成，业务也从过去简单的托管租用业务，向提供增值服务方向发展。而中国网通控股分布在全国 20 几个城市的基于 IP 网的网络型 IDC 也基本在 2002 年全部落成。

对电信运营商来说，数据中心是基础设施，他们要以数据中心作为网络节点，来构成整个电信公司运营的网络。即使 IDC 托管业务不挣钱，电信运营商还是会扩展这个业务。因为电信运营商如果掌握了大量的最终用户群，他的网络流量和内容将吸引更多个人和企业上他的网络，并从中得到更多的收益。这是中国电信集团、中国网通控股扩展 IDC 业务的考虑。电信运营商是从长远的战略考虑，不计成本扩张 IDC。这与民营 IDC 想从 IDC 业务中获得利润的目的根本不同。

2001 年年末至 2002 年，国内的众多民营 IDC 纷纷调转船头，另寻他路，开始向其他诸如 IT 服务、软件工程等领域拓展。“转型”的主要表现就是从主机托管、接入等 IDC 服务转向为用户提供“增值”服务。

国内最大的独立 IDC 运营企业世纪互联由 IDC 服务提供商转向服务集成提供商，业务范围包括向传统企业、互联网公司、政府与非盈利机构提供数据中心主营业务、电信资源集成与 IT 专业服务。转型后的世纪互联不仅为互联网用户提供服务，也为非互联网用户提供服务。转型后世纪互联的产品体系可分为 3 类：一类是已有的根据.COM 设计的产品，但只要稍加调整就可以适用到新客户群，如安全服务；第二类是针对企业新的需求开发出来的新产品，如 VPN、存储备份服务等；第三类是世纪互联本身不擅长的由世纪互联的合作伙伴来提供的产品。

263 网络集团则将 3 块分开的业务——ISP、IDC、ICP 被整合为两大部门——企业事业部和个人事业部，从以产品为中心转向以客户为中心，推出了游戏专网和金融专网，不仅帮用户做接入、做托管、做广告，还帮助用户收费，以发展客户的业务为自己的服务目标。因为只有帮客户赚到钱，服务商的服务才真正体现价值。

中关村数据中心则要做一个数据的银行，进而开展多项业务。从做企业信息化的咨

询顾问，到解决方案的量身定制，给用户提供一体化的解决方案。

依托教育网络资源的清华万博则一方面依靠自己最大的资源优势——教育网进行资源整合，另一方面开展新业务，如ASP服务。

较晚进入IDC市场的Unihub则称自己是是网络业务提供商（Network Server Provider），其市场开拓目标主要集中在证券金融业。通过深挖该行业的特点，开发相应的服务，为目标客户提供真正需要的解决方案。

互联通公司则在经营路线独辟蹊径，它没有自己花大资金去建自己的机房，而是采用租用各地电信的机房。包袱轻，卸重也相对较轻松些。同时，加大增值服务的投入，如做专线接入、CDN、VPN服务等。

尽管各IDC运营企业纷纷宣布转型，并重新进行市场定位，但实际上现在任何一家IDC都不敢说自己不做了，这不仅仅是因为前期在这方面投入太多，还因为目前这些公司相当部分业务收入仍然来自于托管和专线服务。而且一旦宣布退出IDC，对于客户和自身形象的打击肯定也将是致命的。

4.6.5 IDC与ASP的融合

一、ASP服务的应用

应用服务供应商（ASP）的出现，为企业带来了便宜、稳定、全方位的应用服务。ASP是把各种应用软件安装在IDC，通过网络将应用软件的功能或基于这些功能的服务以有偿的方式提供给使用者。使用者在使用过程中由ASP负责管理、维护和更新这些功能与服务，其本质就是集中式的资源分离。简单的讲，ASP就是原来“技术开发”的外包形式向“租用”服务概念的延伸，即以“月费”取代“购买”。

对于ASP而言，它不需要投资每个领域，但需要与具有高水平的策略伙伴合作，结合他们在各自领域的优势，为客户提供连贯性的服务。对于ASP的客户，他们无需进行初始投资和持续性支付维护人员及系统软件、硬件升级等费用便能够享受专业的应用服务。因而总结ASP的5大特点即为：以应用为中心，提供应用服务、集中应用服务、集中管理、一对多服务、按合同交付。

ASP模式的优点在于。

- 技术方面：不需要配备IT方面的专业技术人员，但同时却能够得到最新的技术应用。
- 投资方面：只以相对低廉的“月费”方式投资，不用承担一次性投资的压力；不用考虑成本折旧问题，能够及时获得最新硬件平台及最佳解决方案。
- 维护和管理方面：不需要专门的维护和管理人员，也不需要为维护和管理人员支付额外费用。

二、IDC、ASP在为企业服务中进行融合

在企业竞争与发展的过程中，有一个不可忽视的问题就是企业目前的商务现状。在调查企业对互联网的实际运用水平的过程中，企业的平均使用水平较低，而且在思想意识上也还没有达到网络经济下管理和经营的水平。

从目前企业在选择硬件、软件及应用软件过程中来看，大部分企业还是处在“个体选择”和“低效率”的状态。然而这不代表硬件或是软件本身的水平不高，而是企业在

选择与使用中处在较低的水平。造成这种结果的一个很重要的原因就是企业目前在经营过程中，对整个业务经营和管理没有使用标准化和流程化的工作程序，致使其使用效率不高。最终的结果就是硬件和软件的选择成本和开发成本太高。在未来的企业经营中，必须进行标准化、电子化的管理，如果不这样做的话，在信息快速发展和交换的时代中的企业将难以生存和发展。

目前 IDC 在整个服务的供应链上扮演的角色和重心已经发生了变化：即开始从简单的服务器托管向以 IDC 为中心，把硬件、软件及相关服务商联结起来的方向发展。在市场的竞争中，不管是 IDC 还是 ASP 都应该发挥自己的优势，如下所述。

- 在为企业提供数据服务中，IDC 拥有资源优势：带宽资源充足；优越的机房基础设施；良好的管理水平；维护优势。
- 传统软件企业的优势：较强的软件开发能力；专业开发水平；为企业提供个性化的开发服务。
- ASP 服务厂商的优势：开发成本由多家客户承担，风险更低；向行业用户提供服务可能推动企业商务的“标准化”；降低了企业购买和使用软件的费用；降低企业维护和管理成本。

IDC 为企业提供了一个高速、安全、稳定的接入平台，这也是 IDC 提供业务的基础。而 ASP 服务提供商则在 IDC 提供的接入平台基础上为客户提供高附加值的增值服务。那么，基础平台提供商与增值服务提供商两者间的关系与利益分配如何进行呢？在最初提供 IDC 服务的企业中，他们不仅提供托管服务，而且还包括网站建设、网页制作、域名注册等，同时也包括技术开发和网络工程建设服务。在一定意义上说，ASP 的服务是从技术服务延伸过来的，而 IDC 将很快走向服务专业化。在未来的发展中，IDC 与 ASP 是朋友的关系，而不会是竞争对手的关系。

IDC 在未来的服务链中，应该起到一个核心的作用。把硬件厂商、软件厂商、企业、专业服务提供商集中到“IDC 服务平台”之上，为企业提供一个“全方位”的解决方案式的服务。在各大服务商积极参与下，企业信息化的进程也会加快，从而可以做到多赢的局面。

4.6.6 中国 IDC 建设和服务的制约因素

一、国内 IDC 市场的发展受企业信息化的影响

传统企业成为国内 IDC 的主要用户已经成为不争的事实，传统企业信息化程度的高低将会直接影响到国内 IDC 市场的发展规模。因此在未来的发展过程中，对 IDC 服务商而言，应该更加侧重了解传统企业在信息化和网络化发展过程中的实际需求，从而制定与市场发展较为吻合的战略。

传统企业在信息化和网络化的发展过程中，目前的主要投入还是在网络基础投资方面，而其中软件和硬件的比例也在发生着变化，即已经逐渐由硬件采购为主向软件应用变化。对于企业在网络化发展过程中的接入服务而言，应属于基础性的服务，因为其只解决了企业接入互联网的需求，而更高层次的需求，即企业个性化、应用服务层的需求却没能得到解决，这其实也是为什么互联网服务市场规模没有做得更大的原因之一。

传统企业成为 IDC 的主要用户意味着 IDC 服务商要提供更多的增值服务来满足企业

的需求。因此增值服务将在未来的市场竞争中成为竞争的核心，也将成为市场中高额利润来源的关键所在。那么企业为什么需要增值服务呢？这主要是因为企业在信息化和网络化的发展过程中，需要介入外包服务的概念，资金的投入、技术实力、市场风险都不允许企业自己来完成所有的工作，所以需要有专业的公司来提供全方位、系统化的服务。

据 CCID 对部分租用专线、主机托管、虚拟主机的用户对 ASP 服务的使用情况的抽样调查（如表 4.31、图 4.14 所示）显示，在使用专线服务的企业中，有 60.2%的企业表示愿意，并且希望有服务商能够提供企业所需要的增值服务，并能够解决企业自身应用方面遇到的实际问题，包括技术和维护方面的问题。在使用主机托管的企业中，有 27.2%企业表示愿意，并且希望目前的服务商提供高品质、高服务的增值服务。但是，在目前 IDC 提供商所提供的服务中，企业表示服务与实际情况还是存在一定的距离，并且希望服务商能够对目前这种状况有所改变。大部分虚拟主机的使用客户在网络运用方面的投资不大，而且基本处在初级阶段，它们对增值服务的需求还尚不明确。但是，虚拟主机用户对增值服务的需求将是未来的增长点，这需要时间与整体环境的发展。

表 4.31　　用户使用增值服务的意愿调查

用户类别服务	希望使用增值服务的比率
专线接入	60.2%
主机托管	27.2%
虚拟主机	10.7%

数据来源：CCID

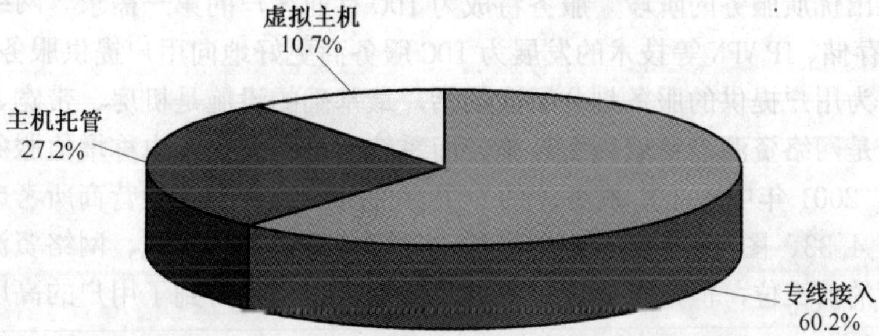

图 4.14　用户对增值服务的意愿调查

就企业在互联网服务方面的实际投资额和费用使用情况分析（如表 4.32、图 4.15 所示），企业在技术成本方面的支出费用占到了整个费用额度的 40%，而在这个 40%的费用中，企业使用外包服务又占有着较大的比重。企业在内部聘用技术开发人员和维护人员时成本也是非常大的，因此，需求在没有较好的满足途径时，只能使用外包技术开发服务和组建自己的技术开发队伍来满足企业的实际需求。事实上，这两种服务方式是很难从根本上解决企业所面临的问题的。如果 IDC 在原有托管和租用服务的基础上能够提供部分应用服务给企业使用，那么，它的优势是十分明显的。如果这样，既解决了企业的实际需求，也提高了 IDC 的赢利能力，同时也降低了供求双方的经营成本和管理成本。

表 4.32　　企业"E"化中网络服务费用结构分析

投资项目	技术成本	管理运营	托管	专线租用	其他
占总投资总额的比例	40%	25%	10%	15%	10%

数据来源：CCID

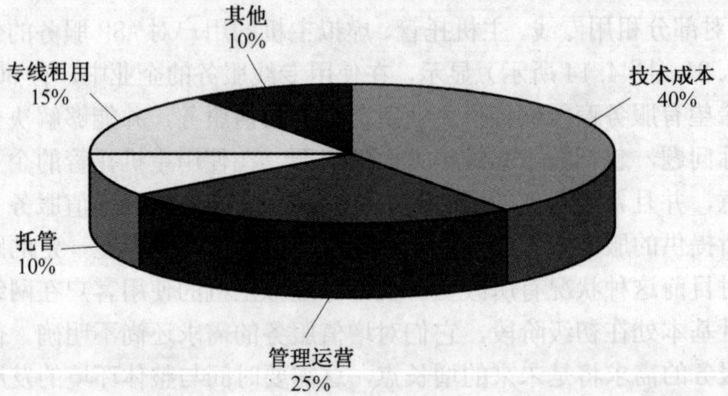

图 4.15　企业"E"化中网络服务费用结构分析

面对与.COM 公司截然不同的传统企业用户，IDC 服务商只有保持与企业的良好沟通，注重市场调查，了解企业的真实需求，并最终把服务真正地落到实处，才能在获取利润的同时把整个市场做大做强。

二、技术发展趋势对国内 IDC 市场发展的影响分析

未来 IDC 市场的竞争将是激烈的，IDC 已经突破机房与带宽的概念，转向把握客户切实需求推出优质服务的阶段。服务将成为 IDC 行业客户的第一需求。网络安全、网络加速、网络存储、IP VPN 等技术的发展为 IDC 服务商更好地向用户提供服务创造了条件。如果把 IDC 为用户提供的服务划分层次的话，最基础的设施是机房、带宽、供电系统，再往上一层是网络资源、负载均衡设施，而系统的可管理服务也称增值服务则是更上一层的服务。"2001 年中国 IDC 服务评估"中有关用户选择 IDC 运营商所考虑主要因素的调查（如表 4.33、图 4.16 所示）中显示，尽管价格、基础设施、网络资源仍然占据主要考虑因素的前三位，但是可管理服务以及技术因素已经得到了用户的高度重视。

表 4.33　　用户选择 IDC 服务商考虑因素调查

主要考虑因素	所占比例
价格	81.2%
基础设施	72.8%
网络资源	70.5%
可管理服务	56.4%
技术	52.4%
规模	49.9%
其他	48.0%

数据来源：CCID

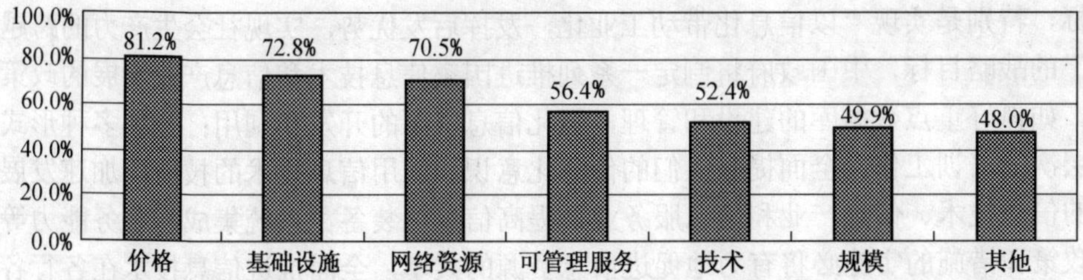

图 4.16 用户选择 IDC 服务商考虑因素调查

总体而言，目前国内的 IDC 业务发展还不够完善，在服务内容等方面尚需进一步提高，在大部分服务商所提供的 IDC 业务中，主要指带宽的租用和服务器存放或租赁，较少涉及网络管理、应用软件服务及整体解决方案提供等，在一定程度上阻碍了用户的开拓和业务的发展。

随着客户逐步转向传统企业用户，以及用户需求的不断提高和市场竞争的日趋激烈，服务内容和服务质量将越来越受到 IDC 服务商的关注。服务脱离不了技术，没有先进的技术作基础，为用户提供高品质服务就会只是“纸上谈兵”。因此就 IDC 服务商而言，所采用技术的先进与否将会成为其服务品质优略的重要衡量标准。

在服务内容上，IDC 服务商应在不断完善基础服务的同时，不断拓展可管理服务业务，针对不同的用户需求，提供多样的服务产品。在服务支持上，IDC 服务商须实行集中管理与分布维护相结合的网管策略，从 IDC 自身、用户、数据传输等方面保证网络安全，凭借先进的技术和成熟的团队最大限度地保证为客户提供高质量的服务。在服务运转上，基于目前所开展的业务，IDC 服务商应对构成业务的所有元素以及整个业务流程进行全面的管理。在服务控制上，针对服务水平协议(SLA)所规定的要素，IDC 服务商须进行全面的应用管理。健全的服务体系是 IDC 服务商拓展和维系用户的法宝，是 IDC 发展的必由之路。

4.6.7 中国 IDC 的发展趋势、发展规划及建议

IDC 是互联网产业分工细化的结果，是互联网产业发展到一定规模后的必然产物。同其他互联网发达国家或地区相比，中国的互联网产业才刚刚兴起，从全球互联网的发展趋势来看，国家信息基础设施（NII）“信息高速公路”是目前发达国家互联网产业发展的必然趋势。鉴于国内互联网产业的这种发展趋势，IDC 作为产业链的一环，将不会“人间蒸发”，但将受到诸多因素的共同干预。

首先，是国民经济发展的影响。20 余年的改革开放使中国的综合国力有了显著提高，国际地位日趋显赫。在世界主要经济体普遍疲软的不利因素影响下，2002 年中国的国内生产总值仍然以 8%保持了较高的增长水平。中国的国民经济发展成就着实令世界瞩目。伴随中国加入世界贸易组织（WTO）、北京成功获得 2008 年夏季奥运会的主办权等实质性利好因素的推动，以及国内经济体制和政治体制改革的进一步深化，未来几年中国的国民经济发展趋势理应是平稳增长的。这种趋势就给国内 IDC 市场的发展创造了良好的外部“光照”环境。

其次，为贯彻落实中共中央十五届五中全会精神，实现国民经济和社会发展的战略

目标，特别是实现“以信息化带动工业化，发挥后发优势，实现社会生产力的跨越式发展”的战略目标，中国政府将制定一系列推进国家信息技术和信息产业发展的政策和措施。如抓好重点数据库的建设和管理，强化信息资源的开发和利用；开展多种形式和多种层次的培训工作，全面提高人们的信息化意识和应用信息技术的技能；加速发展有特色的信息技术、信息产业和信息服务业，提高信息化装备、系统集成和服务能力等。这些政策和措施的实施必将有力地促进信息资源的共享，全面推进信息技术在各行各业的应用，加速传统产业结构和素质的提升。另外，国家已经明确了“应用主导、面向市场、资源共享、竞争开放”的发展路径，中央政府将在工业、农业、城市、社会保障、文化、金融、保险、教育等各个领域全面推进信息化进程。与此同时，相当多的企业已经把制定和执行企业信息化战略作为最重要的发展战略加以跟进。这种上至政府对国家信息产业政策的倾斜，下至企业对企业信息化战略的侧重；上下相互协调、互为促进的良好协作关系又为国内 IDC 市场的健康发展提供了“空气”和“土壤”。

第三，伴随中国电信的拆分和重组，中国电信市场的竞争格局已经基本成形。截至 2002 年底，中国局用交换机总容量已经达到 2.84 亿门；固定电话用户达到 2.14 亿户（其中城市电话用户 1.36 亿户，乡村电话用户 0.78 亿户），全国电话主线普及率达 16.8%。移动电话用户达到 2.06 亿户，移动电话普及率达 16.19%，已成为全球移动电话用户规模最大的国家。互联网用户约 5910 万户；联网计算机约 2083 万台；CN 下注册的域名数约 18 万个；WWW 站点数（包括：.CN、.COM、.NET、.ORG 下的网站）约 37.2 万个。未来几年，中国电信、中国联通、中国网通、中国移动以及中国铁通、中国广播卫星通信等电信运营商将会在电信各领域展开全方位的竞争。竞争将带来租线资费的下调、服务质量的提高等有利于互联网产业发展的实质性利好。另外，几大互联网运营商的国际出口带宽、骨干网带宽的不断扩容；宽带城域网的建设及用户接入网的宽带化趋势等又都会推动互联网产业的高速发展。

伴随“政府上网”、“企业上网”工程的深入开展，网络系统对访问速度的高要求会带来对广域网带宽的高要求；国内电子商务的普遍开展对网络系统的稳定性要求会越来越严格；网络系统的快速发展又将迫使网络环境能够方便扩展；另外，受网络系统的日趋复杂、网络管理难度的日趋加大、网络维护所需人力成本的不断增加等诸多因素的共同影响，以资源外包的网络服务方式将越来越会受到企业重视。这些可预见的发展趋势都将给国内 IDC 市场的快速发展提供充足的“水分”。

第四，IDC 运营企业在市场上的“摸爬滚打”和经营理念的逐步明确促使 IDC 的经营向区域化、专业化、服务型转变。IDC 运营企业会更趋务实，朝着更贴近用户实际需求的业务领域延伸、扩展 IDC 的服务范围。这种趋势势必促成国内 IDC 市场获得良好的“种子”。

综上所述，有了良好的“种子”，提供了肥沃的“土壤”、丰足的“水分”、清新的“空气”和充足的“光照”，未来几年国内 IDC 市场的发展前景可谓是无限光明。然而不可否认的是，尽管这一市场前景无限光明，但发展中也还面临着不少的阻碍。

其一，众所周知，中国的电子商务发展水平总体上还处于初级阶段，仅为美国的 0.23%，尤其是企业的信息化程度较低，企业对于互联网的应用也还没有达到很高的程度。另外，从中国企业应用 ERP 的统计上也可见一斑。中国特大型、大型工业骨干企业有 5000

多家，年营业收入5000万元人民币以上的企业有30多万个，目前已经实施或准备实施ERP的特大型、大型骨干企业约1000家，中小型企业约3000家。尽管在机械、冶金、制药、制衣、电子、石油、化工、烟草、出版、商贸等行业都有少量企业应用了ERP，但成行业的大面积推广应用还很少。在银行、证券、能源、交通等重要行业的ERP应用也才刚刚开始。

其二，政策和电信资源并没有达到真正的开放程度。IDC运营的网络基础平台还存在着互联互通的效率问题。

其三，由于建设IDC的投资很大，动辄数千万的前期投入，能否取得预计的收益，具体到某个企业而言，前景实在是不很乐观。价格与规模之间存在矛盾，作为先期投入的IDC机房的大量投资，都将最终由商业用户进行承担，不可避免地将使服务价格提高，这在一定程度上减小了对中小企业的吸引力。

其四，随着中国企业信息化进程的加快，IDC的业务对象向多样化发展已成必然，但不容乐观的事实却表明，理应成为IDC业务最主要的消费群体之一的国内传统企业，包括中小企业所占的市场份额依然有限。这些企业信息化应用程度低，网络的作用仅限于宣传企业形象、收发电子邮件。如何让这些企业认识IDC，是IDC运营企业需要启蒙教育用户的一大课题。

综合上述正反因素的分析，尽管目前国内IDC市场还处于低迷时期，在未来几年的发展中也不会一路坦途，但是由于有中国政府在政策上对信息产业的扶持；有国民经济的平稳发展做保障；有电子政务、电子商务、企业信息化的逐步深化；有IDC运营企业经营策略的逐步明确；有市场需求的巨大潜力可供挖掘；等等有力因素的推动与促进，IDC作为一个基础平台，最终将成为一种像网页浏览器一样的基础工具。

（信息产业部电信研究院　翟海生）

4.7　互联网上网服务营业场所发展状况

2002年注定是中国网吧行业的涅盘之年。北京蓝极速网吧发生特大纵火案以后，国家有关行政部门开展了大规模的专项治理行动。在加强管理的同时，刚担负起网吧主管职能的文化部，开始在产业规范方面酝酿新的突破，一场涉及全国网吧上千亿元市场规模的洗牌运动正在悄然实施。

一、不断改进管理方式，加强管理力度，促进行业健康发展

根据有关资料，1994年英国伦敦出现了一家名为Cyberia的既出售咖啡又提供互联网上网服务的咖啡屋，这就是世界上第一家网络咖啡屋（Internet Cafe）。1996年，实华开公司在北京首都体育馆南门对面开设了中国第一家互联网上网服务营业场所，也就是俗称的网吧。随着信息技术和互联网络的迅猛发展，近年来互联网上网服务营业场所迅速从大都市普及到了中小城市甚至乡镇，为推进中国信息化进程发挥了重要作用。但是经常通过各类网吧上网的网民，许多是以中小学生为主体的未成年人。加上管理工作不配套，网吧等互联网信息服务营业场所过多过滥，经营秩序比较混乱，色情、赌博、暴力、愚昧迷信等等违法内容充斥其间；一些未成年人沉溺其中，不仅耽误了学业，损

害了未成年人身心健康，而且导致一些青少年厌学、逃学、辍学，甚至走上违法犯罪道路，诱发了许多社会问题，引起了家长、老师以及社会各界的强烈不满，很快成为社会各界普遍关注的热点问题。

2001 年 4 月 3 日，《国务院办公厅关于进一步加强互联网上网服务营业场所管理的通知》转发了信息产业部、公安部、文化部、原国家工商行政管理局《互联网上网服务营业场所管理办法》，明确规定“国务院信息产业主管部门和省、自治区、直辖市电信管理机构负责，并有责任组织协调和督促检查同级有关部门，在各自职责范围内，依照本办法规定，负责互联网上网服务营业场所的监督管理工作。”“文化部门负责对互联网上网服务营业场所中含有色情、赌博、暴力、愚昧迷信等不健康电脑游戏的查处。”信息产业部等部局随即召开了“加强互联网上网服务营业场所管理电视电话会议”，组织进行了为期 3 个月的专项治理行动，并取得了阶段性的显著成效，在建立健全网吧各项管理制度，改善管理方式，整顿规范网吧市场经营等方面都探索和积累了许多有益的经验。

2002 年 3 月中央办公厅、国务院办公厅根据网吧管理的实际需要，重新确定“文化部负责对利用互联网经营艺术品、音像制品、网络游戏、演出活动和‘网吧’等互联网上网服务营业场所的日常监督，并实行许可证管理”，明确了文化部对于网吧等互联网上网服务营业场所和互联网文化的主管职能。2002 年 5 月，文化部发布《关于加强网络文化市场管理的通知》，对不同城市或地区网吧的规模和面积等具体事项作出明确规定。同年 6 月 16 日，北京蓝极速网吧发生特大故意纵火案，致死 25 人、伤 12 人。这一事件成为国家全面强化网吧管理的导火线，6 月 29 日，经国务院同意，文化部、公安部、信息产业部、国家工商行政管理总局联合下发了《关于开展网吧等互联网上网服务营业场所专项治理的通知》，决定立即在全国开展对网吧等互联网上网服务营业场所的专项治理工作。9 月 29 日，国务院公布《互联网上网服务营业场所管理条例》（以下简称《条例》），文化部于 2002 年 10 月 11 日印发了《关于贯彻〈互联网上网服务营业场所管理条例〉的通知》，决定将专项治理延期至 2002 年 12 月 31 日，规定对合法经营网吧的个体工商户，符合标准的允许其转制成为个人独资企业、合伙企业等企业的组织形式。

据不完全统计，专项治理行动以前，全国共有网吧等互联网上网服务营业场所 20 万家左右，其中证照齐全的 9 万多家，证照不全和无照经营的近 11 万家。经过半年左右的专项治理，扭转了全国网吧等互联网上网服务营业场所过多过滥、管理失控的状况，违规经营的势头基本得到遏制，未成年人进入的现象基本得到制止，黑网吧基本得到清除。全国网吧等互联网上网服务营业场所总量压减到 11 万家左右，压减率达到 45%，总体状况明显改观。网吧等互联网上网服务营业场所专项治理工作又取得了阶段性成果。

通过专项治理，网吧等互联网上网服务营业场所经营秩序得到好转，但大中城市城郊结合部和中小城镇的网吧违规现象仍不容忽视。为确保互联网上网服务营业场所管理工作稳步有序进行，各级主管部门将坚持贯彻执行《互联网上网服务营业场所管理条例》，从严审批、从严管理、从严控制总量、从严打击违法经营的原则，加强对网吧等互联网上网服务营业场所的宏观调控和行政执法力度，强化技术监管，探索实施长效管理机制，规范经营行为，改善行业形象。

（一）扩大城市网吧治理成果，加大农村网吧管理力度文化、公安、工商等部门建立健全情况通报和联合行动机制，分工负责，密切协作，特别是深入城市郊区和农村乡镇，加强日常巡查，对于问题多发的重点地区和重点时段，将加强排查。文化部门加强准入资格审批，严格控制网吧的总量，防止散滥小差网吧蔓延；加强对中小学校园周围网吧以及大专院校内部和周边地区网吧的管理，加强检查监督，严肃查处接纳未成年人上网和超时营业的网吧。公安机关加强对网站内容及场所安全防护措施的监督管理。工商行政部门会同公安机关坚决清查和取缔黑网吧。信息产业管理部门从技术上积极支持和配合文化、公安和工商等部门管好网吧。在加强各部门之间的分工协作的同时，实现行业主管部门与区县、街道、社区、乡镇等管理机构在职能管理上的有机结合，使街道、社区、乡镇等基层组织得到普遍发动，条块互动，共同参与，努力解决好城乡非法网吧和网吧非法经营问题。

（二）建立依靠技术手段管理网吧的管理体系。

按照《条例》规定，文化部门坚持“全国统一一个标准，全省统一一个软件”，在2003年内尽快建设中央、省、地、县四级监控平台，形成全国网吧等互联网上网服务营业场所计算机监控体系，提高管理工作的科技含量和管理效能。这一工程的建设既是文化行政部门电子政务建设的一个重要项目，同时也为网络文化市场、现实文化市场乃至整个文化系统的电子政务工作搭建了一个运作平台。在此基础上，努力推进网络文化市场以及整个文化市场信息监督管理系统的建设，力争在2005年前，形成统一、高效、便捷的全国文化市场信息监督管理平台。

（三）积极进行正面引导，建设网上道德文明。

联合教育部门加强对未成年人不得进入互联网上网服务营业场所的宣传教育和管理力度，加强对大学生网络道德规范的教育引导和管理，鼓励学校老师和学生举报黑网吧、中小学校园周围200m范围内的网吧以及合法网吧的违法经营行为。支持各地经营业主加强自我管理和监督，成立行业协会组织，自觉接受政府有关部门依法实施的监督管理，为上网消费者提供良好的服务。充分利用新闻媒体切实做好舆论宣传、监督和引导工作，邀请社会各界关心未成年人健康成长的人士广泛参与，建立群防群管机制。

积极倡导未成年人在学校、图书馆等单位内部附设的非营业性互联网上网服务场所上网，充分发掘和利用学校、图书馆等公益性互联网上网服务资源，向中小学生、社区群众和特定群体开放，组织开展上网培训，拓展青少年教育空间，树立良好社会形象，满足群众多层次、多样化的文化需求，积极组织开展文明、健康的上网活动。

二、实施数字文化工程，推广连锁主题网吧

随着网民数量增长的速度，作为公共上网服务场所的网吧在整个IT产业链中扮演的角色越来越重要。网吧等互联网上网服务营业场所既是国民经济发展的一个新兴产业，又是精神文明建设的一个窗口行业。

（一）对于IT产业的带动效应

在2002年7月全国网吧等互联网上网服务营业场所专项治理工作开始之前，据不完全统计，全国共有各类网吧20万家左右，按每家从业人员平均5名计算，该行业从业人员约100万左右；按每家网吧平均拥有电脑30台计算，该产业共拥有600万台电脑以上；按每台电脑及其配套设备平均5000元计算，则该产业仅计算机及其配套硬件设备的资产就达300亿元以上；如果再加上租房、餐饮、电信、ICP、ISP等直接相关行业的资产，整个网吧产业规模可能超过1000亿元。虽然经过大规模的专项治理，国内的网吧数量仍然在10万家以上。但从最基本的电脑配备上来看，绝大多数网吧都还是DIY和攒机，配备品牌电脑的网吧凤毛麟角，于是网吧成为家庭市场和商务及办公市场之外潜力巨大的品牌电脑市场。

与此同时，软件供应商也开始瓜分网吧软件应用市场。2002年岁末，微软与泰国网吧行业的联手引起很多人的关注。在与泰国网吧行业合作的过程中。微软的收费只能说是微不足道的象征性标准，这样做无疑既鼓励业主合法地使用该公司的软件，又为将来争夺网吧市场取得先机。网吧业主缺乏知识产权和软件许可意识的现状正在被不断纠正，对操作系统和应用软件的收费行为逐步认可，至于网吧安全软件的需求则已成了业主们的投资习惯。网吧已是信息内容安全市场的最大客户，虽然网吧使用的信息安全软件还是互联网访问控制和管理技术的低级版本，但已有商家开始将触角伸向由此引发的更广阔的应用范围。

（二）对于网络内容产业的带动效应

包括文化产品在内的内容产品本质上属于虚拟产品、信息产品，天生适合信息网络传输。内容产品的网上流通属于最为纯粹的电子商务，可以完全摆脱物流配送系统的一切费用，而以信息配送系统取代。网络如路，内容如车。当代信息革命正从网络为王时代向内容为王时代转型，当网络泡沫散去，内容经济将是网络经济的希望。仅以网络游戏产业为例，根据IDC调查，国内网络游戏市场从2001年的3.1亿元飞升至9.1亿元，超过同年国内电影市场票房总收入，进入了爆发式成长阶段。近年来，从单机版到联网版的电脑游戏在网吧里走向辉煌。

虽然中国网吧等互联网上网服务营业场所已经成为拥有千亿资产的新兴产业，但是散、滥、小、差现象比较普遍，产业层次不高；经营不够规范。所以，一方面要继续坚持从严管理的原则，加强对网吧等的宏观调控和行政执法力度，探索长效管理机制；另一方面要加强对现有网吧的正面引导和改造提高，通过整顿规范促进结构调整，通过资源重组促进市场整合，调整产业结构，提升产业层次。2002年，文化部决定在全国范围内实施数字文化工程，发展连锁主题网吧，努力通过促进和规范互联网上网服务营业场所连锁经营，让规模化、连锁化、主题化、品牌化的网吧等互联网上网服务营业场所逐步占据市场主流，力争在2005年以前，在每个省、自治区、直辖市内培育和扶持2～3家信誉好、实力强、经营规范、有市场竞争力的互联网上网服务营业场所连锁经营企业。

互联网上网服务营业场所连锁经营是一种特殊的连锁经营形式，它是指若干互联网上网服务营业场所在连锁经营企业总部的统一管理下，严格按照连锁经营的组织规范，统一经营方针、统一服务规范、统一形象标识、统一营业场所风格，并且统一上网首页和统一计算机远程管理的经营组织形式，主要包括直营连锁和特许（或称加盟）连锁两种组织形式。其中直营连锁门店连锁经营企业的控股比例不得低于51%。不符合上述要求的，不得以连锁名义从事连锁经营活动。

根据文化部有关规定，文化部负责全国性和跨省、自治区、直辖市连锁经营的互联网上网服务营业场所连锁经营企业的审批，省、自治区、直辖市文化行政部门负责审批在本行政辖区内从事连锁经营的互联网上网服务营业场所连锁经营企业的审批，并报文化部备案。各地文化行政部门要在严格控制总量的前提下优先审批互联网上网服务营业场所连锁经营企业的直营连锁门店，从严审批新设立的特许连锁门店，积极支持互联网上网服务营业场所连锁经营企业吸纳原有的独立经营的网吧等互联网上网服务营业场所成为特许连锁门店。鼓励互联网上网服务营业场所连锁经营企业在商业自愿的原则下收购、兼并、联合、重组、参股、控股现有的互联网上网服务营业场所经营单位，整合现有小散乱差的网吧等互联网上网服务营业场所。坚决反对地方保护主义，鼓励有条件的连锁经营企业，利用成熟的经营管理技术和市场拓展经验，进入中西部及其他欠发达地区。2003 年以内各地文化行政部门要在城市和有条件的农村地区尽快停止审批非连锁经营的互联网上网服务营业场所。

文化部有关规定要求，申请设立互联网上网服务营业场所连锁经营企业必须符合《互联网上网服务营业场所管理条例》和国家有关规定，在一个省（自治区、直辖市）内从事连锁经营的，注册资本（金）或出资不得少于 1000 万元；从事全国性和跨省（自治区、直辖市）连锁经营的，注册资本（金）或出资不得少于 5000 万元；其中直营连锁门店不得少于连锁门店总量的 10%；从事特许经营活动应当依法签定特许经营合同；同时必须要有与其连锁经营活动相适应并符合连锁经营规范的经营管理体系和向各连锁门店提供长期经营指导的能力，要有统一的上网首页和对各连锁门店统一实施的计算机远程管理系统；这就要求必须要有作为统一上网首页的合作网站或者自建网站。互联网上网服务营业场所连锁经营企业在各地设立连锁门店必须取得当地文化行政部门的书面同意，并按照《互联网上网服务营业场所管理条例》的有关规定单独办理《网络文化经营许可证》以及有关手续。已经依法办理《网络文化经营许可证》以及有关手续的连锁门店应当按照《互联网上网服务营业场所管理条例》的有关规定办理变更手续。

数字文化工程主要分为两个阶段，第一阶段为公益试点阶段，自《条例》生效后启动，主要是依托各地文化馆、站，青少年宫，博物馆，科技馆等各行业公共场所，采取政府支持、社会参与、市场运作的方式，分别建立全国互联网上网服务营业场所连锁院线，为社会各界提供健康有益的上网场所。通过这种方式，让这些公益性网吧向社区和农村辐射，努力建设数字文化社区和数字文化乡村，进而建设全国文化信息普遍服务体系，为普及数字文化、消除数字鸿沟作出应有的贡献。比如，虽然我国教育部门组织实施的校校通工程已经实施，但到 2003 只有 26000 家中小学能够为学生提供上网机会，占整个中小学总量的 4%，其余 96%的中小学还不能为学生提供上网机会。鼓励依托社会公益场所建立的网吧能够与这些中小学签定战略合作协议，把网吧变成学校的第二课堂，通过教师组织的形式带领学生免费学习电脑及网络知识。同时还可以与再就业培训机构达成战略合作关系，把网吧作为部分再就业培训教室。对于老年人、残疾人等弱势群体，也可以通过有组织的形式为他们提供学习和上网的机会。

待试点取得初步成功后，进入第二阶段，即推广阶段，鼓励通过收购、兼并、加盟等多种方式，整合分散经营的网吧等互联网上网服务营业场所，并通过市场竞争淘汰大批商业网吧，把绝大多数网吧纳入各个连锁主题网吧的院线体系中来。通过建设连锁主题网吧的院线体系，可以为中国数字文化产业的发展搭建一个广阔的运营平台，繁荣网络文化，发展内容产业。开发和整合网络文化资源，培育和扶植网络文化超市，促进中国网络文化市场和信息文化产业持续、快速、健康发展。

经营上连锁化，内容上主题化，是连锁主题网吧的最大特点。已经或者即将启动的主要有以下几条院线：（1）数字文化家园。以积极传播先进文化、促进数字视听馆建设为主题，以各级社会公益场所为依托，建设全国联网经营和管理的连锁体系。（2）中青网络家园。以倡导青年网络文明、促进数字青年宫建设为主题，以各级青少年宫等为依托，建设全国联网经营和管理的连锁体系。（3）中图网络家园。以积极传播先进文化、促进数字图书馆建设为主题，以各级图书馆等为依托，建设全国联网经营和管理的连锁体系。（4）博文网络家园。以传播优秀传统文化、促进数字博物馆建设为主题，以各级博物馆等为依托，建设全国联网经营和管理的连锁体系。将来还可能有促进数字文化馆、数字科技馆、数字体育馆为主题的全国网吧连锁院线问世。

通过连锁经营企业的整体运作，可以把连锁主题网吧改造成为互联网服务进入家庭、走向社会的最后的一个节点，扩展成为互联网服务功能最为完备的一个汇合点，把绝大多数依靠联网运行的增值服务网点的功能整合进入连锁主题网吧的服务体系之中，通过合并同类项，增加赢利点，对网吧进行全面的功能改造和层次升级。第一，可把连锁主题网吧打造成为集文化服务和休闲娱乐为一体的数字文化家园，不仅提供简单原始的上网服务，而且使之兼备连锁数字录像厅、连锁数字影院、连锁数字游戏厅、连锁数字音乐厅、连锁数字大剧院等各项文化服务功能，同时把连锁音像店、连锁书报厅等文化流通网点的功能纳入进来，通过信息配送系统，积极开展文化产品的纯粹电子商务。由于要求连锁主题网吧必须统一上网首页，因此连锁经营企业作为统一的上网首页选用的网站也就具有稳定的高点击率和巨大的商业开发价值。第二，依托连锁主题网吧体系，重构和再造票务系统。比如可以把各类票务网点加以整合，纳入连锁网吧体系的增值服务项目之中，这样每个网吧就不再是单纯的上网服务场所，而且成为电脑联网售票的运输票务网点（飞机票、火车票、汽车票等各类运输客票）、影剧票务网点（演出票、电影票）、彩票票务网点（福利彩票、体育彩票）等各类票务网点。第三，可以增加部分电信业务，把电话亭的功能纳入进来，开展网络电话等增值服务项目，使之成为电信服务网点。这样连锁经营企业实际上也就成为一个另类的网络运营商。第三，可以积极拓展网络金融、网络教育等业务，取得相应授权以后，使之成为银行服务网点、保险服务网点、证券服务网点、教育服务网点以及各类互联网社会服务网点。第四，可以积极开展电子商务活动，使之成为电子商务的分销点和支撑点。特别是在互联网收费体系和信用体系还不健全的情况下，电子商务还仅局限于一些小件产品。如果把连锁主题网吧改造成为电子商务的连锁零售网点和售后服务支点，将有可能大幅度提高用户的消费信心和信赖程度，使大件产品的网上零售活动成为现实，从而推进中国电子商务体系的发展。

促进和规范互联网上网服务营业场所连锁经营，是加强对网吧等互联网上网服务营业场所管理，规范互联网上网服务经营活动，提升产业层次，改善行业形象的重要措施。连锁主题网吧的壮大与发展不仅可以为中国信息服务产业和数字文化产业搭建一个广阔的发展平台，而且也可以为建设全国文化信息普遍服务体系，普及数字文化、消除数字鸿沟作出应有的贡献。

（文化部文化市场司　柳士发）

第5章　互联网网络设备和产品发展状况

5.1　网络设备的生产能力及技术水平状况

5.1.1　综述

2002年，互联网经济的持续不景气，全球电信行业状态低迷，国际网络设备市场继续呈现疲软的状况。然而在中国，政府一直积极推动信息技术的广泛应用，提倡通过信息化带动工业化，用信息技术改造传统工业，大力支持信息产品和服务的发展，这为互联网产业在中国的发展提供了广阔的市场空间。因此，网络设备整体市场依旧平稳上升，保持了连续快速增长的态势。1997～2002 年中国网络设备市场销量年度发展情况如图5.1所示。

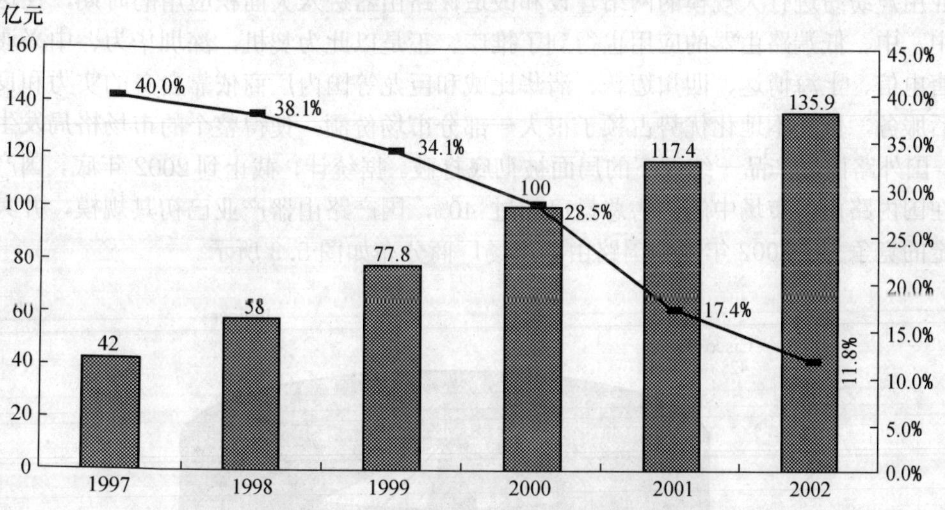

图5.1　1997～2002年中国网络设备市场销量年度发展情况

数据来源：CCID

5.1.2　路由器市场

一、市场概况

路由器在中国的应用始于20世纪80年代，最初多应用于金融行业，市场需求很小。

此后随着中国信息化建设的快速发展，路由器市场规模也开始高速增长。到2002年，随着社会信息化、电子政务、社区信息化、企业信息化等基本网络建设的快速发展，再加上数据业务的剧增和多业务应用的增加，路由器市场更呈现出一片繁荣景象。1997～2002年路由器市场销量年度发展情况如图5.2所示。

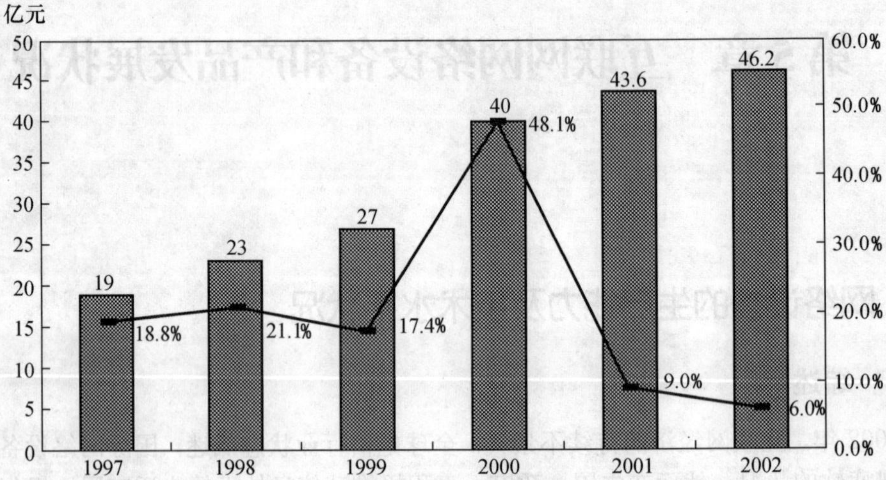

图5.2　1997～2002年路由器市场销量年度发展情况

数据来源：CCID

在过去的很长的一段时间内，国内的路由器市场主要被国外产品所垄断。1999年，行业用户纷纷进行大规模的网络建设和改造，路由器进入大面积应用的时期，在这一过程中，中、低端路由器的应用也得到了推广。正是以此为契机，深圳华为、中兴通讯、大唐电信、上海博达、四川迈普、清华比威和巨龙等国内厂商依靠自身的实力和良好的售后服务，依托本地化优势占领了很大一部分市场份额，使得整个的市场格局发生了变化。国外路由器产品一统天下的局面被彻底打破。据统计，截止到2002年底，国产路由器在国内路由器市场中的销售总量已超过40%，国产路由器产业已初具规模，并具备了一定的竞争力。2002年度中国路由器市场厂商分布如图5.3所示。

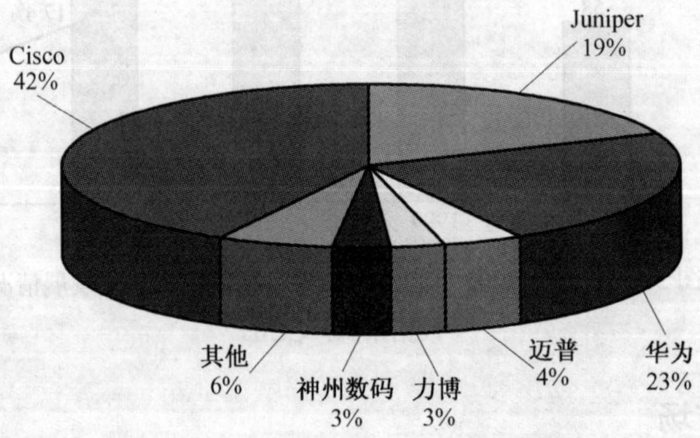

图5.3　2002年度中国路由器市场厂商分布图

数据来源：CCID

根据性能和价格，路由器一般可分为高端、中端和低端三类。高端路由器又称为核心路由器，每秒信息吞吐量在100亿比特以上，而低、中端路由器每秒的信息吞吐量一般在几千万至几十亿比特之间，纵观中国2002年度的路由器市场发展，竞争也正是围绕着高端和中低端两个市场进行的。

二、2002年高端路由器产品特点及市场分析

在1999年，中国高端国产路由器产品与国外同类产品的技术差距还有7～8年的时间，但现在，以华为、中兴通讯为首的国内通信设备制造商凭借自身雄厚的研发实力或联合国内科研院校的力量，经过艰苦的努力，推出了国产高端路由器，如中兴公司ZXR10T64E/128、华为公司Quidway NetEngine NE80等国产高端路由器。这些路由器的成功开发与商用，标志着国内高端路由器技术也已经达到了国际水平。以华为的高端路由器为例，其中只有CPU、接口等芯片是采用标准、成熟的外购芯片，其他无论从机架机箱、结构、电源、风扇和背板等方面，还是从单板、接口模块、电路、ASIC芯片等全部是华为自己开发的。并且形成核心层、汇聚层和接入层的全系列产品，可以满足从骨干网络、城域网、校园及企业网络的应用需求，同时可以提供组网应用的一揽子解决方案。2002年，华为成功承建了多个运营商国家骨干网和省骨干网，并为政府、金融、教育、电力等行业提供全方位的解决方案，成为各行业数据网络设备的主导供应商，销售增幅达300%；在海外市场，华为的路由器大规模进入巴西、墨西哥、德国、英国、泰国、俄罗斯等四十几个国家和地区，销售收入获400%增长，成为全球主流数据设备提供商。数据显示，截至2002年12月31日，国内Quidway NetEngine系列高端路由器产品网上运行2100余台，综合市场占有率25%，单一厂商市场份额仅次于Cisco；高端路由器市场份额达到9.7%，仅次于Cisco和Juniper。高端路由器市场中形成Cisco、华为及Juiper三家竞争的局面；累积销售路由器15万余台（市场占有率35%）；华为Quidway A8010/R3600/2600/1700系列VoIP网关设备在运营商IP电话市场和企业内部VoIP市场综合占有率达到35%。

国产高端路由器的技术优势如下。

1. 根据网络市场的细分情况，推出全系列电信级高端路由器产品，来满足不同的网络应用需求。例如，应用市场可以分成主流系统、基本系统和面向未来网络业务发展的、保证客户投资的大型系统等多个层面。

2. 采用先进的模块化结构和统一的系统软件平台。在系统结构确定以后，所有功能模块根据产品的系列划分，进行功能定位和定制，而一般接口模块则在全系列内都通用。

3. 有关技术指标，无论在交换容量、端口速率、端口密度及包转发能力等方面都有不俗的表现，已达到国际先进水平。这主要得益于先进的体系结构、自行开发的专用集成电路（ASIC）芯片和高效的算法等。

4. 电信级的高可靠性。高端路由器的所有关键部件，包括电源、时钟、路由协议处理、交换和控制等功能，都做到1+1备份，无单点故障；同时支持SDH APS/MSP技术，实现链路级或接口保护，保证网络的高可靠性和网络业务的连续提供能力。

5. 高端路由器系统一般都具有极好的服务质量、保证措施以及流量工程措施，支持网络运营商开发有竞争力的网络业务，使网络运行更稳定。例如，在相关网络设备的统一支持下，可以很好地开展IP电话业务，开展有服务质量保证的VPN（虚拟专用网）业

务，以及进一步开展基于IP电话业务，使网络用户可以和远在他乡、甚至身在异国的亲朋好友进行“闻其声，见其人”的交流。

6. 国产高端路由器系统具有完善的安全机制，包括包过滤、认证鉴权及用户的权限级别设置等。并具有完善的环境监测手段，包括过压、过热及烟雾等；所有电路板都可以热插拔，便于维护和运行；具有便利的操作维护界面和功能。

7. 已经得到有关方面的测试和应用，以中兴通讯为例，中兴电信级高端路由器产品ZXR10-TSR已经顺利通过中国电信的严格测试，各项功能指标、各种功能特性以及各种业务特性等均有不俗表现，且已经在北京“中国高速信息示范网”以及江苏无锡等地运行。

根据网络业务需求和网络建设的实际情况，国产设备在骨干网络、城域网和专网等领域具有广阔的市场空间。

三、2002年中、低端路由器产品特点及市场分析

近两年以来，随着技术的进步和市场的成熟，中、低端路由器产品已不再神秘，在当前的中、低端路由器市场中，除了Cisco、华为以外，我们还可以看到一串长长的名单：港湾网络、迈普通信、神州数码、清华比威、实达网络、上海博达和成电先锋等，国内中、低端路由器市场已经形成了多品牌并举的局面。从1999年开始，教育信息化、企业上网工程等网络建设使得路由器在中国开始得到大规模应用；到2002年，中、低端路由器市场更是一片繁荣景象。在产品性能方面，路由器产品已被赋予更多的内涵，模块化、具有安全功能、多业务交换、可管理和支持语音等特性已经成为中、低端路由器产品的基本功能。

随着中、低端路由器市场不断成长与成熟，国产路由器产品与Cisco等国外产品相比，无论是在产品功能的模块化，还是在核心芯片以及IOS软件等技术性能方面的差距已日益缩小。目前，深圳华为、迈普通信、神州数码、清华比威、实达网络、港湾网络等公司的中、低端路由器产品能完全支持Cisco中、低端路由器产品所支持的功能，在某些方面甚至要优于国外产品。另外，国产品牌在力求与Cisco产品兼容的同时，纷纷寻找自己的突破口。贴近用户需求，产品反应迅速是国内厂商得天独厚的优势。华为、迈普通信、神州数码、清华比威、实达网络、港湾网络、上海博达和成电先锋等厂商针对国内大多采用以太网接入方式，先于国外厂商在中、低端路由器产品上推出了固定配置多个以太网端口的产品就是典型的例子。其中，华为公司以其路由器产品线丰富齐全、产品功能强大、高可靠性和丰富的网络解决方案，并且首家在路由器中集成POS接入模块，其路由器产品市场占有率正逐步攀升，不仅在国产品牌中傲视群雄，更成为国外公司不可忽视的竞争对手。华为产品已经销售到三十多个国家和地区，成为全球IP解决方案最完善和覆盖范围最广的主导厂商之一。

个性化的解决方案的行业市场一直都是路由器最重要的市场。目前，中、低端路由器产品的主要用户仍然是大规模进行行业基础设施建设的电信、金融、交通、能源、政府和教育等行业用户。其中电信行业和金融行业是中、低端路由器市场中最大的两个行业市场。随着政府上网工程的推进，“校校通”工程的实施，政府和教育行业成为近来网络产品需求中新的亮点。随着电子政务成为今后建设中的重点，政府对网络产品的采购量将逐渐放大。在教育行业，今后三年教育信息化的投资将达180亿元，校园网的建设

和网络教育的兴起使教育行业成为许多国内路由器厂商重点拓展的行业。

四、路由器市场趋势

（一）价格战难免

从 2002 年国内路由器市场发展总体态势可以看出，主流厂商纷纷下调价格。另外，随着路由器技术的日渐成熟和普及，技术门槛在降低，产品同质化现象日趋严重，价格战将会在一定程度上存在。尤其是在中低端市场上，由于国产品牌的路由器之间的本土优势差距不大，成本和价格将在竞争中起到主导作用，所以难免会有价格战。

（二）用户要求定制化服务

要想在未来的竞争中赢得客户，网络厂商需要深入了解客户的需求，并在此基础上为用户定制出产品。以前，国内用户的网络应用水平比较低，对网络设备的认识也限于功能与价格方面的简单比较，从而出现过片面追求功能强大或单纯比价格的现象。而现在，随着用户认识水平的提高，国内网络用户认识到自身的业务系统有特殊性，要求网络供应商提供适应自身业务发展需求的产品，即要求个性化的产品，而不是千篇一律的同质化产品。因此，定制化是不同用户因其业务特点所提出的必然要求，也是网络供应商实现规模经营的必由之路。定制化是网络厂商必须面对和解决的问题，是实现持续发展的基本条件。

（三）安全性能至关重要

随着路由器技术发展，安全可靠的语音、数据、视频综合业务网络必将成为路由器的技术发展趋势。现在许多用户对路由器的认识和要求，已经不仅停留在广域网连接、路由等功能上，而是要求路由器能够提供足够的安全性，比如提供 VPN、AAA 认证、防火墙、NAT 和 VLAN 等保障安全的功能。另外，用户要求网络稳定可靠，这可以通过双机备份、链路备份和路由备份来实现。还有语音技术，主要如 VoIP 技术、视频技术等，以及支持组播和组播路由协议的业务要求和传统业务进行区分，这些都要求网络给予安全的服务保障。路由器作为网络传输中的枢纽，网络安全问题至关重要，尤其是在政府等安全敏感性行业，安全更是头等大事。此外，边缘应用需求的不断增长也逐步推动了路由器的智能边缘化发展趋势，这对网络的安全同样提出了严格要求。

（四）从单纯提供路由器设备到提供解决方案

目前路由器设备随着各地信息化的进一步深入，信息化建设已经由购买投入转向积累应用、由网络搭建转入网络管理。因此对于网络设备提供商来说，有行业针对性、实用、适宜的解决方案已经成为一种趋势。具体地说，也就是用户对网络产品的“可运营、可管理”的要求越来越高。针对这一趋势，有些厂商尝试在硬件产品上提供可管理的设计，还推出了相应的网管软件和路由器产品相整合，从而可以为用户提供更加个性化的应用解决方案。

5.1.3　交换机市场

一、市场概况

以太网交换机对于大中型企业的网络来说是必不可少的设备，它在网络建设中具有非常重要的作用，可以增加网络容量，提高网络速度。随着中国各行业、各领域的大中型企业信息化进程的展开以及以太网在技术上的成熟和在实际应用中的优势，以太网交换机的作用也越来越大。

在中国，随着信息网络的进一步建设，以太网交换机市场也与其他类别的市场一样，处于激烈的竞争中。金融、政府和教育等大型行业信息化工程的开展、企业上网工程的推进、宽带城域网建设力度加大等因素，促进了交换机市场快速增长。数据显示，2002年以太网交换机市场规模已经达到62.8亿元如图4所示。

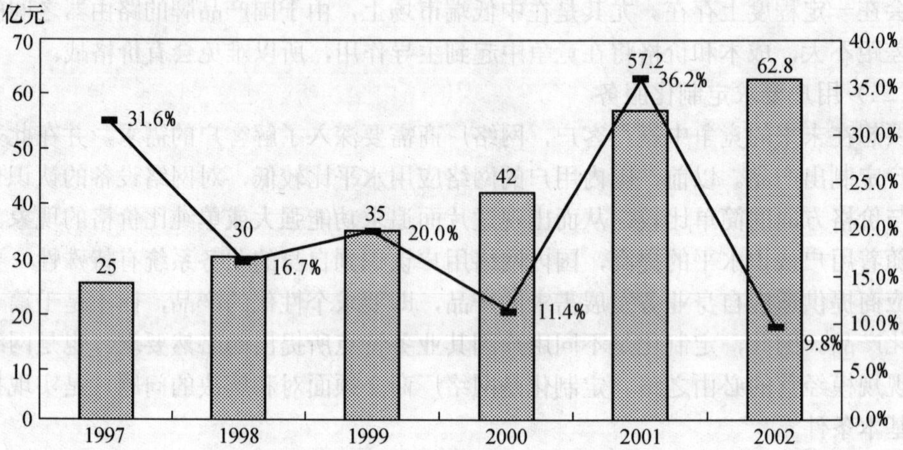

图5.4　1997～2002年以太网交换机市场销量年度发展情况（单位：亿元）

数据来源：CCID

二、2002年交换机低端市场

中低端产品厂商主要有Cisco、华为、3Com、Intel、联想、D－Link、Accton、Edimax、Linksys和实达等。中、低端交换机面向中小企业及家庭用户。目前很多国产以太网交换机主要集中在中、低端市场，主要有两点原因：一是高端交换机对技术和性能的要求都很高，而国内的厂商在研发上起步时间较晚，很多厂商还在进行技术积累；二是现在国内大量中小型企业都在上网，增大了对中低端产品的需求。因此，国内厂商都在抓住时机，推出针对中小型用户的交换机，并逐渐在中小型网络应用中扮演了主角。尤其是那些技术已经成熟了的企业推出的产品，由于本地化生产，产品价格极具优势同时品质毫不逊色。因而中小型用户在建网时，也逐渐开始考虑国产品牌的网络产品。但从目前的市场交换机产品需求量来看，十兆交换机将退出市场，百兆交换机才是市场主流，千兆交换机市场份额在逐渐加大，发展的趋势表明，千兆交换机将逐步代替百兆交换机，这也是网络技术发展和市场成熟的必然结果。因此，国内通信设备厂商将进一步发展，把以太网交换机的竞争由中低端转向高端，而且产品也将转向多样化，功能也会越来越多。比如说，现在有的交换机不但增加了部分的路由功能，而且还把网络安全防火墙的功能也添加进来，网络管理软件的界面也更加直观。

三、高端市场

在高端市场，国外知名品牌如Cisco、3Com、北电和Avaya等仍然处于市场的前列，然而，国内厂商已开始向高端网络设备市场发起冲击，华为、港湾、神州数码和实达等一批民族品牌的迅速崛起。正在改变国外厂商垄断高端市场的状况。例如华为公司，在和国外巨头的角逐中，以接入服务器、路由器等产品树立了在网络产品市场的品牌地位，并不断地推出一系列性能卓越的高端交换机产品。目前，华为推出了一系列高、中、低端全线以太网交换、接入设备，如Quidway S2024－M和S3025－M快速以太网交换设备，适用于金融行业、院校、政府以及其他企业工作组用户接入和电信运营商宽带IP接入；Quidway S3026以太网交换机是华为公司面向企业网工作组接入以及IP城域网小区接入应用推出的盒式以太网交换产品；Quidway S3026V LEA（Long Loop Ethernet Access）远程以太网交换机是新推出的基于双绞线介质传输以太网信号的交换机产品；Quidway S8016是大容量、模块化、机架式的基于硬件2/3/4层的路由交换机，定位于高速发展的IP城域网骨干汇聚层和企业网络的大容量骨干交换设备。华为公司的这一系列以太网交换机的研发和推广使得华为在数据通信领域里有了新的飞跃。截至2001年12月底，其自主研发的C&C08程控交换产品和HONET接入网产品在全球的应用总量突破了1亿端口，其中，交换机近7 000万端口，按国际咨询机构Dittbernet的报告，该数字列全球第8位；接入网为4 000多万端口，据国际咨询机构Gartner的报告，该数字排全球第3位。在国内，华为的交换接入类产品目前广泛应用于中国30个省、区、市，是国内市场当仁不让的主导品牌之一；在国外电信网中，华为交换接入类设备已大规模出口巴西、智利、秘鲁、俄罗斯和津巴布韦等40多个国家和地区，总运行量为1 500万线。据称，此类产品的出口势头增长很快，2001年增幅为70%。华为的竞争优势在于有整体品牌优势、低成本的解决方案以及在运营商领域的良好客户关系和在分销市场日益强大的销售力量。国内别的厂商也在陆续推出自己的高端产品，比如上海电信采用了实达网络的S1924F网管型交换机作为楼宇级交换机。实达公司的该产品具有支持网络管理、广播风暴控制、支持流控、链路聚合功能、端口安全控制和静态地址绑定等功能，属于两层半交换机，可以完全满足小区宽带网对骨干交换机应具有更大的带宽、更高的管理性能和更强的适应能力的要求。

四、市场预期

虽然今后在中国交换机市场上的竞争将更加激烈，但市场需求情况却仍乐观。千兆交换机的不断升温是2002年以太网交换机市场明显的特征。Cisco、3Com、华为和港湾等各大公司都推出了千兆交换机和大型企业网络解决方案，积极引导客户需求走向宽带化。并且，各大公司纷纷下调了千兆交换机价格，无疑再次加快了千兆进入市场的脚步。千兆交换机代替百兆交换机将是网络技术发展和市场成熟的必然结果。在华为等国内网络厂商的引导下，随着新一代交换机的成功研制和广泛应用，国内厂商将和国外巨头同台共舞，并一步步壮大成长，而产品也必将向着性能更好、价格更低，在安全和服务上更有保证的方向发展。

5.1.4 服务器市场

一、市场概况

2002年世界经济总体增长缓慢，复苏乏力，受经济持续低迷的影响，全球的IT产业仍然暖意不足，这也直接影响到中国服务器市场。从整体市场增长走势来看，2002年中国服务器市场规模的增长速度并不太理想。中国PC服务器市场销售总量为23.41万台，比上年同期增长14.9%；销售额为67.62亿元，同比增长1.2%。从PC服务器市场的竞争格局来看，2002年，以联想、浪潮为代表的国内服务器厂商依靠技术、产品、渠道和服务等方面的不断突破，进一步拉进了与国际著名厂商的距离。国产服务器阵营在 2002 年获得超过 40%的市场份额，不仅在市场份额上拉近与国外厂商的距离，更悄然将竞争从中低端产品领域向高端领域推进，如图 5.5 所示。

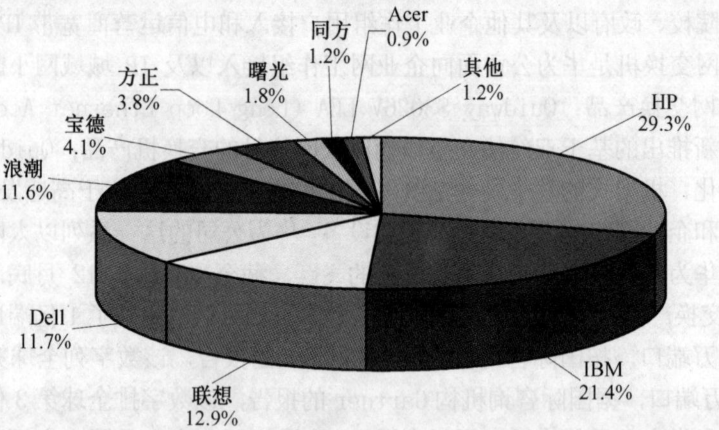

图 5.5　2002 年度中国 PC 服务器市场厂商分布图

数据来源：CCID

相对于 PC 服务器市场而言，2002 年中国 UNIX 服务器市场表现得较为平静，既没有轰轰烈烈的技术问世，也没有出现像许多人预计的那种明显的衰退迹象，整体市场的增长趋势略为放缓。2002 年中国 UNIX 服务器市场销售额为 76.2 亿元，同比增长 11.4%，如图 5.6 所示。

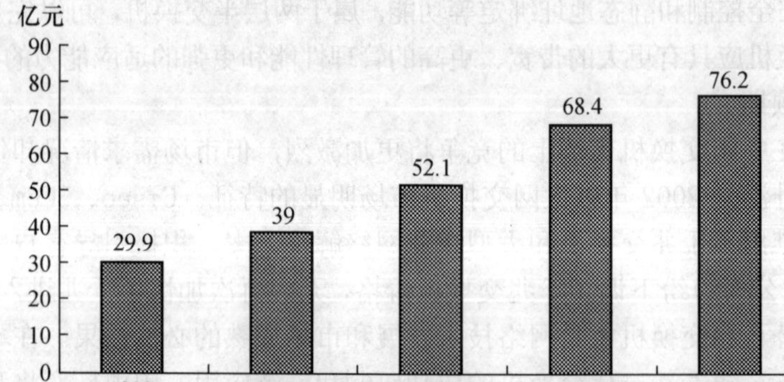

图 5.6　1998～2002 年 UNIX 服务器市场销售额

数据来源：CCID

二、需求对象

从行业采购需求来看，银行、保险等传统行业对服务器的采购需求增长较为缓慢，电信证券等传统采购大户的市场需求进一步低迷，但另一方面，商业流通、医卫和军队信息化建设步入了全面开展的崭新阶段，电子政务、教育信息化和企业信息化成为 2002 年拉动服务器市场需求的主要动力，服务器作为信息网络的核心设备，其发展及应用状况已越来越受到公众及厂商的关注。

2002 年电子政务的应用范围不断扩大，从最初简单的 OA 系统、内外网络和政府网站，发展到今天的“电子政务是与政府业务相关的信息化”。从行业纵向而言，金税、金关工程进入深化应用阶段，金审、金盾、金卫以及农业、财政等行业信息化工程也已正式启动；而从横向而言，各地城市信息化建设如火如荼，尤其是在北京、上海、广东、福建和山东等经济发达地区，信息化投资力度持续加大。随着电子政务的全面启动，政府机构成为 2002 年中国 PC 服务器产品最大的行业用户群。

在服务器产品选型过程中，政府机构用户主要考虑平台的开放性和高可靠性，对服务响应的要求也较高。PC 服务器以其低价位、应用简便等特征，具有极为广阔的市场空间；而在对处理能力、数据安全性要求极高的部分关键计算领域，仍以国外品牌中高端 UNIX 服务器为主。

2002 年教育领域仍是 PC 服务器市场的一大热点，其原因主要包括以下几个方面：其一是国外大厂商如 IBM、惠普等，开始加大向原本并不太重视的中低端服务器市场进行投入；而一向以教育行业为服务器市场切入点的国内品牌更是各显神通，联想、浪潮、清华同方、方正和曙光纷纷加大了对该市场的投入；一些区域性品牌也在大打教育牌，一时间定位在“电子教室”、“校园网”或“校间广域网”的产品和方案层出不穷。

从 2002 年的教育市场来看，系统可靠性、服务质量与产品性价比成为影响服务器采购的三大主要因素，而技术力量薄弱、不熟悉市场则仍是教育行业市场服务器应用的最大“瓶颈”。所以，针对教育行业市场的现实需求，联想、清华同方和浪潮英信等主要国产服务器品牌开始在强调产品的高性价比、稳定性和可管理性的同时，更多的是以“可靠品质、服务水平与整体应用解决方案”作为行业开拓的主要法宝，深入全国省、市、县各级区域，不仅在二、三级城市，而且在中心城市也获得了不小的成功。

另外，由于中国经济发展的不平衡性，各地信息化的建设速度也迥然不同。2002 年销售服务器的重点地区仍然是华北、华东和华南等经济相对发达地区，如图 5.7 所示。华东区域产品销量的增长速度远远高于全国平均水平；而华南区域受金融、电信行业用户增长乏力的影响，销量增长略有迟缓；尽管国家在大力倡导西部开发，但就服务器销售而言，西部地区依然不占据主要地位。

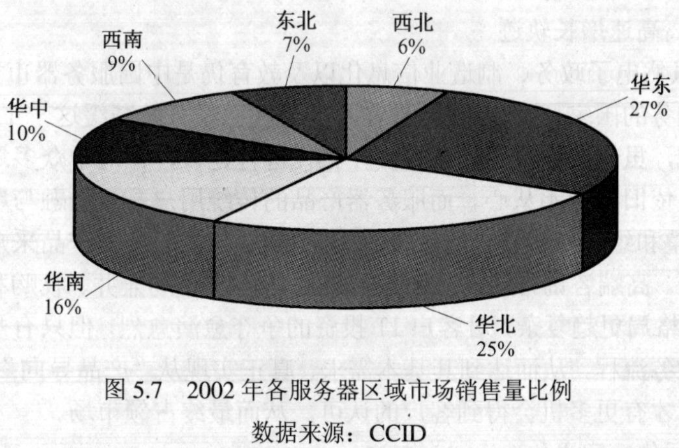

图 5.7　2002 年各服务器区域市场销售量比例

数据来源：CCID

二、市场特征

从所采用的 CPU 来看，随着 Intel 逐步细分处理器市场，高性能服务器处理器不断推陈出新，IA 架构服务器所采用的 CPU 也逐渐统一至新至强，即 P4 至强。由于新至强所具有的优异性价比，原有的 P3 及 P3 至强服务器将逐步被取代。至 2002 年底为止，国内 IA 架构服务器市场上，出货量最大的仍是定位于高端工作组级到部门级的 2 路至强服务器，作为连接低端（单路至强）和企业级服务器（4 路至强以上）之间的关键性产品，其市场地位不言而喻，这从主要服务器提供商的 2 路至强产品线之全及其近来不断推出的一系列新品便可见一斑。IBM 等国外厂商也不断推出针对这一市场的低端产品及相应解决方案，可见其需求旺盛。虽然企业级的 4 路至强服务器的销量处于上升之势，但由于种种原因，特别是多路服务器操作系统价格昂贵，因此其总量还难成气候。而高性能企业级服务器的销量，更是微乎其微。如今，新至强服务器以其开放的标准和良好的性价比，在市场中占据了一席之地，给用户提供了新的选择，也在一些非关键性应用中进入了原属于低端 UNIX 的天下，但仅靠一款产品来改变市场格局是绝无可能的。因此，从 Intel 到所有的服务器厂商都将冲击 RISC 市场的重任放在了 Intel 64 位服务器处理器安腾系列的身上。由于安腾 2 被服务器厂商看作 IA 架构服务器冲击 RISC 市场的利器，因此国内厂商纷纷选择与 Intel 同期发布采用安腾 2 的服务器产品，以显示其进军高端 IA 架构服务器领域的雄心。

2002 年传统通用型服务器的需求趋缓，而机架式服务器以其良好的性价比，销量增长迅猛，正逐步取代传统通用塔式服务器，成为 IA 服务器中的一支重要力量，这一点尤其体现在 IXP 及大型企业应用中。此外，以集群方式工作的服务器组刀片式服务器，与上述两种产品一起，在采用安腾 2 的服务器上市之前，将共同满足各种用户需求。随着应用领域的不断细分，行业用户对服务器产品的需求也趋于个性化、多样化，功能服务器以其专业、易用的特性具有较为广阔的生存空间。与此同时，经过前期的市场培育，行业用户对功能服务器的认知程度不断提高，Linux 服务器未来将呈现出蓬勃的发展生机。

四、市场预期

预计 2003 年中国 UNIX 服务器的销售额将超过 90 亿元，其中金融、电信和政府将占据 70%以上的市场份额；中国 PC 服务器销售量将达到 28 万台，销售额超过 73 亿元。

市场将体现如下主要特征：

1. 市场偏离高速增长轨迹

2003 年，虽然电子政务、制造业信息化以及教育仍是中国服务器市场的主要亮点，但是由于电子政务的国家标准尚未推出，在不少地区已经开始减缓这一工程的进展步伐；而在制造业领域，虽然国家已经计划投资 4 亿元进行建设，但对于众多还在困境中的国有大中型企业，依旧是力不从心。而服务器产品的传统用户——金融与电信领域则分别处在 IT 架构调整和组织结构整合的阶段，因此 2003 年的服务器产品采购规模仍无法呈现出突破性增长。高端咨询带动产品销售，2002 年，IT 市场兼并、收购和转轨活动层出不穷，使得竞争格局更趋复杂，对客户 IT 投资的争夺愈演愈烈，但只有那些能够帮助客户转变他们的业务流程，从而达到其基本需求、真正实现从“产品导向”向“应用导向”成功转轨的厂商才有更多机会得到客户的认可，从而最终占领市场。

2. 渠道多元化、扁平化

行业用户一般拥有较为固定的服务器产品的采购渠道。出于价格、服务等因素的考虑，用户倾向选择规模较大、实力较强的供货商，直接与厂商联系采购的比例有所上升。

厂商应从自身发展战略出发，结合区域特征、行业特征、产品特征将原有的渠道体系重新规划和整合，加强渠道冗余研究，提高渠道运作效率，针对部分行业大客户的需求特征适当加大直销力度。

3. 市场竞争更加激烈

产品细分、区域覆盖、快速响应将成为2003年厂商制胜的法宝，而价格战作为一股暗流，在一定时期内仍将影响着市场的沉浮，Dell将是这股力量的代表者；联想、方正等厂商将进一步加大渠道增值能力的培育力度，形成一种互动的力量；而浪潮则凭借技术和解决方案的基础期待更大突破。在国外厂商中，解决方案的销售将成为主要的销售模式，此时，ISV的角色越来越重要，因而将成为厂商争夺的焦点。

4. 高端商用是重点

IA架构的成熟，给国产服务器厂商进入高端市场带来了机会。基于标准化和模块化的芯片和芯片组技术，使得浪潮这样在服务器领域有着多年积累的服务器厂商，可以实现其高端突破。专家预计，随着IA-64架构的进一步成熟，2003年的服务器竞争将集中在高端领域。国内厂商将成为这一市场的新亮点。

高端服务器主要分为HPS（高端商用计算）、HPC（高端科学计算）和HA（高可用系统）三种。HPC领域是高端服务器的“制高点”，但其市场份额仅为高端服务器市场的5%，而HPS和HA的市场份额则达到60%和35%。

2002年是国产高端服务器（包括集群式服务器）初出茅庐，走向市场的一年，曙光公司在中国国产高性能计算机领域崭露头角，第一次榜上有名，进入高性能计算机国内销售量和市场占有率的前五名，而且是第一个民族计算机企业产品，排在前面的4个企业分别是SUN、HP、IBM和SGI等国外跨国公司的产品。曙光公司的TC1700技术成果是首款跨操作系统平台和硬件平台的集群产品，大大提高了高性能服务器的性能价格比，并以其体系结构和跨平台的灵活性拓宽了高性能服务器的应用领域。2002年，曙光TC1700销售量达到1 000台，共6 000多个节点，用户达300余家，用户遍及石油、气象、环保、生物计算、教育科研、国防和大规模的商务计算（信息服务）等领域。可以说，曙光TC1700是民族高新技术成果产业化的又一个成功典范。

但是，国产服务器真正实现“翻身”还有一段艰难的路要走，不仅要在HPC领域有所突破，还必须在HPS领域占据一定位置。2002年国内高性能计算机市场情况见表5.1。

表5.1　　2002年国内高性能计算机市场情况

排名	品牌	销售量（套）	市场份额
1	SUN	7978	37.8%
2	HP	5614	26.6%
3	IBM	5466	25.9%
4	SGI	1203	5.7%
5	曙光	380	1.8%
Others		464	2.2%
Total		21105	

资料来源：CCID

5.1.5 结论

业内有这样一个共识，在未来几年时间里，网络产品一定会像家电产品及PC机（即个人计算机）一样，国内厂商占据主导地位是迟早的事情，国产化水平将面临决定性突破。主要原因在于：一方面，目前国内厂商（华为、博达和中兴等）已经掌握了核心的软件和硬件技术；另一方面，目前传统行业对资本的吸引力大大减弱，投资网络产品是国内资本寻求出路的最佳方向之一；同时，中国作为全球IT制造业的中心地位日益凸现，其他行业厂商的加入更印证了这一点。预计未来几年，国内网络市场需求将保持增长态势，并将出现国内厂商整体实力增强的局面。

5.2 网络终端产品的生产能力及技术水平状况

5.2.1 PC产品

一、中国PC产品市场结构与规模

2002年是中国加入WTO第一年，为进一步贯彻执行“信息化带动工业化”的发展战略，各级政府不断颁布实施有关政策法规，大力推进信息化，在国民经济和社会各领域广泛应用信息技术使中国计算机产业在国际市场低靡的环境下，产销均大幅度增长，主要反映出以下几个特点。

1．产、销同步增长，产业规模进一步扩大

2002年以来，中国PC机生产和销售始终保持快速、平稳、健康发展，整体规模不断扩大2002年中国计算机市场规模见表5.2。

表5.2　　2002年中国PC市场规模

	台式PC	笔记本电脑	PC服务器	合计
销售量（万台）	907.7	80.5	23.5	1011.7
销售额（亿元）	592.4	124.6	60.8	777.8

数据来源：CCID

2002年计算机产品市场增长状况如图5.8所示。

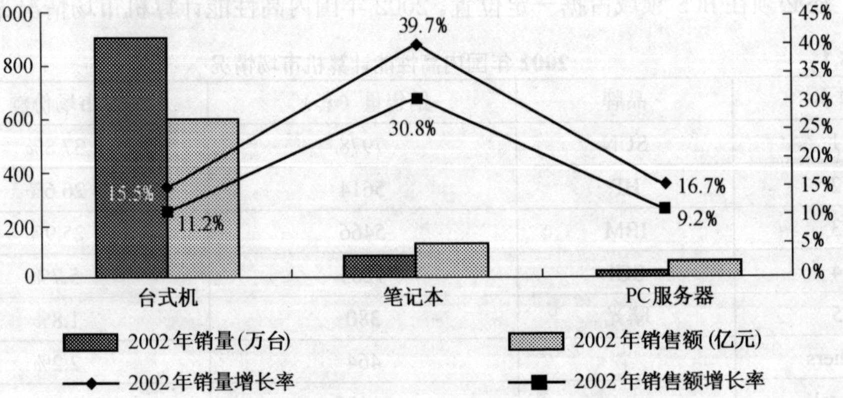

图5.8　2002年PC产品市场增长状况

数据来源：CCID

2000～2002 年中国台式计算机市场增长率如图 5.9 所示。

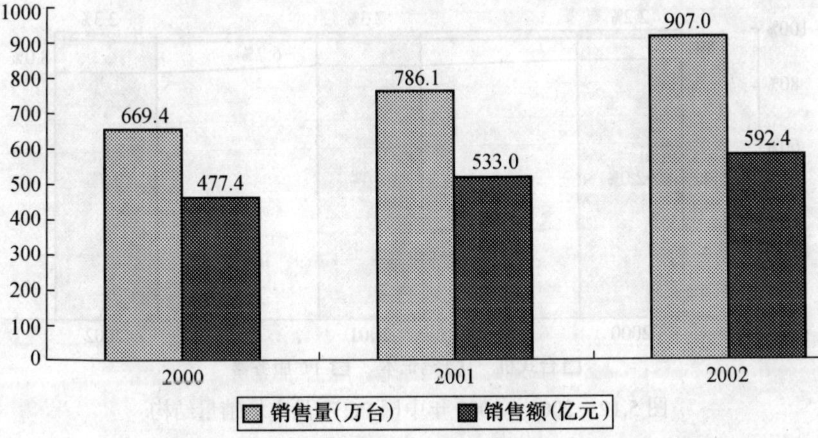

图 5.9 2000～2002 年中国台式 PC 市场增长率

数据来源：CCID

从各月增速看，均比上年有较大幅度提高，且幅度变化不大，累计到年底生产、销售增速分别达到 47.6%，和 46.2%。增幅比 2001 年分别提高了 20 多个百分点。

2001～2002 年中国计算机生产发展情况如图 5.10 所示。

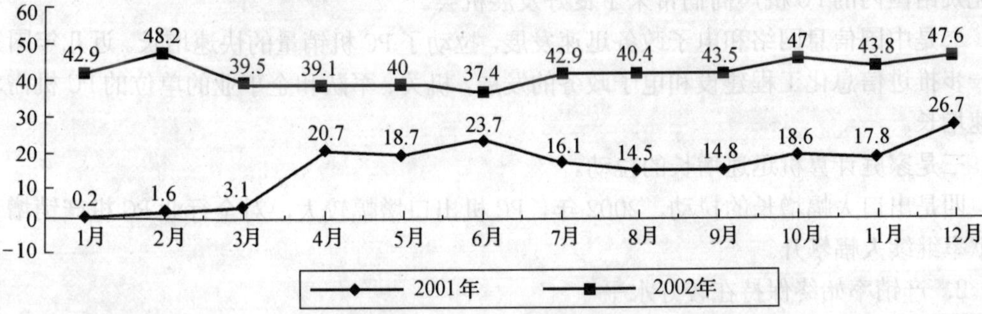

图 5.10 2001～2002 年中国 PC 机生产发展情况 单位：%

数据来源：www.mii.gov.cn

2001～2002 年中国计算机销售发展情况如图 5.11 所示。

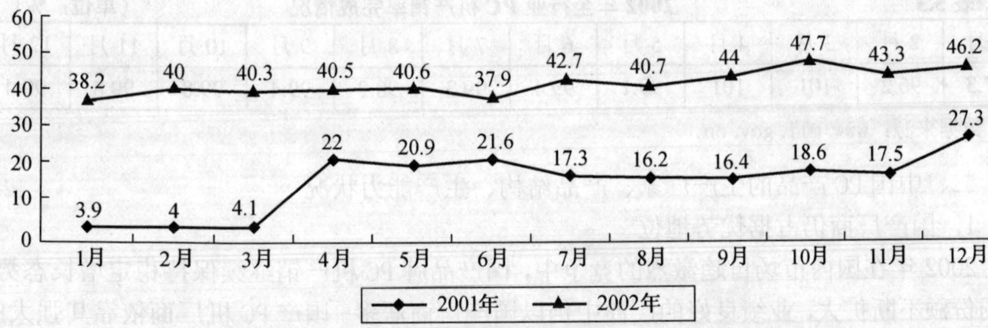

图 5.11 2001～2002 年中国计算机销售发展情况 （单位：%）

数据来源：www.mii.gov.cn

2000～2002 年中国计算机产品市场销量结构如图 5.12 所示。

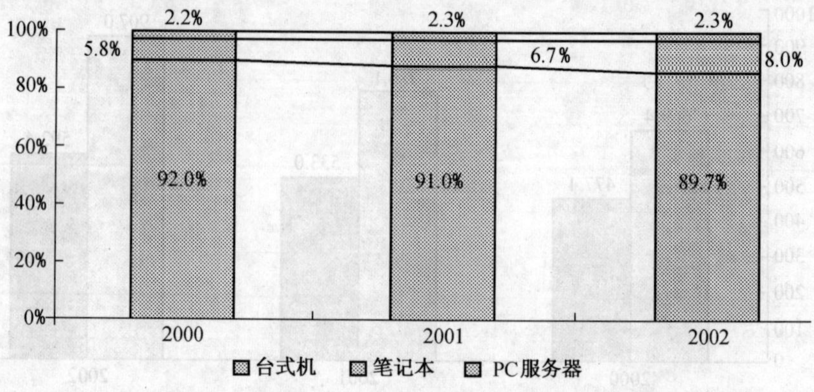

图 5.12　2000～2002 年中国 PC 产品市场销量结构

数据来源：CCID

PC 机需求量增长的主要原因如下。

一是中国教育业拉动了 PC 机市场。2002 年，随着中国教育信息化的程度加深，教育行业对 PC 的需求不断增长，市场份额进一步扩大，目前教育部在全国范围内启动“校校通”工程，目标是用 5～10 年时间，使全国 90%左右的独立建制中小学校能够上网，这无疑给国内的 PC 机厂商们带来了良好发展机会。

二是中国信息网络和电子政务迅速发展，拉动了 PC 机销量的快速增长。近几年国家进一步推进信息化工程建设和电子政务的发展，机关、军队和企事业的单位的 PC 机需求快速增长。

三是家庭计算机迅速增长的拉动。

四是出口大幅增长的拉动。2002 年，PC 机出口增幅较大，对全行业 PC 机产销增长贡献率继续大幅攀升。

2. 产销率始终保持在较好水平

目前各生产企业不断加大对市场的分析与预测能力，确保企业以销定产，全年平均月产销率比上年提高了近 2 个百分点，2002 年 PC 机产销率始终保持在较好水平。2002 年全行业计算机产销率完成情况见表 5.3。

表 5.3　**2002 年全行业 PC 机产销率完成情况**　（单位：%）

1 月	2 月	3 月	4 月	5 月	6 月	7 月	8 月	9 月	10 月	11 月	12 月
97.3	96.2	101	101	99.1	99.4	99.3	98.2	99.4	99.8	99.8	99.4

数据来源：www.mii.gov.cn

二、中国 PC 产品的生产厂家、产品结构、生产能力状况

1. 国产厂商仍占据优势地位

2002 年在国内市场日趋激烈的竞争中，国产品牌 PC 机产销继续保持稳定增长态势，市场份额不断扩大，业绩良好的厂商中仍以国产厂商居多。国产 PC 机厂商依靠其强大的销售渠道与服务优势和企业内部资源整合带来的巨大增长动力，继续保持着微机市场的优势地位。据信息产业部对重点 PC 机生产企业的监测，2002 年产、销量排在前十位的

企业中，大部分为国产品牌的生产企业，尤其是联想、长城和北大方正，始终稳居 PC 机产销前三甲的位置，见表 5.4。

表 5.4　　2002 年累计产销量前十名企业

序号	企业名称	序号	企业名称
1	联想（北京）有限公司	6	清华同方股份有限公司
2	中国长城计算机深圳股份有限公司	7	浪潮电子集团
3	北大方正	8	TCL 集团有限公司
4	戴尔计算机（中国）有限公司	9	广州七喜电脑有限公司
5	三宝电脑（沈阳）有限公司	10	海信集团公司

数据来源：www.mii.gov.cn

中国笔记本市场前三名品牌市场价额情况见表 5.5。

表 5.5　　中国笔记本市场前三名品牌市场份额情况

品牌	销量（万台）	所占份额	销售收入（亿元）	所占份额
联想	12.9	16.1%	19.3	15.5%
东芝	12.1	15.0%	18.6	15.0%
戴尔	10.7	13.3%	16.0	12.8%
合计	35.7	44.40%	53.9	43.30%

数据来源：CCID

2．产品结构调整进一步优化

近几年中国计算机行业产销规模不断扩大，产品结构调整迅速，一些高端产品市场份额急速上升。长期以来，台式机在市场中一直处于主导地位，而笔记本电脑基本上只能充当配角。然而，随着市场的发展和通信技术的进步，笔记本电脑终于开始强势突围，挑战台式机的市场主角地位。2002 年，中国笔记本电脑市场在整体 PC 机市场的发展中迅速成长并脱颖而出，成为拉动计算机市场增长的重要因素。2002 年笔记本电脑共生产 85.06 万部，同比增长 97%，完成销售 80.5 万部，同比增长 92.3%，其产销量同比增幅均为 PC 机产品平均增幅的两倍，在产业与市场整体格局的地位快速上升，如图 5.13 所示。

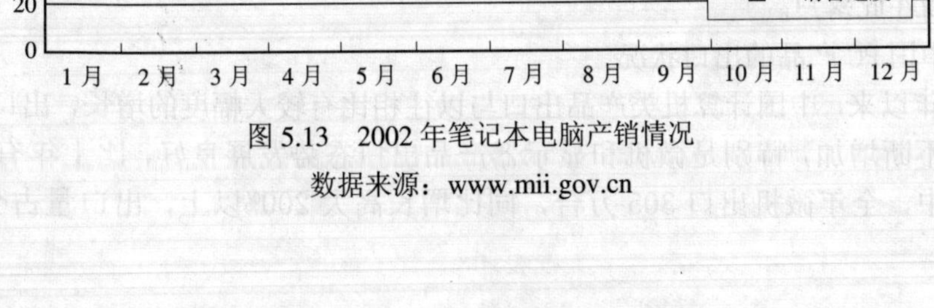

图 5.13　2002 年笔记本电脑产销情况

数据来源：www.mii.gov.cn

笔记本电脑快速增长的主要原因如下。

一是笔记本电脑的降价拉动了其销量的增长。笔记本电脑辐射低、携带方便，各方面性能均优于台式机，但其高高在上的价格却令众多普通消费者对之望而却步。近年来，随着制造技术的进步，零配件生产成本在不断下降，笔记本电脑价格也会随之下降，而价格的下降必然会导致很多潜在的消费群体转化为现实消费。因此，降价拉动了笔记本电脑销量的强劲上升。由于P4笔记本电脑的大幅降价，笔记本电脑的增速远远超出了台式机，在整个PC机市场的占有率迅速扩大，因此，部分台式机的市场份额被抢占，销量受到冲击。

二是无线互联技术的推广及普及促进了互联网用户对笔记本电脑的需求增长，加快了笔记本电脑的普及速度。无线互联技术的发展充分突出了笔记本电脑“便携”的特点，使其凭借“方便快捷”的优势更加迎合了消费者的需求。

三是全国的信息化热潮也推动了笔记本电脑市场的快速增长。科研、教育、军队、政府和传统企业等的笔记本产品需求正稳步上升，未来市场容量和开发潜力较大，这都为笔记本电脑厂商的拓展和竞争提供了广阔的市场舞台与空间。

可以预见，随着技术的进步，笔记本电脑价格的持续下降，及其性能的提高，必将迅速普及，极大地发挥出市场潜力。

3．形成较强的产业集中度。

从计算机产业发展布局情况看，重要集中在4个地区。

（1）珠江三角洲基地

珠江三角洲以深圳为龙头，依托世界贸易中心城市香港，包括珠海、东莞、中山、惠州和顺德等周遍城市，该地区是目前中国最大的IT制造中心，每年IT制造业产值高达3000多亿元。

（2）长江三角洲基地

长江三角洲以上海为龙头、连结苏州、杭州、宁波、无锡和吴江等十几个城市，这是继珠江三角洲之后中国又一最具有经济发展潜力的区域。自2000年以来，长江三角洲IT 制造业吸收了大量的外来投资，其代表性产品是打印机、硬盘驱动器、显示器、UPS和扫描仪等。它将成为继珠江三角洲后又一中国IT制造重要基地。

（3）华北基地

华北基地以北京为龙头，连接天津、唐山等城市。由于北京是中国的政治文化中心，凝结了一大批企业，几乎所有来中国投资的跨国公司都在这里设立了分支机构，这里还集中了中国最优秀的大学，有明显的人才优势。但比较珠江三角洲和长江三角洲的市场意识而言，较为落后，还没有形成完善的产业链。

（4）东南基地

东南基地以厦门为龙头，连接漳州、泉州和福州等城市，有大量的打印机、显示器和鼠标厂商在此落户。

三、中国PC产品的出口状况

2002年以来，中国计算机类产品出口与以往相比有较大幅度的增长，出口占全行业外贸比重不断增加，特别是微机和显示器产品出口态势发展良好，比上年有增幅提高较大。其中，全年微机出口305万台，同比增长高大200%以上，出口量占全部PC机销售量的 25.9%，比上年提高了十多个百分点，对全行业微机销量增长的贡献率为 47.1%，2001 年贡献率仅为 6.2%，2002 年 PC 机出口创下历史最好水平；2002 年显示器出口 3160 万台，同比增长 68%，出口占全部销量的比重由 2001 年的 45%上升到 2002 年的 75%以上，对销量增长贡献率高达 78.5 %，2001 年贡献率仅为 19.6%，是中国电子产品出口中比重最高的一个产品，也是拉动全国电子产品出口增长的重要产品之一。

出口主要特点如下。

一是加工区出口成为中国计算机类产品出口的主要力量。目前中国先后报经国务院批准设立有 25 个出口加工区，19 个加工区已通过验收并投入实际运作，出口加工区实行全封闭管理，海关对出口加工区监管实行快捷简便的管理模式，保证企业出口的顺利进行。因此，2002 年中国出口加工区出口业务呈加速发展态势，而加工区出口的产品中 70%是计算机类产品，加工区计算机设备出口额比上年同期增长了 11 倍，计算机零件出口增长了 3.3 倍。

二是出口加工区的产品多数来自中国台湾，江苏昆山出口加工区在全国出口加工区中第一家实行封关运作，现有 34 家企业入户区内，其中台湾 10 大笔记本电脑厂家就有 6 家在此设厂。

三是计算机类产品主要出口到亚洲地区，占总量的 52%，其中出口到马来西亚和日本的计算机类产品比上年分别增长了 9.3 倍和 9.7 倍见表 5.6。

表 5.6　　2002 年 PC 机和显示器出口完成情况

	PC 机	显示器
出口量(万台)	305	3160
同比增长(%)	200	68
占销售比重(%)	26	75
对销售增长贡献率(%)	47.1	78.5

数据来源：www.mii.gov.cn

四、中国 PC 产品的发展趋势与市场预测

1. 产业发展

中国入世之后，中国计算机产业的制造优势将得以更大的发挥，目前全球前 20 名的显示器厂商有 14 家在中国内地设厂生产显示器，台湾十大知名笔记本电脑有 6 家入户中国内地，随着关税壁垒的打破，外商进入内地设厂更加容易，国内显示器和笔记本电脑的产量仍将不断增加，规模进一步扩大。特别是液晶显示器，2002 年上半年受液晶板供应不足的影响，液晶显示器价格曾一度小幅上升，但从以后发展看，许多外国厂商都已经有了规模不小的液晶显示器生产线，也有国内企业在进行自主技术的液晶面板的开发，同时许多上游材料提供商也准备将液晶板的生产线转移到中国，这些将促进中国液晶显示器产业的快速发展。

2. 技术发展

随着 IT 技术的不断成熟与发展，单纯的硬件竞争并不是 PC 生产厂商的目标，更多的竞争是集中在应用层次的，一些面向应用技术的产品将会诞生。数码应用也带来了新

的发展契机，PC 与家电融合正在迎来新的技术浪潮。

未来显示器和电视将走向融合。未来的时代将是数码时代，这就增大了对数码产品的需求，特别是数字电视开播后，人们将会面对一个丰富多彩的世界，显示器和电视的隔膜也将随之打破，人们不仅可以在计算机上看宽带网上的视频电视，也可以收看无线电视台发射的节目。因此，未来的显示器产品尤其是液晶显示器与电视将互相融合。

PC 机将走向智能化和多功能化。PC 与家电的融合发展已逐渐成为家用 PC 机不可逆转的潮流，随着数码应用的不断丰富和数码娱乐走进越来越多的普通家庭，作为数码信息处理中心的 PC 机，凭借其“双模式”乃至“多模式”架构带来的强大的功能应用及简易的操作，必将受到更多用户的青睐，成为家用 PC 发展的主流。

商用 PC 将走向简化 PC 端设计、提高网络共享效率、增强统一管理能力。商用 PC 正迅速成为网络的一个终端设备，它再也不是商务应用的核心，而将成为沟通人与网络的桥接设备。在全面网络化的趋势下，人们更希望将复杂的数据处理、商业交流、海量存储、资源共享、网络安全、病毒防范和软/硬件维护等业务留给专门的服务器和系统人员，而客户端只需要能够提供更简洁、直观和人性化的使用平台；因此商用 PC 的发展方向则将以简化 PC 端设计、提高网络共享效率、增强统一管理能力为主要发展方向。

3．市场预测

未来几年 PC 市场发展动力，主要还是来自政府和教育的信息化建设。另一个方面，中国目前良好的经济环境为商用 PC 市场的发展奠定了良好的基础，同时，中小企业的蓬勃发展也为台式机市场的扩大提供了机会。2003～2007 年中国台式机将继续保持稳定增长态势，预计 2003 年市场销售量将达到 1055 万台，增长率约为 16.2%。市场增长率在 2004 年将达到最大，到 2007 年，市场销售量和销售额将分别超过 2300 万台和 1700 亿元人民币。

中国笔记本电脑市场在未来 5 年内仍将是市场的一大亮点，其销量和销售额的增长速度均保持在 20%以上，且销量的增长速度将在 2004 年达到高峰，销售收入增长速度将在 2003 年达到最大。笔记本电脑的技术特性决定了笔记本电脑的价格不可能无限制地降低，必将处于万元左右的价格水平。在未来几年中，随着应用领域的拓展，笔记本电脑的用途将从移动办公向时尚、娱乐等多方面发展。

5.2.2 手机产品

2002 年，在中国移动运营业快速发展的大背景下，中国移动通信手机业依托国内外两个市场，继续保持了较高的增长，不仅独资、合资企业继续保持较好的市场业绩，国产品牌手机也取得了群体性突破，成为推动行业发展的主要力量。

一、中国手机产品市场结构及规模状况

据信息产业部监测统计，2002 年手机企业生产手机 13155.01 万部，同比增长 43.8%；销售 13016.12 万部，同比增长 43%；产销率为 99%；其中出口 5981.44 万部，同比增长 31.6%，见表 5.7。

表 5.7　　1999～2002 移动通信新增用户与手机产量情况表

	1999 年	2000 年	2001 年	2002 年
移动用户新增	1796	4197	5954	6139
手机产量	2268	8351	10622	13155.01

数据来源：www.mii.gov.cn

1．生产增长平稳，产销强劲

信息产业部对全国手机企业的重点监测情况显示，2002 年中国手机增长平稳，产销两旺。从 GSM 手机产销情况来看，信息产业部监测的 30 家手机生产企业累计生产 11621 万部，同比增长 43.8%；累计销售 11509 万部，同比增长 43%；累计完成出口 5239 万部，同比增长 31.6%。从 CDMA 手机产销情况来看，已有 18 家厂商正式开始生产和销售 CDMA 手机。累计完成生产 685.83 万部，累计销售 669.94 万部，累计出口 272.10 万部，2002 年手机产销情况如图 5.14 所示。

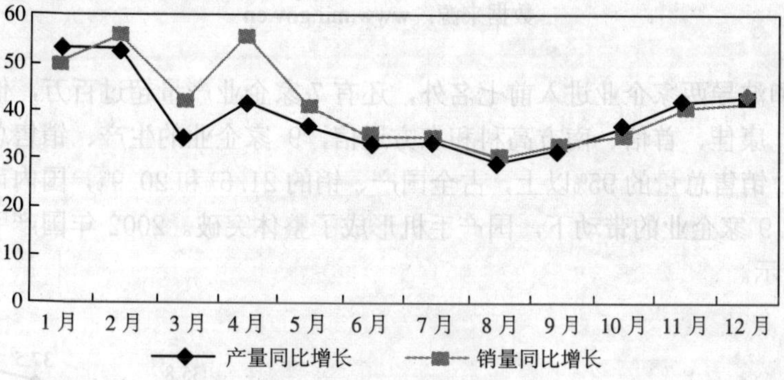

图 5.14　2002 年手机产销情况

数据来源：CCID

2．GSM 手机企业迅速崛起，实现了群体突破

2002 年以来，国产手机企业充分发挥价格低、性价比高、服务好、消化吸收快、政策支持的比较优势迅速崛起。生产国产手机 2615 万台，销售 2511 万台，其中出口 53 万台。产量所占份额为 22.8%，销量所占份额为 21.7%，国内市场占有率为 39.4%，分别比 2001 年提高了 10.4、9.9、17.6 个百分点。2002 年国产手机产、销量所占份额如图 5.15 和图 5.16 所示。

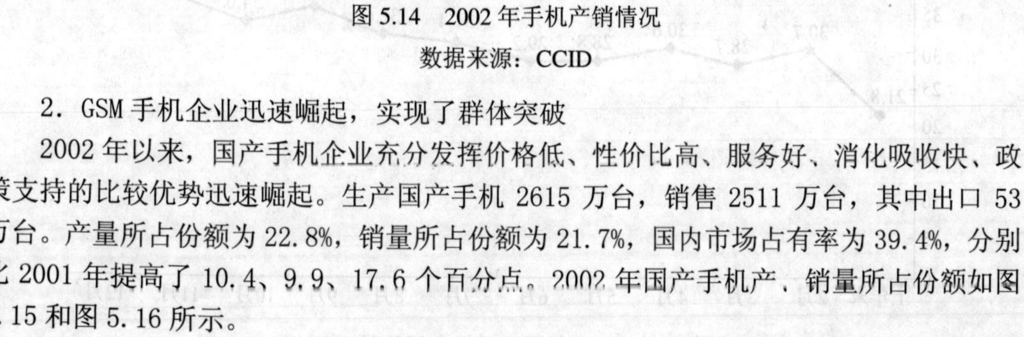

图 5.15　2002 年国产手机产量所占份额（%）

数据来源：www.mii.gov.cn

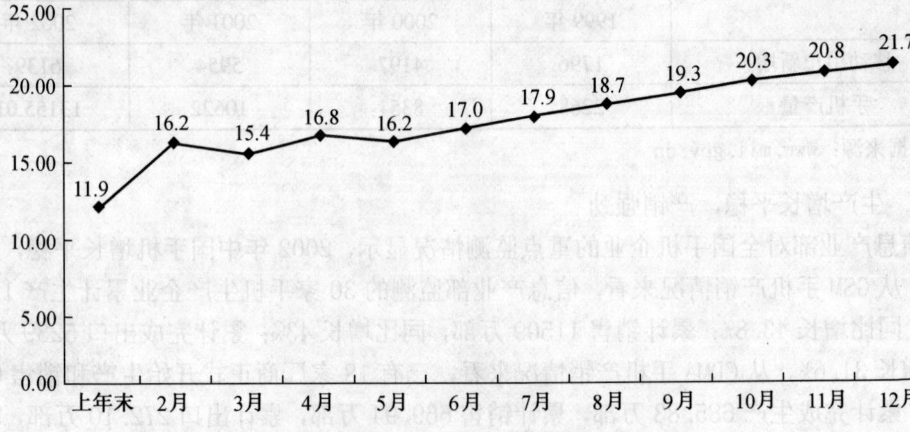

图 5.16　2002 年国产手机销量所占份额（%）

数据来源：www.mii.gov.cn

除 TCL 和波导两家企业进入前七名外，还有 7 家企业产量超过百万，他们是科健、海尔、厦新、康佳、首信、南方高科和东方通信，9 家企业的生产、销售总量分别占国产企业生产、销售总量的 95%以上，占全国产、销的 21.6%和 20.9%，国内市场占有率为 37.5%。在这 9 家企业的带动下，国产手机形成了整体突破。2002 年国产手机市场份额如图 5.17 所示。

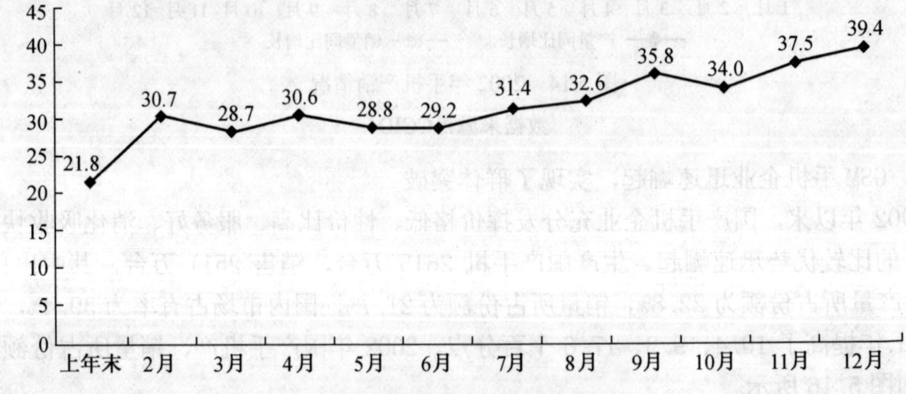

图 5.17　2002 年国产手机市场份额（%）

数据来源：www.mii.gov.cn

2002 年手机产、销量前七名如图 5.18 所示。

3．市场格局重新洗牌

随着国产手机的崛起，国内手机生产企业的市场格局发生了新的变化，虽然诺基亚、摩托罗拉和西门子仍为国内手机生产总量的前三位，但占全国总产量的比重分别由 2001 年的 32.77%、25.89%、11.68%下降为 27.85%、23.84%、9.96%，而同期国产品牌从 12.35%上升为到 22.55%。三大品牌加上国产品牌的生产量已占全国总量的 84.1%。1999～2002 年手机分品牌产量情况见表 5.8。

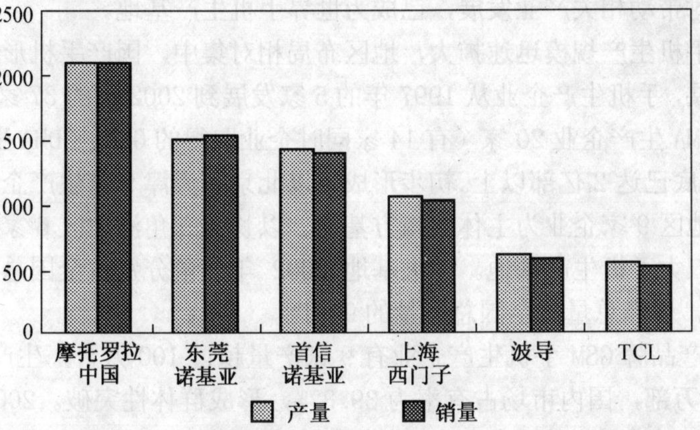

图 5.18　2002 年手机产销量前七名

数据来源：www.mii.gov.cn

表 5.8　　1999～2002 年手机分品牌产量情况（单位：%）

	1999 年	2000 年	2001 年	2002 年
摩托罗拉	42.21	33.78	25.89	23.84
诺基亚	30.91	30.19	32.77	27.85
西门子	5.21	7.3	11.68	9.96
爱立信	6.09	9.75	8.75	4.72
四家合计	84.42	81.02	79.09	66.27
国产品牌	5.19	6.38	12.35	22.55

数据来源：www.mii.gov.cn

1999～2002 年手机分品牌国内市场销售情况见表 5.9。

表 5.9　　1999～2002 年手机分品牌国内市场销售情况（单位：%）

	1999 年	2000 年	2001 年	2002 年
摩托罗拉	39.38	35.42	29.26	25.76
诺基亚	32.27	25.14	22.28	18.17
西门子	5.95	8.14	9.65	4.66
爱立信	6.44	9.23	6.48	2.09
四家合计	84.03	77.94	67.67	50.68
国产品牌	5.46	10.65	21.77	39.37

数据来源：www.mii.gov.cn

二、中国手机产品的生产厂家、产品结构和生产能力状况

中国移动通信运营业的高速增长，有力地带动了手机产业的发展，特别是在国家扶持国内移动通信产业发展的政策措施支持下，经过努力，中国手机产业基本掌握了数字移动通信系统设备和手机关键技术，已具备移动通信产品自主设计、开发和大规模生产能力。制造业滞后于运营业的状况正在改善，中国已经建立了从整机到配套元器件的数字移动通信开发生产工业体系，国产手机的市场占有率不断提高，成为国民经济新的经

济增长点，同时带动相关产业发展，已成为世界手机生产基地。

中国国产手机生产规模迅速扩大，地区布局相对集中，国产手机形成群体性突破。看近几年的发展，手机生产企业从1997年的5家发展到2002年的37家，其中GSM生产企业29家，CDMA生产企业20家（有14家同时企业取得的GSM、CDMA生产资格）。生产规模到2002年底已达2亿部以上。初步形成了以北京和天津9家生产企业为主体的北方基地、以广东地区9家企业为主体的南方基地、以长江三角洲地区6家生产企业为主体的华东基地等三大手机生产基地。三大基地2002年产量分别占全国总产量的40.7%、27.8%和25.6%，生产总量占全国总产量的94.1%。

2002年国产品牌GSM手机生产企业有9家产量超过100万台，生产总量为2615万部，销售2511万部，国内市场占有率为39.37%，形成群体性突破。2001年8月底，国家计委批准了19家CDMA手机生产企业。其中除摩托罗拉之外，其余18家企业全部为国产手机生产企业，但是由于国内手机企业在CDMA手机核心技术方面的欠缺，只能采取“市场换技术”的中外合作方式，以求得自身在巨大市场中的稳步发展。

三、中国手机产品出口状况

1998年中国移动通信制造总规模仅为100多亿元，2002年手机制造及相关产业销售收入占全国信息产业总量的25%。不仅满足国内市场需求，同时也是主要的出口电子信息产品。2002年出口5981万部，同比增长37.9%，占电子信息产品出口额的5.5%，取得较好经济效益。1999～2002年手机分品牌出口情况见表5.10。

表5.10　1999～2002年手机分品牌出口情况（单位：%）

	1999年	2000年	2001年	2002年
摩托罗拉	48.39	33.42	22.34	22.14
诺基亚	32.8	37.36	44.16	40.21
西门子	3.87	5.37	13.68	16.32
爱立信	5.51	10.22	11.75	7.69
四家合计	90.57	86.37	91.93	86.35
国产品牌		0.09	1.51	1.02

数据来源：www.mii.gov.cn

国产手机企业的销售主要在国内市场，出口很少，2002年，12家国产手机企业累计出口GSM手机53万部，仅占全部手机出口量的1.02%，国际市场仍有待开拓。

四、中国手机产品的发展趋势与市场预测

随着中国加入WTO，中国电信产业步入了一个新的发展阶段，在电信企业的改组结束之后开始形成了新的竞争格局，垄断的坚冰将被打破，电信行业必然要进入一个依靠成本、服务、商业模式及战略等综合因素作用的全面竞争的时代。目前中国正在实施第十个五年计划，国家目标是到2005年，通信业务收入将达到1万亿元人民币，五年平均增长23%。中国未来庞大的电信网的建设，必将带来巨大的市场需求。

当前中国手机产业发展所面临的主要困难如下。

一是2002年手机生产的高速增长将给市场消化造成一定程度的压力，手机市场生产能力“相对过剩”的状况使手机厂商面临严峻的市场竞争压力，价格竞争将进一步升级。

从当前国内的市场情况看，手机市场产品供求高低端错位矛盾突出，为避免价格战，各厂商纷纷角逐高端，而市场需求最大的则是中低价手机，这就出现了高端手机的“相对过剩”，城市市场已进入平缓增长时期，需求大部分来自于产品更新，而农民收入增长不快，致使农村市场难以大规模启动。

二是中国移动通信制造企业 2002 年整体效益大滑坡将影响其在 2003 年进行新的技术创新和销售渠道拓展，而且使原有的企业结构性矛盾调整滞后于市场发展的需要。

三是 3G 市场前景尚不明朗。目前移动通信 3G 技术还不十分成熟，市场条件也准备不够，加上世界经济不景气，整个移动通信话音业务在发达国家趋于饱和而数据业务却没有像预期的那样发展等，这些都给 3G 带来不明朗因素。这些因素将进一步影响中国手机市场继续高速发展。

有利条件如下。

一是党的十六大提出全面建设小康社会的目标；国家重视农村居民收入的提高，加强西部大开发；国家加大社会保障力度、减轻农民负担等政策产生了积极的效果，居民收入保持了较快增长；这将给中国移动通信发展提供了较大的市场空间。

二是经济持续发展带来移动用户需求的不断增长。在国家扩大内需政策和市场驱动双重作用下，在国内、国际因素共同推动下，中国经济增长的稳定性增强。国内宏观经济的发展为手机生产和销售提供了良好的需求环境。

三是国际上 IT 制造中心与研发中心分离带来的机会。近年来，随着全球化浪潮的加剧和跨国专业化分工的发展，出现了 IT 制造中心和研发中心相分离，并且制造中心依附于研发中心的趋势。中国一方面积极利用制造基地转移的契机，积极利用外资，与跨国移动通信巨头建立战略联盟。另一方面，要坚持自主知识产权核心技术的研发。

四是虽然全球行业状况低迷，中国移动通信业市场依然保持了高速增长的发展势头。并已取代美国成为全球最大的移动电话市场，移动通信网络的规模和用户总量均居世界第一。目前中国移动电话用户为 2.06 亿户。移动电话普及率达到 16.19%，但是与发达国家相比，中国的移动电话普及率依然偏低，中国手机市场潜在的发展空间还很大。

根据上述分析，未来几年内国内手机市场的需求预测，如图 5.19、图 5.20 和图 5.21 所示。

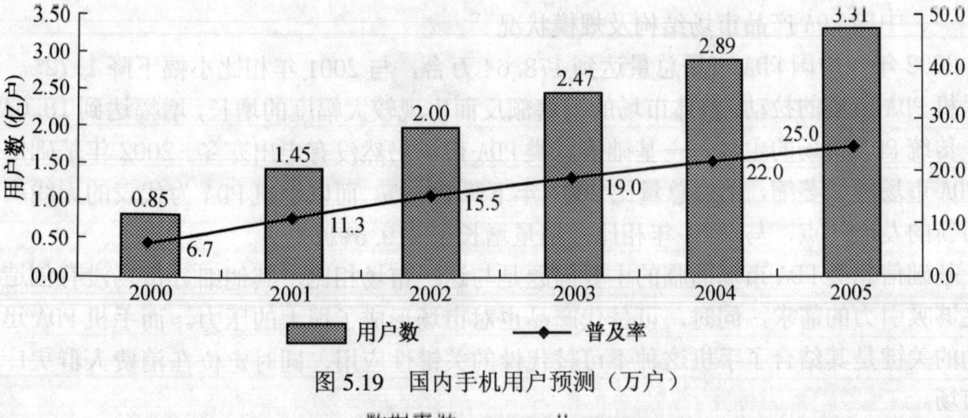

图 5.19　国内手机用户预测（万户）

数据来源：www.mii.gov.cn

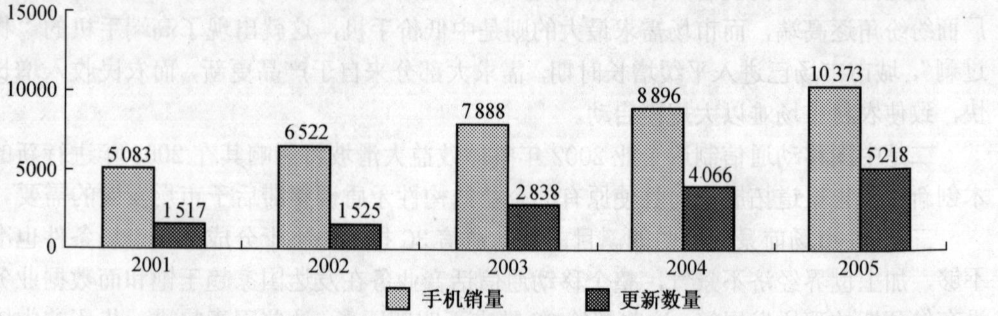

图 5.20　国内手机销量预测（万部）

数据来源：www.mii.gov.cn

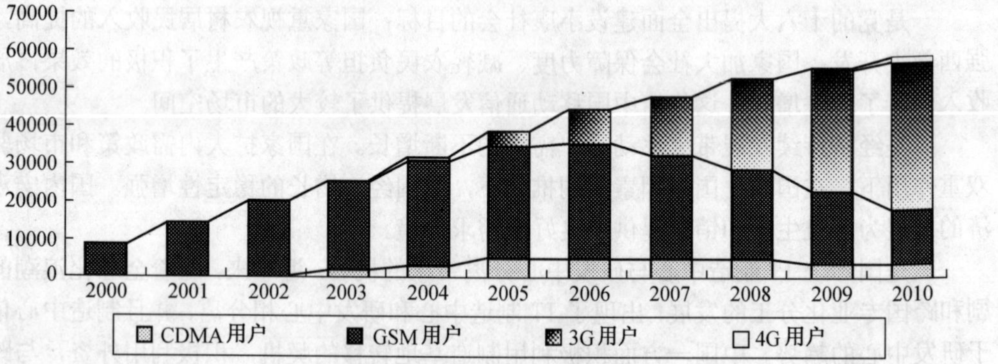

图 5.21　2000～2010 年中国移动通信发展趋势（单位：万户）

资料来源：国研网，《中国移动通信市场现状与发展趋势》

5.2.3　PDA

自 1992 年 Apple 公司的 Newton PDA 问世以来，PDA(Personal Digital Assistant 的缩写，个人数字助理)在技术、产品和市场方面都有了很大的变化，下面就来了解一下 PDA 在 2002 年的情况。

一、中国 PDA 产品市场结构及规模状况

2002 年，中国 PDA 市场总量达到 178.64 万台，与 2001 年相比小幅下降 1.72%。由于手机 PDA 市场的拉动，整体市场的销售额反而出现较大幅度的增长，增幅达到 18.04%。

传统 PDA 市场的主体——基础信息类 PDA 市场仍然没有走出寒冬。2002 年基础信息类 PDA 市场继续萎缩，销售总量比 2001 年下降 20.9%。而以手机 PDA 为代表的无线产品成为新的发展热点，与 2001 年相比，销量增长了 219.5%。

基础信息类 PDA 市场面临的主要问题是与这一市场相比，其他细分市场没有创造出有足够吸引力的需求，同时，可替代产品也对市场形成了很大的压力。而手机 PDA 迅速启动的关键是其结合了手机这种不可替代性的关键性应用，同时定位在消费人群更广大的市场。

不同种类产品市场的冷暖变化使得整体市场的结构发生明显变化。2002 年，基础信

息类产品销售量在整体市场中的比例缩小到 70.02%。而手机 PDA 市场成为整个市场的重要力量，销售量市场份额达到 22.90%。2000～2002 年中国 PDA 市场规模及各类 PDA 产品市场增长情况如图 5.22 和图 5.23 所示。

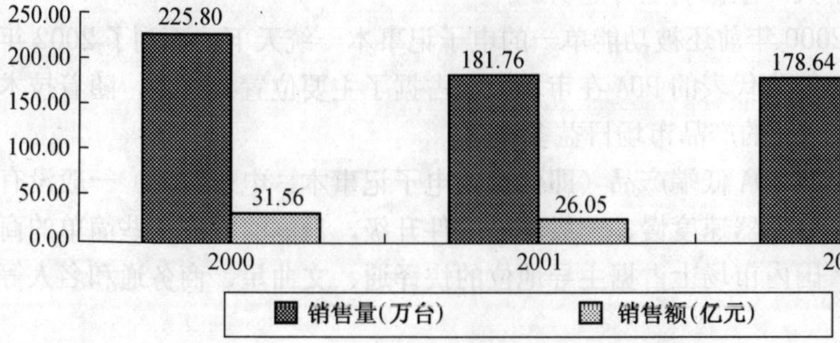

图 5.22　2000～2002 年中国 PDA 市场规模

数据来源：CCID

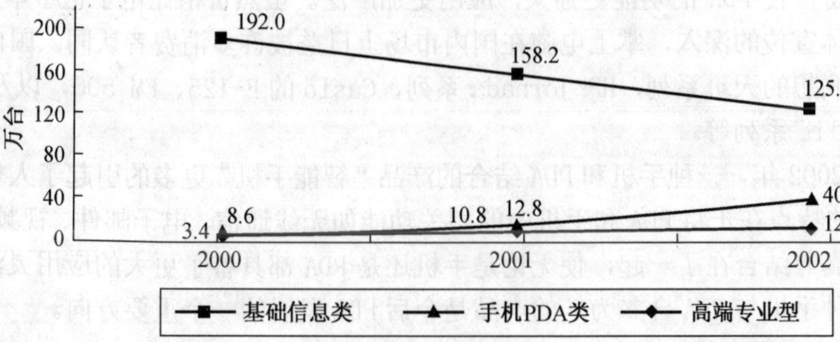

图 5.23　2000～2002 年各类 PDA 产品市场增长情况

数据来源：CCID

2002 年，中国 PDA 市场呈现出新的特征。主要表现为：

（1）市场呈现出理性竞争的态势。厂商的竞争更多地通过产品策略和渠道效率等体现。竞争压力的增大和转型的不确定性在很大程度上增加了厂商竞争的理性化。

（2）新产品市场异常活跃，新概念和新应用的产品不断出现。从新产品角度带动的市场转型趋势明显。

（3）随着新产品推出周期的缩短，PDA 产品价格变化的频次明显增加。

（4）行业应用市场开始启动，产品供应范围和应用领域取得新的进展。除政府、保险等行业外，能源（石油、电力、化工等）和餐饮等行业的应用开始显现。解决方案正在逐渐成熟，这对应用推广具有重要的意义。

（5）市场结构的变化使得渠道发展呈现出以下特征：渠道多样化特征开始显现，不同定位产品的推出使得渠道不断丰富（如针对教育的产品增强书店销售渠道的拓展）；通信类渠道成为重要的销售渠道之一；厂商向高端的转型使得 IT 渠道的重要性增强；行业应用的拓展使得厂商直销的比例增加。

二、中国 PDA 产品的生产厂家、产品结构和生产能力状况

1．PDA 产品结构变化明显

2002年，中国PDA市场的产品结构发生了明显的变化。其中，基础信息类产品市场继续萎缩，2002年在整体市场中的比例缩小到70.02%。而以手机PDA为代表的无线通信类产品市场成为整个市场的重要力量，2002年的市场份额达到22.90%。高端专业型产品市场的份额变化不大，呈微弱上升趋势。

国内市场在2000年前还被功能单一的电子记事本一统天下，而到了2002年具备办公软件、多媒体功能为代表的PDA在市场上已占据了主要位置。此外，随着技术进步和市场的逐步成熟，PDA的产品市场日益多样化。

国内市场常见的PDA低端产品（即俗称的电子记事本、电子辞典）一般没有操作系统、存储能力小、处理器速度慢、一般不能软件升级，只能够完成一些简单的商务应用和计算处理功能。国内市场上占据主导地位的快译通、文曲星、商务通和名人等大都是此类产品。

而中高端PDA主要指掌上电脑和介于笔记本和掌上电脑之间的手持电脑等。具备完善的操作系统是中高端PDA产品的一大特点，高端PDA都有开放的开发环境，有大量的第三方软件支持，使PDA的功能更强大，应用更加广泛。虽然价格比电子记事本类PDA高，但随着媒体宣传的深入，掌上电脑在国内市场上日益被许多消费者认同。国内常见的代表产品有联想的天玑系列，HP Jornada系列，Casio的E-125、EM 500，以及Palm系列和Sony Clie系列等。

此外，在2002年，一种手机和PDA结合的产品“智能手机”更多的引起了人们的关注。这种产品的特点在于将PDA和手机中的相关功能如无线通信、电子邮件、视频会议、网络浏览和传真等结合在了一起，使无论是手机还是PDA都具备了更大的应用灵活性。可以预料，这种手机与PDA合二为一的产品是今后PDA发展的一个重要方向。

2. 国内厂商表现良好

综观国内掌上电脑市场上，商务通、名人和文曲星等PDA产品占据了大部分的低端市场份额，而联想等厂家则占据了大部分中高端份额，国际市场上居于领跑地位的Palm、iPAQ等中高端掌上电脑产品目前还远没有成为国内掌上电脑市场的主流。

国内各大PDA厂家为了占据更大的市场份额，纷纷寻求新的发展空间。例如2002年广东名人公司与网易结成战略与技术联盟，首创具有无线收发电子邮件和网络名片功能的新型掌上电脑。这样，掌上电脑、互联网和移动通信三个行业就可进行资源整合，有利于从独赢、双赢到多赢局面的转化。

2002年，恒基伟业仍然高居中国PDA市场榜首。2002年，恒基伟业取得了较好的业绩，是2002年中国PDA市场的年度成功企业。首先，在销售上，恒基伟业继续排名市场销量第一。其次，在市场转型方面，恒基伟业是最积极的推动者。在基础信息类产品方面，恒基伟业的转型策略是提高产品的性价比、推动增值应用。2002年，恒基伟业推出的面向英语应试人群的记易宝是PDA市场首款针对应试人群的个性化应用产品。在高端专业型产品方面，恒基伟业推出了公务通和Hc2210产品。在无线通信产品方面，恒基伟业与联通签署了全面合作协议，在Pager类产品、手机PDA产品的销售和服务方面进行合作。可以说，恒基伟业在产品结构调整上取得初步成果，在高端和行业市场都取得了一定的进展。

2002年，联想继续保持快速的增长势头，在总体市场中排名第三位。在发展策略上，联想的方向是发展多媒体、无线和行业市场，与目前的主流发展方向一致。在产品策略上，联想推出的产品也都体现了这种趋势。

三、PDA 产品的技术水平状况

1. 硬件发展越来越强

在 CPU 方面，由于 PDA 多媒体应用和互联网应用需要更先进的 CPU 架构和更高的速度，主流厂家已经在进行从低端标准的 Motorola 的 68EZ328(龙珠：DragonBall)到 ARM 架构(主要是 Intel 的 StrongARM)的转移，从而把目前主流速度相当于 486 的 133MHz 的 PDA 的 CPU 提高到相当于奔腾 2 代的 206MHz 乃至更高。

在其他硬件方面，为配合多媒体和网上应用的实现，相关配件也进行了一系列的改进。比如存储器的容量越来越大；屏幕从单色显示转向彩色显示，从 256 色转向 64k 真彩色；声音支持和音色的改进；红外传输和多种无线通信标准的支持等。

2. 操作系统竞争激烈

操作系统是 PDA 的灵魂，虽然国内许多厂家的封闭系统仍然被局限于电子记事时代，但主流 PDA 厂家的可安装第三方软件的开放系统却正在进行更新换代。同 Palm OS 5 以及 Palm OS 6 一样，微软推出的 Pocket PC2002 操作系统由于对多媒体和网上互联的良好支持，正在受到热烈的市场追捧并得到了 HP、Compaq 和联想等主流厂商的全力支持。由于这些传统主流厂商雄厚的资本实力及强大的研发能力，加上可预见的掌上设备和传统 IT 设备的交融，虽然目前 Palm OS 的市场占有率超过了 60%，但预计操作系统的未来标准很可能还是会长期并存。此外，以 Linux 为操作系统的掌上电脑随着技术的进步也日益受到厂家的重视，也不容忽视。

四、中国 PDA 产品的发展趋势与市场预测

1. 未来 PDA 产品市场将呈现的特点

通信类 PDA 产品将成为中国 PDA 产品市场上一个新亮点，带动个人消费市场需求的增长。

普通掌上电脑市场因受到来自电子辞典类产品和通信类 PDA 产品两个方面的竞争压力，市场份额将被逐步取代。

PDA 行业应用市场从 2002 年下半年开始逐步启动，因受产品价格制约，Palm、Wince、按需定做产品将形成行业应用三足鼎立局面。

随着消费者对产品的加深认识，产品市场将以实用为本，面对不同的消费群体、不同的应用需求、不同的支付能力，细分市场，开发不同类型的产品，满足多层次的要求，从而扩大市场需求容量。

2. 技术趋势与市场结构互动

随着移动通信技术的不断发展，移动通信网络与互联网将在不久的将来实现真正的融合，而数据服务在通信服务中所占的比例也在不断增大，未来移动通信终端必将是拥有强大数据处理功能的多媒体通信设备。从产品技术的层面看，如今 PDA 的通信能力正在经历有线 Modem、无线 Modem，向着与未来通信模块整合的趋势发展。而移动电话产品则在向下一代通信技术演进的同时不断扩展计算和存储能力。可以说，无论是现在的 PDA 还是移动电话，都在向着三网合一大背景下的 3C 融合方向发展。展望未来，世界 PDA 技术的发展趋势将是拥有更强大的基本功能、推行开放系统，并具有数码相机、GPS(全

球卫星定位系统）、MP3 音乐和即时上网等功能。

总之，PDA 市场的中心现在正在从消费电子市场转向企业、行业应用市场，后台数据库、应用服务器的集成度，对开放标准的支持程度，第三方应用软件开发商队伍等因素显得越来越重要。从技术上讲，移动计算市场正在从黑箱时代向白箱时代过渡，零配件的标准化，各种应用软件和不同操作平台之间的互动性，以及不同格式数据的交换标准的普及将是 PDA 产业化发展和普及的最终趋势。

3. 市场预测

日本调查机构 Nikkei Market Access（Nikkei MA）预测，2003 年全球 PDA 产量将提高 14%，达 1080 万台。

随着宽带移动数据业务的推广和发展，尤其是有宽带上网及数据处理功能的智能手机问世，将使 PDA 产业驶入快速发展的轨道，IDC 预测，2003 年以后 PDA 仍会保持 52% 的年增长率。依此预测中国互联网用户中采用 PDA 上网的用户量见表 5.11。

表 5.11　　2003～2005 年中国 PDA 市场及应用情况预测

年　份	2003	2004	2005
PDA 拥有量（万部）	315.9	480.1	729.8
行业 PDA 所占比例	15%	25%	45%
PDA 上网用户数（万户）	193.5	294.1	447
行业应用 PDA 用户数（万户）	47.8	120	382.4

资料来源：CCID

PDA 领军企业 Palm 在全球 1000 多万部销量中有 70%面向行业用户，而中国这一比例只有 10%。PDA 应用于消费、制造、医疗卫生、交通运输、金融和政府等领域，在定单及存货管理、质量控制、邮件传送等业务中发挥了极其重要的作用，尤其是 WLAN 网络的快速发展，更为具有无线通信和上网功能的 PDA 在行业应用市场中制造了巨大商机。但此种 PDA 存在价格偏高、行业应用软件缺乏以及对不同行业使用环境适应性差等问题，因此制约它在中国行业应用中的发展速度。

5.2.4　多媒体移动终端市场启动，PDA 和手机的融合

多媒体移动终端产品按功能可分为 MMS 型手机(彩信手机)、PIM 型手机(智能手机)、PDA 型(PDA 手机)和 Wireless PDA(无线 PDA)四类。目前，在中国市场上，MMS 型和 PIM 型产品占据市场的主导地位，销售途径以传统的手机渠道为主。

互联网的普及、电子商务的兴起、无线通信技术的突飞猛进，加之 PDA 在全球的成功，促成了人们对基于 PDA 不同应用功能的需求；而 GPRS 技术的产生和其高吞吐量促使人们在 PDA 上实现各种无线应用，例如 MP3、视频、移动电子邮件、无线互动游戏、无线互联网连接和移动电子商务等。2000～2002 年中国手机 PDA 市场销售情况如图 5.24 所示。

手机 PDA 呈现出快速发展的势头。目前这一市场的竞争者主要有摩托罗拉、诺基亚、快译通、多普达和波导等，其中摩托罗拉一直占据这一市场的主导地位。而更多 PDA 和手机厂商的加入，手机 MMS 和 PDA 无线应用的发展趋势将增加这一市场的发展活力。

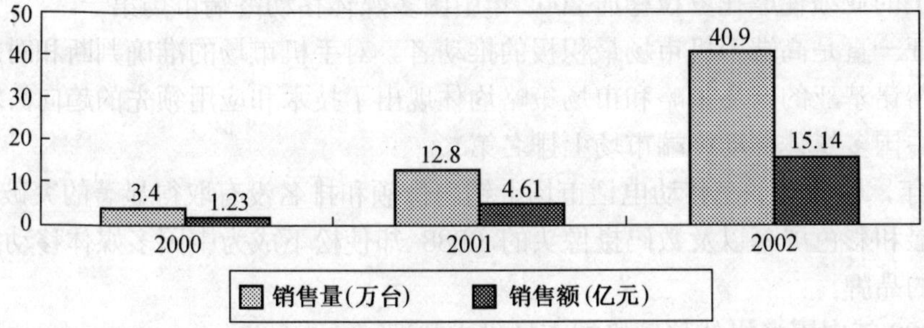

图 5.24　2000～2002 年中国手机 PDA 市场销售情况

数据来源：CCID

2002 年中国多媒体移动终端市场正式启动，年销售量达到 75.1 万台，销售额达到 29.67 亿元。市场启动的标志是彩信业务和彩信手机的推出以及具有强大计算功能的 PDA 手机纷纷上市。

2000～2002 年中国多媒体移动终端市场销售量和销售额如图 5.25 和图 5.26 所示。

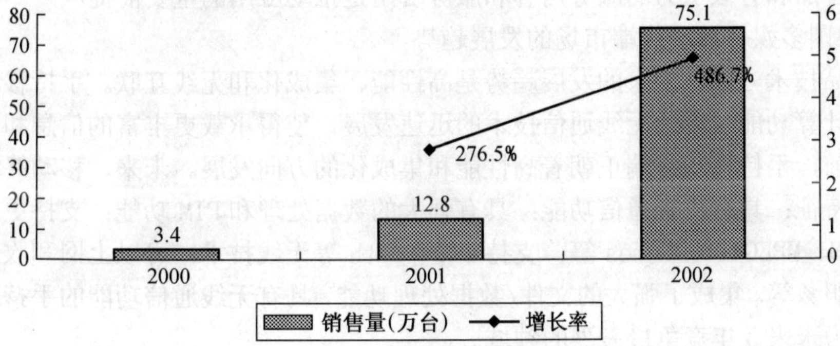

图 5.25　2000～2002 年中国多媒体移动终端市场销售量情况

数据来源：CCID

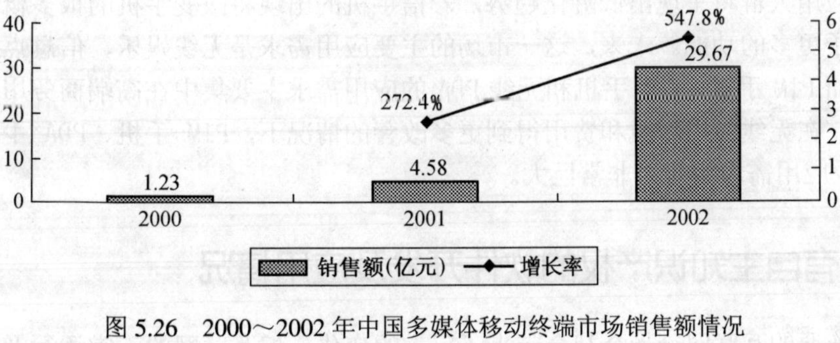

图 5.26　2000～2002 年中国多媒体移动终端市场销售额情况

数据来源：CCID

1．2002 年多媒体移动终端市场品牌竞争状况

2002 年，在多媒体移动终端市场上，摩托罗拉、诺基亚、松下等手机厂商占据主导地位，而 PDA 厂商市场份额较少。摩托罗拉强大的品牌、技术、市场竞争优势和对中国手机市场的积极策略成就了它在中国手机市场上最有力竞争者的地位。2002 年，在 PIM

手机市场上的业绩使摩托罗拉稳居 2002 年中国多媒体移动终端市场第一。

诺基亚一直是高端手机市场最积极的推动者。对手机市场的准确判断和对技术的不倦追求使得诺基亚的产品策略和市场策略均体现出了技术和应用领先的趋向。2002 年，诺基亚在中国多媒体移动终端市场上排名第二。

2002 年，尽管松下在移动电话市场上销售份额和排名没有取得显著的突破，但集成了折叠双显和彩色屏幕以及数码摄像头的 GD88 却使松下成为中国多媒体移动终端市场上第三名的品牌。

2. 2002 年中国多媒体移动终端市场供求状况

多媒体移动终端市场刚刚起步，从产品的角度来看，市场特点表现为：各细分市场供应产品较少，只有少数领先厂商提供了少量产品；产品差别大、层次多，主要体现在功能和操作系统平台方面；用户认知和需求还未得到充分挖掘，市场仍处于培育期，除了彩信手机外，其他类别的多媒体移动终端产品的市场认知和接受程度都比较低。

在终端产品方面，各类别的多媒体移动终端产品普遍价格偏高，与消费者的可接受价格存在较大差距，服务费价格偏高，对范围更大的消费者吸引力不大。便宜、实用的移动终端产品和有吸引力的服务内容和服务费用是推动应用的重要前提。

3. 中国多媒体移动终端市场的发展趋势

在产品技术方面，未来的发展趋势是高性能、集成化和无线互联。手持移动终端日益强大的计算功能，以及无线通信技术的迅速发展，使得承载更丰富的信息和服务成为可能。目前，手持移动终端正朝着高性能和集成化的方向发展。未来，移动终端产品将具有以下特征：具有语音通信功能；具有强大的数据处理和 PIM 功能；支持更多娱乐功能，如 MP3、MPEG4、3DGames 等；支持 Bluetooth 等无线技术；可以上网和收发邮件；支持定位服务等。集成了强大的文件/数据处理功能，具有无线通信功能的手持终端设备市场将成为未来 5 年竞争最激烈的领域。

在用户需求方面，不同类别的多媒体移动终端产品将呈现出不同的需求特点。其中，彩信手机的主要需求群体是时尚的年轻消费者。随着应用的扩展，这一市场的消费群体将扩大，应用人群将呈现出低龄化趋势，彩信手机的出现将改变手机的很多概念，手机将会被赋予更多的功能。未来，这一市场的主要应用需求是无线娱乐、信息点播和金融服务等。而 PIM 手机、PDA 手机和无线 PDA 的应用需求主要集中在高端商务用户和行业应用方面。在无线应用环境和费用得到更多改善的情况下，PIM 手机、PDA 手机和无线 PDA 的行业应用需求的潜力非常巨大。

5.3 具有自主知识产权的软件开发及应用情况

全球连通的互联网给当今社会带来了巨大的变化，但互联网的正常运行及其功能的充分发挥则是依靠大量不同种类的软件来支持的。从互联网的构建到使用和维护，相关的软件可以简单分为以下 3 大类。

1. 互联网构建类软件：操作系统、数据库系统、路由器软件、网页设计软件和网站系统集成相关软件等。

2. 互联网维护类软件：网管软件和防火墙、杀毒软件等网络安全软件。

3. 互联网应用类软件：搜索引擎系统、电子邮件系统、计费系统、下载软件、网络及时通信软件、网络浏览系统、网络播放系统、FTP 类软件和 Telnet 类软件、网络游戏等。

互联网构建类软件中，中国自主知识产权产品很少；互联网维护类软件中，网络安全软件中国自主知识产权产品占有很大优势，互联网应用类软件种类繁多，中国也有很多自主知识产权的产品，分布广泛并且在某些细分市场占有一定份额。总体来说，目前互联网领域中国自主知识产权软件的开发和应用较国外软件还有很大差距。

5.3.1　互联网构建类软件的开发及应用情况

互联网构建类软件包括操作系统、数据库系统、路由器软件、网页设计软件和网站系统集成相关软件等，日前国内尚无自主开发的网页设计软件。操作系统类软件，在服务器领域绝大部分市场被 UNIX 和 Lunix 占领，在计算机领域绝大部分被 Windows 占领。目前中国自主开发的主要有几种 Lunix 操作系统产品：中科红旗 Lunix、中软 COSIX Lunix、冲浪平台软件公司的 Xteam Lunix 以及拓林思公司的 Turbo Lunix 等。2001 年底，北京市政府采购中科红旗 Lunix 和中软 Lunix 操作系统软件 2801 套，估计目前市场总销量达几十万套。数据库系统几乎被 Oracle、Sybase、DB2 和 SQL Server 等国外几大知名品牌占据，国内仅有东软开发的 OpenBase 有微弱的市场份额。

路由器软件属于嵌入式软件，与路由器硬件整体销售。路由器是组建互联网的重要设备，目前高端路由器的主要市场被美国的 Cisco 公司占据，其网络路由器全球市场占有率为 85%，中国的华为公司在中低端路由器已有一定市场份额，开始进军高端市场，对 Cisco 公司构成挑战。华为公司路由器产品中的嵌入式软件除部分委托中软公司开发外，其余全部自主开发。

网络系统集成指系统集成商根据客户要求，选用相关的硬件和软件产品构建一套网络系统。网络系统集成相关软件指在构建网络系统时设计一些局部的接口软件和二次开发软件，这些软件虽然不是独立的软件产品，但对构建整个系统却是必不可少的，这一领域主要由中国众多的系统集成公司占领。

5.3.2　互联网维护类软件的开发及应用情况

互联网维护类软件主要有网管软件和网络安全软件两大类。网络安全软件包括防火墙、杀毒软件和防黑客系统等，这是中国自主知识产权软件产品最具优势的领域。2002 年中国网络安全软件市场总额 18.36 亿元，较 2001 年市场总额 12.3 亿元增长 49.3%，近 4 年中国网络安全软件的市场增长率都在 30%以上，明显高于整个软件市场的增长速度。但与发达国家相比，中国用于信息安全方面的投资还很低，中国企业用于安全系统的投资一般不足企业信息系统建设总成本的 2%，而国外企业用于安全系统的投资占整个网络建设投资的 15%～20%。

1. 网管软件

随着网络技术的普及，各企业都竞相上网，网络规模日益扩大，网络产品也越来越丰富。对大型企业来说，网络规模较大，网络结构复杂，一旦网络出现故障，查找和维护起来都很困难。对小型企业和 SOHO 用户来说，他们技术水平不高，聘请专业网络管理员费用太高。因此，网络管理软件已成为网络必不可少的一部分，但这一庞大的市场几乎全部被国外软件占据。

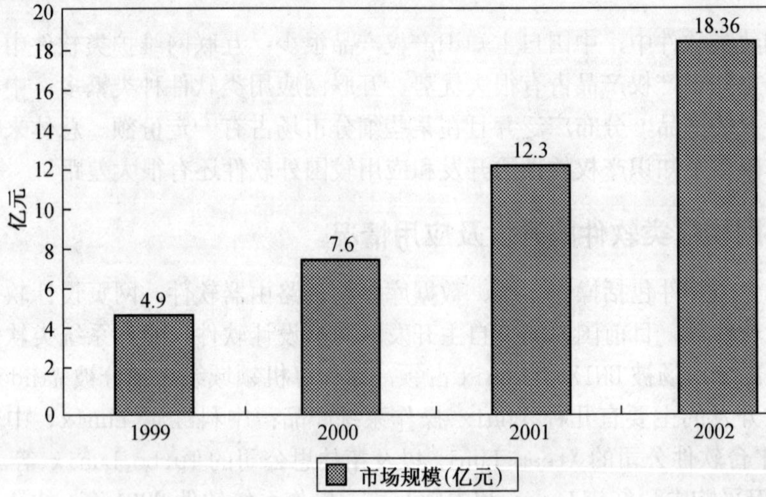

图 5.27　1999～2002 年中国网络安全软件市场规模

资料来源：CCID

网络管理主要指针对企业和服务供应商的通信基础设施中的网络和服务部分进行管理的解决方案。网络管理软件管理的典型网络要素包括数据、语音、网络线路和无线连接等。本报告采用 IDC 的分类，根据网络管理软件产品功能的不同，IDC 将网络管理软件市场划分为 5 个子市场。

（1）网络故障管理软件，主要是指基于 SNMP 和 TMN 平台的网络事件和警报监控软件。

（2）网络配置管理软件，包括网络要素配置软件、网络设计软件、IP 地址管理软件、网络目录管理软件和网络策略服务器。

（3）网络记帐管理软件，是指对企业中私用网络或公共数据网络资源根据用户的使用情况进行计费和管理的软件。

（4）网络性能管理软件，主要收集和管理历史、现有和未来的网络通信量和时间等。网络性能管理软件包括网络服务水平报告、网络性能分析、网络测试和网络仿真等相关产品。

（5）网络服务管理软件，主要包括网络服务供应商所使用的工具，如网络服务保证、服务激活和预备、服务生成、服务互联网关、客户网络管理、使用监督和使用欺诈管理等。这些软件产品主要是在通信服务供应商的管理网络中使用。

据 IDC 数据，2001 年中国网络管理软件市场（只包括软件许可证和维护费用）的规模为 5.28 亿美元，预计中国网络管理软件市场的规模将在 2006 年达到 26.83 亿美元，2001～2006 的复合年平均增长率 CAGR(Compound Average Growth Rate) 将达到 38.4%，如图 5.28 所示。

通常，较大规模和比较复杂的网络系统需要网络管理软件来保证网络的正常运作。大型和中型企业拥有较大和较复杂的网络，因此他们是网络管理软件市场中最重要的客户。典型的大型企业客户包括银行、电信运营商、铁路和航空公司等。典型的中型企业包括二级商业银行如城市商业银行和地方典型运营商等。一些小型企业也在他们的网络系统中使用网络管理软件产品。小型企业的代表是互联网企业，这些用户使用的典型网络产品包括网络故障管理和网络配置管理软件等。IDC 数据表明，2001 年大型企业用户（1000 名员工以上）占有整个网络管理软件市场的 59.7%。中型企业用户（员工数在 500～1000 人之间）占整个网络管理软件市场的 27.2%。小型企业（员工数在 200～500 人之间）占有整个网络管理软件市场的 11.9%。微型企业用户（员工数在 200 人以下）占到整个网络管理软件市场总额的 1.2%，如图 5.29 所示。尽管目前大中企业仍然在网络管理软件市场中占据举足轻重的地位，但随着大量中小企业的信息化进程加快，他们将会对网络系统和网络管理系统产生巨大的需求，中小企业用户将在网络管理软件市场中占据更大的份额。

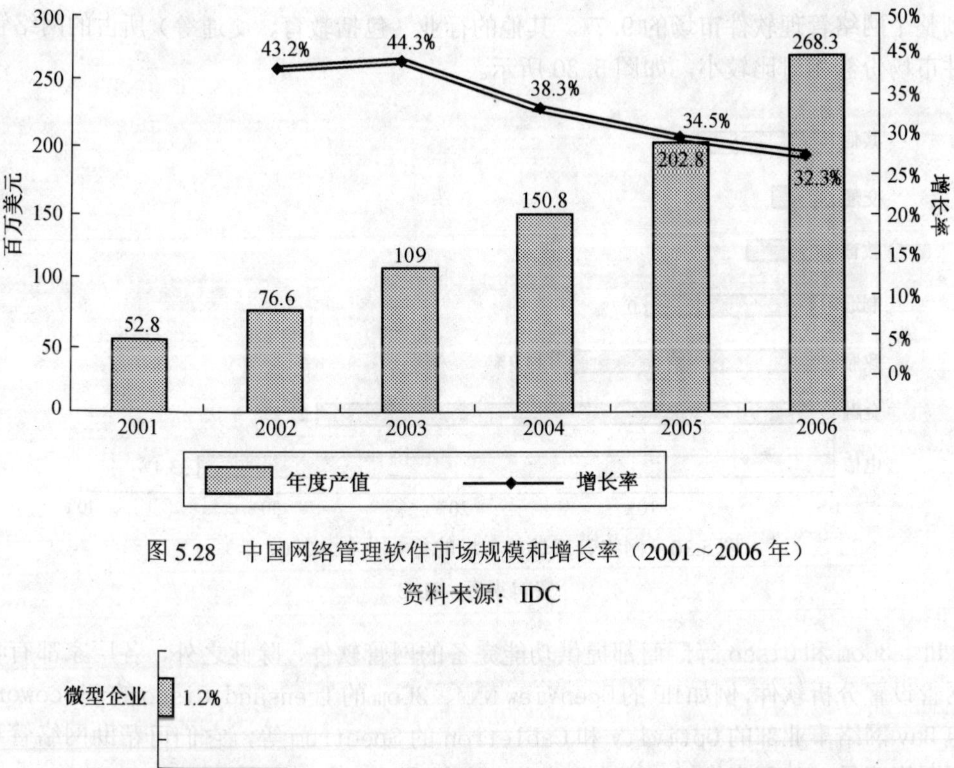

图 5.28　中国网络管理软件市场规模和增长率（2001～2006 年）

资料来源：IDC

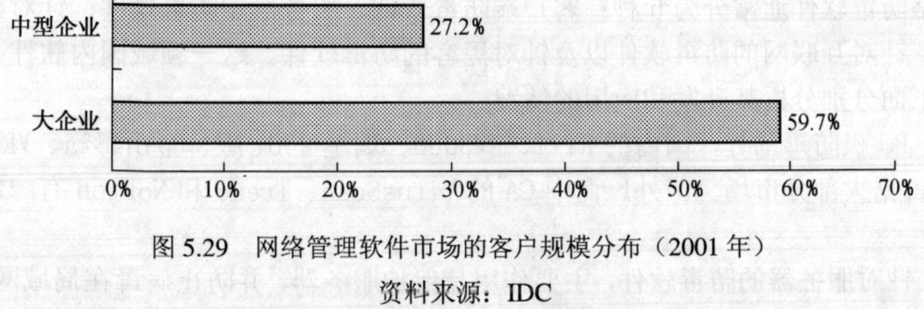

图 5.29　网络管理软件市场的客户规模分布（2001 年）

资料来源：IDC

从行业分布来看，2001年电信和金融依然是网络管理软件市场最重要的客户，电信大约占到整个网络管理软件市场的33.3%。而金融行业占到了整个网络管理软件市场的27.2%。政府和制造行业是其他两个比较重要的行业。“电子政务”在全国范围内推动了政府信息化的建设，网络（包括网络硬件和网络管理软件）作为基础设施，成为“电子政务”必不可少的部分。同时，中国的政府架构本来就是比较复杂的网络结构，不同的政府职能部门和不同级别的政府常常需要协同工作，因此，“电子政务”要求的网络基础设施相应也会比较复杂，进而需要网络管理软件来确保网络的正常运转。2001年，政府行业的投资占到整个网络管理软件市场的14.9%。制造行业的网络管理软件需求主要由企业信息化的需求所带动。大量的企业正在实施或者正在考虑实施企业信息系统，包括ERP，CRM和SCM等。这些系统通常都对网络系统的性能有着较高的要求，因此网络管理系统便被制造业用户用来作为这些企业信息系统的运作保证。2001年，制造行业的投资占到整个网络管理软件市场的9.7%。其他的行业（包括教育、交通等）所占的网络管理软件市场份额相对比较小，如图5.30所示。

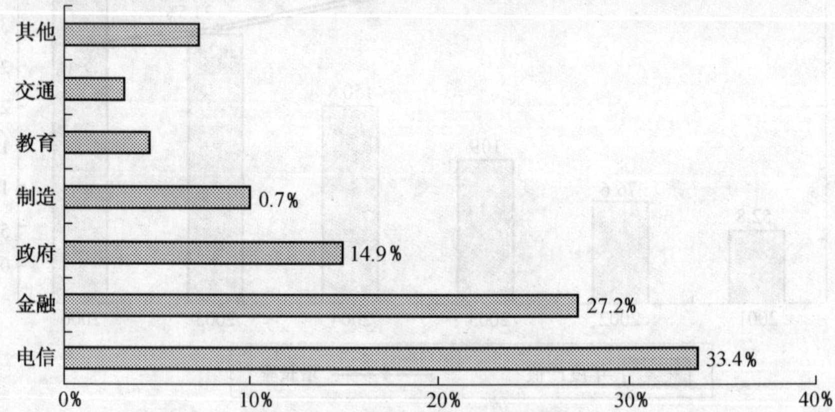

图5.30　网络管理软件市场的行业分布（2001年）

资料来源：IDC

HP、3Com和Cisco等厂商都提供功能完备的网管软件，除此之外，各厂家都有自己的网管设置分析软件，例如HP的OpenView NNM、3Com的Trensand、Cisco的Ciscoworks、北电Bay网络事业部的Optivity和Cabletron的Spectrum等，它们可帮助网络管理员分析网络流量，甚至交换机、路由器各端口的流量。

2．防毒软件

网络防毒软件通常分为5种：客户端防毒软件、服务器端防毒软件、针对群件的防毒软件、针对互联网的防毒软件以及针对黑客的防毒软件。这一领域国内软件占有显著优势，下面分别分析其开发和应用的情况。

（1）PC机防毒部分，国内的Kill、KV3000、瑞星2001版、金山毒霸、VRV2000和AV95等占据大部分市场。国外厂商中CA的VirusScan、Trend和Norton有一定市场份额。

（2）针对服务器的防毒软件，主要作用是保护服务器，并防止病毒在局域网内传播。服务器端的防毒软件，不同厂家的软件技术上没有太大的区别。国内厂商的产品并不比国外的逊色，价格却便宜不少，因此国内的主流防毒软件占据了大部分市场。

（3）由于群件（如Lotus等）的应用越来越广泛，对群件包的扫描需求越来越迫切。各个厂商也各自推出了自己相应的产品，可惜国内厂商在这个方面还有欠缺。

（4）在针对E-mail、FTP文件中的病毒防治方面，ActiveX和Java的恶意程序的防治方面，CA的几种软件做得较好。国产软件对E-mail中的病毒有效，但对于Java的恶意程序的防治还不如国外厂商同类产品。

（5）针对黑客入侵的防护软件，VRV推出了此类软件，它通过MAC地址与权限列表中的严格匹配，控制用户的越权行为。

3．防火墙软件

防火墙是网络安全的第一防线，越来越多的用户认识到安装防火墙的重要性，因此国内防火墙的开发很热，有很多公司，仅上市的IT公司中就有清华紫光、清华同方、东大阿派、华源发展、海信电器和实达电脑等。目前市场份额较大的是天融信公司的防火墙产品，天融信公司拥有覆盖全国三十多个省市区域，涉及政府、金融、电信、军队、能源、交通、证券、海关和教育等行业的三千多家用户。据CCID的调查统计，天融信防火墙产品在2000年和2001年销售额和市场份额均居国内厂商之首。

据不完全统计，具有国家颁发的销售许可资格的防火墙产品已有150余款，而且更新换代很快，例如东软NetEye防火墙、天融信NGFW防火墙、海信防火墙和中网黑客愁防火墙等。两年前进入市场的国内防火墙产品主要还是中低端产品，现在一些国内厂商已开始开发高端产品，如吉比特防火墙。

目前很多国外产品进入中国市场，尤其是高端产品领域，国外的厂商主要有AXENT、Check Point、Cisco、Cyber Guard、NetGuard、NetScreen和Secure Computing，这7个厂家均获得国际计算机安全协会的认证资格。其中AXENT、Cyber Guard和Secure Computing属于代理型防火墙，只允许被代理的协议通过，并且将数据重新打包。Check Point、Cisco、Netscreen和NetGuard属于状态检测型防火墙，只检查数据包是否被允许通过，不影响网络性能。其总体性能比使用代理技术的AXENT、Cyber Guard和Secure Computing的强。

5.3.3 互联网应用类软件的开发及应用情况

互联网应用类软件有：搜索引擎系统、电子邮件系统、计费系统、下载软件、网络及时通信软件、网络浏览系统、网络播放系统、FTP类软件和Telnet类软件以及网络游戏等。中国自主知识产权软件产品在这一领域分布广泛，占有一定优势，而且随着互联网强大而丰富的应用功能不断被开发出来，相信将会有更多的国产优秀软件产品被生产出来，并在市场上得到广泛应用。

1．搜索引擎系统

目前应用最多的搜索引擎系统是Google，几乎垄断除中国外的全球搜索引擎市场。Google搜索引擎不但能够适应世界主要的语言体系，而且数据量巨大，准确度很高，数据库更新很快。Yahoo搜索引擎目前采用的也是Google的搜索引擎技术，它是全世界使用人数最多的英文搜索引擎，国内三大门户网站之一网易也是采用Google的搜索引擎技术。

但中国的百度公司开发的搜索引擎系统也正被越来越多的上网者使用，发展速度非常快。相对 Google 的全球搜索，百度只做中文搜索，中文网页库存 1 个亿。百度垄断着整个中国互联网的门户市场，每天中国发生的 80%的网上搜索请求来自百度，百度企业级客户包括 sina、sohu、tom、QQ、21cn、上海热线和广州视窗等著名中文门户。

2. 电子邮件系统

电子邮件是互联网最主要的应用之一。据 IDC 估计，2002 年全球每天平均收发的电子邮件达 100 亿封。在中国的网络上，千万用户每天收发的电子邮件也是数以亿计。而随着企业的“e 化”，越来越多的企业已经运用电子邮件来进行内部外部的信息交换传播。

电子邮件系统主要由基于硬件或支撑软件提供邮件功能模块的产品提供商、专业邮件系统厂商和电信集成商 3 种不同的邮件系统提供者三足鼎立，各有优势。一些免费电子邮件系统如 Sendmail、Qmail 等曾被国内用户广泛采用。但一方面由于它们是基于企业服务端较少应用的 UNIX 平台，一方面由于这类邮件系统采用集中式的体系结构，系统的处理效率较低，用户数量增大到 5 万时，系统速度会明显降低，出现访问困难、邮件阻塞的情况，所以目前在国内市场占有率较低。据赛迪资讯顾问有限公司 2000 年 10 月在全国范围内开展的对企业电子邮件现状的调查结果，选用 Sendmail 和 Qmail 作为自己邮件系统的企业仅有 5%。

目前企业服务端使用的操作系统中 Microsoft NT 占了主导地位，所以基于该平台的两款成熟商业软件 Exchange 和 Lotus Notes，分别被 29.03%和 16.13%的企业所选择。应该看到无论从技术和服务上，像微软这样的国外大厂商都是国内同行学习和追赶的目标。他们基于硬件或系统软件支撑软件提供邮件功能模块的模式也正是建立在自己雄厚的实力上。

国内的邮件系统软件提供商中，主要有以世时永联为代表的一系列专业邮件系统厂商。权威调查显示，在国内的邮件系统软件提供商中，世时永联公司的大容量电子邮件系统 For-mail 市场占有率为 13.71%，成为市场占有率最大的国内电子邮件系统软件，主要面对的是企业市场。经过两年多的用户考验，For-mail 日趋成熟，并且在世时永联“为中国互联网提供非凡动力”和“Expert Service——随时随地的专家服务”的理念支持下，赢得了用户的信任。美国《PC Computing》杂志的评审人员针对 For-mail 对大规模用户的支持、注册用户的响应时间、对多域名的支持、汉字 GB 和 HZ 两种主要内码自动转换、WEBMAIL 地址薄功能、对其他设备的支持功能和对系统各种服务监控等 26 项功能与性能指标进行了严格的评测，最终将“PC Computing 五星产品奖”和“超大规模邮件系统中的精品”的最高荣誉授予 For-mail。这也是中国互联网应用软件提供商在某些领域达到世界先进水平的体现。

电信集成商提供电子邮件系统的主要代表是亚信公司，其推出的基于 Oracle 千万级用户数据库系统的大型邮件系统 AIMC，主要面对的是为成百上千万用户提供邮件服务的 ISP、ICP 和其他电子邮件服务提供商。亚信设计并承建了包括四大全国骨干网在内的 100 多个计算机网络工程，在该领域内形成了巨大的优势，拥有长期互联网建立、维护、运营、完善及通信基础设施全面解决方案及软件产品的丰富经验，在电信市场中拥有成熟的用户群和供应链，稳稳占据相当大的市场份额。

目前国内厂商中除了世时永联和亚信外，较早开发邮件系统的 ASP（如 163、21CN

等），以及索易、中网、易讯等公司都在努力为中国的邮件用户提供更好的服务。从技术、服务到价格，竞争正在全面展开。众多邮件系统不断推出新功能，如支持 WAP、PDA 的无线互联；服务方面如世时永联的“Expert Service”和亚信提出的 7×24 小时不间断贴心技术服务保障”；价格方面如世时永联数万元的高性能 For-mail M 版邮件系统，以及由游戏平台出身的 kali 公司，在业务转型后推出的低数量级低价格的邮件系统，价格仅 1.9 万元……这些事实都反映出未来电子邮件系统市场将面临激烈的竞争。

3. 计费系统软件

尽管电信及高科技产业总体形势低迷，电信计费的发展仍将在今后的几年中保持增长势头。2001 年电信计费市场的收入超过 48.2 亿美元，预期在 2005 年前将上升至 93.4 亿美元。亚信公司是国内电信计费系统的领先提供商，其新一代 OSS 系统是以数据分析为基础的、以客户为中心的集中式系统，即集中的数据管理、营业管理、财务管理和从地市级管理集中到省级的管理，到全国集中化的管理。

亚信公司自行开发的大容量电信级综合业务管理系统 AIOBS 及融合计费系统 AICBS，在国内 60%以上的电信网络投入了使用，成为支撑着中国电信运营商和互联网企业运营服务的关键软件。该软件已在各大主要硬件平台上进行了 3 次严格的 Benchmark 性能测试，各项主要性能指标均大大超过了业界公认的水平。亚信公司的电信级计费软件填补了中国千万级实时计费的空白。同时，亚信也是移动 BOSS 市场的领先者，目前占有该市场 1/3 的份额，获得 8 个省的移动 BOSS 系统项目。亚信已为四川移动、浙江移动和云南移动成功实施了 CRM 系统。

4. 下载软件

通过互联网下载信息，已成为互联网服务中除了电子邮件和搜索之外的第三大主要服务，CNNIC 第十一次调查结果显示，网络服务中使用电子邮件达到 92.6%，使用搜索引擎达到 68.3%，使用下载上传服务达到 45.3%。

下载软件一般很小，未形成独立的商业化市场，主要以免费软件和购买计算机时赠送为主。国内用的较多的是网络蚂蚁和网际快车 FlashGet。

5. 网络及时通信软件

中国的腾讯公司在这一领域独占鳌头，其自主开发的基于互联网的即时通信网络软件 QQ，设计合理易用、功能强大，稳定高效。QQ 不仅占领了中文即时通信市场 95%以上的市场份额，同时也是目前亚洲最大、全球第三大的即时通信网络，仅次于 AOL ICQ 和 AOL AIM。庞大的腾讯用户数体现了腾讯对强负载大流量网络应用和各类短讯通信应用的技术实力。QQ 用户群已成为中国最大的互联网注册用户群。截至 2000 年 12 月 31 日，QQ 用户群超过 4500 万，最高同时在线人数超过 82 万，每天独立上线人数超过 440 万。在 Iamasia 2000 年 12 月的报告中，腾讯公司网站 tencent.com 的触及率排在第 11 位，处在 China.com 和 21cn.com 之前。作为一种即时通信工具，QQ 支持显示朋友在线、寻呼、聊天、即时传送文字、语音和文件等功能。

QQ 是免费软件，它不仅可以作为网络虚拟呼机，还可以与无线寻呼、GSM 短消息及 IP 电话网等互联。目前，QQ 进入高速增长期，已覆盖超过 4000 万手机和寻呼机，基于 QQ 的庞大用户群，可以开展从电子商务、综合信息服务到广告等广泛的互联网业务。

目前微软公司的网络即时通信软件 MSN 正进军中国市场，但注册用户与 QQ 用户相比仍微不足道。

6. 网络浏览系统软件

由于微软公司在销售 Windows 操作系统时捆绑网络浏览软件 IE，网络浏览系统软件在国内未形成独立的商业化市场，目前腾讯公司和搜狐公司都提供免费的网络浏览系统，但实际用户很少。

7. 网络播放系统

现在使用的网络播放软件主要是国外软件公司 RealNetwork 的 RealPlayer，其用户远远超过微软 Windows 自带播放软件的用户数量。中国自主知识产权产品超级解霸也推出了具有网络播放功能的版本，相信用户数量将会迅速增长。

8. FTP 类软件和 Telnet 类软件

FTP 类软件和 Telnet 类软件的体积一般不大，大多为免费或共享软件，中国没有自主知识产权的 FTP 软件，仅仅有一些 FTP 助手软件，如免费下载的 FTP 软件助手“网络传神”。网络传神大小只有 832KB，在 FTP 上传方面主要有以下几个特点。

（1）网站同步功能：方便用户上传主页，只需设置一次，以后只要点击“网站同步”即可将磁盘上的主页与服务器上的主页进行同步上传。

（2）后台多文件传送功能：该功能可以开启多个连接上传一组文件，并且能够将整个目录上传到站点，而且可以工作在后台不影响前台的操作。

（3）磁盘镜像比较功能：采用本地磁盘映像机制，所谓磁盘映像就是每次上传文件时，自动记录成功上传文件的日期时间和长度信息，再比较采用生成的磁盘映像和本地目录，以确定出新的文件，并放在计划上传窗口，该比较的特点是准确，速度快。

（4）多站点镜像：支持同时向多个镜像站点进行文件上传更新。

（5）网站互传功能：支持服务器间的文件传送。

除去上述的主要功能之外，网络传神还有宏操作、定时上传、声音提示、服务器自动识别、远程文件编辑、自动关闭和错误监控机制等附属功能，这些都为它成为一流 FTP 软件奠定了坚实的基础。

9. 网络游戏软件

与美日韩等游戏大国相比，中国网络游戏起步较晚，市场发育也相对滞后，但是 2001 年以来，这一市场出现了迅猛的增长势头，潜力更是惊人。

新华社 2002 年 8 月 9 日发布的来自中国互联网中心和赛迪顾问的统计表明，中国网络游戏近两年的发展形势非常可喜，主要表现在 3 个方面：一是市场规模扩大，2000 年 0.38 亿元，2001 年 3.25 亿元，2002 年 1～6 月 2.85 亿元；二是市场结构的变化，大型网络类占 45.23%，休闲益智类占 43.08%，社区类占 11.69%；三是游戏人群的增长，总量已达 700～1000 万，其中，付费网络游戏人群 400 万，同时在线人数 60～90 万。

从上述数据可以看出，2001 年，中国网络游戏销售额超过 3 亿元，比上年增长 75.5% 以上，2002 年上半年的市场规模已达 2.85 亿元，接近于上年的销售总额，这个增长幅度相当可观。尤为惊人的是，大型网络游戏在中国正式启动不到一年时间，就以最快速度抢占了近 50%的市场份额，而且超过了长线产品棋牌和益智两类游戏的总和。

网络游戏增速迅猛，主要因素是如下。

（1）互联网的普及，上网费的下降，拉动网民数量的连续翻番，网络游戏用户占网民的比重也在快速膨胀。根据CNNIC第十一次调查结果，截至2002年12月31日，中国上网人数达到5910万，其中18.1%的网民经常使用网络游戏服务。而1999年～2001年，中国网络游戏用户占网民总数的比例一直保持在15%左右。

（2）政府对于游戏产业开始认同，并采取鼓励措施给予支持。由信息产业部倡导的、被誉为“中国游戏界奥斯卡”的“首届中国电子竞技大会”（1st China National Cyber Athletics Meeting，简称CNCAM）于2002年4月22日在北京隆重开幕，这场为期5个月的网络游戏大赛，在网民尤其是网络游戏用户中影响比较大，对网络游戏起到极大的促进作用。

（3）网络游戏是最具魅力的娱乐形式。据美国交互软件协会（IDSA）的一项最新调查显示，在电影、电视、游戏等娱乐项目中，最喜欢游戏的人占34%，在这些游戏爱好者当中，平均70%的上网时间在玩游戏。目前，网络游戏已经打破国家与地区的界限，不分年龄、性别、种族和国籍，玩家同时在线。随着网络的发展，天性喜爱游戏的网民将逐渐成为网络游戏市场的消费大军，网络游戏的市场具有很大的潜力。

（4）网络游戏具有清晰的收费模式：一是产品销售和收取月租费；二是和电信分成；三是通过网络广告赚钱。目前，在少数可以获得利润的网络服务项目中，网络游戏收费被公认是最成功的盈利模式之一。

目前，国内已有十多种来自韩国、日本和中国台湾的网络游戏在运行，这些公司除了销售他们的软硬件产品之外，有的还在中国内地搭建专用游戏服务器，推广自己的网络游戏。几乎同时，国内硬件、软件和网络（包括电信）三大行业一致看好网络游戏前景，有实力的企业纷纷向这一产业进军。从总体上看，市场格局初步形成四大战线。

一是网络运营商与游戏开发商的联合。最典型最成功的是盛大公司，2001年7月起，上海盛大网络公司代理韩国ACTOZ公司和WEMADE公司联合开发的网络游戏《传奇》，在中国内地市场正式运营，在全国15个省市开放1500多台服务器，国内注册用户超过4000万，同时在线玩家人数已突破30万，占国内网络游戏市场近65%的份额；2001年销售收入已达1.7亿元人民币，毛利率高达30%左右。不过，由于某些原因盛大公司已经与韩国ACTOZ公司停止合作，目前盛大公司推出了自己开发的游戏《新传奇》。

二是专业游戏网站与电信运营商的联合。目前国内最大专业游戏网站联众也即将引进韩国游戏，但这只是联众“进入非棋盘游戏运营”的第一步，其目标是与母公司海虹（控股）旗下的亚联、笑傲江湖、迪士尼中国等游戏网站联手，与北京电信发展总公司所拥有的全国性网络资源进行合作。在此基础上，合作双方初期目标是，在北京、上海、广州（或深圳）、成都等地开通网络游戏网站，然后再陆续推广到全国市场。在收费模式上，联众依然采取老办法，与电信按一定比例分配上网信息费。

三是国内著名的门户网站纷纷推出自己的网络游戏，把网络游戏作为主要赢利项目之一。网易拥有的自主游戏开发软件《大话西游》等产品推出后，用户增长非常迅速，每天同时再线人数已达10万人次。网易与广东电信宽带网的“VNET互联星空计划”签订合作协议，把自主开发的网络游戏《大话西游2》和《精灵》引入宽带平台。搜狐网站推出《骑士》网络游戏，新浪网携手全球最大的网络游戏公司Ncsoft，宣布组成合资公司，并正式推出全球排名第一的经典游戏《天堂》。

四是台湾游戏公司竞相进入中国内地。台湾的游戏产业起步较早，开发水平远远领先于内地，无论是资本实力还是运作能力，与内地同行相比都略胜一筹。早在 1999 年 9 月，台湾智冠就转投资 1.5 亿新台币，拓展中国内地网络游戏市场，开通了“中华游戏网”。紧随其后，以开发《仙剑奇侠传》而享誉国际游戏界的台湾大宇公司已在北京设立公司，并与日本著名游戏软件厂商艾尼克斯（Enix）合作，共同投资在北京成立一家新的游戏公司，联手开发中国内地游戏市场。

“游戏橘子”公司因代理韩国网络游戏《天堂》而获得成功，占领了台湾省 70%的网络游戏市场，成为岛内最大网络游戏运营商。2002 年 8 月，“游戏橘子”进入北京市场，推出韩国科幻网络游戏《混乱冒险》。与此同时，以开发第一款万人网络游戏《万王之王》而享誉内地的雷爵公司正式宣布雷爵（北京）资讯有限公司成立，将全力进军内地网络游戏市场。

据不完全统计，目前涉足中国内地的网络游戏商大约有 20 家左右，预计很快日、欧、美等游戏巨头也将进入中国潜力巨大的网络游戏市场，网络游戏将是互联网软件领域竞争最激烈的细分子市场。

（中国电子信息产业发展研究院　王存肃　任利华　任志安　朱建峰）

第 6 章 互联网资源建设发展状况

6.1 互联网域名和网站

6.1.1 域名总数

一、域名定义

根据国家信息产业部颁布的《中国互联网络域名管理办法》中的定义，域名是指互联网络上识别和定位计算机的层次结构式的字符标识，与该计算机的互联网协议（IP）地址相对应。它由英文字母和阿拉伯数字组成。

注：这里面的域名包括 CN 域名和通用顶级域名（gTLD），不含中文域名和二级域名；

中国域名是指域名注册单位属中国的域名。

二、域名现状

（一）中国域名总数

自 1994 年 4 月 20 日中国正式接入国际互联网以来，中国的域名数量得到飞速增长。中国互联网络信息中心（以下简称 CNNIC）的调查结果显示，截至 2002 年 12 月 31 日，中国域名总数达到 940329 个。

（二）中国域名地域分布

截止至 2002 年 12 月 31 日，CNNIC 的调查结果表明，中国各地区域名比例最高的是北京，达到了 19.00%，其次是广东，为 14.02%，浙江以 9.75%的比例高于上海，位列第三，青海、宁夏、贵州则分别以 0.07%、0.16%和 0.36%的比例位居最后。中国域名数最多的地区也是中国经济发展状况良好的地区。中国域名地域分布见表 6.1 和图 6.1。

表 6.1 中国域名地域分布情况

	北京	上海	天津	重庆	河北	山西	内蒙古
数量	178627	82980	13744	9208	20987	5955	4418
所占比例	19.00%	8.83%	1.46%	0.98%	2.23%	0.63%	0.47%
	辽宁	吉林	黑龙江	江苏	浙江	安徽	福建
数量	28038	6984	14553	71294	91703	17437	48795
所占比例	2.98%	0.74%	1.55%	7.58%	9.75%	1.85%	5.19%

续表

	江西	山东	河南	湖北	湖南	广东	广西
数量	7663	54644	15392	25557	16357	131822	9948
所占比例	0.81%	5.81%	1.64%	2.72%	1.74%	14.02%	1.06%
	海南	四川	贵州	云南	西藏	陕西	甘肃
数量	4239	27158	3352	7284	5030	13529	3983
所占比例	0.45%	2.89%	0.36%	0.78%	0.54%	1.44%	0.42%
	青海	宁夏	新疆	香港	台湾	澳门	国外*
数量	672	1535	3884	3232	1786	39	8500
所占比例	0.07%	0.16%	0.41%	0.34%	0.19%	0.00%	0.91%

* 注："国外"项是指国外注册服务机构负责注册的 CN 域名数。

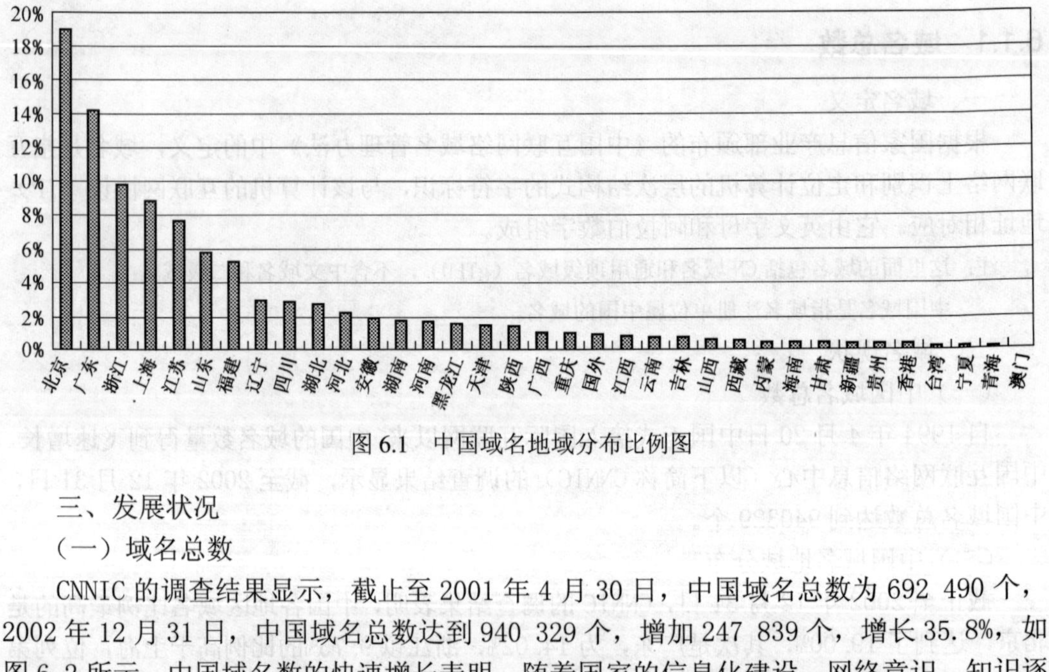

图 6.1 中国域名地域分布比例图

三、发展状况

（一）域名总数

CNNIC 的调查结果显示，截止至 2001 年 4 月 30 日，中国域名总数为 692 490 个，2002 年 12 月 31 日，中国域名总数达到 940 329 个，增加 247 839 个，增长 35.8%，如图 6.2 所示。中国域名数的快速增长表明，随着国家的信息化建设，网络意识、知识逐渐普及，中国的互联网在经历了寒冬之后又重新呈现出蓬勃发展的趋势。

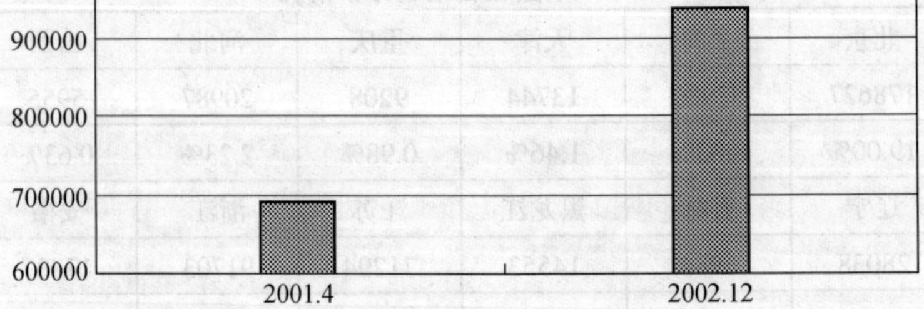

图 6.2 2001 年和 2002 年域名数比较

（二）域名地域分布

与 2001 年 4 月 30 日相比，经过一年多时间的发展，各地区的域名数整体上呈现出一种强劲增长的势头，但域名数变化状况和变化程度均有所不同，这种变化状况和程度跟各地区的经济发展状况有很大的关系。浙江、广东、山东和江苏四省属于中国经济发展状况良好的省份，这四个省份中各省的域名数增加量超过 3 万，四省合计增加的域名总数达到 146 078，占全国总增长量的 62.8%。与此相反，经济发展状况相对欠佳的河南、辽宁、海南三省的域名数减少最多，三省合计减少 14862 个域名。各地域名数具体情况见表 6.2。

表 6.2　　2001～2002 年中国各地域名数据

	北京	上海	天津	重庆	河北	山西	内蒙古
2001.4	150 686	68 210	11 357	5 124	10 318	6 579	3 185
2002.12	178 627	82 980	13 744	9 208	20 987	5 955	4 418
	辽宁	吉林	黑龙江	江苏	浙江	安徽	福建
2001.4	32 616	5 263	9 418	40 026	44 250	7 063	32 755
2002.12	28 038	6 984	14 553	71 294	91 703	17 437	48 795
	江西	山东	河南	湖北	湖南	广东	广西
2001.4	6 579	23 268	22 090	22 229	12 742	95 841	9 210
2002.12	7 663	54 633	15 392	25 557	16 357	131 822	9 948
	海南	四川	贵州	云南	西藏	陕西	甘肃
2001.4	7 825	23 198	3 116	6 994	2 562	14 542	3 532
2002.12	4 239	27 158	3 352	7 284	5 030	13 529	3 983
	青海	宁夏	新疆				
2001.4	1 593	2 285	7 825				
2002.12	672	1 535	3 884				

6.1.2　网站总数

一、网站定义：

网站指有独立域名的 web 站点，其中包括 CN 和通用顶级域名（gTLD）下的 web 站点，即通用顶级域名数（gTLD）下的网站+CN 域名下的网站。此处的独立域名指的是每个域名最多只对应一个网站“WWW.+域名”。

二、网站现状

（一）中国网站总数

1994 年 5 月 15 日，中国科学院高能物理研究所设立了国内第一个 WEB 服务器，推出中国第一套网页以来，中国的网站数量增长十分迅速。CNNIC 的调查结果表明，截止至 2002 年 12 月 31 日，中国的网站总数达到 371 600 家。

（二）中国网站类型

在中国 371 600 家网站中，属于 COM 和 COM.CN 的网站最多，占全国网站中的 78.3%。

其次是 NET 和 NET.CN，在全国网站中占 14.6%。这两类网站合计占中国网站的 92.9%，企业网站和商业网站成为中国网站里的绝对主体部分，见表 6.3。这表明随着网络的普及，信息化程度的提高，网站的商业化气息日趋浓厚，互联网在中国的应用迈入一个新的阶段。

表 6.3　　各类型网站分布情况

AC.cn	COM 和 com.cn	edu.cn	GOV .cn	NET 和 net.cn	ORG 和 org .cn	行政区域名.cn
0.1%	78.3%	略	1.7%	14.6%	4.8%	0.5%

（三）中国网站地域分布

截止至 2002 年 12 月 31 日，CNNIC 的调查结果显示，中国各地区中北京市的网站数最多，达到 75066 家，占全国网站总数的 20.2%；广东省的网站数亦有 70192，仅次于北京，占全国网站总数的 18.9%；上海市的网站数达到 39 677，占全国网站总数的 10.7%。北京、广东和上海三地区的网站总数占中国网站数的 49.8%；网站数最少的三个地区分别为青海、宁夏和西藏，其网站数只占全国网站数的 0.6%。北京、广东和上海均属于中国经济发展状况良好的地区，且企业数量众多，而青海、宁夏和西藏三地区的经济发展状况相对落后，企业数量也少。结合中国网站中以企业网站和商业网站为绝对主体的现状表明，各地区的经济发展状况和企业数量在相当程度决定着该地区的网站数量。各地区网站情况见表 6.4。

表 6.4　　各地区网站数量及占中国全部网站的比例

	北京	上海	天津	重庆	河北	山西	内蒙古
网站数	75 066	39 667	4 843	3 206	8 037	1 959	2 014
百分比	20.2%	10.7%	1.3%	0.9%	2.2%	0.5%	0.5%
	辽宁	吉林	黑龙江	江苏	浙江	安徽	福建
网站数	12 567	2 682	3 769	29 202	31 216	4 568	13 690
百分比	3.4%	0.7%	1.0%	7.9%	8.4%	1.2%	3.7%
	江西	山东	河南	湖北	湖南	广东	广西
网站数	1 971	16 740	6 216	8 567	5 697	70 192	3 082
百分比	0.5%	4.5%	1.7%	2.3%	1.5%	18.9%	0.8%
	海南	四川	贵州	云南	西藏	陕西	甘肃
网站数	1 399	11 557	1 093	2 959	947	3 132	1 333
百分比	0.4%	3.1%	0.3%	0.8%	0.3%	0.8%	0.4%
	青海	宁夏	新疆	香港*	台湾*	澳门*	
网站数	316	691	1 711	1 312	177	22	
百分比	0.1%	0.2%	0.5%	0.3%	0.0%	0.0%	

* 注：这三项分别指香港、台湾、澳门在中国内地开通的 WWW 站点数，并非这三地所拥有的全部 WWW 站点数。

三、发展状况

（一）网站总数

随着互联网在中国进一步的发展，中国网站数增长迅速。CNNIC 的调查结果显示，在 2001 年 4 月 30 日，中国的网站总数为 238 249 个，而在 2002 年 12 月 31 日，中国的网站总数达到了 371 600 个，增加 133 351 个，增长 56.0%，如图 6.3 所示。强劲的增长在一定程度上预示着中国互联网获得一个新的发展。

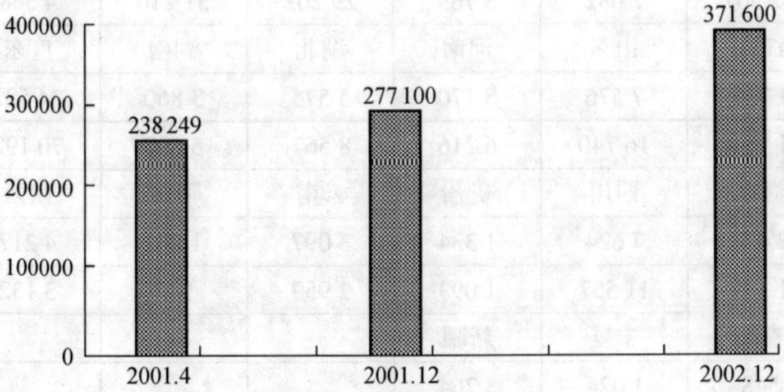

图 6.3　2001～2002 中国网站数增长情况

（二）网站类型

与 2001 年 4 月相比，在 2002 年 12 月，中国网站中类型中 COM 和 COM.CN 的比例有所下降，从 80.7%降到 78.3%，而 NET 和 NET.CN 的比例有所上升，从 12.7%升至 14.6%，二者的比例有轻微变化，从 93.4%降至 92.9%，但商业网站和企业网站仍然是中国网站中的绝对多数，见表 6.5。此外，政府网站的比例也有所上升，从原来的 1.4%升至 1.7%，其绝对数量也从 3359 个增长到 6148 个，增长了 83%。同时，根据 CNNIC 的历次数据显示，政府网站一直保持着上升趋势，这表明中国政府上网工程取得卓越的成效，从政务公开到政府网上办公等多项服务的启动，使政府通过网络这个信息平台，更加贴近群众，充分体现了电子政务给政府工作带来的便利和取得的成效。

表 6.5　　**各类型网站所占比例**

	AC.cn	COM 和 com.cn	edu.cn	GOV .cn	NET 和 net.cn	ORG 和 org .cn	行政区域名.cn
2001.04	0.2%	80.7%	0.5%	1.4%	12.7%	3.9%	0.6%
2002.12	0.1%	78.3%	略	1.7%	14.6%	4.8%	0.5%

（三）网站地域分布

与 2001 年 4 月 30 日相比，广东省的网站增加数量最多，到 2002 年 12 月 31 日，广东省增加 35 670 家，其次是北京和浙江，分别增加 22 627 家和 18 589 家，三地合计增加 76 886 家网站。与此相反，新疆、海南和陕西三地的网站数减少最多，各地区均减少上千家网站，见表 6.6。

表 6.6　　各地网站的数量变化

	北京	上海	天津	重庆	河北	山西	内蒙古
2001.4	52 439	24 135	4 026	2 311	5 194	2 263	1 477
2002.12	75 066	39 667	4 843	3 206	8 037	1 959	2 014
	辽宁	吉林	黑龙江	江苏	浙江	安徽	福建
2001.4	8 982	2 382	3 693	13 938	12 627	3 288	13 628
2002.12	12 567	2 682	3 769	29 202	31 216	4 568	13 690
	江西	山东	河南	湖北	湖南	广东	广西
2001.4	1 715	7 576	5 170	5 575	3 860	34 522	3 264
2002.12	1 971	16 740	6 216	8 567	5 697	70 192	3 082
	海南	四川	贵州	云南	西藏	陕西	甘肃
2001.4	2 478	7 624	1 334	3 097	1 001	4 217	1 596
2002.12	1 399	11 557	1 093	2 959	947	3 132	1 333
	青海	宁夏	新疆				
2001.4	548	1 024	3 264				
2002.12	316	691	1711				

6.1.3　东西部域名、网站状况

一、东部、西部地区的界定

为了了解中国东西部地区信息化，特别是互联网域名、网站方面的差距，特人为的将中国各地区划分为东部地区和西部地区，东部地区指中国东部沿海各省、直辖市，西部地区则按照中国西部大开发战略中对西部地区的定义。

东部地区包括辽宁、北京、天津、河北、山东、江苏、浙江、上海、福建、广东和海南等 11 个沿海省和直辖市。

西部地区包括陕西、甘肃、青海、宁夏、新疆、四川、重庆、云南、贵州、西藏、广西和内蒙等 12 个省、自治区和直辖市。

二、域名数

中国东部地区各省市是中国经济发展状况良好的地区，CNNIC 的调查结果显示，截止至 2001 年 4 月 30 日，东部地区域名总数达到 517 152 个，在 2002 年 12 月 31 日，东部地区的域名总数达到 726 862 个，增加 209 710 个，增长 40.6%。在经济发展状况相对欠佳的西部地区，截止至 2001 年 4 月 30 日，域名总数为 83 166 个，在 2002 年 12 月 31 日，域名总数为 90 001 个，增加 6 835 个，增长 8.2%。与东部地区相比，西部地区域名的绝对数以及增长率均低于东部地区。

此外，在 2001 年 4 月，西部地区与东部地区的域名总数的差额为 433 986 个，而在 2002 年 12 月，西部地区与东部地区的域名总数的差额达到 636 861 个，如图 6.4 所示。这表明，随着中国信息化程度的提高和网络的普及，西部地区和东部地区在域名数量上的差距不但没有缩小，反而进一步加大。

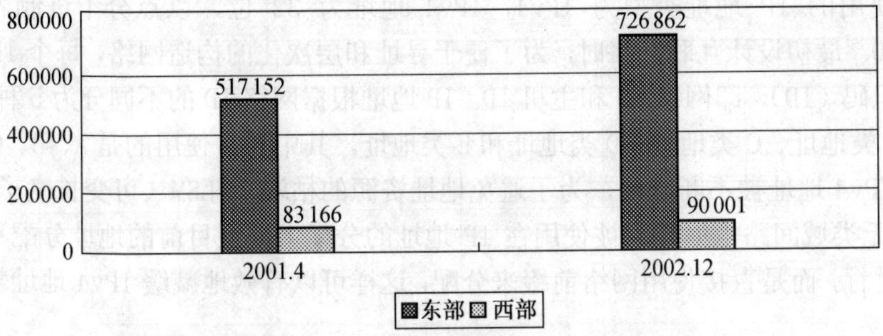

图 6.4　中国东、西部地区域名数比较

三、网站数

CNNIC 调查结果显示，中国东部地区的网站数在 2001 年 4 月时为 179 544 家，在 2002 年 12 月时增至 302 619 家，增加 123 075 家，增长 68.5%。中国西部地区的网站数在 2001 年 4 月时为 30 758 家，在 2002 年 12 月时达到 32 041 家，仅增加 1 283 家，增长 4.2%，如图 6.5 所示。西部地区的网站无论是总数还是增长率均低于东部地区。

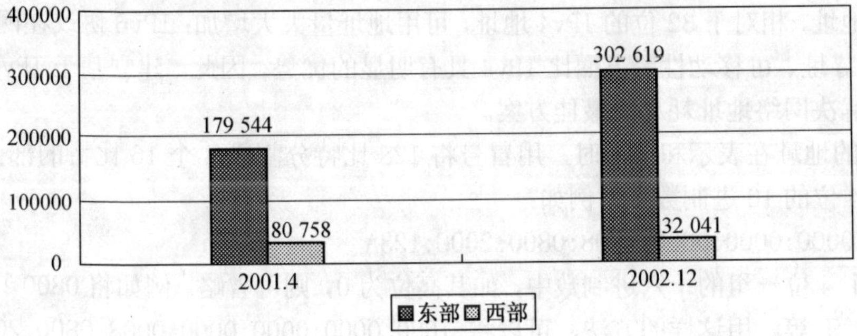

图 6.5　东、西部地区网站数的增长情况

在东部地区与西部地区网站数的差距上，2001 年 4 月时两地区的网站总数相差 148 786 家，而在 2002 年 12 月，两地区的网站总数差额增至 270 578 家。东部地区的网站发展速度远远高于西部地区。

（中国互联网络信息中心　丰文东）

6.2　IP 地址和 AS 号码资源分配状况

6.2.1　互联网络资源及其管理机制介绍

互联网络是全球公共的网络，因此具有许多全球惟一的资源，比如 IP 地址、AS 号码和域名等。这些资源的管理和分配都是由全球统一的互联网络服务机构来履行的。

1. IP 地址

IP 地址是互联网络协议即 IP 的重要组成部分，是在 IP 中对网络和网络中特定主机的全球惟一的标识。

目前使用的 IP 地址类型为 IPv4，IPv4 地址为 32 位，以点分十进制表示，如 172.16.0.0。最初设计互联网络时，为了便于寻址和层次化的构造网络，每个 IP 地址包括两个标识码（ID），即网络 ID 和主机 ID。IP 地址根据网络 ID 的不同分为 5 种类型：A 类地址、B 类地址、C 类地址、D 类地址和 E 类地址，其中经常使用的是 A、B、C 三种类型。随着 IPv4 地址被不断分配，为了避免地址资源的枯竭，VLSM（可变长度子网掩码）和 CIDR（无类域间路由）技术被使用在 IP 地址的分配上，使目前的地址分配不再按照三大类型进行，而是直接使用网络前缀来分配，这样可以有效地减缓 IPv4 地址耗尽的速度。

2. AS 号码

AS 号码即自治系统号码，是用来标识在 BGP(Border Gateway Protocol)中使用的独立的自治系统的号码，网络单位为了实现和其他 ISP 互联互通及交换信息的要求，就需要使用 AS 号码来在全球惟一的标识自己网络的自治系统，因此公有 AS 号码和公有 IP 地址一样，也是全球惟一的。

3. IPv6 地址

IPv6 是新一代互联网络协议，与之对应的地址是 IPv6 地址。它的主要特点有：具有 128 位地址，相对于 32 位的 IPv4 地址，可用地址量大大增加；IPv6 协议在网络安全、QoS、多点寻址、可移动性等方面比 IPv4 具有明显的优势。因此，建立基于 IPv6 协议的互联网是解决网络地址耗尽的最佳方案。

IPv6 的地址在表示和书写时，用冒号将 128 比特分割成 8 个 16 比特的部分，每个部分包括 4 位的 16 进制数字，例如：

1080:0000:0000:0000:0008:0800:200C:123A

在每个 4 位一组的十六进制数中，如其高位为 0，则可省略。例如将 0800 写成 800，0000 写成 0 等。用这样的方法，可以将 1080:0000:0000:0000:0008:0800:200C:123A 缩写成 1080:0:0:0:8:800:200C:123A。为了进一步简化，规范中导入了重叠冒号的规则，即用重叠冒号置换地址中的连续 16 比特的 0。例如，将上例中的连续 3 个 0 置换后，可以表示成如下的缩写形式：1080::8:800:200C:123A。重叠冒号的规则在一个地址中只能使用一次。例如，地址 0:0:0:BA98:7654:0:0:0 可缩写成::BA98:7654:0:0:0，但不能记成::BA98:7654::。

可以用“IPv6 地址/前缀长度”来表示地址前缀。这个表示方法类似于 CIDR 中 IPv4 的地址前缀表示法。这里，IPv6 地址是上述任一种表示法所表示的 IPv6 地址，前缀长度是一个十进制值，指定该地址中最左边的用于组成前缀的比特数。例如，对 32 比特的前缀 10800000（十六进制），可以如下表示：

1080::8:800:200C:123A/32

1080::/32

IPv6 地址根据其功能的不同分为单播地址(Unicast Addresses)、任播地址(Anycast Addresses）以及组播地址(Multicast Addresses)三种。

其中单播地址又分为可聚集全局单播地址（Aggregatable Global Unicast Format)、NSAP 地址、IPX 层次地址、站点局部地址（site-local address)、链路局部地址（link-local address）和嵌入 IPv4 地址的 IPv6 地址等。

目前进行分配使用的主要是单播地址中的可聚集全局单播地址，其地址格式见表6.7。

表 6.7 可聚集全局单播地址格式

3bit	13bit	8bit	24bit	16bit	64bit
FP	TLA ID	RES	NLA ID	SLA ID	Interface ID

4. 互联网络资源的管理

全球惟一的 IP 地址和 AS 号码的分配由互联网络号码分配服务机构负责，是逐级进行的，目前 ICANN（The Internet Corporation for Assigned Names and Numbers）管理的 IANA (Internet Assigned Numbers Authority)是负责对全球互联网上的 IP 地址和 AS 号码进行统一编号分配的机构。IANA 将部分 IP 地址和 AS 号码分配给地区级的互联网注册机构 RIR(Regional Internet Registry)，然后由这些 RIR 负责该地区的登记注册服务。现在全球一共有 4 个 RIR 即 ARIN、RIPE NCC、APNIC 和 LACNIC。ARIN 主要负责北美地区业务，RIPE NCC 主要负责欧洲地区业务，LACNIC 负责中、南美洲地区业务，亚太地区国家的 IP 地址和 AS 号码分配则由 APNIC 管理。在 APNIC 之下存在两种 IR，分别是 NIR（National Internet Registries，即国家级注册机构）和 LIR(Local Internet Registries，即地区级注册机构)。这些 IR 都可以从 APNIC 那里得到 IP 地址及 AS 号码，并可以向其各自的下级进行分配，中国互联网络信息中心（CNNIC）就是中国的国家级 IR，对中国内地的 IP 地址和 AS 号码进行分配和管理。有 NIR 的国家或地区的 ISP，也可以直接向 RIR 申请地址，但成本较高，且要有专门的技术人员去熟悉 RIR 的分配规则。

IPv6 的分配以 TLA 为单位进行。世界上 16BitTLA 地址的分配主要有三大类。

（1）商用地址前缀（2001::/16），由 RIR 进行分配。目前亚太地区的这种 IPv6 地址由 APNIC 进行管理，APNIC 对这种 IPv6 地址进行分配的最小单位为/32。

（2）6to4 前缀（2002::/16），由 IANA 专门划拨的一块固定前缀的地址，在 IPv4 到 IPv6 的过渡机制中使用，作为嵌入 IPv4 地址的 IPv6 地址。在 16bit 前缀 2002::/16 之后加上一个 32 位的 IPv4 地址，便构成 6to4 地址前缀 2002:V4addr::/48。因此，只需要一个全球惟一的 IPv4 地址便可使得整个站点获得 IPv6 的连接。

（3）实验地址前缀（3FFE::/16），可以分配/24、/28 以及/32 三种前缀的地址，由 6bone 进行管理。

（注：IETF 于 1996 年建立了全球范围的试验床，称作 6Bone，提供 IPv6 接入并分配实验地址）

目前各 RIR 可以进行分配的 IPv6 商用地址情况为：

APNIC 2001:0200::/23
ARIN 2001:0400::/23
RIPE NCC 2001:0600::/23
LACNIC 2001:1200::/23

6.2.2 中国内地 IP 地址和 AS 号码资源分配现状

为按自然年份统计的中国内地地区 IPv4 地址(以下简称 IP 地址)和 AS 号码资源拥有

总量如图 6.6 所示，数据来自 APNIC。其中 2003 年的数据截止到 2003 年 3 月 1 日。目前中国内地 IPv4 地址总量为 454.73 个 B 类地址，AS 号码总数为 138 个。中国的 IP 地址和 AS 号码资源拥有量仍保持持续增长。

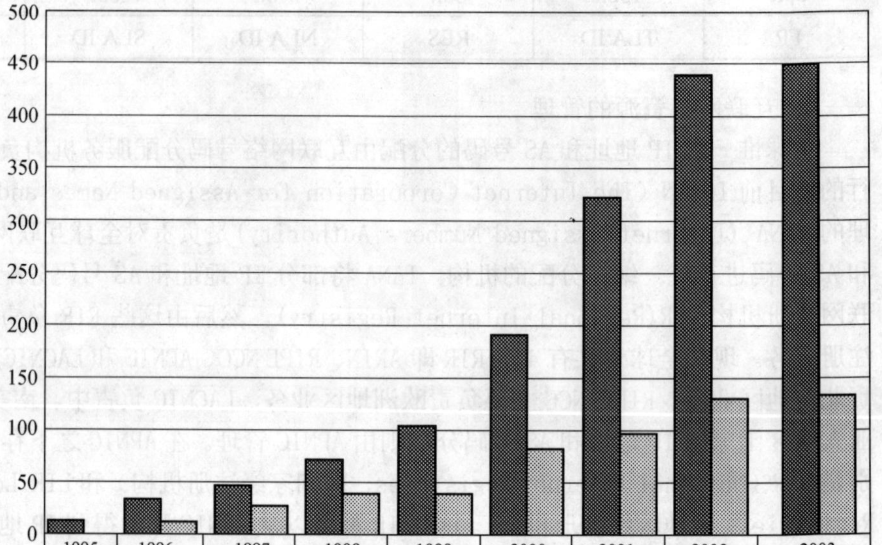

	1995	1996	1997	1998	1999	2000	2001	2002	2003
TPV4地址(B类)	12.26953	38.36328	50.75391	76.00391	108.7539	195.9414	326.0508	443.6016	454.7266
AS号码(个)		14	32	43	44	87	102	135	138

图 6.6 中国内地 IP 地址及 AS 号码资源情况

为 APNIC IPv4 地址及 AS 号码的分配情况如图 6.7 所示，数据来自 APNIC，截止到 2003 年 3 月。目前中国拥有的地址数已经接近 2 个 A 类地址。地址总数仍然处于亚太区的第二位。AS 号码相对较少，为 138 个。可以看出，中国的 ISP 已经有了较为通畅的 IP 地址申请渠道和方法，在地址申请上也积累了一定的经验，这为中国网络的进一步发展奠定了良好的基础。

从另一方面看，中国内地目前虽然拥有了比较多的 IPv4 地址，但是需要的地址总数与中国的总人口数甚至总网民数相比，仍显不足。目前很多提供接入服务的电信运营商或网吧只能给用户提供动态分配的 IP 地址，这样不但不利于用户对某些服务（例如 Telnet，Ftp）等的使用，而且更不利于公安部门查处网络犯罪，维护网络安全的工作。因此除了尽力申请 IPv4 地址外，我们仍然需要大力推广 IPv6 的实验及研究工作。目前 APNIC 的 IPv6 分配政策和以前相比，已经相对宽松，同时 CNNIC 作为 APNIC 的一个特大型成员（Extra Large Member）和中国的国家级网络地址资源管理机构（NIR），可以为联盟成员提供 IP 地址申请方面的服务，将 CNNIC 在多年的 IP 地址申请工作中积累的丰富、实用的经验介绍给联盟成员，并可帮助联盟成员审核、完善 IP 地址申请材料，大大提高申请成功率，也可以帮助 ISP 进行 IPv6 地址的申请。因此希望国内有一定规模的 ISP 积极参与，共同推进中国的 IP 地址资源申请工作。

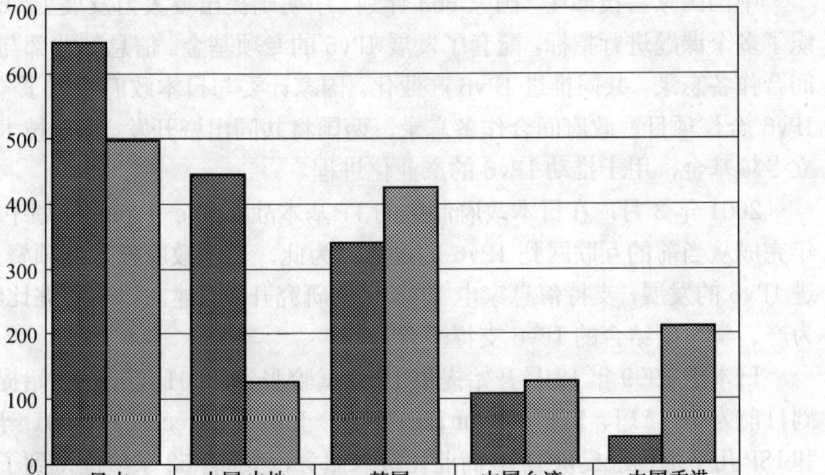

	日本	中国内地	韩国	中国台湾	中国香港
IPV4地址(B类)	659.5212402	454.7265625	351.7578125	120.8086	53.01953125
AS号码(个)	511	138	438	140	223

图 6.7　APNIC IPv4 及 AS 号码分配情况

6.2.3　IPv6 的发展现状

APNIC 分配 IPv6 地址的所属情况如图 6.8 所示。数据来自 APNIC，截止 2003 年 3 月，APNIC 共分配出 100 个/32（每家单位一个/32）的 IPv6 地址。中国内地共有 4 家单位得到了分配，分别是：

中国教育网	2001:0250::/32
北京天地互连信息技术有限公司	2001:03F8::/32
中国电信	2001:0C68::/32
中国科技网	2001:0CC0::/32

其中中国教育网、北京天地互连信息技术有限公司，中国科技网都同时拥有 6BONE 实验地址并搭建了 IPv6 实验网络。

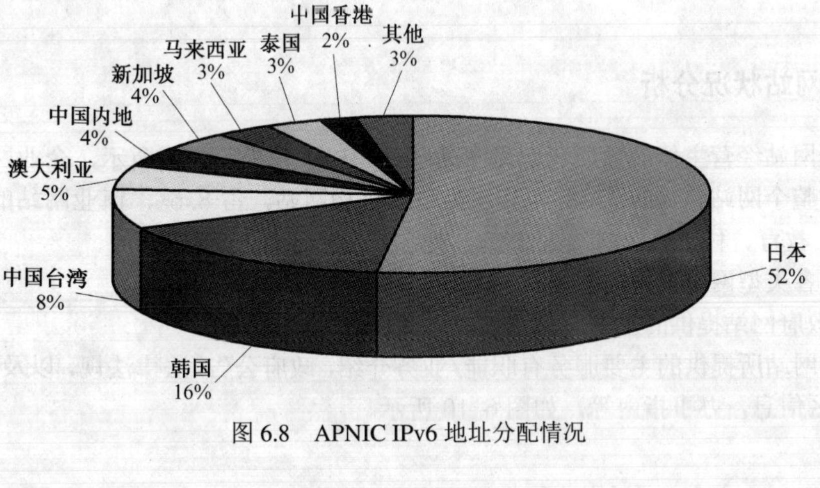

图 6.8　APNIC IPv6 地址分配情况

中国国家科技部在“国家863计划”中明确提出要大力发展IPv6研究与开发，并组织了多个课题进行招标，配套了发展IPv6的专项基金。信息产业部与日本政府签署政府间合作备忘录，共同推进IPv6产业化。国家计委与日本政府签署了《下一代互联网中日IPv6合作项目》政府间合作备忘录，两国将共同出资开发IPv6技术，国家计委也将设立专项基金，用于推动IPv6的产业化进程。

2001年3月，在日本政府制定的IT基本战略和e-Japan计划中，明确设定在2005年完成从当前的互联网到IPv6的过渡。为此，日本政府投入专项资金来发展IPv6，促进IPv6的发展，支持信息家电IPv6化的研究开发，建立日本万兆比特网(JGN)，使之成为产、学、研结合的IPv6支撑平台。

日本于1999年12月开始提供IPv6试验服务，2001年4月开始提供IPv6商用服务。到目前为止，IIJ、NTT communications、Japan Telecom和KDDI等日本的主要运营商和ISP几乎都已经提供IPv6商业化接入服务，已经有52家单位得到了APNIC的商用IPv6地址。日本目前已经基本走完IPv6的推广普及的第一阶段，进入了基于IPv6技术的新应用与技术开发的第二阶段。

韩国方面，2003年政府和私人将投资共8300万美元用于IPv6建设。71家单位正在进行着IPv6的研究开发工作。自1998年开始，建立了IPv6韩国骨干网（6Bone-KR），纯IPv6实验网（KOREN IPv6），IPv6交换中心（6NGIX）等一些IPv6的基础设施。目前已经有16家单位得到了APNIC的/32的商用IPv6地址，可以提供DNS、纯IPv6接入、IPv6视频和IPv6-IPv4转换接入（NAT-PT、Tunnel Broker）等服务。

（中国互联网络信息中心　罗　彦）

6.3 中国互联网络信息资源数量调查报告（2001年）

（节选）

注：以下数据的截止日期为：2001年4月30日

6.3.1 网站状况分析

根据网站经营主体的性质我们将网站区分为以下几类，如图所示，企业网站的比重最大，占整个网站总体的77.8%，其次为政府机构网站，占8.6%，商业网站的所占比例为5.4%，教育、科研机构网站占3.3%，如图6.9所示。

一、各类型网站提供的主要服务

1．政府网站提供的主要服务

政府网站所提供的主要服务有职能/业务介绍，政府公告/法律法规，以及政府新闻，行业/地区信息，办事指南等，如图6.10所示。

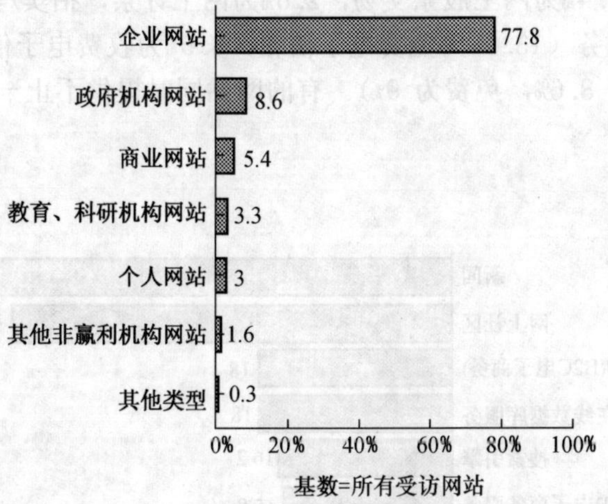

图 6.9　网站按类型分布

注：商业网站指虚拟的网络型网站，如新浪、搜狐等“.com”公司；企业网站是相对于商业网站而言，指业务主要在网下的企业所建立的网站（引自美国权威调查机构 FORRESTER RESEARCH 的《全球 B2B 电子商务市场现状》中对网站的分类标准）。

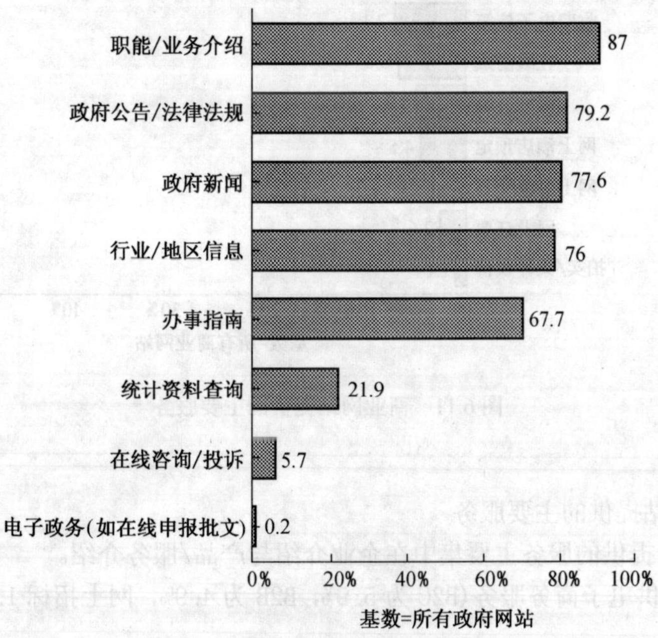

图 6.10　政府网站提供的主要服务

2．商业网站提供的主要服务

商业网站所提供的主要服务集中在电子商务、新闻、网上社区和电子信箱等方面。有 45.4%的商业网站提供电子商务服务（分别是：18%为 B2C，15.8%为 B2B，4.5%

为网上酒店预定，3.4%为网上股票交易，2.6%为网上订票，拍卖/集体议价为 1.1%），21%提供电子邮件服务（13.9%为免费电子信箱，8.6%为收费电子信箱），17.6%提供主页空间服务(收费为 8.6%，免费为 9%)。有的网站同时提供不止一种服务，如图 6.11 所示。

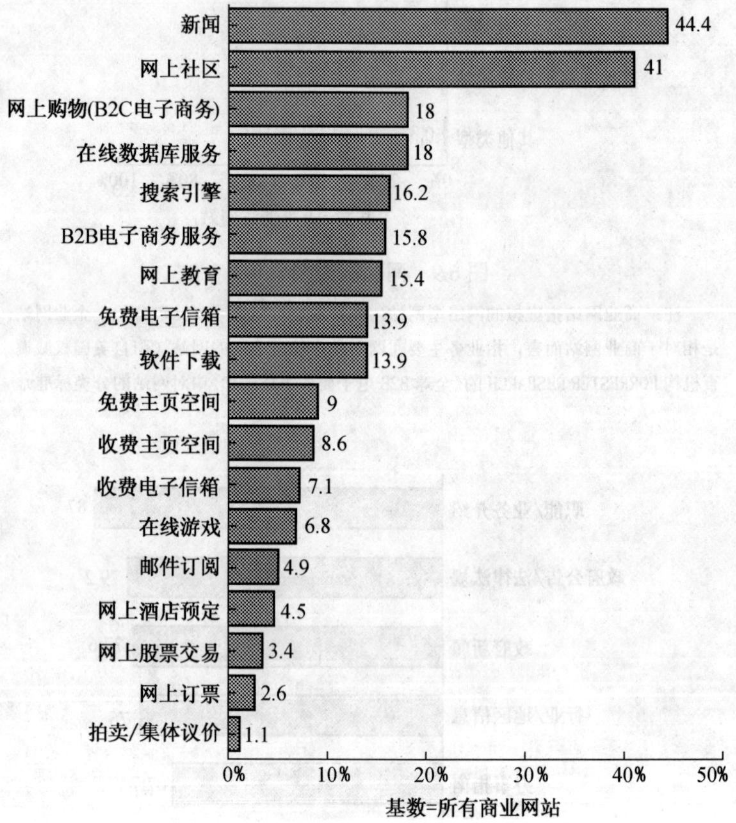

图 6.11　商业网站提供的主要服务

3. 企业网站提供的主要服务

企业网站所提供的服务主要集中在企业介绍与产品/服务介绍。

有 11.2%提供电子商务服务(B2C 为 5.9%，B2B 为 4.9%，网上招标 1.4%)，如图 6.12 所示。

二、各行业网站分布状况

从行业分布看，第一为计算机/通信设备/网络设备/软件业网站，占 21%，第二为零售批发贸易业的网站，占 11.6%，第三为机械及工业制品行业网站，占 6.6%，第四为公关、咨询、广告和市场研究等服务业网站，占 6.3%，如图 6.13 所示。

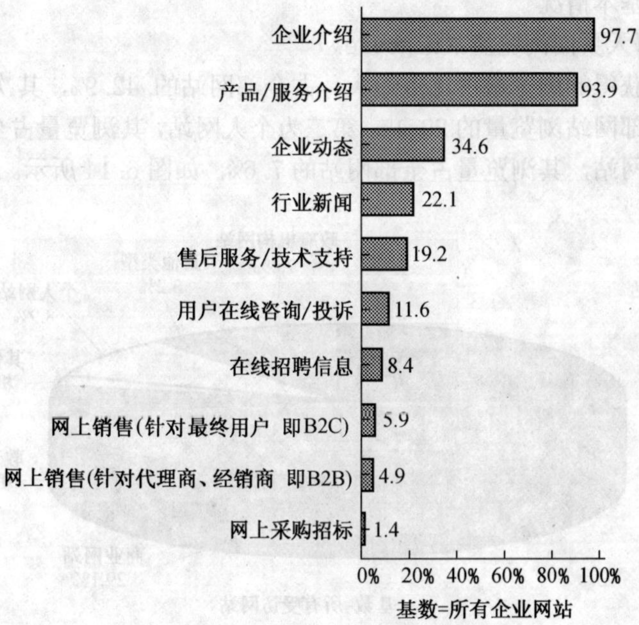

图 6.12　企业网站提供的主要服务

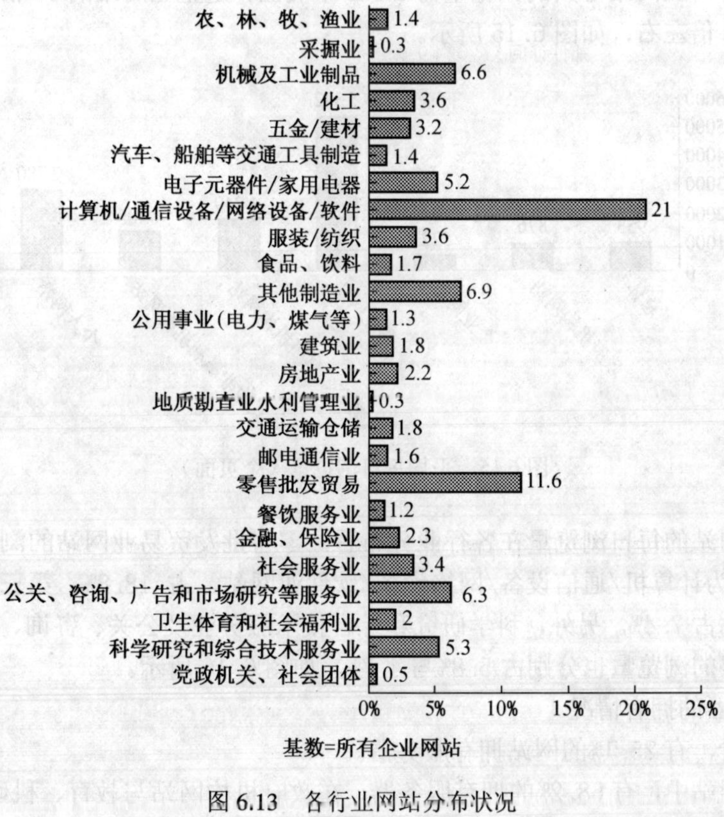

图 6.13　各行业网站分布状况

三、网站的基本情况

1．网站的每天页面浏览量（pageview）

企业网站所获得的浏览量占比重最大，占全部网站的 42.9%，其次为商业网站，其获得浏览量占全部网站浏览量的 29.1%，第三为个人网站，其浏览量占全部网站的 8.9%，第四为政府机构网站，其浏览量占全部网站的 7.6%，如图 6.14 所示。

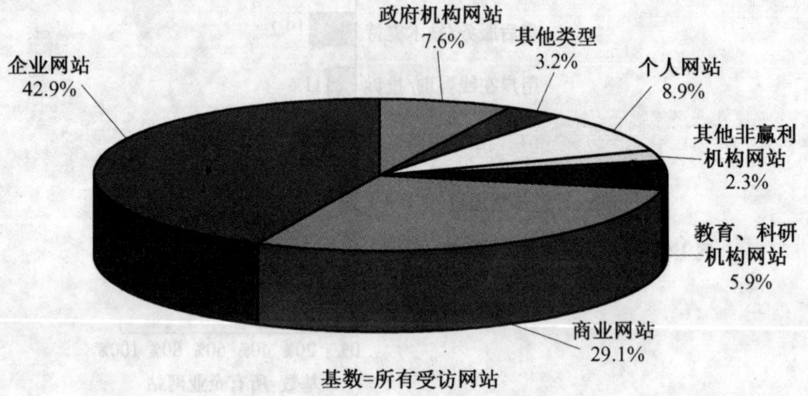

图 6.14　企业网站每天的浏览量

平均每个商业网站每天的浏览量为 5 342 个页面，是企业网站的 10 倍左右，是政府机构网站的 6 倍左右，如图 6.15 所示。

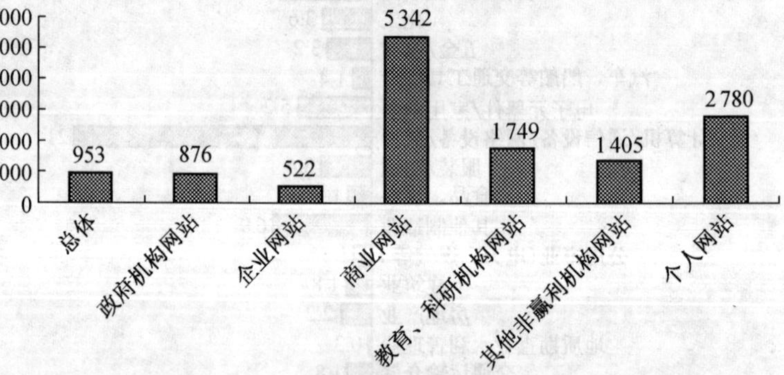

图 6.15　平均每日浏览量（个页面）

从企业网站的每日浏览量在各行业分布看，零售批发贸易业网站的浏览量最高，占 24.1%，其次为计算机/通信设备/网络设备/软件业网站，占 18.8%，第三为机械及工业制品行业网站占 7.4%。另外，科学研究和综合技术服务业及公关、咨询、广告和市场研究等服务业等的浏览量也分别占 5.8%与 4.7%，如图 6.16 所示。

2．服务器的拥有情况

从总体看，有 25.1%的网站拥有服务器。

在商业网站中，有 68.2%的拥有服务器，在政府机构网站与教育、科研机构网站中，分别有 50.8%和 50%拥有服务器，如图 6.17 所示。

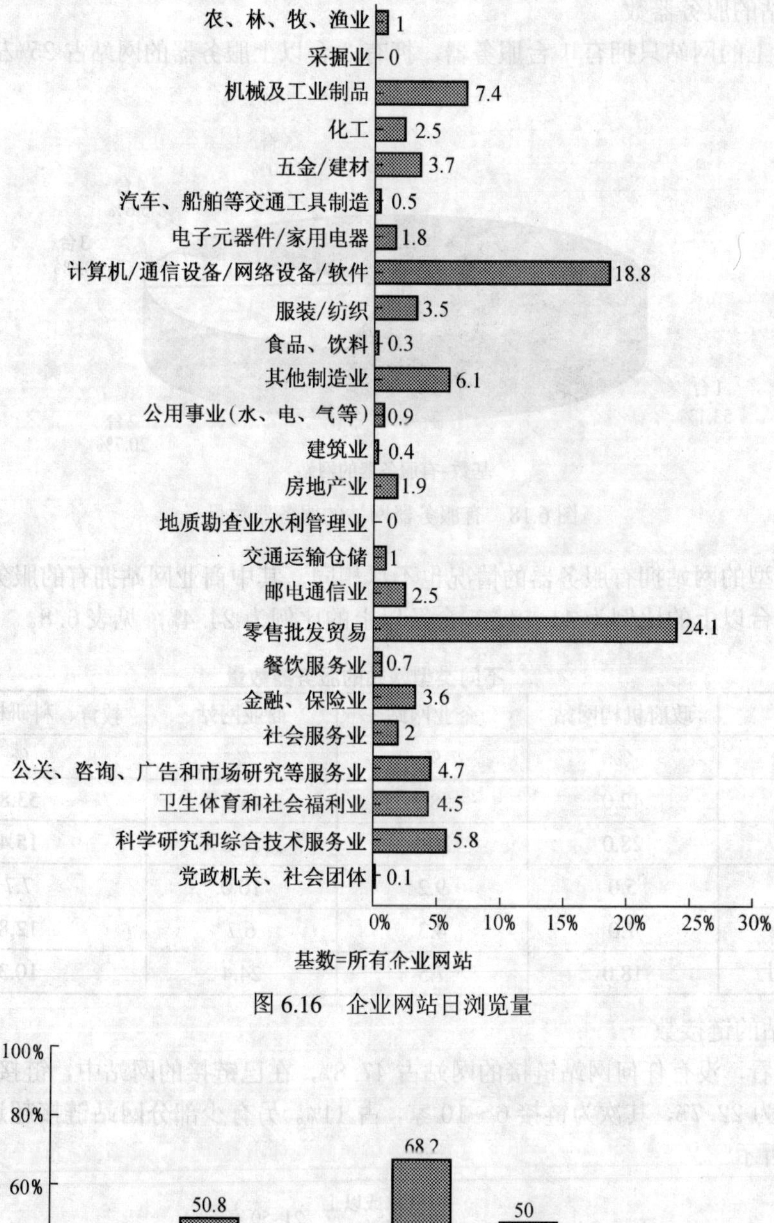

图 6.16 企业网站日浏览量

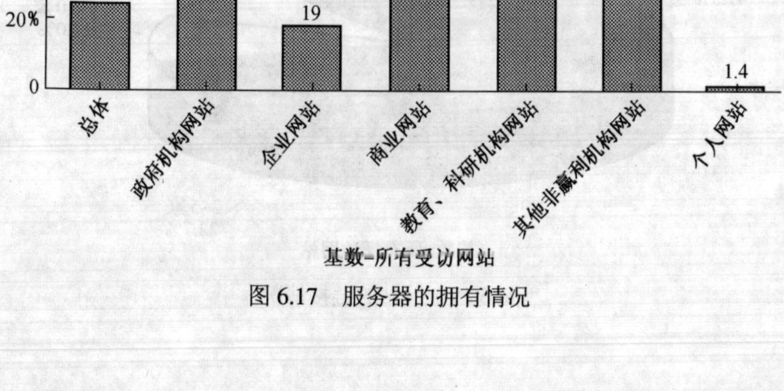

图 6.17 服务器的拥有情况

3．网站的服务器数

半数以上的网站只拥有 1 台服务器，拥有 3 台以上服务器的网站占 25%左右，如图 6.18 所示。

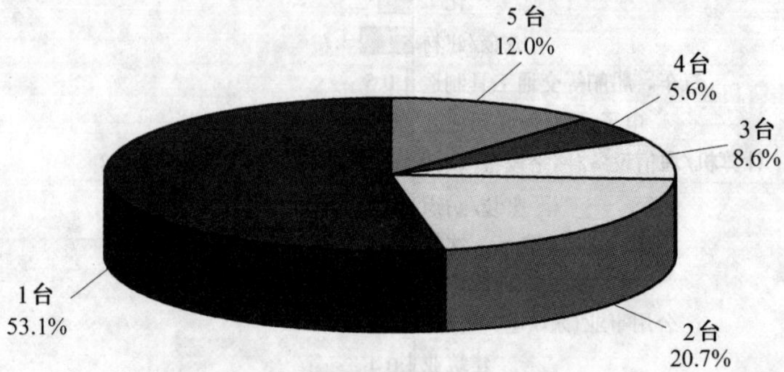

图 6.18　有服务器网站的服务器数量

不同类型的网站拥有服务器的情况也不尽相同，其中商业网站拥有的服务器数量最多，拥有 3 台以上的比例为 41.1%，5 台及以上的比例为 24.4%，见表 6.8。

表 6.8　　**不同类型网站的服务器数量**

	政府机构网站	企业网站	商业网站	教育、科研机构网站
	%	%	%	%
1 台	42.0	58.9	41.1	53.8
2 台	28.0	20.1	17.8	15.4
3 台	5.0	9.2	10.0	7.7
4 台	7.0	4.3	6.7	12.8
5 台及以上	18.0	7.5	24.4	10.3

4．网站的链接数

从总体看，没有任何网站链接的网站占 47.8%，在已链接的网站中，链接 2～5 家的比例最大，为 22.7%，其次为链接 6～10 家，占 11%。另有少部分网站链接超过了 20 家，如图 6.19 所示。

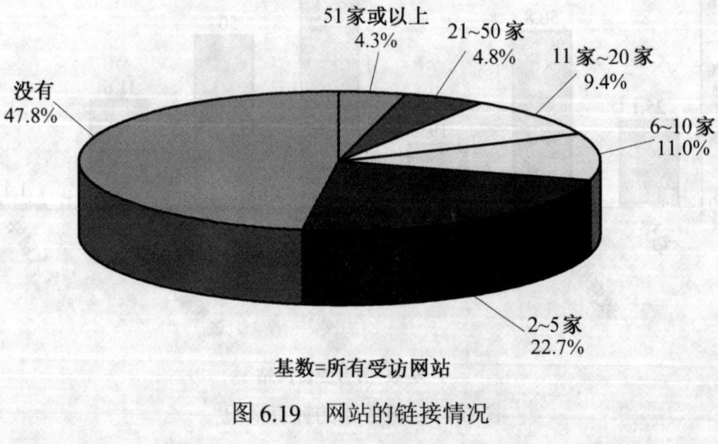

图 6.19　网站的链接情况

从不同网站类型看，商业网站的链接数量明显高于其他类型的网站，链接数量超过 20 家的比例将近 30%，而企业网站链接最少，有 53%没有任何链接，链接超过 20 家以上的只占 6%左右。见表 6.9。

表 6.9　　不同类型网站的链接情况

	政府机构网站	企业网站	商业网站	教育、科研机构网站	个人网站
	%	%	%	%	%
没有	25.3	53.0	20.5	43.6	38.9
2～5 家	30.4	22.0	22.0	19.2	26.4
6～10 家	16.5	10.5	12.1	10.3	9.7
11 家～20 家	14.9	8.2	15.9	12.8	11.1
21～50 家	10.8	3.1	12.1	6.4	9.7
51 家或以上	2.1	3.1	17.4	7.7	4.2

5．网站的员工人数

只有 1 个员工的网站占 31.6%，有两个员工占 20.5%，员工人数在 3 人及以下的比例在 65%以上，如图 6.20 所示。

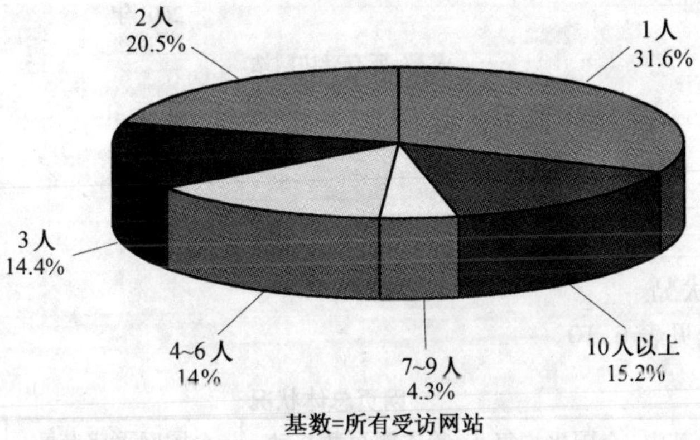

基数=所有受访网站

图 6.20　网站员工数量

网站的平均员工人数为 6.2 人。商业网站的平均员工人数大约为 19.3 人，教育、科研机构网站平均员工人数为 8.3 人，个人网站平均员工人数为 1.2 人，如图 6.21 所示。

6．网站的成立时间

2000 年至今成立的网站占 67%，其中 2000 年成立比例占 49.2%，13.3%的网站是在 98 年及以前成立的，如图 6.22。

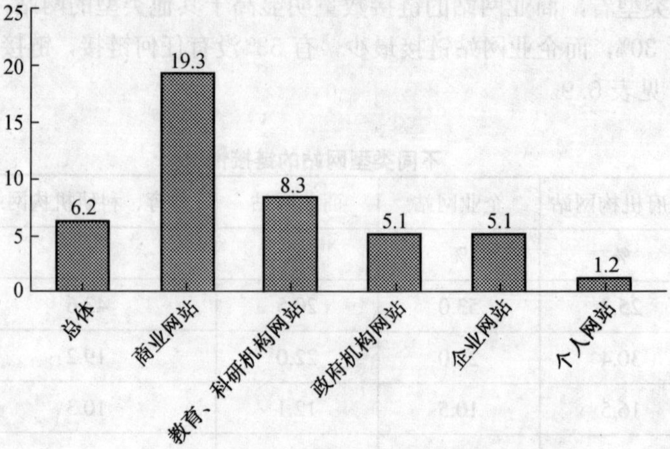

图 6.21　不同类型网站平均员工数量（单位：人）

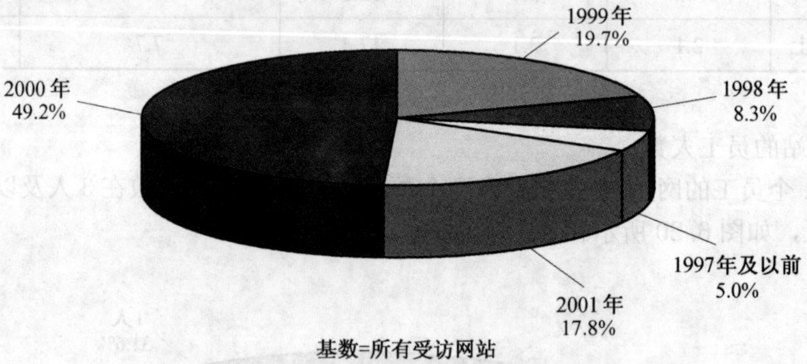

图 6.22　不同时间成立的网站分布

6.3.2　网页数

1．网页总体状况

网页总体状况见表 6.10。

表 6.10　　网页总体状况

全国共有网页数（个）	其中：全国平均每个网站网页数	静态网页数与动态网页数比例	全国网页字节数（KB）	其中：平均每个网页的字节数（KB）
159,460,056	669.3	10：6	3158903703	19.81

2．网页的编码类型比例

网页的编码类型比例见表 6.11。

表 6.11　　网页的编码类型比例

简体比例	繁体比例	英文比例	其他比例
90.77	1.68	7.52	0.03

3．网页的内容形式

网页的内容形式见表 6.12。

表 6.12　　网页的内容形式

全国平均每个网站的图像文件数	其中每个网页下图像文件数	全国平均每个网站的音频文件数	全国平均每个网站的视频文件数
4291	6.4	5.0	0.3

4. 网页的更新情况

网页的更新情况见表 6.13。

表 6.13　　网页的更新情况比例

更新时间在 1 周以内	更新时间在 1 周到 1 个月之间	更新时间在 1 个月以上
6.89%	5.01%	88.10%

6.3.3 中国在线数据库发展状况

在线数据库总数为 45598 个。已经拥有在线数据库的网站占全部网站的 14%，约为 33354 个。48.3%的在线数据库隶属于企业网站，26.5%的在线数据库隶属于商业网站，如图 6.23 所示。

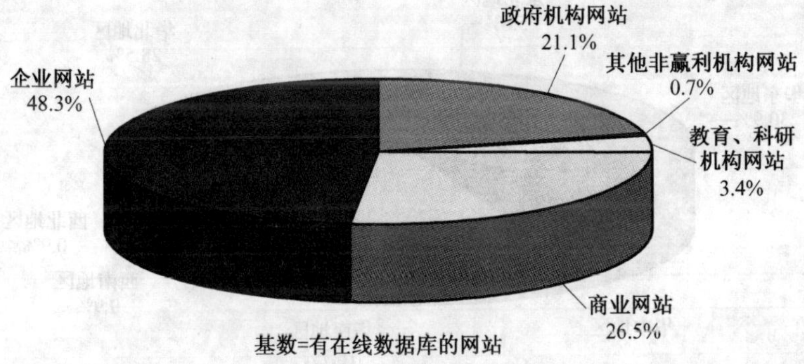

图 6.23　有在线数据库的网络类型分布

78%的网站拥有一个在线数据库，拥有 3 个及 3 个以上在线数据库的网站占 11.7%左右，如图 6.24 所示。

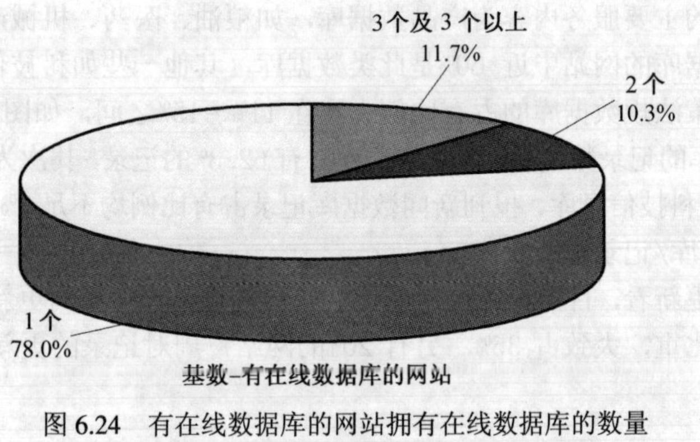

图 6.24　有在线数据库的网站拥有在线数据库的数量

1．各地区在线数据库及记录分布状况

网站的在线数据库主要分布在华北、华东与华南地区，三者之和占 72.4%，西北、西南地区的占有比例较低，为 8.8%，如图 6.25 所示。

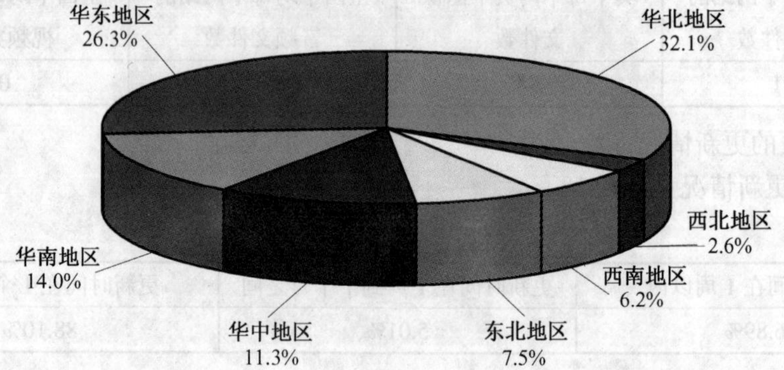

图 6.25　在线数据库的分布地区

从在线数据库记录地区分布看，华东地区的比重最大，占 30.9%，其次为华北地区，占 28.5%，第三为华南地区，占 16.7%，西北、西南地区的总和占 10%左右，如图 6.26 所示。

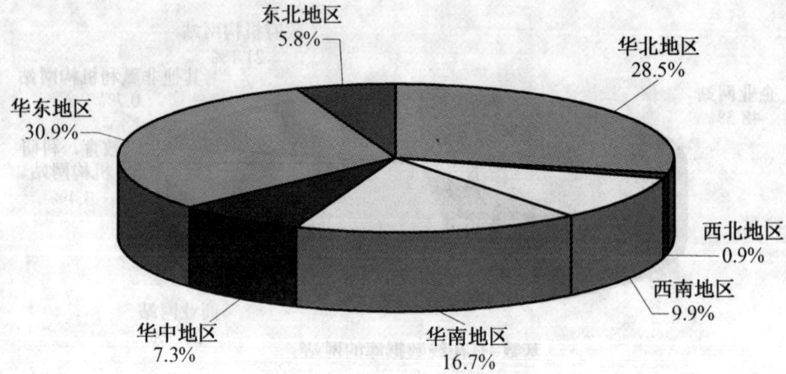

图 6.26　在线数据库记录分布地区

2．各种内容在线数据库及记录分布状况

在线数据库的主要服务内容为产品数据库，如粮油、医药、机械产品等数据库，在所有拥有在线数据库的网站中近 60%是此类数据库，其他一些如科技信息数据库、报刊新闻数据库、政策法规数据库的占有比例大致在 11%～15%之间，如图 6.27 所示。

从在线数据库的记录数量看，产品数据库占有 62.3%的记录，其次为企业名录数据库，记录数占 18.6%，科技信息库、报刊新闻数据库记录占有比例均不足 3%，如图 6.28 所示。

3．在线数据库/记录更新状况

从数据库的更新看，目前记录的更新比例仍比较低，其中每周更新所有记录中 1%～5%的网站占较大比重，大致占 35%，另有 20%的网站每周对记录的更新比例在 1%以下，如图 6.29 所示。

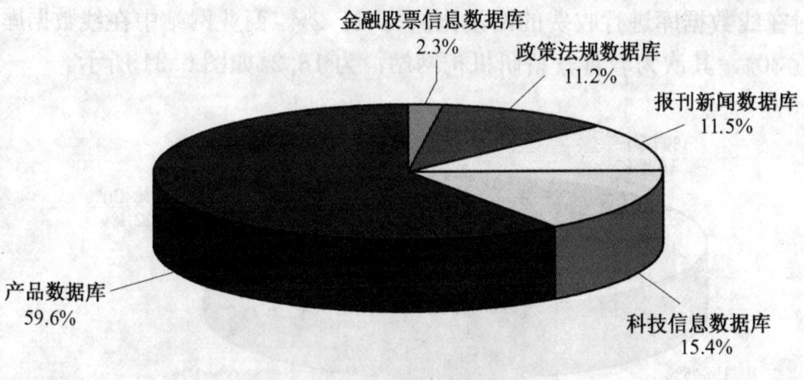

图6.27 在线数据库的内容分布

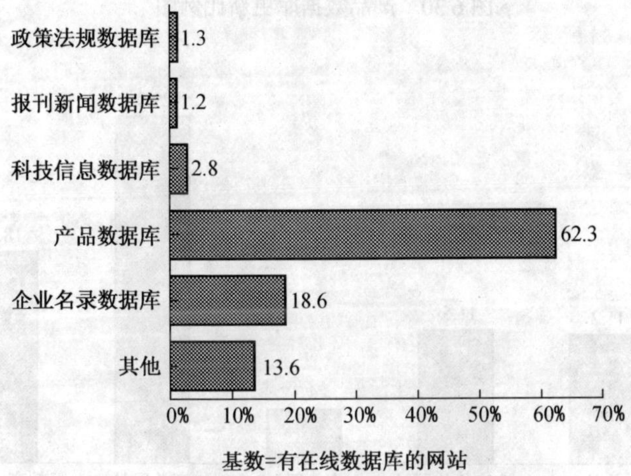

图6.28 在线数据库记录的内容分布

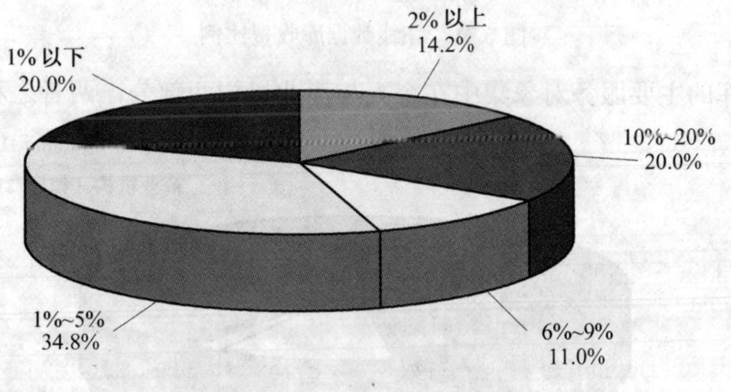

图6.29 数据库更新比例图

从用户最常使用的产品数据库的记录更新看，每周的更新也主要集中在1%～5%之间，大致占41.1%，其次为10%～20%之间，占22.1%如图6.30所示。

4. 在线数据库收费情况

目前对在线数据库进行收费的网站比例为 11.2%。商业网站中在线数据库的收费比例最高，近 30%，其次为教育、科研机构网站，为 18.2%如图 6.31 所示。

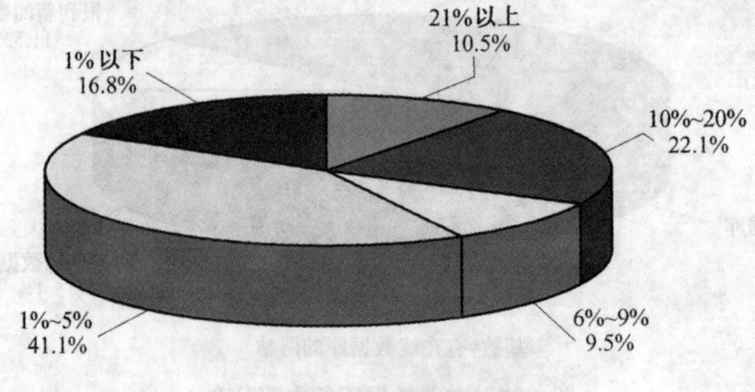

图 6.30　产品数据库更新比例图

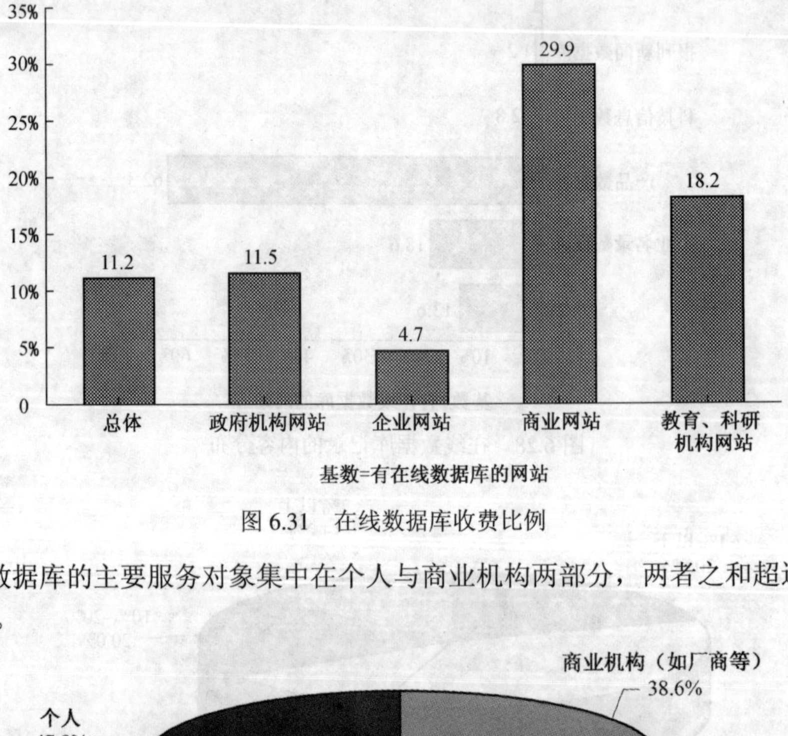

图 6.31　在线数据库收费比例

在线数据库的主要服务对象集中在个人与商业机构两部分，两者之和超过 85%如图 6.32 所示。

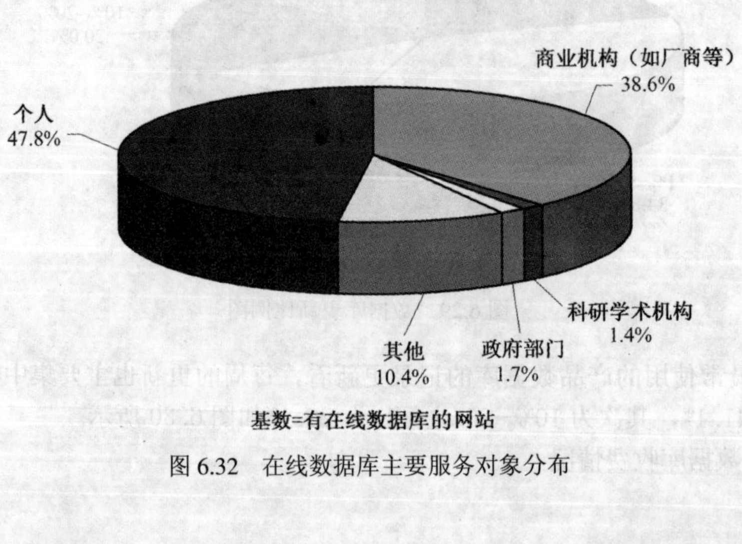

图 6.32　在线数据库主要服务对象分布

6.3.4 指标解释

1. 在本次调查中，中国互联网络信息资源定义为：中国互联网络上公开发布的网页和在线数据库的总和。

2. 上述定义中的“中国互联网络”是指所有域名注册单位属于中国内地的网站总和。

3. 在线数据库是指以 Web 为界面，提供公共检索的收费或免费的数据库。

4. 静态网页是指 URL 中不含“？”和输入参数的网页，包括：*.htm、*.html、*.shtml、*.txt 和*.xml 等。

5. 动态网页是指 URL 中含“？”或输入参数的网页，包括：ASP、PHP、PERL 和 CGI 等在 Server 方进行处理的网页。

6. 网页的编码形式：根据网页本身的信息通过分析得到，不是通过一篇网页在 HTML 中的声明来判断的。因为大量国内的英文网页在其 HTML 声明中都是简体中文的。

7. 网页的内容形式：通过文件后缀获得。关于图像、音频和视频的文件后缀定义标准参考 MIME 标准。

8. 网页的更新情况：网页的更新时间是指搜索到该网页的当日日期与该网页的最后更新日期之间的时间段。

（1）更新时间在一周内：网页在一周中得到更新的比率。

（2）更新时间在一月内：网页在一周以上、一个月以内得到更新的比率。

（3）更新时间在一月以外：网页在一个月内没有得到更新的比率。

本节内容摘选自《中国互联网络信息资源数量调查报告》
该调查主持单位：国家信息化推进工作办公室
实施单位：中国互联网络信息中心
中国电子信息产业发展研究院赛迪数据公司
国家信息资源管理南京研究基地

第三编

互联网服务发展状况

第7章　互联网接入服务发展状况

7.1　概　述

随着互联网的商用化，世界上涌现了成千上万个大大小小的互联网服务提供商(ISP)。它们提供的最主要的服务是互联网接入服务，也就是把用户接入互联网，即让用户上网。最早最简便的接入方式为拨号接入，由于比较经济，目前仍是用得最普遍的上网方式，对个人用户而言更是如此。拨号上网的速率最高只有56kbit/s，不适合具有局域网或校园网的单位使用。有条件的单位多半采用专线接入方式；在中国利用数字数据网（Digital Data Network，简称 DDN）来构成专线接入，所以称为 DDN 专线接入，最高速率可达 2Mbit/s。后来，随着网上内容与应用的增多，拨号上网越来越不能满足用户的要求，用户需要更高的接入速率。于是，在电话铜线上开发的两种高速传输技术很快被用于互联网接入服务。一种是综合业务数字网（Integrated Service Digital Network，简称 ISDN）技术，原来是为了向用户提供综合业务而开发的，最高速率为144kbit/s；另一种是不对称数字用户线（Asymmetric Digital Subscriber Line，简称ADSL)，原来是为了提供视频点播（Video On Demand，简称 VOD）而开发的，最高速率可达 6～8Mbit/s，称为宽带接入技术。有了宽带接入，用户上网的时间也会增多。据统计，美国 ADSL 用户上网时间为平均每周 25 小时，比窄带拨号接入用户平均每周 7.5 小时的上网时间高了很多。当然，将来利用光纤接入技术可以提供更高的接入速率。

除了有线接入以外，利用无线接入技术，如本地多点分配业务（Local Multipoint Distribute Service，简称 LMDS）和无线局域网（Wireless Local Area Network，简称 WLAN）等，也能提供互联网接入服务，通过移动网则可提供互联网的移动接入。

（信息产业部电信研究院　雷震洲）

7.2　拨号接入

7.2.1　拨号接入的特点

拨号接入是指计算机在设置相关软件和协议后，通过普通调制解调器与电话线连接，接入互联网服务、在线服务或远程计算机。拨号接入是最早出现的上网方式，具有以下特点。

1. 使用方便。采用拨号接入的方式上网，软硬件的安装比较简单，可以由用户自己完成，有利于业务在大众用户市场开展。

2. 易于普及。拨号上网基于普通电话线，只要有电话业务的地方都可以开展，易于普及，覆盖面广。

3. 价格便宜。目前国内有几百家提供拨号接入的 ISP，竞争非常激烈，各家 ISP 的价格都是一降再降，还有诸多的打折优惠，因此拨号上网的价格非常便宜。

拨号接入的缺点如下。

1. 上网速度慢，拨号上网的最高速率是 56kbit/s，无法满足用户对多种业务和应用日益增长的需求。

2. 独占线路，不能同时提供数据和话音业务，即上网的时候无法使用电话。

3. 容易受到干扰，有时会发生断线故障。

7.2.2 拨号接入所需的设备

在中国实现拨号接入需要如下设备。

1. 计算机：CPU 为 586/133 以上。具备硬盘、SVGA 显示卡、声卡、4MB 以上显存，32MB 以上内存和 1024×768 点 16K 色以上的显示方式。

2. 操作系统：中文 Windows95 或 Windows98 以上系统软件。

3. 调制解调器（Modem）：一台传输速率为 33.6kbit/s 以上的卡式或台式 Modem。

4. 浏览器软件：IE 4.01 中文版或 Netscape Navigator 4.05 以上版本。

5. 线路：普通电话线。

7.2.3 操作过程

拨号接入是最简单的互联网接入方式。用户只需要将计算机通过调制解调器连上电话线，并安装驱动程序以后，就可以接入互联网。大部分情况下，Windows 操作系统已内置相应的工具软件。用户在对话框内输入用户名、密码及 ISP 的接入号码，拨号程序应用这些信息与 ISP 连接，并完成其余的接入工作。基本设置完成后，用户建立连接时只需要双击图标。

当拨号上网时，用户通过 Modem 拨打 ISP 的接入号码，几秒钟后，远端的 Modem 作出响应。ISP 端的 Modem 根据线路的实际情况选择连接速率并建立连接。拨号网络使用 CHAP 协议向 ISP 发送用户名和口令，ISP 通过客户数据库检查用户名和口令。一旦用户信息获得 ISP 的认可后，拨号网络的状态窗口就消失了，这时用户就可以在网上浏览信息、收发电子邮件、下载文件等。

7.2.4 中国主要的拨号接入服务提供商及业务提供方式

目前，中国提供拨号上网服务的 ISP 非常多，市场竞争激烈。其中，规模较大的服务商主要有中国电信（163）、中国网通（169）、中国联通（165）、中国移动（17200）、263 网络集团、TOM.COM（TOM 网游神）、润迅、神州在线、联想（FM365）和金汉王等。

另外还有多达数百家地方性 ISP 在全国各地提供拨号上网服务。

目前 ISP 采用多种方式为用户提供拨号接入服务。传统方式是新用户在享受上网服务之前，需要向 ISP 申请开户。提供这种服务方式的 ISP 主要有中国电信 163、中国网通 169、联通 165 和吉通 167 等。用户可以到这些公司所属的营业厅办理申请手续，会获得一个专用账号和密码，然后利用这些账号上网。费用按照网费＋通话费收取，一般一小时为 3～5 元，节假日及每天的优惠时段可打折。

如果不申请账号，也有许多直接拨号上网的账号。如 95963，它的用户名是“263”，密码也是“263”。费用也是网费＋通话费，计入主叫用户的名下。这种主叫上网的方式简单方便，逐渐成为拨号接入的主流。

另外，用户还可以通过购买上网卡上网，卡上设有一个账号和密码，像电信的 2901 卡、联通的 163 卡等都属于这一类，上网费用一般为 4 元 / 小时。这种方式有利于控制上网费用，特别适合经常出差上网的用户。

7.2.5　中国拨号接入的用户数

中国互联网络信息中心（CNNIC）的调查结果显示，到 2002 年底，拨号上网的计算机有 1480 万，占上网计算机总数的 71%；拨号上网计算机数半年增加了 280 万台，增长率为 23.3%，与上年同期相比增长 45.1%；拨号上网的用户数为 4080 万，占上网用户总数的 69%；拨号上网用户人数半年增加 738 万人，增长率为 22.1%，和上年同期相比增长 51.2%。由此可见，拨号上网计算机在全部上网计算机中一直保持着主体地位，拨号接入仍然是中国网民的主要上网方式。

（信息产业部电信研究院　贺　宁）

7.3　DDN 专线接入

7.3.1　DDN 网络的结构与特点

DDN 是利用光纤、数字微波或卫星数字传输信道和数字交叉连接节点组成的数字数据传输网，通过永久或半永久连接，为用户提供多种速率的数字专用电路、高质量接入和其他新业务，以满足用户多媒体通信和组建中高速数据通信网的需要。

DDN 网络的结构如图 7.1 所示。DDN 网由数字传输电路和相应的数字交叉连接设备组成。其中，数字传输电路主要以光缆传输电路为主，数字交叉连接设备对数字电路进行半永久交叉连接和子速率的复用。

图 7.1 中，DTE（数据终端设备）是接入 DDN 网的用户端设备。它可以是局域网，通过路由器连至对端；也可以是一般的异步终端或图像设备，以及传真机、电传机、电话机等。DTE 和 DTE 之间是全透明传输。DSU（数据业务单元）可以是调制解调器或基带传输设备，以及时分复用、语音/数字复用等设备。DTE 和 DSU 的主要功能是业务的接入和接出。NMC（网管中心）可以方便地进行网络结构和业务的配置，实时地监视网络运行情况，对网络信息、网络节点告警、线路利用情况等进行收集，作出统计报告。

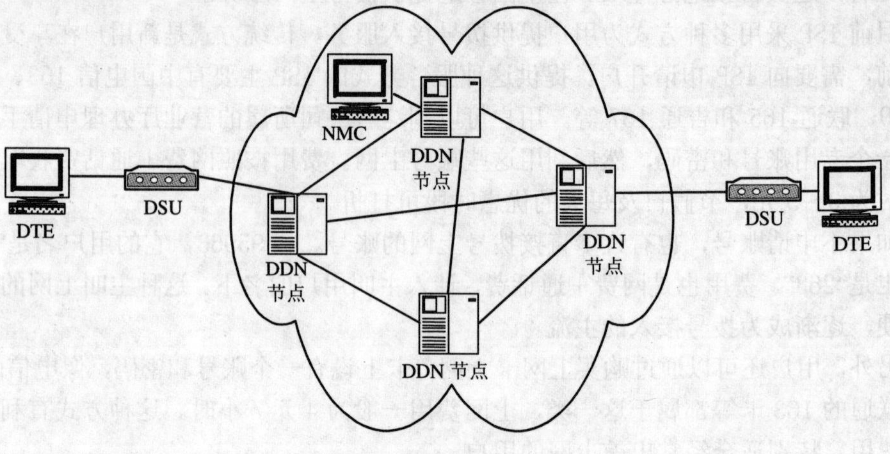

图 7.1　DDN 网络结构

DDN 原是面向企业用户的数据业务，它的主要用途是向用户提供永久和半永久连接的数字数据传输信道，既可用于计算机之间的通信，也可用于传送数字传真、数字话音、数字图像信号或其他数字信号。网络经营者通过 DDN 向广大用户提供了灵活方便的数字电路出租业务，供各行各业构成自己的专用网。

用于接入的 DDN 业务一般称作 DDN 专线接入，是指把用户终端设备或者用户驻地网通过 DDN 接入互联网。图 7.2 所示的是企业采用以太网协议的 LAN 通过 DDN 接入互联网的情况。

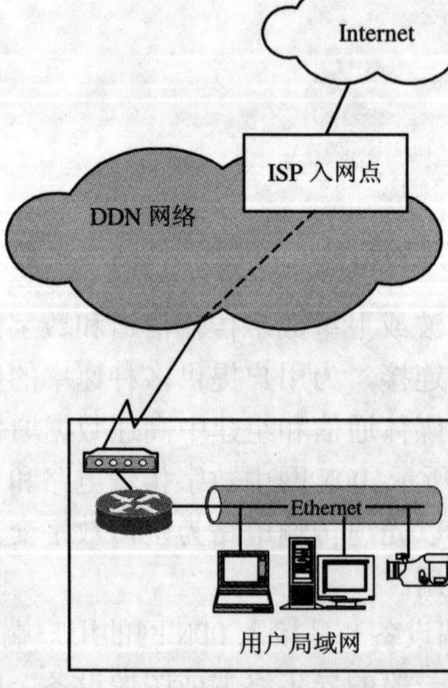

图 7.2　通过 DDN 进行互联网接入

作为一般的数据业务，DDN 有如下的特点。

（1）传输速率高。在 DDN 网内的数字交叉连接复用设备能提供 2Mbit/s 或 N×64kbit/s（≤2Mbit/s）速率的数字传输信道。

（2）传输质量高。数字中继大量采用光纤传输系统，用户之间专有固定连接，网络时延小。

（3）协议简单。采用交叉连接技术和时分复用技术，由智能化程度较高的用户端设备来完成协议的转换，本身不受任何协议的约束，是全透明网，面向各类数据用户。

（4）连接方式灵活。可以支持数据、话音、图像传输等多种业务，它不仅可以和用户终端设备进行连接，也可以和用户网络连接，为用户提供灵活的组网环境。

（5）电路可靠性高。采用路由迂回和备用方式，电路安全可靠。

（6）网络运行管理简便。采用网管对网络业务进行调度监控，业务生成迅速。

作为高质量的接入方式，DDN专线接入的特点如下。

（1）能提供高性能的点到点通信。

（2）通信保密性强，特别适合金融、保险等保密性要求高的客户。

（3）传输质量高，网络时延小，速率可根据用户需要按N×64kbit/s选择；

（4）信道固定配置，充分保证了通信的可靠性，保证用户的带宽不会受其他用户的影响。

（5）用户通过这条高速的接入通道，可构筑自己的互联网、E-mail等应用系统。

（6）用户网络的整体接入使局域网内的计算机可共享互联网资源。

（7）用户可免费得到多个互联网合法IP地址及域名。

（8）用户可实现每天24小时全天候的信息发布，即用户可建立自己的Web站点，向互联网发布自己的信息或提供信息服务。

（9）用户可通过防火墙等技术保护内部网络免受侵害。DDN专线连接的主要缺点是接入费、月租费高，因此更适合企业用户。

7.3.2 DDN的网络现状

数字专线业务产生于20世纪90年代初，是随着网络数字化发展而出现的对模拟专线的替代。在美国，把类似DDN的业务称作T1(1.544Mbit/s)业务和“部分T1”业务（指速率为T1/n(n=2,4,6……)的专线业务)。另外还有速率更高的专线业务T3(45Mbit/s)、OC－3（155Mbit/s）和OC－12（622Mbit/s）等。由于欧美制式的不同，欧洲的相应业务则称作E1、E3、STM－1和STM－4等。

中国的公用数字数据骨干网（CHINADDN）于1994年正式开通，是国内最主要的DDN网，现已通达全国地市以上城市及部分经济发达县城。它是由中国电信经营的、向社会各界提供服务的公共信息平台。CHINADDN网络结构可分为国家级DDN、省级DDN和地市级DDN。此外，联通、网通等运营商也提供DDN业务。

CHINADDN开通时网络覆盖到当时光缆通达的21个省会城市，初期端口容量为3370个。1995年骨干网进行了二期扩容，各省市纷纷建立本地网。1998年全网总容量达到32.4万个端口，覆盖到光缆通达的2148个县级以上城市，经济较发达地区已通达到乡镇，全网用户达到17万多。到1999年底，DDN网络的用户端口数达到28.7万户，64kbit/s以下的低速率用户端口约占用户端口的70%，2Mbit/s的用户端口比例不到1%，公免用户端口的比例约20%。2000年底DDN网络的端口数达到61.3万个，2001年上半年DDN网络端口数达到66万多个。

从业务需求的角度分析，DDN用户端口的需求主要集中在本地DDN业务，国内长途、国际及港澳业务的用户端口比例大致为全部用户端口的10%～20%。

DDN专线业务在1996～1997年达到发展的高峰期，随后发展速度逐渐放缓。但是由于它具有连接固定、速率高、安全可靠性好等优势，仍然成为银行、金融、公安、海关等行业的首选。从各项业务的发展来看，随着近期宽带网络的大规模建设、帧中继和ATM PVC业务的相继推出，用户有了更多的选择，价格较高的DDN网的大规模扩容已不可能，DDN专线将作为用户接入的解决方案之一，按需要而适当发展。

在2001年1～5月，中国DDN用户新增近3万户，达到38.8万左右，发展比较快，但与前几年同期相比，无论是增长幅度，还是净增用户数，都呈现逐渐放缓的趋势。到2002年底，中国DDN用户达43.6万。

7.3.3 DDN网络的应用

由于性能优良，DDN的国内长途、国际业务在银行、金融、公安、海关等行业得到广泛使用，并且是一些对网络性能要求高的跨国公司的首选。例如，利用全国DDN网组成的海关、外贸系统网络。各省的海关、外贸中心首先通过省级DDN网，出长途中继，到达国家DDN网骨干核心节点。由国家网管中心按照各地所需通达的目的地分配路由，建成一个灵活的全国性海关外贸数据信息传输网络，并可通过国际出口局，与海外公司互通信息，足不出户就可进行外贸交易。

采用DDN接入的主要是企业用户，DDN以其稳定高速的连接达到优质的数据传输效果，使用户在互联网上的运用更快、更广泛、更得心应手。例如，中国电信提供的DDN线路可以把企业的局域网与互联网实现连接，并有多种速度（64kbit/s、128kbit/s、256kbit/s、512kbit/s，1Mbit/s、2Mbit/s等）供用户自行选择。利用所提供的16个固定IP地址，用户可任意设置自己的Web服务器、E-mail服务器、FTP服务器，并可实现异地之间的网络电话和传真、网络视像会议的功能。时时在线、低价的固定收费使用户大大降低了平时昂贵的通信费用，并提高工作效率。

在美国，T1接入是传统业务，也是运营商最赚钱的数据业务之一。时至今日，它依然魅力不减，仍是新老服务提供商的一个稳定的收入来源。对中、小企业市场而言，综合了话音和数据的T1仍具有很大的吸引力。据Yankee Group预测，28%的中小企业（拥有10～249名员工的企业）采用了T1接入。虽然将来有一天整个市场有可能被以太网接入和DSL所占领，但是在很长时期内，许多中小企业仍会选用T1，而不用其他接入技术。

7.3.4 DDN网络的发展方向

如上所述，DDN因其独特的优良性能在企业接入中享有一席之地。但DDN独享资源、信道专用会造成一部分网络资源的浪费，而对于新技术和新应用它又会带来带宽不够等问题。因此，DDN网络技术也要不断地向前发展，现有DDN的功能应逐步予以增强。例如，提高网管系统的开放性以及用户与网络之间的交互能力；提高目前节点之间的中继速率；提高相应的用户接入速率，以适应高带宽应用的需要。

企业（特别是中大型企业）对高速专线接入的方式将一直是情有独锺的。美国的一些IT企业（如微软公司）已经采用622Mbit/s的接入。2Mbit/s以下速率的DDN主要面向一些中小企业用户。应该看到，在这个速率范围的业务市场上，各种接入技术的竞争将更加激烈，因此，DDN 要在保证质量的同时，进一步降低价格，才能留住和吸引更多的客户。

（信息产业部电信研究院　杨　然）

7.4 ISDN 接入

7.4.1 ISDN 的特点

因 ISDN 能在一根普通电话线上传送 2B+D 信道（B 信道为 64kbit/s，D 信道为 16kbit/s），提供话音、数据、图像等综合业务，故也称“一线通”。

ISDN 具有如下的特点。

1. ISDN 能提供端到端的数字连接

ISDN 是以综合数字电话网(IDN)为基础发展而成的，能够提供端到端的数字连接。普通模拟电话网采用了数字传输和交换以后就变成 IDN，但是在 IDN 中，从用户终端（比如电话机）到电话局交换机之间仍是模拟传输，需要配备 Modem（调制解调器）才能传送数字信号。ISDN 则将从一个用户终端到另一个用户终端之间的传输全部实现数字化，以数字形式统一处理各种业务，使用户可以获得数字化的优越性能。因此，可以很好地用于互联网接入。

2. ISDN 能够提供多种通信业务

ISDN 用一个网络为用户提供多种通信业务：话音、数据、传真、可视图文、电子信箱、可视电话、会议电视和话音信箱等。ISDN 的用户只需使用一对普通的电话线，就可以连接 8 台不同的终端，有 3 台终端（例如一部电话、一台计算机、一部传真机）可以同时工作。ISDN 还具有自动选择终端的功能。ISDN 可让用户同时执行多个通信任务，例如，在一条 ISDN 电话线上用户可以通过一条信道保持一个声音通话，用另一条信道上网。

3. ISDN 能够提供标准的用户—网络接口

ISDN 以标准接口将多种类型的终端设备接入到 ISDN 网络中，不同的终端产品只要有相同的、标准的 ISDN 接口就可以连入 ISDN 网络，使用 ISDN 网络进行通信。用户使用一对用户线、一个 ISDN 号码和一台有 ISDN 标准接口的终端就可以获得进行多种通信的综合服务。

4. ISDN 速度快于普通的 Modem

在没有 ISDN 的时候，人们使用 Modem 利用普通电话线进行远程数据通信，Modem 最高传输速率为 56kbit/s。而在一条 ISDN B 信道上的传输速率是 64kbit/s，2 条 B 信道达到 128kbit/s，速率大大提高。

5. 建立连接快

除了传输速率以外，ISDN 的通话建立也比模拟电话快得多。模拟 Modem 要协商电话线支持的带宽（速率），协商要花 10～30 秒或更长时间。由于 ISDN 是全数字的，模拟 Modem 长长的握手过程消失了，几秒钟就可以连接好。

6. ISDN是一种需求式服务

用户使用ISDN如同使用普通电话一样，只在需要时发起呼叫，付相应使用时间的通话费。

7. 保护现有的投资

ISDN允许用户使用现有的模拟设备——普通电话机、传真机和Modem等，只需配备一部ISDN终端适配器（ISDN TA），便可将现有的设备连接到ISDN TA上，用户就能在ISDN网上继续使用它们，保护用户过去的投资，同时享受ISDN服务。

7.4.2 ISDN用户分析

ISDN虽然速率高于普通的Modem，但其最高速率仅为128kbit/s，仍十分有限。不过，ISDN的价格要比相同速率的DDN专线接入低很多，住宅用户和小型企业用户比较欢迎ISDN。ISDN主要用于贸易型企业（公司）、金融保险机构、股票交易所、医院、学校和个人用户。在国外，由于一些国家的ADSL很普及且价格不是很高，ISDN作为互联网接入来说，主要用于ADSL不能覆盖的地区。

对于大多数小企业和家庭用户来说，ISDN无疑是目前互联网接入比较理想的选择。对中国某个地区上网用户的抽样调查分析表明：70%左右的网民倾向于采用ISDN终端作为家庭上网的最佳选择（这70%的人当中，又有75%表示近期会申装ISDN）；另有20%的网民持观望态度；其他网民表示近期不会申装ISDN，待新的宽带接入技术（如ADSL等）成熟且价格适中时将选用更高速率的接入技术。某地区ISDN市场的调查结果如图7.3所示。

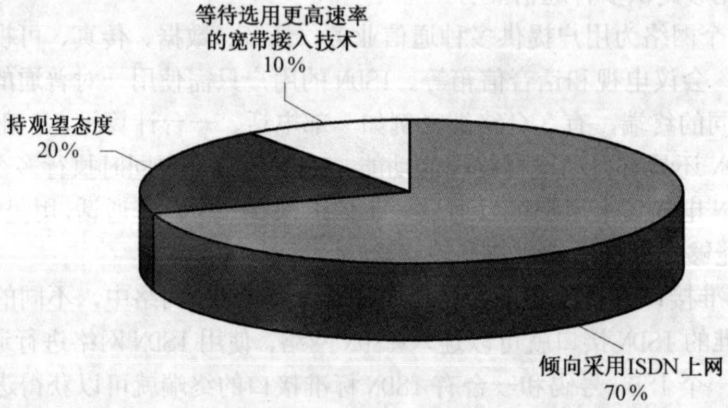

图7.3 ISDN用户调查

7.4.3 ISDN的终端设备

对使用标准ISDN终端的用户而言，其终端设备主要是网络终端NT1和各类业务的专用终端（如数字话机）；对使用非标准ISDN终端的用户而言，其终端设备主要是适配器TA或ISDN适配卡、网络终端NT1和通用终端（如普通话机）。

1. 网络终端NT1

NT1是用户传输线路的终端装置，它是实现在普通电话线上收发数字信号的关键设备，是电话局 ISDN 交换机和用户终端设备之间的接口设备。该设备安装于用户处，是实现 ISDN 功能的必备终端。

NT1 向用户提供 2B+D 二线双向传输能力，它完成线路传输码型的转换，并实现回波抵消数码传输技术。它除能以点对点的方式最多支持 8 个终端设备接入外，还能使多个 ISDN 用户终端设备合用一个 D 信道，在用户终端和电话局交换机之间传递激活与去激活的控制信息。而且还具有功率传递功能，能够从电话线路上使用来自电话局的直流电能，以便在用户端发生停电时实现远端供电，保证终端设备的正常通信。

2. 适配器 TA 和 ISDN 卡

TA 和 ISDN 卡的区别就像外置 Modem 和内置 Modem 的区别。外置的就是 TA，内置的就是 ISDN 卡。

TA 的功能就是使现有的非 ISDN 标准终端（例如模拟话机、G3 传真机、PC 机）能够在 ISDN 上运行，为用户在现有终端上提供 ISDN 业务。通常，终端适配器有一个数据通信接口，可实现同步、异步工作方式，单信道传输速率为 64kbit/s，大部分适配器具有 2 个 B 信道捆绑式通信能力。与计算机连接方式有串口和并口两种。串口方式最高通信速率为 112.5kbit/s，并口方式最高通信速率为 128kbit/s。

ISDN 卡的功能和外置的 TA 一样，不过是直接插在计算机主板上，安装非常方便，且价格很便宜。但 ISDN 卡的使用存在以下几个不利因素：一是由于 ISDN 卡与总线直接连接，占用了一部分资源，这会增加寻找可用中断的复杂性，有时必须禁止外部串行端口来避免与内部 ISDN 卡的冲突；二是插 ISDN 卡的计算机必须长期带电，关掉计算机就无法访问 ISDN 终端，不能接收任何信息；三是对计算机（环境）要求较高，既要有空余插槽口，又要有较高的处理能力，且将来设备升级也不够方便。不过 ISDN 卡的最大优点就是价格便宜，只是外置 TA 价钱的 33%～50%。

7.4.4 ISDN 的业务应用领域

ISDN 业务的主要应用领域有：家庭（居家办公、上网、电子购物、自动读表）、会议电视、视频（桌面系统、远端教学、远程医疗等）、商业销售点（POS）系统、证券交易和 DDN 备份等。其中，家庭和小企业的互联网接入是目前 ISDN 最主要的应用。以下为 ISDN 一些典型应用实例。

1. 互联网高速接入

应用 ISDN 上网，其速率可达 64kbit/s 至 128kbit/s，比现有的 Modem 快 2～4 倍。

2. 终端远程登录

数据终端设备通过公用 ISDN 可以与远端的局域网通信。ISDN 可以在用户需要通信时建立高速、可靠的数字连接，而且还能使主机或网络端口分享多个远端设备的接入。

3. 远端教学

ISDN 可应用于远端教学，学生与教师可以进行交互式双向声频和视频“对话”。

7.4.5 ISDN 的发展前景

ISDN 是 20 世纪 70 年代末的技术，从技术上还可进一步提升和改进。有一种叫做 AO / DI（always on / dynamic ISDN，时时动态在线 ISDN）的技术，能使用户花费不多却可享受时时在线的服务，充分挖掘了 ISDN 的潜力。

这一技术最大的特点是通过不多的改变使 ISDN 具有专线上网（即永久连接互联网）的功能。它利用 D 信道构筑一条低速专线，用户通过这条永不间断又不用付费的专线，可以实现收发 E-mail、信息浏览、智能家庭监视及信用卡验证等任何低速率的应用。此外，该技术还具有带宽可调（16～128kbit/s 或 144kbit/s）功能，一旦用户进行高速传输，如下载图片时，它可使数据传输自动从 D 通道扩展至 B 通道，而用户不用做任何事。

采用了 AO/DI 的用户从此不用再拨号上网，而是时时在线。换言之，电子邮件能直接送达用户的计算机中；用不着经过漫长的拨号上网等待才能看到新闻，用户一开机就可直接浏览网上信息。最重要的一点是降低了上网费用。因为在实际中，用户上网并不是一直都需要很高的带宽。据统计，一个经常上网的用户，即使是一个网虫，其 80%～90%的时间也只是进行一些低带宽的应用，如收发电子邮件、浏览信息。以往的 ISDN 业务，只要用户在网上，就按 B 信道收费，而 AO / DI 方式只是在使用 B 信道时才收费，自然节省了费用。

AO/DI 使本地电信运营商也获益匪浅。AO / DI 是一种分组式 ISDN，它在交换机的接入侧就识别并分离数据呼叫，把 80%～90%的互联网业务从中心局转到分组网，节省了电路交换网资源，减轻了传统 ISDN 业务对 PSTN 电信网造成的压力，使电信网络的拥塞情况大大缓解。该技术还可以使行将“没落”的 X.25 分组网发挥余热。最重要的是，这种新服务的提供，将有助于运营商吸引大量上网用户。

AO/DI 的应用还有助于促成 ISDN 业务的新增长点。除上网外，AO/DI 应用还包括：信用卡业务点、超市或连锁店销售网点以及银行储蓄网点与认证中心间建立虚拟专线连接，简化通信过程、节省费用；股票信息和遥测数据信息传送；低成本实现彩票系统实时开奖。此外，AO/DI 的功能还可以用于其他需要永久低速连接的应用，如监测系统、天气情况和智能小区的安全监视、居民水电费的缴纳等应用。德国预测显示，由于拓宽了应用领域，采用 AO/DI 后，2000～2005 年德国将增加 340 万～930 万 ISDN 用户。

用户对 ISDN 的青睐主要基于以下考虑：使用方便，可以同时上网和通话；价格适中，易于接受；能够比普通 Modem 提供更高的接入速率。然而，目前在有些国家，由于 ADSL 的价格不是很高，ISDN 接入主要用于 ADSL 不能覆盖的地方。随着 ADSL 的广泛建设与使用，ISDN 的使用呈现下降趋势。例如，美国地区贝尔公司 BellSouth 在 2002 年的第四季度，其 DSL 用户数增加了 9.7 万，DSL 用户总数达到了 102 万；随着一些企业用户转向 DSL，BellSouth 的企业 ISDN 用户在第四季度有所下降，从第三季度的 158.8 万减少到 156.7 万。

（信息产业部电信研究院　杨　然）

7.5 ADSL 接入

7.5.1 DSL 的种类及特点

DSL 的中文名称是数字用户线，是一种利用电话铜线中未使用的频率来传送高速业务的技术。DSL技术可以分为对称DSL技术和不对称DSL技术两大类。

不对称DSL技术的上、下行速率不相等，主要包括ADSL、G.Lite ADSL、RADSL和VDSL。

（1）ADSL（不对称数字用户线）：提供不同的上行和下行速率，上行速率一般为640kbit/s～1Mbit/s，下行速率可高达6Mbit/s～8Mbit/s，比拨号接入快120倍，比ISDN快50倍。ADSL技术使现有的电话线可以同时传送话音和高速数据业务，已经在全球广泛商用。ADSL适合提供下行速率比上行速率高的应用，如互联网接入、VOD等。目前全速率ADSL的标准有ITU的建议G.992.1和ANSI的规范T1.413-1998。

（2）G.Lite ADSL：G.Lite标准是为了满足住宅用户市场即插即用的要求而开发的低速ADSL版本，最大下行速率为1.5Mbit/s或2Mbit/s，最大上行速率为500kbit/s。G.Litc最主要的应用是互联网接入。G.Lite也叫通用ADSL（UADSL），其标准有ITU的建议G.992.2。

（3）RADSL（速率自适应DSL）：这是一种非标准化的ADSL技术，其速率可以根据线路条件而调节到线路所能处理的最高速率。

（4）VDSL（甚高比特率DSL）：VDSL既能以不对称方式工作，也能以对称方式工作。在不对称方式下，VDSL的最大下行速率可达到52Mbit/s，上行速率6.4Mbit/s；在对称方式下，VDSL的速率可达到26Mbit/s。但VDSL的传输距离较短，一般在几百米以内。因此，VDSL最适合与光纤到路边（FTTC）和光纤到大楼（FTTB）配合，在校园、商务区和宾馆饭店等宽带用户密集的地区提供视频业务。目前，VDSL仍处于市场试验阶段。

对称DSL技术包括SDSL、SHDSL、HDSL和IDSL。对称DSL的上、下行速率相等，适合于提供LAN接入、会议电视等应用。

（1）SDSL：SDSL是一种非标准化的对称DSL技术，不同的厂商有不同的方案，速率从128kbit/s至2.32Mbit/s不等。SDSL可以满足业务提供商在一对铜线上提供各种速率的对称业务的特殊需求。在ITU开发出性能更好、标准化的G.shdsl技术以后，SDSL将逐渐被SHDSL所取代。

（2）SHDSL：这是一种标准化的对称DSL技术，它的国际标准是ITU的建议G.991.2（也称为G.shdsl）。SHDSL的传输距离比原来的SDSL提高20%，对同一电缆内其他传输系统的串话影响较小，不同厂商的设备之间可以实现互操作。SHDSL系统也可以提供多个速率，从192kbit/s～2.3Mbit/s。G.shdsl规定采用一对铜线，但如果希望传输距离更长，也可以采用两对线。SHDSL最适合于提供对上、下行速率都有较高要求的数据应用，主要面向企业用户。

（3）HDSL（高比特率数字用户线）：这种DSL技术产生于20世纪80年代后期，双向速率可设置为1.5Mbit/s或2.3Mbit/s，适合对称的、固定速率的应用。ETSI和ITU都已经制定了关于HDSL的标准。HDSL需要两对或三对双绞线，主要被用来替代T1或E1提供专线业务。只需一对铜线的HDSL被称为HDSL2。

（4）IDSL（综合业务数字网DSL）：这种DSL可以在现有的电话线上支持最高144kbit/s的对称数据速率．它使用ISDN（综合业务数字网）的传输编码，把数据和话音绑在一起，不需要拨号。它的独特之处是能够通过DLC（数字环路载波）传送业务。

7.5.2 ADSL 的发展状况

1987 年，美国的 Bellcore 首先开发出 DSL 技术，用于在铜线上传送视频业务。但随后地区贝尔公司和有线电视公司的联盟破裂，DSL 的发展陷入停顿。

从 1996 年开始，DSL 技术再度成为业界关注的热点，主要有三个原因：一是以互联网为代表的数据业务发展迅速，使用户对宽带接入的需求日益增加；二是光纤到家(FTTH)的成本太高，短期内不可能广泛应用；三是电信运营公司、有线电视公司、无线和广播电视公司以及 ISP 互相竞争的结果。电信运营商为了在宽带市场与竞争对手抗衡，纷纷推出 DSL 业务，在短短的几年间，DSL 市场迅速成长起来。

1. 全球的发展状况

到 2002 年底，全球的 DSL 线路数为 3590 万。这些线路在全球各地区的分配情况如图 7.4 所示。亚太地区所占比例最大，为 40%，用户数为 1450 万。由于法国、意大利、西班牙和英国等国家的用户数迅速增长，西欧地区的用户总数增长了 47%，达到 940 万，占 26%。北美地区在 2002 年下半年增加了 160 万线，增长率为 24%，总数达到 820 万，占 23%。东南亚的用户数达到 270 万，占 8%。其他地区的用户共有 110 万，占 3%。

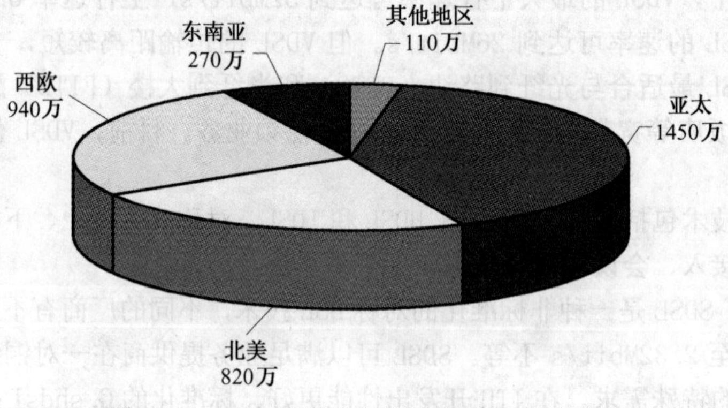

图 7.4 2002 年底世界各地区的 DSL 市场份额

最近几年世界各地区的 DSL 线路增长情况如图 7.5 所示。北美地区的 DSL 业务起步最早，在 2000 年底以前一直处于领先地位，其增长率在 2000 年下半年达到高峰，然后开始下滑。亚太地区的 DSL 线路数在 2000 年底赶上北美，并以更快的速度增长，但从 2002 年上半年开始也放慢了发展步伐。西欧各国大规模推出 DSL 业务的时间比亚太地区更晚一些，但从 2001 年下半年开始线路数迅速增长。从 2001 年开始，以中国为代表的东南亚地区的 DSL 业务呈现出起飞的迹象。其他地区（包括拉丁美洲、中东和非洲、东欧）的大部分国家的 DSL 业务仍处于发展的早期阶段，一些国家（如巴西、以色列、爱沙尼亚）已经拥有一定数量的用户。

2. 中国 ADSL 的发展状况

中国引入 ADSL 相对较晚。北美于 1997 年左右开始推出 ADSL 业务，而此时中国互联网尚处于起步阶段，用户较少，网上资源匮乏，拨号接入就可以满足大多数用户的需要。

另外，当时 ADSL 业务的开展存在诸多障碍。首先，业界没有统一的标准，各厂家的设备不能互连互通；其次，终端设备的价格昂贵；第三，用户终端设备的安装和调试比较复杂。

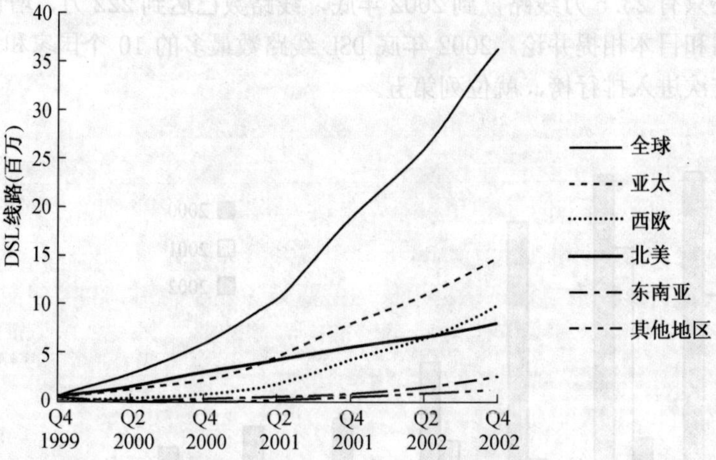

图 7.5　世界各地区 DSL 线路数

基于以上原因，中国的电信运营商并没有立即引进 ADSL，而是密切关注 ADSL 技术的进展。同时，上海、广东等一些经济比较发达的地区开始进行小规模的试验，试验的规模都在几百线左右，所用的设备都是阿尔卡特、百令达等国外厂商的产品。

1999 年，ITU-T 通过了一系列关于 ADSL 的标准，设备成本开始大幅度下降，终端设备的安装和调试也越来越简单，甚至可以由用户自己完成。此时，ADSL 已经具备了大规模应用的条件。

2000 年，广东、上海和成都正式推出商用 ADSL 业务，北京、山东、浙江等省市则开始进行小规模试用，但这时 ADSL 业务和终端设备的价格非常贵。以广东为例，当时，一个普通用户申请 ADSL 业务，需要缴纳一次性开户费 100 元、一次性终端测试费 200 元、网络使用费 300～500 元/月，另外，ADSL 终端的价格为 2800 元/个。对于这种价位，大多数的普通用户根本无法接受。

进入 2001 年以后，由于长城宽带、蓝波万维相继推出以太网接入业务，宽带市场的竞争加剧。迫于竞争的压力，中国电信开始大力发展 ADSL 业务，并为各省公司制定了较高的业务发展目标。随后，各省公司陆续推出 ADSL 业务，价格也大幅度下降，一般的包月价为 100～150 元/月，开户费和终端设备费也大大降低。降低价格，提供更加丰富多彩的应用，广泛宣传，再加上各种促销手段，促使中国的 ADSL 用户数迅速增长。最近两年中国 ADSL 线路的增长情况见表 7.1。

表 7.1　　　　**中国 ADSL 的线路数**

	ADSL 线路数（万）	增长率
2001 年 6 月	5.0	——
2001 年 12 月	23.5	370%
2002 年 6 月	70.7	201%
2002 年 12 月	222.0	214%

注：以上数据不包括香港、台湾和澳门地区。

在中国电信的推动下，从 2002 年开始中国成为全球 ADSL 增长率最高的市场。2001

年底，中国还只有 23.5 万线路，到 2002 年底，线路数已达到 222 万，增长速度之快可与当年的韩国和日本相提并论。2002 年底 DSL 线路数最多的 10 个国家和地区如图 7.6 所示。中国首次进入排行榜，就位列第五。

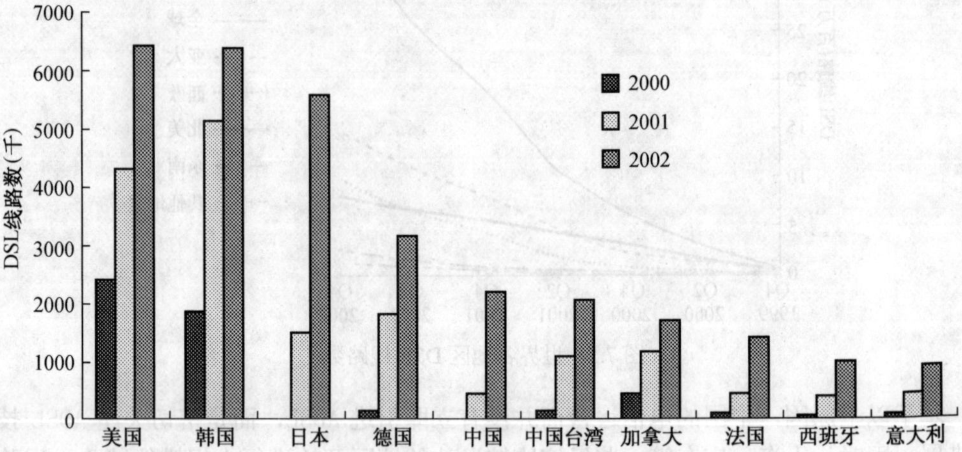

图 7.6　2002 年底 DSL 线路最多的 10 个国家和地区

7.5.3　ADSL 的接入方式

利用 ADSL 技术提供互联网接入业务的网络连接如图 7.7 所示。采用 ADSL 接入互联网需要两种硬件设备。首先，需要在端局和用户驻地分别安装 ADSL 调制解调器。其次，需要在端局和用户驻地分别安装分路器。

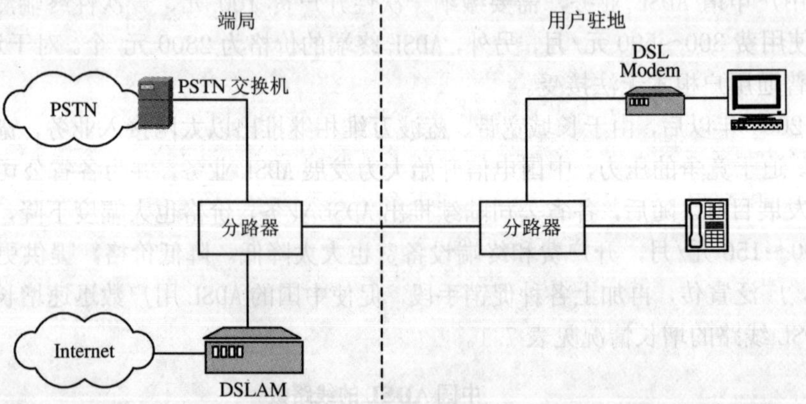

图 7.7　ADSL 的连接

分路器是一种低通滤波器，其功能是将模拟话音信号从 ADSL 频段内分离出来，选路到现有的话音交换机，而数据信号直接进入企业网或互联网业务提供商（ISP）的数据网。这样，ADSL 就可以在同一对电话线上同时提供话音和互联网服务了。

分路器的安装比较复杂，需要 ISP 派专门的技术人员上门为用户安装，既增加了成本，又限制了业务的快速开展。因此，1998 年 10 月，ITU 又定义了一种无分路器 ADSL 技术——G.Lite ADSL。该技术在用户侧不需要安装分路器，用户可以自己完成设备的连接，但最高下行速率只能达到1.5Mbit/s或2Mbit/s。

7.5.4　ADSL的发展前景

目前，比较被人们看好的高速互联网接入技术有两种——ADSL和Cable Modem。就目前的市场态势而言，这两种技术是不同类型的运营公司利用不同的网络发展的不同技术，将在竞争中共同发展。

Cable Modem技术比ADSL成熟得早，价格也比较便宜。目前世界各地已有许多有线运营商向用户提供Cable Modem业务，在有线电视网比较发达的北美和欧洲的一些国家进展顺利。Cable Modem 的缺点是用户需要共享带宽，随着上网用户的增加，用户的速率随之而降低。同时，Cable modem 业务需要双向有线网络，这就要求有线运营商对目前的单向有线电视网进行改造，这种改造需要巨额投资。

ADSL技术利用现有的电话网为用户提供端到端的专线连接，接入速率不受用户数量的影响。在包括中国在内的大部分国家和地区，电话线的普及率远远高于同轴电缆，因此ADSL的发展具有得天独厚的优势。另外，ADSL是一种叠加技术，可以根据市场的需要逐步增加投资，运营公司无需承担整个网络升级的巨额投资的风险。目前，Cable Modem主要面向家庭用户，而ADSL在家庭用户市场和企业用户市场都具有良好的发展前景。

（信息产业部电信研究院　贺　宁）

7.6　无线固定宽带LMDS接入

7.6.1　LMDS的优点与不足

本地多点分配业务LMDS系统是20世纪90年代后几年出现的热门技术。该系统工作在微波频段的高端20～40GHz，在较短的传送距离内（3～10km）实现大容量点到多点微波传输，可提供双向话音、数据及视频图像业务，能够实现从N×64kbit/s到2Mbit/s、甚至高达155Mbit/s的用户接入速率，支持ATM、TCP/IP、MPEG2等标准。与其他宽带接入和固定无线接入技术相比，LMDS既有优点，又有不足。

LMDS的优点包括如下几点。

（1）工作频带宽，可提供宽带的综合业务接入。目前，各国分配的LMDS工作频带带宽至少有1000MHz，可支持的用户接入数据速率高达155Mbit/s，能够满足广大用户对通信带宽日益增长的需求。一个典型的商用 LMDS 系统提供的下行链路容量可达 51.84～155Mbit/s，上行链路达1.544Mbit/s（T1）。这个容量意味着LMDS具有提供全业务网业务的潜在能力。

（2）运营商启动资金相对较小。在网络建设初期，无线网的大块成本是用户站设备成本，这部分成本只有在安装用户驻地设备时才发生，这意味着运营者只在与用户签约时才进行投资，避免了一开始就需要花巨额资金在基础设施上。另外LMDS的建设无需昂贵费时的市政工作。

（3）业务提供速度快。LMDS系统实施时，不仅避免了有线接入开挖路面的高额补偿费，而且设备安装调试比较容易，建设周期大大缩短，因此可以迅速为用户提供服务。

（4）可按需建设，逐步扩容。由于采用开放式标准和可扩展结构，可保证业务和覆盖随用户需求的增加而方便扩展。在LMDS系统中，用户只要购买所需的网元，就可获得服务，在用户发展方面极具灵活性。

（5）频率复用度高、系统容量大。LMDS系统是一个“范围”受限系统，而不是“容量”受限系统，特别适于在高密度用户地区使用。

（6）网络运行、维护费用比较低。

但另一方面，LMDS系统也有如下的局限性。

（1）LMDS服务区覆盖范围较小，典型覆盖范围为3～5km，不适合远程用户使用。

（2）LMDS工作在毫米波波段，信号波长与雨滴大小可比，降雨、降雪对信号传输影响很大，尤其是雨衰较严重。

（3）基站设备相对比较复杂，价格较贵，所以在用户少时，每个用户的平均成本较高。

（4）LMDS是视距传输系统，限制了用户的接收条件。对于发展中的城市，新建筑物的频繁出现有可能影响LMDS的无线传输，给运营、维护带来困难。

7.6.2 中国LMDS的主要业务范围和服务对象

1. LMDS系统的主要业务范围

LMDS可支持话音、数据和视像等多种业务。由于系统容量很大，每个远端站可有上百Mbit/s数量级的业务带宽，因此对CPN或CPE提供的业务颗粒也较大，LMDS一般在用户端可提供E1电路仿真、10/100Base-T、E1子速率等接口，对普通电话业务的支持一般要以E1电路仿真加PBX的方式来提供通道。具体来说，目前LMDS系统主要提供以下的电信业务：

（1）数据业务：LMDS系统能以透明的方式提供1.2～9.6kbit/s速率的低速数据业务（包括3类传真业务）。还能提供9.2～64kbit/s的中速数据和1.544Mbit/s至155Mbit/s的高速数据业务，但在提供高速数据业务时需要有100Mbit/s的快速以太网和光纤分布数据接口（FDDI）。系统支持包括TCP/IP在内的多层协议。

（2）视像业务：LMDS能提供模拟和数字的视像业务。信号源可以来自卫星，也可来自本地；可以是模拟的，也可以是数字的；可以是加密的，也可以是不加密的。1GHz的带宽可传送49条模拟视像频道或288条数字视像频道。混合传送视像和话音时，可传送156条视像频道和6992条话音信道。

相对来说，目前通过LMDS提供的话音业务无论是从成本上还是从服务质量上都很难与电缆相比，因此数据业务和视频业务应是各运营商所考虑的主要业务，但是作为综合的业务平台，通过LMDS提供的包括IP电话、VPN等业务也是运营商所关注的。

2. 服务对象

LMDS比较适合在人口密集、带宽需求比较集中的地区使用。根据中国用户对带宽需求的不同以及LMDS的技术特点，可将LMDS的用户分为以下的几类。

（1）大企业、证券交易所等金融机构、新兴的网络公司。这类用户的带宽需求一般比较高，基本都在10Mbit/s以上，但是他们对LMDS的使用目的是不同的。大企业更多是把LMDS用作一种通信备用或者补充手段，因此这部分用户会比较关注对LMDS运营商的选择，希望获得较高的价格折扣。证券交易所等金融机构则比较关注LMDS是否能够与其他业务捆绑在一起。

（2）中型企业、ICP 或者其他内容提供商、学校、政府机构、饭店等。这类用户的带宽需求相对要低一些，但基本在2Mbit/s以上。这部分用户对宽带接入的需求已很明显，它们愿意为宽带接入支付费用，已经成为LMDS运营商最关注的用户。

（3）小企业。随着经济改革的深入和加入WTO后市场经济格局的变化，小企业无论是从数量上还是从带宽需求上都会呈现比较明显的上升趋势。目前他们的带宽需求主要为 256kbit/s～2Mbit/s，随着宽带应用的推广，这部分用户的带宽需求基本集中在1Mbit/s以上。

（4）小区居民楼和其他个人用户。为了发展小区用户，LMDS运营商可与用户驻地网运营商（CPN）合作，也可与物业公司合作，但从国外经验看，LMDS 运营商与物业公司形成共进退的利益关系才可能获得长远的发展。

7.6.3 中国LMDS系统的频率规划管理政策措施

1999年初，中国联通和美国P-COM公司签署了共同进行LMDS系统实验的协议，标志着宽带固定无线接入开始正式进入中国，并在随后掀起了一阵LMDS的热潮。

2001年8月29日，信息产业部颁发了《关于发布26GHz频段FDD方式本地多点分配业务（LMDS）频率规划（试行）的通知》。根据中国无线电频率规划规定及频谱使用的实际情况，参考国际相关标准，信息产业部这次规划了26GHz频段的24.45～27Ghz频段的部分频率，作为LMDS使用频率。

工作频段和主要技术参数如下：

（1）中心站发射频段：24.507～25.515GHz

远端站发射频率：25.757～26.765GHz

收发间隔：1250MHz

（2）基本频道带宽为3.5MHz、7MHz、14MHz和28MHz，可根据具体业务需求将基本信道合并使用。

（3）传输容量≥4×2.048/7MHz。

具体将频率分为7个112MHz×2（32个3.5MHz×2）和4个56MHz×2（16个3.5MHz×2）共11个分配子频段，具体分段如下：

A0: 24507～24619/25757～25869MHz

A1: 24619～24731/25869～25981MHz

A2: 24843～24955/26093～26205MHz

A3: 24955～25067/26205～26317MHz

A4: 25179～25291/26429～26541MHz

C1: 25291～25347/26541～26597MHz

C2: 25347～25403/26597～26653MHz

C3: 25403～25459/26653～26709MHz

C4: 25459～25515/26709～24765MHz

B1: 24731～24843/25981～26093MHz

B2: 25067～25179/26317～26429MHz

目前的11个子频段中，24450～24650MHz频段被军队用于无线电定位业务，因此这部分频率暂时不会向公众业务开放。

2002年11月，国家无线电管理局对4家电信运营商（中国电信、中国网通、中国移动和中国联通）提交的关于频率需求的请示做了答复，同意这4家公司在部分城市使用26GHz频段FDD方式的LMDS频率来开展商用试验。其中考虑到中国电信和中国网通公司在重组后对无线接入手段的迫切需求，多拿出56MHz频率给这两家公司在对方领域中使用。这样相当于这两家公司在自己有本地业务的城市只有56MHz频率，而在对方领域则保证有112MHz频率可以使用，这些频率的使用期限为一年，即到2003年11月底。从无线电管理角度看，这次商用试验是为了进一步验证26MHz频率的商用可用性，同时预留了部分频率，到时可能会视市场需求和这些运营商的需求重新分配。当然也不排除在适当时候采用招标方式让其他的运营商也有机会获得LMDS的频率来开展业务。

7.6.4 中国LMDS的应用状况及发展趋势

1. LMDS的试验应用情况

中国现有大部分运营商缺乏接入手段，限制了业务开展和市场竞争。参考国际上的经验，中国主要运营商都建设了自己的LMDS试验网，并运行了相当的时间，且效果良好，纷纷做好了投入使用的准备，为LMDS在中国的开展奠定了坚实的基础。

从1998年底开始，信息产业部无线电管理局先后批准中国联通、中国网通、中国移动、吉通、润迅和中国电信等公司分别在广州、上海、北京、重庆、武汉、杭州、大连、青岛、深圳、东莞、珠海、广州、绵阳进行LMDS无线接入技术试验。技术试验的重点是对设备技术指标、系统技术指标、电磁兼容性能、无线接口特性、业务功能等方面进行验证。通过试验，对其技术的成熟性、完整性、技术特点和基本市场前景等进行了解和评估。试验的系统来自P-COM、NORTEL、NOKIA、ALCATEL、ERICSSON、COMMVERGE、SIMENS、ENSEMBLE、NETRO、休斯、深圳TCL、大唐电信等公司。

总体来说，中国所有的电信运营公司对LMDS都持积极态度，纷纷表示要尽快使用LMDS技术。获得了LMDS试验许可的电信运营公司都基本上完成对该技术的试验，并提交了试验报告。电信运营商对LMDS技术的普遍看法是：该技术具有无线接入技术的固有特点，组网灵活、建设周期短、实施简单、可以支持各种业务、性能指标基本能满足需求，在不适宜敷设光纤的地方，可以作为光纤的替代产品。但与有线方式相比，可靠性和稳定性不如有线接入，容量也不如光纤，可以作为有线接入方式重要的补充。

2. 网络建设受到3.5GHz频率招标的影响而适当推迟

迄今为止，中国还没有哪家电信运营商开始利用所获得的LMDS频率提供业务。其最主要的原因在于信息产业部于2002年底开始进行较低频段的3.5GHz频率的第二次32个城市的扩大试点招标，并在2003年2月底完成了招标工作。第二次招标采用了邀请招标的方式，共邀请了包括所有大电信运营商在内的11家公司参与投标。从技术和产品上讲，由于3.5GHz频段的系统设备具有比较成熟、成本更低、空中传播条件好等优点，各大运营商暂时将LMDS网络的建设延缓，因此LMDS市场的开拓工作也就相应推迟。但由于3.5GHz资源的紧缺（每个城市只有30MHz频率可用，而且由三家公司分享），电信运营商很有可能在使用3.5GHz频段的同时，利用LMDS作为补充手段，满足用户大容量带宽的需求。

3. LMDS仍将作为宽带接入手段受到企业的关注

从各大电信运营商积极参与3.5GHz频率招标的情况可以看出，目前接入手段的匮乏确实已经阻碍了运营商的发展与竞争。可以预计，在未来几年内，包括3.5GHz、LMDS、5.8GHz等固定无线接入系统仍将受到运营商的关注，成为运营商在提供综合电信业务方面的重要手段。

（信息产业部电信研究院　徐　玉）

第 8 章 移动互联发展状况

8.1 国外移动互联发展概述

移动通信与互联网是当今信息技术产业发展最快的两个领域，两者的结合为广大通信用户带来更方便、更灵活的通信服务，为企业带来了无限商机。同时随时随地可用的通信手段将极大改变人类的工作、生活方式，以至影响到整个人类社会的发展模式。

严格来讲，移动互联网指利用移动终端访问互联网的应用方式。但依照此种定义，将只限于基于 WAP、HTTP 等的应用方式，不能反映目前移动终端访问丰富的网上信息的应用现状（如各种短消息的应用）。因此，关于移动互联网的定义范围还有待于继续研究确定。

日本 NTT DoCoMo 公司 1999 年初推出手机互联网信息服务 I-Mode，仅 10 个月的时间用户数就突破 200 万。继 NTT DoCoMo 之后，法国电信、芬兰电信、中国香港电信及许多网络服务商都纷纷推出移动互联网服务。全球 2001 年移动数据业务收入增长达到 30%左右，并已在全球运营商的总收入中平均占到 4%～5%，某些运营商的收入中更有 15%～20%来自数据业务。

互联网比较发达的国家，不一定在移动互联领域发展得好：美国和欧洲各国互联网发达，移动互联网应用却并不很成功。相对而言，日本、韩国的移动互联网发展较好。

8.1.1 日本

日本是世界上移动互联发展最快的地区，日本手机的登记数已达 5193 万部，普及率达 72.3%，居世界第一。在日本，以移动方式上互联网的用户占互联网总用户数的近 70%。日本电信集团移动通信网株式会社（NTT DoCoMo）于 1999 年 2 月在日本推出了基于 分组方式的 I-Mode 增值服务，使手机用户可以浏览以 HTML 语言为平台的互联网站。该服务推出 9 个月，用户达 260 万户，用户月平均电信消费增长 40%。使用 I-Mode 无线上网服务的用户数已于 2000 年 8 月 6 日突破 1 000 万户，每天正以 2～3 万户的速度增长，无线互联网每月能为 DoCoMo 带来 3 600 万美元的收入。这不仅对其他日本力推无线上网的通信业者是个遥不可及的数字，对世界各地推动 WAP 无线上网服务的相关业者而言，也是一种压力。根据日本邮政省于 2002 年 8 月底的统计，全日本加入无线上网服务的用户数达到 1 700 多万人，而 I-Mode 在日本移动上网的市场占有率约 64%，遥遥领先其他竞争对手。I-Mode 的成功也使得 NTT DoCoMo 成为全日本最大的 ISP 业者，更是全球仅次于美国在线（AOL）的第二大 ISP。日本 I-Mode 的用户到 2002 年 8 月底为 3445 万人，占移动互联网市场的 60%以上。I-Mode 的成功也让日本重燃了在国际网络发展的信心，对其过去一直落后欧美甚至部分亚洲国家的网络相关事业发展，提供了另一个竞争基础。

在高涨的市场需求和趋于饱和的通信网络系统的压力下，日本已经迅速向高质量的第三代移动通信服务挺进。目前，3G 已经在日本形成竞争格局，全球最先推出 W-CDMA 制式 3G 移动通信服务的 NTT DoCoMo 由 2001 年 10 月至 2002 年 5 月底仅吸纳 11.23 万用户，其竞争对手 KDDI 于 2002 年 4 月推出 CDMA2000 1X 服务，至 5 月底已吸纳 82.9 万用户。KDDI 公司将他们的胜出归功于高的覆盖率与便宜的终端价格。从第一天开始，KDDI 的 CDMA2000 1X 在日本全国的网络覆盖率已达 54%，而 2002 年底，即推出服务后 9 个月，覆盖率将超过 90%。

8.1.2 韩国

在全球电信业不景气、ARPU 值持续下降的今天，韩国移动数据业务取得了巨大的成功。2001 年韩国移动数据业务收入的增长速度达到了 100%，而话音业务收入的增长仅为 18%。在 CDMA 的发展上，韩国政府基本上采用的是高投入、快速拉动市场的做法，经过短短 6 年的发展，完全改变了韩国电信业被国外产品垄断的局面，进而成为移动通信产业强国。截至 2002 年 4 月，韩国共拥有 3 000 万移动用户，移动电话普及率约为 65%。三大移动运营商为 SKT、KTF 和 LGT，分别拥有 1 600 万、1 000 万和 400 万的手机用户。

SKT 是韩国最大的移动通信企业。目前 SKT 在韩国国内的市场份额为 50%左右。在 1200 万移动互联用户中，有 700 万为 SKT 的用户。SKT 于 1996 年 1 月在全球率先提供 CDMA 移动电话商用服务；1999 年 10 月开始提供移动互联网服务“N.TOP”，同时也成为韩国第一家提供 WAP 服务的移动通信运营商；2000 年 10 月，SKT 在世界上率先开始 CDMA2000 1X 商用服务；2002 年 2 月底，SKT 开通了汉城地区 800MHz 宽带同步式 IMT-2000 商用服务。应该说，韩国移动数据业务取得成功的关键，不是技术，也不是丰富的业务内容，而是通过建立起良性循环的价值链而架构的成功的商业模式，其中运营商在整个价值链中的地位举足轻重。

8.1.3 美国

在移动通信领域，美国远远落后于日韩。从 2001 年开始，美国无线通信运营商开始建设 GPRS 网络。但由于无法使不同类型的 GPRS 软件一起工作，VoiceStream 无线、AT&T 无线和 Cingular 无线这 3 家美国主要的运营商，推迟了原定在 2002 年年底之前开通全国性 GPRS 网络的计划。为了确保语音服务这个目前最主要的收入来源，提供 GPRS 服务的无线通信运营商大多数采用了限制移动互联网服务带宽的做法。但 Sprint PCS 公司推出了可让用户查看电子邮件和预订个人互联网信息的移动电话业务。Sprint PCS 公司的这项无线互联业务使用范围遍布美国 280 多个城市，服务合作伙伴包括 Bloomberg、CNN 和 MapQuest 地图网站。AOL 交互式项目组新近宣布，AOL 可能会耗资 100 亿美元来促进消费者在家庭通过电缆、增强了功能的电话线、卫星和无线技术来访问互联网。

IDC 预测，美国移动互联网用户复合年增长率 CAGR（Compound annual growth rate）

为73%，从2000年的500万人将增加到2005年的8 400万人。Yankee Group 2002年公布的有关移动电子商务（m-Commerce）的调查结果表明：到 2006 年，美国将有 5 000万名手机用户利用手机支付收费信息、商品以及服务方面的费用。这个数字相当于美国人口的17%，也相当于全部手机用户的26%。调查结果显示，这5 000万名利用手机支付费用的用户将向m-Commerce支付大约150亿美元的费用。

8.1.4 欧洲各国

欧洲移动电话普及水平很高，正成为无线互联网最大的实验场。英国最大的移动电话和互联网运营商BTCellNet已在现有GSM网络上成功开发了GPRS业务，实现了GSM手机用户上网。BTCellNet的每个无线互联网用户平均每月增值的收入为11美元，每年因无线互联网增值的收入为5 000万美元。瑞典移动电话运营商Telia Mobile使用MyDOF平台提供手机上网服务，用户可以访问包括信息和交易在内的系列业务，如用移动电话购买机票等。它与诺基亚签署了协议，利用诺基亚支持WAP的Artus平台扩展WAP业务。2000年2月，它又与世界第二大独立软件集团Oracle公司合组公司，开发移动互联网业务。

8.2 中国移动互联发展的最新成就与基本状况

2000年初，“全球通WAP”服务在北京、天津、上海、杭州、深圳和广州等6个城市试商用。在2000年世界电信日到来之际，中国移动通信在GSM网络覆盖范围内开通全球通WAP服务。该业务面向中国移动“全球通”GSM客户，支持GSM客户包括漫游客户上网。客户必须使用WAP手机，并按照要求进行设置。由于在固定互联网领域创造新的概念已经越来越难，门户网站和垂直网站的最有利地形已经被占领，而移动互联网就像一个新大陆，有大片未开垦的处女地，因此，许多人都在预测中国有望成为全球最大的移动互联网市场之一。据信息产业部公布的数字，到2002年底，中国的移动电话用户已超过2亿，这些用户都是移动互联网的潜在用户。因此，中国的移动互联网市场非常巨大。目前，中国的移动互联网已经起步，并取得了一定的进展，但整个市场规模较小，具有丰富内容的移动互联网应用不多，移动互联网仍然处于抚育阶段，其发展上升空间很大。

8.2.1 中国移动互联网2.5G分析

目前较成熟的2.5G移动通信技术是CDMA20001X和GPRS系统，二者均能够实现移动高速分组数据业务。

GPRS作为第二代向第三代的过渡技术，是使用最广的能够解决移动通信与互联网相结合的技术方案，它可以充分利用现有GSM网络资源，使运营商在GSM全网范围内推出移动分组数据业务。从空中信道的对比可以发现，GPRS服务和现有的GSM服务共用相同的频宽。GPRS系统通过信道捆绑的方式实现了高速信道的传送。

CDMA20001X系统是在IS-95基础上实现的比GPRS速率更高的分组数据业务，且系统的容量也有了进一步的增加，保证了在从IS-95系统升级到CDMA2000系统的同时降低信道的成本，同时可以在有限的使用频率范围内支持更多的移动通信用户。CDMA20001X

采取补充信道的方式加大数据传送速度，CDMA20001X 的这一优点显著地降低了运营商的数据服务成本。美国高通发布的分析报告指出，在 5MB 量限制下，在同样的环境下进行数据通信，1X 的成本是每兆字节不足 0.6 元，GPRS 约为 3 元。这也就意味着用户可以用更少的钱得到更多的数据服务。CDMA2000 1X 具有完备的系统前后向兼容性，由此给终端用户带来了方便性。在对移动数据业务最重要的频率资源和传输速率两方面，CDMA2000 1X 都具备相当的优势。

因此，仅仅从纯技术的角度来看，CDMA20001X 的升级成本要比 GPRS 低，终端用户的使用成本也相对较低，这个天然优势有利于吸引对价格较敏感的年轻人与大众用户。但是，考虑到 GSM 网现实的网络基础以及目前拥有的大量有价值客户群，GPRS 和 CDMA20001X 的过渡成本孰高孰低目前尚无结论。

2.5G 可以解决基于 2G 的移动互联网所固有的问题，主要优势如下。

（1）时时在线，用户通过 2.5G 系统更容易访问互联网。不像 Modem 那样每次需要申请拨号连接，2.5G 可以确保按用户使用需要立即进行信息的发送和接收，即所谓“时时在线”。因此，GPRS 可以为 WAP 等移动互联网应用的实现提供更好的基础。

（2）用户可以同时进行话音通信和数据通信业务。

（3）较宽的带宽可以支持更丰富的应用，如各类多媒体业务等。

（4）按流量计费，计费更合理。

同时应该注意到，应用与内容的相对匮乏、终端的种类少、终端价格相对较高以及供货不及时等，是制约 2.5G 移动互联网健康发展的重要因素。

8.2.2 中国移动互联网 3G 演进分析

移动互联网的应用需求将最终决定通信系统是否应该升级换代。通信系统升级的根本驱动力应是产业链末端的用户。有以下因素表明在中国急于部署 3G 是不明智的。

新的通信系统的部署不会大规模催生新的市场，只能是替代旧设备，同时促生部分新应用。

新系统的部署并不一定会带来 ARPU （Average Revenue Per Unit 每业务单位平均收入）值的升高，实际上由于竞争的激烈，资费呈降低趋势，维持 ARPU 在现有水平已经很不容易。例如，虽然 2G CDMA 比 GSM 有技术优势，但根据最新公布的数据，联通 CDMA 用户的 ARPU 值低于 GSM 用户的 ARPU 值。2G CDMA 新增用户数量少以及新用户的 ARPU 低，说明中国的移动通信市场已经基本成熟，新增用户以低端用户为主，消费能力有限。

3G 的根本优势是可以满足移动互联网的高端应用，进而以高端应用带动 ARPU 值。但在中国，目前 2.5G 的 GPRS 尚超前于用户实际需求，高端应用仍处于“热炒冷卖”状态。

从中国用户的普遍消费水平以及 3G 移动互联网可以实现的应用质量来看，基于 3G 的移动互联网当前只能定位为对固定互联网的部分替代与补充。很难想象近期的互联网用户使用移动互联网的时间会长于使用固定互联网、下载的信息会高于使用固定互联网。期望通过 3G 的部署来大规模扩大用户需求是不现实的。

设备厂商出于自身利益，大规模宣传 3G，诱导运营商建设新一代网络，但因市场需求有限，将不利于运营商的运营。

目前 3G 技术还不成熟，标准尚在不断的变化中，又因为 3G 的初始设计思想并未计划承载互联网应用，所以目前采用 3G 有很高的技术风险。

保护、促进中国信息产业发展不等于加快部署 3G。

如果出于发展中国信息产业角度，以非市场行为驱动建设 3G 网络，开始确实可以拉动信息产业发展。但由于是无源之水，没有市场需求，先受害的是运营商，然后是设备制造商，最后受害的是国家。

移动运营商数量将随 3G 牌照的发放增加，3G 可带来的收益不会很高。3G 牌照发放后，在中国可能存在 4～5 家运营商，移动互联网服务趋向成熟，竞争更加激烈，运营商从移动互联网均摊到的收益份额将大幅度降低。

中国应该在 2004 年以后开始逐渐部署基于 GSM 的 WCDMA、TD-SCDMA，基于 CDMA 的 CDMA2000。在此之前，国家应对中国企业的 TD-SCDMA、WCDMA 和 CDMA2000 通信系统与终端自主开发给予充分的政策、资金和人才上的全面支持。

8.2.3　中国移动互联网的发展趋势

根据“3 年理论”，移动互联网也将经历 3 个发展阶段：“3 年尝试摸索的初级阶段”、“3 年狂热追逐的成长阶段”和“3 年艰难痛楚的调整阶段”，然后才能开始长期的回归理性的自然发展阶段，如图 8.1 所示。

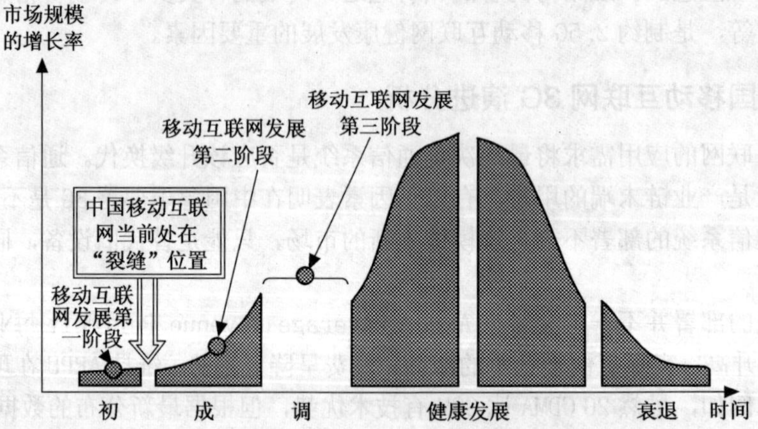

图 8.1　中国移动互联网发展的 3 年理论

如今，移动互联网正处于第一阶段向第二阶段过渡的“裂缝”之间，代表移动互联网的最佳机会的 3 年“机会窗口”即“3 年狂热追逐的成长阶段”就在眼前。但是由于移动互联网依然由“寡头”推动，新兴服务供应商（Service Provider）参与程度较低，因此整个产业创新活力依然严重不足，成为跨越“裂缝”进入发展第二阶段的最大障碍。

消费者需求分层，突破性创新技术的特质，企业对新的市场需求不能清楚认识等原因，都造成了移动互联网发展的“裂缝”产生。移动互联网产业正在跨越“裂缝”从第一阶段向第二阶段发展。整体产业发展将经历巨变，进入一个新的发展时期，移动互联网产业中机遇与风险并存。移动互联网产业链中各成员在技术、产品与服务方面必须根据新的用户需求进行根本性的变革。不能完成上述变革的企业将不能进入主流市场，甚至面临完全失败的厄运。

从CNNIC历次调查数据看，在使用计算机上网的同时，使用移动终端、信息家电等设备上网的人在逐渐增多，已从2000年1月的20万增加到了2002年6月的129万，这在一定程度上表明这些新的上网设备正在逐渐被网民所接受。

自从中国移动通信集团的GPRS网络于2002年5月17日商业化以来，截止到7月份，其用户数已达到130万人；中国联通也将开放CDMA数据业务，移动互联网高端应用用户数可能会有大幅度提高。由于手机上网资费与带宽是制约用户上网的主要因素，伴随着资费的不断下调和上网带宽的逐渐加大，加上未来5年内3G有可能在中国试商用与大规模使用，预计2005年手机上网用户将会达到1000万左右。CNNIC历次对使用其他设备上网的人数的调查结果如图8.2所示。

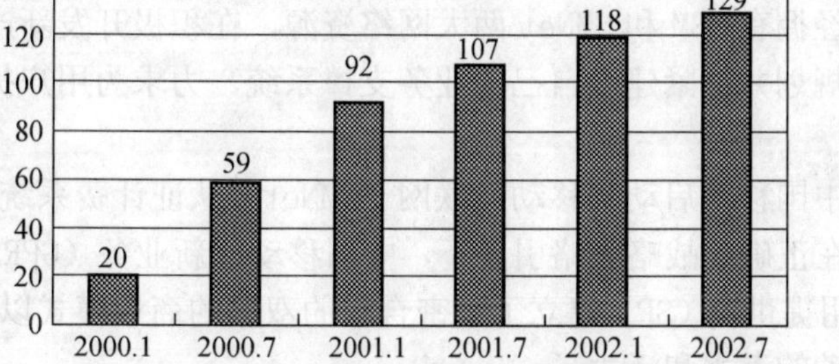

图8.2 **CNNIC**历次对使用其他设备（移动终端、信息家电等）上网的网民数（万人）调查结果

中国移动IP骨干网CMNet是继中国4大全国性互联网骨干网ChinaNet、UniNet、CNCNet和GBNet之后的又一全国性高速宽带IP骨干网络，2000年4月由亚信施工建设，2001年上半年正式投入运营。该网采用电信级综合业务管理系统AIOBSv5作为全网的核心计费和管理软件，不仅包括IP、VoIP、WAP、VPDN、ISMG的计费和清算业务，而且将邮件系统、短消息网关以及GPRS等新业务融合其中，为中国移动用户提供具有鲜明移动特色的全服务，并具有灵活的扩展性。CMNet紧密结合中国移动的业务优势和业务特色，定制出一个全面、合理的业务解决方案。不仅率先采用了业界领先的企业最高端的路由器、服务器和存储设备，并且采用许多最先进的应用技术和业务管理模式，为中国移动用户提供手机、VoIP、WAP访问、GPRS接入等具有鲜明移动特色的业务，并为未来第三代（3G）移动系统的发展奠定了基础。

CMNet分设在北京、上海、广州三个核心节点的镜像门户站点具有统一的域名，智能化的DNS服务系统实现全国不同地点接入的用户都能从适当的WWW服务器获得信息，使不同地理分布的用户都能得到性能最好的服务，从而保证了WWW站点的高性能，同时也实现了网络的负载分担功能。同时，CMNet拥有一个以电信级大容量电子邮件系统为核心的个人信息平台。为了充分发挥现有的GSM和SMS资源优势，中国移动除可以为用户提供传统电子邮件服务的功能外，还提供E-mail和短信、传真的互通，支持WAP终端收发邮件，实现用户“听电子邮件，看语音信箱”的梦想。

CMNet提供的“四合一”系统——亚信千万级的综合业务管理系统AIOBS真正地服务于CMNet的千万用户，即1000万VoIP用户、407万的WAP用户和175万的互联网用户，并在国际上首次提供了IP、VoIP、WAP和VPDN4种业务的捆绑计费，将原来4个不同的计费系统合而为一，实现WAP信息层的计费功能。AIOBS不仅可以支持灵活的费率策略，可提供针对用户类型、时段等的不同费率政策和优惠措施，同时AIOBS具有的平台开放性，也可以非常方便地提供对新业务的支持，随着业务的不断发展，AIOBS将最终成为一套“多合一”系统。

中国移动拥有4 000万的手机用户，是全球最大的移动通信运营商。CMNet的建设不仅为传统电信运营商拓展新的电信业务进行了有益的尝试，同时更为传统电信业务特别是移动业务与新兴的数据业务的有效融合提供了技术上的可能。借助CMNet这个以IP为核心的基础设施和AIOBS系统所提供的强大功能和卓越性能，中国移动将会为其几千万用户提供“一个客户、一个合同、一个账单”的融合服务，实现“一卡多业务”，成为电信融合时代的一个全服务提供商。

中国移动已经拥有GSM和CMNet两大网络资源，在积极开发新产品新业务的同时，也正在重新设计规划并加紧建设自己的业务支撑系统，力求为用户提供更完善的服务并赢得竞争优势。

新年伊始，中国移动启动其移动互联网（CMNet）认证计费系统的扩充和改造工程。过去的一年中，在正确的战略策略引导下，中国移动的新业务（GPRS、KJAVA、WLAN等）纷纷推出；与应用提供商（SP）建立了紧密合作的双赢的商业模式以及用户量稳步增长，均显示出中国移动的潜力和活力。

中国移动CMNet认证计费系统集中管理全国数据业务的认证和实时业务的计费，是中国移动业务支撑系统的重要组成部分。中国移动将通过此次的扩充和改造工程，使认证计费系统在功能和性能上能够满足已正式开放的业务和新业务到2003年的发展需求；优化完善全国认证计费系统的体系结构，包括网络、系统硬件、软件、系统安全、系统管理等内容；在明确各业务处理流程的基础上，制定和实现与相关系统（BOSS/CBOSS等）的接口规范，全面实现与相关系统的互联。

8.3 移动商务发展状况

近年来移动通信技术发展迅速，全球移动电话用户数量成级数增加。20世纪最后10年，特别是1995年以来，移动通信和互联网成为当今世界发展最快、市场潜力最大、前景最诱人的两大业务。而建筑在移动互联平台之上的移动电子商务，作为移动通信应用的一个主要发展方向，日益受到人们的关注。移动电子商务的热潮首先出现在日本，仅1998年一年，日本就销售了大约1 000万台可通过无线上网的移动电话。现在美国众多的企业也开始把移动电子商务作为其电子商务发展的重点之一。专家预测，移动电子商务在未来一段时间里将成为电子商务的主流发展模式之一，以前人们经常谈论的e-commerce不久以后也将被m-commerce所代替。

移动商务是电子商务的一个新的分支，但是从应用角度来看，它是对有线电子商务的整合与发展，是电子商务发展的新形态。移动商务将传统的商务和已经发展起来、但是分散的电子商务整合起来，将各种业务流程从有线向无线转移和完善，是一种新的突破。

移动设备通常是隶属于个人，可以为其所有者随时随地提供信息，商家可以通过移动电子商务将市场目标定位到个人，而传统的基于有线连接的电子商务只能将市场细分到一个小群体，比如一个家庭。从这一点来说，移动电子商务是电子商务发展的最高形式。

Frost & Sullivan 公司日前发表的研究称，今后 5 年，通过手机和 PDA 等移动设备进行的电子商务将起飞，到 2006 年将成为拥有 250 亿美元的市场。到那时，移动电子商务将占全球电子商务的 15%。移动电子商务将由几个不同市场部分组成，包括自动销售点支付（自动售货机、停车计时器和自动售票机）、有人值守销售点支付（柜台收款机、出租车）、移动接入互联网支付（商业 WAP 网站）、移动辅助互联网支付（用电话而不用信用卡支付的固定互联网网站）和个人间的对等支付。

中国互联网和移动通信用户的急剧增长，特别是由于 WAP 技术带来的互联网与移动通信网的融合，促进了国内移动电子商务的发展。

1. 无线基础建设成为投资热点

自从 2000 年 4 月 NASDAQ 股市一路下滑以来，互联网方面的投资重心已经由做 B2C、B2B 的电子商务网站转移到电信基础建设和无线网络上来。与此同时，政府也加大了对电信基础建设的力度。据统计，2000 年中国移动通信网的基本建设投资为 76 亿元，技术改造投资为 540 亿元。数据显示，中国每年移动通信投资额已经超过程控交换机的投资额，达到了 600 亿元人民币，占通信基础设施总投资的 40%。预计到 2003 年为止，中国的 GSM 设备投资总额至少为 2 000 亿元人民币。

除通信的骨干网等基础设施仍以中国政府为投资主体之外，多种投资形式已进入无线互联网市场，投资渠道和投资形式多元化对中国网络通信市场的快速发展将起到积极的推动作用。

2. 全球知名厂商纷纷抢占中国的移动市场

摩托罗拉、诺基亚、爱立信和西门子等手机制造商正将产品从普通手机向 WAP 手机全线过渡。2000 年 6 月，西门子决定在亚洲移动商务市场投入 15 亿美元，主要用于市场开拓、研发工作和生产设施，其中 10 亿美元将投入中国市场。2000 年 8 月，摩托罗拉在天津建成国内最大半导体生产中心及电子通信产品生产基地。该中心生产的半导体产品将支持无线通信设备、汽车电子产品和先进消费电子产品。

3. 国内运营商不甘落后

2000 年 3 月，中国移动通信集团率先在全国 6 个主要城市开通了 WAP 商用试验网，同时中国联通也宣布正式推出 WAP 接入业务。除此之外，他们还分别开通了各自的 WAP 门户站点。

4. 传统门户网站开始与移动终端厂商展开合作

对于传统的内容提供商来说，移动互联网潜在的巨大商机是赢利的又一新模式。与移动终端厂商合作建设 WAP 网站是当前 ICP 们的主要策略。搜狐、中华网、新浪和网易与几大中文门户网站都开通了 WAP 站点。8848 网站与中国联通上海公司达成了战略合作协议，共同向移动用户提供电子商务和 WAP 应用服务。

我们也应该看到，由于中国互联网基础建设不完善，所以发展移动商务还有很多制约因素存在。

（1）技术方面。无线应用还存在着许多局限性，如内存小、操作不便、屏幕狭小、不便阅读等，这主要由接入设备不同、数据源不同、内容需求不同和不断出现新标等准因素造成。跨平台之间的无线交流也是无线应用尚未解决的一个难题。而在无线电子商务方面，最重要的制约因素是安全问题。用户对 IT 安全性方面的要求会越来越高，进行用户身份鉴别将成为组成无线电子商务安全基础设施的一个关键部分。

（2）内容方面。虽然目前中国的 WAP 用户不多，但如果一味地责怪网民数量没有达到规模是不对的，因为用户的增长速度慢是有原因的。2000 年赛迪资讯的调查显示：多数 WAP 用户最不满意的是内容服务，因为用户往往花了钱却找不到自己需要的真正有价值的信息；用这种先进的方式获取到的只不过是几条新闻、天气预报、购物信息等，而这样的内容很难对用户产生强大的吸引力。从 WAP 网站的内容来看，其所提供的内容完全可以通过其他渠道免费得到。现在各门户网站已经渐渐意识到，把原有的有线网络内容简单转换一下就能满足 WAP 用户的需求是不实际的。

（3）费用方面。据赛迪资讯 2000 年数据调查，87%的被调查者关心手机上网费用，69%的被调查者关心网络内容丰富程度。费用问题被用户列为最关心的问题；从 WAP 的热炒冷卖和资费标准迟迟不能出台也可以看出，费用是一个非常敏感的问题。如果网站的收入完全依靠广告来实现，那是很困难的。对于移动电子商务一定要进行收费，依靠为用户提供有偿服务来获得稳定收入，关键是如何制定合理的价格和利益分配机制。

虽然中国移动商务的发展还面临种种困难，但是谁也不能否认它已经成为 2002 年国内外厂商投资的热点：诺基亚、摩托罗拉在中国追加投资 100 亿元、西门子表示将在中国投资 10 亿元、安捷伦在无线市场投资 2000 万元、联想斥资 1.5 亿元成立新的控股移动通信公司……这些都成为移动互联和移动商务发展的利好消息。有理由相信，随着各方面条件的逐渐成熟，火爆韩国、日本的移动商务将在中国迎来又一个高峰。

8.4 移动互联的市场构成

目前对于真实的移动互联市场的描绘应该是这样的：市场很大，中国市场是全球第一大无线通信市场，但在应用方面的发展却一直很慢。有业内人士指出，“这也牵涉到技术标准的确定和主要设备选择等诸多敏感问题，但这些问题的解决将不单单取决于技术方面的考虑”。移动互联网运营商的垄断性、技术标准的复杂性、对终端的依赖性，决定移动互联网产业价值链的结构。

移动互联网产业链包括运营商、接入商、设备和终端制造商、服务提供商与用户。使得整个产业链形成良性循环是移动互联网取得成功的关键，如何解决用户、电信运营商、内容和服务提供商之间的利益关系是能否形成良性循环的核心。

运营商：由少数寡头控制，居于垄断地位，实力最强，是产业链的领导者，具有整合产业链的能力。运营商也是移动互联网产业游戏规则的制定者，居于产业价值链的高地，对产业价值链的其他环节有很大的影响力和渗透力，肩负领导产业链创造巨大用户需求的使命。

系统设备制造商：由国内外数家企业占据，呈垄断竞争态势，期望以新的技术拉动移动互联网市场的增长，是移动互联网产业的主要推动者。系统设备制造商是运营商的紧密战略合作伙伴，其发展前景在很大程度上由运营商的业绩决定，越来越受到由运营商传递过来的市场压力的挤迫。

终端设备制造商：国内外多家企业属于这个阵营，众多中国企业在这个领域与国外企业激烈竞争。终端设备制造商是移动互联网产业的追随者，由于其所获得的价值增值较系统设备制造商和运营商微薄，总是被动地跟随运营商的策略行动，更多地关注已经存在现实需求的市场，针对细分市场采用市场渗透策略。终端设备制造商满足市场新需求能力滞后，在一定程度上制约着移动互联网的发展，也从侧面反映出运营商对终端设备制造商支持不够有力，终端运营商本身对移动互联网的发展前景难以把握的现实。

服务提供商：是产业链上最薄弱的环节，也是决定移动互联网产业能否顺利进入高速成长期的关键环节。服务商服务创新能力直接决定用户接受新的互联网应用的可能性，服务商的内容创新能力又决定了移动互联网的粘度。

用户：用户是移动互联网发展的最终源泉，用户对移动互联的接受度决定了整个产业的发展空间。中国移动用户都经历了中国移动通信的飞跃发展期，他们在享受移动通信的好处的同时，也付出了时间和金钱的代价。随着时尚风潮的消退，用户使用移动通信的行为愈发理智和成熟，他们的期望值不断升高，要求从他们花出去的每一分钱里得到更多的价值回报。

移动互联网运营商的垄断地位决定了其在产业链上的绝对优势，扮演着产业领导者的角色，惟一具有整合产业链的力量。移动互联网运营商应充分发挥领导者的作用，协同产业链其他成员共同完成用户需求研究、产业标准制定、价值分配体系建立、产业链管理和市场培育的任务。移动互联网产业链只有为用户提供优质、丰富、实用的移动互联网服务，才能吸引用户使用并消费移动互联网，这是移动互联网成功的前提。

移动运营商重点要细分产业价值链，将服务提供商的角色从自身分离出来，创造使其成长的环境，通过投资引导、资源支持、业务合作等多种方式，使服务提供商这个产业价值链的薄弱环节得到加强，最终实现产业链多赢。

在中国，移动互联网运营商和接入商目前主要是指中国移动和中国联通两家电信级运营商；另外，虚拟移动互联网运营商也渐渐出现。移动互联网运营商最大的收益者的身份决定了其必然是移动互联网市场最努力的推动者，不应该单单只是追求自身市场份额，更应积极推动整个移动互联网产业链向纵深、健康方向发展，以获取最大利润。

中国移动和中国联通现阶段分别占据着70%和30%的移动市场，处于垄断地位。籍此垄断地位，向前可通过网络的升级速度控制移动互联业务的技术升级和手机的更新换代，向后可通过制定通信资费标准来控制服务提供商的利润空间，可以通过资源控制来限制服务提供商的商业空间。也正因如此，运营商的每一次决策都牵动着各方面的利益，受到密切关注。虽然移动互联市场热起来，运营商将是最大的收益者，但是其面临的困难和挑战也是最大的。运管商不仅要选择合适的技术标准来解决带宽、速率等问题，更要考虑如何激活市场，调动各方面的积极性；既要维护广大用户的利益，规范市场秩序，又要使各市场参与者可以获得合理利润，有动力不断改善和升级服务，推动市场合理健康的发展。中国移动互联网运营商正积极学习日本I-Mode成功的经营模式和市场运作模式以及韩国移动互联网发展的成功经验，建立与服务提供商利益共享的经营模式和以客户服务为中心的市场运作模式。

产业链正在逐渐成熟，观念在转变，运营商、设备供应商和移动终端供应商、服务提供商正在建立利益共同体。

由于现阶段，移动互联网正处于产业发展“裂缝”阶段，中国移动互联网产业链的腰部依然疲软，大量内容重复，应用稀少，这严重制约了业务平台的发展。中国移动互联网产业链依旧很脆弱，需要产业链各成员加倍努力，共同建设、完善。

移动互联网在未来将着眼更大的层面划分产业链成员，产业链无论在广度上还是深度上，都要扩展，其他行业的企业将以远大于目前的广度和深度参与到移动互联网产业中去。比如，由于移动电子商务发展包括信息流、物流和资金流，就要求资金流—金融行业的积极参与；为满足信息与娱乐应用的需求，媒体、娱乐等多个行业也都将出现在移动互联网的产业链上。这种参与是深层次的，只有这样才能发挥移动互联网特有的随时随地、支付方便、可定位、信用好、个性化等优势，产业链成员的多元化对推动移动互联网的健康成长至关重要。

8.5 移动互联的技术水平状况

随着IP网成为基础网以及三网融合的发展，互联网在向宽带发展的同时开始向无线移动方向发展。目前发展移动无线互联网主要是从蜂窝移动电话向移动数据业务演化，从第二代（2G）的GSM（CDMA）移动通信经过2.5G的GPRS（CDMA—1X）向第三代（3G）的WCDMA（CDMA2000）演化。但是现在的3G系统并不能完全满足移动无线互联网的要求，再加上其自身存在的一些问题，商业化进程一再推迟。一些运营商和设备制造商强调上述逐步演化过程，从而保护了他们的利益。这可能会延缓移动无线互联网的发展，对用户不利。现在又出现了另外一种可能，从固定互联网向移动无线互联网演化。从发展看，移动无线互联网和固定互联网将拥有统一的IP核心网（广域网、城域网）、接入服务器、管理和计费系统，采用不同空中接口以满足不同要求。由于接入网的IP化，采用不同空中接口的无线接入网可以无缝连接到统一的IP核心网。

8.5.1 Mobile IP/Cellular IP

随着互联网的迅猛普及，笔记本计算机的大量使用，以及无线通信设备的发展，用户产生了对主机移动性的需求，即希望主机在接入互联网时能够不断地改变其所处的位置，而无须中断已有的通信连接。为此，IETF提出了移动IP（Mobile IP）。它通过引入两个网络实体——本地代理（Home Agent）和外地代理（Foreign Agent），在网络层解决了主机移动性问题。

Mobile IP原本是为了在计算机网络内实现移动性而提出的，它较好地解决了宏移动性（Marco Mobility）问题，即主机由一地移动到另一地或在不同的网络运营商的网络间移动的问题。但是提出Mobile IP的时候，人们并没有考虑到移动主机的微移动性（Micro Mobility），即主机在属于同一个域的不同子网或小区之间移动的问题（比如在同一个网络运营商在一个城市内的无线网络之间的移动），同时也没有考虑到与现有电信网络结合的问题。在将来，运营商为了增加网络容量，提高通信带宽，通常会减小无线小区的半径，从而导致小区间的切换越来越频繁。若此时仍采用Mobile IP来解决微移动性问题，那么移动主机就会频繁地注册，导致的后果有两个：一是移动主机的通信不停中断；二是大量的注册开销会导致网络拥塞。为了解决这个问题，人们提出了许多方案，其中蜂窝 IP（Cellular IP）是一种能够应用于现有乃至未来第三代移动通信系统，同时解决了移动主机微移动性问题的通信技术，Cellular IP 将得到广泛的应用。

Mobile IP 技术是一种简单可升级的全球性解决主机移动性的方案，它较好地解决了移动主机宏移动性的问题，但是缺乏对快速移动性的支持；而 Cellular IP 技术则充分考虑到与现有的以及将来的移动通信网络结合的问题，充分利用了它们所能够提供的快速切换能力，为移动主机提供了很好的微移动性支持。这两种技术的结合将成为未来移动互联技术的发展方向之一。

8.5.2 IP 电话

IP 电话技术是目前互联网应用领域的一个热门话题。它主要指在互联网中实时传送声音，从广义上讲，它包括在互联网中实时传送多媒体信息。IP 技术可以为用户提供低廉价格的服务，IP 电话采用了先进的数字信号处理技术，可以将原 64kbit/s 的话音信号压缩成 8kbit/s 或更低码速率的数据流，能够在同一条线路上传输比采用模拟技术时更多的呼叫，大大提高了效率。此外，IP 电话采用的是分组交换技术，可以实现信道的统计复用，使得网络资源的利用率更好，大大降低运营商的投入成本。所以 IP 电话的最大优势就是价廉。通过互联网打长途电话的成本仅相当于传统电话的 20%，最多不到 50%。

IP 电话以其经济、高效率和超时代的技术发展等特点，自 1995 年以来得到了迅猛发展，目前已成为数据语音通信中最有竞争力的技术之一。全球许多国家开通了 IP 电话的运营业务，中国的 IP 电话运营工作也已经多年，1999 年 3 月，信息产业部宣布，中国电信、中国联通、中国吉通三家公司作为被批准的 IP 电话经营公司，进行为期 6 个月的试验运营。1999 年 4 月 27 日，中国电信的 IP 电话业务率先在国内 25 个城市开通（这些城市有：北京、上海、广州、南京、武汉、西安、成都、沈阳、杭州、天津、重庆、长沙、福州、济南、深圳、东莞、大连、青岛、厦门、珠海、昆明、哈尔滨、长春、郑州、苏州），采用的是以色列 VocalTec 公司的设备。吉通公司在 1999 年 5 月 17 日开始在国内 12 个城市进行 IP 电话的试运营（这些城市有：北京、武汉、天津、广州、上海、深圳、大连、青岛、厦门、杭州、宁波、东莞），采用的是美国 Clarent 公司的设备。中国联通在 1999 年 6 月 18 日开始在国内 12 个城市的 IP 电话试验（这些城市有：北京、上海、天津、重庆、广州、深圳、南京、成都、杭州、福州、厦门、大连），采用的是美国 Cisco 公司的设备。1999 年 8 月中国网通公司成立，1999 年 10 月获准进行 IP 电话的运营试验，1999 年 12 月 14 日网通公司在国内 15 个城市开通了 IP 电话业务（这些城市有：北京、上海、广州、福州、天津、武汉、深圳、南京、杭州、济南、厦门、石家庄、郑州、长沙、徐州），采用的是加拿大北电的 VoIP 产品。由此可见，IP 电话在中国一出现就面临着激烈的市场竞争。

IP 技术正呈现出蓬勃的生命力，必定推动信息产业的进一步发展，IP 电话的发展历经了技术积累阶段和实用阶段两个初级阶段，目前正在高速地向第三个阶段——统一融合演进。

我们现在仍处于 IP 电话的第二阶段，但是方向十分明确，就是要在今后通过自身的努力开发或集成出适合中国的 IP 与语音网络的综合产品，使 IP 与 PSTN 相结合，真正形成集话音、数据和视频为一体的综合网，即真正实现“三网合一”。

8.5.3 CDMA

三大标准、几十家中外电信巨头，在中国下着一盘名叫 3G 的棋。在长达两年的布局之后，现在这盘棋已到了收官之际，因为中国 3G 已经箭在弦上。正是在这样一个颇为敏感的时候，几十家电信巨头依托三大标准形成的三大技术阵营也开始了新一轮更加白热化的竞争。技术之争、建设成本之争，厂商的 3G 生死战再加上中国运营商的集体沉默，使中国 3G 这盘棋越发扑朔迷离。中国运营商对三大标准的选择，牵动的不仅仅是几十家厂商，也牵动着全球电信行业的目光，拥有 2 亿移动用户的中国对全球 3G 格局的影响至关重要。

经过两年的调整与酝酿，欧洲运营商的债务压力已经得到缓解，WCDMA 商用化已经加快步伐，整个 3G 产业正在稳步复苏。在北美、亚洲和欧洲，一些 3G 网络正在或即将进入商用期。奥地利、日本、芬兰等 5 个国家的运营商已经宣布推出基于 WCDMA 技术的 3G 服务，与此同时，30 多个大规模 WCDMA 网络处于安装/测试阶段，全世界已部署和安装了几万个基站(Node-Bs)。据悉，新加坡、新西兰等诸多国家的 WCDMA 网络也即将在 2002 年 9 月份实现商用服务。

全球权威的电信及移动市场研究顾问公司 EMC 预测，2005 年全球移动电话用户将有 16 亿。其中，80%～85%的用户是 GSM 和 WCDMA 用户，包括正转向 GSM/WCDMA 的 PDC 和 TDMA 用户，另外的 10%～15%是 CDMA2000 用户。目前，全球的 3G 牌照中有 112 个 WCDMA 牌照，7 个 CDMA2000 牌照。

8.5.4 SMS/MMS

正如 SMS 已经成为人们始料不及的 GSM 成功案例一样，目前 MMS（彩信或多媒体信息服务）似乎正在继续 SMS 的辉煌，成为先进移动服务大舞台的主角。

2002 年全球移动用户将发出约 2500 亿 SMS 信息。在欧洲，SMS 占许多 GSM 运营商营业收入的 15%～20%。目前，移动行业正在巩固这一坚实的基础，并通过引入 MMS 将信息服务提升到一个新高度。

通过 MMS，用户能够将图像、视频、文字、图形和话音集成到一条内容丰富的信息中，极大地丰富了用户的移动体验。除了点到点的信息，MMS 能够以图片和图形等更丰富的形式提供多种内容如新闻、天气预报、股票交易信息等。

该服务已在全球流行。在近 8 个月内，已有 70 多家运营商推出了商用 MMS 服务。仅在意大利，几个月内发送的信息数量就达 150 万条。同时拉丁美洲最大的 GSM 运营商巴西 Oi 预测 MMS 将继续 SMS 的成功——每天发送的信息数量达 100 万条。在中国，春节 7 天假期的短信发送量达到了创历史记录的 70 亿条，彩信发送达到了 100 万条。

8.5.5 WAP

WAP 无线应用协议是移动通信设备实现接入互联网的一组通信协议。它使移动用户可以不受网络种类、网络结构、运营商的承载业务以及终端设备的限制，充分利用自己的手机，随时随地接入互联网（Internet）和企业内部网（Intranet），为高速发展的移动通信领域和互联网领域带来巨大的活力和广阔的发展空间。

作为一种通用协议，WAP 可以支持目前使用的绝大多数无线设备；在传输网络上，WAP 也可以支持目前的各种移动网络，如 GSM、CDMA、PHS 等，它也可以支持第三代移动通信系统。但相对于互联网的有线网络带宽，无线网络的带宽资源永远是有限的。WAP 充分借鉴了互联网的思想，并加以一定的修改和简化，应用程序和网络内容采用标准的数据格式表示，使用与在计算机上使用的浏览器软件相类似的微浏览器，应用标准的通信模式实现网上浏览。

WAP 协议栈采用分层设计，结构中的每层协议可以被上层的协议访问。分层结构能够使得其他的服务和应用通过预先定义的接口访问 WAP 协议栈，扩展应用能够通过接口直接访问 WAP 协议的各层。

但是，从 WAP 推出以来，基于 WAP 的移动互联网发展一直很缓慢。其主要原因是：支持 WAP 的网络通信速率低（9.6kbit/s）；电路交换模式的采用；终端设备—手机与应用的严重失配。此外，由于 WAP 协议制定时间较短，其中有较多不完善的地方，各厂家的 WAP 产品兼容性较差。

相对于 WAP 的缓慢发展，NTTDoCoMo 在日本推出的基于分组交换的 I-Mode 增值业务在商业上获得了巨大成功。归纳起来 I-Mode 成功的原因有以下几点。

（1）良好的商务模式，NTTDoCoMo 对所有加入其入口网站的内容服务供货商（ICP，ISP）并不收取费用，只藉助于代收使用者信息服务费。借着开放的态度，让服务内容越趋多样化，而能吸引更多的用户使用。

（2）I-Mode 采用分组交换系统进行通信，因而能够实现永远在线。

（3）移动终端——手机良好的人机界面是专门为 I-Mode 服务设计的，能够充分体现移动数据服务和 I-Mode 信息服务的特色。

（4）I-Mode 采用根据用户下载数据量及所提供服务内容为基础的灵活计费模式。

但是，I-Mode 采用 cHTML 语言，与 WML 不兼容，缺乏国际标准的支持，因而通用性比较差。而且由于 I-Mode 手机仅能在有限范围使用，限制了 I-Mode 技术的进一步推广。

8.5.6 WLAN

作为无线领域的主流应用之一的无线局域网（WLAN），依靠 IEEE802.11a、IEEE802.11b、蓝牙这三种技术之一即可实现，但它们的传输距离都不远，蓝牙的有效传输距离大约为 10m，IEEE802.11b 在 100m 左右。目前要实现远距离的无线上网，只能依靠与移动通信网如 GPRS 的结合。事实上，在选择哪一家的技术这个问题上，的确消耗了这个行业大多数经营者和投资商的精力，但是要花很多时间在一种焦灼的状态中等待的原因，却不仅仅是技术标准，还有运营商的角色转变。能否设计出让企业和个人消费者都感到满意的营销模式，提供他们需要和期待的服务，才是考察的重点。

在中国，与需要在全国范围内网络投资、建设的 3G 网络不同，无线局域网只用很少的投资即可开始服务。2002 年年中，网通在试验成功后昂首进军 WLAN 无线局域网市场，以 WLAN 做基础接入，在机场、酒店等地区开展无线局域网业务，95%用于商业用途，其目标是用无线局域网覆盖 CNCConnected 计划中的所有商业楼宇。继网通之后，中国电信也推出“天翼通”业务。上海、福建、广东等地的电信部门相继推出了“天翼通”业务，分布在咖啡厅、酒店、候机厅、会议中心、展览馆和体育场等地，为消费者提供无线上网业务。按照中国电信的部署，它将与中国移动合作，开展 WLAN+GPRS 的捆绑服务，届时用户在 WLAN 的覆盖范围内，享受高速无线上网的乐趣，当不在 WLAN 的覆盖范围内时，接受 GPRS 的贴身服务。移动运营商同样也看中 WLAN 的发展，中国移动推出 GPRS+WLAN 捆绑方案，用户在 WLAN 覆盖不到的地区，自动转到中国移动的 GPRS 网络访问移动互联网，通过“数据专用卡＋GPRSMODEM 卡＋笔记本电脑（或 PDA）”就可由 GPRS 或 WLAN 接入互联网，这对经常出差的商务人士吸引力很大；中国联通也正在考虑用 CDMA 1X+WLAN 的方式为集团用户提供无线接入互联网服务，联通展示在 CDMA 1X 手机上的 KJava 无线应用服务，比如说用户可通过手机观看一部非常精彩的电影，浏览无线互联网网页；证券界人士可以收看到非常逼真的实时“K 线图”。

网通首席科学顾问、中国科学院声学研究所研究员侯自强认为：宽带无线移动互联网不一定只能从移动电话经 2.5G 到 3G 演化产生。固网运营商利用其已有的固定宽带互联网资源建设宽带无线移动互联网，以极低成本在其上提供新话音和多媒体业务，可能是另一途径。

电信运营商们不约而同形成了一种默契，把无线局域网视为推动宽带上网和手机服务等其他核心服务的策略之一。他们都在努力表明这样一种立场，希望把自己掌握的网络资源看作是一种公用资源，让它在高效利用中产生价值。

8.6 移动互联发展的广阔前景

移动互联网产业未来发展将呈现以下主要趋势。

1. 外资进入增值服务领域并参股运营商，导致市场竞争加剧

加入 WTO 后，国外投资将逐步进入中国电信产业，会给行业的竞争格局带来重大变化，在相当程度上，中国移动互联网产业的发展状况将影响全世界移动互联网产业的发展，反之亦然。

2. 技术标准的竞争导致产业链企业战略联盟

技术标准之争只是进一步强化了移动互联网产业内竞争是不同子价值链（企业联盟）间竞争的态势，价值链之间竞争的胜负决定了价值链中企业的成败，运营商之间的直接竞争转变为它们各自价值链之间的竞争。

3. 运营商加强产业链的整合

运营商应将更多的投入从传统的产品（系统运营服务）转向综合服务，相应地组织人力、财力，研究市场和业务未来的走向。在为下游各企业（客户）提供产品（即移动互联网运营服务）的同时，大力开展业务和市场发展方向的战略咨询，技术和业务、市场方面的培训等，为价值链上的其他成员提供技术、管理和知识支持，扩展整个价值链的市场空间。

4. 终端设备制造商扮演更重要的作用

移动终端设备提供商不再处于产业链的从属地位，而是与移动互联网运营商更紧密地结盟，共同设计、开发满足移动互联网新业务发展和客户需要的新型终端设备。

5．系统设备制造商更重视对运营商、SP的服务支持

由于运营商投资的减少，系统设备供应商的收入下降。在深度挖掘现有网络潜力的需求推动下，运营商、SP对附加服务的需要增多。在这种情况下，系统设备供应商转变对传统服务不收费的观念，将服务部门作为重要的收入来源。如爱立信从总部开始就决定把这种类似的网络服务部门独立出来，成为公司一个新的业务增长点。这种做法也纷纷被其他大公司（如西门子、诺基亚等）效仿，都在寻求类似的市场减退期的增长点。

6．移动互联网与固定互联网的全面融合

当前的移动互联网应用与固定互联网应用基于不同的技术平台，造成移动互联网用户不能直接访问固定互联网网页，固定互联网用户也无法直接访问基于WAP等的移动互联网资源。WebService等技术将改变这种现状，如微软基于这种思想的.NET将使互联网服务提供商再也无须关心访问互联网的用户使用的是移动电话、PDA还是台式机，采用的是有线还是无线接入方式，基于WebService技术的应用只需进行一次开发即可适用持不同类型终端的用户，即各种终端用户将皆可以直接访问基于WebService的所有应用服务。这将使互联网服务提供商的服务范围直接扩大到所有类型的用户；而使用不同类型终端的用户也可以方便访问互联网上的所有资源，不再面临如目前移动互联网用户可访资源有限的困境。

7．服务提供商将得到很大发展

基于现有产业链的格局，产业链的薄弱环节——服务提供商将会得到加强，产业内运营商、系统设备商及终端设备制造商都会加大对服务提供商的支持，尤其是运营商。此外，固定互联网服务商、媒体、娱乐经营商、投资家等产业外成员也会加大对服务提供商的投入，以期进入移动互联网的市场。

（中国移动通信集团公司　郑朝晖）

第9章　有线电视网络发展状况

随着中国“三网合一”步伐的加快，有线电视网络作为发展数据传输业务以及互联网信息资源开发、应用和共享的重要基础设施，是宽带互联网接入等增值业务的重要组成部分，相信有线电视网络的发展将对整个中国互联网行业的发展发挥重要的推动作用。

——编者按

9.1　中国有线电视网发展历程

中国有线电视网络发展经历了4个阶段，共用天线电视系统的发展阶段，有线电视系统发展阶段，有线电视高速发展阶段，有线电视的产业化运营阶段。

9.1.1　共用天线电视系统的发展阶段

中国有线电视是在提高收看无线电视质量的过程中诞生，在完全空白的基础上起步的。也就是说，中国的有线电视产业是从搞共用天线起步的，1974年武汉市无线电天线厂和电子部电视电声研究所及有关单位合作首次在北京饭店建立起共用天线系统，开创了中国应用隔频传输技术的共用天线电视系统的发展阶段。这个阶段应该是中国有线电视的初级阶段。当初的主要目的在于改善无线电视的接收质量问题，其实际效果确实比单个天线接收效果要好得多。随后，以此为基础不断改进、发展、推广、宣传，逐步进入到家庭。

中国共用天线电视系统的发展阶段大体可划分为两个阶段：第一是20世纪70年代早期共用天线电视系统，工作在VHF频段，采用的是隔频传输技术；第二是20世纪80年代全频道共用天线电视系统，可工作在45MHz～860MHz，也采用隔频传输技术。

有线电视在20世纪70年代发展不大，主要原因是：系统的质量还不够高，存在着交调与互调干扰以及载噪比较差的状况，同时系统的稳定性和可靠性也存在一些问题，对气温的的适应性不够强。冬季寒潮来到，气温突降，一些系统会出现交调和互调干扰；而在夏季由于高温会出现载噪比不够，呈现雪花状干扰。发展不快的另一个重要原因是民用楼房的共用天线系统由谁来出资安装，这可是一笔很大的费用。

1982年，原国家广播电视工业总局和国家建设委员会联合发出《关于在部分民用建筑设计中试行安装共用天线电视系统的通知》，要求把共用天线电视系统列入民用高层建筑的工程设计之内。这一政策得到了社会各方面的重视和支持，极大地促进了中国共用天线电视系统的发展。这种发展迫切地要求提高产品质量，电子工业部因此着手制定 CATV 系统标准和产品标准，并制定了 CATV 新产品的定型管理办法。在制定的多项标准中最重要的有两项，一项是 1986 年中国颁发的第一个有线电视的国家标准，即 GB6510-86《30MHz ～1GHz 声音和电视信号的电缆分配系统》。另一项是 1989 年颁布的保证产品质量的标准 GB11318-89。这些标准和管理办法的制定，不仅对中国 CATV 系统设备和部件质量的规范化起到了促进作用，而且对企业管理水平的提高起到了很好的指导作用。

中国在 20 世纪 80 年代由有线电视厂、所先后研制了 VHF 和全频道(45MHz～860MHz)共用天线系统的系列产品和设备，组织了大规模的生产，满足了国内市场的需要，并有小批量出口。主要产品有：前端所需的频道放大器、调制器、混合器；传输系统用的各种宽带放大器；分配系统用的分支器、分配器、用户终端和串接单元以及滤波器、均衡器、陷波器、天线等无源器件，其配套产品还有各种电缆和接插件。这些产品均大量投入市场，基本上达到了国家标准的要求，满足了用户的需要。

这期间有线电视出现了蓬勃发展的局面，各种有线电视系统工程在中国蓬勃兴建，其主要特征：一是城市各大单位共用天线电视系统争相兴建，目的是改善收看无线电视的质量；二是企业有线电视台率先在全国各地蓬勃发展，不少台覆盖万户以上，除了改善收看无线电视质量外，还自办了节目。所有这些给民族信息产业发展带来了好的市场发展前景。

9.1.2　有线电视系统发展阶段

1983 年广播电影电视部正式批准了北京市燕山石化集团，在社区里建设一万多户的有线电视网络，这是经政府批准的第一个正规化的有线电视网络。所以，从 1983 年开始，中国的有线电视才进入了发展时期，从那儿以后，像湖南省、北京市成立了一些区域性的有线电视网。1990 年广播电影电视部根据国务院的授权，发布了“有线电视暂行管理办法”，使中国的有线电视事业进入了法制管理的轨道。

1990 年前后，中国有线电视的发展进入普遍采用邻频传输技术的有线电视发展新阶段，出现了地区联网和建设城市有线电视台的新局面。1986 年湖北省沙市建立了中国第一个城市有线电视台，由武汉市无线电天线研究所等单位承担建设。这一新局面给有线电视产业的发展带来了很好的机遇。邻频传输系统是一个比共用天线系统更先进的系统模式，其频道容量大、传输距离远、功能多、系统稳定性高、信号质量好等。为了推动这一大好形势的发展，广播电影电视部和电子工业部组织了一系列有线电视标准的修改、补充和增订。已制订的有线电视标准达 56 项之多。国家主管机关制订的这些标准和发布的文件为中国有线电视产业和技术的发展确定了标准和规范，也为产业和事业的同步发展规定了原则和要求。

9.1.3　有线电视高速发展阶段

1991 年开始，广播电影电视部开始批准各地组建有线电视台，授予有线电视台的称号和营业执照。从这以后，中国有线电视才进入了大发展时期，20 世纪 80 年代末，中国有线电视总的数量在 1 500 万用户左右。1992 年之后，一直到 1997 年连续 4 年的时间，中国的有线电视用户以每年递增 1 000 万的速度向上发展。所以 20 世纪 90 年代初以后，中国有线电视进入到了高速增长时期。目前，中国有线电视的用户总量已经超过了 9 000 万。

进入 20 世纪 90 年代以后，由于中国广播电视事业的飞速发展，电视节目套数不断增加，推动了邻频系统的频带宽度的使用不断扩大。到 1995 年，频带宽度由最初的 300MHz，逐步过渡到 450MHz 和 550MHz，到 1998 年扩展到 750MHz。有线电视的产品成功开发出加解扰系统设备、光发射和光接收设备、750MHz 放大器、1000MHz 无源器件和 MMDS 设备等等，并大批量生产配套的物理发泡电缆和光缆等。国产设备的性能和主要电气指标已达到国外同类产品水平，部分满足了大城市 CATV 网建设要求，基本上满足了中、小城市和乡镇建设有线电视台网的需求。目前大城市有线电视台网所用的前端和干线设备以进口为主，部分地采用国产设备，国产设备所占比率在逐步增长；中、小城市则以国产设备为主。到 1998 年，中国有线电视设备的年产量可达 700 万户以上，有力地促进了中国有线电视事业的发展。

9.1.4 有线电视的产业化运营阶段

中国的有线电视经历了 3 个发展阶段之后，从 2000 年开始进入了第 4 个阶段，这第 4 个阶段的标志就是中国有线电视的产业化运营。而在此之前，有的地方虽成立了有线电视公司，但是总体上还是按照一种公益性为老百姓服务的方式运营。现在根据国务院的要求，从 2000 年开始，中国各地必须要成立有线电视网络公司，这就是中国有线电视的发展的基本过程。

9.2 中国有线电视规模

9.2.1 有线电视网的用户数

根据广电总局的规划，我们准备到 2005 年使中国的有线电视用户发展到 1.2 亿以上，到那时将近 40%的居民用户都将接入有线电视网，根据这几年大发展势头（见表 9.1 和表 9.2），到 2005 年，1.2 亿用户应该能实现。

表 9.1 中国电视机用户增长情况

时　间	1976 年	1983 年	1996 年	1998 年	2001 年
电视机	600 万	3000 万	3 亿	3.4 亿	
CATV 用户	0	100 万	7000 万	8000 万	9090 万

表 9.2 中国、美国、印度家庭有线电视拥有率情况对比

项　目	中国	美国	印度
电视机入户（1998 年）	84%	220%	25%
CATV 入户（2001 年）	23%	68%	9%

9.2.2 有线电视网传输线路的里程

现在中国有线电视网络的里程已经达到了 300 万千米，这里指的是从有线电视前端一直到居民小区的末端，其中有光缆也有电缆，光缆的里程数已经达到了三十多万千米。

广电国家级基础干线网的建设是从 1995 年开始启动的，当时原广电部作了重大战略决策，决定将全国的有线广播电视网连成一个整体，并把广电国家级光缆干线网列入“九五”规划和 2010 年远景规划。1996、1997 年山东、浙江、河北、江苏等部分省级光缆干线网开始立项建设。1997 年底原广电部批准了国家级基础干线网的规划。1997 年 5 月组建了网络中心，国家级光缆干线网工程在省级光缆干线联网的基础上全面启动。到目前为止国家级基础干线网已达到 3 万多千米，连接了 30 个省（市、区）。网络结构为多个环型结构，部分线路为链型结构。

环型结构共分为华北五省环、北环、南环、西环、西南环、收集北环、收集南环。

华北五省环：总局首站-天津-济南-徐州-郑州-石家庄-总局首站，全长 2260km，含 6 个节点站及 21 个中继站。

北环：总局首站-天津-济南-徐州-合肥-武汉-郑州-石家庄-总局首站，全长 3580km，4 个节点站，37 个中继站。

南环：武汉-广州-福州-杭州-上海-南京-合肥-武汉，全长 5191km，8 个节点站，49 年中继站。

西环：郑州-西安-成都-重庆-武汉-郑州，全长 4601km，6 个节点站，50 个中继站。

西南环：成都-昆明-南宁-贵阳-重庆-成都，全长 4266km，5 个节点站，42 个中继站。

收集北环：总局首站-天津-济南-合肥-武汉-郑州-石家庄-总局首站，全长 3580km，7 个节点站。

收集南环：武汉-广州-福州-杭州-上海-南京-合肥-武汉，全长 5191km，8 个节点站。

链型结构为北京线、东北线、浙赣湘线、粤桂线、石太线。

北京线：总局首站-北京，全长 30km，2 个节点站。

浙赣湘线：杭州-南昌-长沙，全长 1383km，3 个节点站，12 个中继站。

东北线：总局首站-沈阳-长春-哈尔滨，全长 1635km，4 个节点站，16 个中继站。

粤桂线：广州-南宁，全长 1018km，2 个节点站，11 个中继站。

石太线：石家庄太原，全长 275km，2 个节点站，2 个中继站。

目前有 30 个省级光缆干线网已开通，国家线基础干线网于 1999 年 10 月 1 日开通了京津冀鲁豫 5 个省（市），于 2000 年 6 月 20 日开通了东南沿海 14 个省（市），至今开通全国 30 个省市。

9.2.3 有线电视网上的节目套数

现在中国的老百姓通过有线电视网收看的电视节目一般都在 20～50 套之间，采用模拟传输的电视信号，有少数地区，像深圳、上海已经开始在做数字电视传输。我们计划在今后的几年时间，使数字电视在中国的有线电视网上的传输数量能够迅速提升。

9.3 中国有线电视网络特点

9.3.1 管理体制

中国有线电视网（CATV）现行的运营管理体制是依照广播电视行业管理模式形成的四级管理体制，如图 9.1 所示。

● 国家级基础干线网，特点是：

① 没有直接用户，收入基本上靠增值业务；

② 可以在物理上形成国家级第二大基础干线网络；

③ 具有在网上组织大规模有广播电视网络特点的扩展业务、增值业务的能力和机遇。

● 省（市）级网，特点是：

① 基本上不拥有直接用户，收入主要靠增值业务；

② 具有相当规模的干线网络和在网上组织扩展业务，增值业务的能力。

● 地（市）级网，特点是：

① 拥有其所在城市的接入网，具有小规模接入的一些特点；

② 难以将按行政区划构成的接入网络形成整体。

● 县级接入网（包括乡、镇级），特点是：

① 网络已基本成型，有建设管理能力和比较完善的营销维护队伍；

② 拥有直接用户，基本收入有一定保障；

③ 难以有效开展增值业务而形成规模效益。

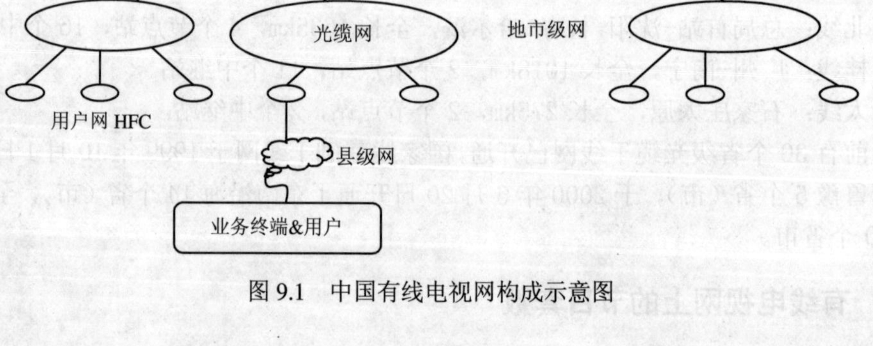

图 9.1 中国有线电视网构成示意图

9.3.2 网络业务

从整体上看有线广播电视网共有 3 大类业务，第一类是基本业务，即传输 20～50

套模似广播电视节目，这类业务在全国的有线广播电视网上已经普遍提供了；第二类是扩展业务，指针对特定用户群的服务，这类业务正在开展，而且收到了不错的社会效益和经济效益；第三类是增值业务，即数据通信服务，目前正在起步。有线电视网络业务“以发展音视频业务为主，以增值业务为辅”。

首先，以保证基本频道业务的稳步发展为基础。基本频道业务的主要目的是传送党和政府的声音、满足绝大多数人民群众的基本文化生活和公共信息的需要；基本频道业务开展的时间较长，用户基础庞大，将给有线广播电视网带来长期稳定的现金流。

其次，以大力发展音视频扩展业务为核心。有线广播电视网的突出优势在于音视频内容资源和“最后一公里”的网络特性。更加丰富、高质量的专业频道服务是目前市场上最为广泛和迫切的需求，是有线网络未来发展的主要经济增长点。

第三，带动多种增值业务的发展。增值业务种类多样、潜在收入可观，且涉及的政治因素及政策限制较少，市场开放度较高，但竞争性较强。具体业务包括数据广播、宽带互联网接入等，是有线广播电视网业务发展有益的补充，是第二个经济增长点。

目前，所有省市级有线网络公司在提供基本业务时，都在开展多功能增值业务服务。业务的主要形式有数字电视、视频点播（VOD、NVOD）、家庭影院；数据广播、图文电视、国际互联网接入、企业联网、局域网互联；电视大学、远程教学、公共信息发布、气象预报、新闻、体育、股票、金融、交通、旅游等信息咨询。增值业务还有数据库访问、电子邮件、电子图书馆、电子报刊、电子商务等。

第四，有线广播电视网未来的业务模式特点是为用户提供一揽子服务，包括音视频、信息数据和话音业务，具有融合三网业务的基础。待市场开放、用户网升级改造、IP 技术等关键问题逐步解决后，有线广播电视网就有机会、有实力分阶段实施为用户提供音视频、宽带互联网接入、话音等多功能服务的业务发展战略。

9.3.3　技术平台

有线广播电视网现已形成规模，由于受建设初期技术的局限，基本上依然是单向的、粗放经营的网络系统。基本采用光缆电缆混合模式（HFC），干网为光缆，同轴电缆入户。各省市级广电网络都以 SDH 环加 HFC 型结构网络为主，SDH 环型网络结构，具有传输容量大、传输距离远、传输质量好、具有较强的网管功能和自愈功能。省级采用 SDH 的 STM-16 传输容量，传输速率 2.5Gbit/s，省网络中心利用 SDH 强大的网络管理能力对网络进行管理，省会城市城域网络和地市级光缆干线网也采用 SDH 技术。各广电网络公司根据其业务和网络发展的需要，从二级分前端到用户采用双向的 HFC 网，近距离采用 1310nm 光传输，远距离采用 1550nm 光传输，反向均采用 1310nm 传输。光节点后带 1～2 级放大器，HFC 光节点一般覆盖 300～500 户。

近年来国家级、省级、地市级广播电视传输干线网络的建设，拓宽了网络基础设施的传输带宽，同时实施了对有线广播电视网络的工程改造，使其有线网络具有更大的带宽，适合开展双向业务，满足当今和未来用户对信息服务的要求。

由于有线网具有媒体属性，与其他通信网有一定的区别，因此在技术上设计了两个面向不同业务的平台，一个是 A 平台，一个是 B 平台，A 平台适合基本业务和扩展业务，B 平台适合增值业务。

9.3.4 入户带宽

由于中国有线电视网络是在近20年的时间里头迅速发展起来的，我们这种发展也是紧跟了像美国、北欧这些地区的先进技术，所以一开始的时候，我们采用的是 300M（bit/s）的传输系统，迅速提升到了450M、550M、750M、860M，也有很小的地方出现了1000M的有线电视网络系统。

9.4 有线电视网络产业化改造

世界各国的有线电视都是产业化经营，但同时世界各国的有线电视又都是作为特殊产业来经营。1998年的国务院33号函和1999年国务院82号文件，明确提出了有线广播电视网要进行产业化经营，就是要政企分开，明确提出以省为单位组建广播电视传输集团，这是中国有线广播电视网产业化改造的政策依据。

由于中国有线电视网过去不是按照企业模式运营的，因此缺少一套完整的企业运营体制。比如，没有明确的价格定位，没有互联互通结算，缺乏经营型人才队伍等。所以中国有线电视网要进行产业化改造任务非常艰巨。中国有线电视过去的收入来源主要是两个方面。一个方面就是线路维护费。现在中国的有线电视用户每个月为此付的费用也就在1～2美元之间，非常低，这表现出中国有线电视仍然是按照一种公益性的事业在提供服务。这种维护费全国也就是100亿左右的规模。第二个收入就是有线电视的广告收入，这种收入一年有将近200～300亿的规模。这是中国有线电视网目前收入的两个主要来源。

另外一些方面的收入就是数字业务的收入，如数字图文，互联网接入，总共全国在10亿元左右的规模，在中国有线电视网的总体份额当中占得很少，但是数字业务在今后几年里将会上升为中国有线电视网的主要收入来源。开展数字业务必须要开发机顶盒，必须要全国联网，中国的有线电视网将在今后5年内带动一个巨大产值的产业。

目前中国的有线电视事业正处在一个非常重要的发展阶段，这个发展阶段有两个标志。一个标志就是国务院决定，中国的有线电视网络要进行产业化改造，组建有线电视网络公司。在此以前，中国的有线电视网络基本上不是作为公司运行的，所以，国务院对中国有线电视网络要进行产业化改造这么一个重要决定，对中国有线电视事业的发展来讲，是有非常重要意义的。第二个标志是中国有线电视也在紧跟世界有线电视的潮流，向多功能、多媒体的方向发展，中国有线电视的基层网络现在已经普遍地开始了多媒体业务的服务。

中国的有线电视网络要进行产业化改造，不仅要解决目前的体制问题，更重要的是必须设计自己的新的产业模型。

一、要建立为广大用户提供个性化服务的内容体系

提供个性化服务的主要经营目标不求覆盖率，而是追求收费率，到底多少人交钱，享受个性化服务，而不是普遍的服务，比如说足球，它是很个性化的，专门对球迷的，因此开发个性化所需的内容，这是核心的核心。所以，要建立未来的有线电视产业化的模型，个性化内容是这个模型中重要的一环。

二、要建立用户管理和服务系统

既然让老百姓有个性化需求的消费，满足广大人民群众日益丰富的精神文化需求，消费者就要为此付费。在过去广播电视的粗放式经营的体制下，没有一个机制是从老百姓那里收钱的，过去收的只是有线电视维护费，大多数地方都是人工上门去收。如果有线电视将来提供了上百套、几百套有线电视服务的时候，提供了个性化服务时，就要建立客户管理系统和结算系统。

三、建立完善的分配和结算体系

用户个性化消费所交的费用体现在有线电视的接入网，但提供这一个性化服务的涉及到干线网，内容提供商等。如何让费用合理的分配到每一个环节是关系到业务能否顺利进行的关键，因此需要建立一个完善的分配和结算体系。

四、要有统一的品牌化的销售系统

统一的品牌化的销售体制，是让消费者了解你卖的是什么东西，比如说美国的 CNN 是一个品牌，HBO 是一个品牌，那么中国有线电视网的品牌是一种服务，你给老百姓提供一种什么服务，我们必须建立品牌，如果我们建立分散的品牌，市、区、县各有各的品牌，老百姓不认可，经营成本也高，所以就需要全国统一的品牌，经营成本才会降低，认知度才会提高，老百姓的消费程度才会提高。

五、要有网络安全保障体系，讲求服务质量

要提供产业化服务，消费者为此服务付出了费用，如果信号质量不好或网络不在要求的指标内中断，就会引起用户的投诉，因此要建立一套完整的安全保障体系。

9.5　有线电视网络在中国信息化发展中的作用

9.5.1　有线网络是国家重要信息化基础设施之一

对于广播电视网络在国家信息化建设中的位置重要性的认识是有一个过程的，1997 年 4 月 18 日召开了国家信息化工作会议，提出了一个平台、三个网的概念，确立了 24 字方针："统一规划、国家指导、统一标准、联合建设、互通互联、资源共享。"这是第一次将有线广播电视网写入国家级的正式文件，标志着有线广播电视网已经成为国家的重要战略资源，已经成为国家信息化工作中的重要组成部分。

当前中国的宣传事业像世界各国一样正经历着革命性的变革，宣传事业经历了舞台媒体时代、纸介媒体时代、广播媒体时代，正在向网络媒体时代发展。网络是新时代宣传事业的物质基础，就像舞台对于戏剧，纸张对于报刊杂志，无线电波对于广播一样，没有网络就没有中国广播电视事业的未来。

由于有线电视具有宽带入户的特殊优越性和广播式传输有条件接收的技术特点以及与计算机网在逻辑上天然的兼容性，使它自身有无限的发展前途。全世界的专家都一致认为有线电视是解决信息高速公路最后一公里的最佳传输媒介。就连 1998 年发表的"中国电讯发展战略研究"也认为，有线电视网络是信息业跃升的技术平台。

随着互联网的业务日益普及，可以预见，网络媒体将成为未来的主流媒体。新的媒体将会以传统媒体为基础，结合网络传输技术，派生出新的服务形式，如音视频点播、网络电视等。广播影视信息化如何面对新的机遇进行规划和建设，是至关重要的。

广播影视不仅具有规模宏大的网络资源，更具有丰富的信息资源，为用户提供信息服务有先天的优势，包括音像、影视、新闻等。随着国家信息化相关政策出台，广播影视信息化在保持其原有公益型的基础上，应开展多种形式的信息服务，以满足公众对文化、教育、科技及日常生活的日益增长的需要。

9.5.2 有线电视网在互联网宽带接入方式中占有优势

美国联邦通信委员会主任 William E. Kennard 曾经说过：有线电视产业商在从模拟方式向数字方式转换的前沿，能够领头把宽带网络的丰厚利益带进美国家庭，在互联网蓬勃发展以后，数字式电视的作用不仅是给出更漂亮的画面，而且把数字式技术的潜力与无处不在的电视结合，对美国经济、社会以及广播电视业的作用是不可估量的，该委员会有线电视局局长在一篇文章中说，有线电视业是通信技术的突破性变革的关键部分，处在新近出现的先进宽带通信浪潮的最前列，有人称它“握着进入天国的钥匙”，这意味着，它是当今能向住宅提供包括图像、话音和数据的多种先进数字式服务的惟一产业。

中国第一代互联网已经发展成熟，中国第一代窄带互联网基本上基于电信网络，信息高速公路的概念提出之后，宽带互联网的信息接入方式已经多种多样，目前成熟的有 6 种，也被许多专家形象地比喻为 6 个车道，即固定电话网、移动通信网、直播卫星网、无线地面广播网、有线广播电视网、电力网。现在普遍采用的 ADSL、VDSL、xDSL 和 CableModem 都有一定的生命力。

Cable Modem 方案是以 HFC(光纤同轴混合电缆网)为基础，建立在原来有线网络基础上的高速接入技术。HFC 网不仅可以继续提供原有的有线电视业务，而且可以提供话音、数据以及其他交互型业务。

中国现有电话装机数量超过 4.2 亿，有线电视用户超过 9000 万，对比中国近 6000 万网民，无论是 Cable Modem、还是 ADSL 都存在着巨大的发展空间。来自网上一些调查和网友的言论表明，两种宽带接入方式受到网民的巨大欢迎，可以用翘首企盼来形容互联网用户对宽带技术的渴望。Cable Modem 由于提供了比传统拨号高数十倍的带宽，且线路覆盖较广，一问世便受到了用户的普遍欢迎。目前在大多数城市，Cable Modem 受到很多中、小企业的欢迎，通常来讲，采用这种方式上网，单位的上网费用可以控制在 1000 元以内，并且保证了上网速度，具有费用低廉的优势。目前业务接入规模小成为各个试运营接入商不能降低价格的主要因素，开展大规模宽带接入服务可以降低运营的总体成本，降低最终用户的收费。

有线接入相当于一个巨大的城域网，用户如果仅仅登录本城市内的网站的话，上网速度毋庸质疑。随着互联网服务经营业务的逐步开放，有线电视网络势必为中国宽带互联网的发展发挥更大的推动作用。

（国家广播电影电视总局信息中心　刘俊清）

第 10 章　卫星互联网发展状况

10.1　互联网与卫星通信网的优势互补

由于卫星通信具有空间跨越、远程通信和广播等地面网络所没有的独特功能，卫星通信与互联网结合是由互联网的应用功能不断提高、应用环境的变化以及卫星通信的特点、功能决定的，更重要的是它们之间有某中内在的千丝万缕的联系。

互联网的结构决定其不对称性，而卫星通信网具有广播特性，上、下行链路也不对称，且具有空间跨越大、覆盖面积大、远程连接、直接一次投送到户、实时传输等优点，而这正是目前互联网所需求的，因而成为互联网摆脱目前困境的一个重要途径，见表 10.1。

表 10.1　　卫星通信的优势

网络的困境	网络的需求	卫星通信的优势
骨干网阻塞	骨干网分流	利用卫星转发器分流
接入速度慢	远程宽带接入	可远程连接，直接到用户
内容分发效率低	内容多播广播	广播媒体，一次投送
实时性差	实时传输流媒体	实时传输

由表 10.1 可知，卫星通信是互联网的重要补充，补充了互联网的重大不足，卫星通信与互联网的结合是一种技术上的必然趋势。我们称这种结合为卫星互联网。它成为互联网的一个组成部分并能够独立运行，它的基础是 VSAT 系统，具有广播功能，以 IP 为网络服务平台，以互联网应用为服务对象。

10.2　卫星互联网简介

一、卫星互联网的组成

卫星互联网的典型结构由一个专用的数据中心和一个星状的 VSAT 卫星网构成。

数据中心的功能是对信息进行处理，即信息内容的获取、接收、封闭、发布等。系统管理包括用户管理、网络管理、计费等。

卫星网的功能是进行双向通信，即为远程用户提供互联网接入服务；单向广播数据广播、多播和投送；交互，一般通过地面网实现交互。

二、卫星互联网的应用

由此可见，互联网上的信息通过数据中心信息的一系列处理，进入卫星地面站，由地面主站发往卫星，远端的用户，无论是集体用户还是个体用户，都可以通过卫星信道获取所要的信息内容。另一方面卫星也可以将用户所需的内容推送到用户的硬盘上，这一切也可以通过卫星互联网运营商来完成。根据用户和业务的需要，卫星互联网可以通过增加上行载波数、卫星数、上行站数来保证网络的可扩展性。此时的卫星互联网可以作为一个开放、宽带、具有实时广播功能的网络平台，可以提供更广泛的服务。

卫星互联网是互联网的延伸与补充，卫星互联网是以卫星线路为物理传输介质的 IP 网络系统，在 IP 层和物理层之间的链路层协议是 DVB/MPEG-2。MPEG-2 是视音频压缩、编码、复用的标准。DVB 通过扩充 MPEG-2 的复用部分和业务信息说明等功能，提供了视频、音频和数据复用的集成传输机制，使得 DVB 系统成为集视频、音频和数据于一体的多媒体系统。对于 IP 应用，通过数据封装/复用，将原始 IP 数据转换到 DVB/MPEG-2 传输流，从而使 DVB 成为支持互联网应用的一种重要载体。其中的封装器更成了 IP 世界和 KVB 世界的“红娘”，使它们沟通，使它们连通。KVB 校准的制定，对互联网和广播电视网的融合、特别是对卫星互联网的发展产生了极大的推动作用。

基于 DVB/MPEG-2 的卫星互联网，通过 54MHz 转发器可获得 45Mbit/s 左右的数据传输速率，加之其广播和复用功能，使互联网如虎添翼，借助卫星的功能飞向太空，使卫星互联网成为一种全新的网络系统和信息服务系统，卫星互联网具有 VSAT、ISP、音、视频广播等多种属性，它横跨电信、互联网和广播电视三大行业，其可贵的是可进行交互式应用，通过地面网络的外交互和卫星线路的内交互进行交互式应用，避开互联网的瓶颈，轻松上网看电视、听广播、读新闻、玩游戏、发 E-mail、下载大型文件、网上教学、远程医疗等。卫星互联网的出现，模糊了电信、广播和互联网的界限，是促进三网融合的重要力量，对国内现行的信息行业管理提出了新的要求。而目前卫星互联网的市场需求已初见端倪，商业模式也已成熟，企业服务也已开始启动，这一切需要国家的信息产业管理体制、产业政策做出相应调整，以促进卫星互联网的发展。

10.3 VSAT 系统与互联网接入的几种方式

前边已介绍了卫星互联网的结构，其中之一是 VSAT 系统。VSAT 是卫星通信中的主流技术，它的应用相当成功和普及，在提高速率方面非常迅速，并不断吸取各种最新信息技术如 IP Multicast、数字广播技术、PUSH 技术、支持 TCP/IP、UDP/IP 等协议，把卫星高速宽带广播的特点扩展到互联网的应用中，为众多新应用提供有效的解决方案，实际上，VSAT 早已成为互联网的一部分。

VSAT 系统在互联网接入方面的应用有以下方式。

一、VSAT 为大型 ISP 提供远程互联网连接

卫星的不对称线路方案深受 ISP 欢迎。卫星互联网市场中的不对称卫星连接，其下行和上行业务量的比值约为 8：1。由于美国是互联网的发源地，据统计，目前大约 80% 的互联网信息内容存于美国本土上的计算机，一般从美国发出的分组数据业务约是发入

的4～8倍。因此，世界各地的ISP需要来自美国的更多的带宽，而去美国的路由则相对少得多，而卫星VSAT则符合这一不对称需求，为大型ISP提供远程互联网连接，为许多大型ISP、ICP、通信业务运营者和跨国企业高效地接入北美互联网，通过卫星系统直接建立和美国互联网的高速连接。

二、VSAT将互联网延伸到边远地区，并提供ISP之间连接

要将互联网用光纤延伸到边远、山区，在短时间内几乎是不可能的，而VSAT可以做到这一点，卫星发射后定位在轨道上，通过一颗卫星可覆盖全球1/3的范围，并能很快投入使用。为通信能力不足和边远山区等特殊环境提供点到点的相互连接，在大ISP和其下属的小ISP之间提供连接，这种连接主要在一个国家内部，例如中国科技网网络中心为它在全国的50多个入口点的连接，金桥信息网的VSAT服务网，中国教育网的高速卫星通道网等都属于这种应用。

三、VSAT直接连到计算机

由于卫星通信和计算机等一系列新技术的发展，形成以VSAT系统为基础，称为Direct to PC或称作PC-VSAT，卫星通过点到多点连接方式将ISP服务器直连到用户计算机，使众多公司无论大小，甚至个人用户均可利用空间数据通信的强大功能。

其工作过程是用户通过拨号方式访问数据库或网络，然后通过卫星接收天线和专用接收设备，用高达数十万比特至数兆比特高速速率接收、下载数据库或网上信息。这种方式充分发挥了现有电话线的接入功能和卫星通信的广播功能。它具有易于安装、避免网络阻塞、价格便宜、下载通道容量大，以及具有与光纤近似的服务等级和IP广播服务等优点，因而成为发展的重点。

卫星连到计算机业务的终端产品有配有Modem的PC、卫星接收适配卡、小型卫星接收天线（口径只有60～90cm，可以装在个人用户的阳台上）、系统软件等。

10.4 卫星互联网的独特优势

一、从卫星互联网的解决方案看其特点

现有两种加速互联网传输的卫星解决方案，一种是利用宽带卫星双向传输，可向用户提供16kbit/s～2.048kbit/s的传输速率；一种是利用卫星的高速下载和地面反馈的外交互方式，它是基于当前互联网信息流量非对称性而提出的。对于当前常用的互联网业务，接收的数据远远大于发送的数据量，这种传统的交互式卫星通信技术中，信息的往返传输都在同一种物理链路上实现，而外交互式卫星通信技术中，则采用卫星链路作为下行数据链路，将其他通信网络，如电话拨号、局域网等作为上行链路，这种上、下行链路分开的办法，大大缓解了互联网的拥塞现象，并降低了整个系统的成本。

卫星互联网的宽带应用有两个关键技术，一是组播技术，二是推技术。这是有别其他地面网的，组播技术是利用卫星通信广播技术的特点，支持数据广播和用户有权限接收，这样可以减少网络流量，降低网络堵塞的可能性。推技术，一是根据用户的要求，提供用户请求的信息发给用户；二是自动搜集用户最可能感兴趣的信息发送给用户。

二、卫星互联网的传输不受陆地电路影响

卫星互联网在传输信息时绕过了陆地电路，可以避开拥挤的公众电信网络，也可以

不通过繁忙的海底电缆，而通过空中卫星链路到互联网下载文件。从而为互联网的发展开辟了空中通道。

三、卫星互联网的不对称线路方案为ISP解决了难题

前面已介绍了互联网的上、下行业务不对称，世界各地的ISP运营商需要来自美国的更多的带宽，而去美国的路由相对较少，这始终是ISP关心的问题，而今卫星互联网不对称线路方案可以使ISP根据其业务需求，灵活租用所需转发器的容量，成为ISP寻求访问在美国的Web“内容”的最佳途径。

四、卫星互联网比光纤建网即经济又高效

光缆建设通常需要用几年的时间及几十亿美元的投资，而卫星的建设要比光缆快和经济得多。并且当卫星入轨后，一颗星能覆盖全球1/3的范围，且能很快投入使用。采用卫星链路接入互联网的公司和用户较光纤专线经济得多；对于点到多点的ISP的不对称业务，卫星是最经济高效的解决方案，并且能很快的扩充业务；对于点到点的业务，卫星也比光纤经济有效。

五、卫星互联网更适合不断发展的局域网

由于全球经济一体化的发展，跨国公司不断增多，短距离的互联网需求增多，通过卫星连到骨干网的局域网越来越多，通过卫星互联网把跨国公司的办公室连接起来，进行文件传递、远程学习和培训等应用。

六、卫星互联网可作为多信道广播业务的平台

世界处在大变革时代，传统媒体也将迎来大变革，在中国广电行业将从全模拟播出方式演变成数字化广播，最终将提供完全交互式多媒体服务。未来的广播电视也将从频道上逐渐转移到互联网上。

当互联网逐渐演变成广播媒体时，卫星互联网将大有用武之地，因为卫星本身就是一种有效的广播媒体，它具有从单个轨道位“广播”到全球1/3的独特功能。在互联网上进行信息传输，平均要经过15跳，丢包率有时要高达20%，其根本原因是互联网是由许多独立的子网构成，信息在传递过程中需要多跳，每个节点是存储转发而不是直通。而卫星与互联网的结合，是“天－地”结合，通过卫星系统将内容投送到互联网的边缘，内容提供商ICP可以发送任何更新的音频或视频节目到用户，或将远程用户直接接入骨干网，从而解决骨干网阻塞、内容分发的问题。

10.5 国内外卫星互联网市场的发展动态

一、国外卫星互联网主要运营商

人们认识任何事物都有一个过程，早在1970年，美国国防部门ARPAnet项目就采用了卫星传输互联网业务的方法，但直到1996年，由于互联网业务的迅速发展，卫星接入才又重新被人们重视。国际上，单向卫星互联网接入在中小企业和家庭应用比较成功，主要集中在欧美、日本等发达国家，主要运营商如下。

1. PanAmsat，早在1998年，PanAmsat就提供了卫星互联网链路。至今，它已在澳大利亚、日本、韩国、日本、新西兰、印尼、蒙古及台湾等提供服务。

2. DirecPC，在日本，DirecPC提供的单向卫星连接，使得个人用户和小型企业用

户可以下载大量的互联网数据和图形，而用拨号 Modem 或陆地专线作为上行接入或“请求”。此外，互联网访问还可用作培训和远程学习。据估计，该项业务在日本的用户数在 2003 年可能超过 100 万。

3. NTT 的 Megawave，NTT 的 Megawave 提供的基于卫星的本地环路业务，采用标准的拨号 Modem 供用户接入到互联网，或把互联网与互联网相连接，其多媒体业务综合了视频、音频及数据；采用 45cm 天线及组合在路由器里的接收器可用于公司局域网，居民用户可以通过电视机的机顶盒与之连接，从卫星下行高速的大量数据及图形。

4. Tachyon，Tachyon 公司已首次在美国奥兰多利用卫星提供双向互联网服务，被称为 Tachyon.net，通过卫星可进行高速 IP 电话传输，同时还可在欧洲和美国任意地点进行数据传输，其速率为 300kbit/s～2Mbit/s。

Tachyon 公司在欧洲，利用欧洲电信 2A 卫星可提供从爱尔兰至俄罗斯广大区域的卫星互联网服务，在美国卫星互联网服务，可覆盖从加拿大至波多黎各，并扩展到南美、东欧和澳大利亚，最后在 2004 年达到全球任何一点均可提供上网服务的目标。

5. Compaq 成为 DirecPC 伙伴，已于 1999 年就开始向用户提供通过 DirecPC 卫星系统上网服务，使用者可以在商店的导览电脑中、或是 Compaq 的网站上为个人电脑订购 DirecPC 卫星系统服务。

6. 休斯公司和美国在线开展战略合作，休斯网络公司向 700 万 Direc TV 用户提供美国在线的交互式电视服务，美国在线向 1600 万用户提供休斯公司的 Direc TV 和 DirecPC 服务。

二、中国的卫星互联网主运营商

随着国际上一些著名公司为卫星互联网的“鸣锣开道”，卫星上网已成为上网的新选择。中国的卫星互联网服务也开始启动，其中有代表性的公司有中广卫、双威网络、中广电信、南方卫星公司、上海建华、中国网通、东方卫星网络，广电数据广播中心等。

中国卫星通信集团公司，携同时具有卫星资源和地面网络资源的优势进入卫星互联网领域。作为中国最大的专业卫星公司和国内 6 家互联网骨干网运营商之一，中国卫通投入了大量的资金和人才，经过一年多的建设和开发，目前中国卫通已经可以通过“中星在线”平台以及即将建成的多播网数据中心（MDC，Mbone Data Center），为 ICP 和 ISP 提供信息多播及缓存服务。

中国卫通的研发中心通过与国内著名的软件开发商合作，开发出具有自主知识产权的多播网软件平台，实现了信息的抓取、整合、调度、播发、接收、鉴权和缓存等系列工作的自动完成。通过绕开拥塞的地面网络，中国卫通确保了一个高速、可靠和有效的内容传输方案，利用“中星在线”平台和技术，内容提供商能够为其最终用户提供最高质量的服务。

内容提供商可以选择将主机托管在 MDC，也可以通过卫星或地面线路在 MDC 做主机镜像，或者由软件系统自动到远程主机上抓取信息，对带宽敏感的网络内容将通过离地球 3.6 万千米的同步卫星，以高达 72Mbit/s 的速率分发到互联网的“边缘”节点，即离最终用户最近的网络节点上，用户可以通过小区局域网、ADSL、HFC 等新的宽带接入手段，充分享受宽带内容和高速冲浪的乐趣。

卫星多播网的建成必将极大地改善中国互联网的整体结构，提高现有网络的效率，降低网络运行的成本。可以预见，未来ICP的非交互式信息将大量通过该网络进行分发，实时、高效、廉价地传送到本地ISP的缓存中，用户的信息请求可以在本地得到满足，无需通过拥挤的骨干网进行传输，大大提高了服务质量，同时降低了ISP的出口带宽成本。

卫星互联网解决了互联网阻塞的燃眉之急；卫星互联网又使互联网插上了飞的翅膀，由点到点的数据传输走向广播的第四媒体；卫星互联网使互联网只传数据到进行音频、视频、数据的多媒体信息的即时、动态的广播，使互联网发生了质的飞跃，未来的互联网是电话、电视、数据的真正融合，是电信网、电视网、互联网，三网的真正合一，这种融合预示着一种新媒体的诞生，这种新媒体是宽带交互式媒体，是天地合一，既有互联网的Web的交互能力，又有电视的和高质量的音像效果，是目前广播电视从电视频道向互联网互联网上的转移，届时就可以做到任何时间、任何地点与任何人进行多媒体通信，因而说21世纪是属于卫星互联网的世纪。

（中国广播卫星通信集团公司　黄　锐）

第11章 网络增值服务状况

11.1 电子邮件服务发展状况

11.1.1 电子邮件的产生

1971年，BBN科技公司的工程师雷·汤姆林森(Ray Tomlinson)开发出了电子邮件。电子邮件即E-mail，是一种便捷的个人通信方式，通过邮箱系统进行存储转发。它是由专有电子邮件系统发展而产生的，它是在主机-多终端的主从式体系中从一台计算机终端向另一计算机终端传送文本信息的相对简单的方法而发展起来的。它最初是ARPAnet的核心功能，后来随着互联网的发展，开始在互联网上广泛使用，直到现在讨论ARPAnet的作用和意义的时候，谈的最多的还是电子邮件。电子邮件的出现导致了对电脑的全新理解，是人类通信史上的一个里程碑。现在电子邮件已经成为了互联网上使用最广泛、最受欢迎的网络功能。

从诞生至今，它已经演变成为一个更加复杂并丰富得多的系统，可以传送声音、图片、图象、文档等多媒体信息，以至于如数据库或帐目报告等更加专业化的文件都可以电子邮件附件的形式在网上分发，使企业实现了电子化办公。现在，电子邮件已成为许多商家和组织机构的生命血脉。用户可以通过电子邮件的讨论会进行项目管理，并且有时要根据快速的洲际的电子邮件信息交换进行重要的决策行动。互联网的飞速发展扩展了其应用的范围。过去只能在其局域网上进行交流合作的公司，现在则可以通过网络与他们的客户、竞争伙伴以及世界上的任何人进行通信和交流。一旦某个组织的电子邮件系统运行在支持TCP/IP协议的网络上或具有支持两个互联网邮件服务协议SMTP(简单邮件传输协议)和POP(邮局协议)之一的互联网网关，它的邮件用户就能够连接到任何具有相似连接的电子邮件地址上了，而且不管其电子邮件的帐户在世界上的任何地方。

11.1.2 电子邮件系统的形式与特点

电子邮件系统按收费类型及使用者类型大致可以分为以下几种：免费邮箱、收费的个人邮箱、ISP提供的虚拟主机邮箱等，他们各有自身的特点。

免费邮箱：现在许多的大型门户网站都提供免费邮箱的服务，如国外的免费邮箱hotmail.com，yahoo.com.cn等，国内的有sian.com，163.net等。hotmail.com、 yahoo.com.cn 系统性能相对而言比较稳定，但是所提供的邮箱空间有限，一般都在 2～5M 左右，收几封带附件的邮件，再加上垃圾邮件，如果几天不打开信箱，信箱就被塞满了。国内的免费邮箱如 sian.com，163.net 提供的邮箱空间都比较大，一般在 10～50M 左右。

收费的个人邮箱:现在收费的个人邮箱费用一般都在几十元到一二百元之间,有的是依据收取的费用而分成几种不同的服务，价格高一点的，功能就会全一些，邮箱的空间也会大一点。目前收费的个人邮箱价格不算高，系统也比较稳定，对个人用户来说，这是一个很好的选择，不足的地方是，这些邮箱很容易受垃圾邮件袭击。

ISP 提供的虚拟主机邮箱:虚拟主机邮箱一般是企业使用，企业通过 ISP 注册域名、租用虚拟主机空间时，ISP 服务商一般会赠送相应的邮箱。企业的邮箱管理员可以通过一个专用 Web 界面添加、删除自己域名下的邮箱，操作简单易实现。使用这种服务的企业，不仅使自己的公司对外联系比较方便，另外它还可以使企业在对外联络和提升企业形象时起很大的作用，可以给企业起来带来隐型效益，从而为企业的长远发展打下基础。

企业内部邮件系统:这种邮箱系统在企业内部使用很廉价、方便。当然，如果采取使用外部邮件服务器也可以完成内部沟通，但是这样做很显然会增加企业的上网通信费用，而且速度也慢，另采用这种方式会将企业内部的信息以明码形式在网上传输，很容易被监听或监控，很容易暴露企业商业信息，而且如果对网络依赖性越强，则这种危险也就越大。

11.1.3 电子邮件的使用状况

随着社会信息化进程的不断推进，现在使用电子邮件的人越来越多，电子邮件已成为人们沟通交流，处理工作日常事务的得力工具。目前全世界的互联网用户每天发送的电子邮件已经达到了 310 亿封，根据现有的增长趋势，到 2006 年，这一数字将达到 600 亿。电子邮件已成为全球最受欢迎的在线活动。Nielsen NetRatings 公司进行的一项研究发现，在连网的所有家庭中，有 75%是电子邮件的用户。

电子邮件为何能得到如此青睐呢？根据调查电子邮件的普及有以下两个原因。一是使用它进行远距离通信，成本低廉。二是它不像一些应用软件，它不需要高速度的连接。电子邮件的广泛使用还为互联网和计算机的普及立下了汗马功劳。分析人士指出，收发电子邮件的需求是导致越来越多的家庭购买电脑上网的一个重要原因。

在企业迈向信息化脚步越来越快的今天，电子邮件凭借其可以帮助企业进行商业营销及客户关系管理的优势，已成为广大企业的新宠。与电话推销、邮寄推销信等传统营销方式相比，电子邮件具备互动、快捷、成本低等特点，企业可以通过收集用户需求信息，然后“投其所好”，向用户发送定制化邮件，向他们介绍企业的产品与服务。另外，电子邮件还可以作为雇主与职员之间沟通的渠道。美国的一份调查报告显示，有相当多的职员曾经使用电子邮件系统与雇主交流，提出对企业经营的疑问和改进企业效率的建议。甚至有的雇主还通过电子邮件来解雇职员以避免面对面的窘迫。

11.1.4 电子邮件的收费模式

现在电子邮件的收费方式主要有两种，一是免费邮件，二是收费邮件。从市场格局来看，电子邮件的运营如今在国内已经分化成两大阵营，一种是标准门户网站的阵营，如新浪、搜狐、雅虎等，注重访问量。如果让他们转向做电子邮件运营商，是不大可能的。但它们又不可能放弃提供电邮服务，因为那是网站服务内容的一部分。第二个阵营就是做专业电子邮件服务的，像263、163.net和基础运营商，比如中国电信和中国移动等。虽然同是提供电子邮件服务，两者之间的目的有很大不同。举一个简单的例子，雅虎在推广邮件的时候，用户使用POP3收发就要交费，为什么？因为没有访问量了，而专做电子邮件服务的则是希望用户用POP3收发，从而避免占用资源，这就是完全不同的思路。

早在几年前，众多网站为提高知名度、吸引用户，曾不遗余力地宣传各自的免费邮箱服务。随着市场的不断成熟，免费的午餐就不再供应了，要享受服务就需要付费。有人说，网络公司不是慈善机构，人们为获取知识、信息与服务而付费，是非常合理的事，一旦采取收费制，就能够使公司有资金扩充设备、改善服务，到头来还是消费者获利。只有在大部分邮件服务商达成收费共识，并且能够切实从用户利益角度提供服务的时候，电子邮件才能真正进入收费时代。

11.1.5 电子邮件存在的问题

电子邮件由于自身的原因从诞生起就存在着几大局限，其一是反馈程度低。沟通本来应该是双向互动的，但电子邮件往往只是单向的，这就意味着由于一方所产生的误会不但不能马上得到化解反而可能会日益加剧。其二是表达的信息少。通过电话或面对面交流时身体和话音语言能够得到充分的利用，但电子邮件只能以文本的形式传达字面信息，内含的更深层次的信息往往不会传达出来。其三是电子邮件的书写者可能会倾向于长篇大论，使得接收者在回复时遗漏某些要点，而在面对面或电话交流中，一方往往不会任由另一方不停地说上10～20min才做出答复。

垃圾邮件也是令电子邮件使用者颇为头痛的事，据电子邮件管理服务提供商MessageLabs公司预测，到2003年7月垃圾邮件将超过合法的电子邮件的数量。根据目前垃圾邮件的增长速度，与电子邮件的增长速度相比，其数量到2007年可能要翻番。该研究主要针对办公电子邮件地址而不是消费者的地址。抵制垃圾邮件已到了刻不容缓的地步。

11.1.6 电子邮件的市场分析

随着人们开始意识到电子邮件这种媒介所具有的巨大能量，Forreste 预计到2004年，市场营销企业每年将发出2000多亿封用于市场营销的电子邮件。届时，电子邮件营销行业的市值将达到48亿美元，其中，有32亿美元将被用于通过电子邮件留住老客户，另外16亿美元则将被用来通过电子邮件吸引新客户，电子邮件市场炙手可热。

由于电子邮件营销方式相对于其他营销方式来说，成本非常低廉，因此企业可以向购买频率较少的客户以更低的价格提供商品，从而在竞争中获得优势。Forrester 研究公司表示，它调查的所有企业内部邮件列表中，每一份平均拥有205000个客户的名字。

开拓电子邮件市场的第一步，应该先了解哪些人群/企业是肯为具有增值服务的邮件提供商付费的。根据互联网实验室的研究，个人用户、集体用户是电子邮件服务商的终端用户，也是收取费用的主要来源，EDM 是电子邮件服务商可以选取，也可以规避的另一利润来源。第二步就是了解这些人群对电子邮件功能的要求分别是什么。在目前的企业应用中，企业最希望的功能是电子邮件的管理功能，企业已经意识到没有管理的电子邮件比没有电子邮件还可怕。企业希望能够高效、安全、稳定地应用电子邮件，为公司的管理、业务、客户服务提供很好的对外、对内的联系方式。

随着电子邮件的不断商用化，以及它所带来的种种便利性，电子邮件的服务提供商，电子邮件的系统及软件制作商，必将会继续发挥自己的聪明才智，力争在越来越热的电子邮件市场上占据自己的一席之地。

11.1.7 电子邮件的发展趋势

转眼间电子邮件已迎来了自己的第32个春秋，它推动了互联网的飞速发展，同时自身也在不断地进行着功能完善。并成为互联网的第一应用，预计到2005年每日发送的电子邮件将达350亿封。

电子邮件在1971年10月问世，由于当时网络技术条件的限制，它的发展较为缓慢，在20世纪80年代初期才迎来它的第一个应用“高峰”期；电子邮件的第二个应用“高峰”是在20世纪90年代中期，当时网络浏览器的出现为家用电脑上网提供了巨大的便利，电子邮件也如鱼得水，得到了迅猛的发展。随着互联网时代的来临，电子邮件在人们的通信生活中扮演着越来越重要的角色，在情感交流和信息传递中发挥着重要的作用。

虽然电子邮件市场仍在飞速增长，但它正面临被超越、取代的危险。一种新的多媒体短信息服务已应运而生，并正对电子邮件产生巨大的威胁。它具有不限信息内容的长度，以及允许任意添加各种声音和图像的优势。另外，有互联网专家预测，到2004年，“即时信息传递”服务将取代“电子邮件”。美国阿伯丁集团预计，电子邮件市场的发展速度将随着时间的推移而逐渐放慢，2001年其增长幅度为74.3%，2002年为57.9%，2003年将降至33.7%，其发展速度逐渐放慢的部分原因就是由于它将遭受到其他服务的挑战。

尽管如此，并且其收费的尝试还招来诸多非议，但电子邮件仍然是网民最主要的网上活动。而且它在技术上也已取得了一定的突破，目前，可视、可听的电子邮件系统已经问世。美国花旗银行甚至还推出通过电子邮件寄钱的服务，美国“通信在线”电子通信研究公司在对全世界700个电子通信平台进行统计后认为，电子邮件是继电视之后最成功的传播技术，它在几年内有望超过电视，成为传播新宠。可以预见，历尽沧桑的电子邮件仍有着蓬勃的生命力，将在网络时代中趋其利、避其弊，得到更好的应用和发展。

（人民邮电报社　叶武滨）

11.2 短消息服务发展状况

11.2.1 中国短消息服务的现状

短消息，英文名称为SMS，又称为短信。短消息服务自推出以来就一直受到移动用户的青睐，业务量级级攀升。因为短消息具有快捷、方便、费用低、存储转发等优点，从而吸引了很多用户，市场潜力巨大，目前已成为电信运营商和各大网站业务发展的重点。根据“零点调查”的调查结果显示，全国城镇地区18～60岁的手机用户中近40%的用户收发过短信息，其中17.9%的人还使用过其他的短信服务。

简单易懂，费用合理是短消息业务成功的一大因素，另外短消息业务名词简单而且通俗易懂，容易为广大普通的最终用户所接受。而其低廉的0.1元/条的单向收费模式正是短消息在全国普及的催化剂。目前移动用户人均在短信上的月支出大概在28元左右，结合已逾2亿人的手机用户的规模，预计2003年的短信增值服务市场将是一个月均超过10亿元、全年超过120亿元的巨大市场。由此看来，短信市场的“钱”景十分诱人。

随着“移动梦网”、“联通在信”的建设，ICP、ISP与中国移动、中国联通纷纷合作，短消息服务处于令人眼花缭乱的变化之中，短消息的应用也非常广泛。目前短消息可以提供天气预报、新闻、交通情况、航班信息、股票行情、外汇牌价、话费查询、E-mail通知等业务，各种咨讯触手可得。另外随着移动用户数的猛增，使用手机的人越来越多，这些新增的用户群也必将推动短消息市场的进一步增长。根据调查，2002年的春节晚会，短消息凭借其互动性的特点，一举取代传统的声讯电话和其他通信方式，成为观众最喜爱的晚会参与形式，并且成为了人们首选的拜年方式。

巨大的市场、诸多的业务形式、内容提供商们的支持将会使短消息服务成为未来几年移动通信市场的业务重点。2002年中国电信推出了固定短消息业务，运营商之间短消息的全面互通也即将成为可能。同时短信市场的竞争也将日趋激烈，短信内容也将日渐丰富，功能也会不断完善，短消息的业务量必将会有大幅度的提高。

11.2.2 网站与电信企业的合作

一直以来，电信运营商们一直头疼短信信息内容的来源，又没有多余的技术、人员投入，因此也制约着短信的进一步发展。电信运营商的需求，导致了短信息服务内容提供商的出现，一些门户网站充当了这样的角色。于是短信服务使得电信运营商与网站经营商之间架起了一座桥梁，电信运营商们短缺的是信息，单靠移动网平台，并不能直接给用户提供短信息；网站短缺的是收费模式，现在大部分的网站经营都很惨淡，没有稳定的收入来源，不管网站的访问率如何之高，就是没办法从上网用户获得收入。短信息犹如一根无形的纽带，把双方的利益稳固在一个点上，互利互惠，实现了双赢的局面。

在手机短信息服务上，有很大比例的用户通过从ICP开发的站点下载来进行沟通。电信运营商现在已经是离不开网站了。与网站经营商（ICP）合作共同提供短信息服务，已是移动运营商短信业务发展的根本。ICP所提供的丰富精彩的短信内容，吸引了大批的移动用户。腾讯与移动运营商所共同合作的移动QQ，成为了短信市场一道靓丽的风景，引领了新的时尚。移动、联通与合作的ICP共享短信业务前景看好。

目前，越来越多的网站开始提供短信息服务，“短信息”已经在各个网站遍地开花，除了深讯、灵通、美通等专业短信中心，搜狐、新浪、网易等门户网站更是寸土必争，不遗余力地挖掘短信息的潜在价值。

透过短信息服务，我们似乎看到了电信与网站未来合作的美好前景。也就是说，利用电信经营商的收费之便，网站完全可以开发出更好更新的服务项目。

11.2.3 网站与电信企业合作经营短消息业务的成功范例

随着科技的进步，互联网日益成为人们交流、沟通的新的重要方式，在互联网上火爆的OIC Q 随着手机短信息的发展已开始走进手机“聊天室”；各地移动公司、联通公司相继与腾讯公司合作开发QQ聊天业务。据资料显示，自从移动OIC Q在广东、北京、四川、江苏、浙江等几大省份开通以来，注册用户每月均增15万左右。每天的短信息量达100万条。在不少地区，移动OICQ每天为移动、联通公司带来了20～30万条的短信息，有力的推动了各地区短信息业务的增长。移动OICQ正成为Q Q一族的新时尚，在全国各地风行起来。

目前手机普及率迅猛提高，手机短信息业务的发展将更加火爆，短信息未来前景十分看好，此项业务的推广将会使移动电话迈向一个新的台阶。

除此之外新浪、搜狐等许多大型网站也都纷纷拿出自己的看家本领，有的推出各式各样的短消息发送软件，有的在收费上一较高下，用免费来吸引客户。而在专业短信中心领域，除了腾讯OICQ，灵通、美通也加入了竞争的行列。

11.2.4 短消息的发送机制

SMS(短消息)是当前最流行的一种传讯技术,它给人们提供了一种方便的互动通信方式。从创建伊始它就被确定为GSM的标准。通过它，移动电话用户之间可以相互收发短消息，短消息的内容可以是文本、数字或二进制非文本数据（用于铃声或logo等）。它包含两种转发机制：一是存储转发机制，即先存储后再发送。用户发出的信息，先发送到移动网络中的短消息中心，然后再由短消息中心将信息发送出去，这样的话，传送工作就是由短消息中心而不是由终端用户来完成，如果用户不在服务区内，短消息就被存储在短消息中心，等到用户进入服务区后，再由短消息中心发送给用户。二是传递确认机制，因为短消息在发送过程中，采用的是电路交换数据环境，因此连接是端到端的，所以用户能够知道连接是否完成以及数据传递的情况，对用户来说，发送成功与否一目了然。

11.2.5 短消息管理机制及制度规范

任何新事物的发展都会伴随着一些弊端的产生，短信的诞生和发展也如此，移动短信息在发展中存在着以下这些问题，值得我们关注。

- 有些人会发送内容低级趣味的信息，发送非法广告，进行诈骗，
- 还有一些不法分子利用短信息发布反动言论，因此如何从技术上、管理上抑制其负面效应的蔓延和扩散，维护国家信息安全，促进短信健康有序的发展，已经迫在眉睫，必须制定一系列的管理机制以及相应的制度规范。

要杜绝上述问题的产生，首先要从源头着手，提高短信息发送者的法律意识和信息安全意识。同时，通过借助技术手段加强短信息的信息安全管理。由于目前短信息系统没有对短信息进行管理和监控的专用平台，只能显示发送信息的主叫和被叫号，不能显示和存储短信息的内容。因此，应该完善移动短信息系统的功能，使之实施对短消息内容的监督管理，采用技术手段最大限度地堵住有害信息的来源。最根本的是要制定管理制度，规范短信息服务的准入。只有相应的制度完善了，才可以从根本上解决问题。由于短信息经营的市场准入，现在还没有相关规定，其业务也未纳入增值电信业务管理，

对市场的准入没有明确的条件，基本上以移动运营公司与其他公司间的合作行为的方式进行，致使面对日益严重的短信息污染，没有形成相应的管理机制，应该制定相关的准入规定，进行事前管理。

11.2.6 短消息的发展趋势

1992 年 12 月，世界上第一条短消息通过英国沃达丰公司 GSM 网络从一台电脑传递到一部手机。1998 年，短消息的“境遇”有了根本性的变化。由于话音业务的增长明显放缓，发展移动数据业务的呼声日益高涨，欧洲的一些电信运营商将目光投向了短消息这个被冷落了数年的“金矿”。沃达丰等先后大规模上马短消息业务，开发出了信息定制、图片和铃声下载、短信游戏、小额支付等各式各样的短消息应用，力求造就新的业务增长点，从而掀起了一场短消息热潮。目前，在率先开展短消息业务的欧洲，短信用户已占移动用户的 82%。欧洲电信公司从短消息市场获得了巨大的利润，像沃达丰，移动数据已占其收入的 9.1%，其中 95%来自于短消息。

短消息的成功不是天生具备的，它也经历了漫长的发展、推广、认可和普及的过程。短消息可以说是无线数据业务的经典，它充分体验了目前无线数据领域业务的特点：低带宽，小数据量。开通方便、收费低廉、内容丰富、可以随时随地发送，无疑都是它独具魅力的地方。同时，短信的成功运作还因为采取了信息以条计费和信息费按比例分成的方式，通过这两点编织了有效的产业链，解决了信息计费问题和信息费的分成问题。此外，在“移动梦网”和“联通在线”的品牌下，移动运营商向 ICP 提供了一个大舞台，实现开放公平的接入，以客户聚集者的身份成为服务商和用户之间的纽带，使短信业务成为一座实实在在的金矿。

短信除了简单的文本格式外，现在利用短信进行手机炒股信息查询、手机银行、手机与智能家居系统等也成为了可能，有的已进入了实用阶段。短消息服务内容不断丰富，服务形式不断增多，服务范围不断扩大，服务对象也在不断细分。短消息应用从以往简单新闻、娱乐的信息传递向移动炒股、手机银行等高层次的商务领域渗透，从个人生活渗透到经济生活的方方面面，甚至有人把这种交流方式上升到“第五媒体”的重要高度。

通信技术发展日新月异，SMS 的优点必将会被集成到以后的 EMS、MMS 中，缺点将会被逐个摈弃。不过，由于电信运营商已经投入了巨额资金用于基础网络设施，而且适用短信的终端设备也已经充斥了市场，因此从保护投资的角度出发，SMS 还会存在，虽然现在的 MMS（彩信）业务业已推出，但使用的人毕竟还不是很多，还需要长时间的市场运作，所以在最近三四年之内，SMS 仍将保持快速增长的态势，但随着时间的流逝，GPRS 等更先进的数据业务将逐渐风行，一些全新的业务将逐渐取代 SMS。

（人民邮电报社 叶武滨）

11.3 网络广告发展状况

与传统媒体相比，网络广告在受众规模的发展上可以说是没有存在过任何障碍，从 1997 年 10 月 CNNIC 第一次发布《中国互联网发展统计报告》以来，用户数量已经由最初的62万发展到2002年底的5910万，整整增长了近100倍，国际上的数字也大同小异。但是受众规模的上升并不能等同整个行业的高速发展。由于缺乏权威统计，至今无法了解网络广告市场的总体规模，但综合平均多个统计数字来源，2002年全国网络广告总收入应该在3～4亿人民币之间，但其中80%以上集中在了少数几个大型网站，而其中新浪一家占的比例大约在40～50%之间。本文截稿前新浪，搜狐，网易都已经发布了2002年第四季度财务报表，网络广告收入分别为740万，430万和150万美元，加上广告以外的收入，三家均宣布实现综合盈利。

综合分析网络广告产业在过去一至两年的发展状况，可以看出一些具有两面性的趋势，其中一部分如果把握得好将能够帮助行业尽早显现井喷效应，而同样，一些带有隐患，没有扎实基础的繁荣现象也非常容易很快消散，

11.3.1 两个市场的集中

一、广告主市场走向集中

早期的网络广告主大多集中在IT行业，包括重要的电脑整机厂商，软件厂商和种类繁多的网络服务商，原因很简单，因为早期的网络用户中IT产业人员占了相当大的比例。这个现象当然是经营媒体不愿意看到的，他们投入了大量的市场资金和人员，力图开拓网络广告在传统产业的市场。一时间，很多传统行业的广告主也开始进入了互联网业，这其中主要包括快速消费品，工业用品与材料，金融服务，银行，汽车，家用电器厂商等。有大约一年左右的时期，网络广告业有过这样一段表面繁荣的时期，而背后的事实却是媒体的巨大折扣，收入交换，甚至就是直接的免费广告。一时间，网络广告业蒙上了一层厚重的阴影。

进入2002年以后，随着媒体公司对于盈利的迫切需求，这种现象得到了一定的遏制，广告主也开始冷静下来，媒体选择更加趋于客观，这导致了原来很多需要进行严格媒体甄选和定向的专业厂商开始离开门户网站，这样集中在新浪，搜狐等门户网站的广告主产业开始了结构性调整，电子电脑、汽车、金融服务、软件、在线服务、娱乐产品、房地产、家用电器等行业构成了目前网络广告主的主力军。

如图11.1和图11.2所示分别是2002年5月网络广告主行业分布状况和广告创意前20位广告的情况。

二、媒体市场走向集中

如果说广告主市场走向集中是一种自然选择的结果，那么媒体市场的相似效应则更加是优胜劣汰，自由竞争的必然反映。众所周知，中国网络媒体的四家海外上市公司（新浪，网易，搜狐，中华网）在资本方面的明显领先优势导致了他们几乎垄断了国内网络广告市场，一些内容质量高，受众忠诚度上佳，针对性强的专业网站虽然本身是非常好的广告载体，但由于实力上的差异，难以建立高水平的广告销售团队，因此一直无法进入主流广告主媒体选择的空间。这种现象与广告主的行业集中现象是一组相关矛盾。大多数广告主发现这些门户网站的受众范畴广，针对能力差，因此只有那些全国性销售的大众产品才愿意投入广告预算在网络媒体身上，而数量更为广大的专业厂商却始终无法信任网络媒体对于自身产品的推广能力，却又对有效的专业媒体视而不见。供需之间的巨大屏障导致了这组矛盾长期无法调和。

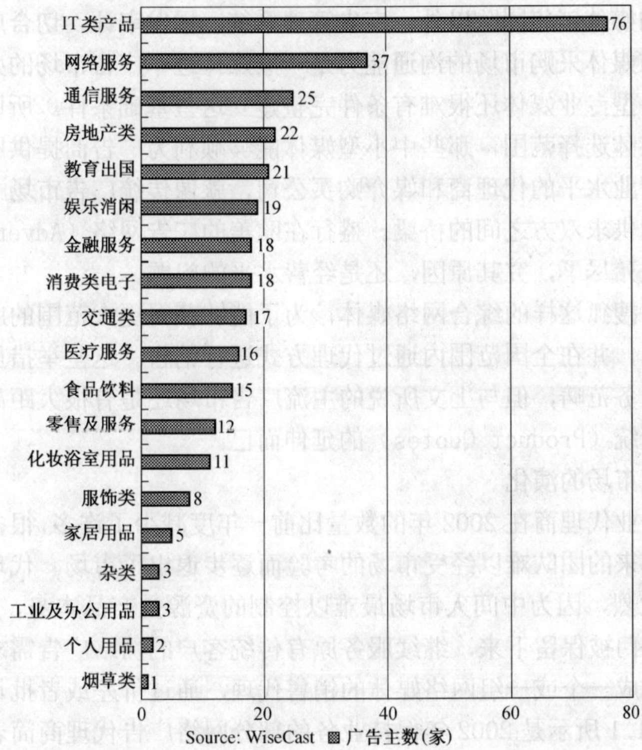

图 11.1　2002 年 5 月网络广告主行业分布状况

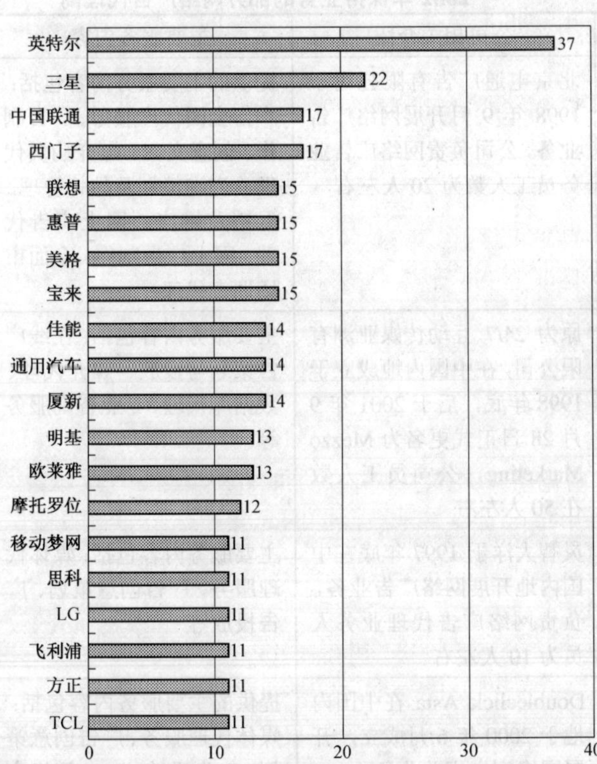

图 11.2　2002 年 5 月广告创意数前 20 位广告主

除了专业的媒体销售团队以外，广告管理系统，播发审计，切合广告市场需要的媒体评估体系，与媒体采购市场的沟通能力是一家媒体进军广告市场的必要工具，遗憾的是，大多数中小型专业媒体还很难有条件完整建立这些基础条件。所以，如果广告主需要更加丰富的媒体选择范围，那些中小型媒体能够顺利为广告商提供服务，那么市场就呼唤那些具有专业水平的代理商和媒介购买公司，就像传统广告市场一样，这些中介者能够有效地搭起供求双方之间的桥梁。盛行在欧美的广告网络（Advertising Network）在中国已经消失殆尽了，究其原因，还是经营水平的问题。

而像新浪，搜狐这样的综合网络媒体，为了能够获得更大范围的广告主市场，发展了分类广告产品，并在全国范围内通过代理方式进行销售。这些举措虽然一定程度上能够增大网站的服务范畴，但与上文所说的主流广告市场还是有很大距离的，分类广告充其量只能商情系统（Product Quotes）的延伸而已。

三、代理商市场的演化

网络广告专业代理商在2002年的数量比前一年度减少了许多，很多缺乏专业策划人员的临时拼凑起来的团队难以经受市场的考验而逐步退出了市场。代理商与媒体结盟的现象却是愈演愈烈，因为中间人市场最难以控制的资源是产品本身，一部分原有的4A广告公司互动部门被保留下来，继续服务原有传统客户的网络广告需求，而其他独立代理商则渐渐演变成一个或一组网络媒体的销售代理，通过价差或者批量优势获得广告主的订单。如表11.1所示是2002年保持业务的部分网络广告代理商简表。

表 11.1　　2002 年保持业务的部分网络广告代理商

广告代理商	公司相关介绍	主要服务内容	代理客户
北京电通	北京电通广告有限公司于1998年9月开展网络广告业务，公司负责网络广告业务员工人数为20人左右	提供的主要服务内容包括：广告全面代理服务、广告制作、创意文案、媒介购买代理、咨询策划及品牌管理、促销及推广、网上广告代理、网上广告制作、全面市场调查代理	联想、索尼、康师傅、丰田等
Mezzo Marketing	原为24/7互动传媒亚洲有限公司，在中国内地成立于1998年底，后于2001年9月28日正式更名为Mezzo Marketing，公司员工人数在50人左右	主要服务内容包括：在线广告策划与投放、媒介代理、数据库代理、专业咨询服务等	宝来、汉王、强生等
灵智大洋	灵智大洋于1997年底在中国内地开展网络广告业务，负责网络广告代理业务人员为10人左右	主要服务内容包括：媒体代理服务、广告创意策划、广告投放等	戴尔、英特尔等
DoubleClick Asia	Doubleclick Asia在中国内地于2000年6月成立，开展网络广告相关业务	提供的主要服务内容包括：媒体代理服务、广告创意策划、广告投放、Dart网络广告管理系统等	三星等

续表

广告代理商	公司相关介绍	主要服务内容	代理客户
精信互动	公司于2000年11月在中国内地开展网络广告业务，目前负责网络广告业务的员工人数在7人左右	主要服务内容包括：媒体代理服务、广告创意策划、广告投放等	方正等
新好耶	新好耶在中国内地开创于1998年7月，于2000年7月开始网络广告业务，公司负责网络广告业务的人员在50人左右	提供的服务项目包括：媒体代理服务、广告创意策划、广告投放、数据服务、AdForward 广告管理系统等	西门子、LG、明基、TCL、招商银行等
奥美互动	负责网络广告业务员工人数为60人左右	主要服务内容包括：互联网策略开发、用户关系管理(CRM)解决方案、具有创意的品牌在线解决方案、信息结构及内容策略、技术开发、应用开发、无线互联网解决方案、Intranet/Extranet解决方案、在线媒介策划及购买、在线调研和分析等	中国联通、IBM、伊利等
Media999	SoftMedia 资讯集团旗下Media999世纪传媒于1999年3月在中国内地成立，并于同年12月开展网络广告业务，公司目前负责网络广告的员工人数在70人左右	主要服务内容：媒介代理、广告代理、广告创意策划与制作等	中国电信、长虹等
华阳联众	成立于1996年，于2001年3月开始网络广告业务，公司员工人数为20左右	主要服务内容包括：媒体代理服务、广告创意策划、广告投放等	摩托罗拉等

11.3.2 网络广告形式的演变

广告媒介的形式变化同样是市场需求演化的结果，报纸、杂志、广播、电视等传统媒体的表现形式在过去的几十年中一直都在发生变化，越来越体现广告商的要求，并同时结合了技术革新成果和广告受众的接受能力。在过去的十几个月中，网络广告形式上的变化主要体现在以下几个方面。

一、媒体格式的变化，Flash 几乎成为标准格式

在网络广告发端的前几年，GIF 或动画 GIF 是最主要的媒体文件格式，主要的原因在于当时大多数的接入方式为 56kbit/s 以下的窄带连接，而 GIF 文件具有压缩率高，又具备动画能力，隔行下载等特点，使得其在慢速互联网连接条件下成为唯一可行的媒体格式方案。虽然当时也有 Java、HTML、Flash、Shockwave、VideoBanner 等多种其他格

式作为补充，但大多因为制作工具难以掌握，对带宽要求高等原因而难以普及。2002年以后，全国范围的宽带接入服务渐渐普及开来，并且大多实行100～150元/月的包月服务，在企业中，尤其是大城市的办公室，永久性的互联网连接已经成为标准配置。在这样的背景下，原来对带宽具有较高要求的富媒体格式（Rich Media）网络广告自然获得了新生的机会。在众多的格式标准中，Macromedia Flash因为其强大的表现能力，相对简易的制作过程而获得最大的市场份额。

今天，在新浪，网易等主流媒体网站上，Flash 广告几乎占到了 90%以上，而网络广告的创意设计过程中，应用Flash的创作技术方案也是各大广告代理商的首选。一大批Flash专业创作人员从原来的广告创作，互动制作公司中涌现出来，并且形成了一个自由职业者队伍，他们常年为媒体公司，广告公司，甚至直接为广告主创作Flash作品，与平面广告的创作过程相比，Flash制作群更象影视广告创作团队一样，往往因为项目受雇于某个代理商，这种独特的市场现象在“网络广告的创作”部分详细阐述。

Flash 不仅在中国获得广告商的青睐，在其他地区，这一媒体格式也在网络广告领域被广泛应用，早在2001年8月，IAB（Internet Advertising Bureau）就重新调整和发布了 Rich Media Guidelines（富媒体广告准则）作为志愿参考的行业标准，这个准则大大扩充了文件尺寸，表现方式的容忍范围，使得过去不建议的文件格式成为了一个普遍可接受的标准。读者可以参考http://www.iab.net/standards/richmedia.asp

作为Flash技术标准的持有者，总部设在旧金山市的美国MacroMedia公司专门成为了Flash广告联盟（Macromedia Flash Advertising Alliance），致力于Flash在网络广告领域的普及，教育和推广工作。2002年5月，该组织在纽约举行的Flash广告竞赛向 POP! MultiMedia、Glue London Ltd.等代理商颁发了优秀作品奖项。中国的 Intel中国有限公司，Macromedia中国代表处，网络广告先锋也都先后举办过类似奖项评选活动，一定程度上推动了Flash技术在网络广告界的普及和进步。

二、外观和文件尺寸都变大，承载的信息量也增大

在 IAB 发布的志愿行业准则中，最早期的标准建议了 468×60，120×60，88×31像素等的GIF文件，并习惯性地将其成为“旗帜”广告（Banner Advertising），国内曾经有过“横幅广告”，“网幅广告”等若干种翻译方法。时至今日，Banner广告虽然依然存在，但是尺寸明显放大了。在主流门户网站，常见的Banner广告尺寸已经达到了750像素宽，或者120像素高。而在2001年开始出现的巨幅，全屏，画中画，擎天柱（垂直）广告尺寸则更加惊人。IAB广告尺寸准则中推荐的广告尺寸也大大增大，其中已经有336×280像素的矩形广告和高度达到600像素的垂直广告。

上述情况出现的原因在于：（1）接入带宽的提高使得用户可以在同样的时间内下载更大尺寸的文件；（2）PC的配置发展使得平均屏幕分辨率也大大提高，1024×768像素成为最常见的用户选择，而根据某抽样技术调查发现，中国范围内仍然使用 640×468分辨率的用户不足5%，还很可能包括那些临时应用浏览器的服务器主机；（3）广告主不满足于画面狭小的传统Banner广告，试图在网络空间表现类似电视广告的画面冲击，而画面冲击的首要要求就是足够的平面表现空间。而网络媒体在广告客户的强烈呼声下也自然地推出了大尺寸网络广告服务。但是网络广告的尺寸不可能无限制的发展下

去，与其他媒体相比，受众定向性和效果的可测量性依然是网络广告的重要特征，广告主对于广告尺寸的追求必然会告一段落，而受众对于越来越多干扰正常浏览的网络广告也会产生越来越明显的反感。最终的制衡会使得网络广告尺寸稳定在当前执行的标准左右。

有趣的是，网络广告领域永远存在一些细节性的技术事实，从2002年开始，那些自由软件开发者编写的屏蔽网络广告的软件突然被大量下载，据不完全统计，大约有3～5%的用户始终在电脑中安装了这些软件，这样，标准广告位，尤其是弹出式广告将难以暴露在这些受众的眼球前面。

如图11.3所示是一则标准尺寸广告。

图11.3

三、表现形式动态化，体现更多交互特征

除了媒体格式和外观尺寸的变化之外，个别厂商已经开始重视网络广告交互性的利用。所谓交互性是指广告讯息的广播过程中需要受众的反向信息，或者说根据受众的不同而调整广告的具体信息。在常见的网络广告格式中，Flash、Shockwave、Java、Javascript等都能够处理受众端的反馈。当然真正意义上的交互性不在于简单地在画面上反馈鼠标轨迹等简单技术表现，互动的本质在于用户的体验性参与，强化广告信息的记忆和导致顾客的最终行动。在2002年，大众汽车、微软、戴尔电脑、通用汽车等厂商均投放了具有交互特征的网络广告。

四、关键字广告走向市场

从2000年开始，美国市场的几家重要媒体已经放弃了Banner广告市场，而专门投入到关键字广告和按点击付费广告的领域，其中包括Go.com，Goto.com，Google.com，Altavista.com等，而在2002年，Overture公司承包了MSN.com，Yahoo.com，Altavista.com，Infospace.com和Lycos.com的关键字广告服务，Google.com独立进行的AdWords服务在北美已经有了深厚的客户基础，大量的中小企业利用其先进的发布管理系统，通过信用卡付费，自助地完成关键字搜索广告服务。

国内的百度搜索也在同年度发布了关键字竞价排名服务，服务方式与Google Adwords如出一辙，实行每点击0.30元人民币起，但不封顶的竞价销售方法，虽然与Google相比，服务系统的先进程度还有很大的距离，但也是国内网络广告市场不容忽视的一股新力量。与此同时，经营“网络实名”的3721公司也在考虑建立类似的服务产品。

11.3.3 网络广告的创作

一、自由职业者与专业企业

与其他传媒一样，网络广告的发展也离不开优秀的创作人才，只有通过专业的创作人员和专业的媒介计划过程才能把网络媒体的优势真正发挥出来。正如上文介绍网络广告形式的演变时提到的，国内已经形成一个非常有规模的Flash广告创作队伍，但是他们中的大多数属于自由职业和半自由职业者，还没有出现真正依靠网络广告创作而谋生的专业企业。这种现象出现的原因也非常简单，就像影视广告制作公司中，各个主要的专业岗位，例如导演，摄影等，也大多数是由项目召集起来的，没有一家公司敢于聘请足够数量的专职人员。但是网络广告领域的独特问题在于大多数创作人才都来自于广告业以外，他们中很多是电脑玩家，网络高手，但非常熟练地掌握了 Flash、Shockwave等制作软件。相反，大多数毕业于商业美术专业的学生反倒是对于相对复杂的Flash MX等软件望而却步。学科的交叉导致真正那些具有双重技能的人才非常难求，很多Flash广告的创作在技术和细节上没有可以挑剔的地方，但是在基本的广告诉求，文案配合等广告学问题上却容易不自觉离题。

为了解决这个问题，网络广告代理商应当注意人力资源管理策略的调整，为了关键项目当然可以寻求外部力量中的佼佼者参与，但是作为创作团队，理应将传统广告创作的原始架构移植过来，例如创意总监，文案，美术指导等关键职位应该适当进修网络广告创作技术，并且全程参与创意作品的过程，而不应该把网络广告看作是孤立的项目完全交付个人或工作室去完成。条件成熟的代理商则应该设专门职位负责交互广告创作的领导。但是我们也应该看到，凡是那些由专业广告代理商完成的广告基本具备了有效的广告元素，与传统媒体的配合相对比较统一和整体化，而过于依赖外包的企业，试图直接用劳务费来换取广告作品的广告主往往得到的只是一则看似漂亮的动画而已。

二、创作的焦点

对于那些熟练掌握Flash制作技术的专业人员来说，拿出活灵活现的动画形象，配合流畅和真实的音效并不是很困难的一件事。而对于广告创作来说，这些都是所谓的“基本功”而已。每一则商业美术作品都要经受多个角度的锻造方能真正起到“广告”的作用，正如大卫奥格威所说，“一切均是为了销售”。纵览今天在主流网络媒体上的广告，大多都显空洞无物，虽然画面中充满了强烈色彩对比，快速闪烁，夸张字形等吸引眼球的要素，但是也有大量词不达意，过分夸张，拘泥于细节的作品。可以很明显地看出，这些广告没有完整的主创团队合作，只是依靠个别的Flash制作人员在简单的创意指令下独立完成的。针对这种情况，我们建议广告代理商或广告主能够向对待平面广告，电视广告创作的规律一样对待网络广告，依然需要制定沟通主题，进行慎密的文案测试，把握语气与态度，必要时需要引入 Focus Group（一种邀请普通消费者进行座谈的调研方式）进行创意测试。如果广告主进行跨媒体投放，则应该检查网络部分的创作是否能够与其他媒体形式有机统一，又能保持交互广告独特性的张扬。总而言之，广告的基本目标在于销售，而最表征的目的也需要能够打动人。

2002年底，Microsoft Tablet PC中文版推出时发布的一则网络广告可以说是近两年内优秀创意的典范(如图11.4所示)。这则广告综合利用了DHTML、Javascript和Flash制作技术，完美展现了网络广告的独特魅力。

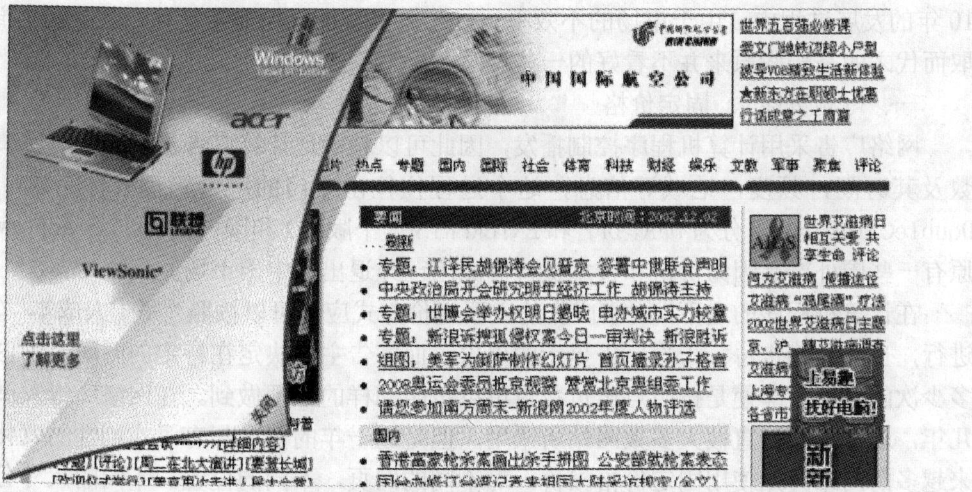

图 11.4 Microsoft Tablet PC 中文版推出时发布的一则网络广告示意

11.3.4 盈利需求迫切，非广告收入上升

2002 年四季度，搜狐公司的非广告收入已经达到 630 万美元，是广告收入的近 1.5 倍，网易公司 2002 年第四季度的总收入达到 1160 万美元，150 万美元的广告收入连零头都没有占到。这些收入的主要构成是短信，网络游戏，各种收费信息服务等，即使是广告收入依然过半的新浪，非广告收入的部分也在逐月提高。搜狐公司在其 2002 年第四季度财报中写到："非广告收入来自于以收费信息服务（主要是移动增值和短信业务）以及电子商务等消费者业务，构成了 2002 年第四季度总收入的 59%。通过收费信息服务，搜狐公司正在将超过 5000 万注册用户的巨大用户群转化为实际收入，并推动着现有产品的发展。这种有机的增长归功于搜狐的用户向付费消费者的转变，我们三分之二以上的收费信息收入来自于新闻、社区、电子邮件和校友录的月定制服务。"网易公司的表述则更加直接"这主要是由于网易收费服务收入的持续增长，其中主要增长点是在线游戏，同时包括无线短信服务，其次为其他在线收费服务，如收费邮箱，交友中心和同城约会。《大话西游 2》自 2002 年 8 月正式收费成功启动以来，用户稳步增加。"

与这一事实相对应的是网络媒体正在充分利用自身的受众群推广其收费信息服务，例如网易公司几乎将 80%以上的广告空间用于自身游戏，交友，短信等产品的推广上，并取得了明显的经济效益。Tom.com，包括网易公司，甚至采用付酬的方式利用个人网站群帮助其推广短信服务。

但是，目前网络公司的非广告产品中，尤其是交友类的短信服务有过于明显的商业伦理问题，利用年轻受众群好奇心强的特点，采用过度的诱导，拆零产品等方式获得暂时的暴利，但时间长久以后，必然容易招致消费者团体的抵制和广告商的排斥。因此，即使是廉价的短信服务，网络公司也应该认真研究受众对于信息的本质需求，真正投入技术力量方能获得长久可靠的收入来源。

11.3.5 网络广告特征的淡化

网络媒体有几个重要特征成为其快速进入主流广告商选择的重要原因，可是在将近

10年的发展过程中，由于市场的不效率运行，很多特征已经非常淡化，甚至完全消失，取而代之的是一些原来并不看好的一些做法。

一、可测量性 vs. 固定价格

网络广告采用计算机程序控制播发，因此可以精确地计算广告暴露和客户反馈的次数及其时间，频度，地域等信息，这个过程往往由专门的广告管理软件完成，例如 DoubleClick Dart（分为 DFA，DFP 和 ENTERPRISE3 个版本）和国内的 AllYes AdForward，原有一些国外产品因为价格和技术支持等原因已经退出了中国市场。

在计算机程序的之下，网络广告的主要定价方式应该可以按照“每千人成本”（CPM）进行，也就是确定每一千次广告显示的单价，而广告主则决定在特定的时间范围内购买多少次的显示。即使是按照点击付费也可以按照同样的原理做到。在网络广告发展的前几年，这个方法一直被大多数网站所采用，但是近一年的情况却有了戏剧性的变化，越来越多的网站开始使用固定价格报价，对不同的网页，不同的位置，不同的尺寸分别定每月和每天的价格，广告主就像计划报纸广告投放一样来计划网络广告，例如新浪新闻中心新闻内页的画中画广告每天的刊例价为 4 万元人民币。这个方法的最明显好处就是直观，好理解，与传统媒体的计价方式相仿，但是缺点也十分明显，比如广告主投资有风险，显示量无法做到平均分布，对效果的测量不精确等。

这种现象出现的原因在于国内广告界对于媒体评估还停留在非常粗放的阶段，对于每个媒体的 CPM 计算结果要求并不严格，更谈不上把受众的分布特征结合千人成本来评估。而新生的网络媒体也无法改变这个现实，与其投资高昂广告管理软件和分析系统，不如简化定价方式，让广告主一目了然。而其实，广告的效果并没有一目了然，相反，更加地隐含和模糊。

除了定价方式的变化以外，按照浏览量再摊算的广告平均价格也有所下降，例如上文提到的新浪新闻中心内页广告价格按照每天 1000 万页的浏览量计算，每千人成本大约只有 4000 人民币（国内杂志广告的 CPM 大约在 50～200 元人民币之间），这还是折扣前的刊例价，目前各主要网站的折扣率从 2 折到 6 折不等。但是，这么低廉的 CPM 是否表明网络广告真的很便宜了，其实不然，大量的重复显示和无效的针对人群是广告投入产出比的重要原因。

二、定向（Targeting）vs. 广播

网络广告可以将众多条件结合起来限制受众的范围，比如，可以只向特定主题内容读者播发，限制受众的地域范围，限制用户看到同一则广告的次数，限制用户看到广告的时间范围等。遗憾的是，这些原本可以轻易做到的定向方法在广告主中完整采用的并不多见，大多数广告主贪图热门网站和热门网页，力图让更多人看到广告，例如武汉某地铁公司将招聘广告发布在新浪网首页，很难理解这样的广告费花掉是为什么。

不限制针对同一用户的显示频率也是一个十分严重的问题，受众不断地被那些反复出现的弹出式窗口所干扰，除了广告效应无法继续增强外，过多的重复极容易导致用户对广告品牌的反感，从而给总体广告效果带来负面影响。在有些时期，进入某门户网站的首页居然会同时打开 3 个不同的弹出窗口，而用户浏览器回退到该页时，这些窗口又会被重复打开。

在定向问题上，似乎很多广告主也没有产生很迫切的需要，有些企业看到某个同行

在一个热门网站的显眼位置放置了一个Banner，凭个人经验感觉很多人会看到，于是也立即仿效，媒体也利用企业的这样一种盲从心理进行媒体推销，而广告效果的主观估计和客观评测之间的差异往往是很大的，这样的企业在一腔热情过后，往往是一无所获，从而对网络媒体失去兴趣。因此，无论是媒体还是广告主都应该认真对待网络广告的潜在优势，不要轻易地将其当作一般的广播工具来使用，否则，极少部分广告主能够从网络广告中真正受益。

三、形式的多样性 vs. Flash 的一枝独秀

网络广告的形式可以说是非常丰富，文字、动画、视频，音频；通过网页、电子邮件、即时信息工具、软件界面等都可以播发，而目前绝大多数的网络广告采用Flash技术制作横幅广告，虽然上文也解释过这种形式的优越性，能够满足很多广告主的需要，但是网络广告毕竟还有很多形式上的选择。特别是配合Javascript和DHTML能够设计出很多有趣的动态效果和互动能力，即使表现力差的GIF和文字广告，在专业的撰文帮助下，也能够发挥不错的效果。例如上文提到的关键字搜索广告虽然只允许使用文字表现，但是想设计好关键字与描述文字的配合也是一件不容易的事情。2002年，互动通公司曾经发布了一个称为iCast的广告发布工具，允许大尺寸广告利用用户浏览时的空余带宽在后台下载，下载完毕后再播放流畅的音视频，虽然是完全模仿美国市场的UniCast，但也给国内网络广告形式带来了一定的新意。

（上海梅花信息有限公司　任向晖）

11.4 互联网信息查询服务状况

互联网在中国的迅速成长，使得网络信息量以“爆炸”的趋势猛增，信息的迅速增长必然需要强大的信息查询服务和检索工具。

11.4.1 互联网信息查询服务分类

大致可分为两种：网页搜索引擎和目录式搜索服务。

一、网页搜索引擎

网页搜索引擎是名副其实的搜索引擎，国外具代表性的有Google、Fast/AllTheWeb、AltaVista、Inktomi、Teoma、WiseNut等，国内著名的有百度（Baidu），北大天网。它们都是通过从互联网上提取的各个网站的信息（以网页文字为主）而建立的数据库中，检索与用户查询条件匹配的相关记录，然后按一定的排列顺序将结果返回给用户。

网页搜索引擎普遍使用超链分析技术，除了分析索引网页本身的内容，还分析索引所有指向该网页链接的URL、AnchorText、甚至链接周围的文字。超链分析技术大大提高了网页搜索的相关性。

二、目录式搜索服务

目录搜索引擎是互联网上最早提供WWW资源查询的工具。目录搜索引擎，也称为目录型检索工具，或分类目录式搜索引擎。国外一般称之为Subject directory或Catalogue。

它主要采用人工方式收集和整理互联网的资源，根据所搜集网页的内容再手工将其

网址分配到所采用的分类主题目录的不同层次级别类目之下，并加以简短站点描述。

目录式搜索服务虽然有搜索功能，但在严格意义上算不上是真正的搜索引擎，仅仅是按目录分类的网站链接列表而已。用户查询时，通过逐级层层浏览这些类目，寻找自己所需的网址信息。

11.4.2 互联网搜索引擎服务的商业模式

一、竞价排名

搜索竞价排名，是一种被广泛接受的新型网络营销模式。它是指由用户为自己的网页购买关键字排名，按点击计费的一种服务。通过竞价排名，网站在互联网上搜索结果的顺序将根据竞价的多少由高到低排列，同时奉行不点击不收费的原则。

对于企业来讲，如何让客户找到你至关重要。搜索引擎的出现顺应了企业这样一个需求，当人们搜索“手机”的时候，一定需要找到有关“手机”的相关信息，这其中就暗藏着购买需求。同时竞价排名的结果也给用户带来了便利。

二、后台搜索技术提供

从1995年Web商业化开始，搜索技术的地位就一直很重要。最早的几个互联网商业公司就是靠搜索技术起家的，并成为了门户网站。

第二代搜索引擎厂商的特点是只做后台技术的提供者，这是美国互联网发展的教训。因为网络最初发展时最迫切需要的是搜索，于是同时出现了许多搜索引擎，但是后来各厂商认识到作为独立公司单独开发搜索引擎不能维持长期发展，于是又都发展成门户，提供了许多别的内容，但它们很快发现搜索不像新闻一样，没有什么技术含量。而作为一个公司，则要同时肩负两个任务，一是创建门户类的平台，这是打市场、创品牌的过程；二是开发搜索引擎，而这则是扎扎实实的技术工作，这两方面没有什么共同点。既做搜索引擎又做门户使得网站精力分散，门户网站开始租用搜索引擎服务，专业搜索引擎公司则给网站提供技术与服务，专注于发展搜索技术。

三、有偿收录

随着网上在线查询信息的方式被大家逐步接受和更广泛的应用，企业网站加注到知名门户网站搜索引擎数据库的商业价值逐渐显现。自2001年底开始，像搜狐、新浪、网易等被公认为最好的搜索引擎服务网站纷纷开始提供收费服务。而在2002年开始，搜狐、新浪等网站已经不再提供免费的网站登录及搜索加注服务，转而推出不同级别的搜索登录收费服务。包括对普通网站登录每年收费300元，对搜索结果排名在第一页的网站每年收费2500元等。

11.4.3 国内主要搜索引擎简介

中文全文检索技术（Full Text Retrieval）的研发始于20世纪80年代末，目前自主的国内中文全文检索技术已经达到了较高水平，国内自主开发的全文检索系统市场占有率超过90%，居于领先地位。其特点如下。（1）中文自然语言处理技术对于提高全文检索的查全率和查准率，以及提供更符合中国人使用习惯、更易使用接口等方面，具有非常关键的作用，充分考虑中文的特点，是中文全文检索系统领先于国外同类产品的根本原因之一。（2）全文检索系统的查全率现在已经能够基本满足用户的需求，查准率上虽然采用关键词精确匹配，但因为用户需求的多样性、中文语义理解的不成熟等原因，使得查准率仍然不能满足用户的要求。(3) 系统的响应速度大大提高了，检索词的检索响应时间均在1s之内。(4) 信息检索多样化，互联网信息的多样性使得信息检索的多样性需求凸显。音乐搜索、软件搜索、图像视频搜索、新闻检索等细分检索有旺盛的需求。

中文搜索引擎各家自成特色，有的以对中文的特殊理解和处理能力，查全能力强，网页快照，响应速度快等特点见长；有的则依托门户优势，加上原来的导航分类体系自成一派。

一、百度搜索引擎（www.baidu.com）

百度中文搜索引擎的提供者是我国著名的中文信息检索与传递技术供应商。中国提供搜索引擎的门户网站中，多数由百度提供搜索引擎技术支持，百度搜索引擎通过提供关键词检索和高级检索，实现了全文搜索和精确匹配的良好结合。百度搜索引擎拥有超链分析等核心技术，支持Site、URL等高级检索，百度搜索引擎还有百度快照、网页预览、每日更新、检索扩展、类聚功能、信息检索多样化等特点。百度在中国各地和美国均设有服务器，搜索范围涵盖了中国内地、香港、台湾、澳门等地区和新加坡等华语地区以及北美、欧洲的部分站点。百度已增加了专业的MP3搜索、Flash搜索、新闻搜索、信息快递搜索，还提供百度企业竞争情报系统、“网事通”信息采集检索系统、百度数据库检索系统、百度全文检索核心平台等企业级软件服务。

二、北大天网（e.pku.edu.cn）

由北京大学计算机系网络与分布式系统研究室研制开发的“天网”中英文搜索引擎系统是国家“九五”重点科技攻关项目“中文编码和分布式中英文信息发现”的研究成果，于1997年10月29日正式在CERNET上向广大互联网用户提供Web信息导航服务，在教育界有很多忠实的用户，受到学术界广泛好评。

在文件格式上既支持WWW文件传输格式，也支持FTP文件传输格式。天网将FTP文件分成电影、动画片、MP3音乐、程序下载、文档资源共4大类，用户可以像使用目录导航式搜索引擎那样层层点击下去查找自己需要的FTP文件。

目录搜索部分开发了中文网页的自动分类功能测试版，用以弥补目录搜索依靠人工编辑效率低的问题。

三、雅虎中国（www.Yahoo.com.cn）

雅虎中国建立分类目录查询索引，供用户查询。通过14类简单易用、手工分类的简体中文网站目录及强大的搜索引擎，用户可以轻松搜索到政治、经济、文化、科技、房地产、教育、艺术、娱乐、体育等各方面的信息。雅虎是世界上第一家建立分类导航目录体系的网站，雅虎中国继承了雅虎的优点和特点。它的搜索引擎有以下特点。(1) 在搜索框中输入关键词按搜索，即可迅速看到相关结果。在相关网站里能迅速看到雅虎的相关分类和相关网站，在网页搜索里能看到百度网页搜索的结果，相关新闻里可迅速看到与此相关的新闻标题。(2) 如果想找某一类结果，那么可以按照相关目录一级一级往下找，这样可以看到相关主题的更多结果。(3) 检索结果以相关度的大小排列，新闻则要标注更新时间。

值得一提的是，2002年9月，中文雅虎的网页搜索技术提供商由Google换成了百度，标志着国内搜索引擎技术的成熟和巨大优势。

四、搜狐（www.sohu.com）

搜狐分类搜索是搜狐网面向全球中文用户提供的中文网站信息的在线查询工具，也是最早的由中国人建设的基于中文的网络导航网站。搜狐搜索包含40多万个网站、5万多个不同的主题类目，层层相连的树型结构网页。每日新增网站信息达1000条，用户可按行业的类目查询，也可以按主题的关键词查询。点击“搜索”按钮得到检索结果，点击“直通车”按钮可直达网站（网页）。

自1998年2月诞生以来，搜狐分类搜索的网站信息资源的收集与处理一直以人工编辑为主，确保分类体系更符合网民查询习惯，保证网民可以随时查询到高质量、实用的网站信息资源。

搜狐分类搜索系统拥有500 000以上庞大的网站资源数据库，这些网站信息资源就像图书馆的海量藏书一样，被分门别类地存放在搜狐分类搜索引擎“纵向成枝、横向成网”分类类目体系中，使用户查询更加方便、快捷。

目前网页搜索使用百度网页搜索技术，在网站搜索的同时为网友提供优质的网页搜索服务。

五、新浪网（www.sina.com.cn）

新浪网搜索引擎提供综合搜索，这是新浪搜索引擎最显著的特征。新浪网搜索引擎包括网站、网页、新闻、软件、游戏、商情等查询服务。网站收录资源丰富，分类目录规范细致，遵循中文用户习惯。目前共有16大类目录，一万多个细目和二十余万个网站，是互联网上最大规模的中文搜索引擎之一。在关键词的查询反馈结果中，同一页面上包含目录、网站、新闻标题、新闻全文、频道内容、网页、商品信息、消费场所、中文网址、沪深行情、软件、游戏等各类信息的综合搜索结果，最大程度地满足用户的检索需要，使用户得到最全面的信息，这项服务在国内尚属惟一。同时支持在结果页重新查询，二次查询，或者结果去除查询。除了信息资源查询外，新浪网搜索引擎推出了更多的内容和服务，包括一点通（直达服务），新浪酷站、本周新站、引擎世界、少儿搜索、WAP搜索、搜索论坛等。

新浪搜索提供“分类检索”和“关键词查询”两种查找方法。“分类检索”是从搜索首页按照树型的主题分类逐层点击查找所需信息的方法。但是如果搜索目的明确，那就以搜索目的为关键字，采用“关键词查询”方式进行搜索。

六、网易（Yeah.net）

网易搜索引擎的特点是开放式目录和手机短信发送搜索结果，这是其他的搜索引擎不具备的。网易搜索引擎的一些其他特点：拥有全国最大的开放式管理目录，有约5000名各行业目录管理员负责管理网站注册信息网易搜索结果包括相关目录、相关网站、相关网页和相关新闻。相关网站里汇集了大量精选网站。

相关目录是指用户的查询内容与网易开放式目录中的目录名匹配所返回的结果。相关网站是指用户的查询内容与在网易开放式目录数据库中注册的网站信息匹配所返回的结果。相关网页是指用户的查询内容与网易的合作伙伴百度的全文数据库中的信息匹配的结果。相关新闻是指在网易所有频道文章中检索用户指定关键字得到的相关信息。

（百度在线网络技术(北京)有限公司　刘建国）

第四编

互联网应用状况

第12章　城市信息化发展状况

12.1　城市信息化及其发展历程

当前，信息化水平正在成为衡量一个城市现代化程度和综合实力的重要标志，发达国家和城市政府都高度重视信息化，并将其作为城市发展战略和21世纪可持续发展的重要途径。

推动城市信息化，是发挥城市人才、技术和信息的资源优势，加快城市产业结构调整和提升，推进城市经济发展，加速现代化国际城市的建设步伐，进一步提高城市人民文化生活水平的急迫需要和重要选择。

12.1.1　大力推进城市信息化是提高城市竞争力的必然选择

提高城市信息能力，对提高城市综合国力和城市竞争力具有重要的作用。信息产业发展水平是社会信息化和社会现代化的标志。目前世界上的发达城市已经由工业化经济转变为信息化经济，信息产业已成为国民经济发展的动力和增强综合国力的基础。首先从国民生产总值这个反映城市实力的综合指标看，当今世界发达城市的经济总量中已有50%以上的增加值是由信息产业创造的。据统计，进入20世纪80年代以来，美国、日本、西欧等地区信息业的年平均增长速度超过15%，是同期这些国家和地区GNP年增长速度的3～5倍。据经济学家测算，20世纪70年代信息技术和信息经济对美国生产率提高和对日本经济增长的作用都在15%以上。据中国有关调查分析，信息技术对传统产业改造的投入产出比可以达到1：10以上的倍增效应。

对于现代产业来说，由于信息产业的核心技术是现代高新技术群的核心和先导技术，因此信息产业是促使其他高新技术产业化形成和发展的基础。江泽民总书记指出："四个现代化，哪一化也离不开信息化。"在信息产业对整个国民经济的渗透下，经济结构趋于软化，物质经济正在变为信息经济。在以高效、智能化的信息经济为主的软化经济结构时代，信息作为现代生产要素之一，通过优化生产素质、导向生产要素的合理有效配置、促进生产力系统运行的有序性，从而使国民经济具备持续发展能力。

12.1.2　城市信息化的历史发展与工作回顾

一、城市信息化工作引起各地高度重视

据预测，今后15年内，中国县级市以上的城市数目可望达到1000个以上，城镇人口将超过8亿，城市化水平将达到50%左右。目前，中国国民生产总值70%以上，国家财政收入近80%，高等教育和科研力量90%以上都是由城市创造的。因此，城市在中国国民经济和社会发展中占有重要位置。

城市是工业化的产物，是经济和社会生活的中心，其经济和社会发展程度相对较高，人口也相对集中，有着信息化建设的广阔市场和坚实基础。随着城市的生产、交换、消费、文化、教育、服务等功能的增强，城市管理要求的提高，信息技术将在城市得到更为广泛的应用。城市信息化已成为提升和完善城市功能的重要手段，同时也将成为中国信息化建设的主战场，成为国家信息化的重要组成部分。

城市信息化就是在城市经济和社会的各个领域广泛应用现代信息技术，提高城市的综合竞争能力和集聚、辐射能力，提高生产力水平，促进先进文化传播，提高人民生活质量，加速城市现代化的过程。

当前，城市信息化的主要目标是：通过信息化完善城市服务功能，提高城市管理水平、人民生活和城市环境的质量，并为领域信息化、企业信息化和社会信息化的发展提供良好的环境。城市信息化建设包括城市信息基础设施建设、信息资源开发利用、信息技术应用、信息化环境建设以及信息化人才培养等几个方面的内容。城市是区域信息化、领域信息化、企业信息化和社会信息化的交汇点，是国家信息化在城市这一层面的缩影。同时，城市之间以及大城市与小城镇和广大的农村之间有较好的传递、辐射、引导和示范作用，推进城市的信息化建设，必将促进中国整体信息化的建设进程，缩小区域间的“数字鸿沟”，使每个城市居民都能真真切切地享受到信息时代的“数字福利”。例如，北京市政府明确提出了今后五年城市信息化建设要实现十大目标。其中包括宽带骨干网人口覆盖率在规划市区达到100%，郊区达到90%；有线电视网家庭接通率达到90%以上；高清晰度数字电视、数字广播开始向全市播出。计算机的普及率达到每百户50台；固定电话用户780万，普及率达到70%；移动电话用户达到860万户，普及率达到77%；互联网网民664万人，比例达到60%以上。在信息技术的一些重点领域如软件、集成电路、光通信取得突破，达到或接近国际先进水平，把北京建设成为中国和世界重要的信息产业基地。

目前，在城市信息化试点工作的带动下，很多城市的信息化建设都取得了明显进展，有力地促进了城市的经济和社会发展，提升了城市的综合实力。城市的政府信息系统、社会保障信息系统、交通管理信息系统、电子商务交易系统、远程教育系统以及智能小区等方面的建设很快，城市信息化已出现可喜的局面，并体现了自己的特色。例如，北京提出“以城市信息化推进城市现代化”，对重大信息化工程建设实行总体统筹负责制，不断加大信息化法制、标准、安全工作力度；天津特别重视城市信息化与周边地区的协调发展，联合了北京、大连和青岛，共同推进渤海湾地区的信息化；广州充分发挥位于珠江三角洲的地理优势，提出优先发展电子信息业，把广州建成国际化区域性信息中心，并率先开展信息化体制和机制的改革，目前，已初步建成比较完善的信息基础设施，信息技术、信息网络应用已全面展开；深圳则特别重视以信息化带动信息产业的快速发展，通过信息化推动城市现代化进程；上海在全国率先提出建设“信息港”，经国家有关部门批准，正在开展IP宽带网络、电子商务、社会保障卡、交通一卡通、金融卡联网、城市信息化指标体系等多项信息化试点工程，均取得了较好的进展和实效，同时，还组织召开了颇具影响的亚太地区城市信息化高级论坛，并努力在亚太地区开展城市信息化合作；沈阳市提出的“沈阳通”公众信息网建设，被很多城市视为成功的实践；南海市，早在1996年就由政府统筹“修路”，建成了覆盖全市的宽带光缆主干网，还建成了全市统一的信息网络平台和一批交易市场，为电子商务发展提供了良好的基础，同时还在全国率先开通了互联网服务，正在建立通达全市、各行政区镇的光纤骨干通信网络，在电子政务，教育、医疗信息化方面取得了很大成效；重庆市提出建设信息港的三大任务；扬州市组织实施“123”工程；大连市对电子商务提出了“1248”工程等都很有特色，也都取得了一定的成绩。

二、积极推进区域信息化发展，开展城市信息化试点工作。

1999年底，信息产业部信息化推进司启动了国家城市信息化试点工作，在全国范围内选择了基础条件好、对信息化建设积极性高、有特色的城市进行城市信息化试点。2001年，批准了柳州、南宁、贵阳、温州、漯河、大连、武汉、邯郸、绵阳等城市开展城市信息化，以信息化带动工业化、农业产业化试点。使城市信息化试点达到了21个。信息产业部会同国家计委、建设部、科技部等有关部门，根据国家信息化专项规划和全国城镇体系规划，组织有关专家研究提出了推进中国城市信息化的指导思想、工作重点和推进措施。先后召开了“西部城市信息化发展论坛”、“全国城市信息化工作座谈会”、“新亚欧大陆桥区域合作国际研讨会”等会议，讨论和完善了《城市信息化建设指南》、《城市信息化指标体系》、《城市信息化试点工作的意见》等文件。城市信息化试点工作，推动了城市的发展，形成了一些好的经验。其中，国家信息化试点城市之一的南海市，充分发挥地方优势，制定了目标明确的信息化规划，做出了以信息化推动现代化的决策，并以应用为重点，在国内同级城市中率先全面启动信息化工程建设。2001年，中央领导听取了南海市的汇报，观看了南海市电子政务系统、国土管理信息系统、党内基本信息系统以及镇（区）财政结算中心管理系统、农村管理信息系统等软件演示，并对南海市在推进国民经济和社会信息化方面取得的成绩表示赞赏和祝贺。

12.2 城市信息化发展水平现状

城市是经济、社会活动最为密集，信息生产和流动量最大的地区。信息在区域内的高度密集这一特点决定了城市信息化具有同国家信息化和区域信息化所不同的特点，城市信息化的发展方向和推进方式也具有一定的独特性。

12.2.1 城市信息化发展水平的测评指标

为了能够正确、客观地反映城市信息化的水平，并对推进城市信息化提出方向性的指导，信息产业部信息化推进司决定在全国部分城市开展信息化水平的测试试点工作。

中国试点城市信息化水平测评指标体系的第一部分主要反映信息化基础设施，共有6项指标，分别是：每万人城域出口带宽（千比特/万人）、家庭宽带接入比例（%）、每百户计算机拥有量（台/百户）、固定电话主线普及率（线/百人）、每百人拥有移动电话数（部/百人）、每百户拥有电视机数（台/百户）。第二部分反映信息化的发展环境，有

4 项指标，分别是：人均 GDP（元/人）、平均受教育年限（年）、信息产业增加值占 GDP 的比重（%）、政策法规完善程度（分）。第三部分是反映信息技术的应用水平，共有 5 项指标，分别是：每万人互联网用户数（户/万人）、上网企业数占企业总数的比例（%）、大中小学每百人在校生拥有计算机数（台/百人）、政府公共服务功能在网上实现比例（分）、人均信息消费支出占消费总支出的比例（%）。整个测评数据共由 15 个指标组成。

研究显示，北京、深圳、上海和广州是目前城市信息化的领头羊，在与其他城市的比较来看处在快速发展之中。宁波、天津、杭州、沈阳和成都处在整体的平均水平之下，但城市的信息化程度，也紧跟着发展。而武汉、长沙、昆明和长春，相对处在一个较落后的位置。

从整体上看，出口带宽、人均 GDP 与上网企业这 3 个指标的离散度较大。反映各地在这 3 个指标上的差别很大（数据的波动大）。从指标体系看，恰好在每一大类中均占一项，即 12 个城市在 3 大类指标上均有一项指标的差距是非常大。另一方面，家庭宽带接入比例和平均受教育年限这两项指标上的差距不大，数据相对集中。从统计数据看，平均受教育年限都趋于平均值 9 年，家庭宽带接入比例 12 座城市都很低，说明在 2000 年宽带接入基本上处于起步阶段。除了这两项指标之外，波动较小的指标是在校学生拥有计算机数。

从结果看，沿海城市与内地城市的差距明显。在 14 个单项数据中领先的基本上都是沿海城市。前 3 名中，成都在学生拥有计算机数指标列第二；武汉在信息消费这项指标列第三；沈阳在受教育年限这项指标上位居第二；其他均是由沿海城市占据前三位。从总分上分析，6 个沿海城市的总分是 718.71，平均分为 119.785。而其他 6 个城市的总分只有 385.3，平均分为 62.217。

12.2.2 北京市与上海、深圳两市主要指标的比较

（一）从 3 个城市的经济规模看，经济总量上海第一。上海的国内生产总值为 4551.2 亿元，北京为 2478.8 亿元，深圳只有 1665.2 亿元。增长速度深圳最快，北京次之，由于上海的经济总量大，基数高，因此增速最慢。深圳的增长速度为 14.2%、北京为 11%、上海为 10.8%。

（二）从 3 个城市信息产品制造业的发展看，各有其特点。第一，上海的资产规模最大。2000 年上海信息产品制造业的总资产达 992.63 亿元，北京和深圳的总资产分别为 810.18 亿元和 925 亿元。第二，深圳的生产总量最大。2000 年深圳市信息产品制造业完成工业总产值 1140.4 亿元，领先于京、沪两市；北京为 845.42 亿元，是深圳的 74.1%；上海为 819.46 亿元，与北京总量接近。第三，北京增长速度最快。2000 年北京市信息产品制造业产值比上年增长 49.1%，上海和深圳分别增长 37.1%和 17.4%。由于京、沪两市的增速加快，缩小了与深圳在生产总量上的差距。

（三）从北京与上海（因没有取得深圳市信息服务业资料）信息服务业发展看，在经营（服务）收入、营业利润、总资产、期末从业人员方面，北京大大高于上海。经营收入是上海的 2 倍；营业利润是上海的近 3 倍；资产总计是上海的 2.2 倍；从业人员是上海的 2.7 倍。

（四）从 3 个城市信息产品制造业研究与开发经费支出看，深圳信息产品制造业研究

与开发经费投入最多，达35.3亿元，是北京的2.4倍，是上海的3.4倍。研究与开发经费支出占全部制造业比例高达82.9%，比北京高出20个百分点，比上海高出53.3个百分点。这说明深圳作为改革开放后新兴的城市，高新技术产业，特别是电子信息产业占有较高的比例；研究与开发经费支出占信息产品制造业增加值比重为11.3%，其中通信设备制造业高达18.4%，研发投入具有明显优势。

12.2.3 当前城市信息化存在的问题

（一）信息技术对经济增长的贡献率有待提高。信息技术在改造传统产业的过程中，无论是应用范围，还是应用程度都没有得到充分发展。20世纪90年代后期，世界经济的年均增长率在3%左右，而信息技术及相关产业的增长速度是经济增长速度的2～3倍。1995年～1998年，信息技术及相关产业对美国GDP增长的贡献率在1/3以上。包括美国在内的发达国家，信息产业已成为国民经济的第一大产业，居于世界经济支柱地位。2000年城市信息产业对GDP增长的贡献率虽然达到25.1%，但作为一个新兴产业，其在经济中的比重，对经济增长的贡献以及对其他产业的带动等方面，还不能满足经济发展的需要，距成为国民经济主导产业还有很大的距离。

（二）创新能力不强，缺乏自主知识产权的技术。城市目前信息技术产业的创新能力不强，缺乏促进和推动社会经济发展所要求的各类自主知识产权，主要表现在关键信息技术的研究和开发进展缓慢。由于IT产业缺乏核心技术，因此，企业生产工艺多集中于下游产品，形成许多“组装式生存”的硬件企业，软件企业是“外挂式生存”的局面。这样必将会造成城市信息产业抵御国际上游企业风险的能力降低。而在信息技术的自主知识产权方面，印度软件业在国际市场占有巨大优势。2000年，印度软件出口总额已达62亿美元，而中国还不足10亿美元，这将直接成为制约城市经济发展的瓶颈。

12.3 城市信息化建设的原则和思路

12.3.1 推进城市信息化建设的原则

一、紧密结合城市的具体情况，推进城市信息化

中国城市由于历史、地理和社会多种因素影响，不论是规模，还是发展水平，差异很大。目前，中国县级以上城市有近700个，按照国家城镇体系规划，中国的城市有国际性城市、大经济区中心城市，以及省域、地方中心城市等。这些城市不论是等级规模，还是职能都有很大区别。因此，各城市在推进城市信息化工作中，一定要坚持“因地制宜”的原则，坚持科学的态度，紧密结合城市的具体情况，注重经济和社会效益，推进城市信息化。

二、要重视政府在城市信息化中的推动作用

城市信息化是一项系统工程，涉及到城市的各方面、各层次。因此，政府的推动作用显得越来越重要。从成功的经验看，要把城市信息化作为一把手工程，要有一个强有力的领导班子，要充分发挥各部门、各单位的积极性，加强统筹协调力度，保证各项工作顺利进行。

三、强化信息化意识，培养信息化人才

要充分利用各种渠道和媒体，加大信息化的社会宣传力度，普及信息化知识，增强全民信息化意识，提高人们利用和处理信息的能力，使人们更进一步了解信息化，支持信息化，参与信息化。要充分利用学校教育、继续教育、社会教育等多种途径和手段，培养多门类、多层次的信息化人才，适应信息化发展的需要。

四、加强信息和网络安全建设

信息安全和网络安全是信息化建设的重要保障，各城市必须给予高度重视。当前，要进一步提高对信息安全、网络安全重要性的认识；掌握信息安全不同层面需要特性；加强信息安全技术体系、组织体系、法律体系建设。

五、城市信息化要建立在中国自主的信息产业基础之上

各城市在推动城市信息化过程中，一定要注重带动中国信息产业同步发展。在城市信息化工程建设中，尽可能采用自主技术和自主产品。中国的信息化不要成为买来的信息化，中国的信息化也买不来。我们要共同努力，使中国的信息产业和信息化成为相互促进、共同发展的局面。

12.3.2 当前重点发展思路

1. 加快发展信息产业，增强经济实力。信息产业是信息社会的基础产业和支柱产业，是一个产业关联度、感应度、带动性都很强的产业，可以成为经济结构调整的带动产业，也是提高一个地区信息化水平的基础。大力发展信息产业是实现首都经济结构战略调整的关键，要不断加强信息产业的发展，保持和强化信息产业成为最大支柱产业的地位。

2. 加强城市信息基础设施建设，提升城市信息化的竞争力。信息和网络技术的广泛应用，引发了一场彻底革命。知识和信息正在成为未来社会的主导资源，而且它具有共享性和传递性的特点。因此，信息基础设施水平将成为衡量一个城市投资环境优势的重要标志。当前城市信息基础设施发展的重点是接入网、基础核心网络与宽带传输网，要依靠信息网络为科技活动提供充分的资源条件，推动相关技术进步，全面提升城市信息化的竞争力。

3. 提高信息技术的国际竞争力，要从信息专业教育的源头抓起。随着中国经济与社会的快速发展，今后10年内对信息技术人才的需求将出现较大的变化。中国的信息技术产业和信息软件业发展与国外一些国家相比，为何缺乏竞争力？我们认为，差距很大程度来自于专业教育的源头，而用英语教授信息专业课程又是提高受教育者应用水平的关键。语言文字的不同已成为限制中国与英语国家进行技术交流和技术出口的主要障碍。所以，英语技能的培养应从教育开始，这也是我们提高创新能力和竞争能力的措施之一。除此之外，今后几年要大力培养信息领域的专门技术人才和管理人才，重视信息技术、信息化等知识的宣传教育工作，抓好计算机、网络等信息工具的推广普及工作，提高全民的信息知识和应用技能水平。

4. 全面实现政府信息化。从世界范围看，推进政府部门办公自动化、网络化、电子化，全面信息共享已是大势所趋。在世界各国经济倡导的信息高速公路的5个应用领域中，“电子政务”被列为第一位。可见，政府信息化是社会信息化的重要基础。实现政府信息化，为政府管理导入了全新的观念，有利于提高政府工作的透明度，有利于提高政

府的运行效率，使政府的决策建立在及时、准确、可靠的信息基础之上，以便更好地为社会服务。当前紧迫的问题是尽快建立连接各区县、各部门的宽带高速专用政务网络系统，尽快建成体系完整、结构合理、宽带传输、互联互通的电子政务网络系统。同时要充分利用数据库的信息资源共享，为政府提供一个自动化强度高的公众服务体系。

5. 努力加快企业信息化的步伐。企业是国民经济的细胞，企业信息化是国民经济信息化的重要内容。随着经济全球化浪潮的到来和中国加入 WTO，经济正在由传统型经济向知识型经济转移，信息技术的应用将大大降低企业成本，促进企业运营效率的提高。企业信息化综合运用信息技术、制造技术、自动技术、现代管理技术和系统科学技术等系统方法来提高企业整体素质和生产经营管理水平。目前城市拥有一批如联想、方正、四通等具有自主知识产权，且有较高市场占有率的高新技术企业，这些企业对信息化有着较高的认识，是信息化的积极参与者，但城市企业整体信息化水平还有待进一步提高。建议各级市政府要加强宏观调控，扶优扶强，为企业信息化发展创造宽松的环境。

（信息产业部信息化推进司　季金奎）

第13章 电子政务发展状况

13.1 电子政务建设的背景

13.1.1 电子政务建设已成为全球性发展趋势

20 世纪 90 年代以来，信息已成为重要的战略资源，国际上围绕信息获取、使用和控制的斗争日趋激烈。目前，信息化水平已成为衡量一个国家综合国力、现代化程度、国际竞争力和经济增长潜力的重要标志。

电子政务建设是经济社会信息化的重要内容。据联合国统计，在 190 个成员中，已经开展电子政务建设的国家和地区达 169 个，占 89%，发展电子政务已成为全球性趋势。美国、欧盟、日本、东盟都把发展电子政务作为政府的首要工作之一。欧盟已经制定了“电子欧洲”计划，并把这一计划列为欧盟的十件大事之一；2003 年美国用于发展电子政务的财政预算将超过 500 亿美元。在广大发展中国家，发展电子政务已经成为各国的重要议题。

13.1.2 电子政务是中国应对加入 WTO 挑战的重要举措

加入 WTO，标志着中国进入了一个全方位、多层次、多领域对外开放的新阶段，为中国经济社会发展带来了前所未有的机遇和挑战，也为中国政府部门职能转变提供了新的动力。信息公开是 WTO 法律文件的内在要求，各成员单位必须通过提供准确的信息和资料、充分的法律规章和透明的规则程序，来保证竞争的公开、公平和公正。因此，为了更积极地适应 WTO 规则，更好地与国际惯例和标准接轨，更好地发挥政府部门的公共职能，要通过电子政务建设，推进政府部门在管理体制、运行机制和法律法规等方面的改革，依托现代网络信息技术，促进政务信息化，使中国在更大范围、更广领域、更高层次上参与国际经济技术合作和竞争，拓展经济发展空间，全面提高对外开放水平，加快现代化建设。

13.1.3 党中央、国务院对中国电子政务建设高度重视

近年来，中国电子政务建设取得了较大成绩，但从总体上看，仍处于初级阶段。为了加快中国电子政务建设步伐，党中央、国务院进行了一系列战略部署。国家信息化领

导小组第一次会议决定，要把电子政务建设作为今后一个时期中国信息化工作的重点，政府先行，带动国民经济和社会发展信息化。国家信息化领导小组第二次会议指出，推动电子政务建设，对于应对加入世贸组织的挑战，加快政府职能转变，提高工作质量和效率，增强各级政务部门的管理能力、决策能力、应急处理能力和公共服务能力，促进社会监督、实施信息化，带动工业化的发展战略具有十分重要的意义。中办［2002］17号文件《中国电子政务建设的指导意见》更进一步明确了“十五”期间中国电子政务建设的指导思想、发展原则、主要目标、重点任务、职责分工以及相应的政策措施。党的十六大报告也对电子政务建设给予了充分的重视，指出“进一步转变政府职能，改进管理方式，推行电子政务，提高工作效率，降低行政成本，形成行为规范、运转协调、公正透明、廉洁高效的行政管理体制。”这是第一次在我们党的政治报告中提出通过电子政务建设来推动中国行政管理体制改革和进一步转变政府职能。

13.2 现状与差距

13.2.1 发展进程

自改革开放以来，中国政府信息化建设经历了 3 个重要阶段。第一阶段是从 1984 年到 1992 年的国家经济信息主干系统初创阶段。1983 年 10 月，国务院批准组建了国家计委经济信息管理办公室。1986 年 2 月 20 日国务院决定由国家计委有关方面负责人组成国家经济信息管理领导小组，国务委员宋平任组长，领导小组的办公地点设在国家计委。次年 5 月，经国务院批准正式成立国家经济信息中心。到 1990 年底初步形成了覆盖全国的四级国家经济信息系统体系。在重点建设国家经济信息主系统的同时，从 1984 年到 1990 年，国务院先后批准了经济、金融、铁道、电力、民航、统计、财税、海关、气象、灾害防御等 10 多个国家级信息系统的建设。在此期间，有 43 个部门（局，总公司）先后成立了信息机构。

第二阶段是从 1993 年到 2000 年以“金”字工程和“政府上网”工程为代表的发展阶段。1993 年底，国务院正式成立了国民经济信息化联席会议，部署了“金桥”、“金卡”、“金关”等重大信息系统工程，并将其列入国家中长期发展规划。1996 年 1 月，国务院成立了国务院信息化领导小组，统一领导和组织协调全国的信息化工作。

第三阶段是从 2000 年至今的网络应用快速发展阶段。2000 年 10 月，中国的“十五”规划把推进国民经济和社会发展信息化放在优先位置。此后，国务院信息化领导小组的成立和国务院信息化办公室的组建为推进信息化提供了组织保障。目前，“电子政务先行”，“以信息化带动工业化”，“走新型工业化道路”已经被确立为国家长期发展的重大战略。中国电子政务建设进入了一个快速发展阶段。

13.2.2 现状

一、政务专网建设取得较快进展

据初步调查，在国务院原有的 32 个主要部门局中，10 个部门已建成部门专网，26 个部门建立了自己的网站，13 个部门的专网处于在建阶段，具体情况见表 13.1。

表 13.1　　电子政务专网建设现状

序号	部门名称	专网状况	纵向网建设状况	横向互联
1	国家计委	已建	计划系统纵向网（ATM，47 个节点）	2、5、19、25、27、31
2	国家经贸委	在建	电子政务示范工程试点单位	1、3
3	国家统计局	已建	统计信息网（帧中继，64 个节点）	2、8、9
4	财政部	在建	金财工程（帧中继，ISDN）	5、6、7、9
5	审计署	在建	金审工程	1、4、6、7、9
6	国税总局	已建	金税工程（帧中继，DDN），电子政务示范工程试点单位	4、5、7、9、28、29
7	人民银行	已建	内联网（帧中继），金融监管工程	4、5、6、9、10
8	外经贸部	在建	电子政务示范工程试点单位	9
9	海关总署	已建	金关工程，电子政务示范工程试点单位	6、7、8、10、28、29
10	公安部	在建	金盾工程（DDN，卫星专网，电话专网）	9、11
11	司法部	未建		10
12	监察部	未建		
13	科技部	在建	电子政务示范工程试点单位	
14	教育部	已建	中国教育和科研计算机网（CERNET）	
15	文化部	未建		
16	旅游局	在建	金旅工程管理业务网（卫星网，DDN，ISDN）	20、21
17	卫生部	未建		
18	广电总局	未建		
19	建设部	已建	中国住宅与房地产信息网	1
20	交通部	未建		21
21	铁道部	未建		20
22	农业部	在建	金农工程	23、24、25
23	林业部	未建		26
24	水利部	在建	金水工程	22
25	环保总局	已建	全国卫星网	1、19
26	国土资源部	未建		23
27	信息产业部	已建	赛迪网	1
28	工商总局	在建	电子政务示范工程试点单位，红盾信息网	6、9、29
29	质检总局	在建	金质工程	3、6、9、28、30
30	民政部	在建	数字民政工程，社会保障工程	31
31	劳动和社会保障部	在建	社会保障工程	1、30
32	体育总局	已建	中国体育信息网	

上述部门的专网建设情况可分为 3 类。

- 未建专网的部门。一些部门尚未建立部门专网，但是先后提出了建立专网的要求。
- 初步建立专网的部门。一些部门已经建立部门专网，但是业务尚不饱满或业务量偏小，网络利用率较低，可为其他部门的业务提供搭载空间。
- 专网比较成熟的部门。国家计委、外经贸部、海关和气象局的政府专网建设基础扎实、资源比较丰富，并各具特点。通过积极整合和适当填平补齐，可以满足政务外网的需求。

二、地方政务网络建设发展不够平衡

经过 20 多年的发展，地方各级政府部门电子政务建设已经具备一定基础。截至 2003 年 2 月底，以 gov.cn 为结尾注册的域名总数已达 8346 个，已经建成 WWW 下的政府网站达到 3360 个。70%以上的地市级政府在网上设立了办事窗口，县级政府也有 50%以上进行了初步的联网基础工程建设。

- 广东、江西、安徽、福建、宁波、北京、黑龙江、广州等地已经率先建成了电子政务省域网或城域网。
- 多数省市处于起步阶段，尚未形成统一的政务网。

三、各级政府部门办公自动化建设已有一定基础

自 20 世纪 90 年代起，中国政府部门就加强了办公自动化系统的建设，工作人员已基本普及了计算机办公和应用，有些部门办公自动化系统建设已有了一定的基础，并在一定范围内实现了公文流转的计算机化。办公自动化系统的建设，不仅为各部门的日常业务工作提供了很大的支持，而且也积累了丰富的信息资源，为宏观经济管理信息系统的建设和发展奠定了较好的基础。

四、政府部门应用系统建设取得了较大进展

从“八五”后期开始，中央和各地部门启动了一批应用系统建设，加快了中国政府部门信息化建设步伐。到“九五”末期，不少应用系统对改善政府管理发挥了积极作用，取得了较好的效果。此外，多数政府部门建立了内部纵向网，开发了许多业务数据库，为中国政府管理信息系统的建设提供了比较丰富的网络和信息资源。

五、政府上网工程取得了一定进展

经过几年实践，“政府上网”工程已经取得了初步成绩。目前，各部门和各地政府部门都已在互联网上建立了网站，发布了大量社会经济信息和政策信息。政府部门上网工程的稳步发展为政府管理信息系统的建设积累了经验。

六、基础数据库的建设正在积极推进

作为现阶段中国电子政务建设的主要任务之一，4 个基础数据库——人口基础信息库、法人单位基础信息库、自然资源和空间地理信息库、宏观经济数据库的建设正在积极推进，这将为中国宏观经济管理信息系统建设提供较为丰富的信息资源。

13.2.3 当前推进的主要工作

中国电子政务建设在国家信息化领导小组以及国信办的领导下，从 2003 开始启动了一系列基础工作，包括启动建设中央级和 47 个省市统一的电子政务网络平台；启动或完

善十余个重要的业务系统建设并实现互联互通；启动一批国家级基础性、战略性数据库建设，建立信息资源建设和利用的规范和制度；同步建设电子政务的安全体系、标准体系和管理体制。主要任务包括如下几个方面。

第一，建设统一的电子政务网络平台，重点建设中央级电子政务网络平台。网络平台按涉密和非密两个部分统一规划和设计，实现各部门的互联互通。统一规划并组织建设电子政务安全基础设施（备份系统、认证系统、授权系统等）、域名和地址系统。各部门、各地方政务机构要按照国家统一规划，具体部署实施相应的建设任务。

第二，编制国家政务信息资源建设规划。若干战略性、宏观性、基础性、公益性国家级信息库建设。目前急需加快建设数据库，着手电子政务信息资源目录体系与交换体系建设，基本完成政务信息分类标准、登记、交换制度和目录辅助工具建设；选择试点部门和地区，形成规范的信息采集、登记、处理、交换、利用和发布制度。

第三，编制电子政务业务系统总体规划。根据经济发展、体制改革和社会稳定的现实需要，分清轻重缓急，确定重点应用工程、优先建设的关键业务系统和实施主体。在核心政务支持、宏观经济调控、经济运行和监管、科教文卫、社会保障、公检法司、党群工作等八个领域，启动并初步建成一批重点应用业务系统，初步确定建设和整合的业务系统工程包括办公业务资源系统、宏观经济管理信息系统、金税工程、金关工程、金融监管工程、金盾工程、金财工程、金审工程、社保工程、金质工程、金水工程和金农工程等。

第四，建成政府门户网站，开展“一站式”服务，中央和省市政务部门对社会服务项目的程序和制度全部公开，一批重要的服务项目在网上开展，逐步增加服务内容、扩大服务范围、提高服务质量。建立政务信息发布制度，使公众能够方便地得到政府信息，监督政府工作。主要工作思路是明确提出功能要求和内容要求，在外网平台上，整合各业务部门的服务资源，按对企业服务及监管，对民众服务及管理，对全社会服务 3 条线索，建立规范的政务服务体系。应整合和推进的政府服务系统主要包括中央政府对企业服务系统、中央政府对企业监管系统、资本市场服务和监管系统、资本市场服务和监管系统、中央政府便民服务系统、国家经济和社会发展信息导向系统、教育服务系统、科技服务系统、卫生服务系统、精神文明建设系统等。

第五，制定电子政务安全保障体系，完成必要的法规、制度和标准。建成服务于中央政府安全认证体系的核心设施——电子政务认证核心机构（简称“根认证机构，Root Certificate Authority”），基本建成电子政务认证信任体系。加强自主知识产权关键技术研究与安全产品开发，突破安全网闸等关键技术。

第六，制定电子政务标准化体系。同步制定当前电子政务建设急需的标准和规范，建立标准实施体制，为电子政务建设提供必要的标准支持。

第七，基本形成有效的电子政务建设、运行维护和管理的激励和约束机制。制定配套的相关法律、法规、制度，建立相应的公务员信息技术培训和考核体系。

为了实现电子政务建设的总体目标和分阶段的目标，根据中国电子政务建设的现实基础和需要，近期要采取以下 3 个实施策略。

第一，从政务专网平台做起，创造环境，为业务系统互联互通、信息资源共享打下基础。

第二，抓好示范工程，由点到面，由易到难，积累经验，逐步推广。要优先选择改革和发展的热点难点问题，加快业务系统和政务信息资源建设。

第三，关键政务业务的计算机化、网络化与制度创新、流程重组相结合，努力使电子政务与政府改革密切结合起来。

13.2.4 存在的主要问题

尽管中国电子政务建设已经取得一定成绩，但与政府的需求相比，仍存在较大差距，主要存在以下几方面的问题。

- 缺乏统一规划，难以发挥整体优势。
- 标准规范各异，信息共享程度较低。
- 互联互通不足，业务协同困难。
- 业务系统建设相对滞后，难以满足经济管理和宏观调控需求。
- 资金支持不稳定，信息资源开发工作缺乏有效支撑。

现针对问题具体介绍如下。

一、重复建设、浪费投资现象多有发生

以网络基础设施为例，目前已建和在建专网的部门超过了23个，还有一些部门提出了新建专网的要求。这种分建专网的格局产生了两个方面的问题：一是各部门专网的功能趋同，形成了重复建设，浪费了大量投资；二是多数部门专网的业务不饱满，业务量偏小，资源利用率低。

二、法律、标准、规范建设滞后

中国信息化法制建设尚处于起步阶段，相关立法工作相对滞后，政务信息公开和信息资源开发方面尤其缺乏法律保障，电子政务的发展空间受到极大制约。

此外，各部门自行开发的专网缺乏标准化、规范化和兼容性，部门间的互联互通有一定障碍，存在信息孤岛现象。

三、安全保障存在隐患

目前，各个部门专网建设中存在着程度不同的安全隐患或安全漏洞。鉴于电子政务建设中的安全问题关系到未来政务运行的可靠性和安全性，关系到国民经济和社会发展的方方面面，因此，有必要加强安全保障体系的建设，统一规划、统一指导。

四、资源难于共享

通过电子政务建设再造原有业务流是政府行政管理体系的创新过程，该过程要求打破原有部门的行政界限，不可避免地会触及各部门的既得利益。体制障碍是制约电子政务发展的主要因素，要用改革的思路、创新的方法、适当的策略，以渐进的方式加以解决。

五、地区间发展不平衡

电子政务的发展水平与地区经济发展水平之间的相关度很高。各地区的经济发展水平不同，电子政务发展水平相应存在较大差异。东部沿海和少数发达地区电子政务建设的步伐相对较快，西部和老、少、边、穷地区电子政务发展水平相当落后。

13.3 电子政务发展趋势

13.3.1 电子政务建设是中国信息化建设的重要组成部分

中办［2002］17 号文件是“十五”时期中国电子政务建设的纲领性文件，对“十五”期间中国电子政务建设的指导思想、主要目标和重点任务进行了全面部署，对电子政务建设提出了明确要求。电子政务建设是中国信息化建设的重要组成部分和基础设施建设，是中国电子政务建设的重要组成部分。加快其建设，是贯彻和落实中央文件精神的需要。

13.3.2 电子政务建设是促进政府职能转变、依法行政、提高行政效率和为民服务的紧迫需要

随着中国社会主义市场经济体制的建立和完善，政府的管理职能已发生了相应的转变，即由过去对社会与经济活动的直接干预和管理转变为对社会活动与经济运行的跟踪和监测，并根据实际运行状况采取相应的宏观调控和微观管理手段。特别是在最近几年，由于国际形势不确定性因素明显增加，国内的社会经济结构正发生历史性的变化，党中央、国务院对宏观形势、热点问题和重大社会发展问题的跟踪和监测非常重视。这就要求在各部门以及地方政府之间尽快构建互联互通、信息共享、业务协同的网络平台。加快电子政务的建设，不仅有利于为政府职能的转变创造基础环境，促进各部门的信息交流，提高信息的时效性、准确性和覆盖面，而且有利于党中央、国务院及时、准确地把握社会经济运行趋势，采取正确决策，从而促进社会发展与国民经济持续、健康、稳定发展。电子政务网络统一平台的建设将为各类电子政务系统的建设提供基础环境，这些系统的建设将改变政府管理部门传统的工作方式，大大加快部门内部、部门之间和上下级机构之间的信息交流速度和公文流转速度，从而提高政府工作效率和管理水平。

此外电子政务建设的一个重要目标，就是要为各级政府和各部门实行政务公开和信息公开提供平台，方便企业和居民公开、公正和公平地获取信息和办理业务，从而有助于建立高效、廉洁、透明和服务型的政府，真正体现“执政为民”的执政要求，体现“三个代表”重要思想的精神。

13.3.3 电子政务建设必须充分利用现有资源加以整合

目前，中国许多政府部门都建立了自己的部门专网，分别建设了自己的数据库、模型库，以及各类信息资源的采集、处理、分析系统。这些网络资源和信息资源基本处于分割状态，造成了重复投资和利用率不高的问题。政务外网的建设将统一规划，加快整合现有网络资源，建立统一的信息网络平台，避免重复建设。实现互联互通、资源共享，这样既可以盘活现有资源，充分发挥现有资源的效率，降低建设和运行费用，节约投资。

电子政务的本质不是政务的电子化，而是通过信息化推动中国的政务改革，确定建设思路具有特殊重要的地位和相当大的难度。我们认为，思路选择的本质是寻求通过信息化实现体制创新的路径，也可以说是从信息化的视角提出政务改革的指导思想。基于对思路重要地位的认识，我们对其难度的理解是思路选择的基点是中国特色，是中国政

府对改革的个性化追求，需要借鉴其他国家的经验和教训，而不可能完全照搬外国的思维模式。同时，思路选择的基点又是反传统的，不可能完全依托传统的管理体制。因此，思路的难度在于对发展模式的探索，在于对国情的深刻理解和综合创意的能力。

13.3.4 电子政务建设必须以需求驱动为主要原则

电子政务建设必须遵循以下几项原则。

- 需求主导，突出重点，就是要坚持需求导向，业务导向，服务导向，讲求实效，不搞花架子。要按照提高政府服务水平和监管能力的要求，规划网络建设、业务系统和信息资源开发。在具体推进时，必须抓住重点，优先启动关系国计民生的信息系统建设，循序渐进，滚动发展。要量力而行，防止摊子铺得太大。
- 统一规划，加强领导，就是要按照国家信息化领导小组的统一部署，在统筹规划的基础上，明确建设目标，分类指导，分层推进，分阶段实施。特别是针对目前电子政务建设中存在的网络互联不畅、资源不能共享，重复建设等问题，必须强调统一规划，适度集中，加大领导力度。
- 整合资源，拉动产业，就是要充分整合、利用、发挥现存网络基础、业务系统和信息资源，促进互联互通，资源共享，而不是另起炉灶，推倒重来。在建设过程中，要发挥政府的引导和推进作用，更要重视发挥市场机制的作用。要突破“以我为主，自成体系”的旧机制，打破部门、地方分割，形成新的电子政务建设、运行和维护机制。电子政务建设是拉动国内产业，特别是软件产业发展的一次重要机遇。要通过规范政府采购，制定相关的技术装备和招投标政策，促进国内IT产业的发展。
- 统一标准，保障安全。就是要解决统一交换平台、统一标准接口问题，实现资源共享，促进各级政府机构的协调运转。要正确处理发展与安全的关系，统一制定电子政务安全保障体系，维护国家经济安全和信息安全。

各部门和各地的电子政务建设都将依托国家电子政务网络平台，实现政府部门的互联互通和信息共享，提高业务管理信息化和科学决策水平。为党中央、国务院和各地党政领导及时、准确、全面地掌握经济运行、社会发展态势提供信息服务，增强政府调控与管理经济、驾驭市场变化、应对突发事件、总揽全局的能力。为实现这一总体目标，电子政务应用系统将分期实施、逐步推进标准规范制订、硬软件环境搭建、共享信息组织、业务应用系统和辅助决策支持系统建设等多项工作。

13.3.5 信息资源开发和建设是电子政务建设的主要任务

信息是关系一个国家经济社会发展和国家安全的重要资源。充分开发、利用信息资源，加强对信息资源的管理，直接关系到国家的战略利益。政府是一个国家的公共行政管理者，也是信息资源的最大消费者、生产者、发布者和管理者，在整个国家信息化进程中居主导地位，是信息化建设的火车头。搞好电子政务建设，对于加快中国信息产业的发展、推进国家信息化进程、提升中国的综合国力，增强国家核心竞争力，促进国民经济和社会发展，保障国家安全具有至关重要的意义。

建设电子政务，充分开发利用信息资源，加强信息资源管理，实现信息资源共享，有利于政令畅通、精简人员、提高公务员素质，减少文山会海，节约社会劳动，促进政府工作的程序化、规范化、民主化和科学化，提高政府办事效率和质量，提高整个国家的管理水平。同时也是实现民主政治、加强廉政建设的重要举措。

从上面的定位出发，中国电子政务建设的工程性目标是：符合政府职能转变方向的主要业务系统要实现计算机化和网络化；加快建设高质量、适应要求的国家基础信息资源和政务信息库，形成完善的政务信息采集、登记、处理、交换、利用、发布的流程和制度，实现信息共享与高效利用；实现政务信息公开和政府对社会的“一站式”互动服务；在整体上提高政府信息能力，推动政府职能转变和体制创新，加快中国国民经济和社会信息化进程。

当前各方面都在集中力量启动下列主要任务，包括编制信息资源建设规划和若干国家级信息库建设。目前急需加快建设数据库，着手电子政务信息资源目录体系与交换体系建设，基本完成政务信息分类标准、登记、交换制度和目录辅助工具建设；特别是要在电子政务业务系统建设中，根据经济发展、体制改革和社会稳定的现实需要，分清轻重缓急，确定重点应用工程、在优先建设的关键业务系统中加快信息资源的开发。通过这些信息资源的整合和开发，逐步依托政府综合服务门户，开展“一站式”服务，使政府部门对社会服务项目的程序和制度逐步通过网络进行，逐步增加服务内容、扩大服务范围、提高服务质量。

在规划和开发重要政务信息资源中，建议加大投入，搞好基础政务信息资源库的建设，具体包括建设人口基础信息库、法人单位基础信息库、自然资源与空间地理基础信息库和宏观经济信息库。为此还应该重视各项基础工作，包括做好各项专项规划、信息资源目录体系、交换体系、设计信息资源建设的各项制度与标准的建设，推动各地和各个领域的信息资源建设。

在电子政务建设中，自始至终将开发和利用信息资源作为建设中的主体。绝大部分社会信息资源掌握在政府及其各部门手中，政府是信息资源的最大消费者、生产者、发布者和管理者。但不可否认的是，社会与公众对于信息的需求是信息资源源动力与推动力，因此在信息资源的组织与使用的过程中，要注意引进市场机制，鼓励社会参与与公众参与。由于政府在信息资源的开发、利用和管理方面具有强制力和影响力，所以政府在网络建设和信息资源的开发利用方面应该采取主动的态势，做好以下几个方面的工作。

1．加快信息资源的开发、利用和管理等方面的立法进程、建立统一的标准和规范。如政府信息技术应用规范、政府信息技术采购条例、政府信息资源管理条例、政府信息收集制度、政府信息登记制度、政府信息交换制度、政府信息公开法、政府信息资源管理法规、政府信息和信息系统安全法规。

2．加强信息资源管理。电子政务以信息资源管理作为最上层的概念，涵盖了政府电信网络、信息系统、信息收集和发布等基本领域。以信息资源管理为核心，电子政务建设的重点有 3 个方面：信息网络、应用系统、信息收集和发布。探索和建立中国在信息资源管理方面的法律法规、组织体制、工作内容和程序、项目管理和实施模式、采购政策和方式。

3．实现信息公开、信息交换、资源共享，充分实现信息资源的价值。信息安全与信息公开是一个事物的两个方面，两者辩证统一。政府信息作为一种重要的国家资源，按照职责分工和保密规范要求，在确保信息安全的前提下，最大限度地实现信息公开、资源共享，尽可能的为全社会所利用，满足人民群众对于信息的需求。

4. 采取切实有效的措施，保证信息主体能够全面、真实、准确、及时的获取或提供信息资源。

5. 建立行之有效的政府信息资源管理体制和科学合理的信息收集、交换、发布、分析处理及利用机制，维护信息化建设秩序。

6. 提高政府的信息能力以及工作人员利用信息资源的意识和能力。提高政府的信息能力由两部分相辅相成的内容构成。一是指政府内部的信息能力，即如何选择适应性的信息结构和信息技术工具，以提高政府的工作效率和决策的有效性。二是政府对外信息交流的能力，其核心内容是如何建立政府与社会公众对话的有效渠道，通过这一渠道形成组织、服务、导向社会公众的能力。

7. 通过信息发布，充分实现政府信息导向作用。公开政府信息，是政府宏观管理和调控的重要手段，是政府对社会履行服务职能的重要方面，对经济和社会的稳定和发展具有重要作用。要针对当前政府信息中不必要的保密、发布不足的情况，制定信息公开制度，适时将非涉密信息对外开放，充分发挥政府信息的导向作用。

8. 对于电子政务的信息发布、信息提供、信息使用，要建立必要的激励机制，鼓励政府参与、社会参与与公众参与。特别对于政府外网的建设，注意引进市场机制，充分实现信息互动、资源共享。

13.3.6 加快信息资源管理法制化进程、建立统一的标准和规范

在信息资源开发方面也要统一规划，加强信息资源管理，避免重复建设。坚持需求导向，效益优先的原则。在安全基础上，尽最大可能实现信息公开，充分实现信息资源的价值。

建立政府信息资源管理体制和科学合理的信息收集、交换、发布、分析处理及利用机制。提高政府工作人员利用信息资源的意识和能力。通过信息发布，充分实现政府信息导向作用，采取切实有效的措施，保证信息主体能够全面、真实、准确、及时的获取或提供信息资源。建立必要的激励机制，鼓励社会参与与公众参与特别对于政府外网的建设，注意引进市场机制。

13.3.7 积极推进电子政务项目管理和协调模式的探索

国家电子政务建设正在国家信息化领导小组以及国信办的统一组织和协调下，建立电子政务协调机制和投资审批备案管理体制，制定电子政务相关的各项办法、条例和法规。落实各级政府信息化工作的组织机构和人员，明确各级政府信息化机构的职责。

国家正在按照规范的基本建设程序，对电子政务建设资金进行严格审查，统一管理，确保政府信息化投资，该项投资将主要用于支持国家电子政务统一平台的建设以及中央政府各类政务信息系统的建设。同时有关部门正在探讨改革财政制度，为运行维护和信息资源开发提供必要的经费。对于外网建设，建议探索和研究吸收社会资金，鼓励社会参与的体制和机制创新问题 .从整体上确保上述项目后续建设与运行维护和信息资源建设的资金需求。

为了确保中国电子政务系统建设不搞花架子，不搞脱离实际的政绩工程，有关部门

正在探讨建立电子政务项目评估、监理、审计和效果考核的制度和办法。同时在信息化工程建设的过程中，组织成立相应工程的监理，审计和考核机构。

（国家信息中心　宁家俊）

13.4 中国电子口岸系统发展及应用状况

13.4.1 电子口岸及其历史沿革

中国海关信息系统包括“电子海关”、“电子总署”、“电子口岸”3 个组成部分。电子海关主要是实现海关内部业务现场工作的信息化和自动化。电子总署则是实现海关行政办公、职能管理及业务宏观决策的信息化。海关信息化在互联网上的应用主要是电子口岸系统中有关海关业务的应用项目。电子口岸是面向互联网，基于电信公网建立的电子政务网关和公共数据中心。这个系统集中存放进出口管理信息流、资金流、货物流电子数据，为工商、税务、海关、外汇、外贸、质检等国家经济运行管理部门提供跨部门、跨行业、跨地区的数据交换和联网底帐核查。并实现政府部门与进出口企业、加工贸易企业、外贸中介服务企业、外贸货主单位之间的互联互通，向企业提供网上办理报关、结付汇核销、出口退税、网上支付等实时在线服务。

20 世纪 90 年代中后期，利用假单证、假批文、假印章进行的“三假”走私、骗汇、骗税违法犯罪活动十分猖獗，给国家经济造成了严重危害。以 1998 年为例，当年全国海关查获“三假”走私达 21 亿元，骗汇情况更为严重。1998 年海关总署和国家外汇局联合开发了“进口付汇报关单联网核查系统”，通过联网核查鉴别进出口付汇报关单的真伪，改变了靠书面单证防伪的做法。作为电子口岸的原型试点，1999 年 1 月 1 日该系统在全国推广使用，并很快收到了明显效果，堵住了假报关单骗汇，防止了巨额外汇流失，保障了海关税收逐年递增上百亿元，并大大提高了企业报关、办汇速度。

1999 年国务院要求海关、外汇、外经贸、税务等有关部门加快“金关工程”建设步伐，上水平、上档次、上规模。2000 年 7 月，国务院决定由海关总署、工商总局、税务总局、外汇局、外经贸部等 12 个部委联合共建电子口岸。2000 年底，电子口岸正式系统完成了数据库、网络平台、安全认证以及出口收汇核查等应用项目的开发测试工作，并于 2001 年 1 月起开始在北京、天津、上海、广州 4 个地区进行试点。2001 年 3 月，国务院办公厅下发了《关于做好口岸电子执法系统推广工作的通知》，要求各省、自治区、直辖市人民政府和国务院有关部门认真做好推广工作。2001 年 12 月，电子口岸系统在全国正式推广。目前全国已有约 10 万家进出口企业办理了入网手续，制发入网 IC 卡 27 万多张。

13.4.2 电子口岸系统的接入

为便于企业上网办理业务，信息产业部门结合电子口岸业务特点，推出了全国统一的“17999”拨号、宽带和专线 3 种接入方式，一般企业只需拨打 17999，即可接入中国电信 17999 网络平台，并登录电子口岸服务网站完成网上业务，实现与行政管理机关的联网，并可同时享受上网服务。

任何企业要想成为电子口岸用户，并上网办理报关、外汇核销、出口退税等业务，必须经过工商、税务、质检、外经贸、海关、外汇等6个部门严格的资格审查和申请业务授权。如海关的报关权。外汇局的外汇核销权，税务部门的出口退税权等。在进行资格审查时，上述部门通过严格核对企业的各类有效证件，确保企业入网IC卡发放无误。企业用IC卡上网办理业务时，系统将自动检查操作授权，并按权限给予其办理相应的业务，这就使用户的一切业务操作都在严密的管理和监控之下。

电子口岸入网IC卡分企业IC卡和政务IC卡两类。其中，企业IC卡又分法人卡和操作员卡；政务IC卡分管理员卡和操作员卡。企业法人卡用于以法人名义授权签字和对本企业操作卡进行管理等；操作员卡用于企业联网办理通关、收汇、退税业务等。政务管理卡用于对本部门操作 IC 卡的发放和管理；操作员卡用于办理网上审批和审核业务等。

13.4.3 电子口岸系统的主要业务功能

（一）强化监督管理，实现综合治理。国家有关行政管理部门分别将进出口企业档案、合同、税票、核销单、报关单、舱单（运单、路单）、运输工具等数据资料通过电信公网传送到公共数据中心建立电子底帐，并实现跨部门连网核查、核注、核销，使管理部门对进出口货物、运输工具和监管场所等进出口环节的管理更加完整和严密，从根本上杜绝利用假单走私、骗税、骗汇违法犯罪活动。

（二）规范执法行为，促进政务公开。政府部门的行政审批、监督管理等执法业务操作全部上网，将促使管理部门各项执法行为更加规范、统一、透明，从而形成一种部门之间相互制约，相互监督的有效机制。同时，有关进出口管理、金融管理、税收管理等政策法规、管理规定上网，增加法规的透明度，促进政务公开。

（三）方便联网运作，降低企业通关成本。企业只要通过电信公网“一点接入”，就可以上网向海关、质检、外贸、外汇、工商、税务、银行等国家行政管理机关申办报关、出口退税、结付汇和加工贸易备案等进出口手续，减少或省去企业直接上门到政府部门办理业务，节省办事时间，提高贸易效率，实现政府对企业的“一站式”服务。

（四）促进业务管理信息化的发展。电子口岸入网用户已经达10万家，而且还在不断增长，其安全可靠高效的平台，严密的资信和授权管理，以及全面的标准转换、网上税费支付等通用服务功能，为中国电子业务的探索和发展发挥了良好的作用。今后继续以应用需求为导向，充分利用中国现有公共网络资源和信息资源，进行跨部门、跨行业、跨地区信息系统互联，逐步发展和整合中国涉及海关的电子政务的应用系统平台，最终将实现“一卡通”和“一站式”服务。

13.4.4 电子口岸的运行管理体制

中国电子口岸由海关总署牵头、12个部委联合共建。由于涉及部门多，情况复杂，海关总署提出了“共同建设、分别管理”相结合的原则。所谓共同建设、分别管理是指电子口岸不取代有关各部委的内部信息管理系统，电子口岸与各部门内部信息系统是互补关系，即各部委负责向电子口岸数据中心传送供其他部门共享或交换的数据，并对提交的共享数据进行维护，以及授权使用；中国电子口岸数据中心负责提供交换、共享平台和对数据进行存证，电子口岸系统中各部门提供的数据及操作功能完全由各部门自行全权负责管理。

13.4.5 电子口岸系统的应用状况

截至目前，电子口岸及海关与其他部门联网累计研究开发应用项目共 14 个。

（一）已在全国推广应用的 4 个

1. 进出口许可证联网核查项目。主要功能：外经贸部将许可证电子数据传送海关总署，由海关总署提供各口岸海关联网核查，有效地遏制了利用假许可证走私，监督和防止越权发证，发证单位可及时掌握许可证使用情况。

2. 进口售汇、出口收汇核销项目。其主要功能：实现进口报关单联网核查，出口收汇核销单网上申领，向出口地海关备案，并向外汇部门申报结汇核销等功能。该项目投入实际应用后，海关与外汇局两个部门的电子数据形成一种互为印证，互相连动的关系，从而有效地防止骗汇行为的发生，充分发挥了综合治理的倍增效果。

3. 出口退税联网申报备案项目。主要功能：为出口退税提供海关报关单、外汇核销单、远期结汇证明等电子底帐数据，有效防止利用假报关单、假外汇核销单骗税，提高出口退税速度。

4. ATA 单证册申领和报关项目。主要功能：为企业提供进出口 ATA 单证册的录入、备案服务，为贸促会和海关在线办理申报、审批和核销手续，建立暂时进出口货物电子底账。

（二）正在试运行的项目有 4 个

一是进出口检验检疫“通关单联网”项目，已在上海、青岛试点，计划 2003 年内在全国推广。二是网上税费支付项目，已与中行、工行、农行、交行、建行、招行等银行开始在大连、青岛、上海、南京、黄埔、深圳、拱北、杭州、宁波等地进行试点，年内全面推广。三是联网报关项目，已在南京、上海、杭州、北京、广州等地试点，年内进一步全面推广。四是进出口快件通关项目，2001 年 8 月在上海正式运行，计划年内推广到各主要快递业务口岸。该项目推广后，快递公司可在进口快递物品启运的同时联网报关，海关可提前对报关数据进行审核，进口快递物品抵达后可以立即办理通关验放手续。

（三）正在开发的应用项目 6 个

正在开发的应用项目包括：装箱单录入和舱单申报项目；加工贸易企业联网监管项目；深圳公路口岸自动核放项目；进口增值税联网核查项目；进口汽车证明联网核查项目；IT 加工贸易联网监管项目。

中国电子口岸投入使用后经济效益和社会效益显著，通过网上办理报关、结付汇核销、出口退税、网上支付等手续，减少企业与政府部门之间、企业与企业之间的人与人的工作环节，取得良好进展。2002 年海关金关工程项目共为有关部门和企业交换处理单证数据 6 千万份，其中海关向外汇管理部门和银行传送进口报关单证明 587 万份，各地银行、外汇管理部门核注核销单证 437 万份；外汇管理部门向企业发出核销单 1504 万份；企业向海关交送单证 1499 万份，向外汇管理部门核销单证 1427 万份；外经贸部门向海关传送进出口许可证 29 万份，海关核销并传送回执 22 万份；全国海关向税务部门传送出口退税报关单证明 424 万份；质检部门向海关传送通关单 7 万份；企业向海关申报的普通货物报关单 4 万份；进出口快件报关单 32 万份。电子口岸已成为连接政府与进出口企业的纽带和桥梁，重要性更加凸现。

（海关总署科技司）

第 14 章　网络媒体发展现状

14.1　网络媒体的产生与发展

20 世纪 90 年代，世界进入信息网络化时代，互联网的兴起和普及，影响并改变着人们的生产、生活和工作方式，并在新闻信息传播领域引发了一场广泛而深刻的革命。通过互联网进行的新闻信息传播形态成为继报刊、广播、电视之后的“第四媒体”，即“网络媒体”。

网络媒体并不泛指互联网，而是指通过互联网传播新闻信息的发布平台（网站）。中国网络媒体的发展大致经过 3 个阶段。

1．新闻媒体触网。1992 年，中国正式提出要求连入国际互联网，但由于种种原因，到 1994 年 4 月实现与国际互联网全功能连接，中国公用计算机互联网（ChinaNet）的建设开始启动，并于 1995 年 5 月 17 日开始了面向全社会的商业化服务。1994 年 5 月中国科学院高能物理研究所设立了国内第一个 WEB 服务器，推出中国第一套网页，其中“中国旅游”栏目逐渐发展成提供综合信息的《中国之窗》。1995 年 1 月，由教育部（当时国家教委）主办的《神州学人》杂志创建中国第一份中文电子杂志。《中国日报》于 1995 年建立了全国第一家日报的电子版。中国新闻媒体几乎与国外媒体同时进入国际互联网。

2．新闻媒体的网络化逐步升温。1995 年后，传统媒体纷纷创建“电子版”。至 1999 年底，中国 700 多家传统媒体上网，包括人民日报、新华社、中央电视台、中国国际广播电台等强势媒体，电子版成为传统媒体的延伸和补充。与此同时，各地各类网站纷纷登载新闻。到 2000 年下半年，据北京、上海、广东、四川等 25 个省、区、市不完全统计，登载新闻的网站达 5000 多家。

3．网络媒体规范发展阶段。2000 年 11 月《互联网站从事登载新闻业务管理暂行规定》正式发布，中国开始对网站登载新闻行为进行依法管理，实行网站登载新闻资质审批制度，国务院新闻办公室及各地政府新闻办公室相继受理网站登载新闻资质审批。

主要新闻网站集中诞生于 2000 年和 2001 年。2000 年 3 月，新华社网站扩建成为新华网；同年 5 月，北京千龙网、上海东方网开通；同年 7 月，人民日报网络版扩建成为人民网；同年 8 月，中国网在原有基础上扩建平台开通；同年 12 月，天津北方网开通。2001 年，湖南红网、山东大众网、福建东南新闻网、广东南方网等一批地方主要新闻网站诞生。

由于受全球互联网产业普遍不景气的影响，中国互联网在2001年也经历一个时期调整，但中央重点新闻网站抓住机遇，进一步加快了发展步伐，社会影响力大幅度提升，尤其在2002年“两会”报道中全面“亮相”，在党的十六大新闻报道中，以主流媒体的面貌出现，提供多种语言的权威信息，进一步确立了“中国新闻传媒重要组成部分”的地位。2002年11月，江泽民同志在会见“电视与广播博物馆国际理事会2002年北京年会”与会代表时指出，互联网已经成为中国新闻传媒的重要组成部分。

14.2 网络媒体的发展规模和传播体系

目前，中国的网络媒体已初具规模，互联网新闻传播体系框架初步形成，一批有影响的新闻网站也逐渐形成自己的特点。

按照《互联网站从事登载新闻业务管理暂行规定》，经批准建立的新闻网站可登载新闻，经批准设立新闻栏目的综合性非新闻单位网站（简称商业网站）可按《暂行规定》的要求登载新闻。至2002年底，在全国2000多家报纸、8000多家期刊、290多家广播电台和420多家电视台中，已建立了3000多个网站或网页。同时，新浪、搜狐等数十家商业网站也获得了登载新闻的资质。

人民网、新华网、中国网、中国日报网、国际在线（国际台网站）、央视国际网络等中央重点新闻网站迅速发展壮大，知名度和影响力显著提高，引起国内外的广泛关注；千龙网、东方网等一批地方重点新闻网站从无到有，从小到大，也迅速成为国内知名网站。重点新闻网站依靠传统媒体的支持，成为广大网民获取新闻信息的重要渠道和商业网站登载新闻的主要来源，在正确引导舆论方面发挥了重大作用。一个以中央重点新闻宣传网站为骨干，中央和地方重点新闻宣传网站优势互补，发挥商业网站积极作用的有中国特色的互联网新闻传播体系基本框架已初步形成。

一批有影响的新闻网站也已逐步形成自己特点。如人民网正逐步成为以评论见长、引导舆论的权威网络媒体；新华网依托国家通讯社，融汇全球新闻信息；中国网针对海外受众，努力建设展示中国国情的百科全书；国际在线凭借受众母语，突出音频特色；中国日报网站本着不求最大但求最精的理念，服务特色鲜明；央视国际网络注重台网互动；中青网针对青少年网民的特点，努力建设青少年的网上家园。新浪、搜狐等商业网站的新闻频道大量转载了这些新闻网站的新闻信息。一些较有影响的新闻网站的特点见表14.1。

表14.1 一些较有影响的新闻网站的特点

网　站	特　点
人民网	权威媒体，大众网络，见证世界，求证实事，评论天下，引导舆论
新华网	依托国家通讯社，融汇全球新闻信息，网络国内国外大事
中国网	针对海外受众，展示中国形象，网上外宣平台，中国百科全书
国际在线	凭借受众母语，突出音频特色，覆盖五洲四海，展现华夏风采
中国日报网站	不求最大但求最精，服务特色鲜明
央视国际网络	台网互动，在线主持，视频点播，立体展现
中青网	青少年的新家园，理想教育的新天地，文化活动的新基地，娱乐联欢的新场所

截至 2003 年 5 月 26 日，国务院新闻办公室共批准 148 家从事登载新闻业务的网站，具体名单见表 14.2～表 14.5。

表 14.2　中央新闻单位网站

网站名称	网　址
人民网	www.people.com.cn
新华网	www.xinhuanet.com
中国网	www.china.com.cn
央视国际网	www.cctv.com
中国国际广播电台网站	www.cri.com.cn
中国日报网站	www1.chinadaily.com.cn
中青网	www.cycnet.com
光明网	www.gmw.com.cn
中央人民广播电台网站	www.bjradio.com.cn
中国经济网	www.ced.com.cn

表 14.3　中央国家机关各部门新闻单位网站

网站名称	网　址
中国电力新闻网	www.cpnn.com.cn
中青在线	www.cyol.net
中国台湾	www.chinataiwan.org
中国西藏信息中心	www.tibetinfor.com
五洲传媒	www.cn5c.com
中国石油网	www.oilnews.com.cn
正义网	www.jcrb.com
中国石化新闻网	www.sinopecnews.com.cn
中国劳动保障报网站	www.clssn.com
中国旅游新闻网	www.ctnews.com.cn
中国信息产业	www.cnii.com.cn
中国水利网站	www.chinawater.com.cn
法制日报网站	www.legaldaily.com.cn
中国经济时报网站	www.cet.com.cn
华声报电子版	www.hsm.com.cn
中国新闻网	www.chinanews.com.cn
中国人大网	zgrdxw.peopledaily.com.cn
《舰船知识》网络版	www.jczs.com.cn
华夏经纬网	www.huaxia.com

续表

网站名称	网　址
金时网	www.financialnews.com.cn
中国财经网	www.fec.com.cn
中国消费网	www.ccn.com.cn
中国工商报网	www.cicn.com.cn
汽车星空网	www.autostarry.com
神州学人电子版	www.chisa.edu.cn
中国交通报网络版	www.zgjtb.com
中国民航新闻信息网站	www.caac.cn.net
健康报网	www.jkb.com.cn
中国体育在线	www.cs-online.com.cn
在线国际商报	www.ibdaily.com.cn
中国法院网	www.chinacourt.org

表 14.4　各省、自治区、直辖市新闻单位网站

网站名称	所在地区	网　址
安徽互联网新闻中心	安徽	www.anhuinews.com
安徽在线	安徽	www.ahrb.com.cn
合肥报业网	安徽	www.hf365.com
千龙新闻网	北京	www.beijingnews.com.cn
华龙网站	重庆	www.cqnews.net
重庆电视台网站	重庆	www.ccqtv.com
福建东南新闻网	福建	www.fjsen.com
每日甘肃	甘肃	www.gansudaily.com.cn
深圳新闻网	广东	www.szed.com
南方网	广东	www.southcn.com
大洋网	广东	www.dayoo.com
桂龙新闻网	广西	www.gxnews.com.cn
广西日报网站	广西	www.gotoread.com
金黔在线	贵州	www.gog.com.cn
金阳时讯	贵州	www.gywb.com.cn
海南日报网络版	海南	www.hndaily.com.cn
海口晚报网站	海南	www.hkwb.net
河北日报网站	河北	www.hebeidaily.com.cn
石家庄日报社网站	河北	www.sjzdaily.com.cn

续表

网站名称	所在地区	网　址
长城在线	河北	www.hebei.com.cn
中国.河南网站	河南	www.henanews.org.cn
河南报业网	河南	www.hnby.com.cn
黑龙江日报	黑龙江	www.hljdaily.com.cn
东北网	黑龙江	www.northeast.com.cn
荆楚新闻网	湖北	www.99sky.com
武汉综合新闻网	湖北	www.cjmedia.com.cn
红网	湖南	www.rednet.com.cn
湖南在线	湖南	www.hnol.net
星辰在线	湖南	www.csonline.com.cn
中国吉林	吉林	www.chinajilin.com.cn
中国彩虹（吉林省国际网络台）	吉林	www.jilin.gov.cn
长春信息港	吉林	www.changchun.jl.cn
扬子晚报网站	江苏	www.yangtse.com
龙虎网	江苏	www.longhoo.net
金鹰网	江苏	www.goodee.com.cn
江海网	江苏	www.nt.js.cn
大江网（大江新闻网、江西日报网站）	江西	www.jxnews.com.cn
江西省国际互联网信息中心网站	江西	www.jiangxi-china.com
今视网	江西	www.jxgdw.com
天健网	辽宁	www.runsky.com
辽宁日报报业集团网站	辽宁	www.lndaily.com.cn
北方热线	辽宁	www.syd.com.cn
宁夏新闻网	宁夏	www.ningxianews.net
国际互联网青海新闻中心网站	青海	www.qhnews.com
大众网	山东	www.dzwww.com
“广视”网站	山东	www.sdrt.com
舜网	山东	www.jinantimes.com.cn
青岛新闻网	山东	www.qingdaonews.com
网上山东	山东	www.china-sd.net
山西之窗网站	山西	www.shanxiwindow.net
山西新闻网	山西	www.sxrb.com
东方网	上海	www.eastday.com
四川新闻网	四川	www.newssc.net

续表

网站名称	所在地区	网　址
四川在线	四川	www.sconline.com.cn
北方网	天津	www.enorth.com.cn
西藏信息港	西藏	www.tibetinfo.com.cn
天山网	新疆	www.tianshannet.com
云南新闻网	云南	www.yunnan.com.cn
云南日报电子版	云南	www.yndaily.com
浙江在线	浙江	www.zjonline.com.cn
中国宁波网站	浙江	www.cnnb.com.cn
杭州网	浙江	www.hangzhou.com.cn

表 14.5　综合性非新闻单位网站

网站名称	网　址
新浪网	www.sina.com.cn
搜狐网	www.sohu.com
FM365	www.fm365.com
首都在线	www.263.net
商都信息港	www.zz.ha.cn
天津热线	www.online.tj.cn
广州视窗	www.gznet.com
21 世纪	www.21cn.com
天虎网	www.tyfo.com
浙江信息超市	www.zj.cninfo.net
网易	www.163.com
焦点网	www.focus.com.cn
海南在线	www.hainan.net
云南信息港	www.yn.cninfo.net
齐鲁热线	www.sd.cninfo.net
美亚网	www.cnmaya.com
上海热线	www.online.sh.cn
西藏网	www.tibet-web.com
西藏在线	www.tibetonline.net
汤姆（tom）	www.tom.com
三晋热线	www.sx.cninfo.net
宁夏信息港	www.nx.cninfo.net

续表

网站名称	网　址
重庆热线	www.online.cq.cn
天津之窗	www.tianjin.gov.cn
福建热线	www.fj.cninfo.net
中华网	www.china.com
贵州信息港	www.gz.cninfo.net
辽宁热线	www.online.ln.cn
海南公共信息港	www.hi.com.cn
中国家家网	www.jiajia.net
新丝路热线	www.xj.cninfo.net
湖南信息港	www.2118.com.cn
呼和浩特信息港	www.hh.nm.cninfo.net
炎黄在线	www.chinese.com
江苏音符	www.jsinfo.net
腾讯	www.tencent.com
深圳热线	www.szonline.net
吉林信息港	www.jl.cninfo.net
百灵信息网	www.beelink.com.cn
黑龙江信息港	www.hl.cninfo.net
亿唐	www.etang.com
楚天热线	www.hb.cninfo.net
武汉热线	www.wuhan.net.cn
江西热线	www.online.jx.cn

14.3　重点新闻网站建设状况

14.3.1　重点新闻网站的影响力和特点

近年来，中央和地方重点新闻网站依托传统媒体优势，整合利用各种新闻信息资源，不断改进网络传播形式，多次改版，开辟打造重点栏目，探索运用网络特色鲜明的新闻表现形式，全力做好重大事件的报道，互联网新闻传播导向正确、主旋律响亮，影响力明显提升。

（一）重大事件网上新闻报道成效显著。2000 年以来，中央和地方重点新闻宣传网站围绕党和国家的工作大局，相继推出了西部大开发、人大政协“两会”报道、中美撞机事件、深入揭批“法轮功”、北京申奥、纪念建党 80 周年、宣传江泽民同志“七一”重要讲话和十五届六中全会精神、党的十六大报道等一系列重大事件的战役性报道，特别是2002年的“两会”和十六大报道，成为网络媒体新闻传播发展的重要标志。

（二）访问量明显上升。据统计，2000年7月，中央6家重点新闻网站总日均页面浏览量534万，2001年10月上升至2440万，平均增长357%。千龙网、东方网、北方网2000年7月的总日均页面浏览量154万，2001年10月达724万，增长370%。至2002年底，人民网、新华网页面访问量均突破1000万，中国网、中国日报网站页面访问量也均超过300万。

重大事件报道中，中央重点新闻网站的访问量屡创新高，人民网2002年最高日页面访问量2450万，新华网2800万，中国网1350万，国际在线130万，中国日报网站500万。十六大开幕式当天，人民网、新华网的访问量是平时的3倍；央视国际网络的访问量是平时的6倍。大会闭幕当天，新华网的访问量达到平时的7倍，新一届中央政治局常委与中外记者见面时的访问量达到平时的10倍。据统计，共有12.7万人收听国际在线的直播和点播节目，开幕式当天网上听众是平时的10倍，见表14.6。

表14.6　重点新闻网站页面访问量增长情况

网站＼访问量	2000年7月	2001年10月	2002年12月
人民网	130万	800万 最高1084万	1000万 最高2450万
新华网	350万	600万 最高1300万	1000万 最高2800万
中国网	7万	200万 最高500万	370万 最高1350万
国际在线	2万	20万 最高30万	110万 最高130万
中国日报网	35万	320万 最高500万	385万 最高500万
央视国际网络	10万	500万	
总　　计	534万	2440万	

（三）建立了一批较有影响的重点栏目。中央和地方重点新闻网站各自发挥优势，建立特色栏目。人民网评论性新闻专栏“人民时评”围绕舆论关注的焦点、百姓关注的热点、党和政府的重点工作发表评论文章，引导网民。庆祝建党80周年期间刊发的《用自己的光照亮别人》，中美撞机事件期间刊发的《放弃冷战思维》等许多时评不仅被网民频频点击，而且被很多网站转载，产生较大社会影响。“强国论坛”是人民网的名牌栏目，论坛注册用户已经超过10万，每天上贴量1万多条，在国内外网民中有很高的知名度。新华网的“新华视点”、“发展论坛”，中国网的“政策信息”，中国日报的“每日经济快讯”等也都各有特色，见表14.7。

表 14.7　　新闻网站一些较有影响的栏目

网　站	栏　目	特　点
人民网	“人民时评”	评论性新闻专栏，围绕舆论关注的焦点、百姓关注的热点、党和政府的重点工作发表评论文章，引导网民
	“强国论坛”	人民网的名牌栏目，论坛注册用户超过10万，每天上贴量1万多条，在国内外网民中有很高的知名度
新华网	“新华视点”	聚焦国内外热点问题，进行深度分析报道，引起舆论广泛关注
	“发展论坛”	虽起步较晚，但影响力和知名度在短时间内得到提高，已成为国内知名论坛
中国网	“政策信息”	全面及时地介绍中国基本情况，为国外读者提供大量有关中国基本情况的信息，已被多家网站链接
中国日报	“每日经济快讯”	专门为海外大型公司和投资商提供中国各地、各行业的经济发展咨讯，为其在华投资提供帮助，每日访问量在30万左右，三分之二来自海外
央视国际网络	“视听在线”	依托中央电视台的媒体优势，较充分发挥了网络多媒体功能
千龙新闻网	“军事栏目”	千龙网访问量最高的栏目，也是国内较好的军事栏目
东方网	“东方财经”和“东方少年”	充分体现东方网整合资源的权威性、便民性和专业性，是该网站点击率较高的栏目

（四）创造了一些具有网络特色的报道形式。实时报道、动漫画新闻、多媒体方式和在线交流等成为网络媒体新的新闻报道形式。

1．实时报道（网上直播）。实时报道就是对正在发生的事件，按其进展情况，进行文字和音视频即时报道。2001年，新华网对“两会”开幕式、闭幕式、朱容基总理的政府工作报告和记者招待会等首次进行了实时报道，效果良好。2002年，中央重点新闻网站和中国广播网等对十六大开幕式和新一届中央政治局常委与中外记者见面作了实时报道，效果显著，访问量激增。由于实时报道成本低，空间限制小，互动性强，具有可存储性，目前中央和地方重点新闻网站在重大事件报道中已普遍采用这一形式。此外，中国网和千龙新闻网网上直播国务院新闻办公室记者招待会也已有一定影响。

2．动漫画新闻。动漫画新闻是以提供一个个生动的动画短剧形式进行的新闻报道，兼容新闻性、评论性、趣味性以及多媒体特点，深受网民喜爱。千龙新闻网在国内新闻网站中第一个推出动漫画新闻。每天更新漫画新闻数十条，动画周刊《Flash 7 日》已经成为该网名牌栏目之一。2001年，东方网也推出了“Flash漫画”栏目。十六大期间，重点新闻网站进一步发展了“动漫制作”、“漫画描述”、人民网、新华网、中国日报网站等都制作了精致的动漫画新闻。

3．综合运用多媒体手段。多媒体方式即将文字、图形、图像、动画、音频、视频图像等多种信息表现形式有机结合起来，立体展现信息内容。在2002年江泽民同志“七一”重要讲话的网上报道中，多媒体手段已有初步运用，十六大期间，多媒体手段得到进一步发展，重点新闻网站将文字、图片、图表、Flash、音视频等相互搭配，互为补充。人民网除文字稿1600多条外，还发有图片450幅、音频新闻13条、视频新闻105条。新华网除文字稿1192条外，发图片777幅，音频新闻55条、视频新闻148条，焦点网谈

45期。中国网各文种总计发稿8000余条，资料60余万字，图片700余幅。国际在线16种语言共发布文字稿2504条，图片252幅，多媒体节目396个。央视国际网络视频直播、点播节目约2800分钟、中英文报道约1000篇、图片约700幅。

4. 在线交流。在线交流以BBS形式为主，围绕重大新闻事件邀请专家做客论坛，与网民进行在线互动交流。建党80周年时，新华网在“发展论坛”开展了“我自豪，我是共产党员”的大讨论，网民反应非常热烈，共有数十万人参加，十六大期间，人民网强国论坛、新华网发展论坛各自安排代表和专家进行了10次座谈，其中中央党校副校长李君如“解读江总书记十六大报告”访谈内容，被许多新闻网站和商业网站转载，一些代表团还主动要求到强国论坛、发展论坛与网民交流，在网民中引起了较大反响。

14.3.2 重点新闻网站基础设施及队伍建设

2000年下半年以来，在国家政策、资金支持下，人民网、新华网、中国网、中国日报网、国际在线、央视国际网络等中央重点新闻网站的建设步伐明显加快，基础设施、技术水平、队伍规模等都上了一个大台阶。

（一）基础设施和技术水平提高。2000年7月以前，人民网、新华网、中国网、中国日报网、国际在线、央视国际网络等中央6家重点新闻网站的总带宽只有132M，2001年10月增至540M。2002年也均有不同程度的增加。2000年7月以前，6家网站共有服务器87台，2001年10月增至214台，至2002年底，人民网、新华网、中国网、国际台网站、中国日报网站5家的服务器已增至388台。其中，人民网从40台增至150台，增长了3.75倍，新华网从30台增至100台，增长了3、33倍，中国网从3台增至81台，增长了27倍。这些重点新闻网站还在国外建立了镜像站点。

各重点新闻网站在改版的同时，均开发、更新了发布软件，并提升了硬件档次。千龙网、东方网等已经开发出自己的技术产品，开始向社会提供服务。

（二）队伍规模壮大。据2001年10月的统计，中央重点新闻网站栏目编辑、技术、外语人才分别占网站人员的50%、33%，35%。地方85家省办（除北京、陕西）新闻网站中35岁以下员工占92%，本科以上学历者占70%；近年来，各级网络新闻传播主管部门及新闻网站普遍加强了业务培训，重点新闻网站人员素质更有了明显提高。

近几年来，重点新闻网站人员数量也有了一定的发展，2000年人民网员工人数为120人，2002年12月发展到180人，增长了50%；新华网人员增长了120%，中国日报网站增长170%，见表14.8。

表14.8　中央重点新闻网站人员增长情况

人数 / 网站	至2000年7月	至2001年10月	至2002年12月
人民网	120	199	180
新华网	80	120	180
中国网		83	107
国际在线		110	80
中国日报	30	70	82

14.4 网络媒体的依法管理

为促进网络媒体健康发展，2000 年以来，国家和政府部门先后频布实施了《全国人大常委会关于维护互联网安全的决定》（2000 年 12 月）、《互联网信息服务管理办法》（2000 年 9 月）、《互联网站从事登载新闻业务管理暂行规定》（2000 年 11 月）、《互联网电子公告服务管理规定》（2000 年 11 月）等法律、法规和部门规章，实现了中国互联网新闻信息传播管理法律法规从无到有的突破，扭转了网站登载新闻无章可循的无序局面，互联网新闻传播工作开始走上依法管理的轨道，并逐步建立起了依法管理的机构和队伍。

《互联网站从事登载新闻业务管理暂行规定》作为管理网站登载新闻业务的主要依据，对网络媒体的管理体系、管理职能及“违规登载新闻”的界定和处罚都作出了明确规定。

有关管理体系方面，《暂行规定》第四条规定“ 国务院新闻办公室负责全国互联网站从事登载新闻业务的管理工作。省、自治区、直辖市人民政府新闻办公室依照本规定负责本行政区域内互联网站从事登载新闻业务的管理工作。”

有关管理职能方面，《暂行规定》第三条规定“互联网站从事登载新闻业务，必须遵守宪法和法律、法规。”第六条规定“ 新闻单位建立新闻网站(页)从事登载新闻业务，应当依照下列规定报国务院新闻办公室或者省、自治区、直辖市人民政府新闻办公室审核批准：（一）中央新闻单位建立新闻网站从事登载新闻业务，报国务院新闻办公室审核批准。（二）中央国家机关各部门新闻单位建立新闻网站从事登载新闻业务，经主管部门审核同意，报国务院新闻办公室批准。（三）省、自治区、直辖市和省、自治区人民政府所在地的市直属新闻单位建立新闻网站从事登载新闻业务，经所在地省、自治区、直辖市人民政府新闻办公室审核同意，报国务院新闻办公室批准。（四）省、自治区、直辖市以下新闻单位在中央新闻单位或者省、自治区、直辖市直属新闻单位的新闻网站建立新闻网页从事登载新闻业务，报所在地省、自治区、直辖市人民政府新闻办公室审核批准，并报国务院新闻办公室备案。”

有关“违规登载新闻”的界定和处罚，《暂行规定》第十五条规定“违反本规定，有下列情形之一的，由国务院新闻办公室或者省、自治区、直辖市人民政府新闻办公室给予警告，责令限期改正；已取得从事登载新闻业务资格的，情节严重的，撤消其从事登载新闻业务的资格：（一）未取得从事登载新闻业务资格，擅自登载新闻的；（二）综合性非新闻单位网站登载自行采写的新闻或者登载不符合本规定第七条规定来源的新闻的，或者未注明新闻来源的；（三）综合性非新闻单位网站未与中央新闻单位、中央国家机关各部门新闻单位以及省、自治区、直辖市直属新闻单位签订协议擅自登载其发布的新闻，或者签订的协议未履行备案手续的；（四）未经批准，擅自链接境外新闻网站，登载境外新闻媒体和互联网站发布的新闻的。”

按照《暂行规定》的要求，国务院新闻办公室及各省、自治区、直辖市人民政府新闻办公室加强管理工作，严格审批，控制登载新闻网站总量，优化新闻网站布局；全面清查违规登载新闻行为，维护法规严肃性；加强对已获取登载新闻资格网站和网上舆论的日常监管，规范互联网新闻传播秩序；建立查处违规行为的工作制度。这一举措使网络媒体的管理得到了规范，确保了正确的舆论导向。

（国务院新闻办公室网络新闻局　梁立华）

第 15 章　企业上网发展状况

企业上网，是指企业利用计算机网络开展生产经营管理的活动，是企业信息化的重要内容。从狭义概念看，企业上网一般指互联网。但是，从广义看，除互联网外，企业上网还应包括企业内部网（物理上通常表现为局域网、广域网）。

从狭义上看，2002 年中国企业上网保持了高速增长。据中国互联网络信息中心统计，截止到 2002 年 12 月 31 日，中国 CN 下注册的域名数为 179544 个。其中以 com.cn 结尾的英文域名总数为 133796 个，比上年同期增加 34673 个，增长率为 34.98%；以 net.cn 结尾的英文域名总数为 20234 个，比上年同期增加 6189 个，增长率为 44.07%。企业是中国社会利用互联网的主体，1998～2002 年，以 com.cn 结尾的英文域名占 CN 下域名总数的比例一直在 75%以上。

从广义上看，近年特别是国家经贸委经济信息中心和中国电信集团公司共同发起“企业上网工程”（2000. 7）以来，中国企业上网不断深入发展，有力地推进了企业信息化建设的步伐。为连续、系统地掌握中国企业信息化建设与应用情况，全国企业信息化工作领导小组办公室、国家经贸委经济信息中心于 2002 年 7 月～9 月对国有重要骨干企业、520 户国家重点企业、120 户试点企业集团和地方重点企业的信息化建设与应用水平进行了第 4 次问卷调查，共收回有效问卷 570 份。

15.1　企业内部网（Intranet）建设与应用

一、大多数企业建立了内部网

在调查的重点企业对象中，大多数（366 户，占 64.2%）已经建立了内部网。企业内部网的数量还在持续增长之中，正在建设和计划建设内部网的企业比例分别为 20.2%和 12.3%。仅有 3.3%的企业尚未计划建设内部网，分别如表 15.1 和图 15.1 所示。

表 15.1　　企业内部网建设情况

建设情况	企业数	所占比例（%）
已建立	366	64.2
正在建设	115	20.2
正在计划	70	12.3
未计划	19	3.3

注：以 570 为基数计算所占比例，下同（另注除外）。

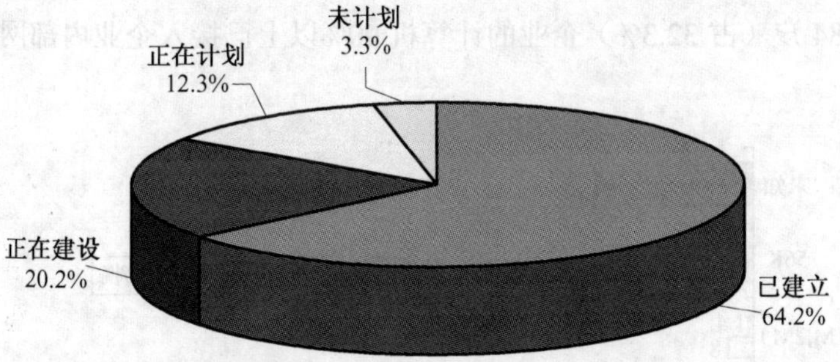

图 15.1　企业内部网建设情况

二、企业内部网主干带宽大多超过 100M

在已经建立或正在建设内部网的企业中，大多数企业内部网络的速率达到了相当高的水平。从主干带宽看，44.9%的企业的内部网主干带宽介于 100M 和 1000M 之间，25.1%的企业的内部网主干带宽达到 1000M，内部网主干带宽在 1G 和 10G 之间的企业占总数的 1.4%。这三者合计达到了 71.4%。从桌面带宽看，40.5%的企业的内部网桌面带宽达到 100M，桌面带宽介于 10M 和 50M 之间的企业占总数的 19.5%。两者合计占企业总数的 60%分别如表 15.2、表 15.3、图 15.2 和图 15.3 所示。

表 15.2　　企业内部网主干带宽分布情况

主干带宽（B）	[1G,10G]	1000M	[100M,1000M]	[2M,100M)	[56K,256K]
企业数（户）	8	143	256	29	6
所占比例%	1.4	25.1	44.9	5.1	1.1

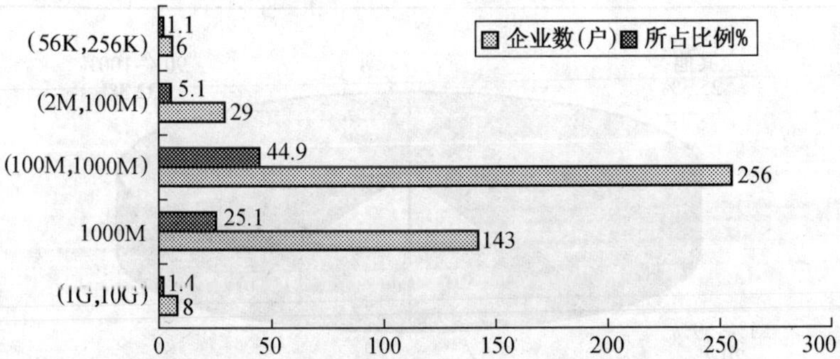

图 15.2　企业内部网主干带宽分布情况

表 15.3　　企业内部网桌面带宽分布情况

桌面带宽（B）	100M	[10M，50M]	[1M，2M]	56K	未知
企业数(户)	231	111	8	3	50
所占比例%	40.5	19.5	1.4	0.5	8.7

三、接入企业内部网的计算机分布

接入企业内部网的终端数量，即企业内部网的计算机覆盖面，从一个方面直接反映了企业对内部网络的利用水平。从这一指标考察，大多数重点企业对内部网络的应用范围都比较广，合计有55.5%的企业，其大多数计算机（60%以上）均已接入企业内部网。其中，共有184户（占32.3%）企业的计算机90%以上已接入企业内部网如表15.4和图15.4所示。

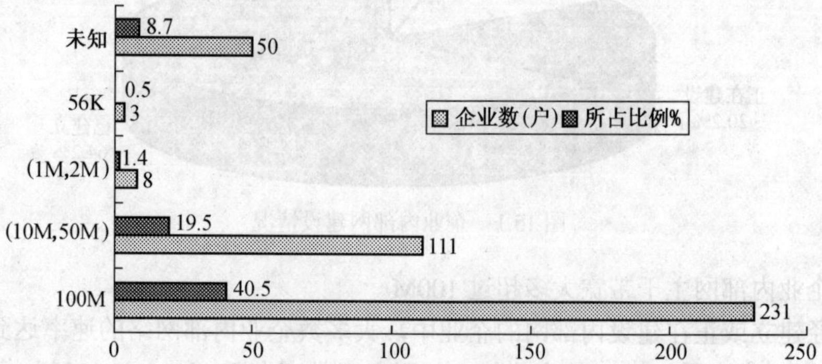

图15.3 企业内部网桌面带宽分布情况

表15.4 接入企业内部网的计算机分布情况

接入内部网的计算机比重范围	户数	占企业总数%
90%～100%	184	32.3
80%～89%	64	11.2
70%～79%	32	5.6
60%～69%	31	5.4
1%～59%	115	20.2
未知	144	25.3

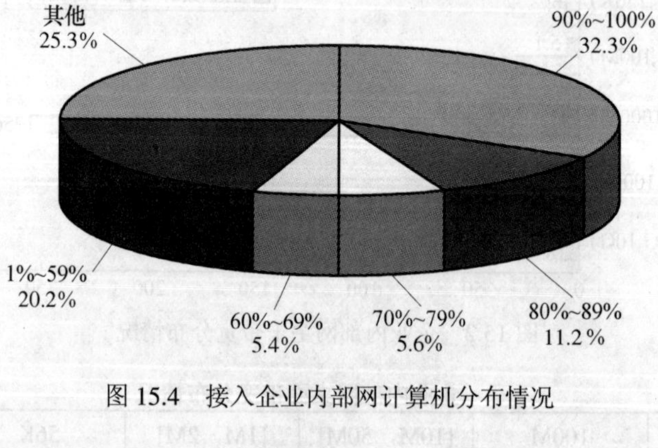

图15.4 接入企业内部网计算机分布情况

四、企业内部网接入访问方式以专线为主

调查表明，大多数企业（共432户，占总数的75.8%）的内部网是封闭运行的，只能通过企业内部专线实现对内部网的接入和访问。少部分企业（77户，占13.5%）的内部网可以通过公用电话拨号的方式访问，可以理解为这一部分企业的员工，只要得到授权，在任何一个具备上网条件的时间、空间，都可访问企业内部网，从而实现随时、随地的远程办公，如表15.5和图15.5所示。

表 15.5　企业内部网接入访问方式

企业内部专线	所占比例%	公用电话拨号	所占比例%
432 户	75.8	77 户	13.5

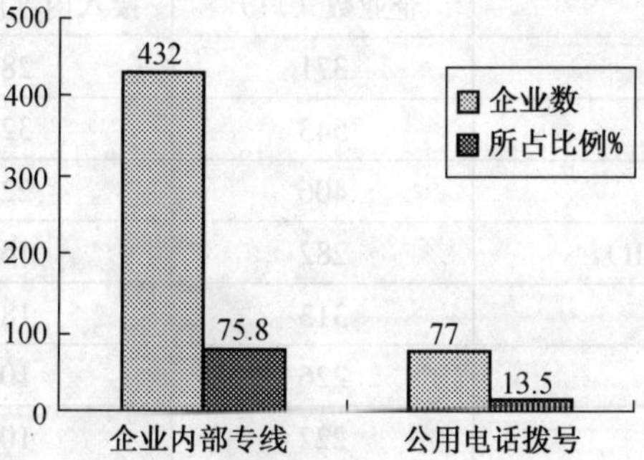

图 15.5　企业内部网接入访问方式

五、企业内部网联网应用范围

大多数重点企业（占 65.8%）的内部网与企业管理部门实现了联网，57%的企业的内部网联通了企业的开发、设计、生产、供应、销售等部门或单位。由于企业集团具有下属企业数量多、分布广的特点，其内部网络的分布范围相应较广。调查显示，有 23.5%的企业集团与同一地区的下属企业进行了联网，14.4%的企业集团与跨地区的下属企业实现了联网，如表 15.6 和图 15.6 所示。

表 15.6　企业内部网联网应用范围

企业内部网联网应用范围	企业数	所占比例（%）
企业管理部门（1）	375	65.8
开发、设计、产、供、销等各部门（2）	325	57
同一地区集团下属企业（3）	134	23.5
跨地区集团下属企业（4）	82	14.4

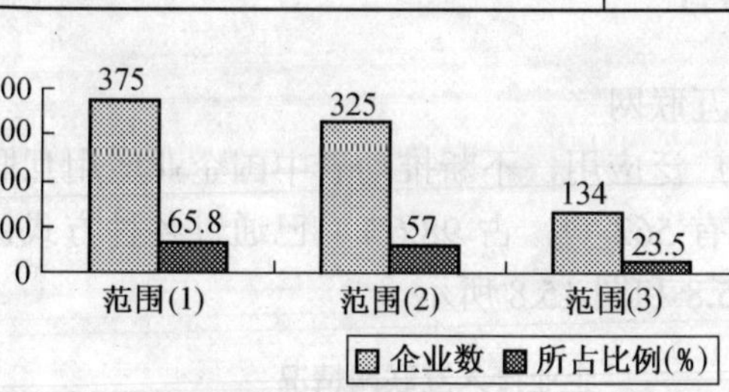

图 15.6　企业内部网联网应用范围

六、“信息孤岛”得到不同程度解决

企业业务信息系统接入企业内部网，是企业解决“信息孤岛”问题的基础。调查数据表明，这一问题已得到不同程度的解决。财务管理信息系统已经接入企业内部网的企业达到 321 户，占总数的 56.32%。其后，按照这一指标排名，顺序依次是：办公自动化系统（49.47%）、人力资源管理系统（38.95%）、企业资源计划系统（ERP,32.46%）、生产计划与控制系统（MRPII,28.77%）、供应链管理系统（SCM,18.95%）、客户关系管理系统（CRM,18.25%），如表 15.7 和图 15.7 所示。

表 15.7　企业业务信息系统接入内部网情况

业务信息系统	企业数（户）	接入内部网（户）	比例（%）
办公自动化（OA）	371	282	49.47
财务管理	543	321	56.32
人力资源管理	406	222	38.95
生产计划与控制（MRPII）	282	164	28.77
企业资源计划（ERP）	313	185	32.46
供应链管理（SCM）	226	108	18.95
客户关系管理（CRM）	222	104	18.25

注：（1）比例=信息系统已接入内部网的企业数/570×100%；

（2）MRPII、ERP、SCM、CRM 包括已建立、阶段建立、正在建设等。

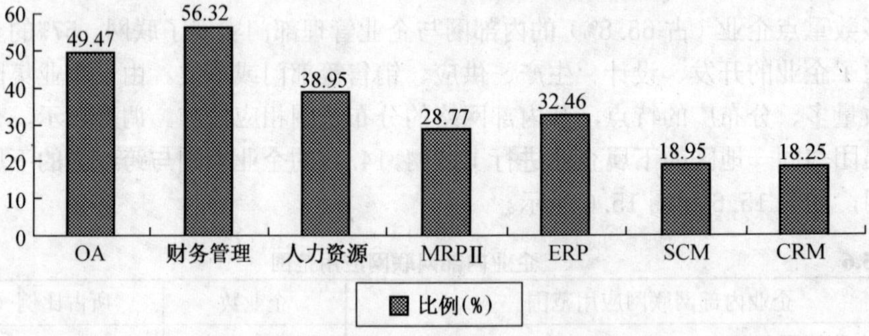

图 15.7　企业业务信息系统接入内部网情况

15.2　互联网接入与应用

一、绝大多数企业已接入互联网

互联网技术的迅速发展和广泛应用，不断推动着中国企业应用互联网的步伐。调查显示，绝大多数重点企业（共有 562 户，占 98.6%）已通过各种方式接入互联网，只有 1.4%的企业尚未接入，如表 15.8 和图 15.8 所示。

表 15.8　企业接入互联网情况

企业总数	已接入互联网	所占比例%	未接入互联网	所占比例%
570 户	562 户	98.6	8 户	1.4

二、Modem 拨号居企业接入互联网方式的首位

调查数据表明，通过电话线和 Modem 拨号，仍然是目前重点企业访问互联网的最主要的途径，这些企业占 43.77%。分列第二、三、四位的企业上网方式分别是：数据专线（占 36.83%）、ADSL（26.51%）、ISDN（16.01%）。在市场份额都比较小的其他几种

上网方式中，光纤接入（4.45%）和宽带接入（2.14%）颇受企业的欢迎，如表 15.9 和图 15.9 所示。

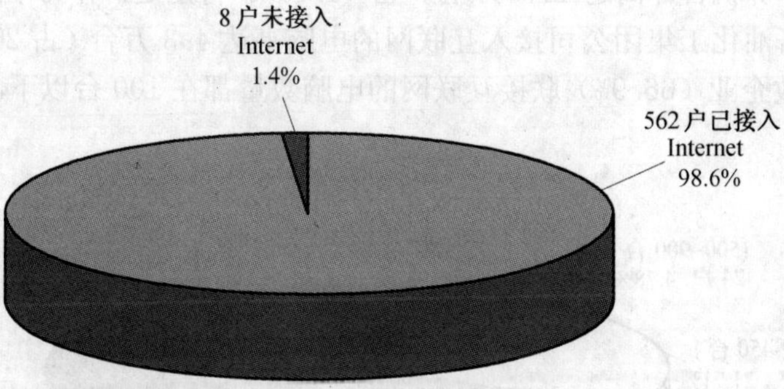

图 15.8　企业接入 Internet 情况

表 15.9　　企业接入互联网的方式

接入方式	Modem 拨号	数据专线	Cable Modem	ISDN	ADSL	光纤接入	宽带	专网	微波	DDN
企业数（户）	246	207	9	90	149	25	12	6	4	4

图 15.9　企业接入 Internet 的方式

三、企业接入互联网的计算机分布相对集中

已接入互联网的 562 户企业中，共有 163439 台计算机上网，它们分布于 502 户中(其余 60 户企业情况不详），平均为 325.58 台/户。事实上，这些计算机大多数集中在少数大型企业集团中，上网计算机在 1000 台以上的企业集团共有 33 家（占 6.57%），这 33 家企业的上网计算机合计高达 117069 台，占 71.63%。特别是，作为中国石化行业的旗舰企业，中国石油化工集团公司接入互联网的电脑高达 4.3 万台（占 26.3%，比例超过 1/4）。而大多数企业（66.9%）联接互联网的电脑数量都在 100 台以下，如图 15.10 所示。

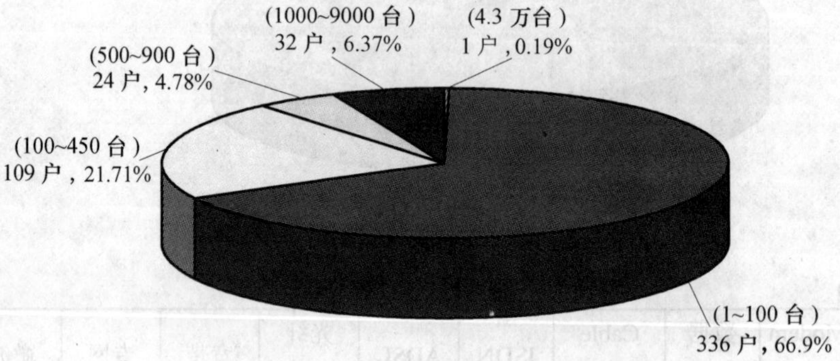

图 15.10　企业接入 Internet 的计算机分布情况

四、近七成企业建立了专网或虚拟专网

经过多年发展，重点企业的信息网络在建设规模、覆盖范围、应用广度等方面得到了扩展和延伸，有 68.95%（393 户）的企业建立了信息专网或虚拟专网，如表 15.10 和图 15.11 所示。

表 15.10　　企业建立信息专网或虚拟专网情况

建立专网（户）	所占比例%	未建专网（户）	所占比例%
393	68.95	177	31.05

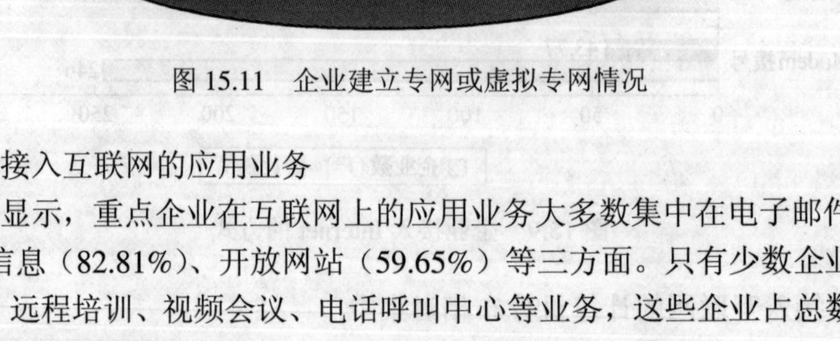

图 15.11　企业建立专网或虚拟专网情况

五、企业接入互联网的应用业务

调查结果显示，重点企业在互联网上的应用业务大多数集中在电子邮件（90.18%的企业）、收集信息（82.81%）、开放网站（59.65%）等三方面。只有少数企业利用互联网开展 IP 电话、远程培训、视频会议、电话呼叫中心等业务，这些企业占总数的比例分别为：7.54%、5.96%、4.56%、1.58%，如表 15.11 和图 15.12 所示。

表 15.11　　企业接入互联网的应用业务情况

企业接入互联网应用业务类型	企业数	所占比例（%）
电子邮件	514	90.18
开放企业网站	340	59.65
收集经济、政策、技术、法律、市场信息	472	82.81
IP 电话	43	7.54
电话呼叫中心	9	1.58
视频会议	26	4.56
远程培训	34	5.96

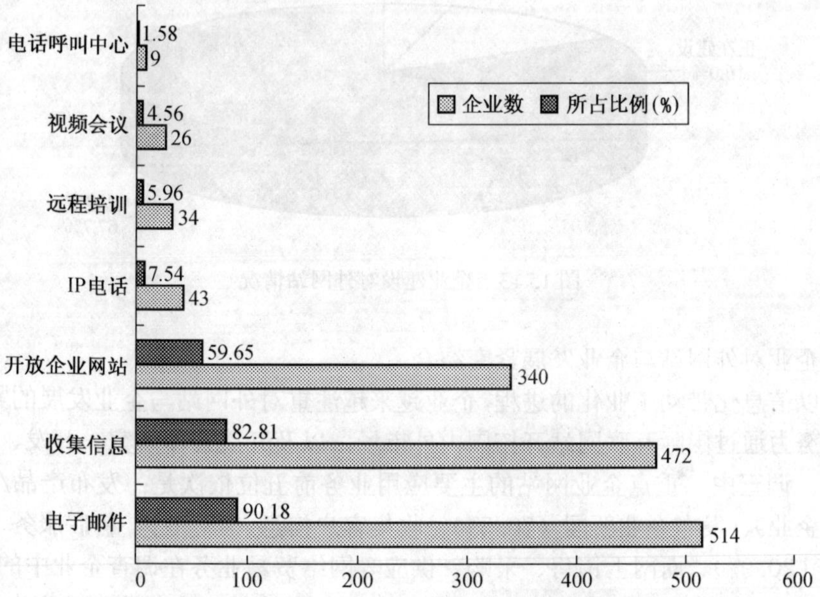

图 15.12　企业接入 Internet 的应用业务情况

此外，极少数企业（20 家，仅占 3.5%）还分别通过接入互联网，开展资料查询、专业应用系统、远程销售及管理业务、数据传输、协同电子商务和客户关系管理、销售产品、通过 VPN 方式建构企业广域网、数据双机备份、人才招聘、发布企业信息（新闻）、连接销售大区及运行营销系统、电子商务、VPN、EDI 等各种业务。

15.3　企业外部网（Extranet）建设与应用

一、大部分企业建立对外网站

作为企业与外界开展双向联系、交流、互动的永不闭幕的、生动的、无国界的传媒，国际互联网站受到了企业的青睐，网站建设规模也取得了显著成果。调查表明，67.7%的重点企业已建立对外网站，还有 16%的企业正在建设对外网站、12.1%的企业正在计划建网站，三者合计达 95.8%之多。仅有 4.2%的企业尚未计划建立互联网站，如表 15.12

和图 15.13 所示。

表 15.12　　企业建设对外网站情况

企业对外网站建设	企业数	所占比例（%）
已建立	386	67.7
正在建设	91	16.0
正在计划	69	12.1
未计划	24	4.2

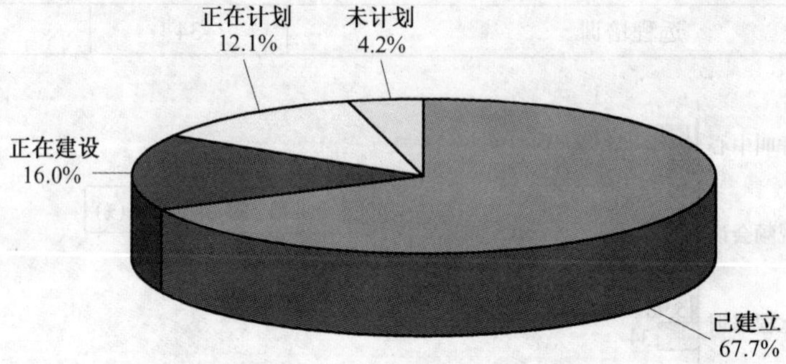

图 15.13　企业建设对外网站情况

二、企业对外网站与企业发展紧密结合

随着以信息化带动工业化的进程，企业越来越注重对外网站与企业发展的紧密结合，企业正在努力通过国际互联网站开拓国内外市场，以及开展合作研究、开发、设计、生产等业务。调查中，重点企业网站的主要应用业务前五位依次是：发布产品/服务信息（73.5%的企业）、发布企业新闻（70.5%）、收集客户信息（48.9%）、售后服务（25.4%）、接收订单（20.9%）。而网上销售、采购、供应等网络贸易业务在调查企业中的比例也分别达到 16.8%、12.1%、7.7%，这说明传统企业与网络经济的结合已达到一定水平。此外，少数企业还分别在互联网上开展了网上招聘、网上招标、远程办公、网上合同管理、企业电子邮局、企业形象宣传、BBS 论坛等业务，如表 15.13 和图 15.14 所示。

表 15.13　　企业对外网站应用业务情况

网站应用业务类型	企业数	所占比例（%）
发布企业新闻	402	70.5
发布产品/服务信息	419	73.5
收集客户信息	279	48.9
接收订单	119	20.9
网上采购	69	12.1
网上销售	96	16.8
网上供应	44	7.7
售后服务	145	25.4

续表

网站应用业务类型	企业数	所占比例（%）
合作研究	44	7.7
合作设计	37	6.5
合作开发	49	8.6
合作生产	38	6.7

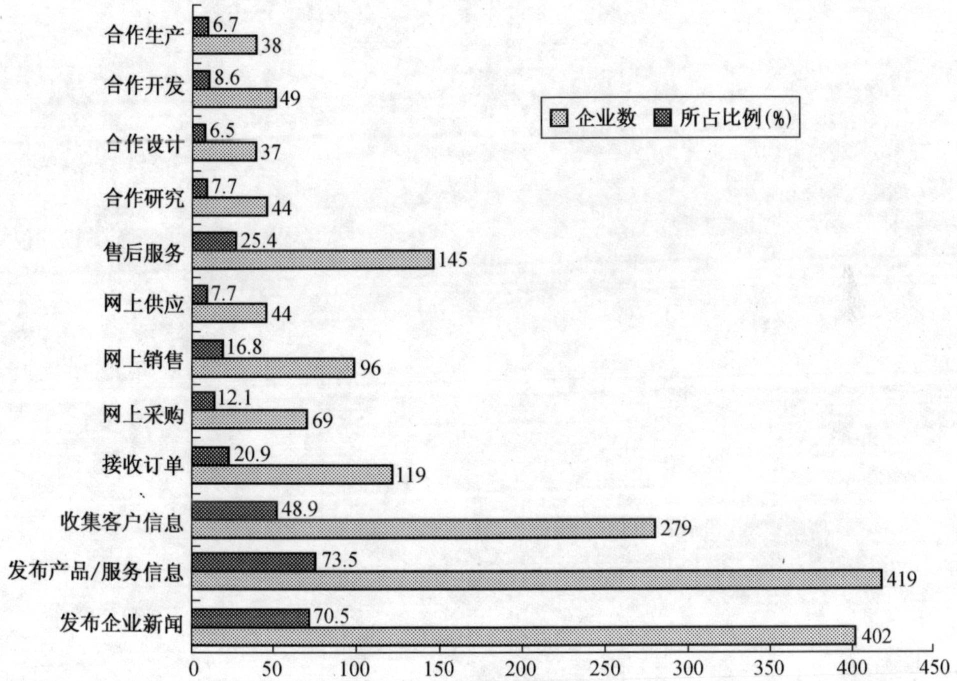

图 15.14 企业外部网站应用业务情况

三、绝大多数企业未实现电子商务

从调查的企业来看，利用信息网络已经实现电子商务的企业只占极少数（1.05%），部分实现电子商务的企业也不多（16.84%），绝大多数的企业（82.11%）尚未实现电子商务。尽管如此，个别企业的电子商务已达到相当高的水平，例如，海尔集团公司2001年网上订单采购成交 1880000 万元，占当年全部采购总额的 95%；网上订单销售成交140000万元，见表15.14。

表 15.14 企业电子商务实现情况

电子商务	企业数	所占比例（%）
已实现	6	1.05
部分实现	96	16.84
未实现	468	82.11

综上所述，中国重点企业大都建立了内部网，通过业务信息系统上网，在一定程度

上解决了“信息孤岛”问题。大多数企业已经接入互联网，开展电子邮件、收集信息、开放网站等业务应用。大部分企业建立了对外网站，借助网站开展生产经营活动，但普遍未实现电子商务。企业上网是企业提高市场竞争力的关键环节，是一个长期渐进的过程，需要讲究实效、稳步推进。

（国家经贸委经济信息中心　许丕盛）

第 16 章　电子商务发展状况

16.1　电子商务及其在国外的发展概况

16.1.1　关于电子商务的定义

1997 年 10 月 1 日至 3 日在 ISO 和 TTU 的倡导和支持下，欧洲经济委员会在比利时首都布鲁塞尔举办了全球信息社会标准大会中提出：电子商务是各参与方之间以电子方式而不是以物理交换或直接物理接触方式完成的任何形式的业务交易。这里的电子方式包括电子数据交换(EDI)、电子支付手段、电子定货系统、电子邮件、传真、网络、电子公告系统条码、图像处理、智能卡等。一次完整的商业贸易过程是复杂的，包括交易前的了解商情、询价、报价、发送定单、应答定单、发送接收送货通知、取货凭证、支付汇兑过程等，此外，还有涉及行政过程的认证等行为，涉及了资金流、物流、信息流的流动。严格地说来，只有上述所有贸易过程都实现了无纸贸易，即全部是非人工介入，而是使用各种电子工具完成，才能称之为一次完整的电子商务过程。

通俗地说，电子商务也就是电子交易，主要指利用 Web 和 E-mail 提供的通信手段在网上进行交易活动，包括通过互联网买卖产品和提供商业服务。产品可以是实体化的，如汽车、电视机等，也可以是数字化的，如新闻、录像、软件等。此外，还可以提供各类服务，如安排旅游、远程教育等。电子商务并不仅仅局限于在线买卖，它从生产到消费的各个方面影响着商务活动的方式。对于顾客，查找和购买产品乃至服务的方式都有了极大的改进。从广义上讲，电子商务还包括企业内部的商务活动，如生产、管理和财务等，以及企业间的商务活动，它不仅仅是硬件和软件的结合，而且是把买家与卖家、厂家与合作伙伴在互联网（Internet）、内部网（Intranet）和外部网（Extranet）上利用通信网络技术与原有的系统结合起来进行业务活动。从最初的电话、电报到电子邮件以及 20 多年前就开始的电子数据交换 EDI（Electronic Data Interchange)，都可以说是电子商务的某种形式。发展到今天，人们提出了通过网络实现包括从原材料的查询、采购、产品的展示、定购、到制造出品、储运以及电子支付等一系列贸易活动在内的完整电子商务的概念。

16.1.2　电子商务类型

要实现完整的电子商务还会涉及到很多方面，除了买家、卖家外，还要有银行或金融机构、政府机构、认证机构、配送中心等机构的加入才行。由于参与电子商务中的各方在物理上是互不谋面的，因此整个电子商务过程并不是物理世界商务活动的翻版，网上银行、在线电子支付等条件和数据加密、电子签名等技术在电子商务中发挥着重要的不可或缺的作用。

电子商务网站的类型主要分为以下几种。

● 企业内部电子商务

即企业内部之间，通过企业内部网（Intranet）的方式处理与交换商贸信息。企业内部网（Intranet）是一种有效的商务工具，通过防火墙，企业将自己的内部网与互联网隔离，它可以用来自动处理商务操作及工作流，增强对重要系统和关键数据的存取，共享经验，共同解决客户问题，并保持组织间的联系。通过企业内部的电子商务，可以使企业增加商务活动处理的敏捷性，对市场状况能更快的做出反应，能更好地为客户提供服务。

● 企业间的电子商务（简称为B-B模式）

即企业与企业（Business-Business）之间，通过互联网或专用网方式进行电子商务活动。企业间的电子商务是电子商务3种模式中最值得关注和探讨的，因为它最具有发展的潜力。据IDG公司2002年9月的统计，2002年全球在互联网网上进行的电子商务金额为120亿美元，其中企业间的商务活动占其中的79%。Forrester研究公司预计企业间的商务活动将以3倍于企业一个人间电子商务的速度发展。这是因为，在现实物理世界中，企业间的商务贸易额是消费者直接购买的10倍。

● 企业与消费者之间的电子商务（简称为B-C模式）

即企业通过互联网为消费者提供一个购物环境——网上商店，消费者通过网络在网上购物、在网上支付。由于这种模式节省了客户和企业双方的时间和空间，大大提高了交易效率，节省了不必要的开支，因此网上购物将成为电子商务的一个最热闹的话题。

● 消费者之间的电子商务（简称为C-C模式）

这是一个由B-C模式派生出的分支，它的产生在一定程度上就表明了用户的需求，这种模式为消费者之间提供了交易的平台，而商家的介入保证了交易的安全性和可靠性。因此，C-C模式的发展壮大是一个必然趋势。

由中国电子信息产业发展研究院承担的《电子商务政策框架研究》和《信息资源开发利用研究》课题，前不久在北京通过了由国务院信息化工作办公室主持的专家评审。专家认为，《电子商务政策框架》提出的未来5年内中国电子商务建设的具体目标和任务及10项具体政策措施，将对中国电子商务发展起巨大的推动作用。《信息资源开发利用研究若干意见》指明了信息资源开发利用的发展方向，为推进中国信息化建设打下了良好基础。据悉，有关部门正在考虑通过加大信息资源开发利用力度，深化电子政务建设，营造电子商务的良好政策环境。这两个课题的研究，就是要为有关部门制定相关政策法规提供决策参考。

16.1.3 电子商务在国外的发展

电子商务最早产生于20世纪60年代，发展于20世纪90年代，其产生和发展的重要条件主要包括以下几方面。第一，计算机的广泛应用。计算机的处理速度快，处理能力强，价格低，应用广泛，这为电子商务的应用提供了基础；网络的普及和成熟，由于互联网逐渐成为全球通信与交易的媒体，全球上网用户呈级数增长趋势，快捷、安全、低成本的特点为电子商务的发展提供了应用条件。第二，信用卡的普及应用。信用卡以其方便、快捷、安全等优点而成为人们消费支付的重要手段，并由此形成了完善的全球性信用卡计算机网络支付与结算系统，使“一卡在手、走遍全球”成为可能，同时也为电子商务中的网上支付提供了重要手段。第三，电子安全交易协议的制定，1997 年 5 月 31 日，由美国 VISA 和 Master card 国际组织等联合指定的 SET（Secure Electronic Transfer Protocol）即电子安全交易协议的出台，以及该协议得到大多数厂商的认可和支持，为开发网络上的电子商务提供了一个关键的安全环境；政府的支持与推动，自 1997 年欧盟发布了欧洲电子商务协议，美国随后发布“全球电子商务纲要”以后，电子商务受到世界各国政府的重视，许多国家的政府开始尝试“网上采购”，这为电子商务的发展提供了有利的支持。

电子商务发展主要分为两个阶段。

第一个阶段：即 20 世纪 60 年代～20 世纪 90 年代。基于 EDI 的电子商务。EDI 作为企业间电子商务的应用技术，是电子商务的雏形。EDI 在 20 世纪 60 年代末期产生于美国，当时的贸易商们在使用计算机处理各类商务文件的时候发现，由人工输入到一台计算机中的数据 70%是来源于另一台计算机输出的文件，由于过多的人为因素，影响了数据的准确性和工作效率的提高，人们开始尝试在贸易伙伴之间的计算机上使数据能够自动交换，EDI 应运而生。EDI（Electronic Data Interchange）是将业务文件按一个公认的标准从一台计算机传输到另一台计算机上去的电子传输方法。由于 EDI 大大减少了纸张票据，因此，人们也形象地称之为“无纸贸易”或“无纸交易”。

第二阶段：20 世纪 90 年代以来，基于互联网的电子商务。

由于使用 VAN 的费用很高，只有大型企业才会使用，因此限制了基于 EDI 的电子商务应用范围的扩大。20 世纪 90 年代中期后，互联网迅速走向普及化，逐步地从大学、科研机构走向企业和百姓家庭，其功能也已从信息共享演变为一种大众化的信息传播工具。从 1991 年起，互联网正式进入到商业贸易活动这个王国，因此而使电子商务成为互联网应用的一大热点。以直接面对消费者的网络直销模式而闻名的美国戴尔（Dell）公司 1998 年 5 月的在线销售额高达 500 万美元。另一个网络新贵亚马逊（Amazon.com）网上书店的营业收入从 1996 年的 1580 万美元猛增到 1998 年的 4 亿美元。3 年前开办的 eBay 公司是互联网上最大的个人对个人的拍卖网站，这个跳蚤市场 1998 年第一季度的销售额就达 1 亿美元。像这样的营业性网站已从 1995 年的 2000 个急升为 1998 年的 42.4 万个。面对电子商务如此迅猛的发展趋势，弗雷斯特（Forrester）公司不得不将它对于 2002 年电子商务的预测由原来的 3270 亿美元改为 8427 亿美元。

16.2 电子商务在中国的发展状况

中国电子商务始于 1997 年。如果说美国电子商务是“商务推动型”，那么中国电子商务则更多的是“技术拉动型”。在中国，电子商务概念先于电子商务应用与发展，“启蒙者”是 IBM 等 IT 厂商，网络和电子商务技术不断“拉动”企业的商务需求，进而引导中国电子商务的应用与发展。这是中国电子商务发展的一大特点，也是理解中国电子商务应用与发展的一把钥匙。

国内电子商务已经走过了风云变幻的3个阶段，其主角也经历了几番变化。

● 1997年～1998年，中国电子商务的主体是一些IT厂商和媒体，它们以各种方式进行电子商务的"启蒙教育"，激发和引导人们对电子商务的认识、兴趣和需求。

● 1999年～2000年，以网站为主要特征的电子商务服务商在风险资本的介入下成为中国电子商务最早的应用者。但随着资本市场泡沫的破灭，网站电子商务跌入低谷。

● 从2001年开始，企业特别是传统企业却开始大规模进入电子商务领域，企业电子商务成为中国电子商务新的主体。这一变化是深刻的，然而也引发了对中国电子商务形势的一些不正确看法。人们已经习惯以网站电子商务，特别是以一些"热点"网站电子商务作为了解和判断电子商务形势的重要甚至唯一的依据。因此，"热点"网站电子商务的衰落导致了不少媒体和专业人士做出了中国电子商务处于低谷、走向衰退或者干脆从此一蹶不振的判断，许多人因此对电子商务的发展前景产生极大的怀疑，对电子商务开始出现越来越多的负面、否定的意见。

事实上，与表面情形相反，中国电子商务正在向深度和广度发展，总体态势是健康的。电子商务的主体转变为企业，传统企业正在大规模进入电子商务领域，其特点是坚定、有效但不太吸引"注意力"。企业电子商务是今后观察和判断电子商务形势的"主角"。在一些大的方向，电子商务的进化则是可以预见的。电子商务将从模仿走向创新，将出现越来越多的在传统商务中没有的商务模式，网络广告的发展即是例证。电子商务的模式将日趋多元化，并在与传统商务融合的过程中日趋复合和复杂，所谓"B2B"和"B2C"等过于简化的模式分类很快将成为历史。电子商务模式创新将从业务流程创新到管理创新，再到组织创新，渐次展开，渐次深入，这是一个相互作用、激荡、混沌和自组织的进化过程。在电子与商务、电子商务与传统商务的关系上，先后经历了3个时期。一开始是"技术为本"甚至"技术独大"的时期，许多人笃信电子商务技术可以"点石成金"，无论是什么样的商务活动，只要用了电子商务技术，就实现了电子商务，就能提高效率和效益。这种做法的不成功是必然的，因此有了第2个时期——"鼠标加水泥"的阶段，开始重视电子与商务的结合，开始追求将电子商务与传统商务相结合，这是一个进步。但是，"鼠标加水泥"只是一种简单相加，所体现的还是比较简单、比较机械、比较初级的结合，所强调的还不是与电子商务技术有效融合的商务模式的创新，还没有达到电子与商务、电子商务与传统商务有效融合的阶段。现在，以"商务进化"为标志的第3个时期到来了。在"商务进化"时期，经过一系列的尝试、适应、选择和进化，电子商务技术与商务模式将有效融合，电子商务模式将有质的创新和变革，一个基于计算机网络技术的电子商务时代将由此到来。

海尔集团电子商务平台从2000年4月18日开始试行，海尔的B2B采购到当年9月为止就达到12亿元人民币的交易额，超过了新浪网、8848网，2000年9月还花大气力在全国举办了B2B商品定制会。海尔电子商务的特色由两个"加速"来概括，首先加速信息的增值，无论何时何地，只要用户点击www.ehaier.com，海尔可以在瞬间提供一个E+T>T 的惊喜，就是传统业务（T）加上电子技术手段（E）大于传统业务。其次是加速与全球用户的零距离，无论何时何地，www.ehaier.com都会提供在线设计平台，用户可以实现自我设计的梦想。海尔电子商务模式以通过电子商务手段更进一步增强海尔在家电领域的竞争优势，不靠提高服务费来取得赢利，而是以提高在B2B大量的交易额和B2B的个性化需求方面的创新。同时还注重优化供应链取代该公司的（部分）制造业务，变推动销售的模式为拉动销售的模式，提高新经济下的企业的核心竞争力。表现在如下两方面：一是B2B的电子商务，促使外部供应链取代自己的部分制造业务，仅给分供方的成本的降低就收益8～12%；二是B2C的电子商务，促进了企业与消费者的继续深化的交流，这种交流全方位提升了企业的品牌价值。

联想目前的电子商务系统采用B2B模式，在针对家庭客户的联想调频FM365网站中，也建立了B2C模式，即个体网络访问者，可通过FM365购物频道向联想定购自己想购买的商品，这可充分发挥在互联网时代的渠道优势。实现B2C模式，FM365购物频道有着独到的优势。FM365可以凭借联想已经建立的代理渠道实现网络购物者，本地购买，本地提货。很明显，基于联想的物理渠道，FM365购物频道在中国的B2C市场上应大有作为。

中国“十五”规划明确提出：中国要以信息化带动城市工业化，加快传统产业的提升和改造，实现生产力跨越式发展。“十五”计划预计在5年中投资5000亿美元，信息产业投资比例从现在的4.5%提高到7%，达到350亿美元。今后5年，中国信息产业将继续保持20%以上的高速增长。到2005年，中国的信息产业市场规模将比2000年翻一番，总产值占国内生产总值的比重将超过8%。2001年，中国旅游、票务、金融、房地产、职业介绍、网上教育、娱乐等网上服务业发展迅速，范围扩大。同年，有1065万中国人曾经在网络上购买了商品，占网民总数的31.6%，这个比例和发达国家网民中个人电子商务用户所占的比例已十分接近。经过上述的阐述，不难看出，电子商务在世界范围内尤其在中国，有着非常广泛的发展前景。

作为最基本的经济细胞，企业是所有商务模式的基石和承载者。一切新的商务模式的出现，也应当以满足企业的管理、营销、拓展等需求为终极目标。当电子商务网站如雨后春笋般生长的时候，一些业内人士认为，电子商务网站要实现盈利，需要从虚拟世界走向实物世界，与传统产业紧密结合。而传统产业对电子商务的掌握、运用以及普及的程度，将是衡量一个国家、地区信息化程度的重要指标。前一段时间电子商务板块之所以涨了又跌，就是因为大家操作的只是一个虚拟的概念，这个概念里没有一个实实在在的东西。

在中国现阶段，传统产业应该参与网络经济，给电子商务以实在而有力的支撑。电子商务的主体模式是Ｂ２Ｂ和Ｂ２Ｃ，但目前中国还没有足够的基础条件来确保这两种模式的成功运作。欧美一些发达国家不仅有信息平台，而且有现代的物流配送体系，有一个全社会公认的信用体系，有电子货币支付体系，有信息传递体系，有关于电子商务的初步立法。而中国信用体系、网上安全体系尚不够健全，物流配送体系不完善，有关电子商务的法律制度体系还没有形成。但电子商务作为一种革命性的现代商务模式，在中国有很大的发展空间。如今，越来越多的传统企业认为，以网络化、知识管理、全球化为主要特征的新经济已是不可逆转的趋势，电子商务化已成为企业发展的必由之路。美国通用电气公司就是一个很好的例子，自1999年把公司业务电子商务化后，预计2002年将增加收入50亿美元。

电子商务在中国几年来的实践表明，每个网民年均网上消费在 300 元左右。研究机构 IDC 预测，从 2002 年开始，中国电子商务市场将从起步阶段逐渐步入快速增长时期，预计到 2004 年，中国的电子商务市场总值约为 117 亿美元左右，占同期亚太市场 269 亿美元的 44%左右。

网站电子商务指主要通过网站进行，或以网站为主要载体，或以网站为突出特征的电子商务活动。网站电子商务所涉及网站包括两种类型，一类是专业电子商务网站，即网站的主业是电子商务，如卓越网等；另一类是从事电子商务但不以电子商务为主业的网站，如新浪等门户网站或网络媒体。

专业电子商务网站，在现阶段主要以网络零售业为主。在经历了 1998 年的喧嚣，1999 年的迷乱，2000 年的愁云惨淡，2001 年的沉寂，2002 年的波折，全球网络零售业已呈现出缓慢增长趋势，在中国亦是如此。据不完全统计，到 2002 年 10 月为止，国内参与网上购物的网民数量较上年同期增长了 8 个百分点。

在中国，随着国民经济水平的不断提高和信息化建设的逐渐深入，互联网知识得到广泛普及，网民数量逐年增长，据 CNNIC 最新统计结果显示，截至 2002 年底中国互联网用户总数已达到 5910 万户，对于网络零售商而言，这个数字无疑具有极大诱惑力。另据 CNNIC 第十一次国内互联网发展状况研究报告显示，中国 18～30 岁的青年占到互联网用户总数的 54%，高中以上学历的用户在互联网用户总数中的比重高达 88.5%。可以看出，具有独立支付能力且文化层次较高的互联网用户占有极大比重，这部分用户所具备的共同特征是：追求时尚，较容易接受新生事物，具有尝试性消费心理，而且更容易被别人说服。因此，他们往往能够较快地从潜在消费者转化为现实消费者，构成网上零售消费群体的主体部分。

据以上分析，可以看出，网络零售业内外优势兼有，其发展前景是好的。然而，受到种种客观因素制约及其自身条件所限，网络零售业至今还不是人们购物的主流方式。

16.3 电子商务发展的制约因素

电子商务尤其是网上购物的“先天不足”是消费者对其心存疑虑的主要原因。其一，安全问题。由于网上购物常常采用信用卡结算方式，人们输入的信用卡信息极有可能被不法分子盗取，构成了极大的隐患。其二，投递问题。许多有过网上购物经历的消费者常常抱怨，他们所定购的商品不能及时送达，即使送到了也已是“伤痕累累”。其三，缺乏触摸感。这是网络零售最大的劣势所在。由于只可眼观而不能手动，消费者往往无法得到商品更多的内在信息，例如一件衣服的质感、一台音响的效果等，这使得消费者很难对商品质量产生信赖感，传统商店在这方面却占尽优势。其四，信誉问题。网络零售的历史并不悠久，自 20 世纪 90 年代中期兴起以来，几经起伏，造成了一个鱼龙混杂的局面。据统计，有过网上购物经历的网民当中，有 12%以上的人没有收到过商品，相比之下，传统商店多有着良好信誉，更容易获得消费者的信赖。可见，眼下传统商业依然具有较大的优势，足以对抗网络零售业的威胁。

网上销售商在经营运作模式上的缺陷容易使其陷入危机。网络零售脱胎于传统商业，没有现成的管理经验和管理团队，创业者们只能运用从传统商业经营中学到的经验来操作网上业务。但实际情况是，适用于传统商业的管理方法不一定适用于网络零售。例如，亚马逊公司在全美几个大洲均设立了配送中心，此举可以从物流服务商手里捞回大笔资金，但同时也有大笔资金投入到商品的流通环节中去了，实际上并不能节省多少。

还有许多人对网络零售缺乏了解。目前国内虽然已有 5910 万网民，但还只占中国人口总数的 4.6%，上网购物的人就更少。而且，中国经济发展不平衡是不争的事实，在很多地区，人们不具备网上购物的客观条件。互联网基础设施的滞后、互联网应用普及率低将是电子商务发展的先天性障碍。尽管网络零售前景光明，但在很长一段时间内，它只能缓慢地发展，要真正掀起消费新潮流，取得大规模进展尚需时日。发展同传统产业相结合的经营模式也许是网络零售业发展地最佳途径。因为只有这样，传统产业同电子商务的优势才能产生互补，达到取长补短的效果。此外，网络零售可以考虑行业间合作，尝试移动支付、固话支付等新型支付方式，这对安全性能有所欠缺的信用卡支付无疑是一个很好的补充。

配送问题也不可忽视，第三方物流体系不完善。大多数配送公司实力弱、人员素质差、信用无保证。而国有物流配送时间缓慢，不能满足消费者需要，没有体现出电子商务的速度优势。另一方面如果依赖于著名的运输公司，成本费用又起到制约的作用。所以迫使电子商务公司特别是 B2C 电子商务公司建立自己的配送队伍，这就增加了电子商务公司的人员成本与资金投入。

政策法规制度还不够健全。本来电子商务网站的优势是可以不分时间地点的进行商业活动，可是目前国内的电子商务公司都遇到了相同的问题，即在异地进行销售的时候，当地工商部门会要求公司必须在当地建立分公司，否则不许进行销售。这使得电子商务公司在异地进行货到付款业务时必须建立分公司，购/租办公场所、雇佣人员、购买设备……而其实电子商务公司只需要在当地建立一个配送中心即可。这也使电子商务公司在很多城市的业务通过邮寄来完成，大大增加了消费者收到商品的配送时间。国内银行虽然已经涉足电子支付等电子商务的业务，但因为法律、市场、管理以及目前的信息系统等方面的约束，只是实现了局部的电子商务。在税收方面，以网上销售音像、图书的卓越网为例，音像产品需要交纳 17%的增值税，图书则需要交纳 13%的增值税。对于处在创业阶段的高新技术企业而言，负担似乎过重。

我们相信，随着中国进入 WTO，国外商家地进入，中国的电子商务将会得到更加快速稳步的发展。

（卓越网　乔　喆）

第 17 章　网上银行及其发展状况

17.1　网上银行及其在国外的发展概况

17.1.1　网上银行基本概念

网上银行是科技创新和金融创新相结合的产物，又称网络银行或电子银行，具体是指银行在互联网上建立站点，通过互联网向客户提供信息查询、对帐、网上支付、资金转账、信贷、投资理财等金融服务。更通俗地讲，网上银行就是银行在互联网上设立的虚拟银行柜台，传统的银行服务不再通过物理的银行分支机构来实现，而是借助技术手段在互联网上实现。

应该注意的是在互联网建立一个主页的银行只能定义为“银行上网”，而不是网上银行。网上银行必须具备在互联网上开展电子支付等金融业务的功能。美国最著名的网上银行评价网站 Gomez 认为，至少可以提供以下 5 种业务之一的银行才能被称为网上银行：网上支票账户、网上支票异地结算、网上货币数据传输、网上交互业务和网上个人信贷。

网上银行作为一种全新的银行服务手段或全新的企业组织形式，较传统银行而言，具有相当显著的经济特征，下面做一个简单比较。

1. 网上银行依托于迅猛发展的计算机和互联网技术，这是网上银行与传统银行的根本区别所在。虽然传统意义上的银行也利用计算机和网络技术，但一般都是封闭的，旨在改进银行内部业务管理的单机系统、局域网系统以及专用的广域网系统。网上银行以互联网为基础，使得网上银行能够以一种便捷的方式接近其潜在用户。

互联网的开放性决定了网上银行能够突破传统银行和银行客户之间的时空限制，以客户为中心，为其提供“AAA”式服务。即在任何时候（Anytime）、任何地方（Anywhere）、以任何方式（Anyhow）为客户提供全功能、个性化的服务。与传统银行不同，网上银行的销售渠道为互联网，不再需要在各地方设置物理分支机构来扩展业务，摒弃了传统银行由店堂前台开始的服务流程。

2. 传统银行服务的差异主要体现在实力上，如资金和服务质量等。网上银行服务的差异主要体现在营销观念和营销方法上，以及为客户提供各种理财咨询技能上。网上银行的整体实力将主要体现在前台业务受理和后台数据处理的集成化能力上。

3. 网上银行服务对客户需求的满足，将大大超过单纯提供传统金融服务商业银行对客户需求的满足。一般来讲，银行客户主要需要 5 类金融服务产品——交易、信贷、投资、保险和财务计划。传统银行通常只能满足以上一到两项服务，而完善的网上银行有能力向客户同时提供上述 5 种服务。

就业务范围看，传统银行业务的范围比较清晰，而网上银行的业务范围正处于高速扩张之中，因而具有模糊不清的特点。目前，大量的非金融机构介入到网上银行业务中。这些非金融机构的介入，使网上银行业务不断扩展。例如，世界上最大软件公司——微软公司积极开发网上银行业务软件和相关标准规格，希望借此分享网上银行业务一部分市场份额。

4. 传统商业银行发展的动力主要来自于利差，这种单一的盈利结构随着网上银行的出现发生根本改变，网上银行为商业银行通过信息服务拓展盈利渠道提供了机会。在网上银行时代，商业银行的信息既为客户带来了盈利的重要资源，同时也成为商业银行自身盈利的重要资源。

对传统银行而言，获得收益的基本途径在于不断追加投入，多设网点，从而获得规模经济效益。网上银行改变了这一基本的规模扩张模式，主要是通过对技术的重复使用和对技术的不断创新带来高效益。传统商业银行流程操作下，每天都要产生大量的付款单，网上银行则用电子数据流取代了纸质发票，降低了经营成本，提高了效率。

5. 信息技术使货币的形式发生了本质的变化。传统的货币形式以现金和支票为主，而网上银行流通的货币以电子货币为主。电子货币不仅能够给商业银行节约使用现金的业务成本，而且可以减少资金的滞留和沉淀，加速社会资金的周转，提高资本运营的效益。同时，基于网络运行的电子货币还可以给政府税收部门和统计部门提供准确的金融信息。

6. 网上银行的诞生使商业银行的经营理念进一步从以金融产品为中心变为以客户为中心。传统的经营观念注重地理位置、资产数量、分行和营业网点的数量，而网上银行的经营理念在于如何获取信息并最好地利用这些信息为客户提供多角度、全方位的金融服务，有利于体现“以人为本”的金融服务宗旨。

相应的，网上银行使商业银行的人力资源管理策略和技能培训发生了改变。商业银行人才培养的方向在于单纯业务技能培训，网上银行则需要综合商业服务理念和全面服务素质的培训。网上银行的发展需要大量的复合型人才，他们既要熟悉银行业务的各种规范和作业流程，又能够熟练掌握和应用信息技术。

17.1.2　国外网上银行发展概况

网上银行 20 世纪 90 年代中期首先出现在美国，一般把 1995 年 10 月美国安全第一网上银行（Security First Network Bank，SFNB）的成立认为是这一全新银行模式诞生的标志。据有关资料统计，自 1995 年以来，全球共有 4000 多家银行在互联网上设立了站点，600 多家金融服务企业提供在线交易服务。全球最大的 100 家银行中有 90%建立了网上银行。从网上银行发展的角度看，北美（美国和加拿大）和欧洲发展最为迅速，其网上银行的数量之和占全球总数的 90%以上，其次是亚太地区。

国外网上银行的发展体现出两条主线，一是传统商业银行纷纷投资建设网上银行，如花旗（CITI）、汇丰（HSBC）、荷兰银行（ING）均耗巨资开通自己的网上银行体系，二是新兴的纯粹网上银行获得成功，如美国第一安全银行已成为金融市场上的有力竞争者。总部设在纽伦堡的德国银行 Entrium Direct Bankers 主要依靠电话和网络为客户提供服务。截止 2001 年底该行只有 570 名员工，仅在卢森堡和奥地利有两家分支机构，却拥有超过 80 万的客户，收入达 3.2 亿美元，成为德国乃至整个欧洲最大的商业银行之一。

17.2 国内网上银行发展现状

中国网上银行的发展始于 20 世纪 90 年代中后期。中国银行 1996 年 10 月在互联网上建立了自己的网站，是中国第一家"上网银行"。在上网初期，中国银行网页主要是用于发布各种业务信息，如年报、外汇牌价、信贷政策等。

招商银行也是国内最早推出网上银行业务的商业银行之一。1997 年 2 月，招商银行在互联网上推出了自己的主页和网上银行业务。招商银行网上银行业务总称"一网通"，提供"企业银行"、"个人银行"、"网上支付"、"网上商城"和"网上证券"等 5 项服务，并率先推出了手机银行服务。

1998 年以后，中国各大国有商业银行和部分股份制商业银行开始积极规划网上银行的发展，并陆续开始建立网站、开展网上银行业务。2002 年，各大国有银行和大部分股份制商业银行都在互联网上建立了自己的网站，网上银行业务呈现出快速发展的态势。目前，中国尚未出现专门从事网上银行业务的"虚拟银行"。

2002 年，中国网上银行业务呈现出快速发展的态势。

1．设立网站与开展交易性网上银行业务的银行数量不断增加。国有商业银行和大部分股份制商业银行都已开展了网上银行业务。中国工商银行、中国农业银行、中国银行、中国建设银行、交通银行、招商银行、中国民生银行等均已推出可为客户提供较完备的金融服务功能的网上银行以及与网上银行密切相关的电话银行和手机银行。如中国工商银行，不仅提供网上银行服务，年点击数高达 3000 万次以上，同时还提供 95588 电话银行和手机银行服务。在国内最早推出网上银行之一的招商银行，推出的"一网通"网上银行服务，提供了"企业银行"、"个人银行"、"网上支付"、"网上商城"和"网上证券"等功能，也取得了很好的成绩。

2．外资银行开始进入网上银行领域。2002 年，获准在中国内地开办网上银行业务的外资银行包括汇丰银行、东亚银行、渣打银行、恒生银行等。另外，还有几家外资银行的申请正在审查之中。

3．网上银行业务量迅速增加。2000 年底，中资商业银行办理网上银行业务的客户超过 41 万户，交易金额 6500 亿元。到 2002 年 6 月，中资商业银行办理网上银行业务的客户为 150 万户，交易金额 3.5 万亿人民币，业务覆盖全国主要大中城市。仅以中国工商银行为例，2002 年末网上银行拥有 2.9 万名企业客户和 250 万名个人客户，交易金额高达 5.4 万亿元，开通城市多达 312 个。如果包括电话银行在内，其注册客户数高达 630 万，交易金额高达 8.77 万亿元，累计交易金额高达 12.4 万亿元人民币。

4．网上银行业务种类、服务品种迅速增多。2000 年以前，银行网上服务单一，一些银行仅提供信息类服务，作为银行的一个宣传窗口。2002 年，交易类业务已成为网上银行服务的主要内容，提供的服务包括存贷款利率查询、外汇牌价查询、投资理财咨询、账户查询，账户资料更新、挂失、转账、汇款、银证转账、网上支付(B2B、B2C)、代客外汇买卖等，部分银行已开始在网上提供小额质押贷款、住房按揭贷款等授信业务。同时，各商业银行日益重视业务经营中的品牌战略，出现了名牌网站、名牌产品。

5. 中资银行网上银行服务开始赢得国际声誉。2002 年 9 月，中国工商银行网站被英国《银行家》杂志评为 2002 年度全球最佳银行网站，美国《环球金融》杂志首次在全球评选“最佳电子银行”，也授予了中国工商银行为 2002 年“中国最佳企业网上银行”。

17.3 网上银行业务制度与安全管理

17.3.1 网上银行业务制度

针对中国网上银行发展存在着的诸多问题，人民银行做了大量的工作，积极为各商业银行的网上银行业务发展创造条件，具体包括以下几方面。

1. 自 1999 年起，人民银行开始受理中资银行网上银行业务申请，同时展开调研，着手制定相关办法。2001 年 6 月，人民银行出台了《网上银行业务管理暂行办法》，为使该《办法》更具操作性，2002 年 4 月，进一步发布了《关于落实〈网上银行业务管理暂行办法〉有关规定的通知》。

2. 为了确保网上银行的数据安全，人民银行积极完善网上银行服务的信息安全基础设施建设。1998 年，人民银行联合 12 家国内商业银行开始筹建中国金融认证中心（英文简称 CFCA），并于 2000 年 6 月开始投入运行。

作为一个国家级权威金融认证机构，中国金融认证中心通过发放数字证书为网上交易的各方提供信息安全基础，确保交易信息的真实性、完整性和不可否认性。金融认证中心提供用于支付和非支付的各类证书，包括企业(个人)高级证书、企业(个人)普通证书、Web 站点证书、STK 手机证书、VPN 设备证书等。

3. 为了进一步推动网上银行业务的发展、协调解决网上银行业务发展中出现的问题，人民银行进一步明确责任并细化了分工，于 2001 年 11 月成立了由主管副行长任组长的“网上银行工作组”。

4. 为了保障网上银行业务的安全，人民银行积极研究网上银行技术流程，分析信息系统安全隐患，制定了一系列相关的规定，为网上银行技术基础的安全提供指导。

具体制定的规范和制度有：2001 年，制定了《银行计算机信息系统安全技术规范》；2002 年 2 月，印发了《银行计算机机房及柜面设备安全防护暂行规定》；2002 年 8 月，印发了《中国人民银行关于加强银行数据集中安全工作的指导意见》；2002 年 9 月，印发了《银行计算机安全事件报告管理制度》；还有其他一些相关安全管理规范和制度在制定流程中。

17.3.2 金融 CA 的发展与建设

中国金融认证中心（CFCA）是金融行业统一的认证机构，提供的证书服务具有明显的“金融特色”。证书申请者除必须具备合法的身份外，还必须通过金融机构审批，具备合格的金融资信和支付能力，有效地规避了交易中可能发生的支付风险。中国金融认证中心的建立，是中国银行业携手合作的又一硕果，标志着中国电子商务步入了安全支付的新阶段。这种金融行业联合共建的形式还得到了国际社会的重视，联合国贸易开发大会 2001 年电子商务和发展的报告中专门对此事进行了陈述，周边地区和国家正在效仿建立其各自的统一金融认证机构。

2002 年是中国金融认证中心证书应用增长迅速。在证书的发放数量、应用领域及证书服务等方面都取得了显著的成绩。

1．证书发放量快速增长，截止到 2002 年 12 月底，证书累计发放量突破 10 万张，其中高级证书占 71%。

2．证书在网上银行中得到广泛应用，外资银行寻求与 CFCA 合作。2002 年，随着上海浦东发展银行的正式加入，中国金融认证中心的成员已经扩大到 15 个，并已在 12 家建立了证书申请审批机构。一些合资银行、外资银行也表示希望同金融认证中心进行合作，台商合资的华一银行于 2002 年 7 月与金融认证正式签约，已经完成了证书申请审批机构的建设。

网上银行是金融认证中心证书的主要应用领域，尤其是在对公业务方面，能满足企业交易额安全性较高的要求。2002 年上半年，通过中国金融认证中心证书进行的网上银行交易量近万亿元。

3．证书跨行通用工作已经展开，2003 年二季度将全面开通。作为银行业联合共建的国家级权威认证机构，中国金融认证中心始终将实现证书跨行通用视为自己的一项基本任务。2002 年，证书跨行通用工作有了实质性突破，完成了证书跨行认证(跨行工作的第一阶段)规范的起草，制定了详细可行的技术方案，计划于 2003 年一季度完成试点工作，并从二季度开始在商业银行中全面推广。

这项工作的实施，使客户只要拥有一张证书就可以登录多家银行的网上银行系统，不仅会给客户带来方便，也为今后网上银行的跨行支付奠定了基础，并有助于提升中国银行业的整体竞争实力，体现金融行业统一认证的优势。

4．积极拓展证书在其他领域中的应用。除网上银行外，证券行业也一直是金融认证中心证书应用的重要领域。2002 年，又有 3 家券商——国都证券、兴业证券和中信证券同金融认证中心签约。至此，国内已有 16 家证券公司与金融认证中心签约，其中 15 家已建立了证书申请审批系统。部分券商已经开始在证券交易中使用证书，预示着证书在证券行业的巨大应用前景。

中国金融认证中心还积极寻求证书在各个领域中的应用：探索证书在电子政务方面的应用，同大连地税局合作通过证书进行网上税务申报；同中央国债登记中心合作，在其开发的代理业务合同电子化签订系统中应用证书；在一些大型的企业集团内部通过证书来实现重要文件或资料的传输等。

5．证书系统全面升级，服务支持更加完善。2002 年初，金融认证中心完成对证书核心系统的全面升级。有步骤地对证书的硬件配置和通信线路进行了扩容，满足了网上银行业务发展的需要，使证书服务的支持能力成倍提升。

在证书服务方面，建立了以服务热线(83526655-666)为主的三级服务支持系统。2002 年 9 月又正式开通了 CALL CENTER—83525511，使服务支持更加及时和全面。2002 年，中国金融认证中心网站的平均日点击率达到 1 万余次，已成为日常服务支持的一个重要组成部分。

6. 中国金融认证中心证书系统通过国家权威机构测评认证。中国金融认证中心是在保证核心加密模块国产化的前提下，通过国际招标引进了加拿大Entrust公司的技术，建立了具有世界先进水平的PKI系统。这套系统采用符合国际标准的双密钥管理机制，能够自动查询证书列表，并对证书进行自动管理。同时金融认证中心还建立了具有国际水准的认证大楼；机房采用双指纹多层门禁系统；安全区内墙六面全部用钢板焊接，屏蔽效果良好，具有防物理侵入、防电子泄露等高安全性能；电源系统采用备份发电机和UPS系统以保证可靠优质的供电等。

2000年12月，国家信息安全测评认证中心对金融认证中心的认证系统全面测试。整个测试工作历经1年零7个月，测试内容包括PKI系统的安全、功能以及认证中心的物理环境和管理等多个方面。经过全面、认真、细致的测试，测评认证中心认为金融认证中心的证书认证系统已达到了国家信息安全产品的各项标准，并于2002年8月正式向中国金融认证中心颁发证书。

国家信息安全测评中心的测评，是金融认证中心在建设过程中具有里程碑意义的一步，为今后提供更好的证书服务，确保网上交易安全打下了一个良好的基础。

2003年，中国金融认证中心将加快国产化步伐。中国金融认证中心继续推进证书的跨行通用，在实现证书跨行认证的基础上推进网上银行的跨行账户查询功能的实现；进一步提高系统性能，加强服务支持，完善证书功能和服务，稳步推进中国网上银行的发展。

（中国人民银行科技司　杜　宁）

第18章　网上证券及其发展状况

18.1　网上证券交易发展进程

18.1.1　证券委托交易业务

随着信息通信技术的日益发达，证券委托交易出现了网上委托交易、电话委托交易、远程可视委托交易、手机短信委托交易、手机WAP委托交易以及证券营业部内部委托交易（包括柜台、刷卡和热自助等所有委托方式）等委托交易方式。

网上证券委托交易是指证券公司通过互联网，向在本机构开户的投资者提供用于下达证券交易指令、获取成交结果的一种服务方式，或者说是投资者通过互联网在网上证券交易系统上开设专门的证券交易帐户，通过专门的交易软件将交易指令下达给指定券商，并通过互联网查询成交、资金等情况的电子交易方式，简称网上证券交易。

网上证券业务有狭义和广义之分，广义的证券交易除网上委托交易业务外还包括投资者利用互联网网络资源，包括公用互联网、局域网、专网、无线互联网等各种手段进行其他与证券交易相关的活动。这些活动包括获取证券交易实时行情、证券相关市场资讯、投资咨询等一系列服务。本报告主要研究和介绍中国网上证券委托交易发展状况及相关问题。

18.1.2　国外网上交易发展概况

网上证券交易的发展是近年来全球证券经纪业务发展的一大趋势。早在1999年，全世界网上经纪人就已经达到530万个。这类网上经纪人帮助促成的证券交易占全球证券总交易额的约25%。根据美国国际证券业信息中心2000年调查结果显示，当时工业化国家至少已有500家证券机构推出了网上证券交易，入网交易的股民达2000万户，账面资金达5000亿美元。

美国　美国的网上交易始于20世纪90年代初，是世界上最早推出网上证券交易业务的国家，截止目前全美已有100多家网上券商，估计到2002年底，美国网上证券交易账户至少增加到1500万个，网上账户资产将达到5000亿美元。从券商来看，网上交易最成功的首推美国嘉信证券。嘉信成立于20世纪70年代，比美国证券巨无霸美林证券晚出世半个多世纪，该公司成立之初以向客户提供低廉的交易费用为业务突破口。1995

年开始推出网上交易，起初的市场目标是5万个客户，但是在不到一年的时间里，在嘉信进行网上交易的客户就已达100万户。目前公司客户量更是超过400万户，客户总资产达1443亿美元，网上交易量已占全美网上证券交易量的30%以上。公司的市值已膨胀为美林证券的3倍，网上交易的威力由此可见一斑。面对网上交易的冲击，1998年还在抨击网上交易将对“美国人的财经活动构成严重威胁”的美林证券也不得不宣布从1999年底开始为客户推出“无限利益”的网上交易服务。

韩国 1997年5月，韩国几家国内券商开始利用互联网开展网上证券交易。但网上交易真正大幅度的增长发生在1999年4月以后，曾一度观望中小型证券公司下调网上交易手续费政策的大型证券公司如大信、大宇和三星等证券公司，在1999年5月和1999年8月先后两次大幅下调网上交易手续费，降幅分别达到50%和80%，使全国市场网上交易手续费平均下调至0.13%左右，相当于现场交易手续费1/4的水平，韩国的网上交易市场从而得到迅猛发展。1999年12月，韩国网上证券帐户数为188.72万户，占委托者活动帐户数的比例为24.9%。同时，网上证券交易的开户数也保持持续增长态势。到2001年9月最高达到69.30%，2002年3月，韩国网上证券帐户数为496.3万户，占委托者活动帐户数的比例仍在55%，2002年9月达到了63%以上。大信证券的网上交易比例保持在85%左右，大宇与三星也都保持在65%左右，说明网上交易发展的空间还很大。这个比例在世界上也是最高的。2001年，由于全球性经济不景气，特别是受9.11恐怖事件的影响，股票市场全面下跌，而韩国网上证券交易、期货交易，特别是网上期货、期权交易却出现创纪录的大幅度增长，年增长率几乎都达到了200%～300%，倍受个人投资者欢迎的程度几乎是史无前例的。这一点，无疑给了中国券商一个最好的启示。

日本 日本证券业协会的数字显示，2002年4月1日至9月底（日本2002财年上半年）日本个人通过互联网买卖股票的金额为14.6万亿日元，占个人买卖股票总金额的52%，第一次突破50%大关，同时也比上个半年度（2001年10月—2002年3月底）增长了17%。据悉，网上交易手续费低等因素是吸引日本个人投资者大量上网买卖股票的重要原因。

中国台湾 自1997年初出现第一家网上证券公司以来，现在已有宝来、大信等10多家证券公司开展网上交易。证券交易的网络化正成为世界潮流。

18.1.3 中国网上交易发展概况

中国网上交易的起步并不算太晚。与美国网上交易发展历程相似的是，积极推动这一新兴交易方式的机构是国内IT技术厂商和中小型券商的营业部。他们介入的动机不尽相同，IT技术厂商们在E-Trade的示范效应下，试图以技术参与网上证券经纪业务，在证券经纪业务这一具有巨大潜力的市场中占据一席之地。而中小型券商的营业部推出网上交易则是将其视为增强竞争力的有效手段之一，因为在各地大规模铺设现场交易营业部需巨大的投资，因此通过拓展网上交易，中小型券商可克服网点少、知名度小的不足，因而在争取客户方面可与大型券商进行有效竞争。因此，中国网上交易的最大特点实际上是由中小型券商的营业部推动并引导。

中国最早开展网上交易的是中国华融信托投资公司湛江营业部，该营业部于1997年3月推出视聆通多媒体公众信息网网上交易系统。到1999年底，深圳已有30多家证券营业部开通了网上交易。2000 年，随着中国证监会《网上证券委托管理暂行办法》的出台，国内证券公司进军网上交易的步伐空前加快。到 2001 年 6 月，中国有 40 多家证券公司、200 多家证券经营机构开展了网上委托业务。到 2003 年 2 月，国内 124 家券商中累计已先后有 6 批 89 家证券公司获得中国证监会的批准，取得网上证券委托业务资格，占从事证券交易业务的证券公司总数的 72%。

据中国证监会公布的数据显示，2000 年底网上证券交易开户达到 177.6 万户，网上交易额达到 1780 亿元。2001 年底，网上交易开户数 332 万户，网上交易量 3578 亿元，占沪深总交易量 81715 亿元的 4.38%。到 2002 年底，尽管沪深总交易量比上年急剧萎缩 29%，但网上交易开户数仍增长到 508.10 万户，占沪、深交易所开户总数一半（3442 万户）的 14.78%，网上交易量达到 5230 亿元，占沪深总交易量 58191 亿元的 8.99%，网上交易开户数和网上交易量分别比上年增长 53%和 46.17%，见表 18.1。

表 18.1　　2001 年～2002 年中国网上证券交易概况

2001 年					2002 年度					
时间	网上交易量(亿元)	沪深总交易量(亿元)	网上交易量占比(%)	网上交易开户数(万户)	时间	网上交易量(亿元)	沪深总交易量(亿元)	网上交易量占比(%)	网上交易开户数(万户)	增长(万户)
2001 年合计	3578	81715	4.38	332	2002 年合计	5230	58191	8.99	508.10	176.1
1～3 月	718.7	16414	3.41	233.2	1～3 月	1097	16641.94	6.59	408.8	76.8
4 月	419	11680	3.59	240	4 月	462.55	6222.74	7.43	414.83	6.03
5 月	318	8904	3.57	256	5 月	367.6	3847.44	9.56	447.2	32.37
6 月	456.19	9834	4.63	271	6 月	750.00	8595.28	8.73	451.2	4
7 月	266	6675	3.98	289	7 月	702.00	6449.66	10.88	471	20
8 月	295	5336	5.53	301	8 月	431.21	3891.80	11.08	477	6
9 月	209	3973	5.26	310	9 月	278.86	2923.98	9.54	477.2	0.2
10 月	246	4287.8	5.74	319	10 月	272.3	2363.82	11.52	507.6	30.4
11 月	278	4498.68	6.17	329	11 月	440.87	3816.00	11.55	507.8	0.2
12 月	288	4369.4	6.59	332	12 月	428.06	3561.30	12.02	508.10	0.3

注：“沪深总交易量”是指沪、深证券交易所年度股票 A、B 股、基金总交易量（双边计算）。

18.1.4　网上证券交易成功发展的基本经验

综观中国网上证券交易发展的历程，之所以能够得到快速稳步发展，首先是金融创新和证券市场激烈竞争的必然结果。随着互联网业务的发展及其与证券经纪业务的有机融合，网上证券交易以其独特的优势，突破了时空、地域的限制，更好地满足了投资者和券商双方的需求，在市场上具有较强的竞争力。一些证券公司的管理层敏锐地捕捉到这一市场信号，积极瞄准这一潜在市场，明确提出将网上证券交易作为公司拓展经纪业务、强化企业竞争力以及扩大市场份额的突破口。尤其是发展时间不长的一些中小券商，充分意识到网上证券交易业务的开展是公司突破地域范围限制，提升辐射力的有效手段之一，并为在将来佣金下调的大背景下提高赢利水平打下基础。

第二，先进的信息网络技术保障，保证了网上交易的安全性、可靠性和有效性。网上证券交易是利用互联网技术和相关的IT技术实现证券行情、证券委托和相关的证券咨询等功能，因此，其安全性成为网上证券业务能否顺利发展的关键因素之一。如果证券交易网站信息网络技术措施不到位，会出现证券交易堵单、掉线以及证券交易行情不稳定的情况，并导致投资者怀疑网上证券交易的安全性和有效性。针对这些情况，券商非常重视网上证券交易的安全性、可靠性和有效性问题，并加强了证券交易系统的建设和技术攻关。现在已经有华泰证券等一批证券网首批通过了国家级网络安全认证。同时，一些证券公司积极与银行、电信及数据服务商进行全方位的战略合作，推动网上证券交易的稳步发展。先进的信息网络技术将始终是网上证券交易发展的有效保障。

第三，强有力的咨讯服务支持，及时为投资者提供丰富的个性化的网上证券交易资讯服务。网上证券交易不仅仅是一种证券交易的方式和手段，更重要的是它能为投资者提供及时、丰富的证券资讯服务和信息支持，并满足投资者个性化服务的需要。通过证券网，可以及时为客户提供丰富的市场、证券财经信息；多层次、多角度的宏观、行业、上市公司及市场分析报告；有关上市公司、证券市场法规资料；还包括强大的信息检索功能、"个股点评"栏目等。有的证券网还推出了以重要客户为服务对象，通过电子邮件的形式向客户发送包括宏观、行业、公司研究、每日股评、新股投资分析等邮件特色服务，向相关客户提供全方位、及时、精辟的投资信息分析报告。

18.1.5 网上证券交易模式

虽然网上交易从产生到现在只有不到十年的时间，但从世界范围看，目前已基本形成两种交易模式。一种是以美国为代表的网上折扣证券公司模式；一种是以日本为代表的固定手续费制度下的网上交易模式。

美国模式的主要特征是自由佣金制，具体又可以划分为3种比较典型的交易模式。

第一种是嘉信理财（Charles Schwab）模式。该模式同时为投资者提供网上交易、电话交易及柜台交易等多种交易手段，投资者可自己选择所需要的服务形式。采取这种模式的主要是已有一定经济基础的折扣券商。

第二种是E-Trade模式，为纯粹的网上经纪商。这种模式下，经纪商并无有形的营业网点存在，完全通过互联网的方式为投资者提供服务，通常是由IT背景的技术企业进入证券经纪市场发展起来的。

第三种是美林模式。通常是传统的老牌大券商，他们因不愿自食已有的业务来发展网上交易而陷入极为被动的境地，在客户大量流失之后才宣布全面进入网上交易。由于大券商网点众多、客户基础良好、又能提供全方位的服务，因此，一旦他们全面进军网上交易业务，将对新兴的网上经纪商带来重大的冲击。

中国券商网上证券交易试点的发展过程中，也逐步形成了下列几种比较典型的模式。

第一种模式是证券公司依靠自己的力量，开设独立交易网站。如华泰证券网、华夏证券网、国泰君安证券网、招商证券的牛网、青海证券的数码证券网、中信金融网、光大证券网等等。这些交易网站成立的时间较短，往往是隶属于证券公司的一个服务部门（或中心）。在这种模式中，虽然证券公司在建设网站和交易系统时可能并不是完全依靠自己的技术力量，但其交易平台和品牌都为证券公司所拥有，并且能够在全公司范围内统筹规划、统一交易平台和品牌，避免日后重新整合的成本。因此，目前在政策已经明朗的情况下，证券公司要全面进入网上交易，这种模式往往是首选。采用这种模式，券商网上交易的成本投入可能会比较大，大概分为两部分，一是网上交易初期成本投入，包括购买设备、相关系统的购买与开发等；二是日常的维护成本，包括通信费、系统维护人员投入等。由于公司网站投入很难以量化分摊到网上交易成本中来，所以在这里没有计算在内。投入由于不同规模、不同定位的券商在网上交易成本投入的差异非常大，不能一概而论，投入大的可能超过1000万元，而投入小的可能只需要100万元，用平均水平来估计券商网上交易的投入成本，初期成本投入为300万～500万元，每年的日常维护成本为约50～80万元。

采用这一模式，在国内已经获得了相当的成功。青海证券网是证券网上交易界的一匹黑马，以善于创新闻名，网站设计风格前卫，网上交易系统在业内有很大影响力。国泰君安证券网是公认的行情系统做得很好的券商网站，也是中国较早进行网上交易的网站之一，其投资理财栏目深受投资者喜爱。该网站还开通短信“交易提醒服务”，为客户提供更加周到的服务。中信金融网是金融服务集团的综合网站，是在网上金融服务进行整合的基础上推出的，中信金融网通过中信集团内银行、证券、保险、基金、信托等网上金融业务整合起来，发挥聚合效应和交叉服务的特长，通过中信金融网平台形成一个金融超市，为客户提供一站式的高品质服务。华夏证券网一开始就突破了前三代证券网站的局限，将自己定位在提供个性经纪服务的4G（第四代）网站。一个最突出的特点是，华夏证券网提供的在线委托交易、信息服务的方式几乎完全是个性化的，投资者可以依据个人的喜好设定交易和服务模式，从而使网上证券交易服务超越传统交易服务模式，在这里得到最根本的体现，网上经纪人模式的引入、主题邮件列表和手机短信息SMS的开通、CSC108俱乐部的成立、Web委托交易模式和华夏稳赢专业软件交易模式的互补，为华夏证券网个性经纪服务奠定了坚实的基础。光大证券网最大特点是有深圳主站点、北京、上海、重庆4个镜像站点，用户可以选择离他最近的站点，以提高访问的速度。光大证券十分重视信息时代IT技术与证券业的结合，建立了全公司联网的营业网点交易系统、实时风险监控系统、网上证券交易系统和中央财务数据库管理系统。光大证券还为广大投资者提供了新型证券交易解决方案和全面的综合理财咨询服务。不过，这需要较大的资金投入和较长的周期，日常维护网站运行的成本也较高。

第二种模式是由证券公司与财经网站合作。非券商财经网站是公认的中国网上证券交易的先驱，包括1997年推出的和讯网、证券之星以及后来推出的STOCK2000、赢时通和全景网络等著名的财经网站，如国泰君安与财经网站金网一百合作。早期的证券网站收入主要来源于为券商提供网上交易技术支持的收益、网络广告以及与电信运营商分成的互联网接入收入等。

这种交易模式的特点在于，交易直接在浏览器进行，客户无须下载和安装行情分析软件或安全系统。这是一种真正意义上的网上在线交易，对用户而言更加便捷。当然，从安全的角度出发，这种方式对技术的要求更高。同样，证券公司必须依赖于财经网站的技术力量和交易平台。在这种模式中，客户的交易指令是通过财经网站再转发到达证券营业部的服务器的。

第三种模式是由证券公司与 IT 技术厂商合作。如陕西国投和赢时通合资组建具有独立法人资格的证券交易网站（陕西网都），港澳信托（上海证券营业部）与证券之星合作，闽发证券（上海、深圳营业部）与技术厂商盛润公司合作等等。这种模式是目前相当一部分券商所采用的模式，具有投入少、运行成本低、周期短的优势。在这种模式下，网上交易软件由 IT 技术厂商开发，客户只有通过该网上交易软件才能登录证券公司营业部的服务器进行证券交易。客户可直接从网上下载或从证券公司处获得该交易软件，交易指令则是从客户的电脑通过互联网直接访问营业部的服务器。

采取这种模式的主要特点是：由于一些证券公司在网络技术方面往往不是优势，因此通常借助 IT 技术厂商的技术和信息的力量，迅速进入网上交易。采用这种模式的往往是较早尝试网上交易的券商营业部。

从上述 3 种经营模式看，第一种模式由于交易平台和品牌都为证券公司所拥有，因此，可较好地锁定并扩大投资者和专门人士。但这种模式因投资巨大、日常运行成本也较高，在客户尚未达到规模效益的情况下，很难实现赢利，需要一个较长时间的发展周期。后两种模式成本低，证券公司比较容易较快实现赢利。不过，由于后两种模式是建立在他人的物质技术基础、品牌和交易平台上，一旦券商准入制度放松，客户很容易流失。中国证监会 2000 年颁布的《证券委托暂行管理办法》规定只有获得网上证券业务许可的证券公司才有资格从事网上证券委托交易业务，未经中国证监会批准，任何机构不得开展网上委托业务。并且明确规定禁止券商以支付或变相支付手续费的方式与提供技术或信息服务的非证券公司合作开展网上委托业务。所以，事实上，证券公司与财经网站合作以及与 IT 技术厂商合作进行网上交易的模式现在已经受到限制。

目前，还有一种网上交易的模式，虽然尚未成型，但有很多证券公司正在酝酿之中，这就是**券商网站联盟**。竞争的压力促使证券公司纷纷投巨资兴建自己的网站，开发网上交易软件和建立交易平台，提供证券资讯。但财经网站连同证券公司网站所提供的财经信息大同小异，存在重复建设，浪费人力、物力资源的问题。如果建立券商网站联盟，证券公司可从网站重复建设的激烈竞争中解脱出来，以便致力于更高层次的金融工具和服务的创新。不过，目前迫于竞争压力，虽然一方面证券公司都在呼唤建立网站联盟，降低券商的成本和避免社会资源浪费，但另一方面又大力建设自己的网站，谁也不敢有丝毫的懈怠。

18.2 网上证券交易的优势

网上证券交易具有多方面的优越性，**首先，网上证券交易的最大优势是可以大幅度降低经营成本**。目前美国投资者通过传统方式交易股票的成本约为每股 1～2 美分，而网上股票交易的成本仅为每股 0.15 美分，节省交易成本 60%以上。而韩国的网上证券交易成本比传统证券交易模式的交易成本节省 75%以上。低廉的佣金费用以及方便、快捷、安全的交易通道是网上交易开展的保证。这对投资者来说有着极强的诱惑力。

第二，网上证券交易可以有效地巩固个人投资者的地位。网上交易系统的发展使得个人投资者通过便捷的渠道获得投资信息，从而降低取得证券交易市场信息的成本。这一方面增强了个人投资者的优势，另一方面也弱化了证券公司中介职能。目前，机构投资者与个人投资者之间的信息鸿沟已大大缩小。

第三，网上证券交易可以在证券交易行业引入激烈的竞争机制。它们纷纷采取技术和管理措施，开发、建设便捷、高效的网络化证券交易设施，并大力研究、开发和提供大量准确的金融市场特别是证券市场的信息以便吸引客户。从而使得各证券营业部竞相提供更加优质的服务。

第四，可以促进日益发达的信息网络化技术在网上证券交易领域的普及应用。网上交易使得投资者和专业人士能够同时通过便利的互联网获得证券公司、上市公司重要的财务数据和高质量的研究报告，网上券商的高质量服务也能使投资者根据获得的信息做出快速的反应，通过比较证券公司服务质量和特点选择交易中介。如下单保证金的再利用、资本收益的不纳税政策等共同构成了各国网上证券交易高速发展的背景及原因。

从中国采用网上交易的证券公司结构来看，中小券商由于机构不大，证券交易网点不多，在租地设点方面它们已经难于同传统的大券商进行市场争夺和抗衡，但它们却凭借网上交易业务迅速提升自己的市场份额和行业排名，并取得了显著成效。如全国较早开展网上证券交易的华泰证券，在网上证券交易这块无形的领地上攻城略地，连续几年取得了全国网上交易名列前茅的佳绩。1999 年，华泰证券网上交易量仅占其交易总量的 5%，到 2002 年底，华泰证券网上交易已经占到公司总交易量的 30%左右，占全国网上交易总量的 6%左右。

1999 年，华夏证券网上交易量仅占其交易总量的 5%，到 2002 年底，华夏证券网上交易已经占到公司总交易量的 11%左右，占全国网上交易总量的 6%左右。又如青海证券，凭借网上交易和佣金折扣的组合，也在短期内迅速崛起，令人刮目相看。

相比中小券商，大券商由于经纪业务规模大，很大程度上是依靠其遍布全国各地、数目众多的传统营业部，在目前的认识水平之下，在发展网上交易方面似乎面临两难决策。发展网上交易就意味着在跟自己的营业部进行竞争，而且即使网上交易业务发展起来，网上交易发展初期，营业部的运作成本也并不会大幅度减少。不发展网上交易业务，又会坐视市场份额流失。因此，在网上交易发展的初期，积极性反而不如中小券商高，不过大券商一旦开始建立和发展网上交易，由于自身综合实力强，往往起步高、规模大、速度快，如大券商拥有雄厚的研发队伍和咨询专家队伍，能够推出较高水平的服务，如广发等大券商推出的网上交易，一上来就声势浩大。

随着网上证券交易用户的急剧膨胀，网上交易比例不断上升，可以肯定，网上交易的出现将迅速在相当程度上替代传统营业部的部分经纪业务，这是一个无法回避和否认的事实。特别是对目前中国经纪业务普遍亏损的券商来说，减少和降低雇员规模和费用以及房租、装修折旧、电脑摊销等其他成本的意义重大。无论是对股民还是对券商，网上交易的好处都是显而易见的。对于券商来说，网上交易拓宽了营业部的客户来源，使其不仅局限于原来就近的客户，还可以发展远距离的客户。而对股民来说，与电话委托相比，网上交易的优点在于方便、没有地域限制，行情火爆的时候不会堵单。网上交易的费用往往还要低于电话委托的费用。另外网上交易还可以获得比电话委托更多的资讯服务。

随着网上证券交易竞争的日趋白热化，券商之间的综合实力会逐步显现出来，单纯以提供网上证券交易通道为主的业务模式显然不能适应今后券商业务发展和投资者的需求。网上证券交易的安全性、保密性、信息资料的丰富、咨询服务的到位及时也将对投资者的选择起到很重要的参考作用。毕竟对于股民来说，普遍的心理是如果赚了钱，是不会太在乎手续费的，因此对券商的研发和咨询服务也看得比较重，大券商凭借自己的优势往往后来居上。

在佣金下调之后，可以预见，许多证券公司将逐步放慢新设营业部的步伐，缩小新设营业部的规模，并有可能关闭原有效益不好的营业部，而代之以提供网上交易的证券服务部。高速发展的信息技术包括互联网和电脑等信息终端的广泛运用，将对中国网上交易的发展起到极大的推进作用。

18.3 网上证券交易管理

一、网上证券业务促进了中国证券业的发展

每次重大的信息和通信技术创新都深刻地影响着证券市场的发展进程。电报、电话、互联网三次发明对证券市场具有里程碑意义。互联网技术已成为市场发展、产品开发和制度创新的重要动力，对证券市场、市场参与者、监管者都产生了巨大的影响，它已经或正在改变着证券市场传统的发行模式、交易模式、清算模式、支付模式和信息传播模式。互联网技术极大地改进了信息披露的手段和方式，使得信息披露更加及时，投资者获取信息更加简捷。网上交易吸引了更多的投资者进入市场，为投资者提供了多样化和个性化的服务，降低了新参与者进入门槛，减少了证券投资的技术障碍。同时，互联网技术已成为改进公司治理结构的渠道之一。上市公司通过互联网及时发布重大信息和财务报告，改善了与中小投资者的直接沟通。投资者得以在网上发表自己对公司治理结构的意见。网上证券交易还正在促进新一轮的金融创新，互联网正在打破金融服务业的传统界限，网站的聚合效应成为新的竞争优势，一站式“在线金融超级市场”成为新的经营模式。由于现行法规的原因，中国现在实行分业经营的金融监管体制。但是市场的力量已经使银行、证券、保险开始了业务交叉。一些综合性金融机构已经在网站上开设了银行、保险、证券、理财等多个网上帐户通道。

二、网上证券业务的发展给证券监管工作带来的新挑战

互联网技术在为网上证券投资创造便捷、高效的投资环境的同时，由于互联网自身的特点，也给证券交易及其监督管理带来新的挑战。市场结构和交易制度随着新技术的应用在发生着深刻的变化。可选择交易系统及虚拟交易所的诞生，对证券交易所的传统地位提出了挑战。国际上许多证券交易所开始考虑或者已经实施了合并、结盟、改制上市等改革计划，加速了市场全球化进程，改变着国际资本市场的格局。

在互联网时代，由于吸引了越来越多的个人投资者直接进入证券市场，引发了证券公司和交易所为满足投资者需求变化的市场转型发展问题。交易所经过公司制改革和上市后，如何处理好公众利益与公司利益之间的关系，已日益引起人们的关注。一些证券公司通过整合转变为全能型跨国金融集团，建立“在线金融超级市场”，这对监管者的影响尚不得而知。

网上证券业务的迅猛发展显然使得监管执法更加困难。由于互联网的技术复杂性，

使得网上发布虚假和欺诈信息非常容易，大大增加了有效监测、跟踪的难度。而且网上欺诈案例的查处成功比例较低。执法人员需要不断更新知识和技术手段。现行立法要适应新技术的发展尚需时日。作为新兴市场，对政府的监管构成了新挑战。

同时，互联网的无边界性对证券交易辖区内监管部门间的协调和国际证券监管机构跨境合作提出了更高的要求。在中国开放 B 股交易后，跨境监管合作在互联网时代对于金融行业更为重要。同时，信息网络化时代，不断推进的金融全球化，使资本流动和金融交易在疆界上更加模糊，金融互动更加明显，跨境金融欺诈和犯罪有增无减。无疆界的市场和有疆界的监管合作问题，显得比以往任何时候都重要。

三、建立健全网上证券交易监管制度

几年来，中国证券监管机构在政策和规章制度的制定宗旨上，顺应市场经济规律的内在要求，做到一方面积极鼓励技术进步和制度创新，鼓励竞争，充分结合本国网上证券市场的发展阶段和成熟程度制定相应的鼓励竞争和创新的政策，在此基础上同时制定并出台规范、严格的约束性制度，使网上证券交易健康有序发展。面对网上证券交易的新形势，2000 年 1 月，中国证监会规定，所有 IPO 公司都必须进行网上路演和招股说明书的网上披露。在中国这样一个人口众多的新兴市场，互联网使大量的新投资者一开始就跃入获取信息的新模式。自 2000 年 3 月起，中国证监会先后发布了《网上证券委托暂行管理办法》、《证券经营机构营业部信息系统技术规范》、《证券公司网上委托业务核准程序》等涉及网上证券交易的系列规章制度。对网上证券委托业务实行严格的许可制度，对网上证券委托交易业务规范、技术规范、信息披露、资格申请、违规处罚措施等事项作出明确具体规定。证券信息化标准体系研究工作也已经启动。目前全国已有 89 家证券公司取得了网上证券委托业务资格。

网络时代的投资者教育是监管者的一项基础性工作。互联网是加强投资者教育，推动和完善上市公司信息披露，提高透明度的有效工具。中国证监会要求交易所、中介机构和媒体建设真实可信的信息网络，大力开展投资者教育，使投资者增强信息识别能力，增加自我保护意识。

四、不断加强监管能力建设，更新和加强监管技术手段

培养高效精干并适应技术发展的专业监管队伍比以往任何时候都更为重要。各国证券监管机构开始吸纳网络技术人员、会计师、律师和证券专业优秀人才到监管队伍中。我们高兴地注意到，很多证券监管机构都成立了专门的信息技术委员会跟踪最新的技术和应用，中国已经建立并加强了内部跨部门的 IT 协调小组，以便不断学习和总结这方面的经验。

同时致力于推进公司在 IPO、配股、增发中的网上路演，便于社会监督。加强网上信息披露工作，让上市公司的全部信息披露文件都在交易所网站上进行，方便投资者查询。有关部门还将发挥中央登记结算公司的功能，探讨网上代理投票权和网上股东大会的可行性，以便让更多的投资者参与上市公司决策，培育提高公司治理结构水平的社会基础。中国证监会还在自己的网站上发布政策法规的征求意见稿，让社会公众参与规则讨论和制定，并尽早熟悉法律规则，这有助于提高决策过程透明度、提高执法的社会基础。同时监管机关也正在研究通过网上代理投票权，以使投资者能低成本和方便地参加股东大会。

在跨辖区合作方面，国际证监会组织（IOSCO）做了积极的努力，中国证监会出席了该组织2000年年会，并积极倡导和鼓励IOSCO加强在互联网证券交易领域的多边合作。各辖区监管者之间的信息交流和执法合作，在互联网时代显示出不可替代的作用。有效的MOU制度安排为跨辖区打击各种跨境金融犯罪奠定了坚实的基础。

18.4 网上证券交易发展存在的差距

虽然中国各大证券商不惜成本纷纷进军网上证券交易，而且中国网上证券交易的发展无论是从技术平台建设、运营体系、运营模式、管理制度建设等方面都已经有了较好的发展基础，并已经初具规模，网上证券交易的发展势头比较强劲，前景也较好，但与发达国家相比，目前中国网上证券交易的发展水平还存在不小的差距。

一、互联网应用的普及程度及投资者的网络应用水平限制

目前，机构投资者和计算机水平较高的年轻白领阶层实际上成为中国网上交易客户的主要开发对象。他们工作节奏快，无法亲自到营业部进行交易，因此，网上交易将是他们的最佳选择。

虽然中国互联网用户的总体规模已经达到5910万人的规模，但是，所占人口比例即互联网的普及率仍然很低。按照互联网用户所占人口比例计算，2002年底，全世界互联网用户已经达到6.65亿，占人口总数60亿的11.08%，而中国的互联网用户仅占人口总数12.8453亿的4.6%，不足世界平均值的一半。互联网应用普及水平偏低是制约中国网上交易发展的一个重要因素。

事实上，网上证券交易比较发达的国家往往也是互联网应用普及率较高的国家，这是发展网上证券交易的主要动力。韩国高比例的个人投资者曾经为网上交易的增长做出了贡献。目前，个人投资者所投资的份额在KOSDAQ市场占股票交易总数的比例为95%，在KSE市场占75%。个人投资者在了解到网上交易的好处后，更加愿意用网上交易而不是传统的交易手段来进行股票交易了。而中国互联网用户主要集中在北京、上海、广东等大中城市和经济发达地区。青少年尤其是学生互联网用户虽然占互联网用户的主流，但他们却缺乏足够的可供支配的资金和时间进行网上证券投资。而中国相当一部分散户证券投资者实际上是中老年人和下岗失业人员，而且绝大多数家庭尚未拥有电脑，许多人根本就不会使用计算机，更不用说进行网上证券交易。

二、宽带互联网络基础设施还不发达，网络安全措施有待进一步完善

由于中国目前用户驻地宽带网络还不够发达。技术条件，包括计算机及互联网的发展、技术系统能否满足投资者的需要、以及网上交易的安全保障等直接会影响网上证券的稳步发展。目前，中国网上证券交易用户大都采用拨号方式上网交易，线路拥挤带来的不便甚多，网上行情与信息的发布速度相对缓慢，直接影响交易完成的速度和质量。因此，各大券商纷纷改造其传统业务系统，使之适应互联网快速发展的要求，于是通信稳定性和网络安全性便将成为关键环节。在这种情况下，信息的高速传播和技术普及，使传统的市场风险、技术风险也会随之加大。一家证券公司的技术障碍会导致其投资者的交易受损，而交易所的系统平台障碍，则会引发市场震荡，危及到投资者的市场信心。同时，现有互联网受技术水平的限制，还可能出现交易量超出容量设计，导致网络交通

堵塞。再加上网络“黑客”非法攻击网络特别是证券交易网络等网络安全问题，也会对网络证券投资者构成一定的心理影响以及对网上交易方式的选择。

三、证券公司目前运行成本较高，有待探索新的运作模式

近几年进入网上交易的证券公司，无不投巨资兴建网站，并大力宣传，以争取客户。实际上，庞大的日常运行和营销成本，使得证券公司网上交易要真正实现盈利比较困难。业界人士将目前券商间激烈的网上交易竞争戏称为“圈地运动”。这种高成本的竞争和重复建设，使得不少证券公司不得不探索新的运作模式。本报告前面所提到的网站联盟这种形式能否得到广泛的响应并采取实际可行的方案，还有待观察。网上证券交易成本因素包括开发成本、边际成本和使用成本。从开发成本看，网上交易系统实际上大约是设立一二个营业部的成本。从边际成本看，在现有网上交易系统已经建立并具备一定规模容量的基础上，再开发客户的边际成本是趋向于零的。从使用成本上看，首先是上网费用，这可能要因地而异和因券商而异。例如，华泰证券很早就与当地的电信部门积极合作，在用户的上网费用方面方便投资者。其次是运营保障，即公司开展网上交易要对公司的内部资源进行整合，包括人员配置、部门协调等。最后是营销服务，包括积极的推介、售后服务等方面。

四、市场信息的不对称问题

由于中国区域广大、经济发展不平衡、网络基础设施和应用方面的差异，中国投资者在信息获得的时间、空间和便利性上存在着“数字鸿沟”，尤其是边远地区的投资群体更面临着信息获取不公平问题。同时，如何平衡投资者的知情权和由“信息爆炸”所致的信息“消化不良”的矛盾，也困扰着市场。随着互联网在证券业广泛应用，信息发布主体急剧增多，与其伴生的信息质量、可信度和“信息爆炸”等问题，成为中国证券市场的一大难题。这就极为容易产生网上证券交易信息不对称问题，尤其是证券交易信息质量问题，包括利用互联网制造和发布虚假信息，误导、欺诈投资者和操纵市场。所以如何有效打击网络信息误导和欺诈问题成为政府有关部门的工作重点之一。

五、相关规章制度滞后，制约了网上证券交易业务的发展

网上证券交易因不受物流配送体系和支付瓶颈这两个因素的制约，因此成为中国电子商务发展最快的部分。不过，中国的网上交易只能称为网上委托。因为目前异地网上开户的问题还无法解决，这就限制了网上交易客户的广度，降低了网络的优势。电子签名在中国还不具有法律地位，电子商务的活动也无法得到法律保障，因此影响了投资者网上交易的信心和积极性，因此，必须加快电子商务方面法律制度建设。目前，美国已通过“电子署名法”。该法案承认电子署名与传统书面签字具有同样的法律效力，这大大加快了电子商务活动的效率，消费者可以很方便地通过互联网，随时随地签署具有法律效力的证券开户及交易等合同。

同时，尽管目前中国证券监管部门出台了《网上交易委托暂行办法》，根据该办法，获证监会颁发的经营业务许可证的证券公司，可申请开展网上证券委托业务。但由于政策的滞后和有关法律法规的不健全，许多证券营业部还处在摸索阶段，尚没有大规模展开网上交易，担心存在各种风险。并且，有关网上交易者的资格审查、网上交易的技术体制、网上交易的市场监管等都还没有一个明确规定和标准，许多基础还不够牢固。因此，今后关于网上交易法律法规的完善和健全也是必须的。

18.5　网上证券前景分析

网上证券交易成本将逐步下降，高速发展的信息技术包括互联网和电脑等信息终端的广泛运用，对网上证券交易的发展起到了极大的推进作用。随着电信设施投入力度的加大、宽带网的发展、电信资费近期的调整，将使今后上网的成本逐步降低，上网的速度逐步加快，网络的安全性大大提高。

在未来佣金下调的大背景下，发展网上证券业务将是券商低成本拓展客户的重要方式。一方面由于券商开展网上证券交易的成本相对较低，再加上网上证券交易所具有的特点，使得券商在佣金下调的大环境下进一步拓展网上交易客户的边际成本趋向于零。另一方面，网上证券交易突破地域限制的特点，使得券商可以选择到适合开展网上证券交易的周边地区甚至全国范围内去发展客户，提高其辐射力，扩大市场份额。

网上证券交易方式将逐步趋向成熟。从今后网上证券交易的开展方式上看，可能会通过以下 3 种方式：一是以证券公司营业部为基础的综合性网上证券交易方式，这种方式综合优势强，在开户、资金清算等方面比较便捷，在营销方面具备有形服务网点的支持，信用度较高。其缺点表现在营业部投入成本较高，而且还受到审批资格的限制，营业部的辐射半径相对较小。其次是证券公司的网上证券经纪业务子公司方式，这种方式的优点是具有专业化优势，有形网点初始投入较小，容易建立经营网络。但其局限性在于，交易方式单一，对较专业的投资者吸引力较差。再次就是独立的网上证券经纪商方式。这种方式的优点是可以发挥 IT 企业和券商的综合优势，各投资方的资金投入较小，但其业务发展模式尚待探索。

网上证券业务将逐步走向多样化。今后，证券业务在证券的发行、推介和投资咨询方面更紧密的与互联网相结合，网上投资业务、网上信息披露、网上客户关系管理（包括经纪业务客户、资产管理客户等）等基于互联网的证券业务将不断创新，证券交易的方式和手段将更具网络化的特色。

网上证券交易规模将继续扩大。根据联合国贸易开发署公布的报告，2002 年底全球互联网用户达到 6.55 亿，其中美国互联网用户达到 1.7 亿人（占美国人口总数的 59.4%）。而据中国互联网络信息中心公布，中国互联网用户为 5910 万人（占中国人口总数的 4.6%）。

从网上证券交易开户的发展规模来看，美国互联网用户 1.7 亿人，网上证券交易开户到 2002 年底至少已经达到 1500 万户，占互联网用户总数的 8.9%；

韩国 2690 万互联网用户（根据美国市场研究机构 eIForcasts 公司发表的报告公布的数据），网上交易开户在 2002 年 3 月就已经达到 496.2968 万户，占互联网用户总数的 18.45%，也就是说有 18.45%的互联网用户拥有网上证券交易帐户。

从近 3 年中国互联网用户的增长速度和网上证券交易开户的增长情况来看，可以发现中国网上证券开户发展的一般趋势。

- 2000 年底中国互联网用户总数为 2250 万人，比 1999 年的 890 万人增加 153%，网上证券交易开户为 177.6 户，网上证券用户占互联网用户的 7.89%。
- 2001 年底中国互联网用户总数为 3370 万人，比上年增长 49.7%，网上证券交易开户为 332 万户，比上年增长 86.9%，网上证券用户占互联网用户的 9.85%；网上交易总额达到 3578 亿元人民币，户均网上交易总额达到 10.78 万元人民币。

- 2002 年底中国互联网用户总数为 5910 万户，比上年增长 75.4%，网上证券交易开户为 508.10 万户，比上年增长 53%，网上证券开户数占互联网用户的比例为 8.6%。户均网上交易额达到 5230 亿元人民币，户均网上交易额达到 10.29 万元人民币

从近 3 年中国互联网用户发展和网上证券开户发展的比例看，互联网用户增长最低为 49.7%，最高为 153%，平均增长率达到 92.7%。网上证券开户占互联网用户的比例最低为 7.89%，最高为 9.85%，3 年平均为 8.78%。网上证券交易开户增长率 2001 年为 86%，2002 年为 53%，网上交易额增长率 2001 年接近 100%，2002 年为 46%。

就互联网用户来说，今后几年中国将处于高速发展期，如果仅按照 30%的增长率来计算，到 2003 年底，中国互联网用户可能逼近 7800 万人，到 2005 年，有可能达到 1.32 亿人；中国网上证券开户数按照 30%增长率预计，2003 年最低有可能达到 660.53 万户，户均网上交易额按前几年的 10.5 万元计算，到 2003 年网上交易总额将达到 6935 亿元，到 2005 年，中国网上证券开户数字将会达到 1116.3 万户，网上交易总额将达到 11720 亿元左右。所以在今后几年，随着中国互联网用户数的飞速增长，网上证券交易的发展也将突飞猛进。

（中国证监会信息中心　刘　军
中国互联网协会秘书处　杨君佐）

第 19 章　数字图书馆发展状况

19.1　数字图书馆总体发展状况

19.1.1　数字图书馆及其意义

数字图书馆是融入人们社会生活、不局限于图书馆场馆的社会化、专业化、个性化的信息提供基础设施，是以信息的有序组织为基础，通过网络技术、计算机技术和现代通信技术传播知识的一种新的服务方式。它是数字信息的一种有效组织与提供方式，具有信息存储量大、检索速度快、自由跨库查询等特点。人们在任何时间、任何地点通过网络都可以获取所需信息，极大地拓展了图书馆的服务外延，使之成为跨越时空限制的网上知识中心和信息服务基地。

数字图书馆建设无论是对整个国家的信息化建设而言，还是对新世纪中国图书馆事业的发展而言，都具有非常重要的意义，是落实江总书记“努力掌握和发展各种现代传播手段，积极推动先进文化的传播”指示精神的重要举措，可以极富实效地提高全民族思想道德素质和科学文化素质。

数字图书馆的核心是以各种中文信息为主的资源库群，它的建设将迅速扭转互联网上中文信息匮乏的状况，形成中华文化在互联网上的整体优势。同时，数字图书馆是一个集各种高新技术为一体的项目，它的建设将极大促进中国信息技术的发展，同时带动与之相关的计算机技术、网络技术、通信技术和多媒体技术等各项技术的发展，形成新的高新技术产业链，对于提升中国整体的信息产业水平将起到不可估量的影响。它还是知识经济的重要载体，为知识传播提供了一种崭新的手段，可以最大限度地突破时空限制，营造出进行全民终身教育的良好环境，为所有人获取信息提供了最为便捷的手段和最为丰富的信息，对于中国国民素质教育将起到巨大的促进作用。因此，站在民族文化的发展高度，站在国家安全高度，站在开发利用信息资源、节约材耗和能耗，保持中国经济持续快速健康发展的高度，数字图书馆建设无疑具有重要的战略意义。

19.1.2　国外数字图书馆发展成果及管理经验

20 世纪 90 年代以来，随着信息技术的长足进步和互联网的广泛应用，在全球建设信息高速公路热潮的直接带动下，数字图书馆的研究和建设得到美国、欧盟、日本等发达国家的高度重视，纷纷将其列为国家信息基础设施（NII）建设的重要内容和国家级战略研究方向加以研究和开发。国际上比较知名的数字图书馆建设项目有：美国数字图书馆先导研究一期和二期工程（DLI、DLⅡ）；“美国记忆”（NDLP-American Memory）；美国国家科学数字图书馆项目（NSDL）；英国“国家学习网格”计划（NGfL）；全民网络（People's Network）；英国电子图书馆（eLib）计划；法国“文化精品数字化”（JOUVE）项目；欧盟G8全球信息社会项目等。现将重要项目简介如下：

“美国数字图书馆先导研究二期工程（DLⅡ）”由美国国家科学基金会（NSF）、美国航空航天局（NASA）和美国国防部高级研究计划局（DARPA）、美国国家医学图书馆（NLM）、美国国会图书馆（LC）、国家人文科学捐赠基金会（NEH）和美国联邦调查局（FBI），与美国国家档案和记录管理局（NARA）、史密森学会（SI）、美国博物馆和图书馆服务协会（IMLS）合作，共投资6000万美元，主要进行数字图书馆相关课题的基础性、前沿性科学研究，开发下一代数字图书馆，为用户充分利用全球化、分布式的信息资源提供先进、可行的方法和技术等。

“美国记忆”（American Memory）是美国国会图书馆在国会的支持下，于1995年正式启动的数字图书馆项目，属于国家数字图书馆项目（National Digital Library Program，NDLP）的一部分，由15所研究图书馆和档案馆参与项目建设，总经费达6000万美元。该项目的目标是将国会图书馆和其他公共图书馆、研究图书馆中的绘画、图书、音乐、手稿、照片、视频、音频等众多反映美国历史、文化的史实性文献转换成数字资源，目前已拥有100多个历史资源库，数字作品超过750万件。

美国国家科学数字图书馆项目（NSDL）包括了核心集成系统、内容、服务和目标系统研究4个主题。其主要目标是构建一个高质量的国家科学、技术、工程、数学数字图书馆，为各级学生、教师提供广泛的信息获取途径和数字环境，以及交互式学习环境。

英国全民网络（People's Network）计划是英国政府投资1.7亿英镑，于1998年开始实施的，其主要目标是使英国所有图书馆能够接入互联网，保证每个公共图书馆都能够提供互联网访问及学习服务。

纵观这些项目，可以得到以下启示。

一、数字图书馆是国家信息基础设施建设的重要组成部分

各国都将数字图书馆作为本国国家信息基础设施的重要组成部分。以美国为例，1994年，美国副总统戈尔提出的“全球信息基础设施”（GII）计划将数字图书馆列为11个研究项目之一。美国国家科学技术委员会（NSTC）发表的官方报告蓝皮书对数字图书馆的战略意义非常重视。1995年的蓝皮书《用于国家信息基础设施的技术》将数字图书馆列在九项国家信息基础设施（NII）应用的首位；1998年的蓝皮书《用于21世纪的技术》将数字图书馆列为计算、信息、通信领域6个研究发展重点项目之首；2002年的蓝皮书中认为：“信息技术的核心挑战是创建跨越人类知识领域的数字图书馆，以及开发使知识能普遍按需应用的技术和工具”。俄罗斯也将数字图书馆建设纳入本国信息基础设施建设中。

二、数字资源建设与保存是数字图书馆建设的一项重要内容

世界各国数字图书馆建设的一项重要内容，是进行数字资源建设和保存，尤其是对数字信息中的文化遗产进行长期保存。例如，“美国记忆”项目（American Memory）的

目标是将美国国会图书馆和其他公共图书馆、研究图书馆中的绘画、图书、音乐、手稿、照片、音频及视频等众多反映美国历史、文化的史实性文献转换成数字资源对其进行长期保存。再例如，“法国文化精品数字化”项目（JOUVE）将精选的反映法国文化的资料制作成数字形式加以保存，同时在互联网上提供免费服务。

三、支持全民教育和学术研究是数字图书馆建设的重要目标

目前，国际上许多重要的数字图书馆建设项目都将支持全民教育和学术研究作为建设的重要目标。例如，美国国家科学数字图书馆项目（NSDL）的目标是构建一个高质量的国家科学、技术、工程、数学数字图书馆，为不同程度的学生（包括正式和非正式教育）和教师提供广泛的信息获取途径和数字环境。再例如，英国电子图书馆计划（e-Lib）旨在为英国高等教育和研究提供高质量的国家级网络基础设施和数字资源服务，以实现国家提出的继续教育和终身教育职能。

四、政府资金支持是数字图书馆建设的主要经费来源

从目前国际数字图书馆建设的实际情况来看，主要的数字图书馆项目基本上依赖于政府投入。例如，美国数字图书馆先导研究一期工程（DLI1）由政府投入2400万美元；数字图书馆先导研究二期工程（DLI2）由政府投入6000万美元；“美国记忆”项目总经费6000万美元；英国全民项目（People's Network）和电子图书馆项目（eLib）投资额度均达到1亿英镑，英国“国家学习网格”计划的总投资达到35亿英镑；法国文化精品数字化项目自1997至2000年总投资达8100万法郎。此外，基金会支持、私人捐赠、企业支持等也是数字图书馆建设经费的辅助来源。

五、各国国家图书馆在数字图书馆建设中起重要作用

目前，各国数字图书馆建设基本是围绕本国国家图书馆进行的。美国、日本、英国、法国等较早开展数字图书馆建设的国家基本如此。数字图书馆建设的核心是数字资源的建设和保存。国家图书馆作为各国文献信息资源的最大收藏地，本身所拥有的海量资源和所肩负的保存、弘扬民族文化遗产的职能，决定了它在各国数字图书馆建设中具有义不容辞的责任和义务。同时，数字图书馆建设的最终目的是实现对信息的有效组织、检索、查询和使用。各国国家图书馆长期从事信息的组织与管理，经验丰富，在制定国家标准、提供标准机读目录数据、建立有一定规模的数据库、开发能与国际接轨的数字图书馆实现技术等方面，都发挥着举足轻重的作用。

19.2 中国数字图书馆建设状况

19.2.1 中国数字图书馆发展的总体状况

数字图书馆这个概念1995年才开始在中国出现，从认识到研究再到实践，数字图书馆事业在中国还处于刚刚起步的阶段，配套政策的出台、相关标准的制订、核心技术的研发等方面都还不够完善。但是，数字图书馆建设的重要意义已经得到中国有关部门的高度重视，中国数字图书馆建设在进入20世纪以来正在蓬勃发展，而且已经开始朝着健康有序的方向成长。

在江泽民同志、胡锦涛同志等党和国家领导人的直接关怀下，中国数字图书馆建设

领域出现了蓬勃发展的喜人景象。在国家层面，有文化部领导、国家图书馆组织实施的国家级数字图书馆项目——国家数字图书馆工程；在行业层面，有教育部组织实施的全国高等教育文献保障系统（全国高等教育数字图书馆），中国科学院组织实施的国家科学数字图书馆工程，中国社会科学院数字图书馆建设，军队院校数字图书馆建设，以及全国党校系统的数字图书馆工程等；有许多地区也已经开始规划或建设本地区的数字图书馆项目。这些共同构成了当前中国数字图书馆体系既分布又合作的基本框架。

同时，国务院信息化工作办公室、国家发展计划委员会等政府部门也充分考虑到中国各部门、各系统间的信息交流渠道尚未完善，为了防止出现重复建设问题，国家发展计划委员会等有关政府部门在深入调查研究的基础上，正努力进行有效的宏观调控。在项目立项、项目建设、标准研制、技术开发等环节上进行指导，引导数字图书馆事业的健康有序发展。

国家发展计划委员会社会发展司于2002年主持开展了《中国数字图书馆发展规划》课题研究，旨在充分调研国内外数字图书馆建设状况的基础上，对中国的数字图书馆建设和长期发展进行规划和指导。该课题由国家图书馆、中国科学院文献情报中心、中国社会科学院文献情报中心、全国高等教育文献保障体系、清华大学、上海图书馆、中科院计算所等国内主要数字图书馆建设与研究单位参与研究，预计2003年课题完成。

此外，国家科技图书馆文献中心牵头，联合国内数字图书馆领域的主要建设单位向科技部申请立项"中国数字图书馆标准规范建设"课题，以建立中国数字图书馆标准规范的总体框架、发展战略、核心标准规范系列和开放建设应用机制。该课题是中国科技基础性设施建设工作之一，将大大促进中国数字图书馆资源与服务的可用性、互操作性和可持续行。预计2004年10月结题。

这些课题及成果都将对中国对数字图书馆建设产生积极的影响。

19.2.2 国家数字图书馆工程建设状况

国家图书馆自1995年起开始跟踪国际上数字图书馆的研发进展。1998年，国家图书馆向文化部提出"中国数字图书馆工程"的立项申请，并开始了筹备工作。文化部于2000年开始在全国倡导实施中国数字图书馆工程，该工程旨在建设超大规模的优质中文信息资源库群，并通过国家高速宽带网向全国及全球提供服务，最终形成世界上最全面、最系统的中文信息基地和服务中心。这是一项跨地区、跨部门、跨行业的民族文化工程，得到了江泽民同志、李岚清同志等党和国家领导人的关注。李岚清同志曾就工程建设做出过重要批示。为加强工程的宏观协调、规划与管理，2000年4月成立了以文化部为召集单位、22个相关部委单位组成的"中国数字图书馆工程建设联席会议"。"联席会议"办公室设在国家图书馆，同时成立了"中国数字图书馆工程建设专家顾问委员会"，以确保工程建设科学、有序地进行，并在"联席会议"办公室下相继成立了"资源建设指导委员会"、"标准规范指导委员会"、"法律法规指导委员会"与"技术指导委员会"，初步搭建起了工程的管理架构。

2001年10月，"国家图书馆二期工程暨国家数字图书馆工程"经国务院批准立项，并被列为国家"十五"重点建设项目。2002年12月工程的可行性研究报告通过国务院审批。目前，国家数字图书馆工程的建设已经开始启动，该工程建成后将成为全国乃至全球范围内中文数字资源加工的组织协调和支持中心，国家级数字资源加工基地，国家数字资源的长期保存中心，数字资源交换、管理和服务中心。预计于2007年投入使用。

中国数字图书馆工程的建设坚持以“统筹规划、需求牵引、科技创新、滚动发展”为指导思想，坚持公益性为主、资源建设为核心，统一标准规范、开放建设与利益共享、开发与引进相结合等原则进行建设。其总体建设目标是：通过资源建设工作的组织与实施，建成超大规模的、高质量的分布式中文数字资源库群并提供网上等多种服务；联合引进若干国内需要的国外专题资源库并实现共享；实现全国大部分地区图书馆文献资源的联合目录系统。以国家数字图书馆国家中心为基础，以行业、地区分中心为辐射，逐步建设具有模块化、开放性、互相联通并且稳定可靠、可扩展的计算机网络与存储体系。集成具有自主知识产权的高新技术成果，努力形成总体技术与国际主流技术接轨的中国数字图书馆总体架构；开发具有中国特色的数字图书馆智能应用系统。培养一批高水平的专业人才队伍，持续发展中国数字图书馆工程。其建设内容包括：数字资源建设、软/硬件基础设施建设、应用系统开发、标准规范制定、信息服务、人才建设及知识产权的解决。

目前，工程已制订完成《中国数字图书馆工程建设一期规划》及《中国数字图书馆工程一期规划实施方案》；在数字资源建设方面，以图书文献机构的丰富馆藏为依托，并结合其他文化机构的资源，累积建设了总量近10TB的数字资源，内容涉及文学、艺术、法律、科技、教育、旅游等各类信息，并依托国家图书馆馆藏进行了古籍的数字化加工工作；在技术研发方面，开发完成了数字资源加工系统、数字图书馆应用系统、数字图书馆区域服务系统和文献数字化工业化生产加工系统；在知识产权解决方面进行了有益的探索，并组织开发了基于数字对象标识符（DOI）技术的版权管理系统；积极参与数字图书馆标准规范的研制工作，制订完成了《中文元数据方案》等。

国家数字图书馆工程建设坚持“联合、开放、分布”的建设方针，联合，即积极联合公共图书馆系统的数字图书馆建设，加强与高校、科学院、党校等系统数字图书馆的合作，在数字图书馆关键技术、标准规范等研制上真正达到联合。开放，是指工程技术体系的开放，不自我封闭。分布，是指在统一的标准规范的前提下，各单位都可根据自己的馆藏特点建设自己的资源库。

19.2.3 其他数字图书馆建设项目

一、国家科技图书文献中心

国家科技图书文献中心（以下简称中心）是根据国务院领导的批示于2000年6月12日组建的一个虚拟的科技文献信息服务机构，由中国科学院图书馆、工程技术图书馆（中国科学技术信息研究所、机械工业信息研究院、冶金工业信息标准研究院、中国化工信息中心）、中国农业科学院图书馆、中国医学科学院图书馆组成。中心设办公室负责对科技文献信息资源共建共享工作的组织、协调与管理。

其主要任务是：统筹协调，较完整地收藏国内外科技文献信息资源；制订数据加工标准、规范，建立科技文献数据库；利用现代网络技术，提供多层次服务；推进科技文献信息资源的共建共享，组织科技文献信息资源的深度开发和数字化应用；开展国内外合作与交流。

在网络服务系统方面：目前该系统的网管中心与各成员单位之间已建成1000Mbit/s宽带光纤网，实现了与国家图书馆、中国教育网（CERNET）、中国科技网（CSTNET）、总装备部情报所的100Mbit/s光纤连接。系统功能在原有文献检索与原文提供的基础上，增加了联机公共目录查询、期刊目次浏览和专家咨询等新的服务。

二、国家科学数字图书馆工程

国家科学数字图书馆工程是中国科学院知识创新工程的重要组成部分和科技现代化的支撑体系，它以数字图书馆机制有效地支持科学研究和知识服务。“十五”期间，国家科学数字图书馆建设的总体目标是：利用5年左右的时间，基本建成国家科学数字图书馆（NSDL），成为知识经济时代数字化、网络化、智能化国家科技信息体系的重要组成部分，主要任务是：在加强中科院文献资源数字化和业务工作自动化基础上，构筑中科院文献信息资源分布式建设与管理体系，建成能够将不受时空限制的信息服务延伸到科研人员桌面的集成服务系统，促进网络环境下的信息传递和知识流动，加速信息的知识增值和知识更新。

三、中国高等教育文献保障系统（CALIS）二期

中国高等教育文献保障系统（China Academic Library & Information System，CALIS）是中国高等教育“211工程”中规划的两个公共服务系统之一，于1998年11月正式启动，即将启动的CALIS二期工程是高校数字图书馆建设项目。CALIS项目的总体目标是：建成以中国教育与科研计算机网（CERNET）为依托的网上信息资源共享系统，使信息资源网与通信网协调发展，真正为高校的教学、科研人员营造一个与国际接轨的信息网络环境，为“211工程”立项高校和其他院校提供丰富的文献信息资源。2002年5月成立的高校数字图书馆联盟，为在全国高校实施数字图书馆建设做了组织方面的准备。

四、中国社会科学院的数字图书馆建设

中国社会科学院在数字图书馆建设中提出“统一平台、统一标准、统一规划、共建共享”的建设思路，充分调动各研究所的积极性，在全院17个独立的所级图书馆中选择4个数字图书馆建设试点单位，先后启动了“中国考古数字图书馆”（考古所）、“虚拟中华民族园”（民族所）、“中国社会变迁信息系统”（社会学所）等项目。2002年中国社会科学院图书馆投入专项建设经费1100万元，引进国内外重要数字化资源，建设了“国外中国学研究数据库”、“西方人文社会科学经典文献数据库”、“中国社会科学引文索引数据库”等一批特色数据库。

五、军队院校数字图书馆建设

近年来，全军院校按照《全军院校图书馆建设发展规划》，大力加强信息资源数字化建设。目前已建成的信息总量近40TB，其中统建数据库64个，自建数据库319个，引进数据库514个，内容涵盖马克思主义理论、军事思想、军事学术、军兵种理论、作战指挥、高技术局部战争、军队政治工作、院校教育、军事技术、武器装备、外军研究和公共信息等，具有鲜明的军事特色；建立了149个专业网站和全军院校图书馆联合网站；启动了数字图书馆试验工程，分别建立了公共信息、军事理论科学、政治理论和军队政治工作、军事医学等4个共享化的信息资源集成系统；建立了文献信息数字化加工基地、军队院校出版物网络版集成服务系统和互联网信息资源下载重组发布系统。

六、中国少年儿童信息大世界——网上图书馆

该项目是经文化部批准立项的文化科技项目，由全国 13 个主要少年儿童图书馆通力合作，依托丰富的馆藏信息资源，运用数字图书馆技术，在全国范围内构建的一个集传统图书馆与数字图书馆相结合，融科学性、知识性、趣味性和引导性为一体的少年儿童信息资源加工与服务的知识网络中心。这个数字图书馆已于 2002 年 6 月 1 日正式在互联网上发布，免费提供给全国儿童、家长、及教师使用。

七、北京大学数字图书馆建设

北京大学数字图书馆的建设以研究型大学数字图书馆作为发展目标，以教师、学生、科研人员为服务对象，构建一个完全基于网络环境的新型虚拟图书馆，主要对现有数字资源和非数字资源进行管理、整合并提供检索利用，以及开展虚拟咨询台等数字化服务。目前数字资源总馆藏量已达到 2TB 以上，包括 260 多个数据库、1.7 万种电子期刊、近 10 万种电子图书、500 种电子报纸的基础资源，以及一批以本校本馆特藏为主开发的特色资源。与 CALIS 管理中心、北京大学信息科学中心联合成立了北京大学数字图书馆研究所，以数字图书馆模式与标准规范研究为先导，逐步形成一套满足高等教育及科研多种应用需求的数字图书馆模式和标准，指导系统化的高等教育数字图书馆建设。

八、清华大学中国科技史数字图书馆（建筑史部分）

该项目由清华大学计算机科学与技术系、图书馆、建筑学院三家紧密合作研发。主要目的是研究基于互联网的建筑数字图书馆的关键理论和技术，并建立了中国建筑数字图书馆示范系统。其主要内容包括：以营造学社和梁思成为主线进行文献数字化，建筑类数字化资源元数据的格式、分类和标引规范，数字图书馆的分布平台、多模式智能人机交互界面理论与方法，支持数字图书馆的软件技术中的关键问题等。

九、上海数字图书馆

上海图书馆的数字图书馆多年来组织了丰富的馆藏文献，形成 9 大系列，即上海图典、上海文典、点曲台、古籍善本、科技会议录、中国报刊、民国图书、西文期刊目次、科技百花园等资源库。2002 年的在建项目有年画、家谱、及上海音乐和美术数字图书馆，具有鲜明的地方特色。最近又引进了北大方正 Apabi 中文电子书和 Netlibrary 西文电子书。

19.3　数字图书馆应用系统所需的关键技术与解决方案

数字图书馆利用高端服务器、多类网络通信技术、智能存储系统，将面向对象的软件技术、人工智能技术与先进的知识组织和调度系统相结合，建立起具有可扩展性、易用性、可管理性、高可用性，以及较强的可持续发展能力的数字图书馆信息系统。

目前，建设数字图书馆所需要的关键技术涉及数字图书馆体系结构、数字资源加工、基础应用平台与资源管理、数字图书馆用户服务等 4 大方面的技术。

19.3.1　数字图书馆系统体系结构

数字图书馆体系结构定义某个特定数字图书馆系统的整体结构，它涉及的关键技术如下：

- 多代理（Multi-agent）的分布式人工智能技术；
- 面向对象的技术，支持 XML 标准的数据交换；
- 通过可扩展的、高性能计算机的智能存储体系来支持海量资源存储；
- 海量资源的快速搜索和调度技术；
- 分布式环境下的信息封装技术；
- 网格技术和数据网格技术。

19.3.2 数字资源加工编辑相关技术

数字资源加工主要涉及元数据标准的制定和与资源的元数据加工、工业化的 OCR 技术、自动标引、自动文摘、知识概念体系、网上资源的获取与处理、数据压缩、数字版权的管理等。

● 建立元数据标准和规范。提高数字资源的可访问性和可检索性；为搜索结果提供更加有效的关联度排序；作为某些资源的替代品，如需要花费大量时间下载或浏览的大型文件，需要进行解释才能理解的原始数据，甚至某些无法以电子方式获得的资源；有助于解决知识产权的辨认、跟踪和管理问题。

● 工业化的 OCR 技术。为完成大批量的数字化工作，需要可靠的不依靠人工校对的图像处理和 OCR 技术，该技术要支持汉字大字符集下的工业化扫描和识别，其识别精确度要在 99.99%以上。

● 自动标引、自动文摘生成、自动篇名生成技术。以现有的主题和分类词表为基础，具有自学习的能力，学习成熟人员的经验，为标引人员自动生成或辅助生成主题和分类，并对人工标引进行必要的校对。同时，要求具有智能化的自动文摘生成技术及自动篇名生成技术来大批量地生成文摘数据和篇名数据。

● 知识概念体系。建立基于人工智能知识表达的知识概念体系，提供智能化的信息服务。

● Web 挖掘技术。Web 内容的挖掘是对 Web 中包含的文本、图像、视频等数据元素进行挖掘；Web 结构的挖掘是从 Web 的链结构中发现知识；Web 使用的挖掘是追随用户对 Web 页的交互和操纵，从中挖掘出有价值的用户存取模式。

● 多媒体挖掘技术。基于多媒体的内容特性以及这些特性相关的语义，从大型多媒体数据集（不仅仅是多媒体数据库）中发现和分析出隐含的、有效的、有价值的、可理解的模式，使多媒体的处理和管理从信息存取上升到知识获取层次，使多媒体内容的利用达到新的高度。

● 网上资源的获取和处理包括智能采集和分类、以及元数据加工等。

● 压缩、解压缩技术。在数字图书馆资源的建设与使用的过程中，资源的加工必须是一次性的，而经过加工的资源应适应多种不同的用途。

● 数字版权管理技术。通过对数字资源进行处理，有效地管理所有数字资源内容的知识产权，其中包括文字、图像、音频、视频等各种形式的数字对象。综合运用各种加密手段保证数字对象在网络传输过程中的安全，并建立网上授权认证机制，防止传播中的数字资源被非法使用，同时与精确的计费功能结合，提供安全可靠的信息交易平台。

19.3.3　数字图书馆应用平台和资源管理

提供对数字资源的管理和开发利用，是为用户提供各种信息与知识服务的后台系统。

- 检索技术包括纯文本的全文检索、概念检索、图像检索、视频检索、音频检索技术等。
- 智能型全文检索技术。主要解决跨地区、跨数据库的信息资源检索问题。检索软件应该能够根据用户的信息需求，帮助用户分析和制定检索策略，并能智能化地在不同地点、不同数据库中进行搜索，将用户所需信息准确地检索显示出来。
- 命名系统。数字图书馆中的资源需要具备一个长期的、全球唯一的、独立于地址的标识名，以便于用户对资源的检索。
- 资源调度技术主要负责从唯一的资源名到资源的网络地址的解析过程。
- 多媒体处理技术适于网络传输、多媒体的检索。
- 系统的互操作技术通过元数据的互操作，促进资源的共享；通过中间件、Agent 以及 Web Services 解决分布式异构系统之间的互操作。
- 数字化信息资源管理技术主要解决信息资源数字化后海量信息的存储和管理问题，一方面要保证海量信息存储有序，另一方面还要保证不影响信息的读取速度和效果。
- 水印技术与密钥技术通过这种技术将对数字图书馆的数字资源进行有效的知识产权保护。

19.3.4　数字图书馆用户服务相关技术

主要涉及人机交互方面的技术，为用户提供简单、便捷、灵活的友好界面。

- 多语言技术。要保证系统支持多语言技术，同时为满足更大范围的用户的需求，系统要通过机器翻译、多语言浏览等功能为用户提供跨语言的支持。
- 个性化定制服务技术。根据不同用户的不同需求，向他们提供个性化界面，以便高效、准确的知识服务。

19.3.5　数字图书馆的标准规范

数字图书馆建设必须建立和遵循关于数字化加工、资源描述、资源组织、资源互操作和资源服务等方面的标准规范，才能保证各个数字图书馆系统的可用性、互操作行和可持续性。因此标准规范的建设是数字图书馆系统建设高效、经济、可持续的根本保证。由于标准规范是核心能力和核心竞争力的体现，我们也必须加快数字图书馆标准规范的制定，以便掌握中文数字图书馆建设与发展的主动权。

数字图书馆标准规范体系主要由数字资源建设标准规范、数字图书馆应用服务标准规范、版权保护与权利描述标准规范、面向数字图书馆的电子商务标准规范等组成。其中，数字资源建设标准规范涉及数字对象的加工、描述、组织、存储、检索和服务，要建立相应的技术标准规范；建立元数据统一结构框架和相应的元数据描述、加工处理、转换和检索的技术标准规范；建立对网上资源进行搜集、筛选、编目、加工、使用的方法和相应的技术标准规范等。在数字图书馆应用服务系统的建设中，要建立统一描述机制，支持统一的资源命名规则和唯一标识；建立开放的、可互操作的数字资源组织与管理标准规范；建立可互操作的数字对象调度机制等。此外，还应充分利用现有的其他相关标准规范。

数字图书馆标准规范体系建设应把握如下原则。

1．以实现资源的共建共享为基本目的

数字图书馆标准规范体系建设的基本目的是实现数字资源的共建共享。数字图书馆系统涵盖多个分布式、超大规模的、异构多媒体资源库群，为向用户提供高效跨库和无缝链接的信息服务与知识服务，应在统一的标准规范基础上进行资源建设。

2．优先采用国际标准和通用规范，认真贯彻国家标准和行业标准

目前，国际上在数字图书馆领域已经形成了一些较成熟的国际标准和通用规范，代表着当今国际主流技术，要积极引进并合理采用。此外，中国已有的相关国家标准在数字图书馆建设中应予以坚决贯彻。全国数字图书馆体系共同制订的标准规范应在各数字图书馆系统中得到坚决执行。

3．以开放机制建设数字图书馆标准规范体系

建立数字图书馆标准规范开放建设与开放应用机制，是保证中国数字图书馆资源与服务的可广泛使用、可互操作和可持续发展的重要条件，尤其是在数字图书馆向开放集成体系和语义网络发展时，任何孤立、封闭的数字图书馆系统都将失去生存和发展的能力，只有按照整体环境的标准与规范来组织资源、提供服务，才能有效利用整体环境中的其他资源与服务来提高对用户的服务能力和效率。

4．实现本地化和民族特色

要在引进国外相关标准规范的基础上，相应地建立和发展一批具有中国特色的数字图书馆标准规范体系，将这些标准规范本地化，以适应和促进中文信息资源建设和服务的需要。

19.4 数字图书馆应用及产业化

19.4.1 数字图书馆的推广应用及产业化

数字图书馆作为国家信息基础设施建设的重要组成部分和公共信息资源体系，其建设经费应主要来源于政府投资。但是，仅靠政府投入还不足以支撑数字图书馆的发展，必须建立一个良性发展机制来支持数字图书馆的可持续发展。企业资金的注入就可以在一定程度上弥补政府投入的不足。数字图书馆应在立足于公益性服务的基础上，积极探索市场化运作模式，尝试以增值服务推动整个事业的滚动发展。

在处理二者关系时，应把握如下原则。

1．坚持以公益性为主

数字图书馆建设的公共投资性质决定了数字图书馆服务的公益性。作为国家公共信息资源和信息服务的主要支撑之一，为确保其在传播先进文化、促进知识创新、保存文化遗产、消除数字鸿沟等方面发挥关键作用，数字图书馆所提供的资源和服务必须坚持以公益性为主。

2．可以面向社会提供文化产品与服务

公益性服务并不等同于免费服务。数字图书馆提供的个性化、深层次信息服务，是可以通过面向社会提供文化产品与服务实现收益的，这种机制将有利于支持数字图书馆事业的持续发展。同时，数字图书馆的跨时空特点使得数字图书馆能够支持庞大的用户群，从而保证在同样的运行成本上降低收费标准，实现社会效益与经济效益双赢。

19.4.2 数字图书馆与知识产权问题

数字图书馆在方便了信息传播和利用的同时，使得相关的知识产权保护的主体、客体以及权利使用方式变得非常丰富和复杂，也使得知识产权的保护和信息的传播利用之间的矛盾更加尖锐。数字时代知识产权问题的解决已经成为法学界、图书馆界、出版界及网络信息提供商们所共同关注的问题。

世界各国在数字图书馆建设中都已经认识到知识产权问题解决的重要性和紧迫性，大多数国家在数字图书馆建设中都尽可能利用处于公共领域的资源，如已超过著作权保护期限的作品、已经获得授权的作品等。同时，各国也都在积极探索解决知识产权问题的有效途径。例如，日本的版权批准由文部省所属的文化事务局管理，版权所有者必须承诺学校及数字图书馆具有合理使用其作品的权利。这种做法对于解决数字图书馆建设中所涉及的知识产权问题具有积极意义，极大地方便了数字图书馆建设中有关知识产权问题的解决。

从中国的情况来看，数字图书馆资源建设所涉及的大部分作品仍在著作权保护期限内，而这些资源正是公众需求最集中的内容。《中华人民共和国著作权法》没有给予图书馆将数字化馆藏通过互联网传播的权利，因此按照现行法律条款，如果数字图书馆为公益目的而先行使用这些作品，必须要事先取得每件作品的著作权使用许可，所涉及的工作量和付酬金额都将是巨大的，这在一定程度上会制约数字图书馆的发展，贻误通过数字图书馆建设传播先进文化的时机。

当前，国内包括一批民营企业在内的众多数字图书馆建设机构都在采用各种方法努力探索数字图书馆的著作权解决方案。但迄今为止，尚未找到一个在现有法律框架下公认的、完善和有效的解决途径。

在数字图书馆建设与服务过程中，应重视以技术手段对数字资源内容进行有效的权限管理，包括利用唯一标识符对数字图书馆的所有数字资源内容进行有效管理；运用数字水印等各种加密手段保证数字对象在网络传输过程中的安全；建立网上授权认证机制，防止传播中的数字资源被非法使用；提供精确的版权计付费功能等。

19.4.3 数字图书馆的发展前景

数字图书馆建设给中国图书馆事业的发展带来了新的机遇与挑战。通过数字图书馆的建设推动中国图书馆资源水平、服务能力和运行模式的不断发展，也通过图书馆在文献资源、建筑设施和服务体系等方面的建设为数字图书馆的持续发展和有效服务提供了基础条件，共同构建可靠的、面向社会多元化需求的公共信息资源体系、文献服务体系和知识服务体系。

数字图书馆将致力于推动基于数字信息资源的信息服务和知识服务，通过不断的服务创新和机制创新，形成面向社会公众的、相对完善的数字信息查询、利用、交流、咨询服务体系，极大地提高社会公众和科研教学用户获取信息、进行交流和开展知识创新的能力，构建起有效的面向全社会的数字化工作学习保障环境，为实现中国全民终身学习提供一个丰富便捷的知识平台。

中国的数字图书馆建设将与网络教育、数字科研（E-Science）、电子政务、电子商务等领域的建设紧密结合，在标准规范、核心技术、资源共建共享、服务融合等方面相互协调，使数字图书馆在发挥社会公共信息资源基础作用的同时，作为这些领域信息基础设施的重要有机组成部分，提供可靠的数字内容、应用服务和支持系统，为建立适用于政府决策的信息共享网络提供支持。

（中国国家图书馆　张晓星）

第 20 章　互联网在学术界中的应用

20.1　背景介绍

据 CNNIC 统计数据显示，中国教育科研的域名数（. edu. cn 和. ac. cn）一直呈上升趋势，如图 20.1 所示，充分体现了互联网在教育科研领域里的生命力，并从不同方面影响着中国教育与科技的发展。

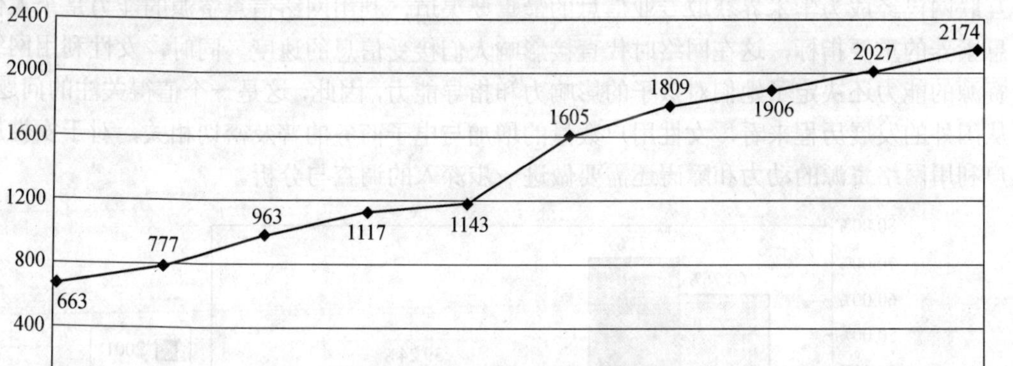

图 20.1　中国教育科研域名增长情况

为了深入研究这一问题，2001 年 11 月至 2002 年 2 月，在联合国教科文组织和国家社科基金的支持下，北京大学董小英副教授在北京大学、中国科技信息研究所和浙江省情报所共采集问卷 709 份（通过网络采集电子问卷 40 份），其中有效问卷 706 份。在 709 份问卷中，从北京大学图书馆，北京大学数学学院，计算机系、电子学系、地质系、信息管理系和心理系搜集问卷 220 份；中国科技信息研究所 210 份（网上问卷 40 份）和浙江省情报所 285 份（包括浙江省图书馆，浙江大学图书馆等单位）。发放问卷的工作主要由图书馆员或系办公室负责人承担。在所搜集到的问卷中，80%以上的问卷来自于教师、科研人员和学生。因此，学术界用户是本次调查分析的主体。

2002 年调查问卷的设计以 1998 年的问卷为基本框架，主要由 3 个部分组成：用户的背景；用户使用网络现状；用户对网络资源的评价。在参照国内外相关研究成果的基础上，对问卷进行的补充和修订，主要是加强了对互联网资源评价方面内容。为了使用户的思路不受问卷的限制，增加了两个开放性的问题 C9 和 C10，目的是使用户能够从自身的需求出发，对互联网的信息资源和质量充分表达自己的看法和期望。所有问卷经 SPSS 软件处理，如果差异显著，则进行相关性分析。整个数据处理产生了 70 多个表格，下述图表和分析就是在此基础上产生的。在撰写分析报告的过程中，作者主要从 5 个角度对数据进行了分析和论证：（1）互联网用户的背景；（2）使用互联网的现状；（3）信息查询的行为；（4）用户对互联网资源的评价；（5）用户对互联网质量和服务的期望。

20.2 用户群的分析

年轻人是互联网上最大的用户群，女性用户的比例在缓慢增加。在 706 份问卷中，男性占 60.76%，女性占 39.24%（如图 20.2 所示），女性用户的比例比 1998 年提高了 10.24%。但与发达国家的发展水平相比（在互联网普及 5 年以后，男女人数基本持平），中国互联网用户中女性的比例仍然相对较低。从中国互联网络信息中心（CNNIC）的最新调查统计数据来看，在全国范围内互联网用户中女性比例占 40%，与学术界的用户性别比例差别不大。探讨互联网用户中女性比例问题的价值在于，在网络时代，对数字化信息的获取能力与专业知识更新和职业发展能力密切相关。从 1998 年和本次调查结果看，互联网已经成为学术界获取专业信息的最重要渠道，利用网络信息资源的能力是个人信息素养的重要指标，这在网络时代直接影响人们接受信息的速度。同时，女性利用网络资源的能力还决定了她们对孩子的影响力和指导能力，因此，这是一个值得关注的问题。从国外的发展历程来看，女性用户数量的增加与电子商务的普及密切相关，对于女性用户利用网络资源的动力和障碍还需要做进一步深入的调查与分析。

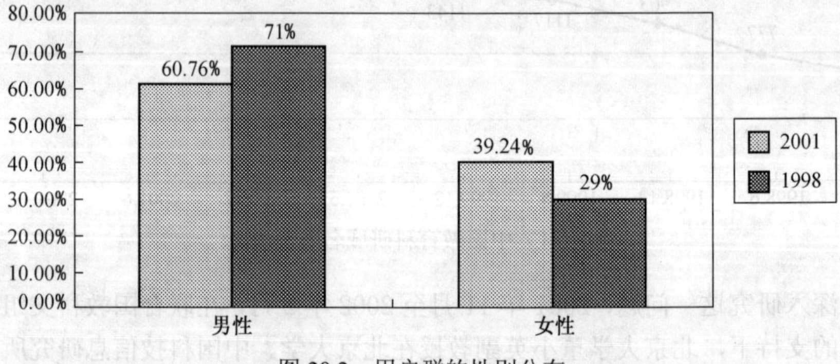

图 20.2　用户群的性别分布

在整个用户群中，学生的数量接近 50%，66%的用户来自自然科学背景，在拥有专业职称的受访者中，接近三分之一拥有中级或高级职称。在本次调查中，年轻人仍然是最大的群体，如图 20.3 所示，20～30 岁的占 69%，30～50 岁的占 24%，50 岁以上的占 3%，20 岁以下的占 4%，中青年占学术界用户群体的 86%（指 20～40 岁）。由于本次调查主要是在大学、研究机构和信息中心进行，因此，20%以下的用户比例可能要低于社会的实际状况。

从用户群的职业分布来看，学生占 51.41%，其中博士生（包括正在攻读博士学位和已经获得博士学位的人）占 14.17%，硕士生占 51.67%，本科生占 34.1%。

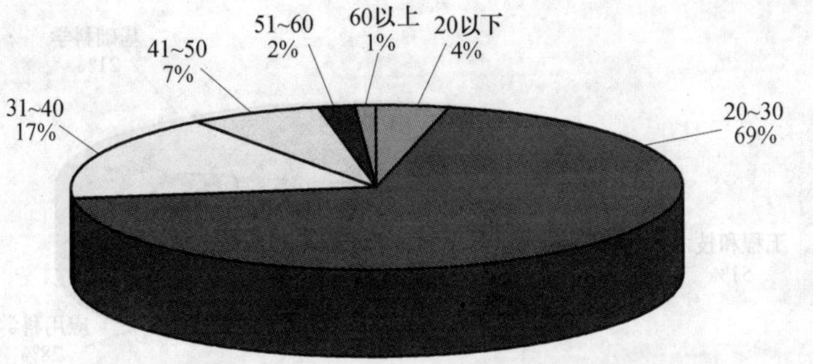

图 20.3　用户群的年龄分布

专业职称是分析学术界互联网用户的一项重要指标，这一个群体的用户在教育和科研事业中发挥着重要的骨干和学科带头人的作用，这批人利用网络资源的状况，对互联网资源的评价以及对网络信息的潜在需求，是信息服务业界需要重点考虑的。在本次调查中，共有 535 人回答了这一选项，见表 20.1。可以看到，拥有高级职称的 102 人，占有效问卷的 19.07%，拥有中级职称的 162 人，占 30.28%，也就是说，受访者中拥有中高级职称的占 49%，在整个用户群中占 37%。

表 20.1　　不同职称的分布

职称	人数	有效百分比
初级以下	158	29.53
初级职称	113	21.12
中级职称	162	30.28
高级职称	102	19.07
回答总数	535	100.00
未回答	174	
合计	709	

在用户群的学科分布中，最大的群体来自自然科学(66.24%)；社会科学占 20.09%，人文科学占 13.68%（见表 20.2），与 1998 的调查结果相比，社会科学（17%）和人文科学（7%）背景的用户比例有一定的增长，尽管如此，从总量来看，社会科学和人文科学背景的用户仍然只占整个用户群的三分之一左右。对于自然科学背景的用户，51.24%是工程技术背景，20.66% 从事基础科学研究，28.10%来自应用科学领域（如图 20.4 所示）。

表 20.2　　不同学科领域的用户分布

专业背景	人数	有效百分比
社会科学	141	20.09
人文科学	96	13.68
自然科学	465	66.24
回答总数	702	100
未回答	7	
合计	709	

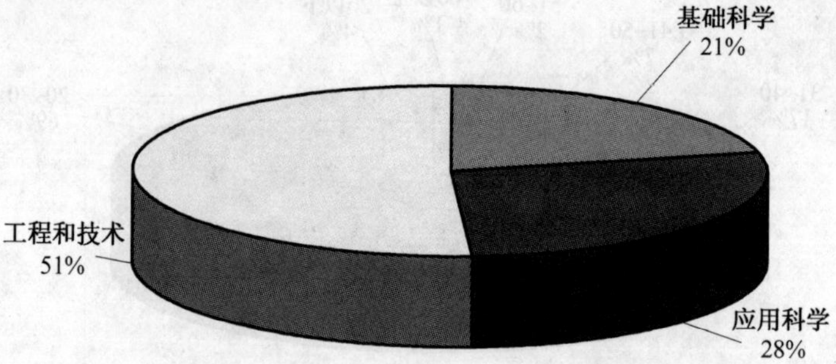

图 20.4　用户在科技领域的分布

受访者的职业分布中，79%来自大学和科研机构，72%的用户月收入在 2000 元人民币以下。如图 20.5 和图 20.6 所示，52%的受访者是学生，因此，这就不难理解用户收入水平偏下的基本倾向。收入在 2000 元以上的用户占整个用户群的不到 20%。与发达国家的互联网用户以中产阶级不同（收入在 5 万美元以上），中国互联网用户的收入与网络资源的利用率并不是成正比，中国互联网络信息中心的调查也可以验证这一观点：即收入在 2000 元以下的用户比例高于收入在 5000 元以上的用户。这个数据表明，基于互联网的消费对于中国来说还仅仅是一个潜在市场。

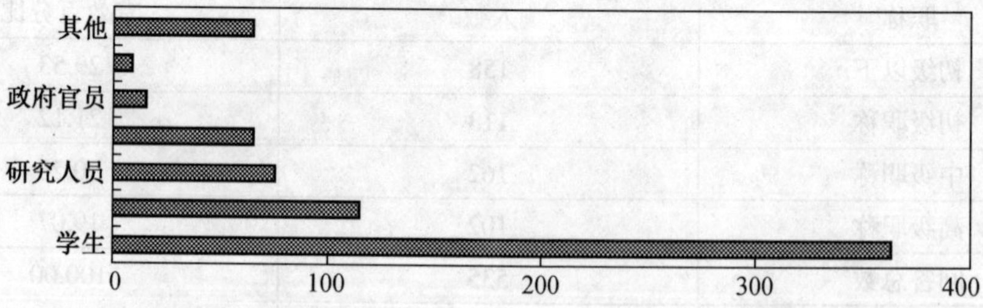

	学生	教师	研究人员	企业	政府官员	媒体	其他
职业	363	114	75	64	14	8	65

图 20.5　用户的职业分布

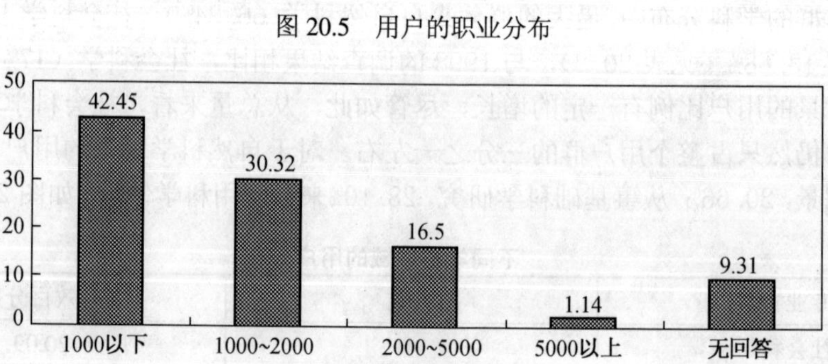

图 20.6　收入的分布

20.3　用户利用互联网资源的现状分析

在本次调查中，有 57%的用户有 2～5 年的上网历史，46%的用户通过自学学会利用互联网资源和服务。如图 20.7 所示，在学术界，只有 7%的用户有超过 5 年的上网历史，10%的用户是在近一年内才开始上网的。

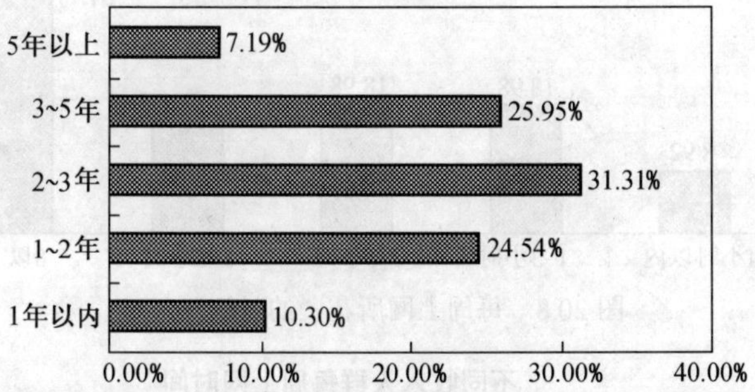

图 20.7　用户利用互联网的历史

在分析用户是通过何种途径开始利用互联网资源时，46.45% 回答是通过自学的方法，35.94%的用户通过同事、同学和朋友的介绍和帮助，只有 6.82% 的用户是通过正式的培训课程学会使用网络的技能，通过报纸、手册和群体媒体的占 7.39%，3.41%是通过在国外的经历获得使用互联网资源的能力，见表 20.3。表 20.3 的数据表明，互联网的进入门槛是比较低的，对大多数用户来说，不需要经过系统的培训，其重要的学习方法是边干边学。

表 20.3　　　　学会上网的途径

接触网络途径	人数	有效百分比
国外经历	24	3.41
同事介绍	253	35.94
培训课程	48	6.82
自学	327	46.45
报纸等媒介	52	7.39
回答总数	704	100.00
未回答	5	
合计	709	

获得的学历越高，在互联网上所花费的时间相对更多。低收入的用户比高收入的用户每周花在网络上的时间更多。在调查中我们还发现，人文学科和自然科学中从事应用科学的用户在网上花更多的时间。

如图 20.8 所示，37.11%的用户每周在网上的时间超过 8 小时，9%的用户每周的上网时间少于 1 小时。相关分析表明，不同性别用户上网的时间没有明显差异，见表 20.4。表 20.4 的数据说明，收入低并没有成为利用互联网资源的主要障碍。

如表 20.5 所示，展示了不同科学背景的用户上网的时间。如果我们将每周上网超过 8 小时作为用户消费能力的一个指标，那么，来自人文科学和应用科学的用户群在网上花费的时间相对较多，其次是社会科学。在表 5 中，我们并没有看到传统观念中理科背景的用户更多利用网络信息资源这样一种现象，说明在网络时代，理科和文科背景的用户在利用网络信息资源的方式上是逐渐接近的。

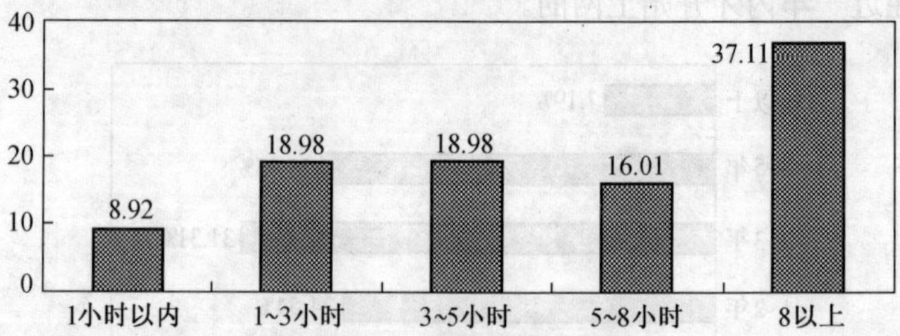

图 20.8 每周上网所花费的时间（%）

表 20.4 不同收入人群每周上网时间

收　　入	1 小时之内	1～3 小时	3～5 小时	5～8 小时	8 小时以上
1000 元以下（样本 301）	7.64	17.28	17.28	16.61	41.20
1000～2000 元（样本 213）	9.39	19.25	22.54	15.49	33.33
2000～5000 元（样本 116）	10.34	14.66	19.83	17.24	37.93
5000 元以上（样本 10）	10.00	10.00	30.00	50.00	

表 20.5 不同学科人群每周上网时间

	1 小时之内	1～3 小时	3～5 小时	5～8 小时	8 小时以上
社会科学（样本 140）	7.14	17.14	17.14	20.00	38.57
人文科学（样本 95）	6.32	18.95	20.00	13.68	41.05
自然科学（样本 494）	9.91	19.83	19.18	15.09	35.99
一基础科学（样本 99）	5.05	24.24	17.17	18.18	35.35
一应用科学（样本 136）	10.29	18.38	19.12	10.29	41.91
一工程技术（样本 248）	10.89	18.95	19.35	17.74	33.06

如表 20.6 所示，用户中学历越高，上网的时间越长。53%的博士生每周上网时间超过 8 小时，硕士生为 41%，本科生为 30%。从年龄段上看，20 岁以下的学生上网超过 8 小时的占 27.59%，而年龄在 20 岁到 40 岁的用户达到了（40%）。这个数字说明了两个问题，一是学历越高，从事的研究工作越多，对专业信息的需求越强烈，对网络资源的利用率越高。在这个过程中，上网经历和专业水平可能形成正反馈关系，既从网上获取的专业知识越多，对专业和职业发展越有利。对于学术界来说，能否快速、准确地掌握国内外专业发展的最新成果将对学术生涯产生长远的影响。

表 20.6 不同教育背景人群每周上网时间

学　　位	1 小时之内	1～3 小时	3～5 小时	5～8 小时	8 小时以上
大学以下（样本 38）	10.53	36.84	23.68	13.16	15.79
大学（291）	13.06	21.31	21.31	14.09	30.24
硕士（261）	6.13	18.01	16.09	18.77	41.00
博士（115）	4.35	9.57	18.26	14.78	53.04

在上网的地点上，36.67%的用户在家里上网，33.57%在办公室上网。大约 20%的用户选择在图书馆和计算机中心上网，尽管在问卷采集的城市都有大量的网吧，但从此次调查结果来看，只有 8.46%的人在网吧上网。0.99% 的受访者抱怨很难找到地方上网。

20.4　用户使用互联网的信息查询行为

调查发现，在互联网时代，学术界用户获取信息的途径是混合型的，既包括数字化信息，又包括传统的文献；既有信息产品，又有非正式的人际交流。在各种途径中，互联网搜索引擎是最常用的工具。如图 21.9 所示展示了用户对各种获取信息工具的使用情况。其中，使用互联网搜索引擎的比例最高，达到 76.8%，为第二种方式的一倍。占居第二位的途径是利用网页上的链接浏览和获取信息，但使用这种方式的用户只为 36.5%。可见搜索引擎是获取网络资源的最重要途径。其他获取信息的途径包括阅读期刊和书籍，占 34.3%，通过数据库获取信息占第 4 位，为 32.1%。通过图书馆目录获取信息的占第 5 位，为 29.9%。通过浏览参考文献和引文来获取信息的占 20%。在网络时代，通过非正式的途径获取信息仍然占有一定的地位，同行交流为 21.7%，非正式的方式包括与同事面对面交流，聊天等。对于大学和研究机构来说，提供一些非正式的信息交流场所（如茶社，咖啡厅等），对学者之间的思想交流和创意产生具有不可替代的作用。调查还发现，通过书店获取信息的占 15%，通过参加会议或浏览私人藏书来获取信息的用户各占 8%。

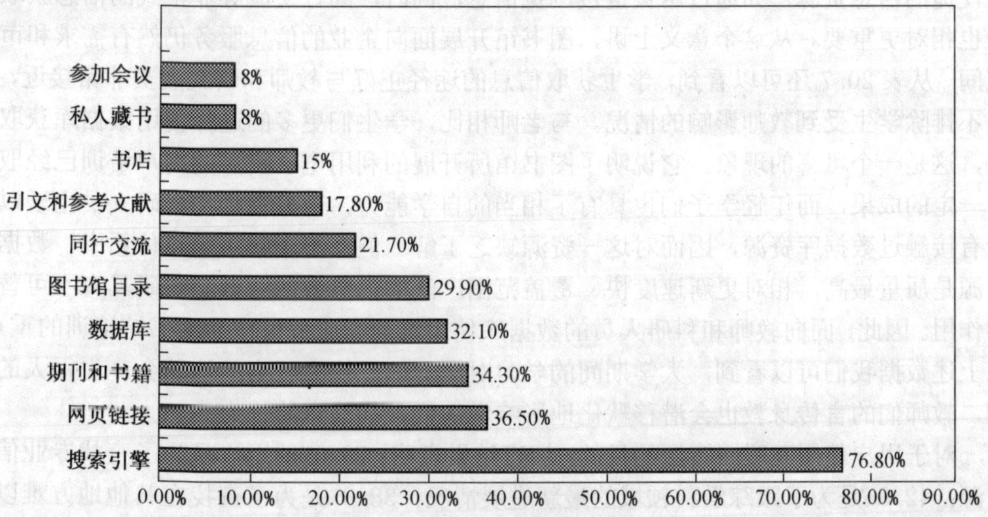

图 20.9　用户获取信息的途径

在参与问卷调查的学生中，无论他们的学历和专业背景如何，均将互联网搜索引擎作为获取信息的最重要渠道（见表 21.7）。与本科生相比，硕士研究生和博士生会更多地利用网页或网站的链接来浏览信息，这种现象说明，后者已经能够找到或发现与自身需求相关的网站并以此为起点进行信息的追踪，而低年级的学生则仍然需要比较综合的导航系统。调查数据说明，与其他学生群体相比，博士生的非正式交流比例更大，其中 18.3%的人是通过与同事的交谈来获取信息的，随着学业的深入，私人藏书的积累也在不断增加，35.7%的用户是通过私人藏书获取信息。与之相比，本科生则把追溯书籍和期刊中的参考文献作为获取信息的重要来源。

表 20.7　　不同职业背景用户群获取信息途径

	研究人员	教师	学生	政府官员	企业	新闻媒体	其他	总体
搜索引擎	63.5	75.9	80.2	64.3	75.0	100.0	75.4	76.7
专业数据库	39.2	33.9	35.9	7.1	17.2	25.0	21.5	32.2
网页链接	20.3	38.4	37.3	64.3	40.6	25.0	35.4	36.2
馆藏目录	28.4	24.1	36.8	14.3	18.8	25.0	18.5	29.9
同行交流	18.9	25.9	19.2	28.6	29.7	12.5	23.1	21.7
国内外会议	9.5	12.5	8.1	7.1	4.7	12.5	1.5	8.0
书店	6.8	12.5	17.5	14.3	12.5	37.5	16.9	15.2
私人藏书	10.8	8.0	8.9	7.1	3.1	12.5	4.6	8.0
文献引文	24.3	17.9	21.2	.0	9.4	.0	6.2	17.8
期刊书籍	31.1	40.2	36.8	14.3	34.4	12.5	21.5	34.3

不同专业或职业背景的用户在获取信息中也有不同的偏好。学术界用户与政府官员和企业用户相比，利用专业化信息服务的能力较强，如对专业数据库，馆藏目录，期刊书籍和文献引文的使用率都比较高。相比之下，政府官员和企业用户更多地利用使用相对便捷的信息资源，如通过网页链接浏览信息，同时，同行交流等非正式的信息获取途径也相对更重要。从这个意义上讲，图书馆开展面向企业的信息服务仍然有需求和市场空间。从表 20.7 还可以看到，学生获取信息的途径正好与教师和研究人员非常接近，这里不排除学生受到教师影响的情况。与老师相比，学生们更多的选择使用数据库获取信息，这是一个可喜的现象。它说明了图书馆所开展的利用电子资源的用户培训已经取得了一定的成果，而年轻学子们也具有了相当的自学能力，部分教师和科研人员由于以前没有接触过数据库资源，因而对这一资源缺乏了解。但在整个数字信息体系中，数据库资源是质量最高，相对更新速度快、覆盖范围广泛的信息源，对教学科研具有不可替代的作用。因此，面向教师和科研人员的数据库使用培训和服务可作为图书馆培训的重点。从上述数据我们可以看到，大学期间的学习对用户信息检索行为的培养会产生很大的影响，教师们的言传身教也会潜移默化地影响学生们查找信息的行为。

对于用户使用互联网资源的目的，调查结果表明：79.6%的用户是为了查找专业信息资源；42.8%是为了跟踪学科领域的最新进展情况；38.3%是为了查找在其他地方难以找到的资料；13.9%是为了与国内外的同行进行交流。这些数据显示：对于学术界用户来说，互联网主要被用作获取信息的重要资源，而不仅仅是通信的工具。从获取信息和知识的角度讲，互联网资源与用户们的工作、研究和职业发展密切相关。

在各类型信息中，对研究报告的需求最大，占 58.8%，其次是各个学科专业领域的最新消息和进展情况，占 48.8%，从网上获取软件占 38.2%。正如表 8 所展示的，用户从网上获取的其他类型的信息还包括统计数据 17.5%，专业会议和相关活动占 12.7%，与同行进行学术讨论占 11.7%，国际组织和本国政府文件占 9.2%，教学大纲占 5.2%，如表 20.8 所示。

表 20.8 从互联网上获取最多的信息

信息类型	人数	百分比
研究论文	407	58.8
最新专业动态	338	48.8
软件	264	38.2
统计数据	121	17.5
会议或活动	88	12.7
同行讨论	81	11.7
国际组织或政府报告	64	9.2
教学大纲	36	5.2
其他	36	5.2
有效样本数	692	

在用户使用互联网的服务中，电子邮件始终是利用比例最高的，占 84.8%，其次是万维网资源（WWW），占 58.2%，搜索引擎占 51.1%，下载软件占 42.5%，查询图书馆资源占 38.9%，如图 21.10 所示。在问卷设计时，问题 B2 和 B7 有交叉，前者强调的是互联网的服务、工具和职能，后者强调的是信息资源的类型。

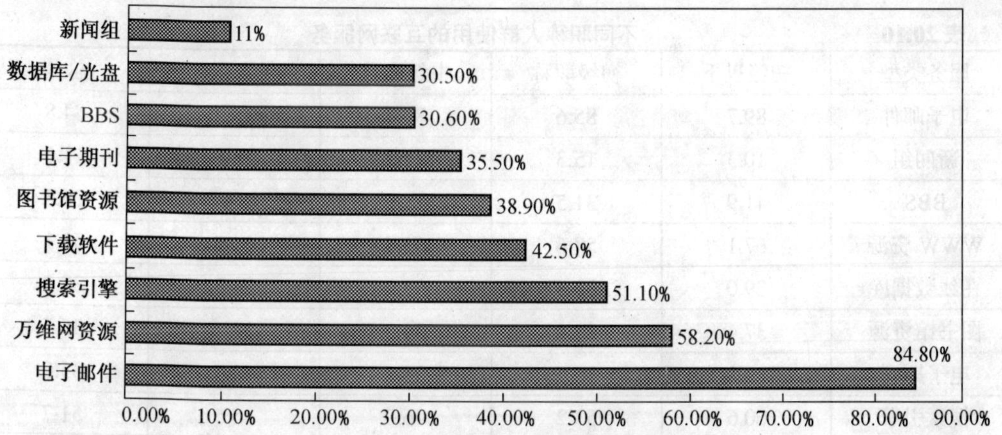

图 20.10 用户最常使用的互联网服务

在从不同职业和不同职称的角度对用户使用互联网服务的情况进行分析时（见表 20.9 和表 20.10），我们发现：不同职业和职称的用户在使用某些服务上是非常接近的，如电子邮件、下载软件和浏览电子期刊。但在研究人员、教师和学生中，对图书馆资源，在线数据库的使用比例相对较高，企业和新闻媒体用户对搜索引擎的使用比例使用更高。在不同职称的用户中，低职称的用户群更多地使用搜索引擎、数据库、光盘和新闻组，而高职称用户群使用搜索引擎、浏览万维网资源和新闻组的比例相对要少很多，但在访问 BBS、阅读电子邮件方面则花费更多的时间。这一数据也验证了表 10 所反应的数据和分析，即学历和职称越高，非正式交流的重要性也就越高。

中文信息是中国互联网用户所获取的最重要的资源。与 1998 年的调查数据相比，检索中文信息的比例有较大增加。1998 年，学术界 80.3%的用户从互联网上检索英文资源，查询中文信息资源的占 79.8%，在 2002 年，大约 95%的用户从互联网上检索中文信息资源，检索英文信息资源的占 69.7% 。除了英文信息资源外，只有 2.7%的用户访问日文网站，1.7% 的用户访问德文网站，访问俄文、法文和其他语种网站的用户均小于 1%，如图 20.11 所示。

表 20.9 不同职业人群最常使用的互联网服务

服务类型	研究人员	教师	学生	政府官员	企业	新闻媒体	其他	总体
电子邮件	74.7	88.5	89.4	64.3	75.8	75.0	81.5	85.0
新闻组	5.3	10.6	11.2	28.6	17.7	12.5	7.7	11.1
BBS	9.3	20.4	45.4	7.1	11.3	25.0	13.8	30.4
WWW 资源	44.0	58.4	63.0	35.7	66.1	62.5	44.6	58.2
在线数据库	29.3	29.2	35.0	14.3	17.7	37.5	23.1	30.4
图书馆资源	38.7	39.8	47.3	21.4	16.1	.0	21.5	38.9
电子期刊	41.3	38.1	37.8	28.6	27.4	.0	27.7	35.7
搜索引擎	41.3	46.0	56.9	28.6	54.8	50.0	43.1	51.3
下载软件	45.3	32.7	46.5	28.6	37.1	37.5	40.0	42.2
有效样本数	75	113	357	14	62	8	65	694

表 20.10 不同职称人群使用的互联网服务

服务类型	初级以下	初级职称	中级职称	高级职称	总体
电子邮件	89.7	85.6	80.7	83.2	84.8
新闻组	10.3	15.3	11.2	9.9	11.6
BBS	41.9	31.5	18.6	8.9	26.3
WWW 资源	67.1	58.6	53.4	51.5	58.1
在线数据库	29.0	32.4	32.9	26.7	30.5
图书馆资源	37.4	32.4	34.2	38.6	35.6
电子期刊	30.3	30.6	34.2	48.5	35.0
搜索引擎	60.6	53.2	46.0	45.5	51.7
下载软件	47.1	51.4	37.3	24.8	40.7
有效样本数	155	111	161	101	528

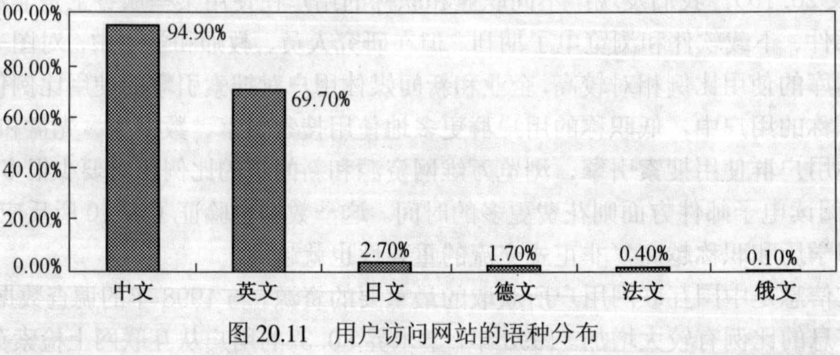

图 20.11 用户访问网站的语种分布

20.5　学术界用户对互联网资源的评价

在请用户对中英文网站的数量和质量上的差距进行比较时我们发现，与 1998 年的数据相比，中英文网站在质量和数量上的差距是在缩小，但用户们认为质量上的差距仍然大于数量上的差距，这种差距主要体现在信息的质量和时效性上。

由于中文和英文网站是用户最常访问的资源，问题 C3 和 C4 请用户比较中英文网站在数量和质量上的不同，目的在于发现它们之间的差距在问询用户的意见时，将评价划分为 1～5 个维度，1 代表差距很小，5 代表差距很大。同样的问题也包括在 1998 年的调查中，目的是发现这 3 年来发生的变化。2002 年的调查结果显示：多数被访者认为中英文网络无论在数量上还是在质量上都存在一定差距。其中，质量上的差距更为显著，认为质量差距较大和很大的比重超过 57%，而认为在数量上差距较大和很大的比例略低，约为 40%。

如图 20.12 所示，用户对数量差距的抱怨呈下降趋势，与 1998 年的调查数据相比，用户抱怨中英文网站在数据上差距很大的从 28%下降到 10%左右，抱怨差距较大的从 35.9%下降到 29.33%左右。认为中英文网站质量差距很大的从 1998 年的 32.8%下降到 16.5%，但认为质量上差距较大的从 37.5%上升到 40.6%（如图 20.13 所示），说明中英文网站质量上的差距仍然是显著的，尽管用户的态度缓和了一些。

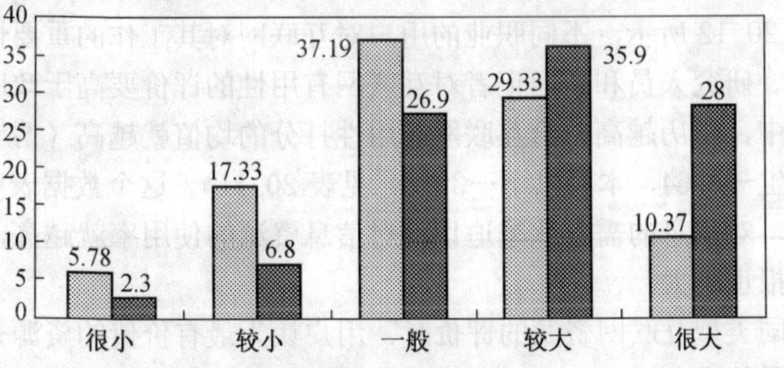

图 20.12　中英文网站在数量上的差距（单位：%）

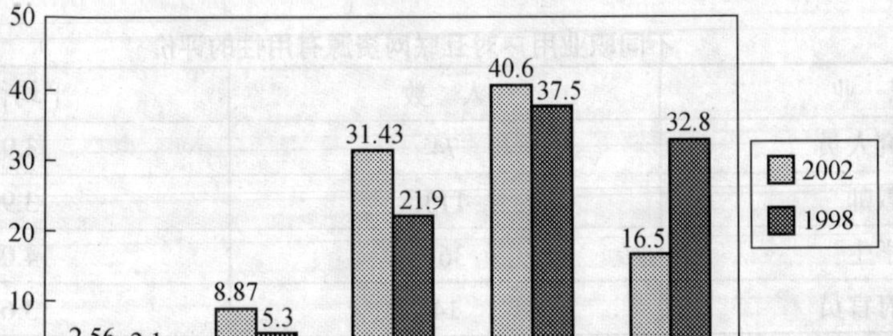

图 20.13　中英文网站在质量上的差距（单位：%）

当我们进一步询问中英文网站的差距主要表现在哪些方面时，59.3%的用户认为主要是信息的质量，48.8%的用户认为是信息的时效性，34.9%的用户认为是信息的种类，只有 14%的用户认为中英文网站的界面和网页设计差距较大。上述数据表明，对大多数用户来说，信息的内容、时效性和信息类型的多样化是决定网站质量的最重要的因素，而信息的表达方式和格式则位居其次。用户对网站质量的判断体现出重内容轻形式的态度在后面的调查结果中也得到了进一步的证实。

在问询用户判断互联网对其工作的重要性时，69%用户认为是有用（43%）或非常有用（26%）（如图 21.14 所示），在 1998 年，表达了这一观点的用户为 46%。也就是说，互联网在人们工作中的重要性是在逐渐增加的。

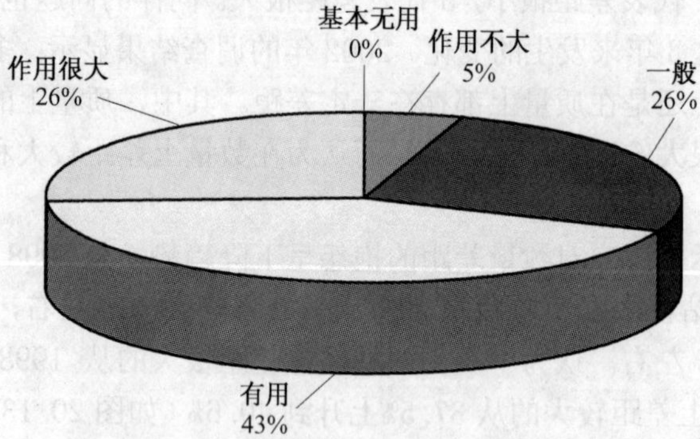

图 20.14　互联网资源对工作的有用性

如表 20.11 和表 20.12 所示，不同职业的用户对互联网对其工作的重要性的认识是不同的。学生、教师、研究人员和新闻记者对互联网有用性的评价要高于政府官员和企业界人士。在学生群中，学历越高，给互联网有用性打分的均值就越高（博士－4.25，研究生－4.13，本科生－3.64，本科以下－3.16，见表 20.11）。这个数据表明，用户学习和积累的知识越多，对信息的需求就越迫切，对信息资源的使用率就越高，而利用信息对工作和研究的回报也越大。

在调查用户对不同类型互联网资源的评价时，用户认为最有价值的资源是万维网资源（52.1%），其次是图书馆资源（46%），数据库资源（43.8%），电子期刊（37%）和软件（37.1%）。与上述资源相比，BBS 或新闻组为 5.4%，远程会议为 1.4%。

表 20.11　　不同职业用户对互联网资源有用性的评价

职　业	人　数	平均得分
研究人员	74	3.99
教师	113	3.99
学生	361	4.00
政府官员	14	3.64
企业	64	3.58
新闻媒体	8	3.88
其他	64	3.47
总数	698	3.90

表 20.12　　不同文化程度用户对互联网资源有用性的评价

文化程度	人　数	平均得分
大学以下	38	3.16
大学	291	3.64
硕士	260	4.13
博士	114	4.25
总数	703	3.89

与 1998 年的调查结果相比，用户使用互联网资源中的主要困难基本上是相同的，依次为速度慢，资费高，信息质量差，很难找到相关信息。其中速度慢，很难找到相关信息的问题更加突出。调查结果显示，用户在使用互联网资源时所遇到的主要困难依次为网络传输速度太慢（60.1%）；网上资源的质量不高（37%）；上网费用较高（38.4%）；很难找到相关的资源（30.1%）；病毒和黑客袭击（19.6%）；网络不够稳定（18.1%）；缺少中介服务（8.8%）。2002 年对用户使用网络资源的困难的调查增加了有关病毒与黑客，系统稳定性等问题，取消了 1998 年调查中有关链接困难和语言障碍等问题。如图 20.15 所示反映的 2002 年与 1998 年用户使用互联网资源的主要困难来看，用户对网络传输速度、资费、信息质量和查找相关信息方面障碍的抱怨呈现增长趋势，如 2002 年，用户认为网络传递速度太慢为 60.1%，而 1998 年为 27.5%。随着中国网民数量和应用需求的增长，如果接入网带宽不能得到大幅度的提高，信道拥塞的情况会更加严重。尽管这两年上网费用有了若干次的下调，但仍有 38.4%的用户抱怨上网价格高，这和用户群体中学生数量高有直接关系。对网络信息资源质量问题的关注也从1998年的1.7%增加到了2002年的 8.8%。

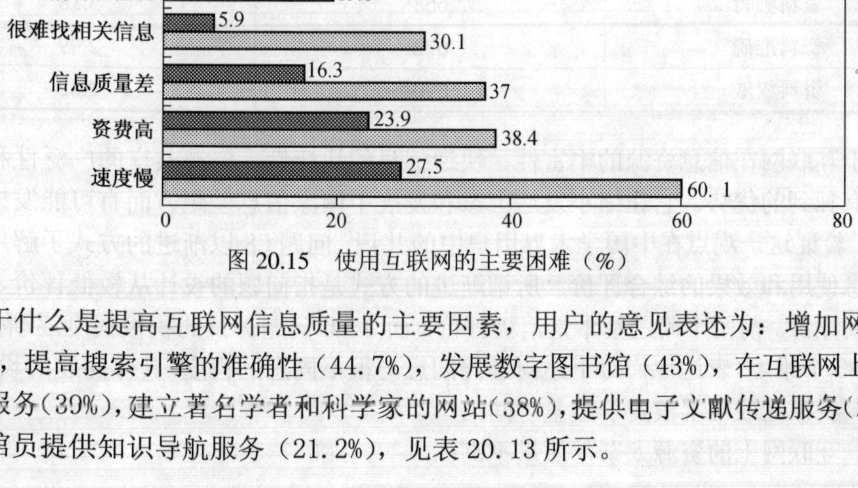

图 20.15　使用互联网的主要困难（%）

关于什么是提高互联网信息质量的主要因素，用户的意见表述为：增加网络提速（45.6%），提高搜索引擎的准确性（44.7%），发展数字图书馆（43%），在互联网上提供核心期刊服务（39%），建立著名学者和科学家的网站（38%），提供电子文献传递服务（26.9%），由图书馆员提供知识导航服务（21.2%），见表 20.13 所示。

表 20.13 提高互联网质量的主要途径

	人 数	百分比
网络提速	314	45.6
提高搜索引擎准确性	308	44.7
发展数字图书馆	296	43.0
核心期刊上网	269	39.0
建立著名科学家或学者网站	268	38.9
开展网上文献传递服务	185	26.9
图书馆员帮助建立主题导航服务	146	21.2
有效样本数	689	

了解用户对互联网特性的认同情况有助于我们判断网络资源与传统信息资源的价值，分析互联网资源的主要优势和劣势。如表 20.14 所示汇总了用户对互联网特点所做的评价。评价的维度仍然被分为 5 个等级，用户认同度依次为互联网资源丰富（均值 4.02）；便于使用（3.98）；传递信息的速度快（3.88）；界面友好易用（3.58）和随处可得（3.46）。表 20.14 还反映出用户对互联网资源的独特性（3.18）、准确性（2.99）和权威性（2.82）评价较低。从这个意义上讲，互联网的价值主要体现在它作为一个平台能够整合各种类型的信息资源，并以较快的速度将这些资源传递出去。由于电脑的普及，用户可以非常方便的方式随处随地查询和检索这些信息，但用户对信息的质量仍然表示担心。从发展的角度考虑，借助互联网平台传递高质量的信息才能真正满足用户的需求。

表 20.14 用户对互联网资源认同度的得分

	样本数	平均得分
资源丰富	681	4.02
便于使用	686	3.98
信息传递速度快	678	3.88
界面友好	667	3.58
随处可得	672	3.46
资料独特	668	3.18
资料准确	672	2.99
资料权威	670	2.82

由于互联网在信息资源的丰富性、快递信息的快捷性、资源共享的广泛性和低成本方面具有独到的优势，它在缩小发达国家和发展中国家信息差距方面有可能发挥重要作用。为了验证这一观点在中国学术界用户中的共识，问题 C8 以渐进的方式了解用户对互联网信息使用和效果的综合评价。所谓渐进的方式是指问题的设计从较低评价、中性评价到较高评价。前两个问题基本是消极评价，而 3—6 问题评价的积极程度逐渐提升，用户从 1～5 个维度，表达他们对下述问题的同意与很不同意的程度，具体问题的设计如下。

（1）我在互联网上浪费了大量时间；

（2）互联网上的资源太杂，质量不高；

（3）我在互联网上总能找到相关信息；

（4）互联网是对现有信息的补充；

（5）互联网是获取专业信息最重要的来源；

（6）互联网帮助我们缩小与发达国家的知识差距。

如表 20.15 所示，在满分为 5 的测评中，“互联网是对现有信息的补充”（3.76）和“互联网帮助我们缩小与发达国家的知识差距”（3.68）获得了较高的认同，其中，后一个观点在博士生中得到了最高的认同，达 3.86。其次，对“我在互联网上总能找到相关信息”为 3.41，“互联网上的资源太杂，质量不高”为 3.26；互联网是获取专业信息最重要的来源为 3.24，这一观点在硕士生和博士生中所获得的认同更高；“我在互联网上浪费了大量时间”的认同度最低，仅为 2.65。

表 20.15　不同文化程度网络用户对有关看法的认同程度

	大学以下	大学	硕士	博士	总体
浪费时间	2.76	2.63	2.66	2.66	2.65
质量不高	3.22	3.29	3.27	3.21	3.26
有用信息	3.41	3.31	3.42	3.63	3.41
信息补充	3.66	3.74	3.75	3.85	3.76
最重要来源	3.14	3.09	3.31	3.47	3.24
缩小差距	3.64	3.57	3.72	3.86	3.68

（北京大学光华管理学院　董小英

国家发展和改革委员会社会与经济研究所　张本波）

第 21 章　网络教育发展状况

伴随着计算机网络和多媒体技术的迅猛发展，基于网络技术的远程教育事业也在迅速地发展。基于网络的远程教育为学习者提供了 3 种全新的学习方式：一是学习者通过网络获取丰富的信息；二是学习者与教师之间，通过网络进行远距离教学或合作学习；三是充分利用计算机特有的功能进行计算机辅助教学。

基于网络的远程教育是一种开放式的、崭新的教育形式，它的出现必然会对教育思想、教育方法和内容、教育的体系和结构带来巨大的影响和冲击。尤其是近年来蓬勃发展的网络学校，它以全新的教学方法，在没有时空地域限制的环境中，以最大限度的自主学习方式为学习者提供了各种层次、各种类型的教育，在中国初步构建起“终生教育”和学习化社会体系的基础。

我们必须深入研究基于网络的远程教育的发展状况，为远程教育提供建设性意见、方法和策略，为进一步发展远程教育奠定坚实的基础。

21.1　国外网络教育概况

20 世纪 90 年代后，世界各国对计算机教育给予了极大的重视和关注，发达国家已经完成或接近完成信息技术在硬件配置方面的普及工作，信息技术得到了广泛应用，信息能力得到了普遍重视。这些国家推进教育信息化的目的是为了赢得未来的综合国力竞争而储备实力。正是由于信息技术的硬件以及应用技术的普及，才为基于网络技术的远程教育提供了坚定的物质基础。

2000 年，美国的大学都建立了校园网，并接入了互联网。这些大学和政府部门、大型组织一道，为本国的各级各类学校的师生提供了许多教学、学习、讨论和交流的园地，为学校提供了大量的网络资源。与此同时，美国已经把注意力放到了学校基础设施的建设上。

美国于 1996 年就提出了“教育技术行动”(Education technology initiative)。行动纲领指出：到 2000 年，全美国的每间教室和每个图书馆都将联上信息高速公路，让每个孩子都能在 21 世纪受到技术文化方面的教育。“教育技术行动”的 4 大支柱如下：

- 每个学生都能使用计算机；
- 每个教室都能够接入互联网；
- 网络资源能够整合课程中的优秀教育软件；

● 鼓励教师使用和培养教师善于使用新技术进行教育。

第1和第2个支柱由美国联邦政府、州政府和当地政府以及企业联合资助。关于第3个支柱，当时美国政府已经与各大计算机公司的首脑们进行协商，希望他们能够开发出优秀的教育软件。为了支持其第4个支柱，美国教育联合会等几家著名的全国性教育组织联合建立了"21世纪教师"网络服务，其目的是"鼓励、组织和支持使用新技术对学生进行革新教育的教师"。该网络服务预计培训10万名美国教师，并为参与该项服务的教师提供交流经验的场所。苹果公司也为该组织的教师培训工作设立了专门的网络服务，即"21世纪教师工作室"。

1997年，美国前总统克林顿在他向国会提交的国情咨文中又进一步提出：将在1998年投入510亿美元的巨额预算用于实施一项称为"美国教育行动"的宏伟计划。实施该计划的目的是为了达到以下3个目标：

● 让每一位8岁的儿童都能阅读，每一位12岁的儿童都能上互联网；
● 使每一位18岁的青年都能受到高等教育；
● 使每一位成年美国人都能进行终身学习。

显然，上述每一个目标的实现都离不开基于互联网的教育网络，尤其离不开广大中小学和每一个家庭的普遍联网。

2000年，美国教育部提出《数字化学习：让所有的孩子随时都能得到世界一流的教育》计划，即所有的学生和教师都能够在教室、学校、社区及家庭中使用信息技术，所有的教师都能够有效地利用信息技术帮助学生达到较高的学业标准，所有的学生都具备信息技术方面的知识和技能，同时通过研究和评估来促进下一代技术在教与学中的应用，通过数字化的内容和网络的应用改革教与学。

除了美国，日本也借助网上教育探索新的教育体制和教育模式。早在1995年，日本文部省和通产省就联合实施了一项在基础教育领域有重大影响的试验研究项目，即"100所中小学校联网试验研究"。该项目不仅让实验学校师生了解和学会使用互联网，而且通过一系列科学试验探索出了新的教育体制与教学模式。

1997年日本公布了面向21世纪的《关于改善教育课程基准的基本方向》的文件，明确提出要培养学生通过使用信息技术进行交流、与同伴共同解决问题的能力。

2002年日本文部省规划的"小学两个人一台计算机、中学一个人一台计算机，所有公立学校都能上互联网"的目标已经实现。目前日本正在进行的新一轮的实验，即以实现远程教育为目标的学校硬件建设，主要是建设宽带网互联的视频会议系统。其应用设计包括3个方面的内容：异地教学、教师培训和校际交流。

日本在教育中运用信息技术的目的是实现3个根本转变，即学生学习方法的根本转变、课堂教学方法的根本转变、学校管理的根本转变。

英国在1988年的教育改革中就将信息技术课程IT（Information Technology）列入到全国统一课程中，2000年开始实施新的国家课程，将原IT课改为ICT（Information and Communication Technology）。从1989年开始，英国在全国范围内的所有高等学习中实施一项称为"计算机用于教学创新"的庞大项目，其目标是要将计算机、多媒体与远程通信技术相结合，实现对高等院校所有学科（包括文科、理科、医学和环境等各个领域）从教学模式、教学内容到教学组织形式的彻底变革。英国在国拨教育经费中，规定其中的6%必须作为学校专款专用的微机购置费，以保证英国20%的中小学校能够接入互联网。

英国发展教育信息技术是为了促进学生 4 个方面的发展和 5 种关键技能的提高。4 个方面的发展分别是精神发展、道德发展、社会发展和文化发展 5 种关键技能分别是交流技能、数字应用技能、信息技术技能、自我提高技能和解决问题技能。

该项目动员全国所有高等院校参与，从每一门学科做起，对传统教学产生了重大影响，意义深远。“计算机用于教学创新”这个术语以及大量相关的刊物，早已越出英伦三岛，日益成为整个欧洲甚至全世界范围关注的焦点。

除了建立网络教育理念之外，世界各国都十分注重网络教育，尤其是美国、加拿大、英国和澳大利亚等国的网上教育已发展得相当成熟，这些国家充分认识到，开展网络教育不是一所学校能办到的，而是需要整个国家、甚至好几个国家都参与到其中。每一个教育网站都是由许多相关的教育部门或公司建立的，而各网站之间应当有着非常广泛的连接，整个体系呈网状结构，无论想学习什么知识和技能，完全可以到网上找到所需要的资料。

目前世界的网上教育主要包括以下几个方面内容：专门针对基础教育方面的内容、专门针对师资培训方面的内容、专门针对高等教育方面（包括成人教育、继续教育和部分职业教育）的内容、其他的教育形式和教育信息的内容等。每一方面都涉及到各门各类学科和全套的服务设施。

在基础教育方面，目前国外的基础教育网站又可分为两类，学生教育站点和网络资源库。国外的网络资源库，尤其是美国的网络资源库已初具规模。这类站点一般由大公司单独创建，或由几所学校及各级教育部门联合创建，是学校教育和远程教育的有利补充，它能够提供多种学习资源、大量的教育信息、教学软件、课外娱乐、升学信息及就业信息等，内容丰富多样，并且一般都有很好的搜索和导航机制。

此外，这类站点还和其他教育网站以及信息网站建立广泛的连接，提供很好的横向搜索机制，使学习者、教师及家长能更加有利地利用各种网上资源，促进学习和教学过程，欧洲学校工程就与欧洲各国和各地区的网络保持着亲密合作，通过网络信息中心，用户能更好地利用其他国家和地区的资源。

学生教育站点又可分为两类。一类是由单一的学校或教育部门建立的教学站点。这类网站主要提供某一学科的教学，内容范围较小，但质量较高，不仅提供了一定深度和广度的学科知识，而且跟踪着学科发展的最新动态。

另一类远程教育网站是由学校、各级教育部、卫星和广播公司、其他公共或私立组织共同创建的。这类网站的内容较广，一般包括基础教育的各门课程，同时提供考核、交互、经验交流、学习咨询、求职信息、资源向导和搜索等功能，有的网站还提供和其他资源库的连接。大多数针对学生教育的网站都采用个别化教学的形式，并和小组协作学习进行有机的结合，同时辅以适当的教师指导。

国外的网上学校较重视交互、答疑、管理和对资源的利用，一般的网站都有很好的交互和答疑功能，建立了很好的交互反馈机制。每个学生都由专门的教师负责，利用 E-mail、传真、信件和电话等进行交流。大多数网站都有很好的管理机制，能够实现登记和学籍管理等功能。在资源上，不仅提供网站自身的资源，而且和专门的网上资源库建立连接，此外，还和其他教育站点有广泛的连接，大大丰富了网络资源。

在师资培训方面，由公司单独创建或由高校的联合体创建网站，主要是针对从事基础教育的教师进行培训和继续教育，包括各门学科教授的技巧与方法、课堂管理、各种教学的演示、心理学、新媒体和新技术在教学中的运用、各种教育资料和信息等内容，有的站点还提供模拟教学机制，教师可根据自己班级的特点设计教学方法和课程计划，并实施教学。

在高等教育方面（包括成人教育、继续教育和部分职业教育），由于大学拥有较多的资金来源和可靠的技术支持，并且有成型的理论研究，因此高等院校有能力自创网校。目前的高等教育站点主要由各高校独立创建，且自成体系，规模较大。网上高等教育主要是高层次学历教育和大学后的继续教育，主要开展研究生课程进修和学历教育、第二学士学位教育、本科教育等，其教学形式主要是个别化学习、小组协作学习和教师指导学习三者的按不同比例的结合。其课程内容也多种多样，大多数网站都是针对某一学历或某一层次提供所需的各种课程，也有的网站是专门针对某一学科领域的。

总的来看，国外的教育网站都本着“量力而行”、“宁缺毋滥”的精神，不像我们的网校想办成一种一校包揽全部功能的形式。不过国外在高等教育领域几乎没有专门的网络资源库，只有一些资源索引和教育信息网站，学生和教师获取信息全依赖网上的检索。

21.2　网络教育在中国的发展状况

一、网络教育现状分析

党的“十六大”高度重视和突出强调了教育的重要地位和作用，因此教育行业应当认清自己肩负的历史使命，要围绕教育为全面建设小康社会提供人才支持和智力贡献的目标，坚持教育改革创新，推动教育事业蓬勃发展，全面开创新世纪教育工作的新局面。应当深刻认识教育在现代化建设中的先导性、基础性和全局性作用，切实落实教育优先发展战略地位；要坚持发展是硬道理的思想，树立科学全面的发展观，正确处理好中国网络教育数量、质量和效益的关系，处理好改革、发展和稳定的关系，促进网络教育的可持续发展。

随着信息技术的高度发展及广泛应用，中国以互联网为基础的网上教育网站越来越多，人们对教育的进一步需求，使得网上教育不断升温。目前中国在推动现代远程教育、积极发展高等教育等方面进展迅速。

有关部门曾进行过调查，被调查者中，有40%的人接受过网上教育，其中有70%以上是男性，年龄在22～29岁之间的占50%，而40岁以上的仅占约10%。由此可以看出，尽管中国网络人口增长是迅速的，但其占中国总人口的比例还很低，因此网上教育作为一种普及或大众化的教育还是受到了网络基础人口的制约。

从教育形式来看，网上教育可分为学历教育和非学历教育两种形式。据调查数据显示，当前非学历教育对网络教育接受者更具吸引力，这是当前网上教育的主要形式。在网络教育接受者中，非学历教育的网络教育接受者占到90%，其中参与辅助学习者占到了55%，参加技能学习者占到了45%。目前参加学历教育的人数仅占总人数的10%，与发达国家相比，这一比例明显偏低（美国当前参与学历教育的人数占网络教育接受者总数的88%）。

就接受网上教育的主要目的而言，兴趣和工作需要是人们接受网上教育的主要目的，分别占网络教育接受者总数的48%和36%。没有接受网上教育的主要原因是大多数人对网上教育不了解，这一比例占总人数的36%，其次是人们对费用和教育质量还存在顾虑。

调查显示，中国当前计算机、互联网方面的知识最受欢迎，网络教育接受者中有63%的人选择了这两个方面的内容，有18%的人选择的是英语方面的学习内容，参与营销方面的学习者占到8%，法律、法规的学习者占到2%，而接受其他方面教育的学习者占到9%。

当前，人们接受网络教育的主要原因是兴趣、工作的需要以及对计算机、互联网新知识了解的需要。当前网上教育只是作为人们获取知识的一种辅助性手段，还没有像发达国家那样，将它作为学历教育的一种补充手段而广泛地走进人们的生活。新兴的网上教育目前还没有被更多的人认识和了解，这是当前制约人们接受网络教育的重要因素之一。

网络教育的接受者如何看待当前的网上教育，对于教育网站的建设有很大的借鉴意义。对当前网上教育，人们最关心的问题是教育网站提供的“服务质量”，其次是证书的“社会认可度”，还有部分人关心网上教育的费用问题。可以看出，尽管当前中国接受网上教育的人还不是太多，但对网上教育的质量及证书的社会认可程度却受到了人们的普遍关注，这从另一方面也反映出受教育者的心理需求倾向。

当前人们普遍认为网络服务质量不够理想，这是制约网络教育发展的最主要问题，其次是费用较高及课程内容单一。在美国网上教育的课程已经非常丰富，其网上教育开设的学历、学位课程数已达到4.9万个，基本覆盖了美国高等学校的所有学科和专业。

对于人们更倾向于选择哪种类型的网上教育机构，有45%的人表示他们更愿意选择非传统大学开办的网上教育，表示愿意接受传统大学开办的网上教育的人占38%，有17%的人在选择时并不看重是哪一类的网上教育机构。

中国人侧重于选择非传统大学开办的网上教育机构，这主要是由于当前传统大学开办的网上教育更多的是学历教育，对学历教育需求更强烈的是那些高中毕业而没有机会进入大学的落榜者，而这部分人还不具有一定的经济基础。在中国计算机及网络还没有得到一定普及的情况下，他们通过网络教育获得学历显然是不现实的。当前实际接受网上教育的主体是一些年龄在22～29岁之间有一定经济能力的男性，他们面临社会的激烈竞争并且具有对新技术、新知识的需求，而网上教育恰能满足繁忙的工作者随时随地学习的需要，因此更多人倾向选择非传统大学机构开办的网上教育。

总的来说，当前参与网上教育的人在中国还仅仅是一部分特殊的群体，他们具有一定的经济基础，具有上网的条件。网上教育所发挥的主要作用对学习者还只是辅助性的，对大众而言还不能做到真正的普及。现阶段中国网上教育的应用层次还很低，还不能真正满足大多数受教育者的需求，即让任何人、在任何时间、任何地点都能通过网络获得学习的优越性还远远没有得到发挥。

二、网络学院、网络学校建设状况

中国真正意义的现代远程教育起始于1998年，它的雏形是中国广播、电视函授大学。由于人们对教育的需求逐步扩大，因此教育部决定投资3.6亿元振兴远程教育，并在3年的时间投资7000万元用于西部远程教育建设，这是教育部把网络教育作为“平衡东西部教育水平”的重要举措之一。为此教育部已投资 1.8 亿元用于中国教育和科研计算机网（CERNET）卫星网和地面网的扩建和改造。到目前为止，绝大多数参加“211 工程”的高校都建设了技术水平先进的校园网，并且接入了 CERNET。校园网的建设不仅为高校的科研和管理工作提供了快捷方便的信息服务，而且实现了教育时间和空间、教学内容、手段和形式的进一步开放，使高等教育以现代化手段加快满足国家经济建设和社会发展对高层次人才的增长需求。

教育部近年来陆续批准 45 所高校设立网络教育学院，开展现代远程教育试点工作。试点高校网络教育学院在校生达 24 万人，已开设 8 个大类 51 个专业，组织了近 300 门课程和一批素材库、案例库，网络教育的覆盖面达 31 个省、自治区和直辖市。预计今后网络教育学院在校生将达到 40 万人以上。

1998 年教育部批准清华大学、湖南大学、浙江大学和北京邮电大学作为现代远程教育首批试点高校，该年度总计招收 9000 名网上学生，其中清华大学招收了 1700 名网上研究生。湖南大学已累计招收 3500 名网上学生，2002 年还将有 1500 名“专升本”的学生，并有 2000 多人在网上接受培训。浙江大学近两年有 3000 名本科生在网上学习，招收了 200 多名研究生。1999 年到 2002 年年初，教育部又批准北京大学、财政部中华会计函授学校和中央广播电视大学进行远程教育试点，近期将把试点高校增加到 20 家左右，新增加的试点高校有中国人民大学、北京交通大学、北京外国语学院、天津大学、复旦大学、同济大学、东南大学、无锡轻工大学、山东大学、中山大学、四川大学、重庆大学、西安交通大学、北京理工大学和东北农业大学。此外，北京中医药大学等 10 家高校获准在成人教育形式中开展现代远程教育试点。目前，中国正式在网上运作的网络大学主要由国家教委指定的 35 所重点大学举办。

教育部强调，将来网络有了足够的带宽，加快了传输速度，互联网用户更加普及，网络大学将成为获得学历文凭的一个重要的途径，整个社会将步入学习化和终身教育的社会，每个人将通过网络各取所需，享受到最方便、最系统的“自助教育”。

2000 年教育部召开了全国中小学教育信息化工作会议，提出了在中小学全面开设信息技术课程和全面实施“校校通”工程的决策。事实证明，中国教育现代化已经进入了跨越式发展的新阶段。近几年，网络教育在中国迅猛发展，目前面向中小学的网络学校约有 200 所，这些网校快速占领了远程教育的制高点，把正确的教育发展理念与提高教育信息化程度有机地结合起来，在全面实施素质教育的过程中发挥了重要作用。

除了网络学院、网络学校之外，有关的教育部门还积极探索新型的远程教育模式。北京市现已基本完成区域网络中心和网管中心的建设，全市 18 个区县建立起了现代信息技术教育传播中心，建立校园网的学校已经达到 500 所。

1999 年北京市率先开展了实时交互式的现代远程教学活动，为北京市北部山区最偏远的喇叭沟门乡成功地开通了北京市第一个中小学教育网站，山里的孩子坐在自己的教室里，就能听到北京城区教师的讲课，此后这种远程教育活动扩大到了各区县。2002 年北京市为中国基础教育系统首次开通了跨省区的远程教学——“北京-长沙-韶山远程教学直通车”，为远程网络教育的发展积累了宝贵的经验。

三、网上教育信息资源的开发

网上远程教育虽然已经初见端倪，但是网上教育信息资源的匮乏严重制约着远程教育事业的进一步发展，因此在今后一个相当长的时期，应当把网上教育信息资源的开发与建设作为工作的重点。应当利用各行各业、各地、各类专业人员、各种传播载体、各种形式以及不同规模资源库的优势搞好资源库建设。在资源库建设过程中，要做到保护知识产权和开放共享的统一，鼓励多样化和避免重复开发的统一，积极引导推荐和利用市场机制的统一。建立多种形式的交流机制，实现多种形式的资源共享，构建自我完善的资源动态发展机制。教育专家、技术专家和课程专家要加强合作，避免低水平的重复，同时应当采取多种内容，多种规格搞好资源建设，以此来适应不同的使用群体、不同的教与学的环境、不同的教学需要和不同的使用地区。

网上教育信息资源的开发是教育信息化的基础，是需要长期建设与维护的系统工程。教育资源的复杂性和多样性，使得人们对它的理解各不相同，以至出现大量不同层次、不同属性的教育资源，因而不易管理和利用。为了更有效地建设好各级各类教育资源库，促进各类资源系统之间的数据共享，提高教育资源检索的效率与准确度，保证资源建设的质量，必须制订教育资源建设规范。目前教育部已于近期颁布了资源建设标准，该标准的颁布一定会加速网上信息资源的进一步开发。

网上教育信息资源的开发有 4 个层次。一是素材类教育资源开发，主要分试题库、试卷素材、媒体素材、文献素材、课件素材、案例素材、常见问题素材和教育资源索引等 8 类；二是网络课程开发，它是按照学科知识体系以及网络教学的要求，对各种教育资源的综合集成；三是资源建设的评价，通过评价筛选优秀的教育资源；四是教育资源管理系统的开发。在这 4 个层次中，网络课程和素材类教育资源建设是基础，是需要规范的重点和核心；第 3 个层次是对资源的评价与筛选，需要对评价的标准规范化；第 4 个层次是工具层次的开发与建设，网络课程和素材类资源的具体内容千变万化，形式各具特色，对应的管理系统必须适应这种形式的变化，充分利用它们的特色。

（1）媒体素材：媒体素材是传播教学信息的基本材料单元，可分为文本类素材、图形（图像）类素材、音频类素材、视频类素材和动画类素材等 5 类。

（2）题库：题库是按照一定的教育测量理论，在计算机系统中实现的某个学科题目的集合，是在数学模型基础上建立的教育测量工具。

（3）试卷素材：各个学科有典型意义的试卷集合。

（4）课件与网络课件：课件与网络课件是对一个或几个知识点实施相对完整教学的、用于教育和教学的软件，根据运行平台划分，可分为网络版的课件和单机运行的课件，网络版的课件需要能在标准浏览器中运行，并且能通过网络教学环境被大家共享。单机运行的课件可通过网络下载后在本地计算机上运行。

（5）案例：案例是指有现实指导意义和教学意义的代表性的事件或现象。

（6）文献资料：文献资料是指有关教育方面的政策、法规、条例、规章制度，对重大事件的记录、重要文章和书籍等。

（7）常见问题解答：常见问题解答是针对某一具体领域最常出现的问题给出全面的解答。

（8）资源目录索引：列出某一领域中相关的网络资源地址链接和非网络资源的索引。

（9）网络课程：网络课程是通过网络表现的某门学科的教学内容及实施的教学活动的总和，它包括两个组成部分，即按一定的教学目标、教学策略组织起来的教学内容和网络教学支撑环境。

教育资源是指蕴涵了特定的教育信息，以便能创造出具有一定教育价值的各类信息资源，特别是能以数字信号在互联网上进行传输的教育信息。数字化和教育价值是它的核心特征，它的开发，有相当高的技术要求和教育性要求，我们要从资源开发的角度，定义各类资源应符合的技术要求与教育性要求，以保证教育资源开发和建设的质量。

我们的工作是依据统一的标准、规范开发者的行为，达到资源基本属性结构的一致性，以实现资源在区域内的广泛共享，并为学习者或教育者对教育资源的查找、评估、获取和使用能获得最大效率而提供支持，同时也为不同资源库系统实现数据的共享和互操作提供支持，以保障教育资源的质量和使用价值。

21.3 网络教育运作模式

网络教育向人们展示了一个崭新的、广阔的学习世界，为任何愿意获取知识的人提供了学习的机会。它突破了传统学校教学方式的时空束缚，与课堂教育、广播教育和电视教育共同构成多元化的教育体系。与其他教育形式相比较，网络教育具有更加独特的作用，即网络教育使教育资源的共享变为现实。教育资源不仅与国家的经济水平、教育体制和文化水平等密切相关，而且受到政府和国民对教育的重视程度的影响。

从整个世界来看，国家之间、地区之间的教育资源分布是不均匀的。借助于互联网，把各国的教育资源联系起来，供全球分享，这样就可以使生活在教育资源贫乏国家的人们学到更多的知识，同时网络教育还能够为学习者提供个性化学习的条件。学校传统的教学总是围绕着教师、课堂和教科书进行的，使得学生自主性的培养与发挥受到了一定的限制。教师在同时面对数十个学生和在有限的教学时间的情况下，很难进行有针对性的学习指导，致使因材施教和个性化学习的目标难以实现，因此互联网的建立不仅为教学改革开辟了新的途径，同时还为教学改革提供了汇集世界各地先进学校、研究单位和图书馆等的各种信息资源的庞大的资料库。这就更加方便了学习者的学习，便于学习者及时了解当前社会发展和科技进步的最新知识，还可以得到专家们提供的“个性化”的教学指导。

在网上，教学内容、教材、教学手段和辅助教学手段（如参观、实验）以及考试等都可以因人、因需而异，自主选择性强，学习者的主观能动性和个性潜能可以得到充分发挥，从而实现个性化学习。网络教育有助于实现交互式学习。互联网把文字、图形、影像、声音、动画和其他多媒体教学软件的先进技术有机地融合在一起，可以模拟现实环境，其效果是任何单一方式无法比拟的，有利于学习者对知识的获取与保持。师生无需见面，利用网络讲座、网络辅导与答疑、E-mail 和 BBS 等信息技术便能进行课程教学；学习者在网络课堂上可随时发表见解，同一时间内还可接受多门学科的教育，以达到学习的目的。网络教育有利于促进教育社会化和学习社会化。

在现代社会中，科学技术正以前所未有的速度迅猛发展，仅靠学校教育提供的知识供学习者终身享用的传统教育模式显然不能适应社会发展的需要，人们必须从学校学习走向终身学习。网络教育的发展， 方面可将教育由学校扩展到家庭、社区、农村和任何信息技术普及的地域，提高教育社会化的程度；另一方面，人们还可根据自身在不同时期的不同需要，通过上网，有目的、有计划地学习。这种学习方式不仅可以存在于学校，而且可以在办公室、娱乐场所、家庭和社会活动中进行，从而促使“学习即生活”的理想变为现实，帮助人们把生活的学习化作为一种生活状态，最终实现学习的社会化。

当前网上大学的发展方兴未艾，它是网络教育重要的形式。人们越来越多地追求更高的知识素养，因而“再学习”和“继续深造”就成为教育形势的迫切需要。传统学校的教学资源毕竟有限，绝大多数想再学习的人又不可能放弃当前手中的工作而脱产学习，因此如何解决学校压力，如何处理好在职求学者的工作与学习的关系，就成为了现代教育关注的焦点，同时也为远程网络教育提供了新的发展契机。

根据教育对象的不同特点，远程网络教育的运作模式有很多，国外一般主要采取网上教育站点的形式。网上教育站点又分虚拟网上教育资源站点和网上虚拟学习社区的形式。

第一种形式就是使互联网的信息达到人们目不暇接的程度，突破面授教学的局限性，满足传统学校很难实现的学习要求，任何人都可以根据自己的需求，不受时间地域的限制，有针对性地参与网上学习。学习资源的多样性与普遍共享，使得学习者与传授者随着知识的发展可以不断变换学习的主体，同时也丰富着网上教育资源本身。这些网上教育资源站点已不是传统学校的简单翻版，而是学校学习模式的基础上有效地组织学习资源，它不是以“教”为中心的模式，而是以信息时代的“学”为中心的网上教育模式。学习者可以通过网络计算机跨越学习的中间环节，在复杂的知识体系与纷杂的信息链中进行跳跃式学习，在高层面上直接参与对世界的认知，美国全球校园就是这种形式。

第二种形式就是网上虚拟学习社区。它是为了满足学生获取相关学科资料进行交叉研究及人们持续教育学习的需要，在学习者的知识背景、学习水平各不相同的情况下，积极倡导指导式学习。它服务的对象是所有的人，而不仅仅是学生。网上虚拟学习社区为各类机构团体、不同学科背景的科学家与研究人员、教师与学习者、以及世界各地的人们提供了交互式的学习空间。其特点是在学习的组织方面，基于互联网发布学习课程，并通过电子邮件或讨论组进行学习活动，定期布置作业，以进行学习的自我评价并撰写论文。

国内的网上教育颇具中国特色，由于现有的教育体制仍以应试教育为重点，同时积极倡导素质教育，所以国内的网络教育也不得不抓应试教育和素质教育，甚至有的教育网站还突出了应试教育的内容。由于经费的原因，全国各城市和地区网上教育发展不平衡，有待进一步发展。国内也有类似国外的虚拟学习社区的网上虚拟课堂，华中师大2001年就计划在网上招收1000名本科生。

国内中学水平的网上教育也分两种：一种是门户类型的，是大多数学校在互联网上拥有自己学校的站点，用于对外宣传，里面有学校的有关信息，教学资源不多；另一种是专门从事远程教育的网站，他们将学校的部分资源搬到网上，面向社会招生或交费使用，这就是网校。从国内开通的网上学校看，一般都依附于一所知名的学校，由技术公司负责开发和维护，系统结构内容包括同步教学、在线考试和在线答疑等，有的网校还有许多素质教育的内容，包括心理咨询、课外知识和名作赏析等。系统设计理念基本上是通过互联网达到师生的交流，以实现教育最优化的目标。

中国网络教育的成功范例很多，网络教育的形式也是多种多样的。

101远程教育教学网是由北京高拓公司在1996年创办的，是国内首家中小学远程教育网络。101远程教育教学网的开办宗旨是使优秀的师资资源为全社会所共享，实现“名师共享、名校共进”，开创现代化教学模式，造福社会。101远程教育教学网开设了小学六年级、初中、高中各年级各门主课，另开设小学3～6年级的数学“奥校”班课程。网上设有同步教育、疑难解答、教师教案、学生论坛、作文天地、家长学校、中高考专栏、多媒体课堂和学生心理等栏目，给学生提供了一个全新的学习方式和学习环境。

中国中小学教育教学网，简称K12教育网，其中“K”代表幼儿园，“12”代表从小学一年级到中学高三年级的12年中小学基础教育。K12教育网是一个适应互联网飞速发展，专门面向基础教育，为学校、教师、学生和家长提供网上教育教学信息和服务的专业型、综合型的大型教育网站。这个网站在1999年运行以来得到了广大中小学教师、学生家长的极大关注和支持，目前已经成为中国最大的基础教育网站之一。

人大教育网是文科类高等院校中网络办学较为出色的一个。人大网络学院成立于1998年，起步较早，是中国最早的网络教育管理机构。它的整个系统较为完整，包括教学教务管理平台、网络通信平台和虚拟校园平台，因而成为中国网络教育成功的实践者。目前人大教育网是少数采取互联网模式进行远程教育的办学机构，同时也是中国目前规模最大的网络教育学院。该学院开设了学历教育和非学历教育两大教育项目，共7个专业的本科教育，在全国10多个省市、60个地区设立了教学服务站。学员在学习完网上规定课程并通过考试后，就可以颁发中国人民大学毕业证书，国家承认学历，本科毕业符合条件者还可以授予学士学位。

北大附中、北大附小以推动中国基础教育的跨越式发展为己任，联合中国最优秀的IT企业——联想集团，成立了北大附属中小学远程教育网校，利用卫星、互联网等多种手段，将最优秀的教育资源及时传送到全国各地，真正实现了优秀教育资源的共建与共享。

目前，已有超过50万的学生通过多种渠道参与北大附属中小学远程教育网校的学习，与北大附中、附小进行远程教育合作的兄弟学校已超过800所。

2002年受教育部民族司、国家民委和西藏自治区政府委托，北大附属中小学远程教育网又担负起“教育援藏”的任务，无偿向西藏、青海、四川、云南和甘肃等5个省区的15所藏族学校提供了总价值260余万元的远程教育设备和资源服务。

该教育网开设网络教育的理念是：以北大附中、北大附小为依托，充分发挥首都地区的资源优势和人才优势，全面整合全国最优秀的教育资源，以最优质的资源、最热忱的服务、最先进的技术，创建中国远程教育的一种新模式，推动中国基础教育的跨越式发展。

该教育网开设网络教育的宗旨是：为中小学的教师、学生提供高水平、高质量的远程教育资源，推动教育信息化的发展，为社会创造更多的优秀教育机会。

北大附属中小学远程教育网校利用互联网和先进的卫星技术作为信息传输的平台，彻底打破了网络教育带宽的限制，充分发挥远程教育跨越时空的优越性。

结合网络技术的特性和教育的规律，北大附属中小学远程教育网创造性地提出了“天、地、人”三网合一、天人互动的教育服务模式，开拓出一条崭新的现代远程教育之路。

天网（卫星）：北大附中、附小将课堂实况、专家讲座和校园活动实时拍摄下来，通过卫星及时传输到各地的合作学校，教师和学生可随时点播收看。

地网（互联网）：北大附中、附小老师的同步辅导课件（文稿及音频文件）、各种珍贵的教学参考资料、经典的试题、多媒体演示等资源都通过互联网传播。各地学校的老师和学生可以在网上直接和北大附中、附小师生交流，充分发挥网络及时、互动的优势。

人网（面授交流）：网校定期组织合作学校的校长、老师和学生到北大附中、北大附小进行交流，并和北大、清华的专家教授、北京知名教育专家、社会热点人物及北大附中、附小师生交流研讨。

天人互动：即通过最先进的卫星双向直播系统，使各地的同学就像坐在北大附中、附小的教室里一样，不仅可以直接倾听特级教师、专家教授的讲课，还可以即时向主讲老师提问，进行最亲密的交流。天人互动的推出是中国远程教育的一个重大突破，同时也是现代信息技术对中国基础教育的又一重大贡献。

21.4 网络教育发展的制约因素、解决对策与前景展望

一、制约因素

网络教育当前还是一种未完全成熟的教育形式，在其发展过程中，还存在一些问题，比如，由于网络的交互性有别于现实生活，因此呈现出网络文化内容的庞杂性和价值观的多元化。在这种情况下，学生上网势必会受到一些负面影响，必须进行网络德育教育。另外，网络作为一种新的媒体，对家庭、学校和大众传播媒介所给予学生的教育与引导，也可能会带来某种程度的影响或削弱。因此，提出了由谁来管理教育过程和如何调控教育过程的问题。再者，网络教育并不是简单地利用网络为大家提供学习手段，而是包含了一系列标准化的技术和管理方法的服务系统，它需要政府的进一步规范，以及政策上的支持；在技术上，需要考虑教育软件编制、上网速度和费用等因素，因为这些都是制约网络教育发展的因素。

目前中国的网络教育尚存在许多亟待解决的问题，如网上教育资源建设问题、如何体现个性化教育问题、思想观念转变问题和网络教育投入不足问题等。

制约网络教育发展的因素很多，归结起来大致有以下几点。

1．中国网络教育事业极其缺乏对网络和教育均有深刻理解的复合型人才。

网络教育事业是IT向教育界延伸的产物，最先从事网络教育事业的是IT界的人士，由于缺乏深厚的教育理论的指导和深刻的教育实践经验，他们对网络教育缺乏足够理性的思考，而教育界对IT这一新生事物也同样缺乏理性而深刻的认识。

因此，中国当前极其需要既对信息技术有深刻理解，又有深厚教育理论根基和丰富实践经验的人才，这种复合型人才，在当前网络教育中十分匮乏。

2．网络教育缺乏科学、完善的教育理论作指导。

由于缺乏相应的人才和先进的教育理论，因此只能在实践中创造性地应用现有的理论，在实践中不断探索、总结、归纳、概括理论，产生和完善适用于网络教育的理论。

3．IT与教育没有在网络教育事业的深层次上相互渗透和融合。

IT人才与教育界进行有效沟通，是非常困难的。虽然IT界逐渐认识到一定要有教

育界专家参与网络教育产业，但是上述复合型人才相当匮乏，导致了网络与教育难于在深层次上相互渗透和融合。人们不知道究竟如何运用网络技术，才能满足教育教学的需要，不知道教育应如何应用网络技术，才能体现网络技术的独特作用，这一直困扰着网络教育事业的发展。

4. 中国网络教育事业发展的方向还不够明确，目前还只能在传统教育和现代教育之间徘徊。

由于存在着中国庞大的人口基数与相对匮乏的就业环境之间不可调和的矛盾，所以网络教育随之打出了“辅助应试、提高成绩”的旗帜，这是其生存发展的先决条件。知识经济要求教育必须要全面实施素质教育，因此必须解决网络运行发展与实施素质教育之间的矛盾。

在高等教育和其他教育领域，现有的专业设置、课程设置、教学模式和教学方法已经不能适应知识经济对人才培养的要求，人们迫切要求出现高效、高质和灵活的远程教育，但是目前只有少数公立高校才能从事国家认可的文凭、学历教育，远程教育还不具备这方面的优势，这是严重阻碍中国远程高等教育、继续教育的发展的症结。

5. 网络教育缺乏“培养高素质人才”建设和运作理念。

如果在实施网络教育之前，没有把“建设理念”置于一个非常关键的位置，就根本不可能获得成功。

“培养创新精神和实践能力”应成为网络教育的核心理念。在它的指导下，可以派生出许多具有深刻内涵的触及网络教育本质的理念。如果网络教育不实现智能化、个性化、人性化、多媒体化、交互化，网络教育就不会实现快速发展。

6. 网络教育的主体必须是教育。

由于从事网络教育事业中IT技术人才占据相当的比重，因此容易将技术置于首要的地位，忽视对教育内容、教育方法的研究。教育是目的，技术是服务于教育的手段，目的决定手段，而不是手段决定目的，颠倒了目的和手段的关系，网络教育是不可能获得成功的。

二、解决对策

制约网络教育的因素是多种多样的，网络教育的发展必须抓住主要矛盾。我们应当立足于“培养创新精神和实践能力、培养高素质人才”这个高度，进一步寻找IT与教育的结合点，培养出一批既懂教育又懂技术的复合型专门人才，按照现代教育的规律以及素质教育的需求，着力研究、开发网络教育的模式，建立符合教育教学需求的网络教育资源库群，同时要不断创新，深入探讨远程网络教育的运行机制，实现IT与教育的强强联合，创造性地开拓中国网络教育的新局面。

我们必须将发展网络教育作为一种政府行为。在国家综合发展规划、政府工作计划、政府财政预算和政府工作绩效评估中都要有网络教育内容，将发展网络教育作为“科教兴国”的实事来抓，使网络教育有工作目标、有实施计划、有人员安排、有经费保证、有检查督促。为此，需成立发展网络教育的领导组织机构，其成员应包括教育、财政、邮电、广播电视和信息中心等有关部门的负责人。领导小组应定期研讨，统一协调，及时解决工作中出现的各种问题。网络教育的考试评估应由国家统一组织，以确保网络教育学历学位的合法性、权威性和有效性。

目前国家财力十分有限，我们不能等待观望，而应该想方设法，多途径多渠道筹措必要的经费，积极创造条件。如可采取多种方法筹措资金办好网络教育，也可采取“政府负责主干网，邮电负责支干网，学校负责校园网，用户负责终端网”的责任分摊策略。由于中国地域辽阔，人口众多，因此一旦上网人数巨增，网上“塞车”现象将十分突出。对此，国家政府部门务必从长计议，投入巨资，铺设好高标准主干网。

要搞好网络教育必须抓好培训工作。目前，对一般教师，要求掌握 Windows、Word（或 WPS）、Excel、PowerPoint、ViaVoice、Internet、CSC 电子备课系统以及所教课程教学软件的性能与使用方法，具备基本的文字、声音和图像信息的查询、编制、组配和存取能力，掌握 CAI 的基本方法。对学校骨干教师，要求掌握 FrontPage、Authorware、Photoshop 和 Premiere 等平台组合与页面制作软件，能进行初步的教学软件加工。对计算机专职教师和教育技术专职教师，要求掌握 C 语言、VB 语言、Java 语言、数据库和 3DS 动画软件，能进行较高层次的软件开发，能对校园硬件系统进行设计、组合与维护。今后，随着教育技术的发展，培训内容也应不断更新。

网络教育作为一种新型的现代教育形式，它必然包含某些新的教育现象与规律，也呼唤着新的理论来指导。为了充分发挥网络教育的效益，必须对其深入研讨。当前面临的重大课题主要有网络教育技术学、网络教育心理学、网络教育经济学、网络教育社会学、网络教育方法论、网络教育模式论、网络教学设计论、网络系统工程学、网络教材开发论、网络教育安全论和中外（各地）网络教育比较学等，对于这些新的领域必须进行深入研究，以指导中国网络教育工作的开展。

我们应当进一步发展网络教育信息产业，它包括教育网络设备设施的制造、教育软件开发业、教育资源开发服务、人才培训和网络维护管理等。发展网络教育信息产业的主要途径是引入市场机制，提倡竞争，为国内外高科技企业投资网络教育提供宽松环境，准许有实力的企业开办网上学校等。

要想搞好网络教育，必须加强网络教育的沟通与合作。我们必须实现校内与校外、内地与港澳台、国内与国外等不同地域网络教育间的沟通，教育专业网与大众公用网、经济网等不同应用行业间的沟通，计算机信息网与电话网、电视网、寻呼网和报刊网等不同媒体形式间的沟通。只有依据“优势互补，共同发展”的宗旨，采取网线直通、人才交流、资源共享、联合办学、共同开发、协同维护和定期互访等多种形式，中国的网络教育事业才能得到发展。

三、网络教育的发展前景和趋势

网络教育为人们提供了一种全新的学习方式。它具有独特的作用：使教育资源共享变为现实；为学习者提供个性化学习的条件；有助于实现交互式学习；有利于促进教育社会化和学习社会化。许多国家都高度重视网络教育，努力扶持和发展这一全新的教育方式，为推进网络教育的普及与发展投入大量资金；不断扩大网络教育的普及化程度；教学培训的层次和内容更加宽泛多样，因此大力发展网络教育是教育发展的必然趋势。

中国网络教育发展也已有几年历史，从中国互联网络信息中心（CNNIC）近 5 年的调查情况可以看出，中国上网计算机数、上网用户及 CN 下注册域名几乎每半年就以翻一翻的速度在增长，带宽也逐年扩大，这一切都为开展网络教育打下了坚实的物质基础。

早在 1998 年教育部就出台了《面向 21 世纪教育振兴行动计划》，当时就涉及到对远程网络教育这一问题的认识和思考:“及早使中国现代远程教育资源建设走上科学、系统、规范的轨道，完成现代远程教育资源建设任务”，实施“现代远程教育工程”，形成开放式教育网络,构建终身学习体系。陈至立部长在教育部2000年年度工作会议上的讲话《着眼未来，面向世界，积极推进教育现代化建设》中也一再强调:“要充分认识现代远程教育与教育信息化对21世纪教育发展至关重要。”加快CERNET的宽带建设,发展网络教育,在最大的程度上使中国有限的教育资源做到合理配置。这些政策性的指导，一方面强调了政府对远程教育的支持，另一方面所树立的终身学习观念也势必使中国公民日渐认可各项远程教育活动。

教育部明确规定,中国网络教育发展的战略目标分两步实现:第一步,1999年至2002年，为更新观念、理顺关系、系统规划、开始起步阶段，主要任务是通过培训、参观、示范和研讨等多种途径、多种形式更新广大教育工作者的思想认识，特别是要提高各级教育管理人员对网络教育的意义、作用、模式和效果的认识。协调好网络教育中方方面面的关系，特别要解决电化教育与计算机教育管理上的“两张皮”弊端。摸清家底，广泛咨询，制定切实可行的总体发展规划与分阶段分专题实施计划，做到方向明、思路清、目标实、措施硬。创建一批网络教育示范学校。经济条件好的学校，可一步到位，实现校园Intranet与Internet的全连通;经济条件一般的学校，可分步到位，先建教室（课堂）网，再建校园网，并在校园网的服务器上建立多种信息库，让校内学生模拟上网。建立起内地与港澳台地区网络教育的全面沟通与密切合作关系。第二步,2003年至2010年，为夯实基础、优化结构、稳步发展、全面实现战略目标阶段。其主要任务是：完成对所有教师的现代教育技术学理论、方法与技术的培训；分年度完成对所有学校的现代教育技术装备与建设；开展网络教育心理、生理和教学法等深层次的实验研究；实现内地与港澳台教育的一体化；使网络教育信息产业变得更加发达。使中国网络大学招生规模首次超过中国广播电视大学的招生规模，并且向国外拓展，使之成为大型国际综合大学。

在中央召开的党的“十六大”会议上，江泽民同志站在历史的高度对国家所处的国际国内环境和发展阶段进行了实事求是的科学分析，做出了21世纪头20年是中国“一个必须紧紧抓住并且可以大有作为的重要战略机遇期”的重要论断，提出全面建设小康社会的奋斗目标，围绕这个目标对经济、政治、文化建设和改革进行了全面部署。中国网络教育离不开国家的发展和国家的支持。国家发展的重要战略机遇期也必然是网络建设与网络教育发展的重要战略机遇期。相信在国家的统一规划下，在教育部“振兴远程教育”、投资中国西部地区远程教育以及在全国全面实施“校校通”工程的条件下，未来几年中国远程网络教育必然会得到跨越式的发展。

（北京教育学院宣武分院二部　甄　浩　王　涛

北京宣武区现代教育技术信息中心　段　炜　姚永清）

第22章 家庭上网发展状况

一、家庭上网工程简介

“家庭上网工程”是由信息产业部、全国妇联、共青团中央、科技部和文化部主办，中国电信集团公司广泛联合政府部门、教育科研机构、社团组织、IT企业及新闻媒体等社会各界力量共同实施推动的重大系统工程。通过与各地政府部门和行业社团组织紧密配合，面向个人、家庭和学校普及网络知识，倡导健康文明的上网观念和上网行为，创造上网条件，丰富信息产品和网络应用服务，推进社区信息化。

政府上网、企业上网和家庭上网三大工程被称为推动中国国民经济和社会信息化进程的三部曲。如今，政府上网正大踏步向应用领域深化，企业上网也在网交会的推动之下有了新的进展，家庭、个人的信息化同样不可或缺。家庭上网工程的推进，标志着“三部曲”系统工程即将进入有机互动的良性循环状态。“家庭上网工程”是在实施“政府上网工程”、“企业上网工程”的基础上，为加快中国国民经济和社会信息化进程实施的第三部曲，以“促进城市社区信息化，在各地建立一套城市社区化的信息采集、信息整理和网上信息发布的机制，丰富互联网上同家庭、百姓密切相关的生活信息，向网络化社会发展”为工作重点。它将极大地推动互联网在中国普通百姓中的普及，推动中国互联网事业的发展。它的根本目的也在于为广大的家庭普及网络知识，扩大互联网的应用，帮助人们通过应用互联网提高生活质量，更好地推动中国国民经济和社会发展信息化的进程。

目前中国家庭上网工程推出了崭新的电子商务模式——社区信息连锁店，主要是在传统连锁店的基础上搭建面向社区居民的共享信息系统，使社区居民通过连锁店便利地获得社区信息化平台提供的各类信息服务和商务服务，最终还将发展家庭电脑、移动终端、上网电话和信息家电等多种终端上网，共同推进中国百姓的社区信息化进程。

二、中国家庭上网用户现状

目前，从互联网市场总体上看，中国仍处于起步阶段，尽管近年来上网用户增长速度较快，中国的上网人数在2002年下半年增长超过了30%，接近6000万人，但普及率还是远远低于发达国家。预计中国的上网人数在2003年还将增长30%以上。如此庞大的上网人数，如此之快的发展速度是其他国家都无法比拟的，但是上网人数同我国的人口总数相比仍然微不足道，机关事业单位、企业、学校和网吧等集中场所集中了相当比例的互联网用户，调查数据显示，家庭电脑普及率约为 15.5%。互联网的使用者主要是受教育程度较高的年轻人，其中21～35岁的用户占79.2%，中专以上学历的用户占83.6%。

有研究认为，网络用户中很多都是工作条件所限定的，其中大部分可能不是社会经济活动，而是文化活动，现在社会信息化的基础还相当薄弱。目前在中国家庭上网率由东部沿海往中西部呈递减态势。北京、上海和广州等一线城市（直辖市及特大型城市）比例最高，达33.2%，二线城市（省会城市和计划单列市）次之，为27.9%；三线城市（其他中小城市）最少，为22.3%。这可能与西部地区消费电脑的大多为知识型家庭结构有关，而东部家庭拥有电脑的不仅仅是知识家庭，还普及到各个层面的家庭。在拥有电脑比例最高的城市，一线城市的上海、北京和广州依然领先，但是张家港、温州等中等城市经济比较发达，当地居民购买电脑、利用电脑的观念都比较强烈。

电信运营领域的垄断被打破，以前由中国电信一家独营的上网业务，如今已新生出了网通、联通和移动等多家运营商。由于通信技术的不断发展，现在电信运营企业的运营成本也在大幅下降，一些新技术的产生也大大推进了家庭上网宽带化的进程，值得一提的是现在很火热的ADSL业务，它使得广大用户通过通话信道使用宽带网络成为了可能。

三、家庭上网用户接入方式

目前市场上的家庭上网接入方式有4种，即普通Modem、ISDN、ADSL和LAN方式，它们各有自己的特色。ADSL是家庭上网宽带化的最便捷的途径，但LAN方式，即光纤到大楼、网线入户的接入方式，是将来发展的必然趋势。

采用普通Modem拨号上网是这几种方式中最容易实现的方式，只要有电话线，再为计算机安装一个调制解调器，就能实现网上漫游，目前的收费模式有按上网时长收费，或采用包月制，比较经济合算，但采用这种方式上网，网速较慢，一般下载速度只能达到几十K左右，而且上网时占用通话信道，因此话机在上网时不能使用。

ISDN又称“一线通”，也是通过电话线上网，但由于它是采用2B+D信道，因此，网速最高可以实现128kbit/s，同时还预留一个通信信道，因此可实现在一根电话线上同时传输语音、图像和数据，即“边打电话边上网”。在实现方式上，ISDN上网必须先将原先普通的电话号码改装成ISDN号码，与普通Modem相比，上网费用还要增加ISDN上网的设备月租费，目前这种方式和普通拨号上网一样，正面临着被取代的地位，用户数在逐渐递减。

ADSL俗称“宽带王”，技术术语称为不对称数字用户环路。所谓不对称，即它的上行带宽和下行带宽不同，上行一般最高可达1M，而下行则可达8M，它是运行在原有普通电话线上的一种新的高速宽带技术，采用高频调制技术，申请安装时，不需更换电话号码。由于使用的是线路上的高频部分，因此不会影响话音，只需在电话上安装滤波器即可，通话质量和普通电话相同。该网络带宽是独享式的，每个用户实际获得的带宽不会因用户的增多而减少。由于ADSL不像光纤接入网络那样需要大规模地铺设光纤线路，完全可以由单个用户自主申请使用，可直接利用现有普通电话线，也不用改造原有线路，因此费用相对来说比较低廉。目前国内的宽带用户总数已突破250万户，其中以ADSL发展最为迅速。虽然目前还没有关于ADSL用户数量的具体数字，但不难预见，依照目前的发展趋势，ADSL用户数将持续大幅增长，中国电信推出的“Vnet互联星空”、“宽带极速之旅”和长城宽带的“长宽梦网”等，将促使ADSL的发展更为迅速。

LAN方式是采用光纤到楼、网线入户的接入方式，网速可达10M，是家庭上网宽带化的趋势，但由于需要铺设光纤线路，因此运营成本比较高，目前主要运用在一些住宅小区和企事业单位中。当然“光纤到户”（FTTH）是未来连接互联网的最高理想，但受时代条件限制，昂贵的价格使其至少将来十几年内都无法应用到广大家庭。

目前，除了以上几种方式外，还可使用有线电视网来进行宽带上网，但总的来说，用户数还是相对较小，对于只是偶尔查阅资料、聊天的朋友来说，适合前两种方式，而对于需要经常下载数据、电影或者玩网络游戏的用户，则可考虑后两种方式。

四、制约中国家庭上网发展的主要因素

虽然拥有很多可供选择的上网方式，但目前中国的家庭上网率还是偏低，原因很多，归纳起来主要有以下几个方面。

首先，用户上网主要是为了获取信息，但目前网上发送的信息绝大部分使用的是英文，中文信息只占很小的一部分，这在一定程度上限制了网络在中国的普及应用。虽然现在已有很多的中文门户网站，但其发布的信息内容同百姓日常生活、工作和学习联系不甚密切，网站信息资源缺乏，而且信息的含金量不高，上网的实用性不强，难以吸引用户，阻碍了网络的广泛应用。

其次，网络的宣传和教育不够，网络知识普及率低，许多人至今还不知道怎样上网，上网之后也不知怎样获取自己所需要的信息。相对于发达国家来说，中国居民的时间观念、效率观念不强，对网上购物、家庭办公和网上教育等新的消费方式和生活方式普遍不能接受，广大群众的网络消费意识较为薄弱，缺乏新的用户群。

ISP 是互联网服务提供商，用户必须通过 ISP 才能使用互联网，因此只有 ISP 繁荣了才能真正保证数据信息业务的发展。当前，一方面因为电路租用费较高，设备投资巨大，而更新又很快，用户数量增长比较缓慢，致使大量的 ISP 处于亏本经营的状态。ISP 经营状况的萧条，阻碍了数据信息业务的繁荣。

目前，相当多的用户主要还是通过普通电话线和 ISDN 上网，用户普遍反映上网速度较慢，满足不了需要。虽然 ADSL 宽带接入和 FTTB、FTTC 等光纤接入已经进入了商业运作，但普及开来还需要一定的时间，另外在相对于前两种方式，费用偏高。由于国家对电信行业的优惠政策逐步取消，取消了初装费，致使电信行业基础设施的建设资金严重不足，使当前宽带网络建设滞后，满足不了广大用户高速上网的业务需求。

五、对推进中国家庭上网发展的建议

信息化对于一个国家来说已越来越重要，它已成为国民经济和社会发展的助推器，中国在“十五计划”期间也明确制定了“信息化带动工业化”的发展战略。在中国，现在各行业的信息化建设正在向纵深发展。信息化发展的根本千万户的家庭，只有家庭信息化了，才能带动各行业信息化的发展，同时也只有加快各行业的信息化建设，才能保证家庭信息化的有利发展，这两方面是相辅相成的。现在，政府、企业、家庭三大上网工程的顺利进行带动了中国的网络宽带化建设，互联网应用也日渐普及，电子商务应用和家庭信息化建设飞速发展。

真正的信息化应该是全民的信息化，对一个国家而言，普通民众对信息化的接受程度将直接影响到一个国家的综合实力。大力推进信息化社区建设，普及网络知识，广泛拓展网上购物、网上求医、网上教育和网上炒股等信息业务，这会让更多的家庭融入信息时代。同时要丰富上网手段，使人们能够非常方便地使用网络。为此中国电信把“家庭上网工程”作为社区信息化重要的一环，并专门设立了门户站点“中国家庭网”。争取到 2004 年在全国主要城市 20%的小区实现信息化小区。目前，中国上网人数已接近 6000 万人，已经超过了日本，居亚洲榜首，仅次于美国。

在上网人群中，学生依旧是新增网民的主力，另外企业、政府中职位较低的中低层管理人员、一般职员的上网比例将逐年增加，需要在未来 5 年内在家中上网的人群中，16.6%的人每周在其他地方上网时间均超过 17 小时(现有网民的每周平均上网时间),2/3 的人多多少少有过上网的经验，只有 4.3%的人表示对互联网非常不了解，而有 20%左右的人表示“非常了解”或“比较了解”。由此可知，潜在家庭上网用户其实大部分已是网民，随着资费和上网终端价格的下降，互联网将逐步走入家庭。在未来的发展中，还应加强对民众的网络知识的普及，使越来越多的人溶入到互联网中。

大力发展家庭上网，还应当使网络平民化。为了适应目标市场的变化，电子商务的运作也应适时调整战略。当网络逐渐进入平常百姓家的时候，按照消费者的语言，网上购物的商品应具有的特点是：家庭日用品应逐渐增多；家庭易耗但无需仔细挑选的商品应增多；标准商品应逐渐增多；网络营销中间环节减少，在方便生活的同时，商品价格水平应降低；大众网络应以提供家庭生活方面的信息及服务为主要方向。只有这样才能吸引更多的用户群。

总之，我们要推动“家庭上网工程”的发展，就必须从丰富上网手段、降低上网成本、发展网上中文信息、在全民中深入普及网络观念等几个方面着手，引导中国亿万家庭及个人走进“网络社会”，提高家庭中高科技产品、电信业产品和经济生活中最具潜力的信息服务的消费，促进国民经济进一步高速度、高质量发展，使中国经济成为以高科技信息经济为特点的新型经济。

六、我国家庭上网的发展趋势

家庭上网的普及是衡量城市信息化的一个重要指标。据调查，中国目前平均每周使用互联网 1 小时（含）以上的网民共有 2250 万户，只占全国人口的 1.7%。在大城市中，虽然北京、上海和广州 3 个城市平均有 18.5%的家庭已上网，但我国家庭上网的普及还有一段艰难的路程。

信息化的不断实现将会推动社会的现代化进程，政府对信息产业已经投入巨额资金，用于基础设施建设，政府部门也在积极投入政府上网工程，许多大型企业也纷纷设立了网络平台，开展电子商务活动，一些社区、街道已开始建立网站。虽然现在的宽带改造工程在不断推进，但宽带的普及率依然不高。城市家庭上网率普遍低下的原因除了电脑应用还没普及外，很重要的就是承担的付费过高，技术和服务不“到位”。

虽然政府鼓励多家企业投资建设“接入网”，让居民有多种上网方式的选择，但对家庭网络市场的价格、技术标准和服务理念的导向调控做得不够。市场竞争迫使那些拥有一定垄断地位的网络企业一再调整价格，在开户费和设备的一次性支出上，ADSL 从 3300 元下降到 1200 元，有些地方最近更是降到了 300 元，“有线通”从原先的 2620 元最近调整为 1180 元，长城宽带网是 500 元。但是，三者的“包月费”还是仍旧分别维持在 120 元、130 元、100 元上。据中国互联网络信息中心（CNNIC）统计，中国网民平均年薪收入只有 3 万元。如果按上述费用计算，仅上网支出就要占年收入的 5.2%。而这些网民大多数还是 18～30 岁的“白领”青年。家庭上网普及后，中老年的网民占的比例要大幅度提高，但他们的收入和经济负担却更加微薄和沉重。可想而知，许多居民犹豫不觉的原因了。接入上网技术的还不成熟，如“有线通”目前还是解决不了电视不能上网和宽带共享等问题，ADSL 的 3 套设备、3 个系统互不匹配等问题，都使居民产生了再“等等看”的观望念头。

有关调查表明：近几年中国上网家庭的数量在猛增。目前在家庭宽带网市场上，“有线通”和 ADSL 是主要竞争对手又是合作伙伴，长城宽带网则“趁虚而入”，悄悄地扩展地盘。他们都意识到市场竞争的激烈。正以“抢占先机”的新的理念，抓紧研究收费的合理性和技术设备的改进。据国内市场调查公司数据表明，目前中国城市有 17%的家庭拥有电脑，还有 13%的家庭表示在未来一年购买电脑。北京的家庭上网比例已达到 45%，城市家庭上网的发展趋势看好。如果政府能对发展家庭用户业务进一步采取扶持的政策（如补贴收费），同时随着网民素质的不断提高，网上所提供的信息的不断健全和完善，以及上网资费的下调，家庭上网的前景还是很乐观的，当然这还需要社会各方面的共同努力。

（人民邮电报社　叶武滨）

第 23 章　网络游戏服务发展状况

23.1　网络游戏概述

现代娱乐产业是一种依托信息技术，特别是电子技术、计算机技术、软件技术、网络技术和无线技术，再加上娱乐内容的新型产业——数码娱乐产业，网络游戏产业则是全球数码娱乐产业的重要组成部分。

在 20 世纪，世界各主要发达国家和地区就已经实现了由生产型主导向消费娱乐型主导社会的过渡。在日本和韩国，游戏产业就已经超过以汽车制造为代表的传统制造业而成为国民经济的重要支柱产业，2002 年底日本的游戏产业产值接近 1000 亿日元。

韩国电子游戏甚至担负起振兴国民经济的使命，韩国政府高度重视游戏产业的发展，不仅强调游戏对国民经济所起到的重要作用，还将游戏定位为“文化产业的核心”。在美国，在 2000 年，游戏产业就超过了拥有百年历史的好莱坞电影产业而成为整个娱乐业的龙头。进入 21 世纪，席卷全球的数码娱乐业已经成为西方发达国家的一项主导产业，而电子游戏荟萃传统数码娱乐的精华，集高科技、娱乐性、交互性、叙事性、竞技性和仿真性等诸多娱乐要素之大成，成为当今电子娱乐产业的前沿和先锋产业。

中国已经无可争议地成为全球最大的游戏产业潜在市场。尽管由于种种原因，中国的游戏产业在总体上同发达国家水平相比还有相当大的距离，但是近年来，中国的游戏产业特别是网络游戏领域得到了长足发展，增长速度十分可观。在 2002 年，无论是游戏的用户数量、付费用户数量、网络游戏数量，还是销售收入都有了显著增长。种种迹象表明，中国的游戏产业正处于重要转型的前夜。中国的游戏产业政策和市场环境正在趋于好转，产业自律不断得到加强，中国的游戏产业总体上呈现出由混沌走向有序的发展态势。

一、游戏的分类、演进和发展趋势

作为一种综合性的娱乐形式，游戏的分类十分复杂，人们从不同视角、使用不同方法和标准对游戏进行分类，产生了不同的游戏分类，归纳起来是从叙事情节（游戏内容）和操作的技术手段（游戏设备）两方面来进行分类的。

（一）从游戏设备看游戏分类

游戏设备是运行游戏必不可少的硬件，它不单单包括游戏终端本身，还包括终端周边的外部设备以及数据传输载体。游戏界根据游戏设备的不同，一般将游戏分为“大型游戏机游戏”、“控制台游戏”、“PC 单机游戏”、“网络游戏”和“无线游戏”。

大型游戏机（Arcade）又称街机。Arcade 的本义是指带拱顶的街道走廊或店铺商场，欧美等国家和日本常常设有供人投币娱乐的机器设备，所以 Arcade 转义表示用来游戏的电子设备。街机一般设置在大型娱乐场所、酒吧、咖啡厅和汽车加油站等处。游戏机一般被分为通用型和专用型两类。街机作为最早的游戏服务运营模式，成为“卖服务”甚于“卖产品”的游戏经典运营模式的前奏。

控制台游戏（Console Game）又被称为电视游戏（Video Game），即家用游戏机游戏。它需要使用电视机作为显示输出设备。目前国内比较常见的 PS(Play Station)以及微软进军游戏设备领域的旗舰产品 X-BOX 都属于家用游戏机。家用游戏机是美国最普及的游戏设备，20 世纪 80 年代末开始由日本传入中国，中国的商家相继跟进，出现了“小霸王”、“裕兴”和“步步高”等品牌，但这类游戏机普遍扩展性能不佳，功能相对简单，进入 20 世纪 90 年代中期，第一代家用游戏机渐渐退出了游戏舞台。

1993 年，电脑开始进入中国家庭，电脑游戏随之被人们接受。电脑游戏与电视游戏有很大不同，由于电脑中央处理器的技术较家用游戏机先进，因此电脑游戏的图形、画面、声音质量、升级换代和可扩展性都大大优于电视游戏，而且由于电脑游戏的本土化相对电视游戏的本土化要简单得多，因此大量欧美、日本电脑游戏被汉化为中文版本。中国台湾也拥有几个规模较大的电脑游戏制作发行公司，在对国外游戏进行汉化工作的同时也在潜心开发具有中国文化内涵的游戏。

1998 年，中国电信首次下调了上网费用，互联网开始普及。中国网民数量高速增长，网络游戏也随之发展壮大起来。随后，拥有图形界面的网络游戏也开始崭露头角。目前，风靡网络的图形交互式角色扮演游戏（网络 RPG）滥觞于 2001 年的《石器时代》。它的出现使国内网络游戏开始走向了大众化，具有里程碑意义。从此，各种类型的网络游戏不断问世。2001 年可以说是中国网络游戏元年。随着《石器时代》的成功，《万王之王》、《网络三国》、《千年》、《红月》、《龙族》和《大法师》等相同类型的游戏蜂拥上市。紧接着，以联众为代表的棋牌类网络游戏也开始流行。由于受到各种赛事的影响，竞技类游戏也开始火爆起来。2002 年网络游戏无论在产品数量上还是用户规模上都登上了新的台阶。

手机的普及和无线技术的发展为无线游戏发展奠定了基础，快节奏的生活方式使人们对可随时随地进行娱乐提出了越来越高的要求，无线游戏由此应运而生。目前，国内的无线游戏主要局限在短信游戏上，还摆脱不了信息量小、数据传输速度慢的限制。2002 年底，随着 GPRS、CDMA1X 等 2.5 代移动应用的推出以及彩屏手机的流行，K-Java 等联网手机游戏开始出现。在日本、韩国和北欧各国，无线游戏已经发展成为一种社区文化和娱乐快餐，只要身处网络覆盖范围内，打开无线设备就可以进行无线游戏。截至目前，中国的手机用户已经接近 2 亿户，成为全球最大的手机用户国。中国已经成为无线游戏最具发展潜力的市场之一，“移动梦网”计划的成功实施使游戏业内人士看到中国无线游戏的巨大前景。从 WAP、GSM 到 GPRS 和 CDMA 1X，技术演进中的无线游戏市场将无可限量。

（二）从游戏技术演进看发展趋势

游戏是幻想的产物，但是游戏不同于幻想，它要通过外在的设备和手段，在人与机器、人与人之间通过技术手段的交互中实现和满足“幻想”。技术手段在游戏中具有举足轻重的作用，技术发展驱动着游戏的升级换代、推陈出新。

20 世纪 90 年代，互联网的普及为游戏产业注入了新的活力，网络使人与电脑的死板、程式化游戏模式转变为人与人的交流，使游戏的丰富性和多样性有了很大改善，网络游戏成为所有游戏中增长最快、最具活力的领域。亚洲经济危机之后，韩国政府将网络游戏作为复兴韩国经济的战略性产业加以扶持和发展，使韩国网络游戏呈现惊人的发展速度，韩国迅速成为世纪之交网络游戏的中心。网络游戏成为一门“国技”，只有 4000 万人口的韩国同时在线的游戏用户最高时达到 30 多万。根据韩国交通部及娱乐产业联盟（KMIC）统计，目前韩国拥有的韩国游戏制作公司约 1580 家，其中网络游戏制作公司约 750 家。2001 年韩国国内软件研发商共计创造了 9202 亿韩元产值，比 1999 年度的 7984 亿韩元增长了 11.5%。该统计指出，韩国网络游戏年增长率达 88.64%，比电脑游戏增长率高出将近 77 个百分点。2003 年，韩国电子游戏生产总值将达到 8 亿美元左右，出口额将达到 3 亿美元。

无线游戏则是网络游戏之后的又一个新增点。全球无线游戏目前有两个中心，即北欧等国和东亚地区的日本与韩国，这些地区 2002 年的成长率全部都超过了 50%，其中韩国增长最快。根据韩国交通部及娱乐产业联盟（KMIC）2002 年的最新统计，同 2001 年相比，韩国手机无线游戏的成长率为 63.12%。无线技术的应用和普及使游戏呈现全新的形态。

目前全球无线游戏还缺乏统一的标准，无线游戏开发商推出的游戏则成了彼此隔绝的“方言”。为解决上述问题，由诺基亚、爱立信、摩托罗拉以及西门子等大型手机制造商组成的名为 Mobile Games Interoperability Forum（简称 MGIF）联盟于 2001 年正式成立，该联盟试图为无线游戏业开发共同的技术标准。另一个与之竞争的标准是 Binary Runtime Environment for Wireless，简称为 BREW，由高通公司开发。在今后几年里，所有这些技术标准都要为角逐惟一的产业标准、争夺游戏开发商和客户而展开竞争。可以预见，无线游戏的标准一旦统一，增长潜力不可限量。

二、游戏的产业属性

游戏产业准确地说是“数码娱乐产业”或“电子娱乐业”。因为人的天性，游戏几乎与人类文明相生相伴，同人类历史一样久远，游戏业及其雏形在前工业时代就已经出现。我们现在所指的“游戏产业”主要是指基于电子技术、计算机技术、软件技术、网络技术和无线技术，外加内容服务的新型娱乐产业，是一种技术应用同内容服务的结晶。现代游戏同传统游戏最大的区别就在于它的高科技特性，它的发展与繁荣同人类技术前进的步伐息息相关。从 IT 技术演进角度看，当今世界，网络计算正全面进入第三次革命浪潮。

Informa Media 集团发表的 2002 年的研究报告显示，未来 5 年娱乐市场的格局将发生巨大变化，游戏将成为主流，全球游戏市场规模未来 5 年可增长 71%，达到 860 亿美元，使用线上游戏的人数会不断增加。美国交互软件协会（IDSA）最近的调查表明，目前美国人最喜欢的娱乐项目是电子游戏，最喜欢游戏的人数占被调查人数的 34%，超过其他娱乐消遣方式而占居首位。

与娱乐业转型趋势相适应，游戏正在快速成长成为一个庞大的产业。根据美国一个市场研究机构发表的报告显示，2002 年底，全球电脑游戏产业形成了一个 1000 亿美元的巨大市场，而“通过宽带网络和无线上网的方式为客户提供视频游戏和互动娱乐”则成为这一市场的主流。新兴的网上游戏的增长潜力将大大超过传统游戏市场。1999 年，全球网上游戏营业额约为 8200 万美元，预计到 2004 年将达到 49 亿美元，2006 年达到 56 亿美元。网络游戏市场的年增长率在 100%以上，增长潜力更大。专家预计，全球游戏市场在今后的 4～5 年，每年的增幅可达 25%以上。

游戏软件产业的蓬勃发展给周边厂商带来的市场机会和利润空间远远超过游戏本身的产值。游戏业的繁荣不仅会带动游戏软件的销售、在线付费服务的收入增长，更可以推动计算机相关硬件市场、IDC、ASP、呼叫中心和专线接入等电信基础与增值服务的增长。专家估计，游戏厂商每赚到 1 块钱，其周边产业就能赚到 5 块钱。在成长率更高的中国市场，游戏产业发展对周边产业的贡献率更高。以网络游戏对电信基础市场的贡献率为例，国际数据市场研究公司（IDC）的评测报告表明，2002 年全国网络游戏市场的总规模为 9.1 亿元，而电信业务由此产生的直接收入则达到 68.3 亿元人民币，此收入是网络游戏市场规模的 7.5 倍。网络游戏业的发展对于电信基础业务的拉动作用超乎想象。网络游戏的繁荣兴盛促使电脑主机、外设以及操作系统等支撑软件的升级加速，再算上其他物流和周边市场等，整个市场的规模可能翻番。可见网络游戏的发展壮大对于电信、出版、电脑制造和渠道等环节有着强有力的推动作用。

三、网络游戏新概念

（一）网络游戏的定义和分类

网络游戏有广义和狭义之分。广义上的网络游戏包括局域网游戏、互联网电脑游戏、互联网游戏机（例如微软 Xbox Live）以及无线游戏等所有必须依赖网络环境支持的游戏。狭义的网络游戏是指以无线或有线方式接入的局域网和互联网游戏。从技术发展趋势看，单机版游戏已呈现负增长，索尼 PS、任天堂 Gamecube、世嘉的 Dreamcast 和微软 Xbox 等传统脱网游戏机都在走向网络化。

广义的网络游戏相对于脱网游戏（PC 单机、TV 控制台以及一切非联网终端、手持设备的游戏）而言，泛指一切需要借助网络环境实现的人与机器、人与人之间的游戏。网络环境包括有线与无线方式接入的局域网、广域网和互联网，不仅指最常见的联网电脑游戏，也包括联网控制台（游戏机）游戏和无线游戏。

狭义的网络游戏主要是指有线方式接入的局域网游戏和互联网游戏，具体又可分为大型协同游戏、多人角色游戏以及小型在线游戏等 3 类。

大型协同游戏虽然大多也有单机版，但是它主要应用在联网协同运作方面，代表性的游戏有“反恐精英”、“星际争霸”、“雷神之锤”、“暗黑破坏神”和“三角洲部队”等。这类游戏以激烈的对抗性，清晰的胜负段落回合制特点著称，常常被用来作为电子竞技比赛项目。它在功能上比较复杂，界面上比较华丽，对网络传输带宽具有较高的要求，适宜的网络环境是局域网和拥有宽带接入能力的互联网环境(战网平台)。

多人角色游戏俗称泥巴（mud），目前的图形 mud 由早期的文字 mud 发展而来，是最经典的网络游戏，也是互联网特有的游戏类型。mud 是用户数量最多的网络游戏之一。这类游戏的代表作有“传奇”、“石器时代”、“千年”、“红月”和“天堂”等。这类游戏一般不像大型协同游戏一样有明确的胜负输赢和泾渭分明的对抗色彩，它的乐趣在于成长的体验过程，属于体验型而非对抗型游戏。

小型在线游戏是一些传统棋牌等体育项目的网络化，例如“象棋”、“围棋”、“桥牌”和“台球”等游戏就是将传统游戏项目搬到了互联网上。这类游戏不像大型协同游戏和多人角色游戏那样天生就是电脑或网络游戏，而是通常先有传统存在形态，后来才被移植到网上。

（二）网络游戏的特点

作为一项业务形态，游戏产业以其独特性获得了成功。

首先，网络游戏以其独特魅力打造相对成熟的消费市场。人与人智力上的较量，互动性、仿真性和竞技性，使用户在虚拟世界里可以发挥现实世界中无法展现的潜能，这就是游戏魅力所在。网络游戏为每一位应用者带来身临其境的娱乐体验，大型在线游戏将吸引数以万计的、来自世界各地的玩家纵情参与，在所有人眼前呈现出的将是一个“比现实更有现实感”的虚拟世界。

网络游戏就是网络时代的世界语。网络游戏的独特魅力为其商业成功打下了坚实的基础。

其次，游戏独具网络亲和性。网络亲和性就是消费者最倾向于使用网络来完成消费行为的特性。

从消费与网络的关系来看，有 3 种消费形态：第 1 种是不适合的网络消费——非网络消费，网络在消费活动中起辅助作用；第 2 种是需要培养和引导的网络消费——亚网络消费，网络起补充作用；第 3 种就是最适合网上消费的服务——纯网络消费，网络游戏就是最典型、最彻底的网络服务，消费者最倾向于使用网络来完成消费行为，或者换言之，离开网络，消费者就不能领略个中趣味。在主流网络游戏中，一个人可以通过互联网同众多伙伴合作，同虚拟而又真实的对手斗智斗力，在多人角色游戏中，甚至可以和全球上百万用户同时玩一款游戏。以图形 MUD 为代表的角色扮演游戏创造了一种全新的生存体验，这就是网络游戏独有的网络亲和力。网络游戏纯粹是互联网的伴生物。

再次，网络游戏最有粘性。无论是基于眼球的传统互联网赢利模式还是新兴的网络游戏赢利模式，利润增长点都跟一个因素有关——时长，它反映的是网络业务能在多大程度上“粘”住用户。网络游戏“点数卡”付费体制就与时长概念密不可分。互联网上有一个著名的新“木桶理论”：假如网上业务是一层纸，用户很快就能洞穿而出，假如网上业务是一个桶，用户也会被牢牢锁定在桶里。新闻网站就是一张纸，人们浏览完感兴趣的内容就匆匆离去。网络游戏就是一个“木桶”，可以牢牢地拴住用户。

23.2 国内网络游戏产业现状

一、国内网络游戏用户市场状况

中国是世界上人口最多、网络游戏潜在用户数量最大的国家。目前中国青少年人数为 3.5 亿，其中男性约占 51%，他们构成了网络游戏的最大的潜在用户群。中国互联网络信息中心（CNNIC）最新调查资料显示：国内 30 岁以下的网民占 71.9%，24 岁以下的网民占 54.9%，他们是最大的现实的网络游戏消费群体。CNNIC 调查显示，在 5910 万的互联网用户中，有 18.1%的用户经常进行网络游戏，网络游戏用户平均每周上网玩网络游戏的时间为 8.8 小时。目前，中国内地有超过 1000 万的玩家群，年增长率超过了 100%，并以每月 10 万～30 万的速度增长；全国网络游戏付费用户数在 400 万左右，比 2002 年初增长了 100%以上。网络游戏用户中，男性用户超过了 90%；行业分布上没有明显区别，只是大中学生占的比重较大，但是近年来成年人所占比例有增加的趋势。

从市场规模上看，2002 年中国网络游戏市场规模在 10 亿元人民币左右，为上年的 3 倍。

二、国内网络游戏经营情况

多人在线角色扮演游戏（MRPG）是国内最流行的网络游戏。2001 年 7 月以前，中国只有 5 款多人在线角色扮演游戏，截至 2002 年底，总数接近 100 款，这是网络游戏中发展最快的一类。多人角色扮演类游戏同时在线人数最高达到了三四十万人，用户平均在线时长为 2～3 个小时。

网络棋牌类游戏以联众网和中国游戏中心为例，联众每日用户访问总时长超过了 350 万小时，而中国游戏中心同时在线人数竟高达 20 万人。据中国游戏中心时长统计，窄带用户上网使用的所有业务中，最长的要数游戏，游戏始终占所有业务时长的 50～60%以上。

CNNIC 最新调查报告显示，玩家最多的是传统棋牌类，高达 67.8%的用户喜欢这种类型；RPG 网络游戏人气最旺，有 43.6%的用户喜欢；网吧里最流行的是即时战略游戏和第一人称射击游戏，有 27.6%的用户喜欢。

网络棋牌类游戏是用户基础最好的网络游戏，联众是国内最大的专业性网络棋牌游戏服务商。截止到目前，联众注册用户 3000 万，收费会员用户 30 多万，最高同时在线人数超过 20 万人，每日用户页面访问量超过 3000 万，每日用户访问总时长为 350 万小时。中国游戏中心是网络棋牌游戏后起之秀，1999 年投入运营以来，已经培养起 3000 多万忠实的注册用户，在线人数近 20 万人。目前，该网站已经向综合性游戏网站转型。另外，杭州边锋也是较有影响的专业性网络棋牌游戏站点，上海热线游戏频道、扬州宽带游戏中心等综合性游戏网站的棋牌类游戏也有一定影响。

除国产棋牌游戏外，网络上最流行的是韩国游戏，进军中国最猛的也是韩国公司，他们的游戏通过代理商大量涌进中国；其次是中国台湾，目前台湾地区的三大上市游戏公司——智冠、大宇和游戏橘子已经全部登陆内地市场，还包括第三波、华义、昱泉这样的台资公司。美国和日本主要持观望态度，许多大的游戏公司并没有进入中国，或者只是象征性地设一个办事处，但是他们的产品已通过代理渠道在中国流行。

目前国内最受欢迎、用户数量最多的网络游戏是上海盛大公司从韩国引进的角色扮演类《传奇》，注册用户超过 6000 万，最多同时在线玩家人数超过 60 万人次。此外，《石器时代》、《金庸群侠 OnLine》、《魔力宝贝》、《千年》和《龙族》也拥有很高的用户群。2002 年下半年以来，一大批韩国网络游戏通过代理逐渐投入试运营，一批重量级产品，包括第九城市代理的《奇迹》（MU）、游戏橘子的《混乱冒险》、国研科技的《科洛斯》、网易的《精灵》、高嘉科技的《天使》和游戏新干线的《仙境传说》等，投放市场密集程度之高，前所未有。筹备推出的还包括《天堂》、《破天一剑》、《新西游记》、《美丽世界 N-age》和《Online 百战天虫》等，已经或即将推出的产品都是韩国或者台湾顶尖排行的作品，可以预见，中国网络游戏市场将进入薄利时代，在激烈的竞争态势下，大量运营商将陷入盈利困境。

大型协同游戏习惯上被称为“局域网游戏”，因为这类游戏对网络传输带宽具有较高的要求，适宜的网络环境是局域网和拥有宽带接入能力的互联网环境。目前这类游戏产品以美国雪乐山公司（Sierra）出品的《反恐精英》，暴雪公司（Blizzard）的《星际争霸》，由 id Software 公司开发、Activision 公司发行的《雷神之锤》，电子艺界（EA）的《FIFA 电子足球》等游戏为代表。游戏商靠产品销售而不是运营营利。

三、网络游戏产业链概述

网络游戏作为一个特殊的生态圈，离不开产业链上下游各环节的支撑。游戏产业的兴盛，需要产业上下游各环节准确的定位，合理的分工，发挥各自优势，才能实现产业资源的最佳配置。

网络游戏的产业链的构成与传统产业链相比相对简单，其核心产业链很短，涉及的关系也相对单纯，即游戏开发商—总代理商—分销零售商—用户，游戏开发商—游戏运营商—基础平台商—用户。网络游戏的核心产业链就是上面两种链条的组合，第一个链条实质是单机版游戏的产业链，解决的主要是软件供货问题。在宽带高速接入日渐普及的情况下，用户可以方便快速地下载大型游戏的客户端。第一种链条发展趋势是逐步被网络所取代，成为一种补充形态。从第二个产业链看，游戏运营服务商和基础平台商作为网络游戏运营的中间环节，也可能是合二为一的，即基础平台商同时也就是游戏运营的主体，它们利用自己掌握的平台资源直接向最终用户提供服务。基础平台提供商不可能全部取代游戏运营服务商，产业分工的基本规则在网络游戏领域同样适用。网络运营商同游戏运营商之间应更多地探讨如何合作，建立良好的合作共赢的产业链关系。

四、中国网络游戏服务商概况

网络游戏本质是一种基于互联网的内容应用和服务，网络游戏服务商（Game Service Provider，简称 GSP）是整个游戏产业链的核心。

从渊源上看，目前国内的网络游戏服务商大体有两种，其一是网络增值服务商，其二是网络基础运营商。

网络增值服务商背景的 GSP 又可细分为 4 个类型，第 1 是 ISP、ICP 背景的 GSP，最典型的代表是联众、第九城市，以及迄今仍然保持综合性门户、社区类网站特色的网易、新浪等；第 2 类是软件开发背景的 GSP，最典型的代表是金山公司旗下的西山居、卓越数码和目标软件等；第 3 类是游戏软件代理起家的 GSP，最典型的是盛大；最后一类是以欧美等国和日韩，以及中国港台地区的游戏公司进军中国的独资、合资公司为依托的 GSP，育壁、网星和台湾地区的三大游戏上市公司（大宇、智冠和游戏橘子）、第三波、华彩、昱泉都是这类代表。

长期以来，以网络增值服务商为背景的 GSP 形成了中国网络游戏的主力军。时至今日仍在稳健发展中。

网络基础运营商背景的 GSP 异军突起，通信运营商跻身国内游戏舞台成为 2002 年的一大亮点。

长期以来，通信运营商的市场定位是基础电信运营，为增值内容服务提供网络平台。随着通信网络特别是宽带网络的发展，“有路无车”、“有车无货”的问题日益突出，通信运营商认识到，网络应用日益成为基础运营业务发展的瓶颈，网络应用与网络接入这两个环节变得越来越不可分离，推进应用是推进网络接入发展的重要手段。通信运营商适当介入延伸领域，则是打破瓶颈、拓展基础市场的战术举措。同时，基础电信市场的激烈竞争导致利润摊薄，接入层增值空间越来越小，扁平化的资费政策不能给运营商带来增值利益，增值服务领域丰厚的潜在利润也成为通信运营商拓展网络游戏延伸业务的最大驱动力。

电信企业涉足网络游戏业务经营的有利因素有很多，例如品牌资源、资金和技术实力等，最关键的因素集中在两点，用户市场和网络平台。

中国的网络游戏市场正处于高速成长期，拥有数量庞大、正在迅速扩展的用户群。网络游戏用户100%都是通信用户和网民，绝大多数的中国网民都直接或间接依附在公众电信网上，也就是说，绝大多数游戏玩家都是沿着普通通信用户（电话用户或手机用户）—互联网用户—单机游戏和窄带网游戏用户—宽带网游戏这样一条线索平滑过渡发展下来的。

电信用户的身份为他们培养了良好的付费意识，能够自然地接受网络游戏服务付费方式。

相对全程全网、功能配套的网络平台资源是运营商介入网络游戏市场的又一资本。网络是游戏运营中连接用户的层面，也是游戏应用服务的支持平台，相对完整的通信网络为游戏运营提供了“一点接入、全网服务”的手段，可以实现从游戏接入、服务支持、用户认证、计费到收费的全程服务。因此，相对于一般游戏商，网络运营商介入游戏运营的边际成本更低，也就更有优势。

上海热线、天府热线、中国游戏中心、中国互动游戏中心和重庆热线构成通信运营商游戏运营第一梯队；湖南信息港、商都信息港、浙江信息港、天津热线、吉林信息港和武汉信息港等一些省会站点或中心城市站点组成“第二梯队”，青岛信息港和台州信息港等地市级热线构成了更广泛的策应力量，共同组成了传统通信运营商整体进军游戏产业的队伍。此外，华南重要门户网站21CN也在积极向网络游戏运营市场拓展。

23.3 网络游戏赢利模式研究

网络游戏是互联网上为数不多的实实在在创造收益的业务，这与网络游戏拥有最简单、成熟且易为消费者接受的电子商务模式分不开。网络游戏成功地将技术应用同赢利模式两大要素很好地调和起来。

众所周知，一般电子商务需要物流、信息流和资金流体系的支撑，其中，资金流、信息流必不可少。3个要素中最核心的是资金流。资金流主要是解决收费问题。从商家角度讲，信息流只是帮助资金更快更好地流动的手段。

要支撑3个“流”，需要架构适当的产业链。产业链越短、关系越清晰，就越有机会获得成功。

网络游戏几乎无需物流支持，只需要信息流和资金流两个要素，依托互联网平台即可建立商业模式。

网络游戏基于人与人交互创造价值的模式在互联网所有赢利模式中绝无仅有。在所有的付费服务中，游戏是网友最容易接受的一种。中国已经有超过100万的付费玩家队伍，他们已经习惯了为钟爱的游戏付费。

通过上述分析，我们看到网络游戏具有得天独厚的成熟的商业模式，这种种因素促成了网络游戏成为迄今为止中国互联网产业中最成功的商业应用。

一、典型的电子商务模式

游戏运营商同网络运营商必然走向结合，这是产业发展的内在要求，也是国情使然。网络游戏的特点决定了游戏运营商同网络运营商必然走向结合。离开了网络，游戏就只能回到单机游戏、TV电玩游戏机或局域网游戏的道路上去，而由于盗版猖獗以及中国政策管制等原因，这几条路都很难走通。台湾游戏厂商第三波、华彩已宣布退出单机版游戏市场，专攻网络游戏，在单机版市场取得不俗成绩的天人互动公司也开始大规模转向网络游戏市场。国内知名软件发行渠道商晶合时代也基本放弃了单机版游戏，单机版总体市场份额逐渐萎缩。世界三大游戏机开发商索尼、微软和任天堂的产品尽管风靡全球，但是它们对中国内地市场仍然持观望态度。游戏机的政策管制表明全球娱乐市场上最大的一块"蛋糕"同中国暂时无缘。局域网游戏风靡全球，但由于它必须搭载在网吧这条船上，而网吧产业在国内也处于风雨飘摇之中岌岌可危，所以局域网游戏也只能在夹缝中生存。

互联网游戏在中国风光独好，成了不可多得的通途，这正好是网络运营商得以扬长避短、大有可为的领域。

目前的问题不在于游戏运营商同网络运营商要不要合作，而在于怎样合作，才能创造成熟的生态产业链？

我们先看看已经取得巨大商业成功的"移动梦网"模式以及不够成功的互联网经典赢利模式。

产业链走向成熟的前提是价值链的合理架构，即产业链上下游商家如何建立彼此认可而又切实可行的分利机制。

"移动梦网"成功的奥秘是产业链整合创造价值。网络运营主体（移动通信集团）单一，与SP是自上而下、一对多的关系。SP创造丰富多样的业务以刺激和满足用户需求，运营商提供业务支撑平台与收费手段，SP与运营商通过建立双方认可的分账机制结成联盟，用户付费获得服务。特点是：价值链短，利益关系清晰。整合的产业链带来良性互动，创造价值。

互联网经典赢利模式的困境是产业链断裂阻碍价值形成。ICP与运营商没有建立利润分账的紧密型战略联盟关系。

ICP要么靠广告盈利（眼球经济），要么直接向用户收费。依赖广告赢利的风险很大，在现有网民数量很少，互联网普及度以及网络广告公信度偏低的情况下，广告收入就如同杯水车薪。依靠直接收费同样困难重重，由于缺乏直达用户的收费手段，渠道不畅，因此收益有限。网上免费内容的平淡劣质、收费服务手续的繁琐打击了用户的消费热情。运营商只提供基础平台，与应用脱节，网络盈利潜力受到抑制。

特点是：价值链长，涉及的不确定因素过多，利益关系复杂，断裂的产业链导致恶性循环，阻碍了价值增值。

正反两方面的案例可以给游戏商与网络商的合作带来深刻启发。

二、架构合理的合作分利机制

成功的合作模式源于合理的分利机制。过去，电信运营商同包括游戏服务商在内的ICP的合作都是这样一种简单的、松散的、外在式的合作，价值链是断裂的。电信为游戏商提供专线接入、主机托管、IDC、ASP 和呼叫中心等收费服务，双方分别向用户单独收取费用，电信收取接入上网通信费，游戏商通过卖游戏卡收取服务费。在这种模式下，游戏商与运营商的赢利模式是分离的、彼此无关的，运营商靠基础业务元素出租和接入获利，但是接入基础电信收益的总体趋势是不断降低的。由于缺乏增值业务支持，因此电信巨额的网络基础设施闲置，先期投入难以得到有效、快速回报。随着众多 ICP 因经营不善而倒闭，通信运营商必然受到重创。游戏商由于缺乏有效的收费手段，因此只能借助零售渠道推销游戏卡，用户买卡、续费都会不胜其烦，游戏业务发展空间受到很大限制。

电信运营商同游戏服务商只有超越松散的、外在式的合作，借鉴移动梦网的成功运作经验来打造“数据梦网”，将电信信息港（热线）同内容服务商撮合拢来，建立紧密的、内在式的战略联盟新型合作关系，才可能将市场扩大，达到双赢的目标。数据梦网是以通信运营商和游戏服务商为核心建立起来的一种整合价值链的产业联盟关系。

比较移动梦网的特点，“数据梦网”同样具有价值链短，关系清晰，利益关系直截了当的优点。与移动梦网不同的是，由于认识观念、运营体制等方面的原因，原来主管互联网业务的中国电信数据局已经融入新体制，在“数据梦网”领域缺乏中国移动集团这样单一而强有力的运营实体，互联网业务的开放性同移动通信业务的专营性也有区别，这些因素决定了“数据梦网”的网络运营主体是多样的，使众多的通信平台运营商（中国电信、中国网通、中国联通旗下的各地方电信数据部门、新兴宽带接入商、赛尔网等）同数量更多的游戏服务商开展多对多的合作关系。

与移动梦网相比，基于互联网的网络游戏市场将是更为广阔的天地，宽带的普及将使其如虎添翼，再造“移动梦网”神话绝非异想天开。

游戏商与网络商合作的基础在于架构基于合理分利机制的资金流模式。

目前，不同层面不同层次的数据梦网合作计划已经展开，但总体还处于相对零散状态。

游戏服务商同网络运营商建立战略合作关系之后，双方相互实现业务深度对接，对SP 而言，最大好处就在于解决了最棘手、最困难的收费问题。

一般而言，收费（资金流）有 4 个途径，见表 23.1。

表 23.1　收费（资金流）的 4 个途径

交费方式	适用业务对象	用户动作	用户劳作程度	用户心理接受度
用户买卡	游戏等 SP 业务	跑腿	高	很低
用户到银行交费	水、电和电话等基础业务	跑腿	高	低
用户网上支付	所有	动手	低	中
通信费代缴	所有	无	无	高

买卡消费是最麻烦、最笨的一种收费方式，人们不得已而为之。

到银行交费次之。人们只有对水、电、煤气、电视和电话等不可或缺的基础业务才肯不辞辛劳每月上银行排大队交费。

网上支付是近年来兴起的一种互联网新业务，目前各大银行都相继推出了范围不同的网上代收费业务，用户实现了足不出户、随时交费的梦想。尽管如此，它的推行难度远比人们想象的要大得多。

通信费代缴是最完美的一种收费方式，它通过将互联网业务费用同通信费分列合并的方式，极大地简化了缴费方式，对用户的打扰程度最低，用户在不知不觉中就完成了交费。

现成的通信计费和认证系统是通信运营商独有的，过去成千上万的互联网服务商面向用户直接收费，就不得不同样架构一套计费和用户认证管理系统，这实际上是 SP 包打天下，试图解决电子商务全过程中所有的复杂问题，服务商在无收益的部分投入巨大的费用和精力，既不符合市场分工原则、没有很好地利用通信网络现成的服务资源，也给最终用户带来了巨大的不便。

不起眼的计费问题实质上体现了通信网与互联网的巨大差异。在传统通信网上，每一个号码对应着一个用户，不管用户在哪里，他始终是具名的和“在场”的；在互联网上，虽然也有数以千万计的用户，但是互联网上只有随时变化的、动态分配的 IP 地址，对应的是一个个虚拟的、非确定的、不断漂移的逻辑指向。新浪网的日访问量数以亿计，但是无法确定访客的身份，因为互联网用户始终是匿名的，在这种情况下，用户接入互联网的那条物理通信链路，就成了把握虚拟世界用户身份的命脉，也就成了游戏商求之不得的“财路”。

深度合作使游戏商受益匪浅。游戏商更可以借助其游戏业务的独特魅力和灵活的市场运作能力，进一步向电信基础业务渗透，例如将运营商面向最终用户的部分接入功能承接过来，成为 ISP，从电信接入费用中分一杯羹。

此外，游戏商还可以享受到更多的超值服务，通信运营商可以为其提供不同程度优惠的网络接入、主机托管、媒体推送和渠道宣传等资源，以“一揽子”解决方案为合作伙伴实现“一点接入，全网服务”。“一点接入，全网服务”对于游戏服务商非常重要，它是游戏服务内在需求与网络技术手段的完美结合。几乎所有的游戏玩家都会同时玩多款游戏，而不会把自己绑死在一款游戏上。由于这些游戏是由不同代理商、发行商或服务商提供的，因此用户要同时玩这几款游戏就会遇到麻烦。游戏商通过同网络平台商的合作即可很好地解决这个问题，用户只需要往一张卡上注入足够的费用，就可以玩遍这个大平台上的所有游戏，享受到各自不同、灵活多样的计费折扣。游戏商和网络运营商之间可以进行各种复杂的结算，而这一过程对于用户是透明的，把简单留给用户（市场），把复杂留给服务商，这样市场才可能扩大。

建立在分利机制基础上的游戏服务商同电信运营商的合作是深层次、紧密型合作，它是架构成熟的游戏产业链模式的基础。在这种合作中，通信网实际上充当起了集用户认证、管理、计费和收费于一身的基础平台作用。

当然，从长远看，中国还需建立一个全程全网、互联互通、覆盖全国、普遍有效的统一的用户认证、管理、交换和付费的虚拟卡(VCS)系统。在通用系统建立之前，相对完整的通信运营商平台就是游戏运营商的明智选择。

23.4　国内游戏产业的机遇与挑战

纵观周边环境，中国的游戏市场处于一个特殊的盆地谷底，“盆底”地位带来独特的势能效应。日本和韩国等国家，以及中国台湾、中国香港等地区的游戏产业起步比较早，发展层次和技术水平高、市场发育比较成熟，中国内地则拥有最大的潜在用户消费市场。成熟的游戏产品和饥渴的市场需求之间形成了强有力的张力，这是周边国家和地区难以割舍中国内地市场的原因，也是中国游戏产业面临的特殊情势，中国游戏市场的机遇与危机都由此滥觞。中国的游戏市场是一个被抑制了的市场。这一事实带来两种可能的结果：一是借助被压抑的动能，整合优势资源，抓住后发机遇，在网络游戏领域实现突破性发展；二是政策环境与市场环境一如既往，国内网络游戏市场稳步发展，在游戏产业生态链的最底层分拣利润余沥。

一、国内游戏产业的机遇

市场需要就是产业发展的最大动力。

中国是全球最大的电话用户国，固定电话和移动电话用户总数分别超过了2亿户，总数突破4亿户；中国内地网民数量达到了5190万，仅次于美国而位居全球第二。美国互联网统计公司统计市场的数据显示，中国现在拥有世界上6%的网民，预计2006年中国将超过美国而成为全球网民最多的国家。

中国业已成为全球最大的信息消费市场之一，游戏市场也不例外，中国拥有最大的游戏消费潜在市场。目前中国游戏年市场空间在10亿元人民币左右，仅相当于2002年全球游戏市场份额的千分之一。国内网络游戏增长势头迅猛，市场份额从2000年的1000万左右人民币增长到2002年底接近2亿元人民币，预计到2003年，在13岁～25岁的青少年网络游戏玩家的基数约为2533万，其中成年人约1439万，占57%。如果每人每月花费10元钱，就可以创造出一个二三亿元人民币的大市场。

国际著名咨询服务公司普华永道预测，全球电子娱乐业在今后数年内将以每年7.2%的幅度递增，2005年将达到1.2万亿美元。以此计算，中国网络游戏产业发展的空间和潜力大得惊人。

除了巨大的潜在市场外，中国在网络基础、技术条件和人员储备方面也都具备相当大的实力，在网络游戏、无线游戏等领域与国际上基本处于同一起跑线，抓住机遇就可以发挥后发优势。

二、国内游戏产业面临的挑战

政策环境不利以及对国外游戏的过度依赖是目前中国游戏产业面临的两个最大的挑战。从国内情况看，政策环境以及与之相关联的体制、机制和观念方面的障碍共同形成了中国游戏产业发展的最大阻力。从外部看，畸形代理制下形成的市场和游戏商对国外游戏的“成瘾性”成为中国游戏产业协调、健康发展和本土游戏成长的大敌。

国产游戏的发展同中国整体的游戏产业政策环境休戚相关。作为整个游戏产业链最上层的游戏开发是一个国家或一个地区游戏产业发展水平的晴雨表。开发游戏是一个投资大、周期长、见效慢，且对于稳定的政策环境有高度依赖性的产业。

纵观整个中国游戏市场，最大的成功在于代理游戏运营。相对而言，游戏代理是一个周期短、见效快且风险承受力相对较大的事业。中国游戏产业走“集体代理路线”是急功近利的投机行为，也是资本博弈的理性选择。中国游戏市场充满变数，缺乏明确的政策导向，客观上不利于商家专注于开发，外部资金也难以进入，再加上代理的畸形繁荣，又为本地开发造成打压态势，因此国产游戏难有起色。从这个角度看，过于发达的游戏代理又昭示了中国游戏产业的最大失败。

如果政策环境没有改变，还一味用管理意识形态的方法解决游戏产业问题，那么可以断言，在将来的市场上中国游戏很难发展壮大。如果企业和产品竞争力丧失殆尽，那么巨大的潜在市场只能是镜花水月。

在全球游戏产业狂飙突进的态势下，中国游戏产业面临全新的转机，但是政策环境仍然是最大的不确定因素。政策环境具有超市场的力量，足以改变产业的整体进程和方向，决定产业的兴衰成败。中国游戏产业的诸多问题，归根到底都跟政策环境密不可分。

可怕的不在于危险本身，而在于对危险的麻木和不觉醒。来自国外游戏的威胁不在于国外游戏产业发展水平远远高于中国，也不在于目前境外游戏主导国内市场的现状，而在于以韩国为代表的周边国家，已经制定和实施了进军中国市场的成熟的游戏发展策略，而我们还基本处于无所作为的状态。

作为中国的近邻和中国周边游戏最发达的国家，日本和韩国对中国市场可谓重视有加，尤其是韩国。韩国只有 4600 万人口，但是国内游戏研发公司与发行商竟多达 1500 多家，半数以上是网络游戏商。在韩国国内真正实现盈利的网络游戏屈指可数，它们自然把目光转向了更为广阔的海外市场，拥有巨大消费潜力的中国市场首当其冲。事实上，中国已经成为韩国最大的游戏软件外销市场之一。

韩国游戏进军中国市场做到了“政府搭台、协会导演、企业唱戏”，各个层面多管齐下。政府作后台，负责规划、统筹和协调各下属协会和企业对中国由南到北按照不同区域实施分拆进入，不同公司“分食”各自的区域市场，避免内部竞争；行业协会则充当先锋，竞相在北京、上海等中心城市建立办事机构，作为韩国游戏进军中国市场的桥头堡；在协会的组织下，企业得以有序、高效地进入中国市场。

同韩国的情况相反，中国在应对韩国游戏方面可谓群龙无首、一盘散沙。国外产业协会跨过国内政府机构、行业协会，直接同企业接头合作的不正常现象也就应运而生。显然，这样有利于韩国游戏商保持利润最大化。由于缺乏有效整合和市场宏观战略指导，受个别成功案例的诱惑，不加分析、不惜血本一窝蜂购买韩国游戏代理权的现象十分普遍，业内分析家指出，目前韩国市场上流行的、正在研发即将推出的各款游戏，基本上都被中国企业购买殆尽，包括一些在韩国、日本市场上并不被看好，并不盈利的二三流游戏。

面对国外游戏公司的恶意哄抬价格，国内代理商由于不能有效沟通合作，对外保持一致口径，因此很容易陷入孤立无援、内部竞争、竞相抬价、最终被各个击破的局面。由于代理游戏的利润空间越来越小、运营风险却越来越高，因此越来越多的游戏运营商实际已经陷入亏损困境。截至 2002 年底，国内市场上运营的网络游戏就已经多达数十款，蚕食和分割了本来不大的市场蛋糕，恶性竞争导致利润摊薄。

面对这种局面，中国游戏产业需要在争取尽量宽松的政策发展环境基础上，强化行业自律，创造良性的外部发展空间，建立和加强产业内部沟通、协调机制，以整合的形象一致对外。同时，苦练“内功”，提升本土游戏研发能力和市场竞争力。这样才可能赢得发展转机。

（中国网友报　封　洪）

第24章 网上音乐、视频服务发展状况

24.1 网上音乐、视频服务及其在国外的发展概况

随着信息技术的不断发展与更新以及用户需求的拔高，互联网服务从一开始就注定要步入一个结合图文影音等全部信息要素的多媒体时代，只是在发展之初受终端硬件、网络条件、应用技术等要素的制约而难以应用和普及。当储存容量更大，运算速度更快，结合多媒体应用更紧密的计算机终端层出不穷时；当用户可以有更多的条件来选择更快速的联网方式，而逐步下降的带宽价格使得网络服务提供商们可以以一定的投入获得更充足的带宽以保证自己的服务质量时；当更多的多媒体技术被应用于网络，人们通过网络听到了音乐，看到了影象的时候，互联网的影音时代到来了。

近20年来，人们的生活从传统的电报电话业务，发展到互联的文件传输、电子邮件等数据业务，从拨号上网到专线接入，人们在不停追求更高品质的集视频、图像、声音、文字和动画等为一体的多媒体应用服务。早期的互联网络带宽窄、路由瓶颈、接入速率低、延迟大而不确定，使得适时性强的音视频流质量不能得到保证，限制了宽带多媒体的广泛应用。尽管如此，宽带多媒体的应用的发展并没有停止，人们还是在专网上或局域网上开发了诸如视频会议、远程教学等应用。基于IP的宽带视频技术的发展和成熟，为宽带多媒体的应用发展吹响了前进的号角，种类繁多的多媒体视频应用如决堤之水，为互联网世界带来了无限的勃勃生机和充满挑战的发展机遇。

宽带数据网的快速发展已经奠定了宽带视频应用的基础，在此基础上，产生了多姿多彩的视频应用。最常见的宽带视频应用有个性化的信息点播（如新闻、体育、电影、歌曲）、远程医疗、远程教育、远程培训、视频会议、视频广告、网络电视、基于WEB的视频协作、多媒体个人终端和数字家庭等。

提到视频服务，人们总会想到视频点播。的确，视频点播VOD（Video on Demand）的名字在媒体上出现得越来越多。对于视频点播，可以定义为"把用户选择的节目，在用户指定的时间内，通过通信网的传输，分发到用户终端设备上。"

VOD是近年来新兴的传媒方式，该技术是计算机技术、网络通信技术、多媒体技术、电视技术和数字压缩技术等多学科、多领域融合交叉结合的产物。VOD技术使人们可以根据自己的兴趣，不用借助录像机、影碟机和有线电视而在电脑或电视上自由地点播节目库中的视频节目和信息，是可以对视频节目内容进行自由选择的交互式系统，是世界

各国的软件研发人员近年来重点研究的应用领域。

VOD 的本质是信息的使用者根据自己的需求主动获得多媒体信息，它与信息发布的最大的区别是主动性和选择性。从某种意义上说这是信息的接受者根据自身需要进行自我完善和自我发展的方式，这种方式在当今的信息社会中将越来越符合信息资源消费者的深层需要，可以说 VOD 是信息获取的未来主流方式在多媒体视音频方面的表现。VOD 的概念将会在信息获取的领域快速扩展，具有无限广阔的发展前景。

伴随着互联网的诞生，网络音乐和视频传播便一直成为其中最可以拉近人际距离和愉悦身心的服务内容，成为在这个庞大的虚拟世界中最为鲜活的亮点。而推动这项服务不断进步和完善的当首推那些致力于网络音视频技术开发和应用的流媒体巨头们，RealNetworks、Liquid Audio、Apple 以及后来加入的 Microsoft 等，正是他们使得互联网成为一个声光合一、五彩斑斓的世界，也正是这样的技术才使得网络音乐和视频作为一项新的服务产业在网络的世界里酝酿、发生、蜕变和进步。

直到今天，这些技术巨头们依然占据着网络音视频播放格式和技术服务垄断性的市场份额，而彼此之间为争夺更多的生存空间而进行的明争暗斗也从未有过停息，终于在新世纪之初，RealNetworks 和 Microsoft 先后推出了以各自流媒体技术为核心的，集成更强大播放和整合内容功能的产品品牌 Real One 和 Windows Media Player 9，更是将网络音视频服务在技术厂商的手中推向了一个空前的高度。Real One 和 Windows Media Player 9 除了具有普遍的媒体播放器的功能之外，还整合了大量的音视频内容，供点播、订阅、下载，并烧录个人光盘，从而真正成为一个个人的媒体操作平台。另外，伴随着全球范围内宽带技术的成熟和应用普及，为承载并传播音乐视频内容服务提供了良好的平台和通路。

和技术厂商的大力推动相比，拥有原始节目内容的内容供应商和媒体公司们，显然在自己的节目如何在互联网上应用持谨慎和保守的态度。他们既了解互联网资讯在全球范围内传播对于自身的产品可以起到何其巨大的市场推广作用，也看到数字技术的进步和普及以及网络盗版的盛行可以使他们的产品在一夜之间被拷贝到无数台的终端之上，而自己却颗粒无收。同时，一个产业在经历上百年的沉浮、磨砺得以形成一整套完善严密的运做体系之后，面对着由技术进步而带动的一场需求和消费行为的革命，是无论如何也保持不了一份从容和平静的，所以，无论是全球著名的五大唱片公司，还是八大电影公司，他们在应对网络发展的潮流和推动网络内容发展的行为中，无一不透露着无奈和矛盾。他们会经常性的抛出一些新闻以表明他们对于利用网络进行产品推广和营销的兴趣和决心，可是又会设置若干的条件来确保自己的产品能够按照自己的意志被用户接受和使用。他们会将全球音像产业的萎缩归结为互联网免费下载等盗版行为作恶所致，并对提供该类服务的互联网运营商提请强硬的法律诉讼，同时，他们也希望能够借助网络的普及来开辟另一条产品分销的通道。

网络音乐视频服务得以广泛的普及和发展，其中另一支重要的力量，就是众多的专项致力于该类服务拓展的互联网站，他们为用户提供了大量的诸如资讯、在线广播、音视频点播、下载和影音游戏等内容和服务，成为网络音乐视频服务最积极的推动者。正是他们的推动，加速了流媒体技术的革新、普及和应用，加速了传统媒体节目数字化，网络化转变，拓展了新的营销渠道。

我们如果根据以上的观察可以将世界范围内提供网络音视频服务的服务商大致分成 3 种类型，即技术厂商、传统的媒体公司和提供专项服务的互联网站，而每一种类型都有若干突出的代表。如技术厂商便以各自核心的流媒体技术平台，承载内容的服务，比如主推 RealNetworks RealOne 产品服务的 musicnet.com；主推微软 Windows Media Player 产品服务的 pressplay.com；主推苹果 Quicktime 产品服务的 apple.com 等，都是基于各自核心的流媒体技术，进行音视频节目的播放、定制和下载等。

传统的媒体公司，比如属于五大唱片公司之列的华纳唱片的 warnermusic.com，属于八大电影公司之列的环球影片公司的 universalpictures.com，以及著名的电视频道 MTV 的 mtv.com 等，除公布其公司产品的相关资讯外，也提供一定数量的音乐片段和视频剪辑供用户在线观看。

至于提供专项服务的互联网站则更是不胜枚举，如著名的 mp3.com，提供 P2P 音乐文件共享交换服务的 napster.com 等都曾经是全球互联网民的至爱。虽然在受到来自唱片公司的强大抵制后，它们都已分别走向没落或者改头换面，但提供类似服务的网站依然是层出不穷，比如目前受全球网民追捧和拥戴的 Kazaa、Grokster 和 Morpheus 等 3 个网站“最负盛名”。这 3 个网站共计已经超过 9000 万用户，而 Napster 在它的鼎盛时期也只有 3000 万用户。最为严重的是，通过它们用户不仅仅可以下载音乐作品，还可以下载各种视频游戏、软件程序以及正在各大电影院上映的最新电影作品。如果说这样的局面阶段性地推动了网络音视频服务的发展和普及，满足了相当多的网民对于音乐和视频内容的获取需求的话，那么它所造成的直接恶果就是传统的音像产业在全球范围内发展的萎缩。有数据显示全球的正版 CD 销量一直在下滑，在 2001 年全球的 CD 总销量下降了 5%的同时首次出现了可刻录 CD 盘销量超过已刻录盘销量的情况。这样的局面必将导致传统的音像媒体产业与网络产业的对立，严重地挫伤创作人创作音乐影视产品的热情并最终导致网络音视频服务成为无米之炊。

24.2 网上音乐、视频服务在中国的发展现状

一、成就、规模以及特色

同全球的互联网产业发展的曲线相吻合的是，中国的互联网发展也经历了大起大落，而其中的在线音乐和视频服务也无可避免的遵循着这样的发展轨迹。当我们今天还在感慨当时的繁荣已经不再的时候，当我们现在还在列数当时运作的诸多不是和可笑之处时，我们还是应该对在那一时期致力于这项服务事业的人们和他们创造的结果心存感激。在互联网发展的高峰阶段，国内开辟在线音乐服务的大小网站，达数千家，这其中有各地电信和各大型门户网站的音乐频道，也有商业化的专业音乐网站，同时还包括各种规模的个人网站等，提供着音乐资讯、歌曲在线试听、MP3 下载、原创音乐展示交易、演出门票和音像制品的在线销售等多元化的服务，其内容的丰富，服务的多样，市场的强力推广，在很大的程度上普及了互联网的应用，成为了国内互联网发展欣欣向荣和用户迅速增长的有力证明和强大推动力。

同时作为一项后来的产业，在线音乐服务的普及也极大地推动着周边产业的发展。比如，因为需要聆听在线音乐，所以高配制多媒体功能的电脑有了更广泛的用户；因为

有了MP3，所以可刻录光盘和便携式MP3播放器成为了年轻人的必备和新宠；因为网站的大力推动，歌手们有了更多的直接面对观众的机会，演出娱乐市场空前的活跃；等等。

如今国内的在线音乐服务，因为受整个互联网发展大势的影响，整体状况并不理想，目前尚能提供音乐服务的网站不过100家左右，曾经一些很有影响的音乐网站比如音乐中国、听听音乐网、红色B-52等都已纷纷关闭了自己的服务；而大量的个人音乐网站也因为涉及版权，运营成本和商业模式等多方面的问题，而销声匿迹；曾经非常吸引用户的MP3下载服务，也在一片讨伐声中，潜入地下，以论坛、提供搜索链接甚至是P2P的方式继续存在着；面对着生存压力，有的网站开始实行收费服务，比如付费听歌，付费下载音乐等等，但是这其中涉及到定价标准、支付方式、版权加密、版税额度等多方面的问题，很难在短时间内达成统一，同时国内传统唱片业的低迷导致的资源匮乏缺乏市场，国际唱片业对于在线音乐普遍所持的保守态度，加之用户对于由免费变成收费普遍的抵制和消化过程，在线音乐的收费也是举步维艰，比如目前还在运营的听吧、网蛙、九天音乐网等，还在互联网的严寒中苦苦挣扎。

而现在我们看到音乐服务在互联网开展唯一的赢利亮点是伴随着短信业务蓬勃开展而兴起的手机音乐铃声下载服务。因为收费模式和市场需求的清晰，几乎各大SP都有音乐铃声的提供，并且花样繁多，手机音乐铃声正成为通信工具的辅助内容和一种彰显现代人个性和品位的符号被市场大量的消化着。这样的发展局面，对照着通信技术的飞速发展，我们有理由认为未来的无线互联网络将是网络音乐得以高速发展的巨大空间。

与网络音乐在中国互联网产业中的发展普及相比，网络视频的大发展，多方位应用和普及却是近两年的事情。虽然全球主流的流媒体技术从一开始就支持网络视频服务的开展，但是受实际用户的数量和具体硬件、网络条件的制约，利用网络接受视频内容和服务还是一个不切实际的技术承诺，而网络视频最早主要是应用在音乐的Music Video和所谓的网络直播上面，虽然当时用户只能看到最高56kbit/s的传输影像，但依然会让人激动不已。

今天，随着技术的进步，网络通路的拓宽完善，网络用户的不断增长以及服务需求的日趋细化，理解中的传统的单一网络视频服务内容和模式已经有了很大的变化，视频内容已经丰富到除MTV外的电影、电视剧、纪录片、教学片、旅游风光、汽车房产和新闻财经等多元化选择的程度，视频服务也从单一的视频点播发展到了多元互动的视频教学、视频会议和视频聊天等视频通信领域的应用。宽带互联网的发展，使得视频点播和通信服务有了一个很好的应用平台，这其中包括了电信企业、广电部门和各种规模的宽带服务提供商甚至一些窄带的互联网服务提供商均在各自的平台上推出了内容丰富的视频点播内容，同时视频通信服务的需求也从最初的政府和邮电用户发展到公安、检察院、法院、银行、证券、保险、教育和税务等各行各业，服务手段也从单一的视频会议延伸到了包括企业商务、远程医疗、远程教学、远程培训、远程监控、军事指挥、会议出租和应急通信等多种形式，受众群体也从行业小众扩大到了社会大众。从目前发展的现状来看，中广网、五洲宽频、上海热线II等都是在整体视频内容和功能服务上具备相当的规模和特色，除均具备综合的视频内容服务外，五洲宽频的中国警务、中广网的党校教育、原创宽频直播、视频聊天和视频社区等都是网上视频服务多元化应用的代表。

二、网上音乐、视频服务发展的制约因素

网上音乐、视频服务虽然在很大程度上丰富着网络内容服务的形式和组成，同时伴随着宽带多媒体时代的到来，应该会逐渐地成为网络服务的核心与主流，而各项专业的市场预测分析也对在线音乐和视频服务的市场和赢利前景普遍看好，但是，还是有很多的因素制约着该项服务的发展。

首先，最大的制约因素来自于内容拥有者对于自身的产品投入网上服务的态度的保守，而导致这种态度的核心问题在于内容产品的相关权力和收益。MP3、P2P 的出现和普及，使得在网上免费得到音乐成为一种普遍的可能，也使得传统的唱片业、电影业遭受很大的损失，而这时唱片公司和电影公司可以做的就是用诉讼的手段遏止已有的侵权行为，另外自身把握源头，不让资源流出，但是随着网络市场的不断发展壮大，不合作的态度可能在很大的程度上错失掉一块巨大的市场空间，所以，近两年来，唱片公司、电影公司也在尝试网上营销，可是版权问题一直是困扰网上音乐视频发展的难题。下面以音乐为例进行说明。

难点一：传统唱片业的版税标准是否可以通用于网上营销？经过百年发展的传统唱片业，有一套完整的被广泛认可的执行于各国的行销原则和标准，但是基于网上的标准，是继续延续传统的标准，还是重新制定一套，却存在着广泛的争议，网络运营商认为延续传统的版税标准，在面对用户有限的付费和高昂的运营成本的压力面前，无异于一种自杀性的行为。唱片公司则认为为迎合网络销售而改变原有一套标准，等于在榨干自己的利润空间，因小而失大，所以在这个问题上，一直没有很好的解决方案。

难点二：网站需要为开展音乐服务交什么钱，给谁交钱？以中国为例，一首歌，必须有人作词，有人作曲，还需要有人编曲、演唱，这就涉及到两个概念的版权。作词和作曲属于著作权，而编曲和演唱则属于邻接权。中国音乐著作权协会在 1992 年 10 月加入了《伯尔尼公约》，这是一个保护著作权的公约，并加入了国际作词作曲者协会联合会，这是中国唯一的音乐著作权的集体管理机构。这样中国音乐著作权协会有权收取作词、作曲这部分的著作权的版权，并转交给相关作者。所以，当网站使用相关的音乐作品时，需要向该协会组织交纳著作权的使用费用。这只是一部分，还有作品的邻接权的费用需要交纳，但这部分交给谁，在国内目前还是一本糊涂帐，目前的《罗马公约》是针对保护邻接权的公约，他们也有国际性的机构，如表演者协会、唱片制作者协会等，但中国迟迟没有加入，就是说中国目前尚无权威邻接权管理机构。这些悬而未决的问题，在很大的程度上制约着网络音乐视频服务的开展和商业模式的建立。

其次，运营成本的高昂以及获利的微薄也是制约网上音乐视频服务发展的重要因素。众所周知，运营音视频流媒体内容需要高昂的硬件投入和流量消耗，才可以支持这样的内容服务被用户高质量的接受。如果网站将这样的服务作为一种收费项目的话，在从免费过渡到收费这样的特定的时期，网站将面对的是用户对于愿不愿意付钱和付多少钱近乎苛刻的态度，而收益和投入的比较将直接影响运营商对于提供流媒体内容服务的动力。另外，网上充斥的大量的免费或者低价但是是盗版的内容，而又没有相关的部门参照相关的法律对其行为给予约束和制裁的话，正版内容的运营商，提供商也是很难有能力来推动这项服务的开展的。

再次，现有音乐视频服务的单一、模式化和缺乏个性化也是制约了该项服务开展的因素之一。现在国内很多提供在线音乐，视频服务的网站，其内容千篇一律，缺乏创造性、娱乐性和实用性，变成了一种生硬的形式。还有很多的内容，就是完全照搬电视节目，缺乏网络的独创性，这样的内容服务当然无法打动用户，更不用谈收费了。当网站的运营理念还停留在堆砌和销售外在产品，而没有上升到销售一项高质量的服务这一层次时，被用户拒绝也不是很奇怪的事情。

另外，中国对于网上传播视频内容的限制和对运营商相关资质的审查也是相当严格的，在保证网上传播视频内容规划化的同时，也间接地抬高了进入这一服务领域的门槛和难度。目前在中国运营商要提供视频内容服务，要取得两个许可证，一是信息产业部的 ICP 许可证，二是要取得广播电影电视总局的网上传播广播电影电视类节目业务许可证，如要加上新闻栏目，还要取得国务院新闻办的批准。目前，像具备这样的运营资质、权利并且服务内容和模式多样，版权也很清晰的网站，中广网算是其中之一，但同时具备如此多条件的网站国内也是寥寥。

24.3 网上音乐、视频服务软硬件环境需求

24.3.1 软件条件

目前支持网上音乐，视频播放服务的是以 RealNet works、微软和苹果在内的三大主流流媒体技术，基于用户端的主要是可以支持不同压缩文件格式播放的三大流媒体播放器。

一、Real Player

尽管面临着来自于微软的巨大竞争压力，但是 RealNet works 公司出品的 Real Player 软件仍然是目前流媒体市场的佼佼者，毕竟它进入这个市场的历史比较长，拥有了数量众多的用户。相对于微软倡导的 ASF、WMV 格式而言，RM 视频的压缩比表现更加出色，而且也可以很好地控制画质损失，并提供了灵活的选择方式。RM 在这方面的出色表现，使得很多人甚至将其作为存储视频的格式，因为只要适当地控制压缩比就可以获得类似 VCD 的画面质量，而此时占用的空间却很小。

2002 年 3 月 5 日，RealNet works 公司发布了 RealOne 的最终版（Gold 版）新版本的 RealOne 已经不再像 Real Player 那样区分 Basic 和 Plus 两个不同的版本。所有用户下载的文件是一样的，完全没有以往那种部分功能不能使用的烦恼。其实，RealOne 不仅仅能够支持音频以及视频文件，它还能让你浏览各种图片，包括 PNG、BMP、GIF、TIF 等常见的格式。值得一提的是，如果大家同时将多张图片一起拖放在 RealOne 中，那么它将会自动以幻灯片的方式进行播放，而且速度可以任意调节，感觉非常好。RealOne 还可以自动检索本地硬盘的所有媒体文件，并生产一份清单，按照音频与视频进行分类。如果用户还想进一步地细分的话，那么还可以创建多级目录，这样我们就再也不必为寻找某一文件而发愁了。

此外，在 RealOne 中包含可以立即播放 RealVideo 以及 RealAudio 信息内容的 TurboPlay 功能。TurboPlay 通过判断在宽带接入中可以利用的带宽，大大减少了播放前的装载时间。与目前的流式媒体系统相比，可以快 5 倍以上。信息内容提供者无需为了

利用 TurboPlay 对于信息内容重新进行编码，也无需升级服务器。

二、Windows Media Player

在流媒体这一广阔的市场上，微软的起步并不是最早的，但是它占据的市场份额却越来越大，俨然成为流媒体市场的霸主。当然，微软的这一切与其在 Windows 操作系统中整合 Media Player（媒体播放器）是分不开的。

Windows Media Player 支持的视频流媒体格式主要是微软自己开发的 ASF 与 WMV，这两者的编码技术还是相当先进的，特别是 ASF。尽管 ASF 的画质表现并非十全十美，但是它对网络带宽的要求比较低，同时对主机性能也没有很高的要求。至于 WMV，它与 ASF 的区别不是很大，只不过两种文件采用的 CODEC（多媒体数字信号编解码器）不同。WMV 一般是采用 Windows Media Video 7 的编码，而 ASF 采用的一般是 Microsoft MPEG4，音频部分是 Windows Media Audio 2。现在有些 ASF 与 WMV 采用的 CODEC 有些混乱了，所以两种文件的界限也有些模糊了。

Windows Media Player 的外观比较华丽，内核性能出色，但是由于微软在这款软件中集成了大量的附加功能，如广播电台、播放复制 CD 和寻找互联网视频等，因此整体速度给人感觉很慢。

2002 年，微软又发布了最新的 Windows Media Player 9，它提供更广泛，更具可操作性，更方便的多媒体内容。你可以播放更多的文件类型，包括 Windows Media、ASF、MPEG-1、MPEG-2、WAV、AVI、MIDI、VOD、AU、MP3 和 QuickTime 文件，所有这些都用一个操作简单的应用程序来完成。Favorites 菜单会让你保存最喜欢的网站，以后可以更快速、简便地重放。这个菜单甚至还能直接让你连接到很酷的网站。Windows Media Player 能播放从低带宽的声音文件到全屏的图像文件，还可重设图像窗口，甚至设成全屏，以便更好地播放。当选定了声像地址后，Windows Media Player 会查看是否安装了所需的 CODEC 文件。如果没安装，它会自动下载 CODEC，然后播放文件。网上的内容（可从不同的服务器或不同的媒体类型文件）在播放时中间不需停顿。传输到 Windows Media Player 的内容，会自动调整至最佳播放状态。

Windows Media Player 9 新特性：1. 在基础用户界面上添加了"服务"选项；2. 改进了 WMA 解码功能；3. 歌曲属性的高级编辑功能；4. 新的 DVD 解码器允许记录视频；5. 全新的视频尺寸设置；6. 可清楚历史列表选项；7. 更多的可视化效果；8. 改进的插件管理；9. 音频规格化；10. 新的最小化功能。

三、QuickTime

曾几何时，出名于苹果电脑的 QuickTime 几乎垄断着整个流媒体市场。QuickTime 是最早的视频工业标准，在 1999 年发布的 QuickTime 4.0 版本后开始支持真正的实时播放，其格式为 MOV。MOV 的视频压缩部分采用 Sorenson Video 技术，该技术支持 VBR (Variable Bit Rate)，也就是我们常说的动态码率，它可以动态地分配带宽以尽可能小的文件获得最好的播放效果，并能使在解压缩时获得平滑流畅的画面。在音频部分，QuickTime 采用一种名为 QDesiglMusic 的技术。

另外，还有一些其他著名的网上音乐视频文件格式和传播技术，在此就简单说明一下。

MP3：MP3 的全称是 MPEG1 layer 3，它是 MPEG1 Audio 压缩标准的一个组成部分。

MPEG1 Audio 是 VCD 影像压缩标准的音频部分的压缩标准，这个标准主要有 3 层，即 Layer 1、Layer 2 和 Layer 3。对于 MP3 来说，它能够将 CD 品质的数字录音压缩成极小的文件，可以将一首完整的歌曲压缩成短小而易于管理的音乐文件，可以将 MP3 文件压缩成比光盘文件小 12 倍的文件。

P2P：P2P 是 Peer-To-Peer 的缩写，peer 在英语里有"（地位、能力等）同等者"、"同事"和"伙伴"等意义。这样一来，P2P 也就可以理解为"伙伴对伙伴"的意思，或称为对等联网。P2P 直接将人们联系起来，让人们通过互联网直接交互。P2P 就是人可以直接连接到其他用户的计算机、交换文件，而不是像过去那样连接到服务器去浏览与下载。之所以提到 P2P，是因为以 NAPSTER 为代表的 P2P 技术和服务的应用，成为互联网音乐视频服务发展中具有最大争议的一个问题，成为以新技术应用为核心的网络新经济和传统产业秩序之间一场具有颠覆意义的革命。

DRM：就是 Digital Rights Management（数字版权管理系统），这是一个数字权限授权管理软件，以微软的产品为例，通过后台数据库的支持，它可以对每一个发布的 ASF 文件进行加密打包，然后通过数字证书对发布文件进行管理。用户在打开该文件时，将会进行数字证书的确认，用户可以将下载后的文件进行拷贝，但是另外一个用户在打开该文件时，由于该用户机器上没有该文件的认证证书，因此系统将重新连线获取证书。数字证书可以是免费的，也可以是收费的。这就在很大程度上抑制了盗版的泛滥，实现了网上媒体文件的版权管理。

24.3.2 硬件环境

了解了支持网上音乐视频服务的软件，我们再来看看相关的流媒体硬件组成：

- 视频源。
- 数字化、编码设备。
- 编码工作站。
- 硬件服务器。
- cdn：是"内容分发网络"的缩写，简单理解，就是网络缓存。用户要访问的内容可能已经存在于靠近他的网络缓存里，从而节约了骨干带宽。
- 用户接入设备：ADSL Modem、cable Modem、网卡。
- 用户终端设备。

24.4 网上音乐、视频服务发展趋势预测

从宽带互联网市场发展的趋势来看，我们更对网上音乐、视频服务的应用前景充满信心。目前中国的宽带接入用户数量超过 250 万户，月增量保持在 20 万户以上。其中 ADSL 发展最为迅速，LAN 接入以商业用户为主。宽带应用总体还处在发展初期，但分析 CNNIC 的《中国互联网络发展状况统计报告》，我们可以发现宽带的发展已经成为主流趋势，运营商已不再大力推广传统的拨号上网方式。

根据 CNNIC 的第十次中国互联网络发展状况统计报告显示，截止到 2002 年 6 月 30 日，中国国际出口带宽的总容量为 10576.5MB，半年增加了 2979MB，增长率为 39.2%，

和2001年同期相比增长2.25倍，增长相当迅速。

总部位于伦敦的市场调研公司Strategy Analytics公司2002年10月22日发表报告，在DSL服务迅速发展的推动下，中国宽带网业务2002年将增长将近500%，2003年将增长654.7%。这家研究公司的报告预计，在2003年，中国家庭的宽带网用户将达到840万户。到2008年，中国家庭的宽带网用户将增长4倍，达到3670万户。中国的宽带用户容量在5000万到6000万之间。

面对市场如此的高速增长态势，我们有理由相信无论是产品提供商、通信网络运营商、行业应用系统提供商、服务平台提供商、内容提供商都会倾尽全力完善整个产业链的各项服务，而作为其中最重要的音乐视频内容和服务必将得到更高层次的提升和最广泛的用户普及，获取最可观的利润回报。

（中广亚广播信息网络有限公司　田尧文）

第五编

互联网网络与信息安全状况

第25章　互联网网络与信息安全概况

信息是社会发展的重要战略资源。国际上围绕信息的获取、使用和控制的斗争愈演愈烈，信息安全成为维护国家安全、经济安全和社会稳定的一个焦点，各国都给予极大的关注与投入。

信息安全已成为急待解决、影响国家大局和长远利益的重大关键问题，信息安全保障能力是21世纪综合国力、经济竞争实力和生存能力的重要组成部分，是世纪之交世界各国在奋力攀登的制高点。信息安全问题如果解决不好将全方位地危及中国的政治、军事、经济、文化和社会生活的各个方面，使国家处于信息战和高度经济、金融风险的威胁之中。

信息安全问题是伴随信息技术的发展同步发展的，迄今为止，信息安全技术经历了3个发展阶段。

（1）通信保密阶段（20世纪40～70年代）。重点是通过密码技术解决通信保密问题，保证数据的机密性与完整性。主要的安全威胁是搭线窃听，主要的保护措施是加密技术。该阶段的主要的标志是1949年Shannon所发表的《保密通信的信息理论》、1977年美国国家标准局公布的数据加密标准（DES）以及1976年由Diffie与Hellman在《New Directions in Cryptography》一文中所提出的公钥密码体制。通常可称为通信安全时代（Communication Security）。

（2）计算机系统安全阶段（20世纪70～80年代）。重点是确保计算机系统中硬件、软件及正在处理、存储、传输信息的机密性、完整性和可控性。主要安全威胁扩展到非法访问、恶意代码和脆弱口令等，主要保护措施是安全操作系统设计技术（TCB）。该阶段的主要标志是1983年美国国防部公布的可信计算机系统评估准则（TCSEC）将操作系统的安全级别分为4类7个级别（D、C1、C2、B1、B2、B3、A1）。通常可称为计算机安全时代（Computer Security）。

（3）计算机网络与信息安全阶段（20世纪90年代以来）。重点是需要保护能够接入到网络上的信息，确保信息在存储、处理和传输过程中及信息系统不被破坏，确保合法用户的服务和限制非授权用户的服务，以及必要的防御攻击的措施。强调信息的保密性、完整性和可用性。主要安全威胁发展到网络入侵、病毒破坏和信息对抗的攻击等，主要保护措施包括防火墙、防病毒软件、漏洞扫描、入侵检测、PKI和VPN等。该阶段的主要标志是提出了新的安全评估准则CC（ISO 15408）、IPv6安全性设计。通常可称为网络安全时代（Network Security）。

（4）构造信息基础设施保障体系阶段（21 世纪以来）。重点放在保障国家信息基础设施不被破坏，确保信息基础设施在受到攻击的前提下能够最大限度地发挥作用。强调系统的鲁棒性、容灾特性。主要安全威胁发展到集团、国家的有组织的对信息基础设施进行攻击等。主要的保护措施是灾备技术、建设面向网络恐怖与网络犯罪的国际法律秩序与国际联动的网络安全事件的应急响应技术。该阶段的主要标志是美国推出的“保护美国计算机空间”（PDD-63）的体系框架。通常可称为信息保障时代（Information Insurance）。

25.1 计算机网络与信息安全的涵义

与传统的安全问题相比，计算机网络与信息安全具有如下与众不同的特点。

（1）无国家属性：互联网无国界，无管制空间，无信息关防。

（2）无军事特征：军民系统难以分开，导致信息战时战争目标不确定，例如假设存在逻辑炸弹，将会波及所有相同的系统。

（3）无管制手段：作为一种高技术，难以像控制武器那样控制人们对该技术的掌握、拥有与使用。

（4）越先进往往越脆弱：随着经济生活对信息系统依赖的加深，安全问题使得所涉及的系统变得十分脆弱。

（5）信息攻击具有不确定性：包括发生时机的不确定性、攻击者的不确定性、攻击目标的不确定性和攻击发起地点的不确定性。

（6）攻击面广：核武器的威慑范围是一个城镇，但信息武器的威慑范围可以是一个国家。

当前，国内外学术界对于计算机网络与信息安全模型的描述主要分为两种，一种是从面向应用的角度将计算机网络与信息安全划分为基础设施安全、网络运行安全、网络数据安全和网络内容安全等 4 个层面，如图 25.1 所示。

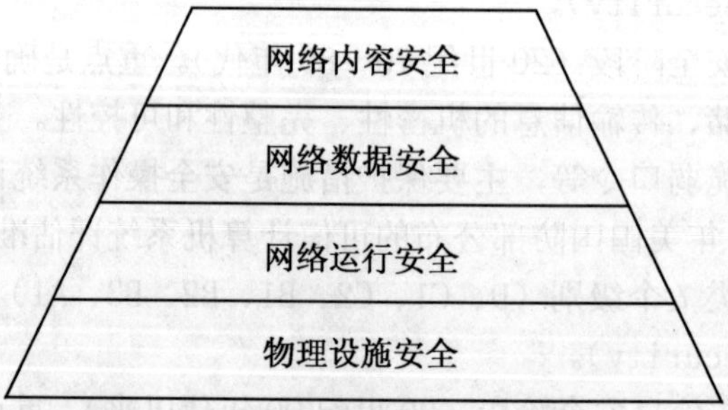

图 25.1 计算机网络与信息安全的划分

而另外一种则从面向属性的角度将该模型描述为网络与信息的可用性、真实性和机密性 3 个方面的安全，被称为信息安全金三角，如图 25.2 所示。

事实上，这两种描述模型是不冲突的，它们是从不同角度对于信息安全问题的抽象描述，同时它们又是相互关联的，将其有机地联系起来，能够对信息安全问题给予更加全面的认识。

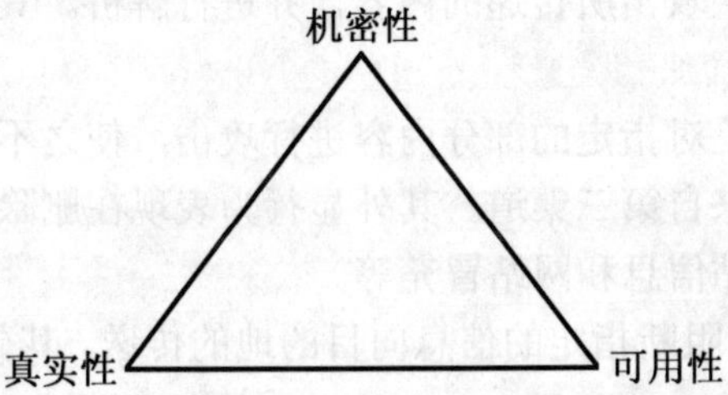

图 25.2　信息安全金三角

物理设施安全问题主要体现在互联网以及接入到互联网上的节点所构成的硬件要素的稳定运行及信息泄漏方面。其主要作用于以下两个属性。

（1）系统的可用性，使得物理设施在任何时候都能处于可运行状态。其外显行为表现在恶劣环境（如震动，高、低温，湿度），电磁场等对硬件设施的威胁。防范措施包括容错技术、容灾、抗恶劣环境、抗强电磁和加固技术等。

（2）系统的机密性，使得物理设施的信息不出现电磁泄漏。其外显行为表现在屏幕、电源、线路和主机等出现电磁泄露而导致的对机密性的威胁。防范措施包括电磁屏蔽和非电磁传导体系（如光传输）等。

网络运行安全问题主要体现在对于互联网以及接入到互联网上的各个系统正常运行的保障或破坏的对抗上。其主要作用于以下两个属性。

（1）系统的可用性，使得系统任何时候能被授权人所使用。其外显行为表现在网络被阻塞，系统资源超负荷消耗，病毒、黑客等导致系统崩溃或宕机。防范措施包括过载保护、防范拒绝服务攻击、网络限流保护、组件备份和生存技术等。

（2）系统的机密性，使得系统任何时候不被非授权人所使用。其外显行为表现在黑客入侵、口令被攻击、用户权限非法提升和资源被非法使用（跳板机）等。防范措施包括访问控制、安全漏洞补丁、漏洞扫描、入侵检测和防火墙等。

网络数据安全问题主要体现在对于互联网上所传输数据各种威胁的对抗上，其主要作用于以下 3 个属性。

（1）数据的可用性，主要体现在抗否认性方面，使得发布者无法否认所发布的信息内容。其外显行为表现在数据抵赖。防范措施包括数字签名等。

（2）数据的机密性，保证数据在传输、存储过程中不被获取并解析。其外显行为表现在搭线窃听、广播捕包等。防范措施包括数据加密技术等。

（3）数据的真实性，使得数据在传输、存储等过程中不被非法修改，保证数据的发送源头不被伪造。其外显行为表现在数据的截获、篡改与再送，冒充信息发布者身份，虚假信息发布来源。防范措施包括完整性标识的生成与检验技术、身份认证技术，路径认证技术等。

网络内容安全问题从技术的含义上来讲与网络数据安全问题的性质一样，但从应用的层面来讲，网络数据安全的重点是要保护数据不被威胁。网络内容安全问题正好相反，其主要表现在对网络数据的攻击上，通常是为政治与社会稳定服务，防止造成社会不安定的信息向网络进行传播。主要体现在对特定信息的监测与阻断。其主要作用于以下 3 个属性。

（1）内容的机密性，攻击所传递的内容，并进行解析。其外显行为表现在报文的捕获与还原。

（2）内容的真实性，对指定的部分内容进行攻击，使之不能完整地传递到目的地，或者使得所传递的信息来自第三渠道。其外显行为表现在删除局部内容、附加内容、域名欺骗、冒充发布者粘贴信息和网站冒充等。

（3）内容的可用性，阻断指定的信息向目的地的传送。其外显行为表现在阻断路由、切断链接和路由欺骗等。

25.2 国外计算机网络与信息安全发展趋势

当人类社会迈入信息时代，知识即意味着财富和实力，并从诸多方面影响着世界各国国家利益的构成和内涵，成为衡量一国的国家实力、国家安全、国家地位和国家主权的实质依据和基本参数。在将来的战争中谁占有了制信息权，谁就掌握了战争的主动权。商业上的竞争也是如此。

今天，计算机网络与信息安全已经被世界各主要大国提升到关乎国家安全的高度，各国为获取最大的计算机网络与信息安全利益采取了各种手段。计算机网络与信息安全已成为影响国家安全、经济发展、个人利益、社会稳定的重大关键问题。从保护国家和个人的利益出发，各国政府无不重视信息和网络安全。特别是各发达国家均大力加强信息安全的研究和督导。

世界各国在计算机网络与信息安全方面所面临的威胁主要可分为 3 大类。

（1）无组织结构的外部威胁。如黑客攻击、网络病毒攻击、垃圾邮件等，这类威胁的主要特点是熟悉计算机系统和网络的脆弱性，但不熟悉网络信息系统的业务流程。一旦爆发就可以严重干扰互联网的正常运行，导致互联网正常秩序的混乱。如 2003 年 1 月 25 日凌晨 5:30 所爆发的 SLAMMER 蠕虫，该蠕虫利用 SQL Server 的缓冲区溢出漏洞对互联网上的主机进行攻击，在 10 分钟内全世界 90%有弱点的主机被感染，成为历史上传播速度最快的蠕虫，同时该蠕虫通过对互联网上的主机随机扫描进行扩散，对网络通信造成巨大的冲击，其中在韩国导致其全国性网络瘫痪，造成了巨大的损失。图 25.3 所示的是该蠕虫爆发 30 分钟内全球的受感染情况。

（2）内部威胁。如不满的雇员和间谍等。这类威胁主要特点是攻击的人员既熟悉内部业务流程又熟悉技术，对信息安全构成最大的威胁。在西方，公司或政府内部人员的犯罪是其最为头疼的问题，据统计，80%的威胁来自于内部。2001 年所发生的美国 FBI 汉森间谍案就是一例，FBI 和美国很多 IT 安全专家把这次事件看作是内部人员威胁的一次严重教训。斯坦福 Gartner 集团公司的安全分析员理查得·亨特认为：“我们从这次事件中得到的最重要的教训是，大多数安全缺口来自于内部，而非外部。”

（3）有组织结构的外部威胁。如恐怖集团、敌对国家的战术或战略攻击等。这类攻击的主要特点是对攻击目标有深入的技术了解，具有强烈的攻击动因，而且有能力使用多种复杂的战术和技术发起联合攻击。这类威胁是最严重的威胁。根据美国情报部门预计，有一些国家可能正在开发侵略性计算机网络应用（CNE）和/或计算机网络攻击（CAN）能力。

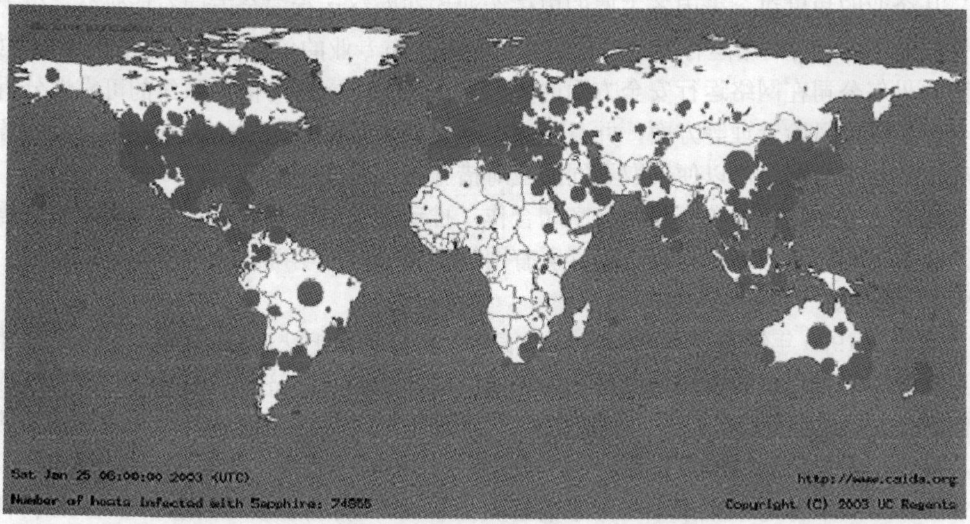

图 25.3　SLAMMER 蠕虫在 2003 年 1 月 25 日爆发的全球受感染情况

美国军方所提出的美国的现代战争的五要素的概念中信息成分也占有主要地位。

- 信息保密：真实信息的绝对安全。
- 信息欺骗：虚假信息的散布与迷惑。
- 心理战：针对心理承受能力的打击判断。
- 信息干扰：破坏或干扰对手的信息系统。
- 物理打击：对人员与装备的破坏性打击。

可以看出，信息战已被美国军方认同为现代战争的主要手段。通常看来，软件的生产国有条件在其制造和出售的信息设备等上设置“特洛伊木马”，而受影响的则是软件消费国。大家知道，“Windows 95”刚推出时，澳大利亚海军就怀疑该软件有个神秘的“黑匣子”，只要进入互联网，它就会向微机总部发送信息。英特尔的奔腾Ⅲ处理器的序列号事件，也都有类似向外发送信息的能力，使得用户的信息可被收集起来加以利用，这对全球目前 90%的电脑安装的是微软的操作系统软件来说，确实令人不安。2000 年初，欧洲议会发表报告的披露美国秘密建立和使用“梯队”信息截获系统就充分证明了这一点。

与此同时，各国也正纷纷为迎接未来的网络信息战而开始了应对性研究和相关资源配置，并从技术、立法等方面着手进行保障体系的建设。

一、网络运行安全的保障

下面是世界各主要大国在网络运行安全方面的现状及发展趋势。

1. 美国

美国于 1998 年发布了《保护美国计算机空间》(PDD-63)，开始着手建立保护国家关键基础设施的体系，并定义关键基础设施是指那些为保障经济与政府的最基本的运作而必备的物理与信息系统，同时建立了网络与信息安全管理的完整的组织体系，即保护关键基础设施总统委员会、国家基础设施保障委员会、国家安全局和国家基础设施防护中心等。

从企业的角度讲，美国各主要的电信企业均在网络运行安全方面有所研究。由于企业性质的不同，对网络运行安全的研究各有侧重，与专业的信息安全企业有所不同。如，美国的贝尔公司在网络运行安全方面的研究重点侧重于网络与信息系统的可靠性分析、安全评估以及风险管理等方面，并且将数据网络分为基础设施网络、互联网安全业务以及应用数据中心网络，以便采取不同的应对措施来实施安全保障。

在立法方面，美国政府与国会密切合作，推动有关网络和计算机安全的立法进程。美国修改了刑法法典，使其具有起诉所有网络犯罪形式的明确的法律依据。

2. 俄罗斯

俄罗斯 1995 年颁布了《联邦信息、信息化和信息保护法》。法规强调了国家在建立信息资源和信息化中的责任是“旨在为完成俄联邦社会和经济发展的战略、战役任务，提供高效益、高质量的信息保障创造条件”。法规中明确界定了信息资源开放和保密的范畴，提出了保护信息的法律责任。

2000 年，普京总统批准了《国家信息安全学说》。明确了联邦信息安全建设的目的、任务、原则和主要内容。第一次明确指出了俄罗斯在信息领域的利益是什么，受到的威胁是什么，以及为确保信息安全首先要采取的措施等。

从技术上讲，俄罗斯有一批技术水平高超的专业黑客，受经济气候的影响，这些黑客经常受利益驱动从事政治、商业或技术情报收集工作。

但同时，俄罗斯本身的计算机网络系统安全性并不高，但由于语言和计算机体系的差异，俄罗斯的计算机系统所采用的软硬件设施都有一定的独立性，外国黑客要攻破俄罗斯的网络安全防线，并取得深入的成果相对而言比较困难。

3. 日本

日本政府已将信息安全问题从防范一般性高技术犯罪提升到保障国家安全的层面，从国家利益的高度强调信息化发展和信息安全问题。

日本自 1999 年底因为在大阪事件否认侵华事实而遭致大规模中国黑客攻击后，网络安全在日本开始得到重视。保护计算机网络安全是日本建立“电子政府”计划的一个长期目标。

日本在计算机网络应急处理方面处于亚洲领先的地位。日本的计算机安全问题由经济产业省与总务省均在各自的角度进行管理。其中经济产业省组织成立了日本计算机紧急响应小组协调中心（JPCERT/CC），由经济产业省负责运行费用，承担与国际组织的联系。JPCERT/CC 比较活跃，牵头组织了亚洲计算机应急处理联盟，并与中国的国家计算机网络应急技术处理协调中心（CNCERT/CC）有着良好的合作关系。

日本总务省最近也正在组织建立另一个计算机安全联盟（ISAC），这是一个会员制的团体，主要参加者是运营商。主要目的在于沟通、交换和共享计算机安全方面的信息。

4. 以色列

以色列黑客在全球黑客界的技术影响力仅次于美国，与俄罗斯黑客和德国黑客相当。以色列有一系列在计算机安全方面有影响的公司，其产品在国际上也占有相当的位置，其中 CheckPoint 公司是目前全球最具影响力的软件防火墙公司。

二、网络数据安全的保障

保障网络数据安全的技术基础是密码理论与技术，主要包括两部分，即基于数学的密码理论与技术和非数学的密码理论与技术。

当前，世界各国为保障国家网络数据安全的可用性、机密性和真实性，纷纷从技术、标准和立法等角度加大了对于网络数据安全的研究。其中几个典型的研究如下。

1. 对于基于公钥密码的数字签名应用的研究。自从1976年公钥密码的思想提出以来，国际上已经提出了许多种公钥密码体制，但比较流行的主要有两类：一类是基于大整数因子分解问题的，其中最典型的代表是RSA；另一类是基于离散对数问题的，比如ElGamal公钥密码和影响比较大的椭圆曲线公钥密码。

显然，数字签名的应用涉及到法律问题，美国联邦政府基于有限域上的离散对数问题制定了自己的数字签名标准（DSS），部分州已制定了数字签名法。法国是第一个制定数字签名法的国家，其他国家也正在实施之中。

2. 数据加密标准的研究。美国早在1977年就制定了自己的数据加密标准（DES），其他国家，如日本和前苏联等也纷纷提出了自己的数据加密标准。在这些分组密码中能被人们普遍接受和认可的算法却寥寥无几。何况一些好的算法已经被攻破或已经不适用于技术的发展要求，比如DES已经于1997年6月17日被攻破。

美国从1997年1月起，开始征集、制定和评估新一代数据加密标准（称作AES），用以取代DES。AES活动使得国际上又掀起了一次研究分组密码的新高潮。继美国征集AES活动之后，欧洲等国和日本也不甘落后，启动了相关标准的征集和制定工作，看起来比美国更宏伟。

3. PKI技术的研究。国外的PKI应用已经开始，开发PKI的厂商也有多家。许多厂家，如Baltimore、Entrust等推出了可以应用的PKI产品，有些公司如VerySign等已经开始提供PKI服务。网络许多应用正在使用PKI技术来保证网络的认证、不可否认、加解密和密钥管理等。尽管如此，总的说来PKI技术仍在发展中。按照国外一些调查公司的说法，PKI系统仅仅还是在做示范工程。

三、网络内容安全的保障

由于互联网全球开放性的特点，各种非法、色情等不良信息以及垃圾信息充斥其间，严重威胁着各国社会的稳定、青少年的健康成长以及网络空间的正常秩序。对此很多国家在法律上、技术上采取了相应措施，以保障互联网的内容安全。

新加坡早在1996年就宣布对互联网络实行管制，宣布实施分类许可证制度。该制度是一种自动取得许可证的制度，目的是鼓励正当使用互联网络，促进其在新加坡的健康发展。它依据计算机空间的最基本标准谋求保护网络用户，尤其是年轻人，免受非法和不健康的信息传播之害。新加坡新闻与艺术部还成立了一个“全国互联网络咨询委员会”，以便处理有关互联网络和电子信息服务的事务。

美国于1996年2月1日由美国前总统克林顿签署生效《通信规范法》（The Communications Decency Act，简称CDA），该法的主要目的是保护儿童不受互联网上不良和明显令人厌恶的内容的影响。虽然该法于1997年6月26日被美国最高法院裁定违宪而被废除，但从一定程度上反映出即使在美国网络内容安全的保障问题也已经成为国家关注的焦点。当前，美国的很多电信运营商从技术上提供了网络内容安全的处理能力，如美国在线（AOL）作为用户接入服务商提供了垃圾邮件的处理与不良信息的防范能力。就垃圾邮件而言，AOL认为垃圾邮件的处理是一把双刃剑，为保障用户有一个清洁的网络环境，需要对垃圾邮件进行处理，但处理垃圾邮件可能会涉及到邮件隐私的问题，很敏感。就不良信息的防范来说，采用的是终端保护方式，即利用为接入互联网而提供给用户的客户端系统，预先嵌入不良信息防范系统，而将是否使用及如何使用的权力交给用户。

英国政府为了打击网上犯罪活动采取了一些监管措施，如网络监察部门对网上内容进行合法性鉴别；对网上非法资料作出严肃处理；加强研究开发工作，研制适合国情的监控软件和电子设备。1996 年 9 月 23 日，英国政府颁布了第一个网络监管行业性法规《三 R 安全规则》。“三 R”分别代表分级认定、举报告发和承担责任。法规旨在从网络上消除儿童色情内容和其他有害信息，对提供网络服务的机构、终端用户和编发信息的网络新闻组，尤其对网络提供者作了明确的职责分工。

各国在建设各自的计算机网络与信息安全保障体系的同时，安全测评标准制定方面的合作也在同步加强。近几年来，国际上陆续推出了一系列标准。

20 世纪 90 年代初，英、法、德、荷 4 国以 TCSEC 为基础提出了包括保密性、完整性和可用性概念的“信息技术安全评价准则”（ITSEC）。

近年来 6 国 7 方（美国国家安全局和国家技术标准研究所、加、英、法、德、荷）共同提出了“信息技术安全评价通用准则”（CC for ITSEC）。1999 年 5 月，国际标准化组织和国际电联（ISO/IEC）通过了将 CC 标准作为国际标准 ISO/IEC 15408 信息技术安全评估准则的最后文本。

25.3 中国计算机网络与信息安全现状及其分析

据统计，截至 2002 年 12 月 31 日，中国网民数量达到 5910 万，占全球网民的 9%，占中国人口总量的 4.6%，上网计算机数量为 2083 万台，CN 下注册的域名数量达到 18 万个，网站数量达到了 37.2 万个，国际出口带宽总量达到 9380MB，手机用户达 20661.6 万。同 2001 年相比，各项主要指标都保持了较高的增长速度，但信息网络违法犯罪也呈上升趋势。据有关部门统计，全国公安机关 2002 年共受理各类信息网络违法犯罪案件 6633 起，较 2001 年增长了 45.9%，其中，利用计算机实施的违法犯罪 5301 起，占案件总数的 79.9%。中国信息网络安全的现状不容乐观，主要表现为境外敌对势力、民族分裂势力、极端宗教势力、暴力恐怖势力和法轮功邪教组织等，将互联网络作为政治扩张、意识形态和文化渗透的工具，在互联网上发表反动文章，散布蛊惑言论，编造、传播各类谣言，借一些热点问题和突发事件大肆进行炒作，妄图激化社会矛盾，制造社会动乱，并采用电脑病毒和黑客攻击等手段，对境内互联网站进行攻击和破坏。境内一些别有用心的人也在互联网上大量传播有害信息，进行赌博、非法传销和恐吓、诈骗等违法犯罪活动，有的甚至煽动、串联、组织游行示威和聚众闹事。因此，互联网的信息与网络安全已维系着中国的国家安全和社会政治稳定的大局。

一、计算机网络运行安全现状及其分析

电脑病毒和黑客攻击一直是中国网络安全的最大隐患，2002 年以来，以电子邮件、特洛伊木马和文件共享等为散播途径的混合型病毒愈演愈烈，影响最大的尼姆达蠕虫及“Klez 求职信”病毒持续数月之久，感染率第一，至 2002 年 12 月底，全国有 8 万多台计算机遭到尼姆达蠕虫的侵害，近 6 万个计算机用户受到“Klez 求职信”病毒的破坏。2002 年 10 月份以后，“熊熊虫”病毒以新的感染手法，对境内网络发动密集攻势，并窃取电脑中的敏感资料。2003 年 1 月 25 日所爆发的 SLAMMER 蠕虫曾经导致中国几家大的互联网的运营发生短时间的整体瘫痪。另外，境内外的黑客利用“特洛依木马”、拒绝访问等形式，对境内互联网络进行黑客攻击。尤其在“十六大”期间，位于北京、福建、河南和四川等 7 个省市的 7 个网站分别受到黑客不同程度的攻击，有的将网站域名指向境外的政治言论站点，有的将网站的网页篡改为含有攻击中国党和政府的信息的页面，有的甚至破坏网站的数据库，致使网站完全瘫痪。

从自身的角度来看，中国信息系统与网络的安全防护能力不强也是个主要因素。1995 年以来，中国各级政府、企事业单位和网络公司等陆续设立自己的网站，电子商务也以前所未有的速度发展，但许多应用系统却处于不设防状态。人们不了解该如何注意安全问题，很少采取有效的安全措施，存在着极大的信息安全风险和隐患。尤其是县市一级的政府网站，通常是境外恶意者的攻击目标，许多网站被攻后不及时处置，导致影响很坏。

二、计算机网络数据安全现状及其分析

由于计算机网络数据安全以密码技术为基础，因此中国在密码技术方面的研究现状反映了中国网络数据安全的现状。历史上，中国学术界很早就开始密码技术的研究，取得了很多成果。因此中国在密码基础理论的某些方面的研究做得很好，但在实际应用方面与国外的差距较大，没有自己的标准，也不规范。

密码技术特别是加密技术是网络数据安全技术中的核心技术，国家关键基础设施中不可能引进或采用别人的加密技术，只能自主开发。目前中国在密码技术的应用水平方面与国外还有一定的差距。国外的密码技术必将对我们有一定的冲击力，特别是在加入 WTO 组织后这种冲击力只会有增无减。有些做法必须要逐渐与国际接轨，不能再采用目前这种闭门造车的做法，因此我们必须要有自己的算法，自己的一套标准，自己的一套体系，来对付未来的挑战。

实用密码技术的基础是密码基础理论，没有好的密码理论就不可能有好的密码技术，也不可能有先进的、自主的、创新的密码技术。因此，首先必须持之以恒地坚持和加强密码基础理论研究，与国际保持同步，这方面的工作必须要有政府的支持和投入。另一方面，密码理论研究也是为了应用，没有应用的理论是没有价值的。我们应在现有理论和技术基础上充分吸收国外的先进经验，形成自主的、创新的密码技术以适应国民经济的发展。

三、计算机网络内容安全现状及其分析

随着信息网络技术的发展和互联网的日益普及以及网上银行、电子商务的出现，诱发计算机违法犯罪的条件和因素不断增多，利用互联网诱骗强奸、赌博、盗窃、诈骗、恐吓、敲诈勒索和进行非法传销、色情交易等违法犯罪活动大量出现，且作案手段随着技术的发展不断更新，危害后果越来越严重，对社会的现实危害也更加严重。比较突出情况的如下。

（一）互联网日益成为传播散布色情淫秽信息的温床。据调查，互联网上每年约有 2 万多个新的色情网站出现，信息形式包括淫秽小说、色情图片、色情影片、色情聊天和色情视频直播等。中国绝大多数色情信息都是从境外流入的。目前，境外色情网站的主要宣传方式有：通过搜索引擎传播；发送电子邮件，提供色情网页链接；通过会员制进行收费浏览等，境内网络用户传播色情信息的方式有：建立色情个人主页，提供色情图片等供境内网络用户浏览；在个人主页上提供境外色情图片、色情电影、色情网站的链接；在境内论坛、留言板上粘贴色情信息，括色情图片、色情电影下载地址和色情网站网址等；在聊天室和各种聊天软件中散布传播色情网站网址等。

（二）网络非法传销依然严重。随着中国电子商务的蓬勃发展，境内外部分不法分子披上“电子商务”的外衣，打出“网络致富”的招牌，进行网上敛财活动。经过多次打击后，网上传销活动有所收敛，但受巨额经济利益的驱使，一些不法分子铤而走险，利用一些互联网服务对传销行为加以伪装，妄以建立新的网络传销方式和传销网络。他们通过个人主页或通过群发电子邮件等形式，对传销行为大肆宣传。整个网络传销活动就犹如滚雪球，由几个大雪球带动了无数个小雪球，大小雪球都越滚越大，影响范围也越来越广。

（三）垃圾邮件数量将变本加厉。根据电子邮件安全服务提供商 Message Labs 公司最近的一份报告，预计 2003 年全球垃圾邮件数量的增长率将超过正常电子邮件的增长率，而且就每封垃圾邮件的平均容量来说，也将比正常的电子邮件要大得多。这无疑将会加大成功狙击垃圾邮件的工作量和难度。在中国，很多企业公司还没有对垃圾邮件的危害引起充分认识，没有安装任何反垃圾邮件软件。这将对邮件系统的正常运行造成严重负担，同时影响用户对于电子邮件的正常使用。

（四）垃圾信息开始进入即时通信。即时通信工具以前是不大受垃圾信息所干扰的，但现在情况已经发生了很大的变化。垃圾邮件传播者会通过种种手段清理搜集到大量的网络地址，然后再给正处于即时通信状态的用户们发去信息，诱导他们去访问一些非法收费网站。更令人头疼的是，目前一些推销合法产品的厂家也在使用这种让人厌烦的手段来让网民们上钩。目前市面上还没有任何一种反即时通信干扰信息的软件，这对软件公司来说无疑也是一个商机。

25.4 计算机网络与信息安全存在的主要问题及成因

当前，中国的计算机网络与信息安全存在的主要问题如下。

（1）各类安全隐患与风险从政治、经济、军事和文化等各个领域对中国的网络信息系统构成普遍威胁。

随着中国信息化建设的大力推进，中国在电子政务、电子商务和军事信息化等领域得到了长足发展，但与之相对应的网络与信息安全保障能力在很多系统中却没得到相应的保证。这一问题直接的后果是：在政府、军事方面屡次出现机密信息网上泄密的现象；在经济金融方面每年因安全问题包括外部攻击、内外勾结、内部人员违法犯罪和技术缺陷等造成的经济损失数以亿计。

在文化领域，境内外各种敌对势力利用互联网从事各种违法犯罪活动，对社会稳定和政权巩固造成了许多负面影响。

出现上述问题的根本原因如下。

- 网络的开放性。这是目标系统容易遭受攻击的固有弱点。
- 软件的脆弱性。大量的软件有漏洞，各类安全问题就是由于这些漏洞造成的。

（2）计算机网络与信息安全保障整体技术水平还很低。

随着网络技术的发展，互联网规模的不断增长，网络带宽的增加，软硬件平台下新安全漏洞的发现，危害网络安全的攻击手段将日益先进，一旦发动攻击，受害对象的受损程度也将更加严重。与之相对应，中国的网络与信息安全防御技术水平根本无法抵御上述威胁。

出现上述问题的原因如下。

- 中国目前从事信息安全工作的专业人才严重匮乏，具有较强的信息安全专业技术水准和解决实际问题的能力，并能够不断地跟踪研究最新的安全技术的人才更是少之又少。这就使得中国没有一个强大的专业信息安全队伍为中国的网络与信息安全提供持续的保障。
- 没有建立起国家范围内的完善的网络与信息安全保障技术平台。实践证明，信息安全风险的预先识别和信息系统安全性评估工作以及安全事件的应急响应非常重要。如 2002 年发生的不法分子攻击中国鑫诺卫星的事件就是缺乏事前安全评估、风险识别，以及事后的应急处理能力导致造成较为严重的后果。
- 中国缺乏对于网络与信息安全核心技术的研发能力。当前中国计算机网络系统使用的软、硬件很大一部分是国外产品，由于对引进的信息技术和设备缺乏保护信息安全所必不可少的有效管理和技术改造，因此对于软硬件中所可能隐藏着后门无能为力。中国电脑制造业对许多硬件核心部件的研发、生产能力很弱，关键部件完全受制于人。

（3）中国在计算机网络与信息安全方面的政策法规的建设远未健全。

目前中国在计算机网络与信息安全方面的立法的研究刚刚起步，涉及信息网络安全的法规、政府规章尚不完善，使信息网络安全的管理和信息化的建设缺少必要的依据。

出现上述问题的根本原因在于互联网毕竟是新生事物，它对传统的法律提出了挑战，比如盗窃、删改他人系统信息属于犯罪行为。仅仅是观看，既不进行破坏，也不谋取私利算不算犯罪？还比如网上有很多 BBS、论坛，黑客在上边讨论软件漏洞、攻击手段等，这既可以说是技术研究，也可以说是提供攻击工具，这又算不算犯罪呢？因此有关计算机网络与信息安全方面的立法工作还有很长的路要走。

（4）全社会的网络与信息安全意识以及问题的处理观念不适应当前网络与信息安全形势的需要。

当前许多公司和企业，甚至敏感单位的计算机网络系统基本处于不设防状态，对于各种安全威胁所带来的后果的估计严重不足，而且国内很多公司在遭到攻击后，为名誉起见往往并不积极追究黑客的法律责任。国内有些公司为保证客户对其的信任，不敢公布自己的损失，更不敢把黑客送上法庭，往往采取私了的方式，这种“姑息养奸”的做法就进一步助长了黑客的嚣张气焰。

出现上述问题的根本原因如下。

- 网络与信息安全的宣传教育培训工作开展不够深入，信息网络安全保密观念不强，对信息网络安全可能造成的危害认识不足。
- 重建设轻管理。中国的很多部门在推动网络信息化时往往将其发展的方向趋向于网络的便利性、实用性，而忽略了最不应该忽略的网络与信息安全性。

25.5 计算机网络与信息安全设施主要类型及发展过程

网络运行安全设施主要包括如下几种类型。

（1）防御类设施：主要作用是防止各类网络攻击的发生。典型的产品包括如下。

- 安全风险评估系统。安全风险评估可以对网络信息系统的安全状况给出有效评价，以便为安全保障体系的建立提供重要的依据。当前比较成熟的是漏洞扫描技术，能够发现网络信息系统中的安全隐患。国内的一些科研机构已开始量化的安全性分析技术的研究，所形成的产品能够对网络信息系统的安全性和风险给出更加全面的评价。
- 物理隔离系统。物理隔离的基本原则是不安全就不连网，要绝对保证安全。物理隔离系统将内外网完全隔离，由于两台计算机没有直接连接，就不会有基于网络的攻击威胁。
- 防火墙。防火墙实现网络的逻辑隔离。防火墙的主要评价体系包括性能、安全性和功能。实际上，这三者是相互矛盾、相互制约的。功能多、安全性好的技术，往往性能受影响，功能多也影响到系统的安全性。
- 防病毒网关。传统的病毒检测和杀病毒是在客户端完成的。但是这种方式存在致命的缺点，无法对网络形成整体的病毒防护，且无法保证配置的及时更新。通过在单位内部的计算机网络和互联网的连接处放置防病毒网关，可以有效解决上述问题。

（2）实时监测类设施：主要作用是能够在网络攻击发生时及时发现、预警。当前较成熟的是基于误用检测的入侵检测技术，能够发现已知的网络攻击。正在研究的技术热点包括：能够对宽带网络进行实时检测的高性能入侵检测系统，能够对于大规模网络进行宏观预警的异常检测系统等。

（3）应急反应类设施：主要作用是能够在网络攻击发生时及时响应，降低攻击造成的危害。当前研究的技术热点包括攻击阻断技术、实时反向追踪定位技术等。尚没有形成成熟的技术及产品系列。

（4）恢复类设施：主要作用是一旦发生灾难性事件能够确保应用系统及数据及时恢复。当前研究的技术热点主要为网络异地容灾技术。国内外已经完成了很多成功的网络异地容灾的案例，但尚没有形成成熟的、通用化的网络容灾理论及方案。

网络数据安全设施主要包括如下几种类型。

（1）密码芯片：密码芯片是信息安全产品的基础，为安全保密系统提供标准的通用安全保密模块。密码算法芯片作为通用安全模块可以配置在单机或网络环境中，应用于不同类型的密码设备。算法可以灵活配置。分为 ASIC 密码芯片和 FPGA 密码芯片两种形式。

（2）加密设备：通常以应用程序接口（API）的方式提供安全保密服务。可以提供数据加密、数字签名、信息完整性验证和密钥管理等功能，应用于电子商务、企业业务系统和办公系统、VPN 设备等应用环境中。

（3）身份认证系统：用在单机、电话网、局域网及广域网中识别用户身份合法性的场合。其特点是用户用来验证身份的口令每次都不一样，避免了静态口令易被盗用和攻击情况的发生。主要用于用户接入控制方面，如门禁系统、电话炒股系统、电话抽彩系统和网络接入认证系统等。

网络内容安全设施主要包括如下类型。

（1）面向集团管理的审计系统：通过对审计的数据进行系统的挖掘，可了解内部人员使用网络的情况，或对外部用户感兴趣的公司产品和内容进行总结，了解用户的兴趣和需求等，同时可以防止各种不良信息的传播、扩散。主要应用于企业、网吧等中小型网络中。

（2）面向终端管理的审计系统：主要通过面向个人用户的终端防火墙软件，提供给家长使用，用于防范不良信息，阻止青少年访问互联网上的不良信息，如网中行等家庭用绿色上网软件。

（国家计算机网络与信息安全管理中心　云晓春）

第 26 章 网上证券交易的安全状况

26.1 网上证券交易概述

证券是具有流通性的权益凭证。证券交易在国民经济中具有重要的地位和作用。

在中国，证券交易实行的是委托制，就是说，投资者在证券公司开户，委托证券公司在证券交易所实现交易。

中国的证券行业起步较晚，起步时期又恰逢信息技术的成熟和信息化建设的高潮。因此，中国有条件从一开始就实行无纸化的证券交易，也就是说，证券作为权益凭证可以仅仅具有份额的量化属性，而这种量化属性完全可以在计算机内部表示，不必具有真实的物理的“票证”形态。

另外，中国的证券行业起步之时，通信技术也已经高度发达。理论上，交易的委托已经没有必要在一个物理的场地（交易大厅）里面进行。第二代的基于电话的委托方式从一开始就具备了技术条件。这也是为什么深圳证券交易所根本就没有设立交易大厅的原因。

第三代的委托方式是基于互联网的网上证券交易。网上证券交易是利用互联网平台进行证券交易委托的活动。投资者首先要登录证券公司的网上交易平台，然后通过网上交易平台向证券公司发送委托交易指令（也就是通常说的“下单”）。证券公司一端的技术系统通过网上交易平台接收到投资者的订单，经过初步的审核后，通过内部的专网将订单发送给交易所的中央交易主机。

网上证券交易具有如下优点。

首先，网上证券交易打破了时空限制。理论上，投资者可以在任何时间、任何地点从事网上证券交易。当然，从时间方面说，交易所本身有交易时间的限制，但这并不是互联网的限制。从地域方面说，从事交易的地域得到了极大的拓宽。随着移动通信、无线通信和移动 IP 技术的发展，可以进行网上交易的地域将会无处不在。

其次，网上证券交易大大降低了交易成本。数据表明，所有商品的网上交易都具有降低交易成本的特点，网上证券交易自然也不例外。前面提到的无纸化特点，使得网上证券交易既可以省去实物商品交易中所不可缺少的“物流”环节，又不必像数字媒体和软件的交易那样担心被盗版，从而成为更加适合网上交易的一类网上交易业务。因此，许多国家在推进电子商务的过程中，网上证券交易都是“首批”入选。

还有，网上证券交易便于实现综合性的附加服务。互联网技术特别是 Web 技术的发展，有利于在一个图形化的集成界面中综合展现文字、图形信息并支持网址间的相互链接和互动性的操作，因此行情的查询、上市公司信息披露的查阅和交易订单的填报所需要的界面，完全可以在同样的 Web 浏览器-服务器环境中一揽子提供。

正因为有上述这些优点，网上交易随着互联网的普及，在中国有了一定的发展。据中国证监会的统计，2002 年，中国沪深股市网上交易的交易量占总交易量的 8.99%，交易额达 5230 亿元。

26.2 网上证券交易的安全需求

网上证券交易虽然有上面说到的诸多优点，但是，它仍然必须面对一系列的安全风险，这些安全风险有可能直接威胁到投资者的切身利益和个人隐私，甚至威胁到社会的稳定。如果不能有效地化解和应对这些安全风险，网上证券交易就会令投资者望而却步。

网上证券交易的安全风险起源于它的如下几个特点。

第 1 个特点是交易主体的不在场性。证券买卖的双方本来就躲在各自委托的证券公司的身后，并不在一个共同的交易场地同时出现。互联网又进一步容许投资人和其委托的证券公司之间也可以不在同一场地同时出现。这样，不要说买方和买方之间，就连委托者和被委托者之间都存在着对对方身份的确认问题和对通信渠道的安全性的信任问题。

第 2 个特点是交易的瞬时性。网上证券交易是由强大的通信能力和事务处理能力所支撑的，成交也就是瞬间的事情。如果事后才发现某个环节出了安全问题，悔之晚矣。这样，事前的安全防范和检查就显得格外重要。

第 3 个特点是对技术系统（包括交易系统和通信系统）的高度依赖性。交易虽然是瞬间的事情，但是其间经过了诸多的技术系统。这些技术系统本身的安全防护程度不可能尽善尽美。系统本身固有的技术上的脆弱性和管理上的薄弱环节，完全有可能造成一些安全上的弱点，于是就给攻破这些技术系统并借此达到更进一步的目的提供了条件。特别是裸露在公众环境之中的网上交易网站和频段已知的通信卫星，更是攻击者的重点攻击对象。

第 4 个特点是数据的有价性。第一时间发布的行情数据，具有明显的经济价值。在时效内对行情数据的无偿复制，将导致行情数据产生的经济利益的非法分流。因此，如何在网上证券交易中对行情数据实施必要的内容保护，使之在时效范围之内、授权范围之外不可复制，也是一个非常重要的课题。

由于有以上这些特点，导致了网上证券交易的安全需求。具体说可分为如下几个范畴。

（1）网络与系统安全。保证受理网上证券交易的服务器主机及其所使用的通信基础设施不被入侵和攻击。

（2）通信与交易安全。包含以下方面：

- 保证投资者与证券公司之间的身份的真实性；

- 保证投资者通过互联网进行的交易内容的保密性；
- 保证投资者通过互联网进行的交易内容的不可篡改性；
- 保证投资者交易行为的不可抵赖性。

（3）内容安全。保证网上发布的特定信息在时效范围之内、授权范围之外的不可复制性。

可见，网上证券交易涉及到的安全风险与安全需求是全方位、全过程的。安全防范做得不到位，可能导致参与者的重大经济损失甚至造成社会的不稳定。正因为如此，无论对于证券公司还是证券监管机构来说，开展网上证券交易业务都是一个必须慎重对待的决策。

中国证监会在《网上证券委托暂行管理办法》的第三章“技术规范”中，就网上证券交易的安全问题做出了如下的规定：

第十一条　证券公司必须自主决策网上委托系统的建设、管理和维护。有关投资者资金帐户、股票帐户、身份识别等数据的程序或系统不得托管在证券公司的合法营业场所之外。

第十二条　证券公司应采取严格、完善的技术措施，确保网上委托系统和其他业务系统在技术上隔离。禁止通过网上委托系统直接访问任何证券公司的内部业务系统。

第十三条　证券公司必须将未申请网上委托的投资者的所有资料与网上委托系统进行技术隔离。

第十四条　网上委托系统应有完善的系统安全、数据备份和故障恢复手段。在技术和管理上要确保客户交易数据的安全、完整与准确。客户交易指令数据至少应保存 15 年（允许使用能长期保存的、一次性写入的电子介质）。

第十五条　证券公司应安排本单位专业人员负责管理、监督网上委托系统的运行，并建立完善的技术管理制度和内部制约制度。

第十六条　网上委托系统应包含实时监控和防范非法访问的功能或设施；应妥善存储网上委托系统的关键软件（如网络操作系统、数据库管理系统、网络监控系统）的日志文件、审计记录。

第十七条　在互联网上传输的过程中，必须对网上委托的客户信息、交易指令及其他敏感信息进行可靠的加密。

第十八条　证券公司应采用可靠的技术或管理措施，正确识别网上投资者的身份，防止仿冒客户身份或证券公司身份；必须有防止事后否认的技术或措施。

第十九条　证券公司应根据本公司的具体情况，采取技术和管理措施，限制每位投资者通过网上委托的单笔委托最大金额、单个交易日最大成交总金额。

第二十条　网上委托系统中有关数据传输安全、身份识别等关键技术产品应通过国家权威机构的安全性测评；网上委托系统及维护管理制度应通过国家权威机构的安全性认证；涉及系统安全及核心业务的软件应由第三方公证机构（或双方认可的机构）托管程序源代码及必要的编译环境。

这些规定，为规避网上证券交易的安全风险，引导网上证券交易安全有序地开展，起到了重要的指导作用。

26.3 网上证券交易的安全状况

下面从几个方面来说明中国网上证券交易的安全状况。

一、网络与系统安全

绝大多数的网上证券交易系统都对互联网站与证券公司局域网之间的数据通道采取了一定程度的安全隔离措施，收到了一定的效果。

对证券交易网站的防护强度普遍不足。所采用的操作系统平台绝大多数达不到 B 级或经过安全加固的 C 级。

监测数据表明，网上证券交易网站是黑客攻击的重点目标之一。恶意的试探扫描大量存在，记录在案的不成功的攻击企图时有发生。在 2001 年“中美黑客大战”期间，一些证券公司的网站受到攻击，网页被篡改。此外，一些采用 Windows NT 平台的证券公司网站在 2001 年“红色代码 II”病毒肆虐期间遭受病毒感染，说明病毒防范能力有待提高。

2002 年，深圳证券交易所出现通信卫星被攻击事件。

一些网上交易网站聘请了安全服务公司对交易网站的安全状况进行专业化的全程安全保障，效果明显，但是在证券公司普遍效益下滑的大背景下，对网上交易的安全服务投入的规模受到制约，难以普遍提高保障的水平。

中国证监会为提高证券公司的安全管理水平进行了多方面的部署。宣传推广信息安全管理标准 ISO 17799 的工作取得了一定的成效。

综上所述，从网络与系统安全的角度看，中国网上证券交易普遍采取了一些必要的安全保障措施，但是保障的强度仍有待提高。

二、通信与交易安全

各证券公司普遍对网上交易业务采取了 PKI/CA 保护措施，在网上证券交易的身份真实性、数据保密性、行为不可抵赖性和内容不可篡改性等方面取得了效果。

但是在这个领域仍然存在一些问题。

第 1 个问题是缺乏行业标准。各证券公司采取的证书呈多元化格局，证书间的互操作性较差。

第 2 个问题是 PKI 的基础设施有待向应用进行细粒度的嵌入，就是说，交易安全不等于通信安全，不是说一个加密的数据传输通道就可以满足应用中的所有安全需求。交易应用系统应有能力对交易的不同细节采用不同的安全手段。这方面还需要开发和提供更加对路的技术。

第 3 个问题是运行效率的问题。这个问题在服务器端尤其严重。中国现行法律、政策和监管体制决定了密码产品的选择空间较为有限，而在可选择的范围内普遍遇到运行效率有时难以满足业务需求的情况，强烈呼唤相应的厂商在性能优化上再上一个台阶。

第 4 个问题是投资者教育的问题。采取了 PKI/CA 保护措施的网上证券交易系统比不加保护措施的系统多了很多操作。如何能使投资者理解并熟练掌握这些操作，如何进一步简化操作，证券公司还要下很大的功夫。

总的说来，在通信与交易安全方面，普遍的情况是已经有了实现基本保障功能的装备，但是在标准的统一、功能的拓展、性能的优化和使用的方便等方面还有成长的空间和动力。

三、内容安全

以行情数据服务为盈利点的付费网站已经存在，但数据的不可复制性尚缺乏技术保障。几年来已经有若干侵权案例在法院受理。除司法方面的努力之外，在证券领域引进保证特定数据不可复制性的技术手段也迫在眉睫。

有些问题是所有类型的网上交易所共有的，也有一些是网上证券交易特有的。总的来说就是能满足基本的安全需求，但也有不少问题有待解决。值得指出的是，中国证券市场有许多中国国情所决定的约束条件，不能简单照搬外国的网上证券交易的现成解决方案。因此，需要本土化的技术创新和突破。在这个问题上，中国网上证券交易技术系统的提供商任重道远。

26.4 发展趋势

尽管所谓“互联网经济”出现了太多的泡沫，太多的既无技术含量又无盈利模式的纯圈地性的“概念”，但有一点是毫无疑问的，那就是网上证券交易是现阶段能够看清楚的为数不多的适合利用互联网来开展的领域之一。因此，近期内，网上证券交易还会在规模上呈扩大趋势。其中的安全保障措施也会进一步加强。受行业的总的效益水平的制约和监管部门规定的资质条件门槛的限制，预计网上证券交易的增长会比较平稳，不会出现太多的戏剧性。从长远看，中国国民经济的长期强劲增长势头、中国资本市场与国际的进一步接轨和互联网技术对网上证券交易的天然支持，必将对网上证券交易的发展起到非常积极的影响。

面向网上证券交易安全性的技术手段，基本处于稳步成长的阶段，近期内将不会有太大的突破。对中国的网上证券交易来说，更重要的可能是那些非技术的因素，如管理、服务和标准等。一个好的行业标准的出台，也许会对网上证券交易的发展和安全性的加强产生更实质性的促进作用。

当然，任何技术手段所承诺的安全性都是相对的。在安全领域，攻与防之间的较量是永恒的挑战、永恒的课题。从实用的观点看，一种安全措施，只要能在可以接受的开销水平上将风险控制在可以接受的范围之内，就是可行的。技术在进步，而且技术的进步中总有许多我们难以预料的东西，比如，量子计算的进展会对现有的安全技术手段造成怎样的冲击，就是一个暂时还无法说清的事情。因此，以上关于发展趋势的估计难免具有片面性，还有待今后时间的检验。

（上海证券交易所　白　硕）

第 27 章　互联网网络与信息安全技术发展状况

27.1　计算机网络安全技术发展状况

27.1.1　计算机网络安全涉及到的技术问题

纯粹从技术的角度来说的话，目前业界比较认可的安全保障环节主要是‘PDRR’模型，也就是入侵防护、入侵检测、事件响应和系统恢复。当然这些环节也不是互相孤立的，甚至很多安全产品都融合了多个环节的功能，然而按照这几个主要环节来理解计算机网络安全的基本技术问题，还是有助于建立更加清晰的概念的。

入侵防护主要是在安全风险评估的基础上，根据用户的目标，设立必要的方案和产品，以防止来自外部网络的非法行为。入侵检测主要是通过对网络和主机中各种有关信息的及时分析，来发现网络中的各种可疑的入侵行为，及时提醒管理员或者采取其他动作阻止入侵行为的继续。事件响应是当发生安全事件的时候所进行的处理，从实践响应的环节来看，入侵防护和入侵检测都是一些准备工作，有了这些准备工作，事件响应才可以及时得到各种必要的审计数据，进行准确的分析，采取措施降低损失或者追踪入侵者的来源等。和前两个环节主要体现在产品和方案上不同，事件响应主要体现为专业人员的服务；系统恢复主要是如何在数据、系统或者网络由于各种原因受到损害后，尽快恢复损失前的状态。

纯粹的技术手段是无法保证任何安全的，必须要和管理策略进行有机的结合。所以在这个模型中，人们经常还要在增加一个 P，也就是策略。不过这个问题并不在本节的讨论范围之内。

27.1.2　安全评估技术

随着中国对计算机信息系统和网络需求越来越迫切，依赖程度越来越高，计算机信息系统的安全问题就越来越突出。中国在计算机信息系统安全保护工作方面起步较晚，水平较低，与发达国家相比存在较大差距。当前中国尚未形成完整的信息系统安全保障体系，一些重要的安全基础设施尚属空白，亟待研究制定中国信息系统安全保护的发展思路、方法和措施，更好地指导中国计算机信息系统安全保护工作。

针对当前中国计算机信息系统安全保护工作的现状和水平，充分借鉴国外评估计算机系统和安全产品以及安全风险评估方面的先进经验，建立起中国的信息系统安全保护等级管理体系，已成为中国信息系统安全保护工作迫切需要解决的问题。《计算机信息系统安全保护等级划分准则》已于2001年12月1日正式实施，因此非常有必要研究适合中国国情的风险评估技术，研究安全保护等级、安全风险、具体使用环境之间的潜在关系，设计IT产品的风险量化评估模型，开发安全风险评估工具。

从目前广泛采用的两大评估方法（评估准则，漏洞扫描）来看：

就评估准则来说，它考虑更多的是“系统是如何被设计的”而不是“系统如何被使用的”；同时这种评估方法是静态的，未考虑到系统的具体使用环境，而大多数安全风险是当系统被配置到具体应用环境中以及当系统被实际使用过程中才会出现。

就漏洞扫描来说，目前市场上有一大批产品，但这类产品只扫描目前已发现的安全漏洞，然后象征性地给出一个或“高”或“中”或“低”的风险，几个致命的缺点是：（1）这种评估不是基于整个系统进行的，缺乏整体性；（2）其非量化的、粗糙的结果往往使用户对安全风险及其后果很模糊；（3）缺乏一种科学的量化的弱点分类方法，现在的分类法无法体现各种弱点之间的访问权限提升关系，缺乏对用户的警示作用，表面上较轻但实际上可能带来严重后果的一些弱点往往易被忽视。

目前仍缺乏计算机安全风险评估的准确模型，对安全风险评估建模的批评者认为它太昂贵而费时，其结果是不定的且经常是非常主观的、模型经常缺乏完善度，其整个过程也缺乏标准。尽管有这些问题，但仍需要易用可靠的自动风险分析工具，管理和保护每个信息安全策略中的关键元素。

通过量化的安全风险评估，可以判断信息系统体系结构的安全健康度，评估安全提供者所声称的安全的有效性，纠正潜在的安全缺陷而减少网络带来的安全风险，鉴别和隔离入侵者等。因此，设计一种量化的弱点分类法及一个量化的安全风险评估模型就显得很有必要。结合CC评估结果，分析通过CC评估的各EAL上的产品潜在的安全风险，可以将无法进行量化评估的保证转换成可以进行量化评估的风险，可以更好地反映出系统在实用环境中的安全风险。另一方面，结合BS 7799标准对信息安全管理体系进行全面的安全评估。

一、国内外的安全评估标准及其发展

20世纪70年代后期以来，特别是进入20世纪90年代以后，美国、德国、英国、加拿大、澳大利亚、法国等西方发达国家为了解决计算机系统及产品的安全评估问题制定并实施了一系列安全标准，包括对IT安全产品和系统评估具有最大影响力的《可信计算机系统评估准则》（又称“桔皮书”，简称TCSEC），之后欧洲国家也相继开发了自己的IT安全准则。为解决标准间的兼容和评估结果的互认，进一步拓展市场，英、德、法、荷等国于1991年制定了供欧共体成员国共同使用的《信息技术安全评定标准》（简称ITSEC）。1996年美国、加拿大和欧共体起草发布了通用准则（简称CC）1.0版，1998年5月发布2.0版，并于1999年被ISO/IEC作为国际标准ISO/IEC 15048:1999，同年8月，发布了CC 2.1版。综观各国评估准则中，最具影响的分别有TCSEC、ITSEC和CC。安全评估准则的发展如图28.1所示。

1999年10月19日，中国国家技术监督局以国家标准（GB17859-1999）的形式发布了《计算机信息系统安全保护等级划分准则》，它是中国建立安全等级保护制度，实施安全等级管理的重要基础性标准。该标准主要目的是：为计算机信息系统安全法规的制定和执法部门的监督检查提供依据；为安全产品的研制提供技术支持；为安全系统的建设和管理提供技术指导。该标准的制定参考了美国的 TCSEC（DoD 5200.28-STD）和可信计算机网络系统说明（NCSC-TG-005），已于 2001 年 12 月 1 日执行。此标准规定了计算机信息系统安全保护能力的 5 个等级及每个级别应满足的安全功能。

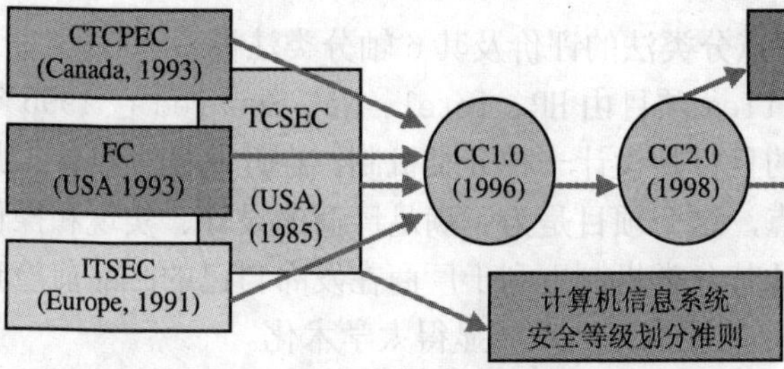

图 27.1　IT 安全评估准则的发展

二、国内外的主要评价模型的现状、发展趋势

1. Yves Deswarte 的 IDS 量化安全评估模型

Deswarte 提出了入侵检测系统（IDS）量化的安全评估的模型，在其研究中，并不将改进安全和修改弱点作为目标，而是评估 IDS 安全演变的措施的针对性及研究一个“真实系统”演变的可行性。其量化评估的目的是获得折衷的安全可用性，监测关于配置修改而引起的安全演变，并鉴别最佳可能的改进。

2. George F.Jelen 的保证测度方法

传统地，保证被定义为“对安全需求已被满足所怀有的信心的程度”，高保证的安全分级通常与高安全和低风险相关，但在此定义下，无法量化地评估保证。Jelen 等将保证定义为“对风险或安全度量准确性的信心的测度标准”，此定义允许高保证的安全分级与低安全和高风险也相关，为判断是否已有足够的保证提供了另一种方法。

3. Spinellis 的风险评估方法

Spinellis 等采用 CRAMM（CCTA Risk Analysis and Management Method）方法，CRAMM 是 United Kingdom Central Computer and Telecommunications Agency 的风险分析和管理方法，自 20 世纪 80 年代后期开始就已被广泛使用，也被认为是一种有效和可靠的方法。CMAMM 方法包含 3 个阶段：财产鉴别和评价、威胁和弱点鉴别和评价、措施选择。

4. Cardine 的风险评估 5 元素

Hamilton 提出了风险评估的 5 个元素是 Assets、Threat、Vulnerability、Loses 和 Safeguards。在其风险评估中明确提出了 Safeguards 这个元素，从而使最后的风险评估结果更为准确。在其弱点评价中，包含了来自员工的弱点和技术弱点。

5. SVI 量化风险评估法

通过引入一个标准化的评价提出了一个量化风险的方法，称为 SVI（系统弱点索引）。此方法分析了影响安全的许多因素。通过使用特定规则，这些因素被评估并结合来提供对弱点的度量。SVI 技术考虑了能导致一个消弱或破坏安全状态的事件，而不管那些事件的发生是通过委托或省略了特定动作。

三、国外对弱点分类学的研究

1. Aslam的分类法

COAST实验室的Aslam针对UNIX操作系统的安全漏洞，将系统弱点分为3大类：①操作错误（配置错误）；② 环境错误；③ 编码错误。这种分类方法的特点是基于操作系统运行时进行分类的，缺少对系统设计时产生的漏洞的分类，而且仅仅针对UNIX操作系统的安全漏洞。

2. Bishop的对其前的弱点分类法的评价及其6轴分类法模型

UCDavis的Vulnerabilities项目由HP、Intel、Net Squared在1995年资助，由Matt Bishop 负责，此项目的目标是设计一种分类机制，在此基础上设计工具、技术和方法来检测、防范和消除弱点，这个项目是为了满足厂商的设计、实现和操作更可靠、更安全和更健壮的需求，因此其分类机制更利于厂商在发布自己的产品前检查和检测其中的弱点。总的来说，Bishop的弱点分类系统显得太学术化。

3. CVE（Common Vulnerabilities and Exposures）

现在可用的网络安全评价工具、IDS 等产品，无论是免费的不是商业的，加起来共有几百种，但每种工具都有自己的数据库，对资源共享和用户使用都不方便。MITRE 公司开发了CVE，其目的是想为集成各种数据库提供一个通用词汇表，公共的CVE限于公开已知的弱点及共享信息。CVE的概念最早是在1999年1月，在Purdue的信息保证和安全（CERIAS）教育和研究中心的第2届安全弱点数据库的研究workshop上被提出的。David E.Mann 在文中为 CVE 提供了安全弱点鉴别等方面的一个机制，后来由 CVE Editorial Board扩展了CVE的设计。

CVE不是一种量化的分类法，只能看作是一种对弱点的定序法。CVE面临的问题包括不一致的命名习惯、需管理来自不同源的相似概念、需管理同一弱点的多个进化观察和在数据库之间进行映射的复杂性。

4. Neuman的风险来源分类法

Neuman将系统的风险源归为3大类：系统设计过程中的问题；系统操作和使用中的问题和故意滥用。

5. Eric Knight的4类型分类法

在 Knight 的分类法中，每个弱点者具有 5 个属性，即 Fault、Severity、Authentication、Tactic和Consequence。其中Fault描述弱点是如何形成的；Severity描述破坏后果的严重程度；Authentication描述入侵者在开发此弱点前是否要成功地通过系统的认证；Tactic与地点有关，描述谁利用谁的弱点；Consequence描述结果的访问层的提升。

总的来说，Knight的弱点分类法比较利于实际的风险评估。

27.1.3 防火墙技术

一、防火墙的基本准则

（一）过滤不安全服务

基于这个准则，防火墙应封锁所有的信息流，然后对希望提供的安全服务逐项开放，对不安全的服务或可能有安全隐患的服务一律扼杀在萌芽状态。这是一种非常有效实用的方法，可以形成一种十分安全的环境，因为只有经过仔细挑选的服务才允许用户使用。

（二）过滤非法用户和访问特殊站点

基于这个准则，防火墙应先允许所有的用户和站点对内部网络的访问，然后网络管理员按照 I P 地址对未授权的用户或不信任的站点进行逐项屏蔽。这种方法构成了一种更为灵活的应用环境，网络管理员可以针对不同的服务面向不同的用户开放，也就是能自由地设置各个用户的不同访问权限。

二、常见防火墙类型

常见防火墙的类型主要有 3 种，即包过滤、电路层网关和应用层网关，每种都有各自的优缺点。

包过滤是第一代防火墙技术，它按照安全规则，检查所有进来的数据包，而这些安全规则大都是基于低层协议的，如 IP、TCP。如果一个数据包满足以上所有规则，过滤路由器就把数据向上层提交，或转发此数据包，否则就丢弃此包。

包过滤的优缺点如下。

优点：一个过滤路由器能协助保护整个网络；数据包过滤对用户透明；过滤路由器速度快、效率高。

缺点：不能彻底防止地址欺骗；一些应用协议不适合于数据包过滤；正常的数据包过滤路由器无法执行某些安全策略。

代理是一种较新型的防火墙技术，这种防火墙有时也被称为应用层网关，这种防火墙的工作方式和过滤数据包的防火墙、以路由器为基础的防火墙的工作方式稍有不同。它是基于软件的。

电路层网关是建立应用层网关的一个更加灵活和一般的方法。虽然它们可能包含支持某些特定 TCP/IP 应用程序的代码，但通常要受到限制。如果支持应用程序，那也很可能是 TCP/IP 应用程序。在电路层网关中，可能要安装特殊的客户机软件，用户可能需要一个可变用户接口来相互作用或改变他们的工作习惯。

代理技术的优缺点如下。

优点：代理易于配置；代理能生成各项记录；代理能灵活、完全地控制进出的流量、内容；代理能过滤数据内容；代理能为用户提供透明的加密机制；代理可以方便地与其他安全手段集成。

缺点：代理速度较路由器慢；代理对用户不透明；对于每项服务代理可能要求不同的服务器；代理服务不能保证用户免受所有协议弱点的限制；代理不能改进底层协议的安全性。

防火墙现在已成为各企业网络中实施安全保护的核心，安全管理员的目的是选择性地拒绝进出网络的数据流量，这些工作都是由防火墙来做的。

三、防火墙发展阶段

防火墙是防御网络入侵者的最有效机制，阻挡基于网络的攻击的功能也日益完善。防火墙的发展阶段包括访问控制列表、应用代理服务和状态检测 3 个阶段。

（1）访问控制列表：路由器和网关基于来源和目标 IP 地址以及连接所用协议做出决策。每种协议与不同的端口号相关联，譬如端口 80 用于 HTTP，端口 110 用于邮局协议（POP）。除了用于 Web 访问的 HTTP 和用于电子邮件的简单邮件传输协议（SMTP）等标准协议外，许多网关阻挡其他各种访问。

（2）应用代理服务：应用代理防火墙是一种应用软件，在网络和代理服务器之间的服务器上运行，譬如代理Web服务器的HTTP防火墙。从外面来看，代理防火墙所运行的HTTP服务器如同目标服务器；从里面来看，它又如同提出请求的客户浏览器。这种“中间服务器”为安全管理员提供了对接受或阻挡哪种流量确定规则的机会。健壮的应用代理防火墙需要运行它所防御的每种应用的实例，包括Web服务器、数据库服务、IRC、FTP、Telnet、电子邮件、Morpheus及企业的定制应用。应用代理服务在防火墙市场未能获得成功是因为需要处理众多的应用。此外，调用应用会大大增加时延，因而无法实现线速网络处理。

（3）状态检测：网关防火墙面临的其中一个挑战就是吞吐量。开发状态检测功能是为了让规则能够运用到会话发起过程，从而提高吞吐量。状态检测防火墙查看包头后，根据规则集做出决定。阻挡或允许访问的决定适用于该会话后来的所有包（会话则由来源、目标地址、协议和时间因素确定）。状态检测防火墙是一种包处理器，这种网络设备能够扩展，以适应互联网数据中心及某些企业所需的千兆速率。然而，应用防御需要识别有效载荷内容的更强功能及线速检测功能。Web服务将需要高速分析XML及简单对象访问协议（SOAP）对象。对这种应用实施安全策略就需要全面检测包有效载荷的功能。状态防火墙技术唯有不断发展才能满足这种新需求。

四、防火墙未来发展趋势

深度包检测将成为防火墙发展的下一个阶段。近年最具破坏性的网络攻击（如红色代码和尼姆达）都利用了应用存在的漏洞，这加大了对应用防火墙的需求。说到保护系统免受类似尼姆达的攻击，众多的应用代理收效甚微。将来，只依靠代理或状态包检测防火墙的企业遭到应用层攻击破坏的机率比采用先进的深度包检测防火墙方案的企业高2倍。

将来防火墙需要更加深入监控信息包流，查出恶意行为，并加以阻挡。市场上的包检测解决方案必须增添功能（如特征检测）来寻找已知攻击，并知道什么是“正常”流量（基于行为的系统），以及阻挡协议的异常行为。

最近防火墙厂商的动态表明，防火墙的这个发展阶段已经到来。譬如说，Check Point的SmartDefense使Firewall-1能够查找常见攻击，并丢弃与之有关的会话。NetScreen收购OneSecure后，把深度包检测功能集成到了其应用特定的集成电路防火墙设备。TippingPoint、NetContinuum、Fortinet和iPolicy等新兴厂商也在利用分析包有效载荷以实施安全规则的功能。

Web服务将迫使边界防御机制提高识别允许哪类流量以代码如SOAP元素或控制消息如XML语句等形式通过端口80访问网络的能力。防火墙厂商就要提供能控制这种流量的解决方案。

27.1.4 IDS技术

一、入侵检测产品分类

根据采集数据源的不同，IDS可分为主机型IDS（Host-based IDS，简称HIDS）和网络型IDS（Network-based IDS，简称NIDS）。HIDS从主机/服务器上采集数据，包括操作系统日志、系统进程、文件访问和注册表访问等信息，NIDS 则直接从网络中采集原始的数据包。HIDS 的检测引擎被称为主机代理，NIDS 的检测引擎被称为网络引擎。HIDS 的主机代理安装在所保护的主机/服务器上，不同的操作系统平台需要不同的主机代理。NIDS 的网络引擎放置在需要保护的网段内，不占用网络资源，可以保护整个网段。

HIDS 和 NIDS 都能发现对方无法检测到的一些入侵行为，可互为补充。完美的 IDS 产品应该将两者结合起来。目前主流 IDS 产品都采用 HIDS 和 NIDS 有机结合的混合型 IDS（Hybrid IDS）架构，既可以发现网络中的攻击信息，也能从主机中发现异常情况。ISS 的 RealSecure、启明星辰的天阗黑客入侵检测与预警系统以及上海金诺网安的 KIDS 都属于这一类型。

HIDS 的主要优点是：误报率低；HIDS 既可以监视用户在系统上的活动，也可以监视只有管理员才能实施的非正常行为；适合加密和交换的环境；能够检查到 NIDS 检查不出的攻击；HIDS 使用含有已发生事件的信息，准确判断攻击是否成功；不需要额外的硬件设备。

NIDS 的优点是：成本较低，无需在被保护的主机上安装软件，将安全策略配置在几个关键访问点上就可以保护大量主机/服务器；可检测到 HIDS 漏掉的攻击，通过检查分组的头部和数据内容，识别来自网络层的攻击；NIDS 利用正在发生的网络通信进行攻击的实时检测，攻击者无法转移证据；实时检测和响应，能检测未成功的攻击和企图。

二、传统入侵检测技术

（一）模式匹配

模式匹配就是将收集到的信息与已知的网络入侵和系统误用模式数据库进行比较，来发现违背安全策略的入侵行为。该过程可以很简单，也可以很复杂。一种进攻模式可以利用一个过程或一个输出来表示。这种检测方法只需收集相关的数据集合就能进行判断，能减少系统占用，并且技术已相当成熟，检测的准确率和效率也相当高。该技术需要不断进行升级以对付不断出现的攻击手法，并且不能检测未知攻击手段。

（二）异常检测

异常检测首先给系统对象（用户、文件、目录和设备等）创建一个统计描述，包括统计正常使用时的测量属性，如访问次数、操作失败次数和延时等。测量属性的平均值被用来与网络、系统的行为进行比较，当观察值在正常值范围之外时，IDS 就会判断有入侵发生。异常检测的优点是可以检测到未知入侵和复杂的入侵。缺点是误报、漏报率高。

（三）完整性分析

完整性分析关注文件或对象是否被篡改，主要根据文件和目录的内容及属性进行判断，这种检测方法在发现被更改和被植入特洛伊木马的应用程序方面特别有效。完整性分析利用消息摘要函数的加密机制，能够识别微小变化。其优点是不管模式匹配方法和统计分析方法能否发现入侵，只要攻击导致文件或对象发生了改变，完整性分析都能够发现。完整性分析一般是以批处理方式实现，不用于实时响应。尽管如此，完整性分析依然是 IDS 产品的必要手段之一。

三、入侵检测新进展

协议分析是在传统模式匹配技术基础之上发展起来的一种新的入侵检测技术。它充分利用了网络协议的高度有序性，并结合了高速数据包捕捉、协议分析和命令解析，来快速检测某个攻击特征是否存在，这种技术正逐渐进入成熟应用阶段。协议分析大大减少了计算量，即使在高负载的高速网络上，也能逐个分析所有的数据包。

采用协议分析技术的 IDS 能够理解不同协议的原理，由此分析这些协议的流量，来寻找可疑的或不正常行为。对每一种协议，分析不仅仅基于协议标准，还基于协议的具体实现，因为很多协议的实现偏离了协议标准。协议分析技术观察并验证所有的流量，当流量不是期望值时，IDS 就发出告警。协议分析具有寻找任何偏离标准或期望值的行为的能力，因此能够检测到已知和一些未知攻击方法。

状态协议分析就是在常规协议分析技术的基础上，加入状态特性分析，即不仅仅检测单一的连接请求或响应，而是将一个会话的所有流量作为一个整体来考虑。有些网络攻击行为仅靠检测单一的连接请求或响应是检测不到的，因为攻击行为包含在多个请求中，此时状态协议分析技术就显得十分必要。协议分析和状态协议分析技术与模式匹配技术相比，具有如下的优点。

● 性能提高

协议分析利用已知结构的通信协议，与模式匹配系统中传统的穷举分析方法相比，在处理数据帧和连接时更迅速、更有效。

● 准确性提高：与非智能化的模式匹配相比，协议分析减少了误警和漏警，命令解析和协议解码技术相结合，在命令字符串到达操作系统或应用程序之前，模拟命令字符串的执行，以确定它是否具有恶意。

● 基于状态的分析

当协议分析入侵检测系统引擎评估某个数据包时，需要考虑在这之前相关的数据包内容，以及接下来可能出现的数据包。与此相反，模式匹配入侵检测系统孤立地考察每个数据包。

● 反规避能力大大增强

协议分析具有判别通信行为真实意图的能力，能够有效抵御利用路径模糊、十六进制编码和 Unicode 编码等隐藏的攻击行为。

● 系统资源开销小

协议分析的高效性降低了系统资源在网络和主机探测中的资源开销，而模式匹配技术却会大量地消耗系统资源。

网络的特性之一就是开放与共享，IDS 开始强调互操作。这种互操作体现在两方面，一方面是各个 IDS 之间的信息交换，另一方面是 IDS 与其他安全设备之间的互动。IETF 制定了 IDS 之间信息交换的规范 IDXP（Intrusion Detection Exchange Protocol）和 IDMEF（Intrusion Detection Message Exchange Formats）。IDXP 是一个应用级协议，是为 IDS 之间提供 IDMEF 消息、非结构化文本和二进制数据等信息的交换而设计。IDMEF 为 IDS 之间共享信息定义数据格式和交换程序，IDMEF 同样适用于与 IDS 交互的其他系统。

国外以 Check Point 为首的安全厂商提出了开放平台安全互联 OPSEC 的概念。OPSEC 提供开放的接口，通过安全、灵活和可理解的框架来建立安全解决方案。OPSEC 具有一个很广的集成接口范围，通过这种集成，可使各种安全产品能以最有效的方式进行互操作，而且管理配置简单。IDS 与防火墙的联动就是上述安全体系的组成部分，主要是指当 IDS 检测到需要阻断的入侵行为时，迅速启动联动机制，自动通过开放接口通知防火墙对攻击源进行封堵，从而达到整体安全的效果。目前，很多 IDS 产品都具有与特定防火墙联动的功能。

移动代理是一种新兴的技术，在大规模、分布式、跨平台的应用中拥有独特优势。移动代理的工作平台可以在不同系统上运行。通过在各个操作系统中运行移动代理的虚拟机，可以将硬件和操作系统的平台细节屏蔽，使代理获得统一的界面。在此基础上，移动代理可以在虚拟机之间自由迁移而无需中止程序的执行。移动代理还具有多代理合作特性，通过虚拟机系统的通信机制，实现多个代理之间的合作。

将移动代理技术应用到 IDS 中，不仅能实现全网络范围内的入侵检测功能，具有良好的可移植性，而且对网络系统和主机的资源占用较低，减少了出现网络瓶颈的可能。移动代理使得分布式协同入侵检测更为灵活。尽管基于移动代理技术的 IDS 产品目前还没有，但相关的研究和实验室样品已涌现了许多。

四、入侵检测面临的问题

（一）误报和漏报

市场上主流的 IDS 产品的 IDS 系统经常发出许多假警报，假警报常常掩盖了真攻击。在被测试的 IDS 产品中，有些产品在假警报重负下一再崩溃，而当真正攻击出现时，有些 IDS 产品不能捕获攻击，而另一些 IDS 产品的报告混杂在假警报中，很容易被错过。测试还发现过分复杂的界面使关掉假警报非常困难，几乎所有 IDS 产品在默认设置状态下都会产生非常多的假警报，给用户带来许多麻烦。误警和漏警产生的原因主要有以下几点。

- 当前 IDS 使用的主要检测技术仍然是模式匹配，模式库的组织简单、不及时、不完整，而且缺乏对未知攻击的检测能力。
- 随着网络规模的扩大以及异构平台和不同技术的采用，尤其是网络带宽的迅速增长，IDS 的分析处理速度越来越难跟得上网络流量，从而造成数据包丢失。
- 网络攻击方法越来越多，攻击技术及其技巧性日趋复杂，也加重了 IDS 的误报、漏报现象。

（二）拒绝服务攻击

IDS 是失效开放（Fail Open）的机制，一旦系统停止作用，整个网络或主机就变成开放的，这与防火墙的失效关闭（Fail Closed）机制正好相反，防火墙一旦失效，整个网络是不可访问的。因此，当 IDS 遭受拒绝服务攻击时，这种失效开放的特性使得黑客可以实施攻击而不被发现。下面的一些典型攻击很容易使 IDS 被拒绝服务。

- 大流量攻击

攻击者向被保护网络发送大量数据，使网络流量猛增。由于处理能力有限，IDS 就会丢包，漏掉对入侵行为的检测。

- IP 碎片攻击

攻击者向被保护网络发送大量的 IP 碎片，超过 IDS 的 IP 碎片重组能力，此时 IDS 将检测不到利用 IP 碎片进行的攻击。

- TCP 连接攻击

攻击者创建或者模拟大量的 TCP 连接，超过了 IDS 可同时监控的 TCP 连接数，从而导致 IDS 不能监控多余的 TCP 连接。

- 报警攻击

攻击者可以参照网上公布的检测规则，在攻击的同时故意发送大量能够引起 IDS 报警的数据，超过 IDS 发送报警的速度，网管员收到大量报警，难以分辨出真正的攻击。

- 日志攻击

攻击者发送大量能够引起 IDS 报警的数据，最终导致 IDS 进行日志的空间被耗尽，从而删除以前的纪录。

- 插入和规避

插入攻击和规避攻击是两种逃避 IDS 检测的攻击形式。其中插入攻击可通过定制一些错误的数据包到数据流中，使 IDS 误以为是攻击。规避攻击则相反，可使攻击躲过 IDS 的检测到达目的主机。插入攻击的意图是使 IDS 频繁告警（误警），但实际上并没有攻击，起到迷惑管理员的作用。规避攻击的意图则是真正要逃脱 IDS 的检测，对目标主机发起攻击。黑客经常改变攻击特征来欺骗基于模式匹配的 IDS。

五、未来的发展趋势

随着网络技术和网络规模的不断发展，人们对于计算机网络的依赖也不断增强。与此同时，针对网络系统的攻击越来越普遍，攻击手法日趋复杂。IDS 也随着网络技术和相关学科的发展而日趋成熟，其未来发展的趋势主要表现在以下几方面。

- 宽带高速实时的检测技术

大量高速网络技术如 ATM、千兆以太网等近年里相继出现，在此背景下的各种宽带接入手段层出不穷。如何实现高速网络下的实时入侵检测已经成为现实面临的问题。目前的千兆 IDS 产品其性能指标与实际要求相差很远。要提高其性能主要需考虑两个方面：首先，IDS 的软件结构和算法需要重新设计，以期适应高速网的环境，提高运行速度和效率；其次，随着高速网络技术的不断发展与成熟，新的高速网络协议的设计也必将成为未来发展的趋势，那么现有的 IDS 如何适应和利用未来的新网络协议将是一个全新的问题。

- 大规模分布式的检测技术

传统的集中式 IDS 的基本模型是在网络的不同网段放置多个探测器收集当前网络状态的信息，然后将这些信息传送到中央控制台进行处理分析。这种方式存在明显的缺陷。首先，对于大规模的分布式攻击，中央控制台的负荷将会超过其处理极限，这种情况会造成大量信息处理的遗漏，导致漏警率的增高。其次，多个探测器收集到的数据在网络上的传输会在一定程度上增加网络负担，导致网络系统性能的降低。再者，由于网络传输的时延问题，中央控制台处理的网络数据包中所包含的信息只反映了探测器接收到它时网络的状态，不能实时反映当前网络状态。

面对以上问题，新的解决方法也随之产生，例如普渡大学开发的 AAFID 系统，该系统是 Purdue 大学设计的一种采用树形分层构造的代理群体，最根部的是监视器代理，提供全局的控制、管理以及分析由上一层节点提供的信息，在树叶部分的代理专门用来收集信息。处在中间层的代理被称为收发器，这些收发器一方面实现对底层代理的控制，一方面可以起到信息的预处理过程，把精炼的信息反馈给上层的监视器。这种结构采用了本地代理处理本地事件，中央代理负责整体分析的模式。与集中式不同，它强调通过全体智能代理的协同工作来分析入侵策略。这种方法明显优于前者，但同时带来一些新的问题，如代理间的协作、代理间的通信等。这些问题仍在进一步研究之中。

● 数据挖掘技术

操作系统的日益复杂和网络数据流量的急剧增加，导致了审计数据以惊人速度剧增，如何在海量的审计数据中提取出具有代表性的系统特征模式，以对程序和用户行为做出更精确的描述，是实现入侵检测的关键。

数据挖掘技术是一项通用的知识发现技术，其目的是要从海量数据中提取对用户有用的数据。将该技术用于入侵检测领域，利用数据挖掘中的关联分析、序列模式分析等算法提取相关的用户行为特征，并根据这些特征生成安全事件的分类模型，应用于安全事件的自动鉴别。一个完整的基于数据挖掘的入侵检测模型要包括对审计数据的采集，数据预处理、特征变量选取、算法比较、挖掘结果处理等一系列过程。这项技术难点在于如何根据具体应用的要求，从用于安全的先验知识出发，提取出可以有效反映系统特性的特征属性，应用适合的算法进行数据挖掘。另一技术难点在于如何将挖掘结果自动地应用到实际的 IDS 中。目前，国际上在这个方向上的研究很活跃，这些研究多数得到了美国国防部高级计划署、国家自然科学基金的支持。我们也应看到，数据挖掘技术用于入侵检测的研究总体上来说还处于理论探讨阶段，离实际应用还有相当距离。

● 更先进的检测算法

在入侵检测技术的发展过程中，新算法的出现可以有效提高检测的效率。以下 3 种机器学习算法为当前检测算法的改进注入新的活力。它们分别是计算机免疫技术、神经网络技术和遗传算法。

计算机免疫技术是直接受到生物免疫机制的启发而提出的。生物系统中的脆弱性因素都是由免疫系统来妥善处理的，而这种免疫机制在处理外来异体时呈现了分布的、多样性的、自治的以及自修复的特征，免疫系统通过识别异常或以前未出现的特征来确定入侵。计算机免疫技术为入侵检测提供了一下思路，即通过正常行为的学习来识别不符合常态的行为序列。在这方面已经做了若干研究工作，仍有待于进一步深入。

神经网络技术在入侵检测中研究的时间较长，并在不断发展。早期的研究通过训练向后传播神经网络来识别已知的网络入侵，进一步研究识别未知的网络入侵行为。今天的神经网络技术已经具备相当强的攻击模式分析能力，它能够较好地处理带噪声的数据，而且分析速度很快，可以用于实时分析。现在提出了各种其他的神经网络架构诸如自组织特征映射网络等，以期克服后向传播网络的若干限制性缺陷。

遗传算法在入侵内检测中的应用时间不长，在一些研究试验中，利用若干字符串序列来定义用于分析检测的指令组，用以识别正常或者异常行为的这些指令在初始训练阶段中不断进化，提高分析能力。该算法的应用还有待于进一步的研究。

● 入侵响应技术

当 IDS 分析出入侵行为或可疑现象后，系统需要采取相应手段，将入侵造成的损失降到最小程度。一般可以通过生成事件告警、E-mail 或短信息来通知管理员。随着网络的日益复杂和安全要求的提高，更加实时的和系统自动入侵响应方法正逐渐被研究和应用。这类入侵响应大致分为 3 类：系统保护、动态策略和攻击对抗。这三方面都属于网络对抗的范畴，系统保护以减少入侵损失为目的，动态策略以提高系统安全性为职责，而入侵对抗则不仅可以实时保护系统，还可实现入侵跟踪和反入侵的主动防御策略。

总之，入侵检测技术作为当前网络安全研究的热点，它的快速发展和极具潜力的应用前景需要更多的研究人员参与。IDS 只有在基础理论研究和工程项目开发多个层面上同时发展，才能全面提高整体检测效率。

27.1.5 应急处理技术

一、什么是应急响应

通常所说的应急响应（Emergency Response）实际上用‘突发事件响应’（Incident Response）这个描述更好理解。至少在本文所讨论的范畴内，互换这两个词汇并不会引起什么歧义。

为了解释什么是突发事件响应，显然应该先说明一下什么是突发事件。一般地，突发事件指的是影响一个系统正常工作的情况。通常人们理解这个概念的时候，经常会举的例子有计算机入侵、拒绝服务攻击、信息窃取和非授权的网络活动等，这经常使读者认为突发事件都是破坏主机或者网络设备的。现在互联网上所发生的事情提醒了我们，这个概念的理解也许应该更广泛一些，可以站在整个网络体系中看待这个问题，这时候，从网络管理的角度看到的流量异常或拥塞等情况，也应该属于突发事件的范围。例如在一些大规模蠕虫事件发生的时候，往往在对受到直接攻击的主机用户造成实质影响之前，网络中大量的突发数据已经对网络的正常业务带来的不良甚至是严重的影响了。

应急响应，或者突发事件响应，就是安全人员或管理员在遇到突发事件后所采取的措施和行动。

二、应急响应在安全保障工作中的作用

在通常的模型中，安全保障的主要操作环节被分为 P（防护）、D（检测）、R（响应）和 R（恢复）等几个主要部分。可以看出应急响应是安全保障工作中一个非常重要的环节。实际上由于在防护和检测环节，通常比较成熟的应用都是针对已知特征来识别的，因此应急响应恰恰是弥补前面各环节的不足的必要部分。在攻击和防御的对抗中，攻击方通常掌握着主动性和主观能动性，而防御方只有应急响应这个环节可能具备能够和攻击方相抗衡的智能。

应急响应环节表现出强烈的安全服务特点，在各种安全解决方案中，一般并没有什么需要为应急响应而配备的设备，而不像其他几个环节，是以相应的软硬件产品为核心的。也许是因为这个原因，在现实生活中应急响应这个环节往往没有得到用户真正的重视。用户总是觉得已经投入了很多购置了全套的设备，不能理解为什么还要不断地支出一笔似乎看不到回报的费用。实际上现实经验越来越证明，缺少了高质量的应急响应，整个安全保障环节就好比一个上了大锁和监视系统但是却没有配备保卫人员的住所，攻击者总是可以想办法进入住所的。

应急响应通常需要达到的主要目标如下。

- 确认或排除突发事件发生与否。在实际的工作中，用户大量的报警被发现是“虚惊一场”。用户可能把各种由于其他原因导致的异常现象都归咎于受到某种攻击所带来的结果。在一个案例中，有一个用户甚至用绝对肯定的口气说，他能够感觉到有人在他的计算机没有任何接口连入网络的情况下，被别人通过电源线实施了监控。从网管的角度来看，经常会面临各种流量异常的情况，其中有时候只是网络中用户应用情况的反映，而有时候确是网络中正在发生某种大量的攻击行为造成的。应急响应的第一项工作任务就是要确定是否确实发生了安全事件。

● 尽快恢复系统或网络的正常运转。在有些情况下，用户最关心的是多长时间能恢复正常，因为系统或网络的中断是带来损失的主要方面。这时候应急工作的一个首要任务就是尽快使一切能够相对正常地运行。

● 使系统和网络操作所遭受的破坏最小化。

● 收集积累准确的数据资料，获取和管理有关证据。在应急的过程中注意记录和保留有关的原始数据资料，为下一阶段的分析和处理提供准确可信的资料。

● 提供准确的分析统计报告和有价值的建议。在响应工作结束时提交的分析。

三、应急响应的主要阶段

中国在应急响应方面的起步较晚，按照国外有关材料的总结，通常把应急响应分成几个阶段的工作，准备、事件检测、抑制、根除、恢复和报告等阶段。

（1）准备阶段

在事件真正发生之前应该为事件响应作好准备，这一阶段十分重要。准备阶段的主要工作包括建立合理的防御/控制措施、建立适当的策略和程序、获得必要的资源和组建响应队伍等。

● 防御和控制措施

这项工作是和评估工作有关的。在进行资产评估和风险评估的基础上，建立必要的安全防护系统。该系统本身的安全性也应该得到保证以确保所获得的数据的真实性。同时，防御和控制措施应该是在根据具体的网络和应用情况来进行设计以保证得到所有必要的数据和控制能力。

● 适当的策略和程序

制订适当的策略和程序，对实际响应阶段的工作进行指导。内容可能包括：响应的目标；在何种情况下应该采取何种步骤；何种情况下应该和哪些人联系；相关组织之间哪些信息可以共享而哪些不行；响应活动的优先级别；任务的分工；哪些工作内容应该归档，如何归档等。

● 必要的资源和响应队伍

应急响应工作中需要硬件、软件和人员的保证。这些硬软件资源用来进行数据的分析、样本数据的反向分析、取证和分析和数据库服务等。组建响应队伍，并且需要对参与应急响应的人员做定期的培训，确保每个人有足够的知识和技能应付各种新情况。

（2）事件检测阶段

检测是响应中的第一个反应步骤，事件响应过程中所有的动作都依赖于检测。这里的检测指的是通过防火墙日志、入侵检测系统日志、系统日志以及其他软件或工具，弄清是否出现了恶意代码，文件和目录是否被篡改或者出现其他特征。如果是的话，问题在哪里，影响有多大，等等。

不管怎样检测事件，都要记录所有已知细节。一些关键细节包括：当前日期和时间，报告事件的人/事物，该事件的性质，该事件发生的时间，有关硬件和软件，有关人员与该事件的相关程度等。

检测阶段要做出初步的动作和响应，根据获得的初步材料和分析结果，估计事件的范围，制订进一步的响应战略，并且保留可能用于司法程序的证据。

（3）抑制阶段

抑制的目的是限制攻击的范围，同时也就限制了潜在的损失和破坏。这是减小损失的重要步骤。

抑制措施十分重要，因为太多的安全事件可能迅速失控。典型的例子就是具有蠕虫特征的恶意代码的感染，例如2003年初的SQL SLAMMER和“口令蠕虫”等，尽可能地将蠕虫的传播限制在一个网络范围内，是非常重要的。当然并不是所有的蠕虫都能够采取直接的措施在网络中进行隔离，这取决于蠕虫的具体技术特点。2001年的“红色代码”和“尼姆达”蠕虫就很难进行有效的隔离控制。

可能的抑制策略一般包括：关闭所有的系统，从网络上断开相关系统，修改防火墙和路由器的过滤规则，封锁或删除被攻破的登录账号，提高系统或网络行为的监控级别，设置陷阱，关闭服务，反击攻击者的系统（一般来说应该避免这样做）等。

（4）根除阶段

在事件被抑制之后，通过对有关恶意代码或行为的分析结果，找出事件根源并彻底清除。

对于单机上的事件，主要根据各种操作系统平台的具体的检查和根除程序进行操作就可以了，但是大规模爆发的带有蠕虫性质的恶意程序，要根除各个主机上的恶意代码，是十分艰巨的一个任务。很多事例的数据表明，众多的用户并没有真正关注他们的主机是否已经遭受入侵，有的甚至持续一年多，任由感染蠕虫的主机在网络中不断地搜索和攻击别的目标。造成这种现象的重要原因是各网络之间缺乏有效的协调，或者是在一些商业网络中，网络管理员对接入到网络中的子网和用户没有足够的管理权限。

（5）恢复阶段

恢复阶段的目标是把所有被攻破的系统和网络设备彻底还原到它们正常的任务状态。

恢复工作应该十分小心，避免出现不可逆的误操作导致数据的丢失。另外，恢复工作中如果涉及到机密数据，就需要额外遵照机密系统的恢复要求。对不同任务的恢复工作的承担单位，要有不同的担保。如果攻击者获得了超级用户的访问权，一次完整的恢复就应该强制性地修改所有的口令。

（6）报告和总结阶段

这是最后一个阶段，但却是绝对不能够忽略的重要阶段。这个阶段的目标是回顾并整理发生事件的各种相关信息，尽可能地把所有情况记录到文档中。这些记录的内容，不仅对有关部门的其他处理工作具有重要意义，而且对将来应急工作的开展也是非常重要的积累。

四、国际国内现状

国际上在应急响应方面的工作开展得相对较早，并且目前正在逐渐成熟起来，包括配套的法律等的建设。入侵检测、追踪、取证和加密等相关技术的发展也相对较早。在这些单项技术方面的比较，请读者参考相关的专业资料。

在中国，中国教育和科研计算机网（CERNET）首先建立了自己的应急响应组织 CCERT。2000 年中国成立了“中国计算机网络应急处理协调中心（CNCERT/CC）”，后根据上级部门的指示更名为“国家计算机网络应急技术处理协调中心（CNCERT/CC）”。该组织目前是国际安全事件响应论坛（FIRST）的正式成员。2001 年红色代码和尼姆达事件之后，在中国信息产业部的推动下，中国电信、中国联通、中国网通、中国移动和中国科技等当时全部经营骨干网络业务的运营单位均成立了各自的应急响应组织，形成了一个以 CNCERT/CC 为协调核心的覆盖主要网络运营单位的应急响应体系的雏形。这个协调体系密切配合，在 2003 年初的大规模安全事件的应急处理中发挥了重要的作用。

中国在应急响应领域还处于整体水平相对落后的状态，在法律法规、技术和标准、人力资源建设和体制建设等方面都与国际先进水平有一定的差距。中国涉及关键基础设施的众多行业和其他重要部门，也还都没有纳入到应急响应体系的保护范围中，这给电子商务、电子政务等应用的推广带来了隐患和一定的阻力。

27.1.6 备份冗灾与恢复技术

一、引言

随着计算机网络技术和信息技术的不断发展，计算机管理已经渗透到中国政治、经济、文化、军事和社会活动的各个环节之中，并呈现出网络化的趋势，给我们的工作带来了前所未有的高效和便利，人们对计算机系统的依赖程度也越来越高。计算机网络和信息技术在推动人类社会高速发展的同时，也带来了更高的风险。世贸大厦的倒塌，使人们清楚地看到了灾难预防的重要性，其灾难的规模亦充分说明了关键性业务连续技术对所有机构和 IT 系统的重要意义。

引起计算机系统毁灭的因素很多，可以是应用系统中的硬件故障、计算机病毒、掉电、网络/通信失败、人为操作错误，还可以是因火灾、洪水、飓风、地震而引起的数据处理设备的损坏，只要造成了关键业务的中断，都是灾难。不同灾难造成的破坏范围如图 27.2 所示。

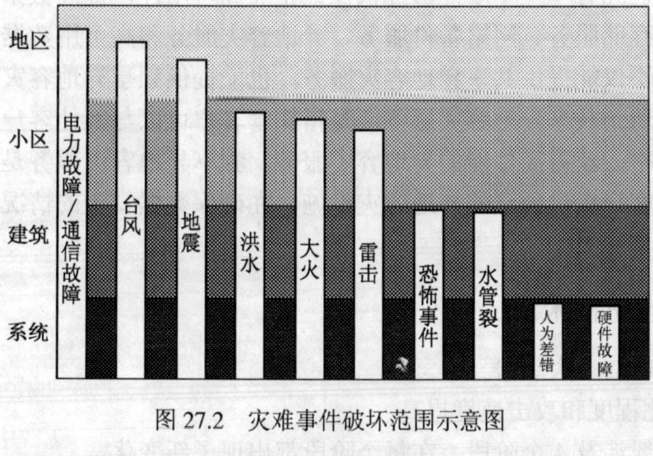

图 27.2 灾难事件破坏范围示意图

据统计，在曾遭受过重大数据丢失现象的公司中，93%的公司在 5 年内破产（美国劳工局）；在曾经历过大型灾难或长时间系统停运的公司中，有 2/5 的公司再也未恢复运行，而在其余的公司中，有 1/3 的公司在两年内破产（Gartner Group）。这一严峻的事实使得容灾系统的应用成为许多企业共同的选择。

二、国内外发展状况

在美国，容灾观念已经渗透到了各行各业中。首先，政府在法律中对企业容灾做出了要求；其次，由于公司内部管理、客户的资料等数据都在计算机中，数据是公司的财富，无论银行、工厂，只要企业中有计算机系统，不管系统大小，都会有容灾计划，哪怕计划很简单。美国曾经历了多次灾难的打击，容灾已被认为是计算机系统的一部分。根据 Forrest 公司的调查，在美国，50%公司的倒闭，是因为灾难发生后，不能将数据恢复过来。

“911”事件的发生，使容灾问题在美国得到空前重视。美国众议院政府改革委员会对一些主要政府机构的计算机网络安全现状进行了考评，提出了更严格的要求。该委员会主席斯蒂芬 霍恩说：“政府机构必须高度重视计算机网络安全问题。联邦机构依赖计算机系统为数百万美国公众提供相关政府服务，所以这些系统的安全至关重要。”

在国内，容灾才刚刚开始，如何能够以更低的成本和更高的效率实现容灾，是客户最关注的话题。从国内的现状看，绝大部分的企事业单位都对其应用系统的业务数据进行了保护。当系统出现故障时，可以把数据恢复到某一时刻（上次备份时间）。对系统的保护形式一般采用数据备份的方式，而实时切换的容灾系统还比较少见。

三、产业发展趋势

在异地建立备份中心的容灾做法需要高昂的投入及运行费用，通常只有大企业才能负担得起。在美国，专门有一类 IDC 公司为其他公司做容灾备份，采用外包的方式，企业把数据实时地存放在外包公司中，外包公司帮这些公司完成数据复制，澳大利亚的澳大利亚-新西兰银行就是采用这种方式，请外包公司为其做灾备的。也有多家公司将数据存放在一家外包公司中的情况，中小企业可采用这种方式，定期将备份好的数据交给他们，在异地负责保管。另外，还有一种灾备方式，几家公司互相备份、存放经过了加密的数据。这种互备方式在银行使用得较多，是一种减少企业投资成本的好方法。

目前，中国已经有一些 IDC 能够提供保证企业高可用性，提高数据安全的存储备份顾问服务、在线存储服务、网络备份服务、异地容灾服务和高可用数据集群服务。一些容灾外包服务商不仅能提供共享异地容灾服务，也能提供独享异地容灾服务，为企业提供更多的选择。所谓共享异地容灾服务，是指托管客户可以与其他客户共享异地容灾设施，以低廉的价格，获得高性能的异地容灾服务。独享异地容灾服务是指，容灾外包服务商可以为托管客户提供独享的异地容灾设施，在确保数据安全的情况下，达到更好的异地容灾效果。

27.1.7 网络攻防技术

一、网络攻击的七大趋势

（一）自动化程度和攻击速度提高

自动攻击一般涉及 4 个阶段，在每个阶段都出现了新变化。

1．扫描可能的受害者。自 1997 年起，广泛的扫描变得司空见惯。目前，扫描工具利用更先进的扫描模式来改善扫描效果和提高扫描速度。

2. 损害脆弱的系统。以前，安全漏洞只在广泛的扫描完成后才被加以利用，而现在攻击工具利用这些安全漏洞作为扫描活动的一部分，从而加快了攻击的传播速度。

3. 传播攻击。在2000年之前，攻击工具需要人来发动新一轮攻击。目前，攻击工具可以自己发动新一轮攻击，像红色代码和尼姆达这类工具能够自我传播，在18个小时内就达到全球饱和点。

4. 攻击工具的协调管理。随着分布式攻击工具的出现，攻击者可以管理和协调分布在许多互联网系统上的大量已部署的攻击工具。目前，分布式攻击工具能够更有效地发动拒绝服务攻击，扫描潜在的受害者，危害存在安全隐患的系统。

（二）攻击工具越来越复杂

攻击工具开发者正在利用更先进的技术武装攻击工具。与以前相比，攻击工具的特征更难发现，更难利用特征进行检测。攻击工具具有三个特点：反侦破，攻击者采用隐蔽攻击工具特性的技术，这使安全专家分析新攻击工具和了解新攻击行为所耗费的时间增多；动态行为，早期的攻击工具是以单一确定的顺序执行攻击步骤，今天的自动攻击工具可以根据随机选择、预先定义的决策路径或通过入侵者直接管理，来变化它们的模式和行为；攻击工具的成熟性，与早期的攻击工具不同，目前攻击工具可以通过升级或更换工具的一部分迅速变化，发动迅速变化的攻击，且在每一次攻击中会出现多种不同形态的攻击工具。此外，攻击工具越来越普遍地被开发为可在多种操作系统平台上执行。许多常见攻击工具使用IRC或HTTP（超文本传输协议）等协议，从入侵者那里向受攻击的计算机发送数据或命令，使得人们将攻击特性与正常、合法的网络传输流区别开变得越来越困难。

（三）发现安全漏洞越来越快

新发现的安全漏洞每年都要增加一倍，管理人员不断用最新的补丁修补这些漏洞，而且每年都会发现安全漏洞的新类型。入侵者经常能够在厂商修补这些漏洞前发现攻击目标。

（四）越来越高的防火墙渗透率

防火墙是人们用来防范入侵者的主要保护措施，但是越来越多的攻击技术可以绕过防火墙，例如，IPP（Internet 打印协议）和WebDAV（基于Web的分布式创作与翻译）都可以被攻击者利用来绕过防火墙。

（五）越来越不对称的威胁

互联网上的安全是相互依赖的。每个互联网系统遭受攻击的可能性取决于连接到全球互联网上其他系统的安全状态。由于攻击技术的进步，一个攻击者可以比较容易地利用分布式系统，对一个受害者发动破坏性的攻击。随着部署自动化程度和攻击工具管理技巧的提高，威胁的不对称性将继续增加。

（六）对基础设施将形成越来越大的威胁

基础设施攻击是大面积影响互联网关键组成部分的攻击。由于用户越来越多地依赖互联网完成日常业务，因此基础设施攻击引起人们越来越大的担心。基础设施面临分布式拒绝服务攻击、蠕虫病毒、对互联网域名系统（DNS）的攻击和对路由器攻击或利用路由器的攻击。

（七）病毒、蠕虫和黑客程序结合

以2001年红色代码为代表的恶意程序，具备了病毒、蠕虫和黑客程序的综合特点，对整个互联网的安全带来极大威胁。随后尼姆达等恶意程序纷纷效仿，一些专家称之为"后病毒时代"。

黑客借助病毒的广泛和迅速的传播特性成为一个趋势，把黑客攻击手段从以前的一对一攻击变成了一对多的攻击模式，同时，病毒也由于带上了黑客所赋予的特殊任务而变得更加可怕。"尼姆达"和"红色代码"的编写者使用了蠕虫和黑客技术，使其传播和发作不需要人类的干预，并且在大量的主机中留下后门。这种方式可以让一个拥有黑客技术的病毒制造者可以在两天之内控制上百万台主机，或者从上百万人那里收集到他们的信用卡号和密码。

二、网络防守技术

防守技术则包括攻击检测、攻击防范和攻击后的恢复这3个大方向，每一个方向上有代表性的产品。入侵检测系统（IDS）负责进行攻击检测，反病毒软件负责对病毒的防护，防火墙和强制访问控制系统负责攻击防范，攻击后的恢复就是自动恢复系统，比如Web水印系统等。这些技术在本节其他部分都有专门介绍。

为了防止网络上传输的信息被攻击者（如sniffer等）利用，网络信息传输的安全性也是网络防护的一个重要方面。

三、多层防护构筑网络安全

所谓"多层次防护"，就是应用和实施一个基于多层次安全系统的全面信息安全策略，在各个层次上部署相关的网络安全产品，增加攻击者侵入所花费的时间、成本和所需要的资源，从而卓有成效地降低被攻击的危险，达到安全防护的目标。它提供了这样一种思路：结合不同的安全保护因素，例如防病毒软件、防火墙和安全漏洞检测工具，来创建一个比单一防护有效得的多的综合的保护屏障。

从根本上来说，防守技术所要达到的目标是在攻击者穿透所有的防护，达到其预定目标之前，能够做出适当的、有针对性的安全响应。

27.1.8 黑客技术

黑客技术，简单地说，是对计算机系统和网络的缺陷和漏洞的发现，以及针对这些缺陷实施攻击的技术。这里说的缺陷，包括软件缺陷、硬件缺陷、网络协议缺陷、管理缺陷和人为的失误。

目前，黑客技术主要包括几个大类：扫描器、Dos/DDos攻击、Sniffer、木马/后门、蠕虫/病毒等.

一、扫描器的演变

完成一次成功的网络攻击，第一步就是要收集目标站点的各种信息。攻击者对目标进行彻底分析，必须尽可能收集关于所攻击目标的大量可能而有效的信息，以至最后可以分析得到所攻击目标的漏洞列表。分析结果包括：操作系统类型、操作系统的版本、所开的服务、所开服务的版本、网络拓扑结构、网络设备、防火墙和闯入察觉装置等。

传统的扫描方式主要是利用直接登录主机的办法来识别的。Telnet、FTP、Webserver都能暴露主站的系统信息。还有一些不是很有效的方法诸如利用查询DNS（域名解析）

的主机信息来看登记域名时的申请机器类型和操作系统类型，或者使用社会工程学的方法来获得，以及利用某些主机开放的SNMP的公共组来查询。这些都不能绝对相信，高智商的系统管理员会修改系统信息来误导登录者的。

目前技术的演变，是利用TCP/IP堆栈指纹的方法，也叫Overview。其实也是一种溢出。利用网络操作系统里的TCP/IP堆栈作为特殊的“指纹”来确定系统的真正身份。这种方法的准确性相当高，因为再精明的管理员都不太可能去修改系统底层的网络的堆栈参数。

二、Sniffer

Sniffer（嗅探器）是一种常用的收集有用数据的方法，这些数据可以是用户的账号和密码，也可以是一些商用机密数据等。

Sniffer作用在网络基础结构的底层。通常情况下，用户并不直接和该层打交道，有些甚至不知道有这一层存在，所以应该说sniffer的危害是相当之大的。通常，使用Sniffer是在网络中进行欺骗的开始。

三、拒绝服务攻击（DoS）及其技术演变

拒绝服务攻击使得网站服务器充斥大量要求回复的信息，消耗网络带宽或系统资源，导致网络或系统不胜负荷以至于瘫痪而停止提供正常的网络服务。

Dos攻击可以分成如下几个分类。

1. 带宽耗尽（Bandwidth Consumption）

（1）攻击者有更多可用带宽时，攻击者可使受侵网络连接溢出。

（2）攻击者通过聚集多个站点响应来加强他的DoS攻击力度。

如：用只有56kbit/s的网络连接速度也能使45Mbit/s的T3网络溢出。用有限带宽可轻易聚集到100Mbit/s带宽。攻击者先让各站点确信传入的信息流，（当ICMP（网间控制报文协议）作为有效的诊断手段时，很容易被滥用，常会被B.C.攻击利用。）且隐藏源地址，很难验证真正的凶手。

2. 资源溃乏（Resource Starvation）

消耗的是系统资源，如CPU、内存、文件系统限额或其他系统程序，而非网络资源。攻击者通常有合法权限，但攻击者却用此权限去消耗额外的资源，可导致系统和其他合法用户被剥夺资源共享权，还可导致出现资源不可用、文件系统溢出和进程中断等现象。

3. 程序攻击（Programming Flaws）

由于一个用户向不安全因素传送数据，而导致一个应用程序、操作系统或嵌入的控制异常情况的逻辑芯片失效。攻击者传送不符合RFC规范的包去目标系统以测试是否有网络堆栈、内核混乱等漏洞。对基于输入的应用程序，攻击者可传送上千条长数据串，若此程序使用固定长度的缓冲，攻击者可制造一个缓冲溢出情况来摧毁此应用程序。攻击者也可执行一个特权命令.P.F.在嵌入逻辑芯片中，这种方法也很常见，如Pentium f00f DoS攻击允许一个程序通过执行错误指令来破坏任何操作系统。

4. 路由和DNS攻击（Routing and DNS Attacks）

攻击者通过操纵路由表条目对合法用户和网络拒绝服务。多数Route协议（如RIP和BGP协议）没有或只有很差的验证，使攻击者通过伪造其源IP地址获取合法权限营造一个DoS攻击环境。受侵者使之路由数据流响应攻击者网络或进入一个黑洞。

DNS DoS 攻击是以伪造地址信息来欺骗受侵服务器缓存的。当一个 DNS 服务器执行一个搜索指令时，攻击者能使之指向他们链接的站点或一个黑洞。

分布式 Dos 攻击（DDos）是 DoS 的一个演变。攻击者事先入侵了大量服务器，并在这些服务器上植入了 DDos 攻击程序，然后结合这些被入侵的服务器的网络传输力量发动攻击。利用大量的服务器发动攻击不仅增加了攻击的力度，而且更难于防范。

利用反弹技术进行 DDos 攻击是 DDos 攻击发展的一项新的拒绝服务攻击技术。攻击者通过反弹技术进行 DDOS 攻击的原理是：利用反弹服务器反弹 DDOS 的洪水包，也就是说，通过发送大量的欺骗请求数据包（来源地址为 victim、受害服务器或目标服务器）给互联网上大量的服务器群，而这些服务器群收到请求后将发送大量的应答包给 victim。结果是原来用于攻击的洪水数据流被大量的服务器所稀释，并最终在受害者处汇集为洪水，使受害者更难以隔离攻击洪水流，并且更难以用 Traceback 跟踪技术去找到洪水流的来源。

四、木马（后门）及其演变

特洛伊木马是一种秘密安装到目标系统的程序。木马中最有效的一种叫做后门程序，恶意程序包括 NetBus、BackOrifice 和 BO2k，用于控制系统的良性程序如 netcat、VNC、pcAnywhere。理想的后门程序应该透明运行，不引起系统管理员的注意。

从木马的编写技术来看，木马的发展经历了 4 代。

第 1 代，即是简单的密码窃取、发送等，没有什么特别之处。

第 2 代木马为远程控制型木马，在技术上有了很大的进步，冰河可以说为是国内木马的典型代表之一。

第 3 代木马在数据传递技术上又做了不小的改进，出现了 ICMP 等类型的木马，利用畸形报文传递数据，增加了查杀的难度。

第 4 代木马在进程隐藏方面做了大的改动，采用了内核插入式的嵌入方式，利用远程插入线程技术，嵌入 DLL 线程，或者挂接 PSAPI，实现木马程序的隐藏，甚至在 Windows NT/2000 下，都达到了良好的隐藏效果。

五、蠕虫/病毒

蠕虫的传染机理是利用网络进行复制和传播，传染途径主要是通过网络和电子邮件。首次出现的蠕虫是 1988 年的“莫里斯蠕虫”，美国多台计算机被病毒感染，造成互联网不能正常运行。这是一次典型的、被视为影响深远的“蠕虫病毒”事件，设计者是罗伯特·莫里斯（Robert T. Morris），他利用了系统存在的弱点。

互联网使得传统的病毒和蠕虫非常紧密地结合起来，以达到比原来更强的危害能力。

蠕虫/病毒的分类如下。

1. 通过邮件附件传播：如“爱虫”及其多个变种，自动地向电子邮件使用者发送邮件，将自己或附带的其他文件作为附件，当用户点击时产生破坏。

2. 通过自动寻找系统漏洞传播：如尼姆达 Nimda（正式名 W32/Nimda@MM）的 3 种传播方式之一就是受感染的计算机会尝试通过寻找已经受到破坏的 Web 服务器或利用已知的 IIS 服务器漏洞来传染其他的 Web 服务器。

3. 通过共享文件传播：如上述 Nimda 和 W32. HLLW. Walrain 等等

按照危害性分类如下：

1. 低速传播，简单复制，如 W32.HLLW.Walrain 等；

2. 自我复制，修改注册表；

3. 抢占资源，甚至耗尽，如 Nimda 占用网络带宽，造成内网几近瘫痪；

4. 删除用户文件，较强程度的破坏性，如蠕虫 VBS.Pleh.A@mm 将自身发送给 Outlook 地址簿中的所有人，覆盖本地和网络驱动器中的具有扩展名 mp3、pwd、exe 和 doc 等的文件，其内容被蠕虫的源代码替换；

5. 攻击性，留有后门，如“口令蠕虫”，它会在网络上随机选择上网计算机的 IP 地址，并通过枚举常用密码来猜测电脑的管理口令，如果猜中便会感染对方，破坏用户的共享，导致正常的管理无法进行，并在电脑中运行后门程序，如果有条件，任何人都可以对该电脑进行远程控制。又如 W32.Kwbot.Worm 会随机地打开 TCP 端口来与黑客连接。

曾经和现在比较著名的蠕虫有 Happy 99 蠕虫病毒、爱情虫（I WORM/Love Letter）、梅莉莎（Melissa）、红色代码（Code Red）、尼姆达（Nimda）、Ramen、Lion 和 Sadmind 等。

区别于依赖电子邮件的蠕虫，如今流行的蠕虫不需要电脑使用者的互动就可以自动传播，同时隐蔽性更强。

27.1.9 网络安全技术发展趋势

要讨论网络安全技术的发展趋势，就不能不讨论和检查近几年新出现的各种针对网络安全的事件是什么。

一、保护运营商的骨干网络成为网络安全技术发展的一个重点

众所周知的事实是，网络是个分层的机构，有一个单一的计算机，到工作组，再到公司企业、城域网、省际网，再到全球互联网，顺次组成了规模不同的网络。按照用户层次的划分需求讨论网络的安全技术是个有意义的思路。

过去讨论最多的网络安全主要集中在从个人用户到企业用户这一段的规模中，作为网络数据的生产者，这一类用户的基本需求基本上都是保护与互联网连接以内的私网的安全，比如病毒感染、防止资料泄密、数据保全和备份方面以及企业网络系统结构防止失效的诸多方面，针对这类需求产生了很多的安全产品。

这类用户的典型方法是基于防火墙为核心的安全方案，加上远程数据备份和冗余网络链路，再加上企业反病毒软件，或者在不考虑投资的情况下使用全网络的加密软件保护秘密数据。这类产品在各个层面几乎都有非常成熟的产品。对于我们国家来说，在传统的反病毒技术领域也有一席之地。

从 2001 年下半年开始，网络攻击开始转移到城域网以上的层次，尤其是运营商的数据网络的骨干成为备受关注的攻击热点。这类网络本来是网络数据的传递者，为网络数据的生产者（企业用户）起到“邮递员”的作用，这类网络通常投资规模和带宽都很大，其设计思路就是基本能保证用户任意的带宽需求。它本来不应该成为被攻击的对象，但随着 DOS 和 DDOS 攻击技术的不断提高和严重漏洞的不断发现，这类攻击已经上升为网络攻击的趋势和重点。

攻击骨干网络的作用是显而易见的，骨干网络是数据的传递者，如果骨干网络瘫痪，任何保卫再好的网络也不能正常工作了。这种攻击已经不再是以前的那种计较一城一地

得失地单点攻击，而是在成片地发挥作用，攻击烈度和强度都是前所未有的。

比如2003年1月25日的SQL——slammer蠕虫病毒，感染该蠕虫后网络带宽被大量占用，导致网络堵塞。该蠕虫是利用SQL Server 2000的解析端口1434的缓冲区溢出漏洞对其服务进行攻击。该蠕虫的传播力较强，在很多国家迅速传播，该蠕虫对被感染的机器本身并没有进行任何恶意破坏行为，也没有向硬盘上写文件，仅仅存在于内存中。对于感染的系统，重新启动后就可以清除蠕虫，但是仍然会重复感染。由于发送数据包占用了大量的系统资源和网络带宽，形成Udp Flood，因此感染了该蠕虫的网络的性能会极度下降。一个百兆网络内只要有一两台机器感染该蠕虫就会导致整个网络访问阻塞。

再比如2003年3月8日下午，国内主干网上发现了异常IP数据包且流量很大。经过CNCERT/CC的详细跟踪与分析，确认该事件的原因为一种未知的新型恶性蠕虫，此蠕虫危害大、传播力强，不及时加以控制，将会引发较大的损失，CNCERT/CC为此发布公告提醒广大用户及时采取相应措施，防止和减少该蠕虫所带来的影响。这种病毒的威胁是：安装远程控制后门，扩散过程可能造成网络堵塞。该蠕虫属于黑客行为的蠕虫病毒，它通过扫描Win2k或者XP的445端口，然后进行共享会话猜测管理员系统口令。如果猜测到口令，蠕虫就建立管理会话，用psexec.exe程序通过共享上传蠕虫文件，在被感染的主机上，在注册表的Software\Microsoft\Windows\CurrentVersion\Run中设置启动项，以便病毒能够在系统启动的时候加载运行。蠕虫会在主机上开启VNC后门，该后门开启5800和5900端口，能够进行远程控制。蠕虫开启扫描进程，对随机生成的IP地址进行扫描来传播感染其他主机。

这类网络攻击的基本特征都是传染迅速，消耗带宽巨大，从网络数据的生产者（企业用户）入手，迅速导致网络数据的传递者（运营商）的骨干网络瘫痪，从而达到网络攻击的目的，由此造成的损失的规模也是巨大的。

因此，可以预测，保护骨干网络的安全将是未来网络安全技术发展的大趋势。保护这类网络的迫切性也是显而易见的。

保护骨干网络的安全与其说是一个技术问题，不如说是一个管理问题，因为此类问题基本上是不能从技术的层面去完全解决的。这需要由各国政府牵头，由所有的运营商和企业参与合作，在网络的各个层面上进行防范和预警。

二、是否采用开放源代码的软件将成为网络安全技术讨论的一个热点

根据《symantec 2002年下半年互联网安全威胁报告》，“在过去的一年中，许多广泛使用的开发源代码应用程序都成为特洛伊木马后门程序。攻击的目标是那些采用了很多措施保护自身的著名站点。这对其他开发源代码项目以及商业软件供应商都是一个警告。攻击者不是以单独的系统为目标，而显然是在研究一种能在短时间内破坏大量系统的方法。”

开发源代码软件本来基本上是保证网络安全的软件的带名词，包括各国政府在内的大多数业内人士均主张大规模采用开放源代码的软件来保证网络安全。就目前的实践情况看，在目前的和平时期采用开放源代码软件所带来的网络安全利益还很难明显的比非开放源代码的软件更大，而且由于采用开放源代码软件在售后服务、支持方面存在某些不足，因此使推动开放源代码软件的计划受阻。

虽然有各种不便，但实际采用开放源代码软件带来的好处也是非常多的。可以检查

源代码在自主地发现系统的漏洞和不足方面增加了使用者的控制力。迫于政府的压力，微软公司也与中国政府建立的源代码备案的制度。另外，国内目前生产一些硬件设备（比如华为的路由器等）实际上运行的也是开放源代码的操作系统（某种类型的 BSD 的改进版），企业由此带来了益处，我们国家也因此增加了技术储备。

三、尚未经安全验证的新技术的安全将成为制约该技术普及的关键。

类似无线网络这类的新技术，会成为 2003 年新的网络安全攻击的热点。在中国，随着中国移动的“移动梦网”GPRS 和中国联通的“CDMA”网络的大规模建设和投入使用，使用无线数据业务的人员越来越多，因此增加了攻击发生的可能性。

另外像手机这样的移动终端设备结构相对简单，软件复杂程度也不高，也许针对手机终端的病毒和恶意代码也将很快出现。中国目前已经发展为一个手机大国，如果这类攻击出现，肯定会对移动运营商和普通用户造成严重的损失。由于这类威胁还没有成为现实，因此运营商、用户和监管机构都没有引起足够的重视，这样更增加了危险性。

四、基于 Web 的大量应用的安全性急需关注

根据《symantec 2002 年下半年互联网安全威胁报告》，“在过去的一年中 symantec 的安全分析员平均每天记载 7 个新漏洞，造成这种增长的原因包括漏洞披露义务活动的开展，利用软件错误的多种新方法的使用以及漏洞研究人员媒体曝光率的增加。2002 年记载的严重程度中等或较高的漏洞总数比 2001 年高出 84.8%，可远程利用的 Web 应用程序的迅速发展和普及看起来是造成这种趋势的最基本因素。在所有的漏洞中，大约有 60%的漏洞可以很容易被利用，因为利用这些漏洞不需要使用代码或者所需要的代码很容易得到。”

“在接下来的一年中应密切关注 Web 客户端漏洞，尤其是那些影响 Microsoft Internet Explore 的漏洞。这些漏洞的数量和严重程度均较过去一年有显著的增长。”

Web 程序由于其对客户端的要求很低，主要的工作任务和维护集中在服务器端，而且可以从任何可以上网的地域进行工作，因此使用规模增长得很快。

Web 程序的安全在两个方面体现，一是客户端软件（比如 Microsoft Internet Explore 软件），二是服务器端软件（比如 IIS 和 Apache）以及后台数据库（比如 SQL Server 或者 Oracle）等。由于这些大型软件的复杂性，其中的漏洞和错误难以避免，更重要的是由于这些程序是由不同的厂家开放的，在做系统集成时由集成人员相互连接到一起，因此在各个软件的配合上存在各种问题，本来是经过单独验证没有问题的软件合成到一起也许就有可能产生问题，而且因配置错误导致的问题还相当严重。

另外，对于系统软件的补丁升级，目前大多数厂家提供的升级方法都不是很方便，结果导致补丁更新不及时，并因此引发了安全漏洞。目前已经发现的大范围的安全事件几乎都是因为安全补丁更新不及时导致的，因此探讨并找到一个方便快捷的打补丁的方法将非常有用。

由于大规模采用 Linux 等开放源代码软件来提供 Web 服务，因此以前所说的在这些类 UNIX 系统上不会出现病毒和蠕虫的时代将结束。目前已经在 Linux 下发现了蠕虫，比如 Linux.Slapper.Worm 就攻击采用 Openssl 的 Linux 下运行的 Apache 服务器。由于 Linux 这类开源软件可以通过阅读源代码得到整个软件的结构和弱点，因此有可能出现攻击烈度更大更严重的恶意代码。新出现的攻击可能会同时具有病毒、蠕虫、木马和漏洞利用等以前所有发现的可能的攻击方法。

五、结语

网络系统结构和网络软件日益复杂化，单纯采用技术手段保证网络安全的时代已经结束，采用管理的手段保证网络安全的方法上升到应有的地位。

网络的安全问题最初会在网络的最边缘发生，然后会沿可能的任何渠道迅速传染至网络的任意一点并导致骨干网络受损，因此网络预警机制的建立日渐重要。目前几乎所有的事件都是事后处理，还缺乏识别网络突发事件的有效模型。对于保证骨干网的安全而言，也许考察网络的流量能成为一个有效的指标。

网络从产生出来开始就没有安全过，随着新技术的采用，新的问题层出不穷，试图一劳永逸的解决网络安全问题是不现实的，也不可能有这样的解决方案。

保证网络安全的将成为技术和管理并用，政府引导、企业参与的社会行为。

（国家计算机网络与信息安全实验室 杜跃进
刘道斌、张文通、时金桥、叶建伟、殷丽华、张永铮）

27.2 网络信息数据安全技术状况

密码理论及其应用技术是信息安全的核心问题。这些理论和技术分为两类：（1）基于数学的密码理论与技术，包括私钥密码（分组密码和序列密码）、公钥密码、认证码、数字签名、无用信息函数、身份识别、密钥管理和PKI技术等；（2）非数学的密码理论与技术，包括信息隐形、量子密码和生物特征识别等。网络信息数据安全技术是对这些密码技术的统称。

密码学发展至今，这些技术已经与人们的生活产生了密切的联系。它们是为信息安全保驾护航的核心技术措施。除此之外，为了保障网络安全，人们也采用其他的技术手段，例如防火墙、入侵检测、网络扫描、防病毒、访问控制和数据内容过滤等。

在美国国家安全局2000年9月发布的《信息保障技术框架》中指出的重要信息安全技术有应用层护卫、应用程序接口、通用数据安全体系结构、电路代理、加密API、加密服务提供者、文件加密机、硬件令牌、入侵和渗透检测、IPSec、IKE、介质加密机、包过滤器、PKI证书管理、SSL、S/MIME、SOCKS、全状态包过滤器、可信计算机和病毒检测器。

27.2.1 私钥、公钥加密技术

加密技术依据的是私钥密码和公钥密码的理论基础。

分组密码的应用领域的代表是美国于1977年制定的数据加密标准DES。此后，前苏联、日本等许多国家的研究人员对分组密码进行了深入的探讨，设计了多种分组密码算法，并且给出了一系列的分组密码评价准则。这些算法大多数已经被攻破，或者因为无法适应技术发展要求而被淘汰，即使DES本身，也在1997年6月被攻破了。美国的密码研究人员预料到了DES的这种命运，在1997年1月便开始在全球范围内征集新一代的数据加密标准（即高级加密标准AES）。在多轮的评估和筛选之后，由两位比利时密码专家提出的Rijndael已经被正式确立为高级加密标准。它采用了128bit私钥，是目前受到

世界瞩目的新技术。在美国征集 AES 的行动开始后不久，欧洲的一些国家和日本也开始了自己的征集工作。在欧洲，多个国家合作开始了一项密码大工程，期望确定自己新的数据加密标准。目前，这项工作仍在继续进行。

序列密码多用于国家的要害部门，例如政府和军队，基本上是对外保密的。由于它通常采用代数、数论和概率论等数学工具，所以相对成熟。序列密码曾经在 20 世纪 80 年代中期到 90 年代初期经历了一段时间的研究和应用实践高潮，出现了一批密码的设计、生成与分析方面的成果。近年来，虽然它已经不是密码的理论和技术的研究热点，但是对于自同步密码、有记忆前馈网络密码和新混沌密码等问题的研究仍然具有价值。只是，与其他加密技术，尤其是公钥加密技术相比，序列密码在应用的广泛性与优越性上具有明显的不足。

日本的三菱电机公司于 2000 年 1 月 26 日宣布他们开发的加密技术“MISTY”被作为第三代移动通信系统（W-CDMA）的标准密码方式。MISTY 技术是三菱电机 1995 年开发的加密算法，为具有 128bit 的密钥的 64bit 模块密码。自 1999 年 7 月起尝试开发 W-CDMA 专用的 MISTY 开始，经过安全性测试之后，1999 年 12 月底开发完毕，并以“KASUMI”的名称列入国际标准。这是日本国产加密技术首次被单独作为国际标准得以采用，表明了日本在国际加密技术方面的明显进步。MISTY 技术所采用的是正在探讨之中的 W-CDMA 规格标准化项目“3GPP”。该技术的特点是加密函数具有递归结构，易于并列处理可以实现高速加密。另外，通过缩小加密函数的尺寸可以使系统的逻辑部分尺寸较小。密码专家小组在研究各种加密技术之后认为 MISTY 技术具有 3 个优点：（1）可作为硬件嵌入电话机；（2）加密算法比较简单；（3）具有 10 年以上的抗解密安全性等特征。三菱电机公司认为，运用现行的解密方法无法对 MISTY 进行解密，使用 MISTY 技术的安全保障产品也已经在市场上销售。这种丰富的运用成绩也正是该技术被采用为国际标准的条件之一。

与私钥密码相比，人们目前对公钥加密技术给予了更多的关注。公钥密码的思想产生于 1976 年。由于它在密钥管理方面具有与私钥密码相比明显的优势，因此在应用方面具有广阔的空间。目前已经产生的公钥密码体制有多种，其中比较流行的是基于大整数因子分解问题和基于离散对数问题（例如 ElGamal 公钥密码体制和椭圆曲线公钥密码体制）的公钥密码体制。前者以著名的 RSA 公钥密码体制为代表，后者则包括 ElGamal 公钥密码体制和椭圆曲线公钥密码体制。

随着计算速度的提高和计算能力的增强，RSA 的安全也受到了挑战。在 RSA 公司的网站上，公布有具体的信息，鼓励人们对不同模长的 RSA 进行攻击，并给出了数额不等的奖励金额。虽然 RSA 所依据的大整数因子分解问题还没有被人们攻破，可是模长为 768 比特的 RSA 已经被证实不够安全。现在，建议采用的是模长为 1024 比特的 RSA。据估计，如果需要保证具有 20 年的安全期，则要选用模长为 1280 比特的 RSA。这种不断增长的模长增加了 RSA 实现的难度，影响了它的运行速度。

与 RSA 不同，在有限域上，基于离散对数的公钥密码体制目前只要具有 512bit 的模长就能够保证现实应用的安全性。在椭圆曲线上的离散对数计算困难更大，因此目前只需 160bit 的模长就可以满足安全应用要求。正因为椭圆曲线公钥密码体制的这种突出的优势，它在智能卡应用方面的前景非常广阔，有关的技术也已经得到了发展。

公钥密码研究的热点集中在两方面：一是如何提高公钥密码的实现速度（包括算法的优化和程序的优化），二是对椭圆曲线公钥密码的安全性进行论证。

人们通过对加密技术的评估来判定它们的技术成熟程度和可用性程度。许多国家都有机构专门进行这种评估工作，某些公司和机构也因为业务需要而有专人负责。在此仅举一例对这种评估工作的情况进行说明。

2001年4月18日，日本信息处理振兴事业协会(IPA，网址为http://www.ipa.go.jp)发表了该机构有关加密技术的评价结果。这次评价工作在私钥和公钥两种加密技术领域，对以采用日本国产技术为中心的29件加密技术进行了性能评估。IPA安全中心小林雅彦表示："在此之前的加密技术的评价大多是由开发方单方面进行的，此次发布的评价更具有客观性"。此次评估中引人注目的是有关将数据按128bit分组进行加密的私钥加密技术。对分别由NEC、NTT和三菱电机（三家共同开发）、东芝、富士通、IBM和RSA安全公司开发的5种加密技术进行了评价比较。

IPA认为，这5种128bit私钥加密技术"在安全方面均未发现问题"，但该协会同时指出，NEC的"CIPHERUNICORN-"在加密机制方面过于复杂，难以进行正确的评价，有必要进一步进行测试。CIPHERUNICORN-算法使输入数据和密码数据间的相关性极难被发现，这一点受到了IPA的高度赞扬。

与此同时，在处理速度方面，不同的加密技术相差甚远，而且受具体硬件环境的影响很大。IPA将加密技术安装在软件中对加密和解密的处理速度进行了测定。测定过程分别在个人电脑（650MHz PentiumIII处理器、Windows 98Se操作系统）、服务器（400MHz的过激的SPARC Iii、Solaris7）、终端（463MHz的Alpha21264、Tru64 UNIX V5.1）3种环境中进行，并分别对测试结果进行了综合评价。在综合评价的排名中居于前3名的分别是NTT与三菱电机共同开发的"茶花"、东芝的"Hierocrypt-3"和富士通"SC2000"。上述技术均比NEC的"CIPHERUNICORN-"快4倍到9倍。

在加密处理速度方面，RSA公司的"RC6"在个人电脑和服务器环境中的处理速度分别是322Mbit/s和25Mbit/s。硬件的不同加密速度也有极大的不同。由于IBM的"火星"尚没有产品化计划，因此未进行处理速度方面的评价。

除了上述的加密技术评估，人们对于加密技术的挑战也由来已久。最近的一次引人注目的成功是在2002年10月7日。当时，以破解加密术而著称的Distributed.net宣布，在经过全球33.1万名电脑高手共同参与和苦心研究了4年之后，他们已于9月中旬运用"分布式运算"的技术破解了以研究加密算法而著称的美国RSA数据安全实验室开发的64位密匙——RC5-64密钥。尽管这条被高科技加密技术保护的密文只有短短一句话："有些事情还是不知道为妙"，而且最终的解密者只得到了2000美元的奖金，但是业内人士认为这一成果将在计算机发展史上具有里程碑般的意义。这位电脑高手不愿透露自己的真实身份，已经知道的情况是，他住在日本东京，使用的也只是一台奔腾二代450MHz的计算机。

事实上，破解RSA数据安全公司的密码密钥一直都是Distributed.net最热门的挑战项目。该网站成立之初的挑战项目就是RSA数据安全公司开发的RC5-56密匙，即对用RC5方式加密具有56位密锁的密码文件进行解密。1999年，在经过256天对3.4兆个密匙中的47%个密匙进行试验之后，破译RC5-56的工作终于大功告成。接着

Distributed.net 的主攻方向又转到了 RSA 更先进的 RC5-64 密匙。网站的创建者们最初认为，考虑到现有计算机运算能力的限制，可能至少要花 100 年的时间才能解开 RC5-64。Distributed.net 网站的总裁大卫·米克奈特说："尽管如此，我们还是非常有信心，因为计算机这一行发展特迅速，'摩尔定律'肯定会被破解"。

尽管能够破解 64 位加密术是件非常了不起的成就，但是未来还有更大的挑战在等着 Distributed.net 的众位高手。接下来等着破解的是 RSA 目前设计出来的更高级的加密算法 RC5-72，一个 72 位密匙；再接下来，RSA 还有一个 128 位的密钥等着破解。有研究人员认为，破解一个那么复杂的密钥实际上几乎不可能办到，因为有太多的组合需要计算，要花的时间也更长，然而，计算机技术发展如此迅猛，未来的事情难以预料。

无线加密软件公司 Certicom 早在 1977 年便组织了破解竞赛，至今已经吸引了 247 个团队，有 1 万多人参加，这些人包括解密专家、计算机科学家和数学家。2002 年 11 月，美国印第安纳州圣母玛利亚大学的数学家们破解了该公司开发的一种用于保护数字数据的密码，获得了 Certicom 提供的 10 万美元奖金。这次破解工作使用了 1 万台计算机再加上数学家们的智力，每天 24 小时工作，一共工作了 549 天。如果是用来破解第二次世界大战中德国使用的谜密码，只需几秒钟就能破解，但是这次被破解的 109 位密码只是一个用户的密钥或者身份，而 Certicom 公司的产品则采用了 163 位的密码对数据进行保护。真正破解产品所用的密码的难度要增加 1 亿倍，即使全球所有的计算机都参加破解工作也不一定能获得成功。目前，Certicom 公司已经公布了下一个破解 131 位密码的挑战项目，奖金高达 20 万美元。

公钥密码的应用主要表现在数字签名、密钥管理、安全协议、Hash 函数上。

数字签名包括普通的数字签名和特殊的数字签名（盲签名、代理签名、群签名、不可否认签名、公平盲签名、门限签名和具有消息恢复功能的签名等）。具体的技术应用与应用环境的要求密切相关。美国联邦政府已经制定了对于有限域上的离散对数问题的数字签名标准。事实上，除了在研究领域的不断推陈出新，现在对于数字签名应用的讨论热点集中在有关法律的问题上，即是否确立数字签名的合法性。为此，很多国家都在严肃地考虑数字签名法问题。多年前，美国的犹它州制定了世界上第一个数字签名法。随后，美国许多州也依据各自的情况制定了本州的数字签名法。法国是世界上第一个制定数字签名法的国家。目前，已经有许多其他国家也制定了数字签名法。

密钥管理是公钥密码应用中的重要问题。1993 年，美国联邦政府为了加强对于密钥的管理，提出了密钥托管的思想并采用了有关技术，但是，公众担心这样会使自己的某些隐私毫无保留地被政府获得，他们对这种做法进行了强烈的抗议。美国政府不得已只好暂时放弃密钥托管的做法，改用密钥恢复。密钥恢复是通过采取密钥管理技术，在必要的情况下恢复出为进行执法调查等必需的密钥。美国政府宣称密钥恢复能够保护公众的个人隐私，因为得到授权保存有公众密钥的任何单独一个可信第三方无法得到完整的密钥。国际标准化组织制定的 X.509 和 MIT 开发的 Kerboros 协议都对密钥管理产生了很大的影响。此外，为了防止秘密过于集中，研究人员也发展和采用了秘密共享技术。

在安全协议方面，现在已经有很多种实用的安全协议，例如 IPSec、TLS、SNMP、PGP、PEM、S-HTTP、S/MIME，以及电子商务协议（SET、IKP 等）。

Hash 函数主要被用在完整性校验和增加数字签名的有效性方面。美国已经制定了

Hash 标准 SHA-1，并且依据技术发展对该标准进行了更新。欧洲也努力制定 Hash 标准。

目前受到普遍关注的 KMI/PKI 技术则综合了以上这些技术。

27.2.2 KMI/PKI 技术

KMI/PKI 技术主要用于建立数字世界的信任关系。它自身并不直接提供安全服务，但却是其他安全应用的基础。KMI/PKI 将它的安全分布在一组独立的组件上。这些组件本身需要比用户应用要求更高的安全性，例如加密、证书管理和灾难恢复等，以保证用户证书和密钥的安全性。同样，基础设施中的安全策略管理、信息保障的水平等都要高于用户应用的安全级别。

KMI/PKI 实现一般都包含几个基础设施，这些基础设施由不同的组织维护并支持不同的应用。用户的某个应用可能需要从多个不同的支撑基础设施获取服务，在这种情况下用户必须分别与每一个基础设施接触才能够获得服务，这样增加了用户获取服务的成本和需花费的人力资源。为了解决这个问题，就要求将这些提供不同服务的支撑基础设施组合在一起，形成一个能够支持为用户提供多种服务的多组件基础设施。

KMI/PKI 的体系结构依赖于其支持的应用，见表 27.1。

表 27.1　KMI/PKI 支持不同类型的用户服务

用户类型	KMI/PKI 服务			
VPN	密钥产生	证书管理	密钥恢复	目录服务
网络访问控制	密钥产生	证书管理	增值服务	目录服务
远程访问服务	密钥产生	证书管理	密钥恢复	目录服务
多级安全	密钥产生	证书管理	目录服务	

KMI/PKI 支持 4 种服务：（1）对称密钥的产生和分发；（2）支持非对称密码技术（也称为公开密钥密码）及与其相关的证书管理；（3）目录服务；（4）对基础设施本身的管理。其中，每一项服务都使用多种机制来满足用户应用对安全的不同要求。前两个服务能够直接支持用户应用，后两个服务是用户应用正常工作所必需的。

第 1 个服务是对称密钥的产生和分发。对称密钥的产生和分发仍然是政府部门的密钥管理机制中最主要的部分。银行业由于在其应用中大量地使用了数据加密标准算法（DES），因此银行业也是对称密钥管理应用的主要用户。尽管在许多应用中正在使用非对称密钥管理代替对称密钥管理，但是在诸如窄带无线应用和广播应用中，对称密钥管理仍然有用武之地。对称密钥管理中对多个用户的密钥的产生、分发和管理由一个中心（可能是一个用户或者一个独立的第三方）完成。在应用对称密钥的团体中，一个成员在其密钥的生命周期中只使用这同一个密钥与其他成员进行保密通信。

第 2 个服务是支持非对称密码技术（也称为公开密钥密码）及与其相关的证书管理。在使用非对称密码技术的应用中，必须保证用户与其拥有的公钥之间的绑定关系，数字证书（因为 ITU X.509 标准定义了证书结构的国际标准，因此数字证书也称为 X.509 证书，）恰恰能够将公/私密钥对中的公钥部分与其拥有者的身份绑定在一起，并使用密码技术保证这种绑定关系的安全性。公钥基础设施由多个部分组成，包括组成基础设施的组件、使用和操作基础设施的人员、基础设施提供的服务、基础设施运行依赖的策略以及对公钥证书的管理。公钥基础设施可以产生、管理数字签名证书（保护数据的认证性、完整性和不可否认性）以及密钥协商证书（保护数据的机密性）。公开密钥密码技术在商业领域得到了广泛的应用，现在有许多商业公司提供各种公钥基础设施产品和公钥基础设施服务。

KMI/PKI 提供的第 3 个服务是目录服务。通过目录服务，用户可以获得 PKI 提供的公开信息，如公钥证书、相关基础设施的证书和撤销的密钥信息等。目录服务可以由全球范围的分布式目录（如 X.500 DMS（Defense Message System））提供，也可以由一个单一站点组成的在线存储库提供。目录服务一般是与 PKI 结合在一起使用的，但是目录服务也可以用来提供其他服务。

KMI/PKI 的最后一个服务是对基础设施本身的管理。本节中讨论的基础设施都是由多个组件协同工作为用户提供服务的，基础设施的这种分布式特性增加了对 KMI/PKI 的功能和操作上的要求，同时应用安全需求的多样性也对 KMI/PKI 提出了更多的安全需求。KMI/PKI 的内部结构也受其支持的应用影响，比如应用要求的信息保障的水平将影响 KMI/PKI 内部的各个方面。

KMI/PKI 能够支持不同的安全应用，这取决于所使用的密码技术。对称密码技术一般用来保护信息在传输和存储中的机密性。对称密码技术与其他机制相结合也可以保证交易过程中数据的完整性和认证性从而确保交易安全。与对称密码不同，非对称密码技术可以保护信息在传输和存储中的完整性和认证性，公开密钥密码技术与证书管理机制相结合可以为应用提供全方位的安全服务。公开密钥密码技术对数据进行加密、解密的速度比较慢，因此一般都使用对称密码算法对数据进行加密、解密。表 27.2 列举了两种密码技术分别支持的安全应用。

表 27.2　密码技术支持的安全应用

安全应用	对称密码	非对称密码
认证	*	×
不可否认	*	×
传输机密性	×	
文件加密	×	
完整性	*	×
可用性	×	
密钥协商		×

* 标注的项目是对称密码技术必须和其他机制相结合才能提供的，例如对循环冗余校验（CRC）码加密来保证信息的完整性。

工业界对于如何建立数字世界的信任关系有 3 种代表性的观点：VERISING 主张另立中央，ENTRUST 主张建立联邦，PGP 则主张无政府主义。美国政府所倡导的解决方案则是建立 PKI，即一个由计算机硬件、软件、数据库、网络、安全过程和合法规范共同组成的负责的基础设施。

由于 PKI 具有广泛的应用前景，许多国家政府计划采用该技术实现电子政府。其中，美国计划在 2003 年实现这一愿望，加拿大计划在 2004 年，德国的计划是 2005 年。不仅如此，许多研究机构和工业界也对 PKI 表现出极大的热情，并且进行了积极的尝试。

美国已经具备成套的密码算法及其技术标准，并为建立联邦级别的 PKI 专门组建了联邦 PKI 指导委员会，建立 PKI 需要解决的重要问题是密钥管理和桥 CA。针对目前企业开发的 PKI 普遍具有局限性，证书策略的映射可能不完备也不一致，认证模型的拓扑结构的适应性可能限制其交叉认证的能力的情况，NIST 提出了研究开发联邦桥 CA（FBCA）的任务。到 2001 年底，FBCA 已经初具操作能力并能够开始进行交叉认证（NASA、USOANFC）。

美国国防部（DoD）已经确定使用 PKI 建设其防御信息系统。事实上，该机构早在 1999 年 4 月便建立了专门负责其 PKI 建设的计划管理办公室。该办公室的目标是监视国防部范围的 PKI 开发，并作为联邦 PKI 部件的个人和机构服务责任。2000 年 12 月，DoD PKI 开始提供专用 WEB 的 PKI 服务。2001 年 12 月，该 PKI 已经能够提供适当完善的 CLASS 3 基础设施。此后，DoD PKI 计划于 2002 年 10 月前完成了为所有国防部人员发行 CLASS 3 证书的工作，2002 年 10 月前对所有专用 Web 服务进行客户端认证，并在 2002 年 10 月开始发行 CLASS 4 证书。

商业测试背景情况表明，DoD PKI 的互操作性大约为 50%。与其他 PKI 相比，DoD PKI 在算法和证书结构上具有明显优势，但是它也在 Smart Card 中间件、证书请求和应用细节证明书保障等方面存在不足之处。

27.2.3 VPN 技术

虚拟专用网（VPN）是通过采用数据加密技术和访问控制技术在公共数据网络上实现两个或者更多个可信内部网络之间的互联。它的构筑通常采用具有加密功能的防火墙或者路由器。它也可以被认为是一个通过互联网连接并且使用加密防火墙与之相隔离的分布式企业网。

如图 27.3 所示，典型的局域 VPN 体系结构有两种，即 LAN-LAN VPN 和主机-主机 VPN。

VPN 架构对内部攻击具有很少的保护性，通过网络层以上的操作可以将恶意内部人员和恶意代码均引入网络，所以应该通过更高层的服务来对付这类威胁。如果考虑到内部威胁，在实施一个安全系统时还应包括防火墙和基于终端系统的保密机制。如果是在广域网中，则应该使用能够防止隐通道的防护机制等技术措施。

如果在 VPN 内部要增强保密性，就应该考虑超级加密。这种保密性在终端系统、TLS 或应用层机制的控制下，使用硬件或软件方式通过 IPSec 或 ATM 加密来实现。另外，使用网络加密组件可以实现全部子网的保密性。

2002 年 7 月，德国政府推出安全网间互连体系结构（Secure Inter-Network Architecture，$SINA_{VPN}$）。它是德国信息安全管理部门 BSI 积极推动德国自主研发信息安全关键技术的代表，相应的产品反映了德国政府的安全国策。产品采用各种技术进行综合，着眼点在于连接下的安全，作为政府的机密级系统，已经由德国西门子公司完成了包括了基于防止电磁脉冲泄漏（TEMPEST）功能的工程实现。这个体系结构有这样几个基本的部分：一是客户机，包括客户机（应用瘦客户机的概念）和 SINAVPN 构成虚拟的工作站；二是 SINAvpn box，用软件的方式解决高可用性的问题，使用了加密技术；三是很严格的管理，附加了许多附件。

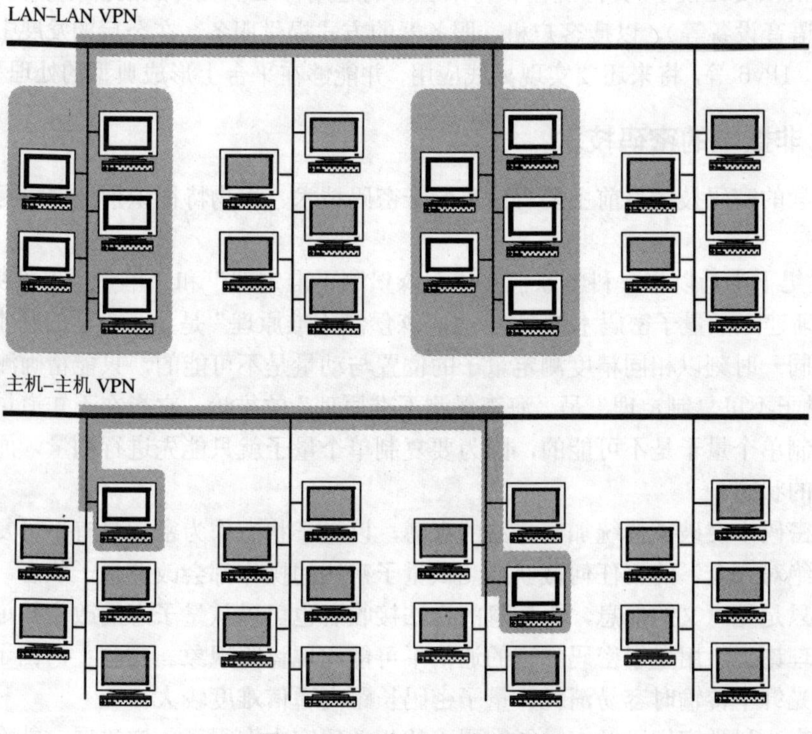

图 27.3　局域 VPN 体系结构

$SINA_{VPN}$ 的基本思想是：着眼于解决保卫网络边界和外部连接，要求设定局域环境只有一个出口可以通向外部，这个出口是需要通过 $SINA_{VPN}$ 加以保护的。SINA 客户机只能通过 SINAvpn box 建立通信连接。瘦客户机建立在通过 BSI 裁减审定的保证安全的 Linux 操作系统之上。它拥有软件实现的多个密码模块，其密码算法既有可以与国际互通的用于完整性校验的 HMAC-SHA 1，HMAC-RIPEMD 160 以及分组密码算法 3DES、AES，基于椭圆曲线方法（EC-DSA、EC-DH）的 Diffie-Hellman 密钥交换算法，用物理噪声发生器的高级随机数发生器，使用数字证书（EC-DSA、RSA）的基于智能卡的强认证，也有德国 BSI 特别批准的 Chiasmus 在密码芯片 PLUTO 上实施的 Libelle 算法。密码操作通过相应的私钥密码接口。客户机上建立了与 IPSec 标准全面适应的 VPN 功能，实现隧道方式的保密通信。在这些算法的基础上，实现了 PKI（CA）的功能。为了保护密码模块还采用了虚拟机的技术。因为目前是软件实现，所以为了保证程序加载的完整性，应使用 CD-ROM 或 Flash 存储器，在加载时进行校验。目前，用软件实现密码算法的速率是在 Dual-Pentium III、1 GHz 实现 AES 算法（192 bit），可以达到 90 Mbit/s。

SINAvpn box 也有以上各项功能，并且可以构成高性能的 Cluster 模式。客户机和服务器 SINAvpn box 通信时，需要保密则通过 VPN 隧道，否则可以通过其他的通信口。系统实现了访问控制功能，综合了审计跟踪、入侵检测和响应等技术手段。在安全管理方面，有附件部件的管理、有框架管理、目录服务器，还有网络时间协议的管理。

该项技术还在发展之中，今后还在发展基于这样的标准平台的硬件，而且要考虑到对技术投资有所保护，除了特殊的 IP，还有一些开放性的标准支持，做到尽力对这些基础设施的依赖度比较小，支持现在和将来应用的通用标准以及开放的操作系统和网络（如打印机、语音设备等），以瘦客户机、服务器的方式提供服务。在今后的发展中，还要支持无线化、IPv6 等，将来还要实现离线应用，并能够在平台上形成典型的处理和存储等。

27.2.4 非数学的密码技术

非数学的密码技术目前主要有信息量子密码技术、生物特征识别技术和隐形技术这 3 类。

20 世纪下半叶以来，科学家们在“海森堡测不准定理”和“单量子不可复制定理”之上，逐渐建立了量子密码术的概念。“海森堡测不准原理”是量子力学的基本原理，它指的是在同一时刻以相同精度测定量子的位置与动量是不可能的，只能精确测定两者之一。“单量子不可复制定理”是“海森堡测不准原理”的推论，它指在不知道量子状态的情况下复制单个量子是不可能的，因为要复制单个量子就只能先进行测量，而测量必然改变量子的状态。

量子密码术突破了传统加密方法的束缚，以量子状态作为密钥具有不可复制性，可以说是“绝对安全”的。任何截获或测试量子密钥的操作都会改变量子状态。这样截获者得到的只是无意义的信息，而信息的合法接收者也可以从量子态的改变知道密钥曾被截取过。理论上，用量子密码加密的通信不可能出现盗听现象。实际上，由于使用的光子密钥在光纤中传输时容易消耗，量子密码长距离通信难度较大。

近年来，科学家们已经在量子密码术的相关研究中取得了一定进展，能在光纤中传递量子密码。

在量子加密技术方面，2002 年 10 月，德国慕尼黑大学和英国军方下属的研究机构合作取得了重要进展。研究小组的科学家们在德国和奥地利边境的楚格峰和卡尔文德尔峰之间用激光成功传输了光子密钥。试验中采用的密钥是偏振光。光子用不同偏振角代表二进制位的“0”和“1”，而光子发射的顺序代表了二进制代码的排序。激光信号发射装置每次发送一个有效的光子，而发射方和接收方通过电话核对每个光子的发射和接收时间，是否丢失，偏振角是否改变。一旦发生光子丢失或偏振角改变的情况，发射方就可以从密钥序列中去掉这个光子，从而组成一个新的密钥。试验中并没有使用复杂的仪器，接收激光信号的是普通的 25 厘米望远镜。选择在两座山峰之间进行试验，原因是在约 3000 米的高度上，气流扰动对试验的影响比较小。这项研究的负责人慕尼黑大学物理学教授哈拉尔德·魏因富尔特在有关报告中指出，这次传输的距离达到 23.4 公里，创造了迄今为止的世界纪录。试验的成功使通过近地卫星安全传送密钥并建立全球密码发送网络成为可能。这个研究小组下一步的目标是改进密钥收发系统，试验城市内的保密通信，然后由距地面 500 至 1000 公里的近地卫星收发密钥，建立一个密码传输网。据估计，这种技术将首先应用于军事和政府保密信息的传输，但是在技术商业化的问题上，科学家们存在争议。有些科学家担心这种技术会被犯罪集团或恐怖分子滥用。

在量子信息传输方面，日本三菱电机公司 2002 年 11 月 1 4 日宣布，该公司研究人员用防盗量子加密技术传送信息获得成功，其传递距离长度可达 87 公里，打破了美国洛杉矶国立研究所创造的 48 公里的记录。这一距离为量子加密技术的实用化提供了可能，对提高国防和金融通信系统的安全性大有帮助。三菱电机公司成功地将通信距离延长到

87 公里的关键原因是改良了检测光子元件。此外，这次实验的传输速度也接近于实用。三菱电机公司已经计划进一步延长量子密码通信距离，并且尽快使这一成果运用于实际通信系统。

量子通信和以往的光通信不同。光通信是靠光的强弱变化传递信息，量子信息则可以开发出极高速通信和保密性极强的密码通信。美国、欧盟都在开发量子通信技术，日本也正在奋起直追。日本邮政省从 2001 年起，着手开发量子通信技术，并将量子信息作为 21 世纪日本的国家战略项目，以 10 年的中长期目标进行研究。通信综合研究所负责把理论研究的成果具体应用到实际的技术中。加密技术准备由通信和广播机构委托民间企业等开发，争取在 2006 年实际应用。

量子通信技术研究开发重点是量子密码、量子通信、量子计算机和量子装置等。在美国，全国科学基金会在近 4 年中，对此投资了约 33 亿日元，此外，国防高级研究计划局也在用 3 至 5 年的时间推进这方面的研究项目。欧盟 1999 年建立了集中 12 个研究项目的国际财团。日本在这方面的开发则主要在大学和企业中分散进行，研究预算也很少。日本邮政省希望通过把这项开发纳入国家事业，达到统一研究方向和有效利用研究成果的目的。

如今人类信息交换越来越频繁，对信息安全的要求也越来越迫切，因此量子密码术也更显得重要。科学家希望，将来可以实现 1000 公里距离的量子密码传输，这样就可以利用卫星来传递信息，并在全球范围内建立起保密的信息交换体系。

生物特征识别技术目前已经得到了一定程度的应用，最常见的是指纹识别、语音识别、虹膜识别和 DNA 识别等，此外还有手形识别、视网膜识别和面部特征识别。这些技术产品的成本已经比初期的成本有所下降，逐渐能够被人们接受。某些生物识别技术由于气温、外伤等因素而在准确率上还不能够尽如人意，所以仍处在不断发展的阶段。

信息隐藏是网络环境下将机密信息隐藏在大量信息中，以此避免被敌手察觉的信息安全技术手段。现在受到重视的几类信息隐藏技术主要有图像叠加、数字水印、潜信道和隐匿协议。

（中国科学院研究生院信息安全国家重点实验室　孙　锐）

27.3　公钥基础设施事业发展概况

公钥基础设施（Public Key Infrastructure，PKI）是一种基于公开密钥理论和技术建立起来的安全体系，为网络用户、设备提供信息安全服务的具有普适性的信息安全基础设施。该体系在统一的安全认证标准和规范基础上提供在线身份认证，核心是要解决信息网络空间中的信任问题，确定信息网络空间中各种经济、军事和管理行为主体（包括组织和个人）身份的唯一性、真实性和合法性，保护信息网络空间中各种主体的安全利益。PKI 作为国家信息化的基础设施，涉及到电子政务、电子商务以及国家信息化的整体发展战略等多层面问题，是相关技术、应用、组织、规范和法律法规的总和，其本身是国家综合实力的体现。一个完整的 PKI 系统由认证机构（CA）、数字证书库、密钥备份及恢复系统、证书作废系统、应用接口（API）五大系统构成。

27.3.1 国家重视 PKI 事业

2002 年以来，国家在以下几个方面采取了实质性措施，推进中国 PKI 事业的发展。

一、制定 PKI 发展规划

信息安全问题涉及到国家安全、社会公共安全和公民个人安全的方方面面，而 PKI 又是国家信息安全基础设施的重要组成部分，世界各国，尤其是发达国家，已逐步认识到 PKI 涉及重大国家利益，是互联网经济的制高点，也是推动互联网发展、保障交易安全、推动电子政务和电子商务的支撑点。因此，建立中国的国家 PKI 体系已成为促进中国电子政务以及整个国家信息化发展的战略措施，否则，中国将在新一轮的竞争中处于不利地位。

PKI 作为国家信息安全基础设施的重要战略地位以及核心技术（密码技术）的特殊敏感性，使得中国 PKI 体系的建立与发展既不能简单地照搬国外的技术与架构，也不能盲目地完全走自由市场的道路。国家 PKI 体系应在国家控制和主导下，制定统一的发展战略和管理模式，在走向市场化道路的同时，应由国家负责统一协调、管理和监控，以打破一些行业内部的变相垄断，加强各行业之间的合作，避免重复建设，促进平等竞争，建设一个有利于发展中国网络经济的体系，进而推动国民经济和社会信息化发展。

2002 年元月，国务院信息化工作办公室委托“中国 PKI 论坛”联合国内有关单位，开展了《国家 PKI 体系建设规划课题》的研究课题。经过研究课题组专家们的努力，课题组确定了国家 PKI 体系总体目标是：建设具有科学性、权威性、安全性和互通性的完整 PKI 体系，为国家信息化建设保驾护航；国家 PKI 体系将由组织体系、管理体系、技术体系、标准体系和法律体系组成。国家 PKI 体系结构如图 27.4 所示。

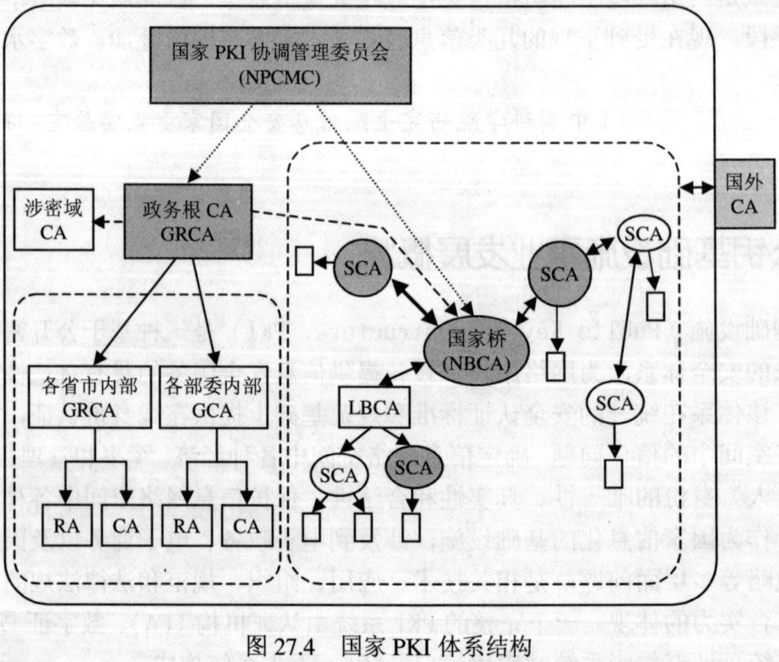

图 27.4 国家 PKI 体系结构

（1）**国家 PKI 协调管理委员会**：负责制定 PKI 相关政策，监督和管理政策的实施。批准政府 CA 证书机构和公众服务证书机构（SCA）的设立和证书策略（Certificate Policies，CP）与认证操作规范（Certification Practice Statement，CPS），保证其法律效力。负责安全策略的审查及核准。

（2）**政府根 CA**：根据国家 PKI 协调管理委员会的相关政策，运营全国电子政务认证体系的根 CA 证书机构，其主要职责如下。

- 运行管理电子政务根 CA 证书机构
- 批准政府各部委和省（或直辖市）建立的、用于政府内部办公 CA 证书机构和 CP 与 CPS。
- 为各部委、地区的 CA 证书机构签发证书，并对它们的安全状态查询。

（3）**各行业和地区 CA 证书机构**：负责管理用于内部认证的各级 CA 证书机构和 RA。

（4）**公众服务证书机构 SCA**：各级政府在参与社会活动或与其他公民发生相关业务时，作为组织法人（与公民处于同等的法律地位）进入相应 SCA 认证体系，享有与公民对等的义务，承担对等的法律责任。

（5）**国家 CA 桥接中心 NBCA**：根据国家 PKI 协调管理委员会的相关政策和规范，作为 SCA 认证体系的桥接中心，对由各行业、各区域建立的 SCA 进行交换。代表国家与国外 CA 证书机构进行互认。

不同行业和区域，可以根据国家 PKI 协调管理委员会规定的有关政策和规范，设立相应的 CA 证书机构，如金融、证券、电信和外贸等行业 CA 证书机构和区域性 CA 证书机构。行业 CA 证书机构和区域 CA 证书机构均可以面向全国发放证书，提供相应的信息安全服务。

二、推进法规建设

（一）国家法规建设

2002 年 4 月下旬，国务院信息化工作办公室向中国电子信息产业发展研究院（CCID）签发了委托后者研究起草《中华人民共和国电子签章条例（草案）》的任务书，CCID 随后组织了起草小组开展工作。目前《中华人民共和国电子签章条例（草案）》已完成草案，正在报送审议过程中，预计 2003 年年底颁布。

在国家推行电子政务和电子商务过程中，电子签章是被呼吁最多也是必不可少的环节。《条例》的主旨是将“电子签章”的有效性以法律形式确定下来。《条例》的主要内容包括立法目的与适用范围，电子文档和电子签章的法律效力及有效要件，有关认证机构的市场准入、管理、证书的内容、申请、颁发、认证各方的权利与义务等，认证机构、用户、相对人、管理部门等主体的责任，等等。采取的原则包括：功能等同原则，即规定在符合一定技术规范及法定要件前提下，赋予电子文档、电子签章与传统书面文件、手写签名和印章同等的法律效力；技术中立原则，即在电子签章中，使用不同的技术，可以为交易与信息的安全提供不同的保障。《条例》具有鲜明的特色：一是立足国情，密切结合中国信息化建设实际，其调整对象不仅包括电子商务，也包括电子政务等与电子签章相关的业务；二是充分吸收国际成熟经验，特别是联合国国际贸易法委员会所提出的功能等同原则和技术中心原则，三是将电子文档的法律效力纳入《条例》的规范范围。

（二）地方法规建设

（1）上海市

上海市信息化办公室、上海市国家密码管理委员会办公室、上海市国家保密局于2002年11月18日发布了《上海市数字认证管理办法》。《办法》共分6章27条，明确了数字认证活动的管理主体和管理体制，指出数字认证服务的运营必须经过政府授权才能进行。为了保障证书用户的利益，办法明确规定，认证机构必须在其业务声明中设置赔偿机制，并规定其公布的赔偿限额不得低于所收取证书费用的100倍。

《办法》的发布，规范了上海市范围内的数字认证业务和行为，它对于维护数字认证活动当事人权益，加强数字认证管理，保障电子政务、电子商务及其他网上活动安全，促进上海市的数字认证业务经营机构的发展具有重大意义。

与此同时，上海市物价局、上海市信息化办公室发布了《关于同意制定本市电子商务数字证书价格的通知》。《价格通知》从价格管理方面规范了上海市的数字认证行为。它指出上海市电子商务数字证书将实行政府指导价，并统一发布了上海市受理发放的个人、企业、服务器、代码签名等各类电子商务数字证书基准价，如个人证书为20元/年，企业身份证书为500元/年，服务器证书为1100元/年，并明确规定了“电子政务及其他网上活动数字证书的价格”参照本通知中的基准价，具体证书定价在基准价格的基础上可上下浮动20%。

上海市《上海市数字认证管理办法》和《关于同意制定本市电子商务数字证书价格的通知》均于2003年1月1日起正式实施。

（2）广东省

《广东省电子交易条例》经广东省人大批准于2003年2月1日起正式实施。从2003年2月1日起，广东的企业及个人网上交易的电子合同将具有法律效力。《条例》的主要突破就在于广东确立了电子签名的法律地位。企业或个人只要到具有合法认证资格的电子商务认证机构去申请一张自己的数字证书，就相当于在网上拥有一张自己的“身份证”。《条例》能够达到3个目的：发送者的真实身份能够被确认；对所发送的信息无法抵赖；信息一旦被篡改就能够被检验出来。安全的电子签名与书面签名具有同等法律效力，目前的形式还只限于数字签名。

广东省电子交易条例共有7章34条，主要内容有3个方面，即确立电子签名的法律地位、规范认证机构的管理和规范电子交易服务提供商的管理。

此外，自2000年6月以来，广东省的电子交易认证机构已有3家。

三、加强标准化工作

2002年4月成立的全国信息安全标准化技术委员会非常重视PKI标准化工作，7月份在北京成立了PKI/PMI（WG4）工作组并召开第一次工作会议，确定2002年PKI标准化工作的重点是，国内外PKI/PMI标准体系的分析，研究PKI/PMI标准体系，国内急用标准调研，完成一批PKI/PMI基础性标准的制定。

根据会议确定的工作重点，WG4 工作组安排 7 个项目组开展工作。国家标准（X.509V4/V3 版）的转化工作和信息安全有关专用术语项目组，由中国电子技术标准化研究所做召集单位，全体工作组成员参加；国内外PKI/PMI标准现状分析项目组，由国家信息中心信息安全研究与服务中心做召集单位；PKI/PMI 标准体系研究项目组，由国家信息安全工程技术中心做召集单位；基于 X.509 的国内证书标准 X.509C 证书格式规范项目组，由吉大正元公司做召集单位；PKI 组件最小互操作规范项目组，由中科院国家信息安全重点实验室做召集单位；X.509 在线证书状态查询协议项目组，由国家信息安全基础设施研究中心做召集单位；X.509C PKI 证书管理协议项目组，由创原天地科技有限公司做召集单位。

2002 年底，X.509C 证书格式规范国家标准送审稿和信息安全专用术语通过全国信息安全标准化技术委员会组织的评审，X.509C 证书格式规范国家标准送审稿已向国家标准化管理委员会申报为国家标准。其余 4 个标准完成了报批稿，准备进行评审。另外 WG4 工作组还承担了公安部下达的《PKI 系统安全保护等级评估准则》和《PKI 系统安全保护等级技术要求》两个行业标准的制订工作，并将由工作组组织修改完善后向全国信息安全标准化技术委员会申报为国家标准。

四、建设 PKI 基础设施

目前中国在 PKI/CA 体系的建设中已经做了许多工作，建立一些区域性证书机构和部门证书机构，一些证书机构正进行证书机构间的互操作实验。由于各种原因，国家在 PKI/CA 建设方面，没有统一的审批管理部门，没有统一的技术标准，没有统一的管理规范，并且由于行政管理权限与地方和部门利益等因素，当前中国 PKI 信任体系建设，特别是面向公众服务的 PKI 信任体系建设条块分割问题突出，已建 PKI 信任体系基本处于互相分割状态，成为互不关联的信任孤岛，同时，已建成的 PKI 信任体系规模小，利用率低。这种局面若不尽早改变，将会阻碍中国信息安全产业的发展，严重影响中国信息化建设进程。建立国家 PKI 体系已成为发展信息化的必要的战略措施，因此，解决已建 PKI 信任体系互联互通问题，推动完整的国家 PKI 信任体系的形成已成为中国当前 PKI 信任体系建设的首要任务。2002 年 10 月，国家信息中心与“中国 PKI 论坛”联合起草的“CA 互联互通示范工程项目建议书”经国家计委批准立项，中国的 CA 互联互通工作将开始启动。

“CA 互联互通示范工程”是基于国内目前 CA 建设运行现状，旨在解决各 CA 难于互操作甚至互相分割的问题，建设沟通不同 PKI 信任体系的管理机制和技术机制的一项示范工程。“CA 互联互通示范工程”将在提出一套互联互通标准与规范的基础上，建设一个“桥证书机构（Bridge CA，以下简称 BCA）”，作为各个 PKI 信任体系互联互通的桥梁。在工程中，将根据提出的互联互通技术标准与规范选择目前国内有代表性的具有一定基础和不同技术体系的典型电子商务证书机构（CA）参与该工程建设，这些机构包括北京数字证书认证中心、中国电信认证中心、上海市电子商务安全证书管理中心、吉林省电子商务安全认证中心、天津电子商务认证中心和福建数字证书中心。经过配套工程的建设，进行互联互通互操作，实现 6 个 CA 间的互联互通和信任域的扩展，为建设中国电子商务的安全可信环境做出示范。工程还将选择 1～2 项具体的应用业务进行应用示范，为不同 PKI 信任域中的用户建立信任关系，验证 BCA 技术在沟通不同 PKI 信任体系方面的有效性。同时，在工程中将开展 BCA 运行、管理模式的探索，建立 BCA 的运行、管理体制与管理规范。

27.3.2 PKI应用进一步发展

一、证书机构建设

自1998年中国出现第一家CA证书机构（中国电信CA认证中心，CTCA）以来，已有许多CA证书机构建成并运行，开始在电子商务和电子政务应用中发挥作用。目前中国的CA证书机构可分为区域类、行业类、商业类和内部自用（企业）类。区域类CA证书机构大多以地方政府为背景，以公司机制来运作，主要为本地行政区域内电子商务业务与面向公众服务的电子政务业务发放证书；行业类CA证书机构以部委或行业主管部门为背景，以非公司机制或公司机制运作，在本部委系统或行业内为电子政务业务和电子商务业务发放证书；商业类CA证书机构以公司机制运作，面向全国范围为电子商务业务发放证书；内部自用类CA证书机构，主要是企事业单位自建的证书机构，为自身内部业务发放证书，不向公众提供证书服务。

截止2002年底，目前国内的CA机构已有区域型、行业型、商业型和企业型4类，前3种CA机构已有60余家，58%的省市建立了区域CA，部分部委建立了行业CA，数字证书在电子政务、网络银行、网上证券、B2B交易、网上税务申报、资金结算、财政预算单位资金划拨、工商网上申报和网上年检等众多领域行业得到应用。

内部自用类CA证书机构因其性质不进行统计。

另有部分部委与省市已将建设本部门和本地化的CA证书机构中心列入信息化计划。

二、应用面扩大

北京、上海、天津、山西、福建和宁夏等地已经将CA证书应用到政府网上办公、企业网上纳税、股民网上炒股、个人安全电子邮件等多个方面，并取得了良好的社会效益和经济效益。

北京市CA中心已经成功将CA证书应用于市政府的电子政务网、税务系统的网上报税、技术监督系统的组织代码证、信息传呼中心的网上招标及商业银行的网上银行。

上海市CA中心从1998年底给江总书记颁发第一张CA证书起，已经有超过35万的各类企业、政府机构和个人成为了上海市CA中心数字证书的用户，应用领域遍及电子政务、网络银行、网上证券、B2B交易、网上税务申报等等众多领域；和上海热线联合推出安全电子邮件服务，用数字证书对邮件加密和数字签名，确保邮件内容的安全和防止他人冒名发信与发件人否认已发邮件。

天津市CA中心已经将CA证书应用于网上纳税、网上炒汇、资金结算、财政预算单位资金划拨，年资金流量超过2 亿元。

山西省CA中心将CA证书应用于网上煤炭交易系统，为网上煤炭交易提供了完备的安全保障。

福建省为推动"数字福建"的建设进程，省政府办公厅已发出"在全省范围内使用福建省数字安全证书"的函件。福建省CA为福建政务网提供的8000多份CA证书，用于各级政府部门领导干部在网上浏览到自己权限范围内允许浏览的所有文件，并已有10万家企业申请了CA认证，实现了网上申报和网上年检。与此同时，税务、海关、会展业、超市业、拍卖业、配送业和邮政业等各种网上交易平台，也将陆续引进CA认证。

宁夏自治区政府专门发文要求各有关部门应用CA证书。现宁夏CA中心已经与工商、税务、技术监督和证券交易等部门进行了全面的合作。

天威诚信 CA 中心与新浪合作推出国内首个国际漫游的安全认证企业邮箱，它基于浏览器的邮件加密，并支持漫游服务。现已签发了 12 万张个人邮件证书。

中国金融认证中心是金融行业认证中心，以提供银行证书为主，2002 年签发证书已达到 10.5 万张，使用对象主要是网上银行，目前已有相当一批银行成功地使用证书进行网上支付和转账，这些银行包括建设银行、中信实业银行、光大银行、华夏银行和福建兴业银行等。2002 年证券业也开始使用 CA 证书进行网上交易，有 16 家证券公司已建立了中国金融认证中心证书登记审批机构（RA）。另外逐渐开始为企业内部网上交易提供认证服务。

中国电子口岸数据中心 CA 认证中心主要是为海关报关单核查核销系统、海关通关业务系统服务， 目前已签发证书约 30 万张。

据不完全统计， 国内各 CA 证书机构目前已签发的证书约已达 150 万张以上。

27.3.3 国际交流活动

PKI 作为电子商务重要的安全基础设施，在未来的全球电子商务业务中将发挥极重要的作用。为确保中国国家经济安全，维护中国加入 WTO 后在全球经济活动中的主权，2001 年，经国家计委领导批准，“中国 PKI 论坛”代表中国参加“亚洲 PKI 论坛”，并任“亚洲 PKI 论坛”副主席。2002 年以来，在国家计委和国务院信息化工作办公室的支持和领导下，“中国 PKI 论坛”秘书处积极组织业内相关单位开展国际交流活动。有 3 批 40 多人次分别参加了在日本、新加坡等地由“亚洲 PKI 论坛”组织的商务、国际合作和互操作实验等方面的交流活动，用电视会议的方式参加“亚洲 PKI 论坛”在台北在举行的交流活动，在北京与“亚洲 PKI 论坛”秘书处进行了 10 多次的业务交流，与日本、韩国、新加坡等国进行了双办合作洽谈；接待了韩国 PKI 论坛、台湾 PKI 论坛、香港 PKI 论坛和日本 PKI 论坛成员来访；中国 PKI 论坛、台湾 PKI 论坛、香港 PKI 论坛三方确定了开展大中华地区 CA 互操作实验；和 PKI 领域中的国际知名公司，如 Baltimore、Entrust、日立、富士通和 TrustAsia 等建立了联系；建立了中国 PKI 论坛网站。

2002 年 7 月，受“亚洲 PKI 论坛”委托，“中国 PKI 论坛”承办了在北京举行的“亚洲 PKI 论坛”第二届年会、理事会和国际研讨会。来自中国、日本、韩国、新加坡、马来西亚、中国台北和中国香港 7 个成员的近 60 位代表出席了年会和理事会。理事会会议推选日本继任 2002 年～2003 年度“亚洲 PKI 论坛”主席国，日本 PKI 促进会主席、日立公司董事长金井务先生继任“亚洲 PKI 论坛”主席，中国、韩国继任副主席，接纳中国澳门和印度为“亚洲 PKI 论坛”新成员；“亚洲 PKI 论坛”技术兼容组、商务应用组、立法组和国际合作组的负责人在 2002 年年会上介绍各工作组的发展规划并进行了小组讨论；国际研讨会就在亚洲国家和地区进一步促进 PKI 共用，促进 PKI 在电子商务中推广及应用，围绕着 PKI 互联互通技术与环境，亚洲国家有关 PKI 的法律体制，PKI 的商业应用及推广之间的合作进行交流。300 多名国内代表参加了国际研讨会。

27.3.4 存在的问题与对策

中国 PKI/CA 建设还处在起步的阶段，无论发证量还是应用水平和范围与发达国家相比，尚存在亟待解决的问题。这些问题主要有：

（1）各家CA基本处于互相分割状态，成为互不关联的信任孤岛；

（2）已建CA规模小，利用率低，产业有待重组；

（3）总体来看，已建CA自身安全考虑不够全面，安全强度较弱；

（4）CA地位在中国现行法律中尚未得到合法的保证；

（5）技术和产品供应厂商层次不齐，缺乏国家的统一标准指导；

这些问题产生的原因主要有以下几个方面：

（1）缺乏国家整体规划和统一指导；

（2）缺乏有力的法律支持，至今国家尚未出台一个和PKI/CA、数字签名等相关的政策和法律法规；

（3）在目前尚未确立国家标准的情况下，各家CA在实施中对已有国际相关标准和管理规范理解有较大的差距。

针对以上问题，国家已决定组建国家PKI管理部门，对PKI工作统一领导、统一规划、统一标准，使中国的PKI建设进入良性发展的道路。

（中国PKI论坛　吴亚非）

27.4 反垃圾邮件状况

电子邮件是目前互联网中最基本的通信功能。进入互联网的用户可以方便地使用电子邮件（E-mail）交换信息，不用任何纸张，就可方便地写、寄、读、转发信件。电子邮件的优点是不管对方在地球的哪个地区，不管是进行国际间通信还是国内通信，只要对方在网内就可以进行，也不受时间的限制。利用电子邮件还可以传输文件、订阅电子杂志、参加学术讨论、举行电子会议或查询信息。电子邮件作为人类有史以来最自由和便捷的交流方式，为互联网的普及起到了极为重要的作用。

由于互联网本身的安全性和确定性存在先天的缺陷，因此随着电子邮件的普遍使用，也出现了互联网带给人类最具争议性的副产品——垃圾邮件。垃圾邮件占用网络资源，造成邮件服务器拥塞，降低整个网络的运行效率，它的泛滥已经使整个互联网不堪重负。

从全球互联网的发展历史中可以很清楚地看到垃圾邮件的发展轨迹：

（1）1994“绿卡”事件，同时给6000个usenet用户塞入垃圾邮件。

（2）1995面世第一个垃圾邮件发送软件Floodgate。

（3）1995供销售的邮件列表数量到达200万个。

（4）1996出现强塞性的商业邮件。

（5）1997研讨Open Relay问题。

（6）1997邮件列表到达8000万个。

从1975年，国际互联网的研究者和使用者们就开始关注垃圾邮件问题，并提出了描述相关问题的RFC706，由此拉开了全球反垃圾邮件的历史序幕。

（1）1975关于垃圾邮件的相关问题制定RFC706。

（2）1995 出现邮件滥用资源列表。

（3）1996 反垃圾软件 Spamblock 出现。

（4）1997 成立反垃圾组织 CAUCE。

（5）1997 著名邮件系统 Sendmail 8.9.3 采用垃圾黑名单技术作为缺省配置。

（6）1998 召开 ISOC 关于垃圾邮件的互联网社区会议。

（7）1999 制定 RFC2505 关于 SMTP MTA 的反垃圾邮件建议标准。

随着互联网在中国的出现和发展，垃圾邮件也不可避免地影响了中国网民对互联网的应用。根据中国互联网络信息中心公布的第 11 次《中国互联网络发展状况统计报告》显示，中国网民平均每周收到 16 封电子邮件，其中垃圾邮件占据了 8.3 封，垃圾邮件数量已经和正常邮件数量相当，并大有超过正常邮件的趋势。如果任其发展下去，必将严重影响电子邮件这一新型信息交流方式的健康发展，危及互联网的推广与普及。

国内越来越多的媒体和用户开始关注垃圾邮件问题，网络、报刊、杂志频繁出现关于垃圾邮件的报道，我们中国互联网协会也不断收到用户的投诉和举报。为了使人们放心、安全、便捷地使用电子邮件，中国互联网协会成立了反垃圾邮件协调小组，希望联合社会各界寻求有效方法，全面开展反垃圾邮件行动。

自 2002 年 11 月 1 日中国互联网协会反垃圾邮件协调小组成立以来，开展了以下 5 项主要的措施。

（1）试行《中国互联网协会反垃圾邮件规范》。

（2）在加强管理的同时，开发了反垃圾邮件举报处理系统平台，用技术手段掌握垃圾邮件的传播情况并进行分析。

中国互联协会反垃圾邮件协调小组的调查发现，中国垃圾邮件的产生，很大一部分是由于邮件服务器的缺省配置开放转发（Open relay）所产生，而该功能一般来说对普通用户没有用处，反而给国内外一些别有用心的人所利用，作为发送大量垃圾邮件的中转站，使得国内许多邮件服务器被列入黑名单。由此，反垃圾邮件协调小组呼吁邮件服务提供者尽快检查并关闭所有邮件服务器配置中的开放转发（Open relay）功能。同时，与有关方面协调，对国内邮件服务器是否继续使用开放转发（Open relay）功能进行检查。运营商有权拒绝对还在继续使用该功能的邮件服务器提供服务。

（3）加强与国外有关组织的沟通、交流与合作。

积极参与国际上反垃圾邮件组织的活动，与其共同探讨治理垃圾邮件的有效措施，相互交流信息和经验，在国际反垃圾邮件活动中发出中国的声音，共同扼制垃圾邮件，为互联网的应用创造一个良好的环境。

（4）加强反垃圾邮件的工作的宣传。

扩大反垃圾邮件协调小组的影响，发展新成员，协调发挥成员单位的作用，建立成员单位间畅通的交流机制。

（5）增强网民的反垃圾邮件的意识。

反对垃圾邮件，网民的力量必不可少。除了依赖电子邮件服务商实施“大扫除”外，网民自己可以实施一些简便易行的防范措施。对此，反垃圾邮件协调小组推出《拒收垃圾邮件指南》。互联网用户通过学习、了解、掌握《拒收垃圾邮件指南》，可增强反垃圾邮件的意识，减少垃圾邮件的传播媒介。

反垃圾邮件协调小组自成立以来得到业界的大力拥护和支持。一些邮件服务商主动配合工作并履行反垃圾邮件协调小组制定的各项规定，为反垃圾邮件的工作奠定了良好的基础。反垃圾邮件的工作任重而道远，反垃圾邮件行动需要全行业的帮助、支持与合作，也需要广大网民加入到与垃圾邮件制造者斗争的队伍中来，只有联合起来提高全行业反垃圾邮件的协作，提高公众反垃圾邮件意识，共同采取有效措施，才能有效制止垃圾邮件。我们相信通过行业的协作和用户的参与，将会展现一个洁净的网络空间。

（中国互联网协会秘书处　王　岩）

第28章　网络文明建设状况

28.1 网络文明的范畴

互联网的迅速发展，已经渗透到社会生活的各个领域，成为人们的一种生活方式，进而衍生出互联网文化现象。一般说来，文化是泛指人类社会历史发展过程中所创造的物质财富和精神财富的总和，英国文化人类学家爱德华·泰勒认为，文化或文明就其广泛的人种学而言，是一个复杂的整体，包括知识、信仰、艺术、道德、法律、风俗及作为社会成员的人所获得的才能和习惯。网络文化亦是一个复杂的综合体。网络的运用、内容以及网络与人类社会发生关联而表现出来的物质和非物质对人们思想准则、价值观念、行为规范、生活方式的改变和重塑共同构成了网络文化。网络世界所具有的虚拟性、实时性、交互性、无限性、开放性和平等性等特点，也同时为网络文化所具有。网络文明应该属于精神文明范畴。由于网络文化所具有的区别于传统文化的特点，网络文明工程组委会副主任徐文伯把网络文化或者网络文明建设归结为物质文明和精神文明建设的一个结合点。这种观点从整体上把握住网络文化和网络文明的特点，对于提高人们对网络文明的认识，促进网络文化建设具有积极作用。

28.2 网络消极影响之现状和网络文明建设的必要性

网络是人类的文明成果，但是伴随网络而来的却不单单是文明和进步。人们通常说网络是一把双刃剑，如果运用不当，它同样会伤害到人类自身。网络给人们带来的信息和行为危害已经让人大伤脑筋，互联网的管理成了一个世界性的话题。

对于网络诈骗、盗窃、黑客、制造和传播计算机病毒等网络犯罪行为，人们比较容易分辨，但对网络不良信息的危害，也许觉得自己不予理会就与我无关，其实它的危害远远超过具体的网络犯罪行为。

根据调查显示，互联网上的不良信息的危害具体表现如下。

1. 网上造谣诽谤的信息危害国家安全

互联网正在成为一个国际斗争的新领域，一些国际和国内的敌对势力利用互联网的特点，远程发布各种具有危害国家安全特征的信息，或直接攻击中国政府网站，或散布不实言论，造谣诬陷，挑动不安定情绪。这些信息的广泛存在，对于中国的国家安全构成了严重的威胁。

2．网络色情泛滥

网上淫秽信息的传播正在成为一个世界性的问题，通过互联网传播黄色内容具有隐蔽、实时等特点。在一些西方国家，已经把网上贩黄作为互联网上最有利润的商业活动。在中国，由于政府监管力度较大，网上直接贩黄尚不严重，但宣扬“性解放”、一夜情、传播花边新闻和淫秽图片的黄色内容也不少。这些黄色内容对青少年造成了极大的消极影响。

3．网络语言低俗甚或污秽

互联网具有极强的互动特征，给普通网民提供了发表言论的机会。由于一部分网站管理上的漏洞，这种网上发言的机会被一部分网民利用成为了渲泻污言秽语的机会。有的上网者在BBS上张贴对他人进行人身攻击的帖子，有的上网者在聊天室肆意谩骂他人。许多原本十分雅致的网上社区，由于这种言论污染的存在，已经变成充斥着脏话的垃圾堆。

4．网络信息传播颓废消极思想

网上不良信息的一种更隐蔽的形式是网络颓废消极思想的存在。网络弥漫着大量颓废、消极、缺乏诚信的情绪，这种网络文化氛围对网民思想和行为，特别对处于成长期的青少年的世界观和健康人格的形成有着不可低估的杀伤力。这类信息的大量存在，对于涉世不深的青少年网民会造成极大的思想混乱。

在中国互联网发展的早期，上述消极文化现象一度泛滥成灾，不少教育工作者对互联网络信息忧心忡忡，担心互联网会对年轻一代造成恶劣的影响。一些青少年家长甚至极力反对子女上网，害怕网上的不良信息对子女造成伤害，谈网色变。实践表明，开展网络文明建设已经是迫在眉睫。

28.3　中国网络文明建设现状及最新进展

中国党和政府高度重视网络文明建设。2001年10月，中共中央公布了《公民道德建设实施纲要》，明确提出中国公民道德建设的指导思想和基本道德规范。《纲要》指出，计算机互联网作为开放式信息传播和交流工具，是思想道德建设的新阵地；要加大网上正面宣传和管理工作的力度，鼓励发布进步、健康、有益的信息，防止反动、迷信、淫秽、庸俗等不良内容通过网络传播；要引导网络机构和广大网民增强网络道德意识，共同建设网络文明。网络文明首次见诸党的文件。网络文明建设成为政府统筹规划和引导，社会各界和广大网民积极参与的社会文化建设工程。

1．国家颁布实施了一系列有关互联网管理的法规，使中国的互联网信息传播管理做到了有法可依、有章可循。

按照江泽民同志关于“积极发展，加强管理，趋利避害，为我所用，努力在全球信息网络化的发展中占据主动地位”的中国互联网指导方针，近年来，国家针对网络传播中出现的新情况和新问题，不断加强法制建设和规范引导工作，促使网络媒体和网络传播逐步走上健康发展的道路。2000年以来，中国相继颁布了《全国人民代表大会常务委员会关于维护互联网安全的决定》、《互联网信息服务管理办法》、《互联网站从事登载新闻业务管理暂行规定》、《互联网电子公告服务管理规定》、《关于审理涉及计算机网络著作权纠纷案件适用法律若干问题的解释》等一系列涉及网络文明建设的法律、法规和规章。

2002 年 8 月 1 日，中国正式实施《互联网出版管理暂行规定》，以进一步加强互联网出版监督管理，规范互联网出版工作，明确互联网出版机构的权利和义务，促进中国互联网出版事业健康、有序地发展。2002 年 11 月 15，《互联网上网服务营业场所管理条例》正式实施。这是中国互联网管理领域的又一项重要法规，为加强对网吧等互联网上网服务营业场所的管理提供了较高效力层次的法制依据和重要的法制保障。

2．加大管理力度，积极引导网络文化建设。

（1）2002 年 6 月北京某网吧纵火事件引起各方关注，国家及时制定《互联网上网服务营业场所管理条例》的同时，加大了对网吧的整顿力度，文化部等 8 个部委联合下发了通知，经过半年整顿，全国网吧压缩到原来的三分之一。在整顿的同时，文化部制定了积极引导网吧连锁经营，使其成为传播先进文化阵地的政策。网吧管理成为 2002 年社会关注的热点之一。

（2）网络文明工程成绩显著。

在 1998 底至 2000 年上半年中国互联网超速发展期间，文化部是较早主动关注网络文化建设的政府部门。为了摸清当时文化网站建设的状况和存在的问题，1999 年 11 月至 2000 年 3 月，文化部由中华文化信息网主办了中国文化网站调查评估活动，对全国文化网站发展状况进行了全面的调查。调查发现，网络建设中存在的问题已经在社会上造成消极影响，损害了网络的健康发展。针对出现的问题，文化部提出并联合团中央、广电总局、全国学联、国家信息化推进工作办公室、中国电信、光明日报、中国移动等 8 家单位于 2000 年 12 月 7 日正式启动了网络文明工程，其宗旨是“文明上网、文明建网、文明网络”。此后，新华社、人民日报、中国网通、中国联通等单位也成为了组委会成员单位。

网络文明工程建设活动得到了社会各界的广泛支持。在中央党校、光明日报、文化部市场司、上海盛大网络公司、联众公司等单位的支持下，网络文明工程组委会先后举办了网络文明工程理论研讨会、网吧管理与网络文明建设研讨会、“以法治网”研讨会、网络文明建设和网络游戏研讨会等。通过理论研讨，形成了推进网络文明工程建设的一些基本认识，即网络文明建设是物质文明和精神文明建设的一个结合点，是一项长期的社会系统工程，网络文明工程必须站在“三个代表”的高度，按照依法治国和以德治国的思想，依法治网和以德治网并举，采取综合治理的思路，标本兼治，从“立”、“堵”、“建”、“疏”、“管”等方面进行综合治理。

众多网站、计算机软硬件企业和一部分非 IT 企业也陆续加入到网络文明建设的工作中来，在企业界的支持下，网络文明工程组委会先后推出了绿色电脑、绿色网络示范学校、绿色网吧等网络文明共建活动，利用企业的力量，取得了良好的社会效果。

网络文明工程建设还受到各基层单位的大力支持，山西、深圳等地先后成立了网络文明工程地方组委会，并开展了一系列积极有效的活动。南京成立了网络文明工程研究会，北京大学、华北电力大学等高校学生自发成立了大学生网络文明协会。

网络文明工程组委会于 2001 年、2002 年先后进行了第二届、第三届中国优秀文化网站调查评估活动，共评选出近40家优秀文化网站，这些网站成为文化网站建设的典范，对积极引导网络文化建设产生了良好的社会影响。

3．网民、网站自律成为共识，全社会形成网络文明建设的良好氛围。网络文明建设涉及网络内容、技术服务、网民互动参与的各个环节，引导和规范网站和网民的网络行为是必不可少的重要环节。中国提倡的网络文明也得到社会各界的广泛参与和支持。

2000年6月24日，复旦大学部分学生率先向全市大学生发出倡议：争做网络道德人。

2000年12月7日，人民网、光明网和中央电视台网站等15家中国优秀文化网站在题为“推进网络文明工程，发展中国网络事业”的倡议书中向国内广大网络工作者提出5点倡议。这些倡仪得到新华网、搜狐网等60余家知名网站的积极响应。

2000年12月26日，北京大学、清华大学、中国人民大学及北京师范大学的学生会向全国大学生发出了《大学生做文明网民倡议书》，号召全国大学生从客观实际出发，努力学习网络知识、技能，提高操作水平，自觉维护网络安全，建设网络文明，勇做倡导和维护网络安全的先锋。这4所学校的学生还举行了“做文明网民，树网络新风”的大型签名活动。

2001年4月6日，全国首个大学生网络文明协会在华北电力大学（北京）成立。

2001年4月27日，响应网络文明工程，太原网络时空俱乐部发起，太原大学、太原理工大学联合组织了网络文明活动。该次活动以“倡导文明上网，响应科教兴晋，普及计算机应用知识，提高三晋人民素质”为宗旨。

2001年5月18日，在文化部文化市场司主办的中国音像电子商务高层论坛上，中华文化信息网等11家发起成立了中国音像电子商务联盟。要求联盟成员共同遵守国家有关互联网和音像制品管理的法律法规，自觉接受音像市场管理部门的监督管理，经营国内音像出版单位出版的合法音像制品，自觉抵制走私、盗版等非法音像制品，努力提高管理水平和服务质量，为消费者提供质优价廉的音像制品，加强沟通，携手共进，形成公平有序的竞争环境。

2001年7月12日，信息产业部、共青团中央、中国科协在北京正式启动了全国青少年上网导航工程。

2001年11月22日，团中央、教育部、文化部、国务院新闻办公室、全国青联、全国学联、全国少工委、中国青少年网络协会联合向社会正式发布《全国青少年网络文明公约》。

2001年11月26日，全国100多所大学，1000多所中学以“遵守网络文明公约，争做网络文明先锋”为主题，开展了形式多样的团日活动。全国1000多所小学的少先队员同时上网，参加了全国少工委举办的“争做网络文明小使者”网络主题队会。全国300多万名学生通过网上讨论、制作个人主页、张贴宣传画等形式，积极参加“公约”的宣传活动。

2002年3月26日，中国互联网协会组织全国131家互联网行业著名从业机构联合签署并公布《中国互联网行业自律公约》。“公约”在总则和自律条款中规定了“自我管理、自我约束、互相监督、共同发展”的行业自律机制，通过严格的自律机制，有效地配合政府对互联网进行法制化管理。《公约》还突出了网络文明、道德建设等内容。截止

2002 年底，全国各地区各行业已有 1200 多家互联网行业著名从业机构签署加入了《中国互联网行业自律公约》，表示将自觉开展行业自律。2002 年 11 月，中国互联网协会会同各省、自治区、直辖市互联网协会在全国范围内组织《公约》签署机构以互联网信息服务为重点，开展了一次全面的行业自律的自查、互查、自纠活动，产生了良好效果，有一大批知名网站被评为模范履约单位，对促进中国网络文明起到了重要作用。

28.4 中国网络文化的发展策略及规划

中国网络文明建设的指导方针是“积极发展，加强管理，趋利避害，为我所用”。《公民道德建设实施纲要》指出，要加大网上正面宣传和管理工作的力度，鼓励发布进步、健康、有益的信息，防止反动、迷信、淫秽、庸俗等不良内容通过网络传播。要引导网络机构和广大网民增强网络道德意识，共同建设网络文明。

在网络文化建设中，要一手抓管理，一手抓发展。要利用互联网积极传播世界先进科学技术和文化成果，用当代精神文明成果充实网络内容，弘扬中国优秀传统文化。要按照“爱国、守法、真实、文明”的要求，大力倡导网上道德，树立良好网风。鼓励有关政府机构、群众团体共同组织开展文明上网活动，支持和倡导家庭利用互联网从事健康有益的学习娱乐活动。

网络文明建设是一项系统工程，应该采取综合治理，标本兼治的思路，从“立、堵、建、疏、管”等方面入手。

“立”就是政府要加强立法，尤其是涉及到网络信息方面的立法，用强制性的法律措施来维护网络的安全和文明，规范网络文明建设。当前十分迫切需要订立的法规涉及到对网站发布内容责任的管理，对网吧中上网者接受和发布不良信息的管理，对恶意传播不良信息现象的处理，对未成年人网络信息安全的保护等内容。

“堵”就是网络技术要发挥积极的作用。要在网络接入时，通过术手段对反动、黄色、封建迷信等内容进行查堵；要开发适合中国网络发展需要的安全检查软件，防止黑客的攻击，病毒的感染，对不健康内容进行甄别。通过建立起一套行之有效的网络内容防火墙体系，使不良信息无法在网上肆意传播。成体系的防火墙应当包括从国家整体到每个终端用户的各级防护系统。从国家整体来看，要在国际线路上过滤掉境外流入的不良信息；在单位级，要建立局域网网关上的过滤系统，使其他地方的不良信息无法透露进各单位的局域网；在用户级，需要使用单机版的过滤软件，尤其是在家庭计算机上安排用于保护青少年的过滤软件。通过这些技术手段，实现对不良信息的全方位封堵。

“建”就是信息网络重在内容建设，网络建设者要主动出击，有所作为。互联网时代内容为主，没有信息内容的网络是毫无价值的。建立一批优秀的中文文化网站，内容的开发要在符合国家的法律规范和社会道德要求的前提下，弘扬科学、文明、健康的主题。优秀中文文化网站的建设要本着政府规划，社会参与的原则，采取政府投资办一部分、企业投资办一部分、社会集资办一部分的方式，填补网站建设中的空白。

“疏”就是要通过积极引导，充分利用课堂、媒体、舆论等多种渠道，反复宣传网络文明的意义，使广大上网者主动积极地远离网上不良信息和行为，培养广大网民特别是青年网民文明上网，自觉抵制各种不健康、不文明内容和行为的侵蚀，做社会主义新时期的合格网民，使得网络上不健康的内容最终因为缺少生长的土壤而自行消灭。

“管”就是网络经营者要加强自律。网吧等网络经营场所是直接面对网络消费者的最重要环节，因此要从法律规范、技术排查、内容审核、文明经营等方面要求网络经营场所遵循应有的网络规范，为广大网民提供健康文明的上网场所和网络环境，使其成为人们学习、娱乐、交流、休闲的文明场所。各级政府要建立一套高效的网络管理机制，依法办事，科学管理，使网络信息传播健康有序地进行。为此，要通过培训，建立一支专业的网络文化管理队伍，提高各级管理者的网络知识水平和法制水平，以实现有效管理，不断推动中国网络文明建设，充分发挥互联网传播信息，传播文明，促进人类文明进步的突出作用。

（文化部网络文明组委会　史自文）

第 29 章　信息网络违法犯罪现状及打击对策

20 世纪 90 年代以来，信息网络在中国的发展十分迅猛。目前，中国互联网上网用户人数已超过 5910 万，国内中文网站约 371,600 个。互联网的应用广泛深入到社会的各个领域，促进了中国经济、科学技术和文化教育的发展。随着互联网络的广泛普及，危害计算机信息网络安全和利用信息网络进行违法犯罪的案件也越来越多。据统计，1998 年中国公安机关受理信息网络违法犯罪仅为 100 多起，1999 年增至 400 多起，2000 年剧增为 2700 余起，比上一年增幅 5 倍之多；2001 年又涨到 4500 多起，比 2000 年上升 70%；2002 年，全国公安机关共受理各类信息网络违法犯罪 6600 多起，较上年增长 45.9%。

近年来，中国公安机关在预防和打击信息网络违法犯罪活动方面，做了大量工作，取得了一定成效。从查处的信息网络违法犯罪案件看，主要有以下特点：

一、信息网络违法犯罪的社会化趋势日趋明显，传统犯罪向互联网大量渗透。随着计算机应用的普及和现代通信技术的发展，信息网络违法犯罪在主体、客体方面表现出较强的社会化特点。首先，犯罪主体不再限于掌握计算机和网络技术的高级人才，而且涵盖大量的一般水平的计算机应用人员。其次，违法犯罪所侵犯的对象涉及财产、商业秘密、公民人身权、荣誉权等众多方面，传统犯罪类型向互联网大量渗透。2002 年，利用计算机实施的违法犯罪比上年大幅上升。随着信息网络技术的发展和互联网的日益普及以及网上银行、电子商务的出现，诱发信息网络违法犯罪的条件和因素不断增多，利用互联网诱骗强奸、赌博、盗窃、诈骗、恐吓、敲诈勒索以及非法传销、色情交易等违法犯罪大量出现，且作案手段随着计算机技术的发展而不断更新，对社会的现实危害也更加严重。

二、利用互联网敲诈勒索、盗取公私财物案件增多。2002 年 12 月 12 日，大连市公安局公共信息网络安全监察部门将利用电子邮件对胜利广场董事长进行敲诈勒索的犯罪嫌疑人杨某抓获。2002 年 5 月，浙江工程学院计算机系学生王某通过建立动态域名网页，假冒网通公司名义等方式向网通用户发送了“要求重新确认用户资料”的虚假信息，非法获取 33 名网通用户上网帐号和密码，并盗用这些用户帐号上网。2002 年 5 月，天津市公安局公共信息网络安全监察部门成功破获一起盗用他人互联网帐号上网案件，涉案金额达 3 万余元，46 名不法分子受到了行政处罚。

三、网上治安案件社会危害性大，案件种类、手段呈多样化趋势。一些违法犯罪分子利用互联网捏造事实、散布谣言，或进行网上赌博，制作、传播淫秽物品，介绍卖淫嫖娼，还有的不法分子利用互联网建立非法社团组织，严重危害了社会管理秩序。2002

年，公安机关受理的此类案件以制作、传播、贩卖色情淫秽物品案件最为突出。2002 年 3 月，犯罪嫌疑人杨某在美国一网站上制作了“中国应召女郎网站”，网站上贴有淫秽图片 5000 多张、电影 100 多部、小说 400 多部以及 300 多条卖淫小姐的信息，并与 40 余个色情网站建立了链接。杨每周对网站内容进行更新，到网站被查封之日止，该网站已有会员 300 多名，非法获利 32000 余元。2002 年 7 月 13 日，犯罪嫌疑人谢某以招聘文秘、舞蹈演员为名招募青年女性 5 名，面对摄像头通过互联网向台湾地区提供现场色情淫秽表演，观众使用信用卡购买点数在网上观看，营业额近百万元人民币。2002 年 3 月，广西、重庆等地相继发现有人利用互联网大量兜售淫秽光盘，此案涉及全国绝大多数省市，非法获利五十多万元。

四、传播病毒，破坏互联网系统安全类犯罪增幅较大。2002 年各地此类违法犯罪的案件总数与 2001 年相比增长一倍多。2002 年 6 月中国联通 165 江苏省网受到黑客攻击，影响全省 165 网络的正常运行。2002 年 4 月厦门精通科技实业有限公司的 55 台服务器遭网络攻击，近两万名虚拟主机用户的资料、数据、程序被恶意删除，估计损失达 615 万元。

五、互联网犯罪的国际化趋势越来越明显。信息网络犯罪与其他传统犯罪一样，随着经济全球化的发展和各国交往的频繁，呈现出明显的国际化趋势。作为国际化的开放性网络，互联网更为跨国界的计算机犯罪提供了极为便利的条件。同时，也为这类案件的调查取证带来很大困难。因此，近年来跨国黑客攻击、电子邮件恐吓、敲诈勒索等案件数在全球范围内大幅上升。

六、犯罪手段高科技化，手段不断翻新。2002 年以来，网上违法犯罪分子所采用的手段比上年有所发展，智能化程度更高。例如，近期网上侵财型案件的犯罪分子采用在被害人电脑中植入黑客木马程序的方式，在网上截收储户的账户信息，以此窃取银行客户资金。

预防和打击信息网络犯罪是新形势下公安机关面临的严峻挑战。近年来，公安机关积极贯彻“预防为主，打防结合”的方针，建立了一系列维护计算机网络安全的安全保护制度，使各项安全管理工作逐步法制化、规范化和制度化。同时，公安机关还在公众中广泛开展计算机安全教育，提高公民的网上守法意识和自律意识。为预防和控制信息网络犯罪，公安机关采取了以下安全对策：

一是加快预防和控制计算机违法犯罪的法制化进程。在立法方面，进一步完善现有法律法规，细化有关管理规定和制度，将遏制和打击计算机犯罪的各项警务工作全面纳入法制化轨道。在执法方面，公安机关将进一步制定和完善各项执法制度，落实执法责任，加大执法监督力度，切实做到严格、公正、文明执法。

二是不断提高网络警察队伍的技术水平。对网上违法犯罪是公安机关与犯罪分子在高科技领域的复合型对抗。所谓“魔高一尺，道高一丈”，在这场斗争中，公安机关必须用先进的技术、一流的装备武装自己，才能取得斗争的主动权，更好地打击网上违法犯罪。因此，公安机关将进一步加大投入，开发网上侦察技术手段，完善调查取证工具，不断提高侦察办案水平，适应网上斗争的需要。

三是提高公安机关打击网上违法犯罪的效率。对网上违法犯罪的快速反应来源于完善的网络安全管理、快速的案件受理机制以及高超的计算机案件侦察技术。为此，公安机关将进一步加强对互联网服务商的管理，在用户资料、日志文件备份等方面提出更严格的要求，全面做好基础工作。同时完善网络安全报警处置机制，拓展线索来源，建立高效的群众举报机制，及时受理、处置打击网上违法犯罪。

四是树立服务意识，加强信息网络安全管理，将公安机关公共信息网络安全监察部门办成网民们信赖、互联网服务单位拥护、国家和社会满意的公安业务部门。公安机关将努力构建规范、协调、高效的管理防范体制，加快网络安全报警处置中心的建设，加强对重点领域计算机信息系统安全保护工作的监督、监察和指导，并进一步加大网吧等互联网上网服务场所的安全管理力度，形成系统、全面的网络安全管理制度。

五是积极争取有关方面的支持和配合。打击计算机犯罪需要信息产业界的支持，以满足执法人员对高科技知识和科技产品的需要，使执法工具跟上高科技发展的步伐。信息产业界可以帮助执法机关提供、改善侦察手段和侦察技术，协助培训执法人员，加强和改善安全技术防范措施。同时，预防和控制信息犯罪还需要司法机关各部门以及社会各有关方面的支持和配合。在过去的几年里，国家有关立法、司法机关，文化教育部门以及新闻媒体均对计算机违法犯罪给予高度的关注，做了大量积极有效的工作，有力地支持了公安机关公共信息网络安全监察的工作。

六是加强打击网络犯罪的国际合作和交流。网络犯罪具有隐秘性、高科技性、无国界和边界等特点，近几年来利用网络进行的犯罪以及对互联网本身的安全进行的破坏性犯罪越来越严重，已经引起各国的高度重视，欧盟 15 国已经采取了一系列国际合作措施全面加大对网络犯罪的打击力度，其他有关国家也启动了有关的合作机制。中国也将进一步加快在打击和防范网络犯罪领域的国际合作和交流的步伐。

七是加强宣传，增强网民的网络保护意识，提高对计算机违法犯罪打击力度。目前，公安机关受理网民举报的互联网违法犯罪数量非常少，相当一部分案件没有纳入公安机关的工作范围，客观上纵容了互联网违法犯罪的发生。因此，网民需加强网络保护意识，对互联网上出现的赌博、淫秽色情图片、虚假广告，涉嫌敲诈勒索、侵犯自身权利的造谣、侮辱诽谤信息，一经发现立即向公安机关举报。

随着中国信息化建设的推进和网络应用的拓展，网上违法犯罪将继续呈上升态势。各种敌对势力、敌对组织利用互联网进行宣传渗透和组织联络等破坏活动将更加猖獗，各种反侦察、反封堵的技术斗争不断翻新，侦察取证难度加大。公安机关将进一步加强网上技术手段建设，充实力量，加强人员培训，不断提高侦察办案水平，严厉打击利用互联网进行的违法犯罪活动，维护国家安全、社会稳定及信息网络安全。

（公安部公共信息网络安全监察局）

第六编

互联网新技术发展状况

第30章　下一代互联网技术开发及应用状况

30.1　下一代互联网的特征

人们日常所用的互联网常称为第一代互联网。它是美国从20世纪60年代开始研究、经过30多年的发展而成的。早期它完全由美国独立完成，包括从各种基础的硬件，如路由器、服务器，到各种标准、软件，乃至关键技术。包括中国在内的其他国家在这个领域仍是追赶者。凭借这个优势，美国不仅在新经济中取得优势，而且在军事、社会生活等各个方面发挥着巨大的影响。正是意识到了互联网的重要意义，国际上对下一代互联网技术的研究十分重视。

1992年，美国政府主导进行了“下一代互联网计划”的研究，1996年美国国家科学基金会又设立了“下一代互联网”研究计划（NGI）。另外，美国140多所大学和研究机构联合起来，共同发起了“Internet2”计划。随后，英国、德国、法国、日本、加拿大等国也纷纷投入到下一代互联网的研究中，除了拥有政府投资建设和运行的大规模教育和科研网络之外，这些国家都对研究下一代互联网投入了巨资。

与目前使用的互联网相比，下一代互联网的发展目标是传输速度更快、规模更大、更安全。世界上包括中国在内大部分国家的第一代互联网建设沿用的都是美国的标准，包括底层技术和核心设备，互联网的巨大变革力量使得各国在下一代互联网研究上展开了新一轮竞争。

相对于第一代互联网来说，下一代互联网更快、更大、更安全、更方便。从速度方面看，下一代互联网将比现在的网络速度提高100～1000倍；从规模看，下一代互联网将逐渐放弃IPv4，启用具有极大地址空间的IPv6地址协议。在目前的IPv4协议下，现有地址中的70%已被分配完，已明显制约着目前互联网的发展；而启用IPv6，将使网络化的生活变成现实。从安全角度看，目前的计算机网络存在大量安全隐患，下一代互联网将在建设之初就充分考虑安全问题，可以有效控制并解决网络安全问题。因此，下一代互联网也将发挥更加重要的作用。

30.2　美国NGI、Internet2的简介

互联网的出现，使得美国成为世界头号信息强国。互联网的商业化，给美国带来了

巨大的经济利益。目前，美国上网的信息资源约占世界的 80%，上网的用户约占世界用户的 60%，光是上网的青少年就超过 1000 万。但随着用户的快速增长，原来的通信设施已不堪重负，线路拥塞的情况正日趋严重。网上信息传送的缓慢，给美国高校的学术交流带来了诸多的不便，影响了教育和科技的发展。于是，许多大学和研究机构便提出了 Internet2 的设想。美国为了保持其信息世界领头羊的地位，由美国总统宣布支持 Internet2，并着手实施下一代互联网（NGI）计划。

一、NGI 计划

NGI（Next Generation Internet）计划是美国在 1996 年宣布启动的。美国国家科学基金会（NSF）、国防部（DOD）、能源部（DOE）、航天与空间管理署（NASA），以及美国标准与技术研究所（NIST）是实施此项计划的关键部门。

实施 NGI 计划的目的是为目前的互联网"更新换代"，以全面保持美国在信息和通信技术上的领先、在科学技术方面的优势、在经济上的发展、在军事上的强大。它的直接目的如下。

（一）把各大学和国家实验室的网络速度提高 100～1000 倍。其中至少 100 所大学和国家实验室连接网络的速度将比今天的互联网提高 100 倍，一些机构的网络速度已提高 1 000 倍。其传送速率相当于每秒传送一部《大英百科全书》。

（二）推动下一代网络技术的研究，可以提供高质量的视频实时服务；使得现有网络的用户容量提高 100 倍；开发新的商业应用途径等。

（三）满足国家重点项目的需求。如医疗保健、国防安全、远程教育、环境监测、制造工程、生物医学、能源研究，以及在紧急情况下的应急反应和危机管理等。

为了保证 NGI 计划的实施，美国政府提供了 5 亿美元以上的 "种子"基金，以吸引企业界和研究机构多方投资进行研究。

二、Internet2

1997 年 10 月，美国约 40 所大学和研究机构的代表在芝加哥商定共同启动 Internet2。此后不久，即被采纳为 NGI 计划的一部分。

Internet2 的主要内容如下。

（一）为美国的大学和科研群体建立并维持一个技术领先的网络。

（二）使新一代网络能充分实现宽带网的媒体集成、交互性以及实时合作的功能。

（三）在全球范围内提供高层次的教育和信息服务。

Internet2 有如下几个特点。

（一）教育科研先行。

首先使校园网升级，然后以点带面，建立区域性的大容量互联点??gigapop(gigabit capacity point of presence)，最后实现 gigapop 的互联。至今为止，已有 120 余所大学和研究机构参与了 Internet2 工程。

对于 Internet2 来说，其关键技术在于 gigapop 的设计。gigapop 必须满足特定的功能要求，如：支持新版通信协议 IPv6、具有足够的容量、采用 vBNS 的 ATMPVC 链路、使"包"的传递损失接近于零、合理地分配带宽、分别计算费用等。由于高校技术力量雄厚，因此，这一系列高新技术也只有首先在高校孕育成熟，才能走向社会。

（二）资金多方筹集。

鉴于互联网给美国带来了巨大好处，美国政府对 Internet2 非常重视，及时资助“种子基金”；由于 Internet2 首先使高校受益，所以参加研究的每所大学积极性也非常高；考虑到 Internet2 潜在的经济效益，一些大公司，如 IBM、Cisco、3Com、AT&T、MCI 等也慷慨赞助，均予以大量投资。

（三）行动非常迅速。

目前，芝加哥地区的城市研究教育网以及北卡罗莱纳州和加利福尼亚州的类似网络已建成 gigapop 的雏型。多数 Internet2 的成员在 1998 年完成各自校园主干网升级，多数 gigapop 结点投入运行；到 1998 年底，Internet2 校园中的教师和研究人员使用 Internet2 网络服务已成为一项常规业务。

行动迅速的原因不仅是政府支持、资金到位和各方积极性高，而且是采取了实用的行动原则，如采用成熟的技术、执行公开的协议、不依赖个别的供应商等。

Internet2 的主要用途显然是要保证美国在科研和高等教育方面保持世界领先地位，但由于解决了多媒体的实时通信问题，所以能够实现可与现代通信广播系统抗衡的网络语言电话、可视电话、会议电视、实时音频/视频广播、影视点播等商业服务项目。因而，Internet 2 具有重要的商业价值。

三、美国研究新一代互联网带来的启示

（一）网络建设，科教要先行。

只有教育科研网络的升级，才能带动其他网络的发展，这是互联网成功的重要经验。

科教的落后意味着国家落后，美国 Internet2 的建设方针值得重视。国家重视、资金倾斜，全国一盘棋。只有这样，才能首先把科教网络搞上去。只有先把科教网络搞好，才能为其他网络提供更多的人才、技术、经验，才能使中国的网络技术紧跟世界先进水平。

（二）网络规划，技术要高新。

美国网络技术领先的做法，使得美国获得了巨大的经济利益。有资料表明，预计到 2007 年，美国“信息高速公路”可带来如下效益：国民经济总值将增长 3210 亿美元；远距离医疗系统领域将提高全民医疗水平，每年可节省 360～1000 亿美元的保健费；电信服务业务和有线电视业务营业额将翻一番；建立远距离教育网络可节省 40%的时间和 30%的费用，还可多学 30%的课程。

中国的网络建设应该有超前意识，应大胆采用高技术、新设备，一定要避免低水平的重复建设，在资金紧缺的情况下要争取多方投资。只有这样，才能力争和西方国家站在同一起跑线上，实现信息带动国民经济的振兴。

30.3　下一代互联网的关键技术、协议

一、IPv6

互联网当前使用的 IP 协议版本 IPv4 正因为各种自身的缺陷而面临了发展中的问题。在 IPv4 面临的一列问题中，IP 地址即将耗尽无疑是最为严重的，有预测表明，以目前互联网发展速度计算，所有 IPv4 地址将在 2005 年 -2010 年间分配完毕。为了彻底解决 IPv4 存在的问题，IETF 从 1995 年开始，着手研究开发下一代 IP 协议，即 IPv6。IPv6

具有长达 128 位的地址空间，可以彻底解决 IPv4 地址不足的问题，除此之外，IPv6 还采用分级地址模式、高效 IP 包头、服务质量、主机地址自动配置、认证和加密等许多技术。

IPv6 是互联网协议的一个新版本，其设计思想是对 IPv4 加以改进，而不是对其进行革命性的改造。在 IPv4 中运行良好的功能在 IPv6 中都给予保留，而在 IPv4 中不能工作或很少使用的功能则被去掉或作为可选项。为适应实际应用的要求，在 IPv6 中增加了一些必要的新功能。IPv6 的主要特点如下。

（1）经过扩展的地址和路由选择功能。IP 地址长度由 32 位增加到 128 位，可支持数量大得多的可寻址节点、更多级的地址层次和较为简单的地址自动配置。改进了多目（multicast）路由选择的规模可调性，因为在多目地址中增加了一个“Scope”字段。

（2）定义了任一成员（anycast）地址，用来标识一组接口，在不会引起混淆的情况下将简称“任一地址”，发往这种地址的分组将只发给由该地址所标识的一组接口中的一个成员。

（3）简化的首部格式。IPv4 首部的某些字段被取消或改为选项，以减少报文分组处理过程中常用情况的处理费用，并使得 IPv6 首部的带宽开销尽可能低，尽管地址长度增加了。虽然 IPv6 地址长度是 IPv4 地址的四倍，IPv6 首部的长度只有 IPv4 首部的两倍。

（4）支持扩展首部和选项。IPv6 的选项放在单独的首部中，位于报文分组中 IPv6 首部和传送层首部之间。因为大多数 IPv6 选项首部不会被报文分组投递路径上的任何路由器检查和处理，直至其到达最终目的地，这种组织方式有利于改进路由器在处理包含选项的报文分组时的性能。IPv6 的另一改进，是其选项与 IPv4 不同，可具有任意长度，不限于 40 字节。

（5）支持验证和隐私权。IPv6 定义了一种扩展，可支持权限验证和数据完整性。这一扩展是 IPv6 的基本内容，要求所有的实现必须支持这一扩展。IPv6 还定义了一种扩展，借助于加密支持保密性要求。

（6）支持自动配置。IPv6 支持多种形式的自动配置，从孤立网络节点地址的“即插即用”自动配置，到 DHCP 提供的全功能的设施。

（7）服务质量能力。IPv6 增加了一种新的能力，如果某些报文分组属于特定的工作流，发送者要求对其给予特殊处理，则可对这些报文分组加标号，例如非缺省服务质量通信业务或“实时”服务。

二、光网络

为了能够提供更快的速度和更宽的带宽，光网络成为下一代网络的重要基础网络平台。围绕这一重要平台的建设，在产业界出现了许多投资热点，DWDM（DenseWavelength-Division Multiplexing，密集波分复用）就是其中之一。

光互联网也叫 IP over DWDM。简言之，直接在光纤上运行的互联网就是光互联网。在光互联网中，高性能路由器通过光 ADM 或 WDM 耦合器直接连至光纤，光纤内各波长是链路层互连的。高性能路由器取代传统的基于电路交换概念的 ATM 和 SONET/SDH 电交换与复用设备，成为关键的统计复用设备，用作主要的交换/选路设备，由它控制波长接入、交换、选路和保护。因此，光互联网是一个真正的链路层数据网，可以通过指定波长作旁路或直通连接，网络的流量工程（traffic engineering）可以只在 IP 层完成。由于使用了指定的波长，在结构上将更加灵活，并具有向光交换和全光选路结构转移的可能。高密度WDM系统使我们能对电信业务进行光复用，一部分波长被指定用于高带宽IP光网，即 IP over WDM，它可能用于高业务量的“尽力”传送的机对机业务；另一部分波长被指定用于ATM光网，即 IP over ATM，它可能用来支持VPN和执行重要任务的IP网；还有一部分波长则被指定用于传统的 SONET/SDH 业务，即 IP over SONET/SDH，它可能用来集中和传送传统的 IP 网业务。光复用网的吸引力在于通信公司可以基于用户的特定需求向用户提供一整套服务。

将光交换机引入具有分插复用和交叉连接功能的光互联网，就发展到了智能光网。这里所说的智能光网与通常所说的智能网概念是不同的，所谓智能光网是把交换的智能引入光传输中。智能光网使光网从环形网向网状网发展、从光－电－光交换向全光交换发展。

三、网络安全技术

下一代互联网中，能否为用户提供更多的服务，网络安全技术是关键。除了常用的防火墙、代理服务器、安全过滤、用户证书、授权、访问控制、数据加密、安全审计和故障恢复等安全技术外，我们还要采取更多的措施来加强网络的安全。例如，针对现有路由器、交换机、边界网关协议（BGP）、域名系统（DNS）所存在的安全弱点提出解决办法；迅速采用增强安全性的网络协议（特别是 IPv6），美国在“911 事件”之后，开始大力推动 IPv6 的发展，其中一个重要的原因就是 IPv6 的安全性要比 IPv4 高很多；要对关键的网元、网站、数据中心设置真正的冗余、分级和保护；实时全面地观察、了解整个互联网的情况，对传送的信息内容负责任，不盲目传递病毒或进行攻击；严格控制新技术和新系统，在找到和克服安全弱点之前或者另加安全性能之前不允许匆忙推向市场。

四、网格技术

随着人们日常工作遇到的商业计算越来越复杂，人们越来越需要数据处理能力更强大的计算机，而超级计算机的价格显然阻止了它进入普通人的生活和工作领域。于是，人们开始寻找一种造价低廉而数据处理能力超强的计算模式，Grid Computing（网格计算）就是一种很好的解决办法。

网格计算是伴随着互联网而迅速发展起来的，专门针对复杂科学计算的新型计算模式。这种计算模式是利用互联网把分散在不同地理位置的电脑组织成一个“虚拟的超级计算机”，其中每一台参与计算的计算机就是一个“节点”，而整个计算是由成千上万个“节点”组成的“一张网格”，所以这种计算方式叫网格计算。这样组织起来的“虚拟的超级计算机”有两个优势，一个是数据处理能力超强；另一个是能充分利用网上的闲置处理能力。实际上，网格计算是分布式计算（Distributed Computing）的一种。

网格研究的另一个重点是如何消除信息孤岛和知识孤岛，实现信息资源和知识资源的智能共享。这方面研究常见的名词包括语义网（Semantic Web）、知识管理（Knowledge Management）、知识本体（Ontology）、智能主体（Agents）、信息网格、知识网格、一体化智能信息平台等。简单地讲，传统互联网实现了计算机硬件的连通，Web 实现了网页的连通，而网格试图实现互联网上所有资源的全面连通，包括计算资源、存储资源、通信资源、软件资源、信息资源、知识资源等。

五、无线网络技术

通过无线网络技术，用户可以随时随地轻松地接入互联网。目前实现无线网络的几种技术，有蓝牙无线接入技术、IEEE 802.11连接技术以及家庭网络的HomeRF技术等。它们都可以工作在2.4GHz频段上，这些技术都具有以下优势：

支持移动联网。用户可以象使用移动电话那样灵活的移动计算设备的位置，保持持续的网络连接。

不需要使用物理线路，安装非常简便。因为无线网络所使用的高频率无线电波可以穿透墙壁或玻璃窗，所以网络设备可以在有效范围内任意放置。多层安全防护措施可以充分确保用户隐私。改动网络结构或布局时，不需要对网络进行重新设置。

蓝牙技术（IEEE 802.15）是无线互联的一项最新标准，采用 2.4GHz 频段，提供1Mbit/s的传输速率，支持点对点、点对多点的传输。IEEE802.11技术可分为两个新标准：802.11a和802.11b。其中802.11a工作在5G频带，物理层速率可达54Mbit/s，传输层可达25Mbit/s；802.11b工作在2.4G频带，物理层支持5.5Mbit/s和11Mbit/s两个新速率，采用新的调制技术后可因环境变化，在 11Mbit/s、5.5Mbit/s、2Mbit/s 和1Mbit/s之间切换。面向家庭网络的HomeRF技术主要是为家庭网络而设计，是IEEE802.11与DECT的结合，旨在降低语音数据成本。HomeRF也采用了扩频技术，工作在2.4GHz频带、能同步支持4条高质量语音信道。但不足之处是，目前HomeRF的传输速率只有1～2Mbit/s。

通过与3G技术的无缝切换，能彻底改变人们的生活和工作模式。

六、移动通信

第三代移动通信系统主要是以 CDMA 为核心技术，而第四代移动通信系统技术则以OFDM最受瞩目，OFDM是一种无线环境下的高速传输技术。无线信道的频率响应曲线大多是非平坦的，而OFDM技术的主要思想就是在频域内将给定信道分成许多正交子信道，在每个子信道上使用一个子载波进行调制，并且各子载波并行传输，这样，尽管总的信道是非平坦的，即具有频率选择性，但是每个子信道是相对平坦的，并且在每个子信道上进行的是窄带传输，信号带宽小于信道的相应带宽，因此就可以大大消除信号波形间的干扰。OFDM技术的最大优点是能对抗频率选择性衰落或窄带干扰。在OFDM系统中各个子信道的载波相互正交，于是它们的频谱是相互重叠的，这样不但减小了子载波间的相互干扰，同时又提高了频谱利用率。

在第四代移动通信系统中，传统的电路交换和现行的分组交换网络将会被IP分组交换网络所取代，而射频（RF）、线性放大器与信道的控制均是相当重要的组件。至于其硬件上的第四代网络架构，则是以OFDM技术为核心来发展。

七、软交换

通信网上承载的业务日益丰富，下一代网络要求能承载多种业务、采用开放的体系结构、网络结构灵活并易于扩充，以软交换为核心的下一代网络体系结构逐步显现，成为电信网络发展的热点。

下一代网络是业务驱动的网络，通过业务与呼叫控制分离以及呼叫控制与承载分离实现相对独立的业务体系，使业务真正独立于网络，灵活有效地实现业务的提供。用户可以自行配置和定义自己的业务特征，不必关心承载业务的网络形式以及终端类型，使得业务和应用的提供有较大的灵活性，从而满足用户不断发展更新的业务需求。也使得网络具有可持续发展的能力和竞争力。

软交换技术作为业务/控制与传送/接入分离思想的体现，是下一代体系结构中的关键技术，其核心思想是硬件软件化，通过软件的方式来实现原来交换机的控制、接续和业务处理等功能，各实体之间通过标准的协议进行连接和通信，便于在下一代网络中，更快地实现各类复杂的协议及更方便地提供业务。

软交换作为一种开放的体系，必须采用标准的协议。并通过 API 接口提供对第三方应用的支持。目前 ITU—T、IETF、ISC 等国际组织正在合作制定和完善相关的协议和标准。ISC（International softswitch consortium）的成立使软交换技术得到了迅速发展，软交换相关的标准和协议同时得到了 IETF、ITU—T 等国际标准化组织的重视。ISC 目前已经有近 200 个成员，几乎包括了全球各主要电信设备供应商和一些大的电信运营商，如美国的 Level 3、Qwest、AT&T，日本的 NTT 等。经过几年的发展，软交换技术的标准化和产业化的工作也取得了长足进展，一些旧协议如 H.323、MGCP 等不断完善成熟，BICC、SIP/SIP—T 等新协议也不断推出，一些基于软交换技术的产品已逐步进入实用化阶段，软交换成为下一代网络中最活跃和热门的话题。

30.4 中国下一代互联网的研究与进展

在中国，由国家自然科学基金委员会资助创建的中国高速互联研究试验网络，始建于 1999 年底，建成于 2001 年 7 月，是中国的下一代互联网试验床。在密集波分复用光传输系统上，中国高速互联研究试验网络连接了清华大学、北京大学、北京邮电大学、北京航空航天大学、中国科学院计算机信息网络中心和国家自然科学基金委员会等单位的节点。中国高速互联研究试验网络通过清华大学自主研制成功的中国第一个下一代互联网交换中心，连接到国际下一代互联网交换中心和亚太地区高速网交换中心，完成了与国际下一代互联主干网的互连，为中国下一代互联网研究与世界接轨建立了基础条件。

在具体的技术层面上，整个系统由 4 个层次组成：第 1 个层次是物理光纤；第 2 个层次是在物理光纤上构造的光纤传输网络；第 3 个城市是利用光纤传输系统和高性能核心路由器组成的高速计算机互连网络；第 4 个层次是在高速计算机网络上开发的典型应用系统及其网络关键技术的研究。在这 4 个层次中，NSFCNET 都取得了很多的研究成果。

主要研究成果和创新点为以下 6 点。

- 建成了中国第一个基于密集波分多路复用 DWDM 光传输技术的下一代高速互联研究试验网络，提出了包含网络基础设施、网络服务和网络应用 3 个层次的高速互联网络总体结构框架，为中国下一代互联网络理论和应用的研究建立了具有世界领先水平的网络实验环境，为中国参与国际下一代互联网络研究、开展学术合作和交流打下良好基础。
- 研制成功了 1.6×10Gbit/s 铌酸锂调制器多波长光发射端机，波长复用能力达到 16 波、100GHz 间隔。利用中国自主开发的器件、设备，研制成功了采用国产的建成传输容量为 200Gbit/s、传输距离为 400km（公里）的 DWDM 光传输系统，传输性能达到功率代价小于 2dB@BER=10-10。首次用于 10Gbit/s 的互联网络。开发了一种基于二纤双向环网的波长通道保护的光子层自愈保护技术，系统的自愈恢复时间在 50ms（毫秒）以内。研制了10Gbit/s和2.5Gbit/s的“光-电-光”（O-E-O）光波长转换设备；利用半导体光放大器非线性效应实现了10Gbit/s的全光波长转换。

● 在中国首次建成了传输速率为2.5～10Gbit/s的高速计算机互联研究试验网络，实现了高速路由器OC-192 POS板与DWDM系统的连接，开通了传输速率达10Gbit/s的高速路由器IP链路。自主研制成功中国第一个下一代互连网络交换中心DRAGON TAP，首次实现了中国互联网络与国际下一代互联网络Internet 2的连接。其中分别有：中国网通捐赠的10M国际线路连接到国际下一代互联网络交互中心STAR TAP；中国电信捐赠的10M国际线路连接到亚太地区高速互联网络APAN在日本的交互中心，然后再连接到STAR TAP。

● 在国内首次完成了一批高水平的高速计算机互联网络服务实验。主要包括：

IPv6试验网络，并与国际IPv6试验网连接；支持Native Multicast网络服务试验；开放式高速网络运行管理服务系统实验；多协议标记交换系统MPLS流量控制工程试验。为高速互联网络基础理论研究提供了实验环境。提出了基于多视图的高速互连网络安全体系结构，面向性能的高速互连网络网络行为理论框架；基于IP数据流分类的QoS控制方法。

● 研制完成了实时交互远程多媒体教学和学术研讨系统。设计并实现了一套基于IETF的Mmusic会议框架的通用高速网络大规模多媒体实时交互系统结构框架，在国内首次实现同时支持50～100路多媒体流的大规模多媒体实时协同应用，并与美国阿贡国家实验室的AccessGrid系统通过Internet2实现了互通研制完成了用于远程教育的高速互联网络交互式VOD点播试验系统，支持传送MPEG1、MPEG2等高质量全动态的视频图像及话音和课件数据，通过多种信息终端实现流式媒体播放。

● 研制完成了高速互联网数字地球试验系统。采用分布式对象技术、虚拟现实VR和可视化技术，以GIS为平台，建立了大型三维空间数据库仓库，开展三维空间数据浏览和各种空间数据交互查询与空间分析。研制完成了高速互联网科学数据库应用系统。建立了一个集高速互联网络、科学数据库和高性能计算机为一体的应用支撑平台，建立分布式资源环境虚拟科研环境原型系统，开展国际核酸序列数据库在高速网络环境下的综合应用和基于天文数据库的太阳活动预报研究。

中国国家科技和教育主管部门十分重视和支持下一代互联网的研究和建设。下一代互联网在中国的研究已经有了重要的进展。我们在这一良好基础上建设中国的下一代互联网是非常必要和急需的。只有加速网络的建设、研究和开发应用，才会形成自己的自主知识产权，在高技术发展领域占有重要地位。

随着下一代互联网的建设，必然需要大量的网络设备和通信设施。国内企业在下一代互联网的研究和产品的开发方面，应该加大力度，开发出拥有自主知识产权的产品。

（北京邮电大学 马 严）

第31章　无线网络技术发展及应用状况

一、主要的无线网络技术

随着互联网技术的蓬勃发展，以及便携计算机（膝上计算机）功能增多、尺寸缩小，移动个人用户需要利用它们进行数据通信、互联网上网、视频通信、甚至多媒体通信，人们也希望越来越方便地上网，无线网络技术为此提供了可能。无线网络，使得人们可以摆脱有线的束缚，无论何时，无论和地，都可以轻松接入互联网。无线网络可以分为无线局域网、无线个人区域网、无线城域网和广域网。目前实现无线网络的几种技术，有IEEE 802.11技术、蓝牙技术、固定无线接入技术、GSM、CDMA、GPRS等技术。

（一）WLAN无线局域网

1. 分类

无线局域网即 WLAN（Wireless Local Area Network）是指采用无线传输媒体的计算机局域网，采用的标准是 IEEE802.11。按照标准可以将无线局域网分为 802.11a，802.11b，802.11g；按照频率可以分为工作在2.4GHz和5G频段的两种无线局域网。以802.11a为标准的无线局域网，工作在5GHz频段，最大速率可以达到每秒54Mbps；802.11b的工作频段为2.4GHz频段，最大速率为每秒11Mbps；802.11g兼容了802.11a和802.11b，工作频率为2.4GHz，最大速率为每秒54Mbps。

2. 工作原理

无线局域网与有线局域网主要区别在于传输媒体与MAC协议。由于传输媒体采用了无线电波，因此无线局域网物理层和MAC层均具有自已的特点。无线局诚网的物理层和MAC层构成了空中接口协议。物理层由PMD（物理媒质相关）子层和PLCP（物理层汇聚协议）子层构成；PMD主要完成物理实体之间通过无线媒质的比特接收和发送，PLCP主要完成MAC子层协议数据单元（MPDU）到物理层数据帧的映射。MAC层的功能为：实现共享媒质的接入控制功能，解决接入竞争；根据信噪比和监测到的误包率，STA选择性能最好的一个无线接入点并与之通信；提供安全服务、MSDU重新排序服务和数据服务等。

对于802.11b来说，其工作在2.4GHz频段，工作频率范围为2400～2483.5 MHz，可用带宽为83.5MHz；可划分为13个信道，每个信道带宽为22MHz；可以采用多种调制方式，由于调制方式的不同，物理层速率也不同。表31.1给出了802.11b物理层速率。对于802.11g来说，其工作在2.4GHz频段，调制方式和物理层速率的关系参见表31.2。

表 31.1　**IEEE 802.11b** 物理层速率

物理层实现方式	数据速率
DSSS/DBPSK	1Mbit/s
DSSS/DQPSK	2Mbit/s
CCK	5.5Mbit/s、11Mbit/s
DSSS/PBCC＋前向纠错编码（FEC）	5.5Mbit/s、11Mbit/s、22Mbit/s

表 31.2　**IEEE 802.11g** 物理层速率

物理层实现方式	数据速率
CCK	1Mbit/s、2Mbit/s、5.5Mbit/s、11Mbit/s
OFDM	6Mbit/s、9Mbit/s、12Mbit/s、18Mbit/s、24Mbit/s、36Mbit/s、48Mbit/s、54Mbit/s
CCK-OFDM	6Mbit/s、9Mbit/s、12Mbit/s、18Mbit/s、24Mbit/s、36Mbit/s、48Mbit/s、54Mbit/s
CCK-PBCC	5.5Mbit/s、11Mbit/s、22Mbit/s、33Mbit/s

无线局域网的无线设备应该能够根据无线信道的好坏，自动选择相应的速率。当信道特性变化时，可以自动实现动态速率切换。

对于 802.11a 来说，其工作在 5.8GHz 频段，频率范围为 5725～5850MHz；可用带宽为 125MHz，划分为 5 个信道，每个信道带宽为 20MHz。采用的调制方式为 OFDM。设备支持八种速率等级：54Mbit/s、48Mbit/s、36Mbit/s、24Mbit/s、18Mbit/s、12Mbit/s、9Mbit/s、6Mbit/s。系统使用 52 个子载波，可以采用 BPSK、QPSK、16QAM 和 64QAM 调制方式，卷积编码速率为 1/2，2/3，3/4。同样，无线设备应该能够根据无线信道的好坏，自动选择相应的速率。当信道特性变化时，可以自动实现动态速率切换。

3. 结构和功能

无线局域网有 3 种网络结构，一种是可以作为单独的局域网用于企业内部，一种是可以和公共网络相连，成为可运营的公众无线局域网，还有一种就是网桥方式，用于局域网互联。下面简单介绍三种网络结构。

对于组成自组无线局域网（Ad-hoc Network），单独用于企业内部的无线局域网来说，网络拓扑结构比较简单，网络结构见图 31.1。这种网络结构也就是 802.11 标准定义的 BSS，基本服务集。BSS 由若干端站（STA）和一个接入点（AP）组成。AP 是 WLAN 业务网络的小型无线基站设备，完成 802.11x 标准的无线接入功能。STA 和 AP、STA 之间 通过标准的空中接口协议进行通信。如果一个站移出 BSS 的覆盖范围，它将不能再与 BSS 的其他成员通信。

可运营的公众无线局域网由端站（STA）、接入点（AP）、接入控制器（AC）、AAA 服务器以及网元管理单元组成。网络结构如图 31.2 所示。这种网络由 WLAN 的基本结构结合互联网或其他网络已有的认证服务器（RADIUS 用户认证服务器），用户可以最终实现移动数据的接入服务。端站（STA）是无线网络中的终端，可以通过不同接口接入计算机终端，也可以是非计算机终端上的嵌入式设备。STA 通过无线链路接入 AP，STA 和 AP 之间的接口为空中接口。接入点（AP）通过无线链路采用标准的空中接口协议和STA进行通信。AP和STA均为可以寻址的实体。AP是一种网络桥接器，是连接有线网络与无线局域网络的桥梁，任何WLAN终端设备均可通过相应的AP接入外部的网络资源。在数据通信方面，AP负责完成它与WLAN终端设备之间空间传输数据包的加密和解密。当用户在AP无缝覆盖区域移动时，WLAN终端设备可以在不同的AP之间切换（Switchover），保证数据通信不中断。在安全控制方面，支持WEP空中加密。在支持基于MAC和ESSID的接入控制时，AP可以通过网络标志来控制用户接入。AC在互联网和无线接入局域网之间充当网关功能（Gateway），将来自不同AP的数据进行汇聚，与互联网相连。对用户的不同认证方式在AC上进行区分。AC实施对网络的业务控制和计费信息采集及对网络的监控。AC是一个具有支持各种路由协议和支持众多网络管理功能的设备。AC可以直接与认证服务器AS相连，或者通过RADIUS网络与其相连。AC支持用户安全控制、业务控制、计费信息采集及对网络的监控。AC可以直接和AAA服务器相连，也可以通过IP城域骨干网（支持Radius协议）相连。AAA服务器具备认证、授权和计费（AAA）功能。AAA服务器在物理上可以由具备不同功能的独立的服务器构成，即认证服务器（AS）、授权服务器和计费服务器。认证服务器保存用户的认证信息和相关属性，当接收到认证申请时，支持在数据库中对用户数据的查询。在认证完成后，授权服务器根据用户信息授权用户具有不同的属性。

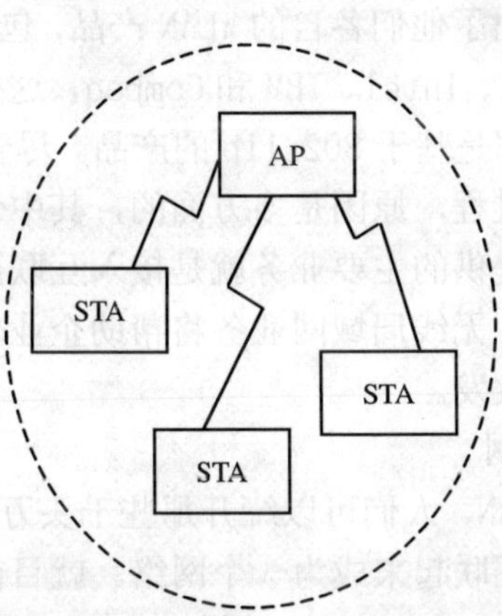

图31.1　自助无线局域网网络参考结构

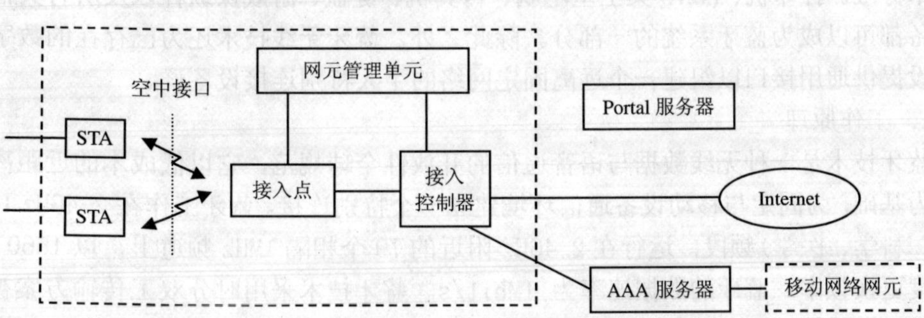

图31.2　可运营的公众无线局域网网络参考结构

第三种网络结构可以为网桥方式，作为有线局域网的互联。其网络参考拓扑结构如

图 31.3 所示。在这种网络结构里，主要的设备是无线网桥，其主要功能利用标准的空中接口和另一无线网桥实现点到点传输。这种组网方式主要用在那些无法进行有敷设有线设施的地方，因此可以扩展有线以太网的范围。根据不同的频率和功率，这种点到点传输的距离可以达到城域网的范围。这种组网方式的优点就是非常价格便宜。

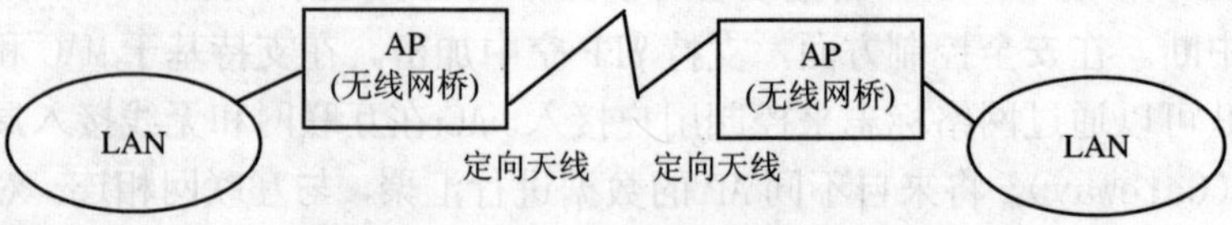

图 31.3 网桥方式

4．应用领域和主要的网络产品

根据无线局域网的特点，在变动频繁、成长快速、突发性、以及不方便铺设网络的情况下，可以广泛应用于下列领域。

（1）难于布线的环境：老建筑，布线困难或昂贵的露天区域和工厂。

（2）专门工程或高峰时间所需的暂时局域网：商业展览，建设地点所需的短期安装，零售商，空运和航运公司高峰时间所需的额外工作站。

（3）像机场，宾馆，咖啡厅，餐馆等热点区域。

目前已经有多家厂商推出了他们各自的 WLAN 产品，包括无线网卡和 AP，例如 3COM、Aironet、Cabletron、Lucent、Intel、IBM 和 Compaq，这些产品在一定程度上已经投入了应用。现在大部分的产品都是基于 802.11b 的产品。尽管如此，WLAN 技术的成熟和普及仍然需要一个不断磨合的过程，原因是多方面的，其中包括技术标准、安全保密和性能等。总的说来无线局域网提供的主要业务就是接入互联网等数据业务，不能提供语音业务。上海电信的“天翼通”无线局域网业务将帮助企业轻松实现无线互联网接入、无线宽带浏览、无线 E－mail 收发。

（二）PAN 无线个人区域网

利用无线个人区域网，PAN，人们可以绕开那些千头万绪、令人头痛的电缆，将家庭和个人随身携带的各种电器互联起来成为一个网络。就目前来说，无线个人区域网的标准所采用的技术有蓝牙技术，也有 802.11 中提出的 HOME RF 技术，但是其主要的还是蓝牙技术标准。打印机、PDA、桌上型电脑、传真机、键盘、游戏操纵杆以及所有其他的数字设备都可以成为蓝牙系统的一部分。除此之外，蓝牙无线技术还为已存在的数字网络和外设提供通用接口以组建一个远离固定网络的个人特别连接设备群。

1．工作原理

蓝牙技术是一种无线数据与语音通信的开放性全球规范，它以低成本的近距离无线连接为基础，为固定与移动设备通信环境建立一个特别连接。蓝牙工作在 2.4GHz ISM(即工业、科学、医学)频段，运行在 2.4GHz 附近的 79 个相隔 1MHz 频道上，以 1660 跳/秒的速度更换频率。蓝牙的数据速率为 1Mbit/s。蓝牙技术采用时分双工传输方案被用来实现全双工传输。蓝牙技术采用跳频技术，跳频技术是把频带分成若干个跳频信道（hop channel），在一次连接中，无线电收发器按一定的码序列（即一定的规律，技术上叫做“伪随机码”，就是“假”的随机码）不断地从一个信道“跳”到另一个信道，只有收发双方是按这个规律进行通信的，而其他的干扰不可能按同样的规律进行干扰；跳频的瞬时带宽是很窄的，但通过扩展频谱技术使这个窄带宽成百倍地扩展成宽频带，使干扰可能的影响变成很小。FEC（Forward Error Correction，前向纠错）的使用抑制了长距离链路的随机噪音。蓝牙技术理想的连接范围为 10 厘米～10 米。蓝牙技术可以体统电路交换与分组交换。在被保留的时隙中可以传输同步数据包，每个数据包以不同的频率发送。一个数据包名义上占用一个时隙，但实际上可以被扩展到占用 5 个时隙。蓝牙可以支持异步数据信道、多达 3 个的同时进行的同步话音信道，还可以用一个信道同时传送异步数据和同步话音。每个话音信道支持 64Kbps 同步话音链路。异步信道可以支持一端最大速率为 721Kbps 而另一端速率为 57.6Kbps 的不对称连接，也可以支持 43.2Kbps 的对称连接。蓝牙技术规范已公布的主要技术指标和系统参数见表 31.3。

表 31.3　蓝牙技术指标和系统参数

工作频段	2.402～2.480GHz
双工方式	TDD 时分双工
业务类型	支持电路交换业务和分组交换业务
数据速率	1Mbps
非同步信道速率	非对称连接速率：721Kbit/s/57.6Kbit/s，对称连接速率：432.6Kbit/s
同步信道速率	64Kbit/s
调频频率数	79 个频点/1MHz
调频速率	1600 次/秒
工作模式	PARK/HOLD/SNIFF
数据连接方式	面向连接业务和无连接业务
纠错方式	1/3FEC、2/3FEC、ARQ
鉴权	采用反应逻辑算术
信道加密	采用 0、40、60 位密钥
语音编码方式	连续可变斜率调制（cvsd）
发射距离	一般可达 10cm～10m，增加功率条件下可达 100m

2. 结构和功能

蓝牙技术支持点对点和一点对多点的通信。蓝牙技术最基本的网络组成是微微网。而微微网实际上是一种个人区域网。这是一种以个人区域（即办公室区域和家庭区域）为应用环境的网络建构。这里需要指出的是，微微网并不能够代替局域网，它只是用来代替或简化个人区域的电缆连接。微微网由主设备单元和从设备单元两种设备单元构成。主设备单元负责提供时钟同步信号和调频序列。而从设备单元一般是受控同步的设备单元，并接受主设备单元的控制。在同一微微网中，所有设备单元均采用同一调频序列。每个从设备单元的起始频率和占用信道由主设备单元控制。一个微微网中，一般只有一个主设备单元，而从设备单元目前最多可以有 7 个。当主设备单元为一个，从设备单元也是一个的时候，这种操作方式是单一从方式。当主设备单元是一个，从设备单元是多个的时候，这种操作方式是多一从方式，网络结构参考 31.4。例如，办公室的 PC 可以是一个主设备单元，而无线键盘、无线鼠标和无线打印机可以充当从设备单元的角色。

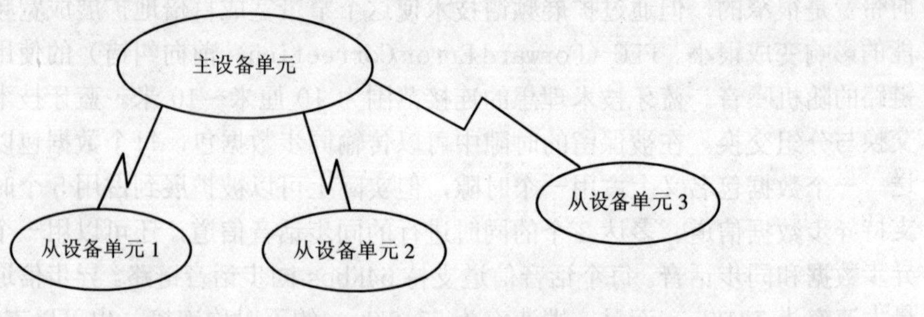

图 31.4　一对多方式的网络参考结构

不同的微微网之间可以互相连接。根据蓝牙技术规范，几个相互独立并不同步的、以特定方式连接起来的微微网构成了分布式网络，又称作微微互连网，如图 31.5 所示。相邻或相近的不同的微微网采用不同的调频序列以避免干扰。在图 31.5 中，一个微微网中的主设备单元同时也可以做为另一个微微网中的从设备单元，我们把这种设备单元叫做复合设备单元。对于多个微微网络，在 10 个满负荷、独立的微微网络结构中，全双工速率不会超过 6Mbit/s。这是因为系统需要同步，同步信号占一定的开销，基于 0dB 发射功率的设备发射，使数据传输量降低 10%，故而使数据速率有所降低。

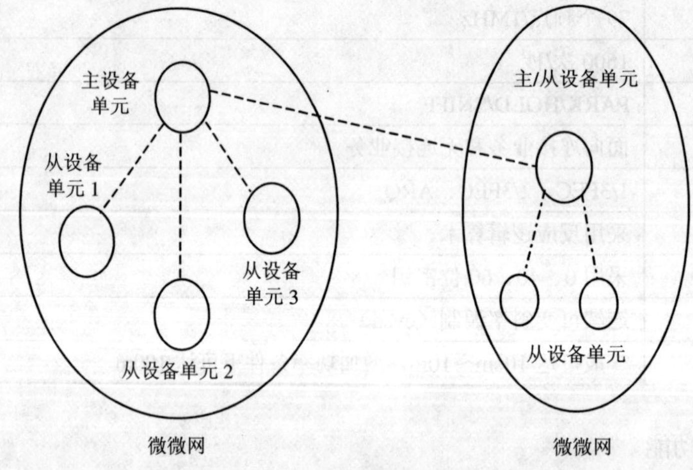

图 31.5　多个微微网互联网络参考模型

3. 应用领域和主要的网络产品

蓝牙技术适用于任何数据、图像、声音等短距离通信场合。目前蓝牙技术的主要应用领域为：

（1）手机与计算机的相连　目前多数通过 IrDA 红外线或是 RS232 串口线来相连，蓝牙取而代之，不仅方便而且资料传送的速度也不用担心（有的状况下，IrDA 的速度更快些）。也许将来的手机下部的连接器也会消失或变得更简单。

（2）可作无绳电话使用　内置蓝牙芯片的手机，在家里可以当作无绳电话使用，不用双向收费，节省手机费用。当然离开屋子一段距离后便自动切换至无线网络基站上。

（3）数据共享、办公更简易　无论手机、计算机、PDA、打印机或是数码相机、MP3播放器、D 播放器……都可以用蓝牙互传语音、文字、图像、文件……蜘蛛网式的会议室将不复存在，白板纪录仪、投影机等都可以利用蓝牙来简化操作。

（4）互联网接入　内置蓝牙芯片的笔记本型计算机或手机等，不仅可以使用 PSTN（公用电话交换网）、ISDN、LAN、xDSL（x 数字用户线路，如 ADSL），而且蜂窝式移动网络照样可以进行高速连接。

（5）无线免提　笔记本型电脑具有话筒及喇叭，用蓝牙连接将来的手机（也许是宽带网），多人视频会议更为容易。而且免提手机也不再是汽车独有的了。

（6）同步资料　回到办公室或者家里，通过蓝牙及相应程序，可以与其他设备同步。你的 NoteBook、手机或是 PDA 等内部的信息，永保信息的最新。当然 E-mail 也可以接收并同步入计算机，而且 E-mail 也可以在飞机上完成，下机后由它自动发出。

蓝牙还可应用于包括键盘、鼠标、家庭网络、高速无线内部网络、电子名片。但是，蓝牙技术所代表的个人无线区域网，只能作为个人范围内的网络，还不能代替无线局域网，只能作为无线局域网的补充。

目前很多厂家已经推出了他们的蓝牙产品，包括将蓝牙芯片集成在 PC、PDA、手持电脑、手机和打印机等数字设备中。

（三）WAN 无线广域网

1. 分类

中国的无线广域网是以 GSM、窄带（N-CDMA）两大移动通信系统为代表的。业界通常将移动通信分为三代。第一代是模拟的无线网络，第二代是数字通信包括 GSM、窄带（N-CDMA）等，第三代是分组型的移动业务，称为 3G。GPRS 是通用分组无线业务的缩写（General Packet Radio System），是介于第二代和第三代之间的一种技术，通常称为 2.5G，目前通过升级 GSM 网络实现。称之为 2.5G 是比较恰当的，因为它是一个混合体，采用 TDMA 方式传输语音，采用分组的方式传输数据。窄带（N-CDMA）向 CDMA2000 过渡，其 2.5G 是 CDMA 1X。

2. 工作原理

对于 GSM、N-CDMA 这两大第二代移动通信系统来说，虽然技术实现方式不同，但是工作原理都是大致相同的，就是当一个移动用户在随机接入信道上发起呼叫另一个移动用户或固定用户时，或者每个固定用户呼叫移动用户时，移动网络就开始了一系列的操作。这些操作涉及到网络的各个功能单元这些操作将建立或释放控制信道和业务信道，进行设备和用户的识别、完成无线链路、地面链路的交换和连接，最终在主叫和被叫之间建立点到点的通信链路，提供通信服务。当移动用户从一个位置区漫游到另一个位置区时，同样会引起网络各个功能单元的一系列操作。这些操作将引起各种位置寄存器中移动台位置信息的登记、修改或删除，若移动台正在通话则将引起越区转接过程。每个移动用户拥有自己的用户信息卡，即 SIM 卡，利用此卡提供的用户信息，可以防止非法用户的接入。

对于 2.5G 来说，此时的系统可以同时提供数据业务和话音业务。当有数据传送需要时，将利用分组在网络中传送数据，而非利用当前承载服务所采用的固定电路连接。它可以提供高达 115Kbit/s 的空中接口传输速率。

3. 结构和功能

无线广域网的结构由核心网、无线接入网和用户终端构成。根据不同的无线广域网技术，GSM，CDMA还是GPRS，CDMA1X，还是将来的3G，用户终端是不同的，只能向下兼容，但是其功能都是与基站建立无线链路，进而与核心网通信。核心网鉴于历史和现状，2.5G和3G网络的核心网主要是以第二代移动通信的两种网络为基础，从而形成了两套网络标准。

4. 应用领域和主要的网络产品

语音通信是第二代移动系统的主要服务，最近几年，移动通信设备则在大大增强对数据通信的支持能力，一些标准的移动通信设备当前可以提供速率达9.6Kbit/s的数据服务。2002年中国两大移动通信运营商中国联通和中国移动分别正式开通了CDMA、GPRS网络，标志着中国的无线通信领域开始迈入新纪元。GPRS和CDMA将移动通信与数据网络合二为一，将基于互联网协议（IP）的业务引入到广阔的移动市场，可提供网上冲浪、E-mail、文件传输、图象传输、数据库查询、增强型短消息等业务。2.5G的出现使得无线通信系统可以从第二代无线通信系统向3G平滑过渡。

ITU对第三代陆地移动通信系统的基本要求是：在室内、手持机及移动三种环境下，支持话音和各种多媒体数据业务（速率达2Mbit/s），实现高质量、高频谱利用率、低成本的无线传输技术以及全球兼容的核心网络。第三代移动通信系统将提供384kbit/s的广域数据通信服务和大约2Mbit/s的局域数据通信服务。

3G代表了未来无线通信的发展方向，目前的CDMA、GPRS系统最终都将升级到3G系统。国际电联认可了3种3G标准，即CDMA2000、W-CDMA和中国的TD-SCDMA。从技术的角度看，联通的CDMA网络将向CDMA2000过渡，而移动的GPRS网络将向W-CDMA过渡。TD-SCDMA的现场试验已经取得成功，为下一步进入商用阶段奠定了基础。全球主要的电信制造商Ericsson、Nokia、Lucent、Motorola、Nortel、Alcatel、Siemens、NEC、FUJISU和国内通信设备制造商华为、中兴等都在加紧研发自己的3G系统。

（四）固定无线接入

1. 分类

目前有代表性的固定宽带无线接入技术主要有高频段（26GHz以上）的LMDS技术和低频段的3.5GHz技术。3.5GHz系统工作在3.5GHz频段。由于该频段的频谱资源较少，只有30×2M的带宽，只能传输中低的速率；LMDS的英文全称叫Local Multipoint Distribution Services，中文含义叫本地多点分配业务。这是一种微波的宽带技术，由于工作在较高的频段（24GHz～39GHz），因此可提供很宽的带宽（达1GHz以上），被喻为“无线光纤”技术。与3. 5GHz系统相比，LMDS具有更高带宽和双向数据传输的特点，可以提供多种宽带交互式数据业务及话音和图像业务，能够实现从64kbit/s到2Mbit/s，甚至高达155Mbit/s的用户接入速率。下面主要介绍LMDS技术。

2. 工作原理

LMDS采用一种类似蜂窝的服务区结构，将一个需要提供业务的地区划分为若干服务区，每个服务区内设基站，基站设备经点到多点无线链路与服务区内的用户端通信。每个蜂窝站的覆盖区为5～7km，若采用具有更高的发射功率、更强的接收灵敏度，可增加基站的覆盖范围，使覆盖范围达到10km以上；覆盖区域并可相互重叠。双工方式可以采用频分双工，也可以采用时分双工。下行链路，由基站到用户端设备一般通过时分复用(TDM)的方式进行复用；上行链路，多个用户端设备可通过时分多址(TDMA)多址方式与基站进行通信。TDMA 则适于支持多个突发性或低速率数据用户的接入。

3．结构和功能

LMDS 固定无线接入系统参考模型如图 31.6 所示。系统一般由中心站、终端站和网管系统三大部分构成，特殊情况下在中心站和终端站之间可以通过接力站进行中继。与终端站相接的用户（通过 UNI 接口）可以是单个的用户终端(TE)，也可以是一个用户驻地网（CPN）。

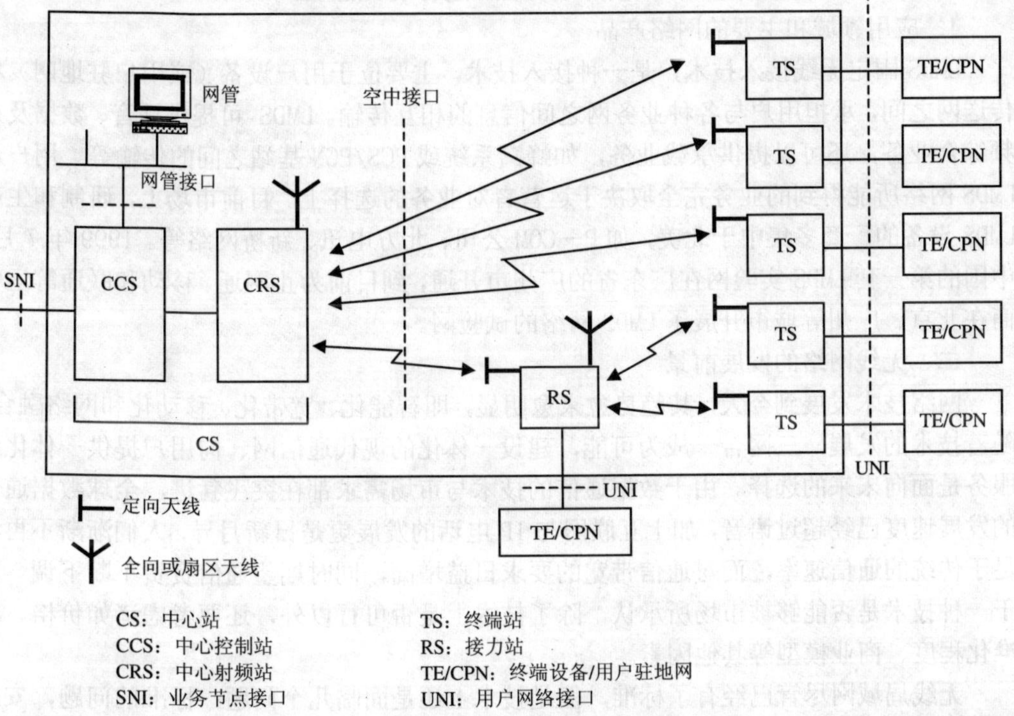

图 31.6　LMDS 固定无线接入系统参考模型

中心站从逻辑上可分为两个部分：中心控制站（CCS）和中心射频站（CRS）。中心控制站是业务汇聚和控制部分，并提供到网络侧的接口；中心射频站是基带和射频之间的收发转换设备，完成上下变频、微波放大、发送器和接收器等功能。中心站所覆盖的服务区可以划分为多个扇区，CRS 天线一般使用扇区天线，每个 CRS 天线对应一个扇区，对扇区内的一个或多个终端站提供服务。如果有必要，CCS 可以将来自各个扇区不同用户的上行业务量进行汇聚复用，提交不同的业务节点；并将来自不同业务节点的下行业务量通过 CRS 分送至各个扇区的终端站。如果中心站实现了交换功能的话，远端站之间的通信可以不通过上层网络而直接相互通信，此功能可以使得用户的计费，论证，授权，接入管理和用户注册在中心站完成。如果中心站没有交换功能，则可以通过中心站的网络侧接口联到 ATM 交换机或是其他上层网络的设备，不同用户之间的通信，用户的计费，论证，授权，接入管理和用户注册等通过上层网络完成。

远端站，其设备（CPE）由一个室内单元（IDU）和一个可直接连接天线的室外单元（ODU）组成。远端站使用小波束角定向天线。远端站在上行方向上将来自用户终端或用户驻地网的的业务适配、汇聚，通过无线链路传送到中心站；在下行方向上提取本站业务，分配给终端用户。接力站作为系统实现的可选项，用以转发中心站和用户站之间的信号，以延长中心站和用户站之间的距离。一个接力站可服务多个终端站。根据不同的需求，远端站可以有不同的配置，例如提供不同的用户网路接口 2048kbit/s 接口，POTS 接口，10Base-T 接口等等。

网管系统称为 NMS 系统，是一个统一的操作维护管理系统，可以对网络及各网元设备（中心站设备、终端站设备及接力站设备）进行统一管理。

4. 应用领域和主要的网络产品

LMDS 固定无线接入技术，是一种接入技术，主要位于用户设备（或用户驻地网）和传送网之间，承担用户与各种业务网之间信息的相互传输。LMDS 可提供话音、数据及视频综合业务，还可以提供承载业务，如蜂窝系统或 PCS/PCN 基站之间的传输等。用户从 LMDS 网络所能得到的业务完全取决于运营者对业务的选择上。目前市场上，研制和生产 LMDS 设备的厂商多集中于北美，如 P－COM 公司、北方电讯、新桥网络等。1999 年 7 月，中国的第一套 LMDS 实验网在广东省的广州市开通，到目前为止网通、移动和联通等运营商在北京、广州等城市开展了 LMDS 网络的试验网。

二、无线网络的发展前景

网络技术发展到今天，其趋势愈来愈明显，即智能化、宽带化、移动化和网络融合。随着技术的发展，三网合一成为可能，建设一体化的现代通信网、向用户提供一体化的服务是面向未来的选择。由于数据通信的技术与市场需求都在突飞猛进，全球数据通信的发展速度已经超过语音，加上互联网与 IP 电话的发展更是日新月异，人们渐渐不再满足于传统的通信速率，而对通信带宽的要求日益增高，同时期望通信资费不断下调。对于一种技术是否能够被市场所承认，除了技术上是否可行以外，还要考虑诸如价格、标准化程度、商业模型等其他因素。

无线局域网尽管已经有了标准，但是技术上还是面临几个问题：标准的问题，安全问题和射频干扰问题，标准还在不断地发展和完善之中。另外，到目前为止还没有形成最后统一的一个标准，市场上出现多标准并存的现象。目前市场上主流的产品是 802.11b 的产品，但是同时也不断出现了以 802.11a 为标准的产品。WLAN 芯片设计、设备制造、网络布建和连机服务将逐渐往 802.11a 和 802.11b 双模（dualmode）兼容的趋势发展。射频干扰问题是目前制约 WLAN 技术发展的重要因素。目前无线局域网的使用的频段都是工业，科学和医学（ISM）的公共频段，无线网络传播数据所覆盖的区域可能会超出一个组织物理上控制的区域，这样就存在电子破坏（或干扰）的可能性。目前无线局域网标准要求的基本的 WEP（有线对等保密）安全机制，此机制有着其安全隐患。但是值得高兴的是，无线网络的安全性问题受到了各个网络设备厂商的高度重视，并且在他们的产品设计开发上也都做了种种努力，使得现在的安全性问题得到了很大的改善。另外 802.11 系列标准也在对安全这部分进行不断地完善之中。从市场角度来说，目前无线网卡的价格，还有接入公共无线局域网的费率是否能够得到市场的承认，还有待时间来考验。从带宽方面来考虑，无线局域网不可能替代有线局域网，只能作为有限局域网的一种补充，用于一些热点区域和一些方便布线的场合。

由于蓝牙技术其物理速率只有1Mbit/s，最佳范围为10m，因此个人无线区域网不能取代无线局域网的作用，它将会像一种无处不在的、数字化的神经末稍一样，把现有的各种网络终端，各种信息化的设备在最后10m内都能连接起来。因此只要分清自己的定位，相信以蓝牙技术为主的个人无线局域网有个美好的明天。

2.5G系统的数据传输速率高于第二代移动通信系统。从理论上GPRS可达115k，但测试表明，目前GPRS手机实际支持的速率只能达到20k～30k，即使随着技术的成熟，GPRS手机在实际应用中也只可以支持40k～60k的传输速率。作为2.5G阶段的技术，用“分享精彩一刻”来概括其特点再恰当不过。相对于GSM，2.5G可以提供更高质量的话音服务和更为清晰的静态图像传输，然而对于连续动态的多媒体业务却也是无能为力，虽然“精彩”，可惜只有“一刻”。

虽然3G有明显的优点和坚定的支持者，它也面对着严重的技术和商业问题。对于技术问题，目前出现了3个技术标准，技术标准还不能最后统一；第三代移动通信在高速移动环境下的传输速率仅144kbit/s，在室外步行环境下才达到384kbit/s，与有线可以提供的的带宽来说，还是比较小的。另外，商用3G仍犹抱琵琶半遮面。我们要等待3G技术和设备的成熟，要最大限度地保护已有投资，从第二代移动通信系统平滑演进到3G还有待时日。随着网络应用内容的丰富和多媒体业务的迅猛推广，人们需要更高的网络带宽。然而，从现在广泛使用的GSM、窄带CDMA到过渡时代的GPRS和CDMA 1X，再到千呼万唤不出来、犹抱琵琶半遮面的3G，带宽依然是制约移动网提供更多更好服务的瓶颈。由于频谱在世界不同地方的分配是不同的，全球漫游问题的考虑？

LMDS系统也有其局限性：由于工作频率高，通信质量受雨、雪等天气影响较大。LMDS系统单元的大小受“降雨衰减”效应（rain fade）的限制。此外，墙壁、山丘乃至枝叶茂盛的树木也会阻挡和反射信号并使信号失真，从而对单台发射机形成相当大的阴影区。基站设备相对比较复杂，价格较贵，所以在用户少时，平均每个用户成本较高。LMDS自身的特点，决定它更适合于大城市的城区或其他人口比较稠密的地区。从工程角度来说，由于LMDS覆盖的范围为几公里，每个城市的高楼总是有限的，选址和相关的干扰问题成为工程上的需要考虑的主要问题。

总的说来，无线技术虽然解决了移动性问题，但是其提供的带宽，相对于有线网络来说，始终是影响无线发展的一个瓶颈。但是相信随着费用的降低、新技术的引入，未来的移动通信将是以个人为单位的、承载多种业务的综合网络。

（信息产业部电信研究院电信传输研究所　赵　苹）

第32章 移动互联网终端技术发展状况

无线移动互联网的终端可以分为两大类：一类是移动电话手机类，装有小屏幕。另一类是PDA和笔记本计算机。这两类终端的使用目的，方法和对接入速率的要求不同，属于不同的市场段。可以考虑用不同的方法来实现。移动电话手机用户而言，只“听”不“看”是它的一个优点，为通话者保留一定隐私又能够通信交流。多数用户对“看”的需求并不强烈，在行走、乘车、公共场合活动的用户以话音业务为主。3G最初的目标以提供一般多媒体业务为主，未必能被市场接受形成新的消费热点。移动电话手机上网用户的主要要求是：任何时间、任何地点移动上网，一直在线，连接可靠和按使用量计费。对速率要求并不高。由于屏幕很小且以文字静止图象为主，对数据传输率的要求并不高。PDA 和笔记本计算机作为无线移动终端，在使用时一般是静止的。使用环境主要是机场、火车站、会议中心、宾馆和写字楼等公共场所等。这种移动业务被称为慢移动业务，慢移动业务有宽带接入的需求，要求接入速率达10Mbit/s甚至更高。这种使用要求可以用“葡萄干面包”模型来表示，在广大的“面包”区用无线广域网大蜂窝(macro-cell)移动通信实现大面积覆盖，要求速率不高，允许用户在高速运动时使用。在“葡萄干”的一些热点地区，用户用PDA和笔记本计算机上网，要求宽带高速接入，用户在使用时基本处于静止状态。可以采用中、小蜂窝（micro-cell、pico-cell）无线局域网WLAN来覆盖。采用多种无线空中接口将同时存在多种不同的无线电基站系统，必须解决用户在穿过不同系统时的漫游问题。

移动终端作为移动互联网业务的载体和移动互联网络与用户间的“界面”，对移动互联网业务发展起着非常关键的作用。移动终端产业发展的本身也得益于移动互联网业务的不断发展：移动互联网业务的不断创新和发展促进了移动终端的创新与发展。移动终端设备提供商不再处于产业链的从属地位，相应的移动终端的革命在迅速推动移动互联网业务的革新，而移动互联网业务的发展也加快了移动终端的革命步伐。

在共同面对有广阔市场前景的新业务时，运营商和手机生产商倾向于形成更紧密的产业链，通过广泛合作，使新业务迅速推向市场，从而很快形成规模。

移动终端设备趋向融合化：手机、PDA、掌上电脑皆可完成移动上网功能，三者的其他功能也趋向融合。通信终端产品与消费类电子产品的融合也是大势所趋，新一代移动终端产品应具有输入简易、彩色大屏幕、宽带、大容量、兼容性好、可支持快速移动等特点，在实现通话功能的同时还应具有计算机、个人助理，甚至是数码相机或录音机等功能。

32.1 移动终端技术的发展概况

一、国外移动终端技术发展概述

移动通信已经走过了为用户提供简单通话功能的阶段，开始向高端业务进军。从目前的消费观念看，低端的话音通话逐渐成了人们日常通信的必须手段，而未来的高端应用则是一种消费品的概念，具有消费品的特点，也就是说用户只使用价格上能够承受的业务。因此未来的通信网络平台接口是开放的，移动终端产品也应该是多样的，为不同的用户群和不同的应用有不同的终端产品，但通话功能很有可能成为最基本的功能之一。换一个角度看，目前的电子消费产品都有可能成为未来通信网中的无线终端设备。可以预言，类似目前诺基亚公司能抢占手机终端市场 35%以上的份额的可能性很小，更多的电子产品类终端生产者将开始新一轮抢滩攻势，这就很容易理解为什么日本在国际上第三代和第四代移动通信技术的标准化工作如此卖力。日本在电子消费类产品方面的领先一直得到世界的公认，生产电子摄像机、MP3 等音乐播放器等电子产品的厂商同时也有可能是手机的生产者，在未来消费类网络产品方面具有了先天优势。这样的原因促使了目前移动终端市场上的部分融合和合作，例如 2002 年初的爱立信和 Sony 合资公司 Sony Ericsson Mobile Communications AB 就是最典型的例子，联合双方希望能够在多媒体的市场占据主动，形成强强联合，该公司已经推出了第一款手机 Sony Ericsson's T68i。

微软公司认为，手机是未来数字化生活和数字化办公的核心组成部分，围绕手机可以开发一系列无线互联产品。微软与 AT&T 近日已结成战略合作伙伴关系，将共同为客户提供无线数据服务。根据双方的协议，两家公司将共同开发和销售基于 Windows 操作系统的设备，包括 Pocket PC、笔记本电脑以及整合了 PDA 和移动电话功能的所谓“智能电话”等产品。届时，用户利用这些终端，借助于微软的“掌上电脑电话版”程序无线接入互联网。

众所周知，手机的销售情况直接关系到移动业务开展的成败。韩国的电信运营商为了扩大手机销售，吸引用户，无一例外地采用了手机补贴和分期付款等办法。韩国的手机都是机号一体，由运营商从厂家采购后统一销售，一方面限制了厂家漫天要价、牟取暴利，另一方面也保障了手机的质量。此外，韩国运营商还经常与手机厂商联手，共同开拓业务，实现移动运营商与终端厂商的双赢。以韩国 LG 电信为例，LG 电信为推广其针对十几岁年轻人提供的品牌为“Khai”的 CDMA1X 业务，专门为 Sewon 公司生产的 CDMA1X 手机 CPD511 设计了极具亲和力的、虚拟的代言人形象——Holeman，并将该代言人的卡通形象设置在手机机身上，该代言人形象通过电视等媒体的充分宣传迅速深入人心。

反过来，移动终端产品能支持的业务和功能也在很大程度上影响了未来移动通信系统的发展和业务的提供。日本是第三代移动通信系统最积极倡导者也是终端设备技术比较领先的国家之一，但是，日本的第三代移动通信业务的提供却一推再推，其最大的原因在于网络设备和终端设备的缺乏。为用户提供什么样的终端产品才能真正满足需要，而且使用和携带方便成了各个运营商和终端设备商共同探讨和研究的问题。在第三代系统的网络设备商中，已经有很多国际型的公司意识到未来移动通信系统的发展必然很大程度上依赖于与终端设备商的合作。在北电的一次涉及 300 多家运营商和设备商的调查中，用户终端对未来移动通信业的制约和动力影响程度最大，大约 35%以上的调查对象将这个因素选为最关键的因素。意识到这一点后，虽然该公司并不直接生产终端设备，北电还是立即调整了发展战略，与一直致力于多媒体电子产品的厂家保持和发展了战略伙伴关系，这样的厂家包括日本的 MITSUBISHI、松下电子、韩国的三星公司、掌上电脑和 PDA 设备的佼佼者包括 COMPAQ、HP 等。

二、中国移动终端技术发展状况

从整个终端硬件的产业发展看，在目前中国移动通信领域设备链中，终端设备所占的比例逐年在增长，2001 年，终端（手机）市场总量比基站和网络设备量之和还要大，要占到大约 60%，这个数字在未来的第三代通信领域会更高，正如前面所说的，未来的第三代移动通信系统整合了其他电子行业，尤其是终端行业，而且这个比例可能在很大程度上取决于多媒体业务的开展情况。

目前的移动终端基本都朝着支持多媒体技术的方向发展，所支持的手机不仅仅要满足通话的需求，开始逐步能够支持图片、视像、音乐等内容。NOKIA 等多家著名的终端生产厂家在 2002 年 CeBit 上展现了配备了彩屏、MIDI 声音、支持 MMS 以及 RealNetworks' media players 的手机。因此众多的国内终端厂家也都非常明白只有抓住并跟上发展这一发展潮流才能够在未来立于不败之地，包括波导等手机厂家也都开始推出了自己的大屏幕、彩色手机。同样这领域吸引了包括 PDA 厂家在内的许多终端生产企业。

与北美和欧洲市场已经趋于稳定不同，中国的手机市场正在迅速发展。信息产业部 2002 年 9 月份公布的数据表明，中国的移动用户数已经达到了 1.904 亿户，而移动电话的普及率仅为 14.95%，还有很大的挖掘潜力。与全球市场的低迷相比，中国的手机市场可谓一枝独秀，因此各大手机制造商都将国内市场视为重点，全力争夺更多的市场份额。

从市场占有率可以看得到，目前国内的手机市场在很大程度上仍被国外品牌垄断。国内品牌从总体来讲还是存在技术水平比较落后、研发实力较弱等劣势，核心技术是国内手机生产企业的“软肋”，其面对的对手则是世界级的对手（如摩托罗拉、诺基亚、爱立信等都是世界 500 强企业）。国内移动终端厂商在总体技术水平上远落后于国外品牌，特别是核心技术（尤其是手机芯片技术），几乎全部掌握在外国企业手中，这在很大程度上将会制约中国国内品牌的进一步发展。除此之外，国产手机的发展在系统设备的发展水平以及研发经费、生产成本等方面与国外生产厂商相比也没有竞争力。所以说，中国国内品牌的发展将要经历一段非常艰难的路途，在很大程度上主要取决于中国微电子产业的进一步发展，这种挑战是非常巨大的。

但是国产手机行业的发展迅猛，国内 37 家厂商的 GSM 和 CDMA 手机的年生产能力分别达到了 1.1 亿部和 2550 万部，2002 年共生产手机 8500 万部，销售 8400 万部，分别占全行业的 11.9%和 21.4%。

在国外的终端厂家纷纷强强联合共同为打造未来移动终端市场的大环境下，反观中国的手机生产厂家，目前大多数的厂家还属于跟风的阶段，主要看国外的手机出现什么样的新功能而且中国的电信运营商推出什么样的功能，然后引入该类芯片，包装成自己的产品，这样做很多时候会失去市场先机。当然这个问题并非一时可以解决的，缺乏核心芯片技术是最大的制约。但从长远的利益出发，中国的移动通信市场已经成为全球第一，很可能会有一些移动新应用、手机新功能从中国推广到全球；同时，要振兴中国民族产业不仅仅是一个口号，这需要中国手机终端厂家紧跟国际趋势，不能仅仅注重终端本身的技术发展以及生产，而要与中国的移动通信网络的发展紧密结合起来，同时与运营商密切合作，为移动通信新业务的开发出谋划策，准确把握移动终端产品的应用环境和应用时机，为中国的移动通信市场保持高速发展创造有利条件。

32.2　移动终端技术的构成与特点

移动通信领域正在经历从第二代经 2.5 代逐步向第三代（3G）技术发展的过程。比较以语音通话为主要业务的第二代（2G）系统，2.5 代和第三代系统要能实现种类多样的电路和分组宽带无线业务，包括宽带上网、高速数据传输和高质量的无线多媒体等，这些业务将直接依赖用户手中的高性能移动终端的支持。因此终端将扮演更加重要的角色，特别是其数据处理能力和业务支持能力将决定第三代移动通信的技术和市场的发展前途。为了满足未来丰富业务的要求，2.5 代和第三代移动终端在技术和结构体系上将与第二代手机将有比较大的变化。

此外，对于第三代移动终端而言，对多模多频的支持也将是其一个关键的特点。从 3G 网络的发展过程和继承性的要求来看，3G 系统在发展初期只可能是从小范围覆盖开始，并且 2 代和 2.5 代的网络在 3G 系统大规模商用和大范围覆盖以后也还将继续存在相当长的时期。因此将未来的 3 代终端必须能够同时支持 2 代或 2.5 代的制式，保证在不同阶段的网络中都能够正常联络、切换。

一、第二代移动终端的系统结构

移动终端实际上是一个集成度相当高，结构复杂，软硬件技术含量很高的电子系统。第二代移动终端（指以 GSM、窄带 CDMA 等第二代移动通信体制下的数字移动终端）的硬件系统通常以一块超大规模数字基带处理芯片（DBB）为核心，作为各种软件的运行平台，并协调控制系统的射频、模拟、电源、接口等各个子系统共同工作，系统的结构大致如图 32.1 所示。

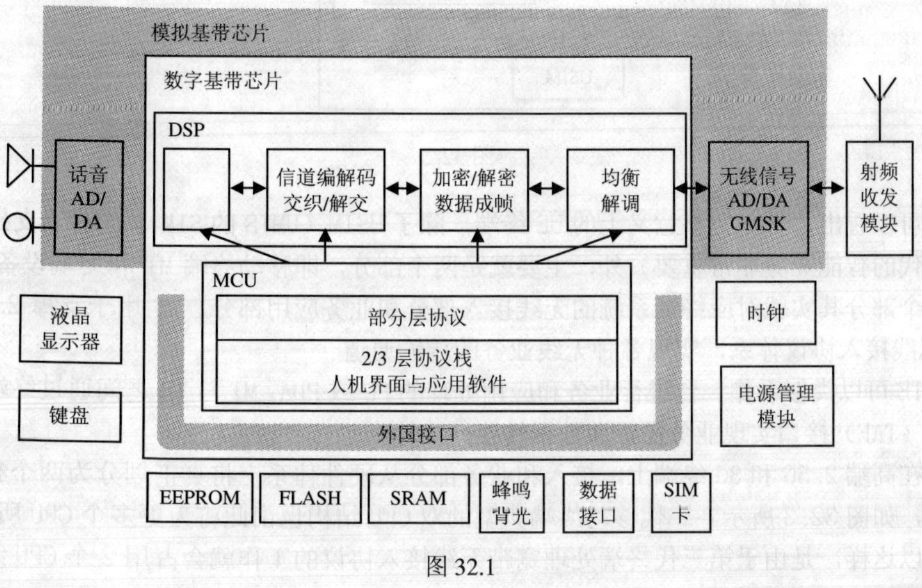

图 32.1

从图 32.1 中可以看出，第二代移动终端的数字基带处理芯片大多由两个 CPU 核构成数字运算处理核心，其一是 RSIC 内核的 MCU（主处理单元），负责控制整个系统，包括 2/3 层协议软件、应用软件和部分外围控制软件的运行。另外一个则是 DSP（数字信号处理单元）核，主要负责各种数字信号处理算法和底层通信协议、驱动控制软件的运行。

第二代移动终端数字基带系统的工作主要分为无线接入和业务应用两部分。目前市场上 2 代手机的业务是以话音和低速数据传输为主。单个用户的数据传输速率一般最高仅十几 kbit/s，因此上述系统结构的终端，通过两个 CPU 上运行软件已经可以完成包括无线信号、各层协议和应用业务处理，以及接口控制等绝大部分运算处理功能，也就是说无线接入和业务处理是集中在同一套计算机硬件系统上完成的。

从外部结构上看，第二代移动终端主要有一套简单的数字和菜单选择键盘，一块中等规模低分辨率的 LCD 显示屏，外加话筒、听筒和蜂鸣器等，有的还有数据接口，以保证人机界面上少量简单信息的输入/输出和显示，以及话音和低速数据流的输入输出。

二、高端 2.5 代和第三代移动终端的系统结构

由于 2.5 代和第三代技术和业务的高度复杂性，第二代移动终端的体系结构已经远远不能满足需要。第三代终端的内部软硬件系统更加复杂，技术水平和集成度更高，使业务处理和无线接入部分在其功能体系中将分化得越来越清晰独立。3GPP 关于 UE（User Equipment）的描述可以作为高端 2.5 代和第三代移动终端的功能结构说明，如图 32.2 所示。

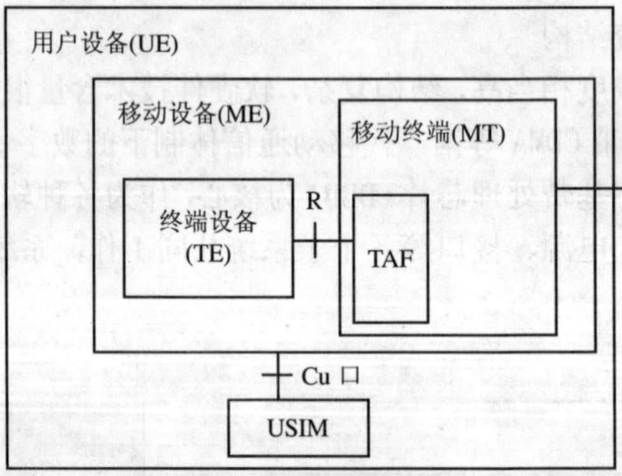

图 32.2

可以看出，一台完整意义上的 UE 终端，除了 USIM（UMTS 的 SIM 卡，对于支持许多第三代的智能业务非常重要）外，主要就是两个部分，即移动终端 MT 和终端设备 TE。这两个部分其实就对应终端系统的无线接入部分和业务应用部分。MT 用于支撑 2.5G 和 3G 无线接入协议体系，实现各种无线业务的传输通道。

TE 可以类似看作一台进行业务和应用处理的 PC 或 PDA。MT 与 TE 之间通过终端适配功能（TAF）接口实现业务操控和数据转换。

在高端 2.5G 和 3G 终端上，接入和业务部分从硬件体系上将真正划分为两个独立子系统，如图 32.3 所示。二代移动终端典型的双 CPU 结构也由此将为更多个 CPU 所取代。之所以这样，是由于第三代终端处理宽带无线接入协议的工作就会占用 2 个 CPU 绝大部

分处理能力，而无线多媒体、无线宽带上网以及许多个人电脑的多任务处理功能，必须依靠扩充出专门的业务处理系统来完成。

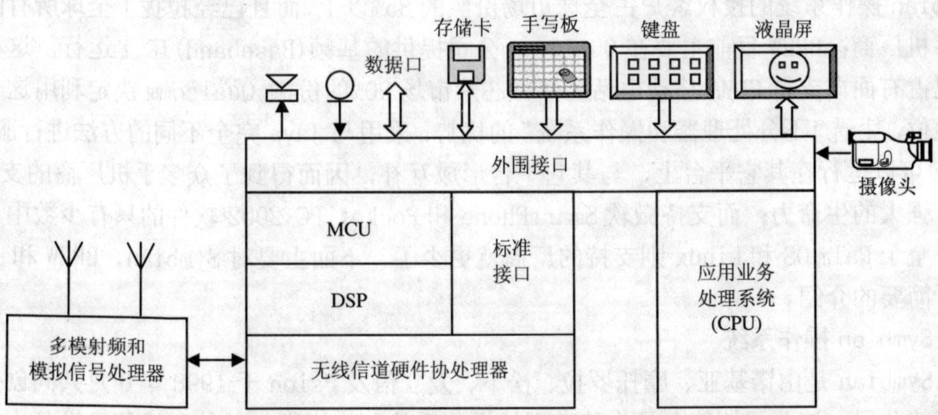

图 32.3

2.5G 和 3G 的无线处理技术难度很大，目前一般认为其会向两种方向发展。其一是硬件化，另一个是软件化趋势。一方面，对于 WCDMA 等新技术而言，速率达数兆码片/秒，以现有 DSP 技术的处理能力，如第二代移动终端那样依靠软件完成全部无线信道的基带处理工作非常困难，因此部分无线信道收发过程中不得不依靠硬件协处理器来完成诸如扩频和 RAKE 接收解扩以及 Turbo 解码等处理，而 DSP 则只负责大部分符号级的数据处理和速度要求较低的算法。另外，诸如多媒体应用中 MPEG4 和 MP3 的编解码等通用成熟处理算法可能也会需要专门的硬件协处理器配合进行。

另一方面，由于宽带 CDMA 系统对于无线收/发指标的要求大大提高，而且对功放、LNA、频综和滤波器等模拟单元的性能指标也提出更高要求。射频和模拟系统设计上难度增加，导致技术人员越来越希望用数字处理技术取代模拟处理，即所谓软件无线电技术。特别是针对多模终端的要求，射频和模拟部分对不同体制必须是独立的体系。如果能以通用的硬件平台加载不同的软件就能适应不同通信体制的要求，可以大大降低系统的成本和复杂度，使产品设计更加灵活。要扩大硬件系统通用的成分，就需要将数字化向中频和射频扩展。

三、移动终端的系统平台

对于第二代移动终端而言，在其上运行的系统平台都采用各厂商私有的操作系统，没有统一的标准，可扩展性也不强。2.5G 和 3G 丰富和高质量的应用业务，需要专门的高性能操作系统。与硬件系统相对应，从操作系统的角度也将通信与业务两部分处理系统各自独立起来。另外，掌上电脑与移动终端融合的趋势日趋明显。终端的业务处理系统很可能将不仅仅基于一个 CPU，而是与无线接入系统类似的多 CPU 系统（如 MCU+DSP 的双 CPU 结构）。目前，TI、Intel、ADI、ARM 等著名半导体厂商都在致力于开发和推广基于这一理念的无线应用处理系统以及开发平台，而 Microsoft、Symbian、WindRiver 等专业知名软件公司也都在发展和推广各自的相关嵌入式终端操作系统以及应用软件，以便抢占 2.5G 和 3G 终端产品的市场。

目前，面向移动终端的系统平台主要有 Symbian、J2ME、微软的 SmartPhone 和 Pocket

PC2002、高通的BREW、Palm OS、Linux等，其中Symbian由于有摩托罗拉、诺基亚、西门子、爱立信等众多传统的通信设备公司的支持获得了最多的市场份额。到目前为止，Symbian操作系统的授权客户占全球市场份额的85%以上，而且已经拉拢了全球所有的一线手机厂商；BREW目前主要在Qualcomm公司提供的基频(Baseband)IC上运行，这种芯片已占有面向支持CDMA移动电话的基频芯片市场90%的份额。Qualcomm决定利用这一垄断地位，凭借“不分处理器和操作系统”的优势，采用与Java完全不同的方法进行服务；J2ME可以运行在其它平台上，与其它平台形成互补，因而得到了众多手机厂商的支持，具有强大的生命力；而支持微软SmartPhone和Pocket PC 2002软件的只有少数中小厂商，至于Palm OS和Linux则支持的厂商就更少了。下面主要对Symbian、BREW和J2ME进行简要的介绍。

Symbian操作系统

Symbian是由诺基亚、摩托罗拉、松下、爱立信及Psion于1998年6月共同创办并拥有的公司。该公司的使命是为移动无线操作系统制订标准，并使无线信息设备大规模投入市场。Symbian 是一个实时的、多线程、多任务的移动操作系统，支持应用程序和高级协议堆栈的运行，支持所有主要的无线通信标准。它使用了EPOC这种最初由Psion开发的软件架构。这种具有面向对象设计的操作系统融合了手持设备所需的多种功能，包括集成于内核中的电源管理功能、尖端的存储管理能力、事件处理机制、高效的多任务能力等。为了有效地利用这些特性，还引入了一组与此相关的原始C＋＋形式的API。此外，该系统的设计还保证能适用于不同的CPU和硬件配置。此举使得基于EPOC的系统能与无线信息设备、便携式计算机和PC等多类产品集成。

Symbian的系统框架如图32.4所示。

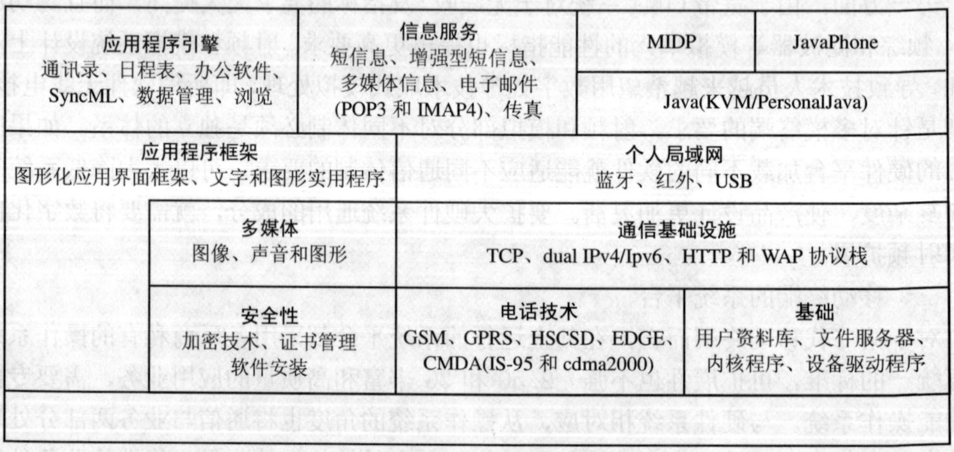

图32.4

从图中可以看出，Symbian操作系统融合了许多功能、成熟稳定的技术：

- 丰富的应用引擎：通信录，日程安排，数据库等
- 移动电话的技术+通信基础设施
- WWW浏览
- 国际语言支持

- 信息服务：基于消息服务
- 数据同步：移动数据库
- 安全
- J2ME
- 各种通信协议
- 支持 JAVA 和 C++软件开发
- 多媒体

Symbian 操作系统的电话基础设施支持 2G、3G、2.5G 的抽象编程接口，因而手机制造厂商可以在全球范围内支持可以跨接 GSM、GPRS、EDGE、IS-95 和 CDMA1X 网络的使用的移动终端。

Symbian 操作系统的消息服务基础设施全面整合服务环境，支持多媒体信息、增强短消息和短消息，支持 POP3、IMAP4、SMTP、MHTML 收发电子邮件；附件和传真。

Symbian 操作系统的通信基础设施支持广域网协议，如 TCP、IPv4、IPv6(包含 IPSec)和 WAP，以及个人局域网络协议如：WLAN、Bluetooth、红外等。

Symbian 操作系统的应用基础设施具有丰富的应用引擎、多媒体功能、程序和内容开发选项以及安全功能，并内置支持 unicode，以及更多的文字和字体格式，从而提供完善的国际语言支持。

BREW 平台

BREW 是“Binary Runtime Environment for Wireless”的缩写，主要为移动电话提供基于 C 语言或 C++程序设计的二进制层面的执行环境。使用 BREW 可以如同使用 Java 一样，把通过网络下载的程序转移到手机上运行。相对 Java，BREW 是一个更底层的技术。

BREW 提供了一个端到端的全面解决方案，它由商业模式、下载系统和计费系统（运营商）、软件开发包（应用开发商）、移植工具包（终端厂商）等组成了一个紧密的解决方案。BREW 的紧密合作模式，在很大程度上是一把双刃剑：一方面，BREW 的优势是其整体机制，包括从开发到软件销售渠道、产品市场推广等方面都有一整套的认证体系，如果做得好，可以更好地保证产品的质量和安全性（病毒和反盗版）；而另一方面，由于是高通的技术，BREW 是相对垄断的，并且主要面向 CDMA1X/2000 系列的技术。

J2ME 平台

严格的说，J2ME 运行于其它平台之上，为 Java 程序提供运行环境，并不能算作移动终端的平台。J2ME 针对有限内存，显示和处理能力的设备，主要是消费电子和嵌入式设备领域，其层次结构如图 32.5 所示。

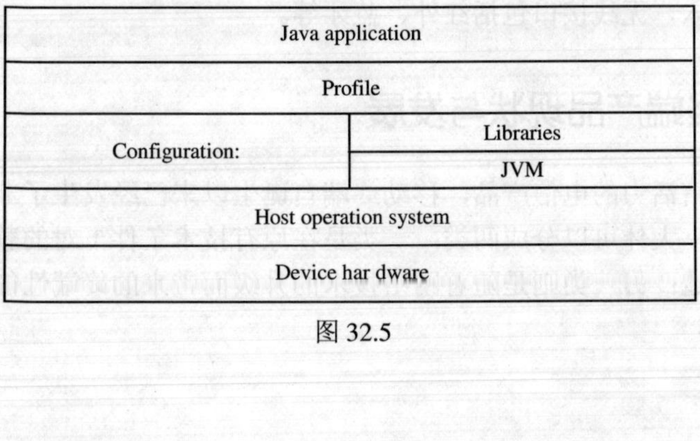

图 32.5

其中，Configuration 是一个规范，定义了这类设备的共同 Java 平台，定义与设备无关的 Java 虚拟机和核心库，是平台相容性的基础。Configuration 的分类是根据计算能力的不同来划分的，同类设备的计算能力相近。Profile 是一组 API，在某一 Configuration 的基础上扩展了针对设备特定功能的 API，使得标准能够完全适应特殊的设备，彻底发挥设备的功能。Profile 的分类是根据设备功能划分的，同类功能的设备其他各种硬件条件和需求也相近。

J2ME 体系的一般结构是：由 Configuration 定义的 Java 虚拟机运行于设备的宿主操作系统之上，构成整个平台的基础。Configuration 提供了基本的语言特性，Profile 提供针对设备的特殊功能 API 和扩展类库。应用程序的运行环境需要一个 Configuration 和至少一个 Profile，多个 Profile 可以共存，也可以叠加。

与 BREW 相比，J2ME 最大的优势就是支持者众多。近年来日本的 NTT DoCoMo、J-Phone、韩国的 LG 电信、中国的香港电信、荷兰的 T-Mobile 等运营商借助 J2ME 均实现了数据业务的快速发展。其中 NTT DoCoMo 在推出 Java 服务一年内，ARPU 增长了数十倍。在终端方面，数以百万计安装 Java 软件的手机已经握在消费者手里，这是绝对的优势。美国高科技研究公司 Strategies Unlimited 日前发表的一篇题为《2.5G 和 3G 手机性能：2002-2006 全球分析与市场预测》的报告称，市场上 Java 手机的数量预计将每年翻一番，到 2006 年将从 2001 年的 1,910 万部增长到 5.53 亿部，J2ME 将成为事实上的标准。到 2006 年，Java 手机预计将占全部手机出货量的 83%。与之相反，目前全球 BREW 手机仅面世 29 款，已出售的 BREW 手机 190 万部。

当然，J2ME 也存在缺点。除了速度较慢、系统资源消耗比较大外，还存在这由于过于开放造成了不同版本的 J2ME 平台之间的不兼容现象。

四、移动终端的功能接口与外围设备

2.5G 和 3G 移动终端为了支持多种业务，必然要配置较多的外围接口和功能更加强大的设备，主要表现在以下几个方面。

- 由于无线多媒体的要求，需要较高清晰度的大显示屏（较高端的产品应该是彩色触摸屏）。
- 具有摄像头，以支持可视电话和数码相机的功能。
- 具备高保真立体声扬声器或耳机。
- 具备支持某种大容量的微型存储卡（Flash 或可擦写光、磁盘）的能力，以便能够保存编辑和下载的资料、音乐、图片等。
- 配置高速有线和无线接口，有线接口包括 RS232、USB 甚至 IEEE1394 等，可以支持高速网络接入，无线接口包括红外、蓝牙等。

32.3 移动终端产品现状与发展

作为一种最富活力的电信产品，移动终端自诞生以来已经发生了非常大的变化。这些变化归纳起来，大体可以分成两类：一类是在原有技术条件下对的款式和功能等方面进行的创新和改造；另一类则是随着网络技术的升级而带来的终端性能和功能的质的提高。

得益于手机贴模、封装、显示屏技术、CPU 处理速度、内存等技术的发展，中国目前移动终端在功能、外观款式等方面发生了巨大的变化，而且成本下降速度很快。较之以前，用户手中的手机似乎还是一个比较昂贵的电子产品，而现今，手机似乎已经成了跟服装、MP3 等普通消费产品一样，更新换代的速度要快上几倍。

终端功能上的改进是随着移动通信业务的发展，以及用户对功能需求的增加而出现的。在手机成为小巧的普通消费产品而不是砖头式的“大哥大”进入到广大用户手中之前，电子字典、帮助用户日常工作安排的 PDA 等电子消费产品已经得到了部分用户，尤其是高端用户的认可。在手机成为几乎不离手的必备品后，在手机中兼容其他这些产品的功能成为必然的发展趋势，因此 PDA 手机成为 2002 年的市场新宠。因此 PDA 厂家纷纷将目光转向了移动通信市场，开始研发与生产具有 PDA 功能的高端手机，包括美国著名掌上电脑公司 Handspring 公司推出的基于 Palm OS 操作系统的 PDA 手机 Treo 系列，其中 Treo270 和 Treo 90 用于 GSM / GPRS 网，Treo300 适用于 CDMA 1X 网。美国 Palm 公司生产的 Tungsten W 型 PDA 手机。京瓷公司针对美国 CDMA 网推出了基于 Palm 操作系统的 PDA 手机。2002 年下半年在中国市场以 CECT 品牌出现的多普达公司基于 Pocket PC 的 dopod686 也已经面市。从未来发展看，功能上的改进、增添、智能化是移动通信业务发展必不可少的，只有手机具备了大存储容量、高传输速率、清晰显示等功能，才可能发展包括移动视频、移动定位、移动支付等多项未来会极大改善我们生活的移动通信业务。

另外值得注意的是多模功能移动终端的发展走向。一方面由于全球在移动网络标准的选择上的不统一，目前很多国家会存在不同的通信网络，即便是采用了相同的技术，但在国家分配频率也会有所不同。仅这个理由也许还不至于让移动终端生产厂家有足够的动力发展双模或者多模手机，但是即将走到我们面前的 3G 时代，2G / 3G 双模手机的出现会避免用户必须同时携带两个手机，另外对于还不完善的 3G 网络覆盖是一个很好的补充，因此能够吸引更多的用户尝试 3G 新业务，促进 3G 业务的发展。实际上从日本 NTT DoCoMo 公司推出的 3G 服务 FOMA 就可以看出这一趋势。DoCoMo 所推出的 i-mode 创造了移动数据业务成功的神话，目前拥有 4000 多万用户，其业务推广模式甚至已经在亚洲和欧洲部分国家开始推行。按说有了这样的成功基础，其 FOMA 业务的开展应该受到用户的欢迎，但实际上该公司于 2001 年 10 月份开始提供的 FOMA 服务并不如人意，截至 2002 年 10 月 30 日，用户数也仅达到 14 万人，根本无法实现原先的发展计划和目标。很多分析家认为，NTT Docomo 公司的 3G 业务失败主要原因就在于 3G 网络覆盖范围小，用户使用 3G 必须忍受携带 2 个终端的不便。欧洲对 FOMA 非常关注，同时也会吸引该公司的教训，避免在终端方面存在发展障碍。目前已经开通 3G 网络的国家市场上已经出现近 10 款 3G 机器，其中 NOKIA 公司生产的 NOKIA 6650 就采用了双模技术，既支持 WCDMA 网络也支持 GSM 网络。

而在外观设计方面的改进是用户最直接的感受。与一年前相比，现在的手机无论是在尺寸、外形、颜色等方面都有显著的变化。对于大多数的移动用户，尤其是目前主要发展的预付费用户来说，移动终端最主要的还是能够方便地通话，因此在铃声设置、消息功能设置的方便性等方面比较注重，那么移动终端更新换代的最主要动力在于终端的价格与新颖的款式。从日前的发展趋势看，时尚化、个性化、性别化、以及功能和外形的“专业化”将是未来的发展方向。

32.4 移动终端技术的应用领域与发展趋势

一、移动终端技术的应用领域

从2002年下半年开始，以NOKIA7650、松下GD88和索尼爱立信68手机为第一阵营的彩信（MMS）手机逐步在中国市场亮相，与随后中国移动通信集团于10月1日推出的彩信业务似乎给市场这样一个信息：新型的移动通信业务开发的关键在于终端，似乎某种特殊的移动业务的开发首先要考虑在移动终端上先行开发成功。

不可否认，移动终端技术的发展和功能的开发将直接影响移动业务的发展进程，甚至成为发展的关键因素，同样从MMS的发展我们可以看到，虽然目前已经开展了MMS业务，但是由于现有的移动终端无法支持，使得该业务的发展并没有向SMS业务那样受到更多用户的关注，另外从全球市场看，整个市场急需补充更多可选的终端类型。从另外一个方面我们可以看到，随着移动新业务的不断推出，也将对移动终端技术以及今后的移动终端发展、类型、功能等产生很大的影响。用户希望能够借助随身携带的移动终端查看网页、电子邮件，及处理高清晰度的流动画面，必将对下一代手机的技术含量提出更高的要求，使得移动终端的科技含量必将进一步增加：彩信会推动了显示屏和摄相头技术的发展；移动游戏和视频电话会议业务将推动移动终端显示屏、CPU、内存和软件的发展；移动位置业务推动了定位芯片的的发展等，因此未来的移动终端将整合其他电子行业产品，形成新的市场。

二、移动终端技术的发展趋势

“炒”了多年的3G网络和业务迟迟无法展现在众人面前，在许许多多的专家评论文章、行业分析报告中，除了经济大环境、网络标准不成熟、许可证发放等多种因素是3G目前发展不顺利的重要因素外，对于3G终端的开发、成本、功能等的不完善也是大家所公认的主要障碍。

在技术和功能上，业内的多数专家认为，对未来移动终端发展方向影响最大的因素将是移动通信业务发展模式的变化。那么，移动终端如何在技术上达到业务模式变化和业务创新所提出的这些新的要求呢？

UT斯达康公司首席科学家杨景认为，第一，在移动终端的通信部分，未来的终端将支持多种多样的空中接口，如WCDMA、CDMA2000等等，这就需要手机的多模技术有一个大的突破。否则，终端将不能满足业务的需求。在这方面，有专家认为，软件定义无线电（SDR）通过软件的改变来改变设备的模式，或许会成为一种最终的解决办法。

第二，在移动终端的计算机部分，除去通信处理所需要的计算能力之外，用于支持业务处理的计算机处理能力也将有很快的增长。这一点将是必然的。这方面的变化趋势是手机平台的计算能力要和网络结合起来。在网络对手机计算能力的分担上，须依靠新的技术，人们现在预见的技术是“网格技术”，这一技术的成熟将使手机的计算能力可以和网络的计算能力共享资源，真正成为网络的一个组成部分。杨景认为，现在，JAVA可以作为这种平台的基础。虽然利用JAVA平台不能实现手机与网络资源的共享，但JAVA的采用可以跨越CPU的差别。从编程的角度看，终端实现了和网络的统一。

第三，在应用软件方面，为了使终端和网络的联系更为紧密、能够支持不同的业务，未来终端的发展方向将是采用 XML 这一动态描述业务语言以解决业务多样化带来的压力，并且在今后将和 JAVA 结合在一起，这是目前最理想的组合。另外，也有专家认为，未来的移动终端将支持更多的网络协议，尤其是 3G 系统将支持 SIP 协议，这将使移动终端具有更强的多业务能力。

为了满足未来业务对移动终端提出的要求，人们还须解决诸如电池的能量问题、要生产出节能的移动终端等等。应该看到，随着手机的普及，人们在电池等方面已经取得了巨大的进步。这些相关的技术也是未来移动终端发展的重要基础。

当然，以上三方面技术的发展趋势，有些已经比较明朗，有些则还存在很大的变数。现在我们已经看到，手机厂商为了满足未来移动新业务的要求，同时为了给移动业务的创新创造更好的条件，已经开始进行艰苦的努力。这种努力突出表现在以下两个层面上。

第一是技术平台方面的竞争。在激烈的市场竞争面前，移动终端的更新换代速度加快，功能和款式的变化增多。为此，手机厂商必须采取更为快速和经济的开发策略。终端平台应运而生，厂商需要在同样的平台之上开发出不同功能的产品。因此，这导致了不同的终端平台开发商的竞争。这些开发商有各自的优势，如高通公司在 CDMA 的平台和芯片领域处于绝对领先地位，摩托罗拉在手机生产方面有着长期的经验，脱胎于朗讯的 Agere 研发实力雄厚，日本的 NEC 和松下发明了双 CPU 的手机平台，等等。这些平台都在不断的发展过程之中。与过去的手机参考设计平台不同，现在的平台为适应手机功能的变化，灵活性更高，扩展能力更强。

第二个层次的竞争是在应用开发平台方面的竞争。因为人们已经认识到业务开发是移动业务发展的生命，因此，如何为业务开发商提供更好的开发环境就成为竞争的一个焦点问题。在这方面，一些厂商采用了针对移动应用而优化的 JAVA 平台，称为 J2ME，高通推出了以 C 语言编程的 BREW 平台，微软推出了 Pocket PC 平台。在这些不同的平台之上，大量的应用已经被开发并投入使用，为移动业务的创新和升级提供了良好的条件。另一方面，手机厂商也希望把更多的业务功能集成在手机之中。如高通就在手机芯片中集成了定位功能，称为 GPS One 技术。另外，采用其零中频技术为多模手机的生产创造了条件。其它的厂商也同样在手机节能方面进行了努力。

同时，为了在现有技术条件下为移动业务的创新提供更好的支持，近年来，厂商在智能卡技术上也投入了巨大的研发力量。现在的许多移动新业务都是在智能卡的支持下开展的。这也将是未来的重要发展方向。特别值得一提的是，由大唐微电子发明的 STK 动态菜单空中下载技术对移动新业务的发展起到了巨大的推进作用，走在了世界的前列。

总之，我们现在已经看到，移动终端技术的走向正在业务的引导下向前发展。伴随着移动业务的不断创新，移动终端技术前景光明。

21 世纪信息产业将由过去以技术和产品为重点的时期进入到一个以应用和服务为主导的新时代。移动互联网增值服务是一种新兴产业，随着移动通信网络带宽的不断提升，移动信息终端的不断成熟，信息内容日渐丰富，肯定会变得越来越热，其潜在的巨大的市场价值必定会渐渐显现，并被挖掘。

（中国移动通信集团公司　郑朝晖）

第33章 互联网资源标识与寻址技术的研究、实现及应用状况

互联网从最初的军用专网发展普及到现在的百姓人家，网络上的应用和服务日新月异，作为互联网的基础的寻址技术也是与时俱进，有了长足的发展。

最初，人们直接采用IP地址来完成网络资源标识与寻址。20世纪70年代人们开发了主机表(Host.txt Table)来完成主机名到IP地址的映射。1983年DNS（Domain Name System）诞生了，采用树形结构以及分级授权的机制，分布地完成主机名到IP地址的映射，有效地实现了域名数据的分布，并提高了查询和管理的效率。

现在看来，可以说域名技术是互联网上最成功的技术之一，随着互联网络在非英语国家和地区的普及和迅猛发展，特别是如中文等多语种网络资源的日渐丰富，使中文等多语种字符成为互联网域名的合法组成部分，或者说，要在域名中使用多语种字符成为网络用户强烈的需求，这对中文用户来讲就是中文域名。目前，信息产业部“关于中国互联网络域名体系的公告”中规定了“我国互联网络域名体系中在顶级域名“CN”之外暂设“中国”、“公司”和“网络”3个中文顶级域名。”，并授权中国互联网络信息中心（CNNIC）作为这些域名的注册管理机构。这意味着，根据顶级域（TLD）的不同，目前在中国合法的中文域名有四种形式，分别是：“中文.cn”、“.中国”、“.公司”和“.网络”等。

为了解决特定的网络应用需求，近年来，出现了一些以域名技术为基础的新一代互联网资源标识与寻址技术，如为给用户的访问WWW网站资源提供更方便快捷的方式，提出和实现的通用网址等为代表的互联网关键词（Keyword）技术；随着电信网和互联网为代表的多网融合的需求和技术日渐成为热点，多网融合的寻址技术——ENUM也应运而生。

本文主要介绍了中文域名、关键词、Enum技术的发展状况。

33.1 中文域名的现状及发展趋势

一、背景介绍

互联网域名（Domain Name）是在网上寻找网络对象时的根据，是人们在网络世界中的门牌号码和地址。最初域名只包含英文字母，数字和连字符（如：a-b-c.net.cn），借助它，人们就可以访问对应的网站（如：www.a-b-c.net.cn），或者给相应的人员发送电子邮件（如：wang@a-b-c.net.cn）等。

目前，经信息产业部批准，中国互联网络信息中心（CNNIC）在中国设置和开始注册的中文域名有四种形式，分别是："中文.cn"、".中国"、".公司"和".网络"等。

中文域名技术的研究和实现，在国际上互联网标准制定组织——互联网工程任务组（IETF，The Internet Engineering Task Force）内属于多语种域名工作组（IDN-WG，Internationalized Domain Names Work Group）的范畴，由于其技术的复杂和影响面的巨大，形成了若干技术和政策的协调组织，主要有：

1. CDNC（Chinese Domain Name Consortium，中文域名协调联合会）
2. JET（Joint Engineer Team，多语种域名技术联合组）
3. IETF－IDN-WG（互联网工程任务组-多语种域名工作组）
4. ICANN IDN-Committee（The Internet Corporation for Assigned Names and Numbers(ICANN) Internationalized Domain Names (IDN) Committee 国际互联网络名字与编号分配公司 多语种域名工作委员会）等。

（一）CDNC（Chinese Domain Name Consortium）中文域名协调联合会

为有效推动中国内地和港澳台地区在中文域名技术与服务方面的协调与合作，并在国际上共同争取和维护两岸四地互联网用户的利益，中国互联网络信息中心（CNNIC）、台湾地区网络信息中心（TWNIC）、香港地区网络信息中心（HKNIC）、澳门地区网络信息中心（MONIC）于 2000 年 5 月 20 日在北京共同倡议成立了中文域名协调联合会（简称 CDNC）。CDNC 的工作包括：按照国际惯例对各种中文域名实现方案进行评定，制定中文域名技术标准和注册管理规范，协调相关国家和地区中文域名系统的运行，并积极与国际互联网络组织开展交流与合作，以尽快制定和推出有关国际标准。

（二）JET（Joint Engineer Team）多语种域名技术联合组

于 2000 年 7 月在日本成立，现有成员有中国 CNNIC、日本 JPNIC、中国台湾 TWNIC、韩国 KRNIC 等。JET 目标是实现多语种域名技术上的交流和共同发展，JET 在中日韩域名都用到的汉字处理方面的技术交流有比 IETF 独到的优势。截至到 2002 年 11 月，JET 已经召开了 11 次技术会议，并通过在 JET 的讨论和工作向 IETF 递交了 IDN-Admin-Guideline 等技术方案。

（三）IETF－IDN－WG（The Internet Engineering Task Force Internationalized Domain Name Work Group）互联网工程任务组 多语种域名工作组

互联网工程任务组（IETF），主要任务是负责互联网相关技术规范的研发和制定，于 1999 年底成立多语种域名工作组（IDN）。该工作组专门负责处理从（ASCII 字符，数字和连接符构成的）英文域名到多语种域名转变期间面临的技术问题，主要包括：非英文域名字符的编码方法（例如，将中文"网络"表示为一串英文域名字符"iesg--abcdefg"）、字符过滤（例如，不可见的字符不能用于多语种域名）以及多语种域名应用体系结构方面的问题。

（四）ICANN IDN-committee ICANN 多语种域名工作委员会

ICANN 于 2001 年 9 月 9 日 ICANN 蒙得维的亚会议上提议成立 ICANN IDN-committee，设置目的是对 IDN 所涉及的政策问题进行总体协调。在有关多语种域名的技术、管理、政策以及法律事务等方面向 ICANN 理事会提出建议。CNNIC 工作委员会主任委员胡启恒院士是该委员会委员。

二、实现中文域名需要解决关键问题

（一）中文域名关键技术问题包括如下几方面：

（1）多语种域名要与英文域名的技术和体系结构相兼容。

简要地说，包括3方面的内容：非英文域名字符的编码方法（例如，将中文“网络”表示为一串英文域名字符串“xn--io0A7I”）、字符过滤和规范化（例如，不可见的字符不能用于多语种域名）以及多语种域名应用体系结构（例如，电子邮件应用中使用多语种域名）。2003年3月初，IETF已经通过3篇技术标准【RFC3490】、【RFC3491】、【RFC3492】，可以解决这三方面的关键技术问题。

（2）“.中文”域名的寻根问题。

由于现有全球互联网域名体系中，没有设置“.中国”、“.公司”和“.网络”这样的顶级域名，而中国国内已经将它们设为合法的顶级域名，所以，这就只能由我们自己解决它的可通性。我们可以通过设置中国的中文域名根服务器来实现国内的互通，但全球互通就必须取得ICANN的许可和正式授权。

（3）中文域名的繁简等效。

中文域名的特殊需求，举例来说，在目前IETF公布的多语种域名技术提议标准中，“清华大学.中国”和“清華大學.中國”是作为两个不同的域名来看的，而所有中文用户都知道他们应该是同一个域名，否则将会引起极大的混乱。由于繁体字和简体字之间有一对多、多对一甚至多对多等情况存在，使问题变得非常复杂。要彻底解决这个问题，没有纯粹的技术方案，必须配合以相应的注册政策。目前CDNC联合JET提出的多语种域名注册和管理指南（IDN－Admin－Guideline）是一个集技术和政策的综合解决方案，它将能最终解决这个大问题。

（二）中文域名非技术问题主要有：

（1）中文域名繁简等效的实现，除了在技术上的可行方案外，需要中文域名注册政策配合实施才行。

（2）“.中国”、“.公司”和“.网络”等中文域名的可用，在国内互通，需要设置中国的中文域名根服务器；全球互通，需要争取到ICANN的正式授权。

（3）中文域名根服务器的实施，必须兼容现有域名根服务器的功能，同时又满足中文域名目前的需求。

三、中文域名相关技术的国内外主要进展情况

（一）CNNIC中文域名系统的状况

随着2003年3月份，国际上IETF颁布了多语种域名（IDN）的三个技术标准（RFC），CNNIC的中文域名的技术方案也已经确定。CNNIC中文域名系统的实现方案是在“符合内地中文域名用户习惯，保证两岸四地互联互通”原则下，在CDNC范围内技术共享，协作开发而制定的。系统的总体设计有两个基本出发点，一是满足中文用户的需求，实现中文域名的独有的特色；二是遵循国际标准，完全兼容现行的域名体系。

域名服务是互联网的基础服务，因此在制定中文域名系统方案时，考虑到了支持各种基于域名服务的高层应用协议(如：WWW服务、电子邮件服务等)，从而提供一个完整的、系统的解决方案。它包括下面几个方面：

1．中文域名本地化特点

- 域名中汉字的繁体、简体等效
- 中文域名分隔符的等效（“。”与“.”都可以作为中文域名的分隔符）
- 支持两岸四地互通

2．兼容性和用户易实施性

- 系统必须与现行的英文域名体系具有良好的兼容性，不损害现行系统运行的稳定性、可靠性、安全性、高效性；
- 中文域名系统不对主流的域名服务器软件产生任何影响
- 支持现行域名系统能够支持的各种系统和服务平台。

3．符合国际多语种域名技术标准

简单地说，现在的中文域名解决方案是在不改变应用程序（网络浏览器、电子邮件程序等）固有的网络处理流程的基础上，在用户端加一个预处理部分，对用户的输入进行预处理，将汉字本地编码(如“网络”)可逆地转换为Unicode统一编码，再依据Punycode算法，将Unicode编码可逆地转换成英文域名字符串（如“xn--io0A7I”），使用编码后的ASCII字符作为网络通信的基本数据，然后将控制权交给应用程序，完成其后的其他处理流程，这些处理流产完全符合国际IETF多语种域名（IDN）的技术标准。

对中文域名繁简等效的处理，CNNIC 参与提出的多语种域名注册和管理指南(IDN-Admin-Guideline)，目前它的核心算法和主要内容已经为IETF等国际组织所接受，其实施的关键是要制定一个以中文繁简等效为主要内容的码表，目前中国内地和台湾地区都已经各自制定了一个码表，正在进行码表的整合工作，这一工作在2003年第一季度已经完成第二版。

（二）CDNC 的状况

CDNC 曾先后就中文域名中的主要技术问题（中文简繁体等效）以 CNNIC 为主向 IETF 联合提交了四版中文域名简繁体等效标准草案。

2002年8月CDNC横滨会议确定了在采用现有IETF多语种域名标准体系的前提下，配合JET的IDN－Admin－Guideline开发符合中文用户习惯以及维护中文用户利益的解决方案。

2002年10月CDNC上海会议，两岸代表主要就现有方案中的问题进行了细致的研究和讨论，并促成JET接受了更符合中文用户要求的IDN－Admin－Guidolino修改方案，这一方案已经在IETF等多语种域名研究群体中获得很好的评价。

CDNC的解决方案是在不影响现有IETF IDN-WG建议结构的前提下，采用客户端应用程序与服务器端注册解决相结合的方式在一定程度上解决中文域名的简繁等效问题，这种做法对最终用户是透明的。

当前，CDNC 的主要任务是尽快完成服务器端注册解决方案所必需的“中文域名繁简等效码表”，对表的结构和范围，CDNC 内部已经达成基本共识，目前正处于校对和整合阶段。

（三）JET 的状况

2002年3月在第九届曼谷JET会议上，CNNIC钱华林教授作为作者之一起草了多语种域名注册和管理指南（IDN－Admin　Guideline）标准草案，之后于2002年5月提交IETF。此草案的主要目的是解决多语种域名注册时的多语种字符异体问题，对于中文域名而言，我们可以借助此方案在一定程度上实现中文域名的简繁等效，增加中文域名解析成功的可能性，并最大程度地保障中文域名注册用户的利益。

2002年8月第10届横滨JET会议，CNNIC代表就简繁等效需求对草案中建议值的生成提出了重要的修改意见。之后应CNNIC代表的要求，将草案的覆盖范围暂时缩小到CJK范围。2002年10月第11届JET上海会议，CNNIC代表根据实际需求再次对IDN－Admin－Guideline草案中保留值的生成也提出了修改意见并取得了JET的共识，为IDN－Admin－Guideline草案的向实用性方向发展作出了重要的贡献。

目前草案中的解决方案的实施关键是制定各语种的域名用异体字码表，对中文来说就是中文域名繁简等效码表，CNNIC 由文字专家（汉字交换码中日韩联合研究组主编兼召集人张轴材等）和域名技术专家（中国科学院计算机网络信息中心钱华林研究员等）牵头制定，2002年10月已经推出一个初稿，目前正在与TWNIC的对应专家进行审核和整合。日、韩也已经将表的研制列入日程，并将在2003年有实质进展。在这方面CNNIC和TWNIC走在了JET的前列。

（四）IETF IDN-WG的状况

中国互联网络信息中心（CNNIC）从2001年初开始积极参与IETF IDN－WG的技术讨论，并先后向IETF提交了《中文繁简字符转换》、《多语种域名和独特标识/名称》等六篇有关IDN的互联网技术草案，并经IETF公布在其网站上供参与者广泛讨论。

CNNIC曾先后就中文域名简繁等效以及ACE（ASCII Compatible Encoding）编码效率等问题向IETF提交了多篇标准草案，中文域名简繁等效草案使得整个IETF对中文简繁等效的问题产生了广泛的重视，CNNIC对ACE编码效率的评估在IDN工作组选择ACE编码方式中起到了重要的作用，目前采用的ACE编码方法是Punycode。

2002年10月24号，IETF的IESG宣告IDN工作组的三篇技术草案punycode、nameprep、IDNA为提议标准。这些标准的通过，一方面为中文域名技术的应用和发展提供了技术基础；另一方面，必须看到，这三个技术标准并没有解决中文域名繁简等效等特色需求，必须辅之以如IDN－Admin－Guideline等技术和注册政策措施才能最大程度保护中文域名用户的利益。

（五）ICANN之IDN Committee的状况

2002年4月16日，IDN委员会发布了对于设立非ASCII顶级域名的讨论报告，其中CNNIC给出了反馈建议，建议指出：地理单位的界定涉及到各个国家和地区的主权问题，ICANN作为一个民间组织不宜涉入其中。这一建议在IDN委员会的最终报告中被采纳，作为一条建议提供给ICANN理事会。

2002年10月份在上海举行的ICANN会议期间，举办了ICANN IDN committee，TWNIC在报告中指出，现在“中文.com”/“中文.net”/“中文.org”下注册的域名没有处理繁简等效问题，因此引起的域名冲突分别是22.9%/20.9%/20%，引起参会者的严重关注。本次ICANN会议在IDN问题上的意见是，技术上的分析表明IETF通过的三个多语种域名标准并不足以消除冲突、混淆以及其他潜在的由于随意使用Unicode的任意字符注册多语种域名而带来的负作用。

四、发展趋势

可以预见，中文域名的发展趋势如下：

● 中文域名的技术方案必须兼容国际标准。从技术的角度来看，IETF 多语种域名的可用字符范围集采用了 Unicode，国际化编码（Unicode）涵盖了绝大多数中文信息用字，因此中文域名也是多语种域名的一部分，在互联网环境中，沿用和遵从 IETF 等组织的国际标准是一贯的原则和趋势。

● 域名服务是整个互联网运行的基础，整个域名服务体系必须采用一致的技术方案才能保证服务的稳定和正确性；中文域名技术的发展必须融入国际域名体系，而不是另立炉灶而独立于现有的域名体系。

● 两岸四地所属的中文域名有其特殊的繁简等效需求，这个问题在纯技术的范畴没有答案，必须辅之以必要的繁简等效技术和配套的注册管理政策，《多语种域名注册和管理指南》（IDN－Admin－Guideline）是一个比较好的选择。

● “.中文”中文域名的全球互通，首先需要通过设置中国的中文域名根服务器来保证国内互通，并且这个 DNS 根服务器既要兼容现有的 DNS 根服务器，又满足中文域名目前的需求；另一方面积极争取 ICANN 的正式授权，取得这些域名的国际合法授权。

2003 年 3 月份，IETF 正式发布了 IETF IDN-WG 的三个核心草案作为多语种域名的技术标准（RFC），随后主流操作系统和应用程序将会支持多语种域名，在一定时间的使用后，它们可能会最终成为互联网标准，那时各种系统和应用将会采用 IETF 的标准全面支持多语种域名。

《多语种域名注册和管理指南》（IDN－Admin－Guideline）草案会在近期再次提交更新版后要求公开发布，届时两岸四地的中文域名注册商将全面支持此方案。国内的厂商已经对中文域名表现出了很大的兴趣，伴随方案的公布，各种应用将会开始支持中文域名，CNNIC 将会在这个过程中充分发挥已有的技术和管理优势来推动中文域名的发展。伴随相应应用程序的支持，中文域名的普通用户将使用到期盼已久的两岸四地可以互通的中文域名。

2002 年 12 月，中国互联网用户已经达到 5910 万，成为世界第二大互联网用户国，如果加上世界其他地方的中文用户，中文将成为除英文之外的最主要互联网语言，而使用中文域名也将成为访问网络资源以及作为公司品牌宣传的主要方式。更符合中文用户习惯的，支持中文域名全简全繁等效的中文域名必将对推动互联网在泛中文地区的发展起到至关重要的作用。

33.2　关键词技术的现状及发展趋势

一、背景介绍

在互联网络发展的初期，其面对的主要是一些知识阶层，至少也需要具备基本的网络知识，但是随着网络的发展，它更多的是为普通民众服务，应用和服务也变得多种多样。随着中国互联网络的发展，文化阶层较低或不具备基本网络知识的使用群体有更大的增长趋势。如何方便这些普通的网民访问网络资源就成为一个迫切的、有待解决的问题。

对互联网上最广泛的应用——WWW 网站访问来说，答案就是关键词。关键词是一种识别和定位互联网资源的字符标识，是新一代互联网名称地址资源；通过关键词访问网站，是继IP、域名之后的新型互联网访问方式。关键词使互联网用户直接使用企业名、产品名、网站名等真实名称，即可直达目标网站或URL，无需 http://、www、.com、.net 等前后缀，是先进、快捷、方便的网络访问方式。中文关键词正是在这种用户的广泛需求下而应运而生的。

现在的关键词由最大长度为63字节的字符段组成，组成中文关键词的字符包括：中文字符（GBK 234区）、英文字母、数字和连字符（-）等。

中文是世界语言文字中使用人数最多的一种文字，随着中国互联网络的发展，中文网站和中文化的网络资源也将在互联网络中占有越来越大的比重。正如中英文域名大力推动互联网络的发展一样，中文关键词技术广泛应用也必将极大地推动中国网络的发展、应用和普及。用户可以不再担心语言的障碍，自由地访问网络资源；用户不用为多种后缀的域名不好记住而犯愁，不用为要得到某个产品或公司名称的完整域名而努力；从信息高速公路中获益的时候，人们将更清楚地明白中文关键词对中国互联网络的发展具有的非同一般的意义。

从国际范围看，基于DNS的网络资源访问技术也是一个热点问题，例如多语种域名（IDN）、关键词（Keyword）、目录（Directory）等等。关键词技术应当积极参与国际技术标准的制定，使中国互联网界在该项技术上不受制于人，有利于保证中国互联网发展的根本利益，扩大中国在互联网技术领域的影响。

二、关键词技术标准的国内外状况

（一）关键词技术标准国际状况

1. IETF

关键词在国际上属于互联网关键词（Internet Keyword）技术领域。

2002年3月21日，在Minneapolis举行的53th IETF会议期间召开了Keyword（KWNS）预备工作组（BOF）会议，CNNIC 的技术人员作为 Keyword BOF 会议的纲领性文档——《Keyword系统的定义和需求》的共同作者之一，在文档中阐述了在Keyword服务中解决中文繁简等效的必要性和可行途径，引起积极热烈的反响。

由于对Keyword的理解和定义难以达成一致，最终Keyword预备工作组会议（BOF）没有达成一致意见，没能成立一个Keyword工作组。由于下一代资源定位技术标准的确定工作势在必行，会后IAB前主席John Klensin 先生约见了CNNIC等相关人员，讨论了下一代资源定位技术框架及其相关技术的目标、发展方向和工作计划。

2. 关键词网址国际论坛（IFIK）

2001年10月20日，由CNNIC倡导并联合TWNIC、RealNames、Netpia和Neustar等国内外多家关键词注册管理和技术服务机构在北京共同发起成立了通用网址国际论坛（International Forum of Internet Keyword，简称 IFIK）。作为国际上第一家以关键词为主题的专业论坛，IFIK在关键词技术方面进行了卓有成效的研究和交流，其成果主要表现为向IETF提交的多篇技术草案和IETF Keyword 预备会议的技术文档等，并应邀在ICANN第12届会议上就关键词网址问题进行了专题讨论。

（二）关键词技术标准国内状况

在国内，有多家机构推出了关键词服务。由于不同机构提供的关键词客户端技术方案有所不同，不同方案之间互不兼容，有的还彼此覆盖，在一定程度上损害了用户的利益。另外，由于不同的关键词寻址服务机构之间用户注册的数据库互不相通，而且一些机构自身也缺乏权威性，使用户的长远利益得不到切实的保护。国外的关键词相关服务机构对国内的关键词市场也虎视眈眈。

鉴于这些情况，2003年4月15日，中国互联网络信息中心（CNNIC）联合搜狐、网易、腾讯（QQ）、百度、爱思美等国内著名互联网厂商共同发布了《关键词网络定位服务解析协议规范》，规范了关键词的解析流程和技术架构。六家发起单位共同倡议：遵守规范的要求，尊重用户体验，维护网络安全和信息安全，公平竞争，有序发展，共同创造一个稳定、健康的国内关键词寻址服务市场。该规范的发布，有利于中国赢得下一代互联网地址资源的控制权，同时促进关键词网络定位服务的健康、有序发展，切实维护用户利益。

三、关键词实现系统的国内外发展状况

（一）国外关键词实现系统的发展状况

1．美国实名公司（RealNames）

美国实名公司（RealNames）是美国硅谷一家专门做关键词服务的公司，是关键词（Keyword）解析技术的先行者之一，向IETF提交过多篇技术草案。但由于其作为商业公司运行维护关键词数据库的权威性受到广泛的质疑，再加上公司运作模式等原因，导致该公司在2002年6月份破产，其提供的关键词服务也同时终止。

2．韩国Netpia公司

韩国Netpia公司是国际上较早提供关键词服务的公司之一，除了在韩国国内之外，其服务系统已经扩展到泰国等国家。

（二）国内关键词实现系统的发展状况

从2001年开始，国内有多家单位提供关键词类似的服务。这些关键词服务系统的实现技术类似，实现原理基本相同，但关键词数据库并不全部统一。在中国互联网络信息中心（CNNIC）联合各互联网厂商发布了《关键词网络定位服务解析协议规范》后，情况得到改善，发起了单位统一的关键词根数据库，使关键词在一定范围内具备了互通性、一致性，有利于改善用户体验、保护注册用户的利益和推动关键词寻址技术的发展及应用。

1．通用网址系统

作为国家授权的IP、域名等互联网名称地址资源的注册管理机构，中国互联网络信息中心（CNNIC）在2001年8月4日推出了关键词的实现系统——通用网址服务系统。通用网址技术是一种下一代互联网地址访问技术，是实现浏览器访问网站的一种便捷方式，用户只需在浏览器地址栏中输入已注册为通用网址的企事业单位、产品的中文名称等，就可以直达该通用网址对应的网站。

2002年度，通用网址服务有了进一步的发展，表现为增加了新的访问途径和新增加了语音网址、WAP网址等通用网址增值服务。在访问途径方面，除了原有的下载安装客户端软件之外，CNNIC又与搜狐、新浪、百度以及国内20多家信息港等合作，借助这些网站提供的通用网址直达功能就能直接访问通用网址对应的网站；同时《关键词网络定位服务解析协议规范》的签约单位，在各自的系统下都将支持通用网址的解析和直达功能。

CNNIC 语音网址增值服务，用户只要下载一个基于浏览器的语音网址的小软件，借助它，通过麦克风说出要去的网站名称，经CNNIC语音网址服务器解析到相应网站的URL，用户就可以浏览到该网站的内容，可以免去用户使用键盘输入的麻烦。

CNNIC 推出的 WAP 网址测试平台，应用于如下场景：一个手机用户想访问“搜狐”WAP 站点，就不需记忆它的网址“wap.sohu.com”，只需知道他要访问的地址名称就行了。该方法简单易行，大大方便了用户手机浏览 WAP 网站的输入过程，避免了用户记忆大量 WAP 站点地址，也是应用于无线网络的互联网络寻址技术的一次新技术尝试。

2．国内其他关键词实现系统

国内部分公司也提供了关键词类似的实现系统，如 3721 公司的互联网关键词产品称作网络实名，百度公司的互联网关键词产品称作搜索伴侣。

网络实名服务是一种新型的互联网访问方式——在浏览器地址栏输入中文名称访问相关网站，对找不到的名称进行分词、模糊查询匹配到结果。网络实名服务是一种建立在域名层之上的应用层服务。网络实名通过技术手段，为用户输入的中文名称找到相应或相关的域名进行访问。网络实名服务的技术特点是，在并发访问的情况下，利用基于自然语言的推测实现信息检索；网络实名服务具有推测功能，用户输入不精确的名称，或拼音、拼音缩写、同音字、南方音等多种方式都可以使用。网络实名服务是由北京三七二一科技有限公司（3721.com）发明并提供的互联网应用服务，于 1999 年 6 月正式推出。

百度公司 2002 年起提供搜索伴侣功能，对用户输入的中文名称（关键词）进行查询匹配，如果精确匹配到结果，就直达到相应的网站；否则，转到百度的搜索引擎，得到搜索结果。百度公司目前是《关键词网络定位服务解析协议规范》的支持和发起单位之一。

四、发展趋势及意义

国内外的关键词实现系统的发展状况和经验教训启示人们，作为新一代互联网名称地址资源的关键词，其实现技术应该开放互通，关键词的注册管理和根服务器的运营应该交由国家管理或由国家授权的机构管理，这样有利于中国争夺下一代互联网地址技术的主动权和网络名称的管理权。

关键词技术是继中文域名以来，网络资源寻址技术的又一大热点，目前尽涉及到 HTTP 或 WEB 应用，以后可能向其他互联网的应用领域渗透或者提供更多的服务模式。

随着《关键词网络定位服务解析协议规范》的发布，必将有更多的单位加入到支持该规范的行列中，并且有利于维护用户利益；有利于尊重用户的需求和体验；有利于中国互联网界在技术上不再处处受制于人；有利于扩大中国在互联网技术领域的影响；有利于增强国家对互联网的控制能力，从而更好地维护中国互联网安全和网络信息安全；有利于保证中国互联网发展的根本利益。

33.3 ENUM 技术的现状及发展趋势

一、背景介绍

ENUM（tElephone NUmber Mapping，简称 ENUM）全称为电话号码到 URI 的映射，是

IETF的电话号码映射工作组定义的一个协议——RFC2916。RFC2916的题目为“E.164号码和域名系统（E.164 Number and DNS)”，它定义了将E.164号码转换为域名形式放在DNS服务器的数据库中的方法，每个由E.164号码转化而成的域名可以对应一系列的统一资源标识（Uniform Resource Identifier)，从而使国际统一的E.164电话号码成为可以在互联网中使用的网络地址资源。ENUM可以利用电话号码来查找注册人(Registrant）的电子邮件、IP电话号码、统一消息、IP传真或个人网页等多种信息。E.164号码是传统电信网络中使用的重要资源，DNS系统是互联网的重要基础，ENUM将两者结合起来，有益于传统电信服务向基于IP包交换的方向发展，ENUM是对促进两网最终融合具有重要意义的技术。

二、ENUM技术的标准化进展情况

（一）IETF

ENUM的概念最早是由IETF提出的，目前的相关研究工作在ENUM工作组中进行。该工作组制定了一系列的有关ENUM的技术草案和技术标准。ENUM的核心协议由IETF的RFC2916规定,RFC2916于2000年9月发布。RFC2916bis是其最新的版本,它替代RFC2916。该工作组还与其他标准组织（如ITU-T SG2）保持着密切的合作和联系。

（二）ITU

ENUM使用了E.164的号码资源，而这些号码由ITU负责管理，因此，在ENUM问题上，IETF需要与ITU密切合作。ITU主要负责ENUM相关管理问题的研究，主要包括，将应用于各种用途的E.164国家码插入到DNS系统中的管理原则和程序，ENUM实施中的顶级域TLD的选择和管理，并制定了一些补充规定提供有关ENUM的背景知识以及将E.164号码插入到DNS系统中要考虑的问题，它们适用于各国的电信管制部门和国际资源的管理部门，以便为ENUM实施提供指导。经对ENUM相关问题的多次讨论，各国代表在以下几方面达成了共识。

（1）全世界范围内建立惟一的DNS树来实现ENUM业务是一种便于管理的解决办法。

（2）由ITU-T负责向E.164/ENUM根域的DNS管理者提供以及分配的E.164的国家码的信息。是否将一个国家码保护在ENUM DNS系统中是各成员国的权力，如果一个国家同意将他管辖的E.164号码资源插入到ENUM的DNS系统中，则需要通知ITU-T，然后再授权给ENUM的DNS系统将该国家码插入。

（3）在ENUM的实现中，如何防止号码/名称的欺诈行为以及如何处理号码的变更等问题需要各国的电信管制部门考虑，不属于ITU的研究范畴。

三、ENUM国外的发展和试验状况

（一）北美

美国于2001年8月成立ENUM论坛，AT&T、Cisco和其他一些主要的电信公司和政府协同充实ENUM技术的实施。实验型的ENUM业务将在2003年推出。美国政府没有组织试验计划，政府应该会参与ENUM计划，但参与程度尚未可知。美国ENUM论坛向美国政府提交相关的规范和要求，政府据此决定自己在ENUM实施中的角色。

（二）欧洲

ETSI从2001年5月开始进行ENUM相关研究，已经出版了有关欧洲ENUM管理的报告。European Commission对正在进行的ENUM的相关活动进行监控。

英国各方面对 ENUM 试验有很大的兴趣，RIPE NCC 请求对应该国家码“+44”的授权，在 2002 年 5 月，英国国家码获得 RIPE NCC 的批准，授权插入到 DNS 中。英国将于 2002 年 12 月开始为期 6 个月的试验。

法国的 ART（Telecommunications Regulatory Authority）和政府工业秘书在 2001 年 5 月 23 日至 6 月 12 日就 ENUM 的问题组织了公共咨询，意在让 ENUM 的参与者认识 ENUM 并收集他们的观点。法国的国家码已获准插入到 E164.arpa 下，并于 2002 年开始为期 18 个月的试验。

瑞典在 ENUM 的相关研究和试验中表现的非常积极。早在 2001 年 9 月，瑞典首先向国际电联提出申请，申请在“.arpa”之下进行 ENUM 的试验，申请提出之后获得了批准，但试验一直没有开始。根据瑞典的试验计划，将于 2002 年 12 月开始试验，并于 2003 年 5 月结束。2003 年 7 月向政府提出最终的报告。

（三）亚太

韩国信息与电信部率先决定于 2003 年将 ENUM 技术推向商业运营。经过了一段时间在国内实验性 ENUM 业务的推广，韩国政府的信息与电信部希望在 2003 年年底之后将 ENUM 业务推向市场。日本也建立了 ENUM 工业论坛。

四、ENUM 在国内的发展状况

中国一直在关注国际标准化组织及其他国际对 ENUM 研究的进展。

（一）积极参与 ITU 对 ENUM 管理问题的研究

ENUM 实施中顶级域的选择问题，一直是中国政府十分关心的问题，这个问题最终需要 ITU 和 IAB 协商解决，中国一直在这个问题的研究中发挥着积极的作用。

1. 2002 年 2 月，在 ITU-T SG2 Q1 报告会议上，中国提交文稿，提出“申请一个新的顶级域专用于实现 ENUM”的观点；通过中国的努力，会议同意成立专门的联络小组研究申请一个新的通用顶级域专门用于 ENUM 全球实现的必要性和可行性问题，该小组由中国牵头。

2. 2002 年 5 月，在 ITU-T SG2 全会上，联络小组提交了主要由中国代表起草的“申请一个新的通用顶级域专门用于 ENUM 全球实现的必要性和可行性”提案，并得到了与会代表的肯定。

3. 2002 年 9 月，在丹麦举行的 SG2 Q1 报告人会议上，联络小组提交了主要由中国代表起草的“采用新的 TLD 和 ARPA 实现 ENUM 的评估报告”，进一步阐述申请一个新的通用顶级域专门用于 ENUM 全球实现的可行性和必要性。

4. 2002 年 11 月，在 ITU－T SG2 全会上，中国代表提交文稿“对 e164.arpa 和新 gTLD 进行比较的意见”和“中国的 ENUM 试验情况介绍”，并以联络小组的名义提交了主要由中国代表起草的“采用新的 TLD 和 ARPA 实现 ENUM 的评估报告一修订”。

（二）开展 ENUM 的国内试验

2002 年 3 月，信息产业部电信管理局和科技司联合组织 ENUM 应用试验协调会，确定了在国内进行 ENUM 应用试验的方案，并将试验工作分为通信业务、注册服务、域名解析、安全与法规以及国际跟踪和协调 5 个小组。

中国的 ENUM 研究工作进展情况如下：

2002 年 9 月，CNNIC 在中国建立并运行 6.8.e164.arpa 服务器；

2002年10月，开始修订ENUM试验计划；

2002年10月，CNNIC在中国建立运行e164.arpa辅域名服务器；

2002年12月，在ITU-T第二研究组会议上介绍中国ENUM试验进展。

五、ENUM技术投入实用还需解决的问题

ENUM的实现既涉及传统电信网，又涉及互联网。传统电信网具有较严格的管制，而互联网的管理则较为开放,因此如将传统电信网的号码资源插入到互联网的DNS系统中，必然会涉及管理方面的问题。如果不建立一个完善、严谨的管理机制，ENUM的实施可能会对现有传统电信网业务带来负面影响。因此，国际电联针对ENUM讨论的中心议题都围绕在ENUM实现过程中的管理展开。

在ENUM的实现过程中，能否建立完善的管理机制以避免对E.164号码资源的滥用是非常重要的，它是各国做出将自己管辖的E.164号码资源插入到DNS系统的决定时需要考虑的一个十分重要的问题。选择一个合适的TLD来实现ENUM是建立这样一个管理机制的核心部分。

经过对ENUM相关问题的多次讨论，业界在以下两个方面达成了共识。

（一）在全世界范围内建立惟一的DNS树来实现ENUM业务。如果分别在不同的顶级域名下建立不同的DNS树进行E.164号码翻译，那么E.164号码资源会被配置到不同的DNS系统中，这会导致E.164号码资源管理的失控，并带来E.164号码资源在不同的DNS系统中不一致的问题。

（二）由ITU-T负责向E.164/ENUM根域的DNS管理者提供已经分配的E.164的国家码的信息。是否将一个国家码包含在ENUM DNS系统中是各成员国的权力，如果一个国家同意将它所管辖范围内的E.164号码资源插入到ENUM的DNS系统中，则需要将这个决定通知ITU-T，然后ITU-T再授权给ENUM的DNS系统将该国家码插入。

目前，业界对ENUM实现过程中TLD的选择问题进行了热烈的讨论。中国、法国、德国的同行坚持，应该由一个中立的、公正的国际组织来实现 ENUM，而美国则支持采用“.ARPA”作为实现ENUM的TLD。

六、ENUM的发展趋势

ENUM对市场有巨大的潜在影响。对电信运营商而言，ENUM为电信服务商提供了新的定位和转接方式，为电信运营商充分利用互联网提供服务创造了有利的技术条件，并可以有效地促进其传统电信业务与基于互联网的业务的充分融合。ENUM 有利于基于纯 IP网络通信方式的普及，解决了从电话号码到IP终端设备寻址的问题，使电话号码可以同样用于基于IP包交换的电信业务。目前，英国的BT公司、法国的France Telecom公司、瑞典的Telia公司、美国的NeuStar公司、WorldCom公司、日本的NTT公司等都对ENUM技术表现出极大的兴趣，准备开展基于 ENUM 业务的试验。 关于 ENUM 的技术标准也是ENUM发展的重要问题。IETF的ENUM工作组目前正在积极进行有关ENUM服务技术标准的修订，其内容主要包括：对 RFC 2916 的修改以支持动态发现域名系统标准、ENUM注册和服务提供方面的技术标准、ENUM服务中的保护安全和隐私方面的技术标准。美国多个电信运营商、设备制造商、互联网络服务商和政府机构共同发起成立了ENUM论坛组织，专门研究ENUM在美国的管理和技术问题，AT&T、WorldCom、Cisco等公司都是该论坛的成员。该论坛的目标是在2003年初发布美国ENUM工业标准的第一个版本。

ENUM 同样为通信网络设备制造商提供了发展机会，通过提供支持 ENUM 查询功能的产品和 ENUM 服务设备，可以增加其产品的市场竞争力，扩大利润的来源。ENUM 可以把多种通信服务和一个电话号码绑定在一起，利用同一个号码通过不同的通信方式和一个人联系，ENUM 的发展将有利于支持多种通信协议终端发展。

ENUM 将带来个人通信方式的巨大改变。现在每个人的名片上有越来越多的联系方式，如电话号码、传真号码、手机号码、传呼号码、电子邮件地址、个人主页、语音信箱等，要想让别人记住自己所有的联系方式变得越来越困难，ENUM 提供的服务将有效解决这个问题。只要申请者将自己的电话号码加入 ENUM 的数据库中，并输入自己的各种联系方式，那么别人只要记住他的电话号码，就可以从不同的终端上以不同的方式与他进行联系。用户也可以为自己的各种联系方式设置一定的规则，使别人可以从不同地点、不同时间以不同的方式与他联系。可以将他出差的时候别人打来的电话都自动转到电子邮箱或转到个人主页的留言簿里，也可以方便地用 PC 机或 IP 电话和 PSTN 网上的电话通话。

ENUM 在未来将拥有巨大的市场。为了使未来的 ENUM 市场成为一个公平、有序的市场，必须认真考虑 ENUM 管理和实现的各种问题。国内在信息产业部的领导下，信息产业部电信研究院、中国互联网络信息中心等单位已经开始实施有关的 ENUM 研究计划，对 ENUM 在中国实现的管理和技术问题进行分析探索，目的是为 ENUM 在中国的长远发展找到一条可行的道路。ENUM 研究中的一项重要工作是开展 ENUM 业务的试验，这项工作需要电信运营商、设备制造商、域名管理机构、电信标准研究机构等方面的广泛参与和配合。目前 ENUM 试验的准备工作已经开始，目标是用一年左右的时间搭建一个 ENUM 业务试验平台，并开展各种可能的 ENUM 业务试验。

（中国互联网络信息中心　王艳峰）

第34章 网格——未来的互联网应用

34.1 网格的技术特征和业务益处

简单地讲，网格是把整个互联网整合成一台巨大的超级计算机，实现计算资源、存储资源、数据资源、信息资源、知识资源、专家资源的全面共享和协同。当然，网格并不一定非要这么大。我们也可以构造地区性的网格（如中关村科技园区网格）、企事业单位内部网格、局域网网格、甚至家庭网格和个人网格。网格的根本特征并不一定是它的规模，而是资源共享，消除了资源孤岛。

网格的技术特征如下。

- 资源共享，消除资源孤岛；协同工作。这两条是网格的基本技术要求。
- 通用开放标准，非集中控制，非平凡服务质量。
- 动态功能、开放系统、单一系统映像。

网格是未来10年计算机体系结构、操作系统、用户界面领域最重要的突破性创新机会。网格不是一个已经成熟的、有定论的技术，它正在不断展开，是我们能够影响与创造的技术。因此，它为中国提供了一个前所未有的创新机会，包括科学理论创新、技术创新和产业模式的创新。

说网格是突破性创新，是因为各种迹象都表明，像计算机历史上的IBM S/360系统、操作系统、关系数据库和Web一样，网格会产生计算机领域的新科学与新技术，使业界重新洗牌，从而淘汰或超越现有产品，开辟庞大的新市场。

2001年9月10日，美国《福布斯》杂志的科技版《Forbes ASAP》发表了一组文章，预告了网格技术的普及。文章分析了计算机技术的发展历史和近几年的趋势，并指出以下几点。

- 信息技术的下一次大浪潮将在2004～2005年度出现。
- 这个大浪潮将极大地改变我们的工作和生活。到2020年，由此产生的互联网将成长为一个20万亿美元年产值的大产业。
- 这一次浪潮的本质特征，就是全球万维网（World Wide Web）升华为全球大网格（Great Global Grid）。

这个GGG按应用模式可以分为4类，见图34.1。

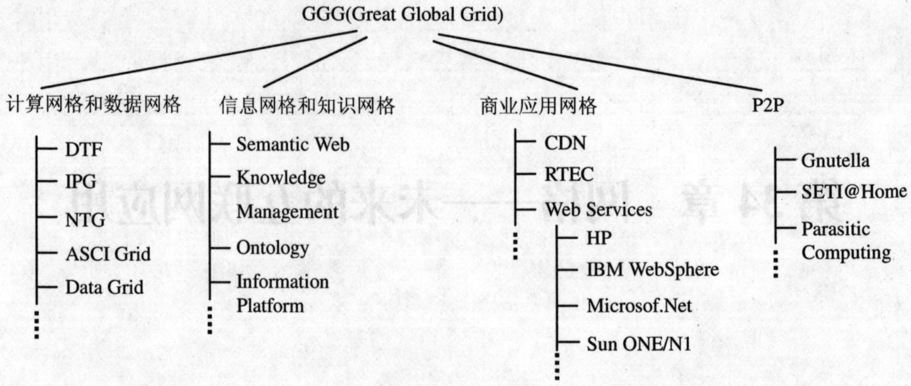

图 34.1　网格相关研究的一些常见实例

为什么《福布斯》杂志如此看好网格呢？主要的原因是网格能够从 5 个方面提高生产力（生产率），即提高产出和降低成本（见图 34.2）。这些也正好是中国用户总结的网格的好处。

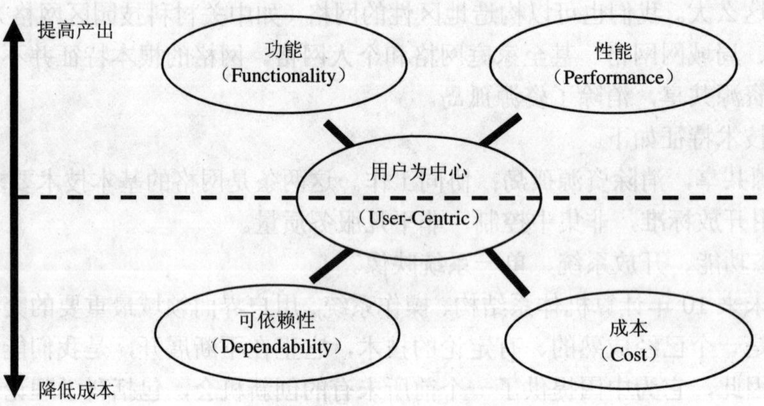

图 34.2　网格的业务益处

这 5 个方面中，用户为中心对提高产出和降低成本都有用。网格提供更高的功能和性能有助于提高产出，而网格的可依赖性技术与低成本技术则有助于降低成本。

网格的功能和益处包括：资源共享，协同工作；应用层面的互连互通；一体化服务（一站式服务），无障碍服务（自动化与无缝连接）；动态服务；现有系统集成（Legacy Integration）；共享资源（计算、软件、数据），提高利用率；负载平衡，容错容灾，就近服务。

网格的性能益处包括：拓广应用面，实现用户与用户间的交互（而不是用户与机器的交互），利用麦特考夫定律和布朗定律实现网络效应，提高系统的价值；服务器端提高资源利用率；自动化以减少人为环节；并行、缩短路径、拓宽瓶颈等优化。

用户为中心的两个突出特征是自主控制与专业化服务。自主控制：用户选择产品，而不是被厂家锁定（lock-in）。专业化服务：系统可根据用户需求个性化动态定制；应用、界面、安全与隐私策略、资源共享策略都可定制；定制策略可动态调整；用户确定定制策略、系统自动完成定制细节。

可依赖性常常被中国用户简化为安全可靠，但它包括 RAS（可靠性、可用性、可维护性），还包括安全性（Security）、隐私保护（Privacy）、诚信（Trust）。由于其连通性，网格的可依赖性面临更大的挑战，同时，网格也具有更高可依赖性的潜力（异地冗余，多途径检测、监控）。

上述益处（除用户为中心外），都可以使用现有技术实现，但网格的优势在于低成本（最根本的原因是基于通用开放标准的平台化），包括时间（开发时间、部署时间、维护时间）成本降低、人力成本降低、知识成本降低（系统的使用和维护更方便）、硬件和软件成本降低（独立性，"无限升级"）。

今天的计算机系统效率很低。用户只用到计算机软件的功能的 5%，大部分应用常常只能得到 5%甚至 1%以下的利用率。同时，一个趋势是："性能价格比"正在向"总拥有性能价格比"（Total Performance/Cost of Ownership）过渡，与性能表面上看起来无关的因素（如互操作性、可移植性、安全性、好用性、易管理性、高可用性、易部署性）越来越重要。网格带来的另一个趋势是：除了速度、响应时间、吞吐率等传统指标外，人们正在提出和使用更靠近用户的服务水平协议（Service Level Agreement）、生产力（productivity）、用户价值（value）等新指标。

34.2　网格是下一代互联网应用

有一些人把网格看成是未来互联网技术。国外媒体常用"下一代互联网"、"Internet2"、"下一代 Web"等词语来称呼网格相关技术。要注意的是，"下一代互联网"（NGI）和"Internet2"又是美国的两个具体科研项目的名字，它们与网格研究目标相交，但研究内容和重点有很大不同。

一旦关于网格的一系列协议标准面世，就会推动产生全球网络应用的第三次浪潮（前两次分别是 Internet、Web 的出现）。因此，我们将网格称为第三代互联网应用。简单地讲，传统互联网实现了计算机硬件的连通，Web 实现了网页的连通，而网格试图实现互联网上应用层面的连通，这就意味着所有资源的全面连通，包括计算资源、存储资源、通信资源、软件资源、信息资源、知识资源等等如图 34.3、图 34.4。

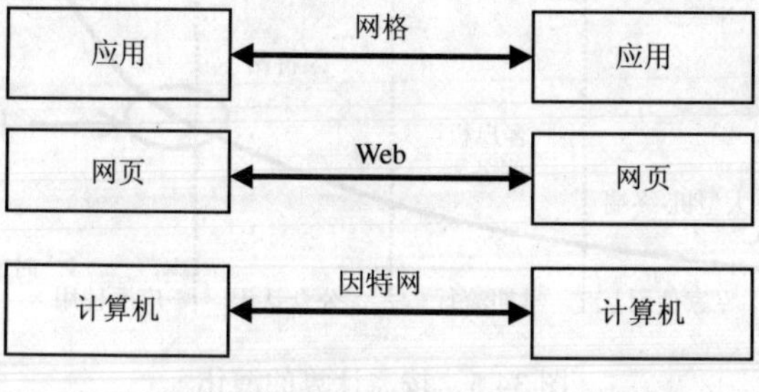

图 34.3　网格的功能益处：应用层面的互连互通

由于看到了网格的这种潜力和可能带来的巨大市场，各国政府和大公司近年来纷纷投入巨资开展相关的网格研究开发工作。这方面仍然是美国最为积极，除了现有的

TeraGrid（DTF）、ETF、各种应用网格计划、Middleware Initiative 以外，最值得注意的是 NSF Blue Panel 已经酝酿了两年多的 Cyberinfrastructure 计划。该计划可望在2004年左右得到批准，届时每年将增加6亿美元的研究经费，其中网格是一个核心技术。美国国家基金委认为，从20世纪80年代开始支持高性能计算中心，90年代开始支持计算网格计划(PACI、TeraGrid、ITR等)，到2005年左右将开始执行的Cyberinfrastructure计划，是美国利用高性能计算机保持科技领先的战略步骤。

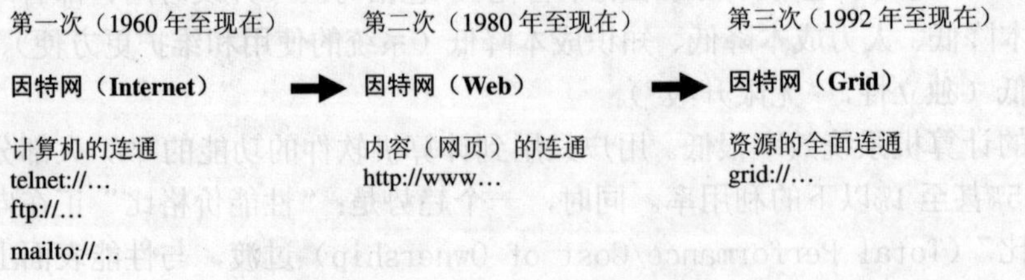

图 34.4　网络的3次大浪潮

欧洲方面最积极的是英国，荷兰、意大利与德国也有相当投入。连原来不甚积极的法国，也启动了一个称为 ACI（Action Concerte Incidative）Grid 的国家网格计划，牵头单位是 INRIA（Michael.Cosnard@inria.fr）。日本与韩国的网格计划已经启动，并各自成立了全国网格论坛。韩国的网格计划之一是 N*Grid，这个2002年～2006年的五年计划将投资3500万美元，但不包括网络和高性能计算机的投入。东京工业大学的松岗聪教授（他是 GGF 指导委员会成员）认为，到2004财年，网格技术将成为日本信息技术领域的基础设施类大项目。就连台湾，也启动了“知识创新网格”的三年（2003年～2005年）科研计划，总投资为3000万美元。

尽管政府的投入不少，但产业界的投入更多。比如，IBM 最近宣布投入100亿美元，启动“按需计算”（On Demand Computing Initiative）计划，这个计划由 IBM 资深科学家 Wladawsky Berger 领导，其主要内容是网格计算（grid computing）与自主计算（autonomic computing）。Wladawsky Berger 曾以“Beyond Technology: On-Demand Computing”为题，对“按需计算”做了精辟的介绍（见图34.5）。

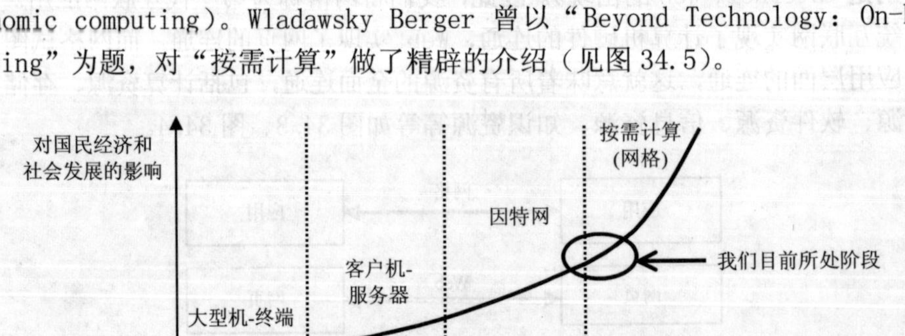

图 34.5　按需计算的演化

任何一种技术的发展可以分成4个阶段：（1）少数技术专家使用阶段，如计算机领域中的大型机—终端时代。此时，一般用户根本用不上计算机。（2）早期流行（early adoption）阶段，此时更多技术专家以及一般用户开始使用，如计算机领域中客户-服务器（微机-局域网）时代。这时，用户仍然需要有一定的计算机知识。(3) 公众认识（public recognition）阶段，此时广大社会民众对该项技术有了初步认识和认同感，如计算机领域中的互联网时代。计算机技术已在公众中流行起来（如网吧）。用户仍然需要知道计算机的知识。（4）在所谓的广泛使用（mass adoption）时代或“后技术时代”（post-technology stage），用户已经看不见技术（也不需要知道技术），只看得到技术带来的好处。

34.3 网格是不是分布式系统

对这个问题的简要回答是：网格是一种分布式系统，但网格不同于传统的分布式系统。

这个问题之所以必须回答，因为人们常常会问另一个相关的问题：为什么我们需要网格？现在已经有很多系统（比如海关报关系统、飞机订票系统）实现了资源共享与协同工作，这些系统与网格有什么区别？

我们把这些系统称为传统的分布式系统，IBM Global Service 与 EDS 是在这个领域最著名的公司。构建分布式系统有 3 种方法，即传统方法（我们称之为 EDS 方法）、分布自律系统（Autonomous Decentralized Systems，ADS）方法、网格（grid）方法。ADS 通常用于工业控制系统中。网格方法与传统方法的区别见表 34.1。

表 34.1　网格与传统分布式系统的区别

特　征	传统分布式系统	网　格
开放性	需求和技术有一定确定性、封闭性	开放技术、开放系统
通用性	专门领域、专有技术	通用技术
集中性	很可能是统一规划、集中控制	一般而言是自然进化、非集中控制
使用模式	常常是终端模式或 C/S 模式	服务模式为主
标准化	领域标准或行业标准	通用标准（+行业标准）
平台性	应用解决方案	平台或基础设施

34.4 网格是一种中间件，还是一种操作系统

目前国际上网格的研究看起来大量集中在中间件层面，但事实上正在创造下一代的操作系统和用户界面。比如，IBM 公司已经把 WebSphere 变成了的一个品牌，甚至直接了当地说 WebSphere 就是“Internet operating system”。Ian Foster 说他们的 Globus 的目标是成为“分布式计算的 Linux”。他进一步确认，Globus 就是开放源码的网格操作系统的核心。这方面公司最明显的是微软表现。

这种网格操作系统的基本结构继承了以前操作系统的做法，即一个核心（内核）加上一个框架，就像 GNU/Linux 一样（见图 34.6）。当我们说 Linux 操作系统时，我们实际上是指 Linux 核心加上 GNU 环境（亦称框架）。

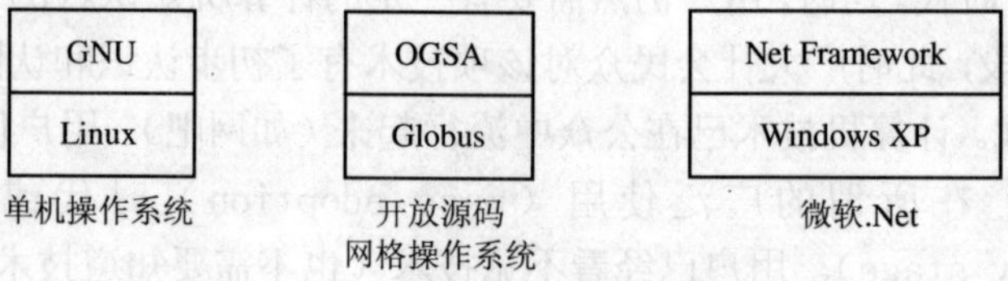

图 34.6　网格操作系统的基本结构

不论是学术界还是工业界（包括微软公司），都强烈希望只有一套开放的网格（包括 Web Service）技术标准。要注意的一点是 OGSA（Open Grid Services Architecture），Ian Foster 等人的“Physiology”论文并不是 OGSA 体系结构完整的规范说明(Specification)。用他的话说，写此文主要、的目的是号召同行。今后两年将是 OGSA 具体化和完善化的时间，这些工作将具体在 OGSI 和 OGSA Architecture 等小组里实现。中国同行还有机会影响网格的总体结构标准。一定不能以为 OGSA 已经定型了。OGSA 将先在 J2EE 和开放平台上实现，然后在.Net 上实现。

微软公司近几年大力增加研究开发经费，试图在 2005 年推出网格操作系统与网格用户界面。其在 2001 年投入 43 亿美元，在 2002 年投入 52 亿美元，年增幅达 20%。另外微软公司最近公布要新招 5000 名技术人员。有关微软近几年创新的更详细的信息参见徐志伟所著《电脑启示录》中篇《硅谷的秘密》一书，由清华大学出版社 2002 年 7 月出版。

比尔·盖茨认为，现在的桌面操作系统、服务器操作系统、Internet/web 有很多缺点，是效率很低、很笨拙的东西。它们将会被.Net 超越。而.Net 就是微软的 Internet 操作系统，或者叫分布式操作系统。当然，微软也要开发相应的 Office.Net 产品。

比尔·盖茨认为微软公司的产品开发在今后几年里会经历 3 次浪潮，目前的.Net 产品只是第一次浪潮。因此，我们不要盲目跟踪.Net，否则我们跟踪的很可能是将很快被淘汰的东西。

国内研究界甚至国际研究界有一种观点，认为网格这样的技术一定是“中间件”技术，即使把网格看成分布式操作系统，也必须运行在各个服务器或客户机的“本地”操作系统之上。这种观点不能说错误的，但可能是阻碍创新的观点。这就好像说 Windows 操作系统是一种中间件，因为它必须运行在 DOS 之上一样。现在看来，这种观点明显是荒谬的。

当微机操作系统从 DOS 向视窗过渡的时候，当时世界采用了两种技术路线：一种是微软的 Windows 1.0～3.0，另一种是 IBM 的 OS/2。前者需要先在微机上安装 DOS，后者则不需要（见图 34.7）。到了 1995 年，Windows 3.0 那种落后的方法就完全被淘汰了。

今天，微软公司和 IBM 公司似乎刚好交换了角色。IBM 公司（以及众多其他厂商和科研界）似乎是把网格操作系统（如 WebSphere）构造在本地操作系统（如 AIX、Linux）之上，而微软公司则似乎在走 OS/2 原来的路，构造一个无缝的操作系统，使其既是网格操作系统，也是本地操作系统。

综上所述，微软公司在今后几年里的动向非常值得关注。而且，它在思路上似乎已经领先于其他厂商。如果它运气好的话，2005 年～2010 年微软公司将会保持并巩固它在操作系统领域的垄断地位。

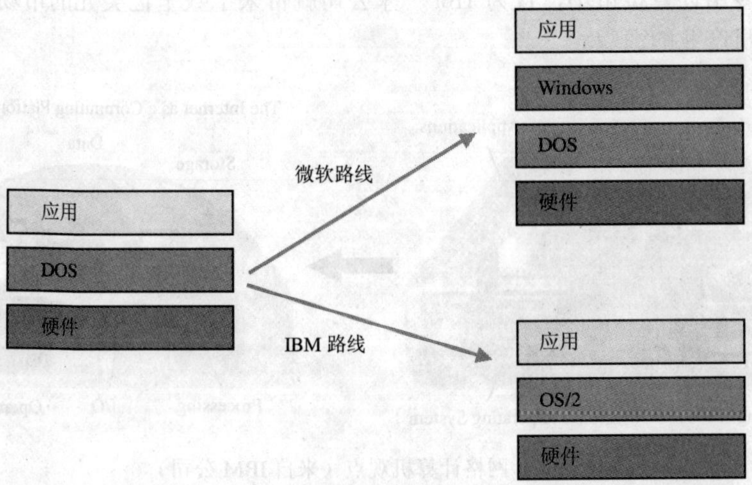

图 34.7　DOS 向 Windows 进化的两种技术路线

在用户界面方面，网格带来的主要洗牌可能是从面向过程、面向对象的模式向着面向服务用户（所谓 utility computing）的模式转移，从而改变人们开发应用和使用网格的方式。这方面的例子有以下几个。

- 微软 LongHorn 将用任务模式取代桌面模式。
- 网格"编程"语言可能变成更简单的标记语言（markup language），而不只是通常的 C＋＋、Java、数据库等面向过程或面向对象的语言。这些传统语言可能变成了网格计算机的汇编语言，由它们编写的程序则是网格计算机的库函数。
- 网格应用的开发时间可大大缩短，从 1 个月、1 周变成 1 天甚至 1 小时。
- 对网格编程人员的知识要求降低，从必须懂程序设计，变成经过短期训练或自学即可。

上述改变之所以可能实现，是因为网格服务库、网格操作系统、网格服务器软件和网格编程工具（如 Visual Studio.Net、我们在开发的 GSML 软件）将能够提供强有力的基础设施支持。

应用软件的开发模式也会改变。一个软件系统不再是由一个统一的团队开发，而可以是由多个互不知道的个人开发。用比尔·盖茨的话说，开发一个部件的人不知道另一个部件的功能和接口，甚至根本不知道另一个部件的存在。

34.5　网格计算机

目前国际上网格的研究集中在软件方面，尤其是网格操作系统和中间件层面。但是，从本质上讲，网格是计算机体系结构的创新机会，自然也就包括硬件创新的机会。我们可以从网格计算机的观点（见图 34.8）来看这个问题。

一些专家认为，计算机领域的突破性创新只能来自器件层甚至更底层(如量子计算)。其实并不然。与器件技术正交的计算机系统技术，也可能产生突破性创新。IBM S/360 系统的推出，产生了通用计算机家族、计算机体系结构、操作系统等根本技术，淘汰了绝大部分的专用计算机市场，仅为 IBM 一家公司就带来了数千亿美元的市场收入，改变了整个计算机产业的面貌。

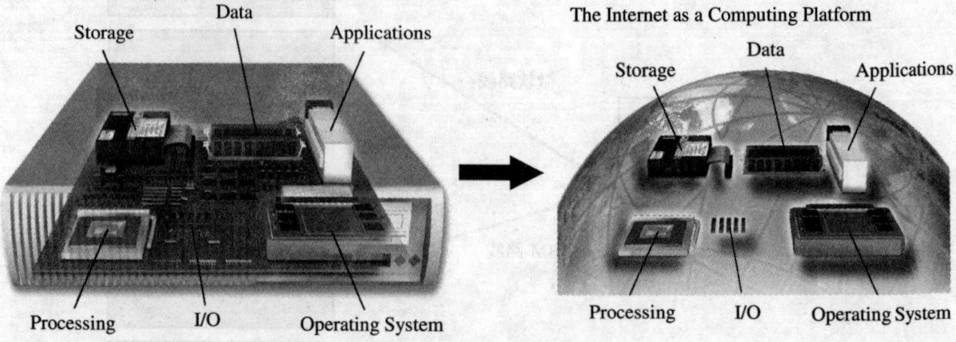

图 34.8　网格计算机观点（来自 IBM 公司）

现在世界上的分布式计算系统或网格计算系统领域，很像计算机工业在 IBM S/360 推出前的状况。它们大都是定制开发的专用系统，也有小部分是基于未能流行开来的准通用技术（如 CORBA），它们甚至没有公共编码（这就像 ASCII 标准出来之前计算机系统使用 FIELDATA、ITA2、Murray's code、Morse's code 的混乱状况一样）。这些系统开发、部署、应用、管理、升级、集成的成本都很大。

就像 IBM S/360 对计算机系统领域所起到的突破性创新作用一样，网格也将是分布式系统的突破性创新。它正在产生通用分布式系统家族、标准的分布式系统体系结构，以及网格操作系统等技术。与强调"分布"的传统分布式系统不一样，网格更强调将局域或广域的分布式系统看成一台虚拟的网格计算机平台。

如果我们将网格看成一台计算机，我们就不得不回答下述的科学和技术问题。

- 什么是这个网格计算机的公共编码？
- 什么是它的体系结构？
- 什么是它的存储器与地址空间？
- 什么是它的处理器与指令系统？
- 什么是它的外部设备？
- 什么是它的编程语言？
- 如何定义、设计与分析网格计算机的算法？
- 什么是它的操作系统？
- 什么是它的数据库？
- 什么是它的应用软件？

对于这些问题的研究，将推动计算机科学与技术的发展，在体系结构、操作系统、用户界面领域造成洗牌效应。

对于网格计算机的公共编码问题，业界已经有了回答，那就是 XML（W3C 的 Henry Thompson 称 XML 为分布式系统的 ASCII 码）。

对于网格计算机的体系结构问题，业界尚无明确的回答，但在操作系统层面已有一定共识，那就是 OGSA/Globus。2003 年推出的 Globus Toolkit 3.0（GT 3.0）可能会是被广泛认可的网格操作系统的内核，而在2003年出的OGSA Specification则是图标将作系统的框架。另外一组则是Web service的体系结构，如.Net。这两组结构可能会最终合成一体。要注意的是，上述结构的研究者在开发它们的时候，主要是站在网格操作系统的层面考虑，对网格计算机的“硬件”体系结构则考虑不是很多。这方面的工作还几乎是一片空白，有很多创新的机会。这方面的工作例子有如下两个。

- Intel已开始研究它的芯片如何支持网格和Web service。
- 中科院计算所的曙光4000、蓝鲸网络存储系统、网格路由器等工作。

当然，这方面最重要的问题还是网格计算机的整体体系结构。我们一般把传统CPU芯片的体系结构分解成3个内容：（1）地址空间；（2）寄存器（包括状态寄存器）；（3）指令系统。地址空间是计算机体系结构的核心内容。它的一大进展发生在60年代，产生了物理地址、有效地址、逻辑地址、虚拟地址、动态寻址等技术，从而使得分时系统、交互式系统、现代操作系统、有效的高级语言编程变得可能。

下面举两个例子，说明国际上对网格体系结构的研究已有一定深度。

什么是网格计算机的主板？一个相关的领域就是CDN。MIT和Akamai已有多年的研究。Akamai的基于edge server的体系结构不仅能够加速内容分发(contents delivery)，而且已经能够加速应用分发（applications delivery），加速比高达5倍。

什么是网格计算机的CPU？我们认为是面向网格的超级服务器。网格上的一个应用特征就是spike，越需要的服务请求越多、spike越大，使得超级服务器提供的吞吐率大幅降低、延迟指数增加，让用户感觉到服务器崩溃。国际上已有很多研究，其目标是使得在服务请求增多、服务器饱和时，吞吐率能够保持在（最大的）饱和值，延迟只有线性增加。而要达到这个目标，我们可能需要系统层面的创新，改变目前服务器普遍使用的进程和线程模型。

34.6 国外网格研究的不足

我们不仅要看国际技术发展趋势，还要分析国外的研究有什么弱点和问题，这能找出我们的机会。我们认为，国外网格研究有5个方面的不足。

一、信息网格和知识网格还几乎是空白

目前国外的研究集中在计算网格、数据网格、商业网格（web service）3个方面，在P2P和Access Grid方面也有很多工作，但在信息网格/知识网格方面工作很少。尽管GGF已有了Semantic Grid的一些工作，但还缺乏内容。

二、网格应用开发界面与使用界面还很差

GGF的界面领域还没有工作组，只有几个研究组，都在做偏计算和数据的研究。OGSA/Globus主要提供API界面。IBM、HP、SUN、BEA、微软等都推出了类似Visual Studio.Net这样的工具。但它们属于网格计算机的库函数开发工具的层次。

三、支持网格的超级服务器的需示尚不清楚

高性能计算机如何支持网格？它的体系结构和操作系统该如何改变？这些问题目前还没有答案。这方面的一个进展是GGF关于使用CIM的共识。这样至少对SUN公司的服务器而言，网格与网格结点可以采用相容的资源信息服务标准，有助于网格与网格结点的无缝衔接。

四、网格操作系统还不完善

网格系统软件是网格研究界投入最多的领域。但目前它仍有很多不完善的地方，比如以下几点。

- 网格文件系统还几乎是空白（除微软公司的 Yukon 计划之外）。
- 网格资源定位（亦称命名）还是个难题。网格用户身分（ID）还没有定论。
- 网格授权与访问控制的工作还处于起步阶段。

五、网格的基础研究还很薄弱

这方面国际上还很少有成果发表。

34.7 中科院计算所在网格研究方面已开展的工作

在“863”计划和科学院知识创新工程的支持下，从 90 年代末开始，中科院计算所就已开展关于网格技术的研究。九五计划期间主要进行国家高性能计算机环境建设，实质上是建立一个初步的网格实验环境，目前已在北京、上海等 8 个城市设立了高性能计算节点。2001 年以后计算所在网格系统软件、网格浏览器、网格服务器、信息网格、知识网格、网格应用等多方面开展了网格基础研究和关键技术研究，这些研究统称为织女星网格研究。2001 年 10 月在 IEEE International Conference on Cluster Computing 上向国际第一次公布织女星网格。织女星网格已被确定为计算所科研工作的“伞把”，其研究已取得以下一些重要进展。

一、网格基础研究

在网格地址空间，即网格资源定位（寻址）方面，我们提出了“网格社区”技术，将网格资源分成物理资源、逻辑资源和虚拟资源 3 个层次，对网格计算机的虚拟化工作做了有益的探讨，有助于大大降低网格编程的难度。

另一个进展是更基础层面的研究。在自图灵机以来的各种计算模型（如 RAM、PRAM、BSP）中，地址空间的每个地址只能有读/写操作。我们提出了“主动存贮计算机”（CAM）模型，增加了对地址的执行等主动操作，有助于更好地研究网格计算机指令系统（即 WSDL、GSDL 等网格协议），以及网格算法的设计与分析问题。

二、织女星知识网格（Vega-KG）

Vega-KG 小组在知识网格方面的研究工作在国际同行中处于领先行列，在一年时间里进展迅速，完成了（含已发表或已被接受）十余篇论文，包括 7 篇 SCI 国外杂志论文，其中包括第一篇有关知识网格的国际杂志学术论文。Vega-KG 小组（国外称中国知识网格小组）在国际上已有初步影响。Vega-KG 的一项成果是提出了一种比较通用的多维资源空间模型及 3 个范式，并证明了一些操作算子的规范性，在“数据库上网”方向迈出了重要的第一步。它的潜力是发展成为类似关系数据库中关系代数这样重要的网格资源规范组织理论。它还对 VEGA 原理中的 V 和 G 给出了初步但具体的解答，对 CPU 上网、存贮上网、语言上网、OS 上网等研究也有参考作用。

三、织女星信息网格（Vega-IG）

Vega-IG 研究初步的成果包括：对铁路、奥运等实际需求的调研产生的典型信息网格应用场景；在此基础上开发的初步的探索式原型；一个初步的信息网格时空模型，可用作指导信息网格体系结构设计与优化；一个初步的多策略访问控制机理。

四、织女星服务网格（Vega-SG）

Vega-SG 研究最大的成果是已基本明确了研究路线和体系结构，比较有意义的包括 GSML 软件包、网格社区，还包括网格文件系统、面向用户行为的信息网格时空模型、基于 I/O 自动机的网格安全模型。

五、GSML（Grid Service Markup Language）

GSML 是织女星网格的高级编程语言和用户界面语言。如果把 GSML 看成是网格计算机的 C 语言的话，我们现在使用的高级语言（如 Java、C#、SQL、Fortran、CGI 和其他脚本语言等）就是网格计算机的汇编语言或库函数。GSML 在 3 个方面进行了抽象，使用户可以更为简便地开发网格应用和使用网格。

GSML 软件包包括 GSML 语言和 GSRP 协议这两个标准文档（打算在 2003 年～2004 年提交 GGF）以及 GSML 浏览器（又称为网格浏览器）、GSML 服务器（又称为网格服务器）、资源映射器、GSML Composer 这 4 个软件工具。随着 GSML 这样的语言的出现，语言翻译（如编译）也面临新的课题。网格翻译器的设计可能是一个崭新的课题。

六、织女星个人网格（Vega-PG）

Vega-PG 是织女星网格实现自主控制和以用户为中心的重要措施之一。它的意义可以从计算机发展史来类比。从计算机体系结构角度来看，单台式计算机的发展有 3 个里程碑：ENIAC、IBM S/360、PC。将这些发展类比到分布式系统，则现在的网格工作相当于构造分布式系统的 IBM S/360，Vega-PG 则是在构造分布式系统的 PC。我们在 2002 年 11 月的 PDCS 国际会议上报告了 Vega-PG 的概念和初步工作。

七、面向网格的服务器

曙光服务器如何面向网格设计已在思路和总体概念上有大的突破，曙光的机群操作系统已经有了基于服务的一个全新版本。计算所研制的蓝鲸网络存储系统初步实现了“动态功能部署”和“硬盘上网”，且在“硬盘上网”的热插拔方面做到了能“插”。

（中国科学院计算技术研究所 徐志伟 李国杰）

第35章 IPv6技术开发及应用状况

35.1 IPv4到IPv6过渡技术综述

一、过渡问题的出现

随着互联网的不断发展，原有的IPv4的许多不足逐渐暴露了出来，这里面最迫切需要解决的就是IP地址空间耗尽和骨干路由器中路由表过于庞大的问题。这两个问题直接导致了IETF成立IPng工作组来制定新一代的IP协议，并在1995年底为它分配了版本号6，称为IPv6（或IPng）。为了彻底解决目前IPv4遇到的问题并对未来的应用提供更好的支持，IPv6的设计者们最后决定将IPv6设计成一个新的协议，而不仅仅是IPv4的扩展。尽管在设计IPv6的时候已经充分考虑了和IPv4的兼容性，但是它们不是完全兼容的。可以预见，互联网由IPv4向IPv6过渡需要一段相当长的时间才能完成。在这段时间内这种不兼容性的影响将会很突出，IETF已经成立的专门的工作组NGTRANS来研究从IPv4向IPv6的过渡问题。

二、过渡机制概述

目前面临的主要问题不是IPv6本身的问题，而是如何渐进地、无伤害地由基于IPv4的网络过渡到基于 IPv6 的网络，同时尽可能减少过渡的成本的问题，SIT（Simple Internet Transition）阐述了过渡的要求。

由于过渡是渐进的，在过渡的初期，互联网将由运行IPv4的“海洋”和运行IPv6的“小岛”组成。随着时间的推移，IPv4的“海洋”将会逐渐变小，而IPv6的“小岛”将会越来越多，最终完全取代IPv4。在过渡的初期，要解决的主要是IPv6“小岛”之间的通信问题，随后是IPv6“小岛”和IPv4“海洋”之间通信的问题。针对这两类问题已经提出了很多方案，有一些已经相当成熟并形成了RFC，有一些还只是草案。

解决过渡问题的成熟的基本技术主要有3种。

1. 双协议栈（Dual Stack，RFC2893）

主机同时运行IPv4和IPv6两套协议栈，同时支持两套协议。

2. 隧道技术（Tunnel，RFC2893）

这种机制用来在IPv4网络之上连接IPv6的站点，站点可以是一台主机，也可以是多个主机。隧道技术将IPv6的分组封装到IPv4的分组中，封装后的IPv4分组将通过IPv4 的路由体系传输，分组报头的“协议”域设置为 41，指示这个分组的负载是一个

IPv6 的分组，以便在适当的地方恢复出被封装的 IPv6 分组并传送给目的站点。

根据封装/解封装操作发生位置的不同，隧道可以分为 4 种。

（1）路由器到路由器（Router-to-Router）

（2）主机到路由器（Host-to-Router）

（3）主机到主机（Host-to-Host）

（4）路由器到主机（Router-to-Host）

根据建立方式的不同，隧道又可以分成两类：

（1）（手工）配置的隧道（Configured Tunnel）

（2）自动配置的隧道（Auto-configured Tunnel）

3. NAT-PT（Network Address Translation - Protocol Translation，RFC2766）

利用转换网关来在 IPv4 和 IPv6 网络之间转换 IP 报头的地址，同时根据协议不同对分组做相应的语义翻译，从而使纯 IPv4 和纯 IPv6 站点之间能够透明通信。

基于这 3 种基本技术派生出了许多种方案，可以分别针对特定的情况，解决某些特定问题：

（一）IPv6“小岛”之间的通信

1.（手工）配置的隧道（Configured Tunnel，RFC2893）

这种隧道的建立是手工配置的，需要隧道两个端点所在网络的管理员协作完成。隧道的端点地址由配置来决定，不需要为站点分配特殊的 IPv6 地址，适用于经常通信的 IPv6 站点之间。这些站点之间必须有可用的 IPv4 连接，采用这种机制的站点至少要具有一个全球惟一的 IPv4 地址，站点中每个主机都至少需要支持 IPv6，路由器需要支持双栈。在隧道要经过 NAT 设施的情况下这种机制可能不可用。

2. 自动配置的隧道 （Auto-configured Tunnel，RFC2893）

这种隧道的建立和拆除是动态的，它的端点根据分组的目的地址确定，适用于单独的主机之间或不经常通信的站点之间。自动配置的隧道需要站点采用 IPv4 兼容的 IPv6 地址（IPv4 Compatible IPv6 Address，0::IPv4ADDR/96），这些站点之间必须有可用的 IPv4 连接，每个采用这种机制的主机都需要有一个全球惟一的 IPv4 地址，采用这种机制不能解决 IPv4 地址空间耗尽的问题。这种隧道的两个端点都必须支持双栈。在隧道要经过 NAT 设施的情况下这种机制不可用。

3. Tunnel Broker（RFC3053）

Tunnel Broker 不是一种隧道机制，而是一种方便构造隧道的机制，可以简化隧道的配置过程，适用于单个主机获取 IPv6 连接的情况。Tunnel Broker 也可用于站点之间，但这时可能会在 IPv6 的路由表中引入很多条目，导致 IPv6 的路由表过于庞大，违背了 IPv6 设计的初衷。用户可以通过 Tunnel Broker 从支持 IPv6 的 ISP 处获得持久的 IPv6 地址和域名。Tunnel Broker 要求隧道的双方都支持双栈并有可用的 IPv4 连接，在隧道要经过 NAT 设施的情况下这种机制不可用。

4. 6to4（RFC3056）

6to4 也是一种自动构造隧道的机制，这种机制要求站点采用特殊的 IPv6 地址（2002:IPv4ADDR::/48），这种地址是自动从站点的 IPv4 地址派生出来的，每个采用 6to4 机制的节点必须具有一个全球惟一的 IPv4 地址。由于这种机制下隧道端点的 IPv4 地址可以从 IPv6 地址中提取，所以隧道的建立是自动的。6to4 不会在 IPv4 的路由表中引入新的条目，在 IPv6 的路由表中只增加一条表项。采用 6to4 机制的 IPv6 ISP 只需要做很少的管理工作，这种机制很适用于运行 IPv6 的站点之间的通信。6to4 要求隧道中至少有两台路由器支持双栈和 6to4，主机要求至少支持 IPv6 协议栈。

6to4 机制允许在采用 6to4 的 IPv6 站点和纯 IPv6 站点之间通过中继路由器（6to4 Relay Router）进行通信，这时不要求通信的两个端点之间具有可用的 IPv4 连接，中继路由器建议运行 BGP4+。

5. 6over4（RFC2529）

6over4 也是一种自动建立隧道的机制，可用于在一个物理链路上的 IPv6 主机。与 1.2 不同的是，6over4 利用 IPv4 的组播机制来实现虚拟链路（注意不是显式的隧道），这种机制要求站点支持组播，并且要求站点内采用这种机制的主机和路由器都支持 6over4。一台 6over4 的路由器在站点内广播它的 IPv6 网络前缀，这种机制不需要 IPv4 兼容的地址或手工配置的隧道，适用于一个站点的内部。当采用 6over4 的站点通过一台支持 6over4 的路由器与外界相连时，站点内的主机可以和外部 IPv6 站点通信。

6. BGP Tunnel（Internet Draft）

这种机制适用于 IPv6 站点之间的通信，可以在 IPv4 的网络中动态的建立隧道。它只需要为每个采用这种机制的站点分配一个 IPv4 地址以及由此派生的 IPv4 兼容地址。与自动隧道不同，这种隧道建立在路由器之间。与 6to4 不同，采用这种机制的站点不必采用特殊的 6to4 IPv6 地址。这种机制需要站点的边界路由器运行 MP-BGP 协议。

（二）IPv6“小岛”与“IPv4”海洋之间的通信

1. Dual Stack Model（RFC2893）

在这种模型下，任意节点都是完全双栈的。这时不存在 IPv4 与 IPv6 之间的相互通信问题，但是这种机制要给每一个 IPv6 的站点分配一个 IPv4 地址，这个要求随着 IPv6 站点的增加会很难得到满足。

2. Limited Dual Stack Model（RFC2893）

在这种模型下，服务器和路由器仍然是双栈的，而非服务器的主机只需要支持 IPv6。这种机制可以节省大量的 IPv4 地址，但是在纯 IPv6 和纯 IPv4 节点之间的通信将会出现问题。

3. SIIT（Stateless IP/ ICMP Translation，RFC2765）

SIIT 定义了在 IPv4 和 IPv6 的分组报头之间进行翻译的方法，这种翻译是无状态的，因此对于每一个分组都要进行翻译。这种机制可以和其他的机制（如 NAT-PT）结合用于纯 IPv6 站点同纯 IPv4 站点之间的通信，在采用网络层加密和数据完整性保护的环境下这种技术不可用。

4. NAT-PT（Network Address Translation - Protocol Translation，RFC2766）

这种机制在 IPv4 分组和 IPv6 分组之间进行报头和语义的翻译，适用于纯 IPv4 站点和纯 IPv6 站点之间的通信。对于一些内嵌地址信息的高层协议（如 FTP），NAT-PT 需要和应用层的网关协作来完成翻译。这种技术在采用网络层加密和数据完整性保护的环境下将不能工作。

5. BIS（Bump-In-the-Stack，RFC2767）

这种技术允许不支持 IPv6 的应用程序能够透明的访问纯 IPv6 站点。这种机制要求主机必须是双栈的，同时要在协议栈中插入 3 个特殊的扩展模块：域名解析模块、地址映射模块和报头翻译模块，相当于在主机的协议栈中使用了 NAT-PT。

6. BIA（Bump-In-the-API，Internet Draft）

这种技术同 BIS 类似，只是在 API 层次而不是在协议栈的层次上进行分组的翻译，实现起来比 BIS 要简单一些。

7. SOCKS64（Socks 6 to 4，Internet Draft）

SOCKS64（SOCKS Gateway）是原有 SOCKS 协议（RFC1928）的扩展，相当于 IP 层的代理。这种机制不需要修改 DNS 或者作地址映射，可用于多种环境，但是需要采用 SOCKS 代理服务器，并在客户端安装支持 SOCKS 代理的软件，对于用户来讲不是透明的。

8. TRT（Transport Relay Translator，Internet Draft）

这种机制和 SOCKS64 相似，但是它是在传输层进行操作，而不是在网络层。TRT 就相当于传输层的代理服务器。

9. DSTM（Dual Stack Transition Mechanism，Internet Draft）

这种机制适用于双协议栈的主机同纯 IPv4 站点之间通信的情况。采用 DSTM 的双协议栈主机将会临时得到一个 IPv4 地址（可采用扩展的 DHCPv6）用来同 IPv4 主机通信。这种机制需要 DSTM Server 的支持以动态获得 IPv4 地址，采用 DSTM 技术的站点内部使用 IPv6 的路由体系，IPv4 的数据报将会被封装到 IPv6 数据报中在站点内传输。

目前的 DSTM 不支持纯 IPv4 站点主动发起的与 DSTM 主机的通信。

10. ALG（Application Level Gateway）（Internet Draft）

这种方法在 IPv4 中即已广泛应用，比较有代表性的就是 HTTP 的代理。ALG 和 TRT、SOCKS64 类似，不同点在于 ALG 是应用层的网关。这种方法需要有专门的代理服务器，针对不同的应用要设置不同的代理，同时还需要客户端应用也在不同程度上支持代理，灵活性很差。

以上是目前学术界在讨论中的一些由 IPv4 网络过渡到 IPv6 的机制。无论采取哪一种机制，对 DNS 的扩展都是必须的（RFC2874）。对于不同的机制，DNS 解析时返回地址的顺序、主机使用返回地址的顺序有时很关键。这些过渡机制都不是普遍适用的，每一种机制都适用于某种或几种特定的情况，而且常常需要和其他的技术组合使用。在实际应用时需要综合考虑各种实际情况来制定合适的过渡策略。

35.2 中国 IPv6 研究现状

IPv6 的出现引起了世界重要研究机构和公司的重视，也同样引起了中国研究界和工业界的重视。

目前 IETF 已经并在继续制定大量的 IPv6 相关标准，包括地址结构、域名解析、安全、自动配置、邻居发现、路由协议等方面。同时为了对 IPv6 协议特性进行研究并积累 IPv6 组网经验，IETF 于 1996 年建立了全球范围的试验床（Testbed），称作 6Bone。6Bone 是一个虚拟的网络，以隧道（tunnel）的方式通过基于 IPv4 的互联网实现互联。1998 年底，面向实用的全球性 IPv6 研究和教育网（6REN）开始启动，建立了物理的以 ATM

为中心的 IPv6 洲际网络。

中国是互联网和移动通信大国，应在下一代互联网标准和资源分配中力争更大的主动。IPv6 对中国来说是一个契机，既是解决中国地址匮乏问题的关键，又是在互联网领域施展身手、赶超先进国家的重大机遇，中国应不失时机地建立起强大的互联网产业，以 IPv6 为核心，推动网络的融合，让网络更好地为大众服务。

中国对 IPv6 的研究始于 1998 年，是世界上积极推动 IPv6 发展的国家之一。目前中国的 IPv6 研究工作主要着眼在实验网络建设、设备研发、应用及运营模型、标准制定和研发等各方面。

1998 年 6 月中国国家教育科研网（CERNET） IPv6 示范网加入了 6Bone，并于同年 12 月成为其骨干成员，在 IPv6 领域在中国开展了许多开拓性的研究。从 1999 年底，CERNET 与 NOKIA 合作，启动了 Internet6 计划，准备首先在中国的若干高校搭建 IPv6 网络，形成一个大规模的 IPv6 研究和试验网络。

1999 年 9 月，IPv6 的“863”课题研究启动，极大地推动了 IPv6 在中国研究的发展。1999 年 12 月，下一代互联网研究的第一个项目——NSFCNET（中国高速互联研究试验网）开始进行。NSFCNET 连接了清华大学、北京大学、北京邮电大学、中国科学院等 6 个节点。

2000 年，天地互联信息技术有限公司建立了中国第一个面向商用的 IPv6 试验床，2001 年实现了与清华大学和北京邮电大学的互联互通，并加入了 6BONE。

2002 年 3 月，天地互联信息技术有限公司与信息产业部电信传输所联合发起成立了 6TNet（IPv6 Telecom Trial Net）组织，联合国内外运营商、IPv6 厂商及主要研究机构，共同搭建多运营商和多厂商的 IPv6 试验平台，旨在建立一个技术领先、设备先进、切合实际的多运营商、多厂商互联互通的 IPv6 网络平台，针对运营商对 IPv6 商业服务所需的各项功能进行研究和测试，并研究和开发集语音、数据和视频于一体的多业务应用及其可行的业务模式，致力于中国的 IPv6 推广与商用化进程。目前，基于 6Tnet 平台已经完成了对主要设备厂商的吉比特高端路由和 IPv6 协议栈一致性的测试工作，包括 IPv6 规范、协议、过渡策略、SNMP、QoS、网络安全等。在下一阶段中，6Tnet 计划同日本的 JGN 和欧洲的 Euro6IX 等国外主要的 IPv6 网络进行互联。

2002 年 6 月 6 日，国家计委和日本经济产业省签署了《下一代互联网中日 IPv6 合作项目》政府间合作谅解备忘录。该项目由中国和日本双方共同出资，两国专家共同开发试验。项目包括 IPv6 试验网的建设与试验、系统开发、应用技术开发、标准化 4 方面内容。中国将在北京、上海、广州建立 3 个 IPv6 试验点。

同时，国家计委将设立专项基金，用于推动 IPv6 的产业化进程。国家科技部在国家“863”计划中，也明确提出要大力发展 IPv6 研究与开发，并组织了多个课题进行招标，配套了发展 IPv6 的专项基金。信息产业部对 IPv6 技术也十分重视，“积极跟踪、把握机遇、稳妥推进”，并与日本政府签署政府间合作备忘录，共同推进 IPv6 产业化。

在 IPv6 标准研究和制定方面，目前中国 IPv6 标准化工作已经由信息产业部启动。首批列入标准制定的内容包括 IPv6 基本协议、IPv6 网络总体要求、邻居发现、无状态地址配置、移动 IPv6、路由协议 OSPF 和 BGP4 等。

在硬件方面，中国的主要设备提供商也积极追踪 IPv6 技术发展，并进行了相关产品的研究和开发工作。IPv4 向 IPv6 过渡是必然趋势，IPv6 相对 IPv4 的优势将形成具有巨大潜力的产业。这对致力于 IP 技术研发的制造商是一个契机。在这一领域中，国内一些厂家十分关注并投入进行研发。如中兴的 ZXR10 核心路由设备提供了对 IPv6 的支持，ZXR10 中同时使用 IPv4 和 IPv6 两个协议栈，可以收发 IPv4 和 IPv6 两种 IP 数据包。北京佳讯飞鸿与北方交通大学于 2002 年 1 月联合推出了支持 IPv6 的低端路由器产品。

技术标准是引导产业发展的关键，也是知识产权的核心。总的来说中国还处于 IPv6 发展的初期，现在着手 IPv6 的标准化工作，将会对中国的 IPv6 的发展和下一代网络的发展具有重要的作用。标准的制定将为中国 IPv6 技术、产品和市场的迅速发展提供有力的保障。

由信息产业部电信研究院、北京英纳特网络研究所（BII GROUP）、下一代 IP 电信实验网（6TNET）、全球 IPv6 高峰论坛、亚太网络信息中心（APNIC）和欧洲下一代网络先导（NGNI）等单位在北京接连举办了“下一代网络论坛暨 IPv6 设备互联互通演示”、2002 年和 2003 年的“全球 Ipv6 高峰论坛”等一系列活动，探讨下一代网络（NGN）的发展趋势和最新技术，为国内的各个研究单位、运营商和制造企业提供关于 IPv6 和 NGN 的交流机会，推进中国下一代网络技术的发展。

中国将成为全球市场中的重要组成部分，其市场的需求会直接影响有关国际标准的制定。根据中国国情制定的标准将代表中国市场需求，反映在相应的国际标准中。这将有助于中国在新技术方面争取应有的知识产权份额及中国的产业界在新技术方面获取公平竞争的机会。

35.3 应用 IPv6 的关键技术研究

IPv6 作为下一代互联网的核心协议，其巨大的地址容量能够满足互联网飞速发展的需求，即插即用的接入方式、网络层的认证与加密、对服务质量的支持和对移动 IP 的支持使其成为构建下一代互联网络的最佳选择。IPv6 关键技术的研究和发展还直接关系到国家信息安全和国家信息化的整体战略。

一、IPv6 的关键技术

为了建立较完整的下一代互联网基础理论与关键技术的研究体系，需要从以下不同的层面开展下一代高速互联网络体系结构理论基础研究和关键技术研究。

世界需要瞄准 IPv6 网络和应用中面临的关键问题，开展深入研究，掌握 IPv6 网络的关键核心技术，形成具有自主知识产权的原型产品和相关技术标准。具体目标如下。

（一）研究 IPv4 与 IPv6 协议转换关键技术

针对 IPv6 骨干网，提出新的 v4/v6 转换机制和原型系统，实现在纯 IPv6 骨干城域网边缘的 v4/v6 高速转换，解决 v4 骨干城域网络和 v6 骨干城域网络的互联问题。

研究 IPv6 网络关键支撑技术，并将提出 IPv6 网 QoS 体系结构、解决方案和原型系统，设计 IPv6 性能分析和协议分析系统、高级协议解码自动追踪系统、基于 IPv6 的 VPN 方案和移动 IPv6 的安全解决方案，设计实现 IPv4/v6 过渡阶段的网络安全解决方案，特别是在 IPv6 和移动 IPv6 QoS、IPv6 性能分析和协议分析系统、基于 IPv6 的 VPN 方案、移动 IPv6 的安全解决方案和 IPv6 网络信息过滤等方面获得突破。

研究支撑 IPv6 城域网管理和应用的中间件技术，形成原型软件产品。

设计开发支持 IPv6 的网络接入终端。

（二）设计建设实用化的 IPv6 城域网络

电信运营商与 ISP 合作，设计建设实用化的 IPv6 城域网络，解决 IPv6 实用化过程中面临的一系列问题，实现新建 IPv6 网络与已有 IPv4 城域骨干网络的互通。

第一阶段是建设科学试验网。它可以解决技术方向与关键技术问题。目前，中国已经建设的几个 IPv6 网基本上都是 NGI 网，下一阶段的科学试验网的目标是加大网络规模、提高传输速度、增加业务种类。

第二阶段是建设商用试验网。它将解决业务的商业模式问题。此类试验网包括 NGI 商用试验网和 NGN 商用试验网。这部分的不确定因素较多，技术创新点也比较多，拥有更大的商机，对产业发展更有价值。所以，目前更应重视 NGN 商用试验网的建设。

第三阶段是建设商用网。依托商用网，运营商将进行一系列可赢利的运作。

（三）开发和示范突出显示 IPv6 优势的典型应用

在 IPv4 网络中已经开放了一些业务，比如基于宽带网络的实时对称业务（如电话和视讯）、Web、Email 和 FTP 等业务。而 IPv6 还将在此基础上导出两类特定应用的产生。

一是由于 IPv6 具有庞大的地址空间，其采用的 128 位的地址格式，如果分配合理，可以满足目前所有应用的地址需求。

二是由于 IPv6 对移动数据业务具有较强的支持能力，克服了移动 IPv4 的固有缺点，可以成为第三代移动通信及其后继系统的重要基础协议之一。

（四）IPv6 的关键设备的研究

从国际上的发展看，IPv6 已经出现了成系列的设备，建设了 IPv6 商用试验网。许多国际知名厂商在技术上拥有先发的优势，比如 Cisco、NEC、NOKIA、Juniper、日立、富士通等厂商已分别研制了面向 IPv6 网络的路由器产品；法国的 INRIA、日本的 KAME 和美国的 NRL 等研究机构也分别研制了不同平台上的 IPv6 系统软件和应用软件。

从国内的现状看，中国已经具备了很强的设备研发和制造能力，IPv4 设备已有群体突破，中兴、佳讯飞鸿等公司也推出了相应的产品。IPv6 设备与 IPv4 设备有很强的技术继承性，但目前主要是等待商机。

当然，设备制造在技术上还需要突破。比如，目前的设备及技术主要是用于 NGI 的，NGN 设备尚待开发。而开发 NGN 设备需要从 QoS、安全性、商业模式和可维护、可管理性等方面入手。

（五）积极参与国际交流，参与国际标准和国际规范的研究和制定

通过本项目的研究，积极推进 IPv6 的发展，参与和推动国际互联网络 IPv6 化的进程，确立在国际上积极参与下一代互联网络进程的主动地位，为中国下一代 IP 网的建设与应用做出实质性的贡献，为中国未来信息产业的发展做出实质性的贡献。

二、目前制约 IPv6 发展的技术

IPv6 虽然较之 IPv4 有了极大的飞跃，但仍有一些技术问题解决得不够彻底，成为困扰 IPv6 甚至 NGN 发展的因素。这些问题主要表现在 3 个方面。

（一）服务质量

IP 网的 QoS 是一个极大的问题，也是至今 IP 网中解决得最不理想的问题，甚至阻

碍了 IP 网的发展，必须尽快解决。

从协议角度说，IPv4 考虑到了 QoS 问题，它的 TOS 字段用于区分服务类型，并以此来提供不同的服务。遗憾的是，IP 网的设计者将 IP 网定义为一个“尽力而为”地提供传输服务的网，因而不能提供对不同类型的业务进行分类服务的手段。在实际网络中，网络设备甚至不对 TOS 作任何处理。当然，由于 TOS 字段是在 IP 报头之中，对 TOS 的处理也是一笔不小的开销。

IPv6 对 QoS 的考虑主要是设定了通信流类型（8bit）和数据流标记（20bit）。当然，这 28bit 只是用来指示特定的数据流，真正的 QoS 实现还需要网络设备采用特定技术。从本质上看，IPv6 的 28bit 与 IPv4 的 6bit TOS 的用途是类似的。对 IP 网来说，特别是在传输成本大大下降的今天，是否有必要引入数据流标记，是一个十分值得商榷的问题。

IP 电信网的业务需求是：要求 IP 网能提供与传统电信网相同的 QoS。QoS 对电信网来说是极为重要的，决不是可有可无、无关大局的。而且，网络的 QoS 也不可能用无限的带宽来实现。NGN 需要新一代的 QoS 技术，IPv6 在 QoS 方面尚需改善。

（二）安全性

安全问题是 IP 网中永远存在的问题。当然，它与 IP 网的网络协议有关，更重要的是与 IP 网的管理机制有关。从本质上讲，基于分组交换技术的网络，其安全强度是类似的。但业界一致认为，X.25 网的安全性大大优于 IP 网，其真正的原因在于网络的管理机制，而不是协议机制。比如，在 X.25 网中，网络设备要对源地址进行严格检查，凡是与源地址不符的分组将会被抛弃，源地址与接入端口是严格绑定的。这样一来，X.25 网的安全性确实会好得多。IP 网没有这些管理机制，这可能是造成 IP 网安全问题的原因。当然，X.25 网与 IP 网不能简单类比，IP 网中的情况要复杂得多。

IPv6 对安全性有周密的考虑。IPSec 最初是专门为 IPv6 设计的，有了 IPSec 的配合，IPv6 的安全性的确大为改善，它已经有能力提供用户与用户之间端到端的安全性。从网络提供者来说，做到这一点已经足够了。但是，由于种种原因，IPv6 迟迟不能推广使用。尽管 IPSec 是伴随 IPv6 诞生的，但从目前来看，它已无特色可言。当然，从使用方面看，由于在 IPv6 中有专用的安全报头，依然会比 IPv4 方便。

（三）技术理念上的冲突

以往电信界与计算机界的技术理念是不相同的：电信网是提供商业服务的，它所提供的电信服务是一种商品，因而它既要保证 QoS，又要有足够的安全性、可靠性，还要确保售后服务的能力，同时，网络还必须有很强的可管理性和可维护性；互联网则不同，它的主要任务是实现计算机互连，用户在此基础上可以获得一些服务。而且，这种服务不是运营商提供的，网络只是“尽力而为”地提供传输服务，无 QoS 保证，无售后服务保证，业务量统计与计费机制薄弱，安全问题也是由用户自行解决。

正是由于这种技术理念上存在的巨大差距，电信级 IP 网决不是简单地将现有的互联网使用的 IP 技术照搬过来，在网络节点设备上做一些冗余备份，以增加网元设备的稳定性就万事大吉了，而是必须对 IP 网进行相当大的改进。电信网与 IP 网在技术上各有长处，应相互借鉴，取长补短，以找到最佳的技术发展方向，并从业务发展需要的角度来研发相应的技术。

三、IPv6 关键技术的研究现状

美国早在 90 年代中期就开始了下一代高速互联网络及其关键技术和典型应用的研究，最具代表性的研究计划是 NGI 和 Internet2，其基础设施是 NGI 的 vBNS 和 Internet2 的 Abilene。网络规模覆盖全美，传输速率最高为 2.5Gbit/s，部分线路的传输速率为 622Mbit/s。在其他国家和地区也相继开展了下一代高速互联网络研究，包括加拿大的 CA*3NET、英国的 JANET2 以及亚太地区的 APAN 等。在高速网络基础设施之上，开展包括 muticast、IPv6、QoS、网络管理和网络测量等网络服务技术研究和工程性试验，并开展中间件技术研究和网络应用技术研究，典型应用包括 Digital Video、Access Grid、Tele-Immersion、Digital Library，等等。

与国际同类研究相比，中国 NSFCNET 的研究内容涵盖了高速互联网络涉及的大部分研究领域，包括基础设施、网络服务与网络应用。在基础设施方面，除网络规模较小以外，技术水平已经达到国际先进水平，网络的体系结构设计具有良好的可扩展性，在条件具备的情况下，以 NSFCNET 为构架，可以迅速扩展为覆盖全国的高速学术性互联网络。NSFCNET 实现了与 Internet2 的互连，为中国下一代互联网研究与世界接轨奠定了基础。

中国教育和科研计算机网 CERNET 于 2000 年 10 月底开通了基于 DWDM 带宽为 2.5Gbit/s 的高速主干网络；中国网通和中国电信也于 2000 年年底开通带宽为 2.5Gbit/s 的高速主干网络。可以说，NSFCNET 的项目研究为 CERNET 的主干网升级打下了良好的基础，起到了推动作用。此外，在网络服务与网络应用方面，NSFCNET 的研究成果在国内处于领先地位，部分成果达到了国际先进水平，对于推动中国下一代互联网的研究具有重大推动作用。

NSFCNET 是中国第一张下一代互联网络技术研究的“试验床”，并且同 NSFCNET、CERNET 和 CSTNET 一起成功地与国际下一代互联网相联接。它的建成为中国下一代互联网络发展及其关键理论和技术的研究提供了经验和基础平台，为基于高速互联网络的应用的研究和实现提供了有力的支撑环境。

35.4 IPv6 的应用

一、支持 IPv4 的普通应用

目前国际和国内都建立了众多的 IPv6 试验网络，IPv6 将成为未来的惟一的第三层协议已经成为了人们的共识。当现在的互联网向采用 IPv6 过渡时，首先要面对的就是现有的各种服务的迁移。提供同时支持 IPv4 和 IPv6 的互联网服务成为了众多业务提供商和网络管理者所关注的焦点。

中科院牵头承担了 IPv6 重点方向的科研项目，并在重庆、广州、北京建立 IPv6 城域示范网内已建立了移动 IPv6 实验环境和 IPv6 测试系统，主要研究内容包括：IPv6 信息过滤系统、移动 IPv6 QoS 管理系统、基于 IPv6 的流服务系统和基于 IPv6 的具有安全性的信息发送系统。

中科院计算所已初步开发了基于 IPv6 协议的一致性测试软件；清华大学在未来 IPv6 网络的规划方面进行了较深入的研究；北方交通大学在路由技术方面、中国科学技术大学在移动 IPv6 和 IPSec 方面、北京邮电大学在进行 IPv6 过渡技术方面都进行了前沿性的研究工作。

北京邮电大学信息网络中心从 1999 年开始了对 IPv6 的研究，目前在网络上重新部署了全套的 IPv6 服务，包括 IPv6 网络接入服务、WWW 服务、DNS 服务、E-mail 服务这些最重要的服务，以及 Telnet，BBS，SSH，Samba 等常用的服务。所有这些服务都是同时支持 IPv4 和 IPv6 的，这些服务已经全部在北京邮电大学信息网络中心的 IPv4/IPv6 试验环境下的双协议栈主机中实现，并已经向外提供试验性服务。

二、IPv6 独有的应用

IPv6 如何应用？为什么 IPv6 和 IPv4 有所不同将会影响到 IPv4 向 IPv6 的过渡？目前看来，IPv6 的关键型应用可能将会是以下应用中的一种或者几种。

（一）移动网络

IPv6 在移动 IP 方面是有特色的，特别是处理实时业务上，IPv6 的移动 IP 技术有着 IPv4 不可比拟的优势。在 3G 方案中，已经有厂商提出了全 IP 的解决方案，3G 网络将可能是最早全面应用 IPv6 的网络。为了满足永远在线的需要，每一个要接入互联网的移动设备都将需要两个惟一的 IP 地址来实现移动互联网联接，本地网络分配一个静态 IP 地址，连接点分配第二个 IP 地址用于漫游。GPRS 和 3G 作为未来移动通信蓝图中的核心组成部分，对 IP 地址的需求量极大，只有 IPv6 才能满足这种需要。

2000 年 11 月，NOKIA 公司推出了世界上第一个支持 IPv6 的端到端 GPRS 网络。该网络的推出是迈向新一代 IP 移动网络的重要一步。支持 IPv6 的端到端 GPRS 网络将使网络运营商从基于 IPv4 的服务向基于 IPv6 的服务平滑过渡。在过渡期间，基于 IPv6 和 IPv4 的服务可在网络中共存，只需通过软件对现有的网络设备进行升级，就可使 GPRS 网络支持 IPv6。与传统的互联网服务相比，移动互联网服务为消费者带来更多的互动性和个性。除了为互联网带来更多的地址资源外，IPv6 还为网络带来很多好处，其中之一就是服务质量的提高。由于 3GPP 已将 IPv6 定为所有 IP 蜂窝式网络的必备功能，IPv6 将成为 3G 的重要组成部分。

在 3GPP 的标准中，R4 版本已经实现核心网的 IP 化，以及 CS 域承载和控制的分离，在 R5 和以后的版本中接入网也将实现 IP 化，多媒体域也将在 UMTS R5 中推出。3GPP RAN WG3 已经通过如下决议：对于 Iu、Iub 以及 Iur 接口，如果要提供 IP 传输，则 UTRAN 节点必须支持 IPv6，而 UTRAN 节点支持 IPv4 作为可选方案。

（二）基于 IP 的电信网络

互联网的成功促进了 IP 网的大发展。目前，越来越多的人相信，未来的电信网将是基于 IP 技术的网络。当然，电信级 IP 网不是简单地将现有的互联网使用的 IP 技术照搬过来，在网络节点设备做一些冗余备份，以增加网元设备的稳定性就万事大吉了，而必须对 IP 网进行相当大的改进。互联网是计算机互联网，其主要任务是实现计算机互连，用户在此基础上可以获得一些服务，其中一些服务不是网络运营商所提供的。网络是“尽力而为”地提供传输服务，无服务质量保证，亦无售后服务保证，安全问题由用户自行解决。由于理念上存在巨大的差距，因而电信级 IP 网决不可能简单地照搬常规的计算机网络。

IP 电信网力图将自由的 IP 网络变成有序、可管理的、有 Qos 保障的、费用可比一般 IP 网络高的、以提供增值业务为主的网络，越来越多的营运商趋向组建单独的 IP 电信网来提供上述业务，IPv6 是首选的技术之一。IP 电信网可能是近期 IPv6 的关键型应用之一。

（三）家庭网络

经济的发展带动了个人电子设备的发展，从呼机、手机、PDA 到智能手机的发展趋势看，有联网能力的，集成数据、语音和视频的个人智能终端将在 2003 年～2004 年出现，经过 2～4 年的发展，其需求规模就会相当大了，由此将产生巨大的对 IP 地址的需求，这将是过渡到 IPv6 的一个需求。根据 Allied Business Intelligence 的预测，家用网关的数量将从 2000 年的 6.18 万个增加到 2005 年的 1680 万个，销售额将从 2.23 亿美元增加到近 37 亿美元。家用宽带和 DSL 设备的增长也是驱动家庭网络市场的因素。IBM、Cisco、SUN、Microsoft、3COM 都在开发家庭网络方面的项目。像 IEEE1394 和蓝牙这样的新技术已经被开发用于移动和家庭用途，那些加入了处理器的设备越来越具备和网络相联的条件。

由于拥有巨大的地址空间、即插即用配置和对移动性的内在支持，IPv6 非常符合拥有巨大数量各种细小设备的网络而不是由价格昂贵的计算机组成的网络。随着为各种设备增加网络功能的成本的下降，可以预见 IPv6 将在由各种简单装置成连接的超大型网络中运行良好，这些简单设备不仅仅是手机和 PDA，还可以是存货管理标签机、家用电器、信用卡等。因此，那些对 IPv4 经验丰富的公司希望将其技术延伸和扩展到 IPv6 的领域中时，必须认识到，IPv6 网络将从根本上不同于 IPv4 网络，而不仅仅是更大的网络，并且连在网络上的将是更便宜、更简单、更小巧的设备。在 IPv6 中获得成功的公司的业务，将始于某种其他公司通常认为太小或不能从中获得高额利润而忽略掉的细小领域中，比如，在发展中国家推广 IPv6 网络、在有许许多多节点的无线装置中增加 IPv6 功能。从单个 IPv6 地址中获得的利润将比 IPv4 小得多，但 IPv6 地址的巨大数量将使利润总额达到前所未有的丰厚。

（四）对等网络

所谓对等网络就是计算机资源和业务的共享，互联网业务一向被看作是对等网络的模式。随着计算机性能和带宽的提高，对等网络应用的障碍逐步消除，但对等网络的透明性和方式可能会改变原有的利益格局，因此，对等网络也需要改变商业的模式。新的商务模式即将出现，对等的模式将获得成功。

（五）在线游戏

在线游戏需要把分散在不同地域的用户连接起来，并满足安全、隐私和计费的需要。由于缺少足够的 IP 地址，IPv4 的网络无法满足在线游戏 P2P 的需求。另外，在线游戏必须支持固定和移动两种网络接入方式。采用基于 IPv6 的游戏终端主要是和游戏服务器进行交互，几乎不需要访问原来大量的 IPv4 服务器，这也非常符合 IPv6 网络早期的“相互连接的孤岛”的架构。由于这些技术和商务的需要，在线游戏如果没有 IPv6 的支持肯定无法获得成功，这应该是 IPv6 的软件和设备发展的一个驱动力，“在线游戏可能也是近期推动 IPv6 发展的关键型业务之一”。

（六）分布式应用

分布式应用也是非常有前途的应用模式。比如在寻找外太空智能的工作中，人们以屏幕保护程序的方式利用联网的计算机对接收到的信号进行处理，其速度比目前最快的超级计算机还要快许多。

IPv6 技术的快速发展，必将为中国移动通信、信息家电、软件等产业的繁荣、发展带来革命性的发展机遇。

（北京邮电大学　马　严）

第七编

附　录

附录 A 中国互联网发展大事记

（1986 年～2002 年底）

1．1986 年，北京市计算机应用技术研究所实施的国际联网项目——中国学术网（Chinese Academic Network，简称 CANET）启动，其合作伙伴是德国卡尔斯鲁厄大学（University of Karlsruhe）。

2．1987 年 9 月，CANET 在北京计算机应用技术研究所内正式建成中国第一个国际互联网电子邮件节点，并于 9 月 14 日发出了中国第一封电子邮件："Across the Great Wall we can reach every corner in the world.（越过长城，走向世界）"，揭开了中国人使用互联网的序幕。这封电子邮件是通过意大利公用分组网 ITAPAC 设在北京侧的 PAD 机，经由意大利 ITAPAC 和德国 DATEX－P 分组网，实现了和德国卡尔斯鲁厄大学的连接，通信速率最初为 300bit/s。

3．1988 年初，中国第一个 X.25 分组交换网 CNPAC 建成，当时覆盖北京、上海、广州、沈阳、西安、武汉、成都、南京、深圳等城市。

4．1988 年 12 月，清华大学校园网采用胡道元教授从加拿大 UBC 大学（University of British Columbia）引进的采用 X400 协议的电子邮件软件包，通过 X.25 网与加拿大 UBC 大学相连，开通了电子邮件应用。

5．1988 年，中国科学院高能物理研究所采用 X.25 协议使该单位的 DECnet 成为西欧中心 DECnet 的延伸，实现了计算机国际远程连网以及与欧洲和北美地区的电子邮件通信。

6．1989 年 5 月，中国研究网（CRN）通过当时邮电部的 X.25 试验网（CNPAC）实现了与德国研究网（DFN）的互连。CRN 的成员包括：位于北京的电子部第 15 研究所和电子部电子科学研究院、位于成都的电子部第 30 研究所、位于石家庄的电子部第 54 研究所、位于上海的复旦大学和上海交通大学、位于南京的东南大学等单位。CRN 提供符合 X.400（MHS）标准的电子邮件、符合 FTAM 标准的文件传送、符合 X.500 标准的目录服务等功能，并能够通过德国 DFN 的网关与 Internet 沟通。

7．1989 年 10 月，国家计委利用世界银行贷款重点学科项目——国内命名为"中关村地区教育与科研示范网络"，世界银行命名为"National Computing and Networking Facility of China"（简称 NCFC）正式立项，11 月，该项目正式启动。NCFC 是由世界银行贷款"重点学科发展项目"中的一个高技术信息基础设施项目，由国家计委、中国科学院、国家自然科学基金会、国家教委配套投资和支持。项目由中国科学院主持，联合北京大学、清华大学共同实施。当时立项的主要目标就是通过北京大学、清华大学和中科院三个单位的合作，搞好 NCFC 主干网和三个院校网的建设。

8．1990 年 11 月 28 日，钱天白教授代表中国正式在 SRI-NIC（Stanford Research Institute's Network Information Center）注册登记了中国的顶级域名 CN，并且从此开通了使用中国顶级域名 CN 的国际电子邮件服务，从此中国的网络有了自己的身份标识。由于当时中国尚未实现与国际互联网的全功能联接，中国 CN 顶级域名服务器暂时建在了德国卡尔斯鲁厄大学。

9．1991 年，中国科学院高能物理研究所采用 DECNET 协议，以 X.25 方式连入美国斯坦福线性加速器中心（SLAC）的 LIVEMORE 实验室，并开通电子邮件应用。

10．1992 年 6 月，在日本神户举行的 INET'92 年会上，中国科学院钱华林研究员约见美国国家科学基金会国际联网部负责人，第一次正式讨论中国连入 Internet 的问题，但被告知，由于网上有很多美国的政府机构，中国接入 Internet 有政治障碍。

11．1992 年 12 月底，清华大学校园网（TUNET）建成并投入使用，是中国第一个采用 TCP/IP 体系结构的校园网，主干网首次成功采用 FDDI 技术，在网络规模、技术水平以及网络应用等方面处于国内领先水平。

12．1992 年底，NCFC 工程的院校网，即中科院院网（CASNET，连接了中关村地区三十多个研究所及三里河中科院院部）、清华大学校园网（TUNET）和北京大学校园网（PUNET）全部完成建设。

13．1993 年 3 月 2 日，中国科学院高能物理研究所租用 AT&T 公司的国际卫星信道接入美国斯坦福线性加速器中心（SLAC）的 64K 专线正式开通。专线开通后，美国政府以 Internet 上有许多科技信息和其他各种资源，不能让社会主义国家接入为由，只允许这条专线进入美国能源网而不能连接到其他地方。尽管如此，这条专线仍是中国部分连入 Internet 的第一根专线。专线开通后，国家基金委大力配合并投资 30 万元，使各个学科的重大课题负责人能够通过拨号连入高能所的这根专线，几百名科学家得以在国内使用电子邮件。

14．1993 年 3 月 12 日，朱镕基副总理主持会议，提出和部署建设国家公用经济信息通信网（简称金桥工程）。

15．1993 年 4 月，中国科学院计算机网络信息中心召集在京部分网络专家调查了各国的域名体系，提出并确定了中国的域名体系。

16．1993 年 6 月，NCFC 专家们在 INET'93 会议上利用各种机会重申了中国连入 Internet 的要求，且就此问题与国际 Internet 界人士进行商议。INET'93 会议后，钱华林研究员参加了 CCIRN（Coordinating Committee for Intercontinental Research Networking）会议，其中一项议程专门讨论中国连入 Internet 的问题，获得大部分到会人员的支持。这次会议对中国能够最终真正连入 Internet 起到了很大的推动作用。

17．1993 年 8 月 27 日，李鹏总理批准使用 300 万美元总理预备费支持启动金桥前期工程建设。

18．1993 年 12 月 10 日，国务院批准成立国家经济信息化联席会议，国务院副总理邹家华任主席。

19．1993 年 12 月，NCFC 主干网工程完工，采用高速光缆和路由器将三个院校网互连。

20. 1994年4月初，中美科技合作联委会在美国华盛顿举行。会前，中国科学院副院长胡启恒代表中方向美国国家科学基金会（NSF）重申连入Internet的要求，得到认可。

21. 1994年4月20日，NCFC工程通过美国Sprint公司连入Internet的64K国际专线开通，实现了与Internet的全功能连接。从此中国被国际上正式承认为真正拥有全功能Internet的国家。此事被中国新闻界评为1994年中国十大科技新闻之一，被国家统计公报列为中国1994年重大科技成就之一。

22. 1994年5月15日，中国科学院高能物理研究所设立了国内第一个Web服务器，推出中国第一套网页，内容除介绍中国高科技发展外，还有一个栏目叫"Tour in China"。此后，该栏目开始提供包括新闻、经济、文化、商贸等更为丰富的图文并茂的信息，并改名为《中国之窗》。

23. 1994年5月21日，在钱天白教授和德国卡尔斯鲁厄大学的协助下，中国科学院计算机网络信息中心完成了中国国家顶级域名（CN）服务器的设置，结束了中国的CN顶级域名服务器一直放在国外的历史。由钱天白、钱华林分别担任中国CN域名的行政联络员和技术联络员。

24. 1994年5月，国家智能计算机研究开发中心开通曙光BBS站，这是中国大陆的第一个BBS站。

25. 1994年6月8日，国务院办公厅向各部委、各省市明传发电《国务院办公厅关于"三金工程"有关问题的通知（国办发明电[1994]18号)》，"三金工程"即金桥、金关、金卡工程。自此，金桥前期工程建设全面展开。

26. 1994年6月28日，在日本东京理科大学的大力协助下，北京化工大学开通了与Internet相连接的试运行专线。

27. 1994年7月初，由清华大学等6所高校建设的"中国教育和科研计算机网"试验网开通，该网络采用IP/x.25技术，连接北京、上海、广州、南京、西安等5所城市，并通过NCFC的国际出口与Internet互联，成为运行TCP/IP协议的计算机互联网络。

28. 1994年8月，由国家计委投资、国家教委主持的中国教育和科研计算机网（CERNET）正式立项。该项目的目标是利用先进实用的计算机技术和网络通信技术，实现校园间的计算机联网和信息资源共享，并与国际学术计算机网络互联，建立功能齐全的网络管理系统。

29. 1994年9月，邮电部与美国商务部签订中美双方关于国际互联网的协议，协议中规定电信总局将通过美国Sprint公司开通2条64K专线(一条在北京，另一条在上海)。中国公用计算机互联网（CHINANET）的建设开始启动。

30. 1994年11月，由NCFC管理委员会主办，中国科学院、北京大学、清华大学协办的亚太网络工作组（APNG）年会在清华大学召开。这是国际Internet界在中国召开的第一次亚太地区年会。

31. 1995年1月，邮电部电信总局分别在北京、上海设立的通过美国Sprint公司接入美国的64K专线开通，并且通过电话网、DDN专线以及X.25网等方式开始向社会提供Internet接入服务。

32. 1995年1月，由国家教委主管主办的《神州学人》杂志，经中国教育和科研计算机网（CERNET）进入 Internet，向广大在外留学人员及时传递新闻和信息，成为中国第一份中文电子杂志。

33. 1995 年 3 月，中国科学院完成上海、合肥、武汉、南京 4 个分院的远程连接（使用 IP/X.25 技术），开始了将 Internet 向全国扩展的第一步。

34. 1995 年 3 月，清华大学李星教授第一次当选亚太网络信息中心（APNIC）执行委员会委员。

35. 1995 年 4 月，中国科学院启动京外单位联网工程（简称“百所联网”工程）。其目标是在北京地区已经入网的 30 多个研究所的基础上把网络扩展到全国 24 个城市，实现国内各学术机构的计算机互联并和 Internet 相连。在此基础上，网络不断扩展，逐步连接了中国科学院以外的一批科研院所和科技单位，成为一个面向科技用户、科技管理部门及与科技有关的政府部门服务的全国性网络，并改名为“中国科技网”(CSTNet)。

36. 1995 年 5 月，中国电信开始筹建中国公用计算机互联网（CHINANET）全国骨干网。

37. 1995 年 7 月，中国教育和科研计算机网（CERNET）第一条接连美国的 128K 国际专线开通。连接北京、上海、广州、南京、沈阳、西安、武汉、成都八个城市的 CERNET 主干网 DDN 信道同时开通，当时的速率为 64Kbps；并实现与 NCFC 互联。

38. 1995 年 8 月，金桥工程初步建成，在 24 省市开通联网（卫星网），并与国际网络实现互联。

39. 1995 年 12 月，中科院百所联网工程完成。

40. 1995 年 12 月，“中国教育和科研计算机网（CERNET）示范工程”建设完成，该工程由中国自行设计、建设。

41. 1996 年 1 月 13 日，国务院信息化工作领导小组及其办公室成立，国务院副总理邹家华任领导小组组长。原国家经济信息化联席会议办公室改为国务院信息化工作领导小组办公室。

42. 1996 年 1 月，中国公用计算机互联网（CHINANET）全国骨干网建成并正式开通，全国范围的公用计算机互联网络开始提供服务。

43. 1996 年 2 月 1 日，国务院第 195 号令发布了《中华人民共和国计算机信息网络国际联网管理暂行规定》。

44. 1996 年 2 月 27 日，外经贸部中国国际电子商务中心正式成立。

45. 1996 年 3 月，清华大学提交的适应不同国家和地区中文编码的汉字统一传输标准被 IETF 通过为 RFC1922，成为中国国内第一个被认可为 RFC 文件的提交协议。

46. 1996 年 4 月 9 日，邮电部发布《中国公用计算机互联网国际联网管理办法》，并自发布之日起实施。

47. 1996 年 6 月 3 日，电子工业部发布《关于计算机信息网络国际联网管理的有关决定》，将“金桥网”命名为“中国金桥信息网”，授权吉通通信有限公司为中国金桥信息网的互联单位，负责互联网内接入单位和用户的联网管理，并为其提供服务。

48. 1996 年 7 月，国务院信息办组织有关部门的多名专家对国家 4 大互联网络和近 30 家 ISP 的技术设施和管理现状进行调查，对网络管理的规范化起到了推动作用。

49. 1996 年 9 月 6 日，中国金桥信息网（CHINAGBN）连入美国的 256K 专线正式开通。中国金桥信息网宣布开始提供 Internet 服务，主要提供专线集团用户的接入和个人用户的单点上网服务。

50. 1996年9月22日，全国第一个城域网——上海热线正式开通试运行，标志着作为上海信息港主体工程的上海公共信息网正式建成。

51. 1996年9月，国家计委正式批准金桥一期工程立项。

52. 1996年11月15日，实华开公司在北京首都体育馆旁边开设了实华开网络咖啡屋，这是中国第一家网络咖啡屋。

53. 1996年11月，CERNET 开通到美国的 2M 国际线路。同月，在德国总统访华期间开通了中德学术网络互联线路 CERNET－DFN，建立了中国大陆到欧洲的第一次 Internet 连接。

54. 1996年12月，中国公众多媒体通信网（169网）开始全面启动，广东视聆通、四川天府热线、上海热线作为首批站点正式开通。

55. 1997年1月1日，人民日报社主办的人民网进入国际互联网络，这是中国开通的第一家中央重点新闻宣传网站。

56. 1997年2月，瀛海威全国大网开通，3个月内在北京、上海、广州、福州、深圳、西安、沈阳、哈尔滨8个城市开通，成为中国最早、也是最大的民营 ISP、ICP。

57. 1997年4月18日至21日，全国信息化工作会议在深圳市召开。会议确定了国家信息化体系的定义、组成要素、指导方针、工作原则、奋斗目标、主要任务，并通过了“国家信息化九五规划和2000年远景目标”，将中国互联网列入国家信息基础设施建设，并提出建立国家互联网信息中心和互联网交换中心。

58. 1997年5月20日，国务院颁布了《国务院关于修改〈中华人民共和国计算机信息网络国际联网管理暂行规定〉的决定》，对《中华人民共和国计算机信息网络国际联网管理暂行规定》进行修正。

59. 1997年5月30日，国务院信息化工作领导小组办公室发布《中国互联网络域名注册暂行管理办法》，授权中国科学院组建和管理中国互联网络信息中心（CNNIC），授权中国教育和科研计算机网网络中心与 CNNIC 签约并管理二级域名.edu.cn。

60. 1997年5月31日，北京化工大学切断卫星专线，接入中国教育和科研计算机网（CERNET）。

61. 1997年6月3日，受国务院信息化工作领导小组办公室的委托，中国科学院在中国科学院计算机网络信息中心组建了中国互联网络信息中心（CNNIC），行使国家互联网络信息中心的职责。同日，国务院信息化工作领导小组办公室宣布成立中国互联网络信息中心（CNNIC）工作委员会。

62. 1997年10月，中国公用计算机互联网（CHINANET）实现了与中国其他三个互联网络即中国科技网（CSTNET）、中国教育和科研计算机网（CERNET）、中国金桥信息网（CHINAGBN）的互连互通。

63. 1997年11月，中国互联网络信息中心（CNNIC）发布了第一次《中国互联网络发展状况统计报告》：截止到1997年10月31日，中国共有上网计算机29.9万台，上网用户数62万，CN 下注册的域名4066个，WWW 站点约1500个，国际出口带宽25.408M。

64. 1997年12月30日，公安部发布了由国务院批准的《计算机信息网络国际联网安全保护管理办法》。

65．1998 年 3 月 6 日，国务院信息化工作领导小组办公室发布《中华人民共和国计算机信息网络国际联网管理暂行规定实施办法》，并自颁布之日起施行。

66．1998 年 3 月，第九届全国人民代表大会第一次会议批准成立信息产业部，主管全国电子信息产品制造业、通信业和软件业，推进国民经济和社会服务信息化。

67．1998 年 5 月，经国家批准，同意建设中国长城互联网。

68．1998 年 6 月，CERNET 正式参加下一代 IP 协议（IPv6）试验网 6BONE。

69．1998 年 7 月，中国互联网络安全产品测评认证中心通过国务院信息化工作领导小组办公室验收，开始试运行。

70．1998 年 7 月，中国公用计算机互联网（CHINANET）骨干网二期工程开始启动。二期工程将使 8 个大区间的主干带宽扩充至 155M，并且将 8 个大区的节点路由器全部换成千兆位路由器。

71．1998 年 8 月，公安部正式成立公共信息网络安全监察局，负责组织实施维护计算机网络安全，打击网上犯罪，对计算机信息系统安全保护情况进行监督管理。

72．1999 年 1 月 22 日，由中国电信和国家经贸委经济信息中心牵头、联合 40 多家部委（办、局）信息主管部门在京共同举办"政府上网工程启动大会"，倡议发起"政府上网工程"，政府上网工程主站点 www.gov.cn 开通试运行。

73．1999 年 1 月，中国互联网络信息中心（CNNIC）发布了第三次《中国互联网络发展状况统计报告》：截止到 1998 年 12 月 31 日，中国共有上网计算机 74.7 万台，上网用户数 210 万，CN 下注册的域名 18396 个，WWW 站点约 5300 个，国际出口带宽 143.256Mbit/s。

74．1999 年 1 月，中国教育和科研计算机网（CERNET）的卫星主干网全线开通，大大提高了网络的运行速度。同月，中国科技网（CSTNET）开通了两套卫星系统，全面取代了 IP/X.25，并用高速卫星信道连到了全国 40 多个城市。

75．1999 年 2 月 3 日，由中国国际电子商务中心承担的"九五"国家重点科技攻关项目"商业电子信息安全认证系统"，通过科技部和国家密码管理委员会的科技成果鉴定。并获得有关管理部门的信息安全产品销售许可，成为国内第一家自主开发、具有完全自主版权的电子商务 CA 安全认证系统，并被成功应用于我国纺织品配额许可证管理系统上。

76．1999 年 2 月，中国国家信息安全测评认证中心（CNISTEC）正式运行。

77．1999 年 4 月 15 日，国内 23 家有影响的网络媒体首次聚会，共商中国网络媒体发展大计，并原则通过《中国新闻界网络媒体公约》，呼吁全社会重视和保护网上信息产权。

78．1999 年 5 月，在清华大学网络工程研究中心成立了中国第一个安全事件应急响应组织 CCERT（CERNET Computer Emergency Response Team）。

79．1999 年 7 月 12 日，中华网在纳斯达克首发上市，这是在美国纳斯达克上市的第一只中国概念网络公司股。

80．1999 年 8 月，在全国高等学校招生工作中，6 个省、市的 200 余所高校使用"全国高校招生系统"在 CERNET 上进行第一次网络招生获得成功。

81. 1999年9月6日，中国国际电子商务应用博览会在北京举行。本届博览会由外经贸部和信息产业部主办，是首次由中国政府举办的电子商务应用博览会，也是中国第一次全面推出的电子商务技术与应用成果大型汇报会。

82. 1999年9月，招商银行率先在国内全面启动“一网通”网上银行服务，建立了由网上企业银行、网上个人银行、网上支付、网上证券及网上商城为核心的网络银行服务体系，并经中国人民银行批准首家开展网上个人银行业务，成为国内首先实现全国联通“网上银行”的商业银行。

83. 1999年10月，清华大学吴建平教授当选为互联网名字和编号分配机构（ICANN）地址支持组织（ASO）的地址委员会成员。

84. 1999年11月2日，信息产业部电信管理局陈因副局长作为中国代表参加了ICANN政府咨询委员会大会。

85. 1999年12月23日，国家信息化工作领导小组成立，国务院副总理吴邦国任组长。并将国家信息化办公室改名为国家信息化推进工作办公室。

86. 2000年1月1日，由国家保密局发布的《计算机信息系统国际联网保密管理规定》开始施行。

87. 2000年1月17日，信息产业部正式同意由中国国际电子商务中心组建“中国国际经济贸易互联网”，英文名称为“China International Economy and Trade Net”，（简称“中国经贸网”，CIETnet）。

88. 2000年1月18日，中国互联网络信息中心（CNNIC）发布第五次《中国互联网络发展状况统计报告》：截止到1999年12月31日，中国共有上网计算机350万台，上网用户数约890万，CN下注册的域名48695个，WWW站点约15153个，国际出口带宽351M。

89. 2000年1月18日，经信息产业部批准，中国互联网络信息中心（CNNIC）推出中文域名试验系统。

90. 2000年3月30日，北京国家级互联网交换中心开通，使中国主要互联网网间互通带宽由原来的不足10体高到100Mbit/s，提高了跨网间访问速度。

91. 2000年3月30日，中国证监会发布《网上证券委托暂行管理办法》。

92. 2000年5月17日，中国移动互联网（CMNET）投入运行。同日，中国移动正式推出“全球通WAP（无线应用协议）”服务。

93. 2000年5月20日，中文域名协调联合会（CDNC）在北京成立，承担中文域名的民间协调和规范工作。

94. 2000年6月21日，中国电子商务协会正式成立。该协会旨在加强中国与世界各国在电子商务领域的交流与合作，推进电子商务在中国的应用与发展，促进我国经济的全面发展。

95. 2000年7月1日，国家计委根据国务院授权指定中国采购与招标网http://www.chinabidding.gov.cn是发布政府招标公告唯一一家网络媒体。

96. 2000年7月7日，由国家经贸委、信息产业部指导，中国电信集团公司与国家经贸委经济信息中心共同发起的“企业上网工程”正式启动。

97. 2000年7月18日，中国科学院计算机网络信息中心钱华林研究员全票当选亚太地区顶级域名组织（APTLD）理事会主席。

98. 2000 年 7 月 19 日，中国联通公用计算机互联网（UNINET）正式开通。

99. 2000 年 7 月，原国家知识产权局局长高卢麟博士参加 ICANN 理事选举，8 月 1 日获得提名，但由于 ICANN 数据库一再出现问题，造成中国网民申请投票受阻，最终落选。

100. 2000 年 8 月 21 日，第 16 届世界计算机大会在北京国际会议中心隆重举行，国家主席江泽民为大会题词并在开幕式上发表了重要讲话，主张制定国际互联网公约，共同加强信息安全管理，充分发挥互联网的积极作用。

101. 2000 年 9 月 25 日，国务院发布《中华人民共和国电信条例》，这是中国第一部管理电信业的综合性法规，标志着中国电信业的发展步入法制化轨道。同日，国务院公布施行《互联网信息服务管理办法》。

102. 2000 年 9 月，清华大学建成中国第一个下一代互联网交换中心 DRAGONTAP。通过 DRAGONTAP，CERNET、CSTNET、NSFCNET 用 10Mbit/s 线路连接位于美国芝加哥的下一代互联网交换中心 STARTAP,用 10Mbit/s 线路连接位于日本东京的亚太地区高速网 APAN 交换中心，从而与国际下一代互联网络 Abilene、vBNS、CA*net3 等学术性网实现互联。

103. 2000 年 9 月，CERNET 的信息服务中心 CERNIC 在国内率先提供 IPv6 地址分配服务。

104. 2000 年 10 月 11 日，中国共产党第十五届中央委员会第五次全体会议就信息化建设作出重大决策，全会审议并通过的《中共中央关于制定国民经济和社会发展第十个五年计划的建议》明确指出：“大力推进国民经济和社会信息化，是覆盖现代化建设全局的战略举措。以信息化带动工业化，发挥后发优势，实现社会生产力的跨越式发展。”

105. 2000 年 11 月 1 日，中国互联网络信息中心（CNNIC）发布《中文域名注册管理办法（试行）》和《中文域名争议解决办法（试行）》，并委托中国国际经济贸易仲裁委员会成立中文域名争议解决机构。

106. 2000 年 11 月 6 日，国务院新闻办公室、信息产业部发布《互联网站从事登载新闻业务管理暂行规定》。

107. 2000 年 11 月 6 日，信息产业部发布《互联网电子公告服务管理规定》。

108. 2000 年 11 月 7 日，信息产业部发布《关于互联网中文域名管理的通告》，对境内中文域名注册服务和管理加以规范，并明确授权 CNNIC 为中文域名注册管理机构。

109. 2000 年 11 月 7 日，中国互联网络信息中心（CNNIC）中文域名注册系统全面升级，推出以“.CN”、“.中国”、“.公司”、“.网络”为后缀的中文域名服务。

110. 2000 年 11 月 10 日，中国移动推出“移动梦网计划”，打造开放、合作、共赢的产业价值链。

111. 2000 年 12 月 7 日，由文化部、共青团中央、广电总局、全国学联、国家信息化推进办公室、光明日报、中国电信、中国移动等单位共同发起的“网络文明工程”在京正式启动。“网络文明工程”的主题是：“文明上网、文明建网、文明网络”。

112. 2000 年 12 月 12 日，人民网、新华网、中国网、央视国际网、国际在线网、中国日报网、中青网等获得国务院新闻办公室批准进行登载新闻业务，率先成为获得登载新闻许可的重点新闻网站。

113. 2000 年 12 月 28 日，九届全国人大常委会第十九次会议表决通过《全国人民代表大会常务委员会关于维护互联网安全的决定》。

114. 2001年1月1日，互联网“校校通”工程进入正式实施阶段。

115. 2001年1月11日，国家药品监督管理局公布的《互联网药品信息服务管理暂行规定》，并于2001年2月1日开始实施。

116. 2001年1月17日，中国互联网络信息中心（CNNIC）发布第七次《中国互联网络发展状况统计报告》：截止到2000年12月31日，中国共有上网计算机约892万台，上网用户数约2250万，CN下注册的域名122099个，WWW站点约265405个，国际出口带宽2799M。

117. 2001年2月初，中国电信开通Internet国际漫游业务。

118. 2001年3月2日，钱华林研究员和清华大学李星教授当选为新一届APNIC执行委员会委员。

119. 2001年4月3日，信息产业部、公安部、文化部、国家工商行政管理总局联合发布《互联网上网服务营业场所管理办法》，自即日起执行。

120. 2001年4月13日，信息产业部、公安部、文化部、国家工商行政管理总局部署开展“网吧”专项清理整顿工作。

121. 2001年4月，清华大学李星教授在亚太网络工作组（APNG）新一届执委会主席选举中，当选为APNG新一任主席。

122. 2001年5月25日，中国互联网协会成立。它是在信息产业部的指导下，经民政部批准，由国内从事互联网行业的网络运营商、服务提供商、设备制造商、系统集成商以及科研、教育机构等70多家互联网从业者共同发起成立的。

123. 2001年5月，经中央编制委员会批准，中国信息安全产品测评认证中心成立，主要负责对信息安全产品、信息系统安全、信息安全服务和信息安全专业人员进行国家认证。

124. 2001年6月1日，由海关总署牵头、国家12个有关部委联合开发的口岸执法系统，经过北京、天津、上海、广州等4个进出口口岸试点运行，被称为中国“电子口岸”的口岸电子执法系统在中国各口岸全面运行。

125. 2001年7月，由清华大学、中国科学院计算机信息网络中心、北京大学、北京邮电大学、北京航空航天大学等单位共同承担的国家自然基金重大联合项目“中国高速互连研究试验网络NSFCNET”（1999-2000）通过鉴定验收，建成了中国第一个下一代互联网学术研究网络。研究内容包括中国高速互联研究试验网总体设计；密集波分多路复用光纤传输系统；高速计算机互联网络；高速网络环境下重大应用研究和演示系统。

126. 2001年7月9日，中国人民银行颁布《网上银行业务管理暂行办法》。

127. 2001年7月11日，中共中央在中南海怀仁堂举办法制讲座，内容是运用法律手段保障和促进信息网络健康发展。中共中央总书记江泽民主持讲座并作重要讲话。江泽民总书记强调指出，要抓住机遇，加快发展中国的信息技术和网络技术，并在经济、社会、科技、国防、教育、文化、法律等方面积极加以运用。既要积极推进信息网络基础设施的发展，又要大力加强管理方面的建设，推动信息网络化迅速而又健康地向前发展。

128. 2001年7月29日，信息产业部公布国家信息化指标构成方案，作为当前国家和地区信息化水平量化分析和管理的依据和手段。

129．2001年7月，《国民经济和社会发展第十个五年计划信息化重点专项规划》出台。

130．2001年8月23日，国家信息化领导小组重新组建，中央政治局常委、国务院总理朱镕基任组长。

131．2001年8月，国家计算机网络与信息安全管理中心组建“中国计算机网络应急处理协调中心”，简称CNCERT/CC。

132．2001年9月7日，《信息产业“十五”规划纲要》正式发布，这是国家确立信息化重大战略后的第一个行业规划。

133．2001年9月7日，国家信息化推进工作办公室发布《中国互联网络信息资源数量调查报告》，该调查是受国家信息化推进工作办公室委托，由中国互联网络信息中心（CNNIC）与中国电子信息产业发展研究院及国家信息资源管理南京研究基地一起开展，这是中国首次对网络信息资源进行调查。结果显示，截止至2001年4月30日，中国互联网络的域名总数为692490个，网站总数为238249个，网页总数为159460056页；在线数据库的总数为45598个。

134．2001年9月20日，信息产业部发布《互联网骨干网互联结算办法》。

135．2001年9月29日，信息产业部发布《互联网骨干网间互联服务暂行规定》。

136．2001年10月8日，信息产业部发布《互联网骨干网间互联管理暂行规定》。

137．2001年10月27日，“信息网络传播权”正式列入第九届全国人民代表大会常务委员会第二十四次会议审议通过的修订后的《中华人民共和国著作权法》，有关新条款使今后网络传播环境下的著作权保护有法可依。

138．2001年11月4日，中国互联网络信息中心（CNNIC）推出通用网址服务。

139．2001年11月20日，中国电子政务应用示范工程通过论证，这标志着中国向“电子政府”迈出了重要一步。

140．2001年11月22日，共青团中央、教育部、文化部、国务院新闻办公室、全国青联、全国学联、全国少工委、中国青少年网络协会向社会正式推出《全国青少年网络文明公约》，全国亿万青少年从此有了自己的网络行为道德规范。

141．2001年11月，中国科协副主席、CNNIC工作委员会主任委员胡启恒院士被聘任为ICANN多语种域名委员会委员。

142．2001年12月3日，中国互联网络信息中心（CNNIC）第一次发布《中国互联网络带宽调查报告》。截至2001年9月30日，中国国际出口带宽达到5724M。

143．2001年12月20日，由信息产业部、全国妇联、共青团中央、科技部、文化部主办的“家庭上网工程”正式启动。

144．2001年12月20日，信息产业部电信管理局发布《国家互联网交换中心结算业务规程》。

145．2001年12月20日，中国十大骨干互联网签署了互联互通协议，这意味着中国网民今后可以更方便、通畅地进行跨地区访问。

146．2001年12月22日，中国联通在北京宣布，中国联通CDMA移动通信网一期工程如期建成，并将于2001年12月31日在全国31个省、自治区、直辖市开通运营。中国联通CDMA网络的建成，标志着中国移动通信技术的发展进入了一个新领域。

147. 2001年12月25日，中共中央政治局常委、国务院总理、国家信息化领导小组组长朱镕基主持召开了国家信息化领导小组第一次会议。他指出，要高度重视，加强统筹协调，坚持面向市场，防止重复建设，扎扎实实推进中国信息化建设。

148.2001年12月底,“中国教育和科研计算机网CERNET”高速主干网建设项目(1999—2001)通过国家验收。该项目是中国“面向二十一世纪教育振兴行动计划”中“现代远程教育工程”的重要组成部分，是构筑中国终身教育体系的重要基础。该项目建成了基于DWDM/SDH、容量可达40Gbit/s的高速传输网络，主干网传输速率达到2.5Gbit/s，以155Mbit/s速率连接除西藏拉萨以外的35个省会及中心城市，近百所高校以100～1000Mbit/s速率接入。在此基础上，教育部已经批准47所高校设立网络教育学院（后扩至67所）和19个网上合作研究中心在CERNET上开展远程教育和协同科研工作。

149. 2001年12月31日，上海、广东国家级互联网交换中心正式运行。

150. 2002年1月15日，中国互联网络信息中心（CNNIC）发布第九次《中国互联网络发展状况统计报告》:截止到2001年12月31日,中国共有上网计算机约1254万台，上网用户数约3370万，CN下注册的域名127319个，WWW站点约277100个，国际出口带宽7597.5M。

151. 2002年3月14日，信息产业部第9次部务会议审议通过《中国互联网络域名管理办法》，自2002年9月30日起施行。

152. 2002年3月26日，中国互联网协会在北京发布《中国互联网行业自律公约》，该公约的推出为建立中国互联网行业自律机制提供了保证。

153. 2002年5月17日，文化部下发《关于加强网络文化市场管理的通知》。

154. 2002年5月17日，中国电信在广州启动“互联星空”计划，标志着ISP和ICP开始联合打造宽带互联网产业链。

155. 2002年5月17日，中国移动率先在全国范围内正式推出GPRS业务。11月18日，中国移动通信与美国AT&T Wireless公司联合宣布，两公司GPRS国际漫游业务正式开通。

156. 2002年6月27日，新闻出版总署和信息产业部联合出台《互联网出版管理暂行规定》，该规定将于2002年8月1日起正式实施。

157. 2002年7月3日，召开国家信息化领导小组第二次会议，审议通过了《国民经济和社会发展第十个五年计划信息化重点专项规划》、《关于我国电子政务建设的指导意见》和《振兴软件产业行动纲要》。

158. 2002年9月25日，中国互联网络信息中心（CNNIC）发布了《域名注册实施细则》、《域名争议解决办法》、《域名注册服务机构认证办法》等文件。

159. 2002年9月29日，国务院总理朱镕基签发中华人民共和国国务院第363号令，公布《互联网上网服务营业场所管理条例》，于2002年11月15日起施行。

160. 2002年9月30日 《中国互联网络域名管理办法》开始实施。

161. 2002年10月26日至31日，全球互联网地址、域名管理机构国际互联网络名字与编号分配公司（ICANN）在上海举办会议，这是ICANN会议第一次在中国举行。此次会议由中国互联网络信息中心（CNNIC）和中国互联网协会（ISC）共同承办。

162．2002年11月1日，由中国互联网协会、263网络集团和新浪网共同发起，中国互联网协会反垃圾邮件协调小组在京成立。此举旨在保护中国互联网用户和电子邮件服务商的正当利益，公平使用互联网资源，同时规范中国电子邮件服务秩序。

163．2002年11月22日，信息产业部公布《关于中国互联网络域名系统的公告》。

164．2002年11月25日，由信息产业部批准、中国互联网协会主办的“第一届中国互联网大会暨展示会”，在上海召开。本次大会的主要目的是探讨中国互联网如何在应用上创新，为互联网在中国的进一步发展指明方向。本届大会的主题是“互联网的应用——呼唤创新”。

165．2002年12月16日，中国互联网络信息中心（CNNIC）作为域名注册管理机构不再面向用户受理域名注册申请，该服务改由域名注册服务机构承担。这是中国自1990年设立CN域名以来，域名注册服务体系的又一次重大变革。

166．2003年1月16日，中国互联网络信息中心（CNNIC）发布第十一次《中国互联网络发展状况统计报告》：截止到2002年12月31日，中国共有上网计算机约2083万台，上网用户数约5910万，CN下注册的域名17.9万个，WWW站点约37.1万个，国际出口带宽9380M。

（来源：中国互联网络信息中心　2003年5月修订）

附录B 中国有关互联网的政策法规
（截至2003年2月）

B.1 法律

B.1.1 全国人民代表大会常务委员会关于维护互联网安全的决定

（2000年12月28日第九届全国人民代表大会常务委员会第十九次会议通过）

我国的互联网，在国家大力倡导和积极推动下，在经济建设和各项事业中得到日益广泛的应用，使人们的生产、工作、学习和生活方式已经开始并将继续发生深刻的变化，对于加快我国国民经济、科学技术的发展和社会服务信息化进程具有重要作用。同时，如何保障互联网的运行安全和信息安全问题已经引起全社会的普遍关注。为了兴利除弊，促进我国互联网的健康发展，维护国家安全和社会公共利益，保护个人、法人和其他组织的合法权益，特作如下决定：

一、为了保障互联网的运行安全，对有下列行为之一，构成犯罪的，依照刑法有关规定追究刑事责任：

（一）侵入国家事务、国防建设、尖端科学技术领域的计算机信息系统；

（二）故意制作、传播计算机病毒等破坏性程序，攻击计算机系统及通信网络，致使计算机系统及通信网络遭受损害；

（三）违反国家规定，擅自中断计算机网络或者通信服务，造成计算机网络或者通信系统不能正常运行。

二、为了维护国家安全和社会稳定，对有下列行为之一，构成犯罪的，依照刑法有关规定追究刑事责任：

（一）利用互联网造谣、诽谤或者发表、传播其他有害信息，煽动颠覆国家政权、推翻社会主义制度，或者煽动分裂国家、破坏国家统一；

（二）通过互联网窃取、泄露国家秘密、情报或者军事秘密；

（三）利用互联网煽动民族仇恨、民族歧视，破坏民族团结；

（四）利用互联网组织邪教组织、联络邪教组织成员，破坏国家法律、行政法规实施。

三、为了维护社会主义市场经济秩序和社会管理秩序，对有下列行为之一，构成犯罪的，依照刑法有关规定追究刑事责任：

（一）利用互联网销售伪劣产品或者对商品、服务作虚假宣传；

（二）利用互联网损害他人商业信誉和商品声誉；

（三）利用互联网侵犯他人知识产权；

（四）利用互联网编造并传播影响证券、期货交易或者其他扰乱金融秩序的虚假信息；

（五）在互联网上建立淫秽网站、网页，提供淫秽站点链接服务，或者传播淫秽书刊、影片、音像、图片。

四、为了保护个人、法人和其他组织的人身、财产等合法权利，对有下列行为之一，构成犯罪的，依照刑法有关规定追究刑事责任：

（一）利用互联网侮辱他人或者捏造事实诽谤他人；

（二）非法截获、篡改、删除他人电子邮件或者其他数据资料，侵犯公民通信自由和通信秘密；

（三）利用互联网进行盗窃、诈骗、敲诈勒索。

五、利用互联网实施本决定第一条、第二条、第三条、第四条所列行为以外的其他行为，构成犯罪的，依照刑法有关规定追究刑事责任。

六、利用互联网实施违法行为，违反社会治安管理，尚不构成犯罪的，由公安机关依照《治安管理处罚条例》予以处罚；违反其他法律、行政法规，尚不构成犯罪的，由有关行政管理部门依法给予行政处罚；对直接负责的主管人员和其他直接责任人员，依法给予行政处分或者纪律处分。

利用互联网侵犯他人合法权益，构成民事侵权的，依法承担民事责任。

七、各级人民政府及有关部门要采取积极措施，在促进互联网的应用和网络技术的普及过程中，重视和支持对网络安全技术的研究和开发，增强网络的安全防护能力。有关主管部门要加强对互联网的运行安全和信息安全的宣传教育，依法实施有效的监督管理，防范和制止利用互联网进行的各种违法活动，为互联网的健康发展创造良好的社会环境。从事互联网业务的单位要依法开展活动，发现互联网上出现违法犯罪行为和有害信息时，要采取措施，停止传输有害信息，并及时向有关机关报告。任何单位和个人在利用互联网时，都要遵纪守法，抵制各种违法犯罪行为和有害信息。人民法院、人民检察院、公安机关、国家安全机关要各司其职，密切配合，依法严厉打击利用互联网实施的各种犯罪活动。要动员全社会的力量，依靠全社会的共同努力，保障互联网的运行安全与信息安全，促进社会主义精神文明和物质文明建设。

B.1.2 《刑法》关于计算机犯罪的规定（摘录）

第二百八十五条（非法侵入计算机信息系统罪） 违反国家规定，侵入国家事务、国防建设、尖端科学技术领域的计算机信息系统的，处三年以下有期徒刑或者拘役。

第二百八十六条（破坏计算机信息系统罪） 违反国家规定，对计算机信息系统功能进行删除、修改、增加、干扰，造成计算机信息系统不能正常运行，后果严重的，处五年以下有期徒刑或者拘役；后果特别严重的，处五年以上有期徒刑。

违反国家规定，对计算机信息系统中存储、处理或者传输的数据和应用程序进行删除、修改、增加的操作，后果严重的，依照前款的规定处罚。

故意制作、传播计算机病毒等破坏性程序，影响计算机系统正常运行，后果严重的，依照第一款的规定处罚。

第二百八十七条（利用计算机实施的各类犯罪） 利用计算机实施金融诈骗、盗窃、贪污、挪用公款、窃取国家秘密或者其他犯罪的，依照本法有关规定定罪处罚。

B.2 行政法规

B.2.1 中华人民共和国计算机信息网络国际联网管理暂行规定

（1996年2月1日中华人民共和国国务院令第195号发布根据1997年5月20日《国务院关于修改〈中华人民共和国计算机信息网络国际联网管理暂行规定〉的决定》修正）

第一条 为了加强对计算机信息网络国际联网的管理，保障国际计算机信息交流的健康发展，制定本规定。

第二条 中华人民共和国境内的计算机信息网络进行国际联网，应当依照本规定办理。

第三条 本规定下列用语的含义是：

（一）计算机信息网络国际联网（以下简称国际联网），是指中华人民共和国境内的计算机信息网络为实现信息的国际交流，同外国的计算机信息网络相联接；

（二）互联网络，是指直接进行国际联网的计算机信息网络；互联单位，是指负责互联网络运行的单位；

（三）接入网络，是指通过接入互联网络进行国际联网的计算机信息网络；接入单位，是指负责接入网络运行的单位。

第四条 国家对国际联网实行统筹规划、统一标准、分级管理、促进发展的原则。

第五条 国务院信息化工作领导小组（以下简称领导小组），负责协调、解决有关国际联网工作中的重大问题。

领导小组办公室按照本规定制定具体管理办法，明确国际出入口信道提供单位、互联单位、接入单位和用户的权利、义务和责任，并负责对国际联网工作的检查监督。

第六条 计算机信息网络直接进行国际联网，必须使用邮电部国家公用电信网提供的国际出入口信道。

任何单位和个人不得自行建立或者使用其他信道进行国际联网。

第七条 已经建立的互联网络，根据国务院有关规定调整后，分别由邮电部、电子工业部、国家教育委员会和中国科学院管理。

新建互联网络，必须报经国务院批准。

第八条 接入网络必须通过互联网络进行国际联网。

接入单位拟从事国际联网经营活动的，应当向有权受理从事国际联网经营活动申请的互联单位主管部门或者主管单位申请领取国际联网经营许可证；未取得国际联网经营许可证的，不得从事国际联网经营业务。

接入单位拟从事非经营活动的，应当报经有权受理从事非经营活动申请的互联单位主管部门或者主管单位审批；未经批准的，不得接入互联网络进行国际联网。申请领取国际联网经营许可证或者办理审批手续时，应当提供其计算机信息网络的性质、应用范围和主机地址等资料。

国际联网经营许可证的格式，由领导小组统一制定。

第九条 从事国际联网经营活动的和从事非经营活动的接入单位都必须具备下列条件：

（一）是依法设立的企业法人或者事业法人；

（二）具有相应的计算机信息网络、装备以及相应的技术人员和管理人员；

（三）具有健全的安全保密管理制度和技术保护措施；

（四）符合法律和国务院规定的其他条件。

接入单位从事国际联网经营活动的，除必须具备本条前款规定条件外，还应当具备为用户提供长期服务的能力。

从事国际联网经营活动的接入单位的情况发生变化，不再符合本条第一款、第二款规定条件的，其国际联网经营许可证由发证机构予以吊销；从事非经营活动的接入单位的情况发生变化，不再符合本条第一款规定条件的，其国际联网资格由审批机构予以取消。

第十条 个人、法人和其他组织（以下统称用户）使用的计算机或者计算机信息网络，需要进行国际联网的，必须通过接入网络进行国际联网。

前款规定的计算机或者计算机信息网络，需要接入网络的，应当征得接入单位的同意，并办理登记手续。

第十一条 国际出入口信道提供单位、互联单位和接入单位，应当建立相应的网络管理中心，依照法律和国家有关规定加强对本单位及其用户的管理，做好网络信息安全管理工作，确保为用户提供良好、安全的服务。

第十二条 互联单位与接入单位，应当负责本单位及其用户有关国际联网的技术培训和管理教育工作。

第十三条 从事国际联网业务的单位和个人，应当遵守国家有关法律、行政法规，严格执行安全保密制度，不得利用国际联网从事危害国家安全、泄露国家秘密等违法犯罪活动，不得制作、查阅、复制和传播妨碍社会治安的信息和淫秽色情等信息。

第十四条 违反本规定第六条、第八条和第十条的规定的，由公安机关责令停止联网，给予警告，可以并处15000元以下的罚款；有违法所得的，没收违法所得。

第十五条 违反本规定，同时触犯其他有关法律、行政法规的，依照有关法律、行政法规的规定予以处罚；构成犯罪的，依法追究刑事责任。

第十六条 与台湾、香港、澳门地区的计算机信息网络的联网，参照本规定执行。

第十七条 本规定自发布之日起施行。

B.2.2 中华人民共和国电信条例（节选）

第五章 电信安全

第五十七条 任何组织或者个人不得利用电信网络制作、复制、发布、传播含有下列内容的信息：

（一）反对宪法所确定的基本原则的；

（二）危害国家安全，泄露国家秘密，颠覆国家政权，破坏国家统一的；

（三）损害国家荣誉和利益的；

（四）煽动民族仇恨、民族歧视，破坏民族团结的；

（五）破坏国家宗教政策，宣扬邪教和封建迷信的；

（六）散布谣言，扰乱社会秩序，破坏社会稳定的；

（七）散布淫秽、色情、赌博、暴力、凶杀、恐怖或者教唆犯罪的；

（八）侮辱或者诽谤他人，侵害他人合法权益的；

（九）含有法律、行政法规禁止的其他内容的。

第五十八条　任何组织或者个人不得有下列危害电信网络安全和信息安全的行为：

（一）对电信网的功能或者存储、处理、传输的数据和应用程序进行删除或者修改；

（二）利用电信网从事窃取或者破坏他人信息、损害他人合法权益的活动；

（三）故意制作、复制、传播计算机病毒或者以其他方式攻击他人电信网络等电信设施；

（四）危害电信网络安全和信息安全的其他行为。

第五十九条　任何组织或者个人不得有下列扰乱电信市场秩序的行为：

（一）采取租用电信国际专线、私设转接设备或者其他方法，擅自经营国际或者香港特别行政区、澳门特别行政区和台湾地区电信业务；

（二）盗接他人电信线路，复制他人电信码号，使用明知是盗接、复制的电信设施或者码号；

（三）伪造、变造电话卡及其他各种电信服务有价凭证；

（四）以虚假、冒用的身份证件办理入网手续并使用移动电话。

第六十条　电信业务经营者应当按照国家有关电信安全的规定，建立健全内部安全保障制度，实行安全保障责任制。

第六十一条　电信业务经营者在电信网络的设计、建设和运行中，应当做到与国家安全和电信网络安全的需求同步规划，同步建设，同步运行。

第六十二条　在公共信息服务中，电信业务经营者发现电信网络中传输的信息明显属于本条例第五十七条所列内容的，应当立即停止传输，保存有关记录，并向国家有关机关报告。

第六十三条　使用电信网络传输信息的内容及其后果由电信用户负责。

电信用户使用电信网络传输的信息属于国家秘密信息的，必须依照保守国家秘密法的规定采取保密措施。

第六十四条　在发生重大自然灾害等紧急情况下，经国务院批准，国务院信息产业主管部门可以调用各种电信设施，确保重要通信畅通。

第六十五条　在中华人民共和国境内从事国际通信业务，必须通过国务院信息产业主管部门批准设立的国际通信出入口局进行。

我国内地与香港特别行政区、澳门特别行政区和台湾地区之间的通信，参照前款规定办理。

第六十六条　电信用户依法使用电信的自由和通信秘密受法律保护。除因国家安全或者追查刑事犯罪的需要，由公安机关、国家安全机关或者人民检察院依照法律规定的程序对电信内容进行检查外，任何组织或者个人不得以任何理由对电信内容进行检查。

电信业务经营者及其工作人员不得擅自向他人提供电信用户使用电信网络所传输信息的内容。

第六章 罚 则

第六十七条 违反本条例第五十七条、第五十八条的规定，构成犯罪的，依法追究刑事责任；尚不构成犯罪的，由公安机关、国家安全机关依照有关法律、行政法规的规定予以处罚。

第六十八条 有本条例第五十九条第（二）、（三）、（四）项所列行为之一，扰乱电信市场秩序，构成犯罪的，依法追究刑事责任；尚不构成犯罪的，由国务院信息产业主管部门或者省、自治区、直辖市电信管理机构依据职权责令改正，没收违法所得，处违法所得 3 倍以上 5 倍以下罚款；没有违法所得或者违法所得不足 1 万元的，处 1 万元以上 10 万元以下罚款。

……

第七十条 违反本条例规定，有下列行为之一的，由国务院信息产业主管部门或者省、自治区、直辖市电信管理机构依据职权责令改正，没收违法所得，处违法所得 3 倍以上 5 倍以下罚款；没有违法所得或者违法所得不足 5 万元的，处 10 万元以上 100 万元以下罚款；情节严重的，责令停业整顿：

（一）违反本条例第七条第三款的规定或者有本条例第五十九条第（一）项所列行为，擅自经营电信业务的，或者超范围经营电信业务的；

（二）未通过国务院信息产业主管部门批准，设立国际通信出入口进行国际通信的；

（三）擅自使用、转让、出租电信资源或者改变电信资源用途的；

（四）擅自中断网间互联互通或者接入服务的；

（五）拒不履行普遍服务义务的。

第七十一条 违反本条例的规定，有下列行为之一的，由国务院信息产业主管部门或者省、自治区、直辖市电信管理机构依据职权责令改正，没收违法所得，处违法所得 1 倍以上 3 倍以下罚款；没有违法所得或者违法所得不足 1 万元的，处 1 万元以上 10 万元以下罚款；情节严重的，责令停业整顿：

（一）在电信网间互联中违反规定加收费用的；

（二）遇有网间通信技术障碍，不采取有效措施予以消除的；

（三）擅自向他人提供电信用户使用电信网络所传输信息的内容的；

（四）拒不按照规定缴纳电信资源使用费的。

……

第七十三条 违反本条例的规定，有下列行为之一的，由国务院信息产业主管部门或者省、自治区、直辖市电信管理机构依据职权责令改正，处 5 万元以上 50 万元以下罚款；情节严重的，责令停业整顿：

（一）拒绝其他电信业务经营者提出的互联互通要求的；

（二）拒不执行国务院信息产业主管部门或者省、自治区、直辖市电信管理机构依法作出的互联互通决定的；

（三）向其他电信业务经营者提供网间互联的服务质量低于本网及其子公司或者分支

机构的。

……

第七十六条 违反本条例的规定，有下列行为之一的，由省、自治区、直辖市电信管理机构责令改正，处1万元以上10万元以下的罚款：

（一）销售未取得进网许可的电信终端设备的；

（二）非法阻止或者妨碍电信业务经营者向电信用户提供公共电信服务的；

（三）擅自改动或者迁移他人的电信线路及其他电信设施的。

……

第七十八条 有本条例第五十七条、第五十八条和第五十九条所列禁止行为之一，情节严重的，由原发证机关吊销电信业务经营许可证。

国务院信息产业主管部门或者省、自治区、直辖市电信管理机构吊销电信业务经营许可证后，应当通知企业登记机关。

B.2.3 互联网信息服务管理办法

（国务院第292号令发布，自2000年9月25日起施行）

第一条 为了规范互联网信息服务活动，促进互联网信息服务健康有序发展，制定本办法。

第二条 在中华人民共和国境内从事互联网信息服务活动，必须遵守本办法。

本办法所称互联网信息服务，是指通过互联网向上网用户提供信息的服务活动。

第三条 互联网信息服务分为经营性和非经营性两类。

经营性互联网信息服务，是指通过互联网向上网用户有偿提供信息或者网页制作等服务活动。

非经营性互联网信息服务，是指通过互联网向上网用户无偿提供具有公开性、共享性信息的服务活动。

第四条 国家对经营性互联网信息服务实行许可制度；对非经营性互联网信息服务实行备案制度。

未取得许可或者未履行备案手续的，不得从事互联网信息服务。

第五条 从事新闻、出版、教育、医疗保健、药品和医疗器械等互联网信息服务，依照法律、行政法规以及国家有关规定须经有关主管部门审核同意的，在申请经营许可或者履行备案手续前，应当依法经有关主管部门审核同意。

第六条 从事经营性互联网信息服务，除应当符合《中华人民共和国电信条例》规定的要求外，还应当具备下列条件：

（一）有业务发展计划及相关技术方案；

（二）有健全的网络与信息安全保障措施，包括网站安全保障措施、信息安全保密管理制度、用户信息安全管理制度；

（三）服务项目属于本办法第五条规定范围的，已取得有关主管部门同意的文件。

第七条 从事经营性互联网信息服务，应当向省、自治区、直辖市电信管理机构或者国务院信息产业主管部门申请办理互联网信息服务增值电信业务经营许可证（以下简称经营许可证）。

省、自治区、直辖市电信管理机构或者国务院信息产业主管部门应当自收到申请之日起60日内审查完毕，作出批准或者不予批准的决定。予以批准的，颁发经营许可证；不予批准的，应当书面通知申请人并说明理由。

申请人取得经营许可证后，应当持经营许可证向企业登记机关办理登记手续。

第八条 从事非经营性互联网信息服务，应当向省、自治区、直辖市电信管理机构或者国务院信息产业主管部门办理备案手续。办理备案时，应当提交下列材料：

（一）主办单位和网站负责人的基本情况；

（二）网站网址和服务项目；

（三）服务项目属于本办法第五条规定范围的，已取得有关主管部门的同意文件。

省、自治区、直辖市电信管理机构对备案材料齐全的，应当予以备案并编号。

第九条 从事互联网信息服务，拟开办电子公告服务的，应当在申请经营性互联网信息服务许可或者办理非经营性互联网信息服务备案时，按照国家有关规定提出专项申请或者专项备案。

第十条 省、自治区、直辖市电信管理机构和国务院信息产业主管部门应当公布取得经营许可证或者已履行备案手续的互联网信息服务提供者名单。

第十一条 互联网信息服务提供者应当按照经许可或者备案的项目提供服务，不得超出经许可或者备案的项目提供服务。

非经营性互联网信息服务提供者不得从事有偿服务。

互联网信息服务提供者变更服务项目、网站网址等事项的，应当提前30日向原审核、发证或者备案机关办理变更手续。

第十二条 互联网信息服务提供者应当在其网站主页的显著位置标明其经营许可证编号或者备案编号。

第十三条 互联网信息服务提供者应当向上网用户提供良好的服务，并保证所提供的信息内容合法。

第十四条 从事新闻、出版以及电子公告等服务项目的互联网信息服务提供者，应当记录提供的信息内容及其发布时间、互联网地址或者域名；互联网接入服务提供者应当记录上网用户的上网时间、用户帐号、互联网地址或者域名、主叫电话号码等信息。

互联网信息服务提供者和互联网接入服务提供者的记录备份应当保存60日，并在国家有关机关依法查询时，予以提供。

第十五条 互联网信息服务提供者不得制作、复制、发布、传播含有下列内容的信息：

（一）反对宪法所确定的基本原则的；

（二）危害国家安全，泄露国家秘密，颠覆国家政权，破坏国家统一的；

（三）损害国家荣誉和利益的；

（四）煽动民族仇恨、民族歧视，破坏民族团结的；

（五）破坏国家宗教政策，宣扬邪教和封建迷信的；

（六）散布谣言，扰乱社会秩序，破坏社会稳定的；

（七）散布淫秽、色情、赌博、暴力、凶杀、恐怖或者教唆犯罪的；

（八）侮辱或者诽谤他人，侵害他人合法权益的；

（九）含有法律、行政法规禁止的其他内容的。

第十六条 互联网信息服务提供者发现其网站传输的信息明显属于本办法第十五条所列内容之一的，应当立即停止传输，保存有关记录，并向国家有关机关报告。

第十七条 经营性互联网信息服务提供者申请在境内境外上市或者同外商合资、合作，应当事先经国务院信息产业主管部门审查同意；其中，外商投资的比例应当符合有关法律、行政法规的规定。

第十八条 国务院信息产业主管部门和省、自治区、直辖市电信管理机构，依法对互联网信息服务实施监督管理。

新闻、出版、教育、卫生、药品监督管理、工商行政管理和公安、国家安全等有关主管部门，在各自职责范围内依法对互联网信息内容实施监督管理。

第十九条 违反本办法的规定，未取得经营许可证，擅自从事经营性互联网信息服务，或者超出许可的项目提供服务的，由省、自治区、直辖市电信管理机构责令限期改正，有违法所得的，没收违法所得，处违法所得3倍以上5倍以下的罚款；没有违法所得或者违法所得不足5万元的，处10万元以上100万元以下的罚款；情节严重的，责令关闭网站。

违反本办法的规定，未履行备案手续，擅自从事非经营性互联网信息服务，或者超出备案的项目提供服务的，由省、自治区、直辖市电信管理机构责令限期改正；拒不改正的，责令关闭网站。

第二十条 制作、复制、发布、传播本办法第十五条所列内容之一的信息，构成犯罪的，依法追究刑事责任；尚不构成犯罪的，由公安机关、国家安全机关依照《中华人民共和国治安管理处罚条例》、《计算机信息网络国际联网安全保护管理办法》等有关法律、行政法规的规定予以处罚；对经营性互联网信息服务提供者，并由发证机关责令停业整顿直至吊销经营许可证，通知企业登记机关；对非经营性互联网信息服务提供者，并由备案机关责令暂时关闭网站直至关闭网站。

第二十一条 未履行本办法第十四条规定的义务的，由省、自治区、直辖市电信管理机构责令改正；情节严重的，责令停业整顿或者暂时关闭网站。

第二十二条 违反本办法的规定，未在其网站主页上标明其经营许可证编号或者备案编号的，由省、自治区、直辖市电信管理机构责令改正，处5000元以上5万元以下的罚款。

第二十三条 违反本办法第十六条规定的义务的，由省、自治区、直辖市电信管理机构责令改正；情节严重的，对经营性互联网信息服务提供者，并由发证机关吊销经营许可证，对非经营性互联网信息服务提供者，并由备案机关责令关闭网站。

第二十四条 互联网信息服务提供者在其业务活动中，违反其他法律、法规的，由新闻、出版、教育、卫生、药品监督管理和工商行政管理等有关主管部门依照有关法律、法规的规定处罚。

第二十五条 电信管理机构和其他有关主管部门及其工作人员，玩忽职守、滥用职权、徇私舞弊，疏于对互联网信息服务的监督管理，造成严重后果，构成犯罪的，依法追究刑事责任；尚不构成犯罪的，对直接负责的主管人员和其他直接责任人员依法给予降级、撤职直至开除的行政处分。

第二十六条 在本办法公布前从事互联网信息服务的，应当自本办法公布之日起60日内依照本办法的有关规定补办有关手续。

第二十七条 本办法自公布之日起施行。

B.2.4 外商投资电信企业管理规定

国务院第333号令

第一条 为了适应电信业对外开放的需要，促进电信业的发展，根据有关外商投资的法律、行政法规和《中华人民共和国电信条例》（以下简称电信条例），制定本规定。

第二条 外商投资电信企业，是指外国投资者同中国投资者在中华人民共和国境内依法以中外合资经营形式，共同投资设立的经营电信业务的企业。

第三条 外商投资电信企业从事电信业务经营活动，除必须遵守本规定外，还必须遵守电信条例和其他有关法律、行政法规的规定。

第四条 外商投资电信企业可以经营基础电信业务、增值电信业务，具体业务分类依照电信条例的规定执行。

外商投资电信企业经营业务的地域范围，由国务院信息产业主管部门按照有关规定确定。

第五条 外商投资电信企业的注册资本应当符合下列规定：

（一）经营全国的或者跨省、自治区、直辖市范围的基础电信业务的，其注册资本最低限额为20亿元人民币；经营增值电信业务的，其注册资本最低限额为1000万元人民币；

（二）经营省、自治区、直辖市范围内的基础电信业务的，其注册资本最低限额为2亿元人民币；经营增值电信业务的，其注册资本最低限额为100万元人民币。

第六条 经营基础电信业务（无线寻呼业务除外）的外商投资电信企业的外方投资者在企业中的出资比例，最终不得超过49%。

经营增值电信业务（包括基础电信业务中的无线寻呼业务）的外商投资电信企业的外方投资者在企业中的出资比例，最终不得超过50%。

外商投资电信企业的中方投资者和外方投资者在不同时期的出资比例，由国务院信息产业主管部门按照有关规定确定。

第七条 外商投资电信企业经营电信业务，除应当符合本规定第四条、第五条、第六条规定的条件外，还应当符合电信条例规定的经营基础电信业务或者经营增值电信业务应当具备的条件。

第八条 经营基础电信业务的外商投资电信企业的中方主要投资者应当符合下列条件：

（一）是依法设立的公司；

（二）有与从事经营活动相适应的资金和专业人员；

（三）符合国务院信息产业主管部门规定的审慎的和特定行业的要求。

前款所称外商投资电信企业的中方主要投资者，是指在全体中方投资者中出资数额最多且占中方全体投资者出资总额的 30%以上的出资者。

第九条 经营基础电信业务的外商投资电信企业的外方主要投资者应当符合下列条件：

（一）具有企业法人资格；

（二）在注册的国家或者地区取得基础电信业务经营许可证；

（三）有与从事经营活动相适应的资金和专业人员；

（四）有从事基础电信业务的良好业绩和运营经验。

前款所称外商投资电信企业的外方主要投资者，是指在外方全体投资者中出资数额最多且占全体外方投资者出资总额的 30%以上的出资者。

第十条 经营增值电信业务的外商投资电信企业的外方主要投资者应当具有经营增值电信业务的良好业绩和运营经验。

第十一条 设立经营基础电信业务或者跨省、自治区、直辖市范围增值电信业务的外商投资电信企业，由中方主要投资者向国务院信息产业主管部门提出申请并报送下列文件：

（一）项目建议书；

（二）可行性研究报告；

（三）本规定第八条、第九条、第十条规定的合营各方投资者的资格证明或者有关确认文件；

（四）电信条例规定的经营基础电信业务或者增值电信业务应当具备的其他条件的证明或者确认文件。

国务院信息产业主管部门应当自收到申请之日起对前款规定的有关文件进行审查。属于基础电信业务的，应当在 180 日内审查完毕，作出批准或者不予批准的决定；属于增值电信业务的，应当在 90 日内审查完毕，作出批准或者不予批准的决定。予以批准的，颁发《外商投资经营电信业务审定意见书》；不予批准的，应当书面通知申请人并说明理由。

第十二条 设立外商投资电信企业经营基础电信业务或者跨省、自治区、直辖市范围增值电信业务，中方主要投资者依照本规定第十一条的规定提出申请时，可以根据实际情况先行报送可行性研究报告以外的其他文件，经国务院信息产业主管部门审查认可并书面通知后，再报送可行性研究报告；但是，自审查认可通知之日起至报送可行性研究报告之日止的期间不得超过 1 年，且该期间不计算在规定的审批期限之内。

第十三条 设立外商投资电信企业经营省、自治区、直辖市范围内增值电信业务，由中方主要投资者向省、自治区、直辖市电信管理机构提出申请并报送下列文件：

（一）可行性研究报告；

（二）本规定第十条规定的资格证明或者有关确认文件；

（三）电信条例规定的经营增值电信业务应当具备的其他条件的证明或者确认文件。

省、自治区、直辖市电信管理机构应当自收到申请之日起 60 日内签署意见。同意的，转报国务院信息产业主管部门；不同意的，应当书面通知申请人并说明理由。

国务院信息产业主管部门应当自收到省、自治区、直辖市电信管理机构签署同意的申请文件之日起 30 日内审查完毕，作出批准或者不予批准的决定。予以批准的，颁发《外商投资经营电信业务审定意见书》；不予批准的，应当书面通知申请人并说明理由。

第十四条 外商投资电信企业项目建议书的主要内容包括：合营各方的名称和基本情况、拟设立企业的投资总额、注册资本、各方出资比例、申请经营的业务种类、合营期限等。

外商投资电信企业可行性研究报告的主要内容包括：拟设立企业的基本情况、服务项目、业务预测和发展规划、投资效益分析、预计营业时间等。

第十五条 设立外商投资电信企业，按照国家有关规定，其投资项目需要经国务院计划主管部门或者国务院经济综合管理部门审批的，国务院信息产业主管部门应当在颁发《外商投资经营电信业务审定意见书》前，将申请材料转送国务院计划主管部门或者国务院经济综合管理部门审批。转送国务院计划主管部门或者国务院经济综合管理部门审批的，本规定第十一条、第十三条规定的审批期限可以延长30日。

第十六条 设立外商投资电信企业，属于经营基础电信业务或者跨省、自治区、直辖市范围增值电信业务的，由中方主要投资者凭《外商投资经营电信业务审定意见书》向国务院对外经济贸易主管部门报送拟设立外商投资电信企业的合同、章程；属于经营省、自治区、直辖市范围内增值电信业务的，由中方主要投资者凭《外商投资经营电信业务审定意见书》向省、自治区、直辖市人民政府对外经济贸易主管部门报送拟设立外商投资电信企业的合同、章程。

国务院对外经济贸易主管部门和省、自治区、直辖市人民政府对外经济贸易主管部门应当自收到报送的拟设立外商投资电信企业的合同、章程之日起90日内审查完毕，作出批准或者不予批准的决定。予以批准的，颁发《外商投资企业批准证书》；不予批准的，应当书面通知申请人并说明理由。

第十七条 外商投资电信企业的中方主要投资者凭《外商投资企业批准证书》，到国务院信息产业主管部门办理《电信业务经营许可证》手续。

外商投资电信企业的中方主要投资者凭《外商投资企业批准证书》和《电信业务经营许可证》，向工商行政管理机关办理外商投资电信企业注册登记手续。

第十八条 外商投资电信企业经营跨境电信业务，必须经国务院信息产业主管部门批准，并通过国务院信息产业主管部门批准设立的国际电信出入口局进行。

第十九条 违反本规定第六条规定的，由国务院信息产业主管部门责令限期改正，并处10万元以上50万元以下的罚款；逾期不改正的，由国务院信息产业主管部门吊销《电信业务经营许可证》，并由原颁发《外商投资企业批准证书》的对外经济贸易主管部门撤销其《外商投资企业批准证书》。

第二十条 违反本规定第十八条规定的，由国务院信息产业主管部门责令限期改正，并处20万元以上100万元以下的罚款；逾期不改正的，由国务院信息产业主管部门吊销《电信业务经营许可证》，并由原颁发《外商投资企业批准证书》的对外经济贸易主管部门撤销其《外商投资企业批准证书》。

第二十一条 申请设立外商投资电信企业，提供虚假、伪造的资格证明或者确认文件骗取批准的，批准无效，由国务院信息产业主管部门处20万元以上100万元以下的罚款，吊销《电信业务经营许可证》，并由原颁发《外商投资企业批准证书》的对外经济贸易主管部门撤销其《外商投资企业批准证书》。

第二十二条 外商投资电信企业经营电信业务，违反电信条例和其他有关法律、行政法规规定的，由有关机关依法给予处罚。

第二十三条 境内电信企业在境外上市，必须经国务院信息产业主管部门审查同意，并按照国家有关规定经批准。

第二十四条 香港特别行政区、澳门特别行政区和台湾地区的公司、企业在内地投资经营电信业务，比照适用本规定。

第二十五条 本规定自2002年1月1日起施行。

B.2.5 互联网上网服务营业场所管理条例

（国务院令第363号）

第一章 总 则

第一条 为了加强对互联网上网服务营业场所的管理，规范经营者的经营行为，维护公众和经营者的合法权益，保障互联网上网服务经营活动健康发展，促进社会主义精神文明建设，制定本条例。

第二条 本条例所称互联网上网服务营业场所，是指通过计算机等装置向公众提供互联网上网服务的网吧、电脑休闲室等营业性场所。

学校、图书馆等单位内部附设的为特定对象获取资料、信息提供上网服务的场所，应当遵守有关法律、法规，不适用本条例。

第三条 互联网上网服务营业场所经营单位应当遵守有关法律、法规的规定，加强行业自律，自觉接受政府有关部门依法实施的监督管理，为上网消费者提供良好的服务。

互联网上网服务营业场所的上网消费者，应当遵守有关法律、法规的规定，遵守社会公德，开展文明、健康的上网活动。

第四条 县级以上人民政府文化行政部门负责互联网上网服务营业场所经营单位的设立审批，并负责对依法设立的互联网上网服务营业场所经营单位经营活动的监督管理；公安机关负责对互联网上网服务营业场所经营单位的信息网络安全、治安及消防安全的监督管理；工商行政管理部门负责对互联网上网服务营业场所经营单位登记注册和营业执照的管理，并依法查处无照经营活动；电信管理等其他有关部门在各自职责范围内，依照本条例和有关法律、行政法规的规定，对互联网上网服务营业场所经营单位分别实施有关监督管理。

第五条 文化行政部门、公安机关、工商行政管理部门和其他有关部门及其工作人员不得从事或者变相从事互联网上网服务经营活动，也不得参与或者变相参与互联网上网服务营业场所经营单位的经营活动。

第六条 国家鼓励公民、法人和其他组织对互联网上网服务营业场所经营单位的经营活动进行监督，并对有突出贡献的给予奖励。

第二章 设 立

第七条 国家对互联网上网服务营业场所经营单位的经营活动实行许可制度。未经许可，任何组织和个人不得设立互联网上网服务营业场所，不得从事互联网上网服务经营活动。

第八条 设立互联网上网服务营业场所经营单位，应当采用企业的组织形式，并具备下列条件：

（一）有企业的名称、住所、组织机构和章程；

（二）有与其经营活动相适应的资金；

（三）有与其经营活动相适应并符合国家规定的消防安全条件的营业场所；

（四）有健全、完善的信息网络安全管理制度和安全技术措施；

（五）有固定的网络地址和与其经营活动相适应的计算机等装置及附属设备；

（六）有与其经营活动相适应并取得从业资格的安全管理人员、经营管理人员、专业技术人员；

（七）法律、行政法规和国务院有关部门规定的其他条件。

互联网上网服务营业场所的最低营业面积、计算机等装置及附属设备数量、单机面积的标准，由国务院文化行政部门规定。

审批设立互联网上网服务营业场所经营单位，除依照本条第一款、第二款规定的条件外，还应当符合国务院文化行政部门和省、自治区、直辖市人民政府文化行政部门规定的互联网上网服务营业场所经营单位的总量和布局要求。

第九条 中学、小学校园周围200米范围内和居民住宅楼（院）内不得设立互联网上网服务营业场所。

第十条 设立互联网上网服务营业场所经营单位，应当向县级以上地方人民政府文化行政部门提出申请，并提交下列文件：

（一）名称预先核准通知书和章程；

（二）法定代表人或者主要负责人的身份证明材料；

（三）资金信用证明；

（四）营业场所产权证明或者租赁意向书；

（五）依法需要提交的其他文件。

第十一条 文化行政部门应当自收到设立申请之日起20个工作日内作出决定；经审查，符合条件的，发给同意筹建的批准文件。

申请人完成筹建后，持同意筹建的批准文件到同级公安机关申请信息网络安全和消防安全审核。公安机关应当自收到申请之日起20个工作日内作出决定；经实地检查并审核合格的，发给批准文件。

申请人持公安机关批准文件向文化行政部门申请最终审核。文化行政部门应当自收到申请之日起15个工作日内依据本条例第八条的规定作出决定；经实地检查并审核合格的，发给《网络文化经营许可证》。

对申请人的申请，文化行政部门经审查不符合条件的，或者公安机关经审核不合格的，应当分别向申请人书面说明理由。

申请人持《网络文化经营许可证》到工商行政管理部门申请登记注册，依法领取营业执照后，方可开业。

第十二条 互联网上网服务营业场所经营单位不得涂改、出租、出借或者以其他方式转让《网络文化经营许可证》。

第十三条 互联网上网服务营业场所经营单位变更营业场所地址或者对营业场所进行改建、扩建，变更计算机数量或者其他重要事项的，应当经原审核机关同意。

互联网上网服务营业场所经营单位变更名称、住所、法定代表人或者主要负责人、注册资本、网络地址或者终止经营活动的，应当依法到工商行政管理部门办理变更登记或者注销登记，并到文化行政部门、公安机关办理有关手续或者备案。

第三章 经 营

第十四条 互联网上网服务营业场所经营单位和上网消费者不得利用互联网上网服务营业场所制作、下载、复制、查阅、发布、传播或者以其他方式使用含有下列内容的信息：

（一）反对宪法确定的基本原则的；

（二）危害国家统一、主权和领土完整的；

（三）泄露国家秘密，危害国家安全或者损害国家荣誉和利益的；

（四）煽动民族仇恨、民族歧视，破坏民族团结，或者侵害民族风俗、习惯的；

（五）破坏国家宗教政策，宣扬邪教、迷信的；

（六）散布谣言，扰乱社会秩序，破坏社会稳定的；

（七）宣传淫秽、赌博、暴力或者教唆犯罪的；

（八）侮辱或者诽谤他人，侵害他人合法权益的；

（九）危害社会公德或者民族优秀文化传统的；

（十）含有法律、行政法规禁止的其他内容的。

第十五条 互联网上网服务营业场所经营单位和上网消费者不得进行下列危害信息网络安全的活动：

（一）故意制作或者传播计算机病毒以及其他破坏性程序的；

（二）非法侵入计算机信息系统或者破坏计算机信息系统功能、数据和应用程序的；

（三）进行法律、行政法规禁止的其他活动的。

第十六条 互联网上网服务营业场所经营单位应当通过依法取得经营许可证的互联网接入服务提供者接入互联网，不得采取其他方式接入互联网。

互联网上网服务营业场所经营单位提供上网消费者使用的计算机必须通过局域网的方式接入互联网，不得直接接入互联网。

第十七条 互联网上网服务营业场所经营单位不得经营非网络游戏。

第十八条 互联网上网服务营业场所经营单位和上网消费者不得利用网络游戏或者其他方式进行赌博或者变相赌博活动。

第十九条 互联网上网服务营业场所经营单位应当实施经营管理技术措施，建立场内巡查制度，发现上网消费者有本条例第十四条、第十五条、第十八条所列行为或者有其他违法行为的，应当立即予以制止并向文化行政部门、公安机关举报。

第二十条 互联网上网服务营业场所经营单位应当在营业场所的显著位置悬挂《网络文化经营许可证》和营业执照。

第二十一条 互联网上网服务营业场所经营单位不得接纳未成年人进入营业场所。

互联网上网服务营业场所经营单位应当在营业场所入口处的显著位置悬挂未成年人

禁入标志。

第二十二条 互联网上网服务营业场所每日营业时间限于8时至24时。

第二十三条 互联网上网服务营业场所经营单位应当对上网消费者的身份证等有效证件进行核对、登记，并记录有关上网信息。登记内容和记录备份保存时间不得少于60日，并在文化行政部门、公安机关依法查询时予以提供。登记内容和记录备份在保存期内不得修改或者删除。

第二十四条 互联网上网服务营业场所经营单位应当依法履行信息网络安全、治安和消防安全职责，并遵守下列规定：

（一）禁止明火照明和吸烟并悬挂禁止吸烟标志；

（二）禁止带入和存放易燃、易爆物品；

（三）不得安装固定的封闭门窗栅栏；

（四）营业期间禁止封堵或者锁闭门窗、安全疏散通道和安全出口；

（五）不得擅自停止实施安全技术措施。

第四章 罚 则

第二十五条 文化行政部门、公安机关、工商行政管理部门或者其他有关部门及其工作人员，利用职务上的便利收受他人财物或者其他好处，违法批准不符合法定设立条件的互联网上网服务营业场所经营单位，或者不依法履行监督职责，或者发现违法行为不予依法查处，触犯刑律的，对直接负责的主管人员和其他直接责任人员依照刑法关于受贿罪、滥用职权罪、玩忽职守罪或者其他罪的规定，依法追究刑事责任；尚不够刑事处罚的，依法给予降级、撤职或者开除的行政处分。

第二十六条 文化行政部门、公安机关、工商行政管理部门或者其他有关部门的工作人员，从事或者变相从事互联网上网服务经营活动的，参与或者变相参与互联网上网服务营业场所经营单位的经营活动的，依法给予降级、撤职或者开除的行政处分。

文化行政部门、公安机关、工商行政管理部门或者其他有关部门有前款所列行为的，对直接负责的主管人员和其他直接责任人员依照前款规定依法给予行政处分。

第二十七条 违反本条例的规定，擅自设立互联网上网服务营业场所，或者擅自从事互联网上网服务经营活动的，由工商行政管理部门或者由工商行政管理部门会同公安机关依法予以取缔，查封其从事违法经营活动的场所，扣押从事违法经营活动的专用工具、设备；触犯刑律的，依照刑法关于非法经营罪的规定，依法追究刑事责任；尚不够刑事处罚的，由工商行政管理部门没收违法所得及其从事违法经营活动的专用工具、设备；违法经营额1万元以上的，并处违法经营额5倍以上10倍以下的罚款；违法经营额不足1万元的，并处1万元以上5万元以下的罚款。

第二十八条 互联网上网服务营业场所经营单位违反本条例的规定，涂改、出租、出借或者以其他方式转让《网络文化经营许可证》，触犯刑律的，依照刑法关于伪造、变造、买卖国家机关公文、证件、印章罪的规定，依法追究刑事责任；尚不够刑事处罚的，由文化行政部门吊销《网络文化经营许可证》，没收违法所得；违法经营额5000元以上的，并处违法经营额2倍以上5倍以下的罚款；违法经营额不足5000元的，并处5000元以上1万元以下的罚款。

第二十九条 互联网上网服务营业场所经营单位违反本条例的规定，利用营业场所制作、下载、复制、查阅、发布、传播或者以其他方式使用含有本条例第十四条规定禁止含有的内容的信息，触犯刑律的，依法追究刑事责任；尚不够刑事处罚的，由公安机关给予警告，没收违法所得；违法经营额1万元以上的，并处违法经营额2倍以上5倍以下的罚款；违法经营额不足1万元的，并处1万元以上2万元以下的罚款；情节严重的，责令停业整顿，直至由文化行政部门吊销《网络文化经营许可证》。

上网消费者有前款违法行为，触犯刑律的，依法追究刑事责任；尚不够刑事处罚的，由公安机关依照治安管理处罚条例的规定给予处罚。

第三十条 互联网上网服务营业场所经营单位违反本条例的规定，有下列行为之一的，由文化行政部门给予警告，可以并处15000元以下的罚款；情节严重的，责令停业整顿，直至吊销《网络文化经营许可证》：

（一）在规定的营业时间以外营业的；

（二）接纳未成年人进入营业场所的；

（三）经营非网络游戏的；

（四）擅自停止实施经营管理技术措施的；

（五）未悬挂《网络文化经营许可证》或者未成年人禁入标志的。

第三十一条 互联网上网服务营业场所经营单位违反本条例的规定，有下列行为之一的，由文化行政部门、公安机关依据各自职权给予警告，可以并处15000元以下的罚款；情节严重的，责令停业整顿，直至由文化行政部门吊销《网络文化经营许可证》：

（一）向上网消费者提供的计算机未通过局域网的方式接入互联网的；

（二）未建立场内巡查制度，或者发现上网消费者的违法行为未予制止并向文化行政部门、公安机关举报的；

（三）未按规定核对、登记上网消费者的有效身份证件或者记录有关上网信息的；

（四）未按规定时间保存登记内容、记录备份，或者在保存期内修改、删除登记内容、记录备份的；

（五）变更名称、住所、法定代表人或者主要负责人、注册资本、网络地址或者终止经营活动，未向文化行政部门、公安机关办理有关手续或者备案的。

第三十二条 互联网上网服务营业场所经营单位违反本条例的规定，有下列行为之一的，由公安机关给予警告，可以并处15000元以下的罚款；情节严重的，责令停业整顿，直至由文化行政部门吊销《网络文化经营许可证》：

（一）利用明火照明或者发现吸烟不予制止，或者未悬挂禁止吸烟标志的；

（二）允许带入或者存放易燃、易爆物品的；

（三）在营业场所安装固定的封闭门窗栅栏的；

（四）营业期间封堵或者锁闭门窗、安全疏散通道或者安全出口的；

（五）擅自停止实施安全技术措施的。

第三十三条 违反国家有关信息网络安全、治安管理、消防管理、工商行政管理、电信管理等规定，触犯刑律的，依法追究刑事责任；尚不够刑事处罚的，由公安机关、工商行政管理部门、电信管理机构依法给予处罚；情节严重的，由原发证机关吊销许可证件。

第三十四条　互联网上网服务营业场所经营单位违反本条例的规定，被处以吊销《网络文化经营许可证》行政处罚的，应当依法到工商行政管理部门办理变更登记或者注销登记；逾期未办理的，由工商行政管理部门吊销营业执照。

第三十五条　互联网上网服务营业场所经营单位违反本条例的规定，被吊销《网络文化经营许可证》的，自被吊销《网络文化经营许可证》之日起5年内，其法定代表人或者主要负责人不得担任互联网上网服务营业场所经营单位的法定代表人或者主要负责人。

擅自设立的互联网上网服务营业场所经营单位被依法取缔的，自被取缔之日起5年内，其主要负责人不得担任互联网上网服务营业场所经营单位的法定代表人或者主要负责人。

第三十六条　依照本条例的规定实施罚款的行政处罚，应当依照有关法律、行政法规的规定，实行罚款决定与罚款收缴分离；收缴的罚款和违法所得必须全部上缴国库。

第五章　附　则

第三十七条　本条例自2002年１１月１５日起施行。２００１年4月3日信息产业部、公安部、文化部、国家工商行政管理局发布的《互联网上网服务营业场所管理办法》同时废止。

B.2.6　《中华人民共和国国民经济和社会发展第十个五年计划纲要》摘选

2001年3月15日第九届全国人民代表大会第四次会议批准

第二篇　经济结构

第六章　加速发展信息产业，大力推进信息化

要按照应用主导、面向市场、网络共建、资源共享、技术创新、竞争开放的发展思路，努力实现我国信息产业的跨越式发展，加速推进信息化，提高信息产业在国民经济中的比重。

第一节　广泛应用信息技术

加强信息资源开发，强化公共信息资源共享，推动信息技术在国民经济和社会发展各领域的广泛应用。实施一批信息化重大工程，推进政务、金融、外贸、广播电视、教育、科技、医疗卫生、社会保障和公用事业等领域的信息化进程。加快电子认证体系、现代支付系统和信用制度建设，大力发展电子商务。重视信息网络技术在农产品交易、农业技术推广等领域的应用。推动信息产业与有关文化产业结合。加强条码和代码等信息标准化基础工作。加快计算机和网络知识普及，各级各类学校要积极推广计算机及网络教育。制定国家信息系统标准，加强信息化法制建设，改革管理体制，创造有利于信息化的制度条件。

第二节　建设信息基础设施

健全信息网络体系，提高网络容量和传输速度。大力发展高速宽带信息网，重点建设宽带接入网，适时建设第三代移动通信网。强化网络与信息安全保障体系建设。建设基础国情、公共信息资源、宏观经济数据库及其交换服务中心，完善地理空间信息系统。

促进电信、电视、计算机三网融合。

第三节　发展电子、信息产品制造业

加强先进信息技术的引进、消化吸收和创新，大力开发核心技术，增强计算机与网络产品、通信产品、数字视听产品和新型元器件等产品的制造能力，大力发展集成电路和软件产业，提高信息化装备和系统集成能力。

B.3 司法解释

B.3.1 最高人民法院关于审理涉及计算机网络著作权纠纷案件适用法律若干问题的解释

（2000年11月22日最高人民法院审判委员会第1144次会议通过）

为了正确审理涉及计算机网络的著作权纠纷案件，根据民法通则、著作权法和民事诉讼法等法律的规定，对这类案件适用法律的若干问题解释如下：

第一条　网络著作权侵权纠纷案件由侵权行为地或者被告住所地人民法院管辖。侵权行为地包括实施被诉侵权行为的网络服务器、计算机终端等设备所在地。对难以确定侵权行为地和被告住所地的，原告发现侵权内容的计算机终端等设备所在地可以视为侵权行为地。

第二条　受著作权法保护的作品，包括著作权法第三条规定的各类作品的数字化形式。在网络环境下无法归于著作权法第三条列举的作品范围，但在文学、艺术和科学领域内具有独创性并能以某种有形形式复制的其他智力创作成果，人民法院应当予以保护。

著作权法第十条对著作权各项权利的规定均适用于数字化作品的著作权。将作品通过网络向公众传播，属于著作权法规定的使用作品的方式，著作权人享有以该种方式使用或者许可他人使用作品，并由此获得报酬的权利。

第三条　已在报刊上刊登或者网络上传播的作品，除著作权人声明或者上载该作品的网络服务提供者受著作权人的委托声明不得转载、摘编的以外，网站予以转载、摘编并按有关规定支付报酬、注明出处的，不构成侵权。但网站转载、摘编作品超过有关报刊转载作品范围的，应当认定为侵权。

第四条　网络服务提供者通过网络参与他人侵犯著作权行为，或者通过网络教唆、帮助他人实施侵犯著作权行为的，人民法院应当根据民法通则第一百三十条的规定，追究其与其他行为人或者直接实施侵权行为人的共同侵权责任。

第五条　提供内容服务的网络服务提供者，明知网络用户通过网络实施侵犯他人著作权的行为，或者经著作权人提出确有证据的警告，但仍不采取移除侵权内容等措施以消除侵权后果的，人民法院应当根据民法通则第一百三十条的规定，追究其与该网络用户的共同侵权责任。

第六条　提供内容服务的网络服务提供者，对著作权人要求其提供侵权行为人在其网络的注册资料以追究行为人的侵权责任，无正当理由拒绝提供的，人民法院应当根据民法通则第一百零六条的规定，追究其相应的侵权责任。

第七条　著作权人发现侵权信息向网络服务提供者提出警告或者索要侵权行为人网

络注册资料时，不能出示身份证明、著作权权属证明及侵权情况证明的，视为未提出警告或者未提出索要请求。

著作权人出示上述证明后网络服务提供者仍不采取措施的，可以在提起诉讼时申请人民法院先行裁定停止侵害、排除妨碍、消除影响，人民法院应予准许。

第八条 网络服务提供者经著作权人提出确有证据的警告而采取移除被控侵权内容等措施，被控侵权人要求网络服务提供者承担违约责任的，人民法院不予支持。

著作权人指控侵权不实，被控侵权人因网络服务提供者采取措施遭受损失而请求赔偿的，人民法院应当判令由提出警告的人承担赔偿责任。

第九条 人民法院审理网络著作权侵权纠纷案件，应当根据案件不同情况，分别适用下列法律：

（一）认定侵害发表权等著作人身权的，适用著作权法第四十五条第（一）、（二）、（三）、（四）项的规定；

（二）认定向公众传播作品侵害使用权的，适用著作权法第四十五条第（五）项的规定；

（三）认定侵害获得报酬权的，适用著作权法第四十五条第（六）项的规定；

（四）认定侵害录音录像制作者、表演者、广播电视组织等邻接权，或者认定故意去除或者改变著作权管理信息而导致侵权后果的行为构成侵权的，适用著作权法第四十五条第（八）项的规定；

（五）认定剽窃、抄袭他人作品的，适用著作权法第四十六条第（一）项的规定。

第十条 人民法院在确定侵权赔偿数额时，可以根据被侵权人的请求，按照其因侵权行为所受直接经济损失和所失预期应得利益计算赔偿数额；也可以按照侵权人因侵权行为所得利益计算赔偿数额。侵权人不能证明其成本或者必要费用的，其因侵权行为所得收入，即为所得利益。

被侵权人损失额不能确定的，人民法院依被侵权人的请求，可以根据侵害情节在人民币500元以上30万元以下确定赔偿数额，最多不得超过人民币50万元。

B.3.2 最高人民法院关于审理涉及计算机网络域名民事纠纷案件适用法律若干问题的解释

法释〔2001〕24号

为了正确审理涉及计算机网络域名注册、使用等行为的民事纠纷案件（以下简称域名纠纷案件），根据《中华人民共和国民法通则》（以下简称民法通则）、《中华人民共和国反不正当竞争法》（以下简称反不正当竞争法）和《中华人民共和国民事诉讼法》（以下简称民事诉讼法）等法律的规定，作如下解释：

第一条 对于涉及计算机网络域名注册、使用等行为的民事纠纷，当事人向人民法院提起诉讼，经审查符合民事诉讼法第一百零八条规定的，人民法院应当受理。

第二条 涉及域名的侵权纠纷案件，由侵权行为地或者被告住所地的中级人民法院管辖。对难以确定侵权行为地和被告住所地的，原告发现该域名的计算机终端等设备所在地可以视为侵权行为地。

涉外域名纠纷案件包括当事人一方或者双方是外国人、无国籍人、外国企业或组织、国际组织，或者域名注册地在外国的域名纠纷案件。在中华人民共和国领域内发生的涉外域名纠纷案件，依照民事诉讼法第四编的规定确定管辖。

第三条 域名纠纷案件的案由，根据双方当事人争议的法律关系的性质确定，并在其前冠以计算机网络域名；争议的法律关系的性质难以确定的，可以通称为计算机网络域名纠纷案件。

第四条 人民法院审理域名纠纷案件，对符合以下各项条件的，应当认定被告注册、使用域名等行为构成侵权或者不正当竞争：

（一）原告请求保护的民事权益合法有效；

（二）被告域名或其主要部分构成对原告驰名商标的复制、模仿、翻译或音译；或者与原告的注册商标、域名等相同或近似，足以造成相关公众的误认；

（三）被告对该域名或其主要部分不享有权益，也无注册、使用该域名的正当理由；

（四）被告对该域名的注册、使用具有恶意。

第五条 被告的行为被证明具有下列情形之一的，人民法院应当认定其具有恶意：

（一）为商业目的将他人驰名商标注册为域名的；

（二）为商业目的注册、使用与原告的注册商标、域名等相同或近似的域名，故意造成与原告提供的产品、服务或者原告网站的混淆，误导网络用户访问其网站或其他在线站点的；

（三）曾要约高价出售、出租或者以其他方式转让该域名获取不正当利益的；

（四）注册域名后自己并不使用也未准备使用，而有意阻止权利人注册该域名的；

（五）具有其他恶意情形的。

被告举证证明在纠纷发生前其所持有的域名已经获得一定的知名度，且能与原告的注册商标、域名等相区别，或者具有其他情形足以证明其不具有恶意的，人民法院可以不认定被告具有恶意。

第六条 人民法院审理域名纠纷案件，根据当事人的请求以及案件的具体情况，可以对涉及的注册商标是否驰名依法作出认定。

第七条 人民法院在审理域名纠纷案件中，对符合本解释第四条规定的情形，依照有关法律规定构成侵权的，应当适用相应的法律规定，构成不正当竞争的，可以适用民法通则第四条、反不正当竞争法第二条第一款的规定。

涉外域名纠纷案件，依照民法通则第八章的有关规定处理。

第八条 人民法院认定域名注册、使用等行为构成侵权或者不正当竞争的，可以判令被告停止侵权、注销域名，或者依原告的请求判令由原告注册使用该域名；给权利人造成实际损害的，可以判令被告赔偿损失。

B.4 行政规章

B.4.1 电信建设管理办法

信息产业部、国家发展计划委员会令[2002]第20号

第一章 总 则

第一条 为加强电信建设的统筹规划和行业管理，促进电信业健康、有序发展，根据《中华人民共和国电信条例》和国家有关规定，制定本办法。

第二条 凡在中华人民共和国境内新建、改建和扩建公用电信网、专用电信网和广播电视传输网，均须遵守本办法。

第三条 信息产业部依法对全国公用电信网、专用电信网和广播电视传输网的建设实施监督管理。各省、自治区、直辖市通信管理局，在信息产业部领导下，依法对本行政区域内的公用电信网、专用电信网和广播电视传输网的建设实施监督管理。

第四条 全国性电信网络工程和国际电信建设项目是电信建设管理的重点。

本办法所称全国性电信网络工程是指跨省（自治区、直辖市）公用电信网、专用电信网和广播电视传输网以及其组成部分的建设工程。

第五条 电信网络和电信设施建设须严格遵守国家有关法律、政策，符合电信网体制标准及通信工程建设标准、建设规范。

第六条 电信建设管理应维护国家通信主权，破除垄断，鼓励竞争，促进资源合理利用，维护通信建设市场秩序，营造公开、公平、公正的竞争环境。

第二章 规划编制与管理

第七条 信息产业部负责编制电信行业发展规划，各省、自治区、直辖市通信管理局负责编制所辖行政区电信行业发展规划。

投资建设公用电信网、广播电视传输网的企业（或单位），必须根据行业规划的要求，编制本企业（或单位）五年规划（含传输网五年专题规划），并逐年编制滚动规划（含传输网滚动专题规划）。

投资建设专用电信网的企业（或单位），应根据本企业（或单位）对通信传输线路及带宽的需求编制本企业（或单位）传输网五年专题规划，并根据实际建设和发展情况逐年编制传输网滚动专题规划（含自建、购买、租用等）。

企业（或单位）可以根据情况确定滚动规划期限为三年或五年。

第八条 企业（或单位）五年规划应当包括以下内容：

（一）本企业（或单位）电信网现状；

（二）本企业（或单位）五年发展思路、目标、重点；

（三）本企业（或单位）建设资金估算和资金筹措计划；

（四）本企业（或单位）五年重点建设项目框架等。

第九条 企业（或单位）滚动规划应当包括以下内容：

（一）本企业（或单位）电信网现状及上年度完成情况；

（二）本企业（或单位）当年发展目标、重点及建设项目框架、资金估算和资金筹措计划；

（三）本企业（或单位）滚动期末发展思路、目标。

第十条 传输网五年专题规划应当包括以下内容：

（一）本企业（或单位）传输网现状（含路由图）；

（二）本企业（或单位）传输网五年需求、发展目标、重点及规划路由图；

（三）本企业（或单位）传输网五年建设项目框架（含路由、距离、容量、投资等）。

第十一条　传输网滚动专题规划应当包括以下内容：

（一）本企业（或单位）传输网现状（含路由图、上一年度传输网建设项目完成情况）；

（二）本年度传输网项目建设计划（含项目路由、距离、容量、投资以及资金来源等）；

（三）本年度传输网建设路由图；

（四）滚动期末传输网发展思路、目标及建设项目框架。

第十二条　企业（或单位）五年规划、传输网五年专题规划和滚动规划实行备案制度。

企业（或单位）五年规划、传输网五年专题规划应于国家每个五年规划期开始前上报备案，滚动规划应于每年一月底前上报备案。

拥有全国性电信网络的非计划单列企业（或单位）的规划，报信息产业部。拥有全国性电信网络的计划单列企业的规划，同时报国家计委和信息产业部。

各省、自治区、直辖市行政区域内的公用电信网和广播电视传输网、专用电信网建设企业（或单位）的规划，报本省、自治区、直辖市通信管理局。

国家计委、信息产业部或省、自治区、直辖市通信管理局在收到上报备案规划 30 个工作日内未提出不同意见的，该规划即自动生效，国家另有规定的从其规定。

第十三条　企业（或单位）传输网滚动专题规划实行审批制度。

企业（或单位）年度传输网滚动专题规划应于当年一月底前报信息产业部或省、自治区、直辖市通信管理局。行业主管部门应在收到上报规划的 45 个工作日内作出审批。

信息产业部或省、自治区、直辖市通信管理局对企业（或单位）上报的传输网滚动专题规划组织专家咨询、评审，并在此基础上出具批复意见。

第十四条　国家计委、信息产业部和省、自治区、直辖市通信管理局，依据国民经济和社会发展五年规划及其重点专项规划、电信行业规划，指导各相关企业（或单位）规划、传输网五年专题规划和滚动规划、传输网滚动专题规划的编制工作，并监督检查其执行情况。

第三章　项目审批

第十五条　公用电信网、专用电信网、广播电视传输网的建设必须严格执行国家有关规定。其建设程序应包括编制和批准项目建议书、可行性研究报告、初步设计和进行竣工验收等。其中：利用外资的电信建设项目按照有关法律法规规定，履行报批手续；自筹资金的电信建设项目可由业主单位自行进行初步设计和竣工验收，限额以下项目可以可行性研究报告代项目建议书一并审批。

第十六条　建设项目要严格按照国家规定的项目审批权限进行审批。各项目建设单位不得将整体项目化整为零，规避主管部门审查。审批项目应以业主单位的电信业务许可证范围为依据。

第十七条　国内传输网新建或改建、扩建项目在按照国家基本建设程序审批前，须经相应通信主管部门初审，行业初审同意的项目方可获得批准。

项目审批部门对行业初审结果有不同意见的，由项目审批部门和出具初审意见的部门协商解决。

第十八条 申报国内传输网跨省建设项目或国家规定的限额以上项目，应同时抄报信息产业部；申报国内传输网省内限额以下建设项目，应同时抄报本省、自治区、直辖市通信管理局。计划单列企业按照项目审批权限自行审批的限额以下国内传输网项目，应抄报国家计委和信息产业部。申报项目单位应提供电信业务经营许可证等材料。

行业主管部门在收到抄报文件 20 个工作日内，向项目审批部门出具行业初审意见。

第十九条 信息产业部或省、自治区、直辖市通信管理局对企业（或单位）当年传输网滚动专题规划的批复同意意见，视同对该滚动规划中国内传输网当年建设项目的行业初审同意。未列入企业（或单位）当年滚动规划内的项目，在审批前必须报信息产业部或者省、自治区、直辖市通信管理局初审。

第二十条 国际传输网、国际通信出入口等国际电信建设项目由国家统一审批。其中，限额以上基本建设项目或限额以上的技术改造项目经信息产业部初审同意后，由国家计委或国家经贸委审批或核报国务院审批；限额以下项目由信息产业部审批，其他部门（或单位）无权审批国际电信建设项目。投资建设或参与投资建设国际电信项目的单位必须拥有国际通信基础设施经营权。

信息产业部在受理国际电信建设项目行业初审申请后，应在 30 个工作日内予以答复。限额以下国际电信建设项目审批应在申请之日起 45 个工作日内予以批复。

第二十一条 国家鼓励有权建设传输网的电信运营企业和有关单位联合建设国内传输网络。联合建设项目应依照本办法第十七条规定按一个项目联合报批。申报联合建设项目除规定内容外，还应注明合建方及牵头单位，并补充各自的建设规模和出资额。

参与军民合建项目的地方企业或单位必须与经总参通信部批准的军队项目联合建设。

第二十二条 参与联合建设国内传输网的各投资方必须事先签署联合建设协议，并明确联合建设的牵头单位和各方的权利与义务。全国性网络联合建设协议报信息产业部备案，省、自治区、直辖市内网络联合建设协议报省、自治区、直辖市通信管理局备案。

第二十三条 项目审批或初审应采取专家咨询、专家评审等方式，并在此基础上批复或出具行业初审意见。

第四章　电信建设市场管理

第二十四条 信息产业部对全国电信建设市场、电信建设工程质量、招标投标等电信建设活动以及通信工程建设强制性标准的执行情况实施监督管理。

省、自治区、直辖市通信管理局对本行政区域内电信建设市场、电信建设工程质量、招标投标等电信建设活动，以及通信工程建设强制性标准的执行情况实施监督管理。

第二十五条 基础电信业务经营者可以在电信业务经营许可证规定的范围内投资建设和经营电信设施。

任何企业（或单位）不得从无网络元素出租、出售业务许可证的企业（或单位）购买、租用网络资源。

第二十六条 省、自治区、直辖市通信管理局负责本行政区内电信管道建设的统筹规划和协调。地方各级人民政府应将电信管道建设规划纳入城镇建设总体规划，电信管道的建设规模、容量应当满足电信业务发展的需要。

第二十七条 公共场所的经营者或管理者有义务协助基础电信业务经营者依法在该场所内从事电信设施建设，不得阻止或者妨碍基础电信业务经营者向电信用户提供公共电信服务。

第二十八条 在民用建筑物上设置小型天线、移动通信基站等公用电信设施时，必须满足建筑物荷载等条件，不得破坏建筑物的安全性。

第二十九条 建设地下、水底等隐蔽电信设施，应当设置标志并注明产权人。其中光缆线路建设应当按照通信工程建设标准的有关规定设置光缆线路标石和水线标志牌；海缆登陆点处应设置明显的海缆登陆标志，海缆路由应向国家海洋管理部门和港监部门备案。产权人发现标志受损或丢失的，应及时修复、补齐，并有权依法追究破坏电信设施标志的单位或个人的责任。

在已设置标志或备案的情况下电信设施损坏所造成的损失由责任方承担；因无标志或未备案而发生的电信设施损坏造成的损失由产权人自行承担。

第三十条 任何单位或者个人不得擅自改动或者迁移他人的电信线路及其他电信设施；遇有特殊情况必须迁改的，应当征得该电信设施产权人的同意，并签订协议。在迁改过程中，双方应采取措施尽量保证通信不中断。迁改费用、保证通信不中断所发生的费用以及中断通信造成的损失，由提出迁改要求的单位或者个人承担或赔偿，割接期间的中断除外。

第三十一条 从事施工、生产、种植树木等活动，应与电信线路或者其他电信设施保持一定的安全距离，不得危及电信线路等电信设施的安全或者妨碍线路畅通。可能危及电信安全时，应当事先通知有关电信业务经营者，并由从事该活动的单位或者个人负责采取必要的安全防护措施。建筑物、其他设施、树木等与电信线路及其他电信设施的最小安全距离应根据通信工程建设标准的有关规定确定。

第三十二条 从事电信线路建设，在路由选择时应尽量避开已建电信线路，并根据通信工程建设标准的有关规定与已建的电信线路保持必要的安全距离，避免同路由、近距离敷设。受地形限制必须近距离甚至同沟敷设或者线路必须交越的，电信线路建设项目的建设单位应当与已建电信线路的产权人协商并签订协议，制定安全措施，在双方监督下进行施工，确保已建电信线路的畅通。

经协商不能达成协议的，根据电信线路建设情况，跨省线路由信息产业部协调解决，省内线路由相关省、自治区、直辖市通信管理局协调解决。

第三十三条 从事微波通信建设，应按国家无线电管理的有关规定到当地无线电管理机构办理设台手续，其微波传输通道应向当地城市规划部门备案。

建设微波通信设施、移动通信基站等无线通信设施不得防碍已建通信设施的通信畅通。防碍已建无线通信设施的通信畅通的，由当地省、自治区、直辖市无线电管理机构责令其改正。

第三十四条 信息产业部和省、自治区、直辖市通信管理局可委托经信息产业部考核合格的通信工程质量监督机构具体实施电信建设项目的质量监督。

参与电信建设的各方主体应当遵循国家法律、法规及强制性标准的规定，对其承接的项目质量和安全负责。

第三十五条 按有关规定必须进行招标的电信建设项目实行招标备案制。电信建设项目业主单位应在确定中标人之日起15日内填写“通信建设项目招标情况备案表”，其中跨省（自治区、直辖市）建设的项目报国家计委和信息产业部备案，其他建设项目报省、自治区、直辖市通信管理局备案。涉及机电设备的国际招标项目应遵守国家有关规定。

第三十六条 参与电信网络建设的单位应经信息产业部或省、自治区、直辖市电信建设管理部门审查同意后，按照国家有关规定，办理资质审批和年检手续，未经信息产业部或省、自治区、直辖市电信建设管理部门审查同意的，不得承接电信建设项目。

通信信息网络系统集成和通信用户管线建设企业，应当按信息产业部有关规定取得通信信息网络系统集成企业资质或通信用户管线建设许可证书。否则不得承接电信建设项目。

第三十七条 电信建设项目业主单位不得选择未经通信主管部门审查同意或未取得相应电信建设资质证书的设计、施工、监理、咨询、系统集成、用户管线建设、招投标代理单位承担电信建设项目。

第三十八条 信息产业部和省、自治区、直辖市通信管理局对电信建设进行监督检查时，被检查单位应当按要求提供有关电信建设的文件和资料，配合有关人员进入工作现场进行检查，并接受信息产业部和省、自治区、直辖市通信管理局对违规行为作出的处理。妨碍监督检查工作，或拒不接受处理的，应依法追究有关责任。

第五章　罚　则

第三十九条 违反本办法第十五条、第十六条、第十七条、第十九条、第二十条、第二十一条有关规定审批的项目，审批无效。

违反本办法规定擅自进行电信建设的，在建项目一律停止建设、整顿，并由国家计委、信息产业部或省、自治区、直辖市通信管理局会同有关部门依据职责查处，对建设单位及审批单位给予通报批评并责令改正，已建成的项目暂不允许投入运营。造成国家资源浪费、扰乱电信市场秩序、危害电信安全等后果的，对建设单位和审批单位的主管人员和直接责任人依法给予行政处分，构成犯罪的，移交司法机关追究刑事责任。

第四十条 企业（或单位）没有电信业务经营许可证或超出电信业务经营许可证规定范围进行电信建设活动的，信息产业部或省、自治区、直辖市通信管理局应当责令其改正；情节严重的，责令停业整顿，并处一万元以上、三万元以下罚款。

第四十一条 违反第三十条、第三十一条、第三十二条规定，危及电信线路等电信设施的安全或者妨碍线路畅通的，省、自治区、直辖市通信管理局应当责令其恢复原状或者予以修复，并赔偿由此造成的经济损失。中断电信业务给电信业务经营者造成的经济损失包括直接经济损失、电信企业采取临时措施疏通电信业务的费用以及因中断电信业务而向用户支付的损失赔偿费。情节严重的，处一万元以上、三万元以下罚款。

第四十二条 参与电信建设的各方主体违反国家有关电信建设工程质量管理规定的，信息产业部或省、自治区、直辖市通信管理局可依据《建设工程质量管理条例》的规定责令其改正或予以处罚，已竣工验收的须在整改后重新组织竣工验收。

第四十三条 电信建设项目投资业主单位委托未经通信主管部门审查同意或未取得

相应电信建设资质证书的单位承担电信建设项目设计、施工、监理、咨询、系统集成、用户管线建设、招投标代理的，信息产业部或省、自治区、直辖市通信管理局应责令改正，已竣工的不得投入使用，造成重大经济损失的，电信建设单位和相关设计、施工、监理、咨询、系统集成、用户管线建设、招投标代理等单位领导应承担相应法律责任。

第四十四条 设计、施工、监理、咨询、系统集成、用户管线建设、招投标代理等单位发生违规、违纪行为，或出现质量、安全事故的，除按《建设工程质量管理条例》的规定予以相应处罚外，信息产业部或省、自治区、直辖市通信管理局应视情节轻重给予下列处罚：

（一）发生一般质量事故的，给予通报批评；

（二）转包、违法分包、越级承揽电信建设项目或者发生重大质量事故、安全事故的，取消责任单位1～2年参与电信建设活动的资格。

第六章 附 则

第四十五条 本办法由信息产业部、国家计委解释。

第四十六条 本办法自2002年2月1日起施行。

B.4.2 建立卫星通信网和设置使用地球站管理规定

信息产业部令[2002]第21号

第一章 总 则

第一条 为了规范建立卫星通信网和设置、使用地球站行为，避免卫星网络之间、地球站与共用频段的其他无线电台之间的相互干扰，促进卫星通信事业的健康发展，根据《中华人民共和国无线电管理条例》和《中华人民共和国电信条例》，制定本规定。

第二条 在中华人民共和国境内建立卫星通信网和设置、使用地球站，必须遵守本规定。

本规定所称卫星通信网，是指利用卫星空间电台进行通信的若干个地球站组成的通信网；地球站是指设置在地球表面或地球大气层主要部分以内的，与空间电台通信或通过空间电台与同类电台进行通信的电台。

第三条 国家对建立卫星通信网和设置、使用地球站实行审批制度。

建立卫星通信网，必须取得信息产业部批准。设置、使用地球站必须按照本规定办理审批手续，取得信息产业部或者省、自治区、直辖市无线电管理机构颁发的无线电台执照。

未经批准，任何单位或者个人不得擅自建立卫星通信网和设置、使用地球站。

第四条 建立卫星通信网除应遵守本规定外，还应当符合国家通信网建设的统筹规划，按照国家建设管理程序进行。

第二章 建立卫星通信网

第五条 建立卫星通信网的，应当具备下列条件：

（一）是具有法人资格的组织；

（二）有可行性研究报告和总体技术方案；

（三）有与卫星通信网建设、运营相适应的资金和专业人员；

（四）有可利用的卫星转发器资源；

（五）国家规定的其他条件。

第六条 建立涉及电信业务经营的卫星通信网，应当持有相应的电信业务经营许可证。

第七条 申请建立卫星通信网，应当向信息产业部无线电管理局提出书面申请，并提交下列文件：

（一）法人资格证明；

（二）申请单位基本情况说明；

（三）可行性研究报告；

（四）本规定附件要求的有关总体技术方案的文件；

（五）可用资金的证明文件；

（六）可使用相关卫星转发器的证明文件；

（七）信息产业部要求提交的其他文件。

申请建立涉及电信业务经营的卫星通信网，还应提交相应的电信业务经营许可证。

第八条 信息产业部无线电管理局应当自收到申请之日起 15 日内完成形式审查，符合第七条要求的，作出受理决定；不符合的，作出不予受理决定，并书面通知申请人。

第九条 信息产业部无线电管理局对受理的申请，应当按照以下标准进行实质性审查：

（一）拟建卫星通信网是否符合本规定第五条、第六条的要求；

（二）拟使用频率和其他技术特性是否符合国家有关无线电管理的规定、国际电信联盟《无线电规则》及与其他国家或地区达成的双边协议的要求；

（三）拟使用的国内空间电台是否业经信息产业部批准，并取得空间电台执照；

（四）拟使用的国外空间电台是否已完成与我国相关空间电台和地面无线电台的协调，其技术特性是否符合与我国相关空间电台和地面电台达成的双边协议的要求；

（五）拟使用的卫星转发器资源是否为合法经营者提供；

（六）拟使用境外公司提供的转发器资源的，是否经过信息产业部批准；

（七）拟建卫星通信网的总体技术方案是否合理可行。

第十条 信息产业部应当自决定受理申请文件之日起 60 日内完成实质审查。经审查合格的，发给申请人建立卫星通信网的批准文件和网络编号，并书面通知网内地球站所在省、自治区、直辖市无线电管理机构。经审查不合格的，书面通知申请人并说明理由。

第十一条 经批准建立的卫星通信网，应当自批准之日起一年内投入使用。

不能在前款规定的期限内启用的，申请人应当在期满前至少 30 日书面通知信息产业部无线电管理局并说明理由。

不能在一年内投入使用，又未按照第二款要求执行的，信息产业部应当于期满后撤消对其建立卫星通信网的批准和网络编号，并书面通知申请人。

第十二条 需要变更卫星通信网运营单位、工作频率、传输容量或者所使用的卫星的，应当提前 90 日向信息产业部提出书面申请，并取得批准。

变更卫星通信网业务性质、经营主体或者停止经营的，应当按有关规定取得批准，并向信息产业部无线电管理局备案。

第十三条 卫星通信网运营单位或经营者应当将其与卫星转发器经营者签署的转发器租赁协议自签署之日起30日内向信息产业部无线电管理局备案。

第十四条 卫星通信网运营单位或经营者自营或出租网内地球站的，应当按照本规定办理地球站设置审批手续，领取无线电台执照；由用户设置网内地球站的，应当协助用户办理地球站设置审批手续，领取无线电台执照。

卫星通信网运营单位或经营者不得为未办理地球站设置审批手续、领取无线电台执照的用户提供卫星信道。

第十五条 卫星通信网运营单位或经营者应当于每年1月底前向信息产业部无线电管理局书面报告卫星通信网的下列情况：

（一）建设和运行情况（包括开通的城市或地区、业务种类、传输容量等）；

（二）卫星转发器使用情况；

（三）网内用户及地球站（包括单收地球站）设置情况；

（四）网内地球站无线电台执照办理情况；

（五）信息产业部要求报送的其他资料。

第十六条 卫星通信网运营单位或经营者应当遵守国家无线电管理的法规、规章，接受无线电管理机构的监督检查，配合无线电管理机构对网内地球站进行管理。

第三章　设置、使用地球站

第十七条 设置、使用下列地球站，必须经信息产业部审查批准：

（一）中央国家机关及其在京直属单位在北京地区设置、使用的地球站；

（二）与国外或者港澳台地区通信的地球站；

（三）涉及国际协调的地球站；

（四）卫星固定业务以外的其他空间无线电通信业务馈线链路地球站、关口站或者测控站。

设置、使用除前款规定之外的其他地球站，由地球站所在省、自治区、直辖市无线电管理机构审查批准。

第十八条 设置国际通信地球站，应当按照有关规定向信息产业部办理国际通信出入口审批手续。

第十九条 地球站的技术性能、站址选择和设置应当符合国家规定的标准及有关规定。

城市市区、高层建筑物顶端一般不得设置大、中型发射地球站。在城市市区的限制区域内设置、使用的发射地球站，其天线直径不得超过4.5m，实际发射功率不得超过20w。

第二十条 申请设置、使用属于某个卫星通信网的地球站，应当根据本规定第十七条的规定，向信息产业部无线电管理局或者省、自治区、直辖市无线电管理机构提交书面申请和下列资料：

（一）设置无线电台（站）申请表；

（二）地球站技术资料申报表；

（三）地球站站址电磁环境测试报告。

地球站站址周围视距传播范围内存在其他同频段无线电台的，还应提交该地球站对共用频段其他无线电台的干扰分析报告。

设置天线直径小于4.5m的终端地球站，站址周围视距传播范围内不存在其他同频段无线电台的，可以不提交第一款第（三）项所列文件。

第二十一条 申请设置、使用不属于某个卫星通信网的地球站，除应提交本规定第二十条所列文件外，还应提交下列文件：

（一）法人资格证明；

（二）卫星传输链路计算；

（三）可使用相关卫星转发器的证明文件；

（四）开展相关业务所需提供的其他文件。

申请设置涉及电信业务经营的地球站的，还应当提交相应的电信业务经营许可证。

第二十二条 申请设置、使用本规定第十七条第一款第（二）、（四）项所列地球站，向信息产业部无线电管理局提交的申请文件，应当同时抄送地球站所在省、自治区、直辖市无线电管理机构备案。

第二十三条 信息产业部无线电管理局或者省、自治区、直辖市无线电管理机构应当自收到设置、使用地球站申请之日起15日内，就下列内容进行审查，符合要求的，作出受理决定；不符合要求的，作出不予受理决定，并书面通知申请人：

（一）该地球站所属卫星通信网是否已获得批准；

（二）拟使用的空间电台和频率与所属卫星通信网批复文件所列是否一致；

（三）所提交的地球站申请文件是否完整并符合要求。

第二十四条 信息产业部无线电管理局或者省、自治区、直辖市无线电管理机构对已受理的申请，应当就拟建地球站与周围已建或已受理申请的同频段其他无线电台之间的相互干扰情况进行实质审查。当拟建地球站与上述无线电台之间将产生有害干扰时，可以要求申请人提出解决干扰问题的可行方案，必要时组织相关单位和技术专家进行研究和协调。

第二十五条 对不属于某个卫星通信网的拟建地球站，除进行本规定第二十四条要求的审查外，还应就下列内容进行审查：

（一）拟使用频率和其他技术特性是否符合国家有关无线电管理的规定、国际电信联盟《无线电规则》及与其他国家或地区达成的双边协议的要求；

（二）拟使用的国内空间电台是否业经信息产业部批准，并取得空间电台执照；

（三）拟使用的国外空间电台是否已完成与我国相关空间电台和地面无线电台的协调，其技术特性是否符合与我国相关空间电台和地面电台达成的双边协议的要求；

（四）拟使用的卫星转发器资源是否为合法经营者提供；

（五）拟使用境外公司提供的转发器资源的，是否经过信息产业部批准。

第二十六条 信息产业部无线电管理局受理设置、使用本规定第十七条第一款第（二）、（四）项所列地球站的申请后，应当征询地球站所在省、自治区、直辖市无线电管理机构的意见。

第二十七条 在沿海和与其他国家或地区相邻的省、自治区、直辖市辖区内设置、使用与其他无线电业务共用频段的大、中型地球站，当拟建地球站的协调区覆盖其他国家或地区时，受理申请的省、自治区、直辖市无线电管理机构应当在完成实质审查后，按照国际电信联盟《无线电规则》的有关规定，向信息产业部无线电管理局提供资料和审查结论。

信息产业部无线电管理局按国际电信联盟《无线电规则》有关规定或双边协议，与相关国家或地区进行协调。

第二十八条　信息产业部或者省、自治区、直辖市无线电管理机构应当在受理设置、使用地球站申请后60日内完成实质审查和相关协调。经审查合格的，予以批准；经审查不合格的，书面通知申请人并说明理由。

对涉及国际协调的地球站，信息产业部应当在完成相关的国际协调后，作出批准或者不予批准的决定。

省、自治区、直辖市无线电管理机构批准设置、使用C频段天线直径6m以上（含6m）、Ku频段天线直径4.5m以上（含4.5m）的地球站，应当在批准后30日内将批准文件和相关技术资料报信息产业部无线电管理局备案。

第二十九条　申请人应当自收到无线电管理机构批准设置、使用地球站的文件后15日内，到信息产业部无线电管理局或者省、自治区、直辖市无线电管理机构办理设置、使用无线电台手续，按照国家有关规定缴纳频率占用费和注册登记费，领取无线电台执照。

第三十条　经批准设置的地球站，应当自批准之日起一年内投入使用。

不能在前款规定的期限内启用的，申请人应当在期满前至少30日书面通知信息产业部无线电管理局或者省、自治区、直辖市无线电管理机构并说明理由。

不能在一年内投入使用，又未按照第二款要求执行的，信息产业部无线电管理局或者省、自治区、直辖市无线电管理机构应当于期满后注销其无线电台执照，并书面通知申请人。

第三十一条　地球站应当按照核定的项目进行工作。变更地球站站址、频率、发射功率、天线特性或所使用的卫星，须提前60日向原审批机构提出申请。

未经批准，不得擅自改变地球站的特性、用途及所使用的卫星。

停止使用地球站，应当向原审批机构备案，并交回无线电台执照。

第三十二条　地球站用户、运营单位或经营者应当按规定在指定期限内缴纳年度频率占用费，接受无线电管理机构对其无线电台执照的核验。

第三十三条　设置、使用单收地球站可以不按本规定办理申请和审批手续。无线电管理机构对其信息接收不提供电磁环境保护。

设置、使用要求电磁环境保护的单收地球站，设置单位应当按本规定的相关规定提出申请。

第三十四条　临时设置、使用地球站，应当按第十七条的规定，于启用日期30日前，向信息产业部无线电管理局或者省、自治区、直辖市无线电管理机构提交书面申请和相关技术资料。经审查批准后，办理临时设站手续。

临时设置、使用的地球站，使用期限一般不超过6个月。

第四章　罚　则

第三十五条　违反本规定第三条第三款规定的，由信息产业部或者省、自治区、直辖市无线电管理机构依据职权责令改正，查封或者没收设备，没收违法所得，并按照《中华人民共和国无线电管理条例》和有关行政法规的规定处以罚款。

第三十六条　违反本规定第十二条第一款、第三十一条第二款规定的，由信息产业部或者省、自治区、直辖市无线电管理机构依据职权责令改正，并按照《中华人民共和国无线电管理条例》和有关行政法规的规定处以罚款；情节严重的，责令停止运营或者吊销无线电台执照。

第三十七条　违反本规定第十四条第二款规定的，由信息产业部或者省、自治区、直辖市无线电管理机构依据职权责令改正，没收违法所得，并按照《中华人民共和国无线电管理条例》和有关行政法规的规定处以罚款；情节严重的，责令停止运营或者吊销无线电台执照。

第三十八条　违反本规定第二十九条、第三十二条规定，不按规定缴纳频率占用费的，由信息产业部或者省、自治区、直辖市无线电管理机构依据职权责令改正，并按照《中华人民共和国无线电管理条例》和有关行政法规的规定处以罚款。

第五章　附　则

第三十九条　外国驻中国使领馆、联合国及其专门机构和其他享有外交特权的国际组织驻中国代表机构设置、使用地球站，须通过外交途径向信息产业部申请批准。

第四十条　卫星移动业务中移动地球站的使用管理规定由信息产业部另行制定。

第四十一条　本规定自2002年10月1日起施行。1995年1月16日原国家无线电管理委员会发布的《建设卫星通信网和设置使用地球站的暂行规定》同时废止。

附件：卫星通信网总体技术方案应包括的基本资料

一、网络的一般特性

（一）业务需求和功能

网络功能；业务类型和业务量；传输容量。

（二）组网方式

网络结构（含网络拓扑结构图）；覆盖范围。

（三）网络规模

网络规模；实施计划；启用日期。

（四）技术体制

基本信号形式；信源编码方式、复用方式、纠错方式；调制方式；多址联接和分配方式；网络监控系统等。

二、工作频段及卫星空间电台特性

拟使用的上、下行频率范围；

拟使用的卫星空间电台名称、轨道位置；

相关转发器的编号、类别、极化和带宽；

相关发射、接收波束的天线增益等值线图；

卫星接收系统噪声温度；

相关转发器的饱和等效全向辐射功率（EIRPs）图或表、接收系统品质因素（G/T）图或表、饱和通量密度（SFD）图或表、输入补偿（BOi）、输出补偿（BOo）。

三、载波参数

每个载波的发射类别、必要带宽及拟使用的上、下行频率；

每个载波的上、下行功率及功率密度；

载波频率规划示意图（适用于多载波工作情况）；

载波正常接收所要求的C/N值。

四、地球站特性

（一）主站技术参数

地理位置；

高功放饱和输出功率、所要求的实际发射功率；

天线类型及口径、发射及接收天线增益、旁瓣特性；

接收系统噪声温度。

（二）远端站（典型）技术参数

近期建站的数量及地理分布；

高功放饱和输出功率、所要求的实际发射功率；

天线类型及口径、发射及接收天线增益、旁瓣特性；

接收系统噪声温度。

（远端站功率及天线特性应包括所使用的各种组合）

五、传输链路计算

提供计算所采用的参数和下列结果：

主站每个载波所需的上行EIRP及发射功率、全部载波所需的发射功率；

远端站（典型）每个载波所需的上行EIRP及发射功率、全部载波所需的发射功率；

所占用的转发器EIRP和带宽。

B.4.3　国际通信出入口局管理办法

信息产业部令[2002]第22号

第一章　总　则

第一条　为了加强国际通信出入口局管理，维护国家利益，促进国际通信健康、有序地发展，依据《中华人民共和国电信条例》，制定本办法。

第二条　在中华人民共和国境内设置国际通信出入口局、从事国际电信业务，必须遵守本办法。

第三条　国际通信出入口局（以下简称“国际通信出入口”）分为国际通信信道出入口、国际通信业务出入口和边境地区国际通信出入口。

国际通信信道出入口，是指国内通信传输信道与国际通信传输信道之间的转接点。包括：

（一）国际通信光缆、电缆、微波等在国内的登陆或入境站；

（二）国际通信光缆、电缆、微波等在国内的登陆或入境延伸终端站；

（三）国际卫星通信系统设在我国的关口站、地球站等；

（四）其他国内通信传输信道与国际通信传输信道相互链接的转接点。

国际通信业务出入口，是指国内通信业务网络与国际通信业务网络之间的业务转接点。包括：

（一）电话业务网国际交换局（含国际电话业务网信令转接点）；

（二）帧中继、数字数据网（DDN）、ATM 业务网国际交换局；

（三）互联网国际出入口路由器；

（四）其他国内通信业务网与国际通信业务网之间的业务转接点。

边境地区国际通信出入口，是指利用国内交换机与境外接壤地区的通信网络开通的国际直达电路。

第四条 信息产业部负责国际通信出入口的设置审批和监督管理。

第五条 国际通信出入口应当由国有独资的电信业务经营者申请设置，并承担其运行维护工作。

未经信息产业部批准，任何单位和个人不得以任何形式设置国际通信出入口。

第六条 在中华人民共和国境内从事国际通信业务，必须通过信息产业部批准设立的国际通信出入口进行。任何组织和个人不得利用其他途径进行国际通信。

与香港特别行政区、澳门特别行政区和台湾地区的通信，参照国际通信管理。

第七条 设置国际通信出入口的，应当遵守国家有关法律、法规，接受信息产业部和相关省、自治区、直辖市通信管理局的监督、检查和指导。

第二章 国际通信出入口的设置、调整和撤销

第八条 国际通信出入口的设置数量、地点，由信息产业部根据我国国际通信网发展总体规划、电信业务经营者的申请和国际电信业务发展的需要确定。

第九条 国际通信信道出入口应当设置在国际海光缆或陆地光缆易于登陆或者入境的地点，并应考虑网络的安全可靠及方便向国内网络延伸等因素。

第十条 国际通信业务出入口应当设置在国际通信业务集中的中心城市。

第十一条 边境地区国际通信出入口应当设置在与境外接壤的地市级以上（含地市级）城市，并应考虑该城市的未来发展，及与其接壤的境外地区之间通信业务量水平等因素。

边境地区国际通信出入口只能用于所在区域与境外相应的区域之间点对点的通信，不得用于转接此范围之外的电信业务。

第十二条 设置国际通信出入口，应当向信息产业部提出申请并提交下列材料：

（一）设置国际通信出入口的申请报告；

（二）国际通信基础设施经营许可证或国际电信业务经营许可证；

（三）设置国际通信出入口的技术方案；

（四）信息产业部要求提交的其他材料。

第十三条 信息产业部在收到第十二条规定的全部材料之日起 60 日内审查完毕，并

作出批准或不予批准的批复。

第十四条　撤销已设立的国际通信出入口，须提前30日向信息产业部提出书面申请，经信息产业部批准后方可实施，并应作好善后处理工作。书面申请应当包括要撤销的国际通信出入口的现状以及撤销后的善后处理措施。

对已设立的国际通信出入口进行扩容调整，其建设项目须按有关规定经审批同意。电信业务经营者应当在开工前90日将扩容调整方案报信息产业部备案。国家另有规定的除外。

第十五条　获准设置国际通信出入口后的建设项目，按照国家规定的项目建设管理程序，报相关部门审批。

第十六条　经营用于国际通信的甚小地球站（VSAT）业务的，经营者应当办理国际通信出入口审批手续，并在获准设置后，按照有关规定办理无线电台（站）设置审批手续。

设置用于国际通信的无线电台（站），获准设置国际通信出入口后，应当按照有关规定办理无线电台（站）设置审批手续。

第三章　国际通信出入口的管理和运营

第十七条　设置国际通信信道出入口的电信业务经营者，必须加强对国际通信传输信道的管理，不得利用国际通信传输信道从事非法活动；发现他人利用国际通信传输信道从事非法活动的，应当根据国家有关规定及时协助有关部门采取制止措施。

第十八条　获准设置国际通信信道出入口的电信业务经营者，有义务向获准设立国际通信业务出入口的电信业务经营者提供国际通信传输信道，不得对其采取歧视性措施；不得向未获准设置国际通信业务出入口的电信业务经营者提供国际通信传输信道。

第十九条　设置国际通信信道出入口的电信业务经营者，可以向用户出租国际通信传输信道专线，并集中建立用户档案；该国际通信传输信道专线只能在规定的业务范围内用于点对点的通信，并仅供用户内部使用，不得用于经营电信业务。

经营甚小地球站（VSAT）通信业务出租国际通信传输信道专线的，按前款规定执行。

第二十条　设置国际通信出入口的电信业务经营者，应当按有关规定同步建设相应的信息安全配套设施，经信息产业部审查验收合格后方可开通运行。在改建、扩建国际通信出入口时，必须保证信息安全配套设施的正常运行。

第二十一条　设置国际通信出入口的电信业务经营者，应当建立健全安全管理制度，落实技术防范措施，保证网络运行安全、可靠。国际通信出入口出现重大故障或重大安全问题，应及时通知相关的电信业务经营者，采取紧急措施恢复正常运行，并于事件发生后24小时内将情况报告信息产业部。

第二十二条　以经营电信业务为目的，通过互联网国际出入口设置虚拟网络的，应当报信息产业部批准。以内部使用为目的，通过互联网国际出入口设置虚拟专用网的，应当报信息产业部备案。

第二十三条　设置国际通信出入口的电信业务经营者有义务对国家有关部门依法实施的安全检查和采取的相应措施给予配合。

第二十四条　设置国际通信出入口的电信业务经营者，应当按照信息产业部的要求，在每年6月30日前和12月31日前两次向信息产业部和所在地省、自治区、直辖市通信管理局报告国际通信出入口的有关情况。报告的具体内容和要求在本办法附录中列出。信息产业部可以根据实际情况，对附录中所列报送材料的具体内容和要求进行调整，重新公布。

第二十五条 未获得国际通信基础设施经营权的电信业务经营者，不得直接租用境外的国际通信传输信道，不得购买、自建或参与建设国际通信传输信道。

未获得国际通信业务经营权的电信业务经营者，不得租用国际通信传输信道用于经营国际通信业务，不得购买、自建或参与建设国际通信传输信道。

第四章 罚 则

第二十六条 违反本办法规定，未经信息产业部批准，擅自设置国际通信出入口进行国际通信的，由信息产业部或省、自治区、直辖市通信管理局依据职权责令其 3 日内拆除非法国际通信设施，没收违法所得，处违法所得 3 倍以上 5 倍以下罚款；没有违法所得或者违法所得不足 5 万元的，处 10 万元以上 100 万元以下罚款；情节严重的，责令停业整顿。

第二十七条 违反本办法第十一条规定，利用边境地区国际通信出入口超范围转接电信业务的，由信息产业部或省、自治区、直辖市通信管理局依据职权责令其 2 日内改正，没收违法所得，处违法所得 3 倍以上 5 倍以下罚款；没有违法所得或者违法所得不足 5 万元的，处 10 万元以上 100 万元以下罚款；情节严重的，责令停业整顿。

第二十八条 违反本办法规定，有下列行为之一的，由信息产业部或省、自治区、直辖市通信管理局依据职权责令改正，并处 3 万元以下罚款：

（一）未经信息产业部批准，擅自设置国际通信出入口但尚未进行国际通信的；

（二）未经信息产业部批准，以经营电信业务为目的，通过互联网国际出入口设置虚拟网络的；

（三）电信业务经营者为他人不经国际通信出入口进行国际通信提供协助的。

第二十九条 违反本办法第十八条规定，国际通信信道经营者在向获准设立国际通信业务出入口的电信业务经营者提供国际通信信道时，采取歧视性措施，或向未获准设置国际通信业务出入口的电信业务经营者提供国际通信信道的，由信息产业部或者省、自治区、直辖市通信管理局依据职权责令改正，并处 1 万元以上 3 万元以下罚款。

第三十条 违反本办法第十七条、第十九条、第二十条、第二十一条、第二十三条、第二十四条规定，不按规定建设、管理、使用国际通信信道，不履行义务或不按规定向信息产业部报送材料的，由信息产业部或者省、自治区、直辖市通信管理局依据职权责令改正，并处 1 万元罚款。相关责任人员，由所在单位根据情节轻重给予纪律处分；构成犯罪的，依法追究刑事责任。

第三十一条 违反本办法第二十五条规定的，由信息产业部或者省、自治区、直辖市通信管理局依据职权责令改正，并处 1 万元罚款。

第五章 附 则

第三十二条 非经营性互联网国际互联单位设置国际通信出入口，参照本办法管理。

第三十三条 本办法自 2002 年 10 月 1 日起施行。

附录：

一、国际通信信道出入口经营者需定期报送的材料内容

（一）国际通信信道出入口所在地详细地址；

（二）负责人及联系电话；

（三）信道的使用情况，包括通达国家或地区、对端企业名称、承载业务种类及对应通信总容量；

（四）租用国际通信传输信道专线的用户名称、专线使用性质（自用或用于经营国际电信业务）、通达方向、对端企业名称、及通信容量。

二、国际通信业务出入口经营者需定期报送的材料内容

（一）国际通信业务出入口所在地详细地址；

（二）负责人及联系电话；

（三）通达国家或地区、信道提供单位名称、对端企业名称、业务种类及对应通信容量。

三、边境地区国际通信出入口经营者需定期报送的材料内容

（一）边境地区国际通信业务出入口所在地详细地址；

（二）负责人及联系电话；

（三）通达地区、对端企业名称、传输方式、业务种类及对应通信容量。

四、设置互联网国际出入口的单位需报送的材料内容

（一）互联网国际出入口所在地详细地址；

（二）负责人及联系电话；

（三）通达国家或地区、对端企业名称及对应通信容量；

（四）业务数据流量（按北京、上海、广州每个出入口统计）；

（五）拓扑结构图（仅在每年12月底报送）；

（六）IP地址范围，包括各种接入用户所使用的IP地址段；（仅在每年12月底报送）

（七）骨干网络中IP地址的分配情况，应当包括国际出入口路由器上每个IP地址及骨干IP地址的地理位置。

五、国际通信出入口经营者报送材料要求

国际通信出入口经营者在将以上材料报送信息产业部的同时，应报该国际通信出入口设置所在地的省、自治区、直辖市通信管理局。

B.4.4 国际通信设施建设管理规定

信息产业部令[2002]第23号

第一条 为加强国际通信设施建设的统筹规划和行业管理，维护国家利益，保障国家通信主权和安全，促进国际通信网健康、有序发展，根据《中华人民共和国电信条例》和国家有关规定，制定本规定。

第二条 在中华人民共和国境内从事国际通信设施建设（含新建、改建、扩建和产权变更）活动，必须遵守本规定。

本规定所称的国际通信设施，包括国际通信出入口和国际传输网等电信设施。

国际通信出入口包括国际通信信道出入口、国际通信业务出入口和边境地区国际通信出入口。

国际传输网是指从境内的国际通信信道出入口至境外国家和地区间进行通信的所有有线、无线和卫星等电信设施。

第三条 信息产业部依照本规定对国际通信设施建设实施监督管理。

省、自治区、直辖市通信管理局在信息产业部领导下，依照本规定对本行政区域内的国际通信设施建设实施监督管理。

第四条 国际通信设施建设管理遵循维护国家通信主权，保证通信网络和信息安全，破除垄断、鼓励竞争，促进资源合理利用，维护通信建设市场秩序和公开、公平、公正的原则。

第五条 进行国际传输网和国际通信信道出入口建设，必须拥有国际通信基础设施经营权。

进行国际通信业务出入口和边境地区国际通信出入口建设，必须拥有国际通信业务经营权。

第六条 国际通信设施建设必须遵守我国的有关法律、法规，维护我国国家权益。

国际通信设施建设必须符合国家国际通信发展规划的要求。

国际通信设施建设必须符合国家安全的有关规定，配置国家有关部门要求的安全设施。

第七条 我国领土、领海内国际传输网、国际通信信道出入口的经营权和维护权，必须由获得我国国际通信基础设施经营权的电信业务经营者拥有。

我国领土、领海内国际通信业务出入口和边境地区国际通信出入口的经营权和维护权，必须由获得我国国际通信业务经营权的电信业务经营者拥有。

第八条 信息产业部综合规划司具体负责编制国际通信发展规划，并依据规划对国际通信设施建设进行管理。

第九条 进行国际通信设施建设必须经信息产业部初审或审批同意。

第十条 国际通信设施建设项目的审批应当遵循下列程序：

（一）国家规定的限额以上基本建设项目，经信息产业部初审同意后，由国家发展计划委员会审批；

（二）国家规定的限额以上的技术改造项目，经信息产业部初审同意后，由国家经济贸易委员会审批；

（三）国家规定的限额以下建设项目由信息产业部审批。

除按前款规定的程序和权限对国际通信设施建设项目进行审批外，其他任何部门或单位无权审批国际通信设施建设项目。

第十一条 国际通信设施建设单位与外国的组织或个人或者我国香港特别行政区、澳门特别行政区、台湾地区的组织或个人签署国际传输网建设谅解备忘录和建设维护协议，应在签署前报信息产业部审批，经批准后方可签署。

第十二条 建设单位申请审批国际传输网建设谅解备忘录或建设维护协议应当提供下列材料：

（一）申请报告。报告内容应包括合作方的主要情况，谅解备忘录或协议的主要内容及重大问题；

（二）谅解备忘录或协议的文本。

第十三条　信息产业部应在受理建设单位的国际传输网建设谅解备忘录或建设维护协议审批申请后 20 个工作日内书面答复申请人。对不予批准的，应当书面通知申请人并说明理由。

第十四条　对不涉及与外国的组织或个人或者我国香港特别行政区、澳门特别行政区、台湾地区的组织或个人合作的国际通信设施建设项目，建设单位向信息产业部申请项目初审或审批时，应当提供下列材料：

（一）申请报告。包括项目建设原因、主要建设内容及规模、投资估算及资金筹措、进度安排等主要内容；

（二）项目建议书、可行性研究报告或项目建设方案。其内容及编制单位的资质应符合国家有关规定；

（三）营业执照及相关的电信业务经营许可证复印件；

（四）资信证明；

（五）信息产业部要求提交的其他材料。

涉及国际通信出入口建设的，还应提供获准设置国际通信出入口的批准文件。

第十五条　对涉及与外国的组织或个人或者我国香港特别行政区、澳门特别行政区、台湾地区的组织或个人合作的国际通信设施建设项目，建设单位向信息产业部申请项目初审或审批时，除应提供第十四条所列各项材料外，还应提供谅解备忘录文本和建设维护协议文本。

第十六条　信息产业部进行国际通信设施建设项目的初审或审批，可以采用组织专家评议、委托咨询机构评估等方式，并在此基础上出具初审意见或批复。

第十七条　信息产业部受理企业所报限额以上国际通信设施建设项目行业初审申请后，应当在 30 个工作日内书面答复申请人。对未通过初审的，应当书面通知申请人并说明理由。

信息产业部受理企业所报限额以下国际通信设施建设项目审批申请后，应当在 45 个工作日内书面答复申请人。对不予批准的，应当书面通知申请人并说明理由。

第十八条　建设单位在国际通信设施建设项目实施过程中应接受信息产业部和国际通信设施建设所在地省、自治区、直辖市通信管理局的监督、检查和指导。

第十九条　未经信息产业部审批同意私自与外国的组织或个人或者我国香港特别行政区、澳门特别行政区、台湾地区的组织或个人签署协议的国际通信设施建设项目，以及在申请初审或审批过程中隐瞒有关问题的国际通信设施建设项目，信息产业部不予初审或审批；已通过信息产业部初审或审批的，信息产业部撤消原初审意见或批准文件；已经国家发展计划委员会或国家经济贸易委员会审批同意的，信息产业部告知审批单位撤消批准文件；已经进行建设的，不得运营。

第二十条　未经信息产业部批准，擅自建设国际通信设施进行国际通信的，由信息产业部或者省、自治区、直辖市通信管理局按照《中华人民共和国电信条例》第七十条的规定处罚。构成犯罪的，依法追究刑事责任。

第二十一条 从事国际通信设施建设管理的国家工作人员违反本规定的，按照《中华人民共和国电信条例》第七十九条的规定处罚。

第二十二条 与我国香港特别行政区、澳门特别行政区、台湾地区进行通信的通信设施建设，参照国际通信设施建设管理。

第二十三条 本规定自2002年8月1日起施行。

B.4.5 中国互联网络域名管理办法

信息产业部令[2002]第24号

第一章 总 则

第一条 为了促进中国互联网络的发展，保 障中国互联网络域名系统安全、可靠地运行，规范中国互联网络域名系统的管理，根据国家有关规定，参照国际上互联网络域名管理准则，制定本办法。

第二条 在中华人民共和国境内从事域名注册服务及相关活动，应当遵守本办法。

第三条 本办法下列用语的含义是：

（一）域名：是互联网络上识别和定位计算机的层次结构式的字符标识，与该计算机的互联网协议（IP）地址相对应。

（二）中文域名：是指含有中文文字的域名。

（三）域名根服务器：是指承担域名体系中根节点功能的服务器。

（四）域名根服务器运行机构：是指负责运行、维护和管理域名根服务器的机构。

（五）顶级域名：是指域名体系中根节点下的第一级域的名称。

（六）域名注册管理机构：是指负责运行、维护和管理一个或多个顶级域名，并负责管理这些顶级域名以下各级域名注册服务的管理机构。

（七）域名注册服务机构：是指受理审核域名注册申请，完成域名在域名数据库中注册的服务机构。

第四条 任何组织或者个人不得采取任何手段妨碍我国境内互联网域名系统的正常运行。

第二章 域名管理

第五条 信息产业部负责中国互联网络域名的管理工作。主要职责是：

（一）制定互联网络域名管理的规章及政策；

（二）制定国家（或地区）顶级域名CN和中文域名体系；

（三）管理国家（或地区）顶级域名CN和中文域名的域名注册管理机构；

（四）管理在中华人民共和国境内设置并运行域名根服务器的域名根服务器运行机构；

（五）监督管理域名注册服务；

（六）负责与域名有关的国际协调。

第六条 我国互联网的域名体系由信息产业部以公告形式予以公布。根据域名发展的实际情况，信息产业部可以对互联网的域名体系作局部调整，重新公布。

第七条 中文域名是我国域名体系的重要组成部分。信息产业部鼓励和支持中文域名系统的技术研究和逐步推广应用。

第八条 域名管理采用逐级管理方式。域名注册管理机构和各级域名持有者根据本办法及相关规定的要求，负责其下一级域名的注册管理及服务。

第九条 域名注册管理机构负责运行和管理相应的域名系统，维护域名数据库，授权域名注册服务机构提供域名注册服务。主要职责包括：

（一）运行、维护和管理相应顶级域名服务器和数据库，保证域名系统安全可靠地运行；

（二）根据本办法制定域名注册相关规定；

（三）按照非歧视性原则选择域名注册服务机构；

（四）对域名注册服务机构的域名注册服务进行监督管理。

第十条 在中华人民共和国境内设置域名根服务器、设立域名注册管理机构和域名根服务器运行机构须经信息产业部授权。

第三章 域名注册服务机构的管理

第十一条 在中华人民共和国境内设立域名注册服务机构须向信息产业部备案。

未经备案，任何组织或者个人不得从事域名注册服务活动。

第十二条 从事域名注册服务活动，应当具备下列条件：

（一）是依法设立的企业法人或事业法人；

（二）有与从事域名注册活动相适应的资金和专门人员；

（三）有为用户提供长期服务的信誉或者能力；

（四）有业务发展计划及相关技术方案；

（五）有健全的网络与信息安全保障措施；

（六）信息产业部规定的其他条件。

第十三条 从事域名注册服务，应当向信息产业部办理备案手续。办理备案时，应提交下列材料：

（一）法人资格证明；

（二）拟提供注册服务的域名项目；

（三）与相关域名注册管理机构签订的合作协议；

（四）用户服务协议范本；

（五）业务发展计划及相关技术方案；

（六）网络与信息安全技术保障措施的证明。

第十四条 域名注册服务机构的名称、地址、法定代表人等登记信息发生变更或者域名注册服务机构与其域名注册管理机构的合作关系发生变更或终止时，域名注册服务机构应当在变更或终止后30日内报信息产业部备案。

第四章 域名注册

第十五条 域名注册管理机构应当根据本办法制定具域名注册管理实施细则，报信息产业部备案后施行。

第十六条 域名注册服务遵循“先申请先注册”原则。

第十七条 域名注册管理机构可以在扩展域名注册范围时设立预注册期限，对部分保留字进行必要保护，并在其网站上提供查询。

除前款规定外，域名注册管理机构和注册服务机构不得预留或变相预留域名。域名注册管理机构和注册服务机构在提供域名注册服务过程中不得代表任何实际或潜在的域名持有者。

第十八条 域名注册管理机构和域名注册服务机构应当公布域名注册服务的内容、时限、费用，提供域名注册信息的公共查询服务，并保证域名注册服务的质量。

第十九条 任何组织或个人注册和使用的域名，不得含有下列内容：

（一）反对宪法所确定的基本原则的；

（二）危害国家安全，泄露国家秘密，颠覆国家政权，破坏国家统一的；

（三）损害国家荣誉和利益的；

（四）煽动民族仇恨、民族歧视，破坏民族团结的；

（五）破坏国家宗教政策，宣扬邪教和封建迷信的；

（六）散布谣言，扰乱社会秩序，破坏社会稳定的；

（七）散布淫秽、色情、赌博、暴力、凶杀、恐怖或者教唆犯罪的；

（八）侮辱或者诽谤他人，侵害他人合法权益的；

（九）含有法律、行政法规禁止的其他内容的。

第二十条 域名注册申请者应当遵守国家有关互联网络的法律、行政法规和规章，遵守域名注册管理机构制定的域名注册相关规定，并提交真实、准确、完整的域名注册信息。

第二十一条 注册域名应当按期缴纳域名运行管理费用。域名注册管理机构应当制定具体的域名运行管理费用收费办法，并报信息产业部批准。

第二十二条 域名注册完成后，域名注册申请者即成为其注册域名的持有者。

因持有或使用域名而侵害他人合法权益的，责任由域名持有者承担。

第二十三条 域名注册信息发生变更的，域名持有者应当在变更后30日内向域名注册服务机构申请变更注册信息。

第二十四条 域名持有者可以选择和变更域名注册服务机构。域名持有者变更域名注册服务机构的，原域名注册服务机构应当承担转移域名持有者注册信息的义务。

第二十五条 已注册的域名出现下列情形之一时，原域名注册服务机构应当予以注销，并以书面形式通知域名持有者：

（一）域名持有者或其代理人申请注销域名的；

（二）域名持有者提交的域名注册信息不真实、不准确、不完整的；

（三）域名持有者未按照规定缴纳相应费用的；

（四）依据人民法院、仲裁机构或域名争议解决机构作出的裁判，应当注销的；

（五）违反本办法及相关法律、法规规定的。

第五章 域名争议

第二十六条 域名注册管理机构可以指定中立的域名争议解决机构解决域名争议。

第二十七条　任何人就已经注册或使用的域名向域名争议解决机构提出投诉，并且符合域名争议解决办法规定的条件的，域名持有者应当参与域名争议解决程序。

第二十八条　域名争议解决机构作出的裁决只涉及争议域名持有者信息的变更。

域名争议解决机构作出的裁决与人民法院或者仲裁机构已经发生法律效力的裁判不一致的，域名争议解决机构的裁决服从于人民法院或者仲裁机构发生法律效力的裁判。

第二十九条　域名争议在人民法院、仲裁机构或域名争议解决机构处理期间，域名持有者不得转让有争议的域名，但域名受让方以书面形式同意接受人民法院裁判、仲裁裁决或争议解决机构裁决约束的除外。

第六章　罚　则

第三十条　违反本办法第四条、第十条、第十一条、第十四条的规定，妨碍我国境内互联网域名系统正常运行、擅自设置域名根服务器、擅自设立域名根服务器运行机构、未经备案擅自从事域名注册服务活动或者超出备案的项目提供域名注册服务的，由信息产业部责令限期改正，视情节轻重，予以警告或处3万元以下罚款。

第三十一条　违反本办法第十七条、第十八条规定的，由信息产业部责令限期改正，视情节轻重，予以警告或处3万元以下罚款。

第三十二条　违反本办法第十九条的规定，构成犯罪的，依法追究刑事责任；尚不构成犯罪的，由国家有关机关依照有关法律、行政法规的规定予以处罚。

第七章　附　则

第三十三条　在本办法施行以前已经开展互联网域名注册服务的域名注册服务机构，应当自本办法施行之日起60日内，按照本办法的规定办理备案手续。

第三十四条　本办法自2002年9月30日起施行。以往发布的互联网域名管理规定与本办法不一致的，以本办法为准。

B.4.6　电信业务经营许可证管理办法

信息产业部令[2001]第19号

第一章　总　则

第一条　为规范电信业务经营许可证的管理，根据《中华人民共和国电信条例》及其他法律、行政法规的规定，制定本办法。

第二条　在中华人民共和国境内申请、审批和管理电信业务经营许可证（以下简称“经营许可证”），适用本办法。国家另有规定的，从其规定。

采用招标等方式颁发基础电信业务经营许可证的具体办法，由信息产业部另行制定。

第三条　信息产业部和省、自治区、直辖市通信管理局（以下统称“电信主管部门”）是电信业务经营许可证的审批管理机构。

电信主管部门在电信业务经营许可证审批管理中应当遵循公开、公平、公正的原则。

第四条　电信业务经营者在电信业务经营活动中，应当遵守电信业务经营许可证的规定，接受电信主管部门的监督管理。

电信业务经营者按照电信业务经营许可证的规定经营电信业务受国家法律保护。

第二章　经营许可证的申请

第五条　申请经营基础电信业务的，应当符合《中华人民共和国电信条例》第十条的规定和下列条件：

（一）在省、自治区、直辖市范围内经营的，其注册资本最低限额为 2 亿元人民币；在全国或跨省、自治区、直辖市范围内经营的，其注册资本最低限额为 20 亿元人民币；

（二）最近三年内未发生过重大违法行为。

第六条　申请经营增值电信业务的，应当符合《中华人民共和国电信条例》第十三条的规定和下列条件：

（一）在省、自治区、直辖市范围内经营的，其注册资本最低限额为 100 万元人民币；在全国或跨省、自治区、直辖市范围内经营的，其注册资本最低限额为 1000 万元人民币；

（二）有可行性研究报告和相关技术方案；

（三）有必要的场地和设施；

（四）最近三年内未发生过重大违法行为。

第七条　申请基础电信业务经营许可证的，应当向信息产业部提交下列申请材料：

（一）公司法定代表人签署的经营基础电信业务的书面申请。内容包括：申请经营电信业务的种类、业务覆盖范围、公司名称、公司通信地址、邮政编码、联系人、联系电话、电子信箱地址等；

（二）公司的企业法人营业执照副本及复印件；

（三）公司概况，包括公司基本情况，拟从事电信业务的机构设置和管理情况、技术力量和经营管理人员情况，与从事经营活动相适应的场地、设施等情况；

（四）公司最近经会计师事务所审计的企业法人年度财务会计报告或验资报告及信息产业部规定的其他相关会计资料；

（五）公司章程，公司股权结构及股东的有关情况；

（六）业务发展可行性研究报告。包括：申请经营电信业务的业务发展和实施计划、服务项目、业务覆盖范围、市场调研与分析、收费方案、预期服务质量、投资分析、社会效益和经济效益分析等；

（七）组网技术方案，包括：网络结构、网络规模、网络建设计划、网络互联方案、技术标准、电信设备的配置、电信资源使用方案等；

（八）为用户提供长期服务和质量保障的措施；

（九）网络与信息安全保障措施；

（十）证明公司信誉的有关材料；

（十一）公司法定代表人签署的公司依法经营电信业务的承诺书。

申请经营无线电通信业务的，应当提交国家无线电管理机构出具的无线电频率资源预指配意见。

尚未获得企业法人营业执照的申请者，应当提交公司的企业名称预先核准通知书，无需提交第一款第（二）项、第（十）项规定的内容。第一款第（一）项规定的书面申请和第（十一）项规定的承诺书，拟成立有限责任公司的，应当由全体股东签署；拟成立股份有限公司的，应当由全体发起人签署。

第八条　申请增值电信业务经营许可证的，应当向电信主管部门提交下列申请材料：

（一）公司法定代表人签署的经营增值电信业务的书面申请，内容包括：申请电信业务的种类、业务覆盖范围、公司名称、通信地址、邮政编码、联系人、联系电话、电子信箱地址等；

（二）公司的企业法人营业执照副本及复印件；

（三）公司概况，包括：公司基本情况，拟从事增值电信业务的人员、场地和设施等情况；

（四）公司最近经会计师事务所审计的企业法人年度财务会计报告或验资报告及电信主管部门规定的其他相关会计资料；

（五）公司章程，公司股权结构及股东的有关情况；

（六）业务发展可行性研究报告和技术方案，包括：申请经营电信业务的业务发展和实施计划、技术方案、服务项目、业务覆盖范围、市场调研与分析、收费方案、预期服务质量、投资分析、社会效益和经济效益等；

（七）为用户提供长期服务和质量保障的措施；

（八）信息安全保障措施；

（九）证明公司信誉的有关材料；

（十）公司法定代表人签署的公司依法经营电信业务的承诺书；

（十一）申请经营的电信业务依照法律、行政法规及国家有关规定须经有关主管部门事先审核同意的，应当提交有关主管部门审核同意的文件。

申请经营无线电通信业务的，应当提交国家或者省级无线电管理机构出具的无线电频率资源预指配意见。

尚未获得企业法人营业执照的申请者，应当提交公司的企业名称预先核准通知书，无需提交第一款第（二）项、第（九）项中规定的材料。第一款第（一）项规定的书面申请和第（十）项规定的承诺书，拟成立有限责任公司的，应当由全体股东签署；拟成立股份有限公司的，应当由全体发起人签署。

第三章　经营许可证的审批

第九条　电信业务经营许可证分为《基础电信业务经营许可证》和《增值电信业务经营许可证》两类。其中《增值电信业务经营许可证》中又分为《跨地区增值电信业务经营许可证》和省、自治区、直辖市范围内的《增值电信业务经营许可证》。

《基础电信业务经营许可证》和《跨地区增值电信业务经营许可证》，由信息产业部负责审批。省、自治区、直辖市范围内的《增值电信业务经营许可证》，由省、自治区、直辖市通信管理局负责审批。

外商投资电信企业的电信业务经营许可证，根据《外商投资电信企业管理规定》第十七条的规定，由信息产业部负责审批。

第十条　信息产业部应当自收到经营基础电信业务的申请材料之日起15日内，完成对材料的初步审查。对申请材料齐备的，向申请者发出受理申请通知书。对申请材料不齐备的，书面通知申请者补齐，申请者将材料补齐后，信息产业部应当在15日内向申请者发出受理申请通知书。

信息产业部在发出受理申请通知书之后，应当组织专家对第七条第（六）项、第（七）项申请材料进行评审，并根据专家评审意见作出批准或者不予批准的决定。信息产业部的审查工作应当在发出受理申请通知书之日起180日内完成。

对已经依法设立公司的申请者，予以批准的，颁发《基础电信业务经营许可证》。

对尚未获得企业法人营业执照的申请者，予以批准的，应当向申请者发出批准文件，同意其向工商行政管理部门申请设立公司经营该项基础电信业务，申请者持该批准文件到工商行政管理部门办理公司设立登记手续。在申请者取得企业法人营业执照后，信息产业部向其颁发《基础电信业务经营许可证》。

对申请不予批准的，应当书面通知申请者并说明理由。

审查中，对申请材料不符合要求的，应当通知申请者修改和补充，申请者应当自通知发出之日起 30日内按要求完成，否则视为放弃申请。申请者修改和补充材料的时间不计算在审查工作时限内。

第十一条　电信主管部门应当自收到经营增值电信业务的申请材料之日起15日内，完成对材料的初步审查。对申请材料齐备的，向申请者发出受理申请通知书。对申请材料不齐备的，书面通知申请者补齐，申请者将材料补齐后，电信主管部门应当在15日内向申请者发出受理申请通知书。

电信主管部门应当自发出受理申请通知书之日起60日内完成审查工作，作出批准或者不予批准的决定。

对已经依法设立的公司的申请，予以批准的，颁发《跨地区增值电信业务经营许可证》或者省、自治区、直辖市范围内的《增值电信业务经营许可证》。

对尚未获得企业法人营业执照的申请者，予以批准的，应当向申请者发出批准文件，同意其向工商行政管理部门申请设立公司经营该项增值电信业务，申请者持该批准文件到工商行政管理部门办理公司设立登记手续。在申请者取得企业法人营业执照后，电信主管部门向其颁发《跨地区增值电信业务经营许可证》或者省、自治区、直辖市范围内的《增值电信业务经营许可证》。

对申请不予批准的，应当书面通知申请者并说明理由。

审查中，对申请材料不符合要求的，应当通知申请者修改和补充，申请者应当自通知发出之日起30日内按要求完成，否则视为放弃申请。申请者修改和补充材料的时间不计算在审查工作时限内。

第十二条　经营许可证由正文部分和附件部分组成。

经营许可证的正文部分应当载明公司名称、法定代表人、注册住所、业务种类、业务覆盖范围、有效期限、发证机关和发证日期、签发人、经营许可证编号等内容。

经营许可证的附件部分包括经营许可证使用规定、经营者的权利和义务、特别规定事项和年检情况记录表等附件。原发证机关根据管理需要可以按照信息产业部的规定增发经营许可证附件。

电信业务经营许可证的具体内容在本办法附件中列出。信息产业部根据实际情况，可以调整电信业务经营许可证附件的内容，重新公布。

第十三条　《基础电信业务经营许可证》的有效期限，根据电信业务种类分为5年、

10 年。

《跨地区增值电信业务经营许可证》和省、自治区、直辖市范围内的《增值电信业务经营许可证》的有效期限为 5 年。

第十四条 《基础电信业务经营许可证》、《跨地区增值电信业务经营许可证》以及外商投资电信企业的电信业务经营许可证由信息产业部部长签发。

省、自治区、直辖市范围内的《增值电信业务经营许可证》由省、自治区、直辖市通信管理局局长签发，并报信息产业部备案。

第十五条 电信业务经营许可证由公司法定代表人领取，或者由其委托的其他人凭委托书领取。

第十六条 电信主管部门在审查电信业务经营许可申请时，发现申请者提交虚假证明文件的，应当不批准其申请，并在 3 年内不再受理其经营电信业务的申请。

第四章 经营许可证的使用

第十七条 获准经营电信业务的公司，应当按照经营许可证正文中所载明的电信业务种类，在规定的业务覆盖范围和期限内，按照经营许可证的规定经营电信业务。

第十八条 获准经营电信业务的公司，持经营许可证到工商行政管理部门办理公司变更登记手续。

获准经营无线电通信业务的，持经营许可证到无线电管理机构申请办理无线电频率使用手续。

第十九条 获准跨地区经营电信业务的公司，应当在经营许可证载明的业务覆盖范围所在省、自治区和直辖市设立分公司或子公司等相应机构经营电信业务。

经营基础电信业务公司的子公司，国有股权或者股份的比例应当符合国家有关电信的法律、行政法规规定。

第二十条 获准经营电信业务的公司，经发证机关批准，可以授权其持有股份不少于 51%并符合经营电信业务条件的子公司经营其获准经营的电信业务。该子公司的名称、法定代表人、注册住所、业务种类、业务覆盖范围等内容，由发证机关在获准经营电信业务公司的经营许可证正文附页中载明。在一个地区不能授权两家或两家以上子公司经营同一项电信业务。

第二十一条 获准经营基础电信业务或在两个以上省、自治区、直辖市范围内经营增值电信业务的公司，应当凭经营许可证到相关省、自治区、直辖市通信管理局办理备案手续，并提交下列备案材料：

（一）在当地开展业务的书面报告，内容包括：公司在当地设立的分公司或子公司等相应机构的名称、通信地址、邮政编码、联系人、联系电话、电子信箱地址等；

（二）经营许可证复印件；

（三）公司在当地设有分公司或子公司等相应机构的公司批准文件、分公司或子公司的营业执照（复印件）、章程、股权结构等有关材料；

（四）在当地开展业务的方案。

省、自治区、直辖市通信管理局在收到前款规定的备案材料后，对材料齐备的，应当在 15 日内向备案者发出备案确认书，并向信息产业部报告。对材料不齐备的，应当在

15日内书面通知备案者。待材料补齐后，应当在10日内向备案者发出备案确认书。

未办理备案手续的，不得在当地经营电信业务。

第一款所列四项材料发生变化的，分公司或子公司等相应机构应当在变化后20日内，向当地省、自治区、直辖市通信管理局备案。

第二十二条 除经营许可证中有特别规定外，电信业务经营者取得经营许可证后，应当在1年内按照经营许可证规定的业务种类和业务覆盖范围提供电信服务。不能在1年内提供电信服务的，应当在申请经营许可证时提出，说明理由，报电信主管部门批准，并在经营许可证中作出特别规定。

对未在经营许可证规定时限内提供电信服务的，原发证机关可以注销其经营许可证，或者取消其未提供电信服务的业务覆盖范围。

第二十三条 相关基础电信业务经营者应当按照电信主管部门的规定，及时为取得经营许可证的公司提供经营电信业务所需的电路、设施等。

基础电信业务经营者不得为无经营许可证的公司提供用于经营电信业务的电路、设施等。

第二十四条 任何单位和个人不得伪造、涂改、冒用、租借、买卖和转让经营许可证。

第五章 经营许可证的变更和注销

第二十五条 经营许可证有效期届满，需要继续经营的，应当提前90日，向原发证机关提出续办经营许可证的申请。不再继续经营的，应当提前90日向原发证机关报告，并做好善后工作。

第二十六条 取得电信业务经营许可证的公司或者其获准授权经营电信业务的子公司，遇有合并或分立、有限责任公司股东变化、业务经营权转移等涉及经营主体需要变更的情形，或者业务覆盖范围需要变化的，应当自公司作出决定之日起30日内向原发证机关提出申请，经批准后方可实施。

第二十七条 在经营许可证有效期内，变更公司名称、注册住所、法定代表人的，应当在完成公司的工商变更登记手续后30日内向原发证机关办理电信业务经营许可证的变更手续。

第二十八条 在经营许可证有效期内，电信业务经营者需要终止经营的，应当自公司作出决定之日起30日内向原发证机关提出申请，在做好用户善后处理工作后，原发证机关为其办理经营许可证注销手续。

第二十九条 电信业务经营者被国家行政、司法机关依法处罚，不能继续经营电信业务的，原发证机关应当将其经营许可证收回注销。

提交虚假证明文件或者采取其他欺诈手段取得电信业务经营许可证的，由原发证机关将经营许可证收回注销，并在3年内不再受理其经营电信业务的申请。

第三十条 发证机关吊销或注销电信业务经营者的经营许可证后，应当通知相应的工商行政管理部门，并向社会公布。

被吊销或注销经营许可证的公司，应当及时到相应工商行政管理部门办理手续。

第六章　经营许可证的年检

第三十一条　发证机关对经营许可证实行年检制度。电信业务经营者应当在报告年的次年第一季度向原发证机关报送下列年检材料：

（一）公司的年检报告，包括：本年度的电信业务经营情况，网络建设、业务发展、人员及机构变动情况，服务质量情况，执行国家和电信主管部门有关规定的情况等；

（二）电信业务经营许可证原件；

（三）公司的企业法人营业执照复印件；

（四）公司年度财务会计报告及电信主管部门规定的其他相关会计资料；

（五）发证机关要求报送的其他有关材料。

业务覆盖范围在两个省、自治区、直辖市以上的，还须提供各地分公司或子公司等相应机构及全网业务的经营管理情况。

各地分公司或子公司等相应机构应当向当地省、自治区、直辖市通信管理局报送在当地开展电信业务的年度报告；分公司或子公司的营业执照复印件；财务报表等有关材料。年度报告内容包括：本年度的电信业务经营情况；网络建设、业务发展、人员及机构变动情况；服务质量情况；执行国家和电信主管部门有关规定的情况等。

第三十二条　省、自治区、直辖市通信管理局对跨地区电信业务经营者在当地的相应机构进行年度检查，并将结果报告信息产业部。

第三十三条　发证机关进行经营许可证年检时，应当对电信业务经营者报送的材料进行全面审核，并对其经营主体、经营行为、电信设施建设、电信资费和服务质量等进行必要的检查。对年检合格的在年检情况记录表上加盖印章；对未按规定参加年检的或年检中发现有不符合规定要求的，限期整改；整改仍不合格的，将经营许可证收回注销，通知相应工商行政管理部门，并向社会公布。

第七章　罚　则

第三十四条　违反本办法第十七条、第二十六条和第三十一条规定的，依照《中华人民共和国电信条例》第七十条规定予以处罚。

第三十五条　违反本办法第二十四条规定的，依照《中华人民共和国电信条例》第六十九条规定予以处罚。

第三十六条　违反本办法第四条第一款、第十九条、第二十条、第二十一条第三款和第四款、第二十三条、第二十五条、第二十七条和第二十八条规定的，由电信主管部门责令改正，予以警告，并处5000元以上3万元以下罚款。

第三十七条　当事人对电信主管部门作出的行政审批和行政处罚决定不服的，可以依法申请行政复议或者提起行政诉讼。

当事人逾期不申请行政复议也不提起行政诉讼，又不履行行政处罚决定的，由作出行政处罚决定的机关申请人民法院强制执行。

第三十八条　电信主管部门的工作人员在经营许可证管理工作中玩忽职守、滥用职权、徇私舞弊，构成犯罪的，提请司法机关依法追究刑事责任；尚不构成犯罪的，由所在单位或者上级主管部门给予行政处分。

第八章　附　则

第三十九条　经营许可证由信息产业部统一印制。

第四十条　本办法自 2002 年 1 月 1 日起施行。

B.4.7　电信网间互联争议处理办法

信息产业部令[2001]第 15 号

第一条　为了妥善处理电信网间互联争议，保障电信网各方的合法权益，提高电信网的综合效益，根据《中华人民共和国电信条例》制定本办法。

第二条　本办法适用于中华人民共和国境内的基础电信业务经营者之间及其与专用电信网单位（以下简称“专用网单位”）之间发生的下列电信网间的互联争议：

（一）因互联技术方案而产生的争议；

（二）因与互联有关的网络功能及通信设施的提供而产生的争议；

（三）因互联时限而产生的争议；

（四）因电信业务的提供而产生的争议；

（五）因网间通信质量而产生的争议；

（六）因与互联有关的费用而产生的争议；

（七）信息产业部规定应当依照本办法处理的其他电信网间互联争议。

第三条　信息产业部负责全国电信网间互联争议处理协调、指导和监督。信息产业部电信管理局具体负责对经营全国性基础电信业务公司总部之间及其与跨省、自治区、直辖市专用网单位之间的互联争议的处理。

省、自治区、直辖市通信管理局负责对全国性基础电信业务公司总部以下的经营机构之间及其与专用电信网单位之间的互联争议的处理。

第四条　基础电信业务经营者和专用网单位是电信网间互联争议的当事人。

第五条　处理电信网间互联争议应当遵循下列原则：

（一）着重协调，及时处理；

（二）以事实为基础，以法律、行政法规和部门规章为依据；

（三）当事人在适用法律、行政法规和部门规章上一律平等。

第六条　发生电信网间互联争议，争议双方当事人应当协商解决；协商不成的，可以向信息产业部或者省、自治区、直辖市通信管理局（以下简称“电信主管部门”）申请协调；协调不成的，由电信主管部门作出行政决定；对行政决定不服的，可以依法申请行政复议或者提起行政诉讼。

第七条　基础电信业务经营者之间及其与专用网单位之间发生互联争议，经双方当事人协商解决不成的，其中任何一方均可以向电信主管部门提出互联争议协调申请。

互联争议协调申请应当以书面形式提出（电信网间互联争议协调申请书格式附后）

第八条　电信主管部门收到互联争议协调申请书后，对协调申请书的内容进行初步审查。经审查发现申请协调的争议不符合本办法第二条规定的范围或者不属于本办法第三条规定的管辖范围的，应当在 5 个工作日内书面答复不予受理或告知由相关机构处理。

经审查符合本办法规定要求的，电信主管部门应当在7日内正式开始进行协调。

第九条 电信主管部门的协调工作按下列程序进行：

（一）听取争议双方的陈述，确定主要分歧，开展必要的调查研究，提出初步协调意见，如争议双方接受初步协调意见，则结束协调工作。

（二）如争议一方或双方均不接受初步协调意见的，在征求争议双方的相关主管部门意见或有关专家意见后，提出最后协调意见，结束协调工作。

协调阶段应当自开始协调之日起45日内结束。

第十条 电信主管部门在协调的每个阶段，均应当出具《电信网间互联争议协调意见书》（格式附后）正本一式三份，副本若干份。正本由争议双方各执一份，电信主管部门存档一份。

省、自治区、直辖市通信管理局出具的《电信网间互联争议协调意见书》副本应当报信息产业部备案。

第十一条 协调不能使争议双方达成协议的，电信主管部门应当根据不同类型的互联争议，随机邀请电信技术、经济、法律方面的专家进行公开论证。电信主管部门至少应当在论证前7日向应邀专家通报论证事项和有关情况。

第十二条 论证会由下列人员参加：

（一）电信主管部门的代表；

（二）电信技术、经济、法律方面的专家；

（三）争议双方当事人。

必要时，可以邀请新闻单位参加。

论证会由电信主管部门主持。

第十三条 处理互联争议邀请的专家由电信技术、经济、法律方面的专家组成。每次论证会邀请的电信技术、经济、法律专家不少于5人。

第十四条 论证会应当遵循下列程序进行：

（一）争议双方的陈述；

（二）电信主管部门对争议协调的意见；

（三）专家发表论证意见或建议，并提出网间互联争议解决方案。

在论证期间，对需要进一步由有关方面说明的情况或需要现场调查的项目，由电信主管部门组织调查研究，并请专家再次论证和提出网间互联争议解决方案。

第十五条 电信主管部门应当根据所邀专家的公开论证结论和提出的网间互联争议解决方案，在45日内作出行政决定。

电信主管部门作出行政决定应当充分尊重专家的论证意见和建议。对未予采纳的建议和意见，应当向专家作出说明，但涉及国家机密的除外。

行政决定一般应由电信主管部门领导集体讨论决定，由主要负责人签署。

行政决定作出后，应当向信息产业部行政复议机构备案。

电信主管部门对作出的行政决定应当以适当方式向社会公布。

第十六条 互联双方在电信主管部门作出的行政决定前，可以自行达成互联协议，并报电信主管部门备案。

第十七条 行政决定作出后，争议双方应当在决定规定的时限内自觉履行。

第十八条 争议一方或双方对行政决定不服，可以依法申请行政复议或者提起行政诉讼。行政复议或行政诉讼期间，行政决定不停止执行。

第十九条 违反本办法规定，拒不执行电信主管部门依法作出的互联争议解决行政决定的，由电信主管部门依据《中华人民共和国电信条例》第七十三条的规定予以处罚。

第二十条 处理互联争议的电信主管部门工作人员在互联争议处理活动中，徇私舞弊、收受贿赂、滥用职权、泄露秘密，构成犯罪的，依法追究刑事责任；尚未构成犯罪的，依法给予行政处分。

第二十一条 本办法自2002年1月1日起施行。

B.4.8 互联网骨干网间互联服务暂行规定

信部电〔2001〕749号

第一章 适用范围

第一条 本规定适用于互联网骨干网间互联。

第二章 术 语

第二条 本规定的主要术语依照《互联网骨干网间互联管理暂行规定》中的定义。

第三条 本规定使用的其他术语含义如下：

（一）互联点，指互联网骨干网网间互联发生的地方，包括互联网交换中心和直接电路互联所在地；

（二）对等方，指参与互联网对等互通的任何一方互联网络；

（三）转接互通提供方，指提供互联网转接互通服务的互联网络；

（四）转接互通客户方，指接受互联网转接互通服务的互联网络。

第三章 对国家级交换中心的要求

第四条 国家级交换中心所采用的技术方案应符合以下要求：

（一）采用以太网交换的方式构筑交换平台，若需要进行技术更新，由当地通信管理局组织相关人员讨论做出决议，上报信息产业部批准；

（二）只提供基于IPv4协议的互联，暂不提供IPv6的互联；

（三）采用边界路由协议BGP-4作为网间互联的外部路由协议；

（四）提供两个路由服务器（RS）实现成员网络间的路由信息交换，增强外部路由的一致性，减少路由会话的个数，并提供路由交换的安全可靠性；

（五）路由服务器（RS）必须采取一定的路由阻尼措施，避免某成员网络的路由动荡影响到其他成员网络；

（六）为参与互联的各个网络成员提供100Mbit/s速率以上的以太网接口。

第五条 国家级交换中心应具备以下网络管理功能：

（一）统计各成员网络接入链路上的业务流量（包括峰值和平均值）；

（二）监测各成员网络去往自身网络的链路上的业务流量（包括峰值和平均值）；

（三）统计各成员网络间的业务流量流向数据，为网间结算提供流量依据；

（四）管理路由信息数据库的功能；

（五）监测互联点到各成员网络的互联服务指标参数；

（六）保证交换中心正常运转的其他网管功能。

第四章　对国家级交换中心的成员网络的要求

第六条　国家级交换中心的成员网络应符合以下要求：

（一）各成员网络在国家级交换中心放置一台或多台路由器，并以100Mbit/s速率以上的接口连接交换中心的以太网交换机；

（二）各成员网络必须拥有各自的公有自治域号（ASN）；

（三）各成员网络必须采用边界路由协议BGP-4作为在国家级交换中心实现网间互联的外部路由协议；

（四）各成员网络必须与交换中心的两台路由服务器（RS）建立外部路由对等，以保证交换中心内路由的一致性，并减少路由对等会话的个数；

（五）在国家级交换中心目前采用以太网技术的情况下，通过国家级交换中心实现的双边互通必须以物理方式的后背连接建立，不能建立在交换中心的以太网交换平台上，路由信息交换由双方自行解决；

（六）各成员网络在国家级交换中心向外广告的网络地址必须保证良好的聚合性，网络地址前缀不得超过24位；

（七）各成员网络在国家级交换中心向外广告的网络路由信息应保持良好的稳定性，避免对其他成员网络造成冲击。

第七条　国家级交换中心成员网络的外部路由政策应符合以下要求：

（一）成员网络应当在其边界路由器上实施一定的路由阻尼措施，尽量避免互联对方网络中的路由动荡影响到自己的网络；

（二）在多边对等互通中，成员网络必须向路由服务器（RS）广告本网以及本网下一级的转接互通客户方网络所有的网络地址，不能对从路由服务器收到的其他对等方的正常网络路由进行过滤；

（三）在对等互通中，成员网络不得将对等方未通告前缀的流量强行指向对方，不能向对等方广告从另一对等方（发生在任一互联点）收到的网络路由信息，不能向其对等方广告从自己上一级的转接互通提供方（包括国际转接互通提供方和任一互联点的国内转接互通提供方）得到的网络路由信息；

（四）成员网络不能把在国家级交换中心从对等方或转接互通提供方得到的网络路由信息，在另一互联点向其对等方或上一级的转接互通提供方广告。

第五章　对双边互通的网络的要求

第八条　双边互通的网络的外部路由政策应符合如下要求：

（一）在对等互通中，任何一方不能向对方广告从另一对等方或自己的转接互通提供方（发生在另一互联点）收到的网络路由信息，任何一方不能把从对方得到的网络路由信息，在其他互联点向其对等方或转接互通提供方广告；

（二）在转接互通中，客户方不能向对方广告从其对等方或另一个转接互通提供方(发生在另一互联点）收到的网络路由信息，客户方不能把从对方得到的网络路由信息，在其他互联点向其对等方或转接互通提供方广告。

第九条 双边互通的其他要求，由互联双方协商确定。

第六章 互联的服务指标参数

第十条 互联网骨干网间的互联服务包括以下两方面：

（一）路由信息的提供

参与互联的网络向其他网络提供路由信息服务，保证跨网流量正确交换。

（二）出入网络的数据的传送

参与互联的网络为本网用户访问其他网络以及其他网络用户访问本网的业务数据信息提供传送服务。

第十一条 互联网骨干网间互联中，服务可用率用于衡量参与互联的网络提供互联服务的设备、链路等的正常运行的能力。

服务可用率不得低于99.9%。

服务可用率的计算公式为：$A=(T-D)/T$

其中：

A是以百分比表示的可用率；

T表示总服务时间（分钟）；

D表示由于设备、链路故障或其他人为因素造成的互联服务不可用时间（分钟）。

第十二条 互联网骨干网间互联中，链路带宽利用率指参与互联的网络用于提供互联服务的链路带宽利用率。上述链路包括各种物理链路以及ATM虚电路或帧中继虚电路等逻辑链路。

在每个监测周期内，链路带宽利用率ρ不得高于 80%。在两个连续的监测周期内，链路带宽利用率ρ不得连续高于70%。

链路带宽利用率的计算公式为：$\lambda=\dfrac{\sum_{i=1}^{N}\lambda_i}{N}$

其中：

ρ为链路带宽利用率；

ρ_i为监测周期内第 i 天，每 30 分钟平均的链路带宽利用率（取上下行链路的较大值）所构成曲线的峰值；

N为监测周期的天数。

第十三条 在国家级交换中心互联中，广播路由地址前缀长度不得高于24位，广播路由地址前缀平均长度不得高于22.5位。

双边互联中广播路由地址前缀长度限制由互联双方协商确定。

第十四条 互联网骨干网间互联中，网络时延服务等级采用的指标是从互联点到达参与互联的网络骨干节点间的往返时延平均值。

网络时延不得高于85ms。

网络时延的监测和计算方法是：选择合理的网络骨干抽样节点分布、抽样时间分布和抽样数量，从互联点向该抽样节点发送 64 字节长度的互联网控制信息协议。（ICMP）回显请求报文，获得网络时延样本，然后取平均值。

选取的网络骨干抽样节点距互联点直线距离应大于等于 1000km，并体现网络的整体分布情况。具体的抽样节点分布、抽样时间分布和抽样数量由参与互联的网络之间按照上述要求协商决定。

第十五条　互联网骨干网间互联中，包丢失率指标是从互联点进入互联网络的数据包的丢失率。

包丢失率不得高于 1%。

包丢失率的监测和计算方法是：选择合理的网络骨干抽样节点分布、抽样时间分布和抽样数量，从互联点向该抽样节点发送 64 字节长度的互联网控制信息协议。（ICMP）回显请求报文，获得包丢失样本，然后计算包丢失率。

选取的网络骨干抽样节点距互联点直线距离应大于等于 1000km，并体现网络的整体分布情况。具体的抽样节点分布、抽样时间分布和抽样数量由参与互联的网络之间按照上述要求协商决定。

第七章　互联服务的监测

第十六条　对国家级交换中心互联的服务的监测由交换中心运行机构定期进行，并发布监测报告，监测周期暂定为一个月。双边互通的服务的监测由互联方自行负责。监测报告出具者须保证监测报告的可靠性。

第十七条　服务监测报告应包含以下内容：

（一）本监测周期内服务可用性指标及其各项参数；

（二）本监测周期内的链路带宽利用率指标以及每日链路每 30 分钟平均上下行带宽利用率最大值的变化曲线；

（三）本监测周期内的具有 24 位以上广播路由地址前缀的路由信息比例；

（四）本监测周期内的广播路由地址前缀的平均长度；

（五）本监测周期内的网络时延及各项参数（包括被抽样的网络骨干节点名称、抽样时间、抽样次数、抽样结果序列图、抽样结果分布图和网络时延结果）；

（六）本监测周期内的网络包丢失率及各项参数（包括被抽样的网络骨干节点名称、抽样时间、抽样次数、抽样结果序列图、抽样结果分布图和包丢失率结果）。

B.4.9　互联网骨干网间互联管理暂行规定

信部电〔2001〕749 号

第一章　总　则

第一条　为维护国家利益和用户合法权益，促进我国互联网的发展，保护互联网运营者之间的公平、有效竞争，保障互联网骨干网间及时、合理地互联，根据《中华人民共和国电信条例》，制定本规定。

第二条　本规定适用于对中华人民共和国境内互联网骨干网间互联的管理。

第三条 信息产业部和各省、自治区、直辖市通信管理局（以下统称电信主管部门）是互联网骨干网间互联的主管部门。信息产业部负责本规定在全国范围内的实施工作；省、自治区、直辖市通信管理局负责辖区内本规定的实施工作。

第四条 本规定下列用语的含义是：

（一）互联网交换中心（以下简称交换中心），指用于互联网间互联时交换流量和路由信息的公共平台及相关设施；

国家级互联网交换中心（以下简称国家级交换中心），指用于互联网骨干网间互联的交换中心；

（三）交换中心互联，指通过交换中心实现互联网网间互联的互联方式；

（四）直接电路互联，指通过直达专用电路实现互联网网间互联的互联方式；

（五）对等互通，指互联网间平等地交换路由信息，并据此实现业务流量互通的特定的互联网互通关系；

（六）多边对等互通，指发生在多个互联网间的对等互通关系；

（七）双边对等互通，指发生在两个互联网间的对等互通关系；

（八）转接互通，指一个互联网向另一个互联网提供自己所知的互联网路由可达信息，后者通过前者而获得互联网的通达性的特定互联网互通关系；

（九）双边互通，指发生在两个互联网间的互通关系，包括双边对等互通和转接互通，双边互通可以通过直接电路互联方式实现，也可以在互联网交换中心通过后背连接实现；

（十）后背连接，指互联网交换中心两个成员间为实现双边互联在交换中心所建立的连接。

第二章　互联原则

第五条 互联网骨干网间可通过交换中心互联或直接电路互联两种方式实现互联：

（一）通过交换中心互联方式可实现多边对等互通和双边互通；

（二）通过直接电路互联方式可实现双边互通。

第六条 互联网骨干网间必须在国家级交换中心进行多边对等互通。

第七条 互联网骨干网间互联的技术规范和通信质量必须符合《互联网骨干网间互联服务暂行规定》。

第八条 除国家级交换中心的多边对等互通外，如有特殊需要，经信息产业部批准，互联网骨干网间还可在自愿、互利的基础上，选择通过直接电路互联方式或交换中心方式实现双边互通，但不得影响国家级交换中心多边对等互通的正常运行。

第三章　国家级交换中心的管理

第九条 信息产业部根据我国互联网发展需要，统一规划建设中立、非盈利性的国家级交换中心，实现互联网骨干网间的流量与路由信息交换。

第十条 接入国家级交换中心的成员资格由信息产业部确定。

运行互联网骨干网的互联单位为国家级交换中心的成员。

第十一条 因发生并购、转让、破产等事件使原有互联单位不复存在或不再进行有关互联网国际联网的活动并需要退出国家级交换中心时，需提前3个月报请信息产业部批准。

第十二条　信息产业部委托国家级交换中心所在地的通信管理局负责交换中心建设、运行的管理和监督。国家级交换中心所在地通信管理局的相关职责包括：

（一）负责国家级交换中心设施的建设和扩容；

（二）确定交换中心运行机构，负责交换中心日常的运行管理与维护；

（三）制定交换中心的年度计划与年度预算；

（四）组织对交换中心的检查及年度审计；

（五）制定交换中心的相关管理章程；

（六）制定交换中心运行维护及故障处理的具体流程；

（七）监督和评价交换中心运行机构的工作；

（八）配合信息产业部协调解决各互联网骨干网间的互联争议；

第十三条　交换中心运行机构负责具体的运行维护实施工作，其职责包括：

（一）交换中心的日常运行维护；

（二）定期制作并发布交换中心运行报告和报表；

（三）交换中心设备故障的处理和申告；

（四）向各成员单位提供运行及结算的统计数据；

（五）通信管理局指定的其他职责。

第十四条　由各互联单位和国家级交换中心所在地的通信管理局组成国家级交换中心专家委员会。国家级交换中心专家委员会的主要职能是对交换中心的运行、管理及其他重大事项提出意见、建议和质询，为信息产业部和交换中心所在地的通信管理局提供决策咨询。

第四章　互联协议

第十五条　各互联网骨干网必须签订通过国家级交换中心实现多边对等互联的互联协议。互联协议不得含有歧视性内容和损害第三方利益的内容。

第十六条　互联协议应当由互联网骨干网运行单位总部机构之间签订（含修订），总部以下机构不再另行签订互联协议。

第十七条　互联各方总部机构应当自协议签订之日起 15 日内将协议发至各自下属机构，并向电信主管部门备案。

第十八条　互联各方应当本着友好合作和相互配合的原则进行互联协议的协商，协商的主要内容包括：签订协议的依据、互联工程进度时间表、互通的方式、互联技术方案与要求、与互联有关的网络功能及通信设施的提供、与互联相关的设备配置、互联费用的分摊、互联后的网络管理（包括互联各自维护范围、网间通信质量相互通报制度、网间通信障碍处理制度、网间通信重大障碍报告制度、网间通信应急方案等）、服务等级要求、网间结算、违约责任等。

第五章　费用分摊与结算

第十九条　维持国家级交换中心正常运行所需的运行管理费用（包括人员工资、设备维护费用、与运行有关的各种消耗等）和交换中心设施的升级与扩容费用由参与国家级交换中心互联的各成员分摊。

第二十条 各成员置于国家级交换中心机房的路由器设备及该路由器与各自网络间的物理与逻辑线路的运行维护由各方自行负责，其发生的费用与国家级交换中心无关。

第二十一条 国家级交换中心的成员利用国家级交换中心的后背连接实施双边互通时，应向交换中心支付相应费用。其连接线路的运行维护由各成员自行负责，发生的费用与交换中心无关。

第二十二条 互联各方应按照信息产业部制定的《互联骨干网互联结算办法》规定的标准和结算周期进行互联结算，不得加收费用，不得无故拖延向对方结算的费用。

第二十三条 双边互联所涉及的费用分摊与结算由参与双方协商确定。

第六章 互联时限

第二十四条 国家级交换中心的成员单位应在收到信息产业部下发的互联要求后 3 个月内完成互联工作；确有不可抗拒因素而不能在规定时限内完成的，需报信息产业部批准。

第二十五条 国家级交换中心的成员由于各种原因需对其参与多边对等互通的线路或设备进行扩容时，扩容工作应在 1 个月内完成，确有不可抗拒因素需延期时，需经当地通信管理局批准。

第二十六条 国家级交换中心成员由于各种原因需修改路由等相关数据时，应提前通知当地通信管理局和其他交换中心成员，并在 1 个月内完成。

第二十七条 通过国家级交换中心方式进行双边互通的互联时限要求由参与双方协商确定，并报国家级交换中心备案。

第二十八条 直接电路互联的时限要求由参与双方协商确定。

第七章 互联争议的协调与处理

第二十九条 在互联实施中，因下列情况出现争议致使互联不能继续进行或影响网间业务互通时，参与互联的任何一方可以提请电信主管部门协调：

（一）与互联有关的网络设备功能及电信设施的提供；

（二）互联时限；

（三）业务的提供；

（四）网间通信质量；

（五）与互联有关的费用；

（六）互联中的欺诈行为；

（七）其他需要协调的问题。

第三十条 电信主管部门收到协调申请后，对申请的内容进行初步审核。经审核发现申请的内容与国家有关规定明显不符或者超出电信主管部门职责权限的，应当书面答复不予受理。经审查申请的内容符合要求的，电信主管部门正式开始协调工作。

第三十一条 电信主管部门组织相关人员对互联争议进行协调。协调应当自开始协调之日起 45 日内结束。

第三十二条 协调结束后仍不能达成一致意见的，电信主管部门应当随机邀请电信技术、经济、法律方面的专家进行公开论证。电信主管部门根据论证意见或建议对互联争议作出决定，强制争议各方执行。

第三十三条 决定应当在协调结束之日起45日内作出。省、自治区、直辖市通信管理局作出的决定应当向信息产业部备案。电信主管部门对作出的决定以适当方式向社会公布。

第三十四条 决定作出后，争议各方应当在决定规定的时限内予以履行。

争议各方对决定不服，可以依法申请行政复议或者提起行政诉讼。复议或诉讼期间，决定不停止执行。

第八章 附 则

第三十五条 互联网相关单位通过国家级交换中心之外的其他交换中心互联的管理办法，另行规定。

第三十六条 本规定自发布之日起施行，以前有关规定与本规定不一致的，以本规定为准。

B.4.10 公用电信网间互联管理规定

信息产业部令[2001年]第9号

第一章 总 则

第一条 为了维护国家利益和电信用户的合法权益，保护电信业务经营者之间公平、有效竞争，保障公用电信网间及时、合理地互联，根据《中华人民共和国电信条例》，制定本规定。

第二条 本规定适用于中华人民共和国境内经营基础电信业务的经营者在下列电信网间的互联：

（一）固定本地电话网；

（二）国内长途电话网；

（三）国际电话网；

（四）IP电话网；

（五）陆地蜂窝移动通信网；

（六）卫星移动通信网；

（七）互联网骨干网；

（八）信息产业部规定的其他电信网。

第三条 电信网之间应当按照技术可行、经济合理、公平公正、相互配合的原则实现互联。

第四条 信息产业部和省、自治区、直辖市通信管理局（以下合称“电信主管部门”）是电信网间互联的主管部门。信息产业部负责本规定在全国范围内的实施工作；省、自治区、直辖市通信管理局负责本规定在本行政区域内的实施工作。

第五条 本规定下列用语的含义是：

（一）互联，是指建立电信网间的有效通信连接，以使一个电信业务经营者的用户能够与另一个电信业务经营者的用户相互通信或者能够使用另一个电信业务经营者的各种电信业务。互联包括两个电信网网间直接相联实现业务互通的方式，以及两个电信网通过第三方的网络转接实现业务互通的方式。

（二）互联点，是指两个电信网网间直接相联时的物理接口点。

（三）主导的电信业务经营者，是指控制必要的基础电信设施，并且所经营的固定本地电话业务占本地网范围内同类业务市场 50%以上的市场份额，能够对其他电信业务经营者进入电信业务市场构成实质性影响的经营者。

（四）非主导的电信业务经营者，是指主导的电信业务经营者以外的电信业务经营者。

第二章　电信业务经营者的互联义务

第六条　电信业务经营者应当设立互联工作机构负责互联工作。互联工作机构应当建立正常的工作联系制度，保证电信业务经营者与电信主管部门之间以及电信业务经营者之间工作渠道的畅通。

第七条　主导的电信业务经营者应当根据本规定制定包括网间互联的程序、时限、互联点的数量、用于网间互联的交换机局址、非捆绑网络元素提供或出租的目录及费用等内容的互联规程。互联规程报信息产业部批准后执行。互联规程对主导的电信业务经营者的互联互通活动具有约束力。

第八条　电信业务经营者不得拒绝其他电信业务经营者提出的互联要求，不得违反国家有关规定擅自限制用户选择其他电信业务经营者依法开办的电信业务。

第九条　主导的电信业务经营者有义务向非主导的电信业务经营者提供与互联有关的网络功能（含网络组织、信令方式、计费方式、同步方式等）、设备配置（光端机、交换机等）的信息，以及与互联有关的管道（孔）、杆路、线缆引入口及槽道、光缆（纤）、带宽、电路等通信设施的使用信息。

非主导的电信业务经营者有义务向主导的电信业务经营者提供与互联有关的网络功能、设备配置的计划和规划信息。

双方应当对对方提供的信息保密，并不得利用该信息从事与互联无关的活动。

第十条　非主导的电信业务经营者的电信网与主导的电信业务经营者的电信网网间互联，互联传输线路必须经由主导的电信业务经营者的管道（孔）、杆路、线缆引入口及槽道等通信设施的，主导的电信业务经营者应当予以配合提供使用，并不得附加任何不合理的条件。

两个非主导的电信业务经营者的电信网网间直接相联，互联传输线路必须经由主导的电信业务经营者的楼层院落、管道（孔）、杆路、线缆引入口及槽道等通信设施的，主导的电信业务经营者应当予以配合提供使用，并不得附加任何不合理的条件。

前款主导的电信业务经营者的通信设施经省、自治区、直辖市通信管理局确认无法提供使用的，非主导的电信业务经营者可以通过架空、直埋等其他方式解决互联传输线路问题。

第十一条　主导的电信业务经营者应当在规定的互联时限内提供互联，非主导的电信业务经营者在规定的互联时限内实施互联。双方均不得无故拖延互联时间。

第十二条　电信业务经营者应当执行信息产业部制定的相关网间互联技术规范、技术规定。

网间通信质量应当符合国家有关标准。电信业务经营者应当保证网间通信质量不低于其网络内部同类业务的通信质量。

第十三条 应非主导的电信业务经营者的要求，主导的电信业务经营者应当向对方网的用户提供电话号码查询业务，并经双方协商后，可按查号规则查询到对方网的可查询用户号码。非主导的电信业务经营者应当按查号规则向对方提供本网的可查询用户号码资料。

应非主导的电信业务经营者的要求，主导的电信业务经营者应当向对方网的用户提供火警、匪警、医疗急救、交通事故报警等紧急特种业务。非主导的电信业务经营者应当每日进行紧急特种业务的拨叫例测。双方应当共同保证紧急特种业务的通信质量。

第十四条 电信业务经营者向本网开放的各种电信业务接入号码（含短号码）、其他特种业务号码（含电信业务经营者所用的业务号码、政府公务类业务号码、社会服务类业务号码）、智能业务号码等，应一方的要求，应当及时向对方网开放，并保证通信质量。

第十五条 两个非主导的电信业务经营者的电信网网间直接相联，由双方协商解决。

两个非主导的电信业务经营者的电信网网间未直接相联时，其网间业务应当经第三方的固定本地电话网或信息产业部指定的机构的网络转接实现互通。非主导电信业务经营者选择主导的电信业务经营者的固定本地电话网作为第三方的网络时，主导的电信业务经营者不得拒绝提供转接，并应当保证转接的通信质量。

第三章 互联点的设置及互联费用的分摊与结算

第十六条 非主导的电信业务经营者的电信网与主导的电信业务经营者的电信网网间互联时，互联点应当设置在互联传输线路的一端，即远离非主导的电信业务经营者侧的设备的一端（例如，当互联传输线路为光缆时，互联点设置在主导的电信业务经营者光配线架外侧）。

两个非主导的电信业务经营者的电信网网间直接互联时，互联点的具体位置由双方协商确定。

第十七条 互联点数量应当根据双方业务发展以及网间通信安全的需要协商确定。在一个本地网内各电信网网间互联原则上应当有两个以上（含两个）互联点。

互联点两侧的电信设备可以由各电信网共用，也可以由各电信网分设。当互联点两侧的电信设备由各电信网共用时，如果各电信网网间结算标准不一致，双方又不易采用技术手段进行计费核查的，互联中继电路可以分群设置。

第十八条 非主导的电信业务经营者的电信网与主导的电信业务经营者的电信网网间互联的，互联传输线路及管道由双方各自承担一半。

两个非主导的电信业务经营者的电信网网间直接相联的，互联传输线路的费用分摊由双方协商确定。

第十九条 互联点两侧的电信设备（含各自网内的电信设备，下同）的建设、扩容改造的费用（含信令方式、局数据修改、软件版本升级等费用）由双方各自承担。

互联点两侧的电信设备的配套设施（包括机房、空调、电源、测试仪器、计费设备及其他配套设施）的费用由双方各自承担。

第二十条 互联传输线路经由主导的电信业务经营者的管道（孔）、杆路、线缆引入口及槽道等通信设施的，主导的电信业务经营者应当按规定标准收取租用费。暂无规定标准的，相关费用以建设成本为基础由双方协商解决。

第二十一条 电信业务经营者在互联互通中应当执行信息产业部制定的《电信网间通话费结算办法》，不得在规定标准以外加收费用。

电信业务经营者应当按互联协议规定的结算周期进行网间结算，不得无故拖延应向对方结算的费用。

第二十二条 电信业务经营者应当按国家有关规定核算本网与互联有关的收支情况及互联成本，经相关中介机构审查验证后，于每年 3 月 31 日前将上一年度的数据报信息产业部。

网间结算标准应当以成本为基础核定。在电信业务经营者互联成本尚未确定之前，网间结算标准暂以资费为基础核定。

第四章　互联协议与工程建设

第二十三条 互联协议应当由电信业务经营者省级以上（含省级）机构之间签订（含修订）。电信业务经营者省级以下机构不再另行签订互联协议。互联双方应当本着友好合作和相互配合的原则协商互联协议。

第二十四条 互联协商的主要内容包括：签订协议的依据、互联工程进度时间表、互通的业务、互联技术方案（包括互联点的设置、互联点两侧的设备设置、拨号方式、路由组织、中继容量，以及信令、计费、同步、传输质量等）、与互联有关的网络功能及通信设施的提供、与互联相关的设备配置、互联费用的分摊、互联后的网络管理（包括互联双方维护范围、网间通信质量相互通报制度、网间通信障碍处理制度、网间通信重大障碍报告制度、网间通信应急方案等）、网间结算、违约责任等。

第二十五条 互联双方省级以上机构应当按照《中华人民共和国合同法》及国家有关规定签订互联协议，互联协议不得含有歧视性内容和损害第三方利益的内容。

第二十六条 互联双方省级以上机构应当自协议签订之日起 15 日内将协议发至各自下属机构，并向电信主管部门备案。

第二十七条 互联双方应当在规定的互联时限内，根据商定的互联工程进度、互联技术方案，在各自的建设范围内组织施工建设，并协同组织互联测试，全部工程初验合格后即可开通业务。

第五章　互联时限与互联监管

第二十八条 涉及全国范围（跨省、自治区、直辖市）同步实施的网间互联，非主导的电信业务经营者应当根据本网工程进度情况或网络运行情况，向主导的电信业务经营者当面提交互联的书面要求，并向信息产业部备案，互联工作开始启动。

互联双方应当从互联启动之日起两个月内签订互联协议。

涉及全国范围同步实施的网间互联需要新设互联点的，应当自互联启动之日起七个月内实现业务开通。

涉及全国范围同步实施的网间互联不需新设互联点，只需进行网络扩容改造的，应当自互联启动之日起四个月内实现业务开通。

涉及全国范围同步实施的网间互联只涉及局数据修改的，应当自互联启动之日起两个月内实现业务开通。

必要时，信息产业部对涉及全国范围同步实施的网间互联提出具体的业务开通时间要求。

第二十九条 不涉及全国范围同步实施的网间互联，非主导的电信业务经营者省级以上机构应当根据本网工程进度情况或者网络运行情况，向主导的电信业务经营者省级机构当面提交互联的书面要求，并向省、自治区、直辖市通信管理局备案后，互联工作开始启动。主导的电信业务经营者省级机构不得拒收对方提交的互联书面要求。

互联双方应当在互联工程实施以前签订工程协议，工程协议的签订应当不影响整个互联工程的进度。双方应当在业务开通前签订网间业务互通、互联后的网络管理以及网间结算协议。协议的协商可与工程实施同步进行。

网间互联需新设互联点的，应当自互联启动之日起七个月内实现业务开通。

网间互联不需新设互联点，只需进行网络扩容改造的，应当自互联启动之日起四个月内实现业务开通。

网间互联只涉及局数据修改的，应当自互联启动之日起一个月内实现业务开通。

必要时，省、自治区、直辖市通信管理局对网间互联提出具体的业务开通时间要求。

第三十条 互联实施中，因客观原因致使互联不能在规定的互联时限内完成的，经互联双方认可并向电信主管部门备案后，可以顺延互联时间。

第三十一条 互联双方应当在业务开通后30日内，将互联启动日期、业务开通日期及业务开通后3日内的网间通信质量情况，以书面形式向电信主管部门报告。电信主管部门根据具体情况以适当方式予以公布。

第三十二条 电信主管部门应当定期或不定期地召开相关电信业务经营者的互联协调会，督促解决互联实施过程中存在的问题。

信息产业部电信管理局应当向省、自治区、直辖市通信管理局及相关电信业务经营者通报互联工作情况。

第六章 互联后的网络管理

第三十三条 在信息产业部确定的用于网间互联的交换机局址上实施的互联，互联点应当保持相对稳定，已设互联点原则上不允许变更。

主导的电信业务经营者对已设互联点单方面提出变更要求的，应当事先向相关电信业务经营者提交拟变更的方案，经与对方协商一致后，方可启动改造工程。改造工程应当在七个月内完成。改造工程的费用原则上由主导的电信业务经营者承担。

第三十四条 互联一方因网内扩容改造，可能影响对方网的用户通信的，应当提前三个月以书面形式向对方通报情况。

互联一方因网内发生路由组织、中继电路、信令方式、局数据、软件版本等的调整，可能影响到对方网的用户通信的，应当提前15日以书面形式向对方通报情况。

第三十五条 电信业务经营者对网间路由组织、中继电路、信令方式、局数据、软件版本等的调整应当予以配合，保证网间通信质量符合要求。

第三十六条 电信业务经营者应当明确划分网间运行维护责任，定期协同分析网间通信质量，建立网间通信质量相互通报制度，并定期向电信主管部门报告。电信主管部门根据具体情况组织召开通信质量协调会。

第三十七条 电信业务经营者应当建立网间通信障碍处理制度，互联一方发现网间通信障碍时，应当及时通知对方，双方相互配合共同处理网间通信障碍。网间通信障碍的处理时限与本网处理同类障碍的时限相同。

第三十八条 未经信息产业部批准，电信业务经营者不得擅自中断网间通信。电信业务经营者应当建立网间通信重大障碍报告制度。发生网间通信中断或网间通信严重不畅时，电信业务经营者应当立即采取有效措施恢复通信，并及时向电信主管部门报告。

前款所称网间通信严重不畅，是指网间接通率（应答试呼比）低于 20%，以及用户有明显感知的时延、断话、杂音等情况。

第七章 互联争议的协调与处理

第三十九条 电信主管部门应当依据信息产业部制定的电信网间互联争议解决办法解决电信业务经营者之间的互联争议。

第四十条 在互联实施中，电信业务经营者发生下列争议，致使互联不能继续进行，或者互联后电信业务经营者发生下列争议影响网间业务互通时，任何一方均可以向电信主管部门申请协调：

（一）互联技术方案；

（二）与互联有关的网络功能及通信设施的提供；

（三）互联时限；

（四）电信业务的提供；

（五）网间通信质量；

（六）与互联有关的费用；

（七）其他需要协调的问题。

第四十一条 电信主管部门收到协调申请后，对申请的内容进行初步审核。经审核发现申请的内容与国家有关规定明显不符或者超出电信主管部门职责权限的，应当书面答复不予受理。经审查申请的内容符合要求的，电信主管部门正式开始协调工作。

第四十二条 电信主管部门组织相关人员对电信业务经营者的互联争议进行协调。协调应当自开始协调之日起 45 日内结束。

第四十三条 协调结束后，争议双方不能达成一致意见的，电信主管部门应当随机邀请电信技术、经济、法律方面的专家进行公开论证。电信主管部门根据论证意见或建议对互联争议作出决定，强制争议双方执行。

第四十四条 决定应当在协调结束之日起 45 日内作出。省、自治区、直辖市通信管理局作出的决定应当向信息产业部备案。电信主管部门对作出的决定以适当方式向社会公布。

第四十五条 决定作出后，争议双方应当在决定规定的时限内予以履行。

争议一方或双方对决定不服，可以依法申请行政复议或者提起行政诉讼。复议或诉讼期间，决定不停止执行。

第八章　罚　则

第四十六条　违反本规定第九条、第十条、第十一条、第十二条第一款、第十三条、第十四条、第十五条、第二十一条第二款、第三十三条、第三十五条、第三十六条、第三十七条规定的，由电信主管部门视情节轻重，依据职权责令改正、处 5000 元以上 3 万元以下罚款。

因违反前款规定给其他的电信业务经营者造成直接经济损失的，应当予以经济赔偿。

第四十七条　违反本规定第八条、第十二条第二款、第四十五条规定的，由电信主管部门依据职权责令改正，并按《中华人民共和国电信条例》中的有关规定处以罚款。

第四十八条　违反本规定第二十一条第一款、第三十八条的，由电信主管部门依据职权责令改正，有违法所得的，没收违法所得，并按《中华人民共和国电信条例》中的有关规定处以罚款。

第九章　附　则

第四十九条　本规定自发布之日起施行。1999 年 9 月 7 日信息产业部发布的《电信网间互联管理暂行规定》同时废止。

B.4.11　互联网电子公告服务管理规定

信息产业部[2000]3 号令

第一条　为了加强对互联网电子公告服务（以下简称电子公告服务）的管理，规范电子公告信息发布行为，维护国家安全和社会稳定，保障公民、法人和其他组织的合法权益，根据《互联网信息服务管理办法》的规定，制定本规定。

第二条　在中华人民共和国境内开展电子公告服务和利用电子公告发布信息，适用本规定。

本规定所称电子公告服务，是指在互联网上以电子布告牌、电子白板、电子论坛、网络聊天室、留言板等交互形式为上网用户提供信息发布条件的行为。

第三条　电子公告服务提供者开展服务活动，应当遵守法律、法规，加强行业自律，接受信息产业部及省、自治区、直辖市电信管理机构和其他有关主管部门依法实施的监督检查。

第四条　上网用户使用电子公告服务系统，应当遵守法律、法规，并对所发布的信息负责。

第五条　从事互联网信息服务，拟开展电子公告服务的，应当在向省、自治区、直辖市电信管理机构或者信息产业部申请经营性互联网信息服务许可或者办理非经营性互联网信息服务备案时，提出专项申请或者专项备案。

省、自治区、直辖市电信管理机构或者信息产业部经审查符合条件的，应当在规定时间内连同互联网信息服务一并予以批准或者备案，并在经营许可证或备案文件中专项注明；不符合条件的，不予批准或者不予备案，书面通知申请人并说明理由。

第六条　开展电子公告服务，除应当符合《互联网信息服务管理办法》规定的条件外，还应当具备下列条件：

（一）有确定的电子公告服务类别和栏目；

（二）有完善的电子公告服务规则；

（三）有电子公告服务安全保障措施，包括上网用户登记程序、上网用户信息安全管理制度、技术保障设施；

（四）有相应的专业管理人员和技术人员，能够对电子公告服务实施有效管理。

第七条 已取得经营许可或者已履行备案手续的互联网信息服务提供者，拟开展电子公告服务的，应当向原许可或者备案机关提出专项申请或者专项备案。

省、自治区、直辖市电信管理机构或者信息产业部，应当自收到专项申请或者专项备案材料之日起60日内审查完毕。经审查符合条件的，予以批准或者备案，并在经营许可证或备案文件中专项注明；不符合条件的，不予批准或者不予备案，书面通知申请人并说明理由。

第八条 未经专项批准或者专项备案手续，任何单位或者个人不得擅自开展电子公告服务。

第九条 任何人不得在电子公告服务系统中发布含有下列内容之一的信息：

（一）反对宪法所确定的基本原则的；

（二）危害国家安全，泄露国家秘密，颠覆国家政权，破坏国家统一的；

（三）损害国家荣誉和利益的；

（四）煽动民族仇恨、民族歧视，破坏民族团结的；

（五）破坏国家宗教政策，宣扬邪教和封建迷信的；

（六）散布谣言，扰乱社会秩序，破坏社会稳定的；

（七）散布淫秽、色情、赌博、暴力、凶杀、恐怖或者教唆犯罪的；

（八）侮辱或者诽谤他人，侵害他人合法权益的；

（九）含有法律、行政法规禁止的其他内容的；

第十条 电子公告服务提供者应当在电子公告服务系统的显著位置刊载经营许可证编号或者备案编号、电子公告服务规则，并提示上网用户发布信息需要承担的法律责任。

第十一条 电子公告服务提供者应当按照经批准或者备案的类别和栏目提供服务，不得超出类别或者另设栏目提供服务。

第十二条 电子公告服务提供者应当对上网用户的个人信息保密，未经上网用户同意不得向他人泄露，但法律另有规定的除外。

第十三条 电子公告服务提供者发现其电子公告服务系统中出现明显属于本办法第九条所列的信息内容之一的，应当立即删除，保存有关记录，并向国家有关机关报告。

第十四条 电子公告服务提供者应当记录在电子公告服务系统中发布的信息内容及其发布时间、互联网地址或者域名。记录备份应当保存60日，并在国家有关机关依法查询时，予以提供。

第十五条 互联网接入服务提供者应当记录上网用户的上网时间、用户帐号、互联网地址或者域名、主叫电话号码等信息，记录备份应保存60日，并在国家有关机关依法查询时，予以提供。

第十六条 违反本规定第八条、第十一条的规定，擅自开展电子公告服务或者超出经批准或者备案的类别、栏目提供电子公告服务的，依据《互联网信息服务管理办法》第十九条的规定处罚。

第十七条 在电子公告服务系统中发布本规定第九条规定的信息内容之一的，依据《互联网信息服务管理办法》第二十条的规定处罚。

第十八条 违反本规定第十条的规定，未刊载经营许可证编号或者备案编号、未刊载电子公告服务规则或者未向上网用户作发布信息需要承担法律责任提示的，依据《互联网信息服务管理办法》第二十二条的规定处罚。

第十九条 违反本规定第十二条的规定，未经上网用户同意，向他人非法泄露上网用户个人信息的，由省、自治区、直辖市电信管理机构责令改正；给上网用户造成损害或者损失的，依法承担法律责任。

第二十条 未履行本规定第十三条、第十四条、第十五条规定的义务的，依据《互联网信息服务管理办法》第二十一条、第二十三条的规定处罚。

第二十一条 在本规定施行以前已开展电子公告服务的，应当自本规定施行之日起 60 日内，按照本规定办理专项申请或者专项备案手续。

第二十二条 本规定自发布之日起施行。

B.4.12 关于进一步做好互联网信息服务电子公告服务审批管理工作的通知

信部电[2001]735号

各省、自治区、直辖市通信管理局：

根据《互联网信息服务管理办法》，按照《互联网电子公告服务管理规定》以及《关于<互联网信息服务管理办法>有关问题的通知》（信电[2000]208 号）的有关规定，各地通信管理局正在认真贯彻落实对互联网信息服务业务（以下简称 ICP）核发经营许可证和备案工作，同时对其中电子公告服务（以下简称 BBS）实行专项审批。随着此项工作的深入开展，各地均遇到了一些新情况、新问题。为了进一步做好发证备案和 BBS 专项审批工作，促进上述业务健康有序地发展，现将有关事项进一步明确如下。

一、严格审批管理 BBS

BBS 的专项审批是整个审批工作的重点。申请开办 BBS 除应当符合《互联网信息服务管理办法》有关规定外，还要具备《互联网电子公告服务管理规定》第六条各项条件，同时应建立下述各项制度，未建立如下制度或未严格执行的不予批准 BBS，已开展 BBS 的勒令取缔。

（一）栏目明确制度。网站在提出 BBS 专项申请时，应明确列出拟开办的 BBS 的各具体栏目和类别，如时事论坛、网民聊天室、文化艺术类留言板、IT 行业布告板、新闻跟贴等，所有申请开办的项目应逐项列出。各局审批时按上报栏目逐项审查，批准的栏目予以载明。网站开办 BBS 时应严格按批准的栏目进行，不得超越范围随意开放，对已开设 BBS 的应进行清理和规范。

（二）版主负责制度。网站开办 BBS 时应有相应人员对 BBS 实施有效管理。获准开展 BBS 的网站必须对获得批准的各个 BBS 栏目指定专职人员充当版主，每个栏目不得少于一个专职版主，并实行版主责任制。版主负责监管该栏目的信息内容，除采取必要的技术手段外，应对登载的信息负有人工过滤、筛选和监控的责任。一旦发现BBS的栏目中有违规内容，有关主管部门将追究网站和该栏目版主的责任并予以处理。

版主的有关个人材料应报受理其专项审批的通信管理局备案。

（三）用户登记制度。提供BBS的网站应要求上网用户使用BBS前预先履行用户登记程序，填写网站提供的注册表格，提供真实、准确、最新的个人信息（包括姓名、电话、身份证号）。注册表格由网站妥善保存并不得随意泄漏，用户注册后则可使用该网站提供的所有BBS栏目和相关服务。一旦发现用户违反规定或提供虚假信息，网站有权暂停或中止该用户使用本网站包括BBS在内的所有或部分服务。

网站应采用相应技术手段保证本制度的有效实施。

（四）规则张贴制度

1. 严格要求开办BBS的网站在留言板、论坛、聊天室、跟贴等BBS网页的显著位置张贴ICP经营许可证号或备案号。点击经营许可证号或备案号，应弹出该许可证或备案表的清晰可认的扫描图片。

2. 上网使用者点击BBS某一栏目时，应首先弹出载有电子公告服务规则的页面，该页面内容旨在对使用者的行为作出符合法律规章和政府要求的警示和限定，其中包括2000年12月28日第九届全国人大常委会第十九次会议通过的《全国人民代表大会常务委员会关于维护互联网安全的决定》有关条款。

（五）安全保障制度。开展BBS的网点，对BBS用户发出的信息应预先进行软件自动过滤和人工过滤，然后供人游浏，不得未经审查直接上网公开。

（六）网站从事新闻、出版、教育、医疗保健、药品和医疗器械等互联网信息服务，需经有关主管部门审核同意。对未提供有关主管部门的前置审批批准材料的网站，各通信管理局不批准其开办涉及上述内容的BBS栏目。

二、建立对所批准BBS的监督管理制度

（一）工作责任制。各通信管理局应指定专人着重加强对信息内容多、浏览量大、影响广的重点网站上经营行为和BBS信息内容的监管，可采取定期或不定期抽样浏览或轮流浏览的方式加强审查。

（二）工作联系制度。各通信管理局应与重点网站建立定期例会制度，有针对性地对较突出的问题进行通气，对网上尤其是BBS上出现的违规现象进行通报，加强对网站的监管，发现重大问题及时向部报告。同时要求重点网站加强自律，指定专人负责网上信息内容的监管，并成立联络小组，以确保管理部门随时能与网站取得联系并及时处理网上出现的违法行为。

（三）建立处罚制度。各通信管理局对发现BBS内容违反规定的网站，应按有关规定给予处罚，并以适当形式向社会披露。

三、妥善处理审批工作中的具体问题

（一）关于外资参股经营ICP问题

根据我国现行政策，目前外资不允许经营包括ICP在内的电信业务。涉及外资的网站申办经营许可证时，应要求该网站先进行外资股份的剥离，待完成外资剥离后，方可受理。对未进行外资剥离的，各通信管理局可按实际情况规定完成外资剥离工作的期限，逾期按有关规定进行处理。

外资股份的剥离符合以下两种情况可视为完成剥离：

1. 网站所有外资股撤资或全部转让给中资；

2. 另成立一个纯中资公司，与网站的ICP业务有关的资产、人员、域名、商标、经营权、用户关系等均通过协议有偿或无偿转让给纯中资公司，由中资公司独立自主经营ICP。有外资的原公司不再经营网站，但可以将中资公司视为用户与其进行技术服务等商业合作。

（二）相关前置审批工作问题

鉴于《互联网信息服务管理办法》规定的前置审批涉及到的部分相关主管部门有关规定出台滞后，目前部分前置审批工作尚未启动。因此可先对网站的已通过前置审批的业务和非前置审批业务办理发证和备案；对需前置审批而暂未办理前置审批的信息内容暂停网上发布，待相关主管部门前置审批工作启动后及时补办前置审批手续。对这部分暂停业务经过补办前置审批手续后，获批准的信息内容可予以发证或备案并恢复上网发布，未获批准的信息内容将予以取缔。

相关前置审批的管理办法由对应的国务院主管部门负责制度实施，其前置审批的程序、受理机构等有关问题的解释以及信息内容的界定均由对应的主管部门负责。

（三）经营性ICP和非经营性ICP的区别

经营性 ICP，是指通过互联网，向上网用户提供信息内容或者利用网站向用户提供某种在线应用，从而获得收入的活动。经营性ICP目前提供的网上信息大都是免费浏览的，收费项目主要是网上广告、代制作网页、服务器内存空间出租、有偿提供特定信息内容、电子商务及其他网上应用服务，经营性ICP是以盈利为目的的商务活动。

非经营性 ICP，是指通过互联网向用户无偿提供具有公开性、共享性信息服务的活动。非经营性网站主要是各级政府部门的网站、新闻机构的电子版报刊，企业、事业单位、教育科研机构的各类公益性网站和对本单位产品或业务作自我宣传的网站，不向上网用户收费，也不利用互联网站直接进行以盈利为目的的商业活动，但对一些特定服务可能收取一些成本费或象征性收费。

（四）现有网站补办手续的申报时限问题

网站补办审批手续的最后申报期限由各通信管理局视当地实际情况而定，最迟不得超过2001年7月1日清理完毕。

（五）跨地区经营ICP的公司分支机构发证问题

各通信管理局在对跨地区、多处设置网站经营ICP的公司发证时，若该公司在各地网站所在地设立了具有独立法人资格的分支机构，则应对分支机构分别审核发证；若没有分支机构或分支机构没有独立法人资格则不单独发证，要求使用与其上级机构或分支机构没有独立法人资格则不单独发证，要求使用与其上级机构同样的ICP许可证和编号，并通过其上级机构对其进行管理，同时该公司在办证时应对其各地此类网站作详细说明（包括各地镜象网站）。

（六）公司注册地和网站服务器所在地不一致问题

在网站办证和备案过程中，若公司注册地和网站服务器所在地不在同一个省级行政区域内，可主要以公司注册地为准办理发证或备案手续，同时到服务器所在地通信管理局进行备案；若服务器所在地设有具有法人资格的分支机构，则可以服务器所在地办理。

服务器设在境外的境内网站，应办理备案手续，以便管理。对此类网站的监管，应以注册所在地通信管理局为主，服务器所在地通信管理局应大力协助、主动合作。各相关通信管理局应加强沟通。

（七）代理网站、个人网站和个人主页问题

代理网站是指有独立的域名、网址和网页、自己不建立实际网站、由他人（ICP 运营商）代为制作网页并租用 ICP 运营商的服务器空间的单位；个人网站是指使用自己独有的域名、通过购买或租用服务器、以个人名义建立的网站；个人主页是指在他人网站页面上生成的个人专项或专栏，个人不拥有单独的域名和服务器。各通信管理局应对代理网站、个人网站实行备案制度，对个人主页无需办证或备案，而是作为 ICP 运营商的用户、通过 ICP 运营商对其进行管理。

（八）ISP 运营商同时经营 ICP 的问题

对 ISP 运营商同时从事 ICP，可根据其网站内容，分为经营性 ICP 和非经营性 ICP，分别予以办证和备案。

B.4.13 计算机信息网络国际联网出入口信道管理办法

（邮电部 1996 年 4 月 9 日发布）

第一条 为加强对计算机信息网络国际联网出入口的管理，根据《中华人民共和国计算机信息网络国际联网管理暂行规定》，制定本办法。

第二条 我国境内的计算机信息网络直接进行国际联网，必须使用邮电部国家公用电信网提供的国际出入口信道。

任何单位和个人不得自行建立或者使用其他信道（含卫星信道）进行国际联网。

第三条 邮电部责成中国邮电电信总局（以下简称电信总局）设置计算机信息网络国际联网出入口局（以下简称国际出入口局）及其网络管理中心，并负责国际联网出入口信道的提供和管理。

第四条 直接进行国际联网的计算机信息网络运行单位（以下简称为互联单位），应向邮电部申请办理使用国际出入口信道手续。

互联单位在办理手续时，应提供有效批准文件及有关网络规模、应用范围、接入单位、所需信道等相关资料。

互联单位在办理手续后，应将前款事项变更情况，每半年向邮电部申报一次。

第五条 邮电部对互联单位的申请进行审核，对符合规定条件的，由电信总局在 30 日内提供所需的国际出入口信道。

未经邮电部批准，任何单位不得为计算机信息网络国际联网提供出入口信道。

第六条 电信总局应加强国际出入口局和出入口信道的管理，向互联单位提供优质可靠的服务。

第七条 互联单位使用专用国际信道，按照现行国际出租电路标准收费；对教育、科研部门内部使用的国际信道资费实行优惠。

第八条 国际出入口局对国家有关部门依法实施的信息安全检查和采取的相应措施，应予以配合。

第九条　违反本办法第二条规定的，提请公安机关依据《中华人民共和国计算机信息网络国际联网管理暂行规定》给予处罚。

第十条　违反本办法第五条第二款规定的，由邮电部责令其停止提供信道，并建议其主管部门给相关责任人及其负责人以行政处分。

第十一条　本办法自发布之日起施行。

B.4.14　中国公用计算机互联网国际联网管理办法

（邮电部 1996 年 4 月 9 日发布）

第一条　为加强对中国公用计算机互联网国际联网的管理，促进国际信息交流的健康发展，根据《中华人民共和国计算机信息网络国际联网管理暂行规定》，制定本办法。

第二条　中国公用计算机互联网（即 Chinanet，以下简称中国公用互联网），是指由中国邮电电信总局（以下简称电信总局）负责建设、运营和管理，面向公众提供计算机国际联网服务，并承担普遍服务义务的互联网络。

第三条　中国公用互联网根据需要分级建立网络管理中心、信息服务中心。

第四条　接入中国公用互联网的接入单位应具备下列条件：

（一）依法设立的企业、事业单位或机关、团体；

（二）具有由计算机主机和在线信息终端组成的局域网络及相应的联网装备；

（三）具有相应的技术人员和管理人员；

（四）具有健全的安全保密管理制度和技术保护措施；

（五）符合国家法律、法规和邮电部规定的其他条件。

第五条　要求接入中国公用互联网的接入单位，应经其主管部门或主管单位的审核同意，到电信总局办理接入手续。办理接入手续时，接入单位应报送接入网络的系统构成、应用范围、联网主机数量、域名地址及终端用户数据等资料。接入运行后，上述事项发生变更时，应及时向电信总局申报。

第六条　个人、法人和其他组织（以下简称用户）的计算机和其他通信终端进行国际联网，必须通过接入网络进行。用户可以通过专线或通过公用电信交换网进入接入网络。

第七条　电信总局作为中国公用互联网的互联单位，负责互联网内接入单位和用户的联网管理，并为其提供性能良好、安全可靠的服务。

第八条　接入单位负责对其接入网内用户的管理，并按规定与用户签订协议，明确双方的权利、义务和责任。

第九条　接入单位和用户应遵守国家法律、法规，加强信息安全教育，严格执行国家保密制度，并对所提供的信息内容负责。

第十条　任何组织或个人，不得利用计算机国际联网从事危害国家安全、泄露国家秘密等犯罪活动；不得利用计算机国际联网查阅、复制、制造和传播危害国家安全、妨碍社会治安和淫秽色情的信息；发现上述违法犯罪行为和有害信息，应及时向有关主管机关报告。

第十一条　任何组织或个人，不得利用计算机国际联网从事危害他人信息系统和网络安全、侵犯他人合法权益的活动。

第十二条 互联单位、接入单位和用户对国家有关部门依法进行国际联网信息安全的监督检查，应予配合，并提供必要的资料和条件。

第十三条 凡利用国际互联网络信息资源，在国内经营计算机信息服务的，按放开经营电信业务的有关规定审批。

第十四条 接入单位和用户违反本办法第五条、第六条规定，未经批准，擅自接入中国公用互联网进行国际联网的，由电信总局停止接入服务；情节严重的，提请公安机关依法予以处罚。

第十五条 违反本办法第九条和第十条、第十一条规定的，由邮电部或邮电管理局给予警告、撤销批准文件并通知公用电信企业停止其联网接续的处罚。情节严重的，由公安机关依法予以处罚；构成犯罪的，提请由司法机关依法追究刑事责任。

第十六条 违反第十三条规定的，由邮电部或邮电管理局按有关规定予以处罚。

第十七条 本办法自发布之日起施行。

B.4.15 《计算机信息网络国际联网管理暂行规定》实施办法

（国务院信息办 1998 年 3 月 6 日发布）

第一条 为了加强对计算机信息网络国际联网的管理，保障国际计算机信息交流的健康发展，根据《中华人民共和国计算机信息网络国际联网管理暂行规定》（以下简称《暂行规定》），制定本办法。

第二条 中华人民共和国境内的计算机信息网络进行国际联网，依照本办法办理。

第三条 本办法下列用语的含义是：

（一）国际联网，是指中华人民共和国境内的计算机互联网络、专业计算机信息网络、企业计算机信息网络，以及其他通过专线进行国际联网的计算机信息网络同外国的计算机信息网络相联接；

（二）接入网络，是指通过接入互联网络进行国际联网的计算机信息网络，接入网络可以是多级联接的网络；

（三）国际出入口信道，是指国际联网所使用的物理信道；

（四）用户，是指通过接入网络进行国际联网的个人、法人和其他组织；个人用户是指具有联网帐号的个人；

（五）专业计算机信息网络，是指为行业服务的专用计算机信息网络；

（六）企业计算机信息网络，是指企业内部自用的计算机信息网络。

第四条 国家对国际联网的建设布局、资源利用进行统筹规划。国际联网采用国家统一制定的技术标准、安全标准、资费政策，以利于提高服务质量和水平。国际联网实行分级管理，即：对互联单位、接入单位、用户实行逐级管理，对国际出入口信道统一管理。国家鼓励在国际联网服务中公平、有序地竞争，提倡资源共享，促进健康发展。

第五条 国务院信息化工作领导小组办公室负责组织、协调有关部门制定国际联网的安全、经营、资费、服务等规定和标准的工作，并对执行情况进行检查监督。

第六条 中国互联网络信息中心提供互联网络地址、域名、网络资源目录管理和有关的信息服务。

第七条　我国境内的计算机信息网络直接进行国际联网，必须使用邮电部国家公用电信网提供的国际出入口信道。

任何单位和个人不得自行建立或者使用其他信道进行国际联网。

第八条　已经建立的中国公用计算机互联网、中国金桥信息网、中国教育和科研计算机网、中国科学技术网等四个互联网络，分别由邮电部、电子工业部、国家教育委员会和中国科学院管理。中国公用计算机互联网、中国金桥信息网为经营性互联网络；中国教育和科研计算机网、中国科学技术网为公益性互联网络。

经营性互联网络应当享受同等的资费政策和技术支撑条件。

公益性互联网络是指为社会提供公益服务的，不以盈利为目的的互联网络。

公益性互联网络所使用信道的资费应当享受优惠政策。

第九条　新建互联网络，必须经部（委）级行政主管部门批准后，向国务院信息化工作领导小组提交互联单位申请书和互联网络可行性报告，由国务院信息化工作领导小组审议提出意见并报国务院批准。

互联网络可行性报告的主要内容应当包括：网络服务性质和范围、网络技术方案、经济分析、管理办法和安全措施等。

第十条　接入网络必须通过互联网络进行国际联网，不得以其他方式进行国际联网。

接入单位必须具备《暂行规定》第九条规定的条件，并向互联单位主管部门或者主管单位提交接入单位申请书和接入网络可行性报告。互联单位主管部门或者主管单位应当在收到接入单位申请书后２０个工作日内，将审批意见以书面形式通知申请单位。

接入网络可行性报告的主要内容应当包括：网络服务性质和范围、网络技术方案、经济分析、管理制度和安全措施等。

第十一条　对从事国际联网经营活动的接入单位（以下简称经营性接入单位）实行国际联网经营许可证（以下简称经营许可证）制度。经营许可证的格式由国务院信息化工作领导小组统一制定。

经营许可证由经营性互联单位主管部门颁发，报国务院信息化工作领导小组办公室备案。互联单位主管部门对经营性接入单位实行年检制度。

跨省（区）、市经营的接入单位应当向经营性互联单位主管部门申请领取国际联网经营许可证。在本省（区）、市内经营的接入单位应当向经营性互联单位主管部门或者经其授权的省级主管部门申请领取国际联网经营许可证。

经营性接入单位凭经营许可证到国家工商行政管理机关办理登记注册手续，向提供电信服务的企业办理所需通信线路手续。提供电信服务的企业应当在３０个工作日内为接入单位提供通信线路和相关服务。

第十二条　个人、法人和其他组织用户使用的计算机或者计算机信息网络必须通过接入网络进行国际联网，不得以其他方式进行国际联网。

第十三条　用户向接入单位申请国际联网时，应当提供有效身份证明或者其他证明文件，并填写用户登记表。

接入单位应当在收到用户申请后5个工作日内，以书面形式答复用户。

第十四条　邮电部根据《暂行规定》和本办法制定国际联网出入口信道管理办法，

报国务院信息化工作领导小组备案。

各互联单位主管部门或者主管单位根据《暂行规定》和本办法制定互联网络管理办法，报国务院信息化工作领导小组备案。

第十五条 接入单位申请书、用户登记表的格式由互联单位主管部门按照本办法的要求统一制定。

第十六条 国际出入口信道提供单位有责任向互联单位提供所需的国际出入口信道和公平、优质、安全的服务，并定期收取信道使用费。

互联单位开通或扩充国际出入口信道，应当到国际出入口信道提供单位办理有关信道开通或扩充手续，并报国务院信息化工作领导小组办公室备案。国际出入口信道提供单位在接到互联单位的申请后，应当在１００个工作日内为互联单位开通所需的国际出入口信道。

国际出入口信道提供单位与互联单位应当签定相应的协议，严格履行各自的责任和义务。

第十七条 国际出入口信道提供单位、互联单位和接入单位必须建立网络管理中心，健全管理制度，做好网络信息安全管理工作。

互联单位应当与接入单位签订协议，加强对本网络和接入网络的管理；负责接入单位有关国际联网的技术培训和管理教育工作；为接入单位提供公平、优质、安全的服务；按照国家有关规定向接入单位收取联网接入费用。

接入单位应当服从互联单位和上级接入单位的管理；与下级接入单位签定协议，与用户签定用户守则，加强对下级接入单位和用户的管理；负责下级接入单位和用户的管理教育、技术咨询和培训工作；为下级接入单位和用户提供公平、优质、安全的服务；按照国家有关规定向下级接入单位和用户收取费用。

第十八条 用户应当服从接入单位的管理，遵守用户守则；不得擅自进入未经许可的计算机系统，篡改他人信息；不得在网络上散发恶意信息，冒用他人名义发出信息，侵犯他人隐私；不得制造、传播计算机病毒及从事其他侵犯网络和他人合法权益的活动。

用户有权获得接入单位提供的各项服务；有义务缴纳费用。

第十九条 国际出入口信道提供单位、互联单位和接入单位应当保存与其服务相关的所有信息资料；在国务院信息化工作领导小组办公室和有关主管部门进行检查时，应当及时提供有关信息资料。

国际出入口信道提供单位、互联单位每年二月份向国务院信息化工作领导小组办公室提交上一年度有关网络运行、业务发展、组织管理的报告。

第二十条 互联单位、接入单位和用户应当遵守国家有关法律、行政法规，严格执行国家安全保密制度；不得利用国际联网从事危害国家安全、泄露国家秘密等违法犯罪活动，不得制作、查阅、复制和传播妨碍社会治安和淫秽色情等有害信息；发现有害信息应当及时向有关主管部门报告，并采取有效措施，不得使其扩散。

第二十一条 进行国际联网的专业计算机信息网络不得经营国际互联网络业务。

企业计算机信息网络和其他通过专线进行国际联网的计算机信息网络，只限于内部使用。

负责专业计算机信息网络、企业计算机信息网络和其他通过专线进行国际联网的计算机信息网络运行的单位，应当参照本办法建立网络管理中心，健全管理制度，做好网络信息安全管理工作。

第二十二条 违反本办法第七条和第十条第一款规定的，由公安机关责令停止联网，可以并处15000元以下罚款；有违法所得的，没收违法所得。

违反本办法第十一条规定的，未领取国际联网经营许可证从事国际联网经营活动的，由公安机关给予警告，限期办理经营许可证；在限期内不办理经营许可证的，责令停止联网；有违法所得的，没收违法所得。

违反本办法第十二条规定的，对个人由公安机关处5000元以下的罚款；对法人和其他组织用户由公安机关给予警告，可以并处15000元以下的罚款。

违反本办法第十八条第一款规定的，由公安机关根据有关法规予以处罚。

违反本办法第二十一条第一款规定的，由公安机关给予警告，可以并处15000元以下的罚款；有违法所得的，没收违法所得。违反本办法第二十一条第二款规定的，由公安机关给予警告，可以并处15000元以下的罚款。

第二十三条 违反《暂行规定》及本办法，同时触犯其他有关法律、行政法规的，依照有关法律、行政法规的规定予以处罚；构成犯罪的，依法追究刑事责任。

第二十四条 与香港特别行政区和台湾、澳门地区的计算机信息网络的联网，参照本办法执行。

第二十五条 本办法自颁布之日起施行。

B.4.16 计算机信息系统国际联网保密管理规定

（国家保密局发布，自2000年1月1日起施行）

第一章 总 则

第一条 为了加强计算机信息系统国际联网的保密管理，确保国家秘密的安全，根据《中华人民共和国保守国家秘密法》和国家有关法规的规定，制定本规定。

第二条 计算机信息系统国际联网，是指中华人民共和国境内的计算机信息系统为实现信息的国际交流，同外国的计算机信息网络相联接。

第三条 凡进行国际联网的个人、法人和其他组织（以下统称用户），互联单位和接入单位，都应当遵守本规定。

第四条 计算机信息系统国际联网的保密管理，实行控制源头、归口管理、分级负责、突出重点、有利发展的原则。

第五条 国家保密工作部门主管全国计算机信息系统国际联网的保密工作。县级以上地方各级保密工作部门，主管本行政区域内计算机信息系统国际联网的保密工作。中央国家机关在其职权范围内，主管或指导本系统计算机信息系统国际联网的保密工作。

第二章 保密制度

第六条 涉及国家秘密的计算机信息系统，不得直接或间接地与国际互联网或其他公共信息网络相联接，必须实行物理隔离。

第七条 涉及国家秘密的信息，包括在对外交往与合作中经审查、批准与境外特定对象合法交换的国家秘密信息，不得在国际联网的计算机信息系统中存储、处理、传递。

第八条 上网信息的保密管理坚持“谁上网谁负责”的原则。凡向国际联网的站点提供或发布信息，必须经过保密审查批准。保密审批实行部门管理，有关单位应当根据国家保密法规，建立健全上网信息保密审批领导责任制。提供信息的单位应当按照一定的工作程序，健全信息保密审批制度。

第九条 凡以提供网上信息服务为目的而采集的信息，除在其他新闻媒体上已公开发表的，组织者在上网发布前，应当征得提供信息单位的同意；凡对网上信息进行扩充或更新，应当认真执行信息保密审核制度。

第十条 凡在网上开设电子公告系统、聊天室、网络新闻组的单位和用户，应由相应的保密工作机构审批，明确保密要求和责任。任何单位和个人不得在电子公告系统、聊天室、网络新闻组上，发布、谈论和传播国家秘密信息。

面向社会开放的电子公告系统、聊天室、网络新闻组，开办人或其上级主管部门应认真履行保密义务，建立完善的管理制度，加强监督检查。发现有涉密信息，应及时采取措施，并报告当地保密工作部门。

第十一条 用户使用电子函件进行网上信息交流，应当遵守国家有关保密规定，不得利用电子函件传递、转发或抄送国家秘密信息。

互联单位、接入单位对其管理的邮件服务器的用户，应当明确保密要求，完善管理制度。

第十二条 互联单位和接入单位，应当把保密教育作为国际联网技术培训的重要内容。互联单位与接入单位、接入单位与用户所签定的协议和用户守则中，应当明确规定遵守国家保密法律，不得泄露国家秘密信息的条款。

第三章 保密监督

第十三条 各级保密工作部门应当有相应机构或人员负责计算机信息系统国际联网的保密管理工作，应当督促互联单位、接入单位及用户建立健全信息保密管理制度，监督、检查国际联网保密管理制度规定的执行情况。

对于没有建立信息保密管理制度或责任不明、措施不力、管理混乱，存在明显威胁国家秘密信息安全隐患的部门或单位，保密工作部门应责令其进行整改，整改后仍不符合保密要求的，应当督促其停止国际联网。

第十四条 各级保密工作部门，应当加强计算机信息系统国际联网的保密检查，依法查处各种泄密行为。

第十五条 互联单位、接入单位和用户，应当接受并配合保密工作部门实施的保密监督检查，协助保密工作部门查处利用国际联网泄露国家秘密的违法行为，并根据保密工作部门的要求，删除网上涉及国家秘密的信息。

第十六条 互联单位、接入单位和用户，发现国家秘密泄露或可能泄露情况时，应当立即向保密工作部门或机构报告。

第十七条 各级保密工作部门和机构接到举报或检查发现网上有泄密情况时，应当立即组织查处，并督促有关部门及时采取补救措施，监督有关单位限期删除网上涉及国家秘密的信息。

第四章 附 则

第十八条 与中国香港、澳门特别行政区和中国台湾地区联网的计算机信息系统的保密管理，参照本规定执行。

第十九条 军队的计算机信息系统国际联网保密管理工作，可根据本规定制定具体规定执行。

第二十条 本规定自 2000 年 1 月 1 日起施行。

B.4.17 计算机病毒防治管理办法

（公安部 2000 年 4 月 26 日发布）

第一条 为了加强对计算机病毒的预防和治理，保护计算机信息系统安全，保障计算机的应用与发展，根据《中华人民共和国计算机信息系统安全保护条例》的规定，制定本办法。

第二条 本办法所称的计算机病毒，是指编制或者在计算机程序中插入的破坏计算机功能或者毁坏数据，影响计算机使用，并能自我复制的一组计算机指令或者程序代码。

第三条 中华人民共和国境内的计算机信息系统以及未联网计算机的计算机病毒防治管理工作，适用本办法。

第四条 公安部公共信息网络安全监察部门主管全国的计算机病毒防治管理工作。

地方各级公安机关具体负责本行政区域内的计算机病毒防治管理工作。

第五条 任何单位和个人不得制作计算机病毒。

第六条 任何单位和个人不得有下列传播计算机病毒的行为：

（一）故意输入计算机病毒，危害计算机信息系统安全；

（二）向他人提供含有计算机病毒的文件、软件、媒体；

（三）销售、出租、附赠含有计算机病毒的媒体；

（四）其他传播计算机病毒的行为。

第七条 任何单位和个人不得向社会发布虚假的计算机病毒疫情。

第八条 从事计算机病毒防治产品生产的单位，应当及时向公安部公共信息网络安全监察部门批准的计算机病毒防治产品检测机构提交病毒样本。

第九条 计算机病毒防治产品检测机构应当对提交的病毒样本及时进行分析、确认，并将确认结果上报公安部公共信息网络安全监察部门。

第十条 对计算机病毒的认定工作，由公安部公共信息网络安全监察部门批准的机构承担。

第十一条 计算机信息系统的使用单位在计算机病毒防治工作中应当履行下列职责：

（一）建立本单位的计算机病毒防治管理制度；

（二）采取计算机病毒安全技术防治措施；

（三）对本单位计算机信息系统使用人员进行计算机病毒防治教育和培训；

（四）及时检测、清除计算机信息系统中的计算机病毒，并备有检测、清除的记录；

（五）使用具有计算机信息系统安全专用产品销售许可证的计算机病毒防治产品；

（六）对因计算机病毒引起的计算机信息系统瘫痪、程序和数据严重破坏等重大事故及时向公安机关报告，并保护现场。

第十二条 任何单位和个人在从计算机信息网络上下载程序、数据或者购置、维修、借入计算机设备时，应当进行计算机病毒检测。

第十三条 任何单位和个人销售、附赠的计算机病毒防治产品，应当具有计算机信息系统安全专用产品销售许可证，并贴有“销售许可”标记。

第十四条 从事计算机设备或者媒体生产、销售、出租、维修行业的单位和个人，应当对计算机设备或者媒体进行计算机病毒检测、清除工作，并备有检测、清除的记录。

第十五条 任何单位和个人应当接受公安机关对计算机病毒防治工作的监督、检查和指导。

第十六条 在非经营活动中有违反本办法第五条、第六条第二、三、四项规定行为之一的，由公安机关处以 1000 元以下罚款。

在经营活动中有违反本办法第五条、第六条第二、三、四项规定行为之一，没有违法所得的，由公安机关对单位处以 10000 元以下罚款，对个人处以 5000 元以下罚款；有违法所得的，处以违法所得三倍以下罚款，但是最高不得超过 30000 元。

违反本办法第六条第一项规定的，依照《中华人民共和国计算机信息系统安全保护条例》第二十三条的规定处罚。

第十七条 违反本办法第七条、第八条规定行为之一的，由公安机关对单位处以 1000 元以下罚款，对单位直接负责的主管人员和直接责任人员处以 500 元以下罚款；对个人处以 500 元以下罚款。

第十八条 违反本办法第九条规定的，由公安机关处以警告，并责令其限期改正；逾期不改正的，取消其计算机病毒防治产品检测机构的检测资格。

第十九条 计算机信息系统的使用单位有下列行为之一的，由公安机关处以警告，并根据情况责令其限期改正；逾期不改正的，对单位处以 1000 元以下罚款，对单位直接负责的主管人员和直接责任人员处以 500 元以下罚款：

（一）未建立本单位计算机病毒防治管理制度的；

（二）未采取计算机病毒安全技术防治措施的；

（三）未对本单位计算机信息系统使用人员进行计算机病毒防治教育和培训的；

（四）未及时检测、清除计算机信息系统中的计算机病毒，对计算机信息系统造成危害的；

（五）未使用具有计算机信息系统安全专用产品销售许可证的计算机病毒防治产品，对计算机信息系统造成危害的。

第二十条 违反本办法第十四条规定，没有违法所得的，由公安机关对单位处以 10000 元以下罚款，对个人处以 5000 元以下罚款；有违法所得的，处以违法所得三倍以下罚款，但是最高不得超过 30000 元。

第二十一条 本办法所称计算机病毒疫情，是指某种计算机病毒爆发、流行的时间、范围、破坏特点、破坏后果等情况的报告或者预报。

本办法所称媒体，是指计算机软盘、硬盘、磁带、光盘等。

第二十二条　本办法自发布之日起施行。

B.4.18　计算机信息网络国际联网安全保护管理办法

（公安部1997年12月30日发布）

第一章　总　则

第一条　为了加强对计算机信息网络国际联网的安全保护，维护公共秩序和社会稳定，根据《中华人民共和国计算机信息系统安全保护条例》、《中华人民共和国计算机信息网络国际联网管理暂行规定》和其他法律、行政法规的规定，制定本办法。

第二条　中华人民共和国境内的计算机信息网络国际联网安全保护管理，适用本办法。

第三条　公安部计算机管理监察机构负责计算机信息网络国际联网的安全保护管理工作。

公安机关计算机管理监察机构应当保护计算机信息网络国际联网的公共安全，维护从事国际联网业务的单位和个人的合法权益和公众利益。

第四条　任何单位和个人不得利用国际联网危害国家安全、泄露国家秘密，不得侵犯国家的、社会的、集体的利益和公民的合法权益，不得从事违法犯罪活动。

第五条　任何单位和个人不得利用国际联网制作、复制、查阅和传播下列信息：

（一）煽动抗拒、破坏宪法和法律、行政法规实施的；

（二）煽动颠覆国家政权、推翻社会主义制度的；

（三）煽动分裂国家、破坏国家统一的；

（四）煽动民族仇恨、民族歧视，破坏民族团结的；

（五）捏造或者歪曲事实，散布谣言，扰乱社会秩序的；

（六）宣扬封建迷信、淫秽、色情、赌博、暴力、凶杀、恐怖，教唆犯罪的；

（七）公然侮辱他人或者捏造事实诽谤他人的；

（八）损害国家机关信誉的；

（九）其他违反宪法和法律、行政法规的。

第六条　任何单位和个人不得从事下列危害计算机信息网络安全的活动：

（一）未经允许，进入计算机信息网络或者使用计算机信息网络资源的；

（二）未经允许，对计算机信息网络功能进行删除、修改或者增加的；

（三）未经允许，对计算机信息网络中存储、处理或者传输的数据和应用程序进行删除、修改或者增加的；

（四）故意制作、传播计算机病毒等破坏性程序的；

（五）其他危害计算机信息网络安全的。

第七条　用户的通信自由和通信秘密受法律保护。任何单位和个人不得违反法律规定，利用国际联网侵犯用户的通信自由和通信秘密。

第二章　安全保护责任

第八条　从事国际联网业务的单位和个人应当接受公安机关的安全监督、检查和指导，如实向公安机关提供有关安全保护的信息、资料及数据文件，协助公安机关查处通过国际联网的计算机信息网络的违法犯罪行为。

第九条　国际出入口信道提供单位、互联单位的主管部门或者主管单位，应当依照法律和国家有关规定负责国际出入口信道、所属互联网络的安全保护管理工作。

第十条　互联单位、接入单位及使用计算机信息网络国际联网的法人和其他组织应当履行下列安全保护职责：

（一）负责本网络的安全保护管理工作，建立健全安全保护管理制度；

（二）落实安全保护技术措施，保障本网络的运行安全和信息安全；

（三）负责对本网络用户的安全教育和培训；

（四）对委托发布信息的单位和个人进行登记，并对所提供的信息内容按照本办法第五条进行审核；

（五）建立计算机信息网络电子公告系统的用户登记和信息管理制度；

（六）发现有本办法第四条、第五条、第六条、第七条所列情形之一的，应当保留有关原始记录，并在 24 小时内向当地公安机关报告；

（七）按照国家有关规定，删除本网络中含有本办法第五条内容的地址、目录或者关闭服务器。

第十一条　用户在接入单位办理入网手续时，应当填写用户备案表。备案表由公安部监制。

第十二条　互联单位、接入单位、使用计算机信息网络国际联网的法人和其他组织（包括跨省、自治区、直辖市联网的单位和所属的分支机构），应当自网络正式联通之日起 30 日内，到所在地的省、自治区、直辖市人民政府公安机关指定的受理机关办理备案手续。

前款所列单位应当负责将接入本网络的接入单位和用户情况报当地公安机关备案，并及时报告本网络中接入单位和用户的变更情况。

第十三条　使用公用帐号的注册者应当加强对公用帐号的管理，建立帐号使用登记制度。用户帐号不得转借、转让。

第十四条　涉及国家事务、经济建设、国防建设、尖端科学技术等重要领域的单位办理备案手续时，应当出具其行政主管部门的审批证明。

前款所列单位的计算机信息网络与国际联网，应当采取相应的安全保护措施。

第三章　安全监督

第十五条　省、自治区、直辖市公安厅（局），地（市）、县（市）公安局，应当有相应机构负责国际联网的安全保护管理工作。

第十六条　公安机关计算机管理监察机构应当掌握互联单位、接入单位和用户的备案情况，建立备案档案，进行备案统计，并按照国家有关规定逐级上报。

第十七条　公安机关计算机管理监察机构应当督促互联单位、接入单位及有关用户建立健全安全保护管理制度。监督、检查网络安全保护管理以及技术措施的落实情况。

公安机关计算机管理监察机构在组织安全检查时，有关单位应当派人参加。公安机关计算机管理监察机构对安全检查发现的问题，应当提出改进意见，作出详细记录，存档备查。

第十八条　公安机关计算机管理监察机构发现含有本办法第五条所列内容的地址、目录或者服务器时，应当通知有关单位关闭或者删除。

第十九条　公安机关计算机管理监察机构应当负责追踪和查处通过计算机信息网络的违法行为和针对计算机信息网络的犯罪案件，对违反本办法第四条、第七条规定的违法犯罪行为，应当按照国家有关规定移送有关部门或者司法机关处理。

第四章　法律责任

第二十条　违反法律、行政法规，有本办法第五条、第六条所列行为之一的，由公安机关给予警告，有违法所得的，没收违法所得，对个人可以并处5000元以下的罚款，对单位可以并处15000元以下的罚款；情节严重的，并可以给予6个月以内停止联网、停机整顿的处罚，必要时可以建议原发证、审批机构吊销经营许可证或者取消联网资格；构成违反治安管理行为的，依照治安管理处罚条例的规定处罚；构成犯罪的，依法追究刑事责任。

第二十一条　有下列行为之一的，由公安机关责令限期改正，给予警告，有违法所得的，没收违法所得；在规定的限期内未改正的，对单位的主管负责人员和其他直接责任人员可以并处5000元以下的罚款，对单位可以并处15000元以下的罚款；情节严重的，并可以给予6个月以内的停止联网、停机整顿的处罚，必要时可以建议原发证、审批机构吊销经营许可证或者取消联网资格。

（一）未建立安全保护管理制度的；

（二）未采取安全技术保护措施的；

（三）未对网络用户进行安全教育和培训的；

（四）未提供安全保护管理所需信息、资料及数据文件，或者所提供内容不真实的；

（五）对委托其发布的信息内容未进行审核或者对委托单位和个人未进行登记的；

（六）未建立电子公告系统的用户登记和信息管理制度的；

（七）未按照国家有关规定，删除网络地址、目录或者关闭服务器的；

（八）未建立公用帐号使用登记制度的；

（九）转借、转让用户帐号的。

第二十二条　违反本办法第四条、第七条规定的，依照有关法律、法规予以处罚。

第二十三条　违反本办法第十一条、第十二条规定，不履行备案职责的，由公安机关给予警告或者停机整顿不超过6个月的处罚。

第五章　附　则

第二十四条　与香港特别行政区和台湾、澳门地区联网的计算机信息网络的安全保护管理，参照本办法执行。

第二十五条　本办法自发布之日起施行。

B.4.19 互联网站从事登载新闻业务管理暂行规定

（国务院新闻办公室、信息产业部2000年10月8日颁布）

第一条 为了促进我国互联网新闻传播事业的发展，规范互联网站登载新闻的业务，维护互联网新闻的真实性、准确性、合法性，制定本规定。

第二条 本规定适用于在中华人民共和国境内从事登载新闻业务的互联网站。

本规定所称登载新闻，是指通过互联网发布和转载新闻。

第三条 互联网站从事登载新闻业务，必须遵守宪法和法律、法规。

国家保护互联网站从事登载新闻业务的合法权益。

第四条 国务院新闻办公室负责全国互联网站从事登载新闻业务的管理工作。

省、自治区、直辖市人民政府新闻办公室依照本规定负责本行政区域内互联网站从事登载新闻业务的管理工作。

第五条 中央新闻单位、中央国家机关各部门新闻单位以及省、自治区、直辖市和省、自治区人民政府所在地的市直属新闻单位依法建立的互联网站（以下简称新闻网站），经批准可以从事登载新闻业务。其他新闻单位不单独建立新闻网站，经批准可以在中央新闻单位或者省、自治区、直辖市直属新闻单位建立的新闻网站建立新闻网页从事登载新闻业务。

第六条 新闻单位建立新闻网站（页）从事登载新闻业务，应当依照下列规定报国务院新闻办公室或者省、自治区、直辖市人民政府新闻办公室审核批准：

（一）中央新闻单位建立新闻网站从事登载新闻业务，报国务院新闻办公室审核批准；

（二）中央国家机关各部门新闻单位建立新闻网站从事登载新闻业务，经主管部门审核同意，报国务院新闻办公室批准；

（三）省、引台区、直辖市和省、自治区人民政府所在地的市直属新闻单位建立新闻网站从事登载新闻业务，经所在地省、自治区、直辖市人民政府新闻办公室审核同意，报国务院新闻办公室批准；

（四）省、自治区、直辖市以下新闻单位在中央新闻单位或者省、自治区、直辖市直属新闻单位的新闻网站建立新闻网页从事登载新闻业务，报所在地省、自治区、直辖市人民政府新闻办公室审核批准，并报国务院新闻办公室备案。

第七条 非新闻单位依法建立的综合性互联网站（以下简称综合性非新闻单位网站），具备本规定第九条所列条件的，经批准可以从事登载中央新闻单位、中央国家机关各部门新闻单位以及省、自治区、直辖市直属新闻单位发布的新闻的业务，但不得登载自行采写的新闻和其他来源的新闻。非新闻单位依法建立的其他互联网站，不得从事登载新闻业务。

第八条 综合性非新闻单位网站依照本规定第七条从事登载新闻业务，应当经主办单位所在地省、自治区、直辖市人民政府新闻办公室审核同意，报国务院新闻办公室批准。

第九条 综合性非新闻单位网站从事登载新闻业务，应当具备下列条件：

（一）有符合法律、法规规定的从事登载新闻业务的宗旨及规章制度；

（二）有必要的新闻编辑机构、资金、设备及场所；

（三）有具有相关新闻工作经验和中级以上新闻专业技术职务资格的专职新闻编辑负责人，并有相应数量的具有中级以上新闻专业技术职务资格的专职新闻编辑人员；

（四）有符合本规定第十一条规定的新闻信息来源。

第十条　互联网站申请从事登载新闻业务，应当填写并提交国务院新闻办公室统一制发的《互联网站从事登载新闻业务申请表》。

第十一条　综合性非新闻单位网站从事登载中央新闻单位、中央国家机关各部门新闻单位以及省、自治区、直辖市直属新闻单位发布的新闻的业务，应当同上述有关新闻单位签订协议，并将协议副本报主办单位所在地省、自治区、直辖市人民政府新闻办公室备案。

第十二条　综合性非新闻单位网站登载中央新闻单位、中央国家机关各部门新闻单位以及省、自治区、直辖市直属新闻单位发布的新闻，应当注明新闻来源和日期。

第十三条　互联网站登载的新闻不得含有下列内容：

（一）违反宪法所确定的基本原则；

（二）危害国家安全，泄露国家秘密，煽动颠覆国家政权，破坏国家统一；

（三）损害国家的荣誉和利益；

（四）煽动民族仇恨、民族歧视，破坏民族团结；

（五）破坏国家宗教政策，宣扬邪教，宣扬封建迷信；

（六）散布谣言，编造和传播假新闻，扰乱社会秩序，破坏社会稳定；

（七）散布淫秽、色情、赌博、暴力、恐怖或者教唆犯罪；

（八）侮辱或者诽谤他人，侵害他人合法权益；

（九）法律、法规禁止的其他内容。

第十四条　互联网站链接境外新闻网站，登载境外新闻媒体和互联网站发布的新闻，必须另行报国务院新闻办公室批准。

第十五条　违反本规定，有下列情形之一的，由国务院新闻办公室或者省、自治区、直辖市人民政府新闻办公室给予警告，责令限期改正；已取得从事登载新闻业务资格的，情节严重的，撤消其从事登载新闻业务的资格：

（一）未取得从事登载新闻业务资格，擅自登载新闻的；

（二）综合性非新闻单位网站登载自行采写的新闻或者登载不符合本规定第七条规定来源的新闻的，或者未注明新闻来源的；

（三）综合性非新闻单位网站未与中央新闻单位、中央国家机关各部门新闻单位以及省、自治区、直辖市直属新闻单位签订协议擅自登载其发布的新闻，或者签订的协议未履行备案手续的；

（四）未经批准，擅自链接境外新闻网站，登载境外新闻媒体和互联网站发布的新闻的。

第十六条　互联网站登载的新闻含有本规定第十三条所列内容之一，构成犯罪的，依法追究刑事责任；尚不构成犯罪的，由公安机关或者国家安全机关依照有关法律、行政法规的规定给予行政处罚。

第十七条　互联网站登载新闻含有本规定第十三条所列内容之一或者有本规定第十

五条所列情形之一的，国务院信息产业主管部门或者省、自治区、直辖市电信管理机构依照有关法律、行政法规的规定，可以责令关闭网站，并吊销其电信业务经营许可证。

第十八条 在本规定施行前已经从事登载新闻业务的互联网站，应当自本规定施行之日起60日内依照本规定办理相应的手续。

第十九条 本规定自发布之日起施行。

B.4.20 互联网出版管理暂行规定

（新闻出版总署、信息产业部令[2002年]第17号）

第一章 总 则

第一条 为了加强对互联网出版活动的管理，保障互联网出版机构的合法权益，促进我国互联网出版事业健康、有序地发展，根据《出版管理条例》和《互联网信息服务管理办法》，制定本规定。

第二条 从事互联网出版活动应当遵守宪法和有关法律、法规，坚持为人民服务、为社会主义服务的方向，传播和积累一切有益于提高民族素质、推动经济发展、促进社会进步的思想道德、科学技术和文化知识，丰富人民的精神生活。

第三条 在中华人民共和国境内从事互联网出版活动，适用本规定。

第四条 新闻出版总署负责监督管理全国互联网出版工作，其主要职责是：

（一）制定全国互联网出版规划，并组织实施；

（二）制定互联网出版管理的方针、政策和规章；

（三）制定全国互联网出版机构总量、结构和布局的规划，并组织实施；

（四）对互联网出版机构实行前置审批；

（五）依据有关法律、法规和规章，对互联网出版内容实施监管，对违反国家出版法规的行为实施处罚。

省、自治区、直辖市新闻出版行政部门负责本行政区域内互联网出版的日常管理工作，对本行政区域内申请从事互联网出版业务者进行审核，对本行政区域内违反国家出版法规的行为实施处罚。

第五条 本规定所称互联网出版，是指互联网信息服务提供者将自己创作或他人创作的作品经过选择和编辑加工，登载在互联网上或者通过互联网发送到用户端，供公众浏览、阅读、使用或者下载的在线传播行为。其作品主要包括：

（一）已正式出版的图书、报纸、期刊、音像制品、电子出版物等出版物内容或者在其他媒体上公开发表的作品；

（二）经过编辑加工的文学、艺术和自然科学、社会科学、工程技术等方面的作品。

本规定所称互联网出版机构，是指经新闻出版行政部门和电信管理机构批准，从事互联网出版业务的互联网信息服务提供者。

第二章 行政审批与监督管理

第六条 从事互联网出版活动，必须经过批准。未经批准，任何单位或个人不得开展互联网出版活动。

互联网出版机构依法从事互联网出版活动，任何组织和个人不得干扰、阻止和破坏。

第七条 从事互联网出版业务，除符合《互联网信息服务管理办法》规定的条件以外，还应当具备以下条件：

（一）有确定的出版范围；

（二）有符合法律、法规规定的章程；

（三）有必要的编辑出版机构和专业人员；

（四）有适应出版业务需要的资金、设备和场所。

第八条 申请从事互联网出版业务，应当由主办者向所在地省、自治区、直辖市新闻出版行政部门提出申请，经省、自治区、直辖市新闻出版行政部门审核同意后，报新闻出版总署审批。

第九条 申请从事互联网出版业务，应提交以下材料：

（一）新闻出版总署统一制发的《互联网出版业务申请表》；

（二）机构章程；

（三）资金来源、数额及其信用证明；

（四）主要负责人或者法定代表人及主要编辑、技术人员的专业职称证明和身份证明；

（五）工作场所使用证明。

第十条 新闻出版行政部门应当自受理申请之日起60日内，做出批准或者不批准的决定，并由所在地省、自治区、直辖市新闻出版行政部门书面通知主办者；不批准的，应当说明理由。

第十一条 互联网出版业务经批准后，主办者应当持新闻出版行政部门的批准文件到省、自治区、直辖市电信管理机构办理相关手续。

第三章 互联网出版机构的权利和义务

第十二条 互联网出版机构，应当在其网站主页上标明新闻出版行政部门批准文号。

第十三条 互联网出版机构改变名称、主办者，合并或者分立，应当依据本规定第八条、第九条的规定办理变更手续，并应持新闻出版行政部门的批准文件到省、自治区、直辖市电信管理机构办理相应的手续。

第十四条 互联网出版机构终止互联网出版业务，主办者应当自终止互联网出版业务之日起30日内到所在地省、自治区、直辖市新闻出版行政部门办理注销手续，并报新闻出版总署备案。同时，到相关省、自治区、直辖市电信管理机构办理互联网信息服务业务经营许可证的变更或注销手续。

第十五条 互联网出版机构自登记之日起满180日未开展互联网出版活动的，由原登记的新闻出版行政部门注销登记，并向新闻出版总署备案。同时，向相关省、自治区、直辖市电信管理机构通报。

第十六条 互联网出版机构出版涉及国家安全、社会安定等方面的重大选题，应当依照重大选题备案的规定，报新闻出版总署备案。未经备案的重大选题，不得出版。

第十七条 互联网出版不得载有以下内容：

（一）反对宪法确定的基本原则的；

（二）危害国家统一、主权和领土完整的；

（三）泄露国家秘密、危害国家安全或者损害国家荣誉和利益的；
（四）煽动民族仇恨、民族歧视，破坏民族团结，或者侵害民族风俗、习惯的；
（五）宣扬邪教、迷信的；
（六）散布谣言，扰乱社会秩序，破坏社会稳定的；
（七）宣扬淫秽、赌博、暴力或者教唆犯罪的；
（八）侮辱或者诽谤他人，侵害他人合法权益的；
（九）危害社会公德或者民族优秀文化传统的；
（十）有法律、行政法规和国家规定禁止的其他内容的。

第十八条 以未成年人为对象的互联网出版内容不得含有诱发未成年人模仿违反社会公德的行为和违法犯罪的行为的内容，以及恐怖、残酷等妨害未成年人身心健康的内容。

第十九条 互联网出版的内容不真实或不公正，致使公民、法人或者其他组织合法利益受到侵害的，互联网出版机构应当公开更正，消除影响，并依法承担民事责任。

第二十条 互联网出版机构发现所登载或者发送的作品含有本规定第十七条、第十八条所列内容之一的，应当立即停止登载或者发送，保存有关记录，并向所在地省、自治区、直辖市新闻出版行政部门报告并同时抄报新闻出版总署。

第二十一条 互联网出版机构应当实行编辑责任制度，必须有专门的编辑人员对出版内容进行审查，保障互联网出版内容的合法性。互联网出版机构的编辑人员应当接受上岗前的培训。

第二十二条 互联网出版机构应当记录备份所登载或者发送的作品内容及其时间、互联网地址或者域名，记录备份应当保存60日，并在国家有关部门依法查询时，予以提供。

第二十三条 从事互联网出版活动，应当遵守国家有关著作权的法律、法规，应当标明与所登载或者发送作品相关的著作权记录。

第四章 罚 则

第二十四条 未经批准，擅自从事互联网出版活动的，由省、自治区、直辖市新闻出版行政部门或者新闻出版总署予以取缔，没收从事非法出版活动的主要设备、专用工具及违法所得，违法经营额1万元以上的，并处违法经营额5倍以上10倍以下罚款；违法经营额不足1万元的，并处1万元以上5万元以下罚款。

第二十五条 违反本规定第十二条的，由省、自治区、直辖市新闻出版行政部门或者新闻出版总署予以警告，并处5000元以上5万元以下罚款。

第二十六条 违反本规定第十六条的，责令停止登载或者发送未经备案的重大选题作品，由省、自治区、直辖市新闻出版行政部门或者新闻出版总署予以警告，并处1万元以上5万元以下罚款；情节严重的，责令限期停业整顿或者撤销批准。

第二十七条 互联网出版机构登载或者发送本规定第十七条、第十八条禁止内容的，由省、自治区、直辖市新闻出版行政部门或者新闻出版总署没收违法所得，违法经营额1万元以上的，并处违法经营额5倍以上10倍以下罚款；违法经营额不足1万元的，并处1万元以上5万元以下罚款；情节严重的，责令限期停业整顿或者撤销批准。

第二十八条　违反本规定第二十二条的，由省、自治区、直辖市电信管理机构责令改正；情节严重的，责令停业整顿或者暂时关闭网站。

第五章　附　则

第二十九条　本规定施行前按照国家有关规定已经从事互联网出版活动的，应当自本规定施行之日起60日内依据本规定第八条、第九条的规定办理审批手续。

第三十条　本规定自2002年8月1日起施行。

B.4.21　互联网等信息网络传播视听节目管理办法

（国家广播电影电视总局令第15号）

第一条　为规范信息网络传播视听节目秩序，加强信息网络传播视听节目的监督管理，促进社会主义精神文明建设，制定本办法。

第二条　本办法适用于在互联网等信息网络中开办各种视听节目栏目，播放（含点播）影视作品和视音频新闻，转播、直播广播电视节目及以视听节目形式转播、直播体育比赛、文艺演出等各类活动。广播电视播出机构在广播电视传输覆盖网中开办广播电视频道播放广播电视节目的，由《广播电视管理条例》规范，不适用本办法。

第三条　本办法所称的信息网络，是指通过无线或有线链路相联接，采用卫星、微波、光纤、同轴电缆、双绞线等具体物理形态，架构在互联网或其他软件平台基础上，用于信息传输的传播系统。

本办法所称的视听节目，是指在表现形式上类同于广播电视节目或电影片，由可连续运动的图像或可连续收听的声音组成的节目。

本办法所称的信息网络传播视听节目，是指通过包括互联网在内的各种信息网络，将视听节目登载在网络上或者通过网络发送到用户端，供公众在线收看或下载收看的活动，包括流媒体播放、互联网组播、数据广播、IP广播和点播等。

本办法所称的视听节目的网络传播者，是指组织、编排视听节目并将其通过信息网络向公众传播的机构。

本办法所称的信息网络经营者，是指提供信息网络硬软件平台及其他技术支持的机构。

第四条　国家广播电影电视总局是信息网络传播视听节目的主管部门，负责制定信息网络传播视听节目的发展规划，确定视听节目网络传播者的总量、布局和结构。

原则上中央、国务院各部、委、局只可有一家下属单位从事视听节目网络传播业务。中国广播影视集团下属及控股、参股的企事业单位（除中央人民广播电台、中央电视台、中国国际广播电台外），只可有一家单位从事视听节目网络传播业务。

各级广播电视行政部门根据国家广播电影电视总局制定的全国视听节目网络传播发展规划，确定本辖区内视听节目网络传播发展规划，负责对本辖区内通过信息网络传播视听节目的活动进行监督管理。

第五条　国家广播电影电视总局对视听节目的网络传播业务实行许可管理。通过信息网络向公众传播视听节目必须持有《网上传播视听节目许可证》。

第六条 国家广播电影电视总局对通过信息网络传播的视听节目按以下 4 个类别实行分类管理：1．新闻类；2．影视剧类；3．娱乐类，包括音乐、戏曲、体育、综艺等；4．专业类，包括科技、教育、医疗、财经、气象、军事、法制等。

第七条 开办视听节目网络传播业务，应当同时具备以下基本条件：

（一）符合通过信息网络向公众传播视听节目的规划、技术标准和管理要求；

（二）有与业务规模相适应的自有资金、设备及场所；

（三）拥有与其业务规模相适应的符合国家规定的视听节目资源；

（四）拥有必要的专业人员；

（五）符合国家法律、法规及其他有关规定。

通过信息网络传播不同类别的视听节目，还应当具备相应的申办条件。

第八条 开办新闻类视听节目的网络传播业务，除具备本办法第七条规定的基本条件外，还应当同时具备以下条件：

（一）经国务院新闻办公室批准，具有网上发布新闻的资格；

（二）已取得从事娱乐类或专业类节目网络传播业务《网上传播视听节目许可证》3 年以上的机构，或依法设立 3 年以上的新闻机构。

第九条 开办影视剧类视听节目的网络传播业务，除具备本办法第七条规定的基本条件外，还应当具备以下条件之一：

（一）取得《网上传播视听节目许可证》，从事娱乐类节目网络传播业务 2 年以上；

（二）依法经营 3 年以上的影视制作经营机构。

第十条 企业开办信息网络传播视听节目业务，须由地级以上广电、新闻、出版、文化等宣传单位作为业务主管部门。

第十一条 开办视听节目网络传播业务，须经省级广播电视行政部门审核同意后，报国家广播电影电视总局审批。中央直属单位和在国家工商行政管理总局注册的企业，可直接向国家广播电影电视总局提出申请。

审查合格者，由国家广播电影电视总局发给《网上传播视听节目许可证》。取得许可证后，只能按照《网上传播视听节目许可证》载明的标识、传播方式、传播载体、传播范围和节目类别开办传播业务。需变更以上事项者，应当按上述程序办理有关的变更审批手续。

第十二条 取得《网上传播视听节目许可证》后，如果开办单位的名称、地址、网址、网站名、法定代表人等项目发生变更时，应当在变更后的 30 日内向原发证单位申请换证。

第十三条 申请成立专门机构开办视听节目的网络传播业务，由发起单位按本办法办理审批手续。以企业形式经营此类业务的，获得国家广播电影电视总局批准后，应当到工商部门办理注册登记手续。

第十四条 鼓励广播电台、电视台通过国际互联网传播本台广播电视节目。

第十五条 取得许可证的单位应当在一年之内正式开通业务；逾期不能开通的，由发证机关收回许可证。

第十六条 国家实行《网上传播视听节目许可证》年检制度。

《网上传播视听节目许可证》有效期为三年。在有效期内，取得《网上传播视听节目许可证》的单位，应当在规定的期限内提交年检报告，办理年检手续。年检不合格者限期整改，整改后仍不合格的，收回《网上传播视听节目许可证》。未按规定办理年检手续的单位，其许可证自动失效。有效期届满，需要继续经营的，应当在许可证届满前六十日办理续证手续。

年检的具体办法由国家广播电影电视总局另行制定。

第十七条 信息网络的拥有者和经营者不得以任何形式将网络出租、出让给未持有《网上传播视听节目许可证》的单位用以向公众传播视听节目，不得向未持有《网上传播视听节目许可证》的单位提供网络硬软件平台和其他与传播视听节目有关的服务。

境内互联网站不得向未持有《网上传播视听节目许可证》的境内网站以及传播视听节目的境外网站提供视听节目的链接服务。

第十八条 用于通过信息网络向公众传播的新闻类视听节目限于境内广播电台、电视台、广播电视台制作、播放的节目。

用于通过信息网络向公众传播的影视剧类视听节目必须是取得《电视剧发行许可证》的电视剧和取得《电影片公映许可证》的电影片。

广播电台、电视台、广播电视台以外的机构开办娱乐类、专业类视听节目网络传播业务，一般只能传播广播电台、电视台、广播电视台制作、播出的节目，或者以广播电台、电视台、广播电视台制作、播出的节目作为节目素材进行编辑加工的节目。通过信息网络直播、转播、使用广播电台、电视台、广播电视台节目的，应取得该广播电台、电视台、广播电视台的许可。

经合法教学单位的授权或省级以上教育管理部门批准开办网上学历教育或职业教育的机构，可以申请播放授权专业以内的自制教学节目。

以视听节目形式在网上直播体育赛事、文艺演出、大型活动及访谈节目，在直播前20日应报当地省级广播电视部门批准。

第十九条 禁止通过信息网络传播有以下内容的节目：

（一）反对宪法确定的基本原则的；

（二）危害国家的统一、主权和领土完整的；

（三）泄漏国家秘密、危害国家安全或者损害国家荣誉和利益的；

（四）煽动民族仇恨、民族歧视，破坏民族团结，或者侵害民族风俗、习惯的；

（五）宣扬邪教、迷信的；

（六）扰乱社会秩序、破坏社会稳定的；

（七）宣扬淫秽、赌博、暴力或者教唆犯罪的；

（八）侮辱或者诽谤他人，侵害他人合法权益的；

（九）危害社会公德或者民族优秀文化的；

（十）虚假的信息；

（十一）从网络或境外媒体上收录下来的境外节目；

（十二）法律、法规规定禁止的其他内容。

第二十条 取得《网上传播视听节目许可证》的机构，应建立健全节目审查、播出等管理制度。

第二十一条 各级广播电视行政部门应通过监听监看、建立相应的公众监督举报制度等方式对信息网络传播视听节目进行监督管理。

第二十二条 违反本办法，有下列行为之一的单位，由县级以上广播电视行政部门责令停止违法活动，给予警告，可以并处人民币3万元以下的罚款。违反治安管理规定的，由公安机关依法给予治安管理处罚；构成犯罪的，依法追究刑事责任。

（一）未经许可，擅自开办视听节目网络传播业务的；

（二）违反本办法第十七条、第十八条、第十九条的规定传播视听节目的。

第二十三条 本办法自二00三年二月十日起施行。

B.4.22 网上银行业务管理暂行办法

中国人民银行令[2001]第6号

第一章 总 则

第一条 为规范和引导我国网上银行业务健康发展，有效防范银行业务经营风险，保护银行客户的合法权益，根据《中华人民共和国中国人民银行法》、《中华人民共和国商业银行法》，特制定本暂行办法。

第二条 本办法适用于经中国人民银行批准在中华人民共和国境内设立的各类银行机构，包括政策性银行、中资商业银行，以及依据《中华人民共和国外资金融机构管理条例》设立的合资银行、外资银行和外国银行分行。

第三条 本办法所称网上银行业务，是指银行通过因特网提供的金融服务。

第四条 银行机构在中华人民共和国境内开办网上银行业务，应在开办前向中国人民银行提出申请，经中国人民银行审查同意后方可开办。在中华人民共和国国外注册的以及港澳台地区注册的机构通过因特网向中华人民共和国内地居民提供网上银行业务，以及除港澳台地区以外的中华人民共和国境内机构通过因特网向境外居民提供网上银行业务，均须事前向中国人民银行申请。

第五条 中国人民银行负责对银行开办网上银行业务实施日常监督、现场检查和非现场监管。

第二章 网上银行业务的市场准入

第六条 开办网上银行业务的银行，应具备下列条件：

（一）内部控制机制健全，具有有效的识别、监测、衡量和控制传统银行业务风险和网上银行业务风险的管理制度；

（二）银行内部形成了统一标准的计算机系统和运行良好的计算机网络，具有良好的电子化基础设施；

（三）银行现有业务经营活动运行平稳，资产质量、流动性等主要资产负债指标控制在合理的范围内；

（四）具有合格的管理人员和技术人员，银行高级管理人员应具有必要的网上银行业务经营管理知识，能有效地管理和控制网上银行业务风险；

（五）外国银行分行申请开办网上银行业务，其总行所在国（地区）监管当局应具备对网上银行业务进行监管的法律框架和监管能力；

（六）中国人民银行要求的其他条件。

第七条　政策性银行、中资商业银行（不包括城市商业银行）、合资银行、外资银行、外国银行分行开办网上银行业务，应由其总行统一向中国人民银行总行申请。城市商业银行开办网上银行业务，应由其总行统一向中国人民银行当地分行、营业管理部申请。

第八条 申请开办网上银行业务的银行，应向中国人民银行提交以下文件、资料（一式三份）：

（一）开办网上银行业务申请；

（二）开办网上银行业务的可行性研究报告，报告内容应至少包括：

1．拟开办的网上银行业务种类；

2．银行电子化基础设施建设情况；

3．网上银行业务管理人员和专业人员配备情况；

4．网上银行业务风险管理措施；

5．网上银行业务运行支持系统、关键技术描述，以及系统安全保障措施；

6．开办网上银行业务损失和收益预测等；

（三）经中国人民银行认可的权威评估机构对其网上银行业务操作系统出具的安全评估报告；

（四）网上银行业务发展规划；

（五）网上银行业务运行应急计划和业务连续性计划；

（六）申请开办的网上银行业务的规章制度和操作规程；

（七）申请单位联系人、联系电话、传真电话、电子邮件信箱；

（八）中国人民银行要求提供的其他文件和资料。

第九条　政策性银行、中资商业银行（城市商业银行除外）、合资银行、外资银行获准开办网上银行业务后，若需增加网上银行业务经营品种，应由其总行统一报中国人民银行总行审查；外国银行分行获准开办网上银行业务后，若需增加新的网上银行业务品种，应由该分行在中华人民共和国境内的主报告行统一报中国人民银行总行审查。城市商业银行若需增加网上银行业务经营品种，应由其总行统一报中国人民银行当地分行、营业管理部审查。

第十条　中国人民银行对银行开办新的网上银行业务品种的申请，实行审批制和备案制两种制度。

银行申请增加以下新业务品种，适用审批制：

（一）银行借助互联网开发的新的、与传统银行业务品种不同的、形成表内资产或负债的网上银行业务品种；

（二）银行借助互联网办理贷记支付以外的支付结算业务；

（三）银行通过互联网开办未获中国人民银行同意的表内资产类传统银行业务品种；

（四）银行通过互联网开办与证券业、保险业直接相关的新的业务品种。银行通过互联网增加开办其他新业务品种，适用备案制。

第十一条　银行根据本办法第十条申请增加新的网上银行业务，应向中国人民银行报送以下文件和资料（一式二份）：

（一）增加业务品种申请；

（二）增加业务可行性研究报告，内容至少包括：

1．拟增加业务的定义；

2．拟增加业务的风险特征和防范措施；

3．开办该业务损失和收益预测；

（三）申请增加业务品种的规章制度和操作规程；

（四）申请单位联系人、联系电话、传真电话、电子邮件信箱；

（五）中国人民银行要求提供的其他文件和资料。

第十二条 对银行根据本办法第七条、第十条向中国人民银行申请开办网上银行业务或申请增加适用审批制的新业务品种，中国人民银行应在受理申请后 30 个工作日内发出正式批复文件。银行根据第十条增加适用备案制的新业务品种，中国人民银行监管部门应在受理申请后 15 个工作日内以备案通知书的形式答复申请行。

第十三条 银行分支机构开办网上银行业务之前，应就开办业务的品种及其属性向中国人民银行当地管辖行报告。

第三章 网上银行业务的风险管理

第十四条 银行开展网上银行业务，应遵守国家有关计算机信息系统安全、商用密码管理、消费者权益保护等方面的法律、法规、规章。

第十五条 银行开展网上银行业务，银行董事会和高级管理层应确立网上银行业务发展战略和运行安全策略，应依据有关法律、法规制定和实施全面、综合、系统的业务管理规章，应对网上银行业务运行及存在风险实施有效的管理。

第十六条 银行应制定并实施充分的物理安全措施，能有效防范外部或内部非授权人员对关键设备的非法接触。

第十七条 银行应采用合适的加密技术和措施，以确认网上银行业务用户身份和授权，保证网上交易数据传输的保密性、真实性，保证通过网络传输信息的完整性和交易的不可否认性。

第十八条 银行应实施有效的措施，防止网上银行业务交易系统不受计算机病毒侵袭。

第十九条 银行应制定必要的系统运行考核指标，定期或不定期测试银行网络系统、业务操作系统的运作情况，及时发现系统隐患和黑客对系统的入侵。

第二十条 银行应将网上银行业务操作系统纳入银行应急计划和业务连续性计划之中。

第二十一条 银行应以适当的方式向客户说明和公开各种网上银行业务品种的交易规则，应在客户申请某项网上银行业务品种时，向客户说明该品种的交易风险及其在具体交易中的权利与义务。

第二十二条 银行从事网上银行业务，应配备专门的网上银行业务审计力量，定期对网上银行业务进行审计。

第二十三条 银行应根据银行业务发展需要，及时对从业人员进行培训，及时更新系统安全保障技术和设备。

第二十四条 银行应建立网上银行业务运作重大事项报告制度，及时向监管当局报告网上银行业务经营过程中发生的重大泄密、黑客侵入、网址更名等重大事项。

第二十五条　银行开办网上银行业务，应接受中国人民银行认可的权威评估机构对其业务操作系统的安全性进行评估。

第四章　法律责任

第二十六条　中国人民银行在对银行开展网上银行业务监督和检查过程中，发现有下列情形之一的，将根据《金融违法行为处罚办法》、《金融机构高级管理人员任职资格管理办法》和有关法规进行处理，对情节特别严重的，将强制停办部分或全部网上银行业务。

（一）未经中国人民银行批准或予以备案，擅自开办网上银行业务；

（二）开办业务过程中，违反了国家法律法规，危害了国家和公众利益；

（三）开办网上银行业务过程中，逃避中国人民银行监督检查，形成不公平竞争；

（四）缺乏合格的管理人员和从业人员，业务管理混乱，无力对开办的业务进行风险控制，造成了重大的资金损失；

（五）系统安全保障措施不充分，造成重大泄密，危害客户利益和银行体系安全；

（六）出现重大事项且未及时向中国人民银行报告；

（七）中国人民银行认定需要进行处理的其他情形。

第二十七条　银行在业务经营过程中，存在本管理暂行办法第二十六条以外的其他违法违规行为，或者违反本管理暂行办法的其他条款，中国人民银行将依据有关法律、法规和规章进行处理。

第五章　附　则

第二十八条　未经中国人民银行同意，银行不得擅自停办经中国人民银行审查同意开办的网上银行负债类业务品种。

第二十九条　对境内银行申请设立专门从事网上银行业务的法人机构的，或境外机构申请在境内设立专门从事网上银行业务的法人机构或分支机构的，中国人民银行将另行制定管理办法。

第三十条　对适用本办法的银行机构通过其他公用信息网或专用网络提供的金融服务的准入和管理，可参照本办法执行，法律、法规和规章另有规定的适用其规定。

第三十一条　本办法由中国人民银行负责解释。

第三十二条　本办法自发布之日起施行。

B.4.23　网上证券委托暂行管理办法

（中国证券监督管理委员会 2000 年 3 月 30 日发布）

第一章　总　则

第一条　为切实保护投资者利益，防范风险，加强网上证券委托（以下简称网上委托）的管理，保证我国证券市场健康发展，制定本办法。

第二条　网上委托是指证券公司通过互联网，向在本机构开户的投资者提供用于下达证券交易指令、获取成交结果的一种服务方式。

第三条 本办法中的互联网是指因特网或其他类似技术形式的通用性公共计算机通信网络，不包括证券公司租用公共通信设施建设的专门用于委托业务的电话拨号网或其他形式的计算机网络。

第四条 网上委托的证券为上海证券交易所、深圳证券交易所挂牌的证券。

第五条 网上委托应遵循公开、公平、公正和诚实信用、安全高效的原则。

第二章 业务规范

第六条 在证券公司合法营业场所依法开户的投资者，经本人申请办理相关手续后，方能进行网上委托。证券公司在为投资者办理网上委托相关手续时，应要求投资者提供身份证明原件，并向投资者提供证实证券公司身份、资格的证明材料。禁止代理办理网上委托相关手续。

第七条 证券公司应制定专门的业务工作程序，规范网上委托，并与客户本人签订专门的书面协议，协议应明确双方的法律责任，并以《风险揭示书》的形式，向投资者解释相关风险。

第八条 开展网上委托的证券公司，必须为网上委托客户提供必要的替代交易方式。

第九条 证券公司应定期向进行网上委托的投资者提供书面对帐单。证券公司应定期向进行网上委托的投资者提供书面对帐单。

第十条 开展网上委托业务的证券公司禁止直接向客户提供计算机网络及电话形式的资金转帐服务。禁止开展网上证券转托管业务。

第三章 技术规范

第十一条 证券公司必须自主决策网上委托系统的建设、管理和维护。有关投资者资金帐户、股票帐户、身份识别等数据的程序或系统不得托管在证券公司的合法营业场所之外。

第十二条 证券公司应采取严格、完善的技术措施，确保网上委托系统和其他业务系统在技术上隔离。禁止通过网上委托系统直接访问任何证券公司的内部业务系统。

第十三条 证券公司必须将未申请网上委托的投资者的所有资料与网上委托系统进行技术隔离。

第十四条 网上委托系统应有完善的系统安全、数据备份和故障恢复手段。在技术和管理上要确保客户交易数据的安全、完整与准确。客户交易指令数据至少应保存 15 年（允许使用能长期保存的、一次性写入的电子介质）。

第十五条 证券公司应安排本单位专业人员负责管理、监督网上委托系统的运行，并建立完善的技术管理制度和内部制约制度。

第十六条 网上委托系统应包含实时监控和防范非法访问的功能或设施；应妥善存储网上委托系统的关键软件（如网络操作系统、数据库管理系统、网络监控系统）的日志文件、审计记录。

第十七条 在互联网上传输的过程中，必须对网上委托的客户信息、交易指令及其他敏感信息进行可靠的加密。

第十八条　证券公司应采用可靠的技术或管理措施，正确识别网上投资者的身份，防止仿冒客户身份或证券公司身份；必须有防止事后否认的技术或措施。

第十九条　证券公司应根据本公司的具体情况，采取技术和管理措施，限制每位投资者通过网上委托的单笔委托最大金额、单个交易日最大成交总金额。

第二十条　网上委托系统中有关数据传输安全、身份识别等关键技术产品应通过国家权威机构的安全性测评；网上委托系统及维护管理制度应通过国家权威机构的安全性认证；涉及系统安全及核心业务的软件应由第三方公证机构（或双方认可的机构）托管程序源代码及必要的编译环境。

第四章　信息披露

第二十一条　证券公司应提供一个固定的互联网站点，作为网上委托的入口网站。

第二十二条　证券公司应在入口网站和客户终端软件上进行风险揭示。揭示的风险至少应包括：因在互联网上传输原因，交易指令可能会出现中断、停顿、延迟、数据错误等情况；机构或投资者的身份可能会被仿冒；行情信息及其他证券信息，有可能出现错误或误导；证券监管机关认为需要披露的其他风险。

第二十三条　证券公司开展网上委托业务的同时，如向客户提供证券交易的行情信息，应标识行情的发布时间或滞后时间；如向客户提供证券信息，应说明信息来源。并应提示投资者对行情信息及证券信息等进行核实。

第五章　资格申请

第二十四条　获得中国证监会颁发的《经营证券业务许可证》的证券公司，可向中国证监会申请开展网上委托业务。未经中国证监会批准，任何机构不得开展网上委托业务。

第二十五条　获得网上委托业务资格的证券公司可在其达到《证券经营机构营业部信息系统技术管理规范》要求的证券营业部开展网上委托业务。

第二十六条　证券公司以外的其他机构，不得开展或变相开展网上委托业务。证券公司不得以支付或变相支付交易手续费的方式与提供技术服务或信息服务的非证券公司合作开展网上委托业务。

第二十七条　证券公司申请开展网上委托业务，需具备以下条件：

建立了规范的内部业务与信息系统管理制度；

具有一定的公司级的技术风险控制能力；

建立了一支稳定的、高素质的技术管理队伍；

在过去两年内未发生重大技术事故。

第二十八条　证券公司申请网上委托业务，应向中国证监会提交下列材料：

开展网上委托业务的申请书（需加盖公章）；

《经营证券业务许可证》复印件；

（公司级）分管技术的负责人的简历；

网上委托系统专职管理维护人员名单及简历；

执行《证券经营机构营业部信息系统技术管理规范》的情况汇报；

网上委托业务的管理制度；

计划开展网上委托业务的分支机构名单，内容主要包括通信地址、负责人姓名、联系方式、在证券交易所的会员代码及开展网上委托业务的席位（分支席位）代码等；

与客户签订网上委托协议范本、《风险揭示书》范本及向客户提供的其他有关网上委托的所有资料；

网上委托系统的简要系统分析报告和系统设计报告，其内容主要包括：网络结构、实时监控、身份识别、传输加密、数字签名、网络隔离、风险防范等方面遵循的技术标准及技术实现策略、网络通信方式及网络接入方式等，并提供简要的网络结构和功能图；

系统测试报告，包括系统峰值容量、响应与延迟指标、容错能力、可靠性及有关系统配置的重要数据等；

系统故障时的应急方案，包括信息传播及转移委托方式、数据及系统恢复措施等；

国家权威机构提供的系统、有关产品、管理维护制度的安全性测评认证证书或其他有关质量监督部门的证书（复印件）；

公司开展网上委托业务的互联网入口站点地址；

公司开展网上委托业务的风险控制方案，包括控制网上委托有关风险的技术、管理、业务等方面的措施，如公司自定的网上单笔委托限额及单个交易日成交限额等；

网络接入提供商、系统集成商、硬件和软件提供商名单及其他关联企业名单；

网上委托系统中主要硬件及软件的规格型号及版本；

上述材料一式三份报送中国证监会。

第二十九条　中国证监会自受理申报材料之日起最长三个月内作出决定。

第三十条　获准开展网上委托业务资格的证券公司，采用相同的技术系统和业务规则，在原未开展网上委托业务的分支机构增加此业务时，应由证券公司总部将上述材料中与该分支机构有关的部分报送中国证监会备案。

第三十一条　获准开展网上委托业务的证券公司，对正在运行的网上委托技术系统进行重大升级或对业务管理制度作出重大修订时，应将上述材料中有关变化的部分报送中国证监会备案。

第六章　附　则

第三十二条　获准开展网上委托业务的证券公司，应于每年一月底前向中国证监会报送本公司开展网上委托业务的工作总结。

第三十三条　证券公司违反本办法有关规定的，中国证监会将视情节轻重，处以警告、没收违法所得、罚款、暂停网上委托业务等处罚，情节严重的，吊销网上委托业务许可。

第三十四条　证券公司执行本办法的有关情况纳入证监会对证券公司的年检范围。

第三十五条　本办法自发布之日起施行。

B.4.24　互联网医疗卫生信息服务管理办法

（卫生部 2001 年 1 月 8 日公布）

第一条　为了规范互联网医疗卫生信息服务活动，促进互联网医疗卫生信息服务健康有序发展，根据国务院发布的《互联网信息服务管理办法》及有关卫生法律法规，制定本办法。

第二条　互联网医疗卫生信息服务是指通过开办医疗卫生网站或登载医疗卫生信息向上网用户提供医疗卫生信息的服务活动。

第三条　医疗卫生信息服务内容包括医疗、预防、保健、康复、健康教育等方面的信息。信息服务分为经营性和非经营性两类。经营性服务是指向上网用户有偿提供信息或网页制作等服务活动；非经营性服务是指向上网用户无偿提供具有公开性、共享性医疗卫生信息。

第四条　医疗卫生信息服务只能提供医疗卫生信息咨询服务，不得从事网上诊断和治疗活动。

利用互联网开展远程医疗会诊服务，属于医疗行为，必须遵守卫生部《关于加强远程医疗会诊管理的通知》等有关规定，只能在具有《医疗机构执业许可证》的医疗机构之间进行。

第五条　医疗卫生网站或登载医疗卫生信息的网站所提供的医疗卫生信息必须科学、准确，注明信息来源。登载或转载卫生政策、疫情、重大卫生事件等有关卫生信息时必须遵守有关法律、法规和规定。

医疗卫生及健康相关产品的广告信息，要按照国家有关法律法规和有关部门审批的内容进行登载，不得扩大功效或宣传治疗作用。

禁止制作、发布和登载含有封建迷信内容的信息和虚假信息。

第六条　任何经营性或非经营性医疗卫生网站以及登载医疗卫生信息的网站在向国务院信息产业主管部门或省、自治区、直辖市电信管理机构申请办理经营许可证或办理备案手续之前，应当经同级卫生行政部门审核同意。

第七条　申请卫生行政部门审批的医疗卫生网站或登载医疗卫生服务信息的网站，应向卫生行政部门提交下列材料：

1．申请书，内容包括：网站类别、内容、服务性质（经营性或非经营性）、网站设置地点、预定开始提供服务日期、申办机构性质、通信地址、邮政编码、负责人及其身份证号码、联系人、联系电话等；

2．申办机构资质证明；

3．信息安全保障措施等。

第八条　申请材料不符合要求的，卫生行政部门在收到申请材料10个工作日内通知申办机构在规定期限内补齐，逾期不补齐或者所补材料仍不符合要求者，视为放弃申请。

第九条　初步审查合格后，正式受理申请。卫生行政部门必须在正式受理之日起40个工作日内，将审核意见书面通知网站。获准同意的网站，应在其网站主页上同时标明信息产业主管部门批准的经营许可证（或备案）编号以及卫生行政部门审核文号。

第十条　已获准开办的医疗卫生网站或登载医疗卫生信息的网站，开办者主体或者域名、地点、内容等需要变更的，应向原审核同意的卫生行政部门办理变更手续。

第十一条　未经卫生部批准，任何医疗卫生网站，均不得冠以“中国”、“中华”、“全国”等名称。

第十二条　卫生部将依据国务院《互联网信息服务管理办法》和相关的卫生行政法

律法规对互联网医疗卫生信息服务实施监督管理；指派专门机构和人员定期对开展医疗卫生信息服务的网站及其内容进行监督检查。

第十三条 在互联网医疗卫生信息服务中，如违反本办法的规定，卫生行政部门责令限期改正；如不改正，按照国务院《互联网信息服务管理办法》的有关条款和卫生行政有关法律法规进行处罚；情节严重的，卫生行政部门建议信息产业主管部门关闭网站。

第十四条 本办法公布前，已开办医疗卫生网站或登载医疗卫生信息的网站，自本办法公布之日起30日内依照本办法的有关规定补办手续。

第十五条 本办法由卫生部负责解释。本办法施行前，卫生部公布的医疗卫生信息服务的规定与本办法不一致的，以本办法为准。

第十六条 本办法自发布之日起执行。

B.4.25 互联网药品信息服务管理暂行规定

国家药品监督管理局令[2001年]第26号

第一条 为加强药品监督管理，规范互联网药品信息服务业务，保障互联网药品信息的合法性、真实性、安全性，根据《中华人民共和国药品管理法》、《互联网信息服务管理办法》和相关法律、法规的规定，制定本规定。

第二条 在中华人民共和国境内从事互联网药品信息服务活动，适用本规定。

本规定所称互联网药品信息服务，是指通过互联网向上网用户提供药品（包括医疗器械、卫生材料、医药包装材料）信息的服务活动。

第三条 互联网药品信息服务分为经营性和非经营性两类。

经营性互联网药品信息服务，是指通过互联网向上网用户发布药品广告、有偿提供药品信息等带来经济收益的服务。

非经营性互联网药品信息服务，是指通过互联网向上网用户无偿提供具有公开性、共享性药品信息的服务。

第四条 国家药品监督管理局对全国互联网站从事药品信息服务的活动实施监督管理。

省、自治区、直辖市药品监督管理局对本行政区域内互联网站从事药品信息服务的活动实施监督管理。

第五条 国家药品监督管理局对从事经营性互联网药品信息服务进行审核，对从事非经营性互联网药品信息服务实行备案管理。

省、自治区、直辖市药品监督管理局对本行政区域内从事经营性互联网药品信息服务进行初审，对从事非经营性互联网药品信息服务进行审核。

第六条 从事互联网药品信息服务，除应当符合《互联网信息服务管理办法》规定的要求外，还应当具备下列条件：

（一）有两名以上了解药品管理法律、法规和药品知识，并经所在地的省、自治区、直辖市药品监督管理局考核认可的专业人员；

（二）有保证药品信息来源合法、真实、安全的管理措施。

第七条 从事互联网药品信息服务，应当填写国家药品监督管理局统一制发的《从事互联网药品信息服务申请表》。

第八条　从事经营性互联网药品信息服务，应当向所在地的省、自治区、直辖市药品监督管理局提出申请，提交以下材料：

（一）《从事互联网药品信息服务申请表》；

（二）业务发展计划及相关技术方案；

（三）保证药品信息来源合法、真实、安全的管理措施。

省、自治区、直辖市药品监督管理局按照有关规定对申请经营性互联网药品信息服务的单位提交的材料进行初审，并在 30 日内作出同意或不同意的决定。同意的，由省、自治区、直辖市药品监督管理局报国家药品监督管理局审核；不同意的，应当书面通知申请人并说明理由。

国家药品监督管理局按照有关规定对省、自治区、直辖市药品监督管理局呈报的申请材料进行审核，并在 30 日内作出同意或不同意的决定。同意的，由国家药品监督管理局书面通知初审单位，由初审单位向申请人出具审核同意的文件；不同意的，应当书面通知初审单位并说明理由，由初审单位告知申请人。

第九条　从事非经营性互联网药品信息服务，应当向所在地的省、自治区、直辖市药品监督管理局提出申请，提交《从事互联网药品信息服务申请表》。

省、自治区、直辖市药品监督管理局按照有关规定对申请非经营性互联网药品信息服务的单位提交的材料进行审核，并在 30 日内作出同意或不同意的决定。同意的，由省、自治区、直辖市药品监督管理局出具审核同意的文件，同时报国家药品监督管理局备案；不同意的，应当书面通知申请人并说明理由。

第十条　从事互联网药品信息服务，拟提供网上药品交易服务的，应按照有关规定另行向国家药品监督管理局提出专项申请。

第十一条　互联网药品信息服务提供者变更服务项目、网站网址等事项的，应提前 30 日向原审核机关或初审机关申请办理变更手续，原审核机关或初审机关同意变更的，报国家药品监督管理局备案或审核。

第十二条　互联网药品信息服务提供者违反本规定，有下列情形之一的，由国家药品监督管理局或省、自治区、直辖市药品监督管理局给予警告，责令限期改正；已取得从事互联网药品信息服务资格的，情节严重的，撤销其从事互联网药品信息服务资格，并商请信息产业主管部门等有关部门依照有关法律、法规的规定处罚：

（一）未取得国家药品监督管理局或省、自治区、直辖市药品监督管理局审核同意，擅自从事互联网药品信息服务的；

（二）非经营性互联网药品信息服务提供者提供有偿互联网药品信息服务的；

（三）已取得国家药品监督管理局或省、自治区、直辖市药品监督管理局审核同意，但超出审核同意的范围提供互联网药品信息服务的；

（四）提供不真实互联网药品信息并造成社会影响的；

（五）违反其他有关药品的法律、法规提供互联网药品信息服务的。

第十三条　互联网药品信息服务提供者在其业务活动中，违反其他有关药品的法律、法规的，由国家药品监督管理局或省、自治区、直辖市药品监督管理局依照有关法律、法规的规定处罚。

第十四条 在本规定公布前从事互联网药品信息服务的，应当于本规定公布之日起60日内，依照本规定补办审核手续。

第十五条 本规定由国家药品监督管理局负责解释。

第十六条 本规定自2001年2月1日起施行。

B.4.26 教育网站和网校暂行管理办法

（教育部2000年7月5日公布）

第一条 为了促进互联网上教育信息服务和现代远程教育健康、有序的发展，规范从事现代远程教育和通过互联网进行教育信息服务的行为，根据国家有关法律法规，制定本暂行管理办法。

第二条 现代远程教育和教育信息服务是我国社会主义教育事业的重要组成部分，开展现代远程教育和教育信息服务必须遵循国家的教育方针。

第三条 教育网站是指通过收集、加工、存储教育信息等方式建立信息库或者同时建立网上教育用平台与信息获取及搜索等工具，通过互联网服务提供单位（ISP）接入互联网或者教育电视台，向上网用户提供教学和其他有关教育公共信息服务的机构。

第四条 教育网校是指进行各级各类学历学位教育或者通过培训颁发各种证书的教育网站。

第五条 教育网站和网校凡利用卫星网络进行教育教学活动的，必须经由中国教育电视台上星。

第六条 教育网站和网校可涉及高等教育、基础教育、幼儿教育、师范教育、职业教育、成人教育、继续教育及其他种类教育和教育公共信息服务。

第七条 主管的教育行政部按与面授教育管理对口的原则负责对教育网站和网校进行审批和管理，并报教育部信息化工作领导小组备案。

第八条 凡在中华人民共和国境内申报开办教育网站和网校，必须向主管教育行政部门申请，经审查批准后方可开办。已开办的教育网站和网校，如未经主管教育行政部门批准的，应及时补办申请、批准手续。未经主管教育行政部门批准，不得擅自开办教育网站和网校。

第九条 开办各类教育网站，必须具备下列基本条件：

（一）具有必要的资金及资金来源的有效证明。

（二）符合国家法律、法规及国家主管教育行政部门规定的其他条件。

第十条 开办教育网校，除符合本办法第九条规定的条件外，还必须是主管教育行政部门认可的、具有在中华人民共和国境内从事与所办网校相同类型教育活动资格的事业法人，或者是与该机构合作并由其提供质量保证的事业法人或者企业法人组织。

第十一条 申请开办教育网站和网校的机构（以下简称申办机构）应向主管教育行政部门提供下列材料：

（一）开办（或确认）教育网站和网校的书面申请，包括：教育网站和网校的类别、网站和网校设置地点、辅导站设置地点（如果设置）、预定开始提供服务日期和申办机构性质、通信地址、邮政编码、负责人及其身份证号码、联系人、联系电话等；

（二）本办法第十条所述基本条件证明；

（三）申办机构概况；

（四）由学校与企业合资开办教育网站和网校的，应该提供会计师事务所或者审计师事务所出具的资信证明或者验资报告；

（五）由学校与企业合资开办教育网站和网校的，应提供申办机构的公司章程、股东协议书等文件；

（六）信息安全保障措施。

第十二条 申请开办教育网校，还应提供开办教育网校的办学条件，包括教学大纲、教学管理手段、师资力量、招生对象和资信担保证明等资料。

第十三条 主管教育行政部门每年两次受理申办机构的申请材料。如发现申请材料不符合要求，应在10个工作日内文字通知申办机构限期补办，逾期不补办或者所补材料仍不符合要求者，视为放弃申请。主管教育行政部门经初步审查合格后正式受理申请，在正式受理之日起20个工作日内，做出是否批准的决定，并书面通知申办机构。

第十四条 已获准开办的教育网站和网校，如果开办者主体或者名称、地点等需要变更的，应在变更前20个工作日内向负责批准的原主管教育行政部门提出申请，由主管教育行政部门对新的承办主体进行资格审查，审查合格后方可办理变更报批手续。

第十五条 已获准开办的教育网站和网校应在其网络主页上标明已获主管教育行政部门批准的信息，包括批准的日期、文号等。

第十六条 凡获得批准开办的教育网站以企业形式申请境内外上市的，应事先征得教育部同意。

第十七条 已获准开办的教育网站和网校，由教育部信息化工作领导小组负责定期向社会公布。

第十八条 教育网站和网校应遵循国家有关法律、法规，不得在网络上制作、发布、传播下列信息内容：

（一）泄露国家秘密危害国家安全的；

（二）违反国家民族、宗教与教育政策的；

（三）宣扬封建迷信、邪教、黄色淫秽制品、违反社会公德、以及赌博和教唆犯罪等；

（四）煽动暴力；

（五）散布谣言、扰乱社会秩序、鼓动聚众滋事；

（六）暴露个人隐私和攻击他人与损害他人合法权益；

（七）损害社会公共利益；

（八）计算机病毒；

（九）法律和法规禁止的其他有害信息。

如发现上述有害信息内容，应及时向有关主管部门报告，并采取有效措施制止其扩散。

第十九条 在凡国家法律、法规规定面向社会公开的公益信息，任何教育网站和网校不得进行有偿服务。

第二十条 未经教育部批准，教育网站和网校不得冠以“中国”字样。凡冠以政府职能部门名称的教育网站，均不得从事经营活动。

第二十一条 违反本办法第八条、第十八条，第十九条、第二十条，主管教育行政部门应根据有关行政法规的规定，视情节轻重予以警告、通报批评、取消教育网站和网校开办资格等处罚，情节严重的，依法追究法律责任。

第二十二条 境外机构在中华人民共和国境内参与教育网校建设的，根据中外合作办学的有关规定并参照本办法执行。

第二十三条 有关教育网站和网校收费标准与办法，由开办机构提出申请，所在地的教育行政部门、工商物价管理部门确定；对跨省区办学单位的收费，由开办机构商所服务区域的物价主管部门确定。

第二十四条 凡现有规定与本办法不符的，以本办法为准。

第二十五条 本办法由教育部负责解释。

第二十六条 本办法自发布之日起执行。

B.4.27 “政府财政管理信息系统”网络建设管理暂行办法

财办[2001]39号

第一条 为保证全国地方政府财政管理信息系统（以下简称GFMIS）网络建设规范、有序地实施，提高中央对地方网络建设补助资金的使用效益，制定本办法。

第二条 政府财政管理信息系统是利用先进的信息技术，支持预算编制、国库集中收付和宏观经济预测等财政管理职能的政府财政管理综合信息系统，是覆盖各级政府财政管理部门、收入征管部门和财政资金使用部门的综合业务系统。GFMIS 的网络系统由各级财政部门建立的局域网、城域网和广域网组成。

地方政府财政管理信息系统的网络系统按省、市（地）、县三级建设，分步组织实施。

第三条 政府财政管理信息系统建设坚持“统一领导、统一规划、统一系统平台、统一技术标准、统一组织实施”的原则。

第四条 财政部GFMIS工作小组统一制定的《“政府财政管理信息系统”网络建设技术标准》（以下简称《技术标准》），作为本办法的附件请各地遵照执行（见附件）。

涉及网络系统安全的子系统由财政部组织专门小组设计，纳入地方财政网络系统建设方案统一实施，各地不得单独设计安全系统。

第五条 地方财政厅（局）成立由国库、预算及信息中心等部门组成的地方 GFMIS 工作小组，负责网络系统建设的统一规划和组织实施。

第六条 地方财政网络系统建设技术方案实行报批制。全省范围的网络建设方案由地方GFMIS工作小组报财政部GFMIS工作小组审批；市、县财政网络系统建设方案由省级财政部门审批，并报财政部备案。不符合《技术标准》的建设方案，财政部不予资金支持。

地方网络系统建设方案的具体申报程序和申报内容，由财政部另行制定。

第七条 地方财政网络系统建设费用由中央财政与地方财政共同负担。建设初期的硬件购置费用由中央财政给予适当补助，建成后的运行维护费用主要由地方财政承担，并列入地方各级预算。

第八条 中央财政安排的地方网络系统建设资金采取统一采购、集中供货或补助的方式进行分配。地方财政网络系统建设技术方案报经财政部GFMIS工作小组审批后，由财政部组织供货或下达项目补助资金。每年供货设备数量或项目补助资金规模由财政部GFMIS工作小组根据地方财政信息系统建设进展情况确定。

第九条 财政部组织专家小组对网络建设的主体设备进行选型。设备选型的重点包括网络系统交换机、路由器，硬件系统的中小型机、备份及灾难恢复系统、主应用服务器系统。软件选型主要指全网网管软件和基础数据库。

财政部确定省级、市（地）级政府财政管理信息系统的设备配置档次方案，各地按财政部的统一选型配置网络设备。财政部对统一选型的软硬件设备组织相关技术培训和技术支持。

第十条 地方财政网络系统建设主体设备和软件采取相对集中的方式进行采购。财政部根据各省（区、市）网络系统建设的工程进度和建设条件，分批组织采购。

经财政部GFMIS工作小组审批方案后，地方财政网络系统建设所需的非主体设备，可以由地方通过政府采购方式自行采购。

第十一条 地方各级财政部门要重视财政信息系统管理机构的建设，加强技术力量配置，搞好人员培训。

第十二条 建立对地方财政网络系统建设的检查验收制度。财政部GFMIS工作小组组织督查组，指导、督促地方财政网络系统建设，参与、组织各省（区、市）财政网络系统的验收工作。

第十三条 地方财政部门要定期向财政部GFMIS工作小组上报网络系统建设补助资金的使用情况。对于不按规定，挤占挪用中央对地方财政系统网络建设补助资金的地区，一经发现，如数扣回补助资金。情节严重的，给予通报批评。

第十四条 本办法由财政部负责解释。

第十五条 本办法自发布之日起执行。

B.4.28 文化部关于加强网络文化市场管理的通知

（文市发[2002]10号）

随着我国经济发展，科技进步，网络文化市场迅速发展，“网吧”等互联网上网服务营业场所明显增多，网上文化产品经营活动日趋活跃，对于交流信息、学习科技、传播文明，提高全民族科学文化素质，发挥了积极作用。但是由于与之相应的法律法规不健全，监控手段不完备，管理措施不落实，一些单位和提供互联网上网服务的营业场所，利用互联网从事违法违规经营活动也日渐增多。其突出表现为：通过互联网传播和销售走私盗版的非法音像制品；拍卖和销售假冒伪劣及侵犯他人著作权的艺术品；网络游戏中充斥色情、赌博、暴力、愚昧迷信等不良内容；“网吧”等互联网上网服务营业场所无证经营、未成年人违规进入和经营非网络游戏等现象相当严重。这些现象损害了方兴未艾的网络文化市场，对文化市场的管理提出了严峻挑战。

党中央、国务院高度重视互联网新闻宣传和信息内容安全管理工作，并提出了具体要求，明确了各有关管理部门的职责分工。文化部负责对利用互联网经营艺术品、音像制品、网络游戏、演出活动及“网吧”等互联网上网服务营业场所的日常监督，并实行经营许可证管理。中央编制部门根据职责分工增加了文化部的人员编制，文化部为此增设了网络文化处，负责全国网络文化市场的规划、建设与管理。

为贯彻落实党中央、国务院对互联网管理工作的指示精神，根据国务院整顿和规范市场经济秩序工作会议的要求和全国整顿和规范文化市场秩序电视电话会议的总体部署，切实加强网络文化市场的管理，现将有关事项通知如下：

一、各级文化行政部门作为网络文化市场的主管部门，要以对党、对国家、对人民高度负责的态度，认真贯彻“积极发展、加强管理、趋利避害、为我所用”的方针，统一思想，提高认识，高度重视，切实加强网络文化市场管理。要加强调查研究，进一步明确对利用互联网经营艺术品、音像制品、网络游戏、演出活动及“网吧”等互联网上网服务营业场所的管理思路，制定发展规划，完善管理法规，使网络文化市场健康有序、规范发展。

二、各级文化行政部门要在当地党委和政府的领导下，积极取得编制部门、财政部门的支持，尽快解决网络文化市场管理机构编制、人员和经费等问题，充实配备必要的专业技术人员和网络文化市场管理人员，建成一支政治过硬、业务精通，精干、高效、廉洁的网络文化市场管理队伍。

三、努力推进全国网络文化市场监督管理系统的建设。各地文化行政部门要针对网络文化市场存在的问题，深入研究、充分论证，建立、健全全国网络文化市场监控管理系统，形成统一、高效、便捷的网络文化市场管理平台。同时，与有关部门相互配合，安装内容信息安全和管理软件，增强对各种有害信息的检测和封堵能力，提高对“网吧”等互联网上网服务营业场所管理的有效性和可操作性。

四、要加强对利用互联网经营艺术品、音像制品、网络游戏、演出活动的日常监督，实行文化经营许可证制度。要迅速查清利用互联网经营文化产品和传播文化信息的单位或者网站的情况。严厉打击网上经营走私、盗版音像制品和假冒伪劣及侵犯他人著作权的艺术品的活动，坚决清除色情、赌博、暴力、愚昧迷信的网络游戏。凡发现有违法经营活动的，应依照有关管理法规予以处罚。

五、根据互联网有害信息专项清理整治工作的部署，文化部决定 2002 年 5 月 10 日至 10 月 1 日在全国开展“网吧”等互联网上网服务营业场所专项治理行动。各地要对现有“网吧”等互联网上网服务营业场所进行彻底清查，清除各种有害信息，重新审核登记。

凡符合《互联网上网服务营业场所管理办法》，证照齐全，经审核符合规定条件的，可换发《文化经营许可证》。对证照齐全，经审核不符合规定条件的，或证照不全的，限期停业整顿。经整顿仍然不能达到规定条件的，一律关闭。对无证经营的，提请工商行政管理部门一律取缔。重新审核登记合格的或予以取缔的“网吧”等互联网上网服务营业场所由主管部门一并向社会公告。

重新审核登记工作，由县（区、市）以上（含）文化行政部门进行初审，经省（自治区、直辖市）文化行政部门终审后，统一换发由文化部监制的《文化经营许可证》。

从本通知发布之日起，至专项治理行动结束，各地一律停止审批新的“网吧”等互联网上网服务营业场所。

六、对“网吧”等互联网上网服务营业场所要从严审核、控制总量、合理布局、优化结构，加强宏观管理和调控力度，反对一哄而起，盲目发展。各地应根据当地实际情况，制定本辖区内每一“网吧”等互联网上网服务营业场所的计算机设备总数及占地面积标准，但直辖市、省会城市和计划单列市的每一场所的计算机设备总数不得少于 60 台，且每台占地面积不得少于 2 平方米；直辖市、省会城市和计划单列市以下的地区，每一场所的计算机设备总数不得少于 30 台，且每台占地面积不得少于 2 平方米。西部地区可以参照以上标准，适当下调计算机设备总数，但每台占地面积标准不变。

所有“网吧”等互联网上网服务营业场所必须按照《公共娱乐场所消防安全管理规定》制定安全措施，要有防火设备和疏散通道。

不得在中小学校周边直线距离 200 米内开设“网吧”等互联网上网服务营业场所。不得设立集中经营场所或集中经营街区。

七、“网吧”等互联网上网服务营业场所必须实行消费者入场登记制度和场地巡查制度。允许未成年人在国家法定节假日及寒暑假每日 8 时～20 时进入“网吧”等互联网上网服务营业场所，但在线时间不得超过 3 小时。16 周岁以下的未成年人进入，必须由其监护人陪伴。“网吧”等互联网上网服务营业场所不得容留未成年人夜间上网。凡违反规定的，由文化行政部门吊销该场所的《文化经营许可证》。其场所法定代表人和主管人员三年内不得从事“网吧”等互联网上网服务营业场所的经营活动。

八、对“网吧”等互联网上网服务营业场所的经营管理人员要进行管理法规、职业道德、业务规范等方面的培训，经考核合格者，发给培训证书。做到持证上岗、规范经营、文明服务。要严格审核经营者的从业资格，凡受过刑事处罚或者曾因违反文化市场法规被吊销《文化经营许可证》单位的法定代表人和主管人员，一律不得担任“网吧”等互联网上网服务营业场所的法定代表人和主管人员。

九、各级文化行政部门要明确职责、落实任务。积极主动与公安、工商、电信等互联网管理有关部门相互配合与支持，形成合力，齐抓共管，切实做好网络文化市场的管理工作。对网络文化市场要实行专职专人专门管理，对所辖区域内出现的问题，应尽快解决，不得推诿、扯皮。凡出现问题长期得不到解决，社会反响强烈，造成严重后果的，要追究主管部门领导和主要负责人的行政责任。

十、积极开展文明上网工程建设，倡导网上文明行为。联合工、青、妇等社会各界，大力推进“文明网吧”、“放心网吧”等网络文明活动，形成文明上网的道德规范和舆论环境。学校、家长要共同担负起帮助教育青少年的社会责任，各地可以聘请学生家长和社会各界热心教育的人士作为“网吧”等互联网上网服务营业场所的义务监督员，监督“网吧”等互联网上网服务营业场所的经营行为，引导中小学生树立积极向上、求知好学的上网风尚，使“网吧”等互联网上网服务营业场所真正成为传播先进文化，塑造美好心灵，弘扬社会正气，普及科技知识，倡导科学精神的文化阵地。

B.5 域名管理规范性文件

B.5.1 关于授权中国互联网络信息中心行使域名注册管理机构职责的通知

信部电函 [2002] 429 号

中国互联网络信息中心：

按照《中国互联网络域名管理办法》第十条的规定，授权你中心为中国国家顶级域名CN和中文域名体系注册管理机构和域名根服务器运行机构。主要职责包括：

一、运行、维护和管理我国国家顶级域名CN和中文域名系统，维护域名数据库，保证域名系统安全可靠地运行；

二、运行、维护和管理CN域名和中文域名根服务器；

三、按照《中国互联网络域名管理办法》制定CN和中文域名注册管理实施细则，报我部备案后实施；

四、制定具体的域名运行管理费用收费办法，报我部批准实施；

五、根据域名管理工作的进展提出域名管理政策建议；

六、按照非歧视原则选择域名注册服务机构，并对域名注册服务机构的域名注册服务进行监督管理；

七、指定中立的第三方域名争议解决机构解决域名争议；

八、我部委托的其他职责。

中华人民共和国信息产业部

二〇〇二年九月十六日

B.5.2 关于互联网中文域名管理的通告

信部电[2000]1048号

随着我国社会和经济的不断发展，提高计算机和网络的普及应用程度，合理扩大利用互联网，已成为推进国民经济和社会信息化的重要任务。为了进一步完善我国中文域名体系，规范中文域名注册服务，促进互联网健康发展，维护用户权益，现通告如下：

一、域名是对应于互联网数字地址（IP地址）的层次结构式网络字符标识，是进行网络访问的重要基础。中文域名是含有中文文字的域名，是我国域名体系的重要组成部分。为积极推进中文网络信息资源的开发，促进网络应用普及加快中文域名的应用，经批准，中国互联网络信息中心（CNNIC）已于2000年初开通中文域名试验系统并提供注册服务。

二、中文域名注册体系结构分为三层，即注册管理机构、注册服务机构和注册代理机构。注册管理机构负责运行和管理域名系统，维护域名中央数据库。注册服务机构负责受理域名注册申请并完成注册。注册代理机构在注册服务机构授权范围内接受域名注册申请。经信息产业部批准，中国互联网络信息中心为我国中文域名注册管理机构。

三、在中华人民共和国境内从事中文域名注册服务或注册代理活动，应获得信息产业部批准，信息产业部电信管理局具体负责办理审批事宜。未经批准，任何组织或个人不得从事中文域名注册管理、注册服务和注册代理活动。

四、申请从事中文域名注册服务或注册代理活动的，应当具备下列条件。（一）是依法设立的企业法人或事业法人；（二）有与从事中文域名注册活动相适应的资金和专门人员；（三）有为用户提供长期服务的信誉或者能力；（四）有健全的网络与信息安全保障措施；（五）从事中文域名注册服务的，已与中文域名注册管理机构达成相关协议；（六）从事中文域名注册代理的，已与中文域名注册服务机构达成相关协议；（七）国家规定的其他条件。

五、申请者提交的材料应包括以下内容。(一) 中文域名注册服务申请书，其中应说明提供服务的条件、能力等；（二）法人资格证明；（三）从事中文域名注册服务的，应出具已与中文域名注册管理机构达成协议的相关证明；（四）从事中文域名注册代理的，应出具已与中文域名注册服务机构达成协议的相关证明。

六、信息产业部电信管理局自收到申请之日起 30 日内完成审查，作出批准或者不予批准的决定。予以批准的，正式批复申请人；不予以批准的，书面通知申请人并说明理由。

自本通告发布之日起 60 日后，未经批准在我国境内从事中文域名注册管理、注册服务和注册代理活动的，将被视为违规行为，并比照国家有关法规和规章予以查处。特此通告。

中华人民共和国信息产业部

2000 年 11 月 7 日

B.5.3 中华人民共和国信息产业部关于中国互联网络域名体系的公告

信部电[2002]555 号

为了促进中国互联网络的发展，保障中国互联网络域名系统安全、可靠地运行，根据《中国互联网络域名管理办法》第六条“我国互联网的域名体系由信息产业部以公告形式予以公布”的规定，现公告如下：

一、我国互联网络域名体系中各级域名可以由字母（A-Z，a-z，大小写等价）、数字（0～9）、连接符（-）或汉字组成，各级域名之间用实点（.）连接，中文域名的各级域名之间用实点或中文句号（。）连接。

二、我国互联网络域名体系中在顶级域名“CN”之外暂设“中国”、“公司”和“网络”3 个中文顶级域名。

三、顶级域名 CN 之下，预先设置“类别域名”和“行政区域名”两类英文二级域名。

设置“类别域名”6 个，分别为：AC－适用于科研机构；COM－适用于工、商、金融等企业；EDU－适用于中国的教育机构；GOV－适用于中国的政府机构；NET－适用于提供互联网络服务的机构；ORG－适用于非营利性的组织。

设置“行政区域名”34 个，适用于我国的各省、自治区、直辖市、特别行政区的组织，分别为：BJ-北京市；SH-上海市；TJ-天津市；CQ-重庆市；HE-河北省；SX-山西省；NM-内蒙古自治区；LN-辽宁省；JL-吉林省；HL-黑龙江省；JS-江苏省；ZJ-浙江省；AH-安徽省；FJ-福建省；JX-江西省；SD-山东省；HA-河南省；HB-湖北省；HN-湖南省；GD-广东省；GX-广西壮族自治区；HI-海南省；SC-四川省；GZ-贵州省；YN-云南省；XZ-西藏自治区；SN-陕西省；GS-甘肃省；QH-青海省；NX-宁夏回族自治区；XJ-新疆维吾尔自治区；TW-台湾省；HK-香港特别行政区；MO-澳门特别行政区。

四、在顶级域名下可以直接申请注册二级域名。

五、任何组织或者个人不得采取任何手段妨碍我国境内互联网域名系统的正常运行。

特此公告。

中华人民共和国信息产业部

二〇〇二年十一月二十二日

B.5.4 中国互联网络信息中心域名注册实施细则

第一章 总 则

第一条 为了规范域名的注册和管理，根据《中国互联网络域名管理办法》（以下简称《管理办法》），制定本实施细则。

第二条 申请注册由中国互联网络信息中心负责管理的CN域名和中文域名，或者开展相关活动，应当遵守本实施细则。

第三条 本实施细则涉及的域名体系遵守信息产业部关于中国互联网络域名体系的公告。

第二章 域名注册的申请与审核

第四条 域名注册申请者（以下简称申请者）应当是依法登记并且能够独立承担民事责任的组织。

第五条 申请者申请注册域名时，可以通过联机注册、电子邮件等方式向域名注册服务机构递交域名注册申请表，提出域名注册申请，并且与域名注册服务机构签订域名注册协议。

第六条 域名注册申请表内容应当包括：

（一）申请的域名；

（二）域名主域名服务器和辅域名服务器的主机名以及IP地址；

（三）域名持有者的单位名称、单位负责人、所在单位行业、通信地址、邮政编码、电子邮件、电话号码、传真号码以及认证信息；

（四）域名技术联系人、管理联系人、缴费联系人、承办人的姓名、所在单位名称、通信地址、邮政编码、电子邮址、电话号码以及传真号码。

第七条 申请者应当在域名注册协议中保证：

（一）遵守有关互联网络的法律和规定；

（二）遵守《中国互联网络域名管理办法》以及主管部门的其他相关规定；

（三）遵守中国互联网络信息中心制定的域名注册实施细则、域名争议解决办法等相关规定，以及修订后的版本；

（四）提交的域名注册信息真实、准确、完整。

第八条 域名注册管理机构收到第一次有效注册申请的日期为申请日。域名注册服务机构应当将申请日告知域名申请者。

第九条 域名注册服务机构负责受理域名注册申请，并且根据《管理办法》对域名进行审核。

第十条 对于违反《管理办法》规定的域名，域名注册服务机构应当予以删除。域名申请者或者持有者对于域名注册服务机构删除行为不服的，可以提请域名主管机关复审。

第十一条 在二级域名GOV下申请注册三级域名时，申请者应当提交下列书面资料：

（一）盖有申请单位公章的域名注册申请表；

（二）证明申请单位为政府机构的相关资料。

第十二条 在二级域名EDU下申请注册三级域名的规则，由中国教育和科研计算机网网络中心另行规定。

第三章 注册域名的变更与注销

第十三条 与注册域名有关的注册信息发生变更的，域名持有者应当及时向域名注册服务机构申请变更注册信息。申请变更注册信息时，申请者应当按照申请注册域名时所选择的变更确认方式提交域名变更申请资料。经域名注册服务机构核准后，予以变更运行。

第十四条 申请转让已注册的域名，出让人应当向域名注册服务机构提交盖有申请单位公章或者经公证的域名转让申请表。经域名注册服务机构核准后，该域名由域名注册服务机构予以变更运行。

第十五条 申请注销已注册的域名，申请者应当向域名注册服务机构提交盖有申请单位公章或者经公证的域名注销申请表。经域名注册服务机构核准后，该域名由域名注册服务机构予以注销。

第十六条 域名持有者可以选择和变更域名注册服务机构。变更域名注册服务机构，域名持有者和相关域名注册服务机构应当遵守《中国互联网络信息中心域名注册服务机构变更办法》。

第四章 域名运行管理费

第十七条 根据《管理办法》的规定，域名注册服务机构对注册域名收取年度运行管理费。有关收费办法另行制定。

第十八条 每年域名续费截止日同申请日。对于续费截止日未完成续费的域名，将暂停服务。暂停服务15日仍未完成续费的域名，将予以注销。

第五章 附 则

第十九条 在中国互联网络信息中心设立的WWW服务器（网址是：http://www.cnnic.net.cn）用于发布域名注册信息以及其他有关事项。

第二十条 申请者在域名注册申请表中所填写的各项信息，除申请者特别声明不得公开之外，由域名注册管理机构或者域名注册服务机构录入公众查询的数据库中以及其他出版物中，作为域名注册管理机构或者域名注册服务机构向互联网络用户提供目录服务的一项内容。

第二十一条 根据互联网络和域名系统的发展，以及相关法律、法规、政策的变化等情况，中国互联网络信息中心可以修改本实施细则。

第二十二条 本实施细则由中国互联网络信息中心负责解释。

第二十三条 本实施细则自2002年12月1日起施行。

B.5.5 中国互联网络信息中心域名争议解决办法

第一条 为了解决互联网络域名争议，根据有关法律、行政法规及《中国互联网络域名管理办法》的规定，制订本办法。

第二条　本办法适用于因互联网络域名的注册或者使用而引发的争议。所争议域名应当限于由中国互联网络信息中心负责管理的CN域名和中文域名。

第三条　域名争议由中国互联网络信息中心认可的争议解决机构受理解决。

争议解决机构应当根据本办法和《中国互联网络信息中心域名争议解决办法程序规则》，制订相应的补充规则。

第四条　争议解决机构实行专家组负责争议解决的制度。专家组由一名或三名掌握互联网络及相关法律知识，具备较高职业道德，能够独立并中立地对域名争议作出裁决的专家组成。域名争议解决机构通过在线方式公布可供投诉人和被投诉人选择的专家名册。

第五条　任何机构或个人认为他人已注册的域名与该机构或个人的合法权益发生冲突的，均可以向争议解决机构提出投诉。

争议解决机构受理投诉后，应当按照程序规则的规定组成专家组，并由专家组根据本办法及程序规则，遵循“独立、中立、便捷”的原则，在专家组成立之日起14日内对争议做出裁决。

第六条　域名争议解决程序使用的语言为中文，但投诉人和被投诉人另有约定，或者专家组决定采用其他语言的除外。

第七条　投诉人和被投诉人应当对各自的主张承担举证责任。

第八条　符合下列条件的，投诉应当得到支持：

（一）被投诉的域名与投诉人享有民事权益的名称或者标志相同，具有足以导致混淆的近似性；

（二）被投诉的域名持有人对域名或者其主要部分不享有合法权益；

（三）被投诉的域名持有人对域名的注册或者使用具有恶意。

第九条　被投诉的域名持有人具有下列情形之一的，其行为构成恶意注册或者使用域名：

（一）注册或者受让域名是为了出售、出租或者以其他方式转让该域名，以获取不正当利益；

（二）多次将他人享有合法权益的名称或者标志注册为自己的域名，以阻止他人以域名的形式在互联网上使用其享有合法权益的名称或者标志；

（三）注册或者受让域名是为了损害投诉人的声誉，破坏投诉人正常的业务活动，或者混淆与投诉人之间的区别，误导公众；

（四）其他恶意的情形。

第十条　投诉人针对同一被投诉人的多个域名提出争议的，投诉人或者被投诉人可以请求争议解决机构将多个争议合并为一个争议案件，由同一个专家组处理。是否合并处理，由专家组决定。

第十一条　在专家组就有关争议作出裁决之前，投诉人或者被投诉人认为专家组成员与对方当事人有利害关系，有可能影响案件的公正裁决的，可以向争议解决机构提出要求专家回避的请求，但应当说明提出回避请求所依据的具体事实和理由，并举证。是否回避，由争议解决机构决定。

第十二条　在域名争议解决程序中，除域名注册服务机构根据争议解决机构的要求提供与域名注册及使用有关的信息外，中国互联网络信息中心和域名注册服务机构不以任何身份或者方式参与争议解决程序。

第十三条　专家组根据投诉人和被投诉人提供的证据及争议涉及的事实，对争议进行裁决。

专家组认定投诉成立的，应当裁决注销已经注册的域名，或者裁决将注册域名转移给投诉人。

专家组认定投诉不成立的，应当裁决驳回投诉。

第十四条　在依据本办法提出投诉之前，争议解决程序进行中，或者专家组作出裁决后，投诉人或者被投诉人均可以就同一争议向中国互联网络信息中心所在地的中国法院提起诉讼，或者基于协议提请中国仲裁机构仲裁。

第十五条　争议解决机构裁决注销域名或者裁决将域名转移给投诉人的，自裁决公布之日起满 10 日的，域名注册服务机构予以执行。但被投诉人自裁决公布之日起 10 日内提供有效证据证明有管辖权的司法机关或者仲裁机构已经受理相关争议的，争议解决机构的裁决暂停执行。

对于暂停执行的争议解决机构的裁决，域名注册服务机构视情况作如下处理：

（一）有证据表明，争议双方已经达成和解的，执行和解协议；

（二）有证据表明，有关起诉或者仲裁申请已经被驳回或者撤回的，执行争议解决机构的裁决；

（三）有关司法机关或者仲裁机构作出裁判，且已发生法律效力的，执行该裁判。

第十六条　在域名争议解决期间以及裁决公布 10 日内，域名持有人不得申请转让或者注销处于争议状态的域名，但受让人以书面形式同意接受争议解决裁决约束的除外。

第十七条　争议解决机构建立专门的互联网络网站，通过在线方式接受有关域名争议的投诉，并发布与域名争议有关的资料。但经投诉人或者被投诉人请求，争议解决机构认为发布后有可能损害投诉人或者被投诉人利益的资料和信息，可不予发布。

第十八条　中国互联网络信息中心可以根据互联网络及域名技术的发展，以及中国有关法律、行政法规及政策的变化等情况对本办法加以修改。修改后的办法将通过网站公布，且于公布之日起 30 日后实施。本办法修改前已经提交到争议解决机构的域名争议不适用新办法。

修改后的办法将自动成为域名持有人与域名注册服务机构之间已经存在的域名注册协议的一部分。域名持有人不同意接受争议解决办法或者其修改后的文本约束的，应当及时通知域名注册服务机构。收到通知后，域名注册机服务构将为其保留 30 日域名服务；30 日后，有关域名将予注销。

第十九条　本办法由中国互联网络信息中心负责解释。

第二十条　本办法自 2002 年 9 月 30 日起施行。原《中文域名争议解决办法（试行）》同时废止。

B.5.6　中国互联网络信息中心域名争议解决办法程序规则

第一章　总则与定义

第一条　为了保证域名争议解决程序的公正性、方便性及快捷性，根据中国互联网络信息中心《中国互联网络信息中心域名争议解决办法》（以下简称《解决办法》）的规定，制定本程序规则。

第二条 根据《中国互联网络信息中心域名争议解决办法》而进行的域名争议解决程序受本规则及域名争议解决机构根据本规则制定的《补充规则》所约束。

第三条 本规则（以下简称程序规则）中涉及的下列术语的含义是：

（一）《解决办法》，指中国互联网络信息中心制定的《中国互联网络信息中心域名争议解决办法》。《解决办法》构成域名持有人与域名注册服务机构之间的域名注册协议的一部分，对域名持有人具有约束力。

（二）注册协议，指域名持有人与域名注册服务机构之间所签订的域名注册协议。

（三）当事人，指域名争议的投诉人和被投诉人。

（四）投诉人，指对相关域名有争议，并依据《解决办法》与《程序规则》向域名争议解决机构提出投诉的一方当事人。

（五）被投诉人，指被投诉的域名持有人。

（六）域名注册管理机构，指中国互联网络信息中心（CNNIC）。

（七）域名注册服务机构，指经中国互联网络信息中心授权，负责受理域名注册申请并完成注册的机构。

（八）域名注册代理机构，指在注册服务机构授权范围内接受域名注册申请的机构。

（九）域名争议解决机构，指经由中国互联网络信息中心认可与授权，负责解决中国互联网络域名争议的机构。

（十）专家组，指由域名争议解决机构指定的审理有关域名争议投诉的一名或三名专家组成的小组。

（十一）专家，指由域名争议解决机构认可，并在域名争议解决机构网站上专家名册中公布的、有资格担任域名争议解决机构域名争议专家组成员的人。

（十二）《补充规则》，指域名争议解决机构根据《解决办法》和《程序规则》制定的补充规则。

第二章 文件的提交与送达

第四条 域名争议案件文件的提交应当遵守以下原则：

（一）任何一方当事人提交的文件必须同时向另一方当事人、专家组以及域名争议解决机构提交副本。

（二）域名争议解决机构向一方当事人传送的任何文件，必须同时向另一方当事人传送副本；

（三）专家组传送给任何一方当事人的文件，必须同时向域名争议解决机构和另一方当事人传送副本；

（四）文件传送方有义务为其传送的文件保留记录，以记载有关文件传送的具体事实和情况，供有关当事方查阅，并用以制作相应的报告。

（五）当传送文件的一方当事人收到通知，被告知未收到其所传送的文件时，或者传送文件的当事人自己认为未能成功地传送有关文件时，该当事人应立即将有关情况通知域名争议解决机构。此后，任何文件的传送与回复均应当依照域名争议解决机构的指示为之；

（六）任何一方当事人均可通知域名争议解决机构，更新其详细的联络信息。

第五条　域名争议解决机构有责任采取有效措施，确保被投诉人实际收到投诉书。被投诉人实际收到投诉书，或者域名争议解决机构为使被投诉人实际收到投诉书而实施以下行为后，上述责任即视为解除：

（一）按照域名注册管理机构及域名注册服务机构 WHOIS 数据库中记录的域名持有人、管理联系人、技术联系人、承办人和缴费联系人的所有邮政通信及传真地址，向被投诉人发送投诉书的；

（二）按照域名注册管理机构及域名注册服务机构 WHOIS 数据库中记录的域名持有人、管理联系人、技术联系人、承办人和缴费联系人的电子邮件地址，或者当域名对应于一个网站时，按照该网站联系方式中提供的电子邮件地址向被投诉人传送电子形式投诉书（包括可按照相关格式送达被投诉人的附件）的；

（三）按照被投诉人自行选择并通知域名争议解决机构的其他通信地址，及在可行范围内由投诉人根据第十一条第五项提供的所有其他地址向被投诉人发送投诉书的。

第六条　除前条规定的情形外，依本规则向投诉人或被投诉人传送的任何文件均应当根据投诉人或被投诉人指定的方式进行。在投诉人或被投诉人没有指定时，通过选择以下三种方式进行：

（一）通过带有传输确认的传真方式传送；

（二）预付邮资并通过带有收据的邮寄或邮政快递方式发送；

（三）在能获得传送记录的情况下，通过网络以电子形式传送。

第七条　投诉人和被投诉人向域名争议解决机构或专家组提交的任何文件均应当按照域名争议解决机构《补充规则》所规定的方法和方式（包括份数）提交。

第八条　除非当事人另有约定或者专家组在特殊情形下另有决定，域名争议解决程序所使用的语言应为中文。专家组对任何非以中文制作的文件可以要求当事人提交全部或部分中文译文。

第九条　除非本规则另有规定，或者专家组另有决定，本规则规定的所有文件于下列情况下应视为已经送达：

（一）通过传真方式传送的，以传送确认书上显示的日期为准；

（二）通过邮寄或者邮政快递方式发送的，以邮寄回执上记载的日期为准；

（三）通过网络传送的，在传送日期可予验证的情况下，以该日期为准。

第十条　除非本规则另有规定，本规则规定的期间的起算日应当是根据前条规定推定的文件最早送达日。

第三章　投　诉

第十一条　任何机构或者个人均可以依据《解决办法》及《程序规则》的规定向经中国互联网络信息中心授权的域名争议解决机构提出投诉以启动域名争议解决程序。

第十二条　投诉书应当采用有形书面文件及电子文件（没有电子文件格式的附件除外）两种形式提交，并应当包括以下内容：

（一）依据《解决办法》和《程序规则》进行审理和裁决的明确请求；

（二）投诉人及其代理人的姓名（名称）、邮政地址、电子邮件地址、联系电话和传真号码；

（三）无论是电子文件还是有形书面文件，均应注明在域名争议解决程序中与投诉人联络的首选方式，包括联系人、联系方式及联络地址；

（四）是否选择处理争议的专家，以及选择由一人还是三人专家组。如果选择三人专家组裁决争议的，投诉人应当从域名争议解决机构专家名册中按其自行决定的顺序选择三名专家作为候选人，并写明专家姓名。投诉人也可以授权域名争议解决机构代其指定专家；

（五）就其所知，写明被投诉人（域名持有人）或其代表、代理人的姓名（名称）及详细的联络信息（包括所有的邮政地址、电子邮件地址、联系电话和传真号码）。上述信息应详细具体，足以允许域名争议解决机构将投诉人的投诉书按本规则规定的方式传送给被投诉人；

（六）写明争议域名；

（七）确定争议域名的注册服务机构和/或注册代理机构；

（八）投诉人投诉所依据的其针对争议域名所享有的权利或者合法利益，附带能够表明权利状况的所有资料；

（九）根据《解决办法》，说明据以提出投诉的理由，尤其应写明：

1．被投诉人（域名持有人）的域名与投诉人享有民事权利的名称或标志相同，或者具有足以导致混淆的相似性；

2．被投诉人（域名持有人）对该域名或者其主要部分不享有合法权益；

3．被投诉人（域名持有人）对该域名的注册或使用具有恶意。

（就第 3 项而言，投诉人应说明《解决办法》第九条所规定的各个方面。有关说明文字应遵守域名争议解决机构《补充规则》规定的字数或文件页数的限制。）

（十）依据《解决办法》第十三条所寻求的救济方式；

（十一）如果存在就同一域名争议而提起的司法或仲裁程序，无论此类程序是否已经完结，均应当加以说明，并提交与该程序相关，且投诉人能够获得的所有资料；

（十二）已经向被投诉人（域名持有人）和有关域名注册服务机构和/或注册代理机构发送或传送投诉书副本的声明；

（十三）投诉书的结尾应附有下列声明，并由投诉人或其法定代表人，或者授权的代理人签字或盖章：

"投诉人确认，有关投诉是依据《中国互联网络信息中心域名争议解决办法》、《中国互联网络信息中心域名争议解决办法程序规则》及相关法律而提出的；就本人所知，投诉书所载信息是完整的和准确的；有关的投诉及救济主张仅针对注册域名持有人，不涉及域名争议解决机构及专家组专家，也不涉及域名注册管理机构及注册服务机构、注册人员及域名注册代理机构。"

（十四）作为附件，提交能够证明权利状况的文件及任何其他相关文件。

第十三条 一份投诉可以针对同一域名持有人所注册的多个域名提出。

第十四条 域名争议解决机构收到投诉书后，应当对投诉书进行形式审查。

如果投诉书符合《解决办法》和《程序规则》的要求，域名争议解决机构应当在收到投诉人按照本规则第八章的规定缴纳的费用后3日内，根据本规则第五条规定的方式将投诉书副本送达被投诉的域名持有人。

如果经审查认为投诉书在形式上存有缺陷，域名争议解决机构应当及时将缺陷通知投诉人，要求其在收到通知后5日内对投诉书所存在的缺陷加以必要的修改。投诉人未在规定的时间内对投诉书予以修改，或修改后的文件仍不符合要求者，其投诉被视为撤回，但并不妨碍投诉人另行提出投诉。

第十五条 域名争议解决机构依照《程序规则》第五条的规定完成向被投诉人送达投诉文件之日，为域名争议解决程序的正式开始日期。

第十六条 域名争议解决机构应当将争议解决程序的开始日期及时通知各方当事人和域名注册服务机构以及中国互联网络信息中心。

第四章 答 辩

第十七条 被投诉人应当在域名争议解决程序开始之日起20日内向域名争议解决机构提交答辩。

第十八条 答辩应以有形书面文件及电子文件（没有电子文件格式的附件除外）两种形式提交，应当包括以下内容：

（一）对投诉人的投诉主张进行反驳，并申明继续拥有和使用争议域名的依据和具体理由（答辩书该部分应当遵守域名争议解决机构《补充规则》所规定的字数或页数限制）；

（二）被投诉人及其授权代理人的姓名（名称）及详细的联络信息（邮政地址、电子邮件地址、联系电话和传真号码）；

（三）无论是电子文件还是有形书面文件，均应当注明在域名争议解决程序中与被投诉人进行联络的首选联络方式，包括联系人、联系方式及联络地址；

（四）如果投诉人在投诉书中选择一人专家组审理案件，则应当声明被投诉人是否选择将争议交由三人专家组审理；

（五）如果投诉人或被投诉人选择由三人专家组审理，被投诉人应当从域名争议解决机构公布的专家名单中按其自行决定的顺序选择三名专家作为候选人，并写明专家姓名。被投诉人也可以授权域名争议解决中心代其指定专家；

（六）如果存在就同一域名争议所提起的司法或仲裁程序，无论该程序是否已经完结，都应当加以说明，并提交被投诉人能够获得的、与该程序有关的全部资料；

（七）已经按本规则规定向投诉人发送或传送答辩书副本的声明；

（八）答辩书的结尾应附有下列声明，并经被投诉人或其法定代表人或其授权代理人签字或盖章：

“被投诉人确认，有关答辩是依据中国互联网络信息中心《中国互联网络信息中心域名争议解决办法》、《中国互联网络信息中心域名争议解决办法程序规则》及相关法律而进行的。就本人所知，答辩书所载信息是完整的和准确的。有关答辩及主张仅针对投诉人，不涉及域名争议解决机构及专家组专家，也不涉及域名注册管理机构及注册服务机构、注册人员及域名注册代理机构。”

（九）作为附件，提交能够证明权利状况的文件及任何其他相关文件。

第十九条 如果投诉人选择将争议交由一人专家组审理，而被投诉人选择将争议交由三人专家组审理，被投诉人则应当承担域名争议解决机构《补充规则》所规定的三人专家组费用的一半。该费用应当由被投诉人在向域名争议解决机构提交答辩时一并交付。如所应收取的费用未能按照要求缴付，争议将由一人专家组审理。

第二十条 应被投诉人的请求，域名争议解决机构在特殊情形下可以适当延长被投诉人提交答辩的期限。当事人也可协议延长被投诉人提交答辩的期限，但须征得域名争议解决机构的同意。

第五章 专家组的指定

第二十一条 域名争议解决机构应当在线公布专家名册。负责域名争议解决程序的专家组由一名或者三名专家组成。

第二十二条 如果投诉人和被投诉人均未选择三人专家组，域名争议解决机构将在收到被投诉人答辩或答辩期限届满后5日内从其专家名册中指定一名专家成立独任专家组。一人专家组费用应全部由投诉人承担。

第二十三条 如果投诉人或被投诉人一方选择三人专家组，域名争议解决机构应当根据第二十五条和第二十六条所规定的程序指定三位专家。三人专家组费用应全部由投诉人承担，但三人专家组由被投诉人选择的除外。在后一种情形下，所涉费用应当由双方各半分担。

第二十四条 除非投诉人已经选择三人专家组并提供三名候选专家，投诉人应当在收到域名争议解决机构有关被投诉人选择三人专家组的答辩书后3日内，向域名争议解决机构提交将被指定作为案件专家组成员之一的三位候选专家的姓名。

第二十五条 如果投诉人或被投诉人之一方选择三人专家组，域名争议解决机构应当分别从投诉人和被投诉人各自提供的三位候选专家名单中指定一名专家。如果域名争议解决机构无法在5日内按照惯常条件从某一方当事人选择的专家中指定一名专家，则域名争议解决机构将自行从其专家名册中予以指定。第三名专家应当由域名争议解决机构从其专家名单中指定。第三名专家为首席专家。

第二十六条 如果被投诉人未提交答辩或提交了答辩但未表明如何选定专家组，域名争议解决机构应当以下述方式指定专家组：

（一）如果投诉人选择一人专家组，域名争议解决机构应当从其专家名册中指定一名专家；

（二）如果投诉人选择三人专家组，在可能的情况下，域名争议解决机构应当从投诉人提供的三位候选专家中指定一名专家，从其专家名册中指定第二名专家和首席专家。

第二十七条 是否接受指定，由专家自行决定。为了保证争议解决程序的快速、顺利进行，如果被当事人选定为候选人的专家不同意接受指定，域名争议解决机构将自行指定其他专家组成专家组。

第二十八条 专家组成立后，域名争议解决机构应当及时将案件移交专家组，并将专家组的组成情况及专家组应将裁决提交争议解决机构的日期及时通知各方当事人。

第二十九条 专家应当独立公正，并应在接受指定前向域名争议解决机构披露有可能对其独立性与公正性产生合理怀疑的任何情形。如果在程序进行过程中的任何阶段出现了可导致对其独立性与公正性产生合理怀疑的新情况，则该专家应当立即将该情形向域名争议解决机构披露。在这种情况下，域名争议解决机构有权指定其他专家。

专家在接受指定前应当向域名争议解决机构提交书面的独立性与公正性声明。

当事人一方认为某专家与对方当事人有利害关系，有可能影响案件的公正裁决的，应当在专家组就有关争议作出裁决前向域名争议解决机构提出。专家是否退出专家组，由域名争议解决机构决定。

第三十条 任何一方当事人或其代理人均不得与专家组进行单方联络。当事人一方与专家组或域名争议解决机构间的所有联络均应当通过域名争议解决机构根据其《补充规则》规定的方式指定的案件经办人进行。

第六章 审理和裁决

第三十一条 专家组应当根据《程序规则》，以其认为适当的方式进行案件程序，基于投诉人和被投诉人投诉书和答辩书中各自的主张、所涉及的事实及所提交的证据，依据《解决办法》以及可予适用的法律规则对域名争议作出裁决。如果被投诉人未提交答辩，如无特殊情形，专家组应当依据投诉书裁决争议。

在争议处理过程中，专家组应平等地对待双方当事人，给予当事人双方平等的陈述事实、说明理由及提供证据的机会。

专家组应确保争议解决程序快速进行。应当事人请求，专家组有权决定在特殊情况下延长本规则所确定的期限。

专家组有权认定证据的可采性、关联性、利害关系和证明力。

第三十二条 除投诉书与答辩书外，专家组有权要求任何一方当事人就案件提供进一步的说明及有关证据材料。

第三十三条 正常情况下，域名争议解决程序不举行当庭听证（包括以电话会议、视频会议及网络会议方式进行的任何听证），但专家组认为有必要举行的除外。当事人一方也可以在支付相关费用的前提下请求专家组举行当庭听证。

第三十四条 除非有特殊理由，如果一方当事人未能遵守《程序规则》规定或者专家组确定的任何期限，专家组将继续进行程序，直至就所涉争议作出裁决。

第三十五条 除非有特殊理由，如果一方当事人未能遵守《程序规则》中的任何规定或专家组的任何指令，专家组有权依其认为适当的情形对此予以推论。

第三十六条 如果投诉人与被投诉人之间存有多个域名争议，投诉人或被投诉人均可以请求将这些争议交由一个专家组合并审理。该请求应向第一个被指定负责审理双方争议的专家组提出。该专家组有权决定将此类争议部分或全部予以合并审理，只要这些合并审理的争议受《解决办法》的约束。

第三十七条 如无特殊情形，专家组应于成立后14日内就所涉域名争议作出裁决，并将裁决书提交域名争议解决机构。

第三十八条 专家应在签署裁决前将裁决书草案提交域名争议解决机构。在不影响专家独立裁决的前提下，域名争议解决机构可以就裁决书的形式问题进行核阅。

第三十九条 在案件由三人专家组审理的情况下，裁决应当按照多数人的意见作出。每 位专家享有平等的表决权。专家组不能形成多数意见时，裁决依首席专家的意见作出。任何不同意见均应当载入裁决之中。

第四十条 裁决书应以书面形式及电子形式作成，且应说明裁决结果及裁决理由，写明裁决作出的日期及专家的姓名。

如果专家组认为投诉的争议不属于其管辖的范围，应加以说明。如果专家组经审阅当事人所提交的文件后认定投诉具有恶意，专家组可以在裁决中宣布该投诉构成对域名争议解决程序的滥用。

第四十一条 如果在程序正式开始之前或进行的过程中，当事人一方就被争议域名提起了司法程序或仲裁程序，域名争议解决机构或专家组有权决定中止或终止程序，或继续程序，直至作出裁决。

当事人一方如果在程序进行期间就争议域名提起了任何司法程序或仲裁程序，应当立即通知专家组和域名争议解决机构。

第四十二条 在专家组作出裁决之前，域名争议解决程序可因下列情况而终止：

（一）当事人之间自行达成和解；

（二）专家组认为域名争议解决程序由于其他原因已无必要继续进行或不可能继续进行，除非一方当事人在专家组规定的时间内提出合理的反对理由。

第七章 裁决的送达与公布

第四十三条 域名争议解决机构应当在收到专家组提交的裁决后三日内将裁决书全文传送给各方当事人、相应的域名注册服务机构以及中国互联网络信息中心。

第四十四条 除非专家组根据当事人的请求或争议的具体情况另有决定，域名争议解决机构应当将裁决的全部内容在上述第四十三条所规定的期限内在公开网站上予以公布。

第八章 费 用

第四十五条 投诉人应根据域名争议解决机构《补充规则》的规定，按规定的时间和金额，向域名争议解决机构支付固定的程序费用。如果被投诉人选择将争议交由三人专家组裁决，而不是交由投诉人选择的一人专家组审理，则三人专家组费用的一半应由被投诉人承担。在其他情形下，域名争议解决机构所有费用应由投诉人承担。

第四十六条 在投诉人未根据《程序规则》的规定向域名争议解决机构缴纳程序费用前，域名争议解决机构不应就有关投诉采取任何进一步的行动。

第四十七条 如果域名争议解决机构在收到投诉书后 8 日内未收到有关程序费用，则投诉视为撤回，程序予以终止。

第四十八条 在特殊情形下，如果举行当庭听证，域名争议解决机构可以要求当事人双方另外支付费用。该费用应当由域名争议解决机构与当事人双方和专家组协商后确定。

第九章 附 则

第四十九条 除故意行为外，域名争议解决机构及专家均不就本规则下与域名争议解决程序有关的任何行为或疏忽向任何一方当事人承担责任。

第五十条 本《程序规则》由中国互联网络信息中心负责解释。

第五十一条　本《程序规则》自 2002 年 9 月 30 日起施行。

B.6　自律性规范

B.6.1　中国互联网行业自律公约

（中国互联网协会 2002 年 3 月 26 日公布）

第一章　总　则

第一条　遵照“积极发展、加强管理、趋利避害、为我所用”的基本方针，为建立我国互联网行业自律机制，规范行业从业者行为，依法促进和保障互联网行业健康发展，制定本公约。

第二条　本公约所称互联网行业是指从事互联网运行服务、应用服务、信息服务、网络产品和网络信息资源的开发、生产以及其他与互联网有关的科研、教育、服务等活动的行业的总称。

第三条　互联网行业自律的基本原则是爱国、守法、公平、诚信。

第四条　倡议全行业从业者加入本公约，从维护国家和全行业整体利益的高度出发，积极推进行业自律，创造良好的行业发展环境。

第五条　中国互联网协会作为本公约的执行机构，负责组织实施本公约。

第二章　自律条款

第六条　自觉遵守国家有关互联网发展和管理的法律、法规和政策，大力弘扬中华民族优秀文化传统和社会主义精神文明的道德准则，积极推动互联网行业的职业道德建设。

第七条　鼓励、支持开展合法、公平、有序的行业竞争，反对采用不正当手段进行行业内竞争。

第八条　自觉维护消费者的合法权益，保守用户信息秘密；不利用用户提供的信息从事任何与向用户作出的承诺无关的活动，不利用技术或其他优势侵犯消费者或用户的合法权益。

第九条　互联网信息服务者应自觉遵守国家有关互联网信息服务管理的规定，自觉履行互联网信息服务的自律义务：

（一）不制作、发布或传播危害国家安全、危害社会稳定、违反法律法规以及迷信、淫秽等有害信息，依法对用户在本网站上发布的信息进行监督，及时清除有害信息；

（二）不链接含有有害信息的网站，确保网络信息内容的合法、健康；

（三）制作、发布或传播网络信息，要遵守有关保护知识产权的法律、法规；

（四）引导广大用户文明使用网络，增强网络道德意识，自觉抵制有害信息的传播。

第十条　互联网接入服务提供者应对接入的境内外网站信息进行检查监督，拒绝接入发布有害信息的网站，消除有害信息对我国网络用户的不良影响。

第十一条　互联网上网场所经营者要采取有效措施，营造健康文明的上网环境，引导上网人员特别是青少年健康上网。

第十二条 互联网信息网络产品制作者要尊重他人的知识产权，反对制作含有有害信息和侵犯他人知识产权的产品。

第十三条 全行业从业者共同防范计算机恶意代码或破坏性程序在互联网上的传播，反对制作和传播对计算机网络及他人计算机信息系统具有恶意攻击能力的计算机程序，反对非法侵入或破坏他人计算机信息系统。

第十四条 加强沟通协作，研究、探讨我国互联网行业发展战略，对我国互联网行业的建设、发展和管理提出政策和立法建议。

第十五条 支持采取各种有效方式，开展互联网行业科研、生产及服务等领域的协作，共同创造良好的行业发展环境。

第十六条 鼓励企业、科研、教育机构等单位和个人大力开发具有自主知识产权的计算机软件、硬件和各类网络产品等，为我国互联网行业的进一步发展提供有力支持。

第十七条 积极参与国际合作和交流，参与同行业国际规则的制定，自觉遵守我国签署的国际规则。

第十八条 自觉接受社会各界对本行业的监督和批评，共同抵制和纠正行业不正之风。

第三章　公约的执行

第十九条 中国互联网协会负责组织实施本公约，负责向公约成员单位传递互联网行业管理的法规、政策及行业自律信息，及时向政府主管部门反映成员单位的意愿和要求，维护成员单位的正当利益，组织实施互联网行业自律，并对成员单位遵守本公约的情况进行督促检查。

第二十条 本公约成员单位应充分尊重并自觉履行本公约的各项自律原则。

第二十一条 公约成员之间发生争议时，争议各方应本着互谅互让的原则争取以协商的方式解决争议，也可以请求公约执行机构进行调解，自觉维护行业团结，维护行业整体利益。

第二十二条 本公约成员单位违反本公约的，任何其他成员单位均有权及时向公约执行机构进行检举，要求公约执行机构进行调查；公约执行机构也可以直接进行调查，并将调查结果向全体成员单位公布。

第二十三条 公约成员单位违反本公约，造成不良影响，经查证属实的，由公约执行机构视不同情况给予在公约成员单位内部通报或取消公约成员资格的处理。

第二十四条 本公约所有成员单位均有权对公约执行机构执行本公约的合法性和公正性进行监督，有权向执行机构的主管部门检举公约执行机构或其工作人员违反本公约的行为。

第二十五条 本公约执行机构及成员单位在实施和履行本公约过程中必须遵守国家有关法律、法规。

第四章　附　则

第二十六条 本公约经公约发起单位法定代表人或其委托的代表签字后生效，并在生效后的30日内由中国互联网协会向社会公布。

第二十七条　本公约生效期间，经公约执行机构或本公约十分之一以上成员单位提议，并经三分之二以上成员单位同意，可以对本公约进行修改。

第二十八条　我国互联网行业从业者接受本公约的自律规则，均可以申请加入本公约；本公约成员单位也可以退出本公约，并通知公约执行机构；公约执行机构定期公布加入及退出本公约的单位名单。

第二十九条　本公约成员单位可以在本公约之下发起制订各分支行业的自律协议，经公约成员单位同意后，作为本公约的附件公布实施。

第三十条　本公约由中国互联网协会负责解释。

第三十一条　本公约自公布之日起施行。

B.6.2　中国互联网协会反垃圾邮件规范

（中国互联网协会2002年11月1日公布）

第一条【目的】为了保护我国电子邮件用户的正当权益，促进电子邮件服务业的健康发展，推动互联网资源和信息系统的合理利用，中国互联网协会（以下简称协会）成员共同制定本规范。

第二条【适用】协会成员开展电子邮件服务，适用本规范；其他主体根据自愿的原则，接受本规范的约束。

第三条【垃圾邮件】本规范所称垃圾邮件，包括下述属性的电子邮件：

（一）收件人事先没有提出要求或者同意接收的广告、电子刊物、各种形式的宣传品等宣传性的电子邮件；

（二）收件人无法拒收的电子邮件；

（三）隐藏发件人身份、地址、标题等信息的电子邮件；

（四）含有虚假的信息源、发件人、路由等信息的电子邮件。

第四条【服务提供者】本规范所称电子邮件服务提供者（以下简称服务提供者），包括依法为电子邮件用户发送、转发、接收电子邮件提供条件的电信业务经营者和互联网信息服务提供者。

第五条【共同原则】协会及其成员在反垃圾邮件方面，坚持如下原则：

（一）信息共享原则。协会应当向协会成员提供反垃圾邮件方面的有关信息。协会成员有权及时取得和使用协会的有关信息，获得协会的帮助；

（二）行动一致原则。协会成员坚持行动一致的原则，共同抵制垃圾邮件，执行协会的各项决定。

第六条【协会义务】反垃圾邮件是中国互联网协会的一项重要职能，在反垃圾邮件方面负有如下责任：

（一）在阻止和消除垃圾邮件的传播方面为服务提供者提供指导、帮助和培训；

（二）与其他国家和地区的反垃圾邮件组织进行沟通、联系和交流，协调协会成员与其他国家和地区的反垃圾邮件组织和服务提供者之间的关系，维护各协会成员的利益；

（三）建立垃圾邮件的投诉、举报和受理机制；

（四）建立反垃圾邮件协调机制，协助解决协会成员之间、协会成员与其他成员之间因垃圾邮件引起的纠纷；

（五）向协会成员定期公布传播垃圾邮件的服务提供者名单及其他相关信息，发布有关决定。

第七条【共同约定】加入协会及接受本规范的服务提供者应采取如下措施，阻止和消除垃圾邮件的传播：

（一）建立垃圾邮件的信息收集、反馈及处理机制；

（二）记录传递电子邮件的服务提供者的名称、互联网地址或者域名、垃圾邮件发送者的情况等有关信息，并在协会或其指定的组织需要时，予以提供；

（三）在向用户提供电子邮件服务前，以明示的方式将电子邮件服务规则和使用规则提供给用户，并提示用户须对其发送电子邮件的行为承担法律责任；

（四）发现用户传播的电子邮件属于垃圾邮件的，通知服务提供者；发件人继续传播垃圾邮件的，对其予以警告；警告后发件人仍然传播垃圾邮件的，通告协会，由协会确定是否采取统一行动，停止为其提供服务；

（五）接到用户关于垃圾邮件的投诉或者申告，确证后，立即停止为该发件人提供邮件发送服务，情况严重的，通知协会，由协会确定是否采取统一行动，停止为其提供服务。

（六）对于协会公布的垃圾邮件服务提供者和垃圾邮件发送人，采取相应措施；

（七）鼓励使用垃圾邮件自动识别分类和过滤软件，为用户服务。

（八）协助协会及国家有关部门就垃圾邮件的传播情况进行调查和处理。

第八条【授权性承诺】协会可以及时向社会公告发送、转发或者接收垃圾邮件的服务提供者，以便社会监督。

第九条【施行日期】本规范自协会发布之日起施行。

服务提供者自签署本规范之日起接受本规范的约束。

B.6.3 中国新闻界网络媒体公约

（一九九九年四月十五日）

为加强中国新兴的网络媒体之间的交流和合作，营造中国网络媒体公平竞争的良好环境，促进中国网络媒体的健康发展；本着“合作、公平、发展”的精神，特制订此公约：

一、公约单位，无论是一个媒体单位，还是其相关从业人员，都应遵守新闻媒体所应有的职业道德，服从国家制订的有关新闻媒体的政策法律法规，遵循新闻媒体所具有的基本准则和基本规律。

二、各公约单位，都应充分发挥新媒体速度快、容量大、多媒体、可交互、可检索等特点，牢牢确立“媒体”意识，牢牢树立“为网友服务”的观念，争取在全社会的新闻信息传播中，同报刊、广播、电视一样，发挥应有的、越来越重要的作用；

三、各公约单位应充分运用好以因特网为标志的一系列高技术成果，结合自己实际，面向市场，走专业化道路，加强信息内容建设，搞好信息服务，努力成为新世纪因特网上中文信息建设的主力军，为通过因特网向全世界传播中国文化、中国文明，为促进中国新闻传播事业的发展和信息产业的发展，做出应有的贡献；

四、各公约单位应充分发扬新闻媒体之间的长期友好合作传统，取长补短，共同发展；

五、各公约单位应充分尊重相互之间的信息产权和知识产权，呼吁全社会尊重网上的信息产权和知识产权，坚决反对和抵制任何相关侵权行为；

六、各公约单位郑重约定，凡在此公约上签字的新媒体，可以用自己独家发布的拥有产权的信息，同其他新媒体拥有的同样的信息交换，各新媒体无论规格高低，实力大小，实行信息产权面前人人平等；

七、各公约单位根据第五条和第六条，可以在自己的网站页面上摘用其他公约单位网站上的新闻和信息，但是必须注明出处，并为对方报纸做链接；

八、若某公约单位对其网站上的某些信息有特殊规定，则其他公约单位应遵守其规定，包括按照该公约单位的要求，给予经济补偿；

九、各公约单位约定，凡不属于此公约的其他网站，如须引用公约单位的信息，应经过授权，并支付相应的费用。使用时，或注明出处，或建立链接；

十、此公约从签约之日起生效。如情况变化，可酌情修改；

十一、各公约单位签约自由，退约自由。

B.6.4　全国青少年网络文明公约

要善于网上学习，不浏览不良信息。

要诚实友好交流，不侮辱欺诈他人。

要增强自护意识，不随意约会网友。

要维护网络安全，不破坏网络秩序。

要有益身心健康，不沉溺虚拟时空。

附录C 互联网应用部分案例

C.1 中国电信“互联星空”计划

C.1.1 互联星空计划背景

经过短短几年的发展，中国的网民数量已经达到5910万，呈现出指数增长的态势。中国宽带互联网（Chinanet）所承载的中文网站已经成为全球网上中文信息的最主要来源。“163”已经成为中国互联网接入的著名品牌。飞速增长的互联网用户群和对信息资源的强大需求，预示着互联网产业充满着无限商机。

“以应用促发展，以合作促提升”，这种理念已经为信息资源提供商所普遍认同，但信息和应用服务从免费到收费要经历一个被人们逐渐接受的过程，实现这种新的商业模式对大多数服务提供商(service provider 简称 SP)来说还存在一些突出困难：缺乏一个可靠的、低成本的用户认证和管理系统；缺乏便利的用户收费渠道；缺乏获取用户真实身份的技术手段。

中国的互联网接入服务提供商 ISP（包括中国电信）先期更多关注网络资源的建设、用户规模的扩展，由于没有与 SP 紧密结合，无法推出具有个性化的互联网接入服务，也就难免陷入价格竞争。

随着互联网接入从窄带向宽带过渡，作为互联网产业链赖以生存的重要部分，用户需求呈现出多元化的新趋势，对多媒体应用需求增强，对个性化服务的要求越来越高。ISP、SP 等互联网产业链的各市场主体再也无法孤军奋战，只有携手合作，发挥各方潜力，实现优势互补从而产生规模效应，建立信息和应用服务新的商业模式，才能促进互联网产业链的良性循环。

中国宽带互联网（Chinanet）从骨干层到接入层已全面实现宽带化，出口带宽已经超过 5147M，提供多种接入方式。网络资源已经不再是互联网发展的瓶颈问题。中国电信拥有庞大的用户资源，畅通的收费渠道，统一的用户认证和管理系统，这些正好可以解决 SP 建立信息和应用服务收费模式的难题。

鉴此，中国电信实施了“互联星空计划”，愿意与 SP 共同建立起 Chinanet 信息应用蓬勃发展的环境，积极推动互联网产业链（用户—ISP—SP）的发展，实现用户、ISP、SP 共赢的目的。

C.1.2 互联星空计划内涵

中国电信ChinaVnet互联星空业务(以下简称“**互联星空**”)的内涵是充分利用中国电信的用户资源、网络资源、应用支撑平台资源、营销网络、客户服务和宣传渠道等资源，营造互联网产业良性发展的生态环境，积极推动互联网产业链的可持续发展，创造互联网服务新的商业模式。互联星空通过自营及聚合SP的内容和应用，为中国电信互联网用户提供丰富多彩的信息应用服务，实现用户、ISP、SP的多方共赢。

中国电信ChinaVnet互联星空建立了顶级域名www.chinavnet.com，顶级域名将用于中国电信集团公司ChinaVnet互联星空服务门户网站；各省、直辖市电信公司ChinaVnet互联星空服务门户的域名将采用xx.chinavnet.com，其中“xx”是各省、直辖市电信公司的标识代码。

C.1.3 中国电信在互联星空产业链中的定位

中国电信在“互联星空”计划中的定位是开放的互联网络和应用支撑平台提供商，以及各类互联网应用业务的虚拟运营商。

为各类SP提供开放的、公平接入的、功能强大的宽带网络；通过统一的服务品牌和服务门户，建立并维持客户关系，集中业务流量，形成一定的用户规模；连接各类SP与用户，提供对用户的统一认证、授权和代收费服务，沟通各类SP与中国电信用户之间的联系渠道，保证业务的顺利运营；为各类SP提供网络接入、媒体存储、媒体推送、媒体交换、网络管理和业务支撑等应用支撑平台服务；通过聚合SP和自营的内容及应用服务并提供给用户，树立互联网内容和应用服务的独立品牌，是各类互联网内容和应用服务的虚拟运营商。

C.1.4 互联星空计划目标

互联星空计划的出发点就是要建立统一标准的ChinaVnet业务支撑平台，为SP提供ChinaVnet用户的统一认证和应用服务的多种计费方式，并通过广泛的营业渠道收取ChinaVnet应用服务费，与SP进行一点结算。

互联星空计划的目标就是要建立信息和应用服务的收费模式，对用户实现“一点接入，全网服务；一点认证，全网通行”，对SP实现“一点结算，全网收益；”，为SP合作伙伴提供一个充分施展的空间，为用户提供丰富多彩的信息服务。

C.1.5 互联星空面向用户提供的业务

按用户接受服务所需要的接入方式分类，ChinaVnet互联星空业务分为：

宽带类业务，要求用户具备宽带接入条件的互联网内容及应用业务，如在线视频游戏、影视节目点播、IP视频通信等业务。

窄带类业务，要求用户只需具备窄带拨号接入条件即可接受的互联网内容及应用业务，如在线棋牌类游戏、信息查询、基于Web页面的网上教育、IP音频通信等。

按照“互联星空”业务提供的内容分类，互联星空业务还可以分为：

基础服务类业务，ChinaVnet互联星空基础服务类业务，包括电子邮箱、通知类业务（邮件、电话、短信通知等）、IP 通信类业务等（IP Phone、IP 视频通信、即时通信类业务等）。基础服务类业务原则上坚持中国电信自主经营。

增值服务类业务，主要包括资讯服务类业务、在线娱乐类业务、在线教育类业务、电子商务类业务、在线理财类业务、医疗保健类业务、公众服务类业务等服务。

C.1.6 互联星空商业合作模式

为推动互联星空（ChinaVnet）计划，中国电信将面向社会各类合作方提供多种合作资源。

第一，北京、上海、广东和西安 4 个全国 IDC 中心和十几个省级 IDC 中心资源、MDN/CDN、媒体交换平台等资源，中国电信作为 ChinaVnet 合作资源向 SP 合作伙伴提供优惠，甚至可以进行资源置换。第二，发挥 Chinanet 用户和固定电话用户的资源优势来建立 ChinaVnet 真实用户数据库，并建立 ChinaVnet 业务支撑平台，为 SP 提供用户认证和管理。自身建立用户认证库的 SP，ChinaVnet 业务支撑平台为其提供单向的帐号映射服务。第三，为 SP 提供按时长、按次、按月、按流量等多种方式的应用服务的计费服务。第四，为方便各 SP 获取其全网性业务的收益，中国电信可以通过自己营业机构向用户代收应用服务费，并向 SP 提供一点结算的服务。第五， 在 ChinaVnet 全国门户(www.ChinaVnet.com) 向用户进行重点推介全国性 SP 的服务。优秀的 SP 也可以合作开辟 ChinaVnet 服务频道和二级业务品牌。第六，中国电信向优秀 SP 开放自身的宣传渠道、销售网络和用户资源。根据 SP 提供业务质量、类型，可以将 SP 应用服务与中国电信业务和产品进行统一推广和捆绑销售。

面向合作 SP，互联星空（ChinaVnet）计划提供两种合作模式。

A 模式：凡符合基本合作条件的 SP，愿意开发 ChinaVnet 应用业务，向 Chinanet 网宽、窄带用户提供应用服务，向 ChinaVnet 运营中心提出申请，即可成为 A 类合作伙伴。

A 类合作伙伴可享受服务：可获得 ChinaVnet 平台的 API 接口、技术规范，以及 ChinaVnet 业务开发的指导；IDC 中心资源、MDN/CDN、媒体交换平台等资源可以有一定程度优惠；享有用户认证、管理服务，可以享有多种计费服务；可以委托由中国电信代收应用服务费，并享有一点结算服务；授权使用 ChinaVnet 互联星空加盟的标识。

B 模式：凡符合基本合作条件的 SP，愿意与中国电信集团专注于共同 ChinaVnet 市场目标，对行业发展有着深入分析、研究，有着良好的市场信誉，具有良好合作历史和业务量达到一定水平的 SP，可成为 B 类合作伙伴。

B 类合作伙伴可享有如下服务：可获得 ChinaVnet 平台的 API 接口、技术规范，可参与制定有关规范和技术标准；IDC 中心资源、MDN/CDN、媒体交换平台等资源可以有相当程度优惠。优秀的 SP 可以将业务资源与这些平台资源实现置换；享有用户认证、管理服务，根据其要求享有单向的帐号映射服务；ChinaVnet 业务支撑平台可以提供多种计费手段，也可以由 SP 自行计费；可委托中国电信为其代收应用服务费，并实现一点结算服务；在 ChinaVnet 全国门户(www.ChinaVnet.com)中享有向用户进行重点推介其服务。可以合作开辟 ChinaVnet 服务频道和二级业务品牌；中国电信向其开放自身的宣传渠道、销售网络和用户资源。根据其提供业务质量、类型，可以将应用服务与中国电信业务和产品进行统一推广和捆绑销售。SP 合作流程如图 C.1 所示。

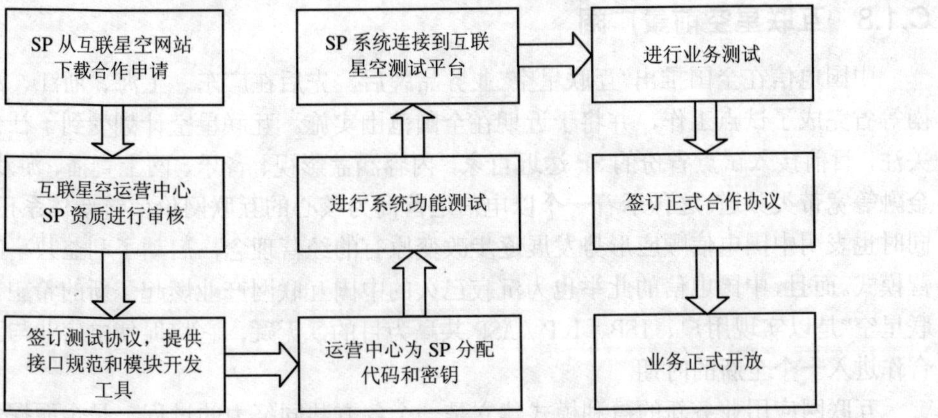

图 C.1 SP 合作流程图

C.1.7 互联星空平台介绍

互联星空业务支撑平台采用全国中心和省级中心二级体系结构。互联星空业务支撑平台结构示意如图 C.2 所示。

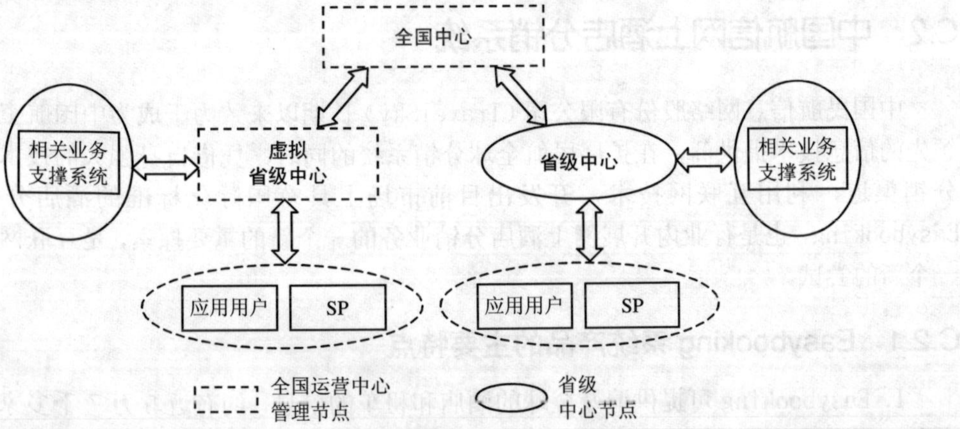

图 C.2 互联星空业务支撑平台结构示意

签约 SP 接入所签约的省级中心或虚拟省级中心平台；互联星空业务支撑平台为签约 SP 提供计费、代收费和一点结算服务。互联星空用户注册到用户所在省的省级中心（或虚拟省级中心），互联星空业务支撑平台为用户提供单点认证服务、漫游服务、门户服务和支付服务。

省级中心或虚拟省级中心通过支付接口和计费接口与签约 SP 连接，实现计费、代收费及一点结算功能；全国中心通过与省级中心的漫游认证接口和漫游支付接口，实现互联星空业务认证漫游和支付漫游；全国中心平台提供中国电信各省的应用业务省间结算、签约 SP 与中国电信一点结算、应用层漫游业务认证转发、应用层支付转发、中心门户的特色业务导航功能；省级中心平台或虚拟省级中心平台提供服务门户、一点认证、业务管理；计费、SP代收费（支付）功能。

C.1.8 互联星空前景广阔

中国电信在全国推出“互联星空”业务品牌后，先后在广东、上海、浙江、江苏、湖南等省完成了试点工作，并将于近期在全国范围实施。互联星空计划受到了社会各界的关注，目前接入试点省份的SP达近百家，内容涵盖影视、音乐、网上直播、游戏、教育、金融等宽带类频道。这预示着一个以电信运营商为核心的互联网价值链新体系正在形成，同时也表明中国电信顺应形势发展逐步改变原有的经营理念，启动了利益共享的全新经营模式。而且，中国电信的此举也为沉寂已久的中国互联网产业燃起了新的希望，因为“互联星空”是以实现用户、ISP、ICP / ASP共赢为目的，无疑，它将促使电信业与互联网的合作进入一个全新的时期。

互联网应用业务新的盈利模式建立是一个各方共同努力的过程，是全面探索、倾力合作的过程，中国电信将本着“用户至上，用心服务”的企业理念，不断提高网络能力和企业素质，不断完善各种合作资源，根据不断变化的市场需求，增强服务意识和合作意识，为合作伙伴提供全面、专业、高效的服务。

（中国电信集团公司互联网业务部）

C.2 中国航信网上酒店分销系统

中国民航信息网络股份有限公司（TravelSky）长期以来致力于成为中国航空旅游业领先的信息技术提供商，在扩展民航全球分销系统的同时，凭借自身强大的技术实力与分销渠道，利用互联网技术，开发出目前市场上具有国际化标准的酒店分销系统Easybooking，也是行业内开展网上酒店分销业务的一个新的重要探索，是互联网应用的一个新的尝试。

C.2.1 Easybooking系统产品的主要特点

1. Easybooking可提供遍及全球的酒店和租车的信息，约有近5万7千多家国际酒店和2万4千多家租车点以及各类与旅游相关的综合服务信息。

2. 通过Easybooking可完成对酒店、租车的信息查询与实时预定操作，从而为旅行者提供便捷的服务选择。客户可凭借系统所提供的旅客记录编号进行入住等操作。

3. 作为中国航信新一代客户前端产品，Easybooking在设计上与机票预订功能相结合，便于为旅客提供一站式的服务。

4. Easybooking采取国际标准的信用卡实时预订方式，即通过与国际信用卡组织进行信用审核，确定旅客的信用资质，从而向酒店进行旅客的信用卡担保。众所周知，当前国内的信用管理机制尚在建立之中，还不具备采取上述的方式的条件，而信用卡确认的方式已在国外广泛应用，因此Easybooking是国内著名的采用国际化标准的酒店分销系统。

5. 在采取旅客前台现付方式的同时支持分销代理进行协议价格销售，通过特定授权的代码，查看只属于代理企业自身与酒店集团间的协议价格。

6. Easybooking 支持由产品提供商直接发布门市价、加床价、会员价、周末价、签约价等多种价格及适用条件、佣金等信息，并支持通过 Queue 方式直接与国际酒店进行沟通，具有较强的交互性。

7. 产品支持多种接入方式，通过航信 GDS 网络通道与国际产品提供商连接，保证了产品较高的可靠性与稳定性，通常酒店预订状态、确认号码、价格政策和应用条件的访问都会在 4～8 秒内得到响应结果。

8. 用中文菜单化界面，便捷的统计工具，适合国内分销代理使用。

C.2.2 Easybooking 系统产品的网络拓扑（见图 C.3）

系统采取 CS 方式的体系结构。

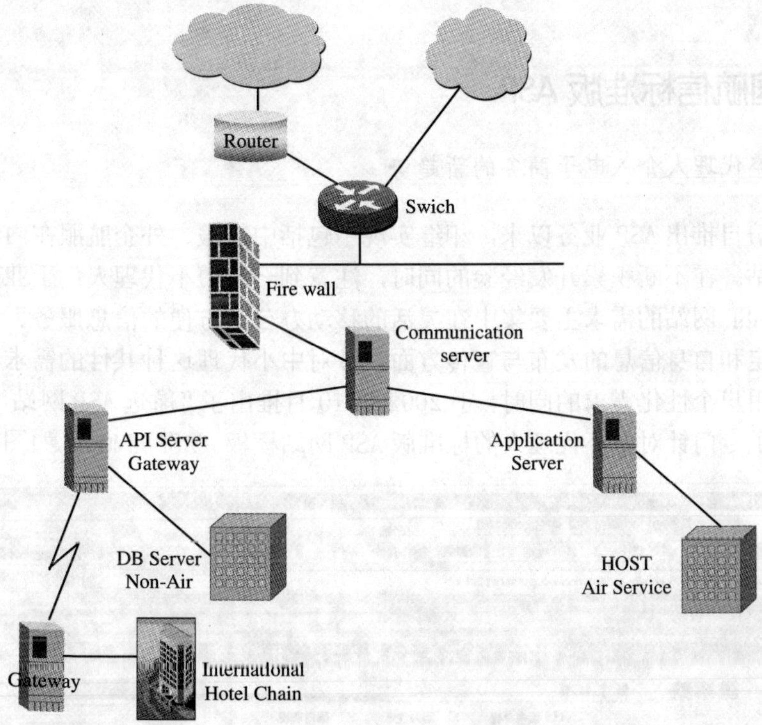

图 C.3 Easy booking 系统产品的网络拓扑结构

C.2.3 主要功能模块

1. 库存管理接入模块：主要的功能是接入酒店的价格、房间状态、房间数量等酒店管理信息等，以便在价格发生添加、修改、删除操作后，进行实时同步更新。

2. 预订管理接入模块：预订模块主要的功能是生成订单，修改订单信息，与酒店确认订单信息，通知客户订单状态、与酒店审核订单状态、中英文行程单的生成与打印等等。

3. 代理商统计模块：包括预订信息即时查询及报表功能，以及核定佣金的依据、在线定制统计报表等。

作为 2003 年初推出的第一版产品，Easybooking 体现了国际标准化的设计理念，有着业内常规酒店分销产品所不具备的一些特点，很多功能无疑是让人感到振奋的，如酒店与租车资源的广度、信用卡确认模式、实时预订与更改等方面。但同时产品也面临一些实际的困扰：如何保障从众多家的酒店可靠地获取佣金、如何扩大信用卡的使用范围（尤其是国内信用卡）、如何在获取实时房态的同时提升产品的价格优势。对此，中国航信也有着充分的认识，因而目前产品还在进行审慎的试点推广，相信未来的市场将会进一步证明产品的实际效果。

从酒店分销的产品类型来看，中国航信所推出的 Easybooking，其意义不仅在于提供了一种分销手段能够获取市场收益，更多的在于进行了一种探索——尝试在国内市场引入国际标准的酒店分销业务模式，可以说在一定意义上填补了行业的空白。希望在未来，业内会出现更多新颖的产品，应用新的 IT 技术优势，使国内酒店分销市场更加繁荣。

（中国航信　欧阳菁）

C.3　中国航信标准版 ASP

——航空代理人介入电子商务的新趋势

中国航信自推出 ASP 业务以来，相继实现了包括中航服、外企航服在内的十余家代理人 ASP 网站。在不断积累开发经验的同时，注意到一些中小代理人由于业务单一、资金有限、对 ASP 网站的需求主要集中在灵活的移动办公、方便的信息服务、简便快捷的在线机票预定和自身信息的发布与宣传方面。针对中小代理这种共性的需求，航信研发中心在满足用户个性化需求的同时，于 2002 年 10 月推出了“航远 ASP 网站”，并以此为基础，建立了专门针对中小代理人的标准版 ASP 网站模板（ASPDEMO）。如图 C.4 所示。

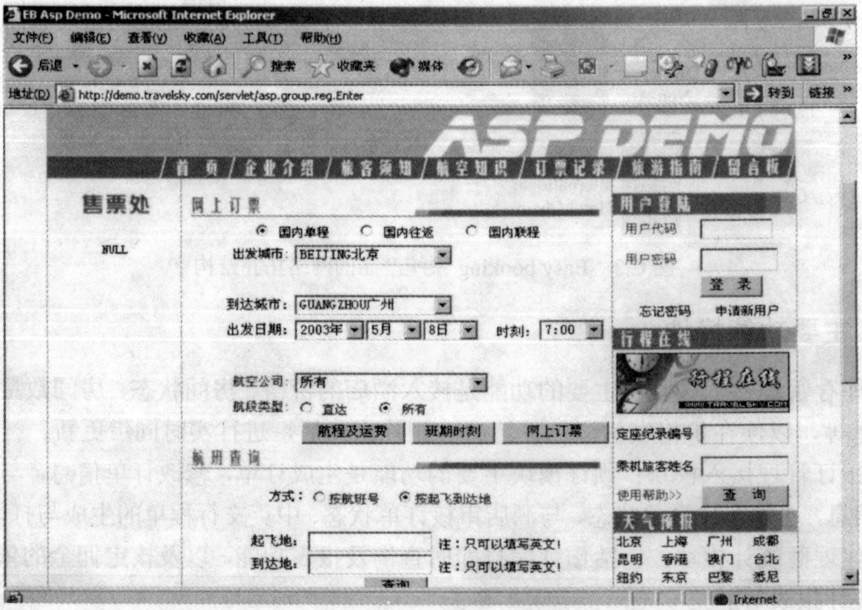

图 C.4　航运 ASP 网站

该模板化网站不仅满足了中小代理人对网站建设的要求，在设计和整体实现流程上也有其独特之处，使代理人以非常低廉的价格，很快拥有独立的域名和一个宣传平台，为代理人未来业务的推广提供了网上门户。

C.3.1 标准版 ASP 网站的技术特点

功能实现模块化。各项功能均以独立模块的方式提供，这种设计和实现模式使得网站上的功能挂接极为方便。但同时考虑到用户需求的灵活性和多样性，在设计之初就尽可能将用户可选择和设置的部分以独立的用户配置文件或数据库记录的方式加以实现，这样既保证了功能模块的整体性又最大限度的为用户提供了灵活定制的可能。

公用页面的设计中性化。对于一些内容较为固定的信息，采用中性化的页面设计，即不影响网站的整体风格又保证了开发进度，避免了重复开发造成的工时浪费。

整个实现流程标准化。从用户的需求制定到最终的测试上线等均形成了标准流程。

需求确定。网站功能以选择列表的方式提供给用户，同时配以 DEMO 网站供用户随时试用，这种方式使用户可以更直观的了解所提供的各项功能，并提出自己的个性化需求，避免了由于没有依据和参照而造成的需求理解偏差，减少了可能出现的工程反复。

功能实现和测试。确定了包括美工、页面、开发、配置、测试各个环节在内的实现流程，各部分工作或串行、或并行，协调一致，保证了最大限度的资源利用，缩短开发周期。

资源和环境的配置。一个 ASP 网站的建设涉及到系统资源、网络配置、环境配置等多个环节，为了保证以最短的时间完成从开发到交付使用的过程，目前标准版 ASP 的建设得到市场、网络、运行等部门配合，形成了包括资源配置流程、网络配置流程、上线流程在内的一系列完整流程和相关文档。

标准版 ASP 网站的这种设计和实现模式简化了开发步骤、缩短了开发周期；为未来功能扩展提供了可能，新的、成熟的功能模块挂接方便，且不影响网站的整体风格；由于各项功能的实现均采用独立模块，只需针对功能模块进行维护和管理，避免了由于网站数目增大而造成的维护困难。从 2002 年 11 月航远网站完成至今，标准版代理人网站已经推广完成了包括航远：

http://hangyuanair.travelsky.com、ASPDEMO：

http://202.106.139.15/asp/web/aspdemo/index.htm、罗森康辉（一期）：

http://rosenbluth.travelsky.com、凯华：http://kaihuaair.travelsky.com、金燕：

http://jinyan496.travelsky.com、保盛：http://baosheng.travelsky.com、民航快递：

http://ace.travelsky.com 等 7 家代理人网站。

C.3.2 标准版 ASP 的特色服务

专业用户登陆。iTerm 是由航信自主开发的通用网络前端平台，以普通 PC 机和 Windows 98/Windows NT/Windows 2000 为软硬件操作平台，采用软件仿真终端，综合其他先进软件技术，通过互联网接入方式访问中国民航商务数据网主机系统，实现与传统订座终端完全相同的功能。

正是由于它的灵活、方便，iTerm 在推广以来深受广大代理人的欢迎，但是由于 iTerm 的实现机制是采用多用户共享 pid 资源，用户数大于现有的 pid 数目，当访问量增大时，会出现有些用户得不到 pid 资源而无法正常登陆的现象。为解决这一问题，在标准版 ASP 中为用户提供了 iTerm-one4one 功能，它是在 iterm 产品的基础上，为用户提供一对一的登陆功能，为每个账号分配专用的 pid，由于拥有专署资源，用户在使用 iTerm 过程中就不会出现高峰期无法登陆的现象，从而保证了服务质量。

在线机票预定。航信 ASP 的最核心服务就是利用 Web 网页与航信的 GDS 系统进行实时连接，用户可以实时地对航班座位进行查询和预定，因此航班座位状态实时查询和预定也是标准版 ASP 网站中提供的主要功能模块之一，不仅如此，标准版 ASP 网站的订票流程在设计上为还用户提供了多种选择：三舱位模式、子舱位模式，其中子舱位模式还包括全舱位一次显示模式、快速查询模式和两步订票模式。

当网站用户完成订座之后，系统将会通过多种自动化的形式，如代理商信息队列、电子邮件、传真、手机短信息等，向相应机票代理商发送相应的消息，提示代理人进行后续的服务。

新版消息发布系统。消息发布系统是 ASP 网站的一大特色，用户可以利用这项功能发布企业动态、最新促销信息、旅游消息等。

新版的消息发布系统在保留原有功能（栏目管理、栏目内信息管理）的基础上，又为用户提供了基于角色（管理员、发稿员、读者）的用户管理机制，栏目发布位置（首页、二级页面、系统管理页面）管理机制等多项功能。同时考虑到用户需求的可变性，在具体实现过程中将功能进一步细化，简化各项功能的入口，当用户对信息发布系统中的功能项目（比如用户管理、栏目管理、信息浏览权限限制等）有所取舍时，只需进行简单的数据库设置或页面设置，无需进行二次开发，在设计阶段避免了可能出现的功能流程修改。

行程在线。行程在线作为航信的特色服务，在 2001 年 10 月推出，是当时中国首家也是唯一的一家提供网上查询旅客机票行程信息的网站。行程在线的服务对象为通过航信 GDS 系统预定好机票的个人，是航信 GDS 为公众提供个人旅行信息服务的网上窗口。

由于许多网站都拥有自己特定客户群，从用户的使用习惯和方便性出发，在标准版 ASP 的设计上，提供了行程在线的连接接口，用户只需在网页上输入 pnr 和乘机人姓名，即可完成 pnr 提取，得到机票中的各个航段信息，如航班日期、航班名称、舱位、机票状态、飞机起降地和起降时间以及与飞机起降地点有关的天气预报和旅游景点信息。不仅如此，利用行程在线，用户还可以享受到 E-mail、手机短信、在线行程单打印等增值服务。

（中国航信研发中心　李宁棣）

C.4　百度中文搜索引擎

百度中文搜索引擎（www.baidu.com）是中国著名的中文信息检索与传递技术供应商。

中国提供搜索引擎的门户网站中，大多数由百度提供搜索引擎技术支持，百度搜索引擎使用了高性能的"网络蜘蛛"程序自动在互联网中搜索信息，可定制高扩展性的调度算法使得搜索器能在极短的时间内收集到大量的互联网信息。百度在中国各地和美国均设有服务器，搜索范围涵盖了中国内地、中国香港、中国台湾、中国澳门、新加坡等华语地区以及北美、欧洲的部分站点。每年，数千万的网民访问百度搜索引擎，搜索量达数十亿次。

1999 年底，百度公司由李彦宏和徐勇于美国硅谷创建。2000 年，百度回国发展。自进入中国互联网及软件市场以来，主要业务包括面向网民的搜索引擎服务、面向中文门户网站的搜索引擎技术服务、面向企业的网络营销工具以及百度公司开发的拥有自主知识产权的企业级应用软件。经过 3 年努力，百度搜索已成为世界上著名的中文搜索引擎。

百度在搜索引擎服务方面具有如下特色。

【核心技术：超链分析】超链分析技术，是新一代搜索引擎的关键技术，已为世界许多大搜索引擎普遍采用。超链分析就是通过分析链接网站的多少来评价被链接的网站质量。

【更大、更新、更快】百度支持搜索 1 亿 3 千万中文网页，并且，每天都在增加几十万新网页，对重要中文网页实现每天更新，用户通过百度搜索引擎可以搜到世界上大量新的中文信息。百度在中国各地分布的服务器，能直接从最近的服务器上，以极快的搜索传输速度把所搜索的信息返回给当地用户。

【活的搜索 改变生活】百度深刻理解中文用户搜索习惯，开发出关键词自动提示：用户输入拼音，就能获得中文关键词正确提示。百度还开发出中文搜索自动纠错；如果用户误输入错别字，可以自动给出正确关键词提示。百度快照是另一个广受用户欢迎的特色功能，解决了用户上网访问经常遇到死链接的问题：百度搜索引擎已先预览各网站，拍下网页的快照，为用户贮存大量应急网页。即使用户不能链接上所需网站时，百度为用户暂存的网页也可救急，而且通过百度快照寻找资料往往要比常规方法的速度快得多。百度还有其他多项体贴普通用户的功能，包括相关搜索、中文人名识别、简繁体中文自动转换、网页预览等。

百度已增加了专业的 MP3 搜索、Flash 搜索、新闻搜索、信息快递搜索，并正在快速发展其他用户喜欢的搜索功能。

【竞价排名】百度竞价排名，是由客户为自己的网页购买关键字排名，按访问量计费的一种服务。客户可以通过调整每次访问的竞价价格，控制自己在特定关键字搜索结果中的排名，并可以通过设定不同的关键字捕捉到不同类型的目标访问者。参加百度搜索竞价排名，网站将会同时出现在百度、雅虎、搜狐、网易、新浪、21CN 等 35 家中国主要搜索引擎结果前列，从而被千千万万的在搜索引擎中查找相关行业、产品、企业、公司、网站等信息的网民优先看到。

与传统营销工具相比，百度竞价排名有着极其明显的优势，它能带来目标性极强的访问者，并按照网页信息的访问量收费，使客户得到实实在在的投资回报。

总结起来，竞价排名的优势可概括为：第一，目标用户的覆盖面——百度搜索服务平台由几百家网站组成，加盟百度竞价排名后，目标用户只需输入产品的关键字即可在全国的网站上找到企业的产品介绍并进行电话咨询；第二，企业产品专业推广——企业的产品关键字与产品描述一对一放在显著位置，使目标用户方便、快捷的了解企业信息；第三，产品的发掘机会——企业可以注册与自身产品、业务相关的多种“产品关键字”，使企业的每一种产品有更多的机会被潜在目标用户发现；第四，自行管理推广效果一按照带来潜在目标用户的访问数量计费，而不是按照使用时间长短来计费，企业根据自身的市场情况，灵活控制推广力度和投入。

【企业级软件】百度企业级软件是以百度自身拥有的先进中文信息处理技术为基础，面向企业级应用市场，为各企事业单位提供中文信息处理功能。百度企业级软件主要包括以下几大类产品：

1．百度企业竞争情报系统。是面向企业竞争发展需要的新一代信息系统。它是从企业竞争的战略高度和战术需求出发，通过充分开发和有效利用企业内外信息资源来提高企业竞争实力的信息系统，是运用现代信息技术支持或体现企业竞争战略，为企业获得维持竞争优势服务的信息系统。

2．百度“网事通”信息采集检索系统。以百度拥有的先进搜索技术为核心，并根据中文信息和企业级应用的各种特点，进行专门的优化开发，为用户的信息资源提供高速、高效的自动采集、数据分析、加工分类，以及全方位检索功能。

3．百度数据库检索系统。利用自身先进的信息检索技术优势，研制出引领新一代搜索技术的百度数据库检索系统，实现准确、快捷的数据库查询，可灵活应用于企业和网站的基础性建设事务，显著提高数据库性能，改善数据库使用效果。

4．百度全文检索核心平台。是专为各软件开发商、系统集成商和解决方案提供商等设计构建的非结构化文档、信息采集检索平台。第三方厂商可以极为方便地将百度全文检索核心平台集成到其自有软件产品中，极大增强其整体解决方案中对于综合信息处理的能力，大幅提升产品的核心竞争力。

（百度在线网络技术（北京）有限公司）

附录 D　国际互联网相关组织

D.1　互联网技术标准组织

D.1.1　互联网架构委员会（Internet Architecture Board – IAB）

1984 年 9 月，ICCB（Internet Configuration Control Board）在英国召开了最后一次会议，随后便被互联网咨询委员会（Internet Advisory Board）代替。1986 年 5 月，互联网咨询委员会更名为互联网活动委员会（Internet Activity Board）。

在 1989 年 7 月举行的第 14 届互联网工程任务组 IETF（Internet Engineering Task Force）会议上，IAB 设立了互联网工程指导组 IESG（Internet Engineering Steering Group）和互联网研究指导组 IRSG（Internet Research Steering Group），前者负责监管 IETF 标准制定的工作，审核并纠正 IETF 各组的研究成果。它有权设立或撤销某一工作组，确保非工作组草案在成为请求提议文件（RFC）时的准确性。IAB 旗下的任务组在此次会议过后大多改称"工作组"，其余各组则被并入 IRSG 进行支持性的研究工作。这次会议标志着 IETF 结构上的重大变革，完成重组后，IAB 正式定名为互联网架构委员会，其所直属的任务组也简化为两个，即：IETF 和负责互联网长期问题研究工作的 IRTF（The Internet Research Task Force）它们日后在互联网标准审核中发挥的作用可谓举足轻重。

在 1992 年国际互联网协会 ISOC（Internet Society）建立后，IAB 提议其工作应在 ISOC 的主办及赞助下进行。在 1992 年 6 月举行的 INET 神户会议期间，ISOC 正式通过了 IAB 的新章程，成为了 ISOC 的技术咨询团体。该章程详细规定了 IAB 应履行的职责，其中包括：根据 IETF 提名委员会的提名名单，指定 IETF 的主席和其他 IESG 的候选人；为互联网应用中涉及到的协议和程序进行堪漏工作；为研发互联网标准的过程中进行审核，并可在 IETF 或 IESG 在推行新标准时的不当行为进行控诉；负责管理编辑和印制"请求评论"（互联网标准草案，即 RFC）系列文件，并负责管理互联网的各类分配号码；代表 ISOC 与其他同夜内组织保持联络；接受 ISOC 理事会和各官员关于技术、架构、程序等方面的咨询，并适当对相关互联网技术的政策问题向 ISOC 提供指导。

IAB 由 13 位成员组成，其中包括一名 IETF 主席。IETF 主席同时兼任 IESG 的主席职位。IAB 的成员只代表个人，不代表任何公司、机构和其他组织的利益。

D.1.2 互联网工程任务组（The Internet Engineering Task Force – IETF）

IETF 是一个由为互联网技术工程及发展而努力工作的专家自发参与和管理的民间机构，最早是从原互联网咨询委员会内部的网关运算法则和数据结构任务组 GADS（Gateway Algorithms and Data Structures）中分离出来的。它没有公司法人，也不设理事会和严格的成员资格，而是汇集大批与互联网架构演化和网络运作等业务相关的网络设计、运营和研究人员进行集体研发。自 1986 年创建至今，其名下的通讯录已逾 5 千人，且仍不断吸纳业内有识之士。任何对互联网技术感兴趣的人都可以注册参加 IETF 每年 3 度的交流盛会，而近几年的参会代表的数量都在 2000 人以上。

作为业内最具权威的技术研发组织，IETF 主要承担如下职责：

- 寻找鉴定互联网运作中的技术问题，并提出解决方案；
- 向 IESG 提出针对互联网协议标准及其用途的建议；
- 向互联网社群推广互联网研究任务组（IRTF）的技术研究成果；
- 向互联网用户、研究人员、行销商、承包人及管理者提供信息交流的论坛。

IETF 大量的技术性工作均由其内部的各工作组协作完成。工作组按照技术主题划分为若干领域，例如路由、传输、安全等专项工作组，各工作组一般是由 IESG 的成员负责协调管理，并在整体上受 IAB 监督；除集中召开大会外，各组成员日常都是通过内部邮件组来实现通信交流的，这种工作方式目前已被各国和地区的互联网组织所广泛采用。

业界视 IETF 为互联网技术标准的摇篮，而 IETF 本身确实担负着研发技术标准的使命。多年来，IETF 形成了一整套技术标准出台的程序：从提议、召集兴趣小组（BOF—Breath of Feather）、成立工作组、工作组讨论并达成共识、IETF 公众讨论并征求意见、确立 RFC（请求评论文件）、长期试用到最终公布标准号，共需经过八个步骤。

如需开辟新的技术领域，带头人就要首先向 IETF 提出立项申请报告，即“互联网草案”（Internet Draft）。在得到准许后可召集相关人士建立 BOF，讨论该项技术的主题、内容、范围及可实施方案。

如果认为有必要深入研究该技术，则由BOF的负责人向IETF提出成立工作组的申请，并经由互联网工程指导组 （IESG）审批。IESG 通常将这些课题归入现有的工作组，也可视情况另设工作组；如果 BOF 成员多数认为没必要继续深入，则 IETF 将不再就此课题批准召开 BOF 会议，但允许“提议人”保留意见，并可在更换课题名称后再次“提议”。

目标和章程是工作组成立的两个要素，而邮件组则是工作组完成目标、开展讨论的重要途径。工作组成员通过邮件组及 IETF 大会就该标准的研发广泛进行交流，最终达成工作组内部一致。

在 IESG 对工作组内部一致意见审核过后，会将该议案提请所有 IETF 参与者进行广泛评议，并将最终确认的评议结果作为“请求评论文件”（Request For Comments— RFC）进行发表。

RFC 经过长期的试用和改进，在得到 IETF 颁发的标准号后才正式成为互联网标准。

D.1.3 互联网研究任务组（The Internet Research Task Force – IRTF）

相对于 IETF 这个有确切研发日程安排的组织而言，IRTF 的着眼点则更为抽象，目光也更长远。它是要通过设立专一的、长期的小规模研究团体对互联网协议、应用、架构和技术等领域中的关键性问题进行调研从而拓宽互联网未来发展的道路。IRTF 所设立的永久性工作组占据多数，同时也根据需要设有少量的临时研究小组。各组成员均为独立的技术人员，他们不为任何组织谋取利益。

IRTF 的领导工作由 IRTF 主席在与互联网研究指导组（IRSG）协商的基础上主持。IRSG 的成员包括一名由 IAB 任命的 IRTF 主席、各研究小组的负责人，以及其他本社群的研究人员。

从历史沿革看，IRTF 和 IETF 被认为是 IAB 的一双臂膀，可见其地位的重要。

D.1.4 RFC 编辑者（Request for Comments – RFC）

RFC 是一种经过初步论证、可继续深入讨论的文件，是为制定互联网标准而撰写的文稿，级别高于互联网草案（Internet Draft)。RFC 编辑者主要职责是与 IESG 协同工作，编辑、排版和发表 RFC。RFC 一旦发表就不能更改。如果某一标准在叙述上有变动，则必须重新发表新的 RFC 并替换掉原先版本。该机构的组成和实施的政策由 IAB 掌控。

对于一项新兴技术，工程师们可以出于两种目的撰写 RFC，一种是为确立标准(standard track)，另一个只是立项研究（non－standard track)。一般来说，只有在初始阶段将 RFC 定位于 standard track 才有成功建立标准的可能。在撰写人定位于创建标准之后，他（她）便开始努力争取 IETF 的支持，使该 RFC 升级为标准提议(proposed standard)。之后还要顺利通过至少两次实践和若干个月的全面测试之后才有可能成为标准草案（draft standard)。在经 IETF 高层技术专家审核通过后方能被授予 STD (Standard) 编号，从而成为标准。从以往看来，往往立志升为标准的 RFC 都有着很高的成功率，有时甚至会被强制为标准。

RFC 的地位是经过全球业内专家共同商讨并确立的。由于与互联网相关的软硬件标准皆始于 RFC，因此得到绝大多数商家的支持，商家们往往派出最精干的技术人员参与撰写 RFC，故 RFC 在商业圈常引发激烈竞争。

RFC 在接受有益提议后可以不断更新和完善，其中得益于 IETF 和其他标准组织及业内专家的良好关系。可以说：在 IETF 的协调下，RFC 已然成为互联网发展的重要基石。

D.1.5 万维网联盟（World Wide Web Consortium – W3C）

W3C 创建于 1994 年，旨在通过发展通用协议来发挥万维网的潜在能力。W3C 在全球约有 500 名组织成员，该组织因对万维网应用的发展贡献突出而得到全世界的认可。

总体来说，W3C 的肩负着三项基本任务，即创建远景、技术设计和万维网应用技术标准化。

与 IETF 类似，W3C 根据会员的要求开展活动。一旦会员就某项活动提案达成共识，W3C 便开始分组开展该项活动。这些小组包括负责技术发展的工作组（目前已扩展到约 30 个)、辅助兴趣小组以及负责协调组间关系的交流协作组。

1998 年 3 月，W3C 成立了自身的咨询委员会，它主要是为 W3C 各工作组提供策略、管理、法律、程序以及争议解决方面指导建议。该咨询委员会不同于 W3C 的理事会，更不是 W3C 的决策机构，其责权限于提供咨询。

W3C 在世界许多国家都有办事处，并为那些对 Web 技术深感兴趣的人士提供了自由参与的途径，即为广泛听取公众评论而特别设立邮件列表。

D.2 互联网域名与地址资源分配管理机构

国际互联网名字与编号分配机构（Internet Corporation for Assigned Names and Numbers — ICANN）

20 世纪 90 年代中期以来，随着互联网的商业化和全球化的发展，越来越多的国家反对互联网由美国独自管理，并强烈呼吁对该管理模式进行改革。

此前，关系到互联网稳定运行的根域名系统管理和 IP 地址空间分配的事务是由互联网地址指派机构（Internet Assigned Numbers Authority－IANA）负责。美国政府在 1998 年 6 月发布了互联网域名和地址管理白皮书，在其中提议要在保证稳定性、竞争性、民间协调性和充分代表性的原则下成立一个民间性的非盈利公司，并授权该公司管理互联网域名及地址资源。在这种背景下，1998 年 10 月 ICANN 在美国加州成立，通过与美国政府签约而正式接管了 IANA 的全部职能，负责全球互联网的根域名服务器和域名体系、IP 地址及互联网协议的分配与管理。

依据 ICANN 的章程，ICANN 的最高管理层是 ICANN 理事会。该理事会长期以来一直是由来自不同国家和地区的 19 名代表组成，负责协调和决定 ICANN 自身的重要事务。ICANN 最初设立了 3 个支持组织（Supporting Organization－SO)，包括域名支持组织(DNSO)、地址支持组织(ASO)和协议支持组织(PSO)。这些支持组织的主要职责是在业务范畴内向理事会提供实质性政策建议。

ICANN 目前设立了三类委员会，分别是对 ICANN 直接行使职权的理事委员会(Committees on Board of Directors)，专向 ICANN 理事会提出各种咨询建议的咨询委员会(Advisory Committee)，再就是 ICANN 就某些专项问题特别建立的常设委员会，如为解决多语种域名问题而设的多语种域名委员会（IDN Committee）和新近提出的提名委员会（Nominating Committee)。

这三类委员会中以咨询委员会的构成最为复杂，它包括：

1. 政府咨询委员会 GAC (Governmental Advisory Committee)

GAC 的成员虽然来自各国和地区的政府当局，但在 ICANN 中不具有选举权和表决权，除提出建议外，GAC 有权向其他支持组织或咨询委员会推荐一名不具有选举权和表决权的顾问成员。

2. DNS 根服务器咨询委员会 DNS－RSSAC（DNS Root Server Systmem Advisory Committee）

针对域名系统根服务器的运营事宜向理事会进行汇报，在各根服务器运营机构和 ICANN 间架设沟通桥梁；

3. 安全与稳定咨询委员会 SSAC（Security and Stability Advisory Committee）

这是在“9.11”事件后为维护网络安全而新设的咨询委员会，主要负责商讨网络安全保障问题。

4. 一般会员咨询委员会 ALAC (At Large Advisory Committee)

旨在为各地区网民向 ICANN 发表言论开辟途径。ALAC 会将相关于网民的需求、影响和政策等方面的建议提交 ICANN 理事会或相应的其他部门，从而真正实现自下而上的互联网管理模式。

建立基于本地层面上为各地网民谋取利益的组织。它旨在为普通网民和 ICANN 理事会的沟通架设桥梁，逐步拉近二者距离。

值得一提的是，中国代表薛虹博士在 2003 年 1 月当选了该咨询委员会的委员。这便进一步拓宽了中国网民了解和参与 ICANN 事务的途径，其意义无疑是深远的。

ICANN 的主要经费来源于通用顶级域（gTLD）的运营机构，各国家和地区代码顶级域（ccTLD）的注册管理机构（Registry）也本着自愿原则向 ICANN 提供数目不等的捐款。

由于 ICANN 与美国政府有着协议关系，这与互联网国际化的现状极不相称，其管理范围过于广泛也一直受到美国以外绝大多数国家和地区人士的质疑和指责，而其自身的工作效率也屡遭业界批评，ICANN 因此在 2001 年 11 月决定改革。在当时该机构总裁兼 CEO Stuart Lynn 的建议下，ICANN 成立了重组委员会，负责研究 ICANN 改革议题并提出具体建议，该组织在 2002 年 3 月 14 日正式更名为发展与变革委员会（Evolution & Revolution Committee－ERC），其工作延续至今。

ERC 的工作目标是：减少理事会常任理事席位，增加选举的普遍投票范围；增设提名委员会，监督并调配 ICANN 各组织间代表的地区性平衡。

与以往的 ICANN 章程比较，ERC 提出的修改方案主要有以下几点：将理事席位减至 15 人；取消由全球一般会员在线选举一般理事，而代之以提名委员会对各届 ICANN 理事人选进行提名；将国家与地区代码顶级域名注册管理者社群（ccTLD Constituency）从以往的域名支持组织（DNSO）中独立出来，成为独立的国家及地区代码名称支持组织（ccNSO）。原 DNSO 今后只代表通用顶级域名选区，并相应更名为通用域名支持组织（gNSO）。

ICANN 的众多会议成果和提议均及时在其网站 www.icann.org 公布，同时欢迎广大公众积极反馈，其初衷无可厚非。自 2002 年 10 月 ICANN 在上海通过了其新章程从而迈进了其改革重要一步后，业界将关注的焦点放在了其新班子的组建和成员选举。虽然美国政府在 2003 年 3 月表示要与 ICANN 续约令其行使 IANA 的职责从而引起全球不小的反对呼声，但业界对 ICANN 的重要性还是基于肯定，并为其未来的发展积极献策。

D.3 其他对互联网体制有重要影响的组织

D.3.1 互联网协会（Internet Society － ISOC）

1992 年，在原来的 IAB 、IANA、IETF 等组织的基础上建立了全球性的互联网组织——互联网协会。

这是一个拥有超过 170 个国家的互联网组织和个人会员的专业性民间组织。其使命是指导策划互联网未来的发展，负责设立并在经济上支持研发互联网基础设施标准的相关组织，其中包括 IAB、IETF 以及 IRTF。近来它又建立了旨在研究互联网问题与社会问题关系的互联网社会任务组 ISTF。

ISOC的收入主要来自会员的会费和在每年一度的全球ISOC大会上收取的注册费。

D.3.2 美国商务部（Department of Commerce － DOC）

商务部是美国主要的综合经济部门之一。其主要机构包括，国际贸易管理局、国家统计局、出口管理局、经济发展署、技术发展局、国家标准与技术研究所、国家电讯与信息管理局、专利与商标局、国家海洋与大气发展局等。

商务部本着面向未来、通过加强国家经济基础设施、发展先进的科学技术及信息基础、促进国际贸易等宗旨来增强美国在全球市场的竞争力；有效管理国家资源和资产、保障经济机会的可持续性。

ICANN的权力来源于美国政府的授权。美国商务部与ICANN于1998年11月25日签署的备忘录内容规定：

1. 此协议授权 ICANN 与 NSI 签署注册管理机构合约，其中有关顶级域名.com、.net、.org之TLD注册服务的条款，已经获得DOC批准。在DOC未批准前，ICANN将不得着手上述合约修订或更换，亦不让渡此合约。

2. ICANN在未获得DOC 批准之前，不得与NSI的继承者签订任何有关顶级域名的注册管理机构协议。

3. ICANN同意倘若NSI之合作协议被DOC终止，ICANN将（1）依据其与NSI之所签订之注册管理机构协议行使权力，终止NSI对.COM、.NET及.ORG注册数据库之作业（2）并与DOC合作将注册作业转移至注册管理机构继承者。

4. 若DOC 终止此协议，撤回对ICANN之承认，ICANN同意让渡其与注册代理处及注册管理机构所拥有合约之权利给予 DOC（参见 http://www.icann.org/general/icann-mou-25nov98.htm）。

实际上可以看出，美国商务部在管理方面是有主动权的，它可以随时终止与 ICANN的合约，把权力授给其他它认为合适的机构。

D.3.3 国际电信联盟（International Telecommunication Union － ITU）

国际电信联盟隶属于联合国，成立于1965年，总部设在日内瓦，现拥有来自各国政府、研究机构和工业界等组织的约500名成员。

ITU曾于1993年进行重组，将原分支机构CCIRC国际无线电咨询委员会更名为ITU-R（无线电通信部），将原分支机构国际电报电话咨询委员会（CCITT）更名为ITU-T（电信标准部门），另外增设ITU-D（电信发展部门）。

国际电联既可以说是互联网的相关利害方，同时也参与互联网技术标准的制订。1998年全体代表大会通过了第101号决议“IP地址网络”和第102号决议“互联网域名和地址的管理”，明确表明了ITU对互联网络发展前景的认识和积极参与未来互联网络管理的希望。

2000年，ITU总干事提交报告，第一部分介绍了ITU各部门基于IP网络方面研究情况进展；第二部分全面报告了有关ITU对互联网名称和地址空间管理问题研究进展（参见http://www.itu.int/osg/spu/publications/）。

2000年10月，来自国际电信联盟秘书长的一篇文稿，介绍了2000年9月IETF通过的电话号码映射（ENUM）协议和第二研究组（SG2）主席、ITU 秘书处人员和 IAB 之间关于合作开展 ENUM 研究的情况。

ITU 也积极参与 ICANN 的改革。鉴于 ITU-T 在实施非 IP 网络技术方面措施得力，且其职能与 ICANN 有很大共通之处，即二者都涉及“互联网域名和地址分配系统的行政和政策管理”，并且都依靠公众的广泛参与来履行这些职能，ITU 因此认为 ICANN 与 ITU-T 之间的强强联合必定会带来益处，即 ICANN 可依靠 ITU-T 获得政府支持，而无需增加 ICANN 或 ITU 的额外费用，同时不给政府增添负担；同时，ITU-T 可在不增加政府开支的情况下，让更多的政府机构参与 ICANN 事务，这可能是日后 ICANN 发展不可或缺的因素。

（中国互联网络信息中心　俞　阳）

附录 E 中国香港地区互联网络发展状况统计报告

E.1 概念说明

1. 网民：本调查采用了两种“网民”的定义。其一是从 2000 年度香港调查起一直采用的“全球互联网研究计划”(World Internet Project)的定义（“你现在是否使用互联网”，简称 WIP 定义），以下部分内容将沿用此定义，以便与我们 2000 年和 2001 年度调查结果做比较。其二是本次新采用的 CNNIC 定义(“平均每周使用互联网至少 1 小时”)，以便与 CNNIC 的调查结果做比较。两种定义的统计结果略有不同，敬请读者引用时予以注明。

2. 上网计算机：指家庭内连入互联网络的台式计算机。

说明：本调查由香港特别行政区研究资助局资助（CityU 1152/00H）、香港城市大学祝建华教授主持。本报告内容，并不代表香港研究资助局或香港城市大学的立场。本次调查统计数据的截止日期为 2002 年 12 月 31 日。

E.2 调查结果

E.2.1 香港互联网络发展的宏观概况

一、家庭上网计算机数（见表 E.1、图 E.1）

表 E.1 家庭上网计算机数

家庭总数	上网计算机总数	拨号上网计算机数	宽带上网计算机数*
205 万	126 万	36 万	90 万
占家庭总数的比例	62%	18%	44%
上网家庭的比例	100%	29%	71%

注：宽带上网包括 ADSL、Cable Modem 和 Microwave 方式，但不包括 ISDN（计入拨号上网）和手机上网。

二、网民人数

1. 按 CNNIC 定义计，在年龄为 6～84 岁之间的香港常住居民中，有 275 万为网民(即占对应总体的 45%)，如考虑到抽样误差，实际网民可能在 260 万至 289 万之间。

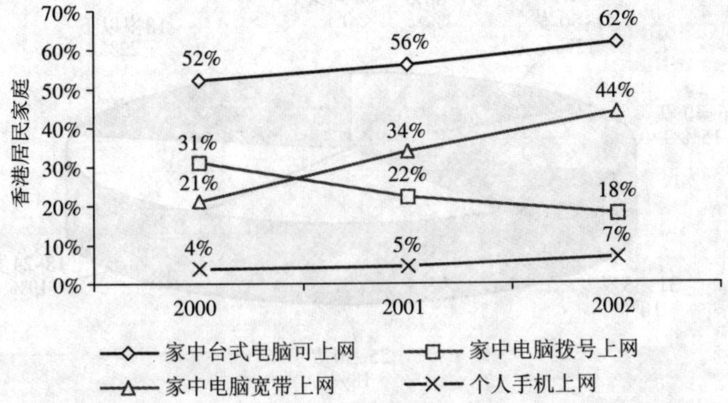

图 E.1　香港居民家庭电脑上网情况

2. 按 WIP 定义计，在年龄为 18～74 岁之间的香港常住居民中，有 237 万为网民（即占对应总体的 49%），如考虑到抽样误差，实际网民可能在 225 万至 249 万之间。

E.2.2　网民行为意识调查结果

注：本部分的“网民”，如不注明为“WIP 定义”，即按 CNNIC 定义统计。

一、网民个人信息

*1. 网民的性别：男性占 53%，女性占 47%，如图 E. 2 所示。

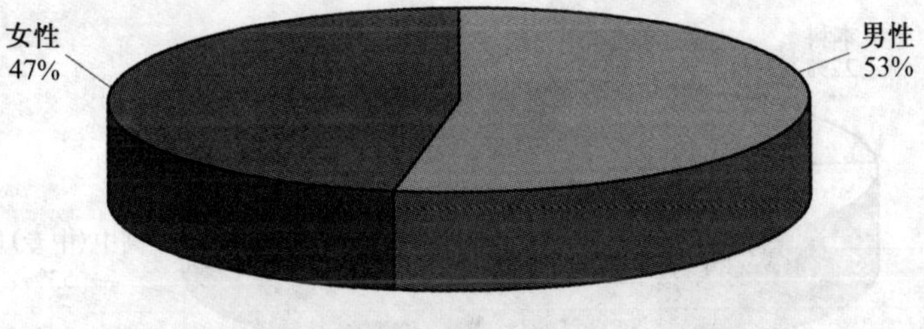

图 E.2　网民性别分布

*2. 网民的年龄分布，如表 E. 2、图 E. 3 所示。

表 E.2　网民的年龄分布

18 岁以下	18-24 岁	25-30 岁	31-35 岁	36-40 岁	41-50 岁	51-60 岁	60 岁以上
22%	19%	18%	10%	15%	12%	4%	0.4%

*3. 网民的婚姻状况：未婚占 65%，已婚占 35%，如图 E. 4 所示

*4. 网民的文化程度，如表 E. 3、图 E. 5 所示。

表 E.3　网民的文化程度状况

高中(中专)以下	高中(中专)	大专	本科	硕士、博士
53%	11%	12%	22%	2%

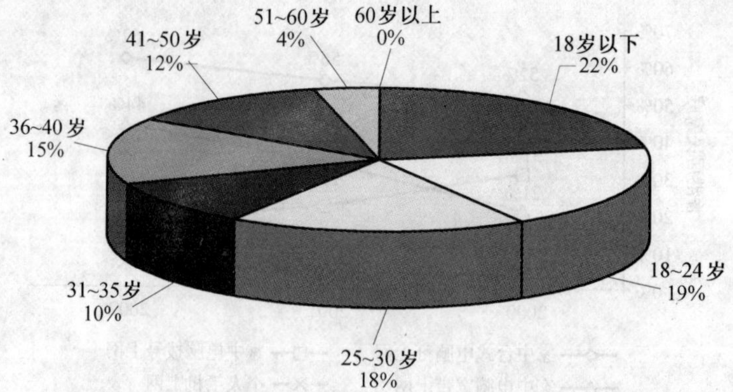

图 E.3　网民年龄分布示意

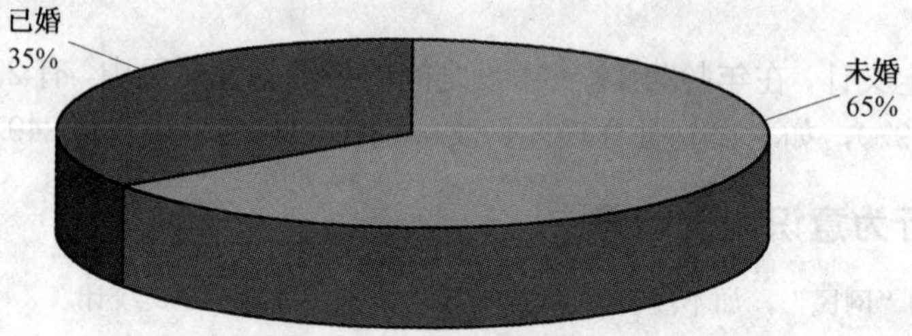

图 E.4　网民的婚姻状况

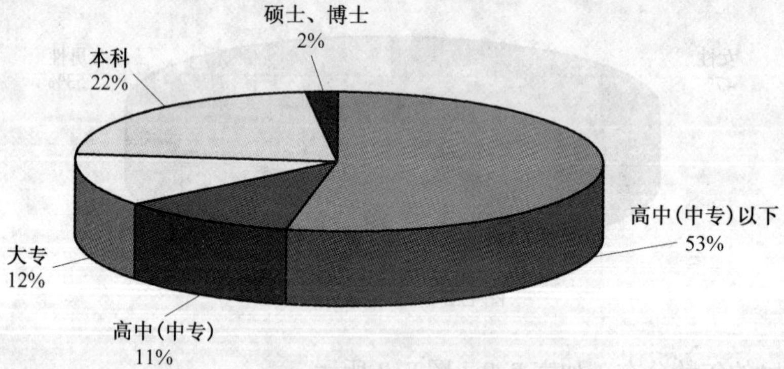

图 E.5　网民的文化程度状况

*5．网民的职业分布，如表 E. 4 所示。

表 E.4　　网民的职业分布状况

公务员、军警	管理、科教文卫、公司职员	工人、商业/服务业人员	个体或私营劳动者	学生	退休、无业	其他
4%	20%	26%	2%	32%	11%	5%

*6．网民的家庭月收入，如表 E. 5 所示。

表 E.5　　网民的家庭收入状况

1 万港元以下	1～2 万港元	2～3 万港元	3～4 万港元	4 万港元以上
21%	30%	21%	15%	13%

二、网民使用互联网情况和上网习惯

*1. 网民上网的主要地点（多选题），如表E.6、图E.6所示。

表 E.6 网民上网地点

家中	单位	学校	网吧、图书馆等公共场所
88%	55%	50%	14%

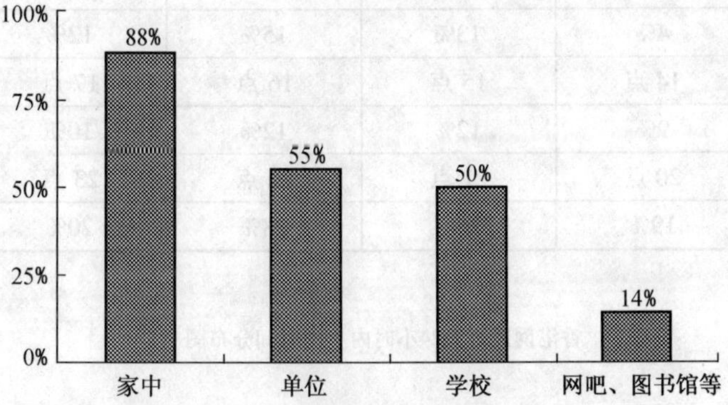

图E.6 网民上网地点分布

*2. 网民每月实际花费的上网费用，如表E.7、图E.7所示。

表 E.7 网民每月的实际花费状况

低于50港元	51～100港元	101～200港元	201～300港元	301～400港元	401～500港元	500港元以上
10%	17%	42%	24%	4%	1%	2%

注：此费用指的是电话拨号ISP或宽带上网费，不包括其他的日常电话费用

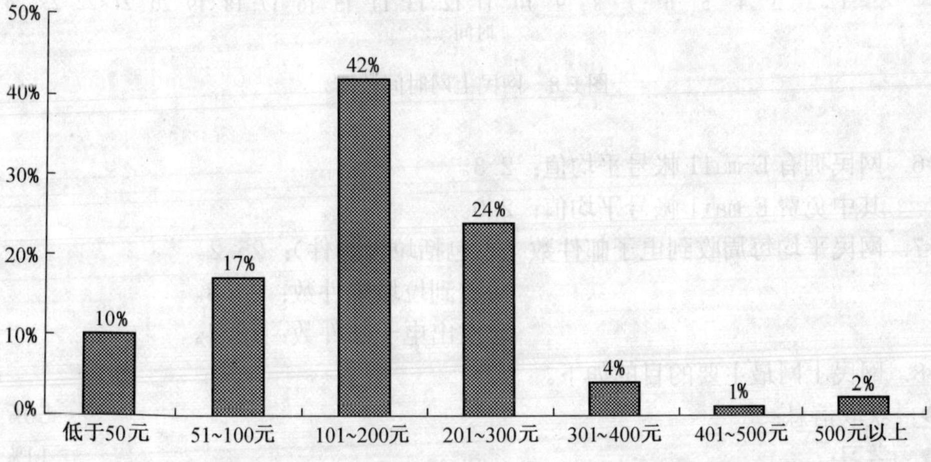

图E.7 网民每月的实际花费状况

*3．网民平均每周上网时间：11.5 小时。

*4．网民平均每周上网天数：5.0 天。

*5．网民通常在什么时间上网（多选题），如表 E.8、图 E.8 所示。

表 E.8　　网民上网时间分布

1 点	2 点	3 点	4 点	5 点	6 点
3%	2%	2%	1%	1%	1%
7 点	8 点	9 点	10 点	11 点	12 点
1%	4%	13%	15%	12%	9%
13 点	14 点	15 点	16 点	17 点	18 点
8%	9%	12%	12%	10%	11%
19 点	20 点	21 点	22 点	23 点	24 点
13%	19%	26%	28%	20%	15%

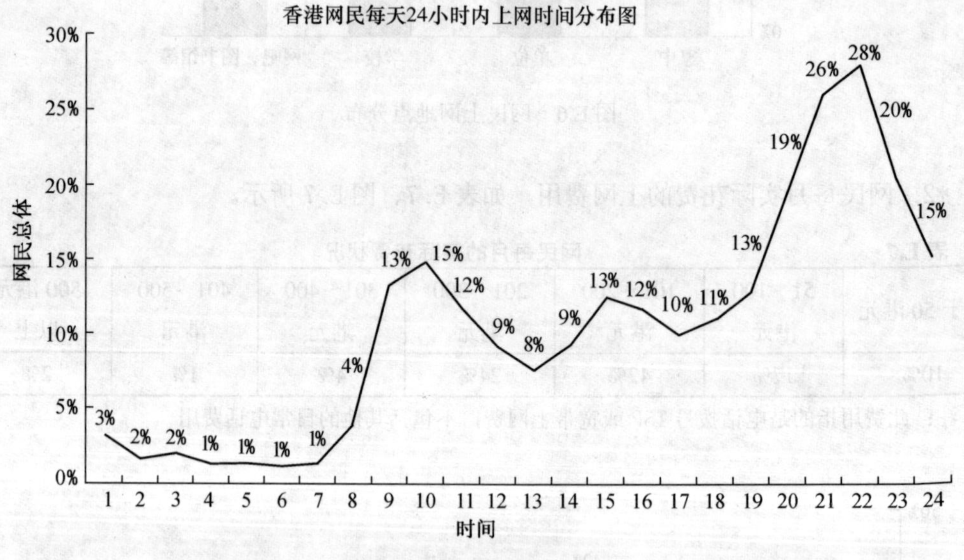

图 E.8　网民上网时间分布

*6．网民拥有 E-mail 帐号平均值：2.3。

　　其中免费 E-mail 帐号平均值：2.0。

*7．网民平均每周收到电子邮件数（不包括垃圾邮件）：25.2。

　　收到垃圾邮件数：34.8。

　　发出电子邮件数：13.4。

*8．网民上网最主要的目的如下。

- 获取信息：50%
- 学习：11%
- 学术研究：1%

- 休闲娱乐： 18%
- 情感需要： 1%
- 交友： 3%
- 获得各种免费资源（如免费邮箱、个人主页空间、各种免费资源下载等）： 3%
- 对外通信、联络（如收发邮件、短信息、传真等）： 6%
- 炒股： 0%
- 网上购物： 0%
- 商务活动： 1%
- 追崇时尚、赶时髦、好奇： 1%
- 其他： 4%

*9. 网民经常使用的网络服务（可多选）。

- 电子邮箱： 30%
- 新闻组： 12%
- 搜索引擎： 9%
- 软件上传或下载服务： 4%
- 信息查询： 45%
- 网上聊天（聊天室、QQ、ICQ）： 16%
- BBS 论坛、社区、讨论组： 1%
- 免费个人主页空间： 1%
- 电子政务： 1%
- 网上游戏： 14%
- 网上购物或商务活动： 1%
- 短信服务： 1%
- 网上教育： 2%
- 电子杂志： 1%
- 网络电话： 0%
- 网上医院： 0%
- 网上银行： 0%
- 网上炒股： 0%
- 网上拍卖： 1%
- 票务、旅店预定： 0%
- 视频会议： 0%
- VOD 点播： 1%
- 网上直播： 0%
- 多媒体娱乐（MP3、Flash 欣赏等）： 4%
- 其他： 3%

*10. 网民在过去一年中是否通过购物网站购买过商品或服务。

- 是： 20%

- 否： 80%

*11．网上购物网民在过去一年中在网上实际购买过哪些产品或服务（多选题）。

- 书刊： 19%
- 旅游（飞机、火车、饭店）： 8%
- 休闲娱乐（如电影票、球票）： 14%
- 食品： 4%
- 服装： 6%
- 家电产品： 7%
- 电脑及相关产品： 13%
- 家居、工艺品： 13%
- 医疗保健用品及服务： 2%
- 网上银行及付费服务： 7%
- 其他： 1%

12．网民（WIP 定义）每周用于网上 6 种主要活动的时间，如图 E.9 所示。

- 看网上新闻： 1.2 小时
- 收发电子邮件 2.4 小时
- 参加网上聊天、讨论： 0.7 小时
- 搜寻与工作/学习有关的信息： 2.3 小时
- 搜寻与个人生活有关的信息： 1.8 小时
- 参加网上的游戏、娱乐： 1.0 小时

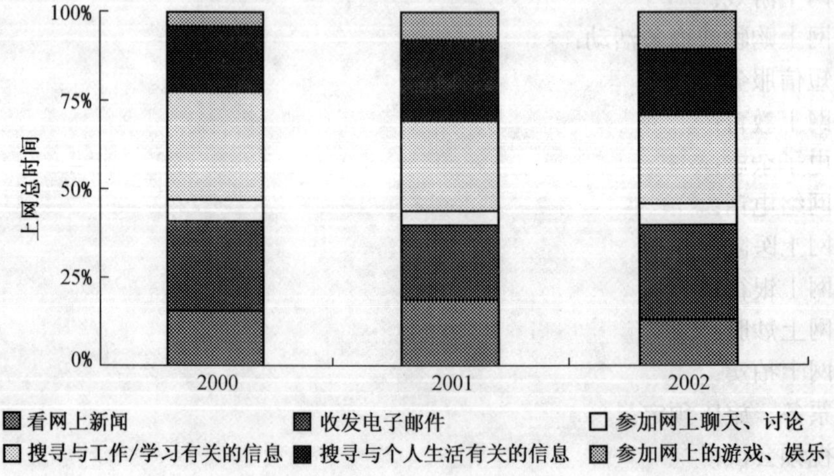

图 E.9 香港 18～74 岁网民（WIP 定义）上网时间分配

13．网民（WIP 定义）用于海内外中文网站的时间占所有上网时间的比例：71%。

网民（WIP 定义）用于香港本地中、外文网站的时间占所有上网时间的比例：63%。

见图 E.10。

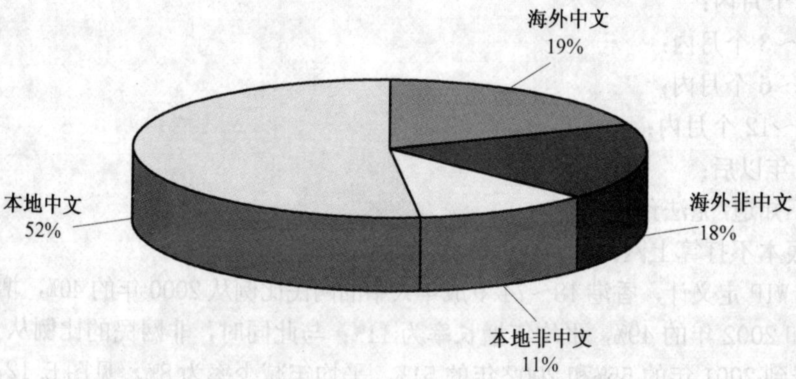

图 E.10　香港网民（WIP 定义）上网时间分配

E.2.3　香港非网民概况

*1．非网民不上网的原因。

- 不感兴趣：12%
- 上网没用/不需要：6%
- 上网费用贵：3%
- 没时间上网：12%
- 担心隐私泄漏：1%
- 担心网上安全：0%
- 担心孩子受到伤害：1%
- 不懂电脑/网络：34%
- 没有上网设备：25%
- 其他：9%
- 不知道/没有原因：8%

*2．非网民预期上网时间，如图 E. 11 所示。

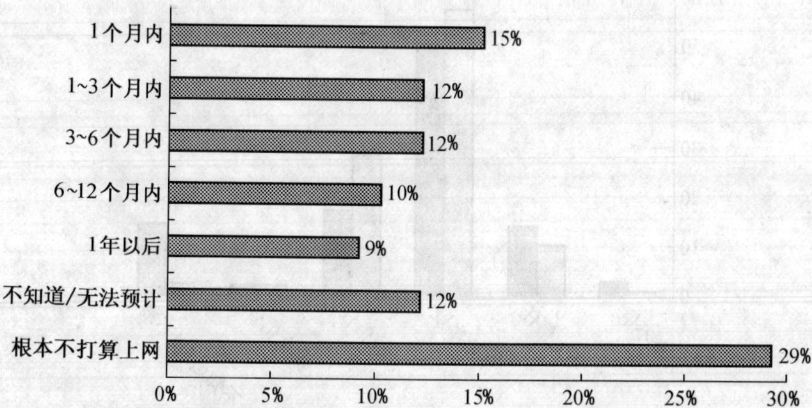

图 E.11　香港 6～84 岁非网民预期上网时间

- 1个月内：15%
- 1～3个月内：12%
- 3～6个月内：12%
- 6～12个月内：10%
- 1年以后：9%
- 不知道/无法预计：12%
- 根本不打算上网：29%

3. 按WIP定义计，香港18～74岁成年人中的网民比例从2000年的40%，增加到2001年的45%和2002年的49%，平均年增长率为11%；与此同时，非网民的比例从2000年的60%，下降到2001年的55%和2002年的51%，平均年减少率为8%，见图E.12。

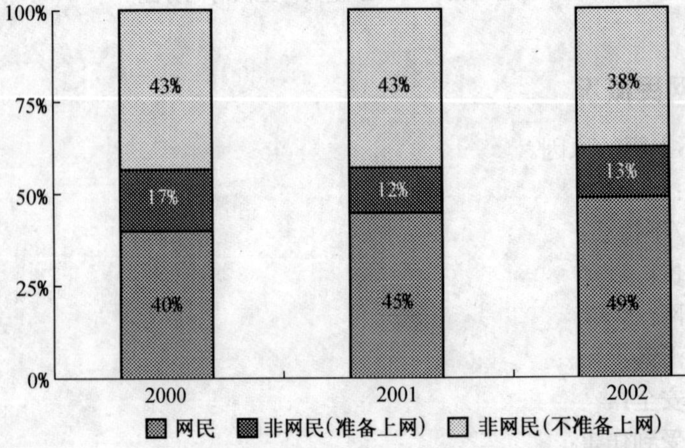

图E.12　香港18～74岁居民中的网民、非网民之比（按WIP定义计）

E.2.4 网民与非网民对互联网的看法

1. 您是否信任互联网？见图E.13。

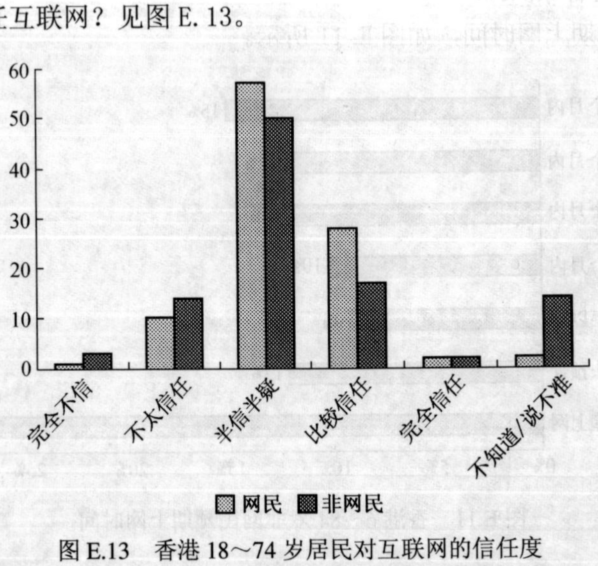

图E.13　香港18～74岁居民对互联网的信任度

	网民（%）	非网民(%)	总计(%)
● 完全不信	0.5	3	2
● 不太信任	10	14	12
● 半信半疑	57	50	53
● 比较信任	28	17	22
● 完全信任	2	2	2
● 不知道/说不准	2	14	8

2. 网上信息是否需要管理和控制?

	网民（%）	非网民(%)	总计(%)
● 非常需要	6	3	4
● 比较需要	11	5	8
● 不太需要	30	30	30
● 完全不需要	45	47	46
● 说不准	8	15	12

（香港城市大学　祝建华）

附录 F　中国台湾地区互联网络发展状况统计报告

F.1　调查说明

本次调查以全台湾年满 15 岁的民众为母体，采用电话访问，以比例样本配置法分配台湾省各县市样本数，并利用住宅电话用户数据库，采用系统加尾数二位随机抽样法选取住宅电话样本。另外，鉴于家庭中有经常接听电话者，可能呈现特殊的人口统计特征，因此，电话接通后另外再加入户中抽样的程序，选出最后的受访者，以达充分随机的要求。电话调查时间为 2002 年 12 月中。成功样本数为 1809 人，其中上网人口样本数为 692 人，误差值为±2.30%。

本次调查对网民的定义是：最近一个星期内使用过互联网的人。

本次调查数据的统计截至日期是 2002 年 12 月 31 日。

F.2　调查结果

F.2.1　台湾地区网民数

台湾网民数达到 861 万，占台湾总人口的 38.25%。

F.2.2　互联网用户个人信息

1．网民性别比例：男性占 50.9%，女性占 49.1%，如图 F.1 所示。

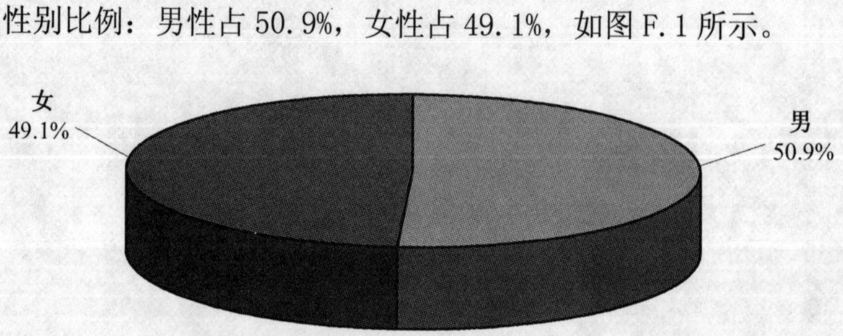

图 F.1　网民性别分布

2．用户的年龄分布，如表 F.1、图 F.2 所示。

表 F.1　　网民的年龄分布

18 岁以下	18-24 岁	25-30 岁	31-35 岁	36-40 岁	41-50 岁	51-60 岁	60 岁以上
11.6%	20.4%	16.6%	15.0%	13.0%	16.5%	5.3%	1.6%

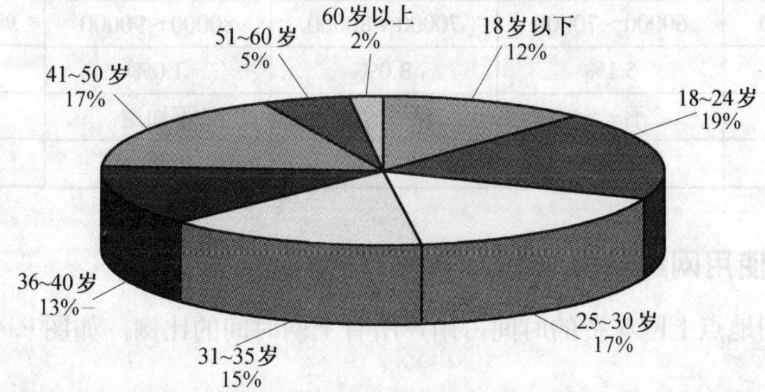

图 F.2　网民的年龄分布

3．用户的婚姻状况：未婚占 51.2%，已婚占 48.8%，如图 F.3 所示。

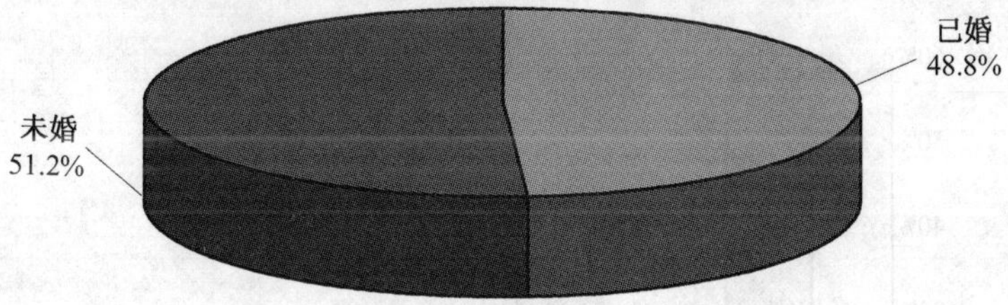

图 F.3　网民的婚姻状况

4．用户的文化程度，如表 F.2 所示。

表 F.2　　网民的文化程度

高中以下	高中、高职（含士校、警校）	专科（含警专、军校专科班）	大学、学院（含军警官校）	研究所
4.8%	32.8%	25.3%	29.9%	7.2%

5．用户的职业分布，如表 F.3 所示。

表 F.3　　网民的职业分布

家管	学生	军警及公务员
6.4%	26.7%	13.6%
农林渔牧盐矿业之从业员	自营商业主（如企业主老板）	民营事业职员、主管
1.0%	4.6%	24.4%
专门性技术人员（如律师、会计师、医生、工程师、研究人员）	技工、作业员、摊贩、出租车及客货运司机、受雇或自雇劳力工作者	退休/待业/无业
10.0%	9.5%	3.8%

6. 用户的月收入（单位：台币），如表 F.4 所示

表 F.4　　网民的月收入分布

10000 以下	10000～20000	20000～30000	30000～40000	40000～50000
9.1%	5.6%	11.0%	13.3%	11.1%
50000～60000	60000～70000	70000～80000	80000～90000	90000～100000
7.2%	5.1%	3.0%	1.0%	1.0%
100000 以上	不一定	没有收入	不知道	拒答
3.6%	1.5%	23.7%	0.9%	2.9%

F.2.3　用户使用网络情况

1. 在不同地点上网花费的时间占用户所有上网时间的比例，如图 F.4 所示。

- 家中　53.25%
- 单位和学校　31.70%
- 网吧　4.14%
- 其他地点　1.76%

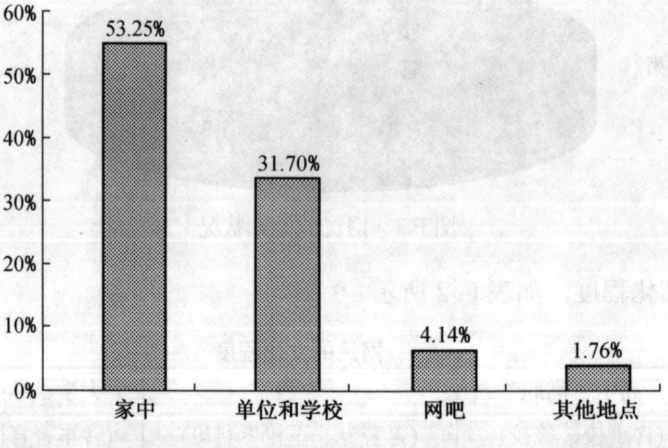

图 F.4　不同上网地点所花费的时间占总上网时间的比例分布

2. 用户上网方式，如表 F.5 所示。

表 F.5　　网民上网方式状况

电话拨号	T1 或 T3 专线	Cable Modem	ADSL	ISDN	其他
29.6%	1.4%	6.8%	58.8%	0.3%	3.1%

3. 使用不同的网络服务花费的时间占用户所有上网时间的比例。

- 阅读网络新闻　15.52%
- 使用 E-mail　26.92%
- 获得生活信息　15.01%
- 获得工作或学习信息　18.29%

- 玩线上游戏　11.17%
- 下载音乐、影片　7.10%
- 发表个人意见　6.76%
- 网络购物　3.01%

4. 用户平均每日上网时间：2.23 小时。

F.2.4　上网与没有上网的原因比较

1. 上网主要原因（见图 F.5）：

- 工作或学业上需要　43.8%
- 个人需要、与工作无关　41.3%
- 为了小孩需要　3.8%
- 纯粹兴趣、与需要与否无关　9.5%
- 不得不跟上时代潮流　1.6%

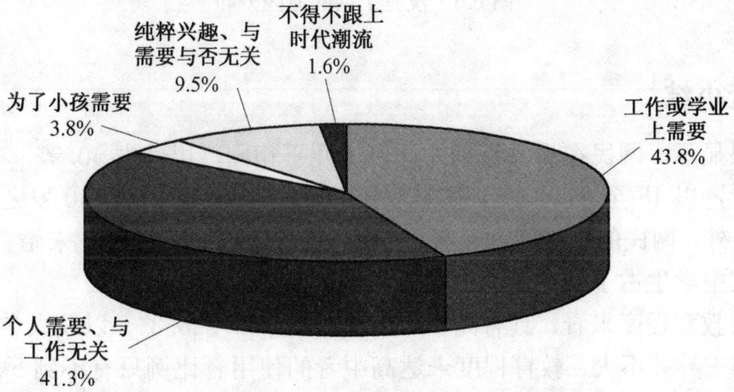

图 F.5　上网的主要原因分布

2. 没有上网的主要原因（见图 F.6）：

- 不知如何上网　38.7%
- 没有时间　24.0%
- 没兴趣　13.0%
- 计算机设备不好　0.9%
- 没有上网的相关设备　7.8%
- 网络科技复杂、令人困惑畏惧　0.3%
- 网络不适合小孩　1.3%
- 太多色情网站　0.2%
- 担心隐私权、安全性　0.1%
- 上网无用、不需要　10.8%
- 上网费用太高　0.9%
- 其他原因　1.0%
- 未回答　1.0%

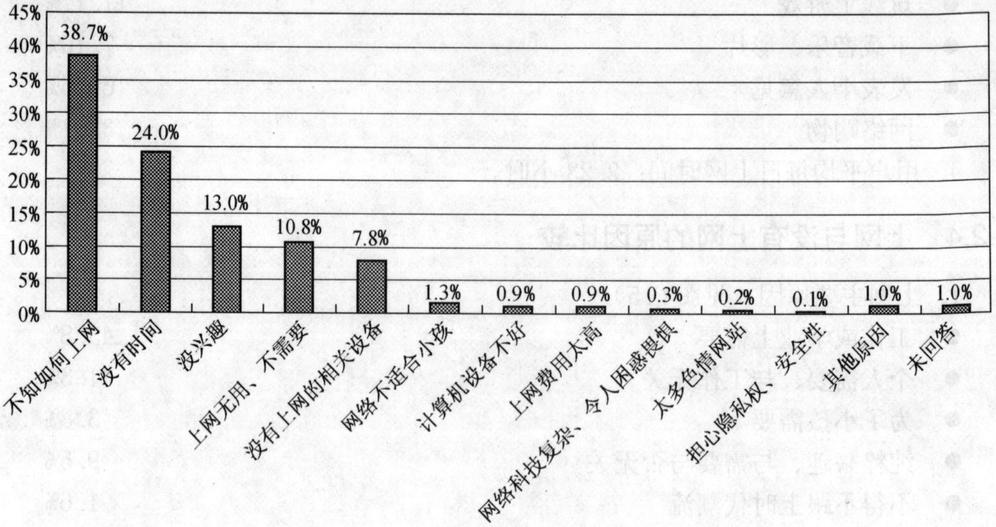

图 F.6　没有上网的原因分布

F.2.5　调查小结

调查结果显示，网民在男女性别的比例上几乎相同，男性占 50.9%，女性占 49.1%。就年龄层来看，以 18 至 24 岁的使用者为主，占 20.4%。但 25 至 40 岁之间的使用者，也相当多。另外，网民的婚姻状况差异性也不大，已婚者占 48.8%，未婚者占 51.2%（经交叉比对，其中学生占了一半以上的未婚人口）。

就网民的教育程度来看，具有高中（32.8%）、专科（25.3%）以及大学以上（37.1%）学历者，比例差异并不大。教育程度未达高中者的使用者比例只有不到 5%，但主要原因是，低教育程度的人口原本就非常少。已就业情况来看，最大宗的网民为学生族群（26.7%），其次为在民营公司（24.4%）或公家机关（13.6%）上班的职员。从网民的收入情况来看，主要的人口集中于月薪在新台币二万元到五万元之间，比例约在 11%到 13%左右，这也反映台湾就业人口月薪的主要分布情况。另外，没有收入的使用者占了 23.7%，主要是学生人口。

超过一半以上的网络使用人口是从家里或居所上网（53.25%），其次为从学校或工作的地方（31.70%）上网。从居住的地方上网者的上网接入方式看，以宽频 ADSL（58.8%）为主，其次为电话拨号（29.6%）。

在网民上网的主要活动方面，使用 E-mail 所占的百分比最大（26.92%），其次为获取信息，包括阅读网络新闻（15.52%）、获得生活相关信息（15.01%）、与工作或学习有关的信息（18.29%）。近来相当受欢迎的网络游戏，则占了 11.17%。平均每日上网的时间为 2.23 个小时。

在上网的主要动机或原因方面，有 43.5%的使用者表示是基于工作或是学业上的需要，另外也有 41.1%的使用者表示，上网是基于个人需要，与工作或学业无关。

针对没有上网的人口，调查结果显示，最主要的原因是不知道如何上网，另外也有高达 24%的受访者表示未上网是因为没有时间。认为上网没有用处因此不需要的则占了

10.8%。

综合以上的资料分析可以看出，目前台湾的网络使用人口仍以青少年为主，中壮年网络人口所占的比例也不低。主要的非网络族群是年龄超过 40 岁以上者。另外，未婚者使用网络的人口比例也比已婚者高，主要是因为学生族群的影响。在其他人口变项上（包括性别、就业情况、收入等），则无明显差异或趋势。

（台湾中正大学　李政忠）

附录 G 中国澳门地区互联网发展状况报告

（2003）

G.1 前言

澳门于 1994 年开始连接国际互联网，1995 年开放给公众使用，现在互联网的使用已经进入政府、商业、教育、家庭等各个应用层面。根据最新官方数字，截至 2003 年 4 月，全澳互联网注册用户总数超过 4 万户，比 2002 年同期上升超过 19%。网民数量方面，18 至 74 岁的网民数量估计超过 10 万人，占对应总体的 33%。

本文综合现有的各种数据、资料及于 2002 年初所进行的“澳门居民互联网使用调查”的部分统计结果，试图为澳门互联网的发展勾勒一个较为清晰的脉络。

G.2 澳门互联网发展简述

G.2.1 起源

澳门的互联网发展源于澳门大学，其后主要由澳门电讯有限公司（以下简称 CTM）向全澳公众提供上网服务。

澳门大学于 1992 年通过 INTERNIC 以“mo”为域名注册为首个连接到国际互联网的本澳机构，其时主要以电子邮件（E-mail）的方式联系。1994 年 3 月，澳门大学与香港的 HARNET 建立专线联通，于同年 4 月全面向该校师生开放使用，并架设万维网（WWW）服务器，以 MONIC 为名，向全澳公众提供次域名“mo”的注册服务（详见 http://umac.mo/sub-domain/sub-domain.html），而以 gov.mo 结尾的域名，则从 2000 年 12 月 5 日起授权予特区政府行政暨公职局管理。

G.2.2 普及

CTM 是一家与本地政府签署专营合约、独家为公众提供电讯服务的私营企业，于 1995 年 5 月推出互联网服务，随着科技发展及市场需求的变化，该公司于 2000 年 7 月推出宽带服务，目前宽带网络覆盖全澳九成的地区。[1]

---

[1] 除澳门电讯有限公司之外，于 2003 年 4 月起，另有 7 家公司拥有提供互联网接入服务牌照。之前有一家名为“澳门万维网有限公司”（MacauWeb）亦提供互联网接入服务，不过，该公司的登记人数与 CTM 尚有很大的差距，而且其服务受制于必须租用 CTM 的专线，其角色近似于代理商，目前已停止有关服务，其余公司尚未提供接入服务，因此澳门互联网接入服务市场仍由 CTM 主导。

G.2.3　注册用户

在互联网注册用户方面，自1997年开始，本澳互联网注册用户数量持续高增长，由1997年的5千8百户，增加至2002年4万1千户，平均每年增长率为50%，不过，最近两年的增幅有所放缓，如去年的增长率只得 21%。虽然此处的注册用户数并不代表实际的网民数目，但是从中亦可以看出互联网在澳门持续发展的势态。如图G.1所示。

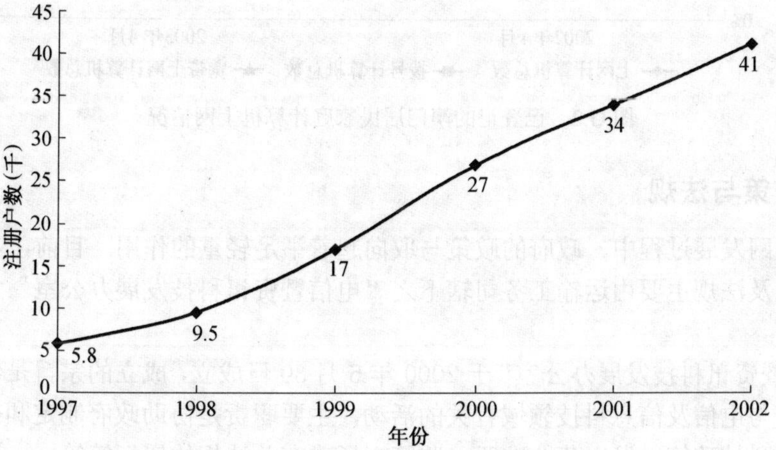

图G.1　澳门互联网注册用户增长情况

G.2.4　家庭上网计算机数

根据“澳门电信暨资讯科技发展办公室”数据显示，截至2003年4月，已登记之拨号上网计算机数为2万9千台，宽带上网计算机数为2万台，据此总计上网计算机数为4万9千台。但是，实际数字可能较此为高，因为那些没有登记但通过拨号连结至机构例如大学也为数不少，下面的调查结果可说明这一点。过去一年，拨号上网计算机数只有1个百分点的增长，而宽带上网计算机则上升6个百分点，累计上网计算机总数有7个百分点的增幅。如表G.1、图G.2所示。

表G.1　澳门家庭上网的情况

家庭总数	上网计算机总数	拨号上网计算机数[2]	宽带上网计算机数
13万5千	4万9千	2万9千	2万
占家庭总数的比例	36%	21%	15%
上网家庭的比例	100%	60%	40%

[2] 根据澳门特别行政区政府资料，截至2003年4月份，全澳登记的拨号上网计算机数为29372台，宽带上网计算机数为19889台。

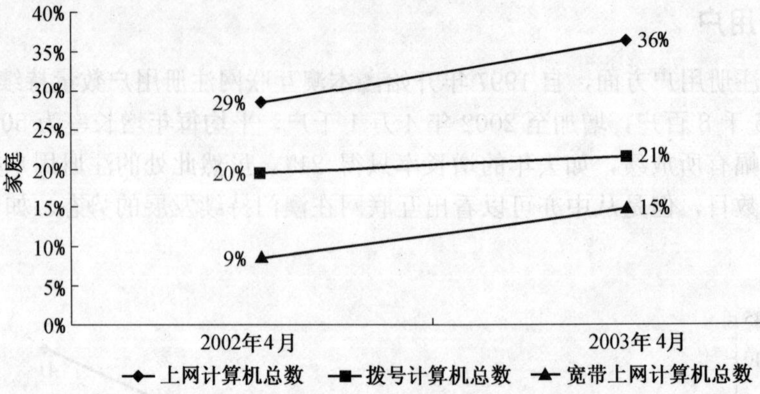

图 G.2　已登记的澳门居民家庭计算机上网情况

G.2.5　政策与法规

在互联网发展过程中，政府的政策与取向起着举足轻重的作用。目前，本澳的互联网业务经营及法规主要由运输工务司辖下之“电信暨资讯科技发展办公室”负责规范及制定。

“电信暨资讯科技发展办公室”于 2000 年 6 月 30 日成立，成立的宗旨是促进及协调本地区所有与电信及信息科技领域有关的活动，主要职责是协助政府制定和执行有关的电信及信息科技政策、发出营业准照、监管市场对有关法规的履行等等。

因应市场的需求，特区政府颁布了《发出互联网服务临时牌照的程序》的行政法规，由 2000 年 10 月 1 日正式生效，标志着澳门互联网服务牌照全面向公众开放，凡符合有关规定之经营者，均可经营以下互联网服务：公共互联网接入服务、电子邮箱、电子讯息、数据库驳入及读取、万维网寄存、应用程序寄存及数据库寄存服务、电子布告栏系统及电子商贸等。2001 年 8 月 10 日生效的《电讯纲要法》规范电讯网络的建设、经营及管理，逐步开放电讯市场，鼓励公平竞争。2002 年 10 月 25 日生效的《提供互联网服务》行政法规进一步使准入及从事经营提供互联网服务的业务的制度得到落实（详见 http://www.gdtti.gov.mo/）。

G.3　澳门居民互联网使用调查

G.3.1　定义

网民：本调查采用“全球互联网研究计划”（World Internet Project）的定义，询问受访者：“您现在是否使用互联网？”

G.3.2　调查方法

本调查于 2002 年 1 月 17 日至 21 日期间，透过计算机辅助电话访问系统（CATI）随机抽样的方式，以最近生日法到户抽样，成功访问了 1002 位年龄由 18 至 74 岁、会说中文的澳门居民，以美国民意研究协会 AAPOR 公式三（RR3）计算，成功率为 40.2%，在 95%

的置信度下，抽样误差为±3.16%。

G.3.3 加权与数据预处理

为了减少抽样误差可能产生的潜在影响，在统计分析之前，我们按照国际学术调查的惯例，以2001年澳门人口普查数据中性别与年龄的交叉分布为基数，对样本作了加权处理，使得样本与对应总体的性别与年龄的结构相若。

另外，在计算平均数前，如上网时间，我们按惯例先以大于或小于平均数的三个标准差来取代原始资料中的异常值，以减低其对该组资料平均数的取值的影响。

G.3.4 调查结果

（一）网民人数[3]

在1002个成功受访的个案中，330人表示已经上网，占受访人数的32.9%。以此百分比推估，介乎18至74岁的澳门居民，网民约有10万，占全澳总人口的23%。4如考虑到抽样误差，实际网民数量可能在9万至11万之间。见图G.3。

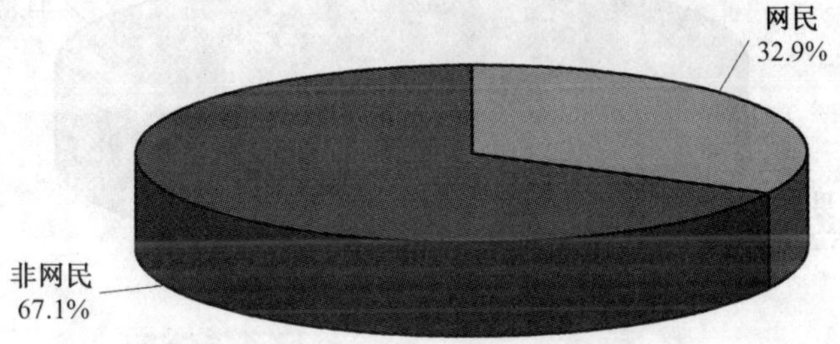

图G.3 澳门18～74岁网民比例

（二）家庭计算机拥有率及上网率

调查结果显示，有64.9%的受访家庭拥有计算机，其中71.2%已经上网，上网计算机占家庭总数的46.2%。若以此推算，全澳有8万7千家庭拥有计算机，其中6万2千台接上互联网，比官方公布的登记数字要高。如图G.4、图G.5所示。

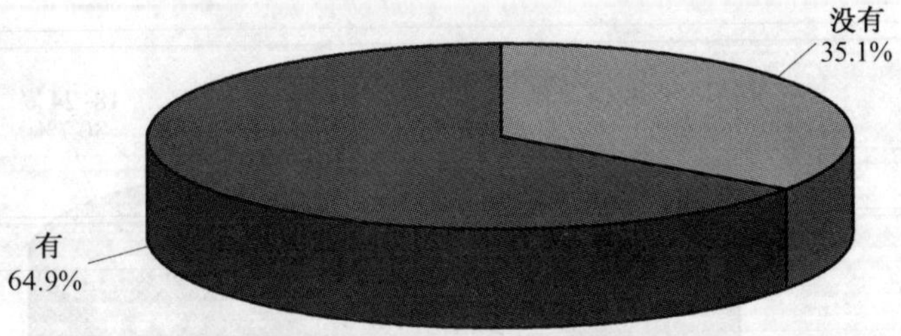

图G.4 家庭拥有计算机比例

---

3 本文将网民定义为：在访问期间受访者表示已经上网的居民。此定义比CNNIC的定义稍宽松，据调查数据显示，每周上网少于1小时的受访者只占上网人数的5.4%，为方便统计，故将这些上网者一并视为网民。

4 根据2001年澳门人口普查结果，全澳共有居住人口43万5千人，其中男性占48%，女性占52%。

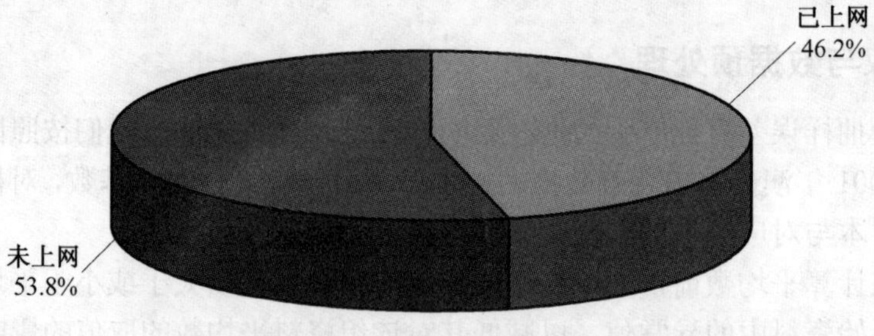

图 G.5　上网计算机占家庭数之比例

（三）网民个人信息

1．网民性别

网民中女性占 44.8%，男性占 55.2%，这结果与香港及中国内地相近，以男性网民较多。如图 G.6 所示。

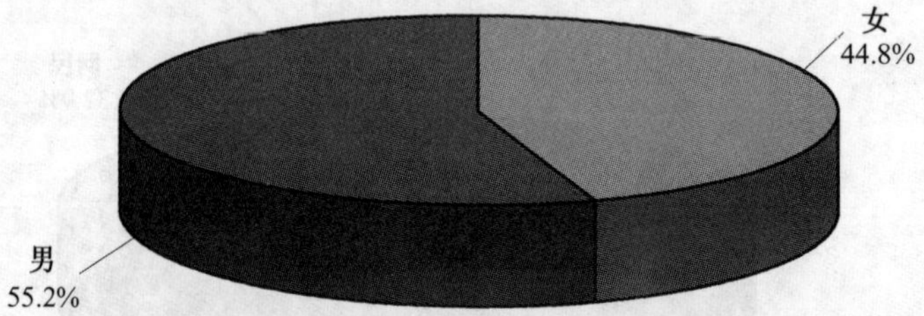

图 G.6　网民性别比例

2．网民年龄分布

和其他地方一样，本澳的网民以年轻人占大多数，18～24 岁的网民占 31%、25～30 岁的占 25%。如表 G.2、图 G.7 所示。

表 G.2　　网民年龄分布

18～24 岁	25～30 岁	31～35 岁	36～40 岁	41～50 岁	51～60 岁	61～74 岁
30.7%	24.9%	9.1%	15.9%	15.0%	3.8%	0.6%

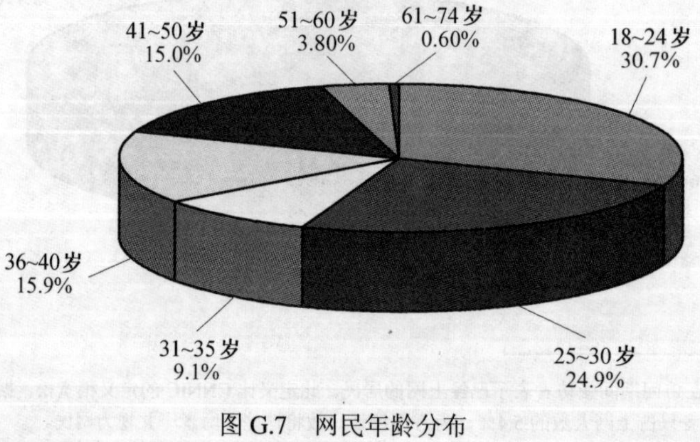

图 G.7　网民年龄分布

3．网民的婚姻状况

已婚与未婚的网民所占比例相若，分别为50.2%及49.8%。如图G.8所示。

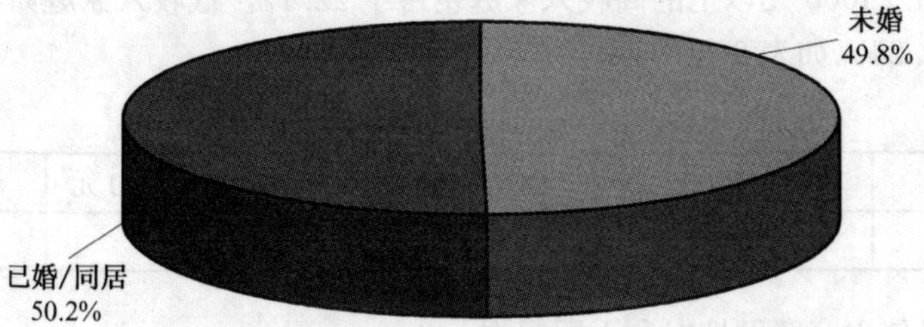

图G.8　网民的婚姻状况

4．网民的文化程度

从文化程度来看，本澳网民主要为高中程度的居民，占45.1%，其次是大专或以上程度的占34.7%。如表G.3、图G.9所示。

表G.3　网民的文化程度

高中以下	高中	大专	大学	研究生或以上
20.2%	45.1%	16.9%	16.0%	1.8%

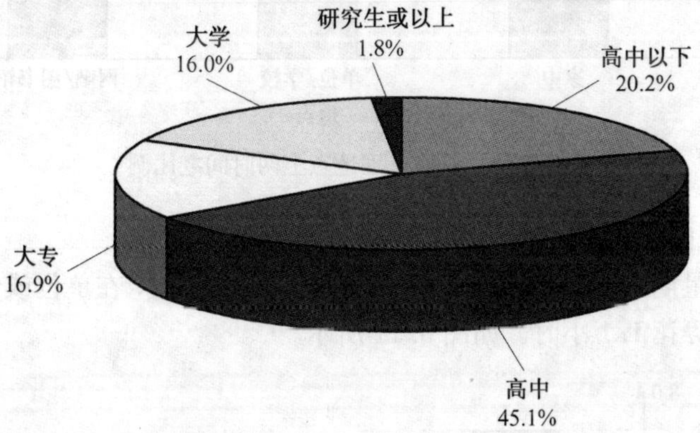

图G.9　网民的文化程度

5．网民的职业分布

网民中，文职人员及全日制日校学生占的比例最大，分别为19.5%及19.4%。如表G.4所示。

表G.4　网民的职业分布

管理/专业人士	文职人员	劳动工人/服务员	家庭主妇	学生（全日制日校）	学生（全日制夜校）	失业/待业（没读培训课程）	失业/待业（正读培训课程）	退休人士	公务员	自雇	其他
12.0%	19.5%	13.8%	5.8%	19.4%	0.6%	5.5%	1.2%	2.1%	7.6%	3.0%	9.7%

6．家庭月收入

在网民当中，以中等收入的家庭居多，由 6001 至 12,000 元澳门币收入的家庭占整体的 27.4%，在 24000 元以上的高收入家庭也占了 22.7%，低收入家庭如 6000 元澳门币以下的只占 12.2%。如表 G.5 所示。

表 G.5　　网民的家庭月收入状况

<=6000 元	6001～12000 元	12001～18000 元	18001～24000 元	>24000 元
12.2%	27.4%	18.3%	19.5%	22.7%

（四）网民使用互联网情况和上网习惯

1．网民在不同地点上网花费的时间占总上网时间的比例

网民的上网地点包括家里、公司或学校，以及其他地方，例如他人家中、网络咖啡室和公共图书馆等，其中于家中上网所花时间最多，占 65%，其次在单位或学校，占 23%，在其他地方如网吧及图书馆等的占 12%。如图 G.10 所示。

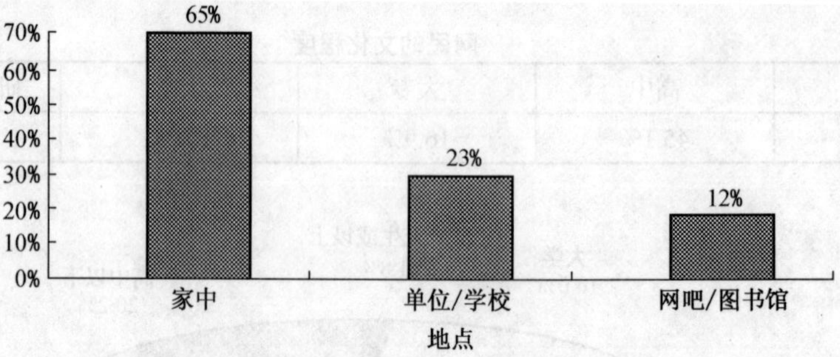

图 G.10　不同上网地点上网时间之比例

2．网民的上网时间

网民平均每星期上网 9.8 小时，其中在家中花 6.4 小时，在单位或学校花 2.3 小时，在网吧或图书馆等花 1.1 小时。如图 G.11 所示。

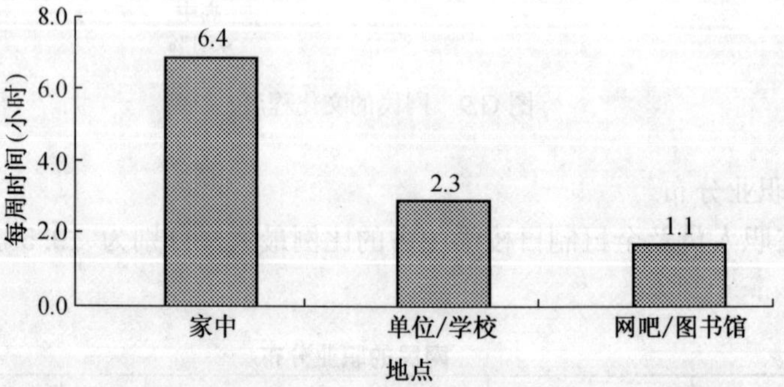

图 G.11　不同地点的上网时间分布

3．上网年限

网民的上网年限分布较散，其中上网有 3～4 年的网民占 23.1%，1 至 2 年及超过 5 年的都分别占两成以上，超过 3 年上网经验的网民有六成。如表 G.6、图 G.12 所示。

表 G.6　上网经验状况

少于一年	1～2 年	2～3 年	3～4 年	4～5 年	5 年以上
1.8%	22.9%	12.2%	23.1%	17.8%	22.2%

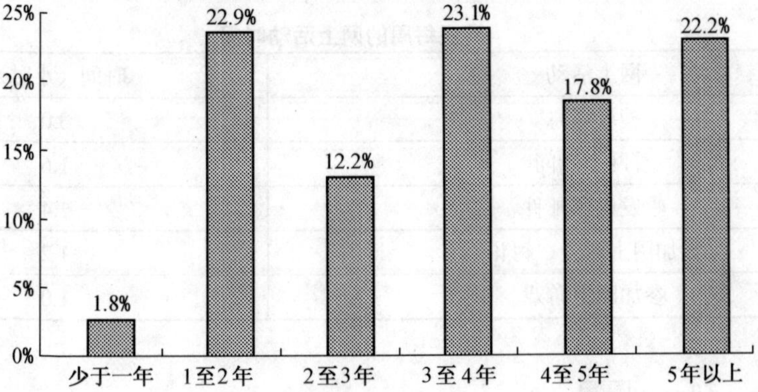

图 G.12　上网经验

4．浏览信息类型

网民通常浏览的信息类型以新闻时事和娱乐影视消息为主，分别占 53.3%及 38.9%。如表 G.7 所示。

表 G.7　浏览信息的类型

网民浏览的信息类型	
信息类型	占答题者的百分比%
新闻时事	53.3
娱乐影视	38.9
计算机信息	29.2
体育信息	11.9
学术研究	8.8
学校教育	8.1
旅游信息	8.0
潮流玩耍	7.0
购物信息	4.6
健康医疗	4.4
天文科学	4.3
饮食信息	3.1
文化历史	2.6
金融信息	2.2
星座运程	1.7
美容化妆	1.6
其他	0.9
成人情色	0.6

5. 网民每周用于网上5种主要活动的时间

网民平均每周花3小时在网上搜寻信息，花1.6小时看新闻，花1.4小时收发电子邮件，花1.2小时参加网上聊天或讨论，及花1小时参加网上游戏。如表G.8、图G.13所示。

表 G.8　网民每周的网上活动时间

网上活动	时间（小时）
搜寻信息	3.0
看网上新闻	1.6
收发电子邮件	1.4
参加网上聊天、讨论	1.2
参加网上游戏	1.0

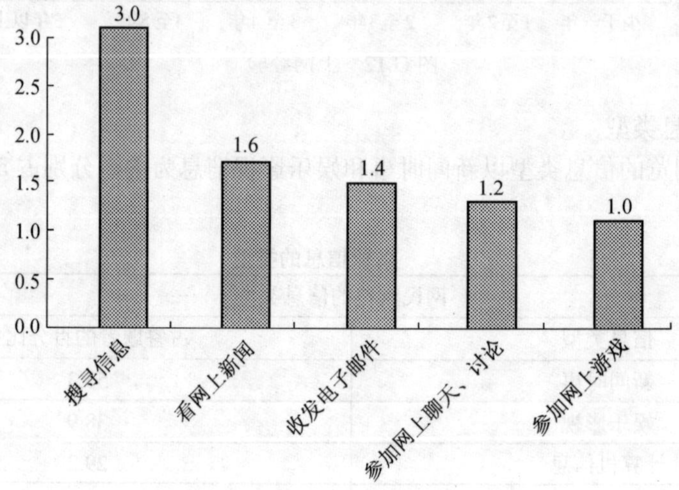

图 G.13　网民每周的网上活动时间

6. 网上购物或付费取得服务

有 11.4%的网民在过去一年有网上购物或付费取得网上服务的经验，其中一年几次购物的占总网民数的4.9%。如表G.9、图G.14所示。

表 G.9　网上购物经验状况

一星期至少几次	一星期至少一次	一个月至少一次	一年几次	一年没两次	没有
0.5%	2.3%	1.9%	4.9%	1.7%	88.6%

（五）非网民不上网的原因

非网民不上网的原因众多，其中最主要的是不懂计算机网络技术，占 25.9%；其次是家里没有计算机，占15.4%；其他原因则占13.5%。如表G.10所示。

（六）网民与非网民对互联网的看法

1. 对互联网的可信度评分，以1至10分来评分，1分表示最低，10分表示最高。结果显示非网民的平均评分为6.1分，网民的平均评分为5.8分，两者没有达到统计上的显着差异。如表G.11所示。

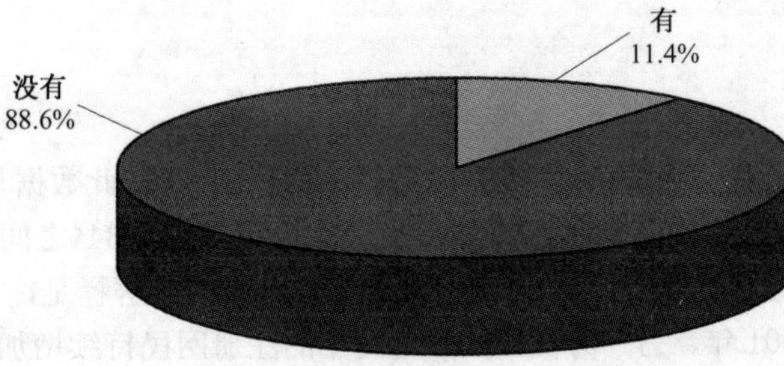

图 G.14 网上购物经验状况

表 G.10 非网民不上网的原因

原因	百分比
不懂计算机网络	25.9
家里没有计算机	15.4
其他原因	13.5
没有时间	11.3
上网费用太贵	11.1
没有兴趣/不需要	11.1
不知道/没有原因	9.2
担心孩子受到不良影响	7.1
中文信息太少/不懂英文	6.3
对上网技术感到恐惧和困惑	2.6
家里没有电话	1.6
担心病毒太多	0.1

表 G.11 用户对互联网的看法

对互联网的可信度评分	
非网民	网民
6.1	5.8

2．是否赞成网上信息需要管制？

网民与非网民在关于网上信息的管制方面意见相近，两者在比较赞成与非常赞成的意见都超过三成。总计超过七成的受访者赞成网上信息需要管制。如表 G. 12 所示。

表 G.12 用户对网上信息管制的态度

	非网民	网民	总计
非常不赞成	2.1%	6.3%	3.5%
不太赞成	7.3%	12.1%	8.9%
一半一半	6.7%	6.3%	6.6%
比较赞成	36.6%	34.7%	36.0%
非常赞成	31.3%	38.4%	33.6%
不知道/很难说	16.1%	2.1%	11.5%

G.4 总结

调查结果显示，澳门18～74岁的网民约占该总体的33%，此数据与我们在2002年5月及2003年1月所做的媒介使用调查结果接近[5]，介于26%至34%之间，也就是说，在过去两年，在该年龄层的网民数目，基本上没有增长。可能的解释是，一方面，网民的增长高峰期集中在2001年，另一方面，虽然近两年的注册网民持续增加，但是，从拨号上网的增长放缓及宽带的增长加速情况来看，网民实际上在转变他们的连线方式而已。

澳门网民的基本特征与其他地区的网民特征相似，偏向男性、较为年轻、家庭收入较高及文化水平较高。高中程度的网民占的比例最大，达45%。婚姻状况方面，未婚与已婚的比例相若。职业方面，主要集中在学生与文职人员这两个阶层。上网超过3年的网民占网民总数的六成。

网民平均每周花在互联网的时间有9.8小时。超过六成的网民主要在家中上网，每周花6.4小时。此外，网民每周花2.3小时在工作单位及学校，以及花1.1小时在其他地方。随着宽带的增长加快，相信网民留在家中上网的时间会增多。

网民的网上活动最活跃的是寻找网上信息，其次是看新闻、收发电子邮件、参加网上交谈及游戏，可见网民视互联网为获取信息的重要工具。而在浏览的信息中，以新闻时事及影视娱乐的消息最受网民欢迎，分别约占五成和四成，至于有关计算机的信息也占三成的比重。

虽然在互联网上购物或付费获取服务很方便，但是，有网上购物经验的澳门网民只有一成，尚未成气候。

在了解非网民不上网的原因时，不懂相关技术是主要的原因，占25.9%，其次是没有网络设备、忙碌、费用高及个人没有兴趣等。这些原因与那些年轻、高家庭收入及高文化水平的网民似乎形成相当合理的对比。

最后，无论是网民或是非网民，他们没有对互联网的可信程度表达显著的差别。在对待网上信息的管制方面，他们同样表达相近的态度，有68%的非网民及73%的网民认同网上信息需要管制，两者合计达七成表示比较赞同及非常赞同管制网上信息。

（澳门大学　张荣显）

---

[5] 在2002年5月的调查中，网民的操作性定义为：你上网的频率是没有、一个月几次、一个星期几次、每天。在2003年1月的调查中，网民的操作性定义与本次相同。

编 后 记

当我们历经数月最终完成这第一部《中国互联网发展报告》的编辑工作的时候，我们却惊奇地发现，短短几个月时间，我国互联网的发展又悄悄进入一个新的阶段。一场前所未有的非典型肺炎灾难袭击了中国，为防止疫情进一步扩散，广州、北京、天津、河北、山西、内蒙古以及中国香港、中国台湾等地学校被迫停课，部分商店、旅游及娱乐场所被迫关闭或半关闭，部分企事业单位、建筑工地也不得不实行封闭或疏散，这一切给人们的学习、工作、信息交流、购物带来了极大的困难。在这种情况下，互联网的非凡威力开始凸显出来，除了最快捷的网上疫情统计以外，网上教学、网上办公、网上新闻、网上娱乐、网上银行、网上购物、网上信息服务与交流等开始成为人们工作、学习、生活的主要方式。非常形势促使人们非常快地选择了互联网这种最有效率的信息交流方式，互联网正在越来越快地进入人们的生活。可以肯定，我国互联网行业将面临新的发展机遇，《中国互联网发展报告》也已经面临着新的使命。

由于本报告篇幅有限，有关互联网建设、科研开发、产品制造、网络运营以及服务和应用等领域的优秀成果和经验未能在本报告中加以全面收集、归纳和反映，难免有些遗憾。在以后陆续出版的年度报告中，我们将逐步全面系统地介绍我国互联网行业的发展状况。我们坚信，有全体编委和编写工作人员的共同努力，有社会各界的关心和帮助，有广大读者的支持和鼓励，《中国互联网发展报告》肯定会越办越好，越来越能够有效地服务于我国互联网发展的需要。

同时，由于我们水平有限，报告中肯定还存在不足甚至错误。我们真心期望并欢迎社会各界人士和广大读者对本报告的编撰和出版工作提出宝贵的意见和建议，以便我们不断总结经验，改进我们的工作。

如果您对本书有任何反馈意见或批评建议，请与我们联系。

电话：（010）82990706　传真：（010）82990222

电子信箱：Yearbook@isc.org.cn

联系地址：北京市复兴门南大街2—乙号天银大厦A东座9层

邮政编码：100031

编　者

2003年6月8日 于北京

中国电信集团公司简介

中国电信集团公司是按国家电信体制改革方案组建的特大型国有通信企业，于2002年5月挂牌成立。中国电信集团公司下设31个省级企业，拥有全国性骨干通信网络，在全国范围内经营电信业务，集团公司与31个省级企业既以资本为纽带,又以网络和业务为纽带。

中国电信集团公司由中央管理，是经国务院授权投资的机构和国家控股公司的试点。中国电信集团公司注册资本1580亿元人民币。目前主要经营国内、国际各类固定电信网络设施，包括本地无线环路；基于电信网络的语音、数据、图像及多媒体通信与信息服务；进行国际电信业务对外结算，开拓海外通信市场；经营与通信及信息业务相关的系统集成、技术开发、技术服务、信息咨询、广告、出版、设备生产销售和进出口、设计施工等业务；并根据市场发展需要，经营国家批准或允许的其他业务。中国电信集团公司继续拥有“中国电信”的商誉和无形资产。

中国电信集团公司对上海、江苏、浙江和广东四省（市）电信业务资产进行重组改制，于2002年9月10日成立中国电信股份有限公司，并于11月14、15日在纽约和香港两地完成股票发行和上市交易，标志着中国电信进入了健康发展的新阶段。

2002年中国电信成功入选“世界最受赞赏企业”，并于2003年再次入选，作为当年全球入选的345家企业中排名提升幅度最大的企业，中国电信创造了中国企业入选“世界最受赞赏企业”的最好成绩。中国电信在2003年度权威专业杂志《亚洲电信》的评选中，以绝对优势获得“亚洲最佳新兴市场运营商”称号。

企业使命：共享与世界同步的信息文明

Mission: Sharing the Very Best of this Information Age

服务理念：用户至上，用心服务

Service Concept: Customer First Service Foremost

中国电信
CHINA TELECOM
用户至上 用心服务
Customer First Service Foremost
互联星空
WWW.CHINAVNET.COM
光芒因你而聚
WWW.CHINAVNET.COM
互联星空聚合了国内著名的互联网内容提供商，为您搭建精彩的网络平台。
下载电影、音乐欣赏、游戏比拼，还有视频聊天、远程教育，应有尽有，只要你来，精彩就会跟随你！
中国电信集团公司
互联星空
WWW.CHINAVNET.COM
光芒因你而聚